当代生态文明理论的三大范式比较研究

张连国 著

U0391923

人民出版社

目　录

导论　生态文明的必然趋势及其 三大理论范式概论

　　20 世纪 60 代以来，随着信息技术为核心的第三次工业革命的开展，以及生态危机的凸显，人类社会呈现科学、技术包括信息技术、经济和生态四位一体的复杂性的协同发展格局，社会文明形态发生超越工业文明的生态文明转型。后工业文明发展趋势目前主要有两种说法：一是信息文明说，一是生态文明说。[①] 我们认为，首先，生态文明是否定之否定的社会文明客观的发展趋势，即对包括生态危机的现代性危机或工业文明危机之历史否定的必然环节。其次，即习近平总书记所说，"共谋全球生态文明建设之路"是"携手共建生态良好的地球美好家园"，"关乎人类未来"的"人类共同梦想"。[②] 或如罗伊·莫里森（Roy Morrison）所说，"命名一种文明是树立一面旗子"，[③] 建设生态文明是当代世界面对生态危机具有生态觉悟的人们努力奋斗的方向；或是托马斯·柏励（Thomas Berry）所说，建设具有生态使命感的人们为保护人类文明和地球共同体免于毁灭而携手从事的异常艰巨复杂的"伟业"（the great work）[④]。第三，信息文明与生态文明并不冲突，其信息科学、信息哲学可与生态文明的生态哲学、复杂性科学相兼容，具有有机整体论元范式的生态复杂性科学是适应后现代生态文明的后现代生态复杂性科学范式。第四，生态文明在当代已形成了生态主义的深绿色、环境主义的浅

---

①　卢风：《生态文明时代的新哲学》，《社会科学论坛》2018 年第 2 期，第 4 页。

②　中央文献研究室编：《习近平关于生态文明建设论述摘编》，中央文献出版社 2017 年版，第 131、127、138 页。

③　Roy Morrison，*Ecological Democracy*，Boston：South End Press，1995，p.8.

④　Thomas Berry，*The Great work*，New York：Three Rivers Press，1999，p.85.

浅绿色和生态社会主义的红绿色三大理论范式，勾画出向生态文明演化的基本蓝图。

一、生态文明的必然趋势与当代生态文明三大理论范式的形成

一方面，的确不能否认，当代社会发展呈现信息化的新趋势。

20 世纪中期以后的以电子计算机和互联网的信息技术革命，到 20 世纪 70 年代，随着微电子技术、计算机技术、光纤通信以及软件技术的综合发展，使信息技术成为经济活动中最活跃的影响因子，围绕信息技术的搜集、传播、加工和处理，形成了微电子技术、光纤技术、航天技术、海洋工程、生物工程等高技术集群。社会发展呈现信息化的新趋势，因而在 20 世纪八九十年代，阿尔温·托夫勒提出了"信息社会"文明发展预言。1995 年他出版《创造一个新文明：第三次浪潮政治》，提出"一种新的文明正在我们生活中出现"，包括新的家庭样式、新的生活方式、新的政治经济冲突、新的思想意识，这是继农业文明、工业文明的第三种文明。[1] 他认为"工业主义发生总危机""工业文明行将结束"，[2] 在经济上，"数据、信息、影像、文化、意识形态以及价值观"，成为第三次信息文明经济的"核心资源"，[3] 是"超级符号性的信息经济"，[4] 即人们经常谈论的"知识经济"，不再是铁路、高速公路，而是信息高速公路成为新文明的基础设施。美国管理学之父德鲁克认为后资本主义的生产要素是知识，后资本主义社会是"信息资本主义"的信息社会。[5] 研究绿色资本主义的保罗·霍肯（Paul Hawken）也认为

---

[1]　Alvin and Heidi Toffler, *Creating a new civilization*, Atlanta：Turner Publishing, Inc., 1995, p.19.

[2]　Alvin and Heidi Toffler, *Creating a new civilization*, Atlanta：Turner Publishing, Inc., 1995, p.47.

[3]　Alvin and Heidi Toffler, *Creating a new civilization*, Atlanta：Turner Publishing, Inc., 1995, p.42.

[4]　Alvin and Heidi Toffler, *Creating a new civilization*, Atlanta：Turner Publishing, Inc., 1995, p.36.

[5]　Peter F. Drucker, *Post-capitalist Society*, Butterworth-Heinemann Ltd, 1993, p.166.

新文明是信息文明。① 卢风认为解释信息文明的哲学，是基于图灵论的信息哲学，其科学是认知科学和信息科学。信息哲学拒斥主客二分现代性哲学与生态文明的生态哲学是一致的。② 信息文明的认知科学和信息科学是与生态文明相适应的复杂性科学的交叉领域之一，信息哲学的超二元论的思维方式在某些方面与生态哲学是一致的，它的一些特征是实现生态文明的内涵和手段。实现生态文明是社会思想文化系统、政治行政管理系统、技术经济系统与自然生态系统复杂的相互作用的过程，与其相适应的科学范式是后现代复杂性科学范式。

另一方面，当代生态文明的发展趋势是生态危机的客观形势引发的辩证否定工业文明的客观历史环节，也是生态觉悟的人们建设生态文明的理想奋斗方向。

第二次工业革命释放的巨大的工业生产力，在缺少生态哲学导向和缺少生态治理的历史条件下，也同时成为巨大的对自然生态环境的破坏力。自 20 世纪 60 年代开始西方工业社会生态环境问题日益凸显，著名的"八大环境公害事件"大多发生在 20 世纪五六十年代，这就是西方社会的第一次"环境危机"，在西方社会引发环保运动。20 世纪七八十年代以后中国改革开放，融入世界经济体系和全球化进程，西方高污染高能耗的夕阳产业向中国等第三世界国家转移，西方社会环境问题有所改善，但中国等第三世界国家的生态环境问题却日益突出，生态环境问题随着全球化的进程向全世界扩散，形成全球性的"生态危机"，或生态危机全球化。21 世纪初臭氧层破坏造成温室效应，气候问题引起西方国家尤其是英日等岛国的重视，使其提出循环经济、低碳经济的思想和实践模式。环境危机和生态危机人们经常混用，用以表述生态环境问题。严耕认为"环境危机"是人类中心视角，是"浅生态的环境意识"，不能完全概括生态环境问题，而"生态"指"生态环境"，是更大的概念，"生态危机"的提法，相对于"环境危机"，是看待环境问题的整体主义视角，是对环境问题的整体解

---

① 　aul Hawken，*The Next Economy*，New York：Holt，Rinehart and Winston，1983，p.78.
② 　卢风：《走向新文明：生态文明抑或信息文明》，《特区实践与理论》2019 年第 1 期，第 38 页。

决。[1] 2005 年联合国发布《千年生态系统评估综合报告》(2001—2005)[2]，指出：近 50 年来，人类生态系统服务功能有 60% 退化，[3]1950 年后 30 年间，土地转化为农田的数量超过 1700—1800 年 100 年的总和，现在陆地 1/4 被耕作系统覆盖。[4] 世界上有 20% 的珊瑚礁已消失；淡水资源 40—50% 被消耗；土地生态系统超负荷运转；10%—20% 的干旱土地退化；生物多样性丧失，物种灭绝的速度达到地球历史背景速度的一千倍，10%—30% 的哺乳动物、鸟、两栖动物面临灭绝；有 1/4 海洋鱼类被过度捕捞；20 世纪最后几十年，世界煤炭资源损失 20%，另外 20% 在退化；由于栖息地丧失，1970—2050 年间植物物种预计减少 10%—15%。[5] 贝克认为，威胁人类生存的"第一是生态危机"[6]。建设性后现代主义大卫·格里芬专门写了一本著作《空前的生态危机》，他在书中引用大量数据说明生态危机对人类文明的灾难性威胁。生态危机的根本原因在资本主义的生产方式及其全球化扩张。生态马克思主义认为这是资本主义生产方式追求利润最大化的经济理性造成的，生态主义则认为生态危机的根源在二元论、人类中心主义和物质主义的现代性哲学。

西方学术界最早提出"生态危机"的是林恩·怀特（Lynn white，JR），1967 年他在《我们的生态危机的历史根源》(*Lynn White*, *The Historical Roots of our Ecologic Crisis*) 指出："生态危机是犹太基督教宗教传统的产物。"[7] "西方基督教一直是人类中心的，而在多个世纪中更是变本加厉，这

---

① 严耕：《生态危机与生态文明转向研究》，博士学位论文，北京林业大学经济管理学院，2008 年，第 7—8 页。

② Stockholm Environment Institute–Boston/Tellus Institute. Global Scenarios：Background Review for the Millennium Ecosystem Assessment，*Ecosystems*，2005，Vol.8（2），pp.133-142；

③ 宋燕波：《人类欠下子孙的巨债：〈千年生态系统评估综合报告〉发布》，《绿色中国》2005 年第 5 期，第 34—35 页。

④ 吴昌华、崔丹丹：《千年生态系统评估》，《世界环境》2005 年第 3 期，第 58 页。

⑤ 吴昌华、崔丹丹：《千年生态系统评估》，《世界环境》2005 年第 3 期，第 62 页。

⑥ [德] 乌尔里希·贝克：《哑口无语的失语状态》，见张世鹏编译《全球化与美国霸权》，北京大学出版社 2004 年版，第 160 页。

⑦ Lynn White，*The Historical Roots of our Ecological Crisis*. https：//science.sciencemag.org/content/155/3767/1203.

对新教来说尤其确切……要承担起令这星球变差的主要责任。"① 大多数生态主义者则把"生态危机"归于理性主义哲学的危机，而马克斯·韦伯认为理性主义源于新教理性主义的基督教世界观，批判基督教的世界观与批判现代性的理性主义是一致的。现代理性主义哲学和科学元范式强调人的理性主体对自然界的优越主导地位，在牛顿力学的还原论、机械论的世界图景中，自然界被化约为机械运动的物质系统，从技术上变成可被计算操作的劳动对象。按照主流经济学理论经济人理性范式，经济系统只是生产和消费价值流的循环，自然界只是不再参与经济循环的外生变量。自然生态系统成为工业经济原料产地，成为工业经济和生活消费的垃圾场。因而环境污染、生态破坏的"生态环境危机"与理性主义有相关性，现代性的本质就是理性主义。"生态危机"是"现代性危机"的组成部分。

20世纪60代中叶，在英美等西方工业社会涌现后现代主义、女权主义、生态主义等意识形态和新社会运动，跟西方马克思主义法兰克福学派一起集中批判反思"现代性危机"。马克斯·韦伯揭示工业资本主义的现代性就是理性主义，特别是工具理性主义，西方马克思主义法兰克福学派也认为现代性是启蒙理性或工具理性主义，其他学者虽对现代性有不同的表述，都认为其直接或间接与理性主义有关。

现代性批判是一种对现代性的工业文明的社会文化批判，现代性危机其实是工业文明乃至整体现代人类文明的危机，因而许多具有生态觉悟的人把"生态危机"与文明危机联系起来：1998年，联合国建立气候专门委员会，自那时起该委员会的气候科学家一直发出警告："持续的全球暖化将对文明造成灾难的后果"。2005年加拿大律师和议会议长伊丽莎白·梅在基兰的一次演讲中质问："文明能挺过气候变化吗？"2007年诺贝尔奖获得者、科学家保罗·克鲁琛说，"全球暖化……使人担心起地球环境……维持人类文明生存的那一能力。"2009年莱斯特·布朗出版2003年年度报告的最新版本《计划4.0》，加了副标题，即《计划4.0：动员起来拯救文明》。同年他在《科学美国人》发文说："食物匮乏会弄垮文明吗？"2010年美国国家科

---

① ［美］约翰·科布：《新教神学与深生态学》，李俊康译，见［美］杨通进等编《现代文明的生态转向》，重庆出版社、山东大学出版社2007年版，第48页。

学奖获得者朗尼·汤普森指出:"全球暖化对文明形成了明显的威胁。"同年普利策奖获得者罗斯·格尔布斯潘写道:"极有可能爆发的突然的灾难性变化","事关我们文明的生存"。2011年美国前副总统戈尔谈到气候变化时说,"我们所知的文明的将来会是什么样?"① 蓝色星球奖的前20名获得者2012年发表联合声明:"我们的社会别无选择,唯有采取应急行动以避免文明的崩溃。"2013年保罗和安妮·埃利希在英国皇家协会会议讲话的题目是"全球文明的崩溃能避免吗",指出一系列环境规模的环境问题,特别是气候混乱,正在威胁人类文明,人类正陷入查尔斯王子说的"大规模的自杀行动"。2014年汤姆·恩格尔哈特说,气候变化,不是反人类的罪恶,也是反生物的罪恶,是毁灭地球的。格里芬认为上述一系列都是表达布朗在2009年的观点:"在环保圈子里,我们谈论拯救地球的事,已几十年了。但我们现在面临新的挑战:拯救文明本身。"②

　　正是由于看到"生态危机"对人类生存以及对人类文明的严重威胁,一些生态主义者在对工业文明和现代性批判的基础上,在西方社会形成了系统的后现代的世界观、知识论和价值论的新思想范式,到20世纪七八十年代,许多人开始提出了超越工业文明的新时代、新纪元、新文明等,除了前面说的新文明是"信息文明"的典型观点外,另外一种典型观点是"生态文明"。

　　1978年是德国费切尔(Iring Fetscher)发表《人类的生存条件:论进步的辩证法》(Conditions for the Survival of Humanity:On the Dialectics of Progress),最早提出"生态文明"(Ecological Civilization)概念:"期望中被认为必需的生态文明","将以人道和自由的方式实现,而非由生态专制的专家团队实行",生态文明须"控制无节制的人类进步",探索"人类和自然之间和平共生的仁慈生活方式"。③

　　1995年美国学者罗伊·莫里森(Roy Morrison)在《生态民主》中指出:"生态文明以多样性的生活方式为基础,这些生活方式使自然生态和社会生态相互连接,持续不断:有两个基本属性:其一,以生物界充满生机的

① [美] 大卫·格里芬:《空前的生态危机》,周帮宪译,华文出版社2017年版,导言第5页。
② [美] 大卫·格里芬:《空前的生态危机》,周帮宪译,华文出版社2017年版,导言第5页。
③ Iring Fetscher, *Conditions for the Survival of Humanity*:*On the Dialectics of Progress*, Universitas, 1978, No.3, Vol.20, pp.161-172.

动态和可持续平衡看待人类生活：人生活在自然中，而非与之对立；其二，以新的社会选择能力，对我们的生活方式进行根本变革。""与自然及我们彼此间和谐相处"，"生态文明建立在三个相互依赖的支柱上：民主、和谐与平衡。""通过公民社会的民主选举，创造性地限制并变革工业主义。""平衡……即多样性的统一"，"也意指正义"，"正义不是指绝对平衡，而是使所有人拥有足够的资源和能力"。"和谐不是没有斗争和冲突，而是个体、团体和群体间的动态平衡"，"包容生物界的声音和价值。"① 他在《生态民主》中文版序言中指出："向生态转向追求可持续发展可能将自我毁灭的工业主义转变成一种繁荣的全球性生态文明。"生态文明的"操作性定义"是使经济增长与"生态改善"和"自然资本"增长同步，"生态文明是全球性生态增长战略成功的结果。""生态文明的定性定义则将人类的生态足迹简化为一种可持续性的整体……不仅意味着新的生态市场规则和制度，也意味着工业生态学、农业生态学、森林生态学、渔业和水产养殖生态学的全球性实践作为全球性的制度基础。"生态文明源自"经济、生态公地和可持续性三个方面的协同进化。"②

较为系统的生态文明思想和实践是由建设性后现代主义的过程思想学术共同体阐释的。综合怀特海过程思想、有机马克思主义、中国传统哲学、生态经济等思想的过程哲学家和建设性后现代主义领军人物小约翰·柯布（John B. Cobb，Jr.）是西方社会生态文明思想的系统提倡者和实践推动者。他指出："不走生态文明之路，人类就面临着灾难之路、死亡之路。"③ 事实上，生态灾难是"正在发生的现实"，④ 已经是"几乎不可逆的趋势"，"人类想不灭绝，只有彻底改弦更张，彻底反思现代文明，拥抱后现代文明或者说生态文明"。⑤ 他认为尽管西方传统宗教是有机的世界观，但由于其包含着

---

① Roy Morrison，*Ecological Democracy*，Boston：South End Press，1995，p.10.

② Roy Morrison，*Ecological Democracy*，Boston：South End Press，1995，p.10.

③ ［美］小约翰·柯布、杨志华、王治河：《建设性后现代主义生态文明观——约翰·柯布访谈录》，《求是学刊》2016 年第 1 期，第 13 页。

④ ［美］小约翰·柯布、杨志华、王治河：《建设性后现代主义生态文明观——约翰·柯布访谈录》，《求是学刊》2016 年第 1 期，第 13 页。

⑤ ［美］小约翰·柯布、杨志华、王治河：《建设性后现代主义生态文明观——约翰·柯布访谈录》，《求是学刊》2016 年第 1 期，第 13 页。

与自然疏离的因素，被后来的宗教传统所诠释，形成主宰自然的世界观，对生态灾难应承担部分责任。西方犹太教信仰者以色列人的流亡经历，造成了与其故土的自然环境的生存断裂，希伯来传统的宗教强化上帝信仰的普世性（universality），切断了"同任何地点的联系"，造成了人与自然的疏离。笛卡尔哲学提倡机械论的自然观代替了基督教的有机论自然观。康德哲学在与自然疏离的道路上走得更远，它否认任何可以肯定自然实在性的基础。当代西方语言哲学聚焦语言而不是世界，很难看出"与自然世界相疏离的态度怎样才会趋向于终结。"① 全球变暖的事实表现的生态灾难，仅靠技术措施可以缓解推迟，但不会根本解决，还需要改变我们的世界观和感知世界的方式。② 他认为中国传统文明，特别是道家具有生态智慧，使中国实现"生态文明的可能性大于西方。"③ 中国不应采取追赶西方资本主义工业化的"加速全球危机的不可持续发展模式"，④ 而应向后现代文明转型。他领导的中美后现代发展研究院与中央编译局多次举办生态文明国际论坛，提出"生态文明的希望在中国"。⑤ 2010 年他在访谈中指出，希望中国借助自己独特的传统走上"'后现代化'之路或者说'生态文明之路'"。⑥ 在 2012 年的采访中，他指出："中国生态文明概念的提出及其一系列政策可以看作对世界范围内的后现代运动的独特贡献"，⑦ 建设性后现代主义就是批判现代性的机械论宇宙观、二元论和工具主义理性思维方式，以及伦理的个人主义、社会管理的

---

① ［美］小约翰·柯布：《文明与生态文明》，李慧斌、薛晓源、王治河主编《生态文明与马克思主义》，中央编译出版社 2008 年版，第 9 页。
② ［美］小约翰·柯布：《文明与生态文明》，李慧斌、薛晓源、王治河主编《生态文明与马克思主义》，中央编译出版社 2008 年版，第 10 页。
③ ［美］小约翰·柯布：《文明与生态文明》，李慧斌、薛晓源、王治河主编《生态文明与马克思主义》，中央编译出版社 2008 年版，第 10——11 页。
④ ［美］小约翰·柯布、杨志华、王治河：《建设性后现代主义生态文明观——约翰·柯布访谈录》，《求是学刊》2016 年第 1 期，第 13 页。
⑤ 冯俊、［美］柯布：《超越西式现代性：走生态文明之路》，《中国浦东干部学院学报》2012 年第 1 期，第 13 页。
⑥ ［美］柯布、刘昀献：《中国是世界上最有可能实现生态文明的地方——著名建设性后现代思想家柯布教授访谈录》，《中国浦东干部学院学报》2010 年第 3 期，第 5 页。
⑦ 冯俊、［美］柯布：《超越西式现代性，走生态文明之路》，《中国浦东干部学院学报》2012 年第 1 期。

温和专制主义，主张从关系和过程出发的"有机哲学"，在辩证继承现代性、传统的优秀价值，建立复魅的动态和谐的有机世界观。在经济上批判自由主义经济学的"经济人假设"，提倡人与自然协同的"新社群主义"，最早提出绿色 GDP 的思想。在政治上批判美国金融资本主义。他指出："我一直看好中国，多次在国际会议和著述中强调'生态文明的希望在中国'，认为'中国是世界上最有可能实现生态文明的地方'。"① 柯布关于中国应引领世界生态文明的思想，2018 年 5 月 19 日，新华社以《中国给全球生态文明建设带来希望之光》② 进行了报道。"习总书记亲自为新华社对柯布博士做的报道作了批示"。③ 2015 年姜春云曾经接见柯布，对其在世界范围内推动生态文明给予高度赞扬，环保部长陈吉宁在京做"十二五"生态环境保护成就报告时曾专门引述了柯布博士的观点，因此柯布成为中国生态文明研究与促进会唯一的一位外籍专家顾问。④

　　著名建设性后现代思想家大卫·格里芬指出，从现代秩序转向后现代秩序，就是"后现代转向"，"需要走向一种生态文明。……要求生态文明的人需要为全球民主而努力。"⑤ 建设性后现代主义有许多维度，"最重要的维度是其对于人类现代物质文明和自然界之间整体的和谐关系的驱动导向作用，因此建设性后现代主义可以称之为'生态后现代主义'。在我自己关于建设性后现代主义或生态后现代主义的思考写作中，我受到了阿尔弗雷德·诺斯·怀特海过程哲学的深刻影响。我认为，在怀特海的全新的后现代世界观中，提出了一种深刻的生态世界观。"⑥ 他认为怀特海具有生态情结，因为：其一，认为所有个体都具有其内在价值，即具有自在自为的价值。其

----

① 冯俊、[美] 柯布：《超越西式现代性，走生态文明之路》，《中国浦东干部学院学报》2012 年第 1 期。

② 高山：《中国给全球生态文明建设带来希望之光》，《解放军报》2018 年 5 月 20 日第 2 版。

③ 铁铮：《中国引领着世界的生态文明——记美国国家人文科学院院士小约翰·柯布》，《绿色中国》2018 年第 15 期，第 37 页。

④ [美] 小约翰·柯布：《柯布自传》，周帮宪译，华文出版社 2018 年版，第 7 页。

⑤ [美] 大卫·格里芬：《全球民主和生态文明》，弥维译，见李慧斌、薛晓源、王治河主编《生态文明与马克思主义》，中央编译出版社 2008 年版，第 52 页。

⑥ 李慧斌、薛晓源、王治河主编：《生态文明与马克思主义》，中央编译出版社 2008 年版，序二第 8—9 页。

二，认为所有的事物都与它们的环境具有内在的联系，我们与其他事物的关系，构成了我们和事物的本质。怀特海坚持内在有机论的世界观，与笛卡尔所认为的世界由自在实体构成的二元论世界观不同，强调我们与自然界不是相互对立的，而是把我们自己看作是自然的一部分。除了受怀特海有机论的影响，"马克思主义哲学对于形成和保持生态后现代主义也是有帮助的。"①

菲利普·克莱顿等把怀特海的过程思想与马克思主义进行创造性的对话，形成"后现代马克思主义"或"有机马克思主义"的解决"生态灾难"替代资本主义的解决方案，"提出了一种生态文明的新视野"，认为"有机马克思主义"是达到生态文明彼岸的"最好渡船"，"中国最有可能引领其他国家走向可持续发展的生态文明"②：哲学上，是生态思维和建设后现代性的视野；在社会上，强调人与自然统一的共同体整体论，以过程思维提出注重务实解决方案；在教育上，超越科学、教育和社会"价值中立"的神话；在智力上，约束个人欲望，达到社会整体的繁荣，为人与自然的共同福祉而进行治理。

托马斯·柏励③（Thomas Berry，或译伯里④）的"生态纪"（ecozonic Era）思想，如卢风所说，"与生态文明论者不谋而合"⑤，但柏励不是从人类文明演化的视角立论，而是侧重于地球生命演化的命运更为恢宏的视野："继古生代、中生代、新生代之后"的"生态纪"。⑥托马斯·柏励讲了为何他不用"生态"（Ecological），而自造了一个词 Ecozonic。Ecozonic 不同于 Ecological 所指事物的相互作用，而"Ecozonic 更多指生物学的期间、时间"，这是生命史叙事的视野，从宇宙生命的诞生，讲到生命在地球的进化与灭绝；再讲到人类出现以后，在前工业文明人类是天人合一的敬畏自然的

① 李慧斌、薛晓源、王治河主编：《生态文明与马克思主义》，中央编译出版社 2008 年版，序二第 9 页。
② [美] 菲利普·克莱顿、贾斯汀·海因泽克：《有机马克思主义：生态灾难与资本主义的替代选择》，孟宪丽、于桂凤、张丽霞译，人民出版社 2015 年版，第 8—9 页。
③ [美] 赫尔曼·F. 格林：《托马斯·柏励和他的"生态纪"》，《求是学刊》2002 年第 3 期，第 5—13 页。
④ [美] 大卫·格里芬编：《后现代精神》，王成兵译，中央编译出版社 1998 年版，第 81 页。
⑤ 卢风：《生态文明新时代的新哲学》，《科学论坛》2018 年第 6 期，第 5 页。
⑥ [美] 托马斯·柏励：《生态纪元》，李世雁译，《自然辩证法研究》2003 年第 11 期，第 13 页。

哲学，以及采用的是与自然协同进化的有机经济和和谐技术；工业文明时代以笛卡尔为代表的现代性思维方式对待地球是破坏自然、消灭生命的哲学、技术和掠夺性经济，而生态纪则意味着人以其新的生存方式重新理解宇宙自然发生性、神秘性和创造性，协同参与地球生命共同体的可持续生存，即人类在新的宇宙大爆炸 134 亿年的叙事故事基础上，以潜意识领悟、敬畏宇宙的自然发生性、神秘性和创造性，有效回应自然，从事从工业文明灭绝生命共同体的灾难中维护生命共同体持续生存的"伟业"：尊重地球原初本元性的新的有机经济秩序和尊重自然本身固有的自然技术，实行生态精神秩序导向的生物区域主义的可持续生活方式，与地球共同体协同进化，持续生存。①

托马斯·柏励的学生美国生态纪协会主席赫尔曼·F. 格林（Herman F. Greene）则把"生态纪"的思想和基于怀特海的过程思想的建设后现代主义结合起来，他把讲述我们从哪里来、怎样来到这里及要向何处去的生态纪思想，结合了关于存在本质的创造性、连续过程、非实体性、有机体、社会协同、自组织、未来不确定的开放性、创造性参与、整体性和互感共摄的有机哲学，以"建设性后现代主义的第三条道路"，"建设超越帝国主义和恐怖主义的新文明"，② 即"生态文明"。他论述了"生态文明的宇宙论基础"。他认为人类从采集狩猎阶段走向"古典文明"，再走向现代性的全球化文明，将走向"生态文明"。他认为现代全球化文明缺少宇宙论。现代全球化文明的基础是经济学和实证科学。市场经济把一切都变成商品，形成一个新衍生的社会结构，促进了社会经济大发展。经济学的主题是自由市场、货币化、发展和管理。市场经济把一切商品化，为销售而生产；还把人和生态价值商品化，形成货币经济。市场经济价值，成为衡量社会的一切标准，但面对生态困境，发展的两个前提，空间上的普遍性和时间上的持久性失效了。"经济"的本义是"家务管理"，"生态"的本义是"家务研究"，研究人与环境的关系。市场经济最根本的问题是管理，管理源于一种信念，相信自己有能力左右市场、运动资金、利用科技创造力，控制社会与自然，破坏了人与自然环

---

① Thomas Berry, *The Great work*, New York: Three Rivers Press, 1999, p.55.

② ［美］赫尔曼·F. 格林：《超越帝国主义和恐怖主义的新文明：生态纪研究和过程思想的作用》，李世雁译，《求是学刊》2004 年第 5 期，第 10—17 页。

境的生态联系。而"科学建立在有限经验基础上的验证"，①非现实的全部知识。现代科学把所有的质都理想化、简化成量，把一切事物看成是物质、实物，量的科学成为唯一合法性的科学。自然被人祛魅，人控制自然，不断向自然索取东西，人的创造性成为价值标准。现代科学世界观的局限性，不可能形成真实意义的宇宙论。宇宙论不仅是物质秩序，还需要与形而上学原则结合。现代科学只有宇宙结构学，没有宇宙论，现代世界只是建立在经验基础上的主体性世界。现代文明缺失了宇宙论，"因此需要回复宇宙论'视角'，促进文明进入生态文明的下一阶段。"②哲学家托马斯·柏励认为，现代文明的问题是宇宙论理解的缺失。宇宙论不仅是宇宙演化的知识，而且是宇宙意义和价值认识。宇宙是自我相关的存在，不具有自我解释性，不能被其他事物说明，宇宙包含一切行动，一切行动在宇宙中进行。柏励认为，科学语言，建立了一个有序的过程，是描述事实的语言，但不是有意义的语言。按照柏励的观点，宇宙是可以类比的，类比的逻辑是从一种特殊性到另一种特殊性。一个男人对女人说，"她就是春天"时，这是类比。宇宙是对生存者规范。西方古典宇宙是因果宇宙观。中国古典思想占优势的类比思维和一切都是相关的思想，"美学的联想占据优势"，以此为基础，中国建立起阴阳五行的类比宇宙观。古典宇宙论，不论东西方，都是在一个更大的范围内理解文化背景，"这就是宇宙文明的涌现，宇宙文明的涌现不会取代文明的多样性和民族的多样性。"③文明具有宇宙论的基础，"是对宇宙价值意义的认识。"④现代

---

① ［美］赫尔曼·F.格林：《超越帝国主义和恐怖主义的新文明：生态纪研究和过程思想的作用》，李世雁译，《求是学刊》2004 年第 5 期，第 18 页。

② ［美］赫尔曼·格林：《生态文明的宇宙论基础》，李世雁、刘静妍译，载李慧斌、薛晓源、王治河主编《生态文明与马克思主义》，中央编译出版社 2008 年版，第 21 页；亦见赫尔曼·格林《论文明的发展趋势——生态文明》，李世雁译，《沈阳工业大学学报》（社会科学版）2008 年第 7 期。

③ ［美］赫尔曼·格林：《生态文明的宇宙论基础》，李世雁、刘静妍译，载李慧斌、薛晓源、王治河主编《生态文明与马克思主义》，中央编译出版社 2008 年版，第 25 页；亦见赫尔曼·格林《论文明的发展趋势——生态文明》，李世雁译，《沈阳工业大学学报》（社会科学版）2008 年第 7 期。

④ ［美］赫尔曼·格林：《生态文明的宇宙论基础》，李世雁、刘静妍译，载李慧斌、薛晓源、王治河主编《生态文明与马克思主义》，中央编译出版社 2008 年版，第 26 页；亦见赫尔曼·格林《论文明的发展趋势——生态文明》，李世雁译，《沈阳工业大学学报》（社会科学版）2008 年第 7 期。

全球化文明，缺少宇宙论为文明提供的"共享神秘性"。为现代文明提供宇宙论，现代文明将成为"生态文明"，不仅科学和经济学继续发挥作用，而且"所有的物种都有权利在发展中可持续生存"①。

　　澳大利亚的过程思想者阿伦·盖尔（Arran Gare）2017 年出版了世界上第一本以"生态文明"命名的书，《生态文明的哲学基础：未来宣言》（*The Philosophical Foundations of Ecological Civilization*：*A Manifesto for the Future*），他声称这是有关"生态文明的宣言"（a manifesto for ecological civilization）。② 他指出，生态危机在于哲学危机，而哲学观念是思想和生活的基础和文明的核心，塑造文明的类型；哲学融会贯通各个学科的跨学科的知识，是理解宇宙和人在宇宙的定位的综合知识基础，也具有价值性，提供人生目的意义责任意识，是组织人的生活和社会的综合知识基础和价值导向。③ 而当代主流哲学流行的知识欲求，却是"碎片化、过度专业化和排外的"④，其更广泛的意义难以表述，也很难向其特殊领域之外的任何人解释。以至于，在英语国家的主流学派哲学家宣扬了一种精致消极的虚无主义（a deliberating，passive nihilism），而诋毁和谴责任何外人对这种虚无主义的质疑，这不仅破坏了哲学，也破坏了人文、艺术、大学教育、民主和文明，还使人类丧失了处理现在面临的社会问题和生态威胁的能力。职业哲学家哲学的反智主义和反智，是很反常的。⑤ 在英语国家强势的哲学权威占据各大学要职，大量的学科分支和专业化排斥了真正的哲学挑战，"环境哲学，通常以环境伦理学的特点，被安排到一个次要的分支学科，在那里，即使采

---

① ［美］赫尔曼·格林：《生态文明的宇宙论基础》，李世雁、刘静妍译，载李慧斌、薛晓源、王治河主编《生态文明与马克思主义》，中央编译出版社 2008 年版，第 21 页；亦见赫尔曼·格林《论文明的发展趋势——生态文明》，《沈阳工业大学学报》（社会科学版）2008 年第 7 期。

② Arran Gare，*The Philosophical Foundations of Ecological Civilization*：*A Manifesto for The Future*，London and New York：Routledge，2017，p.12.

③ Arran Gare，*The Philosophical Foundations of Ecological Civilization*：*A Manifesto for The Future*，London and New York：Routledge，2017，p.11.

④ Arran Gare，*The Philosophical Foundations of Ecological Civilization*：*A Manifesto for The Future*，London and New York：Routledge，2017，p.12.

⑤ Arran Gare，*The Philosophical Foundations of Ecological Civilization*：*A Manifesto for The Future*，London and New York：Routledge，2017，p.12.

取激进的立场，它们也是重要的"①。阿伦·盖尔认为，要摆脱生态危机，必须进行哲学基础的"激进的启蒙"（The Radical Enlightenment），复兴有机论的"自然哲学"（reviving natural philosophy），建立全球生态文明（a Global Ecological Civilization）。② 阿伦·盖尔所说的生态文明哲学基础的自然主义，是区别于分析哲学家的自然主义（naturalism of analytic philosophers）的"玄思的自然主义"（speculative naturalism），③ 即怀特海阐释的过程—关系形而上学（a Process—relational Metaphysics）。阿伦·盖尔指出，这一玄思的自然主义哲学，要求重新定义人化的自然及其在宇宙和自然中的位置，以支持、整合并进一步发展流行于知识阶层的碎片化、过度专业化及排外的知识欲求，开拓"后虚无主义"的文化之路。认为，只有以此方式，我们才能达到对当下处境的全面理解，开拓新视野，使人们未来的愿景，不再是恒久的经济不安全状态，而是自由争论，不再是逐渐败坏的生活条件，而是导向成功未来的战斗。④ "玄思的自然主义"，区别于两种哲学，即避免玄思而集中于语言批判分析的分析哲学和唯心主义。唯心主义是对形成于 17 世纪科学革命的宇宙观的笛卡尔 / 霍布斯 / 牛顿宇宙观的反动，采取玄思的假设，并不意味着支持牛顿宇宙观，或支持唯心主义宇宙观。分析哲学最近几十年盛行于英语国家哲学界，"强烈地持有还原主义的自然主义，其假设主要不自觉地基于牛顿的机械论"⑤。阿伦·盖尔认为，近一个世纪哲学的错误，即不再需要新哲学观念挑战主流，以及提供理解世界和未来的新视野，肇始于语言分析哲学，它败坏于教育和文化的核心地带，由微细的形式语言语法组成，服务于信息技术工业、主流科学的神学之晦涩的专业分支，不仅占据英语

---

① Arran Gare，*The Philosophical Foundations of Ecological Civilization：A Manifesto for The Future*，London and New York：Routledge，2017，p.11.

② Arran Gare，*The Philosophical Foundations of Ecological Civilization：A Manifesto for The Future*，London and New York：Routledge，2017，p.166.

③ Arran Gare，*The Philosophical Foundations of Ecological Civilization：A Manifesto for The Future*，London and New York：Routledge，2017，p.5.

④ Arran Gare，*The Philosophical Foundations of Ecological Civilization：A Manifesto for The Future*，London and New York：Routledge，2017，pp.12-13.

⑤ Arran Gare，*The Philosophical Foundations of Ecological Civilization：A Manifesto for The Future*，London and New York：Routledge，2017，p.13.

国家的哲学院系，还侵入了提供不同选择的传统的国家，如法语国家。① 阿伦·盖尔赞同布劳德（C.D. Braod）关于分析哲学与玄思哲学的对比：分析哲学是将科学和普通生活的基本观念和假设分析和明晰化，分析哲学认为，哲学问题的组成部分，可以像科学一样，用彼此孤立的方法来解决和对待，以积累知识。而玄思哲学努力达到对宇宙＼自然和人类在宇宙中的地位，形成有关人类体验的、社会伦理的、美学的和宗教的全方位理解的总体观念（an overall conception）。布劳德指出了玄思哲学的三种方法：分析的、统观的（synosis）和综合（synthesis），分析哲学侧重于前两者，玄思哲学三种方法并用。阿伦·盖尔指出当代分析哲学特别重视分析的方法，有的分析哲学家甚至排斥分析的方法，集中于分析语言命题的逻辑形式及其影响。② 语言哲学的波尔查诺、罗素和弗雷格把语言的逻辑模型分析世界的结构，形成逻辑原子主义的世界图景，世界由明确属性且具有确定关系的实体和集合组成，元素构成语言的意义和可能世界存在的要素。当代美国分析学家奎恩在"自然主义"的名义下划分了三个相互分离的信条：元哲学自然主义、认识论自然主义和本体论自然主义。奎恩的自然主义预设了科学主义。③ 在此世界图景下，除了自然科学的物质、能量、事件，别无它域。④ 而且奎恩误以为"物理学家和行为心理学家所描述的自然，仅仅是用句子来描述的"⑤，阻断了真正的科学问题和人们的宇宙意识。阿伦·盖尔认为，玄思哲学的自然主义的哲学，有三个含义：其一，自然是关系的、自组织过程的有机自然。自然主义从语义学来说，起源于拉丁语 Natura，是出生、产生的意思。按照亚里士多德的说法是"从最初开始的事物内在部分"，伊奥尼亚人说法是

---

① Arran Gare，*The Philosophical Foundations of Ecological Civilization*：*A Manifesto for The Future*，London and New York：Routledge，2017，p.33.

② Arran Gare，*The Philosophical Foundations of Ecological Civilization*：*A Manifesto for The Future*，London and New York：Routledge，2017，p.34.

③ Arran Gare，*The Philosophical Foundations of Ecological Civilization*：*A Manifesto for The Future*，London and New York：Routledge，2017，p.41.

④ Arran Gare，*The Philosophical Foundations of Ecological Civilization*：*A Manifesto for The Future*，London and New York：Routledge，2017，p.43.

⑤ Arran Gare，*The Philosophical Foundations of Ecological Civilization*：*A Manifesto for The Future*，London and New York：Routledge，2017，p.124.

"宇宙的自我创造"，这是自然主义最本质的东西。其二，注重"描述性概括"的预设。怀特海认为，所有的玄思都是在一定的历史背景和无意识背景下发生的。玄思的核心是综合思维的运用，玄思建立在对宇宙的可理解基础上。建立假设的思路是结合经验，从概念到经验，再从经验到概念，从点到面、从一个领域到另一个领域，由分离到综合的怀特海说的"描述性概括"的过程。其三，追求以生命为根本目的的完整的生活价值。以分析哲学为代表的现代性哲学，不关注价值问题，人类异化为"被欲望和厌恶驱动的复杂机器。"[1] 而阿伦·盖尔认为，"生命是一切根本的问题"，"生命赋予了自由与幸福的意义"。[2]

上述深生态思想家对生态文明理念的明确提出，以及对生态文明有机整体的世界观、和谐政治的社会秩序，社群主义的生活方式，以及对继承中国传统朴素生态世界观的当代中国在生态文明的引领作用的强调，形成了生态文明的基本蓝图。

中国引领生态文明的潮流，20 世纪八九十年代在我国政府可持续发展战略导向下，中国一批学者在世界率先提出"生态文明"的概念。1985 年 2 月 18 日，《光明日报》简要介绍了刊登于《莫斯科大学学报·科学社会主义》上的署名文章《在成熟社会主义条件下培养个人生态文明的途径》。1987 年，我国著名生态学家叶谦吉教授指出，"所谓生态文明就是人类既获利于自然，又还利于自然，在改造自然的同时保护自然，人与自然之间保持着和谐统一的关系。"[3]1990 年李绍东发表《生态意识与生态文明》，针对国内外"生态危机"的背景，初步阐述了"生态文明"概念的生态道德、理想、文化和行为四方面内容，并提出生态文明建设实践的构想。[4]1992 年谢光前在《社会主义研究》第 3 期发表《生态文明初探》，根据马克思人与自然协调的观点

---

[1]　Arran Gare，*The Philosophical Foundations of Ecological Civilization：A Manifesto for The Future*，London and New York：Routledge，2017，p.213.

[2]　Arran Gare，*The Philosophical Foundations of Ecological Civilization：A Manifesto for The Future*，London and New York：Routledge，2017，p.218.

[3]　叶谦吉：《叶谦吉文集》，社会科学文献出版社 2014 年版，第 80—81 页；亦见卢风《走向新文明：生态文明抑或信息文明》，《特区实践与理论》2019 年第 1 期，第 36 页。

[4]　李绍东：《生态意识与生态文明》，《西南民族学院学报》1990 年第 2 期；卢风：《走向新文明：生态文明抑或信息文明》，《特区实践与理论》2019 年第 1 期，第 36 页。

以及对资本主义的批判，提出"生态文明"看法：人与自然统一共存、经济发展与生态平衡并重、人与自然双向和谐以及全球生态文明合作。1993 年沈孝辉《走向生态文明》一文，把"生态文明"定位为工业文明后的发展阶段。认为要解决环境恶化，人类的思维方式、生产方式和生活方式都要发生一场革命，建立与自然和谐的生态文明。这是我国学术界最早"历时意义上使用的'生态文明'"①。1993 年刘宗超、刘粤生在著文中指出：生态危机是工业文明的产物，是追求经济利益最大化的高"熵"文化的人类中心主义思维方式所致，也与工业化国家对外输出污染工业以及落后国家缺少生态管理有关。他把地球生态系统的信息增殖模式看作是生态文明的科学基础，生态文明的价值观是人类发展的影响系统，生态命令超越国家与阶级的绝对命令。②

20 世纪末，闵家胤对信息文明和生态文明的关系，提出了他独到的观点，他并不否认信息文明是未来社会一个阶段的发展趋势，但信息文明只是包含在工业文明中一个不太长的阶段，最终更持久的社会发展阶段是"生态文明"，这是人类未来可持续发展的必由之路。他指出："人们已经形成一种共识，21 世纪将是'信息社会'或'知识经济社会'，我要提出的新观点是'信息社会'是人类文明进化过程中一个不太长的阶段，并不构成一个相对独立的作用，而是包容在工业文明当中，所以又叫'后工业社会'。在这之后，人类文明的进化将推进到一个崭新的阶段，一个相对长的阶段，它的名字叫'生态文明'或'生态社会'。"③信息社会属于"工业—信息社会"最后阶段，这是一个网络社会。"工业—信息社会必然造成人口膨胀、资源短缺和环境污染，威胁人类生存，因而人类不得不向生态文明进化。"④生态文明社会结构是 W 型"多（全）层次参与系统"（Holoarchical system），与等级控制系统自上而下传递信息不同，是全部层次各个方向传递信息流。⑤随

---

① 叶谦吉：《叶谦吉文集》，社会科学文献出版社 2014 年版，第 80—81 页；卢风：《走向新文明：生态文明抑或信息文明》，《特区实践与理论》2019 年第 1 期，第 36 页。

② 刘宗超、刘粤生：《全球生态文明观——地球表层信息增殖范型》，《自然杂志》1993 年第 3 期。

③ 闵家胤：《生态文明：可持续进化的必由之路》，《未来与发展》1999 年第 3 期，第 8 页。

④ 闵家胤：《人类社会的自然段》，《系统科学学报》2011 年第 2 期，第 6 页。

⑤ 闵家胤：《社会系统进化：O → A → M → W》，《系统科学学报》2009 年第 3 期，第 1—2 页。

着生态危机的加剧，人类将加大投资改善环境，发展生态工农业，变环境恶化循环为环境优化良性循环，"这或许是后工业时代，或后现代主义文明，21世纪要逐步创造出来一种文明——生态文明的主要特征。"①闵家胤指出："生态文明一定会进化出来，但这个过程是比较长的非平稳的，并且人类要经历相当大的痛苦。"②

20世纪80、90年代上述学者的观点初步奠定中国学者的生态文明观：一是狭义的社会主义现代化文明的生态方面；二是广义的替代工业文明的未来发展的生态导向，或"绿色发展"，以建立生态文明社会为导向。

21世纪头十年，在中国，人们认识到建设生态文明的迫切性和必然性。2003年6月25日发布的《中共中央国务院关于加快林业发展的决定》正式提出要"建设山川秀美的生态文明社会"，2007年党的十七大提出建设生态文明的思想，这是狭义生态文明观。2007年以后，随着国际气候问题突出，随着中外交流的扩大以及学术研究的深入，2012年党的十八大报告提出了"努力走向生态文明的新时代"，将狭义生态文明观发展为广义生态文明观。党的十八届三中全会通过的《中共中央关于全面深化改革若干重大问题的决定》，虽然把"生态文明建设"作为五大建设之一，同时也把生态文明赋予了社会主义现代化与科学发展目标的含义，即"绿色发展"的广义的"生态文明"意蕴。习总书记指出了建设生态文明社会的历史必然趋势："生态文明是工业文明发展到一定阶段的产物"③，同时也指出，"共谋全球生态文明建设之路"是"携手共建生态良好的地球美好家园"，"关乎人类未来"的"人类共同梦想"。生态文明既是人类社会克服工业—信息社会必然造成的生态环境问题，走向可持续发展的必由之路，也是人类先进主体在生态危机的历史条件下，为建设生态文明的美好社会而奋斗的伟大事业。我国执政党和政府的生态文明观，既借鉴了工业文明框架内技术中心主义的可持续发展、生态现代化、循环经济、低碳经济等一些行之有效的理念和措施，也借鉴了西方生态主义有关人和自然和谐的思想，而作为马克思主义指导的社会主义

---

① 闵家胤：《系统科学与生态文明》，《未来与发展》1998年第6期，第33页。
② 闵家胤：《生态文明：可持续进化的必由之路》，《未来与发展》1999年第3期，第8页。
③ 《习近平总书记系列重要讲话读本》，学习出版社、人民出版社2014年版，第141—144页。

国家，也自然具有社会主义的替代资本主义的"红色"革命导向，以马克思主义的生态哲学为指导，在实现中华民族伟大复兴的战略中，也继承了中华优秀文化传统包括中国传统有机整体论等古典朴素的生态思想的精华，从而以马克思主义理论为指导，海纳百川，批判地继承了当代西方从技术改良主义到革命替代范式的西方绿色话语的多元思想内涵，具有极大的包容性、创造性和引领性特征。在我国生态文明思想和建设的浓厚氛围中，2007年后，以生态文明为研究题目的学术论文剧增，经中国知网检索，自1988年至2020年底，共39700余篇，而1988—2006年共928篇（网络检索有增多误差）。有关生态文明的专著100多种，大都是2007年以后的。

我国学术界生态文明研究的特点：

其一，生态文明理论研究相对较少，侧重于生态文明本身含义的阐释，主要是基本内涵、理论框架和时代定位，"六经注我"的哲思居多，而"我注六经"的学术研究不足。

其二，大多数的文章侧重于中国生态文明建设的实践路径探索，包括经济基础、制度机制、政策模式、科技创新、评估指标、路径道路等，其中研究我国地方或区域生态文明建设，特别是研究少数民族地区生态文明建设的较多。

其三，明确以国外"生态文明"为选题的研究文章相对不多：经中国知网检索，自2003年至2019年底明确以"国外生态文明"为题的有大约20篇。与国外生态文明相关的研究许多是以"生态马克思主义""生态社会主义""生态政治""生态经济"为篇名研究的。经中国知网检索西方"生态马克思主义"研究自1982—2019年10月底有1580余篇，其中博硕士论文398篇。研究"生态社会主义"的1579多篇，其中博硕论文234篇。研究"生态伦理"的约3440篇，其中硕博论文443篇。研究西方"生态政治"理论的3320多篇，其中硕博论文295篇。国内专著将生态文明与西方绿色理论明确联系在一起研究的只有1种，即周鑫著《西方生态现代化理论与当代中国生态文明建设》（2012年10月）。研究"生态主义"的有1种，即金纬亘著《西方生态主义基本政治理念》（江西人民出版社2011年版）。研究生态马克思主义著作中译著较多，共约70多种。自2008—2014年，中国国家社科基金项目有关"生态文明"立项的共145项，其选题除了几项是有关生态文明理论本身的研究外，主要侧重于中国生态文明建设的实践，包括经济基础、制度机制、政策模式、科技创新、评估指标、城镇化、实践道路等，其中相当多的课题立项侧重于我国区域生态文明建设，特别是少数民族地区生态文明建设研究，没有一项是明确以国外生态文明理论立项的。国家社科基金项目立项涉及国外绿色理论研究的 3 项：《北美生态马克思主义及其社会主义观研究》(2011)、《绿色变革视角下的国内外生态文化重大理论研究》(2012) 和《生态马克思主义文化批判理论研究》(2014)。

本课题在大量阅读当代西方有关绿色理论话语基础上，总结出当代生态文明理论的三大范式。"范式"（Paradigm）是库恩（T.Kuhn1922—）1962年在《科学革命的结构》提出的科学哲学概念，"范式"是指科学家共同体在某一科学发展时期共同的信念、公认的社会建构模式和以科学理论和科学成就为基础的方法工具以及典型的科学技术范例，即用以描述某一科学发展阶段科学家共同信奉的世界观、方法论和实践规范，现在被人们用来研究某一学科的基本理论模式，大体可分为哲学元范式和社会实践范式。本课题借用"范式"概念，按照哲学元范式和社会实践范式的不同，总结出当代生态文明理论的三大范式："生态主义"的深生态或深绿色（deep ecology or dark green）范式，其学术范例是"生态伦理学"（Environmental Ethics）；"环境主义"（Environmentalism）的技术主义浅绿色（Light green）改良范式，其学术范例是"环境资源经济学"（Environmental resource management），"生态马克思主义"（ecological Marxism）的红绿（Red Green）范式。

（一）"生态主义"深生态或深绿色范式

生态主义（Ecologism）或深绿色（deep ecology or dark green）思想，是在生态环保运动、反核武器、和平运动和女性运动的新社会运动基础上形成的、替代资本主义工业文明的生态文明的意识形态。德赖泽克将其称为"绿色激进主义"（green radicalism），并根据其世界观和对现实的态度，将其分为"绿色浪漫主义"和"绿色理性主义"。二者共同点是有机整体论的深生态世界观和对地球生态极限的强调，采用有机的隐喻；二者的不同点：在世界观上，绿色浪漫主义者，强调从人到生物到生态系统的各个层次的主体性，是盖娅主义的，除了有机隐喻，还有生物的隐喻；而绿色现实主义者，则基于复杂性科学，把自然看成是一个生态系统，强调其复杂性，以及人把握生态复杂性和人与自然复杂性作用的生态理性。在改造社会方案上，前者强调生态敏感性（ecological sensibility）的生态主体体验的形成，把对现实工业资本的改造，化约为生态文化和生活方式的根本的思想意识革命，具有激进主义的理想主义特征；而后者则强调非暴力的议会民主政治、生态责任的公共政策、基层民主制度，具有现实主义特征。与德赖泽克的对"绿色浪漫主义"和"绿色理性主义"具体分类不同。① 我们认为，"绿色浪漫主义"或绿色理想主义几乎是生态主义各派的基本特征，而"绿色理性主义"，主要是绿党的"生态政治学"实践的现实派的特征。而生态伦理学派中的生态中心论派，由于重视生态科学和"生态理性"，强调生态系统复杂性，大多可划在"绿色理性主义"阵营。绿党的"生态政治学"实践的现实派的理论观点基于生态科学和生态理性，属于生态系统伦理学派。

从深生态的生态主义哲学各派，关注理论问题的侧重点来看，大体分为四类："生态存在论"派（"生态科学"派、"生态现象学"派、狭义深生态学）、"生态伦理学"派（生物中心论、生态中心论）、"生态社会学"派（社会生态学、生态女权主义、生物区域主义、新世纪运动等）以及生态文明综合派。建设性后现代主义的"过程神学"属于生态文明综合派：既包含生态神学、生态伦理学，也包含生态经济学；生态文明综合派综合了绿色激进主义和绿色现实主义两个方面，既主张在批判机械主义二元论现代性基础上，以怀特海过程思想为基础，形成有机整体论的生态文化，进行生态文化革命，又主张批判现代经济学的个体主义的经济人假设，形成共同体经济学范式和生态经济建设模式，并提供了替代资本主义工业文明的有机马克思主义的生态文明方案。

生态主义各派的区别，既是理论焦点的不同，也是理想与现实的区别，更是生态实践侧重于国家政治还是社会改造的区别。从理论观念的抽象原则和理想信念，到现实的具体实践，难免要适应西方议会民主的现实政治环境，因而必然发生若干非原则性或原则性的改良主义的适应性变化；而理论

---

① 德赖泽克认为，前者包括深生态学（Deep Ecology）、女权主义、生物区域主义、生态公民权观、绿色分子生态文化观、生态神学等流派，后者主要是绿党和社会生态学、环境正义运动、全球正义运动等。

关注焦点不同，则决定着现实实践的不同导向。根据生态文明在当代西方深生态实践，将其分为生态政治学和社会生态学两个向度，这既是理论的，也是实践的：前者主要是绿党的生态政治学的意识形态及其实践，后者是生态社会学运动、生态女权主义、生态正义运动等理论和实践。

"政治生态学"是绿党的意识形态，其意识形态的理想是"生态主义"的绿色激进主义，其现实的执政纲领则是"绿色现实主义"或"绿色理性主义"。欧洲绿党主流生态政治学理论原则，主要有四个内容：生态系统网络论；非暴力议会民主政治和生态公共政策以及基层民主体制；欧洲绿党非主流的理想主义生态政治原则还有分散化原则、后父权主义原则和精神原则；美国绿党又加上了权力下放、社群为本的经济、女性主义、尊重多样性、个人与全球责任、注重未来（或称可持续性）原则，共十大价值；绿党生态政治学解决生态危机的实践方案，正如佩珀所说，乃介于福利自由主义和民主社会主义两种类型之间。21 世纪初绿党成为在野党后，进行政党改革，从理想主义的"抗议党"转型为现实主义的"执政党"，如卢茨所说，其生态发展模式，也变得与民主社会主义的生态现代化道路趋同。

生态主义的社会实践派，在社会建构模式上，总体属于生态无政府主义（Green anarchism or eco—anarchism）的地方自治主义、公社主义、基层民主主义。生态无政府主义主要包括自由主义无政府类型的社会生态学运动、共同体无政府主义类型的生物区域主义运动和寺院无政府主义类型的新纪元运动等。贾丁斯则认为生态女权主义、社会生态学尽管批判深生态学，它们之间也相互批判，但它们在有关生态问题的起因和解决方法上属于生态主义，在社会实践上，侧重于生态共同体主义（Eco—communalism）运动，是一种地方自治主义。

绿色自由无政府主义者，包括社会生态学运动、女性主义、公民自由、消费者运动等，其革命性的社会变革策略，深受无政府主义者理想观念的启发，发起新社会运动，这些运动虽然不是反对资本主义的，却是反国家的。它是自由主义的而非社会主义的无政府主义，因为它关注的焦点，是个体作为消费者在社会变迁中的核心影响力，而不是作为生产者的那种集体力量。其中影响较大的是"社会生态学运动"（Social ecology movement），主张全球建立有机的"多样性的国际共同体"，形成"社会生态的社会"（social ecology associates），强调社会与自然有机统一且社会结构与自然结构同构的有机整体范式，具有自由主义无政府主义性质。其实践纲领中显而易见的要素是与自由主义的、小型商业的资本主义相一致的。与女性主义、消费者运动的自由主义无政府主义特征相似，其替代资本主义的社会方案，在社会生态学理论框架中呈现出来：包括以公社和城市街区为基本政治单位的小规模组织；强有力的地方主义，如 LETS（地方就业与交易系统）；遵循生态原理的组织目标等。

绿色共同体无政府主义者，在城市的表现形式，是以牛津为基地受科林·沃德（Colin Ward）影响的"绿色无政府主义者"的团体，主张建立城市公社和"擅自占地运动"，其乌托邦，源自威廉·莫里斯《来自乌有之乡的消息》的农村公社和以行会为基础的社会主义。在农村的表现形式是"生物区域主义"，主张社会基本单位按照被称为生物区域（bioregions）或生态区域（ecoregions）的自然区规划的观点。生物区域主义的原则就是无政府社群主义价值观，贬低非人力的市场力量与官僚机构的重要性，拓展地方政治与经济的良机，提倡合作、参与、互惠以及手足之情的文化价值。强调区域自力更生潜能的开发，以及居住在那里的人们的某种归属感、属地感，包含有对民俗与历史以及"传统"民众所拥有技术的学习。生物区域主义反映的是卡伦巴赫的生态乌托邦。

塞尔（Searle）的"第四世界运动"，是一种生态地方自治主义，遵循生物区域主义原则。塞尔这样定义第四世界：正如外部殖民地摆脱帝国形成第三世界一样，内部殖民地，第四世界，正努力摆脱国家。第四世界，跨越盖娅主义和社会生态学，具有共同体无政府主义特征，但与"生物区域主义"有世界观和哲学上的区别。

保罗·拉斯金（Paul Raskin）提倡"生态共同体主义"（Eco-communalism），2005 年他认为由于资本主义市场经济政策和价值观导致两极分化的经济社会危机和环境衰败的生态危机，地球文明即将发生"大转折"（Great Transition），地球文明曾经经历石器文明、神圣的农业文明和理性的工业文明，即将进入"Planetary Phase of Civilization"（行星文明），为此必须"组织生态革命"：不仅是简单地对市场经济政策的调整，而是从物质主义和自私自利替代为非物质主义（non-materialism）和生态主义的基本价值观的转型（fundamental societal values change）。

非主流的生态主义文明演化观，是唯心主义的新纪元运动（New Age Movement），属于艾克斯利（Robyn Eckersley）说的"寺院主义"（Monasticism）类型无政府主义。佩珀认为，新纪元主义（New Ageism）是一种唯心主义泛神论的生物中心主义和生态中心主义，具有一个强盖娅主义的泛神论世界观。盖娅主义者认同德日进的观点，认为地球向着一个由个体和社会组成的超级有机体演化，形成一个物质圈、生物圈和心智圈的"网状思维（interthinking）群"，最终形成"全球文明化"（planetisation），建立新纪元的行星文明。

生态主义作为一种意识形态，具有批判工业主义、资本主义发展道路的激进乌托邦倾向，属于"生态文明"理论话语的革命范式，而以此意识形态为指导的深生态的主流派"政治生态主义"（political Ecologism）或"绿色政治"（Green politics），执政绿党的政治实践纲领则带有技术主义的"生态资本主义"的改良色彩。

（二）生态文明的环境主义的浅绿色范式

生态主义的经典著作英国安德鲁·多布森的《绿色政治思想》认为，"环境主义主张一种对环境难题的管理性方法，确信它们可以在不需要根本改变目前的价值或生产与生活方式的情况下得以解决；而生态主义认为，要创建一个可持续的和使人满足的生存方式，必须以我们与非人自然界的关系和我们社会与政治生活模式的深刻改变为前提。"也就是说，环境主义解决环境生态问题不同于"生态主义"的价值理性的意识形态，是"工具理性"或"经济人理性"的政策工具，因而美国生态社会主义者戴维·佩珀把浅绿色"环境主义"者称之为"技术中心论者"。

环境主义作为解决生态环境问题的"技术中心主义"的工具方法，服务于资本主义发展模式，其意识形态实质上是资本主义和自由主义的，"环境主义与（资本主义的意识形态）自由主义是相容的"。环境主义的意识形态，是生态资本主义的解决环境问题的理论范式和实践方案，大体包括市场自由主义、凯恩斯主义，以及欧洲社会民主主义的三个流派。

自由主义的右翼市场自由主义或新保守自由主义，以及凯恩斯主义，把生态环境问题看成是市场经济带来的负外部性，前者主张用生态税和产权明晰等市场经济手段解决，后者主张用国家绿色规制的行政管理干预手段来解决。

可持续发展理论的提出，与环境主义的各派都有关系，而主要偏重于浅绿色的发展范式，为联合国和发达工业国支持，成为工商资本合法其利润最大化的可持续性增长话语，也被生态主义者用于强调生态极限。关于可持续发展理论，有"弱可持续发展"与"强可持续发展观"两种范式。环境主义的可持续发展观为可由人力资本替代"自然资本"的"弱可持续发展"，而生态主义的可持续发展属于保持"自然资本"存量不变的"强可持续发展"。

欧洲民主社会主义则提出了社会民主的多主体协同治理的生态理性管理的思路。这一思路的学者把社会和生态系统理解为一个复杂的网络，提出了在资本主义框架内的基于生态理性管理的生态现代化方案，主要有两个派别：一是贝克和吉登斯基于风险社会理论的非主流的强势生态现代化理论，一是德国为代表的主流的生态管理的法团主义弱势生态现代化理论。

（三）"生态马克思主义"的红绿范式

生态马克思主义（Ecological Marxism）是一种解决生态环境问题"红绿"（Red Green）范式，或在"生态环境危机"的历史条件下，以马克思主义理论话语对资本主义生态环境问题反思，与绿色思潮的对话，对未来社会变革的构想，是比深生态运动（DEM）更为激进的"生态文明"理论的红绿结合的革命范式。与生态主义把生态危机的原因归结为理性主义的二元论、人类中心主义的哲学或世界观不同，生态马克思主义认为生态危机的根本原因在资本主义的生产方式及其追求利润最大化的经济理性等。要解决生态危机就要从根本上改变资本主义生产方式。

20世纪60—70年代是鲁道夫·巴罗、亚当·沙夫、威廉·莱易斯（Leiss William1939—　）、加拿大的本·阿格尔（Agger Ben）初步阐述生态马克思主义的观点。到20世纪八九十年代，生态马克思主义走向成熟，法国高兹（Andre Gorz），美国的奥康纳（James O'Connor）、福斯特（John Bellamy Foster），英国的佩珀（David Pepper）、格伦德曼（Reiner Grundmann）、休斯（Jonathan Hughes）、本顿（Ted Benton），德国萨卡（Saral Sarkar）等影响较大。当代生态马克思主义者形成一个共识，认为资本主义不可能解决生态危机，只有生态社会主义才是出路。在学术上他们转向气候变化条件下的生态资本主义批判，转向对未来生态社会主义途径的构想，并创建生态社会主义政党。2007 年 10 月 7 日，克沃尔等人在巴黎创建生态社会主义国际。2009 年在巴西召开第二次会议，通过了新的纲领性文件《贝伦生态社会主义宣言》，2010 年坎昆气候大会前又通过《坎昆生态社会主义宣言》。生态社会主义国际还在网络上创建了在线讨论小组，罗马尼亚、土耳其、意大利、阿根廷等国的生态社会主义者还创建了自己的网站。

在人与自然的关系上，生态马克思主义者主张一种辩证统一的观点，具体观点大体可分为三派：

其一，以福斯特、本顿、莱夫等为代表，持一种社会与自然间复杂性协同进化的有机整体论的复杂性整体协同论：福斯特在哲学上持一种生态唯物主义立场，强调马克思主义自然之间物质变换论或新陈代谢论；本顿主张"自然是人的无机身体"及人与自然辩证统一"生态极限"；莱夫强调社会与人复杂性协同的生态理性与生产理性的统一。

其二，以佩珀、格伦德曼和休斯为代表，既反对主张自然价值或自然秩序深生态的"生态中心主义"，也反对"人类中心主义"的资本主义形式，或个人主义的"强人类中心主义"，而主张人类整体利益长远利益为基础的"弱人类中心主义"，或有益于自然的、审美的或非工具主义的"广义人类中心主义"。

其三，以奥康纳为代表的弱生态中心主义，在人与自然辩证统一关系中，偏于自然的自主运作性、决定性和终极目的性。

西方生态马克思主义批判了资本主义生产方式及其对利润最大化追求或经济理性的反生态性，批判了资本主义的非正义性，提出了生态正义的理想社会，大体分两个类型：

一是，莱斯和高兹等少数生态马克思主义者，阐述的基本属于生态无政府主义的社会类型。

二是，大多数生态马克思主义者，强调以人和自然辩证统一为前提，以及以某种形式的社会联合体的集体所有制的生态社会主义的社会类型。

二、本课题各章内容简介

本课题用了从第 1—5 章较多的篇幅重点研究当代生态文明理论的深生态范式，这一方面，是因为生态文明的理论内涵，主要是由当代西方生态主义的理论范式阐述的，对生态文明的理论建构相对重要；另一方面，是由于生态主义流派和代表人物众多，擅长于生态文明理论的思考，留下了较丰富的思想资料。而生态文明的浅生态范式和红绿色范式，由于侧重于环境政策推行和生态社会实践范式的建构，其思想主要是一般性的基于市场主义和福利经济学的资源环境经济学理论，或马克思主义哲学原理，其有关环境治理的思想缺少个性，或流派单一，思想观点较少，故各用一章的篇幅进行研究，为第 6 章和第 7 章。最后余论部分，简单总结一下当代生态文明的三大理论范式对我国生态文明建设的启示。

各章的先后排列，大体上是按照从抽象到具体，从理论到实践的顺序。但就各章具体研究内容而言，第 1 章是生态科学范式的研究；第 2 章到第 4 章侧重于深生态哲学范式的研究；而第 5 章到第 6 章主要侧重于深生态文明的实践范式研究，如生态经济、生态政治、生态社会运动和生态社会实践模式的研究。但理论和实践密不可分，研究理论不能不谈到实践，研究实践先要研究理论，总体上还是生态文明的三大理论范式研究。

（一）第一章，研究生态文明的科学基础

本章基本观点如下：生态文明是现实必然趋势和理想目标，信息文明是对生态文明的补充和助力；因为生态文明是解决工业文明引发的生态危机的社会文明发展的历史必然环节，也是具有生态觉悟的人们建设生态文明的理想和奋斗伟业。建设生态文明的关键是针对科学主义盛行的现实，探索适应生态文明的科学理论基础，并研究适应生态文明的科学范式形成的内外史、流派、元范式和社会建构范式。适应生态文明的复杂性科学范式的核心元范式，是西方科学史上自亚里士多德以来一脉相承的有机整体论。在西方科学思想史上，有机整体论对机械论不断进行否定之否定，形成"混沌摆"的历史路径。

适应生态文明的科学范式是后现代生态复杂性科学范式，主要研究生命、生态系统或类生命、类生态系统的非线性自组织机制和机理的具有生态特征或导向的后现代科学，主要有两个流派或两个维度：其一，是圣塔菲主流派的主流复杂性科学，即以生态科学为范例、研究定域相互作用的非线性因果或自组织机制的"定域互动涌现整体论"，属于具有生态特征的后现代科学流派；其二，是研究宇宙整体自组织机制的"非定域全息互动的深生态整体论"的非主流复杂性科学，即与建设性后现代主义一脉相承、以量子生物学为范例、研究宇宙非定域的深生态秩序的拉兹洛为代表的牙利学派的复杂科学流派。

前者属于后现代复杂性科学范式的社会建构范式的复杂性科学主流派，后者属于后现代复杂性科学范式的元范式的非主流派。从科学史来看，二者的共同的知识论源头是 20 世纪初的相对论和量子力学的物理学革命，从科学哲学源头来看，都是受 20 世纪关系——过程思维方式的影响。后现代科学这两个学派，在发展中既相互独立，又相互影响：量子力学蕴含的深生态非定域整体论秩序的科学假设鼓舞了定域非线性复杂性科学的研究，而定域复杂性科学研究的演化论自组织、非线性等概念范畴也成为研究非定域整体论的概念范畴。由于二者的科学元范式都是有机整体论，由于前者属于研究能动体与环境的协同适应的复杂性的广义生态科学，后者探索宇宙的深生态机制的深生态科学，二者皆属于适应后现代生态文明的后现代科学范式，而适应生态文明的后现代科学范式可命名为"后现代生态—复杂性科学范式"，或以生态学为范例的复杂性科学范式。

钱学森创立的研究开放巨复杂系统的复杂性科学的中国学派，尽管属于适应工业主义和信息经济的，但通过对其进行生态化导向的改造，可以将其创造性转化为适应生态文明建设需要的"生态导向、政府主导、人机结合、人人协同、人与自然和谐的综合集成"生态化的超巨系统复杂性科学管理模式，其中关键是在复杂性科学的生态整体论指导下，遵循非线性的生态复杂性规律，采取社会生态治理、生态系统管理和生态适应性管理，形成以生态理性经济人协同自然生产力和社会生态生产力的协同治理能力。

而布达佩斯学派也要结合现代科学最新成果，结合东方传统道学，继续拓展非定域有机整体论的研究，发展为复杂性生态心理和生态医学研究，为确立适应生态文明深生态的文化理念和生活方式，提供深生态存在论和知识论的深生态科学理念支撑。

（二）第二章，研究生态文明的生态存在论哲学

本章基本观点如下：生态主义的深生态学之"深"的特征，在其终极的哲学元范式，即"生态存在论"哲学，"生态存在论"哲学是生态主义理论体系最根本的特征和理论核心。生态存在论哲学分两个类型：狭义的"生态存在论"哲学，是存在论哲学及其现象学方法论与生态主义哲学的结合，而广义的"生态存在论"哲学，则是生态危机时代生态主义者基于其各种深生态信仰和价值立场，以及生态科学和复杂性科学等生态系统知识框架，对存在意义和方式，以及人的生存意义和方式的存在论追问，以优化人的存在状态，以根本解决生态危机问题，二者皆属于"深生态哲学"。

狭义的生态存在论，是运用生态现象学方法的生态存在论。现象学方法潜在蕴含着生态存在论的视域，并可引向"生态现象学"，成为"生态存在论"的方法论。胡塞尔现象学还不是"生态现象学"，而海德格尔的现象学是成熟形态的"生态现象学"。海德格尔早期生存论哲学，揭示了人的与世界内在有机统一的生存境遇，强调人和世界前反思的生存活动"遭遇"关系，虽然仍未摆脱人类中心主义，但已经蕴含了在生存活动中人与自然内在统一的"生态存在论"的内涵。晚期海德格尔与萧诗毅合作翻译《道德经》，受老子"道大，天大，地大，人亦大，域中有四大，而人居其一焉"的大道存在论思想的影响，提出了"生态中心主义"的"天地神人四方游戏说"：这既是天人合一的生态存在境域论，也是作为此在的人在世界与自然"亲密性"关系的生态审美的生存方式。梅洛-庞蒂（Maurice Merleau-Panty）运用胡塞尔"现象学"方法，悬置经验主义和唯理论的存在观，"回到事物本身"，通过展现"身体—主体"前反思的知觉活动的视域，揭示人和世界共在的本源存在方式。晚期梅洛-庞蒂提出了"存在场"（the field of being）的概念，以及世界和人的基本元素是"肉"（flesh）的一元存在观，以克服"身体—世界"的二元论，从现象学生存论走向了生态存在论：人与人之间、人与自然之间以及可见世界不可见世界之间存在着主体间的"可逆性"（reversibility）关系。

　　20 世纪 80 年代，在反思"生态危机"的"深生态追问"的"深生态运动"中，西方一些具有现象学知识论背景的学者，把现象学的方法与生态主义的问题意识结合起来，发展出"生态现象学"（Eco-Phenomenology）的方法和理论。美国哲学家伊拉兹姆（Erazimu Kohak）1984 年最早用现象学的方法研究生态环境问题，"悬置"人造物的经验，回忆、描述人与自然友好的体验。"生态现象学"方法通过"悬置"关于自然生态系统，以及人和自然关系的各种现成的"预设"，探索自然生态系统有意义的本然状态，描述人和自然本然的友好和谐的交往关系，形成狭义的"生态存在论"（Ecological Existentialism）哲学。生态现象学视域下的生态存在论具有如下几个特点：其一，强调与"环境伦理学"的生态存在论哲学的共同问题意识是"生态危机"意识引发的自然内在价值问题。其二，强调"生态危机"引发的核心的问题是"自然之异化问题"，生态现象学方法的生态存在论，主张以建立"超验泛灵论"的人与自然的和谐的交往方式或"生态共同体"或"生活世界化的自然"，解决自然的异化问题的"生态危机"。

　　而广义的生态存在论则是深生态运动中，以奈斯为代表的各个学派"深追问"的非二元的、有机的和动态的存在观、世界观、自然观和生存观。其共同点是整体论的、有机的、内在关系统一的自然观或世界观，但由于研究者的不同信仰和理论基础，其生态存在论观点呈现"家族类似"（Family Resemblance）的特点。广义生态存在论哲学属于深生态运动中关怀"生态危机"的不同学者，基于各自不同的信仰、知识论、价值观和方法论的一种"深生态追问"，形成了观点相似的广义的"生态存在论"哲学家族。深层生态学者除了在基本的生态学纲领原则上，以及"对自然的内在价值拥有一致的态度"外，最终理论和信仰前提下具有多种思想资源，有基督教、佛教、道教、巴哈伊教或不同的哲学观点。

　　深生态范式与浅生态范式的区别主要有如下四点：其一，在存在论上，深生态持一种整体论的生态中心论的自然观，而浅生态持一种人与自然分离的二元论的人类中心主义的自然观；其二，在价值论上，深生态强调生物和生态系统的内在价值，而浅生态强调人类的主体价值，只承认自然的工具价值；其三，在知识论上，深生态持一种生态系统论和复杂性科学知识观，而浅生态则是还原论、机械论的线性因果知识观；其四，在解决环境问题的实践路径上，深生态强调深生态生活方式和生态政治模式的革命，而浅生态则相信可以在资本主义市场经济社会形态内自然解决，或"通过细致的经济与环境管理解决"，"他们都将信任赋予了古典科学、技术、传统的经济理性（比如成本和收益分析）的有用性以及它们的实践者的能力。"①

　　按照对"自然价值"是平等的还是层级的不同自然价值观，广义的生态存在论哲学大体分两个类型：其一，生态科学等为知识论基础的自然内在价值论和泛神论的生态伦理学的生态存在论；其二，生态神学、怀特海有机哲学和后现代科学为价值观和知识论基础的"泛经验论"后现代科学的生态存在论。这是生态神学家约翰·B.科布对深生态伦理的分类。

　　威尔伯的生态哲学是生态现象学方法论的狭义生态存在论，是对包括生态危机的现代性危机反思的产物，其知识论和方法论基础是"四象限"知识论框架，具有综合集成性和佛教生态现象学的特色。肯·威尔伯侧重批判"广义生态存在论"家族中的"内在价值平等"的生态伦理哲学，认为其"生态整体论"与其所批判现代个人理性主义，同属平面世界观的现代启蒙理性范式；认为其关于人内在于自然的"生物平等"说，颠倒了人和自然关系的存在论次序，不具有现实可行性。解决生态危机现实可行性是后现代存在论的元理性的内在超越整合之路。肯·威尔伯的深生态存在观，是自在与自为不二、内在超越性的全子丛聚共同进化的深生态系统，或物、生、人、神之一摄多的生态境域，具有终极价值平等、内在价值和构成价值差别的深生态价值的全阶序。在内在性上，自然界、生物界和精神界内在于人的全子存在，人具有内在超越自然、生物和精神的独特的深生态存在价值地位。肯·威尔伯深生态存在论，与马克思主义生态存在论视域融合，可以形成客体间的自然—经济—社会复合生态系统观，生态文明理念导向下政府主体主导的社会主体间的协同管理体系观，以及人与自然主体间的生态审美关系论，人与自己的内在超越的生态理性观照的关系论。

---

① ［英］戴维·佩珀：《生态社会主义：从深生态学到社会正义》，刘颖译，山东大学出版社2012年版，第39页。

（三）第三章，研究生态文明的生态伦理学思想

本章基本观点如下：生态伦理学属于生态主义的学术范例，生态主义各个学派的核心思想都是阐述人与自然的伦理关系，最终形成了生物中心主义和生态中心主义系统的学术研究的思想体系。生态伦理学派生态存在论，按照过程神学家科布的分类，应与"深生态学"同属于"自然内在价值平等"的泛神论派，但按照约翰·德赖泽克分类，生态神学和"深生态学"可划在"绿色浪漫主义"，生态伦理派中的"生物中心论"派，是绿色浪漫主义的，而生态伦理学派中的生态中心论派，由于重视生态科学和"生态理性"，强调生态系统复杂性，因而大多可划在"绿色理性主义"阵营。而且生态中心论者，并非持"内在价值平等"论，罗尔斯顿的"自然价值论"就认为生态系统有机物的内在价值是有差别的，人处于生态系统存在物中的最高价值层面，他还提出基于生态伦理的生态政策，不同于"深生态学"和"生物中心论"的"绿色浪漫主义"。

绿色理性主义的存在论以生态科学和当代最新的科学知识为基础论证存在的整体性、复杂性、自组织性，对地球自然生态系统持一种以复杂性科学、生态科学和社会科学论证为基础的"生态理性主义"，在环境伦理上主张"自然内在价值"的环境伦理。而"绿色浪漫主义"的存在观与传统神秘主义特别是佛教、道教和印度教等东方神秘主义有关，绿色浪漫主义的自然观，继承了西方早期浪漫主义的自然观，是泛神论的，在地球自然观上采取一种"大地母神"的"强盖娅假说"。英国詹姆斯·拉夫洛克1968年提出关于地球生命起源的"盖娅假说"，而绿色理性主义的生态系统论的自然观，以生态科学等知识为依据，强调生物进化与环境进化的有机统一、互相影响，而强盖娅假说认为地球是一个为生命产生提供最佳生态环境、具有目的性、自我调节性、智能控制性的维护生命秩序动态平衡的活的生命超级有机体即盖娅。①

生态主义的环境伦理学从伦理学的方法论和价值论的区分，可分为史怀泽、泰勒的"生物中心主义"（biocentrism）与利奥波特的"土地伦理"

---

① ［英］詹姆斯·拉伍洛克：《盖娅：地球生命的新视野》，肖显静、范祥东译，上海人民出版社2007年版，第7页。

和罗尔斯顿"自然价值论"（theory of natural value）的"生态中心主义"（ecocentism）。尽管从价值观上论，前者是"个体主义的"（individualistic），后者被称为"整体主义"（holism）；但从存在论上论，"生物中心主义"的存在论和自然观是"生命共同体"，"生态中心主义"的存在论和自然观是"生态系统论"，都属于"生态主义"整体论的存在论。按照德赖泽克说的"绿色浪漫主义"和"绿色理性主义"的分类，除了"生物中心主义"的史怀泽是"绿色浪漫主义"的，其他都是"绿色理性主义"的。至于环境伦理拓展主义的辛格"动物解放论"（animal liberation ethics）和汤姆·雷根动物权利论（animal rights），属于"弱自然主义"或"弱人本主义"，未详细论述，只研究了以下几个代表人物的观点：

史怀泽的神秘浪漫主义生态伦理学的缘起：对西方文化危机的反思，对东西方生命哲学的继承。史怀泽的生态存在论是"生命意志"对立统一：世界是普遍的生命意志的神秘现象，世界观是生命意志神秘体验的产物；世界存在的本体：生命意志的自我分裂与痛苦；对生命意志的肯定：形成整体有机联系的生命共同体。史怀泽的敬畏生命伦理和文化国生态伦理共同体理想：敬畏生命的伦理；"文化国"的生态伦理共同体。

泰勒论述了生命共同体存在论：自然界是一个生命共同体之间及其与环境间的相互作用的生命网络；人类是生命共同体迟到的平等成员，人类的存在绝对依赖生物圈，而人类的灭绝会使整个生命共同体受益；一切生物以生命为目的中心，皆追求自身善。泰勒认为生物中心主义的自然观，可以归结为如下几点：其一，把人自身看作巨大的生物共同体的成员，要约束自己与地球环境及其他生物打交道的行为方式，人类、每个生物个体、每个种群、每个生物群落都是整体的一部分，功能独立的生物都是相互关联的；其二，每个生物都是短暂的存在，都是生命目的论的中心，都是基本的实在，都具有各自的地特性；其三，要公正地看待所有动植物物种，没有哪种物种比别的物种更值得生存。人作为道德代理人要给予所有具有自身利益的实体以同等的关怀，当不同实体发生利益冲突时，不要带有偏见，以尊重的态度对待每个实体。泰勒提出了尊重自然的态度：第一，尊重自然的评价维度是把所有地球自然生态系统中的生物，视为拥有自为天赋价值（Inherent value）的意向；第二，尊重自然的意向是追求某些目的的意向，即设定目标以便完成这些意图；第三，尊重自然的实际维度是指道德代理人的实际理由有关的态度方面。泰勒还提出了生物中心主义的环境伦理原则：第一，不伤害规则；第二，不干涉原则；第三，忠诚原则，只适用于个体动物与人类的行为，忠诚原则要求我们始终忠诚于动物对我们的信赖；第四，补偿正义原则，当道德代理人违反了上述三个有效的道德规则，打破了自己与其他道德主体之间的正义平衡，要为自己的错误负责而承担特殊的义务，这个特殊的义务就是补偿的义务。泰勒还指出了与四个环境伦理原则相关的特殊的美德：其一，与不伤害正义义务相关的主要美德就是"替他者着想"，表现为关心并挂念他者的福利；其二，与不干涉正义规则相联系的特殊美德主要有两种：尊敬（regard）和不偏不倚；其三，与忠诚正义原则相关的特殊美德是值得信赖，一个值得信赖的道德代理人永远也不易欺骗、欺诈或背叛的方式对待野生动物；其四，与补偿正义原则相关的两种美德是公正（fairness）和公平（equity）。公正的美德是想要恢复因自己的错误行为而被打破的正义平衡的一般意向。

奥尔多·利奥波德（Aldo Leopold，1887—1948）是从传统浅绿色资源管理向深绿色环境伦理学革命性转型的关键人物，系统阐述了生态中心论的伦理观，具有整体主义特征。利奥波德保护荒野的经历和对资源保护运动猎杀捕食者错误政策的反思，从资源保护主义者转变为生态整体论者。他提出了大地生态共同体金字塔结构的有机整体论：像山一样思考的荒野整体论视角；大自然是活的有机体；利奥波德结合了埃尔顿的"功用群落模型"和坦斯雷（Tansley）的"生态能量总体系统模型"，认为"土地金字塔"乃一高度组织化的结构，太阳能在生物和非生物成员流动，形成一个金字塔结构。他提出了生态中心主义的大地伦理：人是大自然普通而平等的一员，大自然具有存在的天赋权利；传统资源保护主义的局限性，没有使土地所有者按照土地伦理负起更多的义务；利奥波德分析了两种不同的对待土地的态度的分歧与矛盾：A组是经济技术的态度，把土地看成是土壤，B组把土壤看成是"生物区系"，前者是经济价值，后者是哲学价值，后者高于前者。利奥波德认为，一定要加强生态学教育，要挣脱经济决定主义套在我们脖子上的谬论，以土地伦理的价值尺度作为指导使用大地的决策。

1975 年霍尔姆斯·罗尔斯顿（Holmes Rolston，1932— ）写的"Is

There an Ecological Ethic?"标志"生态伦理学"诞生，包括弱有机的自然论
和自然价值论的生态伦理学。

罗尔斯顿的自然价值论的存在论基础，自称"弱有机整体论"(weak
organic holism)，而不是强有机整体主义 (strong organic holism)：松散是
环境所具有的一种催生有机体复杂性的环境复杂性。① 生态系统的松散秩
序，比科学或宗教的相互主体性 (inter-subjectivity) 具有更多的客体性
(objectivity)，是一种恢宏、复杂、充满活力的秩序，因为它整合了许多知
其如何的生存之道 (know-how) 的、各不相同的有机体和物种的秩序。罗
尔斯顿提出了自然价值论为基础的"生态系统中的伦理学"，或生态中心论
的伦理学。生态中心伦理学，主要价值是赞赏一个生态系统，多产的地球，
创生万物的生机勃勃的系统：从个体角度看，只有暴力、斗争和死亡，但从
系统的角度看，自然中却存在和谐、相互依存和绵延不绝。"无论从宏观还
是从微观角度看，生态系统美丽、完整和稳定是判断人行为正确与否的重要
因素。"② 这种伦理，虽然极有利于整体的发展，但不仅仅是为了整体，工具
价值和内在价值的辩证统一为整体价值，虽然具有共同体主义特征，但这种
共同体主义，不减损任何有机体，只是把有机体各部分整合成一个协调整
体，工具价值和内在价值彼此结合，共同对共同体完整、稳定和美丽做贡
献：一方面，生态系统中竞争冲突、价值的牺牲和攫取是普遍现象，较高层
次的生物总要"吃掉"较低的生物，较能适应环境的生物会把自己的"吞
食"行为限制在其吞食对象再生能力的范围内；另一方面，生态系统还存在
广泛的相互依赖、稳定和联合。人处在生态营养金字塔顶，作为道德代理
人，重建现存于共同体价值时，既要站在自己的角度攫取这些价值，以实现
文化价值，也要以整体意识为责任感，尽量保护生物共同体的丰富性，并进
一步关心生物个体的痛苦、快乐和福利。

生态伦理学既不是人类中心主义伦理学的自然价值工具论，也不像生
命中心环境伦理强调生物个体的内在价值，而是强调生态系统个体内在价值

---

① ［美］霍尔姆斯·罗尔斯顿：《环境伦理学》，杨通进译，中国社会科学出版社 2000 年版，
　　第 234 页。

② ［美］霍尔姆斯·罗尔斯顿：《环境伦理学》，杨通进译，中国社会科学出版社 2000 年版，
　　第 234 页。

之"结"和工具价值之"网"辩证统一的具有创造性的生态系统整体价值的自然客观价值论：每一生态系统个体的内在价值，在与其他存在物的相互关联网络中化为自然生态系统整体的客观价值。他认为，有机体的客观价值，是基于基因逻辑自生的内在价值；他认为物种的价值，具有资源和铆钉的工具价值和增殖基因流之生命伟业的生态系统价值；生态系统价值，是内在价值之结与工具价值之网辩证统一整体的具有创造性的生态系统价值；自然生态系统中"内在价值"与"工具价值"的辩证关系：自然生态系统的每一个物种包括人彼此间相互依存，每一存在"自为的存在价值"即"内在价值"外化出来，散布开来成为"在集合体中的价值"。内在的自然价值，不是将客观的价值看作是外在的，而将其主观的一面看作是内在的，而是把它们看作是统一的生态系统演化过程的两个方面，"既有内在价值又有外在价值，既包含原初的自然生发能力，也滑离（超越）人类主体而进入生态网与食物链金字塔"。①

（四）第四章，研究美国过程思想研究中心有关生态文明的综合视域

本章基本观点如下：以小约翰·柯布（John B. Cobb, Jr.）为首的、以怀特海有机哲学为理论基础的美国过程思想研究中心的学术研究共同体，对生态文明的发展目标进行了明确而较为系统的阐述，并运用怀特海的内在关系的、动态、综合、有机论的过程思想，与各种宗教、哲学和科学传统，特别是与后现代主义、与马克思主义进行创造性的对话，批判资本主义现代性及其在经济学的表现，提出了层级价值的深生态哲学和生态模式，提出了共同体中的共同体的生态经济范式和实践模式，提出了有机马克思主义和过程思想的生态文明的综合视域（synthetic vision of Eco-Civilization）和实践方案。

柯布认为过程思想的建设性后现代主义属于"深生态世界观"，生态世界观的共性是认为，现实中的一切存在物都是内在的有机联系的，或关系构成的；万事万物都既是主体，又是客体，人类也不例外。但建设性后现代主

---

① ［美］霍尔姆斯·罗尔斯顿：《哲学走向荒野》，刘耳、叶平译，吉林人民出版社 2000 年版，第 192—195 页。

义总的区别于生态伦理学的"深生态学"的是：生态伦理学的深生态学，强调万物包括人内在价值的平等，是"泛神论"的；而后现代生态世界观和价值观是"泛经验论"的，认为存在物的主体经验有差别，因而内在价值是不可能平等的，人具有较深度的经验，因而在价值序列上具有较高价值。建设后现代主义的深生态学，建立在怀特海的过程思想基础之上。怀特海的过程思想，认为存在是一个泛经验的生成过程，即此现实实有（actual entity）向彼现实实有"转变"的过程。现实实有是一些瞬间生灭的事件，不是独立的实体，而是内在统一关系的"社会"，即"动态的共生活动"。内在关系是对过去经验"摄取"（prehension，或译"领悟"）和"感受"（feeling）关系：现在的主体就是现在的"经验机缘"，摄取一切过去的主体为客体，形成"主体—客体"的"超体"（superject），既是主体，又是客体。现实实有是一个具有内在联系"超体"的生态层级秩序。

柯布还跟查尔斯·伯奇（Charles Birch）合写《生命的解放》，提出基于过程思想的生态模式，把生命分为三个层次：细胞、生物体和群落。每个层次都从其与环境之间的相互依赖的生态原则的角度看待，形成生命研究的三个层面：分子生态学、生物生态学和群落生态学。生态模式，是不同于机械模式的外在关系，"这些关系的真实特性被称为'内部关系'"。① 从机械模式向生态模式转化，是从实体思维到事件思维的转化过程。人类社会与自然的关系也是事件的内在关系，即生态关系。生态模式强调人类和动物之间具有连续性。动物也有生命体验。"生态模式是指生物体被影响后对该影响产生回应模式。它们既是受众也是执行者。简言之，它们是主体。"②

按照怀特海过程思想，生命的可持续的生态形式最终取决于事件。经验总要表现出价值，而事件具有内在价值。但主体的内在价值不是无限的，平等的。可持续发展应着眼于生物圈包括人类内在经验的丰富性，就是最大限度地提高感性丰富性。即在最低程度影响非人类生命生存的前提下，最大限度地提高人类生活的质量。可持续发展的生命伦理，主张解决全球性的非

① ［澳］查尔斯·伯奇、［美］约翰·B.柯布：《生命的解放》，邹诗鹏、麻晓晴译，中国科技出版社2015年版，第87页。

② ［澳］查尔斯·伯奇、［美］约翰·B.柯布：《生命的解放》，邹诗鹏、麻晓晴译，中国科技出版社2015年版，第123页。

正义问题。柯布和戴利在《21 世纪生态经济学》中"提出后现代经济理论和生态经济学理论",旨在"促进生态环境和人民福祉为宗旨的生态文明建设政策,以惠及中国的环境和广大的中国人民。"① 他们首先论述了经济学范式转换的必要性:

1. 从实践来看,受主流经济学导向的工业化成就似是而非:工业经济增长意味着自然原料投入和废物排放将呈几何式增加,给民众生活带来灾难,造成臭氧层破坏、空气变暖和物种灭绝等生态危机,生态环境破坏的事实冲击了经济学刻板教条。

2. 从理论看,传统经济学的主要谬误是以抽象代替具体,犯了怀特海讲的"错置具体性谬误":

其一,传统经济学把市场看成是对所有人有利的自愿交易体系,市场所处的共同体环境和自然环境被排除在西方主流经济学研究之外,忽略了市场的社会和生态负外部性。

其二,作为经济学基础的人性假设,是经济学理论最重要的抽象,只关心对个体满足程度或"效用函数"有贡献,而对那些不表现为市场活动的快乐或痛苦,则漠不关心;经济学理论假设经济人是贪得无厌,"鼓励了人们在商业世界中对私利的追求。"②"经济人的观点,从根本上说是个人主义的。"③ 经济人假设的局限性在"理性地排斥利他行为"。④

其三,经济学漠视自然力的自然:土地经济学作为经济学边缘学科,研究"财产概念",即土地所有权和地租,土地被看作与其他财产差别甚微的财产关系,成为众多商品之一。如此作为"自然之力"的自然界就从人们视野中消失了。土地被看成"非劳动所得",地位低于一般资本和工资。

科布和戴利提出了替代传统主流经济学的生态经济学或共同体经济

---

① [美] 赫尔曼·E. 达利、小约翰·柯布:《21 世纪生态经济学》,王俊、韩冬筠译,中央编译出版社 2015 年版,中文版序言第 5 页。

② [美] 赫尔曼·E. 达利、小约翰·柯布:《21 世纪生态经济学》,王俊、韩冬筠译,中央编译出版社 2015 年版,第 92 页。

③ [美] 赫尔曼·E. 达利、小约翰·柯布:《21 世纪生态经济学》,王俊、韩冬筠译,中央编译出版社 2015 年版,第 164 页。

④ [美] 赫尔曼·E. 达利、小约翰·柯布:《21 世纪生态经济学》,王俊、韩冬筠译,中央编译出版社 2015 年版,第 7 页。

学思想：科布和戴利认为，把经济学的经济人假设变为"共同体中的人"（person-in-community），形成共同体中的共同体模型；形成低熵物质—能量流的自然观和生态共同体观；生态经济把经济系统看成是地球自然生态系统的子系统；生态经济学强调经济增长极限、经济总体最佳规模和生态资源稀缺。

柯布和戴利认为，在生态经济实践上：应对现代大学体制进行改革，确立共同体经济学；应确立经济发展适应地球自然极限的最优规模和可持续经济福利目标；应采取生态的土地使用方式和发展生态工农业生产；要扩大经济管理的劳动者参与民主，实行公平的分配政策；公平和有利于生态的收入政策和税收。

有机马克思主义（organic Marxism），是菲利普·克莱顿和贾斯汀·海因泽克在其《有机马克思主义》专著中提出的一个概念；是过程思想和后现代主义在最近的新提法或表现形式，这是过程思想和建设性后现代主义，适应当今中国语境的产物。有机马克思主义是当代建设性后现代主义者集体创作的产物，特别是与中国学者互动的智慧的结晶；[①] 是当代建设后现代主义或过程思想家，为解决生态危机，对马克思主义的新诠释，是一种"建设性的后现代马克思主义"；柯布指出，有机马克思主义不同于生态马克思主义，"基于怀特海的'有机哲学'（Philosophy of Organism），并且'有机马克思主义'的命名也源于'有机哲学'。"[②]

生态文明是有机马克思主义的综合解决方案：其一，主张多层共同体经济的混合制；其二，超越公—私二分法，回归人类历史上典型的传统农村经济形式和小城镇经济形式；超越价值中立的教育；其三，生态文明是社会主义原则与具体文化环境的融合：导致当前危机的根本原因是资本主义制度，马克思主义为此"提供了最有效的工具"，与各国具体文化环境结合，进行社会主义变革，建立生态文明。"只有当这个有机运动成为全球性的运动，马克思超越国界的变革梦想才会以最终实现。""这是一个人类文明形态的新

---

① 王治和、杨韬：《有机马克思主义及其当代意义》，《马克思主义与现实》2015 年第 1 期，第 84 页。

② ［美］小约翰·柯布：《有机马克思主义与有机哲学》，《江海学刊》2016 年第 2 期，第 30 页。

的开端。"① 每一个人、整个社会和国家正在决定自己的选择：要么维护一个垂死的文明，要么建立一个生态文明的新社会。为此需要智慧而艰苦工作且把"整个星球的福祉放在第一位的人。"②

（五）第五章　研究生态文明在当代西方深生态实践的两个向度：生态政治学与社会生态学

本章基本观点如下：生态主义（Ecologism）者在当代西方进行的生态文明实践，分为生态政治学和社会生态学两个向度：前者主要是绿党的生态政治学的意识形态及其实践，后者是生态社会学运动、生态女权主义、生态正义运动、新世纪运动等理论和实践。

绿党则是在生态危机的历史条件下，在20世纪60年代末到70年代，从包括环保运动的新社会运动中先后诞生的，其理论基础是深生态思想或生态主义，其生态思想的表现形态是政治生态学或生态政治学，其现实的实践模式是生态发展观。绿党分激进派和现实派两大主要派别：激进派是生态理想主义者，激进反对和排斥传统政党政治，提倡基层民主和议会外群众运动。随着有的绿党成为执政党，激进派成为绿党的非主流派；主流的现实派主要是在选举中当权的各级议员，他们认为，绿党要在议会民主框架内实现社会改革目标，其主流生态政治学理论原则，主要有：生态系统网络论、非暴力议会民主政治、生态公共政策和基层民主体制。欧洲绿党非主流的理想主义生态政治原则还有分散化原则、后父权主义原则和精神原则。美国绿党又加上了权力下放、社群为本的经济、女性主义、尊重多样性、个人与全球责任、注重未来（或称可持续性）原则，共十大价值。绿党生态政治学是解决生态危机的实践方案，正如佩珀所说，乃介于福利自由主义和民主社会主义两种类型之间。21世纪初绿党成为在野党后，进行政党改革，从理想主义的"抗议党"转型为现实主义的"执政党"，如卢茨所说，其生态发展模式，也变得与民主社会主义的生态现代化道路趋同。德国绿党21世纪初议

---

① [美] 菲利普·克莱顿、贾斯汀·海因泽克：《有机马克思主义》，孟献丽、于桂凤、张丽霞译，人民出版社2015年版，第262页。

② [美] 菲利普·克莱顿、贾斯汀·海因泽克：《有机马克思主义》，孟献丽、于桂凤、张丽霞译，人民出版社2015年版，第262页。

会选举受挫后，修改基础党纲，确定"左翼中间路线"，以"改革党"身份淡化"抗议党"的历史形象。在组织建设上，通过基层表决取消议员不得在党内任职的限制；在生态税征收上，采取"根据情况的发展而定"的对策；在绿色核心价值观上，不再因反对战争坚持和平的原则，而把拒绝武力解决危机作为最后的手段。

部分生态政治理论学者，从学术研究的视野，提出不同于"生态现代化"的"弱势"绿色国家，基于生态民主的"强势"绿色国家的思路：一些学者提出公民社会的社会正义与邦联或联邦民主思想；莫里森等提出的生态民主的生态文明的思想，主张对工业资本主义国家的民主化改造，即以公民社会民主结社民主，改造工业资本主义的政治和经济秩序为生态共同体联邦；埃克斯利根据西方马克思主义法兰克福学派的批判理论，特别是哈贝马斯协商民主理论，提出批判性生态政治学，形成基于绿色公共领域的"生态民主"，建立生态民主和生态正义的"强势"绿色国家。

社会生态学理论及其实践方案，主要对生态危机根源理解的社会等级制观念的社会正义论，以及社会改造的共同体主义方案；这种思想和实践方案，如佩珀所说，与保守主义有渊源关系，是绿色无政府主义的，反映了资本主义社会无权小资产阶级、中产阶级的思想，有的具有极端自由主义和小商业资本主义倾向，而有的具有社群主义思想倾向。绿色无政府主义大体有三种类型：自由无政府主义、社会无政府主义和神秘主义的无政府主义。

默里·布克金为社会生态学运动提出较为系统的无政府主义的社会生态学理论。他认为，社会等级制度在资本主义社会发展到支配的对抗程度，是生态问题的根本原因。布克金在社会与自然的关系上，持一种社会与自然是自发演化的复杂的相互作用有机整体的观点，他认为，自然是一个从无生命到有生命的、最终是社会性的日益差异化、复杂化的进化过程，分两种自然：原本的自然，即"第一自然"；"第二自然"即社会。布克金认为，人和自然的有机统一，是有差别的统一，不能把第二自然化约为第一自然，生态整体性是多样性的统一。这种人与自然辩证统一的自然观，把人类社会纳入人和自然辩证统一的共同体，在人与自然辩证统一中，既强调人的意识、人类社会的"第二自然"主导性作用，也强调"第一自然"基础性地位，因而既反对现代资本主义工具性的实用主义，也不赞同深生态学和生态女权主义的"生物中心主义的"泛神论。布克金把新石器时代的原始共产主义社会称之为人与人合作、人与自然互补统一的生态共同体，即"有机社会"。有机社会的文化是生态共同体的平等、共生的价值观。解决生态危机单靠个人的反消费主义行动是不够的，要超越资本主义，基于激进无政府主义激进民主的伦理思考和集体行动，在更高层次上建立"后稀缺"（post-scarcity）的生态社会。这并非是回到我们祖先的原始生活方式，或将技术让位于一种田园牧歌，而是"重新进入自然进化，更多的是一种自然的人道主义化，而不是一种人类自然化"①。

1974 年法国弗朗索瓦·德·奥波尼（Francoise d'Eaubonne）最早提出"生态女权主义"这个术语，20 世纪 80 年代在美国流行。生态女权主义批判继承了女权主义对女性解放政治议题的思想，并把妇女解放政治与生态环境问题结合起来，提出了有关生态环境问题独到的看法，强调女性与自然的内在有机联系和认同关系，强调女性解放有关生态解放。生态女权主义强调男性与自然，女性解放运动与生态环保运动的天然联系。

激进女权主义的分支是"文化生态女权主义"，或文化 / 激进女权主义。这个派别继承了激进女权主义的观点，强调女性评价、理解、体会世界的特殊女人方式。这类女权主义认为，男权文化具有不平等二元论框架，强调精神、智力和理性、文化、客观性、经济与公共生活，贬低女性和自然，男性为征服、开采、陶铸自然而战斗。女性文化关注的是身体、血肉、物质、自然进程、情感和个人感受以及私人生活。应以颠覆女性的被压迫地位和负面形象，强调女性天然亲近自然，强调有利于保护生态的女性文化。文化生态女权主义，一是强调女性的生活体验特别是为人母的体验，可以形成基于关系和关怀的"关怀伦理"，以区别于男权伦理的抽象、理性、普适的支配模式；一是主张发动女性精神运动。

凯伦·沃伦（Karen Warren）和普鲁姆德（Val Plumwood）主张女权主义第三波浪潮，要从根本上超越西方文化反自然、反女性的二元论的"统治模式"（master model），形成非二元论的思维方式，改变"主宰的叙事"，以

---

① ［美］默里·布克金：《自由生态学：等级制的出现与消解》，郇庆治译，山东大学出版社 2012 年版，第 314 页。

根本解决女性压迫问题和生态环境问题。她们认为以不平等关系为特征的理性/自然等二元论是女性受压迫的根本原因，也是生态环境危机的根本原因。二元论不只是二分法、差别或者非一致关系，更不只是简单的等级关系。二元论是一种高低贵贱天经地义的文化价值身份认同，二元论结构中"被低劣化的群体必然要把这种低劣化内化于它的身份当中，与这种高低等的价值共生，以中心的价值为荣耀，这一点就成为占主导地位的社会价值"。二元论的特征为各种类型的中心主义提供了依据，比如阶级中心、男权中心、欧洲中心、宗族中心和人类中心。因此第三波的生态女权主义也批判"生态中心主义"的深生态伦理。

　　生态女权主义在生态环境问题成因上跟"社会生态学"比较接近。在对生态问题的分析中，社会生态学和生态女权主义者有许多共同之处。他们都看到生态破坏与控制和支配这个社会问题有关。它们之间的区别在具体解释这些社会问题以及社会变革的程序上有所不同。

　　社会生态学把环境破坏与普遍意义上的统治和独裁的等级制度联系起来：种族主义、性别主义、阶级结构、私有权、资本主义、官僚主义乃至民族国家。而生态女权主义则强调压迫妇女是社会统治的一种主要形式。生态女权主义者把压迫女性和压迫自然这二者联系起来。尽管深生态伦理、社会生态学和生态女权主义有种种差别，但实际上它们都属于奥尔波特类型的生态中心伦理："在思考和理解人类与其他自然界的关系时，都倡导一种根本的变革。"他们认为环境和生态灾难的根本原因，在于"对自然界的支配是更广泛的支配和控制方式的一部分"，① 只有消灭社会等级制度，才能根本解决生态环境问题。

　　（六）第六章，研究生态文明的环境主义浅绿色范式
　　本章的基本观点如下：环境主义解决环境生态问题不同于"生态主义"的价值理性的意识形态，是"工具理性"或"经济人理性"的政策工具，因而美国生态社会主义者戴维·佩珀把浅绿色"环境主义"者称之为"技术

---

① ［美］戴维·贾丁斯：《环境伦理学：环境哲学导论》第3版，林官明、杨爱民译，北京大学出版社2002年版，第288页。

中心论者"。环境主义作为解决生态环境问题的"技术中心主义"的工具方法，服务于资本主义发展模式，其意识形态实质上是资本主义和自由主义的，"环境主义与（资本主义的意识形态）自由主义是相容的"。① 环境主义的学术典范是"浅绿色"的环境资源经济学。环境主义的意识形态，是以生态资本主义方式解决环境问题的理论范式和实践方案，大体包括市场自由主义、凯恩斯主义，以及欧洲社会民主主义的三个流派。

1. 环境主义的学术典范"浅绿色"的环境资源经济学

环境资源经济学仍然属于传统主流经济学，其解决环境问题的理论基础仍然是主流经济学的"外部性理论"，提出的解决方案不外乎两种手段：疵古税、产权制度和国家规制。环境资源经济学在经济增长与环境的关系上，提出了"环境库兹涅夫曲线"，以为政府解决经济增长与环境难题提供理论根据。环境资源经济学，根据福利经济学的原理，解决市场经济造成的生态环境负外部性问题，其中一种思路是根据新制度经济学的"科斯定理"，强调私有产权的明晰，强调解决生态负外部性的重要性。但对于我们今天面临的臭氧层破坏、酸雨和全球变暖，是大范围和长期的过程，产权的协商界定，变得非常困难。环境资源经济学提供的解决生态环境问题的政策工具有：环境的直接规制、可交易许可证、生态庇古税、补贴、押金退换方案和退换排污费、法律工具和环境协议、国家生态政策规制等。这对解决环境问题起到了一定作用，但不能根本解决生态环境问题。

2. 自由主义的左右翼：绿色市场主义和绿色凯恩斯主义

自由主义左右两翼解决环境问题的思路是把市场经济的生态负外部性内部化，绿色市场自由主义主张用市场经济的方式，通过产权明晰和征收生态税，将生态负外部性内部化，而凯恩斯主义则主张用国家规制的方式，解决市场带来的负外部性问题。

一是市场自由主义者或新保守主义的意识形态，是自由主义的右翼，是技术中心论的"丰饶论"者，认为可以因资源的稀缺性通过市场价格的调节机制，鼓励技术创新寻找替代品而加以解决，认为资本主义市场经济与环

---

① ［英］安德鲁·多布森：《绿色政治思想》，郇庆治译，山东大学出版社2005年版，第222页。

境质量不存在根本的对立。市场自由主义或新保守主义者不同意经济增长的极限的观点，认为这是缺乏经验证据的危言耸听。

二是福利自由主义或生态凯恩斯主义："福利自由主义这是技术中心论的、适应论者，而且一般是技术乐观主义者。"[1] 福利自由主义即凯恩斯主义解决环境问题的思路，主张通过国家干预的方式解决市场经济的生态负外部性。从个人福利最大化出发，主张在环境保护中提升自我利益，认为"理性、法制、技术和环境与经济治理（成本收益分析、税收改革），都有助于实现环境主义的目标。""制定法律、对不可循环工业或污染征税、福利供应以提高城镇环境质量和环境教育等，都是政府干预市场的合法形式。"[2] 行政管理理性主义主要体现在下面这些制度和实践中：专业性资源管理机构、污染控制机构、规制性政策工具、环境影响评价、专家顾问委员会、理性主义的政策分析技术等。

3. 社会民主主义多主体协同治理的生态理性的生态现代化方案

欧洲民主社会主义则提出了多主体协同治理的生态理性的思路，这一思路的学者提出了可持续发展理论和生态现代化的方案。民主社会主义起源于社会主义传统中的社会改良主义的右翼议会民主派，尽管其抽象的目标是社会主义、正义与合作，但与绿色凯恩斯主义接近，不过欧洲社会民主主义解决环境问题的思路，不是如凯恩斯主义那样依靠国家政权，强调解决环境问题的"末端管理"思路，而是在生态理性指导下的民主协同管理。可持续发展理论总体上属于社会民主主义的哲学范式，与生态现代化理论相比，侧重于理论，而生态现代化理论侧重于生态现代化实践路径的设计。

第一，以弱可持续发展为主的可持续发展理论。1987 年布伦特兰报告《我们共同的未来》，最早提出可持续发展理论。它既是随着生态危机的日益凸显的时代背景下，罗马俱乐部生态极限观点引起普遍震惊忧虑的思想成果，也是欧洲一些社会民主主义背景的浅绿色人士，试图以含糊抽象的话语，调和生态主义的理想与资本主义经济现实，以兼顾环境保护与经济发

---

[1] ［英］戴维·佩珀：《生态社会主义：从深生态学到社会正义》第 2 版，刘颖译，山东大学出版社 2012 年版，第 57 页。

[2] ［英］戴维·佩珀：《生态社会主义：从深生态学到社会正义》第 2 版，刘颖译，山东大学出版社 2012 年版，第 57 页。

展，因而成为一种联合国支持的，为各种利益背景的人相对广泛接纳的，有关环保与发展的主流话语。可持续发展理论的主流是浅绿色的，是资本主义工商业和发达资本主义国家，在生态危机时代，合法化自身经济政治利益的话语权力，也为生态主义者阐述其深生态发展思想提供了新的话语形式。有学者将可持续发展分为"弱可持续发展"与"强可持续发展观"两种范式。弱可持续发展观，是一种认为人力资本替代"自然资本"的"弱可持续发展"，属于环境主义。诺伊迈耶指出，"弱可持续性可以理解为新古典福利经济学的延伸。它建立在如下信念之上的，即对子孙后代十分重要的人造资本和自然资本（也许还有其他形式的资本）的总和，而不是自然资本本身。"①诺伊迈耶侧重于强可持续发展的第二种含义，认为由于我们生态的不确定性和无知，主张在政策实践上，替代简单成本效益的方法，采取倾向保护生态系统的三种政策：谨慎原则、环境保证金制度和安全最低标准。可持续发展理论总体上倾向于环境主义，其弱可持续发展范式和强可持续范式的自然资本总量不变而自然资本不同形式是可替代的第一种理解，都是环境主义的。可持续发展的主要发动者，不是行政理性主义者设想的管理专家，而是离开国家，转向更高的跨国组织和更低的地方层面上的政治组织，以及横向的商业伙伴关系，是一种"自上而下的行政管理的一种替代方式，网络治理在这里是适宜的。"②属于生态文明的浅绿色中的社会民主主义的派别的哲学观点。

　　第二，风险社会理论范式的非主流的反思性生态现代化理论。欧洲社会民主主义者在反思现代性的基础上，揭示了现代社会的复杂性，以及现代性所蕴含的自我否定的内在矛盾，提出了"风险社会"（risk society）的概念，并以风险社会理论范式反思现代性，提出了德赖泽克说的非主流的"强的或反思性生态现代化理论"③类型。乌尔里希·贝克（Ulrich Beck）的风险

---

① ［英］埃里克·诺伊迈耶：《强与弱：两种对立的可持续性范式》，王寅通译，上海译文出版社 2006 年版，第 1 页。

② ［澳］约翰·德赖泽克：《地球政治学：环境话语》，蔺雪春等译，山东大学出版社 2012 年版，第 153 页。

③ ［澳］约翰·德赖泽克：《地球政治学：环境话语》，蔺雪春等译，山东大学出版社 2012 年版，第 174 页。

社会理论的基本观点是，风险是一种危险的可能性，既是现实的，又是随着社会生产力的发展而发展：一方面，风险按阶层分配，越是社会底层的人越容易承担各种风险，社会上层的人可以利用财富和知识相对规避风险；另一方面，随着风险的指数性的增长、逃避风险的不可能，文明风险的全球化，即使是富裕和有权势的人也不会逃脱它们。当代风险的潜在性和无所不在性使人们无处逃避，那些制造公害的人最终也将自食其果。风险社会又被贝克和吉登斯称作"反思现代化"或"自反现代化"（Reflexive Modernaization）。贝克和吉登斯的 Reflexive 含义是"自我否定"的意思。"自反现代化"（Reflexive Modernaization）是说西方现代化的成功带来了负面作用的自我否定因素，走向风险社会。

第三条道路理论的倡导者是英国工党的智囊安东尼·吉登斯（Anthony Giddens），他认为现代性不仅是自反性现代化，而是行动反思性和制度自反性的二重性和未来不确定性；现代性是以时空分离为前提的货币和专家知识的两种脱域机制；现代性，是资本主义、工业主义、监督和军事制度四维不可化约的制度或"组织类型"。吉登斯 2009 年发表《气候变化的政治》，提出了气候变化显示出来的"吉登斯悖论"："全球变化带来的危险尽管看起来很可怕，但它们在日复一日的生活中不是有形的、直接的、可见的，因此很多人会袖手旁观，不会对它们有任何实际的举动。然而，坐等它们变得有形，变得严重，那时才去临时抱佛脚，定然是太迟了。"① 他认为，绿色运动有些价值与气候政治有冲突，绿色运动提出的谨慎原则不适合应对气候变化；可持续发展理念也不适合气候政治。吉登斯提出了系列解决气候变化问题的建议：发达工业国家必须采取适应性政治学，未雨绸缪，建立政治和经济敛合的多元团体协同治理的保障型国家，承担碳减排的第一位责任；国家必须朝前看，提出长远的政策，回归为长远未来制定计划；政府通过采取一定措施引导低碳生活方式；气候政治的民主协同治理框架；政府采取措施鼓励技术创新。

第三，德国社会民主主义法团主义管理的主流生态现代化理论和方案。

---

① ［英］安东尼·吉登斯：《气候变化的政治》，曹荣湘译，社会科学文献出版社 2009 年版，第 2 页。

生态现代化理论家认为生态现代化理论是可持续发展理论的具体化。生态现代化理论继承并超越了可持续发展理论，主要侧重于发达国家的现代化。在20世纪60、70年代的生态危机反思的基础上，一些学者开始走向推动环境变革的实践研究。德赖泽克认为，生态现代化理论，可分为两个类型：一是贝克为代表的非主流的以风险社会理论为基础的非主流的"强的或反思性生态现代化"；二是主流的"占主导地位的""弱的或技术—组合主义的生态现代化"。"在生态现代化的弱的或技术组合主义的版本中，政府组合资本主义和科学组织会对经济体制向环境上更敏感的转型进行管理。但在贝克的风险社会中，这三种制度会因为它们是风险制造的共谋而受到公众厌恶。"①德赖泽克说的"组合主义"，英语是 Corporitivism，翻译成汉语为"组合主义""法团主义"等，是北欧以德国为代表的国家主导的国家与社会组织合作的国家社会关系模式。通常说的"生态现代化理论"主要是德赖泽克说的第二种类型的科技、经济与法团主义管理结合的生态现代化理论，这是主流的生态现代化理论。在20世纪60、70年代的生态危机反思的基础上，一些学者开始走向推动环境变革的实践研究。主流生态现代化的理论最初是一种政策规划，着重强调更新政府与市场的关系，是一种科学与学术之间表达深刻的环境变革的实践思想，是法团主义集合科技经济管理的生态现代化理论。生态现代化的落脚点是"生态转型"，这是一个复杂的工程：生态理性是导向，技术创新是手段，市场主体是载体，政府决策是支撑，市民社会是动力。

（七）第七章，研究生态文明的生态马克思主义红绿色范式

本章认为在人与自然的关系上，生态马克思主义都主张一种辩证统一的关系，具体观点大体可分为三派：（1）以福斯特、本顿、莱夫等为代表，持一种社会与自然间复杂性协同进化的有机整体论：福斯特在哲学上持一种生态唯物主义立场，强调马克思主义自然之间物质变换论或新陈代谢论；本顿主张"自然是人的有机身体"及人与自然辩证统一"生态极限"；莱夫强

---

① ［澳］约翰·德赖泽克：《地球政治学：环境话语》，蔺雪春等译，山东大学出版社2012年版，第174页。

调社会与人复杂性协同的生态理性与生产理性的统一。（2）以佩珀、格伦德曼和休斯为代表，既反对主张自然价值或自然秩序深生态的"生态中心主义"，也反对"人类中心主义"的资本主义形式，或个人主义的"强人类中心主义"，而主张人类整体利益长远利益为基础的"弱人类中心主义"，或有益于自然的、审美的或非工具主义的"广义人类中心主义"。（3）以奥康纳为代表的弱生态中心主义，在人与自然辩证统一关系中，偏于自然的自主运作性、决定性和终极目的性。

　　生态主义认为生态危机的原因是西方继承基督教传统的现代性哲学的二元论、理性主义和人类中心主义。而西方生态马克思主义则认为生态危机的根本原因在于资本主义生产方式及其对利润最大化追求或经济理性的反生态性：威廉·莱斯揭示了资本主义生态危机背后的控制自然和控制人的双重非正义。高兹认为生态危机在于资本主义追求利润最大化的生产目的，即经济理性：造成了无限的生产趋势，导致虚假需求和异化消费，制造新的不平等，导致技术法西斯主义，必然导致生态危机。阿格尔认为，"资本主义生产与生态系统之间的矛盾导致的生态危机"[1]，其中资本主义的虚假需求和消费异化，是导致经济危机最重要的根源。奥康纳认为，"生态马克思主义强调对资本主义的生态批判，强调资本主义生产方式所造成的经济危机与生态危机的一体性"，[2]"资本主义存在生产力与生产关系的矛盾，以及生产条件的矛盾，这双重矛盾导致经济危机和生态危机的双重危机"。[3] 其中资本积累是导致生态危机的直接原因，不平衡的联合发展会导致全球性生态危机。资本主义条件下的技术使用，加速经济危机。"资本主义的积累和危机会导致生态问题，而生态问题反过来又会带来经济问题。"[4] 佩珀认为，"资本主

---

[1]　[美] 本·阿格尔：《西方马克思主义概论》，慎之译，中国人民大学出版社 1991 年版，第 486 页。

[2]　James O'Connor, *Natural Causes：Essays in Ecological Marxism*, New York：The Guilford Press, 1998, p.307.

[3]　James O'Connor, *Natural Causes：Essays in Ecological Marxism*, New York：The Guilford Press, 1998, p.307.

[4]　James O'Connor, *Natural Causes：Essays in Ecological Marxism*, New York：The Guilford Press, 1998, p. 183-184.

义内在地对环境不友好"①，资本主义全球化造成"'生态矛盾'，及资本主义制度内在地倾向于破坏和贬低物质环境所提供的资源与服务"，必然造成生态危机。福斯特认为，生态危机的根本原因在"像踏轮磨坊一样"的资本主义生产方式；生态帝国主义造成了新陈代谢断裂和生态危机全球化。

生态马克思主义批判了资本主义的非正义性，提出生态正义的理想社会，大体两个类型：一是莱斯和高兹等少数生态马克思主义者，阐述的基本属于"生态主义的生态无政府主义的社会类型，二是大多数生态马克思主义者，强调以人和自然辩证统一为前提"，② 以及以某种形式的社会联合体的集体所有制的生态社会主义的社会类型。

（八）余论

总结当代生态文明理论三大范式的三点启示：其一，以马克思主义生态为哲学为指导，吸收复杂性科学范式、当代西方深生态学、生态马克思主义和我国传统的有机整体论思想，形成生态文明的有机整体论世界观和方法论。其二，以马克思主义的生态经济思想为指导，吸收当代西方绿色经济行之有效的实践经验，形成我国社会主义生态文明的生态经济发展模式。其三，以马克思主义理论为指导，吸收当代西方生态政治思想，实行生态正义，形成社会主义生态文明的生态协同治理模式和生态生活方式。

三、本课题研究方法和内容的创新及主要建树

（一）本课题研究方法创新

本课题用"我注六经"的学问式的归纳法研究生态文明三大范式，与目前"六经注我"的主流哲思型研究特点和应用性研究为主相比，是生态文明研究相对薄弱的研究方法。

---

① ［英］戴维·佩珀：《生态社会主义：从深生态学到社会正义》第 2 版，刘颖译，山东大学出版社 2012 年版，第 106 页。

② 张连国：《论绿色经济学的三种范式》，《生态经济》2013 年第 3 期，第 65 页。

（二）本课题研究内容创新及主要建树

1. 从思想史的角度，对当代生态文明理论的三大范式及其各个流派和代表人物的思想脉络和基本观点进行了系统的梳理和总结："生态主义"的深生态或深绿色范式，其学术范例是"生态伦理学"；"环境主义"（Environmentalism）的技术主义浅绿色改良范式，其学术范例是"环境资源经济学"；"生态马克思主义"（ecological Marxism）的红绿的理论范式，其实践范式是"生态社会主义"。

2. 提出建设生态文明的关键是针对科学主义盛行的现实探索适应生态文明的科学理论基础的观点，认为适应生态文明的后现代科学范式可命名为"后现代生态—复杂性科学范式"，或以生态学为范例的复杂性科学范式：适应生态文明的科学范式是后现代生态复杂性科学范式，其核心哲学元范式，是西方科学史上自亚里士多德以来一脉相承的有机整体论，主要研究生命、生态系统或类生命、类生态系统的非线性自组织机制和机理的具有生态特征或导向的后现代科学，主要有两个维度：一是圣塔菲主流派的主流复杂性科学，即以生态科学为范例、研究定域相互作用的非线性因果或自组织机制的"定域互动涌现整体论"，属于具有生态特征的后现代科学流派；二是研究宇宙整体自组织机制的"非定域全息互动的深生态整体论"的非主流复杂性科学，即与建设性后现代主义一脉相承、以量子生物学为范例、研究宇宙非定域的深生态秩序的拉兹洛匈牙利学派的复杂科学流派。前者侧重于社会建构范式的复杂性科学主流派，后者侧重探索后现代复杂性科学范式的元范式的非主流派。适应生态文明的后现代科学范式可命名为"后现代生态—复杂性科学范式"，或以生态学为范例的复杂性科学范式。本项目还论述了复杂性科学的范例，生态学。其中复杂性人类生态学提出的"弹性思维"是可持续发展的关键，要重视多尺度跨域影响，自然界不存在最优可持续发展模式，追求最优模式恰恰使生态系统丧失弹性，破坏了可持续发展等，具有重要启示意义。

3. 探索了深生态范式理论的理论渊源和各个流派：根据其世界观和对现实的态度，将其分为"绿色浪漫主义"和"绿色理性主义"。根据其关注理论问题的侧重点，大体分为四大派："生态存在论"派（生态科学哲学派、生态现象学派和狭义深生态学）、"生态伦理学"派（生物中心论、生态中心论）、"生态社会学"派（社会生态学、生态女权主义、生物区域主义、新世纪运动等）以及生态文明综合派。建设性后现代主义的生态文明综合派：既包含生态神学、生态伦理学，也包含生态经济学；生态文明综合派综合了绿色激进主义和绿色现实主义两个方面。根据生态文明在当代西方深生态实践，将其分为生态政治学和社会生态学两个向度：前者主要是绿党的生态政治学的意识形态及其实践，后者是生态社会学运动、生态女权主义、生态正义运动等理论和实践。

4. 分析了环境主义浅绿色范式的技术特征，指出它是以生态资本主义方式解决环境问题的理论范式和实践方案，大体包括市场自由主义、凯恩斯主义，以及欧洲社会民主主义的三个流派；环境主义的学术典范"浅绿色"的环境资源经济学。自由主义的左右翼解决环境问题的思路是绿色市场主义和绿色凯恩斯主义，以市场经济、产权明晰或绿色国家规制解决环境负外部性。社会民主主义多主体协同治理的生态理性的生态现代化方案：以弱可持续发展为主的可持续发展理论，属于社会民主主义的生态现代化理论范畴，生态现代化理论是可持续发展理论的具体化。生态现代化理论，可分为两个类型：一是贝克为代表的非主流的以风险社会理论为基础的非主流的"强的或反思性生态现代化"；二是主流的"占主导地位的""弱的或技术—组合主义的生态现代化"。

5. 对生态马克思主义各派有关人与自然辩证关系分为三派。将其社会建构理想分为两派，并分析了西方马克思主义有关生态危机的观点：在人与自然的关系上，生态马克思主义都主张一种辩证统一的关系，具体观点大体可分为三派：（1）以福斯特、本顿、莱夫等为代表，持一种社会与自然间复杂性协同进化的有机整体论的复杂性整体协同论：福斯特在哲学上持一种生态唯物主义立场，强调马克思主义自然之间物质变换论或新陈代谢论；本顿主张"自然是人的有机身体"及人与自然辩证统一"生态极限"；莱夫强调社会与人复杂性协同的生态理性与生产理性的统一。（2）以佩珀、格伦德曼和休斯为代表，既反对主张自然价值或自然秩序深生态的"生态中心主义"，也反对"人类中心主义"的资本主义形式，或个人主义的"强人类中心主义"，而主张人类整体利益长远利益为基础的"弱人类中心主义"，或有益于自然的、审美的或非工具主义的"广义人类中心主义"。（3）以奥康纳为代表的弱生态中心主义，在人与自然辩证统一关系中，偏于自然的自主运作性、决定性和终极目的性。西方生态马克思主义认为，生态危机的根本原因在于资本主义生产方式及其对利润最大化追求的经济理性。生态马克思主义批判了资本主义的非正义性，提出了生态正义的理想社会，大体分两个类型：一是莱斯和高兹等少数生态马克思主义者，阐述的基本属于"生态主义的生态无政府主义的社会类型；二是大多数生态马克思主义者，强调"以人和自然辩证统一为前提"，① 以及以某种形式的社会联合体的集体所有制的生态社会主义的社会。

6. 比较了各派有关生态危机的观点：生态主义认为生态危机的原因是西方继承基督教传统的现代性哲学的二元论、理性主义和人类中心主义。威尔伯认为，理性主义和生态主义皆属扁平的世界观，不可能解决生态危机问题。社会生态学的默里·布克金认为生态危机与社会等级制度在资本主义极端发展有关。而西方生态马克思主义则认为生态危机的根本原因在于资本主义生产方式及其对利润最大化追求或经济理性的反生态性。具体而言，每个人的表述方式都不同：威廉·莱斯揭示了资本主义生态危机背后的控制自然和控制人的双重非正义。高兹认为生态危机是资本主义追求利润最大化的生产目的，即经济理性造成的：经济理性造成了无限的生产趋势，导致虚假需求和异化消费，制造新的不平等，导致技术法西斯主义，必然导致生态危机。阿格尔认为，"资本主义生产与生态系统之间的矛盾导致的生态危机"② 导致经济危机，其中资本主义的虚假需求和消费异化，是导致经济危机最重要的根源。奥康纳认为，"生态马克思主义强调对资本主义的生态批判，强调资本主义生产方式所造成的经济危机与生态危机的一体性"，"资本主义存在生产力与生产关系的矛盾，以及与生产条件的矛盾，这双重矛盾导致经济危机和生态危机的双重危机。"③ 其中资本积累是导致生态危机的直接原因，不平衡的联合发展会导致全球性生态危机。资本主义条件下的技术使用，加速经济危机。"资本主义的积累和危机会导致生态问题，而生态问题反过来

---

① 张连国：《论绿色经济学的三种范式》，《生态经济》2013 年第 3 期，第 65 页。

② [美] 本·阿格尔：《西方马克思主义概论》，慎之译，中国人民大学出版社 1991 年版，第 486 页。

③ James O'Connor, *Natural Causes*：*Essays in Ecological Marxism*，New York：The Guilford Press，1998，p.307.

又会带来经济问题。"① 佩珀认为,"资本主义内在地对环境不友好"②,资本主义全球化造成的资本主义内在矛盾和"'生态矛盾',及资本主义制度内在地倾向于破坏和贬低物质环境所提供的资源与服务",必然造成生态危机。福斯特认为,生态危机的根本原因在"像踏轮磨坊一样"的资本主义生产方式;生态帝国主义造成了新陈代谢断裂和生态危机全球化。

7. 中国共产党的生态文明思想:在马克思主义指导下,以中国特色社会主义实践为基础,以后发展的优势,创造性地继承当代西方生态文明三大理论范式的有机思想,继承了中国古典生态文化传统,具有引领人类生态文明发展趋势的巨大潜能。当代生态文明理论三大范式的三点启示是:其一,以马克思主义生态哲学为指导,吸收复杂性科学范式、当代西方深生态学、生态马克思主义和我国传统的有机整体论思想,形成生态文明的有机整体论世界观和方法论。其二,以马克思主义的生态经济思想为指导,吸收当代西方绿色经济行之有效的实践经验,形成我国社会主义生态文明的生态经济发展模式。其三,以马克思主义理论为指导,吸收当代西方生态政治思想,实行生态正义,形成社会主义生态文明的生态协同治理模式和生态生活方式。

---

① James O'Connor, *Natural Causes*:*Essays in Ecological Marxism*, New York:The Guilford Press, 1998, pp.183-184.

② [英] 戴维·佩珀:《生态社会主义》,刘颖译,山东人民出版社 2012 年版,第 106 页。

第一章 定域互动涌现的整体秩序与非定域全息互动的深生态秩序：生态文明的生态复杂性科学范式的双重维度

　　自工业革命和科学革命以来，科学技术与工业经济协同发展，创造了巨大的生产力，并极大地改变了社会关系和人们的生活，也从根本上重塑了现代人的世界观、知识论和价值观，现代人最重要的信念之一是科学主义，科学是现代工业文明和工业经济的知识论基础，也是现代人特别是主流科学和社会科学精英的价值信仰，按照西方马克思主义的观点，科学与技术一起，还成为现代社会政治统治和管理的机制。五四运动以来，科学的"赛先生"也成为中国人信仰的神圣化身。正由于科学在现代社会和人的心目中至关重要的地位，要建设生态文明，走向生态文明的新时代，最关键的是借助现代人的科学主义信仰，探索、梳理适应生态文明新时代的后现代科学范式，其形成的历史，科学流派，元范式和社会建构范式等。本课题首先做的工作就是进行适应生态文明的科学范式研究。生态文明的后现代科学范式，尽管仍是现在进行时，仍处在发展进程中，内涵外延、众说纷纭，流派纷呈，呈现家族类似的特征。但我们认为，作为否定现代性牛顿还原论—机械论科学范式的总趋势而言，属于以有机整体论哲学元范式共同信念的后现代"生态复杂性科学范式"，即以生态学、生命科学等为范例的后现代复杂性科学范式，或生态化了的后现代复杂性科学范式。后现代复杂性科学范式的"生态化"，关键在其元范式，即有机整体论的世界观在科学家共同体的确立。这正如提出"中国引领世界的生态文明"观点①的建设后现代主义领军人物小约翰·柯布（John B. Cobb，Jr.）所指出的："科学已大大向前发展了。科学发展的成果已经突破了现代的边界，更加呼吁对世界本质的反思。在当代科学范式中，有机论正在替代机械论。"②发展生态文明需要立足于"当代后现代科学"范式。我们认为，生态文明的后现代生态复杂性科学范式，大体而言具有两个维度：侧重研究非线性动力系统特别是复杂性适应系统的定域非线性因果关系的相对"浅"的复杂性科学（深浅是相对的，相对于机械论范式仍属"深"生态复杂性科学范式），侧重探索宇宙非定域深生态秩序与定域复杂性相互作用双重维度协同的相对"深"的复杂性科学。前者属于 20 世纪 80 年代兴起的研究非线性自组织适应复杂系统的圣塔菲研究所为重镇的主流的复杂性科学，后者则是拉兹洛后期提倡的布达佩斯俱乐部的"阿卡什科学范式"，即深生态科学范式。二者的共同特点是有机整体论、非线性因果论以及与 20 世纪初的物理学革命和过程思维的渊源关系，而前者研究定域相互作用引起的线性因果失效带来的系统复杂性问题，即非线性复杂性适应系统的整体自组织模式的探索；而后者侧重研究与定域相互作用"显现维度"平行的、宇宙整体广义进化论的科学假设的、非定域性深生态自组织秩序的"深层维度"，尽管在复杂性科学探索的科学哲学家共同体中属于边缘和另类，但较主流的侧重描述定域复杂性现象以及探索解决复杂性问题的复杂性科学的自组织机制和方法论探索，触及更为深刻的"为什么"的复杂性科学的深生态存在论和形而上学问题，侧重探索复杂性科学的元范式深生态存在论的科学假设，与深生态哲学关系更为密切。但并非所有的复杂性科学学派都是适应生态文明的，如钱学森倡导的"以人为主、人机结合、人人协同"的研究超巨复杂系统的复杂性科学研究的中国学派，主要是适应社会文明发展的新特征之一的信息文明以及大

---

① 铁铮：《中国引领着世界的生态文明——记美国国家人文科学院院士小约翰·柯布》，《绿色中国》2018 年第 15 期，第 37 页；亦见高山《中国给全球生态文明建设带来希望之光》，《解放军报》2018 年 5 月 20 日第 2 版；亦见樊美筠、王治河《我们这个时代所稀缺的精神贵族——〈柯布自传〉代序》，见〔美〕小约翰·柯布《柯布自传》，周帮宪译，华文出版社 2018 年版，第 7 页。

② 〔美〕菲利普·克莱顿、贾斯汀·海因泽克：《有机马克思主义》，孟献丽等译，人民出版社 2015 年版，小约翰·柯布序第 2—3、8—9 页。

型工程建设和军工建设需要，具有以人为主绩效导向的系统工程控制、知识经济与计算机信息技术综合集成特征，须进一步生态化才能适应构建生态文明的生态复杂性科学范式的需要。即使已经适应生态文明的生态化的复杂性科学学派，即圣塔菲学派和布达佩斯学派，也需要进一步拓展和深化生态化的研究和应用，以适应生态文明进一步发展的需要。

第一节　生态文明时代后现代生态复杂性科学范式的形成

20世纪60年代，随着西方发达工业国家"八大环境公害事件"的凸显，绿色环境运动兴起，西方学术界开始讨论"生态危机"的深层世界观和价值观根源问题，一些人将"生态危机"归咎为二元论的绝对外在超越的基督教世界观和现代性的理性主义思维方式、人类中心主义的价值观。这种"深生态主义"思想和社会运动，与女权运动、后现代主义文化批判思潮等新社会思潮和运动相互作用，同步共振，说明人类工业文明时代演化到一个"临界点"，开始涌现出一种不同于工业文明的后现代生态文明整体秩序，这是社会文化价值观、社会政治行政管理机制和社会生产方式的整体社会文明形态的生态化转向。而与文化、政治和社会经济密切相关的科学技术，也处于范式危机和范式转换的时期，开始涌现研究离平衡态自组织非线性动力系统、有机整体论的后现代复杂性科学范式。

范式（paradigm）是科学哲学家库恩在《科学革命的结构》提出的一个科学哲学概念，他虽然没对其进行严格定义，但根据他在不同场合的使用，"范式"是指科学家共同体在某一科学发展时期共同的信念、公认的社会建构模式和以科学理论和科学成就为基础的方法工具以及典型的科学技术范例，大体可分为哲学元范式和社会实践范式。后现代复杂性科学的哲学元范式是自组织（或自演化）的"有机整体论"。这种有机整体论不是什么新鲜的哲学，而是哲学和科学史上源远流长的与还原论、机械论相对的有机整体论的存在论世界观，只是在当代后现代生态文明的历史语境中随着复杂性数学、计算机技术建模等科学研究方法、研究技术等社会建构范式的出现，被赋予了复杂性科学的新形式。

向复杂性科学范式转换的过程，是科学与经济和技术复杂性的相互作用的过程。科特南指出,科学是"通过实验和观察发展起来并引起进一步实验观察的一系列概念系统。"科学是思想家擅长的"概念系统"与匠人生产实践经验的结合,"西方的伟大成就使这两者结合起来。知道实际知识与了解潜在原因结合,奠定了科学的基础"①。普里戈金也认为,科学是"理论和实践之间的结缘,改造是自然的欲望和认识世界的欲望之间的联合。""科学是作用于我们周围环境的一种方法","它的源泉之一是中世纪工匠的精神,是机器制造者的知识。这为科学提供了一种手段去系统地作用于世界,预言和修改自然进程,想用各种装置去驾驭和利用自然力和物质资源。"②科学方法最重要的是实验的方法,如康德所比喻的人与自然的关系,如大法官审案一样,是人叩问大自然奥秘的一种艺术,都指出科学首先不是纯粹的形而上学理论兴趣,而是与现实社会生产实践经验密切结合。正由于科学理论与生产实践经验的密切关系,所以如阿尔文·托夫勒为普里戈金《从混沌到有序》的专著所作序言所说"科学不是一个独立的变量。它是嵌在社会之中的一个开放系统,由非常稠密的反馈环与社会连接起来。"③从近代科学范式形成的历史经验来看,15—19 世纪,西方发生商业革命、工业革命,引发近代"科学革命",而科学革命反过来促进了近代工业经济的发展。L.S. 斯塔夫里·阿诺斯认为,"欧洲的科学革命在很大程度上应归功于经济革命",④"经济上的进步导致技术上的进步;后者又转而促进了科学的发展和受到科学的促进。"⑤ 17 世纪的工业发展为近代科学奠定了基本的实验手段,A. 沃尔夫在《16、17 世纪的科学、技术和哲学史》中指出:伽利略和托里拆利发现大气压就是制造出抽水机的工程师们的实践所导致的结果。伽利略

---

① [美] L.S. 斯塔夫里·阿诺斯:《全球通史》,吴象婴、梁赤民译,上海科学院出版社 1992 年版,第 247 页。
② [比] 伊·普里戈金:《从混沌到有序》,曾庆宏、沈小峰译,上海译文出版社 1987 年版,第 10 页。
③ [比] 伊·普里戈金:《从混沌到有序》,曾庆宏、沈小峰译,上海译文出版社 1987 年版,第 7 页。
④ [美] L.S. 斯塔夫里·阿诺斯:《全球通史》,吴象婴、梁赤民译,上海科学院出版社 1992 年版,第 247 页。
⑤ [美] L.S. 斯塔夫里·阿诺斯:《全球通史》,吴象婴、梁赤民译,上海科学院出版社 1992 年版,第 251 页。

通过望远镜的实验手段观察，提出"日心说"动摇了中世纪世界观。笛卡尔、培根在近代宇宙观革命转换的背景下，发现了近代科学发展的潜力，为近代科学提供了"数学方法"和"归纳法"。牛顿 1686 年向伦敦皇家协会提出《自然哲学之数学原理》，以数学表达万有引力定律，形成了机械论的世界观和方法论，为工业革命的机械技术进步提供了"概念系统"。而工业革命，也推动了机械技术的发展和机械论观念的普及，使其后的 19 世纪成为"科学的世纪"，牛顿力学的机械论科学范式成为主流的科学范式。15—19世纪，工业生产与科学的关系，大体可化约为"生产—技术—科学—技术—生产"：生产创生技术，技术促进科学，科学促进技术，技术促进生产。① 复杂性科学范式形成的历史动因，也符合近代科学与技术经济的良性互动关系的一般特点，这是科技与经济良性互动的历史与逻辑统一的过程，但呈现出 20 世纪以来特有的历史条件带来的独特性。

一、20 世纪上半期物理学革命、第二次技术革命对牛顿力学世界图景信念的廓清与遮蔽

20 世纪初以原子结构理论、相对论和量子力学为标志的现代"物理学革命"，以内燃机和电动机带动的"电工技术革命"（19 世纪中叶到 20 世纪中叶）得以完成，在物理学的世界图景上，开始取代牛顿力学的机械论范式，为复杂性科学的科学家共同体彻底颠覆机械论范式，廓清了科学信念障碍，这是复杂性科学的萌芽期。

在科学家共同体的雅文化圈子，以演绎法与科学实验法相结合的科学方法论为特征的爱因斯坦相对论和量子力学的理论物理学，提出物能统一、时间与空间统一、相对时空、动态网络、主客相融、非定域相互作用等科学假设和整体论的世界图景，挑战了牛顿力学范式二元论、还原论、机械论、绝对时空的机械物质主义世界图景，引发的"物理学革命"，为复杂性科学有机整体论的科学理念提供了现代物理世界图景的学理支持。但"物理学革命"形成的相对论和量子力学的整体论世界图景，存在"大物理沙文主义"，不是以"生命"为中心，仍缺少复杂性科学演化论的"时间尺度"：量子物

___

① 　张连国：《广义循环经济科学的科学范式》，人民出版社 2007 年版，第 24 页。

理学微观世界无时间，相对论否定时间的真实性，"相对论引入（空—时）流形（manifold）概念，将宇宙变成一个本质上没有时间的整块宇宙（block universe）"。① 这与 20 世纪 60 年代兴起的重视"时间"、研究自组织演化系统的复杂性科学的关注焦点是不同的。尽管在世界图景上相对论和量子力学蕴含着整体论的世界观，但在方法论上仍属于还原论，只是从笛卡尔的机械还原论、牛顿的力学还原论发展为数学还原论：物理现象还原为数学概念，相对论的张力方程，量子力学的波函数方程。② 在世界图景的整体论上，量子力学展现了主客交融、相互作用的世界图景，动摇了机械观的世界图景，但作为量子力学创始人之一的爱因斯坦与玻尔论战，不赞同玻尔正统解释的概率随机性和量子主客交融非定域关联的整体论世界图景。他赞同量子力学的逻辑自洽性，却怀疑其完备性，提出著名的 EPR 悖论，否定"非定域作用"。其后的贝尔定理和广义贝尔定理，指出没有任何定域性理论能重复给出量子力学的全部统计预言，量子力学展现了宇宙的整体性和关联的实在性，这种非定域关联，"表现人与自然之间、主体与客体之间，也表现在宇宙的过去与现在之间。"③ 从科学方法论来说，相对论和量子力学科学假说的提出，其思维路径，皆非如逻辑实证主义科学观所认为的，属科学分界典型特征的归纳法，即在总结大量的科学实验事实的基础上，归纳出普遍的科学命题，而是遵从演绎法的科学方法论原则，即先提出一般的科学假说，再寻找特殊的经验事实检验。现代物理学革命在 20 世纪上半期相当长的时间内，除了 A. N. 怀特海（Whitehead）提出的对个别非主流的哲学家发生影响的"过程思想"外，对现代西方主流的科学哲学知识论并未产生根本性的影响，20 世纪上半期在哲学界的知识论哲学仍然是"拒斥形而上学"、提倡语言逻辑与科学归纳法的逻辑实证主义占主导地位。对工业社会的大众来说，其流行的世界图景、普遍知识论和价值观，仍是主流的科学信念，即机械论、物质主义、科学主义、功利主义。

跟近代科学对技术和社会经济社会的促进作用一样，20 世纪初的物理学革命也促进了技术革命和工业经济的大发展，只是在 20 世纪上半期特定

① 吴国盛：《科学的历程》第 2 版，北京大学出版社 2002 年版，第 554—556 页。

② 吴国盛：《科学的历程》第 2 版，北京大学出版社 2002 年版，第 562—563 页。

③ 吴国盛：《科学的历程》第 2 版，北京大学出版社 2002 年版，第 569 页。

的历史条件下，展现出科技一体化、组织化、规模化、战争工业化的特点。20世纪上半期，西方工业资本主义陷入发展危机，这是西方工业社会大动荡的时期，发生了两次世界大战，二战后为美苏两个超级大国的冷战时期，战争与社会动荡是20世纪上半期的特点。20世纪西方社会发展到列宁说的"垄断资本主义"阶段，现代工业生产的组织化、规模化以及大规模的组织化生产，取代了自由资本主义时期的企业家精神和工匠精神，技术和经济的发展不再是小规模的、自由市场化的，而是战争工业化、组织化、工程化了的。科学对原子结构的新认知，产生了核武器，为避免纳粹德国率先制造出核武器，爱因斯坦力主美国率先发展核武器。冷战后美苏两国大量制造原子弹，人类社会陷入恐怖的核平衡状态。1905年爱因斯坦除了发表《论动体的电动力学》，提出狭义相对论，还在《物理学年鉴》发文阐述光是光量子的观点，并因此在1921年获得诺贝尔奖，这一理论统一了光和电磁，为当时的电动技术和其后的信息技术的发展做了理论准备。由于19世纪中叶以来长期有关电磁理论和技术的积累，加上特殊的历史条件，20世纪上半期美国率先成为内燃机和电动机带动"电机技术革命"的佼佼者。一战期间美国利用在北美远离欧洲战场的地理优势，发展出口战争工业，由战前债务国一跃而为债权国，并利用电机技术革命成果，大规模兴建铁路，成为第二次工业革命的重心。垄断资本经济运行的组织化、工程化、战争工业化，与第二次电动技术为标志的工业革命耦合，迸发了巨大的生产力。美国的底特律福特汽车公司鲁日汽车城大规模集中的规模化、集约化的生产模式，成为第二次工业革命中的典范。垄断资本组织系统化、规模化的生产方式，一方面，为人们提供了用科学系统论观察社会经济运行的系统性、整体性的客观环境和历史机遇，可以形成系统整体论和相互作用的复杂性的观点；另一方面，科技经济一体化所带来的巨大社会生产力，也使人们发现其对自然环境巨大的破坏力，使人们痛感到巨大社会系统对人的主体性的碾压造成的人的异化，由此引发哲学反思和社会文化批判，促进社会发展模式、文明演化形态的转折。

二、20 世纪 60 年代以来向后现代生态文明转型与后现代复杂性科学范式的形成

20 世纪 60 代以来，随着信息技术为核心的第三次工业革命的开展，以及生态危机的凸显，人类社会呈现科学、技术包括信息技术、经济和生态四位一体的复杂性的协同发展格局，社会文明形态发生超越工业文明的生态文明转型。后工业文明发展趋势目前主要有两种说法，一是信息文明说，一是生态文明说。①

我们认为，首先，生态文明是社会否定之否定的社会文明客观的总发展趋势，即对包括生态危机的现代性危机或工业文明危机之历史否定的必然环节；其次，即习近平总书记所说，"共谋全球生态文明建设之路"是"携手共建生态良好的地球美好家园"，"关乎人类未来"的"人类共同梦想"。②或如罗伊·莫里森（Roy Morrison）所说，"命名一种文明是树立一面旗子"，③建设生态文明是当代世界面对生态危机具有生态觉悟的人们努力奋斗的方向，或是托马斯·柏励（Thomas Berry）所说，这是具有生态使命感的人们为保护人类文明和地球共同体免于毁灭而携手从事的异常复杂的"伟业"（the great work）④。第三，信息文明与生态文明并不冲突，其信息科学、信息哲学可与生态文明的生态哲学、复杂性科学相兼容，具有有机整体论元范式的生态复杂性科学是适应后现代生态文明的后现代生态复杂性科学范式。

首先，当代社会发展呈现信息化的新趋势。

20 世纪中期以后的以电子计算机和互联网的信息技术革命，到 20 世纪 70 年代，随着微电子技术、计算机技术、光纤通信以及软件技术的综合发展，使信息技术成为经济活动中最活跃的影响因子，围绕信息技术的搜集、传播、加工和处理，形成了微电子技术、光纤技术、航天技术、海洋工程、生物工程等高技术集群。社会发展呈现信息化的新趋势，因而在 20 世纪八九十年代，阿尔温·托夫勒提出了"信息社会"新文明的发展预言：

---

① 卢风：《生态文明时代的新哲学》，《社会科学论坛》2008 年第 6 期，第 4 页。

② 中央文献研究室编：《习近平关于生态文明建设论述摘编》，中央文献出版社 2017 年版，第 131、127、138 页。

③ Roy Morrison, *Ecological Democracy*, Boston：South End Press，1995，p.8.

④ Thomas Berry, *The Great work*, New York：Three Rivers Press，1999，p.85.

"一种新的文明正在我们生活中出现"，包括新的家庭样式、新的生活方式、新的政治经济冲突、新的思想意识，这是继农业文明、工业文明的第三种文明。① 托夫勒认为，第一次浪潮是数千年的农业革命，带来了农业文明；第二次浪潮是 300 年前的工业革命，带来了工业文明；第三次浪潮是以知识为核心资源，以电脑和信息高速公路为代表的信息文明。② 美国管理学之父德鲁克（Peter F. Druker）认为后资本主义社会是以"知识"为生产要素的既超越资本主义又超越社会主义的"信息资本主义"（Infimation Capitalism）社会。③ 保罗·霍肯（Paul Hawken）也认为新文明是信息文明。④ 中国学者张易帆等认为，"我们这个时代已跨入信息文明。"⑤ 卢风认为文明内涵是复杂的、多维度的，"没有任何一个名词或形容词足以让所有人都承认它就是正出现的新文明的恰当名称。"⑥ 信息文明和生态文明都可以表达人类未来文明发展的一些内涵，究竟何为主导，尚待未来的社会发展证明。他还认为，解释信息文明的哲学是基于图灵论的信息哲学，其科学是认知科学和信息科学。信息哲学拒斥主客二分现代性哲学与生态文明的生态哲学是一致的。⑦ 信息文明的认知科学和信息科学是与生态文明相适应的复杂性科学的交叉领域之一，信息哲学超二元论的思维方式在某些方面与生态哲学是一致的，它的一些特征是实现生态文明的内涵和手段。实现生态文明是社会思想文化系统、政治行政管理系统、技术经济系统与自然生态系统复杂的相互作用的过程，与其相适应的科学范式是后现代复杂性科学范式。

---

① Alvin and Heidi Toffler，*Creating a new civilization*，Atlanta：Turner Publishing，Inc.，1995：p.19.

② Alvin and Heidi Toffler，*Creat a New Civilization*：The Politics of Third Wave，Atlanta：Turner Publishing，Inc.，1995，pp.19-42.

③ Peter F. Druker，*Post-capitallist Society*，Butterworth-Heinemann Ltd，1993，pp.2-5. 亦见卢风《生态文明时代的新哲学》，《社会科学论坛》2008 年第 6 期，第 38 页。

④ Aul Hawken，*The Next Economy*，New York：Holt，Rinehart and Winston，1983，p.78.

⑤ 张易帆、张怡：《信息文明的新特点及其虚拟形态》，《信息技术》2015 年第 7 期，第 105 页。

⑥ 卢风：《走向新文明：生态文明抑或信息文明》，《特区实践与理论》2019 年第 1 期，第 39 页。

⑦ 卢风：《走向新文明：生态文明抑或信息文明》，《特区实践与理论》2019 年第 1 期，第 39 页。

其次，当代生态文明的发展趋势是生态危机的客观形势引发的辩证否定工业文明的客观历史环节，也是生态觉悟的人们建设生态文明的理想奋斗方向。

早在 20 世纪末，闵家胤对信息文明和生态文明的关系，提出了他独到的观点。他并不否认信息文明是未来社会一个阶段的发展趋势，但信息文明只是包含在工业文明中一个不太长的阶段，最终更持久的社会发展阶段是"生态文明"，这是人类未来可持续发展的必由之路。他指出："我要提出的新观点是'信息社会'是人类文明进化过程中一个不太长的阶段……包容在工业文明当中，所以又叫'后工业社会'。在这之后，人类文明的进化将推进到一个崭新的阶段，一个相对长的阶段，它的名字叫'生态文明'或'生态社会'。"① 他根据何兹全教授提出的社会发展"自然段"概念，以及马克思在《资本论》第一卷序言中提出的"人类社会是一个经常处于变化过程中的有机体"② 的观点，特别是结合拉兹洛有关人类正在发生向生态伦理和非定域整体论为基础的"霍逻斯（Holos）文明"跃迁的巨变的思想，指出人类社会迄今经历了采集—狩猎社会、农牧—游牧社会和工业—信息社会三个自然阶段。信息社会属于"工业—信息社会"最后阶段，这是一个网络社会。"工业—信息社会必然造成人口膨胀、资源短缺和环境污染，威胁人类生存，因而人类不得不向生态文明进化。"③ 采集—狩猎文明可以是无中心的松散群体，但更典型的结构是 O 型结构，可称为"有核心的系统"（a system with a center），以最年长的女性为核心，以母系血缘为承续关系，主要成员是平行传递信息；农业—畜牧业社会典型结构是 A 型，是等级控制系统（hierarchical system），由游牧军事制度进化而来；工业社会是 M 型结构，典型的是权力分散权力制约系统；生态文明社会结构是 W 型"多（全）层次参与系统"（Holoarchical system），与等级控制系统自上而下传递信息不同，是全部层次各个方向传递信息流。④1998 年他在《系统科学与生态文明》

---

① 闵家胤：《生态文明：可持续进化的必由之路》，《未来与发展》1999 年第 3 期，第 8 页。
② 马克思：《资本论》第一卷，人民出版社 1975 年版，第 12 页。
③ 闵家胤：《人类社会的自然段》，《系统科学学报》2011 年第 2 期，第 6 页。
④ 闵家胤：《社会系统进化：O → A → M → W》，《系统科学学报》2009 年第 3 期，第 1—2 页。

一文中指出：马克思主义社会生产方式的"社会系统模型"是正确的，从系统科学的角度可补充生态环境、人和文化信息库三点。任何社会存在和发展的基础都是生态环境，"生态环境制约着社会系统的发展，生态环境破坏到一定程度，社会系统就会崩塌。"[①]地球生态系统经历漫长进化过程，形成了植物生产者、动物消费者和微生物分解者三元系统。而人类出现以后，人类成为超级生产者和超级消费者的第四元，但不是超级分解者。人制造的机械化、半自动化、自动化的人造系统，消耗资源，排放垃圾，造成温室效应，破坏生态系统，必然造成生态灾难，危及人类社会系统和人自身。生态灾难正如拉兹洛所说，其成因不仅在突破生态系统的外在极限，而根源在人类利己本性的内在限度。因此必须改变价值观，不再以国民生产总值衡量一个国家的成就，而是改用改善环境为主要内容的人文指数。人类将加大投资改善环境，发展生态工农业，变环境恶化循环为环境优化良性循环，"这或许是后工业时代，或后现代主义文明，21世纪要逐步创造出来一种文明——生态文明的主要特征。"[②]闵家胤认为：在生态文明社会，生态环境价值上升为最高价值之一，环境科学技术将是最发达的科技，环保业可能是最大的行业，环保税是最大宗的税收，石油煤炭能源将被太阳能、风能等净洁能源代替，工农业将实行循环经济，环保法是最重要的法律。人类社会经过工业—信息社会自然发展阶段解决物质生活丰富的问题后，人类将要日益增长的是包括生态良好的美好生活的需求，也就是建设生态文明的需要。闵家胤指出："生态文明一定会进化出来，但这个过程是比较长的非平稳的，并且人类要经历相当大的痛苦。"[③]就21世纪初的中国社会发展趋势而言，闵家胤的预言是正确的，与20世纪80年代"信息文明""知识经济"几乎成为知识界的共识不同，随着中国以信息技术为核心的第三次工业化的推进，随着环境问题日益突出，21世纪头十年，在中国，人们终于认识到建设生态文明的迫切性和必然性。2007年党的十七大提出建设生态文明的思想。党的十八大报告提出了"努力走向生态文明的新时代"。习近平总书记指出："人类经历了原始文明、农业文明、工业文明，生态文明是工业文明发展到一定

---

① 闵家胤：《系统科学与生态文明》，《未来与发展》1998年第6期，第32页。

② 闵家胤：《系统科学与生态文明》，《未来与发展》1998年第6期，第33页。

③ 闵家胤：《可持续进化的必由之路》，《未来与发展》1999年第3期，第8页。

阶段的产物，是实现人与自然和谐发展的新要求。"① 生态文明是克服工业—信息社会必然造成的生态环境问题，走向可持续发展的必由之路。

从人类工业—信息社会发展的历史来看，第二次工业革命释放的巨大的工业生产力，在缺少生态哲学导向的生态协同治理的历史条件下，也同时成为对自然生态环境的巨大的破坏力。自 20 世纪 60 年代开始西方工业社会生态环境问题日益凸显，著名的"八大环境公害事件"大多发生在 20 世纪五六十年代，这就是西方社会的第一次"环境危机"，在西方社会引发环保运动。20 世纪七八十年代以后中国改革开放，融入世界经济体系和全球化进程，西方高污染高能耗的夕阳产业向中国等第三世界国家转移，西方社会的生态环境问题有所改善，但中国等第三世界国家的生态环境问题却日益突出，生态环境问题随着全球化的进程向全世界扩散，形成全球性的"生态危机"，或生态危机全球化。

西方学术界最早提出"生态危机"的是 1967 年林恩·怀特（Lynn white，JR）的《我们的生态危机的历史根源》把生态危机的根源归结为基督教世界观，"对人类为了纯粹的人的目标而无限制地操纵和滥用自然提供的辩护。"② 而大多生态主义者则把"生态危机"归于理性主义。马克斯·韦伯理性主义源于新教理性主义的基督教世界观，批判基督教的世界观与批判现代性的理性主义是一致的。现代理性主义哲学和科学元范式，强调人理性主体对自然界的优越主导地位，在牛顿力学的还原论、机械论的世界图景中，自然界被化约为机械运动的物质系统，从技术上变成可被计算操作的劳动对象。按照主流经济学理论经济人理性范式，经济系统只是生产和消费价值流的循环，自然界只是不再参与经济循环的外生变量。自然生态系统成为工业经济原料产地，成为工业经济和生活消费的垃圾场。因而环境污染、生态破坏的"生态环境危机"与理性主义有相关性，现代性的本质就是理性主义，"生态危机"是"现代性危机"的组成部分。

正由于看到"生态危机"对人类生存以及对人类文明的严重威胁，人

---

① 中央文献研究室编：《习近平总书记系列重要讲话读本》，学习出版社、人民出版社 2014 年版，第 121—122 页。

② ［美］约翰·柯布：《新教神学与深生态学》，李俊康译，见杨通进等编《现代文明的生态转向》，重庆出版社 2007 年版，第 247 页。

们在对工业文明和现代性批判的基础上，在西方社会形成了系统的后现代的世界观、知识论和价值论的新思想范式，到 20 世纪七八十年代，许多人开始提出了超越工业文明的新时代、新纪元、新文明等，除了前面说的新文明是"信息文明"的典型观点外，另外一种典型观点是"生态文明"。

1978 年德国费切尔（Iring Fetscher）发表《人类的生存条件》（*Conditions for the Survival of Humanity：On the Dialectics of Progress*），最早提出"生态文明"（Ecological Civilization）概念："期望中被认为必需的生态文明"，"将以人道和自由的方式实现，而非由生态专制的专家团队实行"，生态文明须"控制无节制的人类进步"，探索"人类和自然间和平共生的生活方式"。[①]

1995 年美国学者罗伊·莫里森（Roy Morrison）在《生态民主》中指出："生态文明基于多姿多彩的生活方式，把自然生态和社会生态接续起来，形成两个基本属性：其一，以动态平衡的生机勃勃的自然视野看待人类生活：人活在自然，而非与之对立；其二，以新的社会选择能力，对我们的生活方式进行根本变革。"[②]

较为系统的生态文明思想和实践是由建设性后现代主义的过程思想学术共同体阐释的。综合怀特海过程思想、有机马克思主义、中国传统哲学、生态经济等思想的过程哲学家和建设性后现代主义领军人物小约翰·柯布（John B. Cobb，Jr.）指出："不走生态文明之路，人类就面临着灾难之路、死亡之路。"事实上，生态灾难是"正在发生的现实"，已经是"几乎不可逆的趋势"，"人类想不灭绝，只有彻底改弦更张，彻底反思现代文明，拥抱后现代文明或者说生态文明"。[③]他领导的中美后现代发展研究院与中央编译局多次举办生态文明国际论坛，提出"生态文明的希望在中国"。柯布关于中国应引领世界生态文明的思想，2018 年 5 月 19 日，高山以《中国给全球生态文明建设带来希望之光》[④]进行了报道。柯布是中国生态文明研究与促

---

① Iring Fetscher，*Conditions for the Survival of Humanity*：On the Dialectics of Progress，Universitas，1978，No.3，Vol.20，pp.161-172.

② Roy Morrison，*Ecological Democracy*，Boston：South End Press，1995，p.10.

③ ［美］小约翰·柯布、杨志华、王治河：《建设性后现代主义生态文明观——约翰·柯布访谈录》，《求是学刊》2016 年第 1 期，第 13 页。

④ 高山：《中国给全球生态文明建设带来希望之光》，《解放军报》2018 年 5 月 20 日，第 2 版。

进会唯一的一位外籍专家顾问。①

　　菲利普·克莱顿等把怀特海的过程思想与马克思主义进行创造性的对话，形成"后现代马克思主义"或"有机马克思主义"的解决"生态灾难"替代资本主义的解决方案，"提出了一种生态文明的新视野"，认为"有机马克思主义"是帮助达到生态文明彼岸的"最好渡船"，"在地球上所有的国家中，中国最有可能引领其他国家走向可持续发展的生态文明"②。

　　托马斯·柏励③（Thomas Berry，或译伯里④）的"生态纪"（ecozonic Era）思想，如卢风所说，"与生态文明论者不谋而合"⑤，但柏励不是从人类文明演化的视角立论，而是侧重于地球生命演化的命运更为恢宏的视野："我把这个行星星球生命生存的新方式称为生态纪，这是继古生代、中生代、新生代之后的第四个生命纪元。"⑥ 托马斯·柏励讲了为何他不用"生态"（Ecological），而自造了一个词 Ecozonic，在于 Ecological 是指事物的相互作用，而"Ecozonic 更多指生物学的期间、时间，可以用来表示生命系统的整体功能的"相互促进、相互增强、相互提升的关系"。⑦ 托马斯·柏励的学生赫尔曼·F. 格林则把"生态纪"的思想和基于怀特海过程思想的建设后现代主义结合起来，以建设性后现代主义存在本质的创造性、连续过程、非实体性、有机体、社会协同、自组织、未来不确定的开放性、创造性参与、整体性和互感共摄的有机哲学，以"建设性后现代主义的第三条道路"，建设超越帝国主义和恐怖主义的新文明。⑧

　　澳大利亚的过程思想者阿伦·盖尔（Arran Gare）2017 年出版了世界

---

① ［美］小约翰·柯布：《柯布自传》，周帮宪译，华文出版社 2018 年版，第 7 页。

② ［美］菲利普·克莱顿、贾斯汀·海因泽克：《有机马克思主义》，孟献丽等译，人民出版社 2015 年版，小约翰·柯布序第 8—9 页。

③ ［美］赫尔曼·F. 格林：《托马斯·柏励和他的"生态纪"》，《求是学刊》2002 年第 3 期，第 5—13 页。

④ ［美］大卫·格里芬编：《后现代精神》，王成兵译，中央编译出版社 1998 年版，第 81 页。

⑤ 卢风：《生态文明新时代的新哲学》，《科学论坛》2018 年第 6 期，第 5 页。

⑥ ［美］托马斯·柏励：《生态纪元》，《自然辩证法研究》2003 年第 11 期，第 13 页。

⑦ Thomas Berry, *The Great work*, New York: Three Rivers Press, 1999, p.55.

⑧ ［美］赫尔曼·F. 格林：《超越帝国主义和恐怖主义的新文明：生态纪研究和过程思想的作用》，李世雁译，《求是学刊》2004 年第 5 期，第 10—17 页。

上第一本以"生态文明"命名的书，《生态文明的哲学基础：未来宣言》（*The Philosophical Foundations of Ecological Civilization*：*A Manifesto for the Future*），他声称这是有关"生态文明的宣言（a manifesto for ecological civilization）"。① 他指出，生态危机在于哲学危机。要摆脱生态危机，必须进行哲学基础的"激进的启蒙"（The Radical Enlightenment），复兴有机论的"自然哲学"（reviving natural philosophy），建立全球生态文明（a Global Ecological Civilization）。② 阿伦·盖尔所说的生态文明哲学基础的自然主义，是区别于分析哲学家的自然主义（naturalism of analytic philosophers）的"玄思的自然主义"（speculative naturalism）"，③ 即怀特海阐释的过程——关系形而上学（a Process-relational Metaphysics），把自然界看成是自组织自创生的相互作用的过程。

　　生态危机引发的对工业文明的历史否定必然趋势，以及大量西方各界有影响的有志之士对生态文明的展望说明：人类文明进入一个涌现新文明的"临界点"。可持续经济、循环经济、低碳经济等生态经济模式的出现，说明工业文明的经济基础开始发生生态化的转型，生产力不再是征服和改造自然的能力，而是生态理性经济学人协同自然生态生产力与社会生态生产力的生态协同治理能力。④ 随着生态生产力的发展，生产关系也要发生适应生态化的调整。生态经济基础的转型，必然相应要求政治行政管理机制的生态化转型，必然相应要求社会文化的生态化转型。经济、政治和文化全面的生态化转型，实际上是向后现代生态文明发展阶段的转型。这为科学家和思想进一步批判反思牛顿力学为代表的经典科学范式的局限性，形成后现代复杂性科学范式革命，创造了充分的历史条件。

　　20 世纪 80 年代以后中国改革开放，融入世界经济体系和全球化进程

① Arran Gare，*The Philosophical Foundations of Ecological Civilization*：*A Manifesto for The Future*，London and New York：Routledge，2017，p.12.

② Arran Gare，*The Philosophical Foundations of Ecological Civilization*：*A Manifesto for The Future*，London and New York：Routledge，2017，p.166.

③ Arran Gare，*The Philosophical Foundations of Ecological Civilization*：*A Manifesto for The Future*，London and New York：Routledge，2017，p.5.

④ 张连国：《生态生产力：自然生态生产力与生态理性经济人的生态治理能力的协同》，《生产力研究》2008 年第 4 期，第 40 页。

中，西方高污染的产业向中国等第三世界国家转移，西方社会环境问题有所改善，但中国的生态环境问题却日益突出，自 20 世纪 90 年代中国就重视环保，提倡可持续发展，到 21 世纪初中国开始了发展循环经济，并重视全球气候问题谈判，发展低碳经济。循环经济和低碳经济都是生态经济的经济模式。随着经济和科技的发展，特别是生态经济的出现，"20 世纪人类社会出现的大型、复杂工程技术和社会经济问题，都是系统化的复杂性问题，不能用还原论的方法和线性思路去解决，而必须从相互作用的整体上加以优化解决。而经典科学不能适应大生产与科技一体化的复杂性要求，这客观上为复杂性科学的'涌现'奠定了社会经济基础。"①

第三，生态文明是一个文化、政治、技术经济与自然生态环境的相互作用的复杂性系统，加上信息文明人机一体化、网络化造成的复杂性，为复杂性科学范式的形成提供了良好的生态境域。

信息文明的认知科学和信息科学是与生态文明相适应的复杂性科学的交叉领域之一，信息哲学超二元论的思维方式在某些方面与生态哲学是一致的，它的一些特征和技术是实现生态文明的内涵和手段。社会生物学之父爱德华·威尔逊（Edward O Wilson）指出："人造生命和人工智能，将会占领 21 世纪科学和高新技术的大部分篇章。碰巧，这些科技创新也有助于减少生态足迹，以更少的能量和资源为人们提供更高的生活质量。同时科技发展必将掀起一股创业创新大潮。这股新的力量也将有助于地球生物多样性的保护运动向新的高度发展。"② 实现生态文明是社会思想文化系统、政治行政管理系统、技术经济系统与自然生态系统复杂的相互作用的过程，与其相适应的科学范式是后现代复杂性科学范式。

20 世纪 60 年代以来，随着科技一体化、科技与经济一体化，科学技成为第一生产力，"知识经济""信息经济"初见端倪。牛顿力学的经典科学所形成的大众科学主义信仰和物质主义价值观，随着第三次工业革命和信息技术革命，不但没有退出历史舞台，反而仍然主导着科学文化。现代理性主义哲学强调人理性主体对自然界的优越主导地位，牛顿力学的还原论、机械论

---

① 张连国：《广义循环经济科学的科学范式》，人民出版社 2007 年版，第 26 页。
② ［美］爱德华·威尔逊：《半个地球》，魏薇译，浙江人民出版社 2017 年版，第 249—250 页。

的世界图景中，自然界被化约为机械运动的物质系统，从技术上变成可被计算操作的劳动对象。从主流经济学理论范式上，经济系统只是生产和消费价值流的循环，自然界只是不再参与经济循环的外生变量。自然生态系统成为工业经济原料产地，成为工业经济和生活消费的垃圾场。出现了环境污染、生态破坏的"生态环境危机"，在 20 世纪 60 年代引发大规模的环境运动。为应对环境运动的挑战，西方发达工业化国家，开始对主流经济学的框架内用国家干预和技术与市场经济的手段，进行绿色政府建设，出台了一系列环境政策，先后形成了可持续经济、循环经济、低碳经济等生态经济模式，这说明工业文明的经济基础开始发生生态化的转型，生产力不再是征服和改造自然的能力，而是生态理性经济学人协同自然生态生产力与社会生态生产力的生态协同治理能力。[①] 随着生态生产力的发展，生产关系也要发生适应生态化的调整。生态经济基础的转型，必然相应要求政治行政管理机制的生态化转型，必然相应要求社会文化的生态化转型。经济、政治和文化全面的生态化转型，实际上是向后现代生态文明转型。这为科学家和思想家进一步批判反思牛顿力学为代表的经典科学范式的局限性，形成后现代复杂性科学范式革命，创造了充分的历史条件。加上以 20 世纪上半期的现代科学革命的原子结构理论、量子物理学和相对论、非欧几里得学为思想资料，20 世纪60—70 年代形成了后现代的研究远离平衡状态的自组织非线性动力学的复杂性科学范式开始形成。普里戈金的耗散结构理论、哈肯的超循环理论等自组织理论、托姆的突变理论、混沌学理论、分形理论、元胞自动机理论等标志着复杂性科学范式的形成。

　　20 世纪 60 年代，贝朗塔菲的一般系统论、维纳的控制论、诺依曼元胞自动机理论，标志着研究复杂性非线性因果关系的复杂性科学开始萌芽。美国复杂性科学研究所重镇圣塔菲研究所首任所长考文（G. A. Cwan）认为复杂性科学从贝朗塔菲开始："贝朗塔菲在维也纳完成他的关于生物有机体的系统描述的别样论文，由此唤醒了科学对复杂性的现代兴趣。"[②] 贝朗

---

① 张连国：《生态生产力：自然生态生产力与生态理性经济人的生态治理能力的协同》，《生产力研究》2008 年第 4 期，第 40 页。

② ［美］马克·戴维森：《隐匿中的奇才——路德维希·冯·贝朗塔菲传》，陈荣霞译，东方出版社 1999 年版，第 56 页。

塔菲批判了神秘活力论和机械还原论，形成了有机整体论。他提出了"有机生物学"研究方法或"有机体的系统理论"，指出"每一个有机体都代表一个系统，我们用这个词来指称处于相互作用的元素和复合体"。① 他在《一般系统论》中科学定义了"系统""整体""涌现""多样性""连通性"等复杂性科学概念的核心概念，英国思想史学者贝尔特认为，贝朗塔菲的"系统的观点……代表科学思维的新'范式'"②。此阶段其实是复杂性范式的孕育、萌芽阶段，系统论引申发展，成为复杂性科学范式的重要来源。

20世纪70—80年代，耗散结构理论、突变论、协同论、超循环理论和混沌学的产生，是复杂性科学初步形成的阶段。20世纪80年代圣塔菲复杂性理论研究中心的成立，则标志着复杂性科学研究进入综合性研究的常规范式阶段，形成了复杂性科学的科学家共同体和社会实践范式。

三、复杂性科学形成的脉络：机械论范式到生态论范式的"混沌摆"

科学知识进步的过程，不仅仅是经济必然性主导下的历史必然的发展过程，也不仅仅是一个冷冰冰的、枯燥的理性反思、逻辑推导的知识排列的过程，"而是活生生的人在特定的社会历史条件下基于对大自然'自发秩序'的惊奇，对人类命运的殷切关注，寻求心灵家园的过程。"③ 考夫曼等复杂性科学家研究复杂性科学的动力来自于他的有机整体论的世界观和价值关怀，即有机整体论的复杂性科学范式的哲学元范式的引导。

库恩在《科学革命的结构》中提出了某一时期科学家共同体信奉的常规科学"范式"(paradigm)，后来又称作"专业母体"(disciplinary matrix)。基于历史主义科学哲学的视野，库恩没有对"范式"进行明确的定义，因为他认为科研活动如同维特根斯坦在论述语言"游戏"实践活动，具有"家族类似"特征：马斯特曼（M. Masterman）把库恩范式归纳为22种含义，大

---

① ［美］欧内斯特·内格尔：《科学的结构》，徐向东译，上海译文出版社2002年版，第278页。

② ［英］帕特里克·贝尔特：《二十世纪社会理论》，瞿铁鹏译，上海译文出版社2002年版，第82页。

③ 张连国：《广义循环经济科学的科学范式》，人民出版社2007年版，第45页。

体分为三类：形而上学的哲学元范式、社会学范式和人造范式。① 我们认为可把后两种类型合并为社会实践范式，因而库恩在《科学革命的结构》提及的范式大体可分为两方面：一是哲学元范式，即世界观、一般知识论和价值观，包括科学家共同体共有的世界图景、共有的科学假设、共有的信念和价值观、共有的思维方式等；一是社会实践范式，即科学家共同体在哲学元范式指导科研实践活动中形成的科学方法论及科研规则、科研问题域、科研传统习惯、科学成就范例、科研制度、工具仪器、科研经典教科书、实验技巧等社会化的科研实践程序、手段、条件和模式。

类似库恩（Kuhn）和劳丹（Laudan），拉卡托斯（Lakatos）将范式称作"科学研究纲领"，认为"可被阐述为形而上学原则"。② 拉卡托斯认为，"研究纲领"作为形而上学的信念，就是维持该研究纲领不被证伪的方法论，同时启示研究的问题域，称之为"正面启示法"。

库恩在谈到常规范式时，提到"准形而上学的承诺""形而上学的承诺"，这是属于哲学元范式的："有一类更高层次的、准形而上学的承诺，虽然这些承诺还不是科学的不变特征，但却较少受时空的局限。"③ "作为形而上学的承诺，它告诉科学家宇宙包含什么类型的实体，不包含什么类型的实体：宇宙中只有不断运动着的、有形状的物体。""在更高级的层次上还有另一组承诺，谁若是没有这些承诺，他就不能成其为科学家。"④ 成为科学家共同体的"共有的信念的某些概括"。⑤

库恩范式的另一个含义是指导科研实践的方法、程序和模式等社会实践范式。库恩所说的范式的形而上学允诺，贯穿在科研的社会实践活动过程中。库恩指出："'范式'……这个术语，意欲提示出某些实际科学实践的公

① 求仁宗：《科学方法和科学动力学》第 3 版，高等教育出版社 2013 年版，第 123 页。

② ［英］伊·拉卡托斯：《科学研究纲领方法论》，兰征译，上海译文出版社 1986 年版，第 66 页。

③ ［美］托马斯·库恩：《科学革命的结构》，金吾伦、胡新河译，北京大学出版社 2012 年版，第 34 页。

④ ［美］托马斯·库恩：《科学革命的结构》，金吾伦、胡新河译，北京大学出版社 2012 年版，第 35 页。

⑤ ［美］托马斯·库恩：《科学革命的结构》，金吾伦、胡新河译，北京大学出版社 2012 年版，第 36 页。

认范例——它们包括定律、理论、应用和仪器在一起——为特定的连贯的科学研究的模型。"①"一个范式就是一个公认的模型或模式（pattern）。范式起源于容许范例（examples）重复的作用。"范式是具体指导实践的，"像惯例法中一个公认的判例一样，范式是一种在新的或更严格意义上允许进一步澄清的明确的对象"②。范式直接隐藏在能解决问题的仪器之中，实验和观察。③

库恩在谈到科学革命时指出："范式改变的确使科学家所面对的是一个不同的世界。如同视觉格式塔转换，用以说明科学家转变的基本原型。"④革命是世界观的改变。范式一改变，这世界也随之改变方式。"接受新范式，常常需要定义相应的科学，有些老问题完全移交给另一门学科去研究，或宣布为完全'不科学'问题。"⑤以前不重要的问题，随着新范式的出现，可能会成为导致重大科学成就的基本问题。当问题改变后，区分科学答案、形而上学假设、文字或数学游戏的标准答案也会全改变。科学革命中出现的新范式，与以前的科学传统是不可通约的。

科学范式的革命，根本而言是科学的哲学元范式的转型，复杂性科学范式的形成，是历史上源远流长的有机论哲学在当代新的历史条件下涌现的产物。从机械论范式到有机整体论范式，这正如普拉所说，是一个辩证回归的"混沌摆"。卡普拉在1995年撰写的《生命之网》前言中指出："对生命的新理解，可以看成是从机械论的世界观向生态学世界观这一变革的科学前沿。"他认为，在20世纪"从机械论到生态论范式的变迁，在多个学科领域中以不同形式和不同速度发生。它不是稳步前进，而是经历了科学革命、反冲和摇摆反复。对此，混沌理论的混沌摆可能是最恰当的现代比喻——其摆

---

① ［美］托马斯·库恩：《科学革命的结构》，金吾伦、胡新河译，北京大学出版社2012年版，第8页。

② ［美］托马斯·库恩：《科学革命的结构》，金吾伦、胡新河译，北京大学出版社2012年版，第19页。

③ ［美］托马斯·库恩：《科学革命的结构》，金吾伦、胡新河译，北京大学出版社2012年版，第24页。

④ ［美］托马斯·库恩：《科学革命的结构》，金吾伦、胡新河译，北京大学出版社2012年版，第94页。

⑤ ［美］托马斯·库恩：《科学革命的结构》，金吾伦、胡新河译，北京大学出版社2012年版，第88页。

动几乎自相重复，但又不完全重复；看似随机，却又形成一种复杂而高度有组织的模式。在此之间的基本争执是关于整体和部分。强调部分的被称为机械论、还原论；强调整体的方面被称为系统论，与之关联的思维方式被称为'系统思维'"。卡普拉"将'生态的'与'系统论的'作为同义语，'系统论'只是更学术的术语而已。"①

（一）西方古希腊和中世纪亚里士多德传统的有机论占古代科学的统治地位

西方科学史上的机械论思想，与西方古代哲学抽象物质和抽象精神之二元分离的抽象思维方式有关，特别与柏拉图的超越感性现象的抽象理式（Idea）论有渊源关系。而西方古代和中世纪的科学特别是生物科学史上长期占主导地位的有机论，则源于亚里士多德的比较生物学科学研究及其哲学中的有机论思想。亚里士多德认为宇宙是"一个相互关联的有机整体，一个永恒不变的理念（理式）或形式体系"。②亚里士多德认为自然界是一个相互关联的有机整体是不断生成变化的。亚里士多德认为"自然（本性）"有"生物的生成""生物生长的发生点""生物最初运动的起点"以及"使自然物得以存在的某种原始质料"四个含义，总之自然（本性）"是事物自身固有的作为事物运动本原的实体"。③ G. 希尔贝克和 N. 伊耶在《西方哲学史》中评价说："亚里士多德哲学一大特点是经常从有生命的自然界出发"，这不同于德谟克利特从无机自然界出发，"亚里士多德试图用生物学、有机的范畴解释万物——这是一种有机的模式"，"亚里士多德是根据生态学而非物理学来界定自然哲学的"。④ 他们认为，以亚里士多德为代表的"整体的自然观，其中人类被看作自然体系的一部分。古希腊哲学家告诉人们作为整体的自然界的相互作用，从这个意义上说，那时候的自然哲学是生态哲学。"⑤

---

① [美] 卡普拉：《生命之网》，朱润生译，科学出版社 2018 年版，第 13 页。
② [美] 梯利、伍德：《西方哲学史》，葛力译，商务印书馆 2007 年版，第 34 页。
③ [古希腊] 亚里士多德：《形而上学》，张维编译，北京出版社 2008 年版，第 49—50 页。
④ [挪] G. 希尔贝克、N. 伊耶：《西方哲学史——从古希腊到 21 世纪》，童世骏、郁振华、刘进译，上海译文出版社 2004 年版，第 85 页。
⑤ [挪] G. 希尔贝克、N. 伊耶：《西方哲学史——从古希腊到 21 世纪》，童世骏、郁振华、刘进译，上海译文出版社 2004 年版，第 86 页。

（二）18 世纪笛卡尔的机械论到 19 世纪浪漫主义是机械论到有机论的回归

16—17 世纪，发生近代科学革命，亚里士多德有机的、有生命的、心灵的宇宙观被宇宙机器论取代。笛卡尔创造了分析的思维方法，将整体分解为部分，从部分理解整体。分析论下笛卡尔的自然观是物质与精神的二元论，宇宙是一部由可分析的最小构件组成的机器，加上伽利略、牛顿力学，世界变成数学定律支配的完美机器。笛卡尔机械论模型在生物学上的表现，是威廉·哈维（William Harvey）的血液循环模型。同时代人也用机械模型不成功地描述人体消化代谢等，只是到了 18 世纪拉瓦锡（Lavoisier）作为现代化学之父证实了呼吸是氧化作用的特殊形式，从而确立了化学过程与生物体机能的关联。在新的化学科学影响下，生物体过分简单化的机械模型基本被抛弃，但笛卡尔思想的要义被保留下来：生物学的定律从根本上可还原为物理学和化学的定律。

（三）18 世纪后期到 19 世纪浪漫主义有机论对启蒙运动理性主义和机械论的挑战

18 世纪后期到 19 世纪文学艺术和哲学领域的浪漫主义运动开始强烈质疑笛卡尔机械论范式。按照罗素的观点，浪漫主义是"酒神精神"与启蒙运动理性主义阿波罗精神的对立，也反对工业主义，提倡美学而非功利的标准。[①] 美国文艺批评者雷内·韦勒克认为，欧洲浪漫主义共性之一是泛神论的、有机的、象征的自然观，与 17 世纪的机械论相对立。[②] 生态马克思主义者戴维·佩珀认为浪漫主义威廉·布莱克（William Black）的整体论生命情怀，继承了古希腊整体论传统，也部分受东方哲学影响，它传播的东西方整体论知识，影响了西方 20 世纪 50、60 年代的避世运动和顺世运动，"从中长出了现代绿色运动"。浪漫主义"浪漫地看待自然"与现代生态主义是一致的。浪漫主义"有机自然观"，"被看作是一种对理性主义和启蒙运动的

---

① [英] 罗素：《西方的智慧》，马家驹、贺霖译，世界知识出版社 1992 年版，第 307—308 页。

② [美] 雷内·韦勒克：《批评的概念》，张金言译，中国美术学院出版社 1999 年版，第 180 页。

全面反抗"。① 卡洛·麦茜特认为："19 世纪早期的浪漫主义反对科学革命和启蒙运动的机械论，回到有机论思想"，美国爱默生和梭罗的有机论的自然观，"鼓舞了 19 世纪后期由约翰·缪尔（J. Mair）领导的环境保护运动，以及像弗里德里克·克莱门茨这样的早期生态主义者。"②

19 世纪生命的机械论观念成为生物学界不可动摇的教义，但也蕴含着下一波的反对种子，这就是机体生物学的"机体说"（Organicism），在机体说问世之前，许多杰出生物学家经过"生机论"（Vitalism）阶段。生机论者断言，必须用物理学和化学定律之上的某种非物质新的实在、力或场，来理解生命。而机体说的生物学家坚持对"组织"或"组织关系"的理解，这些"组织"观念在当代被改为"自组织"的概念。19 世纪与 20 世纪之交，德国胚胎学家汉斯德里希（Hans Driesch）根据对海胆研究，借用亚里士多德的术语"生机"（entelechy）概念，提出了最初的生机论。20 世纪 90 年代鲁珀特·谢尔德雷克（Rupert Sheldrake）提出以生物形态得以发展和保持的本原的非物质的"形态发生"场（morphogenetic）为基础的形态共振（morphic resonance）理论，③ 以较为精密的形式复活生机论。

在机械论和生机论争论的历史条件下，完形心理学试图走第三条路线。19 世纪 20 世纪之交哲学家厄伦费尔（Christian von Rhrenfels）首先以"完型"（格式塔）概念，指不可还原为基本元素的整体感知模式，由此形成完形心理学派。这成为后来系统论的重要范例。

（四）20 世纪初机体生物学对生物层级结构复杂性的揭示及其对生态学的影响

20 世纪机体生物学家在辩证否定机械论和生机论的前提下，辩证认识生物学形态问题，在亚里士多德、歌德、康德和居维叶的一些关键见解的基础上，思考并提出了现代系统论的一些基本的观点。罗斯·哈里森（Ross Harrison）是早期有机体学说倡导者之一，研究了组织的概念，其后组织的概念逐渐取代了生理学功能的概念。生物化学家劳伦斯·亨德森（Lawrence

---

① ［美］戴维·佩珀：《现代环境主义导论》，宋玉波、朱丹琼译，世纪出版集团、格致出版社 2011 年版，第 224—227 页。

② ［美］卡洛琳·麦茜特：《自然之死》，吴国盛等译，吉林人民出版社 1999 年版，第 111 页。

③ Sheldrake Rupert, *A New Science of Life*, Los Angeles：Teacher，1981.

Henderson）较早地把"系统"这一术语用于生物学和社会体系。从此以后系统指一个统一的整体，其基本性质由组成部分之间的关系所确立，这正是"系统论思想"有关"系统"一词的原本含义。

20 世纪 20 年代初，哲学家 C.D. 伯罗德（C.D. Broad）最早提出了"涌现性质"（emergent property）的概念，用以描述那些在某一些层次才突现、而在下面层次不存在的特性。20 世纪 40 年代早期系统论思想家明确地认识到：复杂性是层级存在的，不同层次有不同法则，后来"组织复杂性"的概念成为系统论的主题。[①]

19 世纪当生物学家开始研究动物和植物生物群落，生态科学就从机体说生物学中诞生出来。生态学（ecology）一词源于希腊文 oikos（意为"household"，即家庭），是对"地球家庭"的研究，更确切地说是研究将地球大家庭所有成员联系起来的关系。生态学一词是由德国生物学家恩斯特·海克尔（Ernst Haeckl）创立。在 20 世纪 20 年代，生态学家着重研究动物与植物群落内部的功能关系。查尔斯·埃尔顿（Charles Elton）在《动物生态学》中引入食物链和食物循环概念，将摄取食物关系看作是生物群落中主要法则。早期生态学所采用的语言与机体生物学接近，美国植物生物学家将植物群落看作"超级生物"。后来英国生物学家 A.G. 坦斯莱（A.G. Tansley）舍弃超级生物概念而创造"生态系统"一词表征动物与植物群落。生态学的现代定义是"生物群落与其自然环境作为一个生态系统而相互作用。"这一观念后来影响了所有的生态学思想。生态科学引入群落和网络两个新概念来丰富系统思维的方法，将生态群落看成是生物的集合、看成由其间的相互关系结合在一切的功能整体。20 世纪 20 年代开始研究食物链和食物循环，后来被扩展为食物网概念。系统论思想家开始将网络模型应用到生命系统各个层次上，将生物体看作是细胞、器官和器官体系的网络，生态系统看成是生物体的网络。

（五）20 世纪 20 年代量子物理学提出非定域整体论，到 20 世纪 90 年代形成量子生物学和宏观非定域 A 场科学假说

20 世纪 20 年代量子物理学"在最微观的领域，巩固了整体论的基础地

---

① Checkland，Peter，*Systems Thinking*，*Sytems Practice*，New York：John Wiley，1981，p.78.

位"①。量子力学哥本哈根学派正统解释的世界图景，揭示亚原子领域亚原子粒子存在的概率随机性、不确定性以及人的科学测验观察主客体间的密切相关性，对牛顿经典力学以还原论的实体粒子为基础物质结构的机械决定论的世界图景形成了巨大冲击：亚原子粒子不再是坚实的物质粒子，而是随机无处不在的概率分布的可能性，是一即一切的整体关联的复杂的关系网。1935 年爱因斯坦（Einstein）、波多尔斯基（Boris Podolsky）和罗森（Nathan Rosenthal）等提出非定域作用 EPR 悖论问题，爱因斯坦称之为鬼魅般超距作用，预言"量子纠缠"，被其后实验所验证。量子纠缠的非定域现象和量子力学的定域性破坏，显示宇宙存在的非定域性的整体性关联的有机整体存在的世界图景。戴维·玻姆（David Joseph Bohm）早期受玻尔互补思想影响，探索量子力学的哲学意蕴，研究量子力学的非定域性问题。1980 年他出版《整体性和隐卷序》，提出了宇宙是未分割的整体，物质和精神都以隐卷序和显展序的形式存在。1993 年即玻姆去世后次年他与海利合作的《未分割的宇宙——量子理论的本体论解释》出版，指出：整体性是量子力学本体论解释的核心概念，认为"这种整体性是通过非定域性来体现的。"②

　　量子力学产生后不久就开始与生命科学的研究结合，到 21 世纪创立了量子生物学。帕斯夸尔·约尔旦（Pascual Jordan）1929 年开始与尼尔斯·珀恩（Nils Pern）讨论量子力学在生物学领域的应用问题。1932 年约尔旦在德国杂志《自然杂志》发表《量子力学与生物学和心理学的根本问题》，这是量子生物学的第一篇论文。到 20 世纪 70 年代开始研究许多生物化学家用量子隧穿、量子纠缠和量子叠加等量子学理论。如揭示约尔旦"放大效应"在光合作用中形成的对激子高效传播能量的量子节拍机制，研究生命的关键酶以量子波的形式在分子间转移与热能激活的隧穿效应，研究小丑鱼嗅觉产生于量子力学中的非弹性电子隧穿模型，研究帝王蝶与知更鸟生物指南针的非定域量子纠缠机制，研究 DNA 高精度复制的量子密码等等，形成研究量子力学领域与热分子运动之间，混沌与有序之间边缘的，非定域非线性相互作用的非线性复杂性科学——量子生物学。

_____

① 吴国盛：《科学的历程》，北京大学出版社 2002 年版，第 563 页。
② 张桂权：《玻姆自然哲学研究》，中央编译出版社 2014 年版，第 12 页。

罗马俱乐部成员欧文·拉兹罗 1996 年在 I. 普里戈金等支持下成立了布达佩斯俱乐部，研究解决全球问题的意识革命问题。他在集成量子力学、东方文化、怀特海过程思想和复杂性科学的基础上，研究宇宙整体的广义进化论的自组织进化机制。他提出宇宙全息统一场的 A 场假说，是宏观非定域自组织机制，它通过两个维度相互作用实现自身：不可观察的深层维度全息场 A 场域可观察的表层维度，两个维度之间有非定域的信息传输。

（六）20 世纪上半叶系统科学形成有机整体论思维，到 20 世纪 70—80 年代，形成新三论、超循环论和混沌学，标志复杂性科学主流派的初步形成

卡普拉认为系统论首要的原则是有机整体原则，其思维方式是有机整体的系统思维，主要有两类：一是语境思维（contextual thinking），一是过程思维（process thinking）。语境关系思维和过程思维，这种思维原则到 20 世纪 30 年代已由机体生物学、生态学、完形心理学和现代物理学所阐明。① 在有机整体系统思维方式的指导下，贝朗塔菲等提出了描述生命系统组织定律的综合理论体系，一般系统理论。与此同时，维纳等研究自动导航、自动调控的机器的控制论和信息论，源于生命系统的反馈回路的机械论模型，一方面对生命科学具有重要影响，另一方面控制论具有机械论倾向，并与军工密切相关，所形成的计算机和信息技术，既促进了工业革命技术进步，也造成精神贫乏和文化多样性的丧失。

20 世纪上半叶，由相对论特别是量子力学的物理学革命，以及生物学中的机体论、完形心理科学的格式塔理论，以及生态科学的生态系统论的出现，形成了科学思维方式的革命，形成了关系—过程思维。这一思维成果体现在科学哲学思想家怀特海的生成论的有机哲学，或过程—关系哲学。

到 20 世纪 40 年代，"贝塔朗菲扩充了怀特海的理论体系，并尝试将各种不同的系统概念与机体生物学结合，形成生命系统的一种正规理论"②。贝塔朗菲最早提出了一般系统论（general system theory，或译广义系统论）。③

信息论是控制论的一个重要组成部分，由维纳和香农在 20 世纪 40 年代

① ［美］卡普拉：《生命之网》，朱润生译，科学出版社 2018 年版，第 27—32 页。
② ［美］卡普拉：《生命之网》，朱润生译，科学出版社 2018 年版，第 32 页。
③ ［美］马克·戴维森：《隐匿中的奇才：贝塔朗菲传》，陈蓉霞译，东方出版中心 1999 年版，第 156 页。

提出。信息论关注的是编码成信号的信息通过嘈杂频道传输。编码的信息本质上是一种组织模式。其后通过生物学、数学和工程学的交互研究，揭示了大脑逻辑电路模型以神经元为单位，这对计算机的发明起了决定性的作用，也认为人脑与计算机相似，认识的过程是对信息处理的过程。这强化了笛卡尔把人看成机器的观点。不过信息论的创始人之一的威弗尔（W. Weaver）却提出了有组织的复杂性区别于无组织的复杂性的说法，后来有了有组织的复杂性研究。[1]

伊·普里戈金在科学元范式上，"重新发现时间"，由静态存在论转变为动态演化论。[2]1969 年他提出耗散结构非平衡系统自组织理论，根据热力学第二定律，把时间引入物理学，提出演化物理学，并推广为远离平衡态的开放的自主之系统，从非线性涨落达到有序的耗散结构理论研究。吴丹认为耗散结构理论解决了自组织出现的环境条件问题。[3]

20 世纪末法国数学家托姆（René Thom）[4] 发表了突变论的源流性文章《形态发生的动力学理论》，批判机械论、还原论和活力论，形成了形态论。[5]1972 年他出版专著《结构稳定性与形态发生》，以微分流形之间映射的奇点理论，标志突变论（Thom catastrophe theory）正式形成。吴丹认为，突变论从数学的角度描述了自组织出现的途径问题。[6]

赫尔曼·哈肯（Hermann Haven）1969 年提出协同学的概念，20 世纪 70 年代创立协同学，探索开放自组织系统，偶然临界涨落，一种因素主导或几种因素合作产生新的状态，即对称破缺的"序"。他用突变论拓扑数学建立序参量演化的主方程，提出了无序到有序演化的自组织理论的框架。[7]

---

[1]　Warren Weaver，Science and Complex，*Scientist*，1948，36（4），pp.556-544.

[2]　[伊] 普里戈金，伊·斯唐热：《从混沌到有序与自然的新对话》，曾庆宏等译，上海译文出版社 1987 年版，第 27 页。

[3]　吴彤：《自组织方法论研究》，清华大学出版社 2001 年版，第 20 页。

[4]　吴彤：《突变论方法及意义——系统演化路径研究》，《内蒙古社会科学》1999 年第 1 期，第 26 页。

[5]　苗东升：《突变论的辩证思想》，《自然辩证法通讯》1995 年第 3 期，第 14 页。

[6]　吴彤：《自组织方法论研究》，清华大学出版社 2001 年版，第 20 页。

[7]　[德] 赫尔曼·哈肯：《协同学—大自然构成的奥秘》，凌复华译，上海译文出版社 1995 年版，第 7—12 页。

协同论以数学建模为特征，因而协同论可谓"最先进的自组织理论"。① 吴丹认为，协同学解决了自组织动力学问题。②

1971 年德国曼弗雷德·艾根（Manfred Eigen）提出超循环（Hyper cycle）理论，从分子生物学的层次，揭示了生命起源的自生成、自复制和自选择的层级循环的自组织机制，"解决了自组织结合形式问题"：③ 反应循环、自催化循环和超循环。

混沌理论，"从时序与空间序的角度看研究了自组织的复杂性和图景问题"。④ 混沌学揭示的奇怪吸引子，与研究确定性非线性反馈网络的复杂性科学的一种类型有关。混沌是用非线性数学描述一个确定性多变量的非线性反馈系统行为的逻辑映射图形，呈现出的限定边界和空间来回流动的无限自相似的运动轨道图形，被称为"奇怪吸引子"，它在相空间的图形通常只有分形维数，少于 2 维或 3 维的分数维。

1973 年法国哲学家和人类学家埃德加·莫兰（Edgar Morin）在 20 世纪 60 年代末受系统论、控制论和信息论以及自组织理论影响，开始研究科学认识论和方法论。1973 年他出版《迷失的范式：人性研究》⑤ 一书首先提出"复杂性科学"的话语，并提出了"概念网络"宏大概念的方法论，还提出了"跨学科研究方法"。1979 年比利时的伊·普里戈金（Ilya Prigogine）跟他的学生伊·斯唐热（Isabelle Stengers）撰写自然哲学著作《从混沌到有序：人与自然的新对话》，从存在论物理学转而提出了"复杂性科学"的话语，使"复杂性科学"闻名于世。

20 世纪 80 年代圣塔菲复杂性科学研究共同体的诞生是复杂性科学范式正式形成的标志。1984 年 5 月，诺贝尔奖得主盖尔曼、安德森和阿罗建立了专门研究复杂性科学的圣塔菲研究所，以跨学科的方法，研究非线性适应

① ［德］赫尔曼·哈肯：《大脑工作原理》，郭治安等译，上海科技教育出版社 2000 年版，第 5 期。

② 吴彤：《自组织方法论研究》，清华大学出版社 2001 年版，第 20 页。

③ 吴彤：《自组织方法论研究》，清华大学出版社 2001 年版，第 20 页。

④ 吴彤：《自组织方法论研究》，清华大学出版社 2001 年版，第 20 页。

⑤ ［法］埃德加·莫兰：《迷失的范式：人性研究》，陈一壮译，北京大学出版社 1999 年版，序言。

性系统的自组织机制，主要研究世界上生物层次以上高级复杂系统能动适应环境的机制，建立了复杂适应系统理论，标志着复杂性科学研究走向外延更小内涵更深入和综合的统一范式正式形成的新阶段。在这之前，普里戈金等人的自组织研究，是分门别类进行的，"没有思考建立一个复杂性研究的统一范式"。[①] 而圣塔菲研究所兼容并包，对世界各国科学家开放，"开展空前规模的跨学科、跨文化综合研究……被称为世界复杂性研究的中枢。"[②]

　　四、适应生态文明的后现代生态科学范式的两个维度：非定域有机整体论的哲学元范式与定域复杂性适应系统的生态整体论的实践范式

　　柯布在回答杨志华、王治河访谈时指出："现代文明产生了灾难，这不是未来时，而是正在发生的现实。人类要想不灭绝，只有改弦更张，彻底反思现代文明，拥抱后现代文明或者说生态文明。"[③] 他在回答刘昀献访谈时也曾谈到"后现代化之路"就是"生态文明之路"[④]，提出了"后现代文明就是生态文明"的思想，目前这已在学界达成相当的共识，而早在 2004 年有人就总结了"后现代生态文明的重叠共识"[⑤]。生态文明属于后现代文明，自然而然，适应后现代生态文明的或生态文明新时代的科学范式，可称为"后现代科学范式"。而"后现代科学"的话语在汉语学术界出现的时间是 1995年，这一年中央编译出版社出版了建设后现代主义代表人物大卫·格里芬编的有关后现代科学的论文集《后现代科学——科学魅力的再现》，较为系统地、多方面地阐述了"后现代科学"的有机整体论的哲学元范式，以及"后现代科学"的各方面的外延。大卫·格里芬、小约翰·B.柯布学术传统的建设性后现代主义，不同于激进后现代主义，"更多关注的是人与世界、人与自然的关系问题，而且很大程度是从科学的层面出发讨论问题

[①]　黄欣荣：《复杂性科学的方法论研究》，重庆大学出版社 2012 年版，第 48 页。

[②]　黄欣荣：《复杂性科学的方法论研究》，重庆大学出版社 2012 年版，第 49 页。

[③]　[美] 小约翰·B.柯布、杨志华、王治河：《建设性后现代主义的生态文明观——小约翰·B.柯布访谈录》，《求是学刊》2016 年第 1 期，第 13 页。

[④]　[美] 柯布、刘昀献：《中国是当今最有可能实现生态文明的地方——著名建设性后现代思想家柯布教授访谈录》，《中国浦东干部学院学报》2010 年第 3 期，第 5 页。

[⑤]　张连国：《后现代生态文明的重叠共识》，《理论与现代化》2005 年第 6 期。

的",① 否定牛顿力学还原论的机械论科学范式,以怀特海的关系—过程思想的有机整体论,使世界复魅(re-enchantment of the world)。而怀特海本人是"科学家出身的美国哲学家",其关系—过程的有机整体论得益于量子力学、相对论的现代物理学革命。建设后现代主义的"后现代科学",是从科学哲学研究视野,确立后现代科学范式的有机整体论的哲学元范式。1995年《后现代科学》的"后现代科学"研究,涉及有机整体论的后现代世界观、后现代宇宙观、后现代物理学、后现代生物学、后现代生态学、后现代自然法则、后现代心灵学、后现代医学、后现代科学与宗教等多方面的内容,其中研究量子力学的哲学实在论的大卫·玻姆在《后现代科学》撰文《后现代科学与后现代世界》,批判了机械论物理学,论述了后现代物理学和后现代物理学的世界观,特别论述了量子力学的世界观非连续运动、有机关系、非定域联系和"完整的整体"的"包容"(implicate order,后译为"隐缠序"或"隐卷序")和"展开"(explicate order,后译为"显析序"或"显展序")之全息联系的"整体运动"的世界观。②

与建设性后现代主义从科学哲学视野对"后现代科学"元范式进行研究几乎同时,20世纪80—90年代在美国成立圣塔菲研究所(Santa Fe institute,简称SFT),提出了复杂性理论(complexity theory),使"复杂性科学"开始成为科学研究的新理论和新范式。圣塔菲研究所网页的自我介绍如下:"复杂性理论是研究简单(而不太简单)的各组分的相互作用之涌现行为的交叉学科,其兴起是对知识大爆炸的一种回应。"③ 复杂性理论研究非线性动力系统的具体领域演化问题,涉及前生命化学演化,生物演化,哺乳动物免疫系统,人类和动物个体的学习、适应和思维,人类文化和语言的演变,全球经济系统的进化,计算机程序设计战略等。其复杂性分理论自称或

---

① [美]王治河:《别一种现代主义(代序)》,见大卫·格里芬《后现代科学》,马季方译,中央编译出版社1995年版,第1页。

② [英]大卫·伯姆:《后现代科学和后现代世界》,见大卫·格里芬《后现代科学》,马季方译,中央编译出版社1995年版,第1页。

③ The rise of complexity theory, an interdisciplinary field studying the emergent behavior and patterns of the interactions of simple (and not so simple components, has been one of the most important responses to the ballooning of knowledge. https://www.santafe.edu/.

被称为"复杂性适应系统研究"，即大量组分即能动体（Agent）之间，基于对"生态环境"简单的适应性反应，定域相互作用，不断调整适应环境的规则，形成非线性后果的有机整体模式。"复杂性适应系统研究"自组织机理，以生态系统中生物与环境相互作用最为典型，因而复杂性适应系统研究可谓研究一般生态系统自组织模型和自组织机理的"广义生态科学"，其中蕴含着有机整体论和非线性因果论，蕴含着复杂性科学的哲学元范式。其中复杂性适应系统的研究，是复杂性科学的范例，成为复杂性科学研究的科学成就，也成为适应生态文明的复杂性科学范式的主要代表性的复杂性科学流派。戴汝为指出，目前的复杂性科学研究主要有三大流派：其一，是普里戈金的耗散结构理论、艾肯的协同论和艾根的超循环理论，即所谓的"新三论"；其二，是美国圣塔菲研究所复杂性适应系统研究的复杂性理论；其三，是中国以钱学森为首倡者的研究超巨复杂系统理论。中国最早开始研究复杂性科学的钱学森，1990 年他和于景元、戴汝为一起在《自然杂志》发表《一个科学的新领域：开放的复杂巨系统及其方法论》[①]，提出"人机结合、以人为主，从定量到定性""开放的复杂巨系统理论"（OCGS），提出以人为主、人机结合、从定性到定量的综合集成法（matasynthesis），1992 年又提出了"综合集成研讨厅体系"，成为复杂性科学具有原创性特点的中国学派。但从适应生态文明、对生态系统进行适应性管理和生态系统管理，解决生态危机的角度，前两派尤其是 SFT，以能动体之间的自组织模式及自组织机理研究为科研目的，以生命过程、动态开放的自然系统或类自然系统自组织过程为研究对象，是适应生态文明的复杂性科学理论范式的范例；而中国科学家的超巨复杂系统理论的形成，其开始形成的 20 世纪 80 年代的知识论背景是带有机械论和信息文明论的所谓"旧三论"的系统论、控制论，以及"新三论"的协同论；它服务于改革开放初期经济建设为中心、特别是服务于"两高一低"的加工制造业的大型水利工程等工程建设、高科技国防军工建设的现实，也客观上适应 20 世纪 80 年代在中国开始作为话语流行并客观形成的"信息时代""知识经济"的时代趋势；它实质也是各个专家的知

---

① 钱学森、于景元、戴汝为：《一个科学新领域：开放的复杂巨系统及其方法论研究》，《自然杂志》1990 年第 1 期，第 2—10 页。

识、各类型信息和计算机信息技术三方面综合集成的复杂性人工系统，是"基于信息空间（Cyberspace）的知识研讨"，用钱学森的话说，这是"知识生产体系"①，服务于经济建设的"社会经济系统工程"（1990 年钱文以财政补贴、价格、工资以及直接间接与其有关的各个经济组成部分的综合研究为例）的工业主义目标；它关注的是社会经济中的人机协同、知识工程、控制与绩效，"宏观经济决策"，②研究对象是人工系统中以人为主的人的知识创造、科研协同的组织机制，而非研究类生命、类生态的自组织机制，其关注的不是生命过程、自然生态或类自然生态的自组织系统的自组织机理，以及生态环境保护，是适应工业主义和信息经济的，不是适应生态经济和生态文明的。因而中国的复杂性科学研究流派作为适应信息经济的一种以人为主、人机协同、人人协同的知识工程机制和方法，可以为生态文明建设所用，而要成为适应生态文明的科学范式，尚需进行根本的生态文明化的转向。

适应生态文明的科学范式是以生态学、生命科学为范例的后现代复杂性科学范式。2004 年国内有学者指出的生态文明是后现代文明③，认为"复杂性科学的兴起及其对生态科学的影响，奠定了新的生态文明和生态经济的科学基础"。④

国外复杂性科学主流派别，无论从诞生的时间，还是研究的目的和对象及形成的理论知识，都属于适应生态文明的后现代复杂性科学范式。20世纪初国外研究复杂性科学的学者开始自觉地与后现代主义联系起来，并把后现代主义索绪尔的后结构主义的语义观，作为方法论用于探索能动体信息交流和识别联结模式的研究。如南非斯泰伦博斯大学哲学系的科学哲学和科学伦理学者、利用神经网络进行计算机建模和模式识别的复杂性科学研究者保罗·西里亚斯（Paul Cilliers）21 世纪初出版专著《复杂性与后现代主义》，认为神经网络解决问题的模式，无法用乔姆斯基为代表的现代原子论、分析论的理性主义、结构主义的语言学来解决，而后现代主义语言学家索绪尔

---

① 戴汝为、郑楠：《钱学森先生时代前沿的"大成智慧"学术思想》，《控制理论与应用》2014 年第 12 期，第 1606 页。

② 戴汝为、操龙兵：《综合集成研讨厅的研制》，《管理学学报》2002 年第 3 期，第 10 页。

③ 张连国：《生态文明视野的形成》，《理论与现代化》2004 年第 6 期，第 28—32 页。

④ 张连国：《广义循环经济科学的科学范式》，人民出版社 2007 年版，第 20 页。

（Ferdinand de Saussure）的后结构语义理论可直接用于神经网络的联结模式和信息识别的有效方法，其后结构主义的语言模型与生命科学、量子力学等科学研究的经验及其研究对象观察的结论也是一致的。

与复杂性科学研究中圣塔菲复杂性理论自然成为生态文明的后现代科学流派的同时，20 世纪 80 年代到 90 年代国际系统科学—系统哲学的领军人物、两次提名诺贝尔和平奖的罗马俱乐部成员、关心人口、环境和资源的全球问题解决的欧文·拉兹洛（Eevin Laszlo），成立布达佩斯俱乐部，在继承 20 世纪 50 年代非主流量子力学玻姆的全运动的隐卷序理论基础上，与 20 世纪 60 年代的新三论结合，开始探索整体宇宙非定域相互作用的自组织机制，即全息记忆的"满足薛定谔量子态 Ψ 态方程"，"在所有层次上和复杂性水平上成为非局域关联和相干性的媒介"的"宇宙量子真空零点能场"或"Ψ 场"为科学假设的广义进化论。[①]1997 年他的《微漪之塘：宇宙中的第五种场》获得美国杰出学术著作奖，说明广义进化论已经开始引起美国主流科学界的注意和认同。21 世纪初，他出版《自我实现的宇宙：科学与人类意识的阿卡莎革命》，根据印度古代哲学，把这种场命名为"阿卡莎（Akasha）场"，或简称"A 场"。他探索了以 A 场的"深层基本维"非定域相互作用，与表层"经验之维"非定域和定域复杂性相互作用的科学假设的宇宙整体秩序和自组织机制。[②] 他认为 A 场科学假设是 21 世纪的 A 范式的科学范式革命。欧文·拉兹洛的广义（一般）进化论和 Ψ 场或 A 场理论，属于本体论的科学范式的元范式，探索的是宇宙整体的有机论，与前文梳理的建设性后现代主义的"后现代科学"是一致的，或一脉相承的，也研究复杂性适应系统的定域相互作用产生非线性后果的复杂性科学传统的一些概念和思维方式。

总之，经过对后现代科学的科学哲学研究史的梳理，可以看到，20 世纪 90 年代至 21 世纪初，已经可以看到生态文明后现代科学范式的两大流派或研究维度：一是侧重于研究定域相互作用非线性因果或自组织机制的定域有机整体论，一是侧重于研究宇宙整体自组织机制的非定域有机整体论。前

---

① ［美］欧文·拉兹罗：《微漪之塘：宇宙进化的新图景》，钱兆华译，社会科学文献出版社 2001 年版，第 376 页。

② ［美］欧文·拉兹罗：《自我实现的宇宙：科学与人类意识的阿卡莎革命》，杨富斌译，浙江人民出版社 2015 年版，第 23—48 页。

者属于后现代复杂性科学范式的社会建构范式的复杂性科学主流派，后者属于后现代复杂性科学范式的元范式的非主流派。从科学史来看，二者的共同的知识论源头是 20 世纪初的相对论和量子力学的物理学革命，从科学哲学源头来看，都是受 20 世纪关系—过程思维方式的影响。

　　后现代科学这两个学派，在发展中既相互独立，又相互影响：量子力学蕴含的深生态非定域整体论秩序的科学假设鼓舞了定域非线性复杂性科学的研究，而定域复杂性科学研究的演化论自组织、非线性等概念范畴也成为研究非定域整体论的概念范畴。由于二者的科学元范式都是有机整体论，由于前者属于研究能动体与环境的协同适应的复杂性的广义生态科学，后者探索宇宙的深生态机制的深生态科学，二者皆属于适应后现代生态文明的后现代科学范式，而适应生态文明的后现代科学范式可命名为"后现代生态—复杂性科学范式"，或以生态学为范例的复杂性科学范式。实际上有人已经看到复杂性科学的"生态"特征及其为适应生态文明的科学范式，如卢风在论述生态文明的哲学基础时指出，"生态哲学吸收量子力学和蕴含生态学的复杂性科学而确立其世界观。"① 尽管后现代复杂性科学主流总体上是适应生态文明的科学范式，但不是所有的后现代科学流派都直接属于生态文明的科学的科学范式，适应生态文明的自组织复杂性的定域有机论的主流的复杂性科学流派和非定域有机论的深生态科学，也需进一步自觉地适应生态文明的建设需要，进一步生态化。不论是较浅层的复杂性科学还是深生态科学，在其发展过程中要以自觉的生态科学和生态主义的意识，引导后现代生态复杂性科学的进一步发展：结合现代科学最新成果，结合东方传统道学，继续拓展非定域有机整体论的研究；生态科学复杂科学化研究；结合适应性复杂性系统研究，拓展生态系统管理和生态适应性管理机理和机制研究；复杂性非线性理论研究生态经济和混沌经济；中国复杂性科学的生态化研究，形成以生态导向、政府主导、人人协同、人机结合、人与自然和谐的超巨系统复杂性管理模式；复杂性生态心理和生态医学研究（卡普拉健康医学）。二者在将来适应生态文明建设的实践过程中，将相互影响，共同构成生态文明的后现代复杂性科学范式。

---

① 卢风：《生态文明新时代的新哲学》，《社会科学论坛》2018 年第 6 期，第 4—25 页。

第二节　复杂性科学的家族类似特征及其
适应生态文明建设的需要

一、复杂性科学的家族类似特征

复杂性科学的核心概念目前来自数学、自然科学和工程技术学有关复杂性的定义大概有 50—60 种，[①] 约翰·霍根（John Horgan）在其著作《科学的终结》提到物理学家赛斯·劳伊德（Seth Lloyd）在电子邮件发给他有关复杂性的定义有 45 种。[②] 但迄今未有一个统一简单的定义。保罗·西里亚斯在《复杂性与后现代主义：理解复杂系统》中指出："在此期待可以对'复杂性'意味着什么至少能提出某种工作性定义。不幸的是无论是定性上还是定量上，该概念都还是难以把握的"，"如果复杂性难以被赋予一个简单的定义，人们也就不要对此感到惊讶。"[③] 据米歇尔记述，2004 年是圣塔菲复杂性研究所成立 20 周年，复杂性科学暑期研讨会，有圣塔菲著名的物理、计算机、生物学、经济学和公共决策的一些杰出学者，在研讨班上研究生和博士后的学生们提的第一个问题就是"复杂性该怎么定义？"大家听到后都笑了起来，"因为这个问题如此直截了当，如此让人期待，然而又是如此难以回答。"不同的专家有不同的定义，彼此争论，学生们听得一头雾水。米歇尔评论说："就连圣塔菲这个复杂系统的领域最著名研究所的学者对复杂性的定义都达不成共识，复杂性的科学又如何产生呢？答案是科学不止一个，而是有好几个，每个对复杂性的定义都不一样。""如果想要统一的复杂性科学，就得弄清楚这些正式或非正式概念之间的关联。要对复杂的复杂性概念进行尽可能的提炼。这项工作目前还远未结束，也许还要等那些被搞得一头雾水的下一代科学家来完成。"[④] 米歇尔认为复杂性科学的核心概念复杂性没

---

① 黄欣荣：《复杂性科学的方法论研究》第 2 版，重庆大学出版社 2012 年版，第 4 页。

② ［美］约翰·霍根：《科学的终结》，孙雍君等译，远东出版社 1997 年版，第 329 页。

③ ［南非］保罗·西里亚斯：《复杂性与后现代主义：理解复杂性》，曾国屏译，上海世纪出版集团 2006 年版，第 3 页。

④ ［美］梅拉妮·米歇尔：《复杂》，唐璐译，湖南科学技术出版社 2013 年版，第 118—119 页。

有统一的定义，造成复杂性科学的不统一，其原因在于复杂性科学是新兴科学的缘故："首先，虽然很多书和文章使用这些术语，但既不存在单独的复杂性科学，也不存在单独的复杂性理论。其次，一门新科学的形成过程，就是不断尝试对其中心概念进行定义的过程。"① 沃尔德罗普（M. Waldrop）认为复杂性科学没有确切的定义和边界这是由于它超越了常规科学的范畴："这门学科还如此之新，其范围又如此之广，以至于还无人完全知晓如何确切地定义它，甚至还不知道它的边界何在。"②

汪丁丁认为复杂性难以定义，是由复杂性科学研究对象为"涌现"秩序的特点所决定的。涌现秩序即是怀特海阐述的"过程"，难以预测，涌现就是历史过程，历史过程的意义只能在历史进程中逐步呈现，因而必然具有"表达困境"。这种研究方式如生物学，只能采用"从现象到本质"或"从内到外"的定义方式。而复杂性经济学具有复杂性经济学家布莱恩·阿瑟（W. Brian Arthur）2015 年在新加坡"涌现模式研讨会"（Emerging patters Conference）列出的秩序、基于数学方程、可预测性、均衡状态四大特征，适合采用"从本质到现象"或"由内及外"的研究方法：根据观察到一组反映事物本质的内涵，定义所希望解释的经济活动前提条件，然后从这组定义逻辑地演绎出在现实中获得验证（可证伪）的命题。而生物学家不能内涵地定义"生命"的本质，只能从最表层现象开始观察并形成自己的理解，即形成其关于生命过程的外延定义，并根据外延定义再继续收集资料，再形成更深入的理解和外延定义，从而不断接近他所研究的生命过程的本质性的理解，只是一个无穷尽的理解过程，而如阿瑟所说"理解，它自身就是涌现秩序的一部分。"③

西蒙（H. Simon）在《人工科学》第三版增加了第七章，从科学技术的角度列举了从系统论到复杂性科学研究的主题：④ 第一次世界大战前是整体

---

① [美] 梅拉妮·米歇尔：《复杂》，唐璐译，湖南科学技术出版社 2013 年版，第 15 页。

② [美] 米歇尔·沃尔德罗普：《诞生于秩序与混沌边缘的科学》，陈玲译，三联书店 1997 年版，第 1 页。

③ 汪丁丁：《理解"涌现秩序"》，见 [美] 布莱恩·阿瑟《复杂经济学》，贾拥民译，浙江人民出版社 2018 年版，推荐序一 VII。

④ [美] 西蒙：《人工科学》，武夷山译，商务印书馆 1987 年版，第 166—197 页。

论（Holism）、格式塔（Gastalts）和创造性进化（creative evolusion）；第二次世界大战后则是信息（Infomation）、控制论（cybernetics）、一般系统论（general system）；20 世纪 70 年代以后是混沌（chaos）、自适应系统（self-adaptive system）、遗传算法（genetic algorithms）以及元胞自动机（cellular automata）。[1]20 世纪 80 年代以来的复杂性研究主题，仍然离不开之前的整体论、系统、信息、创造性进化等概念范畴，但有了更具体的表达方式和更细致的研究侧重点。而复杂性科学还将继续分门别类和深入研究下去，还会出现新的外延性概念和研究方法。从研究进程来说，这是马克思在《资本论》所说的一个从抽象到具体的过程，而从每一时期每一科学概念的表述比前一阶段更逼近本质而言，则是汪丁丁说的"从现象到本质"的过程。

　　不管复杂性研究的具体对象有何特点，也找不到一个简单而统一的定义，但这些研究对象却有一个或几个相似的特点，就好像一个家族的亲人们，尽管长得不完全一样，但总有一个或几个类似的特征。20 世纪当代语言哲学家维特根斯坦在描述话语实践的时候，提出了"家族类似"（Family Resemblance）的概念，就是对实践或"游戏"过程描述的理论范畴，无明确固定的边界或共同的本质，无法定义，但至少有一个或几个共同属性互相交叉。这跟汪丁丁所说的外延特征的描述而非内涵本质的定义的说法是一致的。复杂性科学及其核心概念复杂性就具有"家族类似"的特征。

　　复杂性不能抽象地给出一个简单而同一的本质性的定义并用一个方程式来表示，而只能从其研究对象的具体属性来描述。

　　西蒙认为复杂系统有 4 个特征：内稳态（Homeeotasis）、与环境分离的膜、内部特化和可分析性（层级结构）。[2] 西蒙的复杂性系统特征的描述仍是系统论阶段有关观点。

　　而维基百科（complex system）列举的复杂系统 9 大特征，则基本包含了主流复杂性科学有关复杂性适应系统的一些特征：涌现、短程关联、非线性关系、蕴含多重反馈环、开放性、部分不含整体全部信息、自身历史性、

① 　Herbert Simon，*The Sciences of Artifial*，3rd ed. Mit，1996.

② 　Herbert Simon，Can There be a Science of Complex System? In yanner Bar-Yam（ed.）*Unifying Themes in Complex Systems*. New England Complex Systems Institute. Peruse Books，2000，p. 3-14.

层级雀巢结构、边界难定。①

　　梅拉妮·米歇尔给出复杂系统的外延定义："复杂系统是由大量组分组成的网络，不存在中央控制，并通过学习产生适应性。""如果系统有组织的行为不存在内部或外部控制者或领导者，则也成为自组织（self-organizing）。由于简单规则以难以预测的方式产生出复杂行为有时也称为涌现（emergent）。""这样有了复杂性系统的另一个定义：具有涌现的自组织行为的系统。复杂性科学的核心问题是：涌现和自组织行为是如何产生的。"②最终把复杂性适应系统的外延性定义为一个特征：自组织或涌现。

　　保罗·西里亚斯描述复杂性系统有 10 个特征，但其实可归结为一句话：复杂性适应系统的定域非线性相互作用导致的生态整体模式："复杂性是简单要素的丰富相互作用的结果"，"复杂性是作为要素之间的相互作用模式的结果而涌现出来。"③

　　中国超巨复杂性系统论提出者钱学森认为复杂性就是系统各子系统间的各种通讯方式、各子系统的定性模型、知识表达以及各子系统的结构随整体系统演化而变化。④研究复杂性科学的中国学者颜泽贤、范冬萍和张华夏认为，"复杂性实际上是开放的复杂巨系统的动力学"，⑤复杂性的基本特征是：相当数量的元素及其元素之间紧密联系的多样性，联系具有非线性和非对称性，联系处于有序与无序之间。⑥强调系统各部分之间多样性、非线性、非对称性的相互作用，形成有序与无序之间的整体模式。苗东升对复杂性和复杂性科学的观点跟米歇尔差不多，认为复杂性就是"涌现"，应把复杂性科学改称为涌现性科学，可造个英文字 emergencism，主要研究"事物的整体涌现性。"⑦前文已提过汪丁丁认为："复杂性它的本质是'涌现秩序'，而

---

① http://en.wikipedia. Org/wiki/complex-system.

② ［美］梅拉妮·米歇尔：《复杂》，唐璐译，湖南科学技术出版社 2013 年版，第 14—15 页。

③ ［南非］保罗·西里亚斯：《复杂性与后现代主义：理解复杂性》，曾国屏译，上海世纪出版集团 2006 年版，第 4—6 页。

④ 钱学森：《创建系统学》，山西科技出版社 2001 年版，第 199 页。

⑤ 颜泽贤等：《复杂系统演化论》，山西科学技术出版社 1993 年版，第 50 页。

⑥ 颜泽贤、范冬萍、张华夏：《系统科学导论——复杂性探索》，人民出版社 2006 年版，第 203 页。

⑦ 苗东升：《复杂性研究的现状与展望》，《系统辩证法学报》2001 年第 4 期，第 7 页。

'涌现'的本质是怀特海在《思维方式》里阐述的'过程'。"① 约翰·霍兰（Hohn H. Holland）指出："涌现首先是一种具有耦合性的前后关联的相互作用，在技术上这些相互作用以及这个作用产生的系统都是非线性的。整个系统不可能通过对系统各个部分进行简单的加和得到。"② 也就是说，复杂性的涌现，最重要的是特征，是各子系统定域非线性相互作用，涌现大于部分之和的整体性特征。

　　而许多复杂性理论家，试图用定量的方式度量复杂性，如香农熵、算法信息量、逻辑深度、热力学深度、计算能力、统计复杂性、分型维度、层次深度等度量复杂性，但迄今没有用得到公认。这是由于"各种度量都抓住复杂性思想的一些方面，但都存在理论和实践的局限性，还远不能有效刻画实际系统的复杂性。度量的多样性也表明复杂性思想具有许多维度，也许无法通过单一的度量尺度来刻画。"③

　　比如香农（Claude Shannon）以香农熵定义复杂性，他用信息源的熵即无序性定义信息量，认为复杂性是信息源相对于信息接受者的平均信息量或"惊奇度"。但完全随机的序列最大可能熵，而在人们的直观认识中，基因不是随机的，最复杂的生命对象不是最有序的和最无序的，而是介于两者之间。香农熵定义复杂性违背人对复杂性的直观。④

　　有人将复杂性定义为能够产生对事物完整性的描述，被称为事物的算法信息量。物理学家盖尔曼（Murray Gell-Mann），提出了一种"有效复杂性"（effective complexity）进行相关度量，这更符合我们对复杂性的直观认识。⑤ 而"有效复杂性被定义为包含在描述中的信息量或规则集合的算法信息量，两者等价"，显然，随机的有效复杂性为零。而为了有效计算复杂性要先给出事务规则性的最佳描述，问题是如何给出规则？根据奥卡姆剃刀，可

①　汪丁丁：《理解"涌现秩序"》，见［美］布莱恩·阿瑟《复杂经济学》，贾拥民译，浙江人民出版社 2018 年版，推荐序一 IV。

②　［美］约翰·霍兰：《涌现：从混沌到有序》，陈禹等译，上海科学技术出版社 2006 年版，第 106 页。

③　［美］梅拉妮·米歇尔：《复杂》，唐璐译，湖南科学技术出版社 2013 年版，第 139 页。

④　［美］梅拉妮·米歇尔：《复杂》，唐璐译，湖南科学技术出版社 2013 年版，第 122 页。

⑤　［美］梅拉妮·米歇尔：《复杂》，唐璐译，湖南科学技术出版社 2013 年版，第 124 页。

以最好地描述事物的最小规则集，同时将事物随机成分最小化，但实际很难操作，具有主观性。① 克鲁奇菲尔德（Crutchfield）和卡尔·杨（karl Young）定义称为统计复杂性（statistical Complexity）的量，度量预测系统将来统计行为所学过去行为最小信息量，物理学家格拉斯伯杰（Peter Grassberger）也给出类似定义称为"有效度量复杂性"。而统计复杂性与香农熵有关，其度量值是预测系统行为的最简单模型的信息量，介于有序与无序之间的系统具有较高的复杂性，与我们的直觉相符，度量统计复杂性也比较困难。②

数学家班尼特用逻辑深度度量复杂性。一个事物的逻辑深度（logical depth）是指构造这个事物的困难程度。有逻辑深度的事物，必须是长时期计算或漫长动力过程的产物，因而最合理的办法是计算生成某个事物的需要处理的信息量。可以用图灵机时间步计算。逻辑深度符合我们对复杂性的直觉，但也没有给出具体的度量实际事物的方法。③

劳埃德和裴杰斯（Heinz Pagele）用热力学深度（thermodynamic depth）度量复杂性。这首先确定事件序列，然后测量物理构造过程所需热力源和信息源总量。这种度量复杂性的方法，跟逻辑深度一样，只有理论意义。

有人用分型维度度量复杂性，但除了分形维度的崎岖度和细节瀑流，并没有穷尽复杂性，还有其他类型复杂性。有人用计算能力度量复杂性。计算能力等于图灵机的计算能力。但具有通用计算能力并不意味着复杂。

西蒙用层次性度量复杂性。西蒙 1961 年的《复杂性的结构》称"复杂系统由子系统组成。"复杂系统最重要的共性是层次性和不可分解性。进化生物学家麦克西（Daniel McShea）用层次标度，度量生物层次度，提出了嵌套生物学层次：原核细胞、真核细胞、多细胞生物、昆虫群落和僧帽水母累的群体生物等，每一层比第一层复杂。化石和生物数据揭示了复杂性随进化不断增加，而度量具体生物层次何为"组成"何为"层次"有一定主观性。④

---

① ［美］梅拉妮·米歇尔：《复杂》，唐璐译，湖南科学技术出版社 2013 年版，第 125 页。
② ［美］梅拉妮·米歇尔：《复杂》，唐璐译，湖南科学技术出版社 2013 年版，第 129 页。
③ ［美］梅拉妮·米歇尔：《复杂》，唐璐译，湖南科学技术出版社 2013 年版，第 126 页。
④ ［美］梅拉妮·米歇尔：《复杂》，唐璐译，湖南科学技术出版社 2013 年版，第 137—139 页。

　　总之，用定量的方法定义复杂性，有理论和操作的困难，也只反映复杂性家族的某一方面的特征。目前有一般性启示的理论意义的复杂性定义，还是对复杂性研究对象的基本特征的把握。

　　二、复杂性科学主流派的定域生态整体模式，乃适应生态文明的科学范式

　　目前复杂性科学研究影响较大，且有较为系统理论的主要三个学派：一是以普里戈金为代表的欧洲复杂性科学研究；二是美国圣塔菲跨学科的复杂性适应系统生态整体模式研究；三是中国钱学森首倡的"以人为本、人机结合、人人协同"超巨系统复杂性研究。前两个复杂性科学研究学派，都是研究生命、生态系统，或类生命、类生态系统的开放动力系统非线性因果造成的整体不可测的自组织机制的，属于基本适应后现代生态文明需要的生态复杂性科学学派。而钱学森超巨系统复杂性研究学派，受系统论、控制论、信息论影响较大，研究以人为主、人机集合的信息、知识生产和集成问题，以及服务于大型工程建设的系统工程模式建构的复杂性问题，不是侧重研究生命或类生命、生态或类生态自组织机制和生态整体模式的复杂性的，非直接适应生态文明的科学范式范畴。但因引发生态文明转型必然趋势的客观动因的生态环境问题，不仅仅是自然生态系统本身的问题，而是人类社会系统，特别是工业经济系统对自然生态系统破坏性的物质流输出和输入造成的，这是一个自然—经济—社会的超巨系统复杂性问题，更是更深层的社会管理方式、生产方式和文化生活方式问题，因而对解决此超巨系统复杂性问题，仅仅研究自然包括生命的复杂适应系统的生态整体模式是不够的。而钱学森创立的研究超巨复杂系统的复杂性科学的中国学派，尽管属于适应工业主义和信息经济的，但通过对其进行生态化导向的改造，可以成为更好适应生态文明的复杂性科学范式范畴的复杂性科学流派，即可以创造性转化为适应生态文明建设需要的"生态导向、政府主导、人机结合、人人协同、人与自然和谐的综合集成"生态化的超巨系统复杂性科学管理模式，其中关键是在复杂性科学的生态整体论指导下，遵循非线性的生态复杂性规律，采取社会生态治理、生态系统管理和生态适应性管理，形成以生态理性经济人协同自然生产力和社会生态生产力的协同治理能力。

（一）复杂性科学的基本共性：非线性定域相互作用形成的自组织生态
整体模式

英国赫特福德大学拉尔夫·斯泰西（Ralph Douglas Stacey）认为复杂性
科学主要研究非线性反馈网络。① 非线性反馈网络又分两种类型：一是确定
性非反馈网络，一是自适应反馈网络。前者是混沌理论和耗散结构等理论，
远离平衡态系统，此类系统各部分按照既定规则，非线性定域相互作用，涌
现出不可预测的整体的自组织秩序；后者是圣塔菲研究所主流复杂性科学
理论学派研究的，能动体（agent，或译主体、智能体）包括人类在混沌边
缘，按既定规则定域相互作用，彼此行为互动，适应环境，不断改进自身行
为，从而形成非线性影响，不断反馈，从而使系统涌现整体的输出模式，即
生态整体模式。非线性就是在混沌边缘大量能动体相互作用，导致线性因果
失效，能动体或主体交互作用成不可预测的总体输出，涌现出无法预料的系
统的长远后果，而混沌边缘的大量组分（components）的冗余（redundanry）
和合作导致的内生秩序，保证系统在崩溃边缘时不总是随机和无序，涌现出
总体的不可预测的整体模式。② 他认为，复杂适应性系统的整体性，是整体
与部分互相摄取、互相作用、全息自相似的层级嵌套的生态整体模式：组织
包括人类组织作为整体，也是更大整体的一个部分。部分不断重塑整体，整
体又反过来影响部分。各级组织从大脑到思维，从群体到整个社会，从全球
社会到生态系统，都是整体融入部分、部分构成"实质是全息"③ 整体的复
杂性适应系统："全球经济社会与自然环境间的相互作用，影响着自然环境
的发展，而自然环境又反过来影响经济和社会发展。"如拉夫洛克所说是一
个"盖娅系统"④。他还指出，微观上描述主体适应性行为，属于行为主义的
刺激—反应单环学习，而人类整体以建构模式体验和解释世界，则是认知论

① ［英］拉夫尔·D.斯泰西：《组织中的复杂性与创造性》，宋雪峰、曹庆仁译，四川人民出
版社 2000 年版，第 8 页。
② ［英］拉夫尔·D.斯泰西：《组织中的复杂性与创造性》，宋雪峰、曹庆仁译，四川人民出
版社 2000 年版，第 13—14 页。
③ ［英］拉夫尔·D.斯泰西：《组织中的复杂性与创造性》，宋雪峰、曹庆仁译，四川人民出
版社 2000 年版，第 31 页。
④ ［英］拉夫尔·D.斯泰西：《组织中的复杂性与创造性》，宋雪峰、曹庆仁译，四川人民出
版社 2000 年版，第 36 页。

观察方法，为双循环学习过程。当开始认识到人类系统整体自相似特征，就会认识到人类与自然界统一为社会—自然生态适应性复杂系统："在这个社会建构的一端是包含于社会构建世界中的大脑生物系统，另一端是包含生物构建世界的生态系统。"①

（二）后现代复杂性科学方法论：复杂性数学、计算机模拟、跨学科类比隐喻法和后现代主义的分布式表征法

复杂性科学的元范式内涵在历史上一再重复出现，只有到了20世纪70年代以后才形成较为系统的复杂性科学研究，其关键是复杂性数学和计算机模拟方法形成，而且在后现代社会语境中形成后现代主义的局域化网络的知识状况，以及跨学科研究的趋势，由此形成了适应后现代知识状况和跨学科研究趋势的跨学科类比隐喻法，分布式表征法，这些都是适应复杂性系统建模的方法。

1. 复杂性数学

卡普拉指出，"将生命系统看成是自组织网络，其组分全部是相互连接、相互依赖的，这种观点在哲学史和科学史以多种方式被反复地表达过，只是到了最近有了新的数学工具后，使能够模拟这种网络非线性的相互关联特征，才做出自组织详细模型。人们越来越认识到这种新的'复杂性数学'的发现是20世纪最重要的科学大事之一。"②"复杂性数学"是处理巨大复杂性的观念和方法，已经形成系统的数学体系，一般称为"复杂性数学"（the mathematics of complexity），在专业上称之为"动态系统理论""复杂动力学""系统动力学"或"非线性动力学"，使用最多的术语是"动力系统学理论"（dynamical systems theory）。这并不是一种关于物理现象的理论，而是一种数学理论，混沌理论和分形理论仅是其分支。复杂性数学是关于关系和模式的数学，是定性的，不是定量的，体现了向系统思维特征的转型：从物体转向关系，从数量转向性质，从物质转向模式。大型高速计算机在解决复杂性数学以及利用复杂性数学起了很大作用，数学家利用计算机绘出方程解的曲线，以这种方式发现复杂系统新的行为模式，以及隐藏在表面混乱后的

---

① ［英］拉夫尔·D. 斯泰西：《组织中的复杂性与创造性》，宋雪峰、曹庆仁译，四川人民出版社2000年版，第37页。

② ［美］卡普拉：《生命之网》，朱润生译，科学出版社2018年版，第79页。

秩序。

笛卡尔统一了数学和代数，以笛卡尔坐标系统的结合图形，显示代数公式和方程式。牛顿和莱布尼兹发明了微积分，研究加速运动情况下坐标两点速度的近似值。后来牛顿运动方程，被拉普拉斯、欧拉、拉格朗日和哈密顿改写为更普遍、更简洁的形式，可以分析广泛的自然现象，如流体运动、弦和钟的震动。然而，建立方程式是一回事，解出这些方程是另一回事。精确解仅限于少数简单而有规则的现象才存在，而自然的广阔领域中的复杂性难倒了所有机械模型。例如两个物体在重力下的相对运动后可以精确计算出来，而三个物体相对运动就已经过于复杂而不能精确求解。对上百万个粒子的情况，更没办法。另一方面，19世纪麦克斯韦用统计的方法构建气体运动规律，其理论基础是统计学和概率论，与牛顿力学相结合，产生新的科学分支学科，称为"统计力学"，成为热力学的理论基础。到19世纪末，科学家发明了两种不同的数学工具描述自然现象：用于简单系统、精确的、决定性的牛顿方程；应用于复杂系统的、基于对平均量的统计分析的热力学方程。这两种方法共同之处是，采用线性方程。牛顿方程虽然对线性和非线性现象都通用，但其非线性方程过于复杂难以求解，而且涉及的现象具有看似混乱的性质，如水和大气湍流，科学家都避免研究非线性系统。每当非线性方程出现时，都"线性化"，即用线性的近似代替。如此，经典的科学方程只涉及小的震荡、微弱的波动、微小的温度变化等，而不描述现象的完整的复杂性。这种习惯根深蒂固，以致在教科书中不含有完整版的非线性方程。这使得大部分科学家和工程师以为所有的自然现象都可以用线性方程来描写。但最近30年，有的科学家认识到自然现象"顽固的非线性"，非线性现象广泛地存在于非生物世界和生命网络世界。

首先，由复杂方程式描述的现象是复杂的，真实世界大部分是非线性的。

其次，看似混乱的复杂行为却能产生有序的结构和精致美丽的图案。混沌理论的"混沌"的专业含义，是表面随机的混沌行为，显示出深层次规整的秩序。

再次，非线性方程即使是完全确定性的，也通常不能作出准确的预测。

非线性这一显著特征导致人们从定量分析转向定性分析。[①]

非线性上述第三个性质源于自我增强反馈过程。在线性系统中，小变化产生小效应，大效应是由大变化或一小堆小变化叠加在一起而引起正比例因果关系。与其相反，在非线性系统中，小的变化引起剧烈的效应，可以被自我增强的反馈过程反复放大，线性"因果律失效"。[②] 这种非线性的反馈过程，是自组织所特有的不稳定性和秩序涌现的条件。

2. 计算机模拟方法

计算机强大的计算功能，不仅帮助人们解析非线性方程，绘制非线性方程的复杂图形，而且可以帮助复杂性适应系统的研究者，设计仿真模型。圣塔菲主流的复杂性适应系统研究的科学成就，是同一系列著名的计算机模型联系在一起的：1966 年冯·诺依曼"提供了一种能复制自身的机器的描述"，[③] 即"元胞自动机模式"；1986 年朗顿设计的模拟了蚂蚁觅食行为的温斯特元胞自动机模型；1987 年生物学家雷诺德斯（Craig Reynolds）设计的模拟鸟群可变动飞行行为的"堡伊德斯"（Autonomous Boids）网络模型；1989 年 Deneubourg 等模拟的军蚁觅食模型；1990 年 Deneubou 等设计的阿根廷蚂蚁觅食模型的路径选择决策模型；1995 年考夫曼研究和发明了基因调控网络的"随机布尔网络"（Random Boolean Network，RBN）；20 世纪沃尔夫勒姆研究的元胞自动机，提出"规则 110"通用计算机原则；1975 年霍兰创立遗传算法模型；1992 年雷诺使用遗传算法建立了"特瑞模型"；1992年阿克雷（Ackley）和利特曼（Littman）设计的虚拟神经网络的 AL 模型等等。可以说，没有计算机模拟方法，就没有主流的复杂性科学研究。

西里亚斯认为，计算机技术的极大影响，正使科学以及我们生活世界的其余部分发生技术化（tachnologisation）的趋势，"所有这些发展，其核心之处是由于电子计算机的表现能力。它构成了我们绝大部分工具（如洗衣机和汽车）的一部分；它渗透到我们的社会各界（想一想金融业和娱乐业

---

① ［美］卡普拉：《生命之网》，朱润生译，科学出版社 2018 年版，第 86 页。

② 许正权、宋雪峰：《组织复杂性管理：通过结构敏感性管理组织复杂性》，经济管理出版社 2009 年版，第 37 页。

③ ［美］约翰·霍兰：《涌现：从混沌到有序》，陈禹等译，上海科学技术出版社 2006 年版，第 15 页。

吧）；它迅速成为了最重要的传播媒介。"①"技术的力量已经为科学打开一种新的可能性"，"以强大的计算机技术为支持的建模技术，允许我们对复杂系统行为进行模拟，而不必非得理解它们。我们利用技术可以做到我们利用科学无法做到的事情。过去十几年中，对复杂性理论兴趣的增长，因此也就不奇怪了。"②强大的计算机技术的兴起，既有利于复杂性科学的研究，为其提供计算机建模的技术，也提供了深入研究科学哲学理论的迫切性。

计算机遗传因子模型创立者霍兰认为，"所有的科学都是以模型为基础的。"③而计算机建模是研究复杂性科学主体的重要方法："计算机建模正是将这些论题应用于涌现现象科学研究中的一种重要方法。"④他指出：首先，计算机模型便于操作，非常直观，可重复运行，非常方便。其次，计算机模型同时具有理论的抽象性和实验的具体操作性双重优点。其三，计算机模型在构建动态模型中发挥关键作用。

3.跨学科类比和隐喻法

前文提到过，圣塔菲网页的自我介绍如下："复杂性理论是研究简单（而不太简单）的各组分的相互作用之涌现行为的交叉学科，其兴起是对知识大爆炸的一种回应。"⑤复杂性理论是以复杂行为主题的跨学科研究。跨学科研究是复杂性研究的特点，也是研究的基本方法。复杂性科学研究者，吸引了各国各个学科的学者，既有物理学家、化学家、数学家、生物学家、生态学家，也有经济学家、管理学家和心理学家等。霍兰在《涌现》的序言中指出了"跨学科的科学方法"：他说《涌现》是一本比《隐秩序》更个性化的书，确实花了很多时间研究这些观点，这是"跨学科科学方法"指导的结

① ［南非］保罗·西利亚斯：《复杂性与后现代主义——理解复杂系统》，曾国屏译，上海科技教育出版社 2006 年版，第 1—2 页。

② ［南非］保罗·西利亚斯：《复杂性与后现代主义——理解复杂系统》，曾国屏译，上海科技教育出版社 2006 年版，第 2 页。

③ ［美］约翰·霍兰：《涌现：从混沌到有序》，陈禹等译，上海科学技术出版社 2006 年版，第 13 页。

④ ［美］约翰·霍兰：《涌现：从混沌到有序》，陈禹等译，上海科学技术出版社 2006 年版，第 13 页。

⑤ The rise of complexity theory, an interdisciplinary field studying the emergent behavior and patterns of the interactions of simple (and not so simple components, has been one of the most important responses to the ballooning of knowledge. https：//www.santafe.edu/.

果。他指出："我是以科学方法，特别是跨学科的科学方法的导引之下，来表达自己的观点。我并不认为这些观点是反传统的——很多具有跨学科倾向的科学家都会同意这些观点。"①他在《隐秩序》中文版序中指出："你们即将读到的这本书，主要介绍了交叉学科比较以及它们所唤起的隐喻，在未来复杂适应系统研究中所起的关键性作用。我相信，丰富的隐喻和类比，是创造性科学和诗歌的核心。"②他指出了非线性适应复杂性系统采取了"交叉学科比较"研究方法以及与其相关的"隐喻"方法。跨学科比较法，首先是一种类比法，把不同学科的研究对象，根据其相似性列为一类，便于发现其背后共同隐秩序模型。通过分类比较，从一个学科研究对象易于识别的特性，去推论另一个学科的一些特征。如生态学研究的生态系统的"生态位"现象比较突出，将其用于观察社会经济系统，可以更易于了解人与环境的关系，而经济活动领域的资源流动现象比较突出，可以启示观察生态系统的复杂性运行。在跨学科类比过程中，会引发科学创造性的灵感，这与不同学科之间互相作为"源系统"和"目标系统"之间比类取象的象征隐喻关系有关。隐喻类比象征等方法把握的是不同性质的研究对象之间全息自相似结构的非线性关联关系，比如《周易》卦象的乾卦符号，是纯阳的属性，在自然界代表着天，在人体指头部，在人际关系指父亲，表面不同的事物，以其深层全息自相似结构的属性或意义的一致而被统一起来，发生非线性的关联关系，这是对艺术中的类比、象征和隐喻方法的升华，成为东方科学研究的类象（类比象征隐喻）研究方法。霍兰认为，东西方科学研究采取了不同的研究方法，西方是"逻辑—数学方法"为特征，中国是隐喻类比方法，目前的复杂性问题研究，要求综合这两种研究方法："真正综合两种传统——欧美科学的逻辑—数学方法与中国传统的隐喻类比相结合，可能会有效打破现存两种传统截然分离的种种限制。在人类历史上我们正面临复杂问题的研究，综合两种传统或许能够使我们做得更好。"③

①　[美]约翰·霍兰：《涌现：从混沌到有序》，陈禹等译，上海科学技术出版社2006年版，序言第2页。

②　[美]约翰·霍兰：《涌现：从混沌到有序》，陈禹等译，上海科学技术出版社2006年版，中文版序第7—8页。

③　[美]约翰·霍兰：《隐秩序：适应性造就复杂性》，陈禹等译，上海科技教育出版社2011年版，中文版序第9页。

最早提出复杂性科学概念的法国人类学者莫兰（Edgar Morin），特别强调复杂性科学范式的跨学科研究，提出统一自然科学与社会科学的"宏大概念"（macro—concept）多元综合认识方法论。他论述了跨学科综合研究方法论的表面二元对立、循环形式和相似性背后的全息统一的深层机理。1979年莫兰首先提出复杂性范式，他认为跨学科认识的复杂性，是统一性与多样性统一、有序与无序、矛盾对立面的统一，因而莫兰提出"帮助思维复杂性"的"宏大概念"三原则：两重性逻辑（dialogique）原则；组织循环的原则和全息的原则。

莫兰上述有关跨学科综合认识论的论述，其实揭示了复杂性科学家霍兰所说的跨学科研究引发的类比隐喻的方法的深层机理：不同研究对象之间的类比隐喻关系及其运用，之所以具有对科学创造性的启示作用，在于不同对象是全息的非线性统一关系，存在着二元性差别、循环和全息自相似的深层对应结构，蕴含着整体与部分互摄的全息统一的深层机理。

4. 后现代主义的分布式表征法

国外有学者 21 世纪初开始以后现代主义方法论，理解并探索复杂性科学。如南非斯泰伦博斯大学哲学系的科学哲学和科学伦理学者，保罗·西里亚斯（Paul Cilliers），利用神经网络进行计算机建模和模式识别，进行复杂性科学研究。他在 21 世纪初出版了专著《复杂性与后现代主义》，认为科学技术的技术化迫切需要后现代哲学作为科学与技术整体的一个组成部分发挥作用，其中后现代主义的视角就是这样一种科学哲学的视角。他所说的"后现代主义，只不过将一些理论趋法（approach [approaches]，或译为探究方法、探索方式、进路、方式、方略、入门等）[如德里达（Derrida）和利奥塔尔（Lyotard）的观点] 松散地（甚至不恰当地）归拢在'后现代'的麾下，它们对于所处理的现象的复杂性是内涵着敏感性的。这些趋法认为，不应以单个或者根本性原则来分析复杂性现象，而应承认不可能对真正的事物给出单一的、排他的叙述。"① 他认为后现代主义思维方式和方法论，既反对现代性一元独断理性主义，又反对无政府主义随机论，而是后结构主义的散

---

① [南非] 保罗·西利亚斯：《复杂性与后现代主义——理解复杂系统》，曾国屏译，上海科技教育出版社 2006 年版，第 1—2 页。

布式的表征法。

他认为现代性面对复杂性的方式，都是试图找到某个参照点，以其为根基，希望一切皆可从中派生出万能答案。西利亚斯认为，这些都是"力图避免复杂性的策略"。而以利奥塔德的《后现代状况》（*The Postmodern Coindition*）的观点，却不赞同现代性把一切归于一个"宏大叙事"（或元叙事）（grand narrative）的普遍主义知识状况，而把后现代主义定义成对"元叙事的怀疑"。①

西利亚斯不赞同现代性结构与意义二分的思维方式和观点。他认为对表征复杂系统，这种现代性理解是不适当的。"意义不是由符号与某个外部概念或对象的一一关联所赋予的，而是由系统自身的结构组分之间的关系所赋予的。……意义是过程的结果，而这种过程是辩证的——涉及内部和外部要素。这种过程也是历史的，因为系统先前的状态是至关重要的。这种过程，发生在活跃的、开放的复杂系统中。"② 西利亚斯最后提出了自己的后结构主义的"分布式表征"概念。认为系统要素自身不具有表征意义，意义内在于系统的网络连接模式，意义抽象层次（"语义"层次）是多余的，或者说"对系统的建模过程是不必要的。分布式表征，在连结论的（或神经）网络中可得到最好的执行"，而且"这种网络为复杂系统提供了合适的模型。"③

西里亚斯认为，一个活的有机体最重要的是在能适应其进化基础上形成的内部结构机制，这个机制就是"自组织"，"自组织是一个过程，系统藉此可以从无结构的起点发展起某种复杂的结构"，这个过程是内外部要素在历史上相互作用形成的关系，"不可能包含于某种控制系统行为的刚性程序中。系统必须是'可塑的'。它还表明，自组织过程可以从数学上建模。'自生'（autopoiesis）概念，如同'涌现'（emergence）概念一样，并不涉及任何神秘的东西。"他认为经典建模方式，符号表征某种事物，如语言的语法

---

① ［南非］保罗·西利亚斯：《复杂性与后现代主义——理解复杂系统》，曾国屏译，上海科技教育出版社 2006 年版，第 160—162 页。

② ［南非］保罗·西利亚斯：《复杂性与后现代主义——理解复杂系统》，曾国屏译，上海科技教育出版社 2006 年版，第 16 页。

③ ［南非］保罗·西利亚斯：《复杂性与后现代主义——理解复杂系统》，曾国屏译，上海科技教育出版社 2006 年版，第 16 页。

（形式规则）可以决定词语的组合，对符号解释的"语义学"，是独立于支配系统的规则的，是不适合复杂系统的。他赞同连结论的模型，认为大脑不过就是由丰富的相互关联的神经元构成的大网络。每一个神经元都可以看作一个简单的处理器，计算着所有输入之和，以及当输入之和超过一定阈值，便产生一个输出。"在网络自身中，发生的只是神经元以可以利用的局域（定域）信息而调整其权重。……复杂行为从许多简单的过程的相互作用中涌现出来，这些简单过程以非线性的方式对局域（定域）信息进行响应。"①

他在具体研究神经网络解决问题的模式时，认为无法用现代原子论、决定论的模式解决，而后现代主义语言学家索绪尔语言结构理论可直接用于神经网络的联结模式和信息识别的有效方法。而以索绪尔冠名的范式，虽然常常不与计算理论联系在一起，但索绪尔认为语言中每一要素只有在区别于该语言中所有其他要素的程度上才有意义，因而"对于语言的索绪尔模式与大脑工作方式的关系得以建立"，"人们有可能利用神经网络理论对索绪尔的语言学提供数学模型，这等价于形式语法提供了乔姆斯基语言学的数学描述"。② 神经网络系统的表征不是基于现成结构的基于规则的表征（意指），而是基于动态关系的"联想的"表征，"没有操作他们的规则"。保罗·西里亚斯认为后现代主义的后结构理论有助于我们转变现代性原子论、分析论、决定论的立场。后结构主义与现代认知科学相互作用，可以都受益。"在方法论水平上，一种后结构趋法能够支持认知的非算法本性。""而关系的模型尽管不那么严谨，而只是有用。"他认为神经网络的联想联结模式的"联结论与德里达语言模型之间有一些有趣的相似性。"③

（三）生态科学为范例

复杂性科学范式各个流派，特别是研究非线性适应性复杂系统的圣塔菲主流派，常常对化学分子系统、社会经济系统、生命系统、生态系统进行

---

① [南非] 保罗·西利亚斯：《复杂性与后现代主义——理解复杂系统》，曾国屏译，上海科技教育出版社 2006 年版，第 25 页。

② [南非] 保罗·西利亚斯：《复杂性与后现代主义——理解复杂系统》，曾国屏译，上海科技教育出版社 2006 年版，第 41—43 页。

③ [南非] 保罗·西利亚斯：《复杂性与后现代主义——理解复杂系统》，曾国屏译，上海科技教育出版社 2006 年版，第 50 页。

跨学科类比隐喻研究，其中研究生命主体间互为生态环境的生态科学为最重要的科学范例（example）或典型案例（typical cases）。而生态科学研究的生态系统本身就是复杂的适应性系统，生态科学在复杂性科学兴起之前，就具有复杂性科学的有机整体论的元范式，并初步揭示了生态系统的复杂性的特点，对其进一步研究，必将继续丰富和深化复杂性科学的研究。

1. 复杂性科学以生态系统研究为范例，深化了生态科学对生态系统规律的认识

复杂性科学研究最简单的自适应非线性反馈系统用的元胞自动机计算机模型，实际上是一个模拟自然生态系统中行为模式：大量行为主体，按照不变的固定规则构成的共享模式互动，根据系统的输出调整自己的行为，至少进行简单的学习，以适应环境。如一群鸟是一个简单的自适应系统，数千只鸟，这些鸟为了飞成队列而不致相互碰撞，都遵循检查邻鸟行为状态的简单规则。若两只鸟离得太近，就会本能条件反射地获知，并调整自己的位置。这其实研究的是生态系统主体与环境的关系，属于生态科学研究的范围，是对生态科学研究的深化和模型化。霍兰（John H. Holland）是适应性复杂系统（CAS, complex adaptve system）的创立者和"遗传算法"的发明人，用跨学科研究为基础的隐喻方法，总结了复杂适应系统自组织的一般原理，提供了适用所有 CAS 的计算机模型，揭示了系统中主体间微观定域相互作用的适应机制和宏观回声模型，其实是用计算机模拟了生态系统的复杂性相互作用机制。他本人也明确指出了研究 CAS 一般原理对生态系统的意义："生态系统与免疫系统和 CNS（中枢神经系统）一样，也有着很多类似的特性和类似的不解之谜。它们呈现出惊人的多样性，我们还不能分析出一立方米的温带土壤中有机体的所有种类，更不用说热带雨林中的物种了。生态系统不断地变化着，呈现出绚丽多姿的相互作用及其种种后果，如共生（mutualism）、寄生（parasitism）、生物学'军备竞赛'和拟态（mimicry）等等。在这个复杂的生物圈里，物质、能量和信息等结合在一起循环往复，事实再次验证了这一点，整体大于部分之和。"①

① ［美］约翰·霍兰：《隐秩序：适应性造就复杂性》，陈禹等译，上海科技教育出版社 2011 年版，第 4 页。

20 世纪 90 年代末，邓肯·瓦特（Duncan Watts）和斯托加茨（Steven Stragat）发表"小世界的集体动力学"，艾伯特（Reka Albert）发表"随机网络中标度的涌现"，引起重视，随后各种网络模式迅速涌现。科学家研究发现，大部分网络具有高度群集性、不均衡的度分布以及中心节点结构。现实世界网络联机的模式主要有两个：小世界网络（small-world networks）和无尺度网络（scal-free networks）。① 无尺度网络具有相对较少的节点和很高的度（中心节点，节点连接的取值范围很大，度的取值多样），并具有自相似性，所有无尺度网络同时具有小世界特性，"无尺度网络一定遵循幂律定律分布"。② 一些生态学家认为食物网具有小世界特性，其中一些具有连接度无尺度分布，这种特点可能使食物网在面对物种随机灭绝时具有一定的稳健性。

考夫曼基于细胞复制的计算机建模的"布尔网络"模型，从生物化学分子相互作用的复杂性自组织，以及细胞群的适应性复杂自组织的角度，探索生物圈的自组织演化规律，把生态系统研究深入到分子生物学、分子生态学、分子自组织、细胞自组织的深度，这的确深化了生态科学有关地球生态系统生物演化机制的认识。考夫曼在 2000 年出版的《科学领域的新探索》中系统地阐述了"广义生物学"的理论。在谈到生物圈的进化时，他指出：生命形态的发生，生物圈的建构，是有机体在演化过程中通过"搜索策略"（如突变和重组），寻求最佳"生态位"这一"谋生方式"的"自然游戏"共同建构。③

米歇尔研究生命信息控制，以生态系统的蚁群的行为做例证。霍兰在《隐秩序》一书中也认为蚁群是适应性复杂系统最好的隐喻。米歇尔指出，蚁群跟大脑相似，相对简单的个体组成的网络，在宏观层次涌现出信息处理行为。复杂性生物系统，大都是微粒化结构，由较为简单的个体组成，个

---

① ［美］梅拉妮·米歇尔：《复杂》，唐璐译，湖南科学技术出版社 2013 年版，第 294—296 页。

② ［美］梅拉妮·米歇尔：《复杂》，唐璐译，湖南科学技术出版社 2013 年版，第 306—308 页。

③ ［美］斯图亚特·考夫曼：《科学新领域的探索》，池丽平、蔡勖译，湖南科学技术出版社 2004 年版，第 27 页。

体并行协同工作，进行微粒化的相互作用。这种微粒化的相互作用是结构稳健、效率高的自组织演化方式，如侯世达所说可以实行"并行级差扫描"（parallel terraced scan）①，搜索是并行的，但不可能以同样速度和深度进行探测，而利用信息不断调整探测，有所侧重。如蚂蚁搜索食物，一旦在某个方向发现食物，就会派更多的蚂蚁去探测这个方向。路径得到的探测资源不断通过相对绩效进行动态调整。由于蚂蚁数量很多，加上随机性，绩效不好的路径也会继续探测，说不定能发现更好资源。系统微粒化特征，不仅可以探测不同路径，也使得系统能连续调整路径，绩效比较高。微粒化探测天生具有冗余度，即使个体不工作，系统也能正常运转。

拉尔夫·斯泰西通过研究组织复杂性，认识到适应复杂性系统主体与其他主体的定域相互作用、相互适应，通过学习不断适应环境，微观上属于行为主义的刺激—反应模式的单循环学习。而当视野放到人类的复杂性适应系统涌现的整体模式时，人类采取建构主义的双环学习的适应环境模式，会发现人类会认识到人类系统和其他复杂性适应系统的全息自相似特征，即整体与部分互相摄取、互相作用、全息自相似的层级嵌套的生态整体模式："复杂性科学研究的另一个特征是他的全息性和分形性。组织包括人类组织作为整体，也是更大整体的一个部分。部分不断重塑整体，整体又反过来影响部分。""换言之，组织生命在各个层次上，结构按照自相似的不规则模式不断展开，这恰恰是复杂性科学在研究生物进化史所关注的现象"，各级组织"在实质上是全息的，也就是说，整体融入各部分，而各部分又构成整体的原因"。②"即人类系统从思维到群体，到组织，又到社会等层次，形成嵌套的特点时，我们不可避免采用了社会建构主义者的观点看待人类系统发展。在某种意义上讲，人类行为主体其实就是激发行动规范，这种行为规范来自于行为主体和其他行为主体之间所进行的相互作用。"而当发现人类社会的全息整体的模式以后，最后会发现人类社会与自然生态系统超复杂的社会—生态系统："在这个社会建构的一端是包含于社会构建世界中的大脑生

---

① Hofstadter D., *Fluid Concepts Creative Analogies*，New York：Basic Books，1995，p.92.

② ［英］拉夫尔·D.斯泰西：《组织中的复杂性与创造性》，宋雪峰、曹庆仁译，四川人民出版社 2000 年版，第 31 页。

物系统，另一端是包含生物构建世界的生态系统。"① 人们会发现，从大脑到思维，从群体到整个社会，从全球社会到生态系统，都是整体融入部分、部分构成整体的复杂性适应系统："我们越来越清楚地意识到全球经济社会与自然环境间的相互作用，影响着自然环境的发展，而自然环境又反过来影响经济和社会发展，人们普遍关注的全球变暖问题作为一个教训，说明加亚（Gaia，或译盖娅）的假说——'地球是一个包含人类在内的内部联系的复杂适应性系统'的观点具有重要的现实意义（lovelock，1988）。"②

总之，非线性复杂性适应系统研究以生态系统非线性自组织演化规律为范例，深化了生态科学有关生态系统复杂性规律的认识。

2. 生态科学较早研究生态系统的有机整体性和复杂性特征，其复杂性生态学流派丰富深化了复杂性科学研究

19 世纪当生物学家开始研究生物群落，生态科学就从机体说的生物学中诞生出来了。生态学（ecology）一词源于希腊文 oikos（意为"household"，即家庭），是对"地球家庭"的研究，确切地说，是对地球大家庭所有成员微生物、动植物及其生存环境的复杂性相互作用关系的研究。1866 年，德国生物学家恩斯特·海克尔（Ernst Haeckl）首次提出"生态学"的概念，③他对生态学的定义如下：生态学是有关自然组织法则的知识体系，是研究动物与其有机与无机环境之间、特别是研究动植物之间直接利害关系的科学。总之，生态学研究所有关于达尔文提出的生存竞争条件之间复杂的相互关系。④ 这个生态学的定义一开始就指出了生态学研究的是生物和环境的复

---

① ［英］拉夫尔·D. 斯泰西：《组织中的复杂性与创造性》，宋雪峰、曹庆仁译，四川人民出版社 2000 年版，第 37 页。

② ［英］拉夫尔·D. 斯泰西：《组织中的复杂性与创造性》，宋雪峰、曹庆仁译，四川人民出版社 2000 年版，第 36 页。

③ 米歇尔·贝根等在《生态学——从个体到生态系统》中认为是海克尔 1969 年首先使用，见该书高等教育出版社 2016 年版，第 1 页；沃斯特在《自然的经济体系：生态思想史》中也认为是海克尔 1969 年首次使用该概念，见该书《自然的经济体系：生态思想史》前言，1999 年中译本第 14 页。

④ ［美］J. 唐纳德·休斯：《世界环境史：人类在地球生命中的角色转变》，赵长风、王宁、张爱萍译，电子工业出版社 2014 年版，第 8 页。参见 Josephine Flood, *Archaeology of the Dreamtime*, Honolulu, University of Hawaii Press, 1983, pp.86-87.

杂相互关系。卡洛·麦茜特认为：作为一种自然哲学，"生态学扎根于有机论——认为宇宙是有机的整体，它的生长发展在其内部力量。它是结构功能的统一整体。"[①] 有机论是生态科学的主流，但生态系统论形成时，也借鉴过机械系统论的思想。其发展总趋势是关注生态群落和生态系统各组分相互作用的复杂性，特别是复杂性科学与生态学结合的复杂性生态学，用复杂性科学的复杂性适应系统、自组织、涌现性等概念和理论研究生态系统复杂性机理，使生态学成为复杂性科学范式的范例。

　　生态科学，在出现正式概念之前的早期阶段，有两个学派成为现代生态学的来源：一是 18 世纪以塞尔波恩的牧师、自然博物学者吉尔伯特·怀特（Gilbert White）为代表的有机论田园主义的有机整体论，强调自然是有机系统；二是以卡罗勒斯·林奈（Carolus Linnaeus）为代表的融合生机论的、神创而管理、为人服务的、生物各居生态位的自然经济系统论，强调自然是服务于人高效运转的最大化产出的机器，是一个具有生命链的生态网。19 世纪，对有机整体论生态学做出最大贡献的，是德国著名的博物学家、自然地理学家、旅行家亚历山大·冯·洪堡，受歌德的影响，采取一种整体的自然观，研究地理学和气候影响下植物和动物的生态相互作用，强调植物分布类型，受气候分布影响，不再如林奈自然神学那样认为来自造物主的设计。19 世纪的地质学家查尔斯·莱尔否定林奈静态循环的生态学模式，强调世界永远是新的、不断创造的，描述地质变化过程。

　　19 世纪达尔文受怀特、林奈、洪堡和莱尔生态学的思想的影响，以及自由竞争的资本主义社会环境的影响，形成了遗传变异、生存竞争和自然选择的进化论思想。达尔文认为自然界是"一个复杂的关系网"，自然的经济体系是一个不完美的竞争"位置"的体系，生态系统的物种经过竞争性替代而进化。达尔文的生态思想属于生态主义，启示了后来的生态中心主义学派，但也具有生态帝国主义倾向。

　　18 世纪后期到 19 世纪，文学艺术和哲学领域的浪漫主义运动，强烈质疑笛卡尔机械论范式，持一种泛神论的、有机的、象征的自然观。美国的浪漫主义者爱默生把荒野看成是洞察力的源泉，梭罗发现异教徒和美国印第安

---

① 　[美] 卡洛琳·麦茜特：《自然之死》，吴国盛等译，吉林人民出版社 1999 年版，第 110 页。

人的泛灵论把岩石、池塘、山脉看成是渗透着有活力的生命的证据。这些影响鼓舞了 19 世纪后期由约翰·缪尔（John Mair）领导的环境保护运动，以及像弗里德里克·克莱门茨这样的早期生态主义者。美国外交官马什（C. P. Marsh）1864 年提出大自然具有复杂性的思想。

生态学这门科学的学科名称由恩斯特·海克尔（Ernst Haeckl，1834—1919）在 1966 年出版《普通生态学》一书中首先使用；"生态学是一个有关自然法则的知识体系，及研究动物与其有机物及无机环境之间相互关系的科学……总之，生态学研究所有关于达尔文提出的物竞生存条件之间复杂的相互关系。"① 生态学从正式产生之日起，就具有双重内涵：自然的经济系统和有机整体主义的思维方式和价值观。

丹麦教授尤金尼厄斯·沃明是生态学进入成熟阶段的"转折人物"，他1895 年出版并在 1909 年译成英文的《植物生态学：植物群落研究介绍》一书，指出生态学主要是"在植物和动物之间存在着的那种形成了一个群落的多种多样的复杂关系。"1904 年克莱门茨（Frederick Clements）跟庞德一起出版了《内布拉斯加植被地理》，系统地提出了生态学上的"单一顶级群落"（monoclimax community）理论，成为早期生态学一个重要范例。在他 30 岁出版的《植被的发展和结构》中提出"植被基本是动态的"的观点，认为自然结构最终会演化成顶级结构而告终。1919 年伊利诺伊大学教授维克托·谢尔福德（Victor shelford）把生态学称之为"群落的科学"。

1927 年剑桥大学动物学家查尔斯·埃尔顿（Charles Elton）出版《动物生态学》，把自然群落描述为一个简化了的经济体系，"20 世纪的生态学发现了它唯一一个最重要的范式"。② 这是把经济学的思想运用于研究大自然的结果。1935 年英国牛津大学生物学家 A.G. 坦斯利（A.G. Tansley）舍弃超级生物概念而创造"生态系统"（Ecosystem）一词表征动物与植物群落。斯坦利的"生态系统"受物理学影响，是一种机械论的观念。但斯坦利的"生态系统"概念，取消了有机物与无机物的区分，"把整个自然——岩石和大

---

① ［美］J. 唐纳德·休斯：《世界环境史：人类在地球生命中的角色转变》，赵长风、王宁、张爱萍译，电子工业出版社 2014 年版，第 8 页。

② ［美］唐纳德·沃斯特：《自然的经济体系：生态思想史》，侯文蕙译，商务印书馆 1999 年版，第 346 页。

气以及生物区系——都纳入到物质资源的共同序列之中"，"更简单化"，因而，"这个概念更具包容性"。① 这标志着生态学作为物理学的附属品时代的到来。因此，生态学不再是生物学的一个种类，而逐渐被吸收进斯坦利的物理学的能量体系。1942年耶鲁大学的一个研究生雷蒙德·林德曼（Raymond L.Lindeman）发表《生态学营养动力问题研究》，认为所有的有机物都可以分成一系列不同的营养级的"生态金字塔"（ecological pyramid）：普通的生产者（植物）、一级消费者（如老鼠）、二级消费者（如老虎），提出营养级金字塔能量转移效率递减定律。

自20世纪20年代以来，怀特海等科学哲学家提倡有机论哲学，也影响了一些生态学家形成有机的生态整体论思想。20世纪前几十年一直阐述有机哲学的是怀特海在哈佛大学的同事、生态学家威廉·莫顿·惠勒（William Morton Wheeler），提出了生态学的理论中的另一种有机论，层创进化论，层创进化就是后来性科学研究的重点自组织系统各组分复杂相互作用的"涌现"（emergence）：不同组分相互作用产生的整体机制不是机械加和，而是整体涌现新性质。20世纪30—40年代，坚持层创进化论的是芝加哥大学以沃德·阿利（Warder Allee）为核心的"生态小组"，形成生态层创进化论。

在20世纪50年代前，随着冷战的开始，开始形成"一种包容了自然科学和社会科学的综合性的、交叉的新思想，这种新思想可以称之为'人类生态学'。"② 20世纪70年代由卡逊的《寂静的春天》、罗马俱乐部《增长的极限》、舒马赫（E.F. Schumacher）《小的是美好的》等，巴里·康芒纳（Barry Commoner）《封闭的循环》，都预言工业文明作为一个整体走向衰竭。在生态学者的影响下，1969年美国国会通过《国家环境政策法》，其他还有清洁水法、清洁空气法。英国1974年通过《控制污染法》。许多英美人认识到自然生态系统的脆弱性，在日常生活中也增加了不少新词汇，如"生态灾难""生态政治""生态觉醒"等。这种生态活动和对新生态文明秩序的

① ［美］唐纳德·沃斯特：《自然的经济体系：生态思想史》，侯文蕙译，商务印书馆1999年版，第354页。

② ［美］唐纳德·沃斯特：《自然的经济体系：生态思想史》，侯文蕙译，商务印书馆1999年版，第407页。

探索，到 1970 年 4 月 22 日第一个"地球日"达到高潮。美国北卡罗来纳州尤金·奥德姆（Eugene P. Oldham）和霍华德·奥德姆（Howard Oldham）两兄弟试图提出生态学的大统一理论，"有机生态系统论"，不同于坦斯利的简单的机械加和的机械论的生态系统。20 世纪 60 年代末詹姆斯·拉夫洛克（James Lovelock）提出了地球是活的超级有机体的"盖娅假说"，这是比奥德姆有机生态系统论的"宇宙飞船论"更宏伟和流行的有机整体论假说。

20 世纪 70 年代以来，尽管由奥德姆确立的统一的有机生态系统理论，已化为大众的常识，但新达尔文主义生态学家开始摆脱奥德姆平衡生态学的影响，强调变化。20 世纪 60 年代以后，随着混沌理论的出现，蝴蝶效应的非线性因果思想影响较大。1974 年罗伯特·梅（Robert May）和威廉·谢弗（William Shaffer）开始研究非线性的混沌生态学。有机生态论强调生态系统的生态演替的战略目标或顶级群落的结构稳定性，而新达尔文主义生态学和混沌生态学，都是强调变化或不稳定。

复杂性科学则是对二者的辩证否定：在稳定性与变化之间的混沌边缘的定域相互作用，涌现出正负反馈自调节的自组织动态整体秩序。20 世纪 80 年代，受复杂性理论的影响，有机生态系统论，在新的历史条件下复兴为定域相互作用导致非线性整体模式的，适应性复杂性系统的自组织理论，从而变为复杂性生态学理论。而人类生态学采用系统适应复杂性的正负反馈机理，研究人类社会系统和生态系统复杂性相互作用，探索人类—生态超复杂系统的可持续发展秩序，成为适应生态文明的复杂性科学范例。有机生态系统论的提出者尤金·奥德姆受复杂性科学影响，在其新著《生态学》中专门写了一段"混沌产生有序"，认为，一个生态层次或生态单元的涌现性（emergence property）就是由其组分的功能性相互作用所产生的。奥德姆支持拉夫洛克等人有关"盖娅假说"的论证，认为生物群落对氧气的积累和二氧化碳的减少起着直接的作用。他赞同盖娅假说有关"生物圈是一个高度整合及自我组织的控制论（cybernetic）系统或受控系统"的观点，但提出了自己有关生态系统就有内部离散网络化的控制论特点。盖娅学说的提出者，拉夫洛克受新兴的复杂性科学的影响，到 1988 年开始把地球看作"是一个包含人类在内的内部联系的复杂适应性系统"。① 当有机生态系统论借鉴复杂性理论，转变为复杂性生态学的同时，20 世纪 80 年代人们也运用系统适应性复杂性理论，探索人类社会与自然生态相互作用的可持续发展的自组织模式和适应性管理模式问题，形成系统的人类生态学理论，也使复杂性科学范式成为适应生态文明的生态复杂性科学范式。

杰拉尔德·G. 马尔腾，用复杂性的理论，把生态系统、社会系统以及它们之间的相互作用，看成是复杂适应性系统，并探索了其复杂性相互作用造成的非线性效应链机制，认为"涌现性""提供了认识可持续发展的可能性，因此是理解人类—生态系统相互关系的基石。"② 他认为现代社会要实现生态可持续发展，实现人类社会系统与自然生态系统相互作用的可持续性，需要做到两点：首先，要采取预防性的原则，不能破坏生态系统的服务能力；其次，弹性与适应性发展原则。

莱恩·沃克和大卫·索尔特认为，社会—生态系统的弹性思维框架可表述为两点：其一，社会—生态系统是具有适应性的复杂系统，弹性是保持其可持续性的关键，而传统"命令和控制"的资源管理方式，既没能认识其发展趋势，也将人类排除在系统之外，是不合适的，应采用把人类当作生态系统一部分的"适应性管理"或适应性学习方式。其二，弹性思维有两个主题：多态转换的阈值和多尺度关联的适应性循环。他认为，其后弹性管理的思想观念不断更新，但两个核心内容一直保持不变："一是社会—生态系统可以存在于不同的稳定状态下；二是社会—生态系统在许多相连的尺度上不断地进行适应性循环。"③ 任何一个系统都是由一个运行于不同尺度（包括时空两个维度）并且相互联系的适应性循环的层级结构构成。这些系统在每一尺度上的形成和动态发展都是由一组关键过程驱动，也正是这组相互关联的层级结构决定了整个系统的行为，这组相互关联的层级结构被称为"扰沌"

① ［英］拉夫尔·D. 斯泰西：《组织中的复杂性与创造性》，宋雪峰、曹庆仁译，四川人民出版社 2000 年版，第 36 页。

② ［英］杰拉尔德·G. 马尔腾：《人类生态学——可持续发展的基本概念》，顾朝林、袁晓辉等译，商务印书馆 2012 年版，第 45 页。

③ ［美］Brian Walker，David Salt：《弹性思维：不断变化世界中的社会——生态系统的可持续性》，彭少鳞、陈宝明等译，高等教育出版社 2010 年版，第 77—79 页。

(panarchy)。扰沌这一生态学术语最初由 Buzz Holing 和 Lance Gunderson 提出，用来描述人类系统和自然系统之间的相互作用时的尺度跨越和动态特征。

莱恩·沃克和大卫·索尔特认为，"系统参与者管理和控制系统弹性的能力就是适应性（或适应能力）"[1]。维持弹性必然造成短期利益的损失，而采取手段阻止系统出现态势转变，将会带来长远利益。因此"所谓管理和控制系统弹性，实际上就是要我们权衡短期亏损和长期利益。"[2] 以保障系统的弹性为宗旨的管理，不能孤立地管理生态系统或社会系统，它们之间的紧密联系，意味着我们不能忽视它们之间的反馈作用；考虑系统弹性，最重要的是要知道系统正处于适应性循环的什么阶段，是否有可能进入下一阶段，当前阶段何种干扰是合适的或不合适的；了解所处的系统在不同尺度发生着什么，在哪种尺度采取措施更关键；要认识到维持弹性要付出一定代价，要在短期收益和坚持长远危机管理降低消耗之间做出取舍；当系统进入一个我们不希望的态势时，可能是适应性不再起作用的阶段，当转型成为唯一选择，越早认识并行动起来，所消耗成本越低，转型越可能成功。

三、开放复杂巨系统理论适应信息技术革命需要，须向适应生态文明方向拓展

中国本土复杂性科学流派，是 20 世纪 90 年代初，由钱学森等提出的开放的复杂巨系统理论。1990 年钱学森、于景元和戴汝为发表《一个新的领域——开放的复杂巨系统及其方法论》（《自然杂志》），标志着中国本土复杂性科学流派开放超巨复杂系统理论的初步形成。其科学理论基础主要是"旧三论"，即系统论、控制论和信息论，也初步涉及耗散结构理论和协同学等系统科学理论。开放复杂巨系统理论流派，是在马克思主义辩证唯物主义的方法论指导下，吸收熊十力的性智、量智思想，结合系统论等科学理论，在钱学森工程科学实践和我国军工科学实践经验的基础上，适应我国改

---

① [美] Brian Walker，David Salt：《弹性思维：不断变化世界中的社会——生态系统的可持续性》，彭少鳞、陈宝明等译，高等教育出版社 2010 年版，第 116 页。

② [美] Brian Walker，David Salt：《弹性思维：不断变化世界中的社会——生态系统的可持续性》，彭少鳞、陈宝明等译，高等教育出版社 2010 年版，第 116 页。

革开放初期以经济建设为中心的形势，以及钱学森说的"第五次产业革命"即信息技术革命的需要，而产生的具有中国本土特色的复杂性科学流派。要成为适应生态文明建设需要的复杂性科学流派，须借鉴西方适应生态文明的主流的复杂性科学研究，其研究焦点须进一步向适应生态文明方向转移和拓展。

圣塔菲首任所长乔治·科文（George Cowan）认为复杂性科学肇始于贝塔朗菲（Ludwig Von Bertalanffy）。中国开放复杂巨系统理论肇始于钱学森 20 世纪 50 年代的系统论分支控制论的研究。1948 年维纳（Wiener）发表《控制论》后，滞留美国加州理工学院的钱学森通过具体自动控制技术实践，如 1952 年用反馈控制方法解决火箭发动机的伺服稳定问题，形成工程控制理论，于 1954 年出版 *Engneering Cybernetcs*（《工程控制论》），他根据流体力学的理论方法，用控制论原理解决火箭技术的控制和制导问题，其中根据古典变分法，提出导弹摄动理论。1955 年钱学森回国后，《工程控制论》于 1956 年获得中国科学院自然科学奖一等奖。钱学森的控制论，探讨"一个系统各个不同部分之间相互作用的定性性质以及整个系统的综合行为"，[①] 使钱学森较早形成了系统论的思想，也为后来他的开放复杂巨系统理论准备了科学理论前提。复杂性理论研究者埃德加·莫兰（Edgar Morin）指出：控制论是"通向复杂性研究的阶梯。"[②] 钱学森长期担任中国航天科技事业大型社会工程的系统性领导工作，使他形成了系统的组织管理思想。20 世纪 80 年代初他从领导岗位上退下来以后，总结领导中国航天事业的实践经验，开始进入系统学理论的研究阶段，发表了一系列系统论的文章，在中国科学界"吹响了中国科学技术界……研究系统科学的号角，掀起了一场空前的系统运动。"[③] 他将"旧三论"统一起来，形成了系统科学理论的三层次思想：系统工程、系统科学（运筹学、控制论、信息论等）、系统学（Systemaology），提出系统科学是通向马克思主义哲学的"桥梁"思想。与

① 戴汝为：《从工程控制论到信息空间综合集成研讨体系——系统科学的创新与进展》，《上海理工大学学报》2011 年第 6 期，第 544 页。

② ［法］埃德加·莫兰：《迷失的范式——人性研究》，北京大学出版社 1999 年版，第 6 页。

③ 北大现代科学与哲学研究中心编《钱学森与现代科学技术》，人民出版社 2001 年版，第 126 页。

1984 年盖尔曼、安德森和阿罗建立圣塔菲研究所开始系统研究复杂性理论、1986 年普里戈金提出"探索复杂性"几乎同时，1986 年钱学森在北京成立系统学习研讨班，通过提出问题、民主讨论，钱学森提炼出了开放的复杂巨系统概念。[①]1986 年 11 月，钱学森指出："在系统科学中，称非常复杂的系统为'巨系统'……巨系统不是封闭的，与环境是有交换的。"[②] 认为巨系统具有层次结构，受环境影响形成并不断变化，是看似混沌无序的有序结构。1987 年钱学森提出"复杂巨系统"概念，"复杂巨系统，因而不能用还原论处理"[③]。1988 年 4 月，在人体科学班讲话，将巨系统分为"简单巨系统"和"复杂巨系统"。复杂巨系统包括社会系统、人体和地理系统（生态系统）。1988 年 10 月钱学森将开放性与复杂巨系统两个概念联系起来，形成"开放的复杂巨系统"概念。1988 年 10 月他在给人的信中指出："社会是一个开放的、特殊复杂巨系统"[④]。他在 11 月给人的信中又指出，人体是"开放的复杂巨系统"，"地理系统是一种复杂巨系统、开放的复杂巨系统。"[⑤]1989 年钱学森在《哲学研究》第 10 期著文，在谈到"开放的复杂巨系统的研究与方法"指出，开放的复杂巨系统是古老宏观基础科学研究的课题，也是"系统科学涌现出来的一个大领域"，正式形成了"开放的复杂巨系统"概念。1990 年，钱学森等发表的《一个科学新领域——开放的复杂巨系统及其方法论》，标志着开放复杂巨系统理论正式形成。

钱学森等在这篇系统论述开放复杂巨系统的文章中，首先按不同标准，对系统进行分类，"按照组成子系统以及子系统种类的多少和它们之间关联关系的复杂程度，可把系统分为简单系统和巨系统两大类。"巨系统又分为简单巨系统和复杂巨系统。"如果子系统种类很多并有层次结构，它们之间关联关系又很复杂，这就是复杂巨系统。如果这个系统又是开放的，就称作开放的复杂巨系统。例如：生物体系统、人脑系统、人体系统、地理系统（包括生态系统）、社会系统、星系系统等。这些系统无论在结构、功能、行

---

① 钱学森：《创建系统学》，山西科学技术出版社 2001 年版，第 47 页。
② 钱学森：《创建系统学》，山西科学技术出版社 2001 年版，第 103 页。
③ 钱学森：《论人体科学和现代科技》，上海科技大学出版社 1998 年版，第 102 页。
④ 钱学森：《创建系统学》，山西科学技术出版社 2001 年版，第 374 页。
⑤ 钱学森：《创建系统学》，山西科学技术出版社 2001 年版，第 377 页。

为和演化方面，都很复杂。"① 钱学森等把社会系统称作"开放的特殊复杂巨系统"，社会系统的子系统间通讯方式多、子系统种类多、子系统知识表达不同、子系统结构随时演变。社会系统的宏观研究，包括社会经济系统、社会政治系统、社会意识系统，而研究人是社会系统的微观研究。

　　研究开放复杂性系统方法，不能用处理简单系统的方法，也不能简单地用全息论理解整体与部分的关系："部分即整体，整体即部分"。"现在能用的、唯一有效能处理开放复杂系统（包括社会系统）的方法，就是定性定量相结合集成的方法。"② 这个定性和定量相结合的方法是从社会系统、人脑系统和地理系统三个复杂巨系统的研究实践的基础上抽象出来的，其中在地理系统中，"用生态系统和环境保护以及区域规划等综合探讨地理科学的工作。"③

　　上述在论述复杂巨系统定量与定性相结合的方法时，谈到了我们现在所研究的"生态文明"建设相关的"生态系统和环境保护问题"，说明复杂巨系统的定性与定量相结合的综合集成法，是研究生态环境与保护的有效的方法。但由于 20 世纪 90 年代初，我国改革开放不久，工业化带来的生态危机和环境保护问题在我国尚未凸显，因此我国开放复杂巨系统研究的焦点尚未集中于生态环境的保护问题，而是结合当时经济建设为中心，以及以电子计算机技术为基础的新兴的互联网方兴未艾，20 世纪 80 年代传入中国的托夫勒的信息文明第三次浪潮影响巨大，中国流派的开放复杂巨系统理论研究焦点关注以人为主、人机结合的为知识经济服务的"知识生产"方面上去了，由于科学研究和实践的路径依赖，中国流派的开放复杂巨系统理论研究与西方主流的复杂性科学不同，迄今为止尚未自觉地进行服务于生态文明的研究。如在《一个科学新领域》篇中举的两个例子，一个是社会经济系统工程，一个是人工智能的知识工程。例子之一是"社会经济系统工程中'财政

①　钱学森、于景元、戴汝为：《一个科学新领域——开放的复杂巨系统及其方法论》，《自然杂志》1990 年第 1 期，第 3—4 页。

②　钱学森、于景元、戴汝为：《一个科学新领域——开放的复杂巨系统及其方法论》，《自然杂志》1990 年第 1 期，第 5 页。

③　钱学森、于景元、戴汝为：《一个科学新领域——开放的复杂巨系统及其方法论》，《自然杂志》1990 年第 1 期，第 5 页。

补贴、价格、工资综合研究'",讲了如何先是定量研究,根据结构功能的输入—输出关系建立数学模型、逻辑模型,再进行计算机模拟系统仿真,系统优化,找出功能最优、次优和满意的政策策略,然后由各类专家共同讨论分析,将科学和经验相结合,再修正模型和调整参数。这个例子是服务于我国经济建设大局的。例子之二,将综合集成的方法用于知识处理、知识表达的知识工程。认为知识工程的核心在知识表达,把书本知识、专业知识、经验知识、常识知识,表达成计算机可处理的形式,进行定性建模,定性推理,以预测变化趋势,并特别谈到了人工智能是各种物理、感知、认知和社会系统的定性模型的获取、表达与使用计算方法研究的学问,没有涉及应用于生态系统保护的生态文明问题。

中国特色的开放复杂巨系统研究的特色是"从定性到定量综合集成法",再发展为"人机结合的综合集成研讨厅体系",研究计算机模式识别、三峡工程散装水泥/粉灰调运信息系统图、隧(坑、巷)道支护设计、研究宏观经济决策,研究智慧城市建设等实践过程,形成了服务于大型经济工程建设、人工智能网络信息技术和服务于经济决策的路径依赖,成为钱学森说的"知识生产体系"。[①] 1992年钱学森正式提出综合集成法,即综合集成工程,英文是 Metasynthetic engineering,后称"大成智慧工程"。又把"从定性到定量的综合集成法",拓广为"从定性到定量的综合集成研讨体系"(Hall for workingshop of matasynthetic engineering)实践方法,"包括学术讨论、C3I 及作战模拟、从定性到定量综合集成法、情报信息技术、第五次产业革命、人工智能、虚拟真实、人—机结合智能系统、系统学。研讨体系是一个博赛空间(cyberspace),它是分布式的、不受时空限制且充分利用多媒体技术,以人为主的研讨体系;这可以说是大成智慧工程的核心所在。"[②]

综合集成的方法,定性方法与定量方法结合或从定性走向定量的方法,就是要把人的心智和计算机的高性能结合起来,这是对我国 20 世纪中国哲学界熊十力有关"性智与量智"区分观点的继承:"计算机可以模拟和替代

---

① 戴汝为、郑楠:《钱学森先生时代前沿的"大成智慧"学术思想》,《控制理论与应用》2014 年第 12 期,第 1606 页。

② 戴汝为:《从定性到定量的综合集成法的形成与现代发展——再谈开放的复杂巨系统一文的影响》,《模式识别与人工智能》2001 年第 2 期,第 132—133 页。

人的部分'量智'，但难以模拟人的'性智'。所以明智的方法是把人与计算机两者结合起来，各自发挥自己所长。"[1]

钱学森把马克思的社会形态理论和社会系统结构结合起来，认为，"社会形态包括经济社会形态、政治社会形态和文化社会形态，形成社会系统结构。"[2] 从社会发展来看，社会形态三方面不断发展变化，飞跃式地质变的就是革命。经济社会形态的飞跃就是"产业革命"[3]。他认为科学革命和技术革命"引起整个物质资料生产体系的变革，即产业革命。在今天，科学革命在先，然后导致技术革命，最后出现产业革命。"[4] 20世纪80年代初，他认为人类社会迄今经历了四次产业革命：其一，公元前七八千年的农牧业革命；其二，公元前1000年的商品生产革命；其三，18世纪末19世纪初以蒸汽机为标志的大工业生产革命；其四，19世纪末20世纪初电机技术出现后的国家乃至跨国大生产体系。他认为，即将到来的电子计算机和信息技术组织的第五次产业革命，21世纪将出现高度知识和技术密集的大农业农工商生产体系。他认为到中华人民共和国一百周年，我国应对第四次产业革命补课，迎接第五次产业革命，积极创建第六次产业革命。第六次产业革命的特点是：其一，以太阳能为能源，在农业、林业、草原、畜牧、家禽、细菌、医药、渔业加上工贸，形成新知识密集型大农业；其二，大农业特点是知识密集，一方面充分利用生物资源，另一方面利用工业生产技术，运用知识来组织、经营；其三，重点是经济结构，将第一产业变成类似第二产业，农业将会消失，退出历史舞台。大农业集信息、管理、科技、生产，加上工商贸一体的公司体制运作，最终消除工农、城乡以及脑力劳动和体力劳动的差别。钱学森看到科技在社会发展中的重要地位，对以往社会发展的社会系统阶段性标志特征的把握是妥切的，对人类信息技术在当今社会发展中的

---

① 戴汝为：《从定性到定量的综合集成法的形成与现代发展》，《自然杂志》2009年第6期，第314页。

② 于景元：《从定性到定量综合集成方法及其应用》，《中国软科学》1993年第5期，第33页。

③ 钱学森：《新技术革命与系统工程——从系统科学看我国今后60年的社会革命》，《论系统工程》（增订本），湖南社会科学出版社1988年版，第411—432页。

④ 钱学森：《我们要用现代科学技术建设有中国特色社会主义》，《九十年代科技发展与中国现代化系列讲座》，湖南科技出版社1991年版，第5—25页。

作用和未来社会系统化、集成化的趋势把握也是正确的。但由于受 20 世纪七八十年代托夫勒第三次浪潮学说的影响，加上改革开放初期我国生态环境问题尚未凸显，钱学森对社会未来发展的观点，仍是工业文明组织化、规模化的大而全的现代性的考量，缺少后现代生态文明的视野。其实钱学森看到的美国大农业，从经济生产率的角度看确实是高效的，似乎代表了未来农业发展的新趋势，但这种高科技的大农业，严重依赖石化能源和转基因技术，从生态效率来看，是低效率和反生态，是生态不可持续的。生态主义的观点认为，从生态效率的观点看，产业的专业化、大型化引起环境污染、资源枯竭和生态效率的降低，是不可持续的生产模式，"小的是美好的"。① 生态农业在一定程度上是恢复小规模生产的自然经济。大规模组织化、专业化生产，对中国这样人多地少自然环境复杂，是不现实的。由于理论上向信息文明和知识经济的价值导向，并缺少生态文明的视野，加上改革开放初期经济主义、发展主义的社会环境，钱学森学派的复杂巨系统理论沿着其科研路径依赖的惯性，侧重于"信息与控制"，形成服务于国民经济大型工程和宏观经济决策的"知识生产体系"的特色。

1999 年国家自然科学基金重大项目"支持宏观经济决策的综合集成研讨体系研究"立项，使综合集成的研讨厅体系走上服务于宏观经济决策的研究方向。2003 年形成雏形的研讨厅体系。2004 年对研讨厅体系明确表述，确立了构建处理复杂性问题的可操作性平台原则。信息空间综合集成研讨体系，"可以视为由专家体系、机器体系和知识体系三者共同构成的一个虚拟工作空间。'厅'的含义在于：是把专家们和知识库、信息系统、人工智能系统、高速计算机等像作战指挥演示厅那样组织起来，形成一个强大的、人机结合的智能系统。"2005 年信息空间综合集成研讨体系被国家自然科学基金委员会评为特优。以现代信息技术和各种技术支撑的"信息空间综合集成研讨"，"把一个非常复杂的事物的各个方面综合起来，达到对整体的认识，把各种情报、思维成果、人的经验、知识、智慧统统集成起来。按照钱学森先生的说法，这是'知识生产体系'。"② 其一，人—机结合的智能科学突破

---

① [英] E.F. 舒马赫：《小的是美好的》，李华夏译，译林出版社 2005 年版，第 20—22 页。

② 戴汝为、郑楠：《钱学森先生时代前沿的"大成智慧"学术思想》，《控制理论与应用》2014 年第 12 期，第 1606 页。

人工智能发展瓶颈。借鉴熊十力性智与量智的区分，从信息处理的角度把人的性智与量智与计算机的高性能信息处理结合起来，把形式化工作让计算机做，把无法形式化的工作靠人参与，形成人—机结合，既体现心智关键作用，也体现计算机特长，通过从定性到定量的综合集成，集智慧之大成。其二，将自然与人文融合，实现社会可持续发展。其三，为智慧城市建设提供科学总体设计。①

钱学森等开放复杂超巨系统的中国复杂性科学流派，一方面，与西方主流的复杂性科学流派不同，研究的不是生态科学为范例的自组织的复杂性适应系统，以及人类社会系统与自然生态系统的复杂性相互作用的可持续发展问题，而是服务于国民经济建设的工程信息控制和效率问题，其以人为主、人机结合，由定性到定量的综合集成法，对社会与生态系统复杂性相互作用的可持续发展而言，也太笼统，缺少尊重生态自组织规律的考量，不适合生态文明建设的需要。另一方面，钱学森创立的研究超巨复杂系统的复杂性科学的中国学派，尽管是适应工业主义和信息经济、开放的复杂超巨系统理论，毕竟涵盖了社会系统与自然生态系统，若确立生态文明的新视野和价值导向，通过对其进行生态化导向的改造，可以创造性转化为适应生态文明建设需要的"生态导向、政府主导、人机结合、人人协同、人与自然和谐的综合集成"，生态化的超巨系统复杂性科学管理模式，其中关键是在复杂性科学的生态整体论指导下，遵循非线性的生态复杂性规律，采取社会生态治理、生态系统管理和生态适应性管理，形成以生态理性经济人协同自然生产力和社会生态生产力的协同治理能力。

第三节　复杂性科学：从定域互动涌现整体论到非定域全息互动的深生态整体论

上述复杂性科学的主流派，其哲学元范式是有机整体论，旨在探索整体秩序产生的自组织机理问题，认为整体秩序是作为大量组分定域相互作用

---

① 戴汝为、郑楠：《钱学森先生时代前沿的"大成智慧"学术思想》，《控制理论与应用》2014 年第 12 期，第 1606—1608 页。

非线性结果而涌现的，是一种定域复杂性相互作用的涌现整体论。拉兹洛沿着复杂性科学定域相互作用涌现整体论的研究路径，提出了关于物质—生态—社会—精神的随机论与决定论相结合的一般进化论，最后提出了深生态非定域有机整体论，开拓了非线性复杂科学研究的另一个维度。

与复杂性科学研究中圣塔菲复杂性理论自然成为生态文明的后现代科学流派的同时，20 世纪 80 年代到 90 年代国际系统科学—系统哲学的领军人物、两次提名诺贝尔和平奖的罗马俱乐部成员、关心人口、环境和资源全球问题解决的欧文·拉兹洛（Ervin Laszlo），成立布达佩斯俱乐部，在继承 20 世纪 50 年代非主流量子力学玻姆的全运动隐卷序理论基础上，与 20 世纪 60 年代的新三论结合，开始探索整体宇宙非定域相互作用的自组织机制，即全息记忆的"满足薛定谔量子态 Ψ 态方程"，"在所有层次上和复杂性水平上成为非局域关联和相干性的媒介"的"宇宙量子真空零点能场"或"Ψ 场"为科学假设的广义进化论。[①] 1997 年他的《微漪之塘：宇宙中的第五种场》获得美国杰出学术著作奖，说明广义进化论已经开始引起美国主流科学界的注意和认同。21 世纪初，他出版《自我实现的宇宙：科学与人类意识的阿卡莎革命》，根据印度古代哲学，把这种场命名为"阿卡莎（Akasha）场"，或简称"A 场"。他探索了以 A 场的"深层基本维"非定域相互作用，与表层"经验之维"非定域和定域复杂性相互作用的科学假设的宇宙整体秩序和自组织机制。[②] 他认为 A 场科学假设是 21 世纪的 A 范式的科学范式革命。欧文·拉兹洛的广义进化论和 Ψ 场或 A 场理论，属于本体论的科学范式的元范式，探索的是宇宙整体的有机论，与建设性后现代主义的"后现代科学"是一致的，或一脉相承的，也研究复杂性适应系统的定域相互作用产生非线性后果的复杂性科学传统的一些概念和思维方式。

20 世纪 90 年代至 21 世纪初，已经形成生态文明后现代科学范式的两大流派或研究维度：一是侧重于研究定域相互作用非线性因果或自组织机制的定域有机整体论；二是侧重于研究宇宙整体自组织机制的非定域有机整体

[美] 欧文·拉兹洛：《微漪之塘：宇宙进化的新图景》，钱兆华译，社会科学文献出版社 2001 年版，第 376 页。

② [美] 欧文·拉兹洛：《自我实现的宇宙：科学与人类意识的阿卡莎革命》，杨富斌译，浙江人民出版社 2015 年版，第 23—48 页、闵家胤推荐序 III 页。

论。前者属于后现代复杂性科学范式的社会建构范式的复杂性科学主流派，后者属于后现代复杂性科学范式的元范式的非主流派。从科学史来看，二者的共同的知识论源头是 20 世纪初的相对论和量子力学的物理学革命，从科学哲学源头来看，都是受 20 世纪关系—过程思维方式的影响。

后现代科学这两个学派，在发展中既相互独立，又相互影响：量子力学蕴含的深生态非定域整体论秩序的科学假设鼓舞了定域非线性复杂性科学的研究，而定域复杂性科学研究的演化论自组织、非线性等概念范畴也成为研究非定域整体论的概念范畴。由于二者的科学元范式都是有机整体论，由于前者属于研究能动体与环境的协同适应的复杂性的广义生态科学，后者探索宇宙的深生态机制的深生态科学，二者皆属于适应后现代生态文明的后现代科学范式，而适应生态文明的后现代科学范式可命名为"后现代生态—复杂性科学范式"，或以生态学为范例的复杂性科学范式。

李曙华教授在比较中国传统科学、近代科学与现代复杂性科学时，指出了研究自组织定域相互作用而涌现整体模式的主流复杂性科学流派的不足："西方科学的触角已探向'暗物质'、'隐序'、'真空—量子场'、'空隙'等'隐物质'和'隐序'问题。而目前，非线性科学对生成的探讨尚停留于时空描述，笔者认为，这里的最大的难题在于找不到统一的关于生成演化规律的因果描述和因果模型以解释复杂性现象，而其原因或许正在于未能突破西方科学传统限于有形之物的眼界。"[①]拉兹洛在主流复杂性科学的传统内研究自然—生态—社会—精神的复杂性作用，提出一般进化论原理，结合量子力学的非定域相互作用原理，并受东方道家和印度宇宙生成论的影响，开始突破"西方传统科学限于有形之物"的局限，提出了无形的宇宙全息隐能量场非定域的整体存在与有形定域的自组织系统相互作用、协同自组织进化的科学假设。

一、一般系统进化论的双重维度：定域互动涌现整体论与非定域全息互动深生态整体论

欧文·拉兹洛 1932 年出生于匈牙利的一个知识分子家庭，9 岁担任布

---

① 李曙华：《中华科学的基本模型与体系》，《哲学研究》2002 年第 3 期，第 21 页。

达佩斯乐团钢琴独奏，成为匈牙利和欧洲闻名的音乐神童，14 岁获得李斯特·弗兰兹学院硕士学位，1947 年获得国际音乐比赛第 2 名奖项。比赛后移民美国，到各地演出，广受欢迎，同时接触不同文化，开始关心当代世界事务，并对哲学发生浓厚的兴趣。"拉兹洛早年兴趣转向哲学时，首先致力钻研的是马克思和怀特海。他认为怀特海的有机哲学其实就是一种系统哲学。"①25 岁开始在业余时间广泛阅读，读了亚里士多德、柏拉图、金斯、艾丁顿、爱因斯坦、德里施、马赫、巴浦洛黑格尔、马克思和怀特海哲学，做了大量的笔记，形成自己的系统哲学思想。1990 年他在《系统哲学引论》中文版前言中指出，他的思想经过了黑格尔主义—马克思主义—实证主义—新怀特海主义的蜕变过程。②3 年后一位嘉宾阅读了拉兹洛的思想随笔，第二天把他介绍给荷兰一家著名的出版社，为他出版《必要的社会：一种本体论的重建》一书，这成为他一生事业的转折点。他称自己的思想为"有机关系理论"。我们时代需要的是"综合的哲学"，而在当时，西方主流的哲学是逻辑实证主义分析哲学，"综合则被看成是某种形式的'形而上学'，从而被排除在'科学'哲学范围之外。"拉兹洛在这本书中提出了新怀特海主义的过程本体论，研究过程的规律。过程存在论，既包括自然界，也包括个人和人类社会及其价值理论，因而它有一种"实在论的唯物主义立场。"③其观点在欧洲哲学界受到广泛重视。1961—1965 年拉兹洛在瑞士弗莱堡大学担任国际东欧研究所副研究员，出版《超怀疑论和唯实论》《匈牙利共产主义思想》等专著，并主编研究所刊物。

1966 年拉兹洛赴美担任耶鲁大学、印第安大学、亚克朗大学的客座美学音乐研究员、客座教授和哲学副教授，同时创办主编在荷兰的《价值探索杂志》，并担任《哲学论坛》副主编。他在耶鲁大学当研究员期间，结识了 F.S.C. 诺思罗普（Northrop）和 H. 马杰诺（Margenau），参加了整合教育基金会，熟悉了贝塔朗菲的一般系统论思想，发现"怀特海的有机综合可用一般系统论来加以现代化，它的'有机体'和柏拉图式关联物的观念，可

---

① [美] 闵家胤：《E. 拉兹洛在华谈系统哲学》，《哲学动态》1988 年第 7 期，第 4 页。
② [美] 欧文·拉兹洛：《系统哲学引论》，钱兆华、熊继华、刘俊生译，商务印书馆 1988 年版，前言第 5 页。
③ [美] 闵家胤：《E. 拉兹洛在华谈系统哲学》，《哲学动态》1988 年第 7 期，第 4 页。

用在变化的自然环境的背景中涌现出来的动态的自我维持'系统'概念来代替。"① 用一般系统论哲学看问题，形成了他其后的一系列观点。1969 年担任纽约州立大学哲学教授，期间出版了代表性著作《系统、结构与经验》，1970 年获得法国索尔邦大学人文科学博士学位。1970 年出版《系统、结构和经验》，1972 年出版《系统哲学引论》和《用系统论的观点看世界》。其中《系统、结构和经验》研究自组织系统与环境的适应机制，为后来适应复杂性系统研究提供了基本概念，而《系统哲学引论》是其成名作，把贝塔朗菲的系统论发展为系统哲学，得到了贝塔朗菲的认可。贝塔朗菲在离世前亲自为《系统哲学引论》写序言，他指出当代的"分析"哲学"在存在的范围之外分析它自己"，毫不关心成为我们现代危机根源的种种问题——从现代技术"大机器"的种种危险，到自然"生态系统"的不平衡，乃至无数心理的、社会的、经济的和政治的当代问题，因而它是一项令人厌烦且毫无意义的事业。而拉兹洛强调我们所需要的是一种"综合的哲学"，把我们所观察到的宇宙呈现为"一种相互联系的自然系统"，而不是专门学科所详尽描述的各个组件之和。这种"系统哲学"，用 T. 库恩《科学革命的结构》中的话来说，"系统"概念构成新的"范式"，或"新的自然哲学"（贝塔朗菲）。这种新"范式"或"自然哲学"，同机械世界观的盲目自然法则和莎士比亚式的故事的世界过程相反，它是"把世界当作一个巨大组织"的有机世界观。拉兹洛系统哲学强调认识主体和认识对象之间的一种相互作用，形成一种"透视哲学"（perspective philosophy）：人用他生物的、文化的和语言的才能和习惯与他"投身于"其间的宇宙打交道，使他与宇宙相适应。这涉及人和世界的关系以及永恒的哲学问题：自然是一个有机整体的等级体系，由符号、价值、社会实体和文化组成的世界，是构成等级结构的宇宙秩序的一部分。这种观点有利于沟通 C.P. 斯诺说的"两种文化"的对立。② 其后拉兹洛主编"系统论和系统哲学国际丛书"，如《关于一般系统论——献给L. 冯·贝塔朗菲 70 周年论文集》《世界系统——模型、规范、应用》和《系

---

① ［美］欧文·拉兹洛：《系统哲学引论》，钱兆华、熊继华、刘俊生译，商务印书馆 1988 年版，前言第 6 页。

② ［美］欧文·拉兹洛：《系统哲学引论》，钱兆华、熊继华、刘俊生译，商务印书馆 1988 年版，序言第 8—13 页。

统科学和世界秩序》。

　　除了在大学授课和主编出版系统论和系统哲学著作两项事业，他的第三项事业是用系统哲学研究当代国际问题，"其基本方向是把生物进化和人类社会进化整合成一个世界发展过程"，① 奠定了一个新学派"一般（或广义）进化论"的基础。1972 年拉兹洛用系统哲学研究国际事务，引起罗马俱乐部的注意，邀请他承担研究任务。他联络世界各地 130 个学者，完成了《人类的目的》学术报告，于 1977 年出版。他还担任联合国国际社会和经济合作研究计划的负责人，完成了几项重大课题，出版了 15 卷的《和平百科全书》的国际新经济秩序丛书，以及 6 卷本《多种文化的星球》的地区和区域经济合作的丛书。在联合国和罗马俱乐部的双重领导下，组织学术会议，进行哲学和世界事务的研究、写作和讲学。1984 年他辞去联合国职务，在意大利中部塔斯科尼地区山上购置住宅，进行他的人生第四项事业，"集中时间和精力研究宇宙进化、物质进化、生物进化、社会进化和精神进化，试图发展出一种一般进化论。"② "拉兹洛熟读英文版《道德经》"，③ 他试图用科学假设重新论述中国古代道家和古希腊赫拉克利特时代自然哲学家把握的世界统一进化规律。1986 年拉兹洛建立了一般进化论研究小组（The General Evolution Research Group，或译广义进化论研究小组），并编辑出版研究小组的刊物《世界未来》（world future）。1987 年担任联合国教科文组织总干事的科学顾问。1989 年拉兹洛出版他自己思想的专著《人类的内在限度》，认为人口、资源和环境问题等外在极限都是一些常数，难以改变。但拉兹洛认为："许多问题是由外部极限引起的，但根子却在内在限度。……人的眼光和价值观的内部限制。"④ 1993 年拉兹洛组织布达佩斯俱乐部，担任主席，出版《第三个一千年：挑战和前景》。20 世纪 90 年代拉兹洛还曾被评为致力于拯救全球的 6 位科学家之一，他进一步研究广义进化论，探索"自上而

① ［美］闵家胤：《欧文·拉兹洛》，《国外社会科学》1988 年第 3 期，第 61 页。
② ［美］闵家胤：《欧文·拉兹洛》，《国外社会科学》1988 年第 3 期，第 61 页。
③ ［美］欧文·拉兹罗：《自我实现的宇宙：科学与人类意识的阿卡莎革命》，杨富斌译，浙江人民出版社 2015 年版，第 23—48 页、闵家胤推荐序 III 页。
④ ［美］E.拉兹洛：《人类的内在限度》，闵家胤译，社会科学文献出版社 1989 年版，第 5 页。

下"非定域性宏观整体论的"成序原则"的"空缺因素"，出版了《有创造力的宇宙》《相互联系的宇宙》和《微漪之塘》，提出了全息隐能量场或全息亚量子场概念，认为这是客观存在的，是可观察物质现象和量子的深层的本原性存在，是具有全息记忆的、具有宏观非定域相关性、真实存在的量子场和宏观物质相互作用的介质场，并把这种非定域相关性和非定域相互作用介质的全息亚量子场命名为 Ψ 场。非定域相关性和相互作用本原介质的全息 Ψ 场思想体系，形成以后，得到西方学术界的承认，1997 年《微漪之塘》获得美国杰出学术著作奖。2008 年拉兹洛出版《全球脑的量子跃迁》，2014 年出版《自我实现的宇宙》，把全息隐能量场再度命名为"A（Akasha）场"，认为人类已经形成"拟神经能量和全球通信网络"的"全球脑"；人类文明正在从现代性的逻各斯文明，向生态伦理全面参与的"霍逻斯"（Holos）文明跃迁；他还结合库恩的常规科学和科学革命思想，认为 21 世纪同时还发生向 A 场科学范式转型的范式革命。他重点阐述了 A 场的宏观非定域性相关性特征，以及深层不可观测的维度（简称 A 维）与可观测的显世界的表层维度（简称 M 维）之间的非定域相互作用。

（一）一般进化论的定域整体论思想

1. 系统整体论和系统一般进化论

拉兹洛在《用系统论的观点看世界》中，比较了从原子论、机械论范式到系统论范式的转型。伽利略和牛顿式科学，只是把握简单关系，把宇宙看作一个精密的机械装置，服从决定论的机械定律。按照这种科学，事件复杂的集合，只有分解成自然力的相互作用，才能被理解。20 世纪初，随着物理学中科学的新发展，机械论崩溃了，"相互作用的关系组成的集合成为关注的重心。到处都碰到那种令人惊异的复杂性。甚至在原子这样的基本物理实体内部也是这样"，[①] 牛顿力学解决复杂性的能力受到怀疑。在微观物理学领域，接替机械论的是量子力学。其他科学领域，也经历着并行不悖的发展历程。在生物学领域，这些机械论的"已有物理学定律，不足以解释发生在生命机体中的复杂的相互作用"，因而必须提出新的定律，即"关于复

---

① ［美］E. 拉兹洛：《用系统的观点看世界——科学新发展的自然哲学》，闵家胤译，中国社会科学出版社 1985 年版，第 9 页。

杂相互作用整体定律。"① 新的物理学、化学、生物学、社会学和经济学，都出现了平行的发展，如 W. 韦弗所说，当代科学成了"有机化的复杂事物的科学"。从人，到生态系统，到人，到太阳系、银河系，乃至整个宇宙，到处是复杂事物的系统。"我们面对的是一个复杂的世界。但人的知识是有穷的和受到限制的。A.N. 怀特海警告说：'自然界可不会变得像你想象那样简简单单清清楚楚。'"② 新的科学家，"集中注意的是不同数量级和不同复杂程度的结构，他把细部放到总的框架结构中去看。他注意所有的关系和总的形势，而不是注意把握细枝末节的因素和事物。"③ 随着当代科学家在他们的研究领域揭示出有机整体，"有一种关于系统本身的科学，即由 L.V. 贝塔朗菲及其合作者发展起来的一般系统论。这些新科学正处在科学探索性研究最前沿。系统论的观点是一种正在形成的关于组织化复杂事物的当代观点。"④ 当代科学转向的系统论科学，既是"精细谨严而又是整体论的理论"。用整体的联系的观点来思考，"用这种集成的关系集合体来看世界，就形成了系统的观点"，⑤ 这是原子论、机械论和专业化后的现代思维方式。现代系统论的思维方式，"赋予我们用一种透视（perspective）的眼光。……发现有机地组织起来的模型。"⑥

他在《系统哲学引论》中认为自然界是遵循普适的一般进化论原理的动态系统，在宏观和微观两个不同层次上，以不同方式进化。在宏观层次，现在粗浅的宇宙学阻止把天体过程包含在一般系统论内，不能建构任何有经验意义和精确度的一般系统论。在微观层次，则存在从原子，到分子、细

---

① [美] E. 拉兹洛：《用系统的观点看世界——科学新发展的自然哲学》，闵家胤译，中国社会科学出版社 1985 年版，第 10 页。
② [美] E. 拉兹洛：《用系统的观点看世界——科学新发展的自然哲学》，闵家胤译，中国社会科学出版社 1985 年版，第 11 页。
③ [美] E. 拉兹洛：《用系统的观点看世界——科学新发展的自然哲学》，闵家胤译，中国社会科学出版社 1985 年版，第 12 页。
④ [美] E. 拉兹洛：《用系统的观点看世界——科学新发展的自然哲学》，闵家胤译，中国社会科学出版社 1985 年版，第 13 页。
⑤ [美] E. 拉兹洛：《用系统的观点看世界——科学新发展的自然哲学》，闵家胤译，中国社会科学出版社 1985 年版，第 15 页。
⑥ [美] E. 拉兹洛：《用系统的观点看世界——科学新发展的自然哲学》，闵家胤译，中国社会科学出版社 1985 年版，第 15 页。

胞、有机体、有机体群体的"越来越复杂的社会和生态超系统"。[1] 拉兹洛认为，地球复杂生物现象，在宇宙可能不是唯一的。"宇宙可能存在相当多类似于地球生物圈的等级体系，等级体系在适当条件下会以某种形式逐渐形成生命、社会和生态系统。"[2] 如果条件允许，宏观宇宙也会存在原子以下的电子、原子核、夸克的结、凝块或基本时空蔟（space-time mannifold）的临界张力，存在一个层次加在一个更高层次的层级组织结构，形成行星范围的自维持系统。"宇宙天文等级体系和地球等级体系的交汇点——是在原子层次。"[3] 只要存在适宜条件，"在条件允许多原子结构产生的地方，在原子—星系、部分—整体之间插入一个完整系列的惊人复杂现象"[4]。从原子、分子、晶体、细胞、病毒、有机体、生态到社会，都不是物质能量的随机堆积，而是相互作用、相互联系的系统或组织。系统组分是爱因斯坦说的能量团，爱因斯坦以场的概念取代自然实体的概念。系统组分互动具有可测量的非随机的不变规律性。系统不变特性是由自然系统的等级层次决定的，"即由结合在一起的系统的数目和种类（系统内部等级）以及由其在环境中互动系统数量和种类（系统间）等级决定的。不变性从原子到生态系统的整个微观等级体系范围内延伸。"[5] 自然系统不变性是一些普遍约束，并在组织特定层次上实际可观测。"有序整体是一个非加和系统，其中多种固定力强加给若干恒定约束，由此产生一个带有可极端数字参数的结构。"[6]

　　拉兹洛认为，当代科学发现的普遍的动力学规律，"构成了由马克思主

① [美] E. 拉兹洛：《用系统的观点看世界——科学新发展的自然哲学》，闵家胤译，中国社会科学出版社 1985 年版，第 23 页

② [美] E. 拉兹洛：《用系统的观点看世界——科学新发展的自然哲学》，闵家胤译，中国社会科学出版社 1985 年版，第 23 页。

③ [美] E. 拉兹洛：《用系统的观点看世界——科学新发展的自然哲学》，闵家胤译，中国社会科学出版社 1985 年版，第 24 页。

④ [美] E. 拉兹洛：《用系统的观点看世界——科学新发展的自然哲学》，闵家胤译，中国社会科学出版社 1985 年版，第 25—26 页。

⑤ [美] 欧文·拉兹洛：《系统哲学引论》，钱兆华、熊继华、刘俊生译，商务印书馆 1988 年版，序言第 27 页。

⑥ [美] 欧文·拉兹洛：《系统哲学引论》，钱兆华、熊继华、刘俊生译，商务印书馆 1988 年版，序言第 31 页。

义哲学奠基人提出来的辩证法的一种形式。"① 但马克思主义的对立面相互作用的观点，需加以具体说明和限制：首先，对立面的数目并非总是限于两个。② 即使在对立的场合，也不只有对立两极在起作用。例如，原子中作用力场不仅两种，而且电子层中还有非动力场，表现为泡利不相容原理描述的不相容现象。生物有机体在环境中吸收能量表现为负熵、正熵平衡，但此平衡还涉及与通信机制联系在一起的内稳态机制，不能简化为对立面的相互作用。生物进化尽管涉及遗传变异和环境选择两个主要因素，还涉及大量过程，还涉及物种、种群的整体进化和生态环境。社会进化不能简化为精神和物质。"信息在人类社会，既是经济因素，又是文化因素，是紧密耦合的控制循环网路的一部分，这个环路把社会成员和资源基地和自然环境联结在一起，在地方、地区、国家、大陆乃至全球层次上形成不同层次的多重联系"。③ 其次，促进一个实体的力场不仅存在于实体内部，这些实体还被看成远离热平衡状态的开放的复杂系统，它们在边界上有熵或负熵的传递，开放的系统与环境形成复杂的相互作用。离开与环境的作用，进化的系统会很快衰败。自然和社会发展的动力是同构的，这种同构显示，在物理、生物和社会系统内有一个普遍的一般进化论规律。

　　拉兹洛认为，现在出现跨学科研究的复杂性科学的研究趋势。这个趋势起源于贝塔朗菲等人开创的一般系统论。从 20 世纪初，不可逆、非平衡过程热力学，提供了远离热平衡和化学平衡的开放系统，从混沌到秩序的兴起，以及结构的维持，提供了严格的经验检验并用数学共识表达，"为一般进化论提供了最重要的概念。"④ 普里戈金揭示的远离平衡状态，不同于传统的接近或处于平衡状态，不断历时进化。普里戈金的"布鲁塞尔器"自催化循环模型，一旦超过临界值，接受外在的扰动，就会推入震荡方式。当有足够的结构复杂性，系统就会保持两个或多个稳定状态。在以生命现象的更复杂过程中，具有交叉循环链。一个组织化系统，在持续的能量流作用下，自

---

① ［美］E. 拉兹洛：《系统进化的自然辩证法》，《自然辩证法研究》1988 年第 5 期，第 44 页。
② ［美］E. 拉兹洛：《系统进化的自然辩证法》，《自然辩证法研究》1988 年第 5 期，第 42—43 页。
③ ［美］E. 拉兹洛：《系统进化的自然辩证法》，《自然辩证法研究》1988 年第 5 期，第 43 页。
④ ［美］E. 拉兹洛：《系统进化的自然辩证法》，《自然辩证法研究》1988 年第 5 期，第 43 页。

催化循环会去向连锁汇聚，在汇聚过程中，原来自主自维持系统会逐渐连锁到交叉循环中。在危机性失稳状态，系统会寻找另一种自催化的替代稳定状态，若找到了，最终会稳定在那个状态。动态系统理论，把进入新稳定状态叫"分叉"。分叉点上替代稳定状态选择是随机的，不可预测的，非决定性的，通过随机放大内部涨落，它可以在诸稳定状态做选择。进化动力学新发现一般进化原理是一种辩证法形式，这些原理适应于远离平衡状态的各个层次所有系统，我们身体的细胞，社会的一个地区，乃至整个行星世界，都在远离平衡状态保持和复杂化。"根据一般进化论的规律和法则，进化的真正主体是宇宙本身。"①

2. 社会进化动力学

拉兹洛阐述了社会进化原理：社会是一个自组织的进化系统。尽管社会进化到超生物层次，但其结构复杂性远逊于其个别成员，而社会文化系统则相对简单。社会通过会聚，累积性地向更高层次进化，随着人流、信息流、能量流和商品流的增强，社会系统在环境赖以维持的催化循环圈与社会间类似循环圈相互作用，成为具有共济功能的超循环圈，最后形成民族国家。②

拉兹洛阐述了社会系统模型：通过省略大量次要流体和循环圈，把社会一些主要的流体和循环圈与生态系统循环圈整合起来，形成包括生态系统的社会系统模型。推动整个系统运行的能量来自于太阳。人类社会从生命供养系统提取高级物质——能量，然后把低级能量送回原处。人类社会层次，有一个世代传承的知识、技术、法规、规则等广义文化信息库，以生产人类所需商品和服务。工农业生产结构靠信息运转，从自然生命供养系统输入能量和物质，这些流体过程被一定组织结构的人所监控，有一个从大部分人类活动到自然生命供养系统的信息反馈环，反馈的信息被管理者评估，然后进入信息库。所有这些流体和循环圈，都是服务于维持人类生存的目的。如果社会文化信息库适应时代需要，对生产和消费能发挥维持正常功能的作用，人人和睦相处，与环境保持平衡；反之，社会就处于不稳定的危机状态。"社会进化的动力同社会集体信息库的累积性的但非连续性的发展密切相关。历史选择文化信息库的过程同生物进化选择遗传信息库的过程是非常相似的。"① 社会历史进化分叉有技术、冲突和经济引起的三种分叉类型。"人类社会也是朝向不断改进其技术以便取得、储存和使用更多和更密集的自由能方向发展，向着各种组分形成错综复杂关系的方向发展。"②

拉兹洛认为，文化是集体信息库，对社会的生存与发展起着决定性作用。"文化是受价值观引导的体系。"③ 人的内在价值标准使人适应环境，"人作为社会文化角色的承担者，协力合作构成了给定的社会中由许多人组成的系统。"④ 文化提供了一个社会功能维持的"认知图景"(Cognitive map)，它是人认识周围世界的模式，在同代人之间交流，还传递给下一代人，揭示环境、社会结构和社会关系最重要特征，赋予社会一般价值标准，并指示实践的方向。⑤

拉兹洛认为技术在社会进化中扮演着不可逆发展的特殊作用，技术还消弭了近300年西方社会人文科学和自然哲学的分裂。他认为把社会看作是从自然到社会的连续的辩证运动过程，是没有这种人文科学和自然哲学的分裂的。技术在开放系统理论视野中扮演着特殊角色。按照一般进化理论，社会是一个开放的远离平衡态的系统，是由物质、能量和信息兴起和维持的开放系统表现为各种技术开发所使用的能量，表现为社会机构的多种形式信息传递过程。"进出于社会结构的这些流体之间的相互作用，以及对这些流体进行加工的技术和设施，才是社会进步的真正的决定因素。"⑥ 技术一直推动社会沿着进化的中轴线不可逆地前进，"由于技术革新是不可逆的"，人类社会向着更有活力和自主性方向的系统进化。社会进化动力学是各种因素以及社会和环境的相互作用引起的，"在所有这些复杂的相互作用中，技术扮演着一个特殊角色：它是社会沿进化方向变化的推动因素。"⑦

----

① ［美］E. 拉兹洛：《社会进化动力学》，《哲学译丛》1988年第1期，第64页。
② ［美］E. 拉兹洛：《文化与价值》，《哲学译丛》1986年第1期，第22页。
③ ［美］E. 拉兹洛：《文化与价值》，《哲学译丛》1986年第1期，第22页。
④ ［美］E. 拉兹洛：《文化与价值》，《哲学译丛》1986年第1期，第25页。
⑤ ［美］E. 拉兹洛：《文化与价值》，《哲学译丛》1986年第1期，第22页。
⑥ ［美］E. 拉兹洛：《技术和社会进步》，《西安冶金建筑学院学报》1988年增刊，第72页。
⑦ ［美］E. 拉兹洛：《技术和社会进步》，《西安冶金建筑学院学报》1988年增刊，第75页。

3. 全球社会和大进化综合理论的 GES 科学范式

1986 年开始，拉兹洛建立了一般（或译广义）进化论研究小组（The General Evolusion Research Group），1988 年出版《世界系统面临的分叉和对策》，1989 年出版《人类的内在限度》一书，一方面，对罗马俱乐部增长的极限的观点提出了自己不同的看法，认为外在的极限根源是内在的极限，即个人受利己主义、物质主义、市场主义、科学主义、技术主义、经济主义、消费主义、享乐主义、民族主义、进步主义过时的现代主义价值观的局限；文化上失去了理想主义的积极憧憬，陷入悲观主义；政治上，各民族国家缺少解决世界问题的政治意愿。另一方面，根据人类社会面临"分叉"巨变的新形势，对一般系统论哲学进行了系统化总结，在系统论和新三论的基础上，提出了"大进化综合理论"（GES，grand evolutionary synthesis）的科学范式。（国内翻译为"广义进化综合理论"，适应"广义进化综合理论"的说法，国内把拉兹洛的"一般进化论"，也改译为"广义进化论"）

拉兹洛在《世界系统面临的分叉和对策》中首先根据新三论特别是普里戈金耗散结构理论对分叉的含义的解释。并指出"巨大的分叉将在我们有生之年动摇这个世界。……当前，社会内部形形色色的涨落纷至沓来：它们包括新的生活方式，别样的生活类型，生态的、争取和平的以及其他有革新精神而尚未定型的运动，一旦确信占主导地位的秩序已经变得虚弱了，各种运动就会大量涌现出来。他很快就能成为决定社会未来的关键因素。"[①] 当今人类社会人口爆炸，民族国家之间贫富分化，城市生活成为人类前途一大威胁，人类农业生产家居生态系统破坏，气候越来越热，极地冰山融化，环境退化，资源枯竭，现有的发展趋势不可能直线持续下去。他认为，有关进化和复杂性的新科学告诉我们，不能走回头路，必须前进。或者被动地被卷到危险水域，或者准备在一个捉摸不定的、充满危机的时期里，"准备塑造新时代。"[②] 他认为，处在社会分叉点、超敏感的混沌期，那只蝴蝶不是法律规章制度、宗教教条和意识形态，"而是涌现出来的人民的价值观念和理想，

---

① ［美］E. 拉兹洛：《世界系统面临的分叉和对策》，闵家胤等译，社会科学出版社 1989 年版，第 3—4 页。

② ［美］E. 拉兹洛：《世界系统面临的分叉和对策》，闵家胤等译，社会科学出版社 1989 年版，第 17 页。

它拍击翅膀，决定社会形态改变的路线。"[1] 新的复杂性科学和进化科学，使我们能看到人类社会历史进程的韵律和原因：人类社会从相对小的、简单的、分散的、低能量的部落转变为大规模的、更复杂的、更集中的国家、文化和文明，其进步是全面的，总的来说，是不可逆的。历史逻辑并非没有灵活性。我们现在的社会结构不再是较高层次对较低层次发号施令的等级结构，而是"灵活的'全等级结构'（Holochy），即整合而有区分开来的整体：家庭和部落；城市和社区；民族和文化，以及所有民族的全球共同体。在这个巨大的复杂的全等级结构之中，个人是决定性因素。它们的行为和动机决定在哪一个层次上的哪一个系统中，究竟哪一条独特的道路能够行得通。这种情况真是独一无二的；在其他系统中，各个组成部分是没有意识的，无法决定由它们组成的整体的进化。自然界的系统不可能涉及它们整体的命运。人类可以。"[2] 有目的地把握进化的过程需要有意识地信守我们的价值观念，从这些价值观念选择我们的战略。我们似乎有两种可以选择的战略：一种增进我们自身的利益，追求个人自由和自治；一种是促进社会进化，实现公平和正义。我们可以采取将二者协调的第三种战略：[3] 一方面，保障个人利益的目标有：限制民族国家权力，创立新型社会；限制政客权力，保障个人和社区自由；限制经济权力，以当地产品满足当地需求，限制企业的全球规模，限于经营的区域规模，能源开发要加强地区自主性，经济政策除了考虑数量和价格，还要考虑安全和自给自足。另一方面，确立社会进化目标，限制民族国家主权，不是退回封建割据，而是引向多层次进化社会，发展全球性和谐社会；区域经济协作协调：建立区域经济联盟，集中劳动力和资本，分享自然资源，直至更大市场，实现经济多样化；防务合作协调；环境合作协调，缔结环境条约：限制氟碳化物，严格控制石油煤气使用，限制造成温室效应的气体使用，保护融化的北极冰，安置受气候影响的难民，保持大规

---

[1] ［美］E.拉兹洛：《世界系统面临的分叉和对策》，闵家胤等译，社会科学出版社 1989 年版，第 20 页。

[2] ［美］E.拉兹洛：《世界系统面临的分叉和对策》，闵家胤等译，社会科学出版社 1989 年版，第 21 页。

[3] ［美］E.拉兹洛：《世界系统面临的分叉和对策》，闵家胤等译，社会科学出版社 1989 年版，第 22—24 页。

模生态营救的能力等。还要缔结其他环境协议，协调自然资源的开发利用，对自然资源实行管家原则。全球共同体从环境结构进化而来。工业主义时代已经过时，但新时代是无法预言的。人类的遗传基因短期无法改变，"决定可预见的未来的是社会文化。"① 社会不是人主观设计的产物。迄今认识人类社会演化的模式，有永恒重复的环形模式，马克思主义的螺旋形模式，进化论的线性模式，复杂性科学的非线性模式："在关于进化和复杂性的新科学的框架内，人类社会和生物物种及整个生态环境一样，也是一个复杂系统的变异类型。人类社会是在生物圈不断提供丰富能源、物质和信息的条件下产生和存在下去的。人类社会并不是单纯地反映其成员有意识的意志。"② 全球新社会出现的依据是长期的或然性，而不是短期的必然性，甚至长期的或然性也不是百分之百的，"因为我们现在拥有的力量可能足以在这个有生之年的其余时间里终止一切进化的过程。我们只能说：如果我们不破坏支撑着我们的生命的环境，我们不消灭我们自己和其他较高等的生命形态，那么，我们迟早会找到通往一个既是多样化的又是一体化的全球社会的途径。"③ 拉兹洛在《人类的内在限度》指出：如果人类社会没有什么大灾难，照此发展下去，会出现一个全球一体的社会、文化和技术系统。这个系统包括各层组织，从最基层的村落、农庄和城市社区，到城镇、地区、省，到覆盖次大陆甚至整个大陆的民族与联邦国家，直到整个地球。"每一层次都和其他层次相协调，信息既有横向流动，也有不同层次间的纵向流动。信息、能量、物质和人员的流动遍及全球。全球的交流由各层次相应的制度和组织控制。这些制度和组织密切合作，并在各自地域和职能范围内与低层次的制度和组织协调一致。"④

　　拉兹洛认为，20 世纪后 20 年，"一种既起源于科学又有哲学深度和广

---

① ［美］E. 拉兹洛：《世界系统面临的分叉和对策》，闵家胤等译，社会科学出版社 1989 年版，第 58 页。

② ［美］E. 拉兹洛：《世界系统面临的分叉和对策》，闵家胤等译，社会科学出版社 1989 年版，第 71 页。

③ ［美］E. 拉兹洛：《世界系统面临的分叉和对策》，闵家胤等译，社会科学出版社 1989 年版，第 75 页。

④ ［美］E. 拉兹洛：《世界系统面临的分叉和对策》，闵家胤等译，社会科学出版社 1989 年版，第 63 页。

度的新体系正在兴起。它超越仅限于一定研究领域的那些理论造成的狭隘片面认识，囊括浩瀚的物质宇宙、生物世界和人类历史的一切。这是（研究远离热力学平衡状态的开放系统的）进化范式"，① "新进化范式在一个又一个领域中涌现出来，其有效性得到越来越多的科学家的承认。……新范式宣告了科学思维的新纪元：表现在人类自身和人类社会中进化达到了自我意识的纪元。"② 他认为新进化范式的历史前提是，西方古代的有机论综合进化思辨哲学和 15—19 世纪的近代科学成果。古代的思辨哲学，如泰勒斯的水本本体论，赫拉克利特变易论，苏格拉底的人是万物尺度说，以及柏拉图的唯心主义理念论，继承苏格拉底的有机论经院哲学等。15 世纪文艺复兴运动，开始相信观察事实，哥白尼以理性和经验观察自然天体运动，为近代物理学奠定基础，"是有史以来最伟大的综合。"③ 科学导致机械的世界观同生命精神领域的分离，出现笛卡尔的二元论。整个 19 世纪机械论与有机论长期存在矛盾而使物理学和生物学陷入困境。19 世纪的科学做出"广义综合"只能在热力学向下的时间之矢和生物学向上的时间之矢之间选择。斯宾塞和马克思选择了达尔文向上延伸的时间之矢，而对经典力学时间中持续衰减效果不予理会。"在 20 世纪进入最后 20 年的时候，科学已经推进到足以解决困惑 19 世纪科学家的难题，无需形而上学的思辨就能证明在所有经验领域内进化的一致性。现在科学可能在经验科学得出的统一的、互相一致的概念基础上提出一种广义进化综合理论（GES，grand evolutionary synthesis）。""这些新科学研究复杂系统出现、发展和功能，而不考虑这些复杂系统属于什么具体可言领域。这些新科学是与 L. 冯·贝塔朗菲、P. 韦斯（Paul Weiss）、A. 拉波波特和 K 博尔丁创立的一般系统论和由 N. 维纳、W.R. 阿什比和 S. 比尔（Stafford Beer）发展的控制论科学一起发展起来的。"④ 他认为 20 世

---

① ［美］E. 拉兹洛：《世界系统面临的分叉和对策》，闵家胤等译，社会科学出版社 1989 年版，第 76 页。

② ［美］E. 拉兹洛：《人类的内在限度》，闵家胤译，社会科学文献出版社 1989 年版，第 76 页。

③ ［美］E. 拉兹洛：《人类的内在限度》，闵家胤译，社会科学文献出版社 1989 年版，第 80 页。

④ ［美］E. 拉兹洛：《人类的内在限度》，闵家胤译，社会科学文献出版社 1989 年版，第 85 页。

纪 60 年代以后主要是普里戈金的非平衡态热力学，H. 马图马拉（Humberto Mturana）和 F. 瓦拉雷（Francisco Varela）的自创生理论（celluar autopoietic system theory）的细胞自动机理论（celluar automate theory），托姆的突变理论和亚伯拉罕等人的动态系统理论。"由于这些领域（现统称为'复杂性科学'）为广义进化综合理论提供了最合理的基础。"① 显然拉兹洛的广义综合性理论所指的复杂性科学，主要是控制论、系统论和突变论的旧三论，以及耗散结构理论，还未涉及后来复兴科学主流派的圣塔菲研究所的复杂性适应系统理论。拉兹洛在 20 世纪 80 年代中期对系统论和耗散结构理论研究的定域相互作用的系统论非常推崇，将其视为科学新范式的新纪元，此时尚未涉及 21 世纪他所研究的宇宙非定域性宏观关联的整体论范式。到 21 世纪前 20 年，他完全转向非定域整体论的研究，在 2014 年的《自我实现》中对阿卡莎范式也推崇备至，视为 21 世纪科学新范式，已经偏离早年对一般系统论哲学研究的主流，引领复杂性科学研究的非主流的新潮流。在 20 世纪后 20 年，拉兹洛所认为的广义综合性理论 GES 新科学范式基本概念大多是耗散结构理论和系统论的：其一，在基本概念上，挑战平衡和决定论概念，研究远离平衡态的系统，强调层级复杂性结构的进化。其二，在经验上，强调非线性因素、熵和自由能；其三，理论上，强调自创生、突变、混沌和分叉。② 他在《人类的内在限度》中又重复论述了宇宙进化、生物进化和社会进化的一般原理。

（二）亚量子全息场的非定域相关整体论及其作用

拉兹洛在怀特海有机论的过程哲学指导下，跨学科研究系统论哲学的一般原理，在探求科学的统一性和整体性的过程中，发现自古以来朴素唯物主义哲学和近代物理学，通过寻求存在最小构件的基础物质，探索世界统一性以理解世界的整体性的自下而上的探索，是失败的，既缺少合理性，也无必要性。唯心主义形而上学以抽象的精神原则解释世界的统一性和整体性，把世界看作是精神或意识显现的幻觉，也不能令科学时代的人们满意。现

---

① ［美］E. 拉兹洛：《人类的内在限度》，闵家胤译，社会科学文献出版社 1989 年版，第 85—86 页。

② ［美］E. 拉兹洛：《人类的内在限度》，闵家胤译，社会科学文献出版社 1989 年版，第 85—114 页。

代物理学相对论和量子力学的最新发现，使物理学家超越实体论，转向场论，其中部分物理学家转向唯心主义，最终超越唯心主义走向实在论。当代物理学探索统一场理论，复杂性科学跨学科研究自组织涌现机理，具有探索世界的整体性统一性的抱负，但其工作并没有完成，统一起来看，具有很多理论和概念黑洞或空缺。拉兹洛认为，自下而上（from the ground up）的思路探索世界统一性，最大的理论空缺，是缺少从混沌到有序的"成序原则"（ordering principle）。当代最新的物理学也不能解释自然界、生命和人类意识的自组织现象。普里戈金的耗散结构自组织理论，为物理学、化学向生命科学和大脑科学过度提供了证据，也提出统一自然界的有机整体论，但其阐述的自组织进化动力驱动的系统却走向分散和多样化。复杂性科学研究复杂性系统的定域相互作用涌现的整体机理，忽略非定域整体关联现象，把存在本体论视为还原论而不予关心。而一些科学家开始采取自上而下的思路，从有机整体场论探索世界的统一性和非定域整体性机理，取得了一些成就，但存在一些问题。玻姆的隐卷序假说，内在地具有不可证伪性，为神秘主义开辟道路，不能为科学所接受。谢尔德雷克的形态发生场把生命科学、心灵科学同物理学理论联系在一起，但无法解释生物新结构和新行为方式的产生，依赖非能量谐振，也无法为物理学接受。如何依靠现有的科学成果，运用科学的假设，探索宇宙的统一性和整体性，成为拉兹洛后期科学哲学研究的重点。这经过了一个长期的探索和不断修正的过程。其晚年亚量子全息场论，不管称为 Ψ 场还是 A（Akasha）场，尽管具有一定的科学基础和较为严谨的科学推论逻辑，对人们思考宇宙有机统一性和深生态机理，对解决当代生态危机具有重要的理论意义，但相对于其早期的一般系统论哲学研究，在复杂性科学研究范式中，属于非主流的地位。

1. 宇宙亚量子全息场论的假设和科学依据

拉兹洛认为，为了弥补宇宙学、物理学、生命科学和心灵学关于物质世界、生命世界和心灵意识世界的"概念黑洞"，解决随机性解释不了物质世界、生命世界和精神世界和谐自组织进化之谜，并系统化说明物质世界、生命世界和精神世界普遍存在的非定域关联现象，超越神学目的论和随机演化论，形成非定域整体论科学假说，把自然界看成是一个自创生目标，以及自我进化的系统，建立一个宇宙整体非定域关联、全息记忆自组织的准总体图景（quasi-total vision），以"在我们对其具备了不同类型的科学知识的所有事物中创立一致性。"① 也是用"从上而下"（from the up to ground）的准形而上学，弥补传统科学缺少的从混沌到有序的"成序原则"（ordering principle）的理论空缺，以统一解释从物质到生命进化到精神意识的自组织演化的奥秘。

　　拉兹洛认为宇宙间奇妙的非定域关联机制，可以有助于处理进化中令人烦恼的偶然性如何形成复杂秩序的问题。天文物理学家 F. 霍伊尔（Fred Hoyle）举了一个瞎子玩魔方游戏的例子: 假如让瞎子摸索把魔方六个面都转到各自一色的机会是 1—5×10^{18} 次转动之间，"如果他按照每秒转一次速度操作，需要 5×10^{18}S 才能通过所有可能性，这一时间长度不仅大于他的寿命，也比任何宇宙年龄估计值还要长。而如果瞎子在操作中每一次转动接受'对'与'不对'的指示，他平均只要 120 次就能整理好魔方，若仍是每秒转一次，他达到目标平均只需 2 分钟，而不是 1260 亿年。"② 这个例子说明"以不断信息反馈的形式相互关联，以搜索目标的结果，与随机盲目搜索相比，是多么得不同。"③ 自然界的进化也是如此，假如非定域的"相互关联把过去的信息反馈到现在的过程中，该反馈就限制了向复杂性进化过程随机性作用的可能性，从而加速了进化过程和给予它们自我一致。普利高津所提出的'发散特性'变成了'收敛特性'的补充: 自然界所有的一切都成了目标创生和自我进化的系统。"④ 如果"自然界借助于某一过程把反馈信息加于存在于自然界的事物进化上，揭示这一过程的理论能够解释从大爆炸（或之前）直到今天复杂性所展开的方式。最终这种理论可以解释几乎任何事——只要宇宙中的任何事是自我创生的相互作用的结果。它将是一种关于事物进化的统一理论，为我们提供了科学上可知的宇宙的一种'准总体图

---

① ［美］E. 拉兹洛:《全息隐能量场与新宇宙观》，闵家胤译，陕西科学技术出版社 1998 年版，第 144 页。

② ［美］E. 拉兹洛:《全息隐能量场与新宇宙观》，闵家胤译，陕西科学技术出版社 1998 年版，第 149 页。

③ ［美］E. 拉兹洛:《全息隐能量场与新宇宙观》，闵家胤译，陕西科学技术出版社 1998 年版，第 151 页。

④ ［美］E. 拉兹洛:《全息隐能量场与新宇宙观》，闵家胤译，陕西科学技术出版社 1998 年版，第 149 页。

景'。"① 这个自我创生自我组织的准世界图景，暗示"有一个存储全息信息的宇宙场存在"②，这个宇宙全息场（Holofield）正是我们寻找的"有序化原则"（ordering principle）。霍伊尔认为自然界进化的过程不是随机摸索的过程，而是"以某种方式得到'指令'"。③ "如果我们必须停留在科学的范围内，那就必须假定，自然界不是接受第三方的指令，而是接受自己的命令。宇宙必须把信息储存在它已经完成的'运动'中，必须以某种方式反馈这种信息来引导即将来临的运动，这就需要记忆。"④ 来自宇宙全息场的反馈向有序方向摸索前进，增加随后运动和先前运动的一致性。"'内在指令'会解决进化理论中的一个老问题，即目的论问题。"⑤ 自然界如果没有蓝图，怎么产生秩序呢？亚里士多德使用终极原因来解决这个问题。19 世纪目的论被引入生物学又被抛弃。过程必须产生秩序，秩序来自于过程，如何做到这一点是个谜。"如果容许这种过程存在记忆，那么这个谜就迎刃而解。"⑥ 宇宙学的和谐常数之谜等现代科学概念黑洞问题也会证明这一点。自然界进化连续储存过程和结果的信息，既保持了前后一致，还有利于在多层次上获得结果，使得"自然界各种事件作为整体必须符合部分，作为部分必须符合整体。这种趋向多层次自我参照倾向把过程引向一个相互适应的结果，而无需终极原因和预先确定的目标——结果产生于达到结果的过程之中。"⑦ "假定有足够的时间，一个记忆传递的、自相一致的和没有尽头的过程会在现实的时间框

---

① [美] E. 拉兹洛：《全息隐能量场与新宇宙观》，闵家胤编译，陕西科学技术出版社 1998 年版，第 151 页。

② [美] E. 拉兹洛：《全息隐能量场与新宇宙观》，闵家胤编译，陕西科学技术出版社 1998 年版，第 156 页。

③ [美] E. 拉兹洛：《全息隐能量场与新宇宙观》，闵家胤编译，陕西科学技术出版社 1998 年版，第 157 页。

④ [美] E. 拉兹洛：《全息隐能量场与新宇宙观》，闵家胤编译，陕西科学技术出版社 1998 年版，第 157 页。

⑤ [美] E. 拉兹洛：《全息隐能量场与新宇宙观》，闵家胤编译，陕西科学技术出版社 1998 年版，第 157—158 页。

⑥ [美] E. 拉兹洛：《全息隐能量场与新宇宙观》，闵家胤编译，陕西科学技术出版社 1998 年版，第 158 页。

⑦ [美] E. 拉兹洛：《全息隐能量场与新宇宙观》，闵家胤编译，陕西科学技术出版社 1998 年版，第 159 页。

架内充分展开，它会使整体符合部分，部分符合整体，并且使后继者符合原有者。从原则上讲，一个全息模式运转的宇宙场可以完成以上职能。"① 问题是这种场是否存在于宇宙中。20 世纪结束之际，一系列科学实验证据为确认存在一个"亚量子场"（sub–quantum field），具有全息记忆机制，或可以提出以充分科学证据为基础的"亚量子全息场"（sub–quantum Holofield）科学假设。亚量子场、量子和宏观物质存在现象，是自深而浅的三个内在统一有机关联的层次。

首先，宇宙全息场存在的可能性或假说。

寻找宇宙自我进化统一的"秩序原则"，就是假设把所有现象在时空中联结起来的统一的全息记忆的全息场，一是非定域远距离作用，二是时间上相关联。"如果一个事件与另一事件在时间上相连接，那么我们就是和记忆打交道：以前的事件下某种意义上被后来的事件所'记忆'。"② 记忆不仅采取心灵的形式，自然界物质之中也有非心灵形式的记忆。有一种与全息照相有关的记忆：全息照片机理是"用两束交叉光线所产生并储存于照相底片上的波干涉图像形成，一束直接到胶卷，一束光在要复制的物体上散开，两束光线相互作用，而干涉图像把物体表面编码，一束光线从物体表面反射出来，由于干涉图样分布在整个底片上，所以底片所有部分都接受了物体光反射表面的信息，这表明全息照相以分布的方式储存信息。"③ 宇宙的全息场保留和传递信息也有类似的机理，可以用海洋航船为例说明。亚量子场犹如大海，有形之物犹如大海的孤岛。当航船在海中航行造成的波的形状可以在大海中保留好久。与宇宙相互关联的全息场，"就是超弱的第五种场"，④ 与其他四种场相互作用。亚量子全息场"与物质能量相互作用，表现为双向传输的过程：从量子轨迹和组态到场中的波形；又从波变形场到量子的轨迹和

---

① ［美］E. 拉兹洛：《全息隐能量场与新宇宙观》，闵家胤编译，陕西科学技术出版社 1998 年版，第 1 页。

② ［美］E. 拉兹洛：《全息隐能量场与新宇宙观》，闵家胤编译，陕西科学技术出版社 1998 年版，第 169—170 页。

③ ［美］E. 拉兹洛：《全息隐能量场与新宇宙观》，闵家胤编译，陕西科学技术出版社 1998 年版，第 170 页。

④ ［美］E. 拉兹洛：《微漪之塘：宇宙中的第五种场》，钱兆华译，社会科学文献出版社 2004 年版，第 174 页。

组态。”①"船只和海洋之间的相互作用可以作为亚量子场和宇宙的现实的物质—能量之间的相互作用模式。在这两种情况中，有一个在空间和时空中转化为波形的过程，以及反过来影响这个空间和时空中的过程的波形。"② 与大海有限的储存波形图像能力相比，亚量子场储存波形图的能力是无限的，而且是永久的。"亚量子场动力学假说断言物质—能量的时空组态保存了波形痕迹，这种波形记录是完全的和永久的，它在空间和时间中对物质—能量反馈使'过去'与'现在'之间保持一致。然而，'未来'不是这种记录的组成部分，它是开放的。"③"来自亚量子场的信息反馈，这是一真正严格意义上的信息反馈，这里信息（infomation）顾名思义地'内构成'（in—forms）信息接受者……在宇宙基础层次上，量子与亚量子场是一个东西。"④ 在亚原子层次上，场和量子的作用具有波粒二象性，但在一般的微观层次，场产生的内构成不明显，微观物体比较自主，其状态受各种动态力决定。在分子、细胞和器官层次，与场的相互作用不规定系统基本状态，只规定状态参量。但在分叉点，蝴蝶效应可以放大微小的变化，来自场细微的反馈能有效地改变各系统状态概率的分布，这样的"刺激"足以使进化有效并前后一致。"内构成"究竟如何通过来自场的反馈而实际发生的呢？"这种效应是由某种形式的能量完成的。信号毕竟是由能量携带的，而信息本身最好被定义为加载通讯信道上的能量构型。"⑤ 来自亚原子场的反馈会传递三种可能形式的能量：通常形式的能量、未知形式的能量、根本没有任何能量。

　　其次，宇宙全息场的量子真空科学依据。

　　拉兹洛认为，相互关联的全息场具有科学依据，它是宇宙量子真空的

① ［美］E.拉兹洛：《微漪之塘：宇宙中的第五种场》，钱兆华译，社会科学文献出版社2004年版，第170页。
② ［美］E.拉兹洛：《全息隐能量场与新宇宙观》，闵家胤编译，陕西科学技术出版社1998年版，第171页。
③ ［美］E.拉兹洛：《全息隐能量场与新宇宙观》，闵家胤编译，陕西科学技术出版社1998年版，第173页。
④ ［美］E.拉兹洛：《全息隐能量场与新宇宙观》，闵家胤编译，陕西科学技术出版社1998年版，第174页。
⑤ ［美］E.拉兹洛：《全息隐能量场与新宇宙观》，闵家胤编译，陕西科学技术出版社1998年版，第176页。

特殊表现形式。在当代量子力学中量子真空被定义为一个系统最低能量状态，其方程式遵循波动方程和狭义量子力学，"它也是神秘的'零点能场'（zero-point energy field）显示自己的地方。这种场的能量在所有其他场处在零点能的时候就会出现。零点能是虚拟的能，与经典的电磁力、核力和引力不一样，然而它是宇宙中电磁力、引力和核力的真正源泉。零点能也是束缚于质量中的能量的起源。"[1] 量子真空零点能组成"狄拉克海"。量子场包含着密度大得惊人的能量，据惠勒估计它的物质等于 10^{94} 克。如果真空零点能是正能量，宇宙就会立即坍塌为比针尖还小的物体。"以真空为基础的零点全息场"，既是形态发生的也是形态携带的，"它是宇宙最基本因素的相互作用的亚结构"。在量子真空中，这种量子是真实的，而且它是遍于时空中的。"它的全息亚结构'内构成'物理宇宙，同时它也'内构成'生命世界以及人类心理和意识领域。"[2]

爱因斯坦相对论假设一种场，即时空连续统一场。意大利的 I. 利卡塔（Ignazio Licata）和 M. 雷夸特（Manfred Requardt）提出相对论宇宙论，宇宙是根植于量子真空的在物理学上说是一种网状场。亚量子网状空间起超参照结构的作用，洛伦兹变换是网状时空中物质运动所产生的物理效应。真空被认为是一种虚等离子区（virtual plasma），由围绕它们的零基值（zero baseline value）涨落的能量场构成。由于这些能量场即使在温度为绝对零度时仍能起作用，因而它们被称作零点能（zero-point energy）。零点能是 1912 年普朗克从其黑体辐射理论推导出来的概念。爱因斯坦和斯特恩发现，普朗克的辐射公式确实需要这种能量存在。匈牙利 L. 雅诺希把相对论效应归结为真实世界的物体与量子真空的相互作用。在整合狭义相对论、量子力学和场论的相对论的量子场中，电磁零点能演化为狄拉克海的费米子真空，而在"超大统一理论"中，费米子真空又过渡到"统一真空"，是超对称、超引力这样多维概念的基础。"迪拉克证明，费米子场中的涨落会导致真空极化，真空由此又影响粒子的质量、电荷、自旋或角动量。最近普索夫（Puthoff）

---

[1]　［美］E. 拉兹洛：《微漪之塘：宇宙中的第五种场》，钱兆华译，社会科学文献出版社 2004 年版，第 181 页。

[2]　［美］E. 拉兹洛：《微漪之塘：宇宙中的第五种场》，钱兆华译，社会科学文献出版社 2004 年版，第 221 页。

证明，原子结构的实际稳定性是电子和真空之间相互作用的结果。如果不是它们从真空吸收能量与轨道运动所失去的能量相抵消，那么绕原子核旋转的电子由于恒定地辐射能量，因而就会逐渐与原子核靠近。"[1]1948年卡西米尔（Casimir）发现以他的名字命名的效应，并且发现导致这种效应的力，在靠得很近的两块金属板之间，真空能量的某些波长被排斥在外，就导致两块金属板间的能量密度小于板外，这种不平衡产生把板向内推的压力，1997年S.K.拉莫罗（Lamoreaux）高精度测量了这种卡西米尔力，这引发了从真空获取能量的"真空工程"（vacuum engineering）。"兰姆位移"（Lamb-shift）是一个经典真空效应，它由光子显示的频移构成，更基本的效应归结为与真空的相互作用。

俄罗斯物理学家和生物学家工作小组1996年提出一种"物理真空扭力场理论"，"真空是延伸在整个宇宙中的一种真实的物理性质：它记录和传输粒子和其他物体的踪迹。"[2]从粒子到物体都在真实的真空造成涡旋，"涡旋是信息携带者，几乎瞬时地把物理事件联结起来。这些'扭力波'（tension-fwave）的群速度属于10^9C级，——是光速的10亿倍。因此不仅物理物体，而且我们大脑的神经元，都产生和接受扭力波，所以不仅只是粒子'知道'彼此的存在（像在著名的EPR实验中），而且人类也知道彼此的存在。我们的大脑也是'扭力场传输—接受者'。"[3]

量子产生于时空中，保持量子的也是时空。这种波是亚量子场的可塑变形，它们相互作用并形成叠加的多维变形。"前面讨论的宇宙全息场与这里假设的亚量子场的功能之间有着重要的同构现象：它们都有类似的双向传播过程，发生在时空中的事件和波形之间。全息场是一个具有启发性的概念，它可以被用来阐明宇宙（非定域）时空联结这种奇异现象。因此可以说，亚量子潜在能量场的物理实在性是无可争议的。不管宇宙的始基态的能

① ［美］E.拉兹洛：《微漪之塘：宇宙中的第五种场》，钱兆华译，社会科学文献出版社2004年版，第364—363页。

② ［美］E.拉兹洛：《微漪之塘：宇宙中的第五种场》，钱兆华译，社会科学文献出版社2004年版，第189页。

③ ［美］E.拉兹洛：《微漪之塘：宇宙中的第五种场》，钱兆华译，社会科学文献出版社2004年版，第189页。

量是不是相互作用的媒介，这些能量的确存在的。如果它们确实是这样一些媒介，那么亚量子场显然就起与我们要求的宇宙全息场所起的相同的作用，这就可以使我们可以合乎逻辑地假定，亚量子场就是宇宙全息场。这种假说提出了可以起自然界有序化作用的物理场。如果接受这种假说，我们就会发现，全息地储存和传递物质—能量的波形图像的宇宙，可以在空间和时间中自相一致地探索有序和组织的潜在域。"①

　　第三，拉兹洛早期把宇宙全息场命名为 Ψ 场。

　　拉兹洛认为可以把全息场命名为 Ψ 场，原因在于"它所指的是 Ψ 现象"，有三个理由："其一，就物理世界而言，Ψ 场完善了关于量子态的描述，它进一步指明了粒子的波函数，由 Ψ 场完善的物理宇宙满足薛定谔量子态 Ψ 态 $(x.t)$ 方程。与时空几何结构满足爱因斯坦的引力常数，以及电磁场满足麦克斯韦方程非常类似。其二，就生命世界而言，Ψ 场是一个自我参考性因素，它一直利用有机体自身及其环境形态使有机体具有特性，可以被看做一种智力，一种在自然界子宫内起作用的广义灵魂。其三，在心灵和意识领域，Ψ 场产生人类大脑之间，大脑与大脑拥有的有机体环境之间的自发交流。尽管场效应不限于超感觉的感知和其他神秘现象，但是它们传递某种传统列在 Ψ 现象标题下的信息。"② Ψ 场理论阐释三个基本命题：

　　（1）真空层次的量子场是时空中物理相互作用的媒介。时空是充满能量的空间。充满能量的空间是量子真空零点场的实际能量。零点场的虚能量与时空中带电粒子和粒子系统相互作用。次级场是时空中零点场和带电粒子之间相互作用的媒介。"Ψ 场理论的基本前提可以作为对自然界中的非局域（定域）关联和相干性实际解释提供一个坚实的基础。"③ 可以假设称之为 Ψ 场的亚量子真空场是自然界非定域性关联和相干性现象的媒介。

　　（2）"作为非局域关联和弦干性媒介的 Ψ 场是零点场标势的一种表

①　[美] E.拉兹洛：《微漪之塘：宇宙中的第五种场》，钱兆华译，社会科学文献出版社 2004 年版，第 169 页。

②　[美] E.拉兹洛：《微漪之塘：宇宙中的第五种场》，钱兆华译，社会科学文献出版社 2004 年版，第 222 页。

③　[美] E.拉兹洛：《微漪之塘：宇宙中的第五种场》，钱兆华译，社会科学文献出版社 2004 年版，第 371 页。

现。"① 标量场是非定域相互作用的媒介的证据，在于标量波物理学。1903年
E.T. 惠特克（Whittaker）证明，标量这样的纵波传播速度与它们在其中传播
的媒介质量密度成反比。标量具有非定域效应媒介所需的特性，有大小但不
传播能量，它们作为媒介所传递现象并不消耗自由能，它们纵向传播，允许
线性波阵面相互叠加而不相互贯穿，同时产生干涉图式以一种分布的形式保
持相信息（phase-information），并出现在相干波阵面区域内所有点上，如此
标量场就能将信息分散于干涉波阵面的所有区域内，"标量场应当与零点能
紧密相关这一点似乎是完全合理的。"② 拉兹洛认为，Ψ 场信息是以整合的多
维波函数形式存在的，这些波函数把带电粒子和粒子系统的状态作为编码。
Ψ 场波函数整合不受物理极限限制，在传播的标量波阵面范围内的所有波
函数能够整合为一集体波函数。单个粒子和粒子系统不受整体最高维波函数
的影响，而受总函数的分量影响，这些分量与其各自状态对应。"粒子时空
领域和真空的光谱领域之间的相互作用构成了双向因果过程。从部分到整体
（通过它们参与其中的粒子系统的高层次波函数中的单个粒子的波函数的整
合），存在'上向'（upward）因果关系，而从整体到部分（通过多维函数向
粒子系统的粒子反馈）则存在'下向'（downward）因果关系。双向因果过
程有助于通过部分创生整体，也有助于通过整体'内构成'部分。"③ 拉兹洛
认为，把带电粒子和粒子系统进行编码的多维整合波在 Ψ 场中标量波传播
的整个范围内延伸，并永久持续。

（3）通过多维波函数通告给实体，场可以在所有尺度层次上和复杂性
水平上，成为非定域相互作用的媒介，而"这种多维波函数能够把实体自
身的现在过去的新状态同它们参与其中的系统的现在和过去的状态整合起
来"。④ "首先是量子尺度和层次上真空传输的多维波函数，将其整合的状态

---

① ［美］E. 拉兹洛：《微漪之塘：宇宙中的第五种场》，钱兆华译，社会科学文献出版社 2004
年版，第 372 页。
② ［美］E. 拉兹洛：《微漪之塘：宇宙中的第五种场》，钱兆华，社会科学文献出版社 2004
年版，第 373 页。
③ ［美］E. 拉兹洛：《微漪之塘：宇宙中的第五种场》，钱兆华译，社会科学文献出版社 2004
年版，第 375 页。
④ ［美］E. 拉兹洛：《微漪之塘：宇宙中的第五种场》，钱兆华译，社会科学文献出版社 2004
年版，第 376 页。

告知粒子。其次，生物学领域非定域相干性来源于通过场传播的多维波函数，场把有机体自身的和它们的生态—社会系统的经时间整合的状态告知所有有机体。生物光子（biophoton）研究者 F. 波普（Fritz Popp）认为生命组织（据说是观察到的生物光子的源泉）内虚的、非可测的和去局域的（delocalized）相干场可能是一种真空态。构成有机体中'潜在信息'的领域是携带波的场。再次，宇宙中的非定域相关性来源于通过场传播的多维波函数，场把其自身和大宇宙经过时间整合的状态通告给我们的宇宙。"①

（三）走向霍逻斯文明的关键：宏观非定域性整体论的全息 A 场科学范式

拉兹洛在 2008 年出版《全球脑的量子跃迁：科学如何能够改变我们及我们的世界》，有关人类现代性逻格斯文明不可持续的问题，与 1988 年出版《世界系统面临的分叉和对策》和 1989 年出版《人类的内在限度》两部著作关于人类文明处于分叉点或临界点的边缘的观点差不多，只是引用一些新材料指出了当前人类社会面临的不可持续性更加变得严峻的现实。他特别引用了提出盖娅假说的拉夫洛克 2006 年秋天宣布地球自组织系统已经遭到破坏的观点：拉夫洛克在《盖娅的复仇》一书中，人类现在处于"气候的地狱"，气候温和的地区气温将升高华氏 14.4 度，热带地区则升高 9 度，"地球的物理条件已经是极度病态的，而且将进入一种不健康的热度，有可能持续 10 万年"，"所以做好最坏准备，并假定我们已经跨过了这道门槛。"拉兹洛说，跨过门槛就是意味着地球自维持系统动力学遭到破坏并导致不可逆的灾难。② 他认为"灭绝的威胁是真实的，但也是可以避免的。在巨变这一临界期，新的机会是开放的，包括进化的机会……进化到一种崭新的文明。"③人类文明要么大瓦解，要么进入新的稳定的"倾翻点"（tipping points）的边缘。"起决定作用的是人民大众的各种价值、世界观和伦理学"。④ 社会的轨迹是由能量—物质转换的"硬"技术引起的，但起决定作用的"关键因素是

① [美] E. 拉兹洛：《微漪之塘：宇宙中的第五种场》，钱兆华译，社会科学文献出版社 2004 年版，第 379—380 页。
② [美] 欧文·拉兹洛：《全球脑的量子跃迁》，刘刚等译，金城出版社 2010 年版，第 12 页。
③ [美] 欧文·拉兹洛：《全球脑的量子跃迁》，刘刚等译，金城出版社 2010 年版，第 17 页。
④ [美] 欧文·拉兹洛：《全球脑的量子跃迁》，刘刚等译，金城出版社 2010 年版，第 29 页。

信息处理的'软'（soft）技术，这些技术都是知识密集型和价值敏感型的。它们是社会、经济以及政治组织的技术，它们表达和主导社会文明。"① 或者瓦解到暴力和混沌，或者大跃迁到更加适应的可持续文明。他认为 21 世纪初开始的 10 年，人类依靠的价值观和信仰，变得悲哀起来，有些是危险的，存在如下九种过时的信念：每个人都是唯一不同的；每样事物都是可逆的；秩序需要等级制度；效率是关键；技术是答案；新的总是好的；我的国家，无论对错；我的钱越多，我就越幸福；未来与我无关。② 有六种特别危险的神话：自然界是取之不尽、用之不竭的；自然像一部大机器；生命就是只有适者生存；市场分配利益；你消费越多你就越优秀；经济的终结为动武辩护。当代人类已经到了一个分叉点，社会、政治和环境危机是一条下降通道，也有可能进入上升通道。选择是开放的，取决于我们的价值观、信念和愿景。

　　拉兹洛认为生态伦理学是通往地球伦理学的第一步："在伦理学理论中，与地球伦理学最为接近的就是被称为生态伦理学的环境伦理学。"③ 生态伦理是一种生物圈中减轻人类影响的可持续的理论，强调其他生命也有内在价值。在地球伦理学中，史怀哲"敬畏生命"的名言，对所有事物都赋予价值。而生命不是孤立隔绝的一个点，而是与自然系统不可分割的过程，因此地球伦理学赋予自然系统以内在价值。人类也是自然价值的一部分，地球道德规范将内在价值赋予生命之网，生命之网已经在这一星球演化，是从藻类到生态到人类社会。它也将工具价值赋予生命之网的物理环境，包括大气层、水圈和地圈。尽管上述概念既抽象又理论化，但它们在实践中却有用，有意义的道德规范的缘起，就来自于它们。拉兹洛认为需要区分两类规范：最大规范和最小规范。最大规范是个体采取有利于生物圈自然生态系统存在和进化的行为，最小规范是个体尽量要节制他们的行为以免对自然生态系统造成不好的影响。④

① ［美］欧文·拉兹洛：《全球脑的量子跃迁》，刘刚等译，金城出版社 2010 年版，第 31—32 页。
② ［美］欧文·拉兹洛：《全球脑的量子跃迁》，刘刚等译，金城出版社 2010 年版，第 59—60 页。
③ ［美］欧文·拉兹洛：《全球脑的量子跃迁》，刘刚等译，金城出版社 2010 年版，第 75 页。
④ ［美］欧文·拉兹洛：《全球脑的量子跃迁》，刘刚等译，金城出版社 2010 年版，第 81 页。

　　拉兹洛认为，人类有可能从目前的理性的逻格斯文明跃迁到整体性的
"霍逻斯（Holos）文明"。文明遵循生存律令。人类从石器时代的神话文明，
进化到神权文明，一直到复兴古希腊理性为基础的逻格斯文明。现在逻格
斯文明的统治，正走向终结，"现在该是进一步跃迁的时候了，从逻格斯文
明跃迁到霍逻斯文明。"① 霍逻斯文明是"整体性的文明"。② 现在人类正出现
一种"朝着自觉素朴、探索以及对新道德和与自然和谐共处的生活方式转
变。"③ 加州思维科学研究所发现，美国大有希望的亚文化特点是：从竞争向
伙伴转变；从贪婪和缺乏向富足和关心转换；从外在到内在权威的转换；从
机械世界观走向有机体的世界观的转换；"最为重要的也许是，从相互分离
走向整体"。④ 奥伯汀和奈斯比合写的畅销书《大趋势2010》锁定"觉醒的
资本主义"的消费理念：觉醒的消费者常常采用"健康与可持续的生活方
式"（LOHAS，lifestyles of Health and Sustainability），分五部分：其一，可
持续部分：生态学完整结构，可再生资源技术，以及有责任的投资；其二，
健康生活部分：对自然和有机食品的需求，营养补给上个人爱好的市场；其
三，卫生保健部分：由健康中心为主，补充可选择的医疗服务和卫生保健组
成；其四，个人发展部分：由研讨会、课程构成，在精神领域共享经验；其
五，生态生活部分：出现对生态产出的、循环的和可再循环的及生态旅游的
需求。⑤ "全球觉醒基金会"（The Fund for Global Awakening）做过一次普查，
2000研究项目，将美国人分为八个类型（American type）：14.4%的人属于
美国跨部门的类型，处于物质世界中心，14.2%的人脱离社会中心，12.1%
的人接受传统价值观，10%的人谨慎保守。保守传统的人占美国的人口一
半。另外11.9%通过自我探索的方式与人沟通，9.4%的人处于困境，11.6%
的人寻求社区变革，16.4%的人为普查定义所谓的"整体性的新生活"而工

① ［美］欧文·拉兹洛：《全球脑的量子跃迁》，刘刚等译，金城出版社2010年版，第87页。
② ［美］欧文·拉兹洛：《全球脑的量子跃迁》，刘刚等译，金城出版社2010年版，第91页。
③ ［美］欧文·拉兹洛：《全球脑的量子跃迁》，刘刚等译，金城出版社2010年版，第88页。
④ ［美］欧文·拉兹洛：《全球脑的量子跃迁》，刘刚等译，金城出版社2010年版，第89—90页。
⑤ ［美］欧文·拉兹洛：《全球脑的量子跃迁》，刘刚等译，金城出版社2010年版，第90—91页。

作。这部分构成了更为创造性、至少部分以变革为导向的一半人口。其中为寻求社区变革何为整体性工作的人占 28%。"这表明了价值观、愿景以及信念可使得美国社会向一种整体性的文明进行转换。"① 以上调查与 20 世纪 90 年代的瑞伊（Paul Ray）所做民意普查结果相符：传统美国人 1999 年占美国人口 48%，由美国最著名大学培养年收入 4—5 万美元，居于中上层生活，是消费社会的忠实支持者。"文化创新族"（culture creatives）是最有希望的人，由中产和富裕阶层组成，女性差不多为男性两倍，据瑞伊调查，21 世纪初这种亚文化在美国差不多占 23.4%，其共同特点是其整体论思想：整体性的食品、整体性内在感受、完全的系统信息及工作休闲、消费和内在成长的平衡的偏好，把自己看作综合体和治疗师，渴求改变机械论价值观。这部分人 20 年前还不到 3%，但 21 世纪初却超过 500 万人。② 拉兹洛认为，创新一族并非仅限美国，类似亚文化在世界各地兴起。2005 年布达佩斯俱乐部在意大利普查表明，35% 的意大利人也以文化创新一族的方式生活。普查也有来自日本、澳大利亚和巴西的数据。2005 年英国为基地的整体论网络（UK-based Holistic Network）总裁布鲁姆（William Bloom）撰文说：整体论进路已成为一种主导的文化力量。整体论正成为一种世界观被人接受。当整体论的人们觉醒起来，就会形成社会经济和政治力量，成为从逻格斯文明向霍逻斯文明转换的主要力量。③

拉兹洛深信人类将选择进化而不是毁灭。"人类转变的时刻已经开始了，一种新的流行趋势正在我们之中开始传播。"人类社区碎片化和人与自然分离，在人类历史上不过是一首间奏曲，这首间奏曲现在就要结束了，这并非是回到前文化意识，而是"超越碎片化的、以自我为中心的文化"，确立"向一种由自由人组成的合作的世界行进"的最终目标。④ 这个最终目标是人类物种根深蒂固的自我防卫和觉悟的驱动力，是转祸为福，造福人类和地球生物的责任。

---

① ［美］欧文·拉兹洛:《全球脑的量子跃迁》，刘刚等译，金城出版社 2010 年版，第 91 页。
② ［美］欧文·拉兹洛:《全球脑的量子跃迁》，刘刚等译，金城出版社 2010 年版，第 93 页。
③ ［美］欧文·拉兹洛:《全球脑的量子跃迁》，刘刚等译，金城出版社 2010 年版，第 93—94 页。
④ ［美］欧文·拉兹洛:《全球脑的量子跃迁》，刘刚等译，金城出版社 2010 年版，第 100 页。

　　拉兹洛认为，全球文明转型最重要的是科学范式的转换，科学对宇宙本质的理解转向非定域性的整体论。在《全球脑的量子跃迁》一书中，拉兹洛重点强调与现有宇宙统一理论和大统一理论有关量子真空、统一真空、物理时空和超空间概念的不同，强调宇宙亚量子的基本介质是能量物质信息聚集、孕育天地万物、发生时空一切事件的基本介质和本原场的真实性，强调"宇宙是一个逐渐演变、瞬时且永久关联的、根本上完整的实在"，"是一个嵌在动态的自然真实的介质中的宇宙，该介质与我们熟悉的由三维空间和相关联的时间所构成的世界是对向的。我们的'物质'是一种在介质中的波形能量模型。"[①] "物质的东西应该是在对向介质中的永恒的、传播的、相互影响的波。"[②] 20 世纪后半期发展起来的"大统一理论"（grand unifed theories，GUTs），真空空白的概念转换成了载有"零点场"（zero-point field，ZPF）的介质，之所以称作零点能，是当温度为绝对零度时，所有经典场消失而这种场存在。这种场与可视事件的相互作用呈现出来：狄拉克（Paul Dirac）向人们展示，费米子（fermion）场的波动使真空的 ZPF 产生偏振，因此真空影响了粒子的质量、电荷、旋转、动量。萨哈罗夫（Andrei Sakharor）提出钟慢尺缩的相对显现，是真空带电粒子受到零点能保护的结果。目前超统一理论（超 GUTs）认为"统一真空"是宇宙所有力和场的源头。但量子场理论的观点，认为真空不是实在的真正介质，而是场理论的数学要求所产生的人工制品。拉兹洛不赞同这种观点，认为"真正的基本介质"并非来自量子场论的数学，而是来自通过广泛观察积累的极其重要的间接证据：一方面来自新物理学和宇宙学，科学家们得出结论：量子和时空本身不是宇宙终极层面，量子和时空下还有一层，时空和量子是其组成部分，并来自于它；另一方面是证据与该观察相连："量子及其组成部分（包括有机体和思想）是有固有地、'非定域性地'相联系着。"[③] 这些证据证明，目前人类提到的"真空"并非是量子场理论的模型真空概念，而是"宇宙的基本介质"，可称之为"宇宙充实"（cosmic plenum）。前麻省理工学院物理学家沃尔夫（Milo

① ［美］欧文·拉兹洛：《全球脑的量子跃迁》，刘刚等译，金城出版社2010年版，第106页。

② ［美］欧文·拉兹洛：《全球脑的量子跃迁》，刘刚等译，金城出版社 2010 年版，第107—108 页。

③ ［美］欧文·拉兹洛：《全球脑的量子跃迁》，刘刚等译，金城出版社2010年版，第109页。

Wolf）认为基本介质的真空是宇宙空间，每个宇宙的波与其他物质的波混合决定"介质的密度"，每个带电粒子都是宇宙的一部分，宇宙也是每个带电粒子的一部分，完善、补充了爱因斯坦相对论把时空看成是相对动态的、物质能量相互影响的世间万物展开的"背景"的思想，但相对论未说明该"背景"的起源。目前的"万有理论"（theories of everything，TOEs），大部分以弦（string）理论或超弦（supersting）理论为基础，无法说明这个背景。超弦理论最高成就 M 膜（Brane）也未能给出答案，未能把暗物质（dark matter）存在考虑在内，并且宇宙需要十一维，而不是三维或四维。惠勒（John Wheeler）认为如果找到一种在自然界可以解释时空的东西，不得不找到比时空更深的东西。越来越多的理论把物理性质归结为空间。20 世纪 30 年代爱因斯坦和薛定谔把所观察的物质和力归结为空间结构的变化。1913 年萨格纳克（G.Sagnac）发现随光源顺时针逆时针转动而变化说明光速可变性。20 世纪中期很多研究者特别是伊维斯（Herbert Ives）和谢尔弗脱斯（Ernest Silvertooth）实验证明，光速在以前被误认为是空的空间中，是可变的，当温度接近绝对零度时，光先是减速，然后凝固不动。"越来越多的理论把物理性归因为空间——更确切地说，是归因为空间对向的场或介质。"①意大利物理学家费斯卡莱蒂（Davide Fiscletti）和索尔利（Amirit Sorli）认为，自然现象发生的地点是一个与时间无关的四维物理空间（atemporal four-dimensions physical space，简称 ATPS）。"空"的空间和组成可观察实在的明显量子，都是由 ATPS 内部"空间量子"（quanta of space，简称 QS）组成的，QS 是建造客观实在的基本材料，其长度是普朗克长度，以"基础频率"震动，而可观察世界量子以更低频率震动。每一个明显量子都是处于熵状态的能量与一个或多个非熵状态的 QS 之间相互作用的结果。夸克、轻子和中间玻色子内部结构量子的缺乏，是量子与一个 QS 相互作用的结果，而被赋予内部结构（三夸克构成重子和一个夸克和反夸克构成介子）的粒子则是粒子与数个 QS 相互作用的产物。场和量子都是非临时物理空间的特别状态，而场的存在是首要的。总之，宇宙是一个与时间无关的现象，其构成是其普朗克长度的空间量子。拉兹洛认为，空的空间的概念已成为过

---

① ［美］欧文·拉兹洛：《全球脑的量子跃迁》，刘刚等译，金城出版社 2010 年版，第 112 页。

去，物理学所认可的实在是一个充满宇宙作用力和实质粒子的宇宙空间，粒子和粒子间相互作用形成可观察和测量的世界，是宇宙空间的子集。宇宙诞生时，粒子和粒子相互作用的世界从宇宙空间诞生，银河系大小黑洞蒸发时，粒子死后进入这个宇宙空间。包含总星系的宇宙仅仅是我们的宇宙，总的宇宙或"元宇宙"（Metaverse）中，存在若不是数十亿至少也得数百万其他宇宙。"宇宙空间是宇宙最深的地下室，它传送光子和玻色子，并构成了不断聚变和裂变的宇宙的基础。"①

除了深层宇宙空间的发现，我们还发现宇宙事物超时空、非定域的一致性。宇宙的一致性是完全、持久的。在实验性科学发现的一致性更为复杂和重要，反映了组成事物各部分或元素间存在的类似瞬时关系，不论该事物是一个量子、原子、有机体或一个星系。这种一致性在量子物理学、生物学、宇宙学以及脑和意识研究中各个领域显现出来。拉兹洛认为，"合理的猜想是：联结穿越时空的事物和创造显现一致性的正是宇宙空间。"②拉兹洛根据最新的科学成果，论述了存在的四个一致性：

其一，量子领域的一致性。众所周知的是"路径探测器"实验，即能对光子进行单个标记以辨认它们所选路径及所通过的缝隙的探测仪器。当路径探测器启动时，量子表现得像经典物体，干涉作用消失。很可能"路劲探测器"破坏了干涉带。1998年努恩（Durr Nunn）和润普（Rempe）证实了上述发现：在其实验中，干涉带，由永久光波发出的一束冷原子所形成的衍射产生。当探测器未探测原子路径时，干涉仪显示强对比的干涉带，而当原子内部加入支配它们所选路径的信息时，干涉带就消失。说明探测器与其对应的粒子和原子流也是相伴随的，与探测对象的粒子发生纠缠。这些发现证实了1935年薛定谔提出的"纠缠"（entanglement）概念。一套系统所有量子状态是重叠的，运载的信息不是单个粒子的性质，而是系统中粒子间相互内在"纠缠"在一起，全套系统重叠波功能描述了每个粒子的状态。

其二，宇宙的一致性。首先，是宇宙比率的一致性。宇宙物理大量的决定性的因素存在大量的显著一致性的事例。19世纪30年代，艾丁

---

① ［美］欧文·拉兹洛：《全球脑的量子跃迁》，刘刚等译，金城出版社2010年版，第113页。
② ［美］欧文·拉兹洛：《全球脑的量子跃迁》，刘刚等译，金城出版社2010年版，第114页。

顿（Arthur Eddington）和狄拉克（Paul Dirac）指出电力和重力的比重大约 10^{40}，而宇宙可被观测尺度也是 10^{40} 左右，考虑前一个不变后一个可变（宇宙膨胀），这种比率一致性不是暂时的一致性，要么宇宙不膨胀，要么重力变化与宇宙膨胀协调一致。另外一致性例子是基本粒子与普朗克常数的比率（10^{20}）和宇宙的核子的数量即"爱丁顿数"约为 2×10^{79}，如此大的数却可以从中计算出调和数，如爱丁顿粗略估计约 10^{40}。最近斯莫林斯（Lee Smolins）发现另外数值的一致性：观测结果显示宇宙辐射背景是由一个大的波峰控制，其后跟随一些较小的和谐波峰，这列波在最长处终止，此处被其命名为 R。当 R 被光速分开时，我们可以得到一个对应于宇宙年龄一周期的频率。另外光速的平方除以 R（C^2/R）得到的值，对应预测的，可归因为黑色能量的宇宙加速度。卡法拖斯（Menas Kafatos）和纳多（Robert Nadeau）认为，许多一致性的例子，一方面可由基本粒子的质量和宇宙核子总数之间关系说明，另一方面可通过万有引力常数、电荷量、普朗克常数与光速间关系说明。表现的关系是恒定比例。宇宙的物理决定因素是大致成比例的。[1] 其次，是宇宙常量的一致性。拉兹洛认为："宇宙参数的一致性是由宇宙法则中的量值，即宇宙常数决定的，而宇宙法则主宰着时空中的相互作用。这些宇宙常数与 30 多个因素有关，具有相当高的准确性。如若宇宙中早期膨胀速率比正常小十亿分之一，则宇宙瞬间大瓦解；如速率快于十亿分之一，会因为太快而最后生成稀薄冰冷的气体。相类似，假如电磁场和重力场略有差别，会阻止热而稳定的恒星如太阳的存在，也因此阻止了可养育生命的地球上生物的进化过程。若中子和质子的质量差不多恰好是电子的 2 倍的话，则物理化学反应就不可能发生；若电子和质子的电荷量不是准确的平衡，则物质结构不稳定，宇宙将仅由放射线和混合气体混合物组成。若说宇宙广泛的一致性是一系列巧合，这是不可能的。似乎早在宇宙诞生之初，创造出粒子对和反粒子对的大爆炸为了产生常量已被精确调试了，而这些常量促成了后来的逐渐复杂的系统的演化。"[2]

---

① ［美］欧文·拉兹洛：《全球脑的量子跃迁》，刘刚等译，金城出版社 2010 年版，第 118—119 页。

② ［美］欧文·拉兹洛：《全球脑的量子跃迁》，刘刚等译，金城出版社 2010 年版，第 119—120 页。

其三，生物圈的一致性。首先是有机体内的量子型一致。量子本身是一致的，而高级系统过去被认为是存在于经典状态下，即"退相干"状态。然而1995年康奈尔（Eric A. Wieman）、卡特尔（Worlfgang Katterle）和魏曼（Carl E. Wieman）三人通过实验显示，复杂分子、细胞和生命有机体被证明宏观上展现了量子型进程。为此他们获得2001年的诺贝尔物理学奖。例如铷和钠原子表现得不像经典粒子，而像非定域的量子波，能在给出的系统充分渗透，并形成干涉条纹。1999年碳的同位素原子碳60，被证明具有纠缠能力，既有波的性质，又有粒子的性质。2005年，发现复杂的有机分子甚至也能被纠缠，有些还可以以亚原子粒子的方式通过很远的距离被"传送"。2007年生物学家恩格尔（Gregory Engel）及合作者的实验报告说，绿硫细菌体内存在量子型一致性：表现为一根能量"线"，连接采光染色体和细菌功能中心。"若没有通过量子一致性产生的波形能量转移，就不会有地球上高效的光合作用，地球上就不会有生命。如果没有非定域的一致性，复杂的有机体则无法进化，无法生存。"[①] 如人体由10^{14}个细胞组成，每个细胞每秒钟发生一万次生物电化反应，需要有可靠紧密的联系；每夜有10^{12}个细胞死亡，需要有大致相等的细胞来替换它们，有机体数目如此巨大细胞的完美协作，单靠生化反应作用机制是难以解释的。尽管有些信号由基因调控是非常有效的，但活动过程仅限于体内活动速度。这些活动的复杂性，难以用生物化学物理过程解释清楚。信号在神经系统内传导速度不超过每秒66英尺，也不能同时携带大量逆向信号。有机体内所有细胞都存在很多种类的瞬时、非线性联系，贯穿于每个器官系统。"这种一致性恰恰印证了量子领域存在的一致性。若遥远的细胞、分子和分子集合能以相同的或可兼容的频率产生共鸣：它们共用一个波函数。至于集合中的频率连接，这一点也非常适用：如果较快和较慢的反应，可以用一个一致的综合过程来协调进程的话，则各个波函数必须一致。"[②] 最新的发现表明，生物有机体是一个一致的系统，或确切地说，"是一个宏观的量子系统。用物理学的语言说，它由一个完整的'宏观波函数'所控制。"[③] 其次，是有机体的一致进化。生命体进化

---

① ［美］欧文·拉兹洛：《全球脑的量子跃迁》，刘刚等译，金城出版社2010年版，第121页。

② ［美］欧文·拉兹洛：《全球脑的量子跃迁》，刘刚等译，金城出版社2010年版，第122页。

③ ［美］欧文·拉兹洛：《全球脑的量子跃迁》，刘刚等译，金城出版社2010年版，第122页。

包含着一致性，这种一致性包括有机体内部的基因组（genome）和表型组（phenome）、有机体和生物圈中的环境。实验证据证明，机体内编码的基因信息与由此信息产生的表型组（有机体）之间相互关联。"与经典达尔文的学说相反，基因组不是单纯随机变异，也不受表型组状态变化影响。这一点很重要，若缺少这种关联，有机体进化极其不可能。基因组探索空间如此巨大，随机突变要花极长的时间去产生新的可存活的物种，长于地球已知进化时间。一个物种只产生一个或几个显性基因重组是不行的，还须全套基因重组才行。"① 如羽毛进化不会产生会飞的爬行动物，还须肌肉骨骼系统的关键性进化，还要有更快的新陈代谢为持续飞行提供能量。单基因突变产生显现结果不具可能性，每个基因突变很可能使表现型组变小而不是增多，如此会被自然选择淘汰。另外随机突变的可存活性还有一个因素，就是复杂有机体是无法简化地复杂。"要想使一个无法简化的复杂系统变为可存活系统，通过突变必须是各部分与其他部分保持功能协调过程，在复杂有机体基因库仅通过随机零碎调整，是不可能达到这种精确水平的。"②

其四，心脑领域一致性。人的个体系统存在超时空的一致性，脑和躯体也存在非定域性关联。比如"孪生疼痛"（twin pain）现象，双胞胎一个仅凭直觉就知道另一个不幸或痛苦的证据，已被详尽地调查，在完全相同的双胞胎之间发生的概率是75%。墨西哥国立大学金斯伯格－齐尔伯堡姆（Jacobo Grinberg-Zylberbaum）做50个可控刺激性感觉转移双盲实验，约25%实验例子出现转移电位。意大利脑医师和研究者蒙特库克（Nitarno Montecucco）做系列实验表明，人沉思状态的大脑两个左右大脑显示完全同步波形。"一次测试中在没有感官输入的情况下，12名测试者的11名脑电图波，达到98%的同步。"③ 精神病学家贝诺（Danniel Benor）实验发现，从治疗师到病人脑电图波转移现象。"英国电力工程机构凯德测出3000人脑电图，发现五种特别的波频集合：（1）γ波，38Hz以上为极度兴奋的脑波；（2）β波，13—30Hz，正常清醒时脑波；（3）α波，8—13Hz，沉思休息放松时脑波；（4）θ波，4—7Hz，半睡状态时脑波；（5）δ波，0.5—3.5Hz，深睡

① ［美］欧文·拉兹洛：《全球脑的量子跃迁》，刘刚等译，金城出版社2010年版，第123页。
② ［美］欧文·拉兹洛：《全球脑的量子跃迁》，刘刚等译，金城出版社2010年版，第123页。
③ ［美］欧文·拉兹洛：《全球脑的量子跃迁》，刘刚等译，金城出版社2010年版，第125页。

状态时脑波。"①2001 年春在德国南部，拉兹洛在一次百人的研讨会上，见证了斯图加特交流与脑研究机构主任哈夫尔德（Gunter Haffelder）博士，测量萨奇（Maria Sagi）博士和与会者青年志愿者脑电图的非定域关联实验，发现当萨奇脑电图处于 θ 与 δ 波之间后，浅思考状态的志愿者脑电图 2 秒后显示相同图像。

拉兹洛认为，"非定域一致性的类宇宙现象提示，宇宙空间除了可容纳宇宙和量子场外，还作为一个宇宙联系的场。……一些物体能展示出某种形式的联系而且超出瞬时的物理偶然性，这些物体被认为与一个潜在的场相连的。"②拉兹洛称"非定域的场"为"阿卡莎场"（Akashic field）。阿卡莎是印度哲学中构成宇宙五种元素中最根本的一种元素，另外四种为空气、火、水和土。100 年前特斯拉（Nikola Tesla）提出一种充满空间的原始介质，将其比作阿卡莎。特斯拉在 1907 年未发表的论文《人类最伟大的成就》称这种原始介质是一种力场，当宇宙作用力作用于它，它就变为物质，当作用力撤掉，物质消失回到阿卡莎。20 世纪第一个 10 年末物理学家普遍接受爱因斯坦用数学表示的四维时空，拒绝介质、力场的概念。量子力学出现后，玻姆（David Bohm）和普特霍夫（Harold Puthoff）重新探索创造宇宙一致性的场的作用。"宇宙有一个更深的实在，此实在就是连接和创造一致性的阿克夏场（Akashic field）。该场作为已知宇宙的一个根本特征，理应加入 G 场（引力场）、EM 场（电磁场）希格斯场和核子场等一系列科学场的队伍。"③将其20 世纪 80 年代命名的 Ψ 场，又命名为阿卡莎场。

拉兹洛认为，更深刻的实在和可见事物的非定域一致性，可以改变我们对宇宙本质、生命和思维的认识，形成新形而上学和新伦理观。拉兹洛认为新形而上学的新模式大纲可用怀特海（Alfred North Whitehead）的过程形而上学（process metophysics）表达。"宇宙的基本实在是场域。在此产生两种波：一是组成时空领域的实际实有的、看似独立但相互关联、相互作用的波，一是载有信息但不载运能量的波（在物理学中已知的非矢量、即所谓标

① ［美］欧文·拉兹洛：《全球脑的量子跃迁》，刘刚等译，金城出版社 2010 年版，第 126 页。
② ［美］欧文·拉兹洛：《全球脑的量子跃迁》，刘刚等译，金城出版社 2010 年版，第 128 页。
③ ［美］欧文·拉兹洛：《全球脑的量子跃迁》，刘刚等译，金城出版社 2010 年版，第 132 页。

量的波）。后者记录并保存实际实体在场域中的轨迹。"① 创造实际实体的波
产生宇宙的"硬件"，显而易见的类物质结构。载有信息但不载有能量的波
是宇宙的"软件"，它们支配着可见宇宙的可见实体的行为与演化。我们这
个宇宙与元宇宙其他宇宙的不同，在于场域中非矢量波的性质不同。时空中
实体的因果关系由两部分组成："经典的因果关系是'向上的因果关系'，凭
此因果过程，一系列部分形成一个系统并共同决定其结构和功能。而这种因
果关系是实用的。还有'向下的因果关系'，是整个系统在其各部分产生因
果效应。粒子坐标系统内量子水平的向下因果创造'纠缠'。在生物体和生
态领域向下的因果性则产生一致性和相关性。在天文水平，这种形式的因
果性产生宇宙宏观结构的一致性演化。"② "宇宙通过能量信息演变：在时空领
域，能量可保存，但运转时被降级，自由能被消耗。在场域中，信息不仅被
保存，还可通过时空领域相互作用被生产出来，信息逐渐积累，并'内化'
（in-form）演变过程。由场域决定的时空结构领域的实体形成。实体在场域
出现，并通过场域相互联系，使时空领域变得有序、具有熵态特性。由场域
决定的时空领域的形成，就是从过去向现在注入的过程，过去不断积累影响
选择未来路径的背景。"③ 拉兹洛认为，道德的行为前提是选择的可能性。"宇
宙中的实际实体在时空领域相互作用，在场域中与它们的内化作用相互作
用，这两种相互作用是人类自由的起源。"④ 自我选择行为如果对周围世界有
利，则可被认为有道德。道德行为的标准，要区分内在的一致性和外在的一
致性。一个复杂的实体的内在一致性，是其总的结构内部复杂性整合的结
果。对一个有机体而言，内在一致性水平决定其健康水平。外在一致性涉及
与其自然和社会环境的关系方式。"内在与外在的一致性相互联系、相互增
强。……有证据表明，在心理上与他们的家庭、社区和自然环境相适应的人
患病的可能性小；而健康状况良好的人较少反社会、反生态行为。"创造或
增加内在和外在的一致性不是抽象的理想，而是有利于最佳功能发挥的正常

① ［美］欧文·拉兹洛：《全球脑的量子跃迁》，刘刚等译，金城出版社2010年版，第135页。
② ［美］欧文·拉兹洛：《全球脑的量子跃迁》，刘刚等译，金城出版社2010年版，第136页。
③ ［美］欧文·拉兹洛：《全球脑的量子跃迁》，刘刚等译，金城出版社2010年版，第136—137页。
④ ［美］欧文·拉兹洛：《全球脑的量子跃迁》，刘刚等译，金城出版社2010年版，第140页。

行为。以上的道德准则满足了前面提到的地球最高和最低道德标准。

拉兹洛认为，人类的身体没有发生显著变化，但人类的意识数千年来却逐渐演化，下一步人类意识将向超个体意识演变，而 A 场是超个体意识之根。印度哲人阿罗频多（Sri Aurobindo）认为下一步将在一些个体中出现超个人意识。瑞士哲学家戈伯斯瑟（Jean Gebser）与其观点类似，认为人类意识将从先前的古代、巫术、神话，演变为思维完整意识。美国巴克（Richard Bucke）把人类意识下一阶段描写成继动物简单意识和人类自我意识后的宇宙意识。威尔伯（Ken Wilber）将人类意识分成六层：第一层为无生物质的物理意识；第二层为生物物理意识；第三层为动物意识和人类精神意识；第四层是超个体意识，基于直觉的微妙意识；第五层是因果意识；第六层是真如意识。考万（Chris Cowan）和贝克（Don Beck）螺旋动力学五彩理论认为：当代意识属于"橙色"阶段，以物质主义和享乐主义为特点。重视成功、声誉、地位等；然后是一致赞成的"绿色"阶段，支持平等主义，倾向于情感、真实、分享、体贴和社区；接着是生态学的"黄色"阶段，侧重于自然系统自我组织、多元实在和知识；最后是"整体"的"青色"阶段，由集体的个人主义、宇宙精神和地球变化组成。英国工程师凯德分析了人的脑电图五种状态，认为最高级的意识状态是开悟、觉醒的状态。总之，上述思想者的最高意识状态都是超越个人阶段，这一阶段的物理过程可通过 A 场来理解。超越自我界限和感官限制的意识的超个人意识，是调节我们的大脑与其他事物和其他人的全息图"发生适应性共振"[1]，开始意识到人们彼此间、同生物圈、同宇宙的深厚联系。与不同的人和文化产生共鸣，对动植物和整个生物圈敏感性增加，一种新的文明将问世，即向霍逻斯文明的跃迁。拥有演变意识的少数关键的人，将改变世界。"在全球范围内的量子跃迁是人类最好的机会。"[2]

拉兹洛在 2014 年出版的英文版《自我实现的宇宙》（浙江人民出版社2015 年版），对《微漪之塘》等著作提出的全息隐能量场或 Ψ 场的主要特征，即宏观领域的整体非定域相关性，标量场非定域相互作用等特征，进

---

① ［美］欧文·拉兹洛：《全球脑的量子跃迁》，刘刚等译，金城出版社2010年版，第146页。
② ［美］欧文·拉兹洛：《全球脑的量子跃迁》，刘刚等译，金城出版社2010年版，第149页。

行了重点的强调和更为简洁的解读，命名为 A（Akasha）场，一方面，从 21 世纪科学革命世界观意义的新范式角度，利用演绎法科学假设，推论各种尺度包括宏观尺度的非定域相互作用的深层介质的标量场属性；另一方面，利用 21 世纪最新的科学实验成果做经验支撑。

首先，拉兹洛认同爱因斯坦对科学的定义和库恩范式革命的思想，认为"科学是将观测的事实联系在一起理解的最简洁的思想体系"，[①] 随着现有科学体系不能解释现有的观测事实，变得越来越复杂，就要发生科学革命，而目前科学体系解释不了非定域关联的反常科学事实说明，一场向可以解释宏观非定域相关性的全息 A 场的科学范式革命已经发生了。

爱因斯坦说过，"我们致力于寻求的是能把已观测到的事实联系在一起的、有可能最简单的思想体系。"[②] 据此拉兹洛指出："科学并非技术，它乃是理解。……真正的科学所寻求的是一种有关理解的体系，它能传递关于世界以及生活于其中的我们的综合性的、一致的和恰如其分的简洁理解。"[③] 随着观测事实的增多、变得越来越复杂，就需要修正乃至重构科学体系，这就形成了新的体系、更为恰当的范式。他采用库恩提出的科学范式和常规科学、科学革命的概念，认为"在自然科学中，这种动荡的革命时期已经开始。一些意料之外的，并且对占支配地位的范式来说极为反常的观察结果已初露端倪。它们需要一种根本的范式转换：一场根本性的革命，这场革命能重新解释科学关于宇宙、生命和意识的本质的最基本假定。"[④] 他认为，一系列极为反常的观察结果可以追溯到 1982 年法国物理学家阿兰·阿斯佩克特（Alain Aspect）与其合作者于 1982 年做的科学实验："这个实验验证了当两个粒子被分离且各自被投射到有限距离时，它们之间虽有分开的空间，却仍然保持着准瞬间的联系。这与相对论的基本原理相矛盾。人们重复做了阿斯

---

① ［美］欧文·拉兹罗：《自我实现的宇宙：科学与人类意识的阿卡莎革命》，杨富斌译，浙江人民出版社 2015 年版，第 5 页。
② ［美］欧文·拉兹罗：《自我实现的宇宙：科学与人类意识的阿卡莎革命》，杨富斌译，浙江人民出版社 2015 年版，第 5 页。
③ ［美］欧文·拉兹罗：《自我实现的宇宙：科学与人类意识的阿卡莎革命》，杨富斌译，浙江人民出版社 2015 年版，第 5 页。
④ ［美］欧文·拉兹罗：《自我实现的宇宙：科学与人类意识的阿卡莎革命》，杨富斌译，浙江人民出版社 2015 年版，第 5 页。

佩克特的实验，但实验总是导向同样的结果。"① 科学共同体对此感到困惑不解：根据爱因斯坦的理论，光速是任何事物或信号能在宇宙间传播的最高速度，这一现象违背相对论。"结果表明，粒子的量子态，甚至整个原子的量子态，都可以超越任何有限的距离而在瞬间投射。人们逐渐认识到这是一种'瞬间移动'。人们发现，瞬时的、量子共振机制的相互作用也存在于生命系统之中，甚至也存在于整个宇宙之中。一种相关的反常事实在复杂系统中存在的相干性层次和形式也逐渐显露出来。人们观察到的相干性表明，系统的各部分或各要素之间存在着瞬间相互作用，这种相互作用超越了人们已经认识到的时空界限。在量子领域，近来人们已经观察到，这种纠缠量子（可以确认的最小'物质'单位）之间在任何有限距离的瞬间联系，不仅是超空间的，而且是超时间的。"② 这种纠缠并不限于量子领域，它也会表现在宏观层次。例如，在人体中，亿万细胞需要充分精确地相互关联，以便使这个有机体保持生命的状态。"这便需要整个有机体具有准瞬间的多维联系。"另一种发现却是当前流行的范式所无法解释的："生命以之为基础的有机分子在恒星的物理化学演化中就已经产生了。"③20 世纪早期，科学中存在四大经典场：长距离引力场、电磁场、短距强核场与弱核场。"自 20 世纪中叶以来，这些'经典的'场被量子场论所预设的各种非经典的场连接起来了。然而，它们所预设的场对于在超小尺度的量子层级所能观察到的、如今在宏观尺度也能观察到的非定域性，并未提供恰当的说明。于是，科学所了解的场论中似乎便需要增加更深层次的东西。我们需要探究的正是这种'缺少的场'的性质。"④ 这种能恰当说明宏观尺度上的非定域性的"缺少的场"，正是拉兹洛在 20 世纪 80 年代反复论证过的亚量子全息场，因满足薛定谔方程，具有全息非定域关联性，被命名为 Ψ 场，在 2008 年《全球脑的量子跃迁》中命

① ［美］欧文·拉兹罗：《自我实现的宇宙：科学与人类意识的阿卡莎革命》，杨富斌译，浙江人民出版社 2015 年版，第 5—6 页。
② ［美］欧文·拉兹罗：《自我实现的宇宙：科学与人类意识的阿卡莎革命》，杨富斌译，浙江人民出版社 2015 年版，第 6 页。
③ ［美］欧文·拉兹罗：《自我实现的宇宙：科学与人类意识的阿卡莎革命》，杨富斌译，浙江人民出版社 2015 年版，第 7 页。
④ ［美］欧文·拉兹罗：《自我实现的宇宙：科学与人类意识的阿卡莎革命》，杨富斌译，浙江人民出版社 2015 年版，第 9 页。

名为"A（Akasha）场"，他认为这是"21世纪的科学范式"："在21世纪第二个10年里科学中即将突现的这种范式，标志着科学的世界观发生了重大转换。这个转换就是从20世纪占主流地位的范式，即事件和相互作用被认为发生在时空之中，并且是定域的和可分的，转变为21世纪的范式，即认为四维时空之外存在着额外维度。我们在简单世界中所观测到的联系性、相干性与共同演化，实际上可以在额外维度框架下的新理论中得以解释。"① 拉兹洛指出：这是"一个整体的世界"，"联系、相干性和共同进化是这个世界的基本特征"。这些可观察到的非定域性、相干性和演化，无法从20世纪的范式得到说明。"因此，我们迫切需要有一种新范式来说明这种非定域性乃是一种基本特征——世界的这种范式内在地是非定域性的。而这样一种新范式如今正在科学探究的前沿逐渐出现。它以对各部分在整体内如何相互作用的新理解为基础；最终以我们对作为量子的和作为量子的协同作用之结果的宏观实体这样一些组成部分，如何在我们称之为'宇宙'的这种最大整体中相互作用的理解为基础。能够传递这种理解的科学意义和合法性的基本概念就是场。"②

其二，量子场论只能解释超小尺度的非定域性，无法解释宏观尺度的非定域性，因此需要增加更深层次的作为宏观尺度"非定域性相互作用的媒介"的"普遍的场"。

跟《全球脑的量子变迁》的观点一致，拉兹洛就是强调亚量子场"是物理世界的真实要素"，是非定域普遍相互作用的媒介。他指出："场本身是不可见的，但是它们能产生可被观察的效果。场与现象相关联。定域场在一个特定的时空区域与事物相关联，而普遍的场则在整个时空中与事物相关联。量子和量子构成的事物通过场而相互作用，并且它们之间也有普遍的相互作用。普遍的场是整个宇宙中的相互作用的媒介，并且它们起着非定域性的媒介作用。"③ 他认为，"粒子和力是潜在的场的激发态。普适的力被描述为

---

①　[美] 欧文·拉兹罗：《自我实现的宇宙：科学与人类意识的阿卡莎革命》，杨富斌译，浙江人民出版社2015年版，第8页。

②　[美] 欧文·拉兹罗：《自我实现的宇宙：科学与人类意识的阿卡莎革命》，杨富斌译，浙江人民出版社2015年版，第10页。

③　[美] 欧文·拉兹罗：《自我实现的宇宙：科学与人类意识的阿卡莎革命》，杨富斌译，浙江人民出版社2015年版，第10页。

杨－米尔斯场，量子被描述为所谓的'费米场'（Fermionic fields），赋予量子以质量的那些难以捉摸的粒子则构成了希格斯场，是一种普遍存在于整个宇宙的不可见的能量场。归根结底，所有物理现象都是'场的激发态'，是其在时空中的振动模式。"①他认为"虽然对理解时间和空间中的现象而言，相对论以及量子场论是高度复杂的体系，然而，它们所预设的场对于在超小尺度的量子层级所能观察到的、如今在宏观尺度也能观察到的非定域性，并未提供恰当的说明。这样一来，科学所了解的场论中似乎便需要增加更深层次的东西。我们下一步需要探究的正是这种'缺少的场'的性质。"②

其三，自然界中这种非定域性相互起作用的场就是标量波场。拉兹洛指出："'非定域性的相互作用——生成'场的作用十分巨大，可信的是，对自然界中这种非定域性相互作用起作用的场就是标量波场。"③

拉兹洛认为，当观察到已知的存在现象的"相互作用传播的速度超越时空中已知的作用传播速度极限时，就可以说这种相互作用是非定域性的。""在不同研究领域出现的这种非定域性才要求承认场的作用，更具体地说，是要求承认'非定域性的相互作用—生成'场的作用。这个场概念不可能是一种特设，也不可能是一种超科学的假设，它一定植根于科学已经掌握的关于物理实在的本性的知识之中。……非定域性的相互作用可能会与量子和量子系统产生的各种波的共轭有关。（当波的振动在同一频率上同步发生时就被称为共轭。）信息出现在这些波发生共轭时所产生的干涉模式的节点上。因此，量子和量子系统投射出来的波相的同步性与它们的状态相互关联，这种洞见对理解自然中的相互作用是根本性的。"④大多数物理学家认为这些非定域相互作用的波是电磁波，但这种解释不能令人满意，因为在宏观层次和扩展的时间框架内，相互作用之中的非定域性要求有长程相位共

① ［美］欧文·拉兹罗：《自我实现的宇宙：科学与人类意识的阿卡莎革命》，杨富斌译，浙江人民出版社2015年版，第12—13页。
② ［美］欧文·拉兹罗：《自我实现的宇宙：科学与人类意识的阿卡莎革命》，杨富斌译，浙江人民出版社2015年版，第12—14页。
③ ［美］欧文·拉兹罗：《自我实现的宇宙：科学与人类意识的阿卡莎革命》，杨富斌译，浙江人民出版社2015年版，第15页。
④ ［美］欧文·拉兹罗：《自我实现的宇宙：科学与人类意识的阿卡莎革命》，杨富斌译，浙江人民出版社2015年版，第16页。

轭，而电磁波作用会随着距离和时间而衰减。"因此，如果我们要说明过度延伸的时间框架和距离内的非定域性，那么就必须要么重新定义电磁场的属性，要么承认存在着不同的场。"由于电磁论已经牢固地确立，所以探究后一种可能性更为合理。"有一种波场既能说明微观领域中也能说明宏观领域中超过任何有限距离的非定域性的相互作用：这是一种标量波场。标量是纵波，而不是诸如电磁波一样的横波，并且它们传播的速率同它们在其中传播的介质密度成正比。它们的作用与电磁波不同，不会随着距离和时间而衰减。假定这些属性存在，那么，可信的是，对自然界中这种非定域性相互作用起作用的场就是标量波场。由于这些波的传播速率与它们在其中传播的介质密度成正比，并且由于空间已知是超密的虚能量介质，我们可以期望这些标量以超光速的速率在空间中传播。因此，我们可以理解它们的相互作用的这种非定域性可延伸到很大的距离。"① 根据科学理论建构中的演绎法，这些属性是可以被假设的："其一，普适性（这种场在时空中所有点上都存在着并发挥着作用）；其二，非矢量效果（这种场通过非矢量信息可产生一定的结果）；其三，全息信息存储（该场中的信息以分散形式携带，具有存在于所有点上的信息总和）；其四，超光速的传播效应（这种场可以准瞬间地在所有的有限距离内产生结果）；其五，通过共轭相位共振产生效果（这种非定域性效果是由这种场的波与它们和其发生相互作用的系统的波共轭所造成的）。""这种场用来创造量子和以量子为基础的系统之间非定域性的相互作用的过程，可以描述如下：宇宙全息场的标量波与产生于量子和以量子为基础的系统的波会发生干涉，因而所产生的相位共轭干涉会把信息从这种场转移到这些系统之中。由于这种场是普遍的并且以分散的全息图传递信息，以及该场的波是标量，能在空间中准瞬间传播，因此，信息传递就导致了整个可观察的时空区域内的量子和以量子为基础的系统之内及其之间瞬间的或准瞬间的相互作用。"②

　　其四，以21世纪最新的科学观察经验证据为基础的全息 A 场科学假设。

① ［美］欧文·拉兹罗：《自我实现的宇宙：科学与人类意识的阿卡莎革命》，杨富斌译，浙江人民出版社 2015 年版，第 18 页。

② ［美］欧文·拉兹罗：《自我实现的宇宙：科学与人类意识的阿卡莎革命》，杨富斌译，浙江人民出版社 2015 年版，第 19—20 页。

上述这种演绎法假设的属性的标量波场，应该以现有科学观测为基础的理论为依据。在科学史上，曾提出过"以太"假说，后来被否定了。近几十年来又以不同形式的宇宙基本基质的形式，从后门溜进物理学。2012年秋天，科学家发现了一种新的物质状态，被称为FQH（量子霍尔效应）状态。这个概念认为，"我们经验中称为'物质'的所有事物都是某种潜在的宇宙基质的激发态。"根据麻省理工学院的冉英（Ying Ran）、迈克尔·赫米尔（Michael Hermele）、帕特里克·李（Patrick Lee）和文小刚（Xiao-Gang Wen）的理论，整个宇宙是由可满足麦克斯韦方程和狄拉克方程的激发态构成的。在液体中，电子的位置是随机的，而在固体中则有严格的结构。而在FQH状态中，电子的位置在任何给定时间内都是随机的，电子则以有组织的方式在"跳舞"。不同的"电子舞蹈"模式会产生不同的物质状态。[1] 按照文小刚的观点，量子真空是一种弦网的液体。粒子是充满空间的弦网的液体中所纠缠的激发态——"漩涡"。真空符合于液体的基态，而高于基态的激发态则构成了粒子。"宇宙是由这些表现为光子、电子和其他（被嵌入的基态因而不再是'基本'的）粒子激发态所构成的晶格自旋系统。物理学家们所描述的这个领域隐藏在宇宙的粒子、场和力之中，把它们化为各种各样的量子真空、物理时空、'新以太'（nuether）、零点场、大统一场、宇宙空间或纯粹的弦网。"[2] 然而，2013年9月发表的一项革命性的新发现，被称为"膨扩体"（Amplitubedron）的几何客体，对描述宇宙中的物理相互作用之类的概念提出了质疑。我们通常认为的时空领域并不是基本的实在。"膨扩体——一种对这些关系的数学表达式并不'在'时空中，然而它'支配'着时空——其意思就像计算机程序支配着该程序的存在和关系一样。时空现象似乎是物理实在更深维度中那些几何关系的（推论）结果。"膨扩体理论在量子场物理学中，大大简化了粒子相互作用中散射振幅的计算。以前表示两个或多个粒子碰撞的费曼图，数量巨大到连强大的计算机联网都不能充分计算其相互作用。在2005年左右，计算散射振幅的另一种方法，对这些相

———————

① ［美］欧文·拉兹罗：《自我实现的宇宙：科学与人类意识的阿卡莎革命》，杨富斌译，浙江人民出版社2015年版，第29页。

② ［美］欧文·拉兹罗：《自我实现的宇宙：科学与人类意识的阿卡莎革命》，杨富斌译，浙江人民出版社2015年版，第29页。

互作用的描述中的模式，表明存在着相互耦合在一起的几何结构。这种结构最初是由 BCFW（Ruth Britoo，Freddy Cachazo，Bo Feng and Edward Witten）加以描述的。BCFW 图表抛弃了位置和时间这样的变量，用超越时空的奇异变量来代替它们。"在这种非时空领域，量子场论的两个基本原理，总体上也是当代物理学的两个基本原理——定域性和幺正性，不再有效了。粒子的相互作用并不眼于时间和空间中的局部坐标。"① 对于膨扩体的几何对象的发现，就是要阐述 BCFW 扭子图表所暗示的几何学。尼玛·阿卡尼嘀哈米德（Nima Arkani-Hamed）与他的学生雅罗斯拉夫·特恩卡（Jaroslav Trnka）分别在 2012 年和 2013 年的研究工作表明："这一发现所包含的意义是时空即使不完全是虚幻的，也不是基本的了：它是深层次上几何关系的结果。"在原则上，多维的膨扩体能使时空中所有量子的相互作用的计算成为可能，量子与量子构成的整体集的所有复杂系统（生物有机体、生态系统、太阳系和银河系）的计算也成为可能。"这些相互作用被视为是超越时空而获得的，时空特征，包括定域性和幺正性，是这些相互作用的结果。科学史和哲学史上所熟悉的超时空领域，在科学的前沿重新表现为充斥于时空中的各种存在和事件的不变基质。"②

时空具有全息性质的证据在 2013 年春天被发现。"根据《新科学家》报道，费米实验室的物理学家克雷格·霍根（Craig Hogan）提出，由英德引力波检测器 GE0600 所观察到的波动或许可以归之于时空的颗粒性（根据弦论，在小尺度的时空层次上分布着极小的波纹，是'颗粒状的'）。"③ GE0600 引力波探测器在构成时空的这种基质中发现了不均质性的存在，但不是引力波。霍根认为，如果它们不是弦论认为分布于时空微观结构之中的波纹，只能假定时空中的事件是在这种周围编码的 2D 信息的 3D 投射。

全息时空假设，重提了关于与黑洞"蒸发"有异常关联的解释。霍金

① ［美］欧文·拉兹罗：《自我实现的宇宙：科学与人类意识的阿卡莎革命》，杨富斌译，浙江人民出版社 2015 年版，第 31 页。

② ［美］欧文·拉兹罗：《自我实现的宇宙：科学与人类意识的阿卡莎革命》，杨富斌译，浙江人民出版社 2015 年版，第 31 页。

③ ［美］欧文·拉兹罗：《自我实现的宇宙：科学与人类意识的阿卡莎革命》，杨富斌译，浙江人民出版社 2015 年版，第 36 页。

于 1974 年发现，随着黑洞的消失，它们之中所包含的所有关于恒星塌缩并生成为黑洞的所有信息都消失了。而根据当代物理学，信息不可能在宇宙中消失。希伯来大学宇宙学家雅各布·贝肯斯坦（Jacob Bekenstein）发现黑洞中存在的信息（与它的熵相关）与黑洞事件视界的表面积成正比，越过这个视界，物质和能量即不能逃脱。这个理论提出之后，霍金疑问得到了解决。物理学家已经发现，量子波在这个事件视界对黑洞中存在的信息进行编码。这种信息与黑洞的体积成正比，因此，当黑洞"蒸发"时，不存在任何未予说明的信息损失。

支持全息时空理论的证据在 2013 年夏天进一步出现：日本茨城大学的百武（Yoshifumi Hyakutake）及其同事计算出了黑洞的内部能量、黑洞事件视界的位置、黑洞的熵以及以弦论为根据的其他几个属性和虚粒子的效应。百正德花田（Masanori Hanada）、五郎（Gora Ishiki）以及西村（Jun Nishimura）一起，也计算出了无引力的低维宇宙的内部能量。他们发现，这两种计算是相符合的（Masanori Hanada，Yoshifumi Hyakutake，Gora Ishiki，Jun Nishimura，2013）。"这表明黑洞以及整个宇宙是全息的。空间的微观结构是由 3D 波动形成的，而 3D 对应于时空边界的 2D 编码，因而黑洞的内部能量和相应的低维度宇宙的内部能量是相等的。这表明时空是一种宇宙的全息图，因而量子和由量子所构成的宇宙是内在地作用其中的要素。"①拉兹洛认为，"这种全息时空的维度就是阿卡莎场。阿卡莎场包容着这些几何关系，这些几何关系支配着时空中的量子和所有由量子所构成的事物的相互作用。阿卡莎是可观测世界中的场和力的基座，它是普遍的引力场，与事物的质量成正比而吸引着事物；它是电磁场，在空间中传递着电磁效应；它是量子场的总体，给量子行为分配着概率；它是标量的全息场，创造着量子和量子构造之间非定域性的相互作用。阿卡莎在超越时空的统一宇宙维度中整合了所有这些要素。它在日常背景下深藏不露，却是世界的根本维度。"②

---

① ［美］欧文·拉兹洛：《自我实现的宇宙：科学与人类意识的阿卡莎革命》，杨富斌译，浙江人民出版社 2015 年版，第 38—39 页。

② ［美］欧文·拉兹洛：《自我实现的宇宙：科学与人类意识的阿卡莎革命》，杨富斌译，浙江人民出版社 2015 年版，第 38—39 页。

二、非定域相互作用的量子效应的范例：量子生物学

拉兹洛在《全球脑的量子跃迁》中谈到细胞等高级系统克服经典状态下的"退相干"现象，以及绿硫细菌体内存在量子型一致性，就是新兴的量子生物学所研究的生物非定域作相互作用的量子效应：1995 年康奈尔（Eric A. Wieman）、卡特尔（Worlfgang Katterle）和魏曼（Carl E. Wieman）三人通过实验显示，复杂分子、细胞和生命有机体被证明宏观上展现了量子型进程，为此他们获得 2001 年的诺贝尔物理学奖。例如铷和钠原子表现得不像经典粒子，而像非定域的量子波，能在给出的系统充分渗透，并形成干涉条纹。1999 年碳的同位素原子碳 60，被证明具有纠缠能力，既有波的性质，又有粒子的性质。2005 年，发现复杂的有机分子甚至也能被纠缠，有些还可以以亚原子粒子的方式通过很远的距离被"传送"。2007 年生物学家恩格尔（Gregory Engel）及合作者的实验报告说，绿硫细菌体内存在量子型一致性：表现为一根能量"线"，连接采光染色体和细菌功能中心。若没有通过量子一致性产生的波形能量转移，就不会有地球上高效的光合作用，地球上就不会有生命。"如果没有非定域的一致性，复杂的有机体则无法进化，无法生存。"①

量子生物学探索生命的本质问题。而关于生命的本质，目前在科学界占主导地位的观点，是分子生物学的"强还原论"的观点：其一，生命的本质是基因的复制，基因控制蛋白质信息，因而一切生命的事物包括人都能还原为蛋白质分子的化学性质。"这种将生命还原为化学性质的极端做法，乃是上个世纪（20 世纪）分子生物学和生物化学研究中提出的一个引人注目的结论。'人类基因组计划'（Human Genome Project），便是这一思想的必然结果"。基因组计划鼓吹者相信"当我们体内所有蛋白质分子的结构和功能被破译后，我们才能从整体上（或者至少从重要方面上）把握生命的本质。"②"生命的本质是一个解决了的科学性问题"。其二，"生命整体等于生命部分之加和。"③ 整体没有超越其部分特定的任何自己的特性，生命的每一

────────────

① [美] 欧文·拉兹洛：《全球脑的量子跃迁》，刘刚等译，金城出版社 2010 年版，第 121 页。

② [美] 斯蒂芬：《还原论的局限：来自活细胞的训诫》，李创同、王策译，上海译文出版社 2006 年版，第 2—3 页。

③ [美] 斯蒂芬：《还原论的局限：来自活细胞的训诫》，李创同、王策译，上海译文出版社 2006 年版，第 1 页。

个部分都是其部分的总和，最终生命完全可以在分子水平加以解释。当代生物学的科学范例是"细胞膜理论"，"生命等同于细胞"，[1] 细胞是隐藏在生命事物表面现象之下的基本单元，相当于物理学中的原子，而细胞也不是由细胞整体性质决定的，而是由细胞内传输蛋白质的机械机制决定的：细胞膜理论把电子显微镜出现以后利用细胞切片观察形成的有限现象形成的假说当成自然事实，无视相反的实验证据，"把细胞看作一种如何分泌蛋白质相关的机械—化学机器。"[2]（罗斯曼）完全取决于细胞内的蛋白质运动类机械机制，而无视细胞的整体性质。实际上部分的加和是不能自发自组织成具有整体性的性质的，把细胞打碎了无论我们在实验室提供何等条件也无法组成活体细胞。无生命的有机化学物蛋白质组成活体细胞的概率为零。如果装配汽车和建造大楼需要"外在构成因素"人的介入及其发明而得以实现，那么构成生命细胞的不是细胞自身的蛋白质及其 DNA，而是母细胞蛋白质和 DNA 起着构成原因的作用，细胞的构成因素是"超代"（transgenerational）的，追根溯源生命起源 40 亿年前的一刻自发演化的奇迹，与热力学第二定律增熵是相反的。生命有机体的起源，甚至它们向复杂性形式进化过程的奥秘何在？这是还原论从蛋白质分子自身以及分子无法解释的。复杂性科学主流派如考夫曼从大量有机化学分子的定域相互作用的涌现的整体自组织秩序来解释，认为生命是混沌边缘的自组织涌现现象，这与机械还原论观点是不同的。但迄今为止，人类在实验室无法制造出有机的生命细胞。复杂性科学工作者梅拉妮·米歇尔认为生命与信息过程有关，但"信息如何获得意义（有些人称为目的性）这是哲学的一个永恒话题"，[3] 这是科学无法解释的奥秘。而量子生物学认为，生命不遵循来自分子统计定律的"来自于无序的有序"规律，而是"来自有序的秩序"，生命的本质是量子边缘的存在现象，其有序性来自量子隧穿、量子纠缠、量子相干等非定域相干的量子效应。

帕斯夸尔·约尔旦（Pascual Jordan）1929 年开始与尼尔斯·珀恩讨论

---

① [美] 斯蒂芬：《还原论的局限：来自活细胞的训诫》，李创同、王策译，上海译文出版社 2006 年版，第 10 页。

② [美] 斯蒂芬：《还原论的局限：来自活细胞的训诫》，李创同、王策译，上海译文出版社 2006 年版，中文版序第 4 页。

③ [美] 梅拉妮·米歇尔：《复杂》，唐璐译，湖南科学技术出版社 2013 年版，第 230 页。

量子力学在生物学领域的应用问题，1932 年他在德国杂志《自然杂志》发表《量子力学与生物学和心理学的根本问题》，这是量子生物学第一篇论文。在该文中约尔旦提出了"放大理论"（amplifuxation theory），由于"控制中心"的少数有关键影响的分子管理，影响关键分子的量子事件，海森堡不确定原理将被放大，从而影响整个生命体。[1] 因德国战败，约尔旦的量子生物学思想被忽视。不过量子波动方程的发明者艾尔温·薛定谔因纳粹迫害逃到爱尔兰后，于 1944 年出版《生命是什么》（*what is life*）一书，提出有关生命本质的全新见解，成为量子生物学的核心观点：薛定谔认为，热力学气体定律，受热气体的有序运动来自极大粒子的无序运动，基于原子统计力学的"大数平均"，产生"来自无序的有序"（order from disorder）。而这一原理无法解释生命的有序行为，比如遗传规律，不能用统计规律来解释。薛定谔写《生命是什么》的时代，认为遗传由基因来控制，而因对复制精确性的偏离或不精确性或"噪音"不应以统计规律，每个基因的体积不大于 300 埃，最多容纳 100 万个原子，100 万的平方根是 1000，按此方法推断出遗传中的不精确性或"噪音"应为 0.1%，但事实上基因传递非常精确，其变异率（错误率）小于 $1/10^9$。这种非同寻常的高精确度，让薛定谔相信，遗传规律不能"来自无序的有序"的经典规律。"相反，他认为基因更像是单个原子或分子，符合另一科学领域的规律，也就是由他做出贡献的量子学领域，即'来自有序的有序'（order from order）。""遗传机制是同量子论基础密切相关的，不是建立在量子论的基础之上的。"[2] 他指出："生命有机体似乎是一个部分行为接近于纯粹机械的与力学相对立的宏观系统，所有的系统的温度接近绝对零度，分子的无序状态消除时，却将趋向这种行为。"[3] 薛定谔的书出版后几年，分子 DNA 的双螺旋结构被发现，不涉及量子力学的分子生物学发展起来，基因克隆、基因工程、基因组鉴定、基因组测序被生物学家发展出来。到 1993 年纪念薛定谔书出版 50 周年论文集，很少提及薛定谔有关

---

[1]　［美］欧文·拉兹洛：《全球脑的量子跃迁》，刘刚等译，金城出版社 2010 年版，第 59 页。

[2]　［奥］艾尔温·薛定谔：《生命是什么》，罗来鸥、罗辽复译，湖南科技出版社 2003 年版，第 45—46 页。

[3]　［奥］艾尔温·薛定谔：《生命是什么》，罗来鸥、罗辽复译，湖南科技出版社 2003 年版，第 68 页。

生命是一种量子力学现象的观点。当时人们的共识是：微妙的量子现象不可能在活体生物内部湿润杂乱的分子环境存在，物质的量子性质会被分子内部的随机热运动抵消掉，"随机运动会干扰精心排列的量子系统，这种现象被称之为'退相干'（discoherence）。正是这种现象抵消了宏观非生命物体的奇特量子效应。"[①] 但近年来以科学实验为基础的科学假设，用非定域的量子效应，阐述了生命非定域相关性的机制，成为研究非定域相关性、相干性和相互作用的复杂性科学的范例。

20 世纪 90 年代以来，揭示了酶的"量子隧穿效应"："1989 年，加州大学伯克利分校的朱迪思·克林曼（Judith Klinman）和她的同事首先发现了酶促反应中存在量子隧穿的直接证据。"[②] "克林曼小组继续跟进研究，并积累了重要证据：在允许生命活动的温度下，量子隧穿普遍存在于许多酶反应中。其他研究小组，也针对其他酶做了类似的实验，实验中的动态同位素效应同样直指量子隧穿。"[③]

21 世纪初，科学实验揭示了光合作用 100% 的热效率传递机制，在于量子节拍，远距离传输能量："2009 年都柏林大学伊恩·默瑟（Ian Mercer）在另一种细菌光合作用系统中检测到了量子节拍，他们实验中使用的光合系统命名为光吸收复合体合体 II（Light Harvesting Complex II，简称 LHC2），它与植物光合系统十分相似。不过更重要的是，他们的实验是在常温下完成的。"[④] 一年后安大略大学的格雷格·斯科尔斯（Greg Scholes）在一种被称为隐芽植物的海藻的光合作用中证实了量子节拍的存在。隐芽植物数量庞大，它们在吸收二氧化碳的数量上与高等植物相当。与此同时恩格尔在格莱明的实验室中证实，他们一直以来研究的 FMO 复合体也可以在适宜生命存活的常温下显示量子节拍。弗莱明团队的特莎·卡莱霍恩（Tassa Calhoun）和同

---

① ［英］吉姆·艾尔－哈利利、约翰乔·麦克法登：《神秘的量子生命：量子生物学时代到来》，侯新智、祝锦杰译，浙江人民出版社 2016 年版，第 65 页。

② ［英］吉姆·艾尔－哈利利、约翰乔·麦克法登：《神秘的量子生命：量子生物学时代到来》，侯新智、祝锦杰译，浙江人民出版社 2016 年版，第 103 页。

③ ［英］吉姆·艾尔－哈利利、约翰乔·麦克法登：《神秘的量子生命：量子生物学时代到来》，侯新智、祝锦杰译，浙江人民出版社 2016 年版，第 106 页。

④ ［英］吉姆·艾尔－哈利利、约翰乔·麦克法登：《神秘的量子生命：量子生物学时代到来》，侯新智、祝锦杰译，浙江人民出版社 2016 年版，第 144 页。

事们还在另一种植物的 LHC2 检测到了量子节拍，而这次的样本来自于菠菜。所有高等植物都具有 LHC2。"但在水分子中电子则与水分子紧密结合：光合作用的独特之处在于它是自然界唯一可以把水当作'燃料'的过程。"[①]而真正利用碳的过程，也就是从空气中的二氧化碳捕获碳原子，并利用它合成糖类等储能有机物的步骤，却发生在类囊体之外、叶绿体的基质内。1996年两位美国科学家唐·德沃尔特（Don Devault）和钱百敦（Britton Chance）在宾夕法尼亚通过实验"实现了量子生物学最初的重大突破：他们发现，与预期的相反，在低温下，呼吸酶中的电子跃迁速率并没有大幅下降。"[②] "格雷·恩格尔在他的 FMO 的复合体中观察到了量子节拍现象，这暗示活细胞里的粒子运动可能具有波动性。"[③] "所有这些过程中基本粒子的运动都遵循量子规律。生命仿佛是驾驭量子现象的绝顶高手。"[④] "量子世界的事实契合了薛定谔提出的'来自有序的有序'；我们看到了约尔旦的'放大效应'：发生在量子事件的确影响到了宏观世界的过程。生命就像是连接量子和经典世界的桥梁，栖息于量子世界的边缘。"[⑤]

量子生物学，还揭示了动物灵敏嗅觉的导航之谜，在于嗅觉的非弹性量子隧穿。2007年伦敦大学物理学院的物理学家组成的团队，于2007年进行了支持嗅觉量子隧穿理论的量子"务实"计算，并得出结论："如果嗅觉受体具有这样的一般性质，那么计算结果既符合物理学原理，也符合观察到的嗅觉特征。"[⑥] "电子的非弹性隧穿是已知的唯一一个能合理解释'蛋白质

---

① ［英］吉姆·艾尔–哈利利、约翰乔·麦克法登：《神秘的量子生命：量子生物学时代到来》，侯新智、祝锦杰译，浙江人民出版社2016年版，第145页。

② ［英］吉姆·艾尔–哈利利、约翰乔·麦克法登：《神秘的量子生命：量子生物学时代到来》，侯新智、祝锦杰译，浙江人民出版社2016年版，第97页。

③ ［英］吉姆·艾尔–哈利利、约翰乔·麦克法登著：《神秘的量子生命：量子生物学时代到来》，侯新智、祝锦杰译，浙江人民出版社2016年版，第147页。

④ ［英］吉姆·艾尔–哈利利、约翰乔·麦克法登：《神秘的量子生命：量子生物学时代到来》，侯新智、祝锦杰译，浙江人民出版社2016年版，第146页。

⑤ ［英］吉姆·艾尔–哈利利、约翰乔·麦克法登：《神秘的量子生命：量子生物学时代到来》，侯新智、祝锦杰译，浙江人民出版社2016年版，第148页。

⑥ ［英］吉姆·艾尔–哈利利、约翰乔·麦克法登：《神秘的量子生命：量子生物学时代到来》，侯新智、祝锦杰译，浙江人民出版社2016年版，第182页。

如何感知气味分子震动’的机制。"①

　　量子生物学还揭示了蝴蝶和鸟类的磁感应，在于量子纠缠效应。量子领域关键的特征，其专业术语叫"非定域性"（nonlocality），有时也称"量子纠缠"。假如两个火星与地球上的量子物体产生的任何同步信号，按照其光波传播的最短距离，都会延迟四分钟。而如果远距离的两个粒子不论距离多远，相互影响，彼此的影响是瞬时完成的，超越了爱因斯坦宇宙速度限制。形容这种现象的术语——"量子纠缠"，是由薛定谔提出的，即爱因斯坦所称的"幽灵般的超距作用"。1977 年牛津大学的物理学家迈克·利斯克（Mike Leask）在《自然》发表论文，推测鸟类眼睛中的色素视紫红质在起作用。1998 年科学家在果蝇眼睛里发现隐花色素，与光诱导生物节律有关，而且在光的激发下能产生自由基蛋白分子。2004 年里兹和维尔奇科夫妇携手，寻找经典指南针与自由基化学指南针的区别。他们发现经典指南针受低频振荡磁场影响，而不受高频振荡磁场影响，而"自由基指南针会受到高速震荡磁场而非低速震荡磁场的影响。"② 为何知更鸟对振荡磁场具有如此高的敏感性，或自由基如何能维持足够久的纠缠态以完成生理过程等。2011 年牛津大学弗拉特科·韦德拉（Vlatko Vedral）实验室提出关于自由基对指南针的量子计算，计算结果认为，"自由基的叠加态和纠缠态可以维持至少数十微秒，远远超过了许多人造分子体系所能实现的时间跨度，这也极有可能为知更鸟提供关于方向的信息。"③ 现在人们已经知道多种鸟类、海洋生物甚至微生物都发现磁感应存在，其知觉原理知之甚少。主要的隐花色素介导磁感应理论已在众多物种都有发现，如鸟、鸡、果蝇、植物、美洲大蠊都发现作为磁感应介导产物的隐花色素，其共同祖先生活在大约 5 亿年前。爱因斯坦无法解释的超距量子纠缠作用，在历史大多数时候，帮助地球生物到达前进目的地。

---

① ［英］吉姆·艾尔－哈利利、约翰乔·麦克法登：《神秘的量子生命：量子生物学时代到来》，侯新智、祝锦杰译，浙江人民出版社 2016 年版，第 184 页。

② ［英］吉姆·艾尔－哈利利、约翰乔·麦克法登：《神秘的量子生命：量子生物学时代到来》，侯新智、祝锦杰译，浙江人民出版社 2016 年版，第 219 页。

③ ［英］吉姆·艾尔－哈利利、约翰乔·麦克法登：《神秘的量子生命：量子生物学时代到来》，侯新智、祝锦杰译，浙江人民出版社 2016 年版，第 220 页。

　　量子生物学揭示，基因的适应性突变机制在于基因组之间存在量子动力学效应。1944 年薛定谔出版的《生命是什么》还提出另一个大胆猜想，"他推测，突变可能意味着基因内部存在某种形式的量子跃迁。"[①] 细菌遗传学家麦克法登（Johnjoe McFadden）"把凯恩斯的实验（基因突变）中的细菌的基因组视为量子系统。"[②] 基因适应性突变与量子力学有关，并最终提出了适应性突变的"手波"（hand-wavy）模型："该模型假设质子的行为具有量子性质，因此饥饿的大肠杆菌细胞 DNA 中的质子偶尔会隧穿到互变异构的位置（诱发突变），也能能动地隧穿回它们原来的位置。所谓量子力学性质，就是必须将系统视为多种状态的叠加态——隧穿或没有隧穿的叠加态。质子的位置由波函数来描述，以不同的概率同时分布在两个点。但该分布是不对称的，质子出现在非突变的位置的概率要大得多。"[③]2014 年夏天，戈德比尔初步试验结果显示："虽然 A—T 碱基对中两个质子有可能隧穿到互变异构的位置，但概率很小。不过理论模型也表明，细胞内周边环境的行为在积极地协助而非阻碍隧穿过程。"[④]

　　量子生物学，还预言大脑神经信息传递存在量子效益：艾尔 – 哈利利和麦克法登认为："神经元细胞膜上的离子通道，是大脑中存在量子力学现象的可能位置。神经元离子通道调节着动作电位——也就是神经信号——在大脑中作为信息的传递，所以它们在神经信息的处理中起着关键性作用。"[⑤]

　　量子生物学还企图解答生命产生之谜，在于原始酶核质子电子的量子叠加态的量子计算：认为求解生命形成的谜底，不能局限于经典物理学的思路。要转向量子搜索策略，光合作用系统采取的就是量子搜索策略。

---

① ［英］吉姆·艾尔 – 哈利利、约翰乔·麦克法登：《神秘的量子生命：量子生物学时代到来》，侯新智、祝锦杰译，浙江人民出版社 2016 年版，第 234 页。

② ［英］吉姆·艾尔 – 哈利利、约翰乔·麦克法登：《神秘的量子生命：量子生物学时代到来》，侯新智、祝锦杰译，浙江人民出版社 2016 年版，第 248—249 页。

③ ［英］吉姆·艾尔 – 哈利利、约翰乔·麦克法登：《神秘的量子生命：量子生物学时代到来》，侯新智、祝锦杰译，浙江人民出版社 2016 年版，第 251 页。

④ ［英］吉姆·艾尔 – 哈利利、约翰乔·麦克法登：《神秘的量子生命：量子生物学时代到来》，侯新智、祝锦杰译，浙江人民出版社 2016 年版，第 256 页。

⑤ ［英］吉姆·艾尔 – 哈利利、约翰乔·麦克法登：《神秘的量子生命：量子生物学时代到来》，侯新智、祝锦杰译，浙江人民出版社 2016 年版，第 291 页。

　　吉姆·艾尔－哈利利、约翰乔·麦克法登指出，量子力学不怪异，怪异的是量子力学描述的这个世界本身。"但量子力学描述的独特现象都在宏观物体内部混乱的热力学环境中丧失殆尽。这种过程被称为退相干。我们熟悉的世界就是退相干的产物。"① 所以物理学的世界可分三层：第一层，宏观世界，遵循牛顿法则，可用速度、加速度、动量和力等概念描绘。第二层，是描述液体、气体行为的热力学世界。这一层牛顿力学依旧适用，可以用对数万亿和各自无序的运动粒子用统计学处理，是"来自无序的有序"。热力学旨在描述气体如何受热膨胀，蒸汽如何做功驱动火车这类现象。第三层，最深层，是物理学的基石：量子世界。在这个维度，原子、分子以及它们组成成分的所有粒子都遵循有序的量子规则。经典物理学鞭长莫及。"退相干滤去了宏观世界中大型物体的量子力学现象，这也就是为什么量子世界对我们非常陌生的原因。"② 大多数生物体，跨越三个层次：其一，大多身体非常巨大，符合牛顿力学法则。其二，组织和细胞遵循热力学定律：如肺的膨胀与收缩与气球没什么本质区别。其三，深层的量子层次："生命的根须穿透牛顿力学的土壤，贯穿浑浊的热力学地下河，深深植根于量子力学的地底岩层内。宏观生物体内仍然存在量子相干性、叠加态、隧穿和纠缠态现象。生物体是如何做到的？"③ 前文的探索已部分回答了这个问题：薛定谔在70多年前就指出，生命与无机世界的不同，在于其精确到分子水平的结构性与有序性，这种有序性赋予生物体一种连接分子和宏观世界的有效手段。如此，发生在分子水平的量子事件就能对生物整体施加影响，这就是帕斯夸尔·约尔旦揭示的量子力学对宏观世界的放大效应。现在科学研究新进展，已经从原子水平阐明了光合系统、酶系统、呼吸链以及基因结构的量子相干性。没有量子非定域的相干性，我们无法维持生命的呼吸系统、构建身体酶系统和维持我们生物圈基础的光合作用。

---

① ［英］吉姆·艾尔－哈利利、约翰乔·麦克法登：《神秘的量子生命：量子生物学时代到来》，侯新智、祝锦杰译，浙江人民出版社 2016 年版，第 325 页。

② ［英］吉姆·艾尔－哈利利、约翰乔·麦克法登：《神秘的量子生命：量子生物学时代到来》，侯新智、祝锦杰译，浙江人民出版社 2016 年版，第 327 页。

③ ［英］吉姆·艾尔－哈利利、约翰乔·麦克法登：《神秘的量子生命：量子生物学时代到来》，侯新智、祝锦杰译，浙江人民出版社 2016 年版，第 327 页。

光合作用，叶绿素捕获光子，将其能量保留在激子中，光子的能量以激子量子漫步的方式传递到反应中心，通过量子节拍，100% 地传递能量。不过，激子如何在细胞嘈杂的环境保持相干性和波动性，一直是未解之谜。最近对光合作用的深入研究发现，光合作用的量子节拍演奏的分子交响乐，是在细胞内嘈杂的环境演奏的，对激子而言，其震动节拍随时有可能被周围分子撞得走调，失去脆弱的相干性。建造量子计算机的物理学家和工程师，为避免分子噪音，有两种手段：一是把设备温度保持在非常低接近绝对零度的水平，分子振动趋于停滞，分子的噪音也就变弱了。二是，把设备放在一个相当于录音棚的庇护所里。然而自然界中，不论是活细胞、植物还是微生物，都生存在燥热的环境里，也没有屏蔽环境噪音的庇护所，它们如何维持长久的相干性呢？最近的研究显示，光合作用反应中心有两种特殊的分子噪音，不但不破坏相干性，反而有助于维持粒子的相干性。[1] 第一种噪音是"白噪音"（white noise），就像电视或收音机的静电噪音，是水分子、金属离子震动等环境粒子热力学的结果。第二种噪音，被称为"有色噪音"（coloured noise），这种噪音更"响"，就像彩色光，只代表整个波谱一段的狭窄的频率范围。产生有色噪音的是大分子，对光合作用而言是叶绿素内的色素分子和固定叶绿素的骨架蛋白。骨架蛋白能发生震动，就像吉他的弦一样，只能以特定频率震动，色素分子同样有振动频率。有色噪音就像音乐中的和弦，由几个音符组成。2008—2009 年有两个研究团队，发现了"光合作用系统似乎能同时利用白噪音和有色噪音，为激子向反应中心传递能量保驾护航。"[2] 一是英国马丁·普朗尼（Martin Plenio）和苏珊娜·韦尔加（Susana Huelga）夫妇，他们阐述一种理论模型：不仅在光合作用复合体中，"活细胞内嘈杂的分子环境可能在其他生物系统中也同样有助于量子运动以及量子相干性维持，而不是破坏相干性。"[3] 另一个是由赛思·劳埃

---

[1] [英] 吉姆·艾尔－哈利利、约翰乔·麦克法登：《神秘的量子生命：量子生物学时代到来》，侯新智、祝锦杰译，浙江人民出版社 2016 年版，第 330 页。

[2] [英] 吉姆·艾尔－哈利利、约翰乔·麦克法登：《神秘的量子生命：量子生物学时代到来》，侯新智、祝锦杰译，浙江人民出版社 2016 年版，第 330 页。

[3] [英] 吉姆·艾尔－哈利利、约翰乔·麦克法登：《神秘的量子生命：量子生物学时代到来》，侯新智、祝锦杰译，浙江人民出版社 2016 年版，第 331 页。

德（Seth Lloyd）领导的麻省理工学院量子信息学研究小组的研究。他们起初并不认同植物光合作用涉及量子力学的观点，在弗莱明和恩格尔发现海藻光合作用复合体的量子节拍后，才把研究工作重点转向这种复合体。他们的研究显示："具有量子相干性的激子在能量传递过程中既可以受到环境噪音的干扰，也可以受到它的促进，决定因素在环境中分子噪音的'大小'。如果系统温度太低，也就是太过'安静'，那么激子的震动将显得漫无目的，能量传递失去方向；但是如果环境温度太高、噪音太过'嘈杂'，一种被称为'量子芝诺效应'的现象就会出现，阻止激子的能量传递。在两个极端之间，则是震动有益于量子传递的'适宜区间'。"①"量子芝诺效应的含义是：量子的箭矢真的能被观察所定格。"②1977年德克萨斯大学物理学家发表一篇论文，指出量子世界存在一种类似芝诺飞矢不动的现象，持续不断地观察可以阻止量子运动的发生和继续。"分子的噪音相当于持续的测量，当它非常强烈时，迅速发生退相干，激子的能量未到达目的地就失去相干性，这就是量子芝诺效应：让量子波坍缩，回到经典世界的规则中。"③麻省理工学院研究小组，在评估分子噪音时发现，量子传递的最佳温度，与微生物和植物进行光合作用的最佳温度相当。这表明经过 30 亿年自然进化，"生物圈最重要的生化反应已经在量子进化的层面上达到了最优化。……自然选择倾向于将量子系统具有的相干性调整到'正好'能获得最大效率的水平。"④德国马丁·普朗尼的乌尔姆大学团队，在 2012 年和 2013 年发表两篇论文，指出：如果激子的震荡与周围蛋白质震荡（也就是有色噪音）周期相同，可以恢复相干性。2014 年，英国伦敦大学亚历山大·奥拉娅－卡斯特罗（Alexandra Olaya-Castra），在《自然》发表文章，指出在激子和周围蛋白质分子的震荡（即有色噪音）有相同的能量，这是量子力学存在的铁证。若把光合作用比

---

① ［英］吉姆·艾尔－哈利利、约翰乔·麦克法登：《神秘的量子生命：量子生物学时代到来》，侯新智、祝锦杰译，浙江人民出版社 2016 年版，第 331 页。

② ［英］吉姆·艾尔－哈利利、约翰乔·麦克法登：《神秘的量子生命：量子生物学时代到来》，侯新智、祝锦杰译，浙江人民出版社 2016 年版，第 332 页。

③ ［英］吉姆·艾尔－哈利利、约翰乔·麦克法登：《神秘的量子生命：量子生物学时代到来》，侯新智、祝锦杰译，浙江人民出版社 2016 年版，第 332 页。

④ ［英］吉姆·艾尔－哈利利、约翰乔·麦克法登：《神秘的量子生命：量子生物学时代到来》，侯新智、祝锦杰译，浙江人民出版社 2016 年版，第 333 页。

作一场音乐会，那么，有色分子是这场音乐会的所有乐器，激子的震荡则是音乐的旋律。开始的小提琴独奏，代表有色分子捕捉到光子把能量保留在激子当中。其他乐器按照激子的旋律奏响，先是管乐器，最后加入的是打击乐器。打击乐器相当于反应中心。音乐会观众的声响相当于白噪音，舞台的指挥相当于有色噪音。

复杂性理论研究混沌运动体现出的宏观有序性，这种混沌系统产生有序性的方式是自组织（self-orgnization）。这些系统的特点是，系统的有序性没有体现在分子层面，微观粒子总是混沌运动，只要稍微出现一点偏倚，就有可能在宏观上表现出整体的有序性。这种原理称之为"来自无序的有序"。这原理正是蒸汽机产生动力的机理。而活细胞内有许多无序运动的粒子，"但生命活动的本质是基本粒子在酶、光合作用系统、DNA 以及其他部位经过精心设计与布局的活动。生命在显微水平上具有内在有序性，因此仅仅依靠来自'无序的有序'无法解释奇异的生命现象。生命与蒸汽机车完全不同。"① 虽然生命在本质上是"来自有序的有序"，不同于"来自无序的有序"的运动，不过最近的研究发现生命的动力机制类似于蒸汽机卡诺循环（Carnot cycle）的原理，是一种量子热机。卡诺循环原理适应于所有利用热机做功的热机：蒸汽机把水蒸气从锅炉转移到冷凝器，在冷凝器内水蒸气放热，蒸汽机将水蒸气放热过程释放的部分热能转化为活塞运动的机械能，活塞运动推动火车头车轮转动。冷凝的水被送回锅炉，再被加热成水蒸气，推动新一轮卡诺循环。所有热机能量转化效率都有最大值，这个最大值就是"卡诺极限"（Carnot limit），如电动机利用 100 瓦特的电功率提供 25 瓦特的机械功率，其效率就是 25%，这意味着 75% 的电能都以热能的形式耗散了。卡诺原理和卡诺极限，应用范围非常广泛，如用于制造光电池。植物的叶绿体相当于生物光电池，是一种量子热机，与经典热机的热源是蒸气或光子不同，量子热机的热源是电子。电子先吸收光子并跃迁到较高能级，然后需要它的时候再释放这部分能量做功。这是激光的理论依据。"量子热机的基本问题是能量会以热能形式迅速耗散，严重地限制了这种量子热机的能量转化

---

① ［英］吉姆·艾尔－哈利利、约翰乔·麦克法登：《神秘的量子生命：量子生物学时代到来》，侯新智、祝锦杰译，浙江人民出版社 2016 年版，第 336 页。

效率。"① 光合作用激子能量传递的最终归宿是反应中心，在反应中心中，激子中不稳定的能量转化为"电子载体"中稳定的化学能，植物和微生物利用稳定的化学能做功，如繁殖更多的植物和微生物。反应中心发生的反应，比激子传递过程还要神奇。"反应中心是我们在自然界已知的、唯一一个能够'氧化'水的地方。"②2011 年同时在德克萨斯农工大学和普林斯顿大学任职的物理学教授马朗·斯库利（Marlan Scully），与美国其他合作者一起设想了一种理论上的量子热机，它可以超越传统量子热机的效率极限：由于叠加态，电子在分子噪音的扰动下分裂为同时存在的两个不同能级。当电子吸收光子能量被激活时，依旧是有差别的两个能级的叠加态。"分子噪音和量子相干性的微妙的协作，减少了量子热机的热能耗散，让它的能量效率可以超过卡诺极限。"③ 至今无人制造出超越卡诺极限的量子热机。但在此团队 2013 年发表的论文中，提出光合作用反应中心的量子热机，是以配对的方式构成的，这种配对的叶绿体为"特殊偶对"（a special pair）。特殊偶对的两个叶绿素分子结构一模一样，但围绕他们的骨架蛋白存在区别，因而两个叶绿分子的震动频率略有不同，或不合拍。他们认为，"这种骨架蛋白的差异正是光合作用反应中心可以作为量子热机的分子结构基础。研究人员认为，叶绿体的特殊偶对，利用量子干涉减少无效的能量消耗，促进能量传递到受体分子。通过这种方式，量子热机打破了 200 年前卡诺发现的极限，并把这个极限提高了 18—27%。"④ 量子相干性对实现量子热机必不可少。2014 年荷兰、瑞士和俄罗斯的科学家们，研究光合系统 II 的反应中心，检测到了量子节拍。他们认为这些反应中心相当于"量子光镊子"，即一种利用激光的电场操纵微观介电质的仪器。在光合作用里，分子噪音对促进激子能量传递和达到反应中心的能量转化都起到积极作用，而利用分子噪音促进量子效应

---

① [英] 吉姆·艾尔－哈利利、约翰乔·麦克法登：《神秘的量子生命：量子生物学时代到来》，侯新智、祝锦杰译，浙江人民出版社 2016 年版，第 338 页。.

② [英] 吉姆·艾尔－哈利利、约翰乔·麦克法登：《神秘的量子生命：量子生物学时代到来》，侯新智、祝锦杰译，浙江人民出版社 2016 年版，第 338 页。

③ [英] 吉姆·艾尔－哈利利、约翰乔·麦克法登：《神秘的量子生命：量子生物学时代到来》，侯新智、祝锦杰译，浙江人民出版社 2016 年版，第 339 页。

④ [英] 吉姆·艾尔－哈利利、约翰乔·麦克法登：《神秘的量子生命：量子生物学时代到来》，侯新智、祝锦杰译，浙江人民出版社 2016 年版，第 340 页。

的方式不仅限于光合作用，也存在于酶的量子隧穿中。曼彻斯特大学的奈杰尔·斯克尔顿（Nigel Scrutton）领导的团队，2013 年完成一个实验，将酶中的普通元素替换成分子量更大的同位素，而使蛋白质的震动（有色噪音）发生频率改变。在这种质量增加的酶中，质子隧穿和酶的活动受到影响。这说明，在自然条件下，相对轻的同位素组成的蛋白质主干，以及与此分子对应的震荡节律，对质子隧穿和酶的催化活动有影响。加州大学朱迪思·克林曼研究团队在其他酶中也观察到分子噪音在酶中起作用的现象。"酶是生命的引擎，这个星球上每一个活细胞中的每一个分子都是由酶催化合成的。有益的震荡可能对我们的生命至关重要。"①

薛定谔认为生命是"来自有序的有序"，从宏观世界到热力学领域，到微观世界，生命都受到有序性的支配。而帕斯夸尔·约尔旦认为量子微观的事件通过放大效应可以影响生命的宏观过程，这种效应正是生命独有的特征。艾尔－哈利利和麦克法登指出："量子范围内发生的变化引起宏观世界的效应是生命独有的特征，正是生命宏观现象对量子世界的敏感性，让诸如隧穿、相干性和纠缠态等量子现象造就了宏观的我们。"② 生命现象面临的难题是退相干，科学家解决退相干的策略是屏蔽量子反应中的"噪音"，而生命解决退相干的策略，是利用分子噪音以维持量子相干性。正如大海中的一艘帆船，帆船两侧受到千亿水分子冲击造成的暂时平衡，也可能造成船体的倾覆。而驾驭帆船的船长拉起风帆，借用风的力量（白噪音和有色噪音）保持船体的平衡。而遗传代码就是驾驭船只的老船长。生命的帆船不逃避粒子暴风雨，穿过热力学海洋，与量子世界保持联系。生命深入的量子根基，使生命成为徘徊在量子世界边缘的怪异现象。"生命就像一台复杂的分子机器。生命有序性的自我维持需要依靠酶、色素、DNA 和其他生化分子的协同合作，而这些生化分子的性质则多数建立在诸如隧穿、相干性和纠缠态等量子现象上。"③ 如果热力学风暴太猛，吹断了生命之舟的桅杆，生命将无法利用

---

① ［英］吉姆·艾尔－哈利利、约翰乔·麦克法登：《神秘的量子生命：量子生物学时代到来》，侯新智、祝锦杰译，浙江人民出版社 2016 年版，第 341 页。

② ［英］吉姆·艾尔－哈利利、约翰乔·麦克法登：《神秘的量子生命：量子生物学时代到来》，侯新智、祝锦杰译，浙江人民出版社 2016 年版，第 342 页。

③ ［英］吉姆·艾尔－哈利利、约翰乔·麦克法登：《神秘的量子生命：量子生物学时代到

热力学的阵风和气流（白噪音和有色噪音）来维持船体平衡，最终失去和量子世界的联系。

生命可以自我复制，这是区分生命和非生命的一个条件，但自我复制不是生命的必要条件。生命有一个比自我复制更本质的特性，就是自我可持续能力，即在热力学海洋里维持自身可持续性和稳定性的能力。迄今为止自下而上的人工生命制造，都缺少量子力学环节的考量，如 2014 年荷兰内梅亨大学由塞巴斯蒂安·卢康曼督（Sebastien Lecommandoux）领导的小组制造的原初生命体，在不同区域填充不同的酶，一个区域酶催化活动，通过级联效应影响另一个区域，这是对细胞新陈代谢的模拟。随着复制的进行，这些成分将消耗殆尽。因而现今的人工生命，犹如上紧的发条，不能给自己上发条，不是真的生命。量子力学就是原初生命体内缺失的部分，它是合成生命的关键。今后把量子力学环节加入人工制造原初生命的考量，就有可能设计出量子原初生命。

来》，侯新智、祝锦杰译，浙江人民出版社 2016 年版，第 346 页。

第二章　生态现象学方法与家族类似特征：
生态文明的深生态存在论哲学

生态主义的深生态学之"深"的特征，在其终极的哲学元范式，即"生态存在论"哲学，"生态存在论"哲学是生态主义理论体系最根本的特征和理论核心。生态存在论哲学分两个类型：狭义的"生态存在论"哲学，是存在论哲学及其现象学方法论与生态主义哲学的结合，而广义的"生态存在论"哲学，则是生态危机时代生态主义者基于其各种深生态信仰和价值立场，以及生态科学和复杂性科学等生态系统知识框架，对存在意义和方式，以及人的生存意义和方式的存在论追问，以优化人的存在状态，以根本解决生态危机问题，二者皆属于"深生态哲学"。

当代西方狭义的生态现象学生态存在论与胡塞尔的现象学方法和"生活世界"理论有关，也与海德格尔的生存论和存在论以及梅洛－庞蒂的身体现象学有关。而广义的生态存在论则是深生态运动中，以奈斯为代表的各个学派"深追问"的非二元的、有机的和动态的存在观、世界观、自然观和生存观，呈现"家族类似"的多元化特征。

当代中国学术界生态存在论的最早提出者是美学界的曾繁仁，他提出"生态存在论美学"的观点，探讨生态存在论美学的哲学基础"生态存在论"。2002 年曾繁仁受建设性后现代主义格里芬的"生态论的存在观"的启示提出了"生态存在论"，这是一种广义的"生态存在论"。[①]2005 年他撰文主要结合海德格尔存在论哲学，提出了生态现象学的狭义的生态存在论美

---

① 曾繁仁：《再论作为生态美学基本哲学立场的生态现象学》，《求是学刊》2014 年第 5 期，第 116—125 页。

学观点：人的生态本性的自行揭示，天地神人四方游戏，自然与人的间性关系，人的诗意栖居等生态存在论观念。①2011 年他撰文较为系统地阐述了作为生态存在论美学的哲学基础的狭义的现象学的生态存在论，认为生态存在论审美观主要的研究方法是生态现象学的方法。②2014 年他撰文认为胡塞尔早期现象学是早期生态现象学，海德格尔哲学是成熟的生态现象学，梅洛－庞蒂哲学是生态现象学的新发展。③

第一节　生态现象学的狭义生态存在论哲学

狭义的生态存在论与当代西方哲学的现象学方法的形成有关，是运用生态现象学方法的生态存在论。但不能说胡塞尔现象学是一种早期的"生态现象学"，海德格尔的现象学是成熟形态的"生态现象学"，梅洛－庞蒂的身体现象学是生态现象学的新发展；而应确切地说，现象学方法潜在蕴含着生态存在论的视域，并可引向"生态现象学"，成为"生态存在论"的方法论，但胡塞尔等早期现象学所处的时代"生态危机"尚未凸显，生态现象学理论自觉的历史条件尚不具备。

一、现象学及其方法的缘起：对现代性危机的反思

"现代性危机"是现代资本主义工业文明社会的人的生存危机和文化精神危机：一方面，从客观方面看，是由于现代工业资本主义社会以私有制为基础的生产方式、以劳动异化为基础的异化的生存方式使得现代工业社会人的生存成了一个问题，此生存危机包括社会周期性的经济危机，政治行政管理系统缺少支持和权威的政治合法性危机，行政系统驾驭不了日益复杂的现代社会系统的行政管理危机，以及无限地追逐利润或剩余价值带来的过度生产、过度消费对自然生态破坏的"生态危机"；另一方面从主观方面和主体

① 曾繁仁：《当代生态文明视野中的生态美学观》，《文学评论》2005 年第 4 期，第 53—54 页。

② 曾繁仁：《生态现象学的方法与生态存在论审美观》，《上海师范大学学报》（哲学社会科学版）2011 年第 1 期，第 5—10 页。

③ 曾繁仁：《再论作为生态美学基本哲学立场的生态现象学》，《求是学刊》2014 年第 5 期，第 116 页。

间交往的角度看，则是包括理性思维方式造成的虚无主义主体体验，和生活世界伦理共识瓦解的意义危机，即文化精神危机。法兰克福学派的西方马克思主义者哈贝马斯对此进行了较为全面的论述。

早期马克思主义者主要论述现代资本主义社会的经济危机，而大多数西方马克思主义者、现象学存在主义者、后现代主义者、文化保守主义者等思想者，则主要强调现代性危机是文化精神危机，特别是理性主义危机。何为"现代性"？就是对工业资本主义社会本质属性的哲学反思与解读，现代工业资本主义社会区别与其他社会的本质属性就是"理性主义"。现代社会学之父马克斯·韦伯较早地对工业资本主义社会区别于其他社会的本质属性进行了解读，认为现代理性的工业资本主义社会建立的过程，就是社会生活各个领域的"理性化"（rationalization）趋势，这也是"世界祛魅"（disenchantment of the world），冲破"传统主义"神秘主义的世界观，是一种不同于其他文化观念和生活态度的"主宰世界的理性主义"（rationalism of world master），[①] 这源于"西方文化特有的理性主义"，或"西方理性主义的独特性"[②]，是"禁欲主义的理性主义"，[③] 即新教伦理"职业伦理"的"价值理性"导向下的"工具—目的理性"化。新教徒相信现实赚钱的成功是荣耀上帝的义务，拼命赚钱不享受，追求宗教得救的可能性的"终极价值和目的"，而在资本主义经营中精打细算追求利润最大化，呈现出一种"工具—目的理性"。经济行为的这种"目的—工具理性"，与维持生计谋求需要满足的"传统的"经济行为不同，是"经过有效的计算来求去经营利润的最大化"。[④] 现代资本主义社会的成功就是"工具—目的理性"彻底取代了"传统的"经济理念，并形成"工具—目的理性"社会组织和制度，即"工具—目的理性化"。但马克斯·韦伯不是简单地称颂现代性的"工具—目的理性"，

①　顾忠华：《韦伯学说》，广西师范大学出版社 2005 年版，第 76 页。

②　[德] 马克斯·韦伯：《新教伦理与资本主义精神》，于晓、陈维纲译，三联书店 1987 年版，第 15、143 页。

③　[德] 马克斯·韦伯：《新教伦理与资本主义精神》，于晓、陈维纲译，三联书店 1987 年版，第 15、143 页。

④　[德] 马克斯·韦伯：《新教伦理与资本主义精神》，于晓、陈维纲译，三联书店 1987 年版，第 15、143 页。

而是从"价值理性"与"工具理性"的内在悖论的角度，反思西方现代性
"工具—目的理性化"带来负面问题。西方早期资本主义兴起追求的终极价
值和目的是荣耀上帝、灵魂拯救，世俗的工具目的理性的资本主义经营只是
一件随时可以脱掉的外套，但长久穿这件外套的结果却成了再也脱不下来的
蜗牛背上硬壳，马克斯·韦伯称作"铁笼"（Iron cage），即目的理性制度化，
过分膨胀，反而使西方社会失去了新教伦理本来的价值理性，当代西方文明
出现"意义危机"："没有精神的专家，没有灵魂的享乐者"，如此凡夫俗子
却自称登上人类文明的峰顶。[①] 马克斯·韦伯在法律社会学更为抽象的意义
上，把"工具—目的理性"归之为"形式合理性"（formal rationality），而把
"价值理性"归之为"实质合理性"（substantive rationality）。现代资本主义
理性化的过程，实际上是形式合理性支配实质合理性的过程，呈现出效益与
公平的矛盾和冲突。

　　从"现代西方哲学"认识论转向看，现代西方哲学理性主义认识论起
点在笛卡尔"我思，故我在"，抽象观念反思的我思主体取代上帝的主体地
位，标志强调抽象共性普世价值的、人类中心主义的和主客对立的抽象理性
主义之现代性诞生的标志，与英国经验理性主义哲学互补，表现为西方马克
思主义批判的工具理性本质的科学技术理性：一方面，是机械唯物论的世界
观，二元论的还原论的思维方式；另一方面，是主导统治地位的理性主体，
对待自然的客观主义、功利主义和工具主义态度。抽象理性主义与工具理
性的科技理性、工业经济结合，形成一种巨大的统治压迫力和控制力：一方
面，改造社会，使现代社会成为马克斯·韦伯所说的"铁笼"，使现代人为
物所役，形成马克思主义所说的异化的生存方式，导致存在主义和保守主义
者所说的德性传统失落的"虚无主义"文化意义危机；另一方面，工具理性
地对待大自然，使自然异化，罔顾大自然的复杂性自组织机制和自在的生命
支持价值，把大自然化约为工业经济的原料产地和垃圾场，造成严重的环境
问题或"生态主义"者所说的"生态危机"。

　　对韦伯传统的工具理性主义的现代性，持肯定立场的是帕森斯的结构

---

① 　[德] 马克斯·韦伯：《韦伯作品集 I：学术与政治》，钱永祥等译，广西师范大学出版社
　　2004 年版，第 87 页。

功能主义，他把马克斯·韦伯理论化约，将韦伯价值理性与工具理性内在悖论的现代性简化为理性主义，并表现为现代性各个方面的政治民主化、科层官僚化，经济上市场化、专业化，文化上世俗化、理性化，个人自主化，普及中等教育等特征。这其实是把美国等西方发达国家的社会特征抽象化，称之为现代性①，而把落后国家的社会特征称之为传统性，认为现代化就是获得现代性，抛弃传统性。所以现代化理论的布莱克指出："从上一代人开始，'现代性'逐渐被广泛地应用于表述那些在技术、政治、经济和社会发展诸方面处于最先进水平的国家共有的特征。'现代化'则是指社会获得上述特征的过程。"②

　　大部分对"现代性"持批判态度的不同思想流派的思想者，也大都跟随韦伯对现代性的解读，或明或暗地把现代性看作"理性主义"，特别是"工具理性主义"。但有的学者从客观的制度的角度解读现代性，如吉登斯把现代性看作现代工业社会的有待处理批判反思的"问题"，即"现代性问题"（Problem of modernity），而不是"现代性理论"（Theory of Modernity），他认为最早分析现代性问题的是康德，正如福柯所说"康德的批判标志着我们的'现代性'的开始。吉登斯认为，20世纪与21世纪之交，"社会学基本问题的现代性（其过去的发展和现时的制度形式）又重新出现了"。他理解的现代性是17世纪出现的现代工业文明的制度或组织模式，最简单的形式是"现代性是现代社会或工业文明的缩略语"，详细描述是工业主义、资本主义、民族国家监督和工业化军事不可彼此化约的四维制度。后来他在《现代性的后果》等文著中，把现代性描述为"脱域（disembadding）机制"：以脱离具体场所的虚化的时间、脱离具体空间的虚化空间的时空分离机制为前提的、抽象的资本主义货币体系和专家知识系统的"脱域机制"，使现代社会生活和生产建立在任何人也无法掌控的大范围抽象的运行机制。因而现代性不是乐观主义的简单肯定的"现代性"，而是"反思的现代性"：要辩证地

---

① "现代性，英文叫做'modernity'，它与通常所谓'modernization'不同：如果后者可理解为走向现代的行动过程，则前者就是已经现代化的性质及状态"，参见张树博《现代性与制度现代化》，学林出版社1998年版，第4页。

② [美] C.E.布莱克：《现代化的动力：一个比较史的研究》，景跃进、张静译，浙江人民出版社1989年版，第1页。

看，不能简单地肯定；或"自反的现代性"：现代性的成功同时就是巨大的危机与风险，自我否定。吉登斯所说的"脱域"（disembadding）机制，表面看是描述现代性的客观的维度，但其精神实质仍是现代性主观维度之理性的抽象特征，"脱域"就是脱离具体的情境，现代社会关系从彼此具体情境的互动的地域性关联中，转变为理性抽象规则运行的抽象社会秩序：按照抽象的机械时间地图，按照抽象的货币交换机制，按照抽象的科技知识，安排社会秩序，超越了个体具体控制的范围，发生种种不可预测的"风险"：如技术风险、金融风险、生态风险，有可能使人类文明彻底毁灭。

因而经典作家，主要集中心力批判马克斯·韦伯所揭示的现代性理性主义的主观维度：法兰克福学派的西方马克思主义者、后现代主义的富柯主要侧重于对"工具理性"的控制压迫机制的批判，而保守主义等则侧重于对现代社会传统德性传统的"价值理性"共识失落的意义危机的批判。

霍克海默和阿多诺著《启蒙辩证法》，认为现代性的本质在启蒙的原则中，是一种辩证的包含非理性的理性。启蒙不仅仅如马克斯·韦伯所说理性化（Rationalization）去神话的世界观祛魅（disenchantment of the word），而是神话化，把自己变成神话，如同神话把一切具体现象解释为抽象重复的内在性原理。启蒙没能达到自由解放的允诺：正如神话用巫术控制自然一样，启蒙用科学来控制自然，人把自然变为客体，也把自身对象化，成为形式主体，理性异化为自我保存的手段，即工具理性，无关人生意义，不再是存在理性和实践理性。这个主体对自然采取算计的态度，擅长数字管理的计算理性。工具理性和计算理性的变形就是技术和科层官僚制，前者控制自然，后者控制人。工具理性的典型表现就是实证主义，实证主义用事实性堵塞了理性批判的空间。马尔库塞也认为现代性的工具理性只有肯定没有批判，是一种单面理性，"技术理性的""统治逻辑"①，集中体现在当代的实证主义的分析哲学中。在工具理性统治逻辑下，自然完全屈从于"一种适应于资本主义要求的、工具主义的合理性"。②

富柯则揭示了现代社会理性规则标准规范纪律所形成的、人与人之间

---

① ［美］赫伯特·马尔库塞：《单面人》，左晓斯等译，湖南人民出版社1988年版，第122页。
② ［美］赫伯特·马尔库塞：《单面人》，左晓斯等译，湖南人民出版社1988年版，第122页。

相互作用的、日常生活无处不在的"微观权力"压迫机制和训规社会。富柯认为 19 世纪前的知识体系是"表征"（representation）和"统一原则"（principle of unity），因上帝创造一切，人非认知主体，只通过表征模拟排列万物固定秩序。现代"工具理性"则有两种特征：多元原则（principle of plurality）取代"统一原则"，"内在性"（immanence）压过了"超越性"（transcendence），现代知识论失去了统一的预设，放弃表征空间，在历史中探求可理解性，人在肯定自己认知的主体同时，也成为"论述的客体"（the object of discourse），沦为"被奴役的君主、被观察的观者"（enslaved sovereign，observed spectator），人巩固了自我，失去了自由，成为被奴役、被监督的对象，执行任务的是"人的科学"。

激进的后现代主义利奥塔则认为现代性是一种哲学上理性追求真理的"大叙事"和启蒙运动的政治解放的"大叙事"，其实"和神话一样，它们发挥了合法化的功能：它们把社会和政治制度与实践、立法的形式、道德、思想形式和象征体系合法化"，① 把未来要实现的"自由""启蒙""普遍繁荣"等理念普适化，实际上是维护资产阶级统治秩序的合法性形式，并非是真理与解放。② 政治和文化保守主义的斯特劳斯则认为现代性就是政治哲学启蒙大众导致的探索美好的生活标准的哲学和大众神学信仰秩序瓦解造成的把一切拉平失去美好生活标准的自由主义多元化格局，即"去高贵的多样性"（disgraceful diversity），"现代性危机"就是相对主义的进步的标准取代美好生活标准的价值"虚无主义"。文化保守主义和社群主义的贝尔则认为现代性危机是价值理性"入世禁欲主义"宗教冲动力失落，工具理性的"贪婪攫取性"经济冲动力和享乐主义盛行的精神危机、价值危机。

20 世纪初诞生的胡塞尔现象学，是当代西方哲学（Western Contemporary philosophy）的一个转折点，胡塞尔现象学认为现代性危机直接的原因对包括物理学和实验性理学的实证主义科学侵入传统哲学领域（取代哲学的研究对象"物质"和"精神"）的"哲学危机"的反应，③ 根本上说是对理性主义膨胀造成的现代社会人存在意义危机和生存危机的"现代性危机"的

① 　[法] 利奥塔：《后现代性与公正游戏》，谈瀛洲译，上海人民出版社 1997 年版，第 181 页。

② 　[法] 利奥塔：《后现代性与公正游戏》，谈瀛洲译，上海人民出版社 1997 年版，第 181 页。

③ 　赵敦华：《现代西方哲学新编》，北京大学出版社 2001 年版，第 103 页。

较早的反思，是理性主义的"现代西方哲学"向"当代西方哲学"转型的标志之一，开启了当代西方哲学的一个重要流派"存在论哲学"或"生存论哲学"。胡塞尔 1936 年著而出版于 1954 的《欧洲科学危机和超验现象学》，指出了欧洲的危机是价值中立、狭隘观念理性的实证主义科学的危机，其实是哲学危机、人存在的危机和文化危机："哲学的危机意味着作为哲学分支的一切新时代的科学的危机，它是一种开始隐藏着、然后逐渐显露出来的欧洲人性本身的危机，这表现在欧洲人文化生活总体意义上，表现在他们的总体'存在'上。"① 然而欧洲社会危机是实证科学危机、文化危机，最根本的是哲学危机，因而最根本的是超越实证科学狭隘理性的主客二分的观念思维方式，为哲学找到"真正科学"更为本源的起点和根基，胡塞尔提出了"现象学的还原"方法："悬置"实证主义科学自然主义立场的一切现成的"存在预设"，在"客观"方面主要是"悬置"物理学的实体性知识预设，在"主体"方面主要是"悬置"实验心理学的心理实体的预设，"回到事情本身去"，直观意识现象本身，只剩下"意向性"活动纯现象本身，非主非客亦主亦客的前对象性反思、前主客二分、前观念理性的中间领域和生发机制，既是显现也是被显现的意义领域。胡塞尔还提出了现象学"本质直观"的方法，在"意向性"对象视域焦点变动中，与无限整体的模糊的边缘域的背景关联，从在场的具体意向活动中让不在场的普遍本质显现出来，从而直观具体特殊现象中的普遍本质。后期胡塞尔的发生现象学，用"现象学还原"的方法，还原掉有关世界的存在的具体设定和理论设定，形成了前反思的、人原本生活体验的、主体间的"生活世界"（life world）的视域，作为人生存的境遇和意义，以及世界存在的可能性、科学知识来源的本源、基础和背景，即"世界作为一切可能的判断基质之视域"。

二、生态现象学的形成

20 世纪 80 年代，在反思"生态危机"的"深生态追问"的"深生态运动"中，西方一些具有现象学知识论背景的学者，把现象学的方法与生态主

---

① ［德］胡塞尔：《欧洲科学危机和超验现象学》，张庆熊译，上海译文出版社 1988 年版，第 12 页。

义的问题意识结合起来，发展出"生态现象学"（Eco—Phenomenology）的方法和理论。美国哲学家伊拉兹姆（Erazimu Kohak）1984年在《灰烬与星辰》一书中最早用现象学的方法研究生态环境问题，"悬置"人造物的经验，回忆、描述人与自然友好的体验。2003年美国出版《生态现象学》论文集，从各个角度尝试用生态现象学的方法取代导致生态危机传统理性主义形而上学概念体系，也不同于环境伦理学的系统论科学知识论基础和伦理分析方法。生态现象学强调区别于生态伦理学之分析方法的独特现象学方法论，强调现象学与生态主义的交叉，研究现象学与实证科学的自然主义的中间地带。U. 梅勒（2003）指出"生态现象学是这样一种尝试：它试图用现象学来丰富那迄今为止主要是用分析的方法而达致的生态哲学。"①"生态现象学"方法，探索不同于以生态科学和复杂性科学为知识论基础、采取分析论和类比、拟人方法，是以人的生存经验为基础、让自然生态事实如实呈现、并描述人和自然和谐交往经验的理论和方法。戴维·伍德认为："生态现象学，这门学科重叠了一种生态学的现象学和一种现象学的生态学，它提供给我们一条道路，可以在现象学和自然主义之间，在意向性和因果关系之间发展一条中间地带（middle ground）。"②

"生态现象学"方法通过"悬置"关于自然生态系统，以及人和自然关系的各种现成的"预设"，探索自然生态系统有意义的本然状态，描述人和自然本然的友好和谐的交往关系，形成狭义的"生态存在论"（Ecological Existentialism）哲学。生态现象学视域下的生态存在论具有如下几个特点：

其一，强调与"环境伦理学"的生态存在论哲学的共同问题意识是"生态危机"意识引发的自然内在价值问题。U. 梅勒在2003年发表的《生态现象》一文中指出，"生态危机的直接原因是过去500年爆炸性的、过快的人口和经济增长。"③根本原因不是科学技术问题，也不是政治经济问题，而是如何理解人、如何理解自然的根本的人类中心论的哲学问题，其精神根源是基督教。环境伦理学派强调以自然中心的内在价值的环境伦理来取代人

---

① ［德］U. 梅勒：《生态现象学》，《世界哲学》2004年第4期，第82页。
② Wood D. What is Eco-Phenomenology.//Brown C S, Toadvine T. Eco-Phenomenology. Albany：State University of New York Press，2003，p.231.
③ ［德］U. 梅勒：《生态现象学》，《世界哲学》2004年第4期，第82页。

类中心主义。"人类中心主义对自然的工具主义态度，主要体现在现代自然科学和技术中的唯物论—机械论的自然观，把自然还原为物理的量值和化学的结合，把自然极端对象化，然后通过工业对自然进行巨大干预，造成生态危机。环境伦理学派利用现代科学最新发展形成的新型非机械论、非决定论、非客观主义的整体论——系统论自然观，试图使得自然重新魅化，从而为自然赋予内在价值。"① U. 梅勒认为当代科学的精神力量及其具体化的技术的物质性操作活动和器械，已经"让这个世界上所有东西变得非其所是"，发生异化，环境伦理学派使得"自然重新魅化"的努力是一种"哲学的假面"，"是非理性和反动的东西"。②

其二，强调"生态危机"引发的核心问题是"自然之异化问题"，生态现象学方法的生态存在论，主张以建立"超验泛灵论"的人与自然的和谐的交往方式或"生态共同体"或"生活世界化的自然"，解决自然的异化问题的"生态危机"。U. 梅勒认为要克服"自然的异化"，除了环境伦理学派改变对自然的态度的思路之外，还有现象学的改变与自然的交往方式的经验和生存实践的方式。生态现象学认为，生态危机"存在于日益变得尖锐和不可调和的介于生活世界和生态之间的冲突"，"存在于日益严重的生活世界和生态之间的异化之中"。③ U. 梅勒认为胡塞尔有两种思想可以和生态现象学在精神上相联系：第一种思想是自然与精神的关系，胡塞尔既主张"悬置"自然主义，又强调精神的自然基础："精神通过身体和感性与自然相联系，根源于自然，浸润于自然，客观的精神成果也要具体化为物质。生态现象学关键问题是进一步规定这个精神基础。"④ 第二种思想是对现代科技的批判，通过先验还原方法，还原出"生活世界"，"生活世界"有可能是人类中心主义的，但也指向"另外一个生态友好的方向，也就是说指向一个负责任的人类中心论方向，或者毋宁说是一个走得更远的生态社群主义（Eco—Communism）的方向"，⑤ 形成"一种与自然的照料—体贴的和有教养的交往

---

① ［德］U. 梅勒：《生态现象学》，《世界哲学》2004 年第 4 期，第 82 页。
② ［德］U. 梅勒：《生态现象学》，《世界哲学》2004 年第 4 期，第 82 页。
③ ［德］U. 梅勒：《生态现象学》，《世界哲学》2004 年第 4 期，第 82—91 页。
④ ［德］U. 梅勒：《生态现象学》，《世界哲学》2004 年第 4 期，第 82—91 页。
⑤ ［德］U. 梅勒：《生态现象学》，《世界哲学》2004 年第 4 期，第 82—91 页。

方式"，① 在意向的相关物的"他者性和陌生性""深不可测性"，形成"对非人自然地敬重和敬畏的情感"，"自然才能处于他自身的原因成为我们关心照料的对象"，② 这是一种"对自然的现象学的重新魅化"，指向"自然单子论共同体"或"生态单子论""先验单子论"，这是"自然之民的历史的原初经验"，一种"新原始主义的形而上学"，是一种"先验泛灵论"，③ 这已经超越了胡塞尔本人的哲学兴趣。

克雷斯·布朗恩强调以"环境的遇见"方法，形成可以体验的"生活世界化的自然"（life-worldly nature）"一种现象学的自然哲学开始于对遭遇者的描述，与这种遭遇者相遇的是生活世界化的自然，也就是说，是优先于理论抽象的我们可以体验到的那个自然。"美国哲学家莱斯特·伊姆布瑞斯（Lester Embrees）根据胡塞尔的"意向性"概念，引申出了"环境的遇见"（Environmental Encountering）的概念，以彻底摆脱现代性学说和生态伦理学在人与自然关系上认识论哲学的二元论。④

三、海德格尔的生态存在论哲学

海德格尔运用胡塞尔的现象学方法，探索存在和人的生存问题，使当代西方哲学实现了由认识论向存在论的转向。海德格尔认为传统理性主义认识论思考的"存在"（Being）是"什么"（What）方法，只是把握到了"存在物"（Beings），而遗忘了"存在"本身，"存在物"意义是实体，是名词，"存在"的意义是过程，是动词"to be"的含义，存在物的存在是自我显现的过程，而只有特殊的存在物人——海德格尔称之为"缘在"（Dasein，张祥龙译为"缘在"，或译为"亲在""此在"），才能以其存在方式显现"存在"，"缘在"的存在过程是"生存"（Existance）行为，人生存的非本真状态是无家可归之被抛状态的"烦"，这是一种与世界、与众人发生密不可分的内在生存遭遇关系的"缘在"生存方式：一是"烦心"，逃避到众人

---

① ［德］U. 梅勒：《生态现象学》，《世界哲学》2004 年第 4 期，第 82—91 页。

② ［德］U. 梅勒：《生态现象学》，《世界哲学》2004 年第 4 期，第 82—91 页。

③ ［德］U. 梅勒：《生态现象学》，《世界哲学》2004 年第 4 期，第 82—91 页。

④ Embree L., The Possibility of a Constitutive Phenomenology of the Environment, //Brown C S, Toadvine T., *Eco-Phenomenology*. Albany：State University of New York Press，2003，p.37.

中去以流言蜚语、无聊、介于他人生活等方式"与他人共在"（Being-with-others），二是"烦忙"，与物"遭遇"，"打交道"，"在世界中存在"（Being-in-the-world），首先是前反思的"得心应手"（Ready-to-hand）的生存实践活动，人与所在的生存环境处于前反思的内在有机统一的生存遭遇关系，只有当生存活动出了问题，如干活时锤子坏了，外物变成"现成在手之物"（present-at-hand）的认识对象，才进入理性思维的反思。这说明人的生存实践活动是第一性的，理性思维是派生的。人生存之非本真沉沦的原因是莫名其妙非对象性的生存情绪"畏"，即"畏死"，不敢正视死亡即作为"缘在"的人之生存着的存在的有限性，故逃到"在世存在"与物打交道的"烦忙"中，逃到"与他人共在"的烦心生存活动中，沉沦于世，沉沦于众人中，以求心安。但"畏"也是本真生存觉醒的契机：只有正视"死亡"作为缘在的人生存的无可逃避性，"向死亡而生"，听从本真良知的呼声，对生存活动进行价值抉择，自觉承担起"在世存在"与"与他人共在"的内在关系的"缘在"的"命运"，才能体验本真生存的意义。海德格尔早期生存论哲学，揭示了人的与世界内在有机统一的生存境遇，强调人和世界前反思的生存活动"遭遇"关系，虽然仍未摆脱人类中心主义，但已经蕴含了在生存活动中人与自然内在统一的"生态存在论"的内涵。

晚期海德格尔与萧诗毅合作翻译《道德经》，受老子"道大，天大，地大，人亦大，域中有四大，而人居其一焉"的大道存在论思想的影响，提出了"生态中心主义"的"天地神人四方游戏说"："天、地、神、人之纯一性的居有着的映射游戏，我们称之为世界（Welt）。"① "天地神人四方游戏说"，既是天人合一的生态存在境域论，也是作为此在的人在世界与自然"亲密性"关系的生态审美的生存方式。这是针对现代工业文明"技术的栖息"异化生存方式，提出的生态存在论和生态审美生存论。晚期海德格尔批判现代科技是一种摆置万物和人，使之为功能性材料的"座架"，使上帝和诸神退隐，使万物和人逃离存在，为克服技术存在的异化存在方式，海德格尔提出了"四方映射游戏说"，以使存在物回归本然自在的和谐共在关系。海德

---

① 孙周兴：《海德格尔选集》，三联书店 1996 年版，第 1180 页。亦见海德格尔《演讲与论文集》，孙周兴译，三联书店 2005 年版，第 187 页。

格尔认为"存在物"是让"存在""在起来"的处所，"物"让"存在""在起来"，物之成为物就是"物物化"（Das Ding dingt），世界之成为世界就是"世界化"，就是"天地神人四方"游戏过程。他说："物化之际，物逗留合一的四方，大地—天空—诸神—会死者（人），让它们逗留在它们的从自身而来合一的（Einigen）四方域的纯一中。""合一"就是存在的四方物整体统一，"纯一"就是在统一中既保持自在本然又"镜像"他物的单纯性，这是一种内在有机统一带有现象学特色的天人合一的"生态境域"存在论。作为会死者的此在的人的生存方式是"诗意地栖居"的生态审美存在的生存方式，此既和谐又自在的生态生存审美生存方式，在技术时代可以"拯救大地"："拯救大地远非利用大地，甚或耗尽大地。对大地的拯救并不控制大地，并不征服大地——这只还是无限制掠夺的一个步骤而已。"①

四、梅洛－庞蒂身体现象学的生态存在论

梅洛－庞蒂（Maurice Merleau-Panty，1908—1961）吸收胡塞尔"生活世界"的理念，结合海德格尔生存论，提出了"身体现象学"。他运用胡塞尔"现象学"方法，悬置经验主义和唯理论的存在观，"回到事物本身"，通过展现"身体—主体"前反思知觉活动的视域，揭示人和世界共在的本源存在方式。梅洛－庞蒂认为，要超越西方传统主流哲学的意识与自然、主观与客观的二元对立，必须放弃经验主义和唯理论两种预设现成的主体与客体二分思路，而要从一种既非自然又非精神、既是自然又是精神的第三层面的"身体性"入手，前期他提出了存在论意义上的"身体—主体"的概念，后期提出了世界基质为"肉体"（flesh）即有生命的身体的说法，有生命的身体组成的世界，不是经验论和唯理论预设的现成的世界，而是一个知觉显示并向知觉生成的"知觉的世界"，知觉是身体—主体向身体以外的空间的延伸，是身体—主体与世界"肉身"（corporeal existence）主体（晚期称"肉质主体"，carnal existence）的主体间原初的"对话"交往关系，不是认识关系。为说明身体主体与世界的主体间有机统一关系，梅洛－庞蒂用了"世界肉身化"（incarnation）的术语。"肉身化"既是身体—主体的外在化，显现

---

① 孙周兴：《海德格尔选集》，三联书店 1996 年版，第 1139 页。

外物，又是世界内在化，外物向知觉显现。身体主体与世界彼此开放，没有主客、内外、身心的二元对立。如此，人与自然内在超越的生态生存与生态存在关系：人和人、人和世界、可见的与不可见的形成了主体间"可逆性"（reversibility）交流的共在关系：我站在他人角度看，别人也站在我的角度观，这是政治对话和社会交往的基础。我看世界，世界也看我，这是艺术审美的境界。世界通过人的知觉显示为可见的实在，是人与世界的对话，不可见的世界通过人显现出来，是大写的存在的沉默语言。

梅洛－庞蒂认为人和人之间关系，并非像萨特所说是互相"对象化"的"主奴关系"对立冲突状态，而是最原初的主体间共在的关系。人最初的"反思"，不是从我思开始，而是从知觉开始，发生于婴儿期间对镜自照的镜像阶段，"儿童生活在他一开始就以为在他周围的一切都能理解的一个世界中，他没有意识到他自己，也没有意识到作为个体性的其他人"。① 婴儿镜像阶段我与我、我与他的分化是最初的反思，梅洛－庞蒂称之为"沉默的我思"，"是自己对自己呈现，是存在本身"②，虽已有人我区分，但非冲突、竞争关系，直觉呈现的他人，既非经验主义所说的生理事件，也非唯理论所说的精神占有者，而是在世存在本身，这虽发生在婴儿期，却伴随我们终生。我和他人的关系是身体—主体间的关系：我的身体在知觉他人的身体，在他人身体中看到自己意向的延伸，一种熟悉的看世界的方式。③ 比如对着婴儿咬自己手指头，婴儿也相应张嘴，这是婴儿前反思地体会到了"咬"的主体间的意向。如进入欢乐的演唱会情景，会不由自主地跟着叫喊。正如我的身体各部分之间相互蕴含，他人的身体与我的身体也相互蕴含。萨特说他人注视的敌对目光，是自我反思以后的一种形式，自我反思不是生存论原初立场，萨特将其绝对化，而忽略了冲突之前的和谐基础。婴儿期"镜像的获得不仅影响我们的知性关系，也影响我们与世界和他人的存在关系。"④ 不仅人和人的生活世界以原初的主体间的存在关系为基础，人与自然的关系也是以原初的主体间的交往存在关系为基础，人知觉的世界是统一的整体，这是人

① ［法］梅洛－庞蒂：《知觉现象学》，姜志辉译，商务印书馆 2001 年版，第 506 页。
② ［法］梅洛－庞蒂：《知觉现象学》，姜志辉译，商务印书馆 2001 年版，第 511 页。
③ ［法］梅洛－庞蒂：《知觉现象学》，姜志辉译，商务印书馆 2001 年版，第 445 页。
④ ［法］梅洛－庞蒂：《知觉现象学》，姜志辉译，商务印书馆 2001 年版，第 445 页。

原初的存在论的"知觉信念"。

人的"身体—主体"在生存论上具有"模糊性"（ambiguity，或译暧昧性，含混性），其知觉经验，既不是如经验论所说是机械刺激—反应的物理事件（自在），也不是如唯理论所说的自明的反思主体根据感觉印象的判断（自为），或如康德所说以主体先验感性知性框架正路经验材料的过程，而是在情境中非反思的不透明背景中的模糊的边缘意识。梅洛－庞蒂认为，"宇宙存在三种秩序：物理秩序、生命秩序和人类秩序，每一种秩序对更高秩序的关系都是部分对整体的关系"，[①] 高级秩序以低级持续为基础又包含了低级秩序，并赋予新意，因而人身包含物理、生理和心理三种辩证法，生理与心理和谐统一时就形成精神，而精神不存在，则生理心理统一体瓦解，生理—心理辩证法失效，便被生理辩证法取代，不再有人的人体—主体显现的世界整体结构。

马克斯·舍勒也跟梅洛－庞蒂一样认为人在存在论上是介于动物和神圣精神之间的中间过渡性存在，是趋向神圣存在的动态的 X，人由自然界进化而来，人的"精神"具有趋向"上帝"的"自由"的超越性特征。但梅洛－庞蒂不赞同舍勒的观点，认为精神并非是现成的自明的反思超越意识，而是依附于身心辩证统一结构，离不开身体性在世存在情景的边缘模糊意识，梅洛－庞蒂称之为"现象场"，或"知觉场"。"身体—主体"知觉，不是超然自立的自明自为的反思意识，而在身体—主体对世界的意向过程，是身体与世界相互蕴含的整体结构，是身体—主体和环境互动的整体格式塔结构化过程，是身体—主体视域对世界背景的扩展和不同身体—主体间视域的融合。

人的"身体—主体"是心身统一的整体，人的"身体—主体"知觉世界的行为方式，不同于低级动物的刺激—反应方式，也不同于其他高级动物的束缚于实际空间的"多样性反应方式"，是以"象征性形式"在实际空间与想象空间自由转换的多角度观察世界的方式，也是人特有的区别于动物的"在世界生存"或"去生存"的方式，这是一个"身体—物体—背景"的，人和世界主体间交往的，整体格式塔结构化过程，既是以"身体—主体"的

---

① ［法］梅洛－庞蒂：《知觉现象学》，姜志辉译，商务印书馆 2001 年版，第 445 页。

前反思的意向能力显现世界的过程，又是世界作为肉身主体之现身的过程。一方面，身体—主体的知觉，出于世界统一性的原初存在的知觉信念，以身体特定境遇、特定视角的知觉，在不断变动的视域中，展现一系列景象，从一个景象过渡到另一个景象，不断扩展，无穷无尽，融入同一个世界；另一方面，世界不是一个现成的世界，而是在"身体—主体"的知觉中不断现身，不断生成的过程，既是身体—主体知觉之触觉、视觉、听觉、嗅觉、味觉多种感觉形式、无尽知觉景象的交汇，又是身体—主体间所有知觉的彼此交汇生成，也是人与世界主体间的对话过程。这包含了梅洛－庞蒂所说的"内在性与超越性的悖论"：对被知觉物来说，所谓"内在性"，是指被知觉物不是外在于知觉者，总是"为我"；所谓"超越性"，指被知觉物总有一些超出知觉的内涵，即超越身体—主体的"自在性"，存在物既在场，又不在场，既当下呈现某些方面，又还有未知的其他方面有待显现。从"知觉场"来看，一方面，在"内在性"上，"知觉场"围绕着身体，随着身体—主体的活动，把一切知觉对境纳入现象，显示为知觉者、知觉对象和知觉场景之间"内在"和谐统一的过程；另一方面，在"超越性"上，世界充满了无穷的丰富性、不可消除的神秘性，指向他晚期所说的大写的存在（Being）。在"现象场"的整体结构中，"内部世界与外部世界是不可分的，'世界就在我里面，我整个就在我外面'"。①

晚期梅洛－庞蒂发现早期身体现象学或生存论哲学仍然没有脱离意识哲学二分的概念框架，身体—主体作为原初不可还原的事件仍是偶然的，故而他提出了"存在场"（the field of being）的概念，以及世界和人的基本元素是"肉"（flesh）的一元存在观，以克服"身体—世界"的二元论，用"视看"（vision）取代了"知觉"，用"肉质生存"（carnal existence）代替了"肉身生存"（corporeal existence），从现象学生存论走向了存在论。

他论述了从本源存在产生存在者的三阶段："可见者""反转自身而朝向它是一部分的可见者整体"，是存在最初的分化；第二，发现自己被整体包围，"形成一种自在的视见性"（visible in itself），即婴儿镜像阶段形成前反思主体间性；第三，出现"两两成对"的"视看"，即审美注视。此外还有

---

① ［法］梅洛－庞蒂：《知觉现象学》，姜志辉译，商务印书馆 2001 年版，第 511 页。

"理智直观",脱离身体的第三只眼睛的存在之视。

晚期梅洛－庞蒂提出"可逆性"(reversibility)的概念。除了身体与主体之间触摸与被触摸的可逆关系,还有人与人之间主体间的可逆性关系,"正在使用的词"(speaking word)与"使用过的词"(spoken word)的语言的可逆性外,最后一部著作《可见的与不可见的》,从语言和世界两方面揭示了"可见的"与"不可见"的可逆性:存在的本体大写的存在(Being),是不可见的结构,沉默不语,是语言的基础。一切关于世界意义的可见的语言表达,开辟新的领域,由可见的转化为不可见的;而对不可见领域的反思,被表达为可见世界的意义,这是从不可见的向可见的转化。

第二节　家族类似的广义生态存在论哲学

广义生态存在论哲学的共同点是整体论的、有机的、内在关系统一的自然观或世界观,但由于研究者的不同信仰和理论基础,其生态存在论观点呈现"家族类似"(Family Resemblance)的特点。"家族类似"是维特根斯坦对语言实践提出的一个理论,说理论范畴无明确固定的边界或共同的本质,无法定义,但至少有一个或几个共同属性互相交叉。广义生态存在论哲学属于深生态运动中关怀"生态危机"的不同学者,基于各自不同的信仰、知识论、价值观和方法论的一种"深生态追问",形成了观点相似的广义的"生态存在论"哲学家族。阿恩·奈斯(Arne Naess)认为"深层生态学"(Deep Ecology)不是一个哲学理念,也不是约定俗成的宗教或意识形态,而是在深生态运动(Deep Ecology Movement)中"有同种生活方式的圈子"①,"深层生态运动的作者,试图从价值优先、哲学、宗教等角度,来阐明潜藏在支配性经济做法之下的基本假设。浅运动则早已停止了这方面的追问和争论。因而深层生态运动其实就是'深追问运动'。"②深层生态学者除了在基本的生态学纲领原则上,以及"对自然的内在价值拥有一致的态

---

① [挪威]阿恩·奈斯:《深层生态学运动:一些哲学观点》,见杨通进等编《现代文明的生态转向》,重庆出版社 2007 年版,第 54 页。

② [挪威]阿恩·奈斯:《深层生态学运动:一些哲学观点》,见杨通进等编《现代文明的生态转向》,重庆出版社 2007 年版,第 58 页。

度"外，最终理论和信仰前提下具有多种思想资源，有基督教、佛教、道教、巴哈伊教或不同的哲学观点。

一、20 世纪 60—70 年代之交有关"生态危机"大讨论

生态危机的发生及其概念的提出，是资本主义工业革命导致生态环境问题日益严重的产物，也是随着信息技术革命的全球化进程人们全球化意识觉醒的产物。"生态危机"的意识发生于 20 世纪 60 年代末到 70 年代末的现代环境运动的社会背景。二战以后，以石油能源、人工合成材料、微电子技术、信息技术人工智能互联网为技术的第三次工业革命（1950—2008）释放的巨大生产力，同时也是巨大的对自然生态环境的破坏力。自 20 世纪 60 年代开始，生态环境问题、气候问题的"生态环境问题"日益凸显。20 世纪五六十年代，环境污染问题成为西方发达社会一个普遍的问题，这就是所谓的第一次环境危机。著名的世界"八大环境公害事件"主要发生在 20 世纪五六十年代：1930 年 12 月 1—5 日比利时马斯河谷工业区、1948 年美国宾夕法尼亚州多诺拉镇、1955 年洛杉矶、1952 年伦敦、1961 年日本四日市的五大毒雾死人事件，以及 1958 年的日本米糠油化学污染死人事件、1953—1956 和 1955—1972 年日本水化学污染造成的水俣病、骨痛病大多发生在五六十年代。第一次环境危机主要是有毒化学品对大气、水、食品、土壤的污染。这引起西方社会各界对生态环境问题的重视，引发了广泛群众基础的现代环保运动。现代环保运动主要发生在美国，其原因：

首先，是二战后美国随着经济和社会发展，大众消费时代的来临，提高了中产阶级对健康生活环境的需求："对景观休闲地方保护""对生活质量和技术对人类健康影响的关切"，"而环境破坏事件推动了公众对环境议题的意识和关切"。

其次，是少数环保积极分子的推动，生态科学和环保读物的影响："生态科学的出现和增加的科学普及出版物（比如卡尔逊的《寂静的春天》）改善了交流系统。"[①] 1962 年无政府主义者卡逊（Rachel Carson）的《寂静的

---

① ［英］克里斯托弗：《西方环境运动：地方、国家和全球向度》，徐凯译，山东大学出版社2005 年版，第 116 页。

春天》(*Silent Spring*)所描述的 DDT 和其他杀虫剂对生物、人环境的危害，以及对"控制自然"观念的批判，遭到许多政客、企业家和专家的攻击，引发对 DDT 等健康和环境危害物的使用危险性大辩论，拉开现代环境运动的序幕，也是深生态运动的开端。

第三，20 世纪 60 年代后美国社会严重社会信仰危机引发的广泛的民权、反战等运动，挑战主流价值，是现代环境运动的广阔背景，现代环保运动与反战运动结合，又称为"绿色和平运动"。1970 年 4 月 22 日美国爆发了 2000 多万人参加的群众性环保运动，这一天后来被称为"地球日"。1970 年尼克松签署《全国环境保护法》，引发了其后多项环保法和环境政策的出台。环境保护基金会（EDF）、全国资源保护委员会（NRDC）和地球之友等第一代专业环境组织出现，各种环保组织人数激增。

生态危机概念的提出，既是生态环境问题日益严重的产物，也是随着信息技术革命的全球化进程人们全球化意识觉醒的产物。20 世纪 70 年代"相互依存"成为一个流行词，90 年代"全球化"（globalization）成为一个流行词。全球化是"全球性"（globalism）不断强化的过程，全球性由多大陆之间形成的相互依存网络构成的一种世界状态，这些相互依存的网络是通过资本和货物、信息和思想、人员和暴力，以及在环境上和生物上相关物质（如酸雨和病原体）连接起来。① 其中"环境全球性指的是在大气层或在海洋中物质的长途运输，或类似病菌或基因物质等影响人类健康和生活的生物物质的长距离传播。比如，消耗臭氧层的化学物质导致了大气层中臭氧层的破坏；由人类活动引发的正在发生的全球变暖；从 70 年代末开始，中非的艾滋病向全世界扩散"，"最近的气候变化在很大程度上是由人类活动造成的。"② 随着全球化进程中生态环境问题的日益凸显，人们形成全球生态系统的观念，"过去 20 年中，人们逐渐开始把地球看成一个体系，并且揭示了地球体系是由大气、土壤、海洋和生物之间复杂联系构成的。能源的流动作为一根主线将这些联系串联起来，能源的流动推动者海洋和大气的环流，产生

---

① ［美］约瑟夫·S. 奈等：《全球化视界的治理》，王勇等译，世界知识出版社 2003 年版，第 1 页。

② ［美］约瑟夫·S. 奈等：《全球化视界的治理》，王勇等译，世界知识出版社 2003 年版，第 4 页。

了气候、光合作用，并且在我们周围产生了光和电离后的对人辐射。伴随能源流动的是全球水循环。另一条主线是碳、氮、氧、硫和磷等主要化合物的流动。最后关于地球体系的现代观点认为生命对地球上相互作用的能源流和物质流产生无所不在的影响。现在认为一种生命形式，比如我们人类，成为造就地球环境的一支重要力量，而人类是我们创造的这个世界所造就的。这种多层次相互作用的结果是，由此形成了一个复杂的变化体系"。基于全球生态体系的视野看待生态环境问题，人们的环境意识全球化，由此形成了全球"生态危机"的意识。

过程神学家科布指出：生态主义的深生态环境伦理学诞生于 20 世纪 70 年代，其灵感来自于环境问题引发哲学家讨论，20 世纪 60 年代末的两篇文章，即 1967 年林恩·怀特的《我们的生态危机的历史根源》（Lynn White，*The Historical Roots of our Ecologic Crisis*，1967）和 1968 年哈丁《公地的悲剧》（Garet Hardin，*The Tragedy of the Commons*，1968.12）为深生态的环境伦理学的诞生准备了知识气氛。[①] 其中林恩·怀特的《我们时代生态危机的历史根源》引发 70 年代学术界对"生态危机"的争论。当代对"生态危机"最早反思的是生态神学家林恩·怀特："生态危机是犹太基督教宗教传统的产物，这种传统把上帝置于自然之外和之上……对人类为了纯粹的人的目标而无限制地操纵和滥用自然提供的辩护。"[②] 这是当代生态主义者最早对"生态危机"的系统反思。20 世纪 70 年代大多数学术争论，都是围绕着辩论林恩有关"生态危机"论文和哈丁的"公地悲剧"。这些争论主要是围绕历史、神学和宗教，而不是哲学，是探讨"生态危机"与基督教神学的关系。1972年美国佐治亚大学召开环境与哲学研讨会，1974 年出版《环境与哲学》论文集，1972 年约翰·B.科布出版《太迟了吗?》，这是第一本由哲学家所写的生态伦理哲学书，主要焦点是神学和宗教。

林恩·怀特的观点是"生态危机"是犹太基督教宗教传统的产物："犹太基督教传统的一神论，只有上帝是神圣的，大自然并非神圣，人是上帝按

---

① A Very Brief History of the Origins of Environmental Ethics，http：//www.cep.unt.edu/novice. html.

② A Very Brief History of the Origins of Environmental Ethics，http：//www.cep.unt.edu/novice. html.

照上帝的样子而造，被赋予宰制大自然的特权。"①他还认为拉丁传统的自然神学关注了解大自然的规律，为征服大自然的科技出现准备了思想基础，间接促进西方生态危机的形成。基督新教只关注人和上帝的关系，不关心大自然。

而白舍客则不同意怀特的观点，认为基督教从源头上是尊重大自然的，《旧约》赞美大自然为造物主设计的智慧，《新约》强调自然万物是上帝"圣言"所造，是人格神爱与智慧的成果。

但科布对上述两种观点持辩证的观点，认为新教关注个人和上帝的关系，对生态危机负有责任，但基督教传统包含人与自然的整体存在，有资源可以应对生态危机："当我读到《我们的生态危机的历史根源》时，我立即看到，就我思想所识取的基督传统而言，他是正确的。他将他的攻击伸延向整个西方基督教主流"，"西方基督教一直是人类中心的，而在多个世纪后变本加厉，这对新教来说尤其确切。正是这种新教为人类中心和个人主义哲学、伦理学、经济学和政治思想的兴起，提供了最重要的环境，这种种加在一起，那些与个人主义的人类中心主义一致的实践便得到支持，这些实践会改变了地球面貌……要承担起使这个星球变差的主要责任。"②不过，他认为新教神学是一个极端的例子。虽然基督教作为一个整体强调个人与上帝的关系，但东方教会正是上帝与整个创造的关系。即使西方教会，也包含社会与自然界的整体。基督教传统在今天有资源回应"我们对生态危机的新意识"③，他提出了"过程神学"的思想。他认为"西方思想的主流，包括新教神学的主流是内在地以知识论为焦点。因为知识论的焦点是内在地以人类为中心，预示着主流便没有恰当地克服人类中心主义"，从过程的思想来看，对圣经思维方法的再发现帮助克服主流的人类中心主义。过程神学不同于神学的环境保护论的"肤浅的生态学"，那种人类中心的处理实践中的生态问题，而是"认识到对我们的智性、文化和宗教遗产进行再思考的重要性"，它是一种"深层生态学"形式。科布在《过程神学》一书的前言中指出：过程神学首先是"过程哲学"的哲学观点的共识，但对现实影响的社会运动为"过程神学"。这里的神与形而上学传统、神学传统和民众信仰传统的"上帝"的意旨是相反的。形而上学传统、神学传统和民众信仰传统的"上帝"是宇宙道德意义上的上帝、不变冷漠的绝对的上帝、作为控制者的上帝、作为现状维护者的上帝、作为男性的上帝。"过程神学"的上帝"两极有神论"（diplar theiam）既是抽象的本质，又是具体的现实过程。抽象的"原生本质"（Primordial Nature），又是过程中创造性、回应的爱。

二、"深生态学"的广义生态存在论

1972 年阿恩·奈斯（Arne Naess，）在布加勒斯特召开的第三届世界未来调查大会做了"浅层的生态运动与深层而长期的生态运动"（"The Shallow and the Deep，Long-Range Ecology Movement"）的演讲，最早提出"浅生态运动"与"深生态运动"（Deep Ecology Movement，DEM）的划分，标志"深生态运动"的开始。奈斯认为"浅生态运动"一味集中在环境问题的技术方面，而"深层生态运动的作者试图从价值优先、哲学、宗教等角度，来阐明隐藏在支配性的经济做法之下的基本假设。浅层（生态）运动则早已停止了这方面的追问与争论。因而深层生态运动就是'深追问的（Deep Questioning）生态运动'"[1]。浅层生态运动解决生态环境问题的措施在资本主义市场经济和自由主义意识形态框架内进行改良，是技术乐观主义的和市场经济体制内的，深层生态学认为这是治标而不治本，或者陷入"科学生态学"的狭隘视野，不考虑社会如何维持生态系统。而深层生态学则探索浅层生态学不愿过问的根本问题，即"深追问"（deep questioning）："寻求一种在整体上对地球上一切生命都有益的社会、教育与宗教，因而我们也在探索进一步实现的必要转变、我们必须做的工作，而不限于一种科学方法。"[2] 即

---

[1]　[挪威] 阿恩·奈斯：《深层生态学运动：一些哲学观点》，见杨通进等编《现代文明的生态转向》，重庆出版社 2007 年版，第 58 页。

[2]　Stephen Bodian，*Simple in means，rich in Ends：A conversation with Arne Naess，Ten Directions*（California：Institute for Transcultural Studies），Zen Center of Los Angeles，Summer/Fall，1982.

生态文化意识的导向下社会文明的生态化转型。

深生态的经典著作安德鲁·多布森的《绿色政治思想》把"浅生态运动"称之为"环境主义"（Environmentalism），把"深生态运动"称之为"生态主义"（Ecologism）："环境主义主张一种对环境难题的管理性方法，确信它们可以在不需要根本改变目前的价值或生产与生活方式的情况下得以解决，而生态主义认为，要建立一个可持续的和使人满足的生存方式，必须以我们与非人自然界的关系和我们社会与政治生活模式的深刻改变为前提。"① 生态马克思主义者戴维·佩珀则把"浅生态"称之为"浅绿色"（light green）、"技术中心主义"（Technologism）、"人类中心主义"，② 而把"深生态"称之为"深绿色"（Dark Green）、"生态中心主义"（Ecocentrism）。

深生态范式与浅生态范式的区别主要有如下四点：其一，在存在论上，深生态持一种整体论的生态中心论的自然观，而浅生态持一种人与自然分离的二元论的人类中心主义的自然观；其二，在价值论上，深生态强调生物和生态系统的内在价值，而浅生态强调人类的主体价值，只承认自然的工具价值；其三，在知识论上，深生态持一种生态系统论和复杂性科学知识观，而浅生态则是还原论、机械论的线性因果知识观；其四，在解决环境问题的实践路径上，深生态强调深生态生活方式和生态政治模式的革命，而浅生态则相信可以在资本主义市场经济社会形态内自然解决，或"通过细致的经济与环境管理解决"，"他们都将信任赋予了古典科学、技术、传统的经济理性（比如成本和收益分析）的有用性以及它们的实践者的能力。"③

（一）"深生态学"的广义生态存在论：具有家族类似特征，大体分两个类型

在终极的生态存在论上，深生态运动支持者具有"家族类似"的特征，可以有不同的宗教信仰和哲学，如佛教、基督教、道教、斯宾诺莎和怀特海

---

① ［英］戴维·佩珀：《生态社会主义：从深生态学到社会正义》，刘颖译，山东大学出版社2012年版，第55页。

② ［英］戴维·佩珀：《生态社会主义：从深生态学到社会正义》，刘颖译，山东大学出版社2012年版，第59页。

③ ［英］戴维·佩珀：《生态社会主义：从深生态学到社会正义》，刘颖译，山东大学出版社2012年版，第39页。

哲学。这是一种广义生态存在论哲学，在深生态运动中关怀"生态危机"的不同学者，基于各自不同的信仰、知识论、价值观和方法论的一种"深生态追问"，形成了观点相似的广义的"生态存在论"哲学家族。目前"深生态追问"的生态存在论思想派别有：生命中心论、大地伦理学、生态中心论、深生态学、生态神学、政治生态学等。奈斯指出："深层生态运动将合理性与一系列哲学或宗教的基础联系起来"，"在最高准则上，深层生态学的支持者并无同一的信念。他们却是对于自然的内在价值拥有一致的态度，但反过来（在一个更深的层次上），从互不相容的最高信念也能达成一致的态度"，"在深层生态学的推演的金字塔结构中作认定合理的论断，并不要求他们在存在论和基本伦理上都一致。深层生态学作为一种信念，亦即随之而来的实践上的建议，可以从一些更为复杂的世界观和不同生态智慧中推演出来。"①

按照对"自然价值"是平等的、还是层级的不同自然价值观，把广义的生态存在论哲学大体分两个类型：其一，生态科学等为知识论基础的自然内在价值论和泛神论的生态伦理学的生态存在论；其二，生态神学、怀特海有机哲学和后现代科学为价值观和知识论基础的"泛经验论"后现代科学的生态存在论。这是生态哲学家约翰·B.科布对深生态伦理的分类。科布认为，有两种生态世界观：

一种是"深度生态学的生态世界观"，"强调生态系统作为一个整体，具有相互依存和统一的特性。价值存在于这个完整的体系之中，而不是存在于每一个单独造物之中。个体是作为这个整体的一员存在的，只有他们投身于整体的复杂的关系网中才是有价值的。顺从于这个整体，一种强烈的神圣感油然而生。若背离这个整体便会产生强烈的负罪感"，"深层生态学……它最接近泛神论"，"一种新形式的泛神论"。②

这种"深度生态学的生态世界观"属于前文提到的深生态运动中主流的"生态伦理学"派别，在"泛神论"的特征上，与前文描述的"先验泛灵论"现象学的狭义生态存在论相似，但由于其生态科学知识论基础，以及环

---

① ［挪威］阿恩·奈斯：《深层生态学运动：一些哲学观点》，见杨通进等编《现代文明的生态转向》，重庆出版社 2007 年版，第 61—62 页。

② ［挪威］阿恩·奈斯：《深层生态学运动：一些哲学观点》，见杨通进等编《现代文明的生态转向》，重庆出版社 2007 年版，第 87—88 页。

境伦理的拟人化和类比方法，被现象学的生态存在论批评为"是非理性和反动的东西"。

另一种生态世界观是柯布赞同的建设性后现代科学的后现代世界观，"但与深层生态学相异的是，它不可能是泛神论的，因为每一个个体都有其自己稳定的现实、活动以及本身存在同时对自己而不是他人有利的价值。个体对整体也具有价值，整体本身必须是有别于其他的活动，尽管一切有着内在的联系。"①

德赖泽克将广义的"深生态学"（Deep Ecology）或"生态主义"（Ecologism），称为"绿色激进主义"（green radicalism），即主张激烈地根本改变工业资本主义现实的思想，并根据其世界观和对现实的态度，将其分为"绿色浪漫主义"和"绿色理性主义"。

绿色浪漫主义，继承了浪漫主义审美体验的传统，发展了被早期浪漫主义拒绝的启蒙理性的批判传统，形成生态理性的批判，强调改造世界首先是改造人们的精神意识，把政治、经济和社会结构的转变，化约为精神意识和生活方式的改变，一是形成整体主义的泛神论的体验世界的方式，强调生态极限，强调身心内部自然和外部生态自然的统一，反对经济理性主义的工具算计，女权主义还加上反对父权制；一是培育生态敏感性（ecological sensibility）和生态主体性，其中"生物区域主义"（Bioregionalism）和"生态共同体主义"（Eco-communalism），主张全新的区域生态公民权的意识，并认为主体性不仅限于人类，自然也蕴含着意义和目的，个别动物、物种、生态系统甚至整个行星，都具有主体能动性。

绿色理性主义即绿色现实主义，从工业主义世界观占压倒优势的现实出发理解"生态事物的复杂性"②，认识到绿色敏感性的提高可以保持人与自然的和谐。绿色理性主义致力于实现社会结构、制度和意识形态变革的政治改变，主要有绿党的政治生态学、生态无政府主义的社会生态学运动以及美国的环境正义运动、全球穷人的环境正义运动、反全球化运动、动物解放运

---

① ［美］小约翰·科布：《生态学、科学和宗教：走向一种后现代世界观》，马季芳译，杨通进等编《现代文明的生态转向》，重庆出版社 2007 年版，第 93—94 页。

② ［澳］约翰·德赖泽克：《地球政治学：环境话语》，蔺雪春译，山东大学出版社 2012 年版，第 200、185 页。

动，开始被德赖泽克称之为"生态理性主义"，后来他取消了这个说法。这类通过政治行动加以解决社会和生态危机的替代方案，既强调生态极限，也强调生态系统的复杂性。在人与自然的关系上，绿色政治，尽管强调平等主义，但也强调平等的政治结构制约的经济领域的竞争性关系。准无政府主义的社会生态学则批判权威主义等级制，强调人类系统与自然系统的生态复杂性关联。绿色理性主义强调自然的有机隐喻，也强调生态理性。

我们认为，从深生态哲学各派关注问题的侧重点来看，大体分为四类："生态存在论"派（生态科学派、生态现象学派、狭义深生态学）、"生态伦理学"派（生物中心论、生态中心论）、"生态社会学"派（社会生态学、生态女权主义、生物区域主义）以及生态文明综合派。建设性后现代主义的"过程神学"属于生态文明综合派，综合了绿色激进主义和绿色现实主义两个方面，既主张在批判机械主义二元论现代性基础上，以怀特海过程思想为基础，形成有机整体论的生态文化，进行生态文化革命，又主张批判现代经济学的个体主义的经济人假设，形成共同体经济学范式和生态经济建设模式，并提供了替代资本主义工业文明的有机马克思主义的生态文明方案。"政治生态学"是绿党的意识形态，其意识形态的理想是"生态主义"的绿色激进主义，其现实的执政纲领则是"绿色现实主义"或"绿色理性主义"。威尔伯的意识频谱学，依据"全子四象限理论"（Holon-Four-Quadrants Theory）知识论框架，形成深生态全子层级进化系统。本章只是论述生态存在论、生态神学和狭义的深生态学和威尔伯的深生态存在论，在其后的各章再分别论述深生态伦理学、社会生态学、生态女权主义、生物区域主义和过程神学的生态文明综合视域等。

（二）奈斯"深生态学"的生态存在论

"深生态学"由阿恩·奈斯（Arne Naess，1912—2009）创立，并由美国学者德韦尔（Bill Devall）、塞申斯（George Sessions）和澳大利亚学者福克斯（Warwick Fox）发展起来的"生态主义"的一个思想流派。美国加里·斯奈德（Gary Snyder）提倡深生态生活方式，被称为"深层生态学的桂冠诗人"。20 世纪 80 年代艾伦·德雷格逊（Alan. R. Drengson）主编的《先锋号：生态智慧》（Trunpeter）刊物在加拿大创刊，标志深生态学已成为生态主义影响较大的流派。德雷泽克指出："深生态学的名称及其初始内容是由挪威的哲学家阿恩·奈斯赋予的，他只想对改良工业社会的某些实践的'浅生态学'运动作一对照。随后的发展主要出现在美国，尤其是西部各州。在那里，它逐渐与激进的荒野保护团体'地球第一！'以及像爱德华·艾比和巴里·洛佩兹（Barry Lopez）这样的自然作家联系起来。"①他们将浅生态运动总结为旨在"反对污染和资源消耗"，其中心主题在于保护"发达国家人民的健康和财富"。相比而言，深生态学则采取"理性的、全景的"（total-field）观点，抛弃了人类中心主义的"人处于环境中心的形象"，而采取"更整体的和非人类中心的方法。"② 奈斯指出："浅层生态学与深层生态学之间关键的差异在于，后者公开地对每一个经济的、政治的政策予以追问并深知这种追问的重要性……它绝不将任何事情视作当然而是坚持不懈地追问'为什么'。""浅的环境做法只是一味地集中在环境问题的技术方面，这便使公众对于至关重要的、非技术的、与生活方式有关的环境问题更加消极和漠不关心了。深层生态运动的作者，试图从价值优先、哲学、宗教等角度，来阐明潜藏在支配性的经济做法之下的基本假设。浅运动则早已停止了这方面的追问和争论。因而深层生态运动其实就是'深追问运动'。"③

1. 深生态运动和深生态学的研究现状

关于"深生态学"，国内外学术界都有狭义和广义两种理解。美国学者戴维·贾丁斯指出：深生态学"没有固定的哲学渊源，也不是某一传统的系统哲学"，所有非人类中心理论的一般描述都提到奈斯创造的这个词，属于"生态主义思想流派"。这是对"深生态学"广义的理解，指非人类中心主义或"生态主义"的反思生态危机的思想流派。他还指出："最近这几年'深生态学'这一术语主要指由奈斯、比尔·德维尔（Bill Devall）及乔治塞申斯（George Sessions）的作品提出解决环境问题的方法。"这是狭义的理

---

① [澳] 约翰·德赖泽克：《地球政治学：环境话语》，蔺雪春译，山东大学出版社2012年版，第200、185页。

② [美] 戴维·贾丁斯：《环境伦理学：环境哲学导论》第3版，林官明、杨爱民译，北京大学出版社2002年版，第240页。

③ [挪威] 阿恩·奈斯：《深层生态学运动：一些哲学观点》，见杨通进等编《现代文明的生态转向》，重庆出版社2007年版，第58页。

解，认为"深生态学"是以奈斯及其基本思想为核心的跟生态女权主义、社会生态学、生态神学、生态区域主义并列的"绿色激进主义"思想流派和运动。

国外"深生态学"研究比较系统。德韦尔于1980年发表了《深层生态运动》一文，系统介绍了深生态运动。[①] "2001年，德韦尔发表《深层生态运动回顾：1960—2000》一文回顾了深生态运动从1960—2000年的40年历程。德韦尔（2001）研究了荒野经历对深生态学的积极作用（2001）。"[②] "2010年，德韦尔与德雷格逊发表了《深层生态运动的起源、发展及未来展望》，研究深生态运动的深层生态运动的历程。"[③] 德韦尔和塞申斯在1985年合著《深层生态学》，比较全面系统地总结了奈斯的深生态学。[④]1995年，塞申斯出版《面向21世纪的深层生态学》介绍21世纪深层生态学的发展愿景。福克斯（Warick Fox）1990年著《超越个人的生态学》，系统和深入阐述深层生态学的思想体系。[⑤] 1984年，奈斯和塞申斯在加利福尼亚死亡谷（Death Valley）野营时，提出了深层生态运动的8大纲领（Glasser 1997）。[⑥] 德韦尔《手段简单，目的丰富：深层生态学实践》研究了深层生态运动实践，提倡"手段简单和经验丰富"生活方式，是非暴力行动社会改造的范例。

我国国内关于"深层生态学"研究相对较少。在学术著作的出版上，只有雷毅2001年《深生态学思想研究》（清华大学出版社，2001）和2012年出版的《深层生态学：阐释与整合》（上海交大出版社2012年）两种。早在1999年雷毅在徐嵩龄主编的《环境伦理学进展：评论与阐释》（社会科学

① Bill-Devall，The Deep Ecology Movement，Natural Resources journal. 1980 April. Vol. 20，pp.299-322.

② Bill Devall，The Deep Long-Range Ecology Movement：1960-2000—A Review，Ethics The Environment. Spring，2001，pp.18-41.

③ Alan Drengaon and Bill Devall，The Deep Ecology Movement：origins，Development & Future Prospects. The Trumpeter. Volume 26，Number 2（2010），pp.48-69.

④ George Sessions，*Deep Ecology for the Twenty-First Century*，boston：Sh，Inc. 1995.

⑤ W. Fox，*Toward A Transpersonal Ecology*，Shambhala. 1990.

⑥ Devall B. and Sessions G.，*Deep Ecology：Live as if Nature mattered*，Gibbs M，Smith，Inc，Salt Late City，1985，p.70.

文献出版社）就专门有《深层生态学论纲》的研究内容。研究文献，经中国知网检索，以"深生态学"为篇名，自 1999—2020 年底，汉语文献共有 42 篇，内地有关文章 33 篇，其中博士论文有王秀红《阿伦·奈斯深层生态学思想研究》（湖北大学，2017）1 篇，硕士论文 5 篇。其他 30 余篇论文，大多是对"深生态学"的广义理解：以"奈斯深生态学"为篇名检索，只有 3 篇文章和 1 篇硕士论文：孟献丽、王玉鹏：《价值与局限：奈斯深生态学思想评析》（《自然辩证法研究》，2015），王继创等《论阿伦·奈斯深生态学的伦理实践策略》（《哈尔滨工业大学学报》（社会科学版），2013），夏承伯等《深生态学：探寻摆脱环境危机的生存智慧》（《鄱阳湖学刊》，2012）和武强《论奈斯深生态学中的实践智慧》（山西大学，2012 年硕士论文），其他大多是广义的"深生态学"视域下的各方面研究文章：生态经济、生态政治、生态法学、生态马克思主义、生态女性主义、海洋环境、爱情生态、中国传统儒家、道家和佛家的深生态思想等。

2. 奈斯思想的渊源、特点及其解决生态危机的思路

奈斯认为深生态支持者仅有少数人是专业哲学家，"深层生态学并非是一个完成了的哲学体系"。戴维·贾丁斯认为深生态学家把其哲学渊源追溯到与平肖争论的缪尔，卡森《寂静的森林》对人类中心主义的批判，怀特对西方基督教的批判，以及 19 世纪梭罗的浪漫主义思潮，认为他们都是深生态学的先驱。[1] 德韦尔和塞申斯则认为，奈斯的思想渊源有：传统存在论的永恒哲学，西方浪漫主义文学传统，现代的生态科学与"新物理学"，基督教、道教、佛教的哲学，女性主义思想，海德格尔存在论思想，以及施耐德、杰弗斯、缪尔和布劳尔等人思想。[2] 根据奈斯的著作的论述看，其深生态学思想渊源有如下几点：

第一，奈斯的思想与斯宾诺莎的泛神论思想有关。福克斯（Fox）持此观点，奈斯在某著作引言也说："我对哲学的兴趣始于斯宾诺莎的伦理学。十七岁我很幸运能用拉丁文阅读他的作品。我欣赏斯宾诺莎伟大的远见并毫

---

① ［美］戴维·贾丁斯：《环境伦理学：环境哲学导论》第 3 版，林官明、杨爱民译，北京大学出版社 2002 年版，第 241 页。

② Alan Drengson，Communication Ecology of Arne Naess（1912-2009），*The Trumpeter*，Volume 26，pp.79-118.

不保留地信任。"① 奈斯还多次说过："斯宾诺莎是我思想体系构造的主角。"②
斯宾诺莎的泛神论的整体存在论思想影响了奈斯的思想，他曾指出："大自
然并非如机械论科学所说那样被动、僵死和价值中立，而如斯宾诺莎所说，
积极完美，包罗万象，具创造性（能动的自然）和无限多样性，并具泛灵论
的倾向。"③ 20 世纪 70—80 年代奈斯先后发表《斯宾诺莎及其对自然的态度》
（1973），《自由与斯宾诺莎的决定论一致吗?》（1974），《自由、情感与自我
存在：斯宾诺莎伦理学中心结构》（1975），《斯宾诺莎与生态》（1977），《环
境伦理学与斯宾诺莎伦理学》（1980），说明"深生态学"与斯宾诺莎的关系
以及其"泛神论"特征。

　　第二，与佛教的思想有关。奈斯在《格式塔思维与佛教》一文中指出：
格式塔整体即佛性："唯有整体，即将事物的客观性质、性状与事物反复出
现的特征相结合而形成的整体，才能具有佛性。""佛教把慈悲扩展到所有存
在物，意味着在所有存在中看到了大我。没有这种认同，事物就是外在的、
无生命的，不可能成为慈悲。"④ 奈斯认为佛教"万物皆可成佛的信念是建立
在对主——客二元论的拒斥基础上"⑤，佛教的开悟是包括主客体中介在内的
整体过程。

　　第三，与甘地思想有关。1974 年他发表《甘地与群体冲突：非暴力不
合作探索》，说明他的思想与甘地思想的关系。奈斯曾表示他是甘地非暴力
思想的崇拜者，"他的形而上学征服了我"⑥。奈斯专门写了《甘地解决冲突
思想的系统化》一文来讨论甘地的非暴力思想，指出其"非暴力系统 D"

①　Naess A.，*Author's Introduction to the Selected Works of Arne Naess*，Volume X（Deep
　　Ecology of Wisdom），Netherlands：Springer Press，2005：Lix.

②　W. Fox，*Toward A Transpersonal Ecology*，Shambhala，1990，p.104.

③　Naess A. Sprinoza and Attitudes，*The Selected Works of Arne Naess*，Volume X（Deep
　　Ecology of Wisdom），Netherlands：Springer Press，2005，p.386.

④　Naess A.，Gestalt Thinking and Buddhhism，*The Ecology of Wisdom*，Berkeley：Counterpoint
　　Press，2008（6），p.196.

⑤　[挪威] 阿恩·奈斯：《深层生态学运动：一些哲学观点》，见杨通进等编《现代文明的生
　　态转向》，重庆出版社 2007 年版，第 199 页。

⑥　Naess A. Self realization：an ecological approch to being in the word. In Alan Drengson Bill
　　Devall ed. *Ecology of Wisdom*，Berkeler：Counterpoint Press，2010，p.84.

（Systematization D）分层的逻辑结构，与奈斯的深层生态运动八条纲领非常相似："最高原则是 N1 寻求完全的自我实现，然后推导出以下 5 个假设：H1（假设 1）完全的自我实现以寻求真理为前提；H2（假设 2），所有生命是一个整体；H3（假设 3），对自己的暴力使得完全的自我实现成为不可能；H4（假设 4），任何生命的暴力就是对自己的暴力（源自 H2）；H5（假设 5）：对任何生命的暴力使完整的自我实现不可能（来自 H3 和 H4）。然后是第二级的伦理规范原则 2：N2（伦理规范 2）：实现非暴力、追求真理（来自 H1 和 H5）。然后依次是较低的规范：N5—N16 是第三等级的规范。N17—N25 是第四等级的规范。"① 奈斯认为甘地思想推导过程是"自我实现—非暴力"。甘地非暴力思想中的终极信仰与其"大写的自我实现"联系在一起："很多人听到他亲自说的终极目标时感到惊讶，他说他所追求并已为之追求了三十年的目标是——自我实现，朝向上帝，达到涅槃。"大写的自我实现是不断扩大自我认同的过程："每一生物都通过自我的不断扩大而亲密相连，认同的能力也随之产生。"②

　　第四，与格式塔整体思维和海德格尔现象学存在论有关。奈斯在《生态哲学的塔本体论》（Gestalt thinking）一文论述客观存在的格式塔特征。③格式塔心理学 1912 年最早由 M. 威特海默、科勒和库尔特·考夫卡提出。格式塔采用了胡塞尔的现象学观点，奈斯指出"现象学观点有助于发展对自然的直接经验中的非工具性、非功利性的内容"④。根据胡塞尔的观点，现象学"还原"的方法就是，要求"悬置"一切"自然主义"主体和客观存在的预设，直观意识现象本身。胡塞尔的"本质直观"的方法，在现象中直观本质。格式塔心理学采取现象学的方法，观察现象本来是整体的。1974 年奈斯发表《海德格尔》说明其思想与海德格尔存在论有关，奈斯认为，"构

---

① Naess A., *Self realization*：*an ecological approach to being in the word*. In Alan Drengson & Bill Devall ed. Ecology of Wisdom，Berkeley：Counterpiont Press，2010，p.84.

② Naess A., *Self realization*：*an ecological approach to being in the word*. In Alan Drengson & Bill Devall ed. Ecology of Wisdom，Berkeley：Counterpiont Press，2010，pp.84-85.

③ Naess A., *Ecosophy and Gestalt Ontology*，in George Sessions，Ed. Deep Ecology for the 21st Century，Boston：Shambhala Publication Inc，1995.

④ Naess A., *Ecology*，*community and lifestyle*，Cambridge university press，1989，p.51.

建本体论尝试的思路更靠近于海德格尔的现象学方法而不是笛卡尔的方法，这种尝试试图改变人们关于人与自然关系的观念"。① 奈斯认为，格式塔思维与海德格尔现象学存在论方法是一样的。奈斯尽管没有具体地运用"生态现象学"的方法，但奈斯所把握的"实在"（reality）类似于"生态现象学"讲的"生活世界化的自然"："实在的特征既不是主观的，也不是客观的，实在是包含主体、客体和媒介三者在内的融具体内容和抽象结构于一体的。"② 德维尔和塞申斯认为海德格尔对"深生态学"的贡献主要是三点：其一，批判西方中心主义的哲学；其二，提供了不同于传统认识论的存在之"思"（thinking）的诠释论方法；其三，诗意地"栖居"（to devell）大地的思想。迈克尔·齐默尔曼（Zimmerman M.）认为晚期海德格尔"让事物如其所是而出现"（let things be）的观念，跟奈斯的"让河流自己流淌"（let river live），都是生态中心主义的平等论。

　　奈斯思想的特色是学习生态科学，却以存在论的深生态学超越之：奈斯的思想来源与"生态科学"有关，但以形而上学的生态存在论哲学为主。奈斯认为"生态学'万物一体'的定理适用于自我与其他生物、生态系统、生态圈以及地球自身及地球史的联系"。③ 他认为生态科学帮助人们理解自然生态系统，帮助分析生态环境问题并开出相应的解决方案。生态科学反对任何快速解决环境问题方案，主张保守地对待环境："科学家几乎不可能预测出某种新的化学物质对即使生态环境的一个小的影响。"④ 面对科学上的不可知，"干预产生严重的不期望的后果不可能再恢复到原来的状态。"⑤ 生态科学还可以有助于生态伦理的理解，为我们提供思考深层哲学问题的模式。奈斯说："生态学知识和生态工作者的生活方式暗示、鼓舞并加强了深层生态

① Naess a., *The world of Concrete Contents*, In Glasser & Alan Drengson ed. The Selexted Works of Ame Naess, Volume X (Deep Ecology of Wisdom), Netherlands: Springger Press, 2005, p.449.

② Aaess A., *The World of Concrete Contents*, In Glasser & Alan Drengson ed. The selected Works X (Deep Ecology of Wisdom), Nethlands: Springer Press, 2005, p.460.

③ Naee A., *Self realization: an ecological approch to being in the word*, In Alan Drengson & Bill Devall ed. Ecology of Wisdom, Berkley: Counterpoint Press, 2010, pp.84-85.

④ Naess, *Ecology, Community and Lifestyle*, Cambridge University Press 1989, p.26.

⑤ Naess, *Ecology, Community and Lifestyle*, Cambridge University Press 1989, pp.26-27.

运动的观点。"[1] 但奈斯认为：过分依赖生态科学有两个危险：一是，上升到"全方位世界观"的危险：不能从生态科学的"实然"推到伦理政治的"应然"，不能从科学推导出认识论和形而上学。二是，过分依赖生态科学，将使我们受到标准的浅的技术快速修复希望的诱惑，将注意力由物理力学模型转换为生态模型，会鼓励公民将生态决策权交给专家。

深生态学更重视"形而上学的生态学"，即存在论的生态学，或生态存在论。受生态科学多样性、整体性及相关性观点的启发，深生态学寻求替代的世界观，追溯生态危机的基本哲学原因，解决的方法是转变世界观和实践。这涉及传统形而上学的问题：人性是什么？人与自然的关系是什么？真理的本质是什么？这属于形而上学存在论问题。深生态学将许多问题追溯到形而上学存在论问题。现代工业社会有自己的主流的形而上学哲学，深生态学要把这个主流的形而上学哲学替代为吸收了生态学成分的世界观，即形而上学的生态学（存在论的生态学），而不是科学的生态学。主流的工业社会的形而上学是个体论和还原论（reductionistic），视个体为真实，将物体还原为基本单位，然后根据物理法则相互联系，是机械论的，将人和自然分离，把人看作是意识、自由意志或精神，失去了整体论的视野。深生态学认为主流存在论假设人和环境之间的人为区别，导致生态灾难。而"深生态形而上学"从生态学得到启示，提出生态整体论观点，将人看作是环境的一部分，人与环境其他部分相互关联，环境决定人类。奈斯谈到"相互联系、全景反映"时暗示：我们人类由"我们"的关系构成，人只是不同种的生物，没有单独的人和人以及人和自然的关系。福克斯（Warwick Fox）明确指出："在存在上我们不能做断然的存在论划分是出于这样的想法：事实上人与非人王国之间并无本质区别。就我们的感知边界来讲，我们缺乏深生态意识。"[2] 此生态存在论的世界观可以解决生态危机的存在论哲学根源。

"深生态学"认为目前"环境危机有其深层的哲学根源，想治疗目前

---

[1]　Naess A., *The Shallow and The Deep*, *Long-Rangge Ecology Movement*：*A Summary. Inquiry*, 1973 (16), pp.95-100.

[2]　Warwick Fox, "*Deep Ecology*：*A New Philosophy for our time?*" Ecologist 14 (November-December 1984, pp.194-200. as quoted in Devall and Sessions, *Deep Ecology*：*Living as if Nature Mattered*, p.66.

的危机就必须在哲学见解（out—look）上发生较大的改变。这一改变包括个人的和文化的转变，它会'影响基本的经济和意识形态结构（ideological structures）。简言之，我们需要个人角度和文化角度转变自己。……是'唤醒一些非常古老的东西'"①，应回到传统整体论的存在论世界观，培养"生态意识"，认识"人类、植物、动物以及地球乃是个整体"。"深生态学"认为环境危机在哲学危机，其解决生态环境问题的思路是唯心主义和浪漫主义的：强调意识、思考方式、感知的生态化转向的作用，以生态整体论终极信仰为基础，培育"新型的生态感知"（ecological sensibility），他们认为"社会结构、制度和政策都被看成是没有它们自己独立的生命，而是可以最终被还原到社会成员的原初感知上来。因而，绿色意识天然地站到了唯心主义的哲学传统当中。推动社会前进的是思想，而不是物质力量：因而改变世界的关键是改变思想。"②

3. 奈斯的深生态存在论思想的基本内涵

奈斯认为深生态学运动持一种"总体观念"（total views），这些深生态存在论观念有不同的多元终极信仰、原则和生态实践。奈斯将其分为四层"金字塔结构"：最高层次是终极存在的最高原则；第二层次是八条行动纲领和基本原则；第三层是从第一、二层次推导而来的规范的结论和事实假说；第四层是具体行动规则。

跨文化的基本结构框架：追问和衔接表达的 4 层次		
层次一	个人哲学、终极原则前提和假设	道教，基督教，生态智慧 T，等等
层次二	运动平台原则，如深生态运动八条原则	和平运动、深层生态运动，等等
层次三	政策	政策 1，政策 2，政策 3，等等
层次四	实际行动	实际行动 1，实际行动 2，实际行动 3，等等

① Warwick Fox，"*Deep Ecology：A New Philosophy for our time*？"Ecologist 14（November-December 1984）：p.194-200. as quoted in Devall and Sessions，*Deep Ecology：Living as if Nature Mattered*，p.66.

② ［澳］约翰·德赖泽克：《地球政治学：环境话语》，蔺雪春译，山东大学出版社 2012 年版，第 195 页。

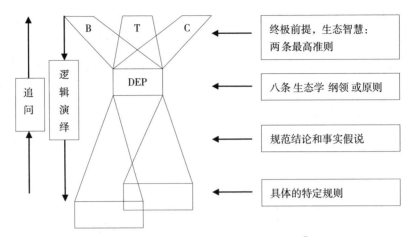

图 2-1　深层生态学的理论派生关系图①

第一，终极的存在：生态智慧"自我实现"唯一最高原则（Ultimate norms）。

与一般环境伦理学相比，奈斯更关心存在论问题："深层生态学是深层的，那么它就必须涉及我们的基本信念，不仅是伦理学。伦理学服从于我们体验世界的方式。"②奈斯认为终极存在的观点，是深生态学理论的最高层次，不同的哲学和宗教信仰各有不同，很难统一，"在最高原则上，深层生态学的支持者并无同一信念"③。奈斯称之为 Ecosophy，指出"今天我们需要的一种及其扩展的生态思想，我称之为 Ecosophy。Sophy 来自希腊术语 sophia，即智慧，它与伦理、准则、规则及其实践有关。"④Ecosophy 有人译为"生态智慧"，有人译为"生态哲学"。奈斯在终极信仰层次上采取信仰多元主义的立场，不同思想流派有不同的终极信仰。奈斯称自己的终级智慧为"Ecosophy T"，即"生态智慧 T"。T 是有人认为是他经常登山遇到的石头

---

① ［挪威］阿恩·奈斯：《深层生态学运动：一些哲学观点》，见杨通进等编《现代文明的生态转向》，重庆出版社 2007 年版，第 60 页。

② Naess A., *Ecology. Community and Life style*，Cambridge：Cambridge University Press.1989，p.20.

③ ［挪威］阿恩·奈斯：《深层生态学运动：一些哲学观点》，见杨通进等编《现代文明的生态转向》，重庆出版社 2007 年版，第 61 页。

④ Stephen Bodian，*Simple in* Means，Zan Center of Los Angeles，Summer/Fall，1982，pp.10-12.

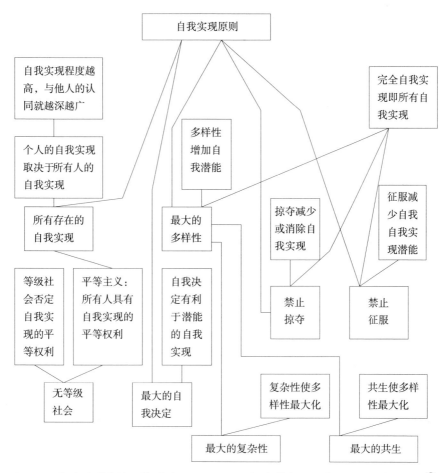

图 2–2　加拿大学者德雷格逊（Alan Drengson）有关奈斯理论逻辑结构的二维图①

小屋（Tvergastein），代表奈斯特色的终极生态智慧，其他人可以是基督教"生态智慧 C"，也可以是佛教"生态智慧 B"，还可以是生态哲学的"生态智慧 P"等。他阐释了自己的生态智慧 T 唯一最高原则，即"自我实现"（Self-realization）原则。

　　奈斯在《深层生态运动：一些哲学的观点》一文明确指出："生态智慧 T 只有一个最高原则：'自我实现'。……建立在内容广泛的大写的'自我'

---

① 　Alan Drengson，Communication Ecology of Arne Naess（1912-2009），*The Trumpeter*，Volume26，Number2，2010，pp.101-102.

（Self）与狭义的自我中心的自我相区别的基础上，这在东方的某种'阿特曼'传统中已经认识到了。"①

奈斯认为其存在论信念的存在，是一个大写的自我（Self），这不是自我中心的狭义的私我，类似于印度教的"阿特曼"，中国道教的"道"。

奈斯的大写的"自我"或"生态自我"的终极存在论信念，是在传统形而上学哲学和生态科学启发下，通过一种哲学推导方法得出的结论，不是一个心理学的概念。奈斯指出："大写的自我实现的灵感，来源于传统的形而上学，而多样性、复杂性和共生等概念，则来自于生态学。"②

首先，生态自我第一个含义是存在论意义上等同于印度教"阿特曼"或道家"道"的终极信念。不同于宗教的神秘体验终极境界的不可思议，奈斯的"生态自我"是其理论体系的最高假设，逻辑起点。"我所说的'大我'，中国人把他称作道。"③ 但是生态自我并非抽象的自在，而是人与自然内在统一性泛生命力的自为的、有机的、整体的存在，可以不断地自我实现，是人与自然共在的自我认同境界和生存境界。奈斯的存在观是非二元论的，人与自然一体的：人终极生存的境界与自然整体的存在是不二的，人最高的生存认同就是自然整体本身。

其二，生态自我的第二个含义，是生态学揭示的多样性、复杂性和共生性的特征，是人参与着的，通过人的生存展现的，具有多样性、复杂性和共生性的生命共同体。奈斯指出：这一原则更通俗的表达就是"活着，让他者也活着"，由此推导出第一个术语"普遍的共生"。但普遍的共生也会被误解为了机体牺牲个体。所以他又推导出第二个术语："最大化的（广泛的、全面的）多样性。"④ 由此推出如下假设：一个人自我实现程度增加时，对其

---

① ［挪威］阿恩·奈斯：《深层生态学运动：一些哲学观点》，见杨通进等编《现代文明的生态转向》，重庆出版社 2007 年版，第 63—64 页。

② Naess A., *The Connection of Self-Realization with Diversity*, *Complexity*. In Glasser&Alan Drengson ed. *The Selected Works of Ame Naess*, Volume X（Deep Ecology of Wisdom），Netherlands：Springer Press，2005，p.531.

③ Bill Devall and George Sessions, *Deep Ecology*, Salt Lake City：Gibbs Smith, Publishers, Peregrine Smith Books, p.76.

④ ［挪威］阿恩·奈斯：《深层生态学运动：一些哲学观点》，见杨通进等编《现代文明的生态转向》，重庆出版社 2007 年版，第 64 页。

他的人的认同会必然增加。"我们在其他存在者中看到自己，其他存在者也会在我们身上看到他们自身。"最终，推出如下原则："为所有存在者的自我实现"。①

奈斯称自己从斯宾诺莎那里学到了整体性和自我完善的思维，学到了"最重要的事是成为一个完整的人"，即"在自然之中生存"（being in nature）②，生存就是不断扩展自我，认同生态整体性大我的过程，"包括了地球上连同它们个体的自我在内的所有生命形式"，是"最大化的（长远的、普遍的）自我实现"。③

奈斯说的自我实现，要经过从"本我"（Ego）到社会的我，再到"形而上学的自我"或"生态自我"（Ecological Self）三个阶段。"生态自我表明自我实现是在生态共同体的整体共在的过程实现的，是一个不断扩大自我认同、超越狭隘小我的过程，是一种精神境界的升华，是深生态存在意识的形成。"④

奈斯的"自我实现"来自于斯宾诺莎的"自然倾向"，是一种事物保持自己生存，保持"自己的本质"的先天倾向，也就是自我保护（self preservation），奈斯用"自我实现"代替之，具有更积极的自我超越的含义。奈斯的"自我实现"，不同于马斯洛人本主义心理学的"自我实现"。马斯洛的"自我实现"是在人本存在论哲学导向下，经验观察和心理学家自我心理体验相结合而形成的一个概念。"自我实现"的人，体验到存在的价值，具有心理学描述的人格特征：敏锐的洞察力，悦纳自我、他人和自然，具有自然、自发性，献身于事业以问题为中心，超然独立喜欢独处，自立于文化环境的独立性，对人类的爱，民主的性格、深厚的人际关系，幽默富有创造力，超越二元对立等。其中马斯洛特别提到自我实现者的类似于宗教体验的

---

① [挪威] 阿恩·奈斯：《深层生态学运动：一些哲学观点》，见杨通进等编《现代文明的生态转向》，重庆出版社 2007 年版，第 64 页。

② Arne Naess，1989，*Ecology，Community and lifestyle*，Translated and edited by David Rothenberg，Cambridge University Press，p.14.

③ [挪威] 阿恩·奈斯：《深层生态学运动：一些哲学观点》，见杨通进等编《现代文明的生态转向》，重庆出版社 2007 年版，第 64 页。

④ Nesss A.，*Self Realization：An Ecological Approach to Being in the World*. In：Sessions G. Deep Ecology For The 21st Century，Shambhala，1995，pp.225-239.

心理体验——"高峰体验":"这种体验是瞬时产生的、压倒一切的敬畏情绪,也可能是转瞬即逝却极度强烈的幸福感,甚至是欣喜若狂、如醉如痴、欢乐至极的感觉。"① 与马斯洛相比,奈斯的"生态自我"的自我实现,是根据生态科学揭示的自然生态系统的多样性、复杂性和共生性特点的一种客体间、客观的事实的描述,不是主体主观的心理体验。

与马斯洛存在论心理学仅仅着眼于主体内在的精神体验不同,奈斯的大我的自我实现,从主观的自我认同心理体验出发,最终达到与客观的生态共同体的认同,这仅仅是一种非二元论的逻辑推导,而并未找到生态共同体合一的有说服力的方法和思路。比如东方神秘主义的佛教是建立在空性体验基础上的缘起性空的见地,视缘起现象为空而在空性基础上达到存在论的统一,马克思主义是以人的生存实践活动展现的自然的人化和人的自然化,实现审美生存论上的统一。而奈斯的存在论方案仅仅是哲学的推理,缺少主体体验的内证境界或现实实践的基础。所以雷毅认为,"奈斯并未区分自然物的充分展现和主观认识到的展现,具有生态乌托邦色彩"。② 的确,自我实现的合目的性,仍然是人的合目的性,并非是自然内在的合目的性,无法真正揭示自然内在价值的依据。按照马克思人通过实践使自然界人化,"是自然界对于人来说的生成过程"③,自然价值向人"生成",自然内在价值的源泉在人的实践活动基础上人与自然的内在统一。奈斯的大写自我实现论,是特定形式的主观唯心主义和神秘主义。另外生态女权主义的普拉姆伍德(Val Plumwood)等批判奈斯深层生态学"借用利己主义的逻辑",以他者融入自我使他者获得道德地位,否定"它们之间的差别",雷毅认为这说明奈斯理论逻辑欠精致,我认为这也说明奈斯以人类自我实现价值论证自然内在价值理论的论证不充分。

奈斯的大写的自我实现论,是一种神秘主义的泛神论,受到一些人的批评,是古代有机论的复活,但深生态学家认为这正是其"深"的表现,建立在科学基础上:如深生态学的福克斯认为,"科学的理解和万物有灵论并

---

① Nesss A., *Self Realization*: *An Ecological Approach to Being in the World*. In: Sessions G. Deep Ecology For The 21st Century, Shambhala, 1995, p.239.

② 雷毅:《深层生态学思想研究》,清华大学出版社 2001 年版,第 57 页。

③ 马克思:《1844 年经济学哲学手稿》,人民出版社 2000 年版,第 92 页。

不是必然的相互排斥……科学的世界图景正在放弃机械论的模式，而转向一种多元的建立在科学基础上的万物有灵论"①。威廉格雷也就认为深层生态学万物有灵论与现代科学并不矛盾："如果其他文化能够通过万物有灵论，达到与其环境的认同，那么，我们的文化也能够通过科学的理解使我们达到这种认同。"②

此外，雷毅在 2001 年《深生态学思想研究》和 2012 年出版的《深层生态学：阐释与整合》，根据德维尔和塞申斯的《深生态学：像大自然一样活着》（Deep Ecology：living as if Nature Mattered），认为奈斯的最高原则是两个，除了"自我实现原则"外，还有"生态中心平等主义"（ecocentric equalitarianism）。其他学者可能受其观点的影响，也认为奈斯最高原则包括这两项。其实从哲学各知识结构的层次而言，"生态中心平等主义"原则不是终极的最高存在论原则，而是根据第一条终极存在原则推出的价值平等的"伦理学原则"，属于奈斯理论逻辑体系第二层的行动纲领共识原则中的第七条原则。奈斯自己也指出："有些人会以'每一种生命形态都具有内在价值'的命题作为最高的前提，因此将其置于第一层次。另外一些人，比如我，将其设定为建立在一系列前提之上的结论。对这些人而言，这个命题不属于第一层次。与这种不同相对应，将会有不同的生态智慧。"③ 显然，"生态中心平等主义"原则不是奈斯深生态学理论逻辑的最高层次，把这个原则设置为最高原则的是"环境伦理学派"，他们学术研究的重点是"环境伦理"，而缺少存在论的终极视域。

第二，以"生态中心主义平等主义"价值为核心的"八条深层生态学纲领"。

其一，"地球所有生命具有"内在价值"；其二，"生命的丰富性和多样性……具有自在价值"；其三，"人除非满足生存需要的必须，无权减少生命的丰富性和多样性"；其四，"非生命繁荣，要求减少人口"；其五，"非人类世界状况的迅速恶化在于人的过分干预"；其六，"必须改变影响经济、技术

① Fox W., *Toward A Transpersonal Ecology*，Boston：Samnhale Publicationa. Inc.，1990，p.46.

② Fox W., *Toward A Transpersonal Ecology*，Boston：Samnhale Publicationa. Inc.，1990，p.466.

③ ［挪威］阿恩·奈斯：《深层生态学运动：一些哲学观点》，见杨通进等编《现代文明的生态转向》，重庆出版社 2007 年版，第 60 页。

和意识形态结构的政策"；① 其七，"意识形态的改变，主要在形成生命平等的价值标准，而不是坚持日益提高的生活标准"；② 其八，"赞同上述标准的人，有直接间接义务是实现上述变革。"③

这八条纲领是 1984 年 4 月 21 日在美国深生态学先驱约翰·缪尔（John Muir）的生日那天，由奈斯和塞申斯在加利福尼亚死亡谷野营时商讨的，影响了深生态运动，一些激进的环保组织如"绿色和平""地球优先""海洋守护"赞同并实行之。而也有人对第三条"基本需要"和"第四条"的"减少人口"的原则持有异议。争论的实质是如何理解人和自然在内在价值的平等问题，以及自然中心主义与人类中心主义的价值立场之争。

第二层次的八条行动纲领，主要强调非人类中心主义的自然内在价值平等原则，维护生物圈包括无机物、有机物和人的所有事物平等生存和自我价值实现的权利。

奈斯在《深生态学的基础》中强调生物中心主义或生态中心主义的内在价值："在深层生态运动中，我们是生物中心主义或生态中心主义，对我们而言，整个星球、生态圈、盖娅是一个统一体，每个生命存在物都有内在价值。"④ 而他在《浅层生态运动与深层、长远的生态运动》一文则强调：针对人类中心主义的平等权利的价值公理："就生态工作者来而言，生存与发展的平等权利为直觉上明晰的价值公理，它所针对的乃是有害人类自身生活质量的人类中心主义。……那种忽视我们对自然的依赖，并企图建立主仆关系，将使人自身走向异化。"⑤ 德维尔、塞申斯在《深生态学：像大自然一样活着》则强调所有存在物的生存与自我实现的生物圈平等权利："生物圈中

---

① ［挪威］阿恩·奈斯：《深层生态学运动：一些哲学观点》，见杨通进等编《现代文明的生态转向》，重庆出版社 2007 年版，第 60 页。

② ［挪威］阿恩·奈斯：《深层生态学运动：一些哲学观点》，见杨通进等编《现代文明的生态转向》，重庆出版社 2007 年版，第 60 页。

③ ［挪威］阿恩·奈斯：《深层生态学运动：一些哲学观点》，见杨通进等编《现代文明的生态转向》，重庆出版社 2007 年版，第 60 页。

④ Naess A., *The basics of Deep Ecology*. In Alan Drengson & Bill Devall ed. Ecological ed. Counterpoint Press，2010，p.18.

⑤ Arne Neass. "*The shallow and The Deep*，*Long-Rang ecology Movement. A summary*，*Inquiry*，1973，16，pp.95-100.

的所有事物都拥有生存与繁荣的平等的权利，都拥有大范围内使自己的个体存在得到展现和自我实现的权利。"① 生态中心主义是"生态主义"，奥尔波特的"大地伦理学"以及罗尔斯顿的"生态整体主义"生态伦理学，对此进行了较详细的阐述，而奈斯的"深生态学"对此并没详尽的阐述。奈斯的"生物圈平等主义"遭到了多方面的批评：

　　一是来自人类中心主义的，比如沃特森（Watson）认为用泛神论作理论基础是错误的，原则上也是不可能的。二是来自于生态主义阵营的，威廉·弗伦奇（William French）认为其"原则上"的"生物圈平等主义"（Biospherical Egalitarianism）原则与现实上的平等主义有矛盾：奈斯"八条行动纲领"中，出于人的现实生存"基本需要"的必须，对动物的杀戮，与生物圈平等主义原则是不一致的。德韦尔和塞申斯持严格意义上的生物平等主义，赞同内在价值的平均分配，"生物圈中的所有有机体和实体，作为相互联系的整体中的一部分，拥有相等的内在价值"②。而奈斯与福克斯，则不赞同生态社会成员间内在价值的平均分配，这就是奈斯的"现实上的平等主义"，指的是解决人与其他存在物的利益冲突的两条原则：根本需要原则，亲近性原则："我的直觉是，所有存在的生存权都是一样的，不管它是什么物种，但是我们最亲近的切身利益优先。利益冲突时的规则包括两个重要因素：根本需要与亲近性。"③ 根本需要是第一位的，而同位的利益冲突以亲近原则解决，如在踩踏矮柳与美丽的龙舌草选，我们选前者。④

　　另一种"深生态学"的生态神学的代表人物科布，则不赞同生物圈平等主义，认为内在价值还是不平等的，生命共同体的现实存有的生命体验的

---

①　Devall B，Sessions G.，*Deep Ecology：Living as if Nature Mattered*，Salt Lake City：Peregrine Smoth Books，1985，p.67.

②　Devall B，Sessions G.，*Deep Ecology：Living as if Nature Mattered*，Salt Lake City：Peregrine Smoth Books，1985，p.67.

③　Naess A.，*Equality，Sameness，and Rights. In Glasser & Alan Drengson ed.The Selected Works of Ame Naess*，Volume Ⅹ（Deep Ecology of Wisdom），Netherlands：Springer Press，2005，p.67.

④　Naess A.，*Equality，Sameness，and Rights. In Glasser & Alan Drengson ed.The Selected Works of Ame Naess*，Volume Ⅹ（Deep Ecology of Wisdom），Netherlands：Springer Press，2005，p.68.

丰富性和质的不同，决定了内在价值的不同，人的价值高于其他生物的价值。① 所以奈斯 20 世纪 90 年代以"相同"（the same）取代"平等"（equal），即所有生物都有同样的内在价值，但并非否定对生物的道德重要性进行排序。他认为威廉·弗伦奇的"以脆弱性和需要"作为标准进行道德优先权排序，在现实中还是会出现很多问题。肯·威尔伯基于"全子存在层级结构"的深生态系统观，批判了生物内在价值的平等主义，认为这是混淆了终极基础价值和全子内在价值：所有全子在终极存在上是平等的，但存在链或存在巢是一个高级层次内在包含低级层次且超越低级层次的，由低到高的全阶序共同进化过程，高层次的全子，拥有更复杂的结构，在内在性上具有更深的体验，在存在论地位上更重要，具有更高的内在价值。"内在价值"平等的环境伦理学在存在序列上，颠倒了人和自然的关系：不是人内在于自然界，而是自然的物质和生物内在于人。（后面的章节将详论）。我们认为威尔伯的批判是正确的，奈斯等"生态主义"的价值平等观是根本错误的，颠倒了人和自然的关系。马克思讲：自然是人的无机身体，人是自然演化的最高目的，是最高的自然存在，人在价值上处于存在序列的高端。

第三，一般性的规范性的结论和事实的假设：绿色公共政策。

这是根据第一、二层次的生态存在论的终极信念和行动纲领原则，推导出的公共政策条文。如雷毅认为在生活方式方面，可以形成"有机农业""废物回收"和绿色"交通工具"等等。② 当前国内外的生态采取的"循环经济""低碳经济"和绿色发展，以及建设生态文明的公共政策就属于第三层次。奈斯认为，这是结合具体情景的特殊结论，他指出了"浅生态学"与"深生态学"在六大具体问题的分歧，如在污染问题上，浅生态学主张用技术缓和污染程度，用法律限制污染范围，或把污染工业输出到发展中国家，而深生态学从生物圈角度评价污染，关注每个物种和生态系统的生存条件，不仅仅关注人类健康。"寻找污染的深层原因，不仅仅是表面的、短期的效果。"③

---

① French，W.，*Against Egalitarianism*，Environmental Ethics，1995（1），pp.39-57.

② 雷毅：《深层生态学思想研究》，清华大学出版社 2001 年版，第 38—39 页。

③ ［挪威］阿恩·奈斯：《深层生态学运动：一些哲学观点》，见杨通进等编《现代文明的生态转向》，重庆出版社 2007 年版，第 55 页。

在绿色公共政策方面，奈斯主张加强生态教育，培养绿色意识，推动社会运动，倡导深层生态学的生活方式；主张生物圈整体论的深生态的资源环境管理；主张非暴力的生态民主和无政府主义的政治；主张生态智慧理念导向下的发展战略。

其一，在生态文化建设上，奈斯首先指出培养生态意识的关键作用。主张要形成"乐意保护自然"的"生态意识"（Ecological Consciousness）①，认为生态 8 项行动纲领就是意识向生态智慧方向变革的重要性的"深追问"②。要形成生态意识，除了道德劝诫、生态处罚、经济制裁等手段外，更重要的是"促进深入和广泛认同的教育是很必要的"③，个人亲近大自然，到大自然中去生活，为养成"'手段简单、内容丰富'的生活方式提供必要的基础"。此外奈斯主张生态运动、和平运动和社会正义运动协同发展，而"深层、长远生态运动以其多种途径和思路为和平运动、社会公正运动到共同的目标的达成，提供一种框架"④。他批判消费主义生活方式，认为"疯狂的消费主义不仅威胁到地球上所有生命生存的条件，还伴随着人与人关系淡漠化、伙伴关系弱化、交往中自我中心态度的强化"⑤。他倡导 25 种深生态的生活方式：使用手段简单仪器；选择有益内在价值行为；反对消费主义；增进欣赏商品美的敏感性和乐趣；避免对新商品的猎奇；生活要注重内在价值而力戒忙碌；欣赏文化差异而避免敌意；生活水平力戒贫富巨大差异；公正对待和欣赏其他物种；偏爱丰富深刻人生体验而非寻求刺激；欣赏和做有意义工作；过复杂的生活以积累多面经验；过共同体型社会生活；欣赏小规模

① Naess A., *The Deep Ecological Movement：Some Philosophical Aspects. In：Sessions G.. Deep Ecology For The 21st Century*，Boston：Shambhala publications Inc.，1995，p.7.

② Naess A., *The Deep Ecological Movement：Some Philosophical Aspects. In：Sessions G. Deep Ecology For The 21st Century*，Boston：Shambhala publications Inc.，1995，p.76.

③ Naess A., *Ecological Community and lifestyle：outline of an Ecosophy*，Cambridge University Press. 1993，p.176.

④ Bill Devall and Alan Drengson：*Ame Naess，His life and work Part Two Reflections on Naess' Inquiries*（Introduction），The Trumpeter，Volume22，Number1（2006）.

⑤ Naess A., *Industrial Society，Postniodemity，and Ecological Sustainability. In Glasser & Alan Drengson ed. The Selected Works of Arne Naess*，Volume X（Deep Ecology of Wisdom），Netherland：Springer Press，2005，p.585.

生产；满足基本需要而非满足欲望；人在自然生活而非审美旅游；不留痕迹
于脆弱自然；欣赏万千生命而非仅欣赏美、独特或有用的；尊重生命的内在
价值和尊严而非工具性地利用；重视保护野生动物胜过狗、猫等宠物；保护
当地生态系统及包括我们生活的社区；反对不负责任干预自然的行为；发生
冲突时语言和行动上的非暴力；参与或支持非暴力的直接行动；多类型深度
的素食主义。①

　　其二，在资源管理和环境保护上，主张生物圈整体视域的深生态资源
管理和环境保护。奈斯反对目前"科学管理、合理利用"的功利主义的浅生
态的资源管理，主张保护超功利主义的自然保护主义，从生物圈整体看待自
然资源："深层生态学基于自然资源自身利益，关注其与所有生命的栖息地
的联系，而非把自然资源看作孤立对象。因而批判性评价目前人类的生产和
消费模式。"②奈斯认为地球资源是全人类和生态共同体的公共的财富，反对
自然资源碎片划分的私有化："自然景观、生态系统、河流及其它存在物等
整体性自然，被碎片化划分，而忽视了较大的单位和整体。"③人类在资源利
用上，应以满足基本需要为限度，不能过度消费。生态破坏与技术有关，要
发展软技术。目前西方发达国家解决污染的方式是浅生态的技术、市场和法
律方式，头痛医头脚痛医脚，无法根本解决问题。而"深层生态学从生物
圈的角度来评价污染，这种评价不是以污染对人类健康的影响为中心，而
是对生命整体的评价；这个整体是包括每个物种及其生存条件和生态系统在
内的"。④

---

① Naess A., *The Deep Ecological Movement：Some Philosophical Aspects. In：Sessions G.. Deep Ecology For The 21st Century*，Boston：Shambhala publications Inc.，1995，pp.105-107.

② Naess A., *The Deep Ecology Movement：Some Philosophical Aspects. In Glasser & Alan Drengson ed. The Selected Works of Ame Naess*，Volume X（Deep Ecology of Wisdom），Netherlands：Springer Press，2005，p.43.

③ Naess A., *The Deep Ecology Movement：Some Philosophical Aspects. In Glasse & Alan Drengson ed. The Selected Works of Ame Naess*，Volume X（Deep Ecology of Wisdom），Netherlands：Springer Press，2005，p.45.

④ aess A., *The Deep Ecology Movement：Some Philosophical Aspects. In Glasser & Alan Drengson ed. The Selected Works of Ame Naess*，Volume X（Deep Ecology of Wisdom），Netherlands：Springer Press，2005，p.42.

其三，在绿色政治上，奈斯主张"绿色政治"，要成为蓝色和红色政治三极中的一极，以污染、环境和人与非人数量为核心，主张长期的观点、地区与全球结合的视角，反对等级制度，倾向建立无政府主义的地方性社区自治的"绿色社会"。

奈斯是挪威绿党少数派的政治候选人，强调深生态学运动的政治性，认为"没有政治的改变，就没有向生态的合理政策的转变。"[1] 奈斯主张绿党要有人精通每一项政治决策，注意追踪评估政党和政治家的绿色前景，认清现行经济与生态政治的差距，对社会实施绿色政策持怀疑态度。"随着绿色政治成为政治三极中的一级，必然影响西方国家政治、社会及人与自然关系等方面的变化。"[2]

奈斯认为绿色政治的核心问题是污染、资源以及人和非人的数量。[3] 关于人类环境和其他生命形式栖息地污染的政治，关于人类资源和非人类生命形式资源的政治，关于人类的人口和非人类人口的政治，都有长期与短期观点，本地的与区域、国家、全球的视角，以及支持与不支持其他生命形式的对立。奈斯首先主张长期的观点，认为生命短暂，历史漫长，污染几分钟，修复无量时，不要对技术修复给予过多希望；其次，他主张地区视角与全球视角结合的观点，淡化国家和组织的视角；其三，认为等级意识是生态危机发生的重要原因，主张消解等级意识，取消本地、区域、国家之间的等级区分。

深生态学运动绿色政治倾向于非暴力无政府主义，但因现代社会现实原因，必须维持一些相当强大的中央政治机构。奈斯主张非中心化、小规模、分散、多元特征的与生态协调的"地方性社区"，实现绿色政府管理，建设符合生态学原则的，地方区域社区内部的，自给自足的绿色社会

---

[1]　张岂之：《环境哲学前沿》，陕西人民出版社 2004 年版，第 29 页。

[2]　Naess A., *Politics of Feep Ecology Movement. In Glasser & Alan Drengson ed. The Selected Works of Arne Naess*，Volume X（Deep Ecology of Wisdom），Netherland：Springer Press，2005，p.107.

[3]　Naess A., *Politics of Feep Ecology Movement. In Glasser&Alan Drengson ed. The Selected Works of Arne Naess*，Volume X（Deep Ecology of Wisdom），Netherland：Springer Press，2005，pp.208-209.

（Green society）。①

其四，在社会发展上，主张"基于生态智慧的可持续发展"。奈斯1990年发表《可持续发展与深层生态学》，认为1980年的《世界保护战略》的可持续发展的观点，将发展限定在"修复生物圈以满足人类需求和提高人类生活质量"，②是人类中心主义的。1983年挪威首相布伦特兰代表联合国世界环境与发展委员会提交的《我们共同的未来》报告提出的发展满足当代和后人需要的"可持续发展"观也是人类中心主义的："基于狭隘人类利益，保护和恢复地球生命多样性和丰富性，乃碎片化非整体性的，非从最大化的时空视角，关心整个生态系统，而实施整体可持续发展。"③虽看到后代人利益，但未看到非人类整体的利益。其二，当代可持续发展定义的"当代人的需要"无明确限制，应改为"基本需要"。其三，"当代可持续发展理论忽略人口问题"。④他认为人口急剧膨胀突破地球承载力，而"未来人口长期缓慢减少，将在一定程度上增加生物多样性、可持续发展、文化多样性机会，并有利于满足重要需求，实现深远的文化和哲学前景"⑤。

奈斯主张"从'可持续发展'到'生态发展'，再到广泛而长远的'基于生态智慧的发展'"⑥，而这要有一个"多元化的关于意义的终极概念"，这

① Naess A., *The Basics of Deep Ecology. In Glasser & Alan Drengson ed. The Selected Works of Arne Naess*，Volume X（Deep Ecology of Wisdom），Netherland：Springer Press，2005，p.14.

② Naess A., *Sustainable Development and Deep Ecology. In Glasser & Alan Drengson ed. The Selected Works of Arne Naess*，Volume X（Deep Ecology of Wisdom），Netherland：Springer Press，2005，p.567.

③ Naess A., *Sustainable Development and Deep Ecology. In Glasser & Alan Drengson ed. The Selected Works of Arne Naess*，Volume X（Deep Ecology of Wisdom），Netherland：Springer Press，2005，p.567.

④ Naess A., *Sustainable Development and Deep Ecology. In Glasser & Alan Drengson ed. The Selected Works of Arne Naess*，Volume X（Deep Ecology of Wisdom），Netherland：Springer Press，2005，p.571.

⑤ Naess A., *Sustainability！The Integral Approch. In Glasser & Alan Drengson ed. The Selected Works of Arne Naess*，Volume X（Deep Ecology of Wisdom），Netherland：Springer Press，2005，p.148.

⑥ Naess A., *Sustainable Development and Deep Ecology. In Glasser & Alan Drengson ed. The Selected Works of Arne Naess*，Volume X（Deep Ecology of Wisdom），Netherland：Springer Press，2005，p.563.

是"理论系统的'第一层级'，从这一基础层级，我们可以生态智慧的观念，来指导行为规则的改变。"① 他认为可持续发展是多样性的道路："受不同的哲学和宗教影响的生态智慧，可以形成不同的可持续发展模式。"② 奈斯1992 年发表《可持续发展：综合方法》，认为我们必须超越狭隘人类利益，从人与自然内在统一整体性的高度认识可持续发展，促进人与非生命共同体发展。

第四，具体行动方案以及深生态学解决环境问题的局限性。

奈斯深生态学逻辑体系的第四层，是具体行动方案如各种生态经济活动，绿色消费活动，绿色文化活动等等。这些在绿色公共政策指导下的绿色行动，尽管产生了一些社会效果，但总体上缺乏现实可操作性，成就有限。而且从理论到现实，从思想家的倡导到拥护者的践行，会发生扭曲的现象。

约翰·德赖泽克在1997 年出版的《地球政治学：环境话语》用"绿色激进主义"称呼包括深生态学、生态女权主义、生物区域主义、生态神学为"绿色激进主义"，并把"绿色激进主义"分为"绿色理性主义"（green rationalism）和"绿色浪漫主义"（green romanticism）。③ 他认为绿色激进主义的"绿色意识"具有"一种浪漫情怀"，缺少明确的政治战略以实现自己的目标。"绿色浪漫主义"，正如19 世纪的浪漫主义一样，拒绝启蒙运动的核心原则，指责现代科技对环境的破坏，"绿色浪漫主义通过寻求通过改变个人接触和体验世界的方式来拯救世界，特别是通过培育个人一种对自然与他人更多善意且更少操纵的倾向。是早期浪漫主义拒绝的启蒙运动所强调的理性与进步的进一步发展"。④ 由于深生态学解决环境问题的思路具有唯心

---

① Naess A., *Sustainable Development and Deep Ecology. In Glasser & Alan Drengson ed. The Selected Works of Arne Naess*，Volume X（Deep Ecology of Wisdom），Netherland：Springer Press，2005，p.564.

② Naess A., *Sustainable Development and Deep Ecology. In Glasser & Alan Drengson ed. The Selected Works of Arne Naess*，Volume X（Deep Ecology of Wisdom），Netherland：Springer Press，2005，p.564.

③ 德赖泽克在2004 年出版本书第二版的时候，"重点放在绿色意识和绿色政治上，淡化了第一版中尝试的、但不怎么成功的浪漫主义/现实主义的连续统一体"。

④ [澳] 约翰·德赖泽克：《地球政治学：环境话语》，蔺雪春译，山东大学出版社2012年版，第193 页。

主义和浪漫主义倾向，使他们忽略了生态环境问题的复杂性，忽略了宏观社会结构转变的必要性。

其一，单靠说服教育大众改变观念，并不能改变现实：尽管在西方发达国家大多数人把自己看成是环境主义者，但微弱的环境意识并未能挑战根深蒂固的工业主义世界观。

其二，生态环境的复杂性，使深生态学者的良好生态意愿和感知并不足以安全指导环境保护行动，无论干预的动机多好，对复杂系统的干预或产生有悖常理的后果，例如人们长期相信保护美国西部森林生态系统最好的方式是禁火，但生态学家后来认识到，生态系统更新依赖周期性的燃烧。[①]

其三，如何把人与自然关系失衡的生态危机局势转变为和谐状态，是一个社会、政治和经济结构的转型，单靠精英或大众的反思或生态感知是做不到的。因为社会结构不能化约为单纯的个体心理，"关键的问题在于如何找到把个体层次的偏好、态度、感知聚集演变成宏观层次的结果"[②]。最重要的社会限制来自于全球资本主义政治经济的联系，正如林德布洛姆所说：市场监禁了政府的政策，市场也监禁了大多数人的思考方式。在市场价值与包括环境价值的冲突中，其他价值必须让路。深生态主义的绿色替代性意识缺少现实可行性。

深生态运动在现实实践上，其成就主要体现在改变消费者行为的"绿色文化"上：通过垃圾分类重复利用垃圾，查看商店商品标签表面破坏臭氧层的化学品和转基因食物，用绿色肥料，迫使麦当劳等公司停止使用聚苯乙烯泡沫塑料包装等。但这样做并未使人形成其理想的生态意识。环境教育只是传授了非常微弱的生态观念，并未挑战及促进的工业主义世界观。与深生态学相关的团体是非常小而且影响不大的，如1980年成立的"地球第一"，有时采取"生态捣乱"活动，阻碍危害环境的工业活动：如躺倒在推土机前，无票闯入科罗拉多河上的维护水库周年庆祝会，占据即将伐尽的原始森林数段、在格林峡谷大坝上放个"炸"字等。1997年成立的地球解放阵

---

① [澳] 约翰·德赖泽克：《地球政治学：环境话语》，蔺雪春译，山东大学出版社2012年版，第200—201页。

② [澳] 约翰·德赖泽克：《地球政治学：环境话语》，蔺雪春译，山东大学出版社2012年版，第201页。

线，1998 年用火把点燃科罗拉多州范尔滑雪场的滑雪小屋，并给代销商损害环境的运动型多功能车放一把火。1989 年福尔曼阴谋炸毁输电线，被美国联邦调查局定位头号恐怖分子。但多数绿色感知分子不属于任何团体，许多人属于传统的环境利益团体。如布劳尔（David Brower），领导过山峦协会，创建保育选民联盟（LCV）、地球之友和地球岛学会（EII），其演讲充满"绿色浪漫主义"情调。道格拉斯·淘格逊用绿色喜剧的"狂欢节"要素培养绿色意识。这种绿色喜剧包括坐落在美国、加拿大、澳大利亚的"地球第一!"风格的树形物等。

深生态运动中福尔曼（David Foreman）创立的践行奈斯深生态思想的组织"地球第一"曾提出过激进的口号和观点，如说人类是地球的天花（the humanpox）病毒，必将破坏地球生命体，因此提出"为了保护地球母亲，绝不妥协!"的口号。深生态运动还出现过"艾滋病是自然寻求平衡的方式""打倒人类"之类的非理性标语。这引起民主党副总统绿色主义者戈尔的批评[1]，也引起了其他绿色激进主义派别如社会生态学布克金和生态女权主义的批判，认为"深生态学"是反人类的，不人道的。布克金认为奈斯深生态学为了生态平衡控制和减少人口是"生态残忍主义"（Eco-brutalism），或者说是一种新马尔萨斯主义（Malthusians），或"生态法西斯主义"（Ecofascism），错把人道主义当作人类中心主义。R. 沃特森则认为深层生态学存在论上的整体主义（Ontological Holism）使其易走向极权主义和"生态法西斯主义"："奈斯使我认识到：我低估了生态哲学家对这个世界的影响。如果获得了政治权利，他们就会实施强大的节育措施，消灭许多现代化的科学，使世界上绝大部分地区回到人类与其他动物处于平等地位的状态……他们把物种的利益凌驾于个体之上。"[2] 而奈斯等则辩护他们反"人类中心论"（homocentrism）或"人类中心主义"（anthropcentrism）而非反人道主义。[3]

---

① ［美］阿尔戈尔：《濒临失衡的地球》，中央编译出版社 1997 年版，第 186—187 页。

② ［美］R. 沃特森：《环境伦理学中的哲学问题》，《国外社会科学》1990 年第 9 期，第 7—12 页。

③ Naess A., *The Arrogance of Antihumanism. In Glasser & Alan Drengson ed. The Selected Works of Ame Naess*，Volume X（Deep Ecology of Wisdom），Netherlands：Springer Press，2005，p.186.

印度学者古哈认为"深生态学"是美国高消费社会的意识形态，忽略了生态危机的原因在高消费，不适合第三世界国家。向第三世界国家推销是"生态帝国主义"。① 奈斯 1995 年写《第三世界、荒野与深层生态学》辩护，强调保护生态多样性的广义的可持续发展与深生态学是一致的，需全球合作，一方面发达国家要解决消费主义，提供资金、技术帮助第三世界国家，另一方面第三世界国家也要协同参与。深生态学的可持续是多样性的可持续，并不建议照搬美国的模式。深生态运动是包括反贫困运动、社会公正运动、替代技术运动和生态运动四种运动，不要把其割裂开来。

以上对深生态学和深生态运动的种种批评意见，尽管有误解的成分，但也说明"深生态学"解决环境的思路是有问题的，还存在理论上不自恰，和实践上缺乏现实可行性的问题。

（三）过程神学家柯布对深生态存在论的两个类型的比较

柯布指出：第一种以"深层生态学家"自居的人中，有人倾向将自己与过程神学区别开了，而他们并不赞同第一种"深生态学"的一些观点，但认同自己为"深度生态学"。术语"深度的"（Deep）广泛运用于"深度生态学"有关，他们批评浅显生态学将生态问题的解决固定在技术方面，而"深度生态学"的人们主张时刻改变人们看世界的方式和理解生态问题的方式。科布赞同深生态学的观点，生态问题部分与无视人与自然界完整关系的世界观有关。科布认为，怀特海过程哲学的思路，是真正"深度的多元论"，是"终极的多元性和实践目标的多元性"。在目标的多元性上不存在争议，宗教各有各的实践目标，或超越现象界，或在历史中实现正义。有争论的在"终极的多元性"，一般宗教认为存在一个终极，而怀特海过程哲学，则创造性地综合，创造性既是现实实有存在事件或现实机缘的相互依存关系的创造过程，创造本身具有终极性，同时也是终极实在的随机显现。创造过程的终极性与形而上存在的终极性是统一的、互补的，与哲学上的终极多元性也是一致的，亚里士多德的动力因、形式因、目的因和质料因，指出了四维的终极视域。怀特海的过程神学与过程哲学是一致的，过程神学即过程哲学。② 基

---

① 张岂之、舒德干、谢扬举：《环境哲学前沿》，陕西人民出版社 2004 年版，第 355 页。

② ［美］约翰·柯布：《深度多元论》，转自黄铭《过程与拯救》，宗教文化出版社 2006 年版，第 329—343 页。

于怀特海的过程哲学"深度多元论"，科布提出了不同于"深生态学"的自然价值分级说：

第一，过程哲学，关注存在整体的福祉，而环境伦理的深生态学关注自然健康而远离人类的正义和解放。①

第二，过程哲学关注人类自己在存在物中的"独特的角色"，"考虑人类对整体受造的特别责任"，而环境伦理学派深层生态学"视人类之种只不过众多生物中的一种，在某种程度上减少了考虑人类对整体的特别责任"②。

第三，环境伦理学派深生态学家把大自然或大地说成是神圣的，是有价值的反动，有利于摆脱自然乃人类工具的人类中心主义观；过程神学认为上帝临在每一受造物，每一受造物都有内在价值，但没有任何受造物是神圣的。

第四，过程哲学不放弃对价值分级（graduations of value）的肯定，而环境伦理学派深层生态学反对任何价值分级，认为是"价值层级"（hierarchy）。过程思想承认所有受造物都有内在价值，但有些比起其他有更大的内在价值。某些受造物的内在生命比别的更为复杂、更深刻和更丰富。③

第五，环境伦理学派深层生态学关注生态健康，而不关注个别有重要经验的主体动物。过程神学认为，若在保存能活的生物圈和一个家畜的受害，毫无疑问会以前者为优先考虑，但认为万物的苦难，无论是人与否，都内在于终极存在。

由于上述观点，过程哲学家被称为人类中心主义，但过程哲学家反对传统神学人类中心主义，持非人类中心主义的过程神学观。过程哲学家保留狭义的深生态学所说的人类中心主义：第一，在所有可能中，个别人类是地球最重要的内在价值的载体。第二，人类对他物负有一种责任，这是不为

---

① ［美］约翰·科布：《新教神学与深层生态学》，见杨通进等编《现代文明的生态转向》，重庆出版社 2007 年版，第 254 页。

② ［美］约翰·科布：《新教神学与深层生态学》，见杨通进等编《现代文明的生态转向》，重庆出版社 2007 年版，第 254 页。

③ ［美］约翰·科布：《新教神学与深层生态学》，见杨通进等编《现代文明的生态转向》，重庆出版社 2007 年版，第 256 页。

其他物种分担的。第三，为妥善履行人的责任，必须对其他物相对价值作判断。①

第三节　全子四象限与深生态层级系统：
威尔伯的深生态存在论思想

肯·威尔伯（Ken Wilber，1949—　）被称作"意识领域的爱因斯坦"，也被称为美国最畅销的学术类著作作家，其思想在我国处于译介的初步引进阶段，目前有关他的学术文章，经中国知网检索，至2019年底，共有11篇，大多是研究"超人格心理学"的。本节通过与同时代深生态哲学比较，研究威尔伯哲学的深生态哲学，在肯·威尔伯研究上尚为空白。

一、肯·威尔伯深生态哲学的缘起：从现代性危机视域反思生态危机

肯·威尔伯的生态存在论哲学的缘起，是他对当代日益凸显的包括生态危机的现代性危机的反思，而其反思具有不同于其他生态主义者的特点，独步凌云于其他流派之上，则在于他自身独特的内在精神魅力：他在自身生命体验特别是佛法修行实践体验的基础上，以其独特的四象限知识论分类框架，定向推演的思路，特别是佛法生态现象的特色，对古今中外神秘主义、几乎包括心理学所有流派和哲学所有流派的现代自然科学、社会科学、人文科学知识和方法论进行了综合吸收，既呈现包罗万象的综合集成的特点，又融会贯通，内在超越了深生态主义和其他现代性和后现代性思潮，使其思想以其独特的综合而原创的精神魅力，被称之为"意识领域的爱因斯坦"。

肯·威尔伯关注"生态危机"，关注深追问生态危机的"生态主义"学派，他在《性、生态、灵性》一书第一章开头就用一大段文字谈"生态危机"和生态主义者对生态危机的观点，他认为生态灾难是人类历史上第一次完全由人类自身的因素造成的、人类正在非常可怕地慢慢自杀的、谁也无法在这场灾难中存活的、灾难性质和严重程度已经是有目共睹的灭绝人类的灾

---

① 　[美] 约翰·科布：《新教神学与深层生态学》，见杨通进等编《现代文明的生态转向》，重庆出版社2007年版，第260页。

难。他认为有"两种生态哲学是生态女性主义和深度生态学。"① "这些生态学思想有一个基本概念，即认为我们当前的环境危机的主要根源在于一种分裂的世界观。……一个二元对立的、机械论的、原子论的、人类中心主义的、具有病态层级世界观。"② 生态女性主义和深度生态学认为解决生态危机的唯一出路是形成生态世界观："新的世界观应该尊重整个生命之网，承认其内在价值，认识到这个生命之网就是我们自身的血脉骨肉。"③

肯·威尔伯并不完全赞同上述"生态主义"基本观点，而是认为"生态主义"与个体理性主义之现代性表面对立，实际是现代性的另一方面的生态整体主义，在早期阶段体现在西方18、19世纪卢梭、赫尔德、施莱格尔兄弟、席勒、诺瓦斯利、柯尔律治、华兹华斯、惠特曼等"浪漫主义"思潮中，与当代"生态主义"内在价值的整体主义"生命之网"的世界观是一脉相承的，与启蒙理性现代性个体理性主义之机械论、原子论世界观，同属扁平的现代性的存在论世界观。他认为，应当对启蒙理性现代性这两个面向理性主义和整体主义，进行辩证否定和辩证继承。

肯·威尔伯认为人类理性的发展分三个阶段：其一，前现代的神话理性阶段，是皮亚杰发生认识论所说的"具体理性运算"阶段，用思维规则超越具体世界，其思维方式的特点以社会文化为中心，按社会规则、角色或宗教教条思维。④ 其二，启蒙运动以来的"现代性时代"的理性属于皮亚杰所说的"形式运算阶段的理性"，其思维超越思维规则，并对思维规则本身进行运算⑤，认识到了整体与部分既相互独立又相互渗透的关系，形成了关系意识和生态意识，这是一种生态学的、非人类中心的、世界中心、普遍多元主

---

① [美] 肯·威尔伯：《性、生态、灵性》，许金声、李明译，中国人民大学出版社 2009 年版，第 4 页。

② [美] 肯·威尔伯：《性、生态、灵性》，许金声、李明译，中国人民大学出版社 2009 年版，第 26 页。

③ [美] 肯·威尔伯：《性、生态、灵性》，许金声、李明译，中国人民大学出版社 2009 年版，第 26 页。

④ [美] 肯·威尔伯：《性、生态、灵性》，许金声、李明译，中国人民大学出版社 2009 年版，第 224—226 页。

⑤ [美] 肯·威尔伯：《性、生态、灵性》，许金声、李明译，中国人民大学出版社 2009 年版，第 230 页。

义的、全球意识的抽象思维方式。① 其三，后现代时代的理性是进入理性内部审视理性、辩证的、整合"视觉逻辑"或"网络—逻辑"，这是整合物理层面的自然界、生物层面的生态系统和人类层面的社会系统的全球转型的存在主义思维方式的"大写的理性"（Reason）。

"现代性时代"是形式运算阶段的理性普遍出现，而且作为社会基本规则出现，在"法律约束基础上"，建立了"人权自由""法律自由"，并追求"作为独立自主个体的人的""道德自由"。② 形式运算的理性有如下几个特点：（1）理性是假设演绎的或者是实验的，要求证据和推理，反对教条和迷信；（2）理性具有很强的反思能力或自反性——从笛卡尔、洛克、贝克莱、休谟到康德他们是不断的自我反思的；（3）理性可以把握不同向度，或者说是普遍主义的、多元主义的，从政治理论到艺术理论，视角主义／多元主义在很多方面都有所表现；（4）理性带来一种自我认同，前理性时代是认同角色，现在是世界中心的，道德决定于个人，个人为相对自主性负责，自主性成了启蒙运动永恒的主题，因而在政治上出现了人作为自主主体的概念，意味着法律面前、在道德上和在政治上都是自由的主体；（5）理性是生态的，或者理性重视关联，除了自主性外，理性还有一个主体，就是系统和谐，不是没有冲突，而是整个系统可以自我平衡；（6）理性敞开了一个更深的情感和激情的空间——真正的理想主义梦想家大量涌现，它们可以通过认知的方式想象所有的可能性，只是一个革命的时代，多元民主制度前提是包容理想主义热情，革命理想主义者共同的口号是"我不同意你的观点，但我誓死捍卫你说话的权利。"③

肯·威尔伯认为历史学家所说的"现代性"的"理性时代"具有"好消息"与"坏消息"两个方面："好消息"首先就是上述理性的内涵带来的解放运动：政教分离的宗教解放运动，人类和生物的分离带来的妇女解放运

① ［美］肯·威尔伯：《性、生态、灵性》，许金声、李明译，中国人民大学出版社2009年版，第231—232页。

② ［美］肯·威尔伯：《性、生态、灵性》，许金声、李明译，中国人民大学出版社2009年版，第262页。

③ ［美］肯·威尔伯：《性、生态、灵性》，许金声、李明译，中国人民大学出版社2009年版，第397—401页。

动和奴隶解放运动等。"坏消息"就是有深度的存在论的大宇宙观的瓦解，主体内在精神世界、主体间内在文化意义世界简化为经验主义—分析客观表征的、感官的物质世界。肯·威尔伯认为，现代性最伟大的成就是康德三大批判清楚表明的科学、艺术和道德的不可逆转的分化，形成的文化的现代性。①"现代性最伟大的一个标记：理性（'它'）、道德（'我们'）和艺术（'我'）的区分"，正如哈贝马斯所说"文化的现代性的特殊的荣耀是由马克斯·韦伯根据自己的逻辑称作价值范围的区分"，形成理性、道德和艺术在各自领域的有效性的标准：真实（理性）、公道（道德）和品位（艺术）。②

　　启蒙理性基本范式是一大悖论：自然的整体论与自我的原子论，自主的自我无法参与到相互关联的物质世界。现代性的核心问题是人类的主体性及其与世界的关系。这造成了启蒙运动的两个极端的范式：自主的主体（或理性自我）和整体的世界在同一物质平面世界的自我冲突或悖论：自我—主体被视为自我决定的，自足的，自本自根的，而客观／经验的世界又被视为可以包容和控制自我—主体的（认为自我—主体是大宇宙之网的一部分）。自我和生态的斗争，双方核心都是平面的世界观，两者都没有办法在更高的层面上实现整合③，这就是从启蒙运动以来，个体理性主义与生态浪漫主义的斗争。

　　解决包括生态危机的现代性危机的根本之道是形成有内在深度的，整合自然界、人类社会文化"生活世界"和主体深度精神领域之三大领域的，全子层级存在论的，即形成真正深度生态主义的"大写理性"（Reason）的后现代世界观，以主体间的"生活世界"解决生态危机的辩证交往理性共识，以及主体精神体验意义高度，内在超越现代性扁平世界观，从而克服现代性危机。肯·威尔伯有别于其他深生态主义的后现代生态存在论的存在观，以及对现代性危机观的独特理解，源自他独特的佛法现象的生态存在论、知识论和方法论。下面先简单论述一下肯·威尔伯的生态存在论的知识

---

① ［美］肯·威尔伯：《性、生态、灵性》，许金声、李明译，中国人民大学出版社 2009 年版，第 395—401 页。
② ［美］肯·威尔伯：《性、生态、灵性》，许金声、李明译，中国人民大学出版社 2009 年版，第 431 页。
③ ［美］肯·威尔伯：《性、生态、灵性》，许金声、李明译，中国人民大学出版社 2009 年版，第 444 页。

论、方法论基础和综合集成特色，佛法生态存在论特色，然后在本节第三部分再详论其佛法现象学的生态存在论观。

二、肯·威尔伯的深生态哲学的知识论、方法论基础及其特色

肯·威尔伯，具有广泛的知识论基础，集人类所有的宗教、哲学和知识论之大成，在知识论、方法论呈现综合集成的特色。约翰·怀特在推荐威尔伯的第一本书《意识光谱》的序言中指出："《意识光谱》集心理学、心理疗法、神秘主义和世界宗教之大成"，"它的意识模型不仅合理地将神秘主义、东西方心理学化为一体结合起来……将所有的理论进行了阐释，同时又超越了所有的理论"。① 而当我们阅读威尔伯其他著作时，又会惊叹于其专著涉猎的自然科学、社会科学、人文科学之广博丰富、包括万象。这与其独特的"四象限"知识论分类框架、定向推演的思路有关。

（一）四象限互补的完备知识论、方法论基础及其综合集成特色

肯·威尔伯知识分类的"四象限理论"框架是"全子四象限理论"（Holon-Four-Quadrants Theory）的简称。"全子"（Holon）是肯·威尔伯描述存在既是整体又是部分的全子层级存在结构存在论的关键概念，有复杂的内涵，在此且按下不表，先简述其作为威尔伯存在论之知识论一元整合的四象限三领域的知识论框架，以便于理解其知识论和方法论的综合集成特征，以及在上文的基础上进一步理解肯·威尔伯"现代性危机观"。

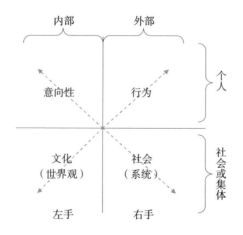

① ［美］肯·威尔伯：《意识光谱》，杜伟华、苏健译，万卷出版公司 2011 年版，推荐序Ⅲ。

首先，四象限，是以十字交叉的纵横两根线分为内外上下的坐标系，把所有知识分为四个维度或领域，为综合集成个体主体的体验知识、主体间诠释的知识、个体客体的经验观察的知识以及客体间结构功能的系统知识，为肯·威尔伯生态存在论等哲学反思和学术研究，搭成了一个基本的知识框架；可以集成全部人类的包括神秘主义、理性主义、宗教和所有心理学流派的心理学、美学、哲学的精神知识，包括天文学、物理学、生物学、生态学等的自然科学知识，包括现象学、存在主义、哲学诠释学、结构主义、文化人类学等的社会文化心理、社会意识、伦理学等文化知识，以及复杂性科学、系统科学、社会科学、生态伦理学、结构功能主义、浪漫主义等系统科学和自然主义意识形态。

纵横两条线，横线的上半部分表示单个个体的存在，下半部分表示社会的或集体的存在；纵线的右边表示存在的外部形式，或从外面看起来的样子，左边表示内部形式，或内部看起来的样子。纵横两条线的十字交叉形成四个象限：（1）左上象限（UL），全子的内在性／主体性方面（subject 主体体验；第一人称单数 I）；（2）左下象限（LL）：内在性的主体间性方面（文化意义，第二人称和第一人称复数，we，you，inter-subject，主体间群体文化领域）；（3）右上象限（UR）：外在性／客体性方面（个体行为的，第三人称单数 It）；（4）右下象限（LR）：全子的外在性的客体间性方面（社会系统的，第三人称复数，它们，inter-object，客体间）。

其次，四象限理论，最重要的区分是内在（within，inside）与外在（without，outside）的"右手象限"与"左手象限"的区分，或"左手道路"和"右手道路"的区分，用于描述学术研究或知识论的两个阵营。肯·威尔伯指出：

> 我常常把对右上现象和右下象限的研究统称为右手道路：可以运用肉眼或者肉眼的延伸进行观察的道路。简言之，就是"它语言"的道路（客观主义、独断论、可观察、经验论和行为变量）。右手道路有两个主要的阵营，它们不断争斗：原子论者只研究表层的个别；整体论者则认为整体的系统才是主要的研究对象，不是个别现象。但是两个都是仅限于表层的研究，它们都属于平面本体论的阵营：可以通过不断

观察和经验实证研究的领域。另一方面，这个图示的整个左半边不可能用肉眼来观察（除非它们表现为外部物质形式，隐含在其中）。换句话说，左侧的内容不可能用"它语言"来描述。并且左上象限只能用"我语言"来描述，左下象限则用"我们语言"来描述。我把这两个象限称为左手道路。①

其三，"左手道路"还原为"右手道路"，也用于批判现代理性"右手道路"的负面的"现代性瓦解"或"现代性危机"：全子立体层级大宇宙（法界）存在，还原为右手象限的平面的所对应的物质主义、机械主义、原子主义的原子、亚原子，或整体论的结构功能主义的实体系统，如物质系统，或生态系统。

四象限是任何一个层次"全子"（存在的任何一个层次皆是整体兼部分，即整体/部分，对其下所包含的层次来说是整体，而对被其上层次所包含而言又是部分）都存在的四个方面或四个维度，所以可以（也是必须）从意向、行为、文化意义和社会系统四个方面研究，不存在仅在一个象限的"全子"。只是"全子"层次越原始，我们就越不在乎其内在的意向性和它们的文化意义。比较低的层次的内在性不易显露出来，容易被人忽视。

有两种还原论，一是原子论的"粗疏还原论"。粗疏的还原论不相信任何地方会存在任何的内部，所以意识、意向性问题、意义、价值、文化和深度根本不存在，"一切都可以还原为原子的价值，首先把其他三个象限还原为右上象限，然后再把右上象限还原为原子和亚原子水平。其结果就只能是物质主义、（通常是）'机械主义'，（一定是）原子主义。"②

一是整体论的"微细的还原论"，"与上述平面原子主义相对立的是平面整体论者，他们把全子左侧的一切还原为右侧所对应的实体，他们是结构功能主义的，包括一般系统论、现代动态系统论以及所有新范式的生态/整体论等形式。它们是经验的、独断论的、隐蔽的还原论者。他们认为启蒙运动

① ［美］肯·威尔伯：《性、生态、灵性》，许金声、李明译，中国人民大学出版社2009年版，第114页。

② ［美］肯·威尔伯：《性、生态、灵性》，许金声、李明译，中国人民大学出版社2009年版，第114页。

最大的负面影响是原子论和二元对立本体论"。[①] 其实微细还原论，左手还原到右手，纵向诠释性的深度被转换成横向关联的广度，其实深度潜藏着深层的二元论。"正因为主体的世界观完全是整体论的，主体本身被排斥在这个整体之外"，[②] 成为孤独的主体，所以要和整体论的/工具主义的世界决裂，成为启蒙运动"超自由的自我"。"启蒙运动的整体论范式打碎了大宇宙"。[③] 大宇宙本来纵横都是有层次的（既有内外也有左右），但是整体论把大宇宙变成一个平面的宇宙，只有平面的层级：成了一个平面的网，把纵向的深度换成相互关联的普遍性的系统，把所有的内部都缩减成了可以从外部进行观察的功能之网的绳索。整体论范式表面上似乎是包括了"所有"的实在（与原子论对立）。但实际上野蛮地把大宇宙撕成了两半，抛弃了深度内部，蛮横地停驻在外部、表层和伟大的相互关联的广度上，[④] 好坏取决于它们适应广度的程度，而不是发现深度的程度。

（二）威尔伯深生态哲学方法论：神秘主义体验的方法、现象学方法、对话的方法、理性主义方法、哲学诠释学方法和结构功能主义的方法等综合集成

全子的四个象限是相互关联但又不能相互还原的：相互关联是说任何一个层次的全子都包含四个维度，都在不同象限有同层次的对应点位，比如左上象限的思想，在右上象限对应着大脑，思想状态对应着大脑的生理的变化，右上象限的"它语言"对这个变化完全可以运用客观的语言来描述：在额叶神经突触有去甲上腺素分泌，伴有贝塔波的峰值……这些说法以右上象限的标准而言，是很正确的，但对左上象限而言，思想却不等于大脑生理变化的经验描述，大脑生理变化的经验描述不是我对这个想法的"体验"，这个想法有一定"意义"。另外，"思想"在左下象限还对应着同层次的其他个

---

① ［美］肯·威尔伯：《性、生态、灵性》，许金声、李明译，中国人民大学出版社2009年版，第119页。

② ［美］肯·威尔伯：《性、生态、灵性》，许金声、李明译，中国人民大学出版社2009年版，第119页。

③ ［美］肯·威尔伯：《性、生态、灵性》，许金声、李明译，中国人民大学出版社2009年版，第119页。

④ ［美］肯·威尔伯：《性、生态、灵性》，许金声、李明译，中国人民大学出版社2009年版，第119页。

体，共同理解的语言背景，我体验思想的"意义"可以通过对话的方法来理解。而"思想"在右下象限还对应着社会存在系统的背景，事物制作、交通系统、书面记录文本、学校建筑、语言外部结构、政治地理结构、技术类型、经济生产力分布等。但四个象限虽有关联但却不能相互还原，在于各个象限有各自不同的"有效性标准"（validity standard）。左上象限主体的思想的有效性标准是"真诚"，是不自欺欺人，哲学的方法是现象学的方法，"悬置"一切客观"它语言"的心理学和自然科学的知识，如实地直观意识现象，剩下的就是"意向"。超人格心理学有止观的方法。潜意识心理学则有"心理治疗师"如何共情的方法，克服潜意识自我防御机制，帮助患者自知。右上象限的有效性标准是"真实"，是否真实的标准，在提出一个关于客观事实的命题，然后寻找经验观察的事实，是否与命题符合，即证实或证伪，命题真理的标准是，把命题与客观事实对应，看地图与疆土匹配或符合的程度，这是独白的、命题的、经验主义的。而"外边是否下雨了？"这个命题，对左上象限主体来说，就是否说实话，或弄错了，这是是否真诚的直率及信任与否的问题。左下象限的有效性标准，是"意义"在主体间是否相互理解的问题，共享的意义有一整套背景活动、文化常规和语言结构来维持，若不懂语言，仅仅是有右上象限语言的声音传到耳膜的客观事实的记录，还是无法理解意义。左下象限的"文化生活世界"的有效性标准，既不是命题是否符合事实，也不是主观是否真诚，而是我与同时代人主体间性是否"正确"，是否很好融入这个文化背景的问题。主体间生活世界哲学方法，是理解意义的哲学的诠释的方法。右下象限有效性的标准是客体间结构功能"适应"标准，是社会体系的功能适合或客体间融合的问题。而客体间客观系统方法论是社会系统结构功能系统论方法。①

不同象限有不同的有效性标准（主观真诚性、客观的真实性、主体间的正确性、客体间的功能适应性）。而肯·威尔伯深生态哲学方法论则把神秘主义体验的方法、现象学"悬置"的方法、对话的方法、理性主义方法、哲学诠释学方法和结构功能主义的方法等综合集成为多维度的方法论体系。

---

① ［美］肯·威尔伯：《性、生态、灵性》，许金声、李明译，中国人民大学出版社 2009 年版，第 119—125 页。

（三）定向推演的基本思路：以基本知识共识为基础达成假说

肯·威尔伯认为他的知识体系，是把学术界大致的学术共识贯穿起来的结果，这个思路他称之为"定向推演"（Orienting generalizations，许金声在《万物简史》中译为"定位概括"）。他在《性、生态、灵性》导言中指出：本书的基本思路可以称为"定向推演"。"定向推演"就是尽管对某一研究对象知识的"具体细节和准确含义存在很多争议"，但可"获得基本共识"，"尽管无法确定有多少棵树，但森林的位置终究可以确定下来了"。① 比如道德发展阶段具体多少阶段有争议，但前习俗阶段、习俗阶段和后习俗阶段的三分法得到广泛认同，成为共识，可以为七阶段道德进化的假设，提供一定的支撑。而"从各门知识领域中（包括物理学、生物学、心理学到神学），提取一些已经得到广泛认可的定位推演材料，把它们串联起来，我们就可以得到及其深刻的结论"，②"本书除了包括很多粗略的定向推演，还讲述了上千个假说。我权且讲这样一个故事，但每一句话都是可以用学术眼光来验证的。"③

（四）肯·威尔伯思想的佛法生态现象学存在论特色

肯·威尔伯的思想虽然具有包罗万象的综合集成特色，利用"定向推演"的思路，在人类知识共识基础上形成有学术依据的假说，但把知识共识串起来的线，却主要不是"定向推演"思路，而是知识体系建构者的最根本的存在论信念。肯·威尔伯最根本的存在论信念是佛法生态现象学存在论方法与信念。

第一，肯·威尔伯对哲学知识论和方法论基础，属于"左手道路"的现象学、存在论哲学、生态现象学、生态存在论哲学的领域，关心的问题是主体"意向"问题和生活世界"意义"问题，以及人和自然关系的"生态存在论"问题，他推崇的哲学研究方法是"左手道路"内在性的现象学还原方法、哲学诠释学等方法。

---

① ［美］肯·威尔伯：《性、生态、灵性》，许金声、李明译，中国人民大学出版社 2009 年版，导言第 3 页。

② ［美］肯·威尔伯：《性、生态、灵性》，许金声、李明译，中国人民大学出版社 2009 年版，导言第 3 页。

③ ［美］肯·威尔伯：《性、生态、灵性》，许金声、李明译，中国人民大学出版社 2009 年版，导言第 3 页。

肯·威尔伯对学术思想界的观点有褒贬选择的引证来看，他经常批判的是"右手道路"的学者，他最喜爱的是"左手道路"的思想者。他早期《意识光谱》提倡超人格心理学，推崇的是左上象限知识的东西方神秘主义的宗教存在论哲学家，如新柏拉图主义的普罗提诺、印度教的拉玛那·玛哈希，大乘佛教中观派龙树菩萨。他还推崇德国唯心论的黑格尔和费希特的绝对精神学说。在心理学方面他推崇与存在主义有深刻渊源的存在心理学的奥罗宾多、吉布塞尔、埃里克·詹奇、第三思潮的人本心理学家亚伯拉罕·马斯洛、埃里克·埃里克森、科尔伯格、加德勒、克莱尔·格拉夫、罗伯特基根等，存在主义心理学家罗洛·梅是其好友。他的人格成长阶段论观点以发生认识论的皮亚杰的术语和观点作支撑。他曾是超人格心理学的主要支持者，后来退出。1998 年创立整合机构（Integral Institute），转向社科研究，提出整体政治学研究，转向关注左下象限的"生活世界"意义和共识建立问题。开始注意浪漫主义的爱默生、有机哲学家怀特海、西方马克思主义者哈贝马斯等。他在《性、生态和灵性》大量印证西方马克思主义者哈贝马斯的"生活世界"与"系统"关系的观点，认同其"生活世界"重建问题的论点。而哈贝马斯"生活世界"的理念最早就来自现象学方法的提倡者胡塞尔。晚期胡塞尔用现象学还原的方法，提出了一个前反思的主体间的"生活世界"的视域。后来"生态现象学"把现象学还原的方法，用于解决人与自然关系异化问题，提出"生活世界化的自然观"，这与肯·威尔伯的观点是一致的。

肯·威尔伯对早期浪漫主义进行辩证否定，一方面肯定其大写自然观和直观的方法与大精神的超越特点相近，另一方面把它归属于现代性扁平世界观的阵营，这是不确切的，他没有区分浪漫主义和深生态主义的泛神论与结构功能主义的区别，他也混淆了"深生态主义"的生态理性主义派与生态浪漫主义派。

肯·威尔伯指出：生态浪漫主义反叛的创始者们，"希望看到自我和自然在宇宙大生命烘炉中的相融合"，"希望通过找到与自然的一体感而找到与他们自身的一体感"（wholeness）①，他们"最了不起的一点是：有一个大写

---

① 〔美〕肯·威尔伯：《万物简史》，许金声译，中国人民大学出版社 2006 年版，第 254—255 页。

的 'N' 的大写自然（Nature）是大精神，因为包容一切的大精神确实超越包容了文明和小自然"，但是浪漫主义者跟个体理性主义者一样是出于同一平面的物质世界，缺少超越的存在论高度，他们简单地将大自然与小自然等同起来。"他们将大精神与感觉到的自然等同起来"[①]，其实"只是神圣的私我"[②]。生态浪漫主义所谓的"灵性的洞察"，"不是真正灵性的，它只是一种完全没有觉察地被工业化网络规范了的诠释"[③]。肯·威尔伯认为"深生态主义"与早期浪漫主义一脉相承，属于"右下象限"的结构功能主义的系统整体论，缺少超越的维度，是启蒙运动现代性范式中与个体理性主义表面对立的现代性范式的互补结构，"斗争双方的核心都是平面世界观"[④]。其实"生态主义"中的生态理性主义派以系统论科学论证整体论，有结构功能主义的倾向，属于"右下象限"，但"生态主义"的生态浪漫主义与早期浪漫主义思潮一样，其存在论背景，跟肯·威尔伯一样，有道教、印度教和佛教的超越维度，其"泛神论"，把自然物看作跟人一样的主体，其相互作用关系的是"主体间"（inter-subject），属于"左下象限"的生活世界意义领域，具有现象学的维度，不是右下象限结构功能主义的"客体间"（inter-object）的结构功能适应性关系。肯·威尔伯也没有注意到生态主义运动中与其学术宗旨相似的"生态现象学流派"。生态现象学正如 U. 梅勒所说是"现象学的泛灵论"。梅洛-庞蒂的"身体现象学"，强调人和自然的关系，是一种主体间的关系，也是泛神论的。泛神论是生活世界的自然观，是主体间的关系，非客体间关系，具有内在超越性。

　　第二，从肯·威尔伯对包括生态危机的现代性危机的根本解决之道来看，他批判现代性弊端在缺少超越维度的扁平世界观，主张以存在论的后现代"大写的理性"（Reason）建立自然—生态和生活世界的整合世界观，属

---

① [美] 肯·威尔伯：《性、生态、灵性》，许金声、李明译，中国人民大学出版社 2009 年版，第 261 页。

② [美] 肯·威尔伯：《性、生态、灵性》，许金声、李明译，中国人民大学出版社 2009 年版，第 261—262 页。

③ [美] 肯·威尔伯：《性、生态、灵性》，许金声、李明译，中国人民大学出版社 2009 年版，第 263 页。

④ [美] 肯·威尔伯：《性、生态、灵性》，许金声、李明译，中国人民大学出版社 2009 年版，第 444 页。

于生态现象学的存在论的范畴。

按照肯·威尔伯的个体精神和文化精神发展阶段论，他认为"理性主义"分三个阶段，前现代是具体演算形式的神话世界观，现代性世界观是形式演算的抽象思维和关系思维的启蒙运动现代性世界观，现代性世界的负面是三维立体层级结构的大宇宙坍台为平面网络世界观，缺少超越的维度。而理性演化的下一个阶段是身心合一"人马座"存在论的"大写理性"，即存在主义的视觉逻辑或辩证网络理性的"大写的理性"（Reason）。理性的这个阶段的主题是我是谁？即海德格尔存在主义"向死亡而生"哲学命题出现。死亡是对生存层面的存在（existential being）的真诚反应，他将迷失自我的状态拉回到自我显现的状态，拉回到不仅仅是我这一部分或那一部分（身体、面具或自我心灵），而是我整个在世的存在（being-in-the-world），我看到了我生命的全部，它的终结，同时看到其他私我，我的私我、人格面具是靠"不真诚"维系着，是背对孤独的死亡的逃避维系着。① 存在的焦虑唯一途径是超越目前的阶段，走出人类层面，进入灵性层面的各个领域，即超意识化。② 肯·威尔伯认为生态主义的生态整体论属于现代性平面世界范式，主张退回前现代的倒退之路，犯了混淆前现代与后现代的谬误，无法根本解决生态危机问题。生态危机的解决关键是"生活世界"共识的建立，以及主体内在精神意识的进化与超越，以存在论视觉逻辑、辩证网络大写理性整合自然界、生活世界和精神世界，建立立体超越的大宇宙的存在论世界观。肯·威尔伯的解决生态危机之道是生态现象学存在论。

第三，威尔伯的生态现象学存在论，其根本理念是佛教现象学存在论。

肯·威尔伯自大学时期就"开始禅修，并在数位禅宗和藏传佛教上师门下修习过"③，跟随禅宗、禅修导师大忍和尚、Maezumi 禅师、秋阳·创巴仁波切、卡卢仁波切、贝诺仁波切、长达多古仁波切禅修。其存在论的根本理念和方法是佛法的，大乘佛教空宗的"缘起性空"论和中观派龙树菩

---

① ［美］肯·威尔伯：《性、生态、灵性》，许金声、李明译，中国人民大学出版社 2009 年版，第 265 页。

② ［美］肯·威尔伯：《性、生态、灵性》，许金声、李明译，中国人民大学出版社 2009 年版，第 266 页。

③ ［美］肯·威尔伯：《意识光谱》，杜伟华、苏健译，万卷出版公司 2011 年版，推荐序 I。

萨的"不二观"，以及藏传佛教、禅宗的自性缘起论和禅修方法对其影响较
大。佛法的缘起论是佛教根本的存在论观，是一种人生现象学的生存论与
现象学的存在论。小乘佛教的十二因缘缘起主要阐述人生存境遇之非本真
之迷惑的成因、过程和达到本真性生存的方法。大乘空宗的"缘起性空"，
大乘有宗的"阿赖耶识缘起"，大乘真宗的真如缘起和如来藏缘起则是现
象存在论，强调现象存在的关系性、过程性、整体性、层级存在性、非实
体性，与"真谛"性空、空性、佛性、真如的"不二性"，以及中国天台宗
的"一念三千"，华严宗的法界缘起，则强调存在的整体性、关系镜像互摄
性。它们解决的问题不是现代的生态危机问题，但其人生现象学的生存论与
现象学的存在论蕴含生态存在论内涵，对解决生态问题具有重要的启示作
用，可以与现代生态存在论进行视域融合。由于受佛教人生现象学的生存论
与现象学的存在论影响，肯·威尔伯的生态现象学的生态存在论带有佛教
生态存在论的特色，在下文论述其生态存在论哲学的基本内涵时，可明显
看出。

　　三、肯·威尔伯的深生态存在论哲学：自在与自为不二的终极视域、内
在超越的全子生态境遇
　　肯·威尔伯的生态存在论，集生态存在哲学类型之大成，其深生态存
在论哲学具有两个类型：其一，自在与自为不二的终极视域；其二，内在超
越性的全子丛聚共同进化的深生态系统或生态境域。因此，肯·威尔伯的深
生态存在观，是佛法不二本体信念整合下的，内在超越性的全子丛聚进化的
深生态系统论，或生态境域论。
　　（一）自在与自为不二：佛法现象学的终极视域
　　肯·威尔伯的终极存在信念，是其得自佛法修行体验的不二慧见，即
自在的本体与自为的现象不二的本体论理念，以此不二的本体论信念超越传
统西方本体论哲学的二元论。
　　西方传统的哲学、神学、经典科学和伦理学的主流的存在论和认识论
是二元论，肯·威尔伯非常明确而全面地认识到了这一点，他在其第一本著
作《意识光谱》中指出："这种二元对立的知识非常古怪，但将宇宙万物分
割为主观和客观（或者实相和谬误、善良与邪恶）的概念本来就是西方哲

学、神学以及科学的根本基石。……古希腊还开创了'实体论'的大规模研究，即对于根本性质或者宇宙万物的存在的审视，而且他们很早就提出了以单一与众多、混沌与秩序、简单与复杂、的二元论为核心的各种问题。……因此怀特海哲学将西方哲学称为柏拉图学说的详尽脚注。"①

西方古典哲学是存在论（Ontology，或译本体论，是论）哲学，这是研究"Being（On，汉译为本体、存在或是）"及相关的"所是"的学说，这是以西方语言形式特征为工具，以逻辑为研究方法，活动于先验纯逻辑领域的客观唯心主义哲学，"蕴含着先验绝对论、还原论、二元对立、一元独断论的抽象理性思维方式和解释原则。"② 此抽象理性的思维方式使现实存在和人现实生存抽象化，处于无根状态，如海德格尔所说，只是把握了存在（beings）而遗忘了存在本身（being in itself），如马克思所说与人的现实生活"相敌对"。

"现代西方哲学"（Western Modern philosophy，中国哲学界一般将其译为"近代西方哲学"，汉语"近代"和"现代"区分来自于日语，而在英语中是同一个词 Modern，现将其译为"现代西方哲学"以彰显其作为"现代性"哲学身份）"认识论转向"后，从认识论角度对本体进行理性反思，使本体论哲学的本体与现象、自在与自为的二元论特征凸显出来。康德通过逻辑推论发现，"自在"（being in itself），即存在的本来面目，对理性来说是不可知的，理论理性只能以先验的感性和知性形式为"自为"（being for itself）的现象界立法，若僭越现象界的本分，思考本体问题，必然陷入二律背反的悖论。当代的生命哲学的兴起，以及当代西方哲学的"存在论转向"和"语言学转向"，都是企图克服理性主义主客二元论思维方式的哲学新趋势。当代西方哲学或思潮，"最大的特点和大趋向在于对一个唯一的现象世界的可能性或直接可理解性的关注。这当然是对传统形而上学（为理论的存在论和宇宙论）的反叛，但也并不就是传统的经验主义；因为这'现象'不是与'本质'相对而言的被动的、分立的、片面的现象，而是构成了一个'世界'，是一个'唯一的'，即能够产生和维持认知意义、人生意义自足世界。

---

① ［美］肯·威尔伯：《意识光谱》，杜伟华、苏健译，万卷出版公司 2011 年版，第 19 页。
② 何来：《本体论究竟是什么》，《长白学刊》2001 年第 1 期，第 47 页。

这不完全等同于相对主义、现象主义的'反本质主义'。"① 胡塞尔的现象学旨在超越实证科学狭隘理性的主客二分的观念思维方式，为哲学找到"真正科学"更为本源的起点和根基，他提出了"现象学的还原"方法："悬置"实证主义科学自然主义立场的一切现成的"存在预设"，在"客观"方面主要是"悬置"物理学的实体性知识预设，在"主体"方面主要是"悬置"实验心理学的心理实体的预设，"回到事情本身去"，直观意识现象本身，只剩下"意向性"活动乃纯现象本身，非主非客亦主亦客的前对象性反思、前主客二分、前观念理性的中间领域和生发机制，既是显现也是被显现的意义领域，乃至还原到先验的非主非客"无意向"的纯知觉。胡塞尔还提出了现象学"本质直观"的方法，在"意向性"对象视域焦点变动中，与无限整体的模糊的边缘域的背景关联，从在场的具体意向活动中让不在场的普遍本质显现出来，从而直观具体特殊现象中的普遍本质。后期胡塞尔的发生现象学，用"现象学还原"的方法，还原掉有关世界的存在的具体设定和理论设定，形成了前反思的、人原本生活体验的、主体间的"生活世界"（life world）的视域，作为人生存的境遇和意义，以及世界存在的可能性、科学知识来源的本源、基础和背景，即"世界作为一切可能的判断基质之视域"。

　　肯·威尔伯的自在本体与自为现象之不二慧见，主要来自佛法现象学的存在论和方法论，也整合了东西方其他流派的不二论存在理念。肯·威尔伯以佛法不二慧见改造柏拉图哲学为"新柏拉图主义"，他认为柏拉图本体论思想中具有"超越语言"的"神圣的无知"的非逻辑主义的不二慧见："柏拉图把这种'对未知的冥想'称作'对所有的时间和存在的见证者'——纯粹是个见证者，它本身'既非此也非彼'"，"它所处理的是一种神秘的或者超越的觉知，'超越的存在'，超越所有的属性（无相／无形），整个显现的世界都是它的影子，它的副本，它的幻象"，"完全可以用无相觉知（causal level awareness）来解释，'世界是幻象（影子）'，只有梵才是真实"。②"实际上无论不二传统出现在哪里——东方和西方整合上行之路和下行之路的传统——我们发现类似的主题反复出现，其精确性不亚于数学上

① 张祥龙：《当代西方哲学笔记》，北京大学出版社 2005 年版，第 2—3 页。
② [美] 肯·威尔伯：《性、生态、灵性》，许金声、李明译，中国人民大学出版社 2009 年版，第 340—342 页。

的分界。从密宗佛教到禅宗，从新柏拉图主义到苏菲教，从湿婆崇拜到华严宗。尽管背景万万千千，说法万万千千，但是不二的精神却没有分别：从'万'到'一'并且这叫抱守'一'，这叫做善，被称作智慧；从'一'到'万'，这叫做善行，被称作慈悲。"①

佛法认为二元论根源于一切生命与生俱来的先天的俱生我法二执，佛法破除我法二执二元论的方法是止观双运的"观心法"，用现象学的术语说就是"现象学还原"，"悬置"一切主体和客体的实有见的知识和信念，剩下纯净的意向，看破我法二执，可谓佛法的现象学方法论，肯·威尔伯乃此方法论的实践者和思想者。

肯·威尔伯称佛家所说的本觉本性为"大心""灵性"或"空性""实相""法界"等，他在《意识光谱》第二版序言中指出"灵性"的内在、遍在、超越的"自在"性之"真谛"与自为演化的幻有性、过程性的"自为"之"俗谛"的统一或不二性，又称"上溯空性，下及万有"："灵性既是起点，也是终点。灵性既是全然内在的，也是全然超感知的。……它只是表象世界中一切事物的本质和本性——完美的内在性。"②

肯·威尔伯认为有两种"认知模式"："符号知识"和"亲证知识"。

第一，符号知识是二元论的知识，是世界的符号化的表现形式，是地图，是幻觉，其核心特点在于抽象与二分（二元对立）。按照怀特海的说法，抽象就是省略掉部分真相，抽象过程只关注对象突出的特点而忽视其他一切特点，将抽象的概念当成实质的实相，混淆了地图与现实场域，犯了"措置具体感的谬误"（Fallacy of Misplaced Concreteness）；符号化的论述方式是线性的、但维的、分析的，通常也是逻辑的。肯·威尔伯认为，看破二元论符号化知识带给我们的幻觉，从而在真实世界中被唤醒。因为这一真实世界的整体上是不存在对立面的，它显然不是可以被定义或者抓住的东西，因为所有的符号都只有从它的对立面来看才有意义，然而真实世界是没有对立面的。因此它被称作"空虚""空""空无一物""失认"，即有关实相的一切

---

① [美] 肯·威尔伯：《性、生态、灵性》，许金声、李明译，中国人民大学出版社 2009 年版，第 344—345 页。

② [美] 肯·威尔伯：《意识光谱》，杜伟华、苏健译，万卷出版公司 2011 年版，第 2 版前言，Ⅶ。

思想和主张都是空虚而失效的："宇宙万物实际上与自身毫无差异。因此真实世界也被称为'梵天'、'唯一基督'、'纯本质'、'道'、'纯意识''纯自我''不二'，并不与自身分离，也不相悖于万物。"①

第二，"亲证（intimate）"的知识则是直接非二元论的知识，是直觉，直接感受，是实相的体验："'实相'只能以非二元的方法加以体验，必须弥合认知者和被认知者之间的缺口。"②用德日进的话说，"它将宇宙万物'看作一个整体、单一的事物'，没有符号化地图模式中的分割与碎片化的属性"，③"而非二元论的感受的内容就是普遍称为'绝对实相'的东西"。④"实相只能出现在这种分裂发生之前的状态中，说清楚些，我们把这种非二元的意识称为'纯精神'，这是因为这种状态本身就是'真实'的。"⑤"无论'实相'被称作梵天、神、道、法身、空性，或者其他的什么，这都无关紧要，因为这一切都同样指向非二元的'大心'状态，在这种状态下，宇宙万物没有被分裂为观察者和被观察者。"⑥

（二）内在超越的、全子协同进化的深生态系统或生态境域

对肯·威尔伯有关现象界的部分／整体（whole/parts）的全子（Holons）的，横向的"客体间"生态系统功能协同适应关系，和横向的"主体间"交往关系，以及纵向的向上的超越进化关系，与向下的内在包容关系，四象限或四维的"自在""自为""为他"和"一摄多"，变动不居，上下无界的存在形式，用肯·威尔伯借用的系统论的话语描述是"内在超越的全子层级共同进化系统"，而考虑其四维性，并避免"右手道路"的话语局限，可以用"内在超越性的全子层级进化的生态境域"（ecological context）。因为"深度生态系统"（general deep ecosystem）尽管体现仍然是肯·威尔伯强调的"深度"特点，但这仍是他所批判的现代性的平面整体论世界观的话语，无法表

---

① ［美］肯·威尔伯：《意识光谱》，杜伟华、苏健译，万卷出版公司 2011 年版，第 74 页。

② ［美］肯·威尔伯：《意识光谱》，杜伟华、苏健译，万卷出版公司 2011 年版，第 74 页。

③ ［美］肯·威尔伯：《意识光谱》，杜伟华、苏健译，万卷出版公司 2011 年版，第 42 页。

④ ［美］肯·威尔伯：《意识光谱》，杜伟华、苏健译，万卷出版公司 2011 年版，第 41 页。

⑤ ［美］肯·威尔伯：《意识光谱》，杜伟华、苏健译，万卷出版公司 2011 年版，第 44—45 页。

⑥ ［美］肯·威尔伯：《意识光谱》，杜伟华、苏健译，万卷出版公司 2011 年版，第 75 页。

达肯·威尔伯基于佛法生态现象学的"四象限"立体的广义生态观。而"全子丛聚""共同进化"是威尔伯对全子间生态属性的描述话语之一，也确切表达了全子主体间自为、互为、自在、一摄多的现象学的物主体、生物主体、人类、超人格智体间的缘构互摄共生进化之多维的"生态境遇"缘构属性，而非仅仅客体间维度的"生态系统"，这也与晚期海德格尔的道、天、神、人的内在统一、镜像互摄的现象学的生态境遇存在论呼应。全子有20种模式或习性、范式，大体有如下几个特点：

1. 肯·威尔伯认为"实体"（Reality，或译实在）存在形式是有深度的，是从物质到生命再到心智的进化的层级结构，乃包括物质的宇宙（Cosmos）、生命世界、精神世界三大领域的"大宇宙"（Kosmos），而组成实在每一领域又有很多层次，其任何存在层次的存在形式，都是"整体兼部分（整体／部分）"的"全子"（Holons，胡因梦译为"子整体"），以此内在超越"原子论""整体论"的平面世界观对立，以及内在超越唯物论和唯心论的争论。

"全子"（Holons）一词是匈牙利文学家凯斯特勒（Arthur Koestler）在1967年《机器中的幽灵》（*The Ghost in the Machine*，London：Hutchinson，1967）发明的，指一个"实体"（Reality，或译"实在"）形式，实际存在的事物和过程，本身既是"整体"（whole），同时又是某一整体的一"部分"（parts）。肯·威尔伯认为万物皆是全子，既然实在都是整体兼部分，不存在单纯的部分和单纯的整体，那么"原子论"和"整体论"之间的争论就解决了。没有整体，也没有部分，只有整体兼部分。肯·威尔伯认为，"整体论"更危险，容易把"整体性"（wholeness）变成支配一切的极端化的原则。"终极整体"实质是病态的、支配性的等级制度。"整体"是一个非常危险的概念，容易被推到思维的终点，如果有"整体"，意味着整体高于部分，使人们沦为各自"整体"中的部分。整体论者喜欢构建社会乌托邦，将大量的事物排除在外。如生态女权主义整体不包括父权制，深生态主义不包含静修状态。生态哲学家不喜欢工业化。号称喜欢整体论的理论家排斥了数量多的惊人存在。实际上根本没有终极整体，压根儿不存在，根据空想捏造。根据其空想，我们所有人都被界定为整体网络中的小角色。故哈贝马斯和富柯将整体化工作看作是威胁"生活世界"的主要敌人。

　　"全子"论也可解决唯物主义和唯心主义的争论，实在不是由夸克、强子和亚原子组成，也不是由理念、符号或思想组成，而是由全子组成。亚原子量子力学，一个物理粒子包含一个裸粒子和一大团虚粒子，极其复杂地纠缠为一团，因此每一真正的粒子存在都包含着无限多的其他粒子存在，被包含在一个实在的云团中，云团中每一个虚粒子同样也伴有它自己的虚离子云，也就是气泡中的气泡，全子中的全子。任何精神意义上的绝对实体既非整体也非部分，也不是一或多，也只是自本自根的虚空，或者完全无分别的精神。"既然任何事物都永远是语境中的语境，全子中的全子，大宇宙中的物质宇宙（物理层面）、生命（生物层面）和人（人类层面）和神智（mind，神域），其中没有任何一个领域是最重要的、居于主导地位，甚至精神也退入虚空。如果把存在归结为某一领域，如夸克或符号，便夸大了这个领域的重要性，赋予这个领域特权。如果说宇宙是由全子组成的，既不会授予这个领域特权，也不会授予那个领域特权，也不会剥夺任何层面本足的特征。例如文学不是由亚原子组成的，但文学和原子都是由全子组成的。大宇宙宇宙中存在层级系统，但系统是变动不居的，是无休止的、令人目眩的、全阶序（Holarchy）性的或全子丛聚的（Holoarchic）。① 大宇宙是无穷无尽的全体，而全体是由全子构成的——上无穷下无尽。"②

　　2. 全子乃在自我保存（self-preservation）、自我适应（salf-adaptation）、自我超越（self-transacendence）、自我退化（self-dissolution）的四种基本力作用下的全子丛聚、内在超越（包容和超越）的深度生态系统。

　　全子包含横向和纵向两种关系：从横向来说，全子不是孤立的个体，而是同层次的客体间既相互独立又相互适应的"生态系统"，或主体间的交往共同体或"全子丛聚系统"；从纵向关系来说，全子是内在超越关系，既"内在"包含下面所有层次的全子，又在全子丛聚的相互作用中，不断创造性进化，"超越"低层次全子丛聚，"涌现"出更高层次具有新内涵、新质、有高度的新全子，当然也有因同层次"全子"相互作用失衡而自我分解为低

①　[美] 肯·威尔伯：《性、生态、灵性》，许金声、李明译，中国人民大学出版社2009年版，第36页。

②　[美] 肯·威尔伯：《性、生态、灵性》，许金声、李明译，中国人民大学出版社2009年版，第34—36页。

层次"全子"的退化现象,但向上进化是总趋势,因而大宇宙是一个全子丛聚、内在超越的深度生态系统。

肯·威尔伯认为深度生态系统是全子丛聚(层级系统)共同进化,在最宽泛的意义上是生态性的:"共同进化意味着进化的单元并非是一个孤立的全子,而是一个全子加上它不可分离的环境。即是说,进化在最宽泛的意义上是生态性的。"① 大宇宙不存在什么不可分割的个体,只是全子,拥有特定的对环境相对自由的形态或模式,乃相对"持久的复合个体",全子的整体性把下级组成部分的不确定性给组织化了。② 从"右手道路"的视域,"持久的复合个体"的客体间的相互适应的"全子",形成"社会全子",即横向的生态系统;而从"左手道路"视域,"持久的复合个体"主体间的交流全子丛聚的内在意义或深度的生存意域。结合左右手道路两个维度,可称为"深度生态系统"。

其一,肯·威尔伯认为横向的或"水平的"(horizontal)全子丛聚的深度生态系统,是自我保存(self-preservation)和自我适应(self-adaptation)两种力的相互作用。

自我保存是全子的生存能力,保持个性和他们特有的整体性或自主性(agency):它在时间的波动中保持自我。尽管全子借助它们的相互联结关系或环境而存在,但全子所受的限制并不来自于其环境,而是来自于其个体形态、范式或结构,或肯·威尔伯说的"深层结构"。全子的"自我保存"能力,在与环境的关系上,主要是通过与环境之间的相互交换呈现出繁杂的规则,保持作为某个全子的实质内容稳定(或可辨认其可变化方向)、一致(coherence)和相对自由范式。而全子的"自我适应"则是全子作为另一个较大整体的部分,依它生成和适应环境的能力,即"合群性"(communion,或译"共享性")。

全子作为整体,保持自我;作为部分,适应环境。自我保存和自我适应乃两种相反的趋势:自主性与合群性。自主性乃自我肯定、自我保存、自我

---

① [美]肯·威尔伯:《性、生态、灵性》,许金声、李明译,中国人民大学出版社 2009 年版,第 55 页。

② [美]肯·威尔伯:《性、生态、灵性》,许金声、李明译,中国人民大学出版社 2009 年版,第 56 页。

吸收、同化趋势，表现其整体性和相对自由。合群性乃参与、联结、与结合趋向，表现其部分性和与更大事物的关系。两种能力或趋向都有绝对性，且同等重要，"其中任何一种过量都会毁灭全子，即摧毁其识别范式，轻微不平衡也会导致畸形。不平衡或表现为'病态自主性'（异化和压抑），或'病态合群性'（融合和不可分），即道家所说的阴阳两面性。"① 男性价值、女性价值和权利是自主性方面，责任是合群性方面。

其二，肯·威尔伯认为纵向或"垂直的"内在超越地创造涌现的总趋势是自我超越（self-transcendence）。

自我超越（自我蜕变，tansformation）。适当条件下，新事物诞生，不同整体结合成一个新的整体。已经消失了的东西之上某种创造性东西扭转（twist），怀特海叫作"创造"。詹特和沃尔顿（waddington）称"自我超越"。自我超越不是别的，它只是意味着大宇宙有一种超越既有状态的内在能力——这使得宇宙无处不能被触动（否则进化将没有起点）。

自我退化（self-dissolution，或译"自我分解"）。通过自我纵向蜕变的合成的全子也会分解。原因分横向和纵向两方面：在横向上，自主性与合群性之间持续较量失衡，会在某些特定层面导致病态。合群性是自主性存在的前提，过多的自主性、个体性会严重伤害合群性（压抑和异化）。过度的合群性则导致个体性完整性的丧失，个体与个体之间相互融合，边界模糊，丧失自由。在纵向上，纵向的斗争发生在自我超越与自我消融之间，即合成或瓦解趋势。这些力量与自主性与合群性相互作用，非常复杂。如人类生活找一个"较大意义"，要求过度的合群性或与一个"较大原因"结合，误解为超越，而这只不过是自主丧失和摆脱责任而已。

解决全子退化问题，是我如何做到既是我自身有时某个更大整体东西的一部分，且不失自我或者破坏整体呢？所有阶段的回答都是形成新形式的自主性和合群性的自我超越，将二者合并吸收到一个新生事物之中：不是更宽的整体，一个横向的扩张，而是一个"更深""更高"的整体，一个纵向涌现（emerge）。涌现的全子在意义上是新的，涌现意味着不确定性被带进

---

① ［美］肯·威尔伯：《性、生态、灵性》，许金声、李明译，中国人民大学出版社 2009 年版，第 44 页。

宇宙结构中。"涌现"，复杂性科学认为是非线性开放系统随机复杂性相互作用的结果，肯·威尔伯认为是"大宇宙"内在的创造力。创造力不等于宗教的上帝（God），创造力与"空性"不二。

其三，肯·威尔伯认为全子层级系统的共同进化，要区分正常的和病态的"层级系统"。

全子以丛聚方式（Holarchically）即以层级系统（Holarchy，或译全阶序）的方式涌现。这是作为不断增长的整体兼部分的一种系列，有机体包含细胞，而且不是相反，是正常的层级系统。深度生态学的提倡者奈斯肯定层级秩序。[1] 过程神学和建设性的后现代主义提倡者科布（Charles Birch John Cobb）也主张建立在"层级价值"上的现实的生态模型。[2] 其后的深度生态学和生态女权主义者拒绝全子丛聚或层级结构。肯·威尔伯认为要区分正常的自然的层级秩序，反对病态的层级秩序。

正常的层级应该仅仅是增长的全子的一个秩序，代表着整体的一种趋势和综合能力——例如，从原子到分子再到细胞组。"层级在系统理论和整体论中的确处于核心地位，是因为作为更大整体的一部分，要求整体必须提供一个在各个单独部分找不到的原则（或某种形式的粘合剂）。"[3] 层级在终极分析中意味着"神圣的管理"，或者"由精神力量来管理一个人的生活"。层级在现代心理学、进化理论和系统理论中仅仅是按照事物自身的整体能力对它们的序列的排列。在任何发展序列中，一个阶段的整体会变成下一个阶段更大整体的一部分。[4]

一个正常的、渐增整体的发展性序列会病态地退化为一个压迫和镇压的系统，即不正常的层级系统。治疗任何病态层级系统的方法，在于找到某个全子，它利用向上或向下的影响力，僭越它们在整个系统中的位置。这因

① ［美］肯·威尔伯：《性、生态、灵性》，许金声、李明译，中国人民大学出版社2009年版，第44页。
② ［美］肯·威尔伯：《性、生态、灵性》，许金声、李明译，中国人民大学出版社2009年版，第13页。
③ ［美］肯·威尔伯：《性、生态、灵性》，许金声、李明译，中国人民大学出版社2009年版，第15页。
④ ［美］肯·威尔伯：《性、生态、灵性》，许金声、李明译，中国人民大学出版社2009年版，第14页。

而需要各种治疗方法，广泛应用于心理分析（阴影全子拒绝融合）、社会批评理论（意识形态圈子扭曲了公开交流）、民主革命（独裁或法西斯全子压迫人民）、医学干预（癌细胞全子入侵一个良性系统），如此等等。其本质不是消灭那些全子，而是要捕获（并且要整合）那些狂妄的全子。"简而言之，不能因为病态性层级的存在就谴责整个层级。这些区别是至关重要的，因为不仅有病态的层级或控制性的层级，还有病态的或控制性的反层级。正常的层级获各层次间的整体论，当在各个层次之间存在断裂，或者有一个全子对其它全子采取压制、压迫、傲慢性统治的时候，就会走向病态，另一方面，一个正常的反层级，也就是内部各个层次都是整体的反层级，当其中任何一个一个反层级与其周围环境产生模糊或者是融化的现象时，这个反层次就会走向病态。"①"如果病态的层级是一种本体论上的法西斯主义（一个个体去支配其他个体），那么病态的反层级就会是一种本体论的集权主义（多数个体支配一个个体）。"②

其四，肯·威尔伯认为全子自我超越的涌现进化，使全子具有"内在超越"的属性：每个涌现的全子都超越但包含它的前身。

"内在超越"就是"超越但包含"或"否定且保留"：所有的基本结构和功能都被保存和接纳在一个较大的身份中，那些由于孤立、分离、部分、排他和倾向分离的自主性等所有因素造成的所有排他性结构都会被放弃，同时被一种更宽泛的合理性、更深层的自主性所取代。③

"较低全子确定较高全子的可能性（possibility），而较高全子确定较低全子的随机性（probability，概率）。"④较高新事物涌现，许多方面超越且包含先前层次的既有状态，超越低层面但并未违反底层的法则或模式，不能被还原底层，不能被底层决定，但也不能"忽视"较低层面。较低层面确定较

①　[美] 肯·威尔伯：《性、生态、灵性》，许金声、李明译，中国人民大学出版社2009年版，第19页。
②　[美] 肯·威尔伯：《性、生态、灵性》，许金声、李明译，中国人民大学出版社2009年版，第20页。
③　[美] 肯·威尔伯：《性、生态、灵性》，许金声、李明译，中国人民大学出版社2009年版，第46页。
④　[美] 肯·威尔伯：《性、生态、灵性》，许金声、李明译，中国人民大学出版社2009年版，第46页。

高层面可能性的大框架，但不被限定其中，较低的存在都处于较高的存在的范围（概率）中。

其五，肯·威尔伯认为"深度生态学"，要区分"深度"和"广度"，"基本的"和"重要的"：上级全子更重要且包含下级全子，如精神领域包含生命领域且比生命领域重要，生命领域包含物质领域且比物质领域重要，而价值平等的生态整体论者混淆了深度与广度。

肯·威尔伯认为一个全子层级系统包含全子层面的数量，决定它是深的还是浅的，即"深度"（depth）或"高度"，而"一个给定层面的全子数量称为'广度'（span）"①。进化每一个连续的层面都产生较大的深度，较小的广度，也就是说全子的层级越高，全子数量越多，而广度越小。而深度越高存在越不稳定，因此它的存在也依靠内部整个一系列所有其他全子的存在。同层面全子间变化关系，他又称为同层"转译"（translation），而称纵向超越变化为"蜕变"（tansformation）。

"不管毁灭哪一种全子，都会同时毁灭所有它之上的全子，而它之下全子无一受损。"② 因而低层的全子是基本的（fundamental），而较高层次的全子是相对重要的（significant）。全子深度越小越基本，而越基本的越是不重要。而全子深度越大或特定整体越大，越不基本。全子层级越高越重要，更多大宇宙内在于它，表现更多大宇宙内容。因此，物质领域存在相对于生命领域的存在形式更基本，但生命领域存在形式相对于物质领域更重要，也就是具有更高的价值；生命领域相对于精神领域更基本，但精神领域相对于生命领域更重要。从内在的深度或全子内涵而言，高层次的全子超越且包含低层次的全子，而不是相反。

肯·威尔伯认为新生态科学和价值平等的"生态整体论者"混淆深度和广度，"普通生物学或新范式理论（无论通俗的，还是严肃的）中最大的问题是往往混淆广度和深度，广度的大（big）误以为是深度的大

---

① [美] 肯·威尔伯：《性、生态、灵性》，许金声、李明译，中国人民大学出版社2009年版，第49页。

② [美] 肯·威尔伯：《性、生态、灵性》，许金声、李明译，中国人民大学出版社2009年版，第53页。

(grand)"。①"深度的加大和广度的减小只是在某些时候可以表现为物理体积的大小，而另一些时候则根本不行。""绝大多数新范式和生态理论家主要是基于（越大越好）来构造事物的顺序和它们的全子的"，"其核心是对体积的偏执"，"简化论者把大宇宙简化为物质宇宙，并为了追求数量而抛弃了质量，该简化论是人们认为越大越好，很多人的生活就建立在这种价值观念之上"，②"一个个体全子最后能涵括整个大宇宙——它的深度可以达到无穷大——但是，但能实现这种整个涵括的全子的实际数量（即广度）是很小很小的。宇宙意识意味着宇宙的涵括，并不意味着宇宙的广度"。"许多整体论理论家怀着美好的愿望试图建立一系列'越来越宽广的整体'，而且他们认为这些系列具有绝对的意义，因为它可以用来帮助我们人类在越来越大的事物系统中确定我们的位置、我们的背景，因此我们自己、同伴和整个世界可以更准确地在道德、情感和认知上为自己定位。"③

3. 全子左手领域的内在深度的意识谱系：随对应的右手系统层级的进化而进化

肯·威尔伯认为全子层级系统的进化不是偶然的，而是具有方向性（directionality）或"目的"，"它是一种朝向更大深度发展的驱动力"，"偶然性被战胜，意义出现了。随着进化的不断展现，大宇宙的内在价值也伴随着每一次发展而不断增长。"④复杂性科学认为，进化具有一种主要的、普遍的趋势，即向着复杂性、分化／整合、相对自主性以及目的（telos）不断增加的方向演变。⑤"意识和深度是同义语，所有的全子，不管它有多么微小，都具有一定的深度。"⑥"这里有一个深度的层次问题，即意识的层次问

---

①　[美] 肯·威尔伯：《性、生态、灵性》，许金声、李明译，中国人民大学出版社 2009 年版，第 49 页。

②　[美] 肯·威尔伯：《性、生态、灵性》，许金声、李明译，中国人民大学出版社 2009 年版，第 83 页。

③　[美] 肯·威尔伯：《性、生态、灵性》，许金声、李明译，中国人民大学出版社 2009 年版，第 85 页。

④　[美] 肯·威尔伯：《万物简史》，许金声译，中国人民大学出版社 2006 年版，第 27 页。

⑤　[美] 肯·威尔伯：《万物简史》，许金声译，中国人民大学出版社 2006 年版，第 28 页。

⑥　[美] 肯·威尔伯：《万物简史》，许金声译，中国人民大学出版社 2006 年版，第 28 页。

题。进化实际为我们展现了一个意识层次图。"①"一个全子的深度越大，那么它的意识程度越高。进化的谱系也就是意识发展的一个谱系……一种精神之维编制了大宇宙的结构、深度中。"②肯·威尔伯引用德日进的话说应把观察事物的内外两种视角结合起来，全子进化的各个阶段外部形态与内部相对应的知觉意识，右手意识内在深度进化的谱系与左手全子丛聚共同演化的结构高度是对应的。下表是肯·威尔伯引用德日进《人的现象》中表达单个全子外部形式的进化的里程碑，以及与这些外部形式相对应的内部意识出现的里程碑：每个新的、刚出现的内部全子，超越并包含了前面全子所提供的信息，也就是低级全子所提供的信息作为运作的基础，同时会表现出认知或者内部意识流上的新特点。从而意识的每一次发展都不仅仅是"发现"一个既定世界，而是共同创造新世界本身。虽然很多人不相信"我提出的一些细节，但肯定会同意我所说的那种情况确实存在。深度更大，内在性更大，意识更强。"③

摄受	原子
兴奋性	细胞（基因的）
基本的感觉	有代谢能力的机体（比如植物）
感觉	基本的神经元机体（比如腔肠动物）
知觉	神经元机体（比如节肢动物）
知觉／冲动	神经中枢（鱼／两栖动物）
冲动／情绪	脑干（爬行动物）
情绪／表象	边缘系统（古哺乳动物）
符号	新皮层（类人猿）
概念	复杂皮层（人类）

肯·威尔伯根据"定向推演"思路，提出了全子四象限的内、外、个

---

① ［美］肯·威尔伯：《万物简史》，许金声译，中国人民大学出版社 2006 年版，第 28 页。

② ［美］肯·威尔伯：《性、生态、灵性》，许金声、李明译，中国人民大学出版社 2009 年版，第 50 页。

③ ［美］肯·威尔伯：《性、生态、灵性》，许金声、李明译，中国人民大学出版社 2009 年版，第 104 页。

体、群体的四条对应演进线索：（1）个体全子的外部发展过程，即从原子到分子再到细胞，再到器官直至具有三位一体脑的神经系统；（2）群体全子的外部发展过程为从超星系团到银河系再到星体，再到地球盖娅以及生态系统直至团体家庭，进一步的发展趋势到村庄、乡镇、城市、国家和全球体系；（3）个体全子的内部发展过程：从摄受到感觉再到冲动，再到表象，再到符号，最后达到概念，进一步从具体运算，到形式运算，再到更高的辩证存在理性，再到超人格精神等；（4）人类群体全子内部发展，普遍阶段的世界观：从原型世界观，到巫术世界观，到神话世界观直至理性世界观。①

4. 物、生、人、神之四维一体摄受的生态境遇

肯·威尔伯认为自然的进化不是平面的棋盘，而是如同三维棋盘，乃至 N 维棋盘，②故而不能以平面象棋的视野，而是三维立体的象棋棋局，这是比较难于理解的。内在体验的"全子"层级系统、丛聚共同进化分类，不同于"右手道路""右下象限"地球时空中的包括人类社会的客观的客体间的平面生态系统，物质世界、生态系统和人类社会同处于地球同一的封闭时空，尽管外在经验观察有外形的和数量、质量和属性的不同，但毕竟差别不大，如同样是人，外形差不多，但内在精神高度天壤之别，有人在动物境界，有人在理性境界，有人在存在论境界，有人在超人格境界，还有人在灵性境界。内在深度和高度的差别是无形的，仅凭右手道路的客观经验表述的命题是无法表达的。

但从全子高度和深度而言，生物全子丛聚高于且包含物质自然系统全子丛聚，而人类社会全子丛聚则高于且包含生物全子丛聚系统，人类社会中的人类社会系统和文化交往丛聚表面相似，但内在精神的高度是不一样的，除了有形在场的物质体、生物体和人类主体，还有不在场的超人格智能体的高度。

较大深度的全子和生态系统类型，是全子丛聚的共同进化，极其重要

---

① [美] 肯·威尔伯：《性、生态、灵性》，许金声、李明译，中国人民大学出版社 2009 年版，第 109 页。

② [美] 肯·威尔伯：《性、生态、灵性》，许金声、李明译，中国人民大学出版社 2009 年版，第 86 页。

的原则是"微观在它深度的各个层面上与宏观进行着相互交换"。① 当全子进化时，深度的每一层面继续存在于（并依存于）同一层面的结构组织中的其他全子的一张关系网中，或"同一层面相互交换"。"所有全子都是复合个体，由他们之前的全子加上自身特有模式复合而成，并且全子的每一个层面（即每一个全子）都通过与社会环境中同样深度的全子的相互交换而保持它的存在。"②

所以任何全子或复合个体的存在，都依赖这个复合全子的所有水平的单个全子结构和组织水平社会环境的关系，这是整个的一系列复杂的同属交换关系。这意味着如果一个全子的深度是 3，那么必须有其他深度至少为 3 的全子存在。每个全子是一个复合体，它和同水平的全子之间进行同属交换，同时发生在它们所包含的低水平的其他所有全子之间的交换上——个体是复合的，环境也是复合的。一个活细胞包含了它的整个物质世界。多成了一，并且被一增益。怀特海"一体摄受"的过程中，所有先行的事件都在一定程度上处于一个项下包含的层级结构中。"简言之，所有这些意味着生物层面不在物理层面中。生物层面不是所谓更大物理层面的组成部分，因为物理层面唯一可称为大的只是它的广度，不是深度或者整体性。生命不是物质宇宙的一部分，恰恰相反，物质宇宙是生命的一部分。"③

从进化方向性的分化 / 整合增长原则来看，任何东西都是一个全子，永远都是一个上下文中的上下文。因为任何一个全子是很多全子的上级和很多全子的下级：它既是由很多全子组成的，又组成其他全子（超越时空）没有什么东西只是在那里。④ "多成为一，并被一增益"。⑤ 在平面本体论视角下看，

---

① ［美］肯·威尔伯：《性、生态、灵性》，许金声、李明译，中国人民大学出版社 2009 年版，第 863 页。

② ［美］肯·威尔伯：《性、生态、灵性》，许金声、李明译，中国人民大学出版社 2009 年版，第 58 页。

③ ［美］肯·威尔伯：《性、生态、灵性》，许金声、李明译，中国人民大学出版社 2009 年版，第 87 页。

④ ［美］肯·威尔伯：《性、生态、灵性》，许金声、李明译，中国人民大学出版社 2009 年版，第 60 页。

⑤ ［美］肯·威尔伯：《性、生态、灵性》，许金声、李明译，中国人民大学出版社 2009 年版，第 60 页。

一种存在的增多意味着另一种存在的减少，但在多维的大宇宙中，一种存在的增多意味着另一种存在的增多。它们联手创造出新的整体兼部分或多／一，则就是深度辩证法。

全子丛聚系统深度生态系统乃内在超越的物、生、人、超人格存在之四维一体摄受的生态境遇。

四、肯·威尔伯的生态生存论：内在超越所有全子、境遇性迷幻现实与超越的本真理想

人的生态生存，是人及其生存活动，在深度生态系统的大宇宙或生态境域中的地位和意义问题。肯·威尔伯反思这个问题的理论框架是"全子四象限"知识论和生态现象学的方法论，其理论的对手是右手道路的还原论者，特别是现代性的"平面整体论"者。他认为"粗疏的还原论"把一切还原为右上象限的原子和亚原子水平，物质主义、机械主义和原子主义，人和自然都是机器，原子，都是外部关系，不承认任何精神意向、意义和价值，不值一驳。而"微细还原论"激烈反对现代性的个人理性主义，主张平面生命网络整体论，混淆了广度与深度，主要有两个隐蔽的根本错误：其一，在人与自然关系上，从外部广度的角度，人是生命（生态系统）的组成部分，生命是物质世界的组成部分，人和生命都是物质宇宙的部分。其二，只承认物质系统表面的深度，不承认内在精神体验的深度，把自然界结构功能化（肯·威尔伯肯定泛神论的生命力主观上有大精神的影子，但因平面整体缺少超越的深度，实际上缺少超越维度，自然价值平等论贬低人的价值）。

威尔伯从全子四象限生态现象学存在论，认为人包含和超越了"大宇宙"所有的物质、生命和精神的全子："我们应该超越和包括所有的全子。因为人类包含了物质、生命和心智了，它们是人类自身的组成部分。"[1] 但就现代人的社会群体意识和个体意识现状，并没有认识人的存在论地位和实现人的生态存在论潜能。他在《性、生态和灵性》指出："我们尚是一个未竟的进化过程的私生子或者私生女，在过去的分裂与未来的统合之间徘徊。很

---

[1]　[美]肯·威尔伯：《性、生态、灵性》，许金声、李明译，中国人民大学出版社2009年版，第26页。

明显这些统合将带领我们超越我们今天所能认识的一切。"①

他在《性、生态和灵性》导言中指出了人类存在论定位问题：从"定向推演"的思路，人类有关大宇宙的大致共识，"提供了宏大的定向地图已经标定了人在整个宇宙（包括物质、生命、心智和精神）中的地位"②。就人类个体全子来说，人潜在地包含了所有全子的层次；就具体的个人而言，各现实地开悟在不同的层次，历史上少数的人类伟大全子曾达到超人格的各个全子的层次。就人类群体社会意识进化的时代精神而言，人类群体全子总体上处于现代性的"形式运算阶段的理性"，人类群体意识进化的下一阶段是后现代视觉逻辑的统合自然—社会—人和辩证理性的存在理性。

肯·威尔伯有关人的生态生存论的观点如下：

（一）人类在大宇宙的深生态存在论地位：内在超越地包含了物质宇宙、生命领域和精神领域

把深度与广度或者体积混淆时，更广的整体论次序，将完全退化和反整体化，例如"许多整体理论家用纯粹的广度创走了他们的整体论次序，最后得出结论：人类层面是生物层面的一部分，生物层面是宇宙的一部分（或者整个物理层面的一部分）"，"这些理论家正好把次序弄反了"。③ 实际上，从内在深度的观点来看，"生物层面不在物理层面中。生物层面不是所谓更大的物理层面的组成部分，因为物理层面唯一可以称得上大的只是它的广度，不是深度或者整体性。生命不是物质宇宙的一部分，恰恰相反，物质宇宙是生命的一部分"。④ "如此一来，生物层面的一部分（即它的物质部分）实际上是更大物理层面的一部分，但生物层面新出现的独特特性特征并非在决定无生命的存在形式的物质世界中"，"实际上不是生物层面在物理层面中，而是物理层面在生物层面中，这好比说一个原子在分子中，而不是分子

---

① [美] 肯·威尔伯：《性、生态、灵性》，许金声、李明译，中国人民大学出版社 2009 年版，第 258 页。

② [美] 肯·威尔伯：《性、生态、灵性》，许金声、李明译，中国人民大学出版社 2009 年版，导言第 4 页。

③ [美] 肯·威尔伯：《性、生态、灵性》，许金声、李明译，中国人民大学出版社 2009 年版，第 85—86 页。

④ [美] 肯·威尔伯：《性、生态、灵性》，许金声、李明译，中国人民大学出版社 2009 年版，第 87 页。

在原子中——尽管原子的广度比分子要大得多——所以物质宇宙在生命中，而不是生命在物质宇宙中，尽管物质宇宙的广度与生命的广度相除，得到的是天文数字"。"生命比宇宙更重要，因为在生命中包含了更多的实在，包含了更广的完整性，包含了更深的深度，实际上超越并包含了整个物质宇宙。""类似地，我们还可以看到，人类层面不是生物层面的一部分，而是恰恰相反：生物层面是人类层面的一部分，是低级的组成部分"，"正因为生物层是人类层面的组成部分，破坏生物层面肯定会破坏人类层面，这是一个深度生态学趋向，并且没有把生物层面绝对化。"①

（二）人深生态生存的意向和意义：境遇性迷幻的现实，与不断超越的本真理想

肯·威尔伯的系列著作，反复多角度论述了人生存意向与意义，所面临的"天外有天"俄罗斯套娃般的迷幻与本真、境遇性与超越性的二重性生态生存论特征。

1.人类个体的深生态生存意境："四级二元论对立导致的三带幻相"的境遇性迷境与无尽超越

肯·威尔伯比较东西方宗教神秘主义，发现它们有关终极存在的共识乃一非主观非客观之不可思议的非二元论视域。而从内在心理体验来说，是非二元的知觉，无界限的大觉，一体意识，即无客观对象的"无分层"的"绝对主观性"（Absolute Subjectivity）终极存在视域。"绝对主观"并非主客二分与客观相对的自我主观，而是"心外无法"，纯然之知，觉空无境，此观察者是一永远把捉不到的"什么"的"绝对真实"（或实相），"法外无心"，只要知是什么，即为所觉对境，非知觉本身，只能用否定的方法描述，"既不是主观也不是客观"。

而存在形式或现象，则是从非二元论的"无分层"的"绝对主观性"的"大心"一体意识的存在终极视域中，分裂出来重重"二元论"幻境，形成了一个连续渐变的意识和意境的光谱带，大体可分为"四级二元论压抑投射出来的三带（领域）幻相"，即无分层"大心境界"、有机体"存在阶

① ［美］肯·威尔伯：《性、生态、灵性》，许金声、李明译，中国人民大学出版社2009年版，第88页。

层""自我阶层"之间的"超个人带"领域、"生物社会带"领域和"自我阶层"压抑的"个人哲学带"阴影领域，大致三层三带意境光谱序列（无分层"大心境界"既是存在现象的终极背景，又内在超越各个分层领域）（见下图）：

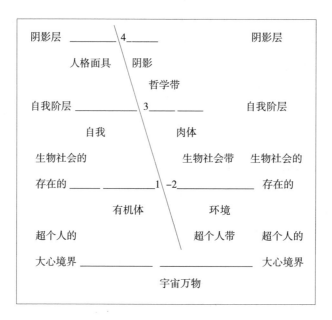

第一，"初级二元论"（primary dualism），主要是主观与客观、有机体与环境的分立，无限空间背景下初步分化万有存在的第一重幻相"超人格带"，遮蔽了非二元论的"大心境界"终极视域。

"宇宙是最初的主观和客观之间界分的产物，即真实的世界划分成一种观察的状态和被观察的状态"。① 然而这种切断不是一个历史事件，其中没有"首因"（First Cause），只有"永恒的起点"，一个发生在当下的时间，这种初级二元论的切断创造了无限的空间。② 这种分割过程"与我们的符号化、二元论认知方式紧密相关的，因此是'原始行为'、'最初的分割'、'初级二元论'"。③ "初级二元论"幻觉分割，是创造现象界的原始切断行为，把一个世界分成两个世界，从认识论上是"能知"（能观）与"所知"（所观）的

① ［美］肯·威尔伯：《意识光谱》，杜伟华、苏健译，万卷出版公司2011年版，第110页。
② ［美］肯·威尔伯：《意识光谱》，杜伟华、苏健译，万卷出版公司2011年版，第115页。
③ ［美］肯·威尔伯：《意识光谱》，杜伟华、苏健译，万卷出版公司2011年版，第115页。

切断，从本体论上是"无限"与"有限"的切断，基督教称为"原罪"，佛教称无始无明，遮蔽了原本的真实，无分界的一体意识大觉或大心，由此形成了无限的空间中初步分化的万有存在幻境。这种"初级二元论"是将无分界大觉一体意识一分为二的根本界限：主体—客体，知者—所知，观者—所观。

主体—客体、知者—所知、能观者—所观的初级二元论的"超人格带"乃遮蔽原本真实的第一重幻相，从东方神秘主义个人灵修体验而言，是以超感觉意识为基础的神话意象，各色光明意境，最后的根本无明空的空暗意境等，是个体尚未彻底突破初级二元对立，并携带的"生物社会带"和自我阶层的集体无意识原型和个人无意识理念的投射。关于克服初级二元论幻觉的根本方法，肯·威尔伯根据禅宗等东方神秘主义灵修共识，指出：正如在海水与波浪之间并没有区分的界限，无心大觉一体意识是非时间性的，是纯粹的现在，无境可至，无法可修，放下能观所观之根本分别，歇心自照，当下即是。

第二，有机体与环境的"次级二元论压抑投射"，乃因有机体存在层次的个体意识认同而生的"生与死"（存在与不存在）、"过去与未来"二元分裂，形成有机个体存在"时间意识"。在"无分层"非二元论终极"大觉"一体意识与个体"存在层"之间是上述"初级二元论"形成的"超人格带"存在幻觉领域。

最初的"有机体知觉意识"是有机体整体意识，与宇宙意识或大心意识是统一的，人们体验到他与宇宙本是一体的，他的自我不只是这个有机生命，而是整个宇宙造化，这是"当下"的意识，无法感知过去未来，严格无时间的，与"大心境界"相同，不限制在机体边界中，人类对独立于环境的有机体的认同，产生区别于宇宙意识的逃避死亡趋向未来的"时间意识"的"存在阶层"个人存在意识，存在意识是受到了内部与外部、过去与未来（初级和次级二元论）基本分割的污染的有机体意识；在非二元的"大心境界"与有机体存在层之间的带区，称之为"超个人带"，超个人带是当下感知无时间的最初的有机体意识。

从认同的观点来看，最重要的是"主观与客观""自我与它我"或"有机体与环境"。当把二元论现象当成了真实，忘记了"非二元论"的"根基"。非二元的"绝对主观"的大心被压抑,绝对主观的大心将自己投影为主观与客观、有机体与环境的对立面,一个在时空中延展的、独立的客观对象的世界,"存在的世界"。"存在的世界"我们可以感觉到有机体与环境完全不同的分离,在其中"人类将认同的中心置于存在于时空中的有机体上","从一切万有转变为有机体。这不仅是从非二元论到二元对立,而且还有从'永恒'到'时间',从'无限'到'空间'的,从'绝对主观'到'主观与客观世界',以及从宇宙认同到个人认同。"① 在主观与客观世界之间的"间隙"就是"空间幻觉"。

最初的"有机体知觉意识"与宇宙意识或大心意识是统一的,是"当下"的意识,无法感知过去未来,严格无时间的,与"大心境界"相同,不限制在机体边界中,当人们把意识想象并限制在皮肤之中,认同有机体这就是"存在阶层"的意识,即将宇宙意识转变成基本的个人意识形成"有机体与环境"进一步分立的"次级二元论压抑投射",即"生与死"(存在与不存在)和"过去与未来"的二元分裂:在存在阶层上,人们逃避死亡。"时间""不过是人们对死亡的规避罢了",当人类将它的有机体同他的环境切开以后,有关有机体的存在与非存在就成了至高无上的问题,所以就产生了"存在焦虑"(angst),即存在与虚无、存在与非存在、生命与死亡的对立,人们无法接受乃至面对即将发生的湮灭的可能性,无法面对死亡对其带来的全然的消失,将生命与死亡的统一切断,将这一统一压抑住,投影成生命与死亡的战争,也同时将生命、死亡以及"现在"当下"时刻"统一切断,否认时刻都是一体的,因此创造出了时间,无法在"当下"存在,就必须存在于时间中,活在明天。人由于"次级二元论压抑投射"(Secondary Dualism-Repression-Projection)将生命与死亡统一切断,所以也同时把"永恒当下"(Eternal Moment)的统一切断了,从而为生命、死亡以及永恒在这无时间的"当下"都是一体的。次级二元论是时间的祖先。人们对死亡的逃避同时也产生了盲目的"生命意志"(Will to Life),它实际上是一种对失去未来的盲目恐慌,恐慌的就是死亡。对死亡的逃避产生无数结果,注定影响人类一切行为。"意志"是完整的有机体的三维行为,全然在时间中向着未来的

---

① [美]肯·威尔伯:《意识光谱》,杜伟华、苏健译,万卷出版公司2011年版,第120页。

"意向性"。① 存在意识是区别于环境的心灵与肉体统一的人马意识（centaur awareness），人并不觉得他自己是与其愚蠢的动物肉体相分离的智慧灵魂，是骑马的骑手。

第三，心与肉体的"三级二元论压抑投射"（Tertiary Dualism-Repression-Projection）标志"自我阶层"的产生，在"存在阶层"与"自我阶层"之间，形成"社会生物带"（Biosocial Band），遮蔽实相的第二重社会文化幻觉意识或幻相。这是自我与他我之间的社会关系的社会文化意识的内化，是基本社会学信息的总和，"内在化的社会"，社会意义社会惯例。生物社会带对于所有的二元论并无直接的责任，强化了所有的二元论，语言主语和动词之间的分化强化了有机体和环境的初级二元论，差异的矩阵遮蔽了实相，三种功能：（1）形成独立独特的存在的核心感觉的一部分加强自我与他我二元论。（2）抽象思维水库，为高层次想法提供符号、语法和逻辑，通过差异矩阵我反射，得到"差异的差异"，就是心智，心智就是产生界分的区别。（3）提供自我粮食，形成许多自我特征的水库，通过广义的他我态度看自己，从而形成一个社会客体，得到自我意识。生物社会带作为内在化的社会，是形成自我、角色、价值、状态、内容的水库。②

在这一层中是一个相当准确（根据惯例），相当可接受，且相当"健康"的自我形象。这一层，自我最重要的特点，本质上比任何一层都像一种被编辑过的记忆。这很容易验证，可问自己："我是谁？"你回答的都是过去的事情。我们已经认同我们的轨迹、我们的路径、我们过去的幻觉。过去的幻觉不能提供满足感，自我朝向了未来，想象那里有终级幸福等着他，最好的消息是有一个"光明的未来"，而不是有着"光明的当下"。若相信有一个快乐未来，可以忍受当下不可思议的痛苦。自我，把太多的时间消耗了在奔向未来的道路上了，很快我将幸福认作向前奔跑的过程了。我从来没有完全活在当下，无法完全让自己满足，当未来成为当下时，我也无法感到满足。唯一选择跑得更快，我被抛入严重的循环，长期的沮丧。

第四，四级二元论压抑投射"角色我与阴影"对立，神经症人格将自己

① ［美］肯·威尔伯：《意识光谱》，杜伟华、苏健译，万卷出版公司 2011 年版，第 120 页。
② ［美］肯·威尔伯：《意识光谱》，杜伟华、苏健译，万卷出版公司 2011 年版，第 136—137 页。

不能容纳的负面情绪等投射到他人身上，乃因自我心灵分裂而导致的与他人矛盾对立的错觉。个体的哲学带，未经反思的错误信念或遮蔽实在第三重幻相。

人与人之间信息交流中感知与"元信息"交流的矛盾、混乱。肢体元语言与口头语言的矛盾，愤怒与爱，元信息无效化。感知的负面的情感，投射到外面，自我负面情感和自己疏离。

扭曲的自我形象，无法准确代表完整的心理物理机制，欺骗的自我形象，真实的自组成，不准确且受污染的自我形象称为"人格面具"（Persona），仿佛是外部的、被否认的、被疏远的且被投射的自我的各个方面将被称为"阴影"（shadow）。

个体"哲学无意识带"，它含有一个人的所有的未仔细观察的形而上假设、一个人个体的但又未暴露出的哲学范式，一个智力上的根本前提和地图，它是如此肯定其正确性，一直不会想对它仔细检查。一种与社会过滤器相比的个人过滤器，是有差异的个人矩阵，位于"生物社会带"之上。个人过滤器与传统判断是非的哲学结构无关，将与意识不一致的经验过滤掉，将负面的心理内容压抑到个人的阴影之中，把心灵切断，并投射为负面的外境现象。

肯·威尔伯认为传统东方神秘主义的"常青藤哲学"视所有存在层次为幻觉，关注"上溯空性"不二"大心境界"的灵修，从不系统研究任何一个层次的病理学。而17世纪以后的西方世界，几乎忽略了"大心境界"，只关注"存在阶层"和"社会生物带"上的病理学。因而他认为东方神秘主义和现代精神科学可以互补。人们要解决面临的"现代性"问题，从根本来说，要把东方神秘主义和现代精神科学结合起来，不断内在超越四级二元论压抑投射的三重幻境的境遇性迷惑，以"大心境界"的终极视域为导向，形成人深生态生存的本真生存状态和意义。

2. 人类深生态生存的意义的知识背景：以内在超越的"全阶序"视域超越现代性批判的诸神之争

对抽象个人理性主义的现代性的批判性的反思其实伴随着现代化的始终，哈贝马斯认为这是"生活世界"学术共同体以交往理性为基础的学术共识的达成。肯·威尔伯则指出，现代生活世界对个人理性主义批判反思，呈现一种各自执着片面真理，"自是非他"的诸神之争。人类深生态生存的意义的知识背景，必须内在超越现代性诸神的偏执争斗，将其看作是无尽内在超越的"全阶序"的背景。

从全子四象限，每个象限都各有自己的有效性标准（主观真诚性、客观真实性、主体间的公正性和客体间的功能适应），都各有依据其有效性标准的证据，都各自有广义的真理性。对个人形式运思的抽象理性的反思性批判，都各有自己的表层维度和深层维度的区分，或表层广义真理和深层广义真理。弗洛伊德主义的潜意识力比多学说，富柯的性话语权理论，荣格的集体无意识，海德格尔此在的世界观，马克思主义历史唯物主义等，都有表层与深层之分。在左手道路的诠释学中海德格尔做得最仔细，"日常生活诠释学"就是心照不宣的（或者有意识，或者无意识），"表层诠释学"就是把这些心照不宣的意义表达出来，或者把支撑日常生活实践的意义的文化背景明朗化。而"深层诠释学怀疑日常里诠释存在的扭曲可能性，试图深挖日常生活诠释学的表层下面，是遮蔽真理的根源。深度诠释学的真理的问题是：这种所谓深度的真理是正确的吗？这种所谓的深度真理是唯一的吗？""每个理论家都似乎解决了第一个问题后，在第二个问题触礁。也就是说，他们说明自己发现的那部分真理是真实的（论证非常充分的），然后就说任何其他真理都是对他们的深层真理的歪曲：任何其他真理都成了表层真理，他们自己的真理就成了全部真理了。他们将片面的真理自称为全部真理，而跨越了自己的本分，成了对大宇宙其他部分的新的压迫形式。说压抑的力比多会造成精神中的幻想是正确的，并不等于大精神就是压抑了的力比多。""因此片面的真理变成薄层和深层之间的斗争。这些理论家中有很多人是己非人，认为只有自己的真理才是深层真理，批判别人的理论是表层的，是片面真理，甚至不是真理。"① 其实，"这些理论家在指向一个更大的背景，看到这个背景可以帮助我们从狭隘的限制中解脱出来。我们是全子中的全子，不断类推，永无止境。"② 世界观背景意义是不断扩展的：精神分析把生物本能与语言结构对应，海德格尔则提出先于言说的此在的世界观。马克思、哈贝马斯、富柯又把世界观看作社会实践巨大参照系的一部分，克尔凯郭尔、谢林、黑格

---

① ［美］肯·威尔伯：《意识光谱》，杜伟华、苏健译，万卷出版公司 2011 年版，第 144 页。
② ［美］肯·威尔伯：《意识光谱》，杜伟华、苏健译，万卷出版公司 2011 年版，第 144 页。

尔则认为社会实践根源于大精神更大参照系。① 每一个理论家都为人的存在赋予更大更深的意义，指向一个共享的更大的参照系。② 他们某种意义都是正确的：自我的确存在于生物本能驱动下，生物本能的确存在于语言限定的世界中，语言的确存在于社会实践网内，社会实践的确存在于大精神下。这就是全子的本质，参照系的参照系。同样，每次发现新意义和更深的参照系都伴随着一个新的疗救，一种新的治疗方法，也就是说必须蜕变我们的视角，深化我们的知觉，面对更多阻抗，接纳更深更广的参照系，将我放在一连串的参照系中，每次蜕变都是非常痛苦的成长历程，是一种浅陋的参照系的终结和新的更深的参照系的重生。但正是这个原因，每次认同更深参照系，我们相对自主性会增强一点，发现更多自由。

"全子"层级进化的具有合目的性。意义的诠释也是如此。"每个理论家都描述了一种历史的终结，一个欧米伽点，趋向解决所有人的一切问题、某种意义可以带来相对接近天堂的感觉的欧米伽点。"③ 对黑格尔来说，人自身和人与人之间都可以完全实现大精神的理性状态，接近那种天堂体验。对马克思而言，阶级社会的劳动和生产异化的问题可以通过实现共同利益来解决。对德日进而言是基督意识。④ "我们会看到一个最终的欧米伽点吗？意味着我们看到一个最终的整体，可是在所有显现出来的存在中，那种全子是不存在的。"⑤

3. 人类后现代深生态生存可能：超越右手道路，深生态存在理性的整合视域

肯·威尔伯认为自古以来人类个体和群体意识思维和世界观，都大体

---

① [美] 肯·威尔伯：《性、生态、灵性》，许金声、李明译，中国人民大学出版社 2009 年版，第 62—63 页。
② [美] 肯·威尔伯：《性、生态、灵性》，许金声、李明译，中国人民大学出版社 2009 年版，第 63 页。
③ [美] 肯·威尔伯：《性、生态、灵性》，许金声、李明译，中国人民大学出版社 2009 年版，第 66 页。
④ [美] 肯·威尔伯：《性、生态、灵性》，许金声、李明译，中国人民大学出版社 2009 年版，第 66 页。
⑤ [美] 肯·威尔伯：《性、生态、灵性》，许金声、李明译，中国人民大学出版社 2009 年版，第 67 页。

经过了由低到高如下几个发展阶段：原始混沌思维、半混沌的巫术的世界观、神话式的信仰、具象运思利用仪式的神话——理性的阶段、形式运思的理性的世界观、人本存在主义的世界观和与神交流、天人合一通灵的世界观、自性不二观。

现代性形式运思的理性世界观，其积极一面是超越神话——具体运思阶段理性的局限，带来了社会各方面的解放运动，促进了真善美三大领域的分化；其消极面是将"左手道路"还原为"右手道路"的扁平世界观，否定前理性和超理性的思维方式和世界观，也否定"左手道路"的主体意向和主体间生活世界意义的诠释知识论。而现代性的生态主义平面整体论则与形式运思的个体理性世界观对立，并主张回到前现代不同阶段的世界观，混淆了超理性与前理性，是无法解决包括"生态危机"的现代性危机的。

肯·威尔伯根据人类个体意识演化的光谱和人类群体意识演化的"全阶序"，指出了后现代超越右手道路，深生态存在理性的整合现代个人理性与整体论理性二元平面对立的现实可能性。

肯·威尔伯认为现代性理性的分化，使得人类层面与生物层面的分化走得太远，造成了人和生物的分裂，"生态危机是一种世界范围内的、集体的神经症，是人类层面对生物层面的否定、远离和分裂。""今天的现代性有点疯狂了：农民们处于神话阶段，知识分子处于平面自然主义。"①

在自然主义内部，维持这一两个世纪之久的"范式"，自我与生态相对，两个背后都是同一个充满陷阱的悖论。自我，尽管它世界中心的立场非常让人尊敬，但是仍然不能解决如何在更高层面上整合生物层和人类利益的问题，所以不停地在退行的过程中到处留下尸首，仍旧混淆超越理性精神和前理性的神话，因此竭尽全力地使自己远离自己解脱的源泉。如果说自我阵营依旧把人类层面绝对化，那么生态阵营就是仍旧把生物层面绝对化，完全没有意识到这样做对生物层面的伤害和自我阵营没什么两样。"拯救生物层面首先要让人类达成一种共识，自愿为同样的目标奋斗。那种主体间的共识只能在人类层面才能实现。只要没有实现人类层面的这种共识，那么任

---

① ［美］肯·威尔伯：《性、生态、灵性》，许金声、李明译，中国人民大学出版社2009年版，第547—548页。

何努力都是增加对生物层面的破坏。因此如果说自我阵营以自己的使命感（commission）在破坏生物层面，那么生态阵营是以自己的疏忽（omissin）破坏生物层面。盖娅的头号问题和主要威胁不是来自'污染'，不是来自工业化、过度开垦、人口过密、臭氧稀薄或者其他诸如此类的东西。盖娅的主要问题在于人类层面没有形成一种共识，没有达到相互理解。"问题不在于如何用独白的、科学的证据说明盖娅目前问题多严重。"换句话说，真正的问题不在外部，而在内部。真正的问题是如何帮助人们在内部实现从自我中心向社会中心、向世界中心意识转化，这才是问题的第一步、关键点，只有做到这一点，人们才愿意、甚至急切地接纳这种对全球问题的解决。"①

也就是人类全子违反全子全阶序演化规律，没有合理的处理内在超越的关系，成为病态的控制阶层。而生态浪漫主义哲学家所说的"生态危机的根源在于人类没有认识到自己本身是更大的、生物层面的组成部分。这种说法恰恰弄反了，根本无法解释部分如何能掌控整体。人类不是生物层面的一部分，人类复合体一部分属于生物层面，生物层面是人类层面的一部分，因为这个原因，压抑才可能出现；因为这个原因，人类层面才可能从生物层面分裂：因为这个原因对我们人类的根基下了毒药，才会让我们的枝叶一同枯萎。"②

因此解决"生态危机"，不是简单地陷入个人理性与整体理性的对立，而是以更高层级的"大写理性"的存在论全子，内在超越地整合自然界、生物界和人类社会，即整合上行世界与下行世界。"如果说今天是理性阶段，那么说明天将是超理性的阶段"，"我们站在理性视野，即将进入超理性知觉，这是一种科学视野，它正在四处开花，对各种人，对各个地方而言都是越来越清晰，普遍的世界精神正在到来，它的闪耀中蕴含了无穷的力量。"③

---

① ［美］肯·威尔伯：《性、生态、灵性》，许金声、李明译，中国人民大学出版社 2009 年版，第 540 页。

② ［美］肯·威尔伯：《性、生态、灵性》，许金声、李明译，中国人民大学出版社 2009 年版，第 502 页。

③ ［美］肯·威尔伯：《性、生态、灵性》，许金声、李明译，中国人民大学出版社 2009 年版，第 547—548 页。

（三）深生态价值：内在价值与超越价值的整合

肯·威尔伯认为"深度生态学"，要区分"深度"（depth）和"广度"（span），"基本的"（fundamental）和"重要的"：上级全子更重要且包含下级全子，如精神领域包含生命领域且比生命领域重要，生命领域包含物质领域且比物质领域重要，而价值平等的生态整体论者混淆了深度大（great）与广度的大（big）。① 而生态主义大多数人思路限制在"生物平等性"上，属于现代性"平面范式"。因此，"后现代的当务之急"，是去建立真正的环境伦理，一种面向非人类全子的伦理立场的"多维度的环境伦理"：肯·威尔伯"深生态""多维度的环境伦理"的价值观，是深生态价值观，是终极基础价值、差序内在整体价值与外在工具性构成价值的内在超越的全阶序生态价值系统。

1.终极的基础价值的平等性

威尔伯认为，"一切事物，无论如何，都是大精神完美的显现。无论传统上认为是高是低，是贵是贱，是简单还是复杂，一切全子和基础的距离是相等的，因此一切全子的终极和基础价值都是相等的。一切全子都是纯粹空性。是原初的纯真，在这一点上是相等的。"②

2.全子各自有不平等的内在价值

威尔伯认为，所有全子作为整体（自主性）都有内部价值。"任何一个全子本身也是特定整体和特定的部分。作为一个整体，任何全子都有'整体价值'，它也有自身的价值，不是对别的全子有什么价值：它本身有自己的底线，不是作为其他全子的手段而存在；它有自己的主动性，不仅仅是工具价值，这通常被称为'内部价值'，也称之为'自身价值'、'整体价值'、'自主性价值'。"③ 整体性越大，内部价值越大。因整体价值与深度相同，故而深度越大，价值越大。这意味着重要性是多层面的：深度越大或者整体性越

---

① ［美］肯·威尔伯：《性、生态、灵性》，许金声、李明译，中国人民大学出版社2009年版，第49页。

② ［美］肯·威尔伯：《性、生态、灵性》，许金声、李明译，中国人民大学出版社2009年版，第543页。

③ ［美］肯·威尔伯：《性、生态、灵性》，许金声、李明译，中国人民大学出版社2009年版，第544页。

大，那种整体对整个宇宙的重要性越大，因为那种整体和深度中所包含的宇宙成分更多。

作为一个整体（自主性），所有全子都有表达其完整所必需的条件的权利。整体性越大，维持其整体性所必需的权利越多（或整体的重要性越大，维持其重要性所需权利网络越大），这种权利不是附加给全子的东西，而是对维持特定全子性所必需的各种（客观的、主观的、客体间的、主体间的）条件的描述。如果条件完全不具备，全子就会融合或分裂。

3. 一切全子都具有工具价值（也被叫作外部价值）

威尔伯认为，一切全子同时都是部分，对别的全子都有价值，即作为部分的价值，或构成价值（作为一个更大全子部分的价值，那个整体和那个组成部分依赖其他所有的部分：每个部分对整体而言都有工具性价值。每个部分都有外部价值，不仅对自己有价值，而且对其他部分有价值）。一个全子的部分价值越大，也就意味着这个全子参与构成部分越多，这个全子对整个大宇宙来说就更基础，因为大宇宙中的更多构成部分需要依赖这种全子才能存在（从而我们就可以看到，越基础重要性就越小，反之亦然）。

一个全子的深度越大，它的责任越大，与其相对较大的权利和主体性相称。作为一个部分（在团体中），每个全子存在于一个关注和责任的网络中。责任和权利一样，并不是全子外在的东西。责任的网络决定由这些部分构成的这个整体的状况。

"环境伦理学"派生态主义的"价值平等"的"一切物种平等"的盖娅中心的思路，在理论上，用整体性把人和生命都工具化了，混淆了平等的基础价值和平等的内部价值，认为人内在于生态系统，贬低人的价值和在大宇宙存在论上的地位。在实践上，这种错误的结论使其环境保护意愿不具可行性，"就完全破坏了任何可行的行动"。内在价值平等的环境伦理学派，一般"通过突出生物层面的重要，否认物种的差异性来拯救生态，实际这样完全阻碍了我们改变人类中心立场"①。

---

① [美] 肯·威尔伯：《性、生态、灵性》，许金声、李明译，中国人民大学出版社 2009 年版，第 544 页。

五、马克思主义生态存在论哲学与肯·威尔伯生态存在论视域的融合

肯·威尔伯生态存在论，具有主体、主体间、客体和客体间全方位的综合视域，强调全阶序深生态系统的内在超越的特征，指出了环境伦理派"深生态学"或"生态主义"的生态中心论的迷失：在人和自然关系上的存在论和生存论上，颠倒了人和自然界的存在论地位，混淆了终极基础价值平等和内在价值平等的区别，提出了整合终极超越视域、生活世界深生态伦理意义共识和世界中心的现代理性主义的后现代的"生态危机"解决方案，具有重要的理论启示意义和现实意义。但他对环境伦理派的泛神论的生态整体论的批评是不确切的，按照他的四象限的知识论，生态整体论的"泛神论"把人和自然的关系拟人化，属于左下象限的主体间的关系，不是他所归类的"客体间"的"右下象限"的结构功能主义的整体系统论。其内在超越的深生态存在论，跟他所批评的泛神论的整体论，都属于神秘主义，神秘主义领域即使有肯·威尔伯所说的封闭的经验证据支撑的广义真理的有效性，但自古以来属于少数人的小众现象，在理性主义成为时代精神历史条件下，不具有可行的普世性。肯·威尔伯所说的超越"生态主义"的"生活世界"的生态理性的共识也是重要的，看到了生态文明的生活方式和生态文化建设的重要性，但肯·威尔伯的深生态存在论的后现代解决方案，忽略了生态经济和生态政治制度的维度的重要性。生态环境问题造成的"生态危机"当务之急是解决工业经济带来的环境负外部性问题，从根本来说这是一个生态经济制度问题。马克思主义和生态马克思主义的人与自然在实践上内在统一、以整体人类利益为中心的"弱人类中心主义"自然观，以及生态社会主义的制度建构方案更具有现实可能性。因此，我们认为要以马克思主义生态存在论和生态生存论为基础，整合肯·威尔伯生态存在论视域，进行视域融合。

肯·威尔伯从现代性之理性主义的"好消息"方面，正面评价包括马克思在内的"理想主义"，肯定了西方现代"理想主义"者"从黑格尔到马克思"等[1]，在弥合现代西方世界的分裂"疗救现代性"的努力，当然他更赞赏的是黑格尔和谢林的"唯心论"理想主义。肯·威尔伯以其"四象限"

---

① ［美］肯·威尔伯：《性、生态、灵性》，许金声、李明译，中国人民大学出版社 2009 年版，第 410 页。

理论整合唯物论与唯心论之争，但马克思主义实践唯物主义和历史唯物论已超越了传统唯物论与唯心论之争，超越了胡塞尔现象学所批评的传统哲学"自然主义立场"，与现象学视域融合，可以形成马克思主义现象学的生态存在论。

根据马克思主义的基本观点，胡塞尔现象学的"回到事情本身"，就是回到人的感性实践活动本身，形成以人的生存实践为基础的人与自然内在统一的存在观。马克思认为"人的类本质是自由自觉的活动"，这是对人生存着的存在的揭示，也是对存在本体论证明的崭新方式："我行故我在"，"我行，故在世存在，明证存在"。以人的生存实践活动为基础，人"可以按照美的规律生产"的生产劳动为基础的人与自然的交往关系，使自然人化，也同时使人自然化，形成以人的自由自觉活动为基础的，自然主义与人道主义统一、人与自然内在统一的生态存在关系和生态生存关系：一方面，人以自然而存在，在外延上，人是自然的一部分，人离不开大自然生态系统的生命支撑作用的物质基础；另一方面，在内在性上，"自然以人而存在"，"自然是人的有机身体"，人是自然界演化的目的，是自然潜在属性的完整实现，人在实践活动与自然的交往中，形成了自然存在的最高形式：人的社会存在系统和人内在精神结构，这使人内在超越了自在的自然，使自然人化、目的化、价值化。"环境伦理"派看到了前者，肯·威尔伯看到了后者，但两者皆未看到内在统一人与自然关系的"人的自由自觉活动"的实质："环境伦理"派泛神论把自然系统客体间的关系拟人化为"主体间的"交往关系，实质是生态审美中对人化自然中人的类本质的"本质直观"；肯·威尔伯看到了人对自然的内在超越性，但把马克思、哈贝马斯的实践观看作高于海德格尔而低于黑格尔绝对精神的意义全阶序的一个层次，显示其全阶序世界观的唯心论神秘倾向。

依据马克思主义现象学生态存在论和生存论，结合肯·威尔伯内在超越的全子"四象限"知识论和全阶序深生态系统的存在观，可以拓展当代人的生态生存的视野：

一方面，从"右手道路"客体和客体间系统的角度，可以形成自然—经济—社会广义的复杂性生态系统观，经济生产活动要基于"生态极限"原则，和生态科学发现的生态规律，以及复杂性科学揭示的非线性复杂性规律，形成循环经济和生态经济的生产力。

　　另一方面，从"左手道路"看，一是要以形成社会文化生活领域有关生态文明的交叉共识为生态价值导向，建立政府主导的，企业、NGO 和公民个人的主体间的生态协同管理体系，重视生态导向的人与人之间的生产关系的改良与革命，以发挥人主体在自然—经济—社会广义的复杂性生态系统中的关键主导作用，把自然生态系统的自然生产力化为社会生态生产力；二是，人与自然之间，形成以自然客体为中介的主体间的（即主体—客体—主体）生态生存审美关系，生态伦理关系，在对自然的生态存在审美直观中体认人的类本质，移情地理解生物和自然生态系统对人非功利的生命支撑、审美及其他自在的价值；三是，人与自己之间要以包括生态审美存在理性、生态交往理性、生态工具理性的生态理性为观照，不断协和身心，实现精神境界的内在超越。

第三章 生物中心论与生态中心论：
生态文明的深生态伦理哲学

生态伦理学属于生态主义的学术范例，生态主义各个学派的核心思想都是阐述人与自然的伦理关系，最终形成了生物中心主义和生态中心主义系统的学术研究的思想体系。生态伦理学派生态存在论，按照过程神学家科布的分类，应与"深生态学"同属于"自然内在价值平等"的泛神论派，但按照约翰·德赖泽克分类，生态神学和"深生态学"可划在"绿色浪漫主义"，生态伦理派中的"生物中心论"派，是绿色浪漫主义的，而生态伦理学派中的生态中心论派，由于重视生态科学和"生态理性"，强调生态系统复杂性，因而大多可划在"绿色理性主义"阵营。而且生态中心论者，并非持"内在价值平等"论，罗尔斯顿的"自然价值论"就认为生态系统有机物的内在价值是有差别的，人处于生态系统存在物中的最高价值层面，他还提出基于生态伦理的生态政策，不同于"深生态学"和"生物中心论"的"绿色浪漫主义"。

绿色理性主义的存在论以生态科学和当代最新的科学知识为基础论证存在的整体性、复杂性、自组织性，对地球自然生态系统持一种以复杂性科学、生态科学和社会科学论证为基础的"生态理性主义"，在环境伦理上主张"自然内在价值"的环境伦理。而"绿色浪漫主义"的存在观与传统神秘主义特别是佛教、道教和印度教等东方神秘主义有关，绿色浪漫主义的自然观，继承了西方早期浪漫主义的自然观，是泛神论的，在地球自然观上采取一种"大地母神"的"强盖娅假说"。英国詹姆斯·拉夫洛克1968年关于地球生命起源的"盖娅假说"，而绿色理性主义的生态系统论的自然观，以生态科学等知识为依据，强调生物进化与环境进化的有机统一、互相影响，而强盖娅假说认为地球是一个为生命产生提供最佳生态环境、具有目的性、自我调节性、智能控制性的维护生命秩序动态平衡的活的生命超级有机体即盖娅。①

英国布莱恩·巴克斯特（Brain Baxter）著《生态主义导论》，自认为自己的立场属于约翰·德赖泽克说的"绿色理性主义者"。他不赞同奈斯的深生态学的一些观点，但赞同"生态中心论"的"内在价值"为理念的生态伦理，认为"生态主义"是一种道德学说，以生态伦理学的"道德诉求"为中心，抵制"原子主义"和"人类中心主义"。其形而上学依据是以相对论和量子力学所确立的概念为基础，形成整体主义的宇宙观，"宇宙时空是一个动力系统，是一个'合格的自我——它可以'自我维持'和'自我实现'"。生命的意义在人类与地球上其他生命形式和生态系统的紧密关联。这种紧密关联赋予人类重要的道德责任。"意义是某种层创进化的属性（Emergent property）……意义应当被理解为各种有意识的自我在相互作用过程中，从无意义中发现的。"虽然科学尤其是生物科学为人类对非人类世界的具体道德义务提供了许多必要的经验主义基础，如社会生物学确证了生物亲属关系的互惠利他主义、亲生命性，为环境伦理提供了必要的基础，但这种根据是不充分的。科学事实的实然无法逻辑地推导出道德的应然，因而"生态主义关于应如何对待地球生物圈及其栖息者的基本理论，是建立在某种道德的而非形而上学基础之上。"②

生态主义的环境伦理学从伦理学的方法论和价值论的区分，可分为史怀泽、泰勒的"生物中心主义"（biocentrism）与利奥波特的"土地伦理"和罗尔斯顿"自然价值论"（theory of natural value）的"生态中心主义"（ecocentrism）。尽管从价值观上论，前者是"个体主义的"（individualistic），后者被称为"整体主义"（holism）；但从存在论上论，"生物中心主义"的存在论和自然观是"生命共同体"，"生态中心主义"的存在论和自然观是"生态系统论"，都属于"生态主义"整体论的存在论。按照德赖泽克说的"绿色浪漫主义"和"绿色理性主义"的分类，除了"生物中心主义"的史怀泽

---

① ［英］詹姆斯·拉伍洛克：《盖娅：地球生命的新视野》，肖显静、范祥东译，上海人民出版社 2007 年版，第 7 页。

② ［英］布莱恩·巴克斯特：《生态主义导论》，曾建平译，重庆出版社 2007 年版，第 28—33 页。

是"绿色浪漫主义"的，其他都是"绿色理性主义"的。

至于环境伦理拓展主义的辛格"动物解放论"（animal liberation ethics）和汤姆·雷根动物权利论（animal rights），属于"弱自然主义"或"弱人本主义"。辛格以人类中心主义的功利主义的伦理学方法颠覆人类中心主义伦理内涵：把传统人类中心论的伦理学的思维逻辑和范畴如"功利主义""天赋价值论""目的论"移植、延伸到生物生命身上，把自然物拟人化，扩大价值主体范围到动物生命身上，改变传统自然伦理的自然工具价值论，从而颠覆人类中心主义伦理学。如辛格"动物解放论"（animal liberation ethics），移植功利主义方法，论证人和动物的平等。汤姆·雷根动物权利论（animal rights ethics）以康德的内在目的道义论，推广到动物身上，论证动物权利论。但他们的观点都不算"生态主义"的环境伦理学，就不再详谈，本章主要论述史怀泽、泰勒的"生物中心主义"生态共同体的存在论，以及利奥波特和罗尔斯顿的生态系统存在论。

第一节　生态伦理学的形成

一、环境伦理的早期思想

艾尔弗雷德·诺斯·怀特海（A.N.Whitehead，1861—1947）是"范围最宽广的、强调相互依赖的哲学。"[①] 怀特海本人既是科学家，又是哲学家，还是基督教信仰者，它的过程—关系哲学，强调变化过程决定存在模式，把存在的最小单位称作"现实实有"或"现实机缘"，是摄取历时和共时一切关系有机动态的普遍联系的超体，"所有的有机物（确切地说是所有原子）都拥有内在价值，只要它对宇宙流变的实在——或他说的'过程'做出了贡献。虽然不是生态学家，怀特海却使用了'相互影响'和'相互交织'这类词汇来描述一种就其实质而言具有生态学特征的世界观。怀特海希望，科学能够容纳他的这种有机体主义，抛弃客体性原则，引导人们认识环境中每一构成要素的内在价值。"[②] 怀特海开启了生态学向生态伦理学拓展方向。

---

① ［美］纳什：《大自然的权利》，杨通进译，青岛出版社1999年版，第72页。

② ［美］纳什：《大自然的权利》，杨通进译，青岛出版社1999年版，第72页。

对普通人生态伦理传播影响较大的是阿尔伯特·施韦泽（A.Schweitzer），1915年同时具有哲学和神学博士学位的施韦泽，放弃大学职位，到非洲行医，形成了"敬畏生命"的伦理信念。把动物和植物的生命看成跟人一样神圣，把道德扩展到大自然家庭共同体。20世纪20—30年代施韦泽著作翻译成英语，对美国生态伦理形成较大影响。"虽然他的思想带有神秘色彩的整体主义，但却与生态学家关于生物共同体思想不谋而合。没有任何一个生命是毫无价值或仅仅是另一个生命的工具；每一个存在物在生态系统中都有其位置。"①

奥尔波特·利奥波德（Albert Leopold，1887—1948）是美国现代生态伦理学的开创者之一，"被称为现代环境伦理之父"，"20世纪60和70年代新的资源保护运动高潮的摩西"。② 他的《沙乡年鉴》（1949）一书在最后一部分对"大地伦理"做了简要介绍，被称为美国环境运动的圣经。利奥波德吸收生态科学的成果，相信"大地有机体的复杂性"的观念，是"20世纪科学最伟大的发现。"20世纪30年代，利奥波德由开始与查尔斯·埃尔顿（Charles Elton）等著名的生态学家交往，熟悉了生态学的一些术语：食物链、能量流、生态位以及生命金字塔等概念，把地球看作是食物链和能量循环联系在一起的整体，在生态科学基础上，形成大地伦理。利奥波德认为，"土地伦理只是扩大了这个共同体的界限，它包括土壤、水、植物和动物，或者把它们概括起来：土地。""土地伦理是要把人类在共同体中以征服者的面目出现的角色，变成这个共同体中的平等一员和公民。它暗含着对每个成员的尊敬，也包含着对这个共同体本身的尊敬。"③ 约瑟夫·伍德·克鲁奇（Joseph Wood Krutch，1893— ）18世纪90年代研究超人类道德，撰写梭罗传记。20世纪50年代初哥伦比亚大学退休后，撰写有关荒野的著作。1954年发表《资源保护主义是不够的》，认为环境保护仅靠人类中心论的资源管理是不够的，还需要"热爱、同情和了解那个有岩石、土壤、植物和动物组成的无所不到的共同体。"④ 开始普及利奥波德的环境伦理。20世纪50

---

① ［美］纳什：《大自然的权利》，杨通进译，青岛出版社1999年版，第75页。

② ［美］纳什：《大自然的权利》，杨通进译，青岛出版社1999年版，第72页。

③ ［美］利奥波德：《沙乡年鉴》，麦康译，天津人民出版社2017年版，第202页。

④ ［美］纳什：《大自然的权利》，杨通进译，青岛出版社1999年版，第91页。

年代勒内·杜博斯（R.Dubos，1901—1982）把"生态系统的完整"这一观念做了最大限度发挥，认为健康的人体应当采用自然的方法来抵抗感染病菌，提出人与细菌共存，就像他人应与狼共存一样，"标志第一次有人提出这样一种观点，病菌是总体和谐的一部分。"①20世纪60年代卡逊（Rachel Carson）的《寂静的春天》（1962），在生态学发展史上是一个里程碑，"不仅极大促进了新的环境主义运动，还使得公众对环境伦理的关注达到了那个时代的顶峰。"卡逊的道德哲学基础基于跟施韦泽一致的信念："生命是一个超出我们理解范围的神奇现象，我们即使与它抗争时也应敬畏它。"②卡逊普及了把所有生命作为整体的生态系统纳入人类道德共同体的思想。20世纪70—80年代被称作社会生物学之父的爱德华·威尔逊（E.O.Wilson）1975年在《社会生物学：新的综合》阐述了道德的起源，认为道德在自然中有其地位，认为环境保护伦理发挥作用的理由是对人有益，但并不认为是充足理由。因而1984年他又提出以"生物学性向"（biophlia）为基础的"深层环境保护伦理"，把生物学性向，解释为人与其他生命过程和生命形式"亲和"倾向，认为即使最卑微的生命也携带一百亿条基因信息。他借用施韦泽的话总结道："敬畏生命"伦理依据进化生物学和进化生理学来解释。他理解的生命共同体不仅是当代整个生命系统，而且包含了生命进化以来所有的生态系统。人类在生理和心理上属于过去和现在的生态系统。在深生态伦理的信念下，他提出了把半个地球变成保护区的思想"保护生物多样性的核心问题，是在灭绝速率在回归前人类时期的水平之前，会有多少现存荒野和荒野之中的物种离开这个世界。"人类应把物种灭绝与生态灭绝、气候变化并列为"致命性的威胁"。③

二、生态主义的学术范例：专业的生态伦理哲学的形成

20世纪70年代，在宗教绿色化后10年，一种专业的环境伦理哲学开始形成，其主题是研究伦理学向人类之外的生物和生态环境拓展。美国、英国、加拿大、澳大利亚和挪威的一批哲学家，短期内就形成一门全新的学

① ［美］纳什：《大自然的权利》，杨通进译，青岛出版社1999年版，第94页。

② ［美］纳什：《大自然的权利》，杨通进译，青岛出版社1999年版，第95—98页。

③ ［美］爱德华·威尔逊：《半个地球》，魏薇译，浙江人民出版社2017年版，第235—239页。

科——环境伦理学。一些新的学术期刊诞生了，如《环境伦理学》《生态哲学》《深层生态学家》《物种之间》以及《伦理学与动物》。与此同时，传统的权威哲学期刊，如《伦理学》《探索》和《哲学》，也发表了大量讨论环境哲学的文章。1980 年乔治·塞申斯（G. Sessions）编制了这一领域长达 71 页的文献目录，其后逐年增加。1981 年出版的关于动物权利的文献目录有 3200 个。学者们开会讨论非人类自然物的权利（1971）、人性与生态意识（1980）、环境伦理学与太阳系（1985）。一份讨论环境计划、环境评估的杂志《环境职业》在 1987 年各期关注人和自然关系的伦理学。几所大学设置了环境哲学硕士点。20 世纪 80 年代出版了许多环境哲学著作：乔治·凯伊弗（G.Kieffer）的《生物伦理学》（1979），克里斯丁·西沙德－弗莱切特（K. Shrader-Frechette）的《环境伦理学》（1983），唐纳德·斯切欧里（D.Scheorer）和汤姆·阿提格（T.Attig）的《伦理学与环境》（1983），罗宾·阿提菲尔德（Robin Atitfield）的《关心环境的伦理学》（1983），罗伯特·爱利奥特（L.Elliot）和阿兰·加尔（A.Gare）的《环境哲学》（1983），汤姆·雷根（Tom Regan）《根植地球：环境伦理学新论》（1984），霍尔姆斯·罗尔斯顿（H.Rolston）的《哲学走向荒野》（1986），还有两本《深层生态学》论文集于 1985 年出版。以上环境伦理学文著，除了少数发表在全国期刊上，都是学术性的，限于狭小的学术圈子，大多没有引起公众的注意。有关"环境伦理学"的含义是有争论的：一是环境伦理是人类功利主义工具的，还是大自然具有内在价值和权力。二是大自然道德关怀的资格（ethical eligibility），大多主张限于家畜，深层生态学主张一切生物具有权利，生态中心主义伦理学家，主张包括生态系统的一切生物物理过程。盖娅假说主张地球乃至宇宙的一切都是生命。1971 年 2 月美国佐治亚大学哲学教授威廉姆斯·布莱克斯通（W.T. Blackstone）组织了环境问题的会议，1974 年出版了《哲学与环境危机》的论文集，这是美国哲学界开始注意环境问题。布莱克斯通认为一个可生存的环境是人的权利。而洛克菲勒大学约尔·范伯格（J. Feinderg）提出一个问题，哪种存在物拥有权利？他认为解决此问题依据的是"利益原则"，这个原则把权利严格限制在人类（包括白痴、婴儿）和动物界限内，动物不是道德代理人，但确实拥有利益和权利。若一个受托管理人滥用留给动物的财产，人们可以维护这种财产权利，就像维护不会说话的婴儿的权利一样。范伯格把植物排除在权利之外。早在1964年宾夕法尼亚大学教授克拉伦斯·莫里斯（C.Morris）就认为环境保护法表达的是"偏爱大自然的观念"，环境措施"包含着对大自然原始法律权利的确认"，当时没有引起注意。20世纪60年代末塞拉俱乐部向法院提交诉状，反对迪士尼投资公司在加利福尼亚南部塞拉地区河流高地建立滑雪场的计划，被法庭驳回。1972年克里斯托弗·斯通（Christopher Stone）在《南加利福尼亚法律评论》上发表《树木具有法律地位吗?》的文章，提出了授予树木及其他自然以法律地位的建议。① 他认为河流、树木和生态系统不会代自己起诉，人类中心论者会说它们没有任何利益。但可以把婴儿或弱智的利益通常由委托代理人或监护人代表的原则加以扩展，使森林、河流和大地在美国司法系统获得一席之地。他超越范伯格，认为自然物体也具有一定的需要，作为大自然监护人的人类能够计算出污染对树木造成的损害。在河流污染的情况下鳟鱼、仓鹭和三叶杨都应视为受害者。斯通和《南加利福尼亚法律评论》给道格拉斯法官提供了有关文章，道格拉斯法官接受了斯通的观点，认为人应该成为自然客体的代理人。道格拉斯法官在总结法庭少数人意见时还应用了利奥波德《沙乡年鉴》的观点。虽然上诉失败了，但最终赢得了这场诉讼。1978年美国国会把这一争议的地区划给红杉国家公园。1972年哈佛大学法学教授劳伦斯·崔伯（L.H.Tribe）提出应把大自然列入罗尔斯正义论所说的原初状态的契约安排中，罗尔斯的原则应适用所有生命共同体。1979年大卫·费弗尔（D. F. Faver）在《环境法》月刊建议通过野生生物利益的宪法修正案：所有野生生物都应拥有过一种自然的生活的权利。不经过法律的正常程序，任何人的权利不得剥夺野生动物的生存、自由和栖息的权利。大自然自然权利说遭到反对，被质疑如何了解自然客体的需要。斯通1985年重新思考早年关于植物权利的观点，提出道德多元论，认为道德可以在几个层次上理解，正如地图包含同一地区不同信息。认为把权利地位和法律拥有者的范围直接扩展到自然环境，这把复杂的问题简单化了。他不拒绝把自然客体视为人类道德共同体成员，也不赞成直接用人类利益权利直接定义自然客体权利。

---

① ［美］纳什：《大自然的权利》，杨通进译，青岛出版社1999年版，第134—156页。

1973 年澳大利亚哲学家比特·辛格（Peter Singer）在《纽约书评》和《全国观察家》撰文，提出动物解放论的观点，对环境伦理影响，类似于林恩·怀特 1967 年文章对生态神学的影响。[①] 指出动物解放运动要求我们扩展道德的视野。1975 年他出版了一本书《动物解放》。平装版的《动物解放》大量销售，使伦理扩展问题超出专业哲学工作者范围，深入影响了英国、美国和澳大利亚的普通大众。辛格的核心原则是平等原则。1979 年的《实践伦理学》指出人的利益和动物的利益同等重要。1985 年《扩展的伦理范围：伦理学和社会生物学》，探讨了道德的起源和爱德华·威尔逊的社会生物学，提出道德还能进化多远的问题：他坚持道德以感觉为界限，无机物无感觉，也没有任何利益。汤姆·雷根 1972 年开始思考伦理扩展问题。1973 年的早期论文，他提出了动物也拥有"内在价值"，一种对于生命的天赋权利。20 世纪 80 年代发表了大量文著阐述动物权利，指出哲学界如此频繁讨论动物权利，这在 20 年前是不可想象的。雷根的道德共同体只限于正常的哺乳动物。1981 年布鲁克林学院（Brooklyn）保尔·泰勒（P.W. Taylor）提出了"生物中心论"道德，强调所有生命形式都具有绝对平等天赋价值和道德价值。在他 1986 年出版的《尊重大自然》解释了平等主义的生物中心论观点，认为人类有责任考虑他们的基本需要和非基本需要，也要考虑其他生命形式的基本需要和非基本需要。人类是生物圈唯一的道德的代理人；人类有责任减少对环境的影响，选择对栖息地影响最小的生活方式。

而一些生态学家，如利奥波德早就提出"像大山一样思考"，把伦理扩展到生态系统。生态女权主义者内斯特拉·金（Ynestra King）强调被剥削的女性和被剥夺的大自然具有联系：女人的仇恨和大自然的仇恨最初是联系在一起并相互强化的。把大自然类比为"自然母亲"（Mother Nature）。雷德福利·卢瑟（R.R. Ruether），认为人类凌驾于大自然的等级制度，与男人凌驾于女人的等级制度是密切相关的。卡洛琳·麦肯特（C. Merchant）1980 年出版《自然之死》，指出大自然生育和养育的形象阻止对大自然的贪欲。强奸"处女"地跟凌辱妇女类似。挪威哲学家阿伦·奈斯（A. Naess）在 1972 年一次演讲中提出了"深生态学"（deep ecology）的概念，次年用英文发

---

① ［美］纳什：《大自然的权利》，杨通进译，青岛出版社 1999 年版，第 166—167 页。

表。受奈斯启发，美国乔治·塞申斯和比尔·德维尔（Bill Deville）发展了深层生态学范式。这一范式就是奈斯说的"生态平等主义"。认为每一种生命形式都在生态系统中发挥正常功能的权利。深生态学家不仅批判西方传统文明，还批判早期资源保护运动，认为它是肤浅的和人类中心主义的。科罗拉多州立大学霍尔姆斯·罗尔斯顿（Holmes Rolston）20 世纪 80 年代提出生态系统价值论，强调生态系统所有存在物都具有内在价值，并相互依存互为手段形成整体的系统价值。20 世纪 70 年代拉夫洛克提出盖娅假说后，西尔多·罗斯雷克（T. Roszak）1978 年撰文讨论"地球的权利"，认为这种权力源于地球人格。米契尔·科亨（M.J.Cohen）撰文《自我及地球的解放指南》把环境伦理学理解为地球保护自己的一种表现。罗尔斯顿也提出大自然或地球是生命的子宫或生养环境。1986 年罗尔斯顿和其他环境哲学家合写的《超越地球宇宙飞船：环境伦理学与太阳系》提出环境伦理学的非人类内涵，强调整体比部分重要。动物解放论者雷根称利奥波德等整体主义者为"环境法西斯主义"（ecofascists），强调环境、地球和宇宙的权利，忽视他珍视的个体利益。

第二节　史怀泽的神秘浪漫主义生态伦理学

阿尔贝特·史怀泽（Albert Schweitzer，1875—1965，又译为施韦泽、史怀哲等），是 1954 年诺贝尔奖的获得者，也是"生物中心主义"环境伦理的创始人。其思想的核心理念是"敬畏生命"（Reverence For Life），他在 1919 年的布道中第一次公开阐述了"敬畏生命"的理念，而在 1923 年《文明的哲学：文化与伦理学》一书中正式提出了"敬畏生命"思想。1965 年贝尔（Hans Walter Baeher）在他去世后，为其结集出版《敬畏生命：50 年来的基本论述》一书，成为生物中心主义环境伦理的重要经典著作。我国台湾学者郑泰安 1973 年从日语版较早翻译出版了史怀泽的著作《文明的哲学》，余阿勋 1976 年翻译《原始森林的边缘》，赵震 1977 年翻译《非洲故事》，梁祥美 1992 年翻译《史怀哲自传：我的生活和思想》等，1979 年钟肇政编译《史怀哲传》，由志文出版社出版。陈五福、邱信典 1975 年译《史怀哲在非洲》，由长青文化事业股份有限公司出版。陈五福等 1988 年著《史怀哲的世界》，志文出版社 1988 年版。目前在我国大陆史怀泽的译著有 7 部：《敬畏生命——五十年来的基本论述》（陈泽环译，上海科学院出版社 2003 年版），《敬畏生命》（陈泽环译，上海社会科学出版社 1992 年版），《文化哲学》（陈泽环译，上海人民出版社 2008 年版；2016、2017 重印），《中国思想史》（常暄译，北京社会科学出版社 2008 年版），《行走在非洲丛林》（罗玲译，外语教学与研究出版社 2016 年版），《论巴赫》（何源译，华东师范大学出版社 2017 年版），《敬畏生命：史怀泽自传》（杨巍译，江苏文艺出版社 2017 年版）。研究史怀泽思想的有 1 部《敬畏生命：阿尔贝特·施韦泽的哲学和伦理思想研究》（陈泽环著，上海人民出版社 2017 年版）。还有 2 部传记《史怀哲传：唯独这样的人》（华姿著，上海三联书店 2012 年版），《阿尔贝特·施韦泽传》（爱舒著，时代文艺出版社 2012 年版）。以"史怀泽"思想为研究题目的学术文章，经中国知网检索，自 1993—2018 年 8 月共有 27 篇，其中硕士论文 6 篇。而以"施韦泽"为研究题目的学术文章，经中国知网检索自 1993—2018 年 8 月共有 58 篇，其中硕士论文 15 篇，博士论文 1 篇。

一、史怀泽生态存在论思想的缘起：对西方文化危机的反思，对东西方生命哲学的继承

两次世界大战的残酷杀戮，引发史怀泽对现代西方文化的反思。他认为文化乃精神文化、行为文化和物质文化的整体，但现代科技文化只注重知识的增长和物质的增加，忽略了文化整体的多维内涵："由于为知识和能力的进步所迷惑"，"轻视精神文化"，"天真地满足于我们巨大的物质成就，并迷失于对文化的难以令人相信的肤浅理解之中"，"相信事实之中的进步"，"为空虚的现实意识所迷惑，满足于失去理想的现实"，[①]"我们的文化正处于严重的危机之中"[②]，正如飘浮在大瀑布前的激流上，懵然不知，前面是万丈深渊。[③]"对文化带来的最大危险是：由于生活条件的改变，人大量地从自由

---

① [法] 阿尔贝特·施韦泽：《敬畏生命——五十年来基本论述》，陈泽环译，上海人民出版社 2017 年版，第 47 页。
② [法] 阿尔贝特·施韦泽：《文化哲学》，陈泽环译，上海人民出版社 2008 年版，第 113 页。
③ [法] 史怀哲：《非洲故事》，赵震译，志文出版社 1977 年版，第 152 页。

进入不自由状态。"① 由于机械化大生产的流水线作业，"我们大家几乎都受太规则化、太死板、太紧张劳动的折磨。我们难以集中思反思。家庭和儿童教育发生危机。我们大家或多或少都有丧失个性而沦为机械的危险。"人不再思考文化理想，文化理想在生存斗争中被扭曲。人丧失了精神独立性和个性，变得"非人道"②，"由于技术的迅猛发展，最可怕地毁灭生命的能力已经成为当今人类面临的厄运"③，失去了文化理想的导向，世界受制于"盲目的利己主义"，"所有的生命都必然生存于黑暗之中。"④ 史怀泽认为文化衰落，关键在于"哲学的失职"。⑤ 哲学诞生的任务就是"探讨伦理与肯定世界和生命的基本问题，即个人与宇宙的关系和自觉地论证文化信念。"⑥

因此，史怀泽认为"真正的哲学"必须探讨"真正的伦理文化"，"只有通过这种真正的伦理文化，我们的生活才会富有意义，我们也才能防止在毫无意义的、残酷的战争中趋于毁灭。只有它才能为世界和平开辟道路"，以实现"一次新的、比我们走出中世纪更加伟大的文艺复兴必然会来到：人们将由此摆脱贫乏的得过且过的现实意识，而达到敬畏生命的信念。"⑦

史怀泽在 1954 年接受诺贝尔和平奖发言时指出："我们共同对非人道负有责任。可怕的共同经历必然唤醒我们，去争取和希望能开创一个没有战争时代的一切。这种意愿和希望的目的只能在于：通过一种新精神，我们达到更高的理性，它使我们不会灾难性地使用我们所有的力量。"⑧

---

① ［法］阿尔贝特·施韦泽：《敬畏生命——五十年来基本论述》，陈泽环译，上海人民出版社 2017 年版，第 38 页。

② ［法］阿尔贝特·施韦泽：《敬畏生命——五十年来基本论述》，陈泽环译，上海人民出版社 2017 年版，第 35 页。.

③ ［法］阿尔贝特·施韦泽：《敬畏生命——五十年来基本论述》，陈泽环译，上海人民出版社 2017 年版，第 17 页。

④ ［法］阿尔贝特·施韦泽：《敬畏生命——五十年来基本论述》，陈泽环译，上海人民出版社 2017 年版，第 20 页。

⑤ ［法］阿尔贝特·施韦泽：《文化哲学》，陈泽环译，上海人民出版社 2008 年版，第 47 页。

⑥ ［法］阿尔贝特·施韦泽：《文化哲学》，陈泽环译，上海人民出版社 2008 年版，第 33 页。

⑦ ［法］阿尔贝特·施韦泽：《敬畏生命——五十年来基本论述》，陈泽环译，上海人民出版社 2017 年版，第 9 页。

⑧ ［法］阿尔贝特·施韦泽：《敬畏生命——五十年来基本论述》，陈泽环译，上海人民出版社 2017 年版，第 100 页。

　　史怀泽生态存在论的知识论背景则是在综合叔本华和尼采非理性"意志哲学"基础上，继承东西方神秘主义自然观形成的。他指出了自己的思想是叔本华和尼采"意志"哲学的综合："如果我的哲学被认为是叔本华和尼采的综合，那么我也没有什么意见。"① 他认为叔本华影响了他形成了"认识的悲观主义"，尼采影响他形成了意志上对世界肯定的"乐观主义"。② 他指出：他"和叔本华的共同之处在于：敬畏生命的哲学放弃了对世界的任何解释，把人置于一种神秘的、充满痛苦的过程之中。和尼采一样，敬畏生命的哲学肯定世界和生命，并认为伦理必须与肯定世界和生命结合起来。……无论如何，一切有前景的思想必须是叔本华和尼采的综合。"③ 史怀泽说他从大学时就对尼采思想感兴趣，希望主流基督教哲学反驳尼采的观点："曾期待宗教和哲学能共同有力地反对和驳斥尼采，但这种情况没有出现。"④ 施韦泽在《文化哲学》分析了尼采的乐观主义世界观，"尼采批判、否定了现有的哲学和宗教思想，并且提出一种更深刻的对生命的肯定态度，由此便成为了一个反叔本华、反基督教和反功利主义者。"⑤ 婆罗门把"自然现象只是被看做一些围绕在婆罗门周围的虚无幻影。"⑥ 他发现西方基督教主流的"永恒的伦理并没有向人类和社会提出重大的要求，它是'处于休息状态'的伦理。"⑦ 他转而对基督教中支流圣弗兰西斯科·冯·阿西斯的自然主义观念持赞赏态度。他在大学时期就是圣弗兰西斯科·冯·阿西斯（1182—1226）思想的支持者：使徒圣弗兰西斯科·冯·阿西斯曾经宣扬过"人类与生物建立

---

① ［法］阿尔贝特·施韦泽：《文化哲学》，陈泽环译，上海人民出版社2008年版，第37页。

② ［法］阿尔贝特·施韦泽：《文化哲学》，陈泽环译，上海人民出版社2008年版，第239页。

③ ［法］阿尔贝特·施韦泽：《文化哲学》，陈泽环译，上海人民出版社2008年版，第37页；［法］阿尔贝特·施韦泽：《敬畏生命——五十年来基本论述》，陈泽环译，上海人民出版社2017年版，第14页。

④ ［法］阿尔贝特·施韦泽：《敬畏生命——五十年来基本论述》，陈泽环译，上海人民出版社2017年版，第3页。

⑤ ［法］阿尔贝特·施韦泽：《文化哲学》，陈泽环译，上海人民出版社2008年版，第252页。

⑥ ［法］阿尔贝特·施韦泽：《敬畏生命——五十年来基本论述》，陈泽环译，上海人民出版社2017年版，第4页。

⑦ ［法］阿尔贝特·施韦泽：《敬畏生命——五十年来基本论述》，陈泽环译，上海人民出版社2017年版，第4页。

兄弟般的关系正是来自天国的福音"①。他还认为原始基督教保罗思想有三种思想具有吸引力:"拥有吸引我们的深度和客观性;原始基督教信仰之火从他那里燃烧到我们的信仰之中;保罗说出了对天国之主基督的体验,并唤起我们的同一体验。"② 他认为保罗的神秘主义是一种十分深刻的世界观,探讨人与世界之间的关系:"精神是一切超世俗的闪光出现在世俗之中。"③ 他认为"敬畏生命"的理念,"是一种无所不包的爱的伦理,其合乎耶稣要求的必然性。"④

史怀泽受德国自然主义哲学的影响,歌德、斯宾诺莎是其比较欣赏的两个自然哲学家。史怀泽论述了斯宾诺莎与莱布尼兹的泛神论自然哲学与世界观,但更欣赏斯宾诺莎:"斯宾诺莎要求对生命更深的体验。与斯多葛主义者、印度和中国的思想家一起,他也是一元论的、泛神论的自然哲学家大家庭的一个成员。像他们一样,斯宾诺莎也仅仅把神理解为自然的整体,并且只承认以这种方式在自身中实现统一的神的概念。"⑤ "从斯宾诺莎那里,就像从庄子那里一样,表达出了一种高雅的、利己主义的肯定世界和生命。"⑥ 斯宾诺莎"在很大程度上迎合了时代精神",但没有允诺在现实世界实现客观的生命目的。⑦ 莱布尼兹虽然没有承诺在现实世界实现可观的、富有意义的伦理目的,但其思想"还有达到伦理的可能性,即对于人对于绝对者的神秘关系",⑧ 而莱布尼兹从未在哲学上探讨伦理,"为了真实的世界观努力中,莱布尼兹却远远落后于斯宾诺莎",因为与他相比,"斯宾诺莎更

---

① [法] 阿尔贝特·施韦泽:《敬畏生命——五十年来基本论述》,陈泽环译,上海人民出版社 2017 年版,第 14 页。

② [法] 阿尔贝特·施韦泽:《敬畏生命——五十年来基本论述》,陈泽环译,上海人民出版社 2017 年版,第 71 页。

③ [法] 阿尔贝特·施韦泽:《敬畏生命——五十年来基本论述》,陈泽环译,上海人民出版社 2017 年版,第 67 页。

④ [法] 阿尔贝特·施韦泽:《敬畏生命——五十年来基本论述》,陈泽环译,上海人民出版社 2017 年版,第 135 页。

⑤ [法] 阿尔贝特·施韦泽:《文化哲学》,陈泽环译,上海人民出版社 2008 年版,第 203 页。

⑥ [法] 阿尔贝特·施韦泽:《文化哲学》,陈泽环译,上海人民出版社 2008 年版,第 204 页。

⑦ [法] 阿尔贝特·施韦泽:《文化哲学》,陈泽环译,上海人民出版社 2008 年版,第 206 页。

⑧ [法] 阿尔贝特·施韦泽:《文化哲学》,陈泽环译,上海人民出版社 2008 年版,第 208 页。

为基本地理解了作为世界观的中心问题的伦理学和自然哲学间的论争。"① 史怀泽在德国自然主义哲学中最欣赏歌德，他认为歌德的自然主义思想影响了他探索"敬畏生命"的自然哲学信念："歌德留在自然哲学的阵营内……让强有力的思辨体系匆匆过去了……这种触动对我既是首次的，也是持续的，它激发我探讨近代哲学并形成自己的信念。"② 他认为使歌德与康德、费希特和席勒分道扬镳的东西，"则在于对自然现实的敬畏"，"歌德作为这样一个人生活在自然之中：惊异地观察自然"，"由于倾心于自然而神秘的独特生命，歌德持有一种伟大的、未完成的世界观"，"歌德追求伦理的世界观，但承认不能够实行它。歌德不敢赋予自然以意义。当然他要赋予生命以意义。把行动的世界观安顿在自然哲学中。行动赋予生命以真实的满足，生命最神秘的意义在行动之中。"③

　　史怀泽受中国和印度东方神秘主义的影响，他撰写《中国思想史》指出，中国和印度原始神秘主义是一种忘我的生命体验状态，以此寻找到超越现实的本体"道"和"婆罗门"。④ 婆罗门是一种对生命和世界持否定态度的非自然的思想，⑤ 而老子的道则是万物和谐归一的自然力量，内心对道德体悟与实践的路径是一致的。⑥ "中国道家思想的深刻性在于，它们都将人从各类身份、各种行为抽离出来，继而反思他自己与他的行为对于世界的关系。……道家以它蕴含的内在价值和特殊性彰显着它所独具的普适性。它比印度婆罗门更加活泼、富有生机。"⑦ 史怀泽认为儒家和道家世界观大体相似："天地两种原始的自然力量在相互作用、影响，是一切自然现象的根本。"⑧ 儒家世界不同于道家具有"伦理的目标"，天人感应，人行为与自然现象存在着神秘联系，因此，孔子主张以人的道德行为，感化世界、理顺世

---

① ［法］阿尔贝特·施韦泽：《文化哲学》，陈泽环译，上海人民出版社2008年版，第208页。
② ［法］阿尔贝特·施韦泽：《敬畏生命——五十年来基本论述》，陈泽环译，上海人民出版社2017年版，第224页。
③ ［法］阿尔贝特·施韦泽：《文化哲学》，陈泽环译，上海人民出版社2008年版，第220页。
④ ［法］阿尔贝特·史怀哲：《中国思想史》，社会科学文献出版社2009年版，第13页。
⑤ ［法］阿尔贝特·史怀哲：《中国思想史》，社会科学文献出版社2009年版，第23页。
⑥ ［法］阿尔贝特·史怀哲：《中国思想史》，社会科学文献出版社2009年版，第57页。
⑦ ［法］阿尔贝特·史怀哲：《中国思想史》，社会科学文献出版社2009年版，第65页。
⑧ ［法］阿尔贝特·史怀哲：《中国思想史》，社会科学文献出版社2009年版，第48页。

间万物的关系，推动整个世界秩序趋于合理。1938 年史怀泽出版《印度思想家的世界观》，研究印度的生命伦理，其中他摘录一条箴言："决不可以杀死、虐待、辱骂、折磨、迫害有灵魂的东西、生命。"① 在史怀泽看来，"在中国和印度思想中，人和动物的问题早就具有重要地位；而且，中国和印度的伦理学原则上确定了人对动物的义务和责任。"② 但"印度伦理学中只是要求人不杀生和不伤生，却没有提出人类应该用自己的行动去帮助生命，是不完整的。"③ 他认为中国的孟子、老子和列子谈到人对动物相似性："属于孔子（公元前 551—前 479）学派的中国哲学家孟子，就以感人的语言谈到了对动物的同情。老子（公元前 6 世纪）学派的列子认为动物心理与人的心理的差别并不是很大，即没有像人们通常所想象的那么大。杨朱反对物只是为了人及其需要而存在的偏见，主张它们的生存具有独立的意义和价值。"④

二、史怀泽的"生命意志"对立统一的生态存在论

（一）世界是普遍的生命意志的神秘现象，世界观是生命意志神秘体验的产物

史怀泽认为传统哲学误区，是生命观自"形而上学"的世界观推导而来，生命观从属于世界观；而"敬畏生命"的"生命意志哲学的世界观是自生命观建立起来的，世界观从属于生命观"。"现在我们须放弃将世界观和生命观统一的错误观念，不再拘泥于从世界观中逻辑推演出生命观。"⑤

史怀泽认为有两种把握存在的方式：其一是外部"认识"方式，其二是"生命意志"内部观察的"体验"方式。他认为，"第一种认识的方式，其手

---

① ［法］阿尔贝特·施韦泽：《天才博士与非洲丛林——诺贝尔和平奖获得者施韦泽》，陈泽环、宋林译，江西人民出版社 1995 年版，第 105 页。
② ［法］阿尔贝特·施韦泽：《敬畏生命——五十年来基本论述》，陈泽环译，上海人民出版社 2017 年版，第 75 页。
③ ［法］阿尔贝特·施韦泽：《敬畏生命——五十年来基本论述》，陈泽环译，上海人民出版社 2017 年版，第 2 页。
④ ［法］阿尔贝特·施韦泽：《敬畏生命——五十年来基本论述》，陈泽环译，上海人民出版社 2017 年版，第 72 页。
⑤ ［法］阿尔贝特·施韦泽：《敬畏生命——五十年来基本论述》，陈泽环译，上海人民出版社 2017 年版，第 72 页。

段是局部的、不全面的。如生物学家，运用已有知识去考察生物的生理结构、生命活动以及在生物链中的位置等。注重科学精确的理解。"① 但无论怎么认识，都无法把握世界本质，所以史怀泽称自己为"认识的悲观主义"。传统的形而上学哲学走的这条路，企图通过外部观察形成的知识，推理形成形而上学原则的"世界观"，然后再建立"人生观"的伦理原则。他认为这是一条根本错误的把握世界的方式。另一种方式是生命意志内部"体验"的方式。体验是生命与生俱来的感知世界的本能，是思想的体验、心灵的感悟，美学上的欣赏。生命意志体验的原初"思想"，不是"枯燥思想"，"而是在各种思想火花富有活力地相互碰撞中，精神的所有功能的总和。"② 与传统形而上学哲学从世界观推出生命观不同，而认为世界观归根结底是生命意志神秘体验中思想火花碰撞的产物，是从生命内在体验的"生命观"引导出"世界观"："世界是普遍的生命意志的神秘现象。"③ 世界观是富有活力的敬畏生命的神秘主义体验的产物："思想的世界观究其本质，也就趋向于一种富有活力的、对所有人都必然的神秘主义，这就是敬畏生命神秘主义。"④

　　史怀泽的神秘生命体验为基础的世界观，把"生命意志"本体化，绝对化、神秘化、不可知化，所以他对生命产生"敬畏"的非理性的存在论情绪，就可以理解了。史怀泽唯意志主义（voluntarism）的"敬畏生命"的存在论，属于当代非理性主义生命哲学思潮的组成部分，他自己也说："我的哲学被认为是叔本华和尼采的综合。"⑤

　　生命意志哲学的提出者叔本华撰写的《作为意志和表象的世界》，提出两个哲学命题：世界是我的表象，世界是我的意志。这两个命题就是认为认识论的世界是幻觉，或"世界是我的梦"，而生命意志是世界的本体，世界只不过是生命意志显现的现象。

　　世界存在的"生命意志"本体，是非理性或神秘主义的，不是理性逻辑推理推出来的结论，而是生命意志自我体验的产物。生命意志就是生存的

① ［法］阿尔贝特·施韦泽：《文化哲学》，陈泽环译，上海人民出版社 2008 年版，第 87 页。
② ［法］阿尔贝特·施韦泽：《文化哲学》，陈泽环译，上海人民出版社 2008 年版，第 87 页。
③ ［法］阿尔贝特·施韦泽：《文化哲学》，陈泽环译，上海人民出版社 2008 年版，第 98 页。
④ ［法］阿尔贝特·施韦泽：《文化哲学》，陈泽环译，上海人民出版社 2008 年版，第 67 页。
⑤ ［法］阿尔贝特·施韦泽：《文化哲学》，陈泽环译，上海人民出版社 2008 年版，第 67 页。

欲望，生命意志是第一性的，思想是第二性的，生命意志神秘的思想果实才是世界观。

（二）世界存在的本体：生命意志的自我分裂与痛苦

史怀泽认为一切都是生命意志的显现，表现为生命意欲无尽的追求与冲突的过程。史怀泽存在论理念是"生命意志"（will to live）。这个理念来自于叔本华。叔本华受康德哲学和佛教思想影响，企图超越理性主义认识论，撰写《作为意志和表象的世界》，提出两个哲学命题：世界是我的表象，世界是我的意志。在现象上，叔本华认为主客体之间用共同的认识形式，即"四重理由律"（就是时空因果感性形式的物理理由、概念判断的逻辑理由、时空纯直观表象的数学和行为动机律）。在本体上，则是"生命意志"，只是求生存的意志或意欲，在动物身上表现最明显，其次是植物，再次是无机物。生命的意欲永远在追求，意欲实现不了就痛苦，意欲达成就感觉无聊，故而叔本华说生命是一个悲剧，生命意志永远"在痛苦和无聊之间摆动"。所以他主张用艺术观审方式进入审美境界暂时忘掉意欲的痛苦，或者以禁欲的方式灭绝欲望，形成悲观主义的人生态度。叔本华的悲观主义的"生命意志"论影响了史怀泽，他指出："我是有求生意志的生命，这生命生存于有求生意志的生命中。"（I am life that will-to-live-in-the-midst-of-life that will to live）他认为，"叔本华的哲学受印度哲学的启示，尽管穿上康德认识论的外衣，但它还是基本的自然哲学"①。

从现象看，每一个具体的生命意志都局限于生命意志的表象，并没有"体验"生命意志的本体和生命意志本体显现的一切，陷入"无知"的"难以理解的"自我分裂、互相伤害的冲突状态中："包括人类在内的一切生命等级，都对生命有着可怕的无知。他们只有生命意志，但不能体验发生在其他生命中的一切，他们痛苦，但不能共同痛苦。自然抚育的生命意志陷入难以理解的自我分裂之中。由于生命意志神秘的自我分裂，自然引导生命之间开始互相伤害。"② 就大自然生命共同体而言："从外部看自然是美好和壮丽的，但认识它则是可怕的。它的残忍毫无意义！最宝贵的生命成为最低级

---

① ［法］阿尔贝特·施韦泽：《文化哲学》，陈泽环译，上海人民出版社 2008 年版，第 67 页。

② ［法］阿尔贝特·施韦泽：《敬畏生命——五十年来基本论述》，陈泽环译，上海人民出版社 2017 年版，第 20 页。

生命的牺牲品。"①"自然不懂得敬畏生命，它以最有意义的方式产生着无数生命，又以毫无意义的方式毁灭着它们。"②"由于生命意志神秘的自我分裂，生命就这样相互争斗，给其它生命带来痛苦和死亡。这一切尽管无罪，却是有过的。自然教导的是这种残忍的利己主义。"③ 人也受制于生命意志的生存竞争的必然律，"一直处于这样的境地，为了能保全自己的生命和人类的生命，必然以牺牲其他生命为代价"。④ 人甚至不能如动物那样体验同类的痛苦，尽心抚育后代，为保存后代自我牺牲，将残忍的利己主义运用到同类身上，大规模毁灭同类。

（三）生命意志的肯定与整体有机联系的生命共同体

针对生命意志陷入表象世界的冲突与痛苦的存在状态，史怀泽认同尼采生命意志积极乐观的肯定世界的态度。尼采赞赏叔本华的生命意志论，但不赞同其逃避世界的消极态度，而坚持意志自我立法、肯定世界的态度：尽管生命是一个悲剧，但仍然要演好这出悲剧，投入到生命意志自我实现，整体轮回的存在洪流中去。尼采认为生命意志是"求强大的意志"（will to power），是一个不断创生、毁灭的，永恒轮回的整体洪流："世界就是：一种巨大无匹的力量，无始无终，常住不变，流转易形，永远在回流，以各种形态潮汐相间，从最简单的涌向最复杂的，从最净的最硬的最冷的涌向最烫的最野的最自相矛盾的，然后再从最丰盛回到简单，从矛盾的纠缠回到单一的愉悦，在这种万化如一千古不移的状态中肯定自己，祝福自己，是永远必定回来的东西，是一种不知满足不知厌倦不知疲劳的迁化……"⑤

史怀泽也认为世界与伦理已经存在生命意志的自我实现、自我肯定的过程中，传统哲学有关生命意志跟世界观协调一致的设想，只是空中楼阁的

① ［法］阿尔贝特·施韦泽：《敬畏生命——五十年来基本论述》，陈泽环译，上海人民出版社 2017 年版，第 20 页。

② ［法］阿尔贝特·施韦泽：《敬畏生命——五十年来基本论述》，陈泽环译，上海人民出版社 2017 年版，第 19 页。

③ ［法］阿尔贝特·施韦泽：《敬畏生命——五十年来基本论述》，陈泽环译，上海人民出版社 2017 年版，第 20 页。

④ ［法］阿尔贝特·施韦泽：《敬畏生命——五十年来基本论述》，陈泽环译，上海人民出版社 2017 年版，第 113 页。

⑤ 尼采：《看哪这人！——自述》，《权力意志》，商务印书馆 1991 年版，第 700—701 页。

幻想，要放弃对世界寻根究底的认识方式，而采取生命意志自我体验基础上的对世界的价值肯定，将人生价值观置于世界观之上，以生命意志的意志超越对世界的认识，形成"肯定世界的世界观"："与我们的天然感受性相符是这种肯定世界的世界观，它促使我们感到这个世界就是家园，并在其中活动。而否定世界的世界观则相反，它要求我们在这个我们也是其中一员的世界中作为一个陌生人来生活，否认在这个世界中活动的意义，显然，这是与我们的天然感受性相矛盾的。"① 史怀泽的"肯定世界的世界观"，综合了叔本华和尼采的生命意志观，一方面保留了叔本华认识的悲观主义而克服了其对世界态度的悲观主义，另一方面继承了尼采"强力意志"整体生命存在论，以及肯定世界的乐观主义人生态度而超越了其唯我主义。认为，"人的生命意志的最高伦理理念是'敬畏生命'，有思想的人不仅敬畏自己的生命意志，还要敬畏所有生命意志。"② 人的生命意志的独特之处，作为"有思想"的生命意志，能体验生命意志的整体并对其他生命意志采取同情的伦理的态度："只有人作为最高的生命主体，才能意识到自然界生命之间整体依存的关系，摆脱物种间利己主义的视界。只有人能够认识到敬畏生命，能够认识到休戚与共，能够摆脱其余生物苦陷其中的无知。"③ "我们生存在世界之中，世界也生存在我们之中。"④ "我们越是观察自然，就越是清楚地意识到，自然中充满了生命……每个生命都是一个秘密，我们与自然中的生命密切相关。人不再能仅为自己和物质而活。有思想的人体验到必须像敬畏自己的生命意志一样敬畏所有的生命意志，他在自己的生命中体验到其他生命，由此而产生我们与宇宙的亲和关系……如果没有对所有生命的尊重，人对自己的尊重也是没有保障的。"⑤ "在我们生存的每一瞬间都被意识到的

---

① [法] 阿尔贝特·施韦泽著：《敬畏生命——五十年来基本论述》，陈泽环译，上海人民出版社 2017 年版，第 76 页。

② [法] 阿尔贝特·施韦泽：《敬畏生命——五十年来基本论述》，陈泽环译，上海人民出版社 2017 年版，第 76 页。

③ [法] 阿尔贝特·施韦泽：《敬畏生命——五十年来基本论述》，陈泽环译，上海人民出版社 2017 年版，第 76 页。

④ [法] 阿尔贝特·施韦泽：《敬畏生命——五十年来基本论述》，陈泽环译，上海人民出版社 2017 年版，第 21 页。

⑤ 陈泽环、朱林译：《天才博士与非洲丛林》，江西人民出版社 1995 年版，第 156 页。

基本事实是：我是要求生存的生命，我在要求生存的生命之中。我的生命意志的神秘在于，我感受到有必要，满怀同情地对待生存于我之外的所有生命意志。"①"我内心的求生意志是一个愿意与别的求生意志合为一体的求生意志。"

三、史怀泽的敬畏生命伦理和文化国生态伦理共同体理想

1. 敬畏生命的伦理

人作为有思想的生命意志，面临着比动物更深刻的生命意志的分裂：一方面，人具有动物同样的生存意志，受生命意志必然律的支配，加上片面人类中心的伦理学的误导，生命意志的自我保存的生存冲动，会变为对同类残杀的残忍利己主义；另一方面，人作为有生命的生命意志，是唯一可以体验生命意志本体和与其他生命意志内在整体联系的生命意志，占据独特的伦理地位，是独特的伦理主体，承担着独特的伦理责任。后者体现人的内在自由的精神本质。史怀泽认为，"心灵是比理智更高的命令者，它要求我们去做符合我们精神本质的深刻冲动的事。"②

史怀泽认为，人之为人，在于人具有思想自由，可以道德律反抗自然律。人类精神文化发展的早期，遵循普遍存在于血缘间的血缘伦理，17、18世纪以来工业时代的文化危机，是人丧失了独立思想的能力，否定世界的怀疑主义伦理否定人的精神力量，"放弃思想就是精神的破产。一旦人类丧失通过自己的思考以认识真理的信念，怀疑主义就会抬头。"③当代的文化危机促使人基于生命意志体验的思想创造，史怀泽在继承东西方神秘主义的基础上提出了"敬重生命"原则，将"敬重生命"伦理原则神圣化，普适于所有生命存在。"实际上，伦理与人对所有存在于他的范围之内的生命的行为有关。只有当人认为所有生命，包括人的生命和一切生物的生命都是神圣的时

① [法] 阿尔贝特·施韦泽：《敬畏生命——五十年来基本论述》，陈泽环译，上海人民出版社2017年版，第91页。
② [法] 阿尔贝特·施韦泽：《敬畏生命——五十年来基本论述》，陈泽环译，上海人民出版社2017年版，第108页。
③ [法] 阿尔贝特·施韦泽：《敬畏生命——五十年来基本论述》，陈泽环译，上海人民出版社2017年版，第123页。

候，他才是伦理的。"①"敬重生命"生物中心主义的伦理原则，体现了人内在自由的精神本质。"敬重生命"生物中心主义的伦理原则的提出，是史怀泽在自己作为一个虔诚的基督教徒的生命体验基础上，继承东西方神秘主义以及基督教博爱精神形成的。1915年秋天，史怀泽坐在一条驳船上，打算整个旅途中思考一种新的文化如何产生的构想，"不时逐页写着不连贯的文字，疲乏和迷惑使其思维几乎处于停顿状态。"②第三天傍晚日落时，船只在河中向前行驶，河滩边四只河马和它的幼崽在游动。"在极度疲乏和沮丧的我的脑海突然出现了一个概念：'敬畏生命'。在印象中，我还从未听到和读过这个词。我立即认识到，这就是令我伤透脑筋的问题之答案：这涉及任何人的关系的伦理学是不完整的。"③在此之前，有着长期基于生命体验的思想探索的基础或积淀：两次世界大战生灵涂炭的惨痛教训的震撼，对西方弗兰西人与动物兄弟关系的认同，受歌德为代表的德国自然主义的熏陶，对东方印度教和中国先秦道家和儒家神秘主义天道世界观的服膺等，都是其"敬畏生命"的伦理原则的思想基础。但更与其作为一个基督教徒的虔诚信仰有关：史怀泽作为一个虔诚的基督徒不懈的基于独特生命体验的探索有关，他作为一个虔诚的基督徒，反省了基督教上帝意志中创造意志与爱的意志的分裂："纯粹的上帝神秘主义仍然没有活力"，"神秘主义，它只有经过上帝爱的意志与上帝无限的、神秘的创造意志的对立，并超越这种对立，它才会有生命力。人的思想永远认识不了永恒本身，但为了不迷失于永恒之中，它必须在二元论中克服二元论。也许人类思想必须探索它面对的，使它不安的一切存在之谜。但是人类最终把一切不可认识的东西搁置在一边，而走上作为爱的意志的上帝意志之路。"④史怀泽从保罗神秘主义救赎理论发现从人与自然存在到精神存在的道路，是以宗教的罪恶感和道德的内疚感为基础的宗教

① ［法］阿尔贝特·施韦泽：《敬畏生命——五十年来基本论述》，陈泽环译，上海人民出版社2017年版，第9页。

② ［法］阿尔贝特·施韦泽：《敬畏生命——五十年来基本论述》，陈泽环译，上海人民出版社2017年版，第6页。

③ ［法］阿尔贝特·施韦泽：《敬畏生命——五十年来基本论述》，陈泽环译，上海人民出版社2017年版，第6页。

④ ［法］阿尔贝特·施韦泽：《敬畏生命——五十年来基本论述》，陈泽环译，上海人民出版社2017年版，第55页。

"爱的意志"，是其最终形成"敬畏生命"的生物中心主义伦理的决定性环节。在此可以对比一下叔本华：叔本华通过反省看透生命意志个体化原理的错觉，"他在一切事物中都看到自己最内在的，真实的自我，就会自然而然把一切有生之物的无穷痛苦看作自己的痛苦，也必然要把全世界的创痛作为自己所有的［创痛］"，① 形成同体大悲的博爱心态。但叔本华受印度教和小乘佛教影响，走向了"生命意志"寂灭之路，而史怀泽作为一个虔诚的基督徒却走上了"敬重生命"的生物中心主义的博爱之路。当然个人基于其生命体验、人生阅历和知识结构形成的伦理态度和伦理观，都是非常独特的，不是任何一个单独的因素可以说明。

　　敬畏生命伦理，强调人的"精神存在"维度和本质对人生命意志的"自然存在"维度的对立与超越："伦理并不与这种世界事实和谐，而是与此相对立的。"② 强调"保持促进生命发展"作为"善"的标准："善的本质是：保持生命，促进生命，使生命达到其最高度的发展。恶的本质是：毁灭生命，损害生命，阻碍生命的发展。"③

　　敬畏生命伦理学超越狭隘的人类中心主义的伦理学。史怀泽指出："由于敬畏生命的伦理学，我们不仅与人，而且与一切存在于我们范围之间的生物发生了联系。关心它们的命运，在力所能及的范围内，避免伤害它们，在危难中救助它们。我立刻明白了：这种根本上完整的伦理学具有完全不同于只涉及人的伦理学的深度、活力和动能。"④

　　敬畏生命伦理有利于人与动物建立休戚与共关系，有利于促进保护动物的伦理行为："所以在我们人与动物之间就产生出一种新型的、独特的休戚相关的关系。因此，我们每一个人都应当有一种迫切的要求，对一切有生

---

① ［法］阿尔贝特·施韦泽：《敬畏生命——五十年来基本论述》，陈泽环译，上海人民出版社 2017 年版，第 55 页。

② ［法］阿尔贝特·施韦泽：《敬畏生命——五十年来基本论述》，陈泽环译，上海人民出版社 2017 年版，第 77 页。

③ ［法］阿尔贝特·施韦泽：《敬畏生命——五十年来基本论述》，陈泽环译，上海人民出版社 2017 年版，第 92 页。

④ ［法］阿尔贝特·施韦泽：《敬畏生命——五十年来基本论述》，陈泽环译，上海人民出版社 2017 年版，第 7—8 页。

之物做一切可能的好事。"①

敬畏生命原则有利于人文化理想的实现。史怀泽指出："敬畏生命和由此形成的抱负，它在各个方面使个人和人类实现其最高价值，并使人获得完整的、纯净的、有目的地付诸现实的文化理想。""敬畏生命规定人的内在完善的内容，并使它达到日益深化的敬畏生命的精神性。"②

敬畏生命伦理强调敬畏生命的生物间平等原则：只是强调了人作为伦理主体对所有生命存在客体的无限伦理责任，却没有突出人在生命价值上的突出地位，也没有对生命共同体价值序列差异的描述。这就涉及"道德优先权"的问题。例如，他自己所思考的，拯救危重病人的人，是否成为"数百万细菌的杀手"违反敬畏生命伦理原则？他提出"避免不必要的伤害"良心取舍的观点，缺少具体的操作原则。③ 他还强调人对另一个生命的"献身精神"才是与其他生命无限求生意志的合一，才是合乎"敬畏生命"伦理的："在任何时候，以任何方式，只要我的生命对另一个生命表现出献身的精神，则我的有限的求生意志就感到自己与一切生命所共有的那个无限的求生意志合为一体了。只有敬畏生命及对世界和人生的深刻肯定，做一个伦理的人，才是真正的人道。"④ 如此，是否可以引申为人为动物等其他生命共同体的成员牺牲，是合乎"敬畏生命"伦理的？对此美国学者戴维·贾斯丁认为：史怀泽的伦理学不是着重回答，"我该如何行？"而是"我该成为什么样的人？"这是一种"品德伦理"（an ethics of virtue），不是着重人的"行为"⑤："敬畏生命更像一种态度……它描述的是一种品性，或是种品德，而非行为规范。一个有道德人应该持这样的态度：敬重任何有固定价值的生命"，"它

---

① ［法］阿尔贝特·施韦泽：《敬畏生命——五十年来基本论述》，陈泽环译，上海人民出版社 2017 年版，第 15 页。

② ［法］阿尔贝特·施韦泽：《敬畏生命——五十年来基本论述》，陈泽环译，上海人民出版社 2017 年版，第 32 页。

③ ［法］阿尔贝特·施韦泽：《敬畏生命——五十年来基本论述》，陈泽环译，上海人民出版社 2017 年版，第 314 页。

④ ［法］阿尔贝特·施韦泽：《敬畏生命——五十年来基本论述》，陈泽环译，上海人民出版社 2017 年版，第 36 页。

⑤ ［美］戴维·贾丁斯：《环境伦理学》第 3 版，林官明、杨爱民译，北京大学出版社 2002 年版，第 155 页。

让我们不会随意地、粗暴地、毫不内疚地杀死一个生命。"①

2. 文化国：生态伦理共同体

与后来的"深生态学"其他派别的自然主义的深生态存在观和生态系统论自然观不同，史怀泽最终的理想是建立"生态伦理共同体"的"文化国"。

首先，文化国理想是对人类中心主义和生态中心主义的双重超越：文化国以人的特有的"敬畏生命"伦理原则建立，这既不是"生态中心主义"的，也不是"人类中心主义的"，而是以人与所有生命共生的伦理原则为基础，以人的"敬畏生命"伦理责任为主导，建立的人与其他生命和谐关系的生态伦理共同体。

其次，文化国以"敬畏生命"的伦理学为基础，是人精神价值的体现。史怀泽曾指出："文化国家是由敬畏生命的思想决定。"② 文化国"由于敬畏生命的伦理学，我们与宇宙建立了一种精神关系。……将使我们以一种比过去更高的方式生存和生活于世。由于敬畏生命的伦理学，我们成了另一种人。"③

第三，文化国是人类生命意志的本质全方位的实现。史怀泽指出："人的生命意志的本质就是充分地发展自己。人们不仅要实现自身的最高的物质和精神价值，并且还要实现一切能够由人们施以影响的存在的最高的物质和精神价值。"④ 人的本质不仅仅是内在自由的抽象的精神本质，而是包括精神生活、文化生活和物质生活的人类生命活动全方位的展现。

---

① ［美］戴维·贾丁斯：《环境伦理学》第3版，林官明、杨爱民译，北京大学出版社2002年版，第154页。

② ［法］阿尔贝特·施韦泽：《敬畏生命——五十年来基本论述》，陈泽环译，上海人民出版社2017年版，第333页。

③ ［法］阿尔贝特·施韦泽：《敬畏生命——五十年来基本论述》，陈泽环译，上海人民出版社2017年版，第8页。

④ ［法］阿尔贝特·施韦泽：《文化哲学》，陈泽环译，上海人民出版社2008年版，第282页。

第三节　泰勒的生命共同体存在论和
生物中心主义的环境伦理学

保尔·泰勒（Paul Taylor，1923—　）在阿尔贝特·史怀泽"敬畏生命"思想基础上，提出了"敬重大自然"（Respect for Nature）的"生命平等论"思想，认为所有生命都是地球生命共同体的成员，任何其他生命都追求自己的利益，都是"生命的目的中心"（teleology-centers-of-life），都平等地具有生命的内在价值。从尊重自然出发，泰勒提出四个一般责任：无毒害法则，不干涉法则、忠诚法则及重构公平法则。[①]

泰勒称其"以生命为中心的世界观"有四个信念："人类和其他生物一样，都是地球生命共同体的一员；人类和其他物种一起，构成了一个相互依赖的系统，每个生物生存和福利的好坏不仅取决于环境的条件，也取决于它与其他生物的关系；所有的生物都把生命作为目的中心。因此每个生物都是以自身的方式追求自身善的独特个体；人类并非天生地优越于其他生物。"[②]

一、对人类中心主义存在论的批判

泰勒在哲学上批判了西方哲学史上三个观点：希腊人文主义有关人类本性的本质主义观点；基督教传统的存在巨链（the Great Chain of Being）的思想；笛卡尔二元论有关人既有灵魂又有肉体、而动物缺乏灵魂、只是动物的观点。

泰勒认为人天生优越于动物的信念隐含在古希腊人本主义哲学把人类描述为理性动物的定义中。这个有关人的定义强调人区别于其他动物的特性和本质是理性。推理能力被视为独特的、必不可少的、具有内在价值。理性赋予人高贵尊严。在人性中控制人激情和欲望的动物性那一面的是理性。不能过理性生活的存在物不具有人通过培养可以获得的美德。古希腊人本主义

---

① ［美］戴维·贾丁斯：《环境伦理学》第 3 版，林官明、杨爱民译，北京大学出版社 2002 年版，第 57、161 页。

② ［美］保罗·沃伦·泰勒：《尊重自然：一种环境伦理学理论》，雷毅、李小重、高山译，首都师范大学出版社 2010 年版，第 62—63 页。

哲学,把人类的理性本质看作是人固有的善和内在价值,"我们优越于非理性存在物是我们本质固有的"①。泰勒认为这个观点"没有对人类比其他生物具有与更大的固有价值这种断言的真实性提供理由充分的辩护","为什么具有人的本质可以赋予我们更大的固有价值,我们是得不到答案的",因为"这种至高无上的价值只适用于人类,它不属于缺乏理性能力的生物生活中的价值","它没有提供任何理由断言,最适合人类的生活比最适合动物的生活更具有价值"。②一头狮子的福利就是过最适合狮子本性的生活,这种生活不需要理性。狮子不具备人的理性,并不意味着那些在实现着的狮子的固有价值要小于人类。"古希腊有关人的本性的标准,无法证明人类比非人类生物具有更大的固有价值。理性只是人实现自己福利所赖以运用的一种能力,其他种类生物不需要那种能力就可以达到自身的善。要证明一种存在物优越于其他物种,不能依据其独特的能力,因为其他动物各有其独特的能力。"③

　　人类优越于所有其他生物观点的第二个主要的历史根源,是西方中世纪形而上学的"存在巨链"观念,至今是许多人看待世界图景的基础。"存在巨链"是如此的观念:从最真实最完美的实体到最不真实最不完美的实体之间存在着无限的等级,在这个等级序列中每个存在物都有其特定的位置:"上帝处在等级序列的最高位,而后依次是各种不同等级的天使长和天使,然后是人类,后面是动植物(它们再按等级排序),最后是纯粹的物质,这不但是一个评价序列,还是一个形而上学或存在论序列。所有存在物都属于固有价值大小各不相同的连续体中","上帝创造了每一个可能等级的生存状态和价值"④。"整个信仰的根本思想是,世界和上帝一起构成了所有万物,并且组成了一个巨大的等级体系,该体系由最低形式的存在物到最高形式

---

① [美]保罗·沃伦·泰勒:《尊重自然:一种环境伦理学理论》,雷毅、李小重、高山译,首都师范大学出版社 2010 年版,第 86 页。

② [美]保罗·沃伦·泰勒:《尊重自然:一种环境伦理学理论》,雷毅、李小重、高山译,首都师范大学出版社 2010 年版,第 87 页。

③ [美]保罗·沃伦·泰勒:《尊重自然:一种环境伦理学理论》,雷毅、李小重、高山译,首都师范大学出版社 2010 年版,第 87 页。

④ [美]保罗·沃伦·泰勒:《尊重自然:一种环境伦理学理论》,雷毅、李小重、高山译,首都师范大学出版社 2010 年版,第 88 页。

的存在物排列而成。"① 这个存在论次序是人类理解他们自己本性和目的必须
依据的形而上学背景。"人类在这个秩序中是处于天使和走兽之间的位置",
"人类本身具有两重性,既有天使的本性又有走兽的本性"② 人按照上帝的形
象创造而成,受制于上帝的道德法规,低于上帝,"却优越于上帝在地球上
创造的所有其他生物。"③ 上帝赋予人类"所有其他生物的统治者和主人"的
"特殊地位"。人类最适合自己的目的就是通过"征服"其他生物"来促进自
身的善"。泰勒认为,一个存在物的优劣被认为来源于上帝赋予的在存在链
中的地位,接近于上帝或被上帝认为重要就有固定价值。但这首先得证明上
帝作为存在物本身是道德善良的。上帝创造万物的事实并不能证明自身道德
的善良。爱、仁慈、正义是人际间的有效标准,其运用的有效范围是人类,
而不适合人与非人生物之间。"要是我们站在动物或植物的立场来看的话,
上帝使它成为劣等存在物并让人来支配它,这样的上帝是不会被视为充满
爱、仁慈和正义的;相反,他会使自己显得是在偏袒一种生命形式。"④ "我断
定存在巨链这一形而上学的观点从根本上来说是人类中心主义的"⑤。

　　人天生优越于动物的第三个主要历史根源是笛卡尔的形而上学二元论。
据此观点,人优越于动植物在于人既有灵魂或精神又有肉体,而动物只有肉
体。动物只是物质实体,具有物质的属性,在本质上与物质没有什么区别。
植物也是如此。它们活着就意味着在其身上发生了复杂的新陈代谢、繁殖和
生长等,不具有意识体验能力,依然是物质。而人完全不同于动植物,是肉
体加精神,人的有意识行动是精神指挥肉体。精神还具有思维、想象和道德
判断能力,高于动植物无意识、机械、纯物质的生活。泰勒认为,笛卡尔的

---

① [美] 保罗·沃伦·泰勒:《尊重自然:一种环境伦理学理论》,雷毅、李小重、高山译,
　首都师范大学出版社 2010 年版,第 88 页。

② [美] 保罗·沃伦·泰勒:《尊重自然:一种环境伦理学理论》,雷毅、李小重、高山译,
　首都师范大学出版社 2010 年版,第 88 页。

③ [美] 保罗·沃伦·泰勒:《尊重自然:一种环境伦理学理论》,雷毅、李小重、高山译,
　首都师范大学出版社 2010 年版,第 90 页。

④ [美] 保罗·沃伦·泰勒:《尊重自然:一种环境伦理学理论》,雷毅、李小重、高山译,
　首都师范大学出版社 2010 年版,第 90 页。

⑤ [美] 保罗·沃伦·泰勒:《尊重自然:一种环境伦理学理论》,雷毅、李小重、高山译,
　首都师范大学出版社 2010 年版,第 90 页。

观点存在三个问题：其一，人有两个本体的观点不成立，两种存在是如何形成一个个体人的？如果一个人决定做事，这是人的精神使得某些运动在这个人的肉体中发生的结果，那么一个不存在于空间的东西如何能够使空间中的某物的物质形态产生变化？其二，笛卡尔认为人是物质加精神，而动物只是物质的，人和动物之间存在绝对的形而上学鸿沟（absolute metaphysical gult），其实根据生物学对某些哺乳动物的了解，人与动物的完全分离似乎是不存在的。动物也有感觉快乐和痛苦的能力。其三，人类比动物具有更大的固有价值，但为何精神加入到肉体就使人在固有价值上优越于动物？根据笛卡尔的观点，思维属于人，而对于动物来说，既不用为了思维本身的缘故去喜欢思维，也不需要思维来帮助它们过最适合它们的生活，所以思维对它们毫无价值。即使思维拓展到所有有意识知觉的形态，所有植物和许多动物物种仍然可以没有思维而生活，而且过着对他们物种来说是好的生活。因而结论是："只有人类中心主义的偏见才会使我们依据自己所具有的而其他生物不具有的东西声称自己具有更大的价值，此处的东西指的是思维。必须承认的是，这个额外的东西对于其他那些生物来说不会有丝毫的益处。与古希腊人文主义和存在巨链的观点一样，笛卡尔关于精神与物质二元论及其区别于别人和其他生命形式的方法，同样没有给我们提供充足的理由来接受人类优越性的主张。"①

二、泰勒的生命共同体自然观

泰勒的自然观是一个人和其他生物平等共存的生态系统中的生命共同体。

（一）自然界是一个生命共同体之间及其与环境间的相互作用的生命网络

泰勒把整个星球的生物圈构成的统一整体称之为"自然界"（the natural world）。② 他根据生物学的知识，把整个生物圈的自然界"看成是由相互联

---

① ［美］保罗·沃伦·泰勒：《尊重自然：一种环境伦理学理论》，雷毅、李小重、高山译，首都师范大学出版社 2010 年版，第 93 页。

② ［美］保罗·沃伦·泰勒：《尊重自然：一种环境伦理学理论》，雷毅、李小重、高山译，首都师范大学出版社 2010 年版，第 74 页。

系和事件构成的序列。物种群体之间及群体与环境之间的相互作用组成了一张紧密交织的网。"① 比如从佛罗里达州的埃弗格莱兹湿地（The Everglades of Florida）就可以看到自然界中的相互依赖系统：短吻鳄进食和休息在湿地弄出的洼地，会变成永久的水坑，成为各种形态水生生物的生存之处，它们靠短吻鳄吃剩的食物为生。雨季来临时，水坑蔓延到整个湿地，促进了整个草地生态的发展。雌性短吻鳄用树枝和泥巴搭建巢穴，成为干土形成的小岛的核心，岛上开始生长树木，树木又为这一地区以鱼、昆虫和两栖动物为生筑巢的鸟儿提供生存条件。尽管短吻鳄有时会吃掉鸟儿，但也保护鸟儿免遭其他肉食动物攻击。当短吻鳄因为制造商提供皮而被猎杀，整个生态系统就会遭殃：水坑干枯、水生生物消失、湿地生态系统破坏，某些鱼类相继死亡。到了雨季，其他物种大量侵入该地区，而之前短吻鳄天敌阻止其他物种侵入。整个地区生态经历深层变化，若使之逆转，则整个生态系统会毁灭。

因而，接受生物中心的自然观，整个生命世界被视为相互依赖关系组成的一个巨大的综合体，这个综合体与我们在每个生态系统看到的综合体类似。所有构成地球生物圈的各种不同生态系统都是相互依存性的，如果其中一个生态系统被彻底改变或遭到完全破坏，那么其他生态系统都要做出相应调整，以至整个结构都要发生某种变化。这个星球整个序列也就不能保持原貌。

泰勒认为，人类在地球生物圈中占据独特的生态位，是人类生存价值的基础：人类是自然系统不可或缺的组成部分。"我们生存的好坏很大程度上取决于我们选择在这个生命网络中所扮演的角色。"② 如果我们试图摆脱与这种网的联系，我们就严重干扰了将这个结构紧密结合起来的那些联系，因此就无法追求人类独特的价值。这是因为我们在生态系统中选择要占据的位置（可以说我们的"生态位"），而自然生态系统为实现生命首要的"善"（the primary goods，good 复数形式可译为"利益"）和健康提供了必要的条件，如果不实现这些首要的利益的话，人类所有的利益也就无法实现。

---

① ［美］保罗·沃伦·泰勒：《尊重自然：一种环境伦理学理论》，雷毅、李小重、高山译，首都师范大学出版社 2010 年版，第 73 页。

② ［美］保罗·沃伦·泰勒：《尊重自然：一种环境伦理学理论》，雷毅、李小重、高山译，首都师范大学出版社 2010 年版，第 74 页。

但泰勒强调："生物中心主义的自然观不需要环境伦理整体论或有机论观点。这些观点把地球生物圈看成是一种超级有机体，对其福利的促进与否决定了终极原则的正确与错误。但是我们无法从这种观念中得出我们对待自然界的道德规则。"①

（二）人类是生命共同体迟到的平等成员，人类的存在绝对依赖生物圈，而人类的灭绝会使整个生命共同体受益

泰勒根据生物中心主义的观点，认为人类与其他生命形式"一样是整个地球生命共同体中的平等成员"②。人是地球生物圈自然秩序中不可缺少的组成部分，人在生态共同体的地位和其他物种的地位是一样的，我们与其他野生动植物共同分享与地球的关系。我们是宇宙生命共同体成员建立在下面五个现实基础之上：

第一，人类和其他生物一样，为了自己的生存和福利都必须面对某些生物学的和物质的需求。泰勒认为，对生存物质的要求影响着所有生物，人类和非人类，必须不断地调节自己以适应环境的变化和周围其他生物的活动。为了维护自己的生存地位，人类跟其他动植物一样，必须不断地对环境偶发事件进行反应，以维持同其他物种成员的和睦相处。人类要过上生物学上长久、健康的生活，实现自己的利益，就要跟其他动植物一样，必须延续自己的生命，使自己与其他生物在生态上成功地共存，"适合各种不同的自然条件，并且需要与地球上众多不同生态体系的生物共同体的生物共同维持一种均衡的共存关系。"③人除了简单地生物学意义上的生存和健康外，还有其他生活目标，但生存本身和某种最低水平的健康和体力，是追求其他人类价值的必要前提。人的确有自由意志和自主性，可以设定目标，规划自己的未来；可以选择是否继续生存下去；可以使环境成为美丽的地方，也可以使之成为丑恶危险的地方；可以提高自己和后代的福利，也可以终止自己的生

① ［美］保罗·沃伦·泰勒：《尊重自然：一种环境伦理学理论》，雷毅、李小重、高山译，首都师范大学出版社2010年版，第74页。
② ［美］保罗·沃伦·泰勒：《尊重自然：一种环境伦理学理论》，雷毅、李小重、高山译，首都师范大学出版社2010年版，第63页。
③ ［美］保罗·沃伦·泰勒著：《尊重自然：一种环境伦理学理论》，雷毅、李小重、高山译，首都师范大学出版社2010年版，第64页。

命，甚至使整个人类灭亡。然而，只要我们想继续生存下去且过一种理想的幸福生活，就必须要把生物学意义上的生存需求和健康作为规范性指导，必须遵循生物学意义上的开明原则。

第二，人类和生命共同体其他成员一样都很脆弱，虽拥有自己的"善"（利益），但这种利益的实现具有不确定性，人类的知识和能力是有限的，不可能完全控制环境。我们与其他生物一样，我们生存和生物学意义上的健康所需的条件并非总由我们控制。我们和其他动植物都会受环境影响，这些环境影响可能会伤害我们。不管我们人类如何自信能成功地"征服"自然和操控自然，实际我们"自己的能力是有限的"，① 以为"我们可以完全控制环境"，或"将来有一天能做到完全控制环境的看法"，"反映出我们的僭妄和狂妄的幻想"。②

第三，虽然人类有自己独特的自由和自主，但人类和其他生命共同体成员有一种同等适用的"不受约束"的自由。人和其他生物的"约束"分两类：外部约束和内部约束；积极约束和消极约束。外部约束和内部约束的标准是这种约束来自这个生物的身心之外还是身心之内。积极约束和消极约束的标准是以某些事态的存在与不存在之间的差异为依据的：例如监狱铁栅栏和规章的存在，以及内部驱力的存在等，为积极存在。消极存在的例子是：没有足够的钱买衣服，没有一份工作所需的技能等。以上两类可以结合产生四种类型约束："外部积极约束（有铁丝网的栅栏等）；内部积极约束（极度的生理需要，如想喝、想吃，想排泄；强迫性的情感和思想等）；外部消极约束（没钱、食物、饮水等）；内部消极约束（缺乏知识、技能、健康；身体残疾和心理障碍等）"③。这四种约束的共同特征是：就生物的行为而言，不受上述条件约束的自由："如果一个生物有能力和机会依据其本性的法则促进或保护了自己的利益（goods），那么它就可以被说成是自由的；如果有约束

---

① ［美］保罗·沃伦·泰勒著：《尊重自然：一种环境伦理学理论》，雷毅、李小重、高山译，首都师范大学出版社2010年版，第65页。

② ［美］保罗·沃伦·泰勒著：《尊重自然：一种环境伦理学理论》，雷毅、李小重、高山译，首都师范大学出版社2010年版，第65页。

③ ［美］保罗·沃伦·泰勒著：《尊重自然：一种环境伦理学理论》，雷毅、李小重、高山译，首都师范大学出版社2010年版，第67页。

就使得这个生物很难或者不可能实现其自身的利益（goods），那么它就是不自由的。"① 外部积极约束的例子：最容易让人想到的一个动物缺少自由的例子，就是阻止它正常走动的情形，诸如：被关到笼子里、落入陷阱、拴在桩子上。把一个动物从这些身体的限制（外部积极约束）中解救出来就是自由意义很好的一个例子。把一个植物从这种约束中解放出来的例子，比如被限制在小容器里无法正常生长的植物被移植到地里。荒野树木不自由生长的例子，如山崩埋了树干，或藤蔓把树"绞死"。内部积极约束的例子：动植物由于疾病或饥饿，无法健康生长。外部消极约束的例子：动物缺少足够的水和食物，或植物缺乏某些足够的营养的土壤。内部消极约束：因食物不足使一个动物失去了化学平衡，若化学平衡调整正常，就可以自由地成长。总之，"不受约束的自由对所有生物来说都是一种工具的善（an instrumental good）"，② 对所有生物都是同样重要，对人和非人生物来说，"拥有自由就意味着有更好的机会能够过上那种最好的生活。"③

第四，进化论的思想框架是生物中心主义自然观的基础部分。"作为一个物种，人类是新近才来到这个星球上，相对于早在我们出现之前就已经存在数亿年的生命序列来说，我们是其中的新成员。"④ 首先，就我们的起源来看，我们和其他生物一样："从进化论和生物科学知识看，人类和其他物种都归因于同样进化过程……受同样的自然选择和遗传传递法则支配。"⑤ 其次，从进化的观点看，我们人类在地球生命史上是一件很晚的事。按地质年代算，我们出现只有片刻时间，我们是新来的，我们整个人类存在时间是一瞬间。其三，早在人类出现之前各物种间就形成相互适应和相互依赖的生命

---

① ［美］保罗・沃伦・泰勒著：《尊重自然：一种环境伦理学理论》，雷毅、李小重、高山译，首都师范大学出版社 2010 年版，第 68 页。
② ［美］保罗・沃伦・泰勒：《尊重自然：一种环境伦理学理论》，雷毅、李小重、高山译，首都师范大学出版社 2010 年版，第 70 页。
③ ［美］保罗・沃伦・泰勒：《尊重自然：一种环境伦理学理论》，雷毅、李小重、高山译，首都师范大学出版社 2010 年版，第 70 页。
④ ［美］保罗・沃伦・泰勒：《尊重自然：一种环境伦理学理论》，雷毅、李小重、高山译，首都师范大学出版社 2010 年版，第 64 页。
⑤ ［美］保罗・沃伦・泰勒：《尊重自然：一种环境伦理学理论》，雷毅、李小重、高山译，首都师范大学出版社 2010 年版，第 71 页。

体系，然后才有人类，因而人类不要再把自己视为特别的造物，人类和所有的生物都是一种生物体系的产物。人类出现后，用自己的大脑改变了星球表面，很大程度上打乱了造就我们的自然秩序，但最早支配那些进化的因素和使生物产生的因素没什么不同，人和其他生物因共同的起源被结合在一起。因而，从进化论看，"就拥有了我们是整个地球生命共同体中的成员的真实感。"①

第五，人类是生态系统的后来者，其生存绝对依赖生物圈的稳定和健全，而人类的灭绝会使整个生物圈受益。人类的出现并非是进化过程的最终某个目标和顶点，进化方向不是朝着越来越高的生命形式发展的。从生物学的观点看，人类绝对要依赖于地球生物圈的稳定和健全，而生物圈的稳定与健全却根本不依赖于人类。生物圈健全发展和维持自身的时间是人类产生到现在的时间的一万倍。我们不仅初来乍到，而且还是贫困的被抚养者，"只有整个生物圈正常运作，我们自己的生存才可能得以持续。如果生物圈解体或被严重扰乱的话，我们也将不存在。我们对整个世界的依存是绝对的"。另一方面，"人类这个物种的灭绝会使整个地球生命共同体受益，看来是清楚的"，"如果人类全部地、绝对地、最终地消失了的话，不仅地球生命共同体会继续存在，而且十有八九其福利还会得到提高。总之我们的存在不是必不可少的。如果我们站在生命共同体的立场，表达生命共同体的立场，表达地球生命共同体的真正利益的话，地球上人类时代的结束很可能会受到大家发自内心的感叹：'真是谢天谢地'"。②

(三)"所有生物都把生命作为目的中心，因此每个生物都以自身的方式追求自身善的独特的个体"③

泰勒指出："我们把生物看成是一个生命目的论中心 (teleological centers of life)，它们以自己特有的方式努力使自己生存下去并实现自身的善

---

① [美] 保罗·沃伦·泰勒：《尊重自然：一种环境伦理学理论》，雷毅、李小重、高山译，首都师范大学出版社 2010 年版，第 71 页。
② [美] 保罗·沃伦·泰勒：《尊重自然：一种环境伦理学理论》，雷毅、李小重、高山译，首都师范大学出版社 2010 年版，第 72 页。
③ [美] 保罗·沃伦·泰勒：《尊重自然：一种环境伦理学理论》，雷毅、李小重、高山译，首都师范大学出版社 2010 年版，第 62 页。

(goods，复数应译'利益')。"① 从物理学和化学的角度看，生物个体实现其利益的活动是在该生物细胞的分子中进行的，但是该生物是对其环境做出反应的一个整体，并因而实现（或趋于实现）维持自己生命的目的。把生物个体堪称生命目的论的中心并不意味着将其人格化（anthropomorphizing），具有人类特征。像树木和单细胞生物是没有意识的生命，意识不到周围环境，也没有思想情感。然而它们拥有自身的利益，它们行为紧紧围绕自身的利益，所以生物，无论有意识与否，都是生命目的论中心的。每一个生物都是一个由各种目的活动构成的协调统一的有序系统，这个系统不断地力求保护和维持自身生存。每一个生物个体都有自己唯一特定的立场：此立场由对环境做出反应、与其他个体相互作用以及在该物种特定生命周期中各个阶段按照既定规则所产生的变化来决定。其生存方式具有独特的个性，不仅不同于其他生物，也不同于同种群的其他成员。正是生物体具有维持自身生存以追求自身善（利益）的方式，所以使它具有个体性。石头和机器都没有立场。机器有目的的运动不是自身固有，而生物的有目的行为却是与生俱来的。换言之，其目的是派生的，而生物体的目的是原生的。不过将来人工智能可能具有独立于其创造者意图的自身的利益。

人作为道德代理人，"意识个体生物是生命目的论的这种状态……我们应该注意它的两个普遍性特征：客观性和视觉整体性。"② 所谓客观性意识，是对实在意识（reality-awareness）的最高境界是客观的："就是我们要把生物理解为其自身"，③ 而不是带着人的兴趣、愿望和需要的有色眼镜去看待动植物，比如牧羊场主把丛林狼看作恶毒、残忍的野兽；类似地，园丁眼中的杂草，农民眼中的蝗虫，公寓居住者眼中的蟑螂。我们在看待"友好"的动植物也同样缺少客观性，比如宠物、春鸟和喜欢的野花。所谓视觉整体性，就是要认识生物个体特殊的具体特性，而不是出于功利考虑，只看到生

---

① ［美］保罗·沃伦·泰勒：《尊重自然：一种环境伦理学理论》，雷毅、李小重、高山译，首都师范大学出版社 2010 年版，第 77 页。

② ［美］保罗·沃伦·泰勒：《尊重自然：一种环境伦理学理论》，雷毅、李小重、高山译，首都师范大学出版社 2010 年版，第 79 页。

③ ［美］保罗·沃伦·泰勒：《尊重自然：一种环境伦理学理论》，雷毅、李小重、高山译，首都师范大学出版社 2010 年版，第 79 页。

物的一个侧面：比如猎人眼中的野鸡，木材商眼中的树木，捕猎者眼中的浣熊，研究人员眼中的老鼠，都是从看待它的人的利益和愿望的角度看的，只看到生物的一个侧面，没有站在生物个体的立场，根据其利益（善）做判断。如此，我们的道德视野就拓宽到包括所有生物了。"由次，我们有了做出道德承诺的能力，而这种道德承诺又是对自然生物采取的尊重态度所需要的。"①

（四）生物中心主义的自然观评价

泰勒认为生物中心主义的自然观，可以归结为如下几点：其一，把人自身看作生物学意义上的生物，作为巨大的生物共同体的成员，要约束自己与地球环境及其他生物打交道的行为方式；其二，也揭示了人生态处境的意义，人以某种方式构成的世界秩序的一部分，每个个体生物、每个物种的种群、每个生物群落都是整体的一部分，再功能独立的生物都是相互关联的；其三，每个生物都是短暂的存在，都是生命目的论的中心，都是基本的实在，都具有各自的地特性；其四，要公正地看待所有动植物物种，没有哪种物种比别的物种更值得生存。人作为道德代理人要给予所有具有自身利益的实体以同等的关怀，当不同实体发生利益冲突时，不要带有偏见，以尊重得当的态度对待每个实体。

泰勒认为其生物中心主义的自然观是一个逻辑自洽的哲学世界观，符合判断哲学世界观可接受的某些经典的、已经确立的标准：综合性和完整性；系统的秩序、一致性和内部一贯性；概念清晰；与所有已知的经验真理一致。②

三、尊重自然的态度和生物中心主义的环境伦理原则

泰勒的生物中心主义的伦理学（biocentric ethics），把康德的道义伦理学方法，拓展到分析人与自然的关系，认为环境伦理与人际伦理，在结构上是类似的，都包括三个组成部分：信念系统（belief system）、终极道德态度

---

① ［美］保罗·沃伦·泰勒：《尊重自然：一种环境伦理学理论》，雷毅、李小重、高山译，首都师范大学出版社2010年版，第81页。

② ［美］保罗·沃伦·泰勒：《尊重自然：一种环境伦理学理论》，雷毅、李小重、高山译，首都师范大学出版社2010年版，第99—168页。

及一套道德规则和标准，但其哲学范式和具体规则是不同的。

（一）在信念系统上的生态共同体观

康德道义伦理学，强调人作为理性的主体，是目的而不是手段，人是为自然立法的理论理性主体和道德理性自律的道德主体：每个道德主体（moral subject），对把所有人（精神病患者和智力障碍者虽非道德主体，但为道德主体对其负有道德责任和义务的道德客体［moral object］）被看作像自己一样的道德主体，每个人被理解为意识生存的主体中心（a subjective center of conscious existence），有能力选择自己的价值体系，过着自我取向的生活，每个人平等的价值在于每个人具有相同的内在固有价值即抽象的理性人格特征。而"生物中心主义"信念系统，人把自己看作地球生命共同体的成员，其生存取决于自然生物系统的稳定性、完整性，这是一个相互依赖的各部分组成的复杂而统一的网；每一个有机体都被看成是生命目的论为中心，以独特方式求自身的善，具有保持和维护其福利使其生存下去的永恒倾向。人并不优越于其他生物，物种平等，也是生命目的的中心，但人和其他生物的区别是，人是环境伦理的"道德代理人"（moral agent，即能承担道德责任和义务并对后果负责的道德主体 moral subject），生物虽然不是道德代理人，但都类似于人类的精神病患者，是"道德代理人"对其负有道德责任和道德义务的"道德顾客"（moral patient），即道德代理人对其负有道德责任和义务的道德客体（moral object），尽管生物体不像人具有意识，不是道德代理人，但每一个生物个体都是被看作像自己一样的，被理解为生存目的的主体中心（teleological centers of life）。

（二）在终极道德态度上尊重自然的态度

康德道义伦理学把尊重人的态度作为对待所有人的终极道德态度，认为每个人有平等的人格的固有价值，因而所有人被视为值得给予同等道德关怀（moral consideration）。而生物中心主义的环境伦理，道德代理人则把尊重大自然作为终极道德态度：当一个人用生物中心主义自然观的信念看待非人类物种成员，"每个物种，人类和非人类，都会被视为根据其物种的具体特性，以自己的方式追求自身善的实体。任何生物都不应被视为天生就比其他生物优越或低贱"，"所有物种因而被认为应该得到同等的道德关怀和考虑。"①

生物中心主义的自然观阐述的是每一个生命共同体的平等成员作为"拥有自身善的实体"（entity-having-a-good-of-its-own）都具有"内在目的中心"的自身善的维护自身生存的先天倾向，是"实然"的描述，而将其看作"固有价值"（inherent worth），却是一种"应然"的伦理态度；是人作为道德代理人，站在生物立场上，并从这种立场出发根据该生物的自身善的客观事实"做出明智客观的判断，是尊重自然的伦理学的核心要素之一。一旦我们承认从生物自身善的立场来看什么对他有利或有害"，"那么我们人类就从该生物生活的角度做出价值判断。"② 我们会真心关心生物的福利，作为道德代理人，或认为自己有义务不去破坏动植物，或者站在动植物立场上行动，并从其立场判断发生在她们身上的事是有利还是有害，把保护或促进动植物自身的善，作为评价标准。生物中心主义伦理学认为构成善的实体是个体生物，物种群体的善是一种统计概率，"由其个体成员的善的中位分布点（the median distribution point）决定的。这个中位值越高，种群的整体状况越好。"③ 尊重自然的态度是一套道德代理人的意向（disposition）。这种意向可分为四种：评价维度、意动维度、实际维度和情感维度。

其一，尊重自然的评价维度是把所有地球自然生态系统中的生物，视为拥有自为天赋价值（Inherent value）的意向。"这种评价维度包含了道德代理人把自然生态系统中的生物的善，看成应该得到道德关注和关怀（moral consideration）的意向，以及认为它们的野外生存作为自身目的和为了它们自身的远古而应该得到保护的意向"，④ 这是道德代理人尊重自然态度主要的一方面，尊重自然的其他方面都源于它。

第二，尊重自然的意动意向是追求某些目的的意向，即设定目标以便

---

① ［美］保罗·沃伦·泰勒：《尊重自然：一种环境伦理学理论》，雷毅、李小重、高山译，首都师范大学出版社 2010 年版，第 29 页。

② ［美］保罗·沃伦·泰勒：《尊重自然：一种环境伦理学理论》，雷毅、李小重、高山译，首都师范大学出版社 2010 年版，第 41 页。

③ ［美］保罗·沃伦·泰勒：《尊重自然：一种环境伦理学理论》，雷毅、李小重、高山译，首都师范大学出版社 2010 年版，第 42 页。

④ ［美］保罗·沃伦·泰勒：《尊重自然：一种环境伦理学理论》，雷毅、李小重、高山译，首都师范大学出版社 2010 年版，第 50 页。

完成这些意图："力图不破坏不打扰自然状况，同时也力图保护让他们作为自然秩序中的一部分而存在。"① 采取步骤来实现这些目的就意味着采取政策和付诸行动，要以具体的方法保护自然生态系统，并确保这个星球的自然环境有益于各种各样的生物共同体。"追求这些目的和寻求达到这些意图的意向源自把野生动物看成是具有固有价值（inherent worth）这种根本性的评价意向。"②

第三，尊重自然的实际维度是指道德代理人的实际理由有关的态度方面。实际理由的实质经过思考后并做出决定行动或不行动的理由，以及基于这些理由的行动与不行动。包括评价思考判断能力，以及做出决定和运用自制力的能力、做选择行动时的实际推理能力等。

第四，尊重自然的情感维度。"尊重自然的情感维度，是指对世界上的某些事件所做出的情感反应的意向。……倾向于对所有伤害地球自然生态系统的事情感到不快。……这些反应表明，他们确认野生物拥有固有价值。"③

（三）生物中心主义的环境伦理原则

康德道义论的人际伦理，有一套标准和规则被视为适合约束所有的道德主体。而生物中心主义环境伦理，则有一套道德准则约束所有具有"道德代理人"能力的人，这些准则指导"道德代理人"应该如何对待自然生态系统及其野生生物共同体的规范性原则，主要有四条：

第一，不伤害规则（Nonmaleficence Principle）。泰勒指出："是这样一种义务：不伤害自然环境中拥有自身善的任何实体。这些义务包括：不杀害生物，不毁灭物种种群和生物共同体，以及避免任何严重损害生物、物种种群和生物共同体善的行为。在尊重自然的伦理中，最根本的错误也许是伤害那些并不伤害我们的生物。"④ 不伤害原则只是用于约束作为有意识的"道德

---

① ［美］保罗·沃伦·泰勒：《尊重自然：一种环境伦理学理论》，雷毅、李小重、高山译，首都师范大学出版社 2010 年版，第 50 页。

② ［美］保罗·沃伦·泰勒：《尊重自然：一种环境伦理学理论》，雷毅、李小重、高山译，首都师范大学出版社 2010 年版，第 51 页。

③ ［美］保罗·沃伦·泰勒：《尊重自然：一种环境伦理学理论》，雷毅、李小重、高山译，首都师范大学出版社 2010 年版，第 52 页。

④ ［美］保罗·沃伦·泰勒：《尊重自然：一种环境伦理学理论》，雷毅、李小重、高山译，首都师范大学出版社 2010 年版，第 110 页。

代理人"的人的行为，不是针对其他生物的活动，比如动物之间互相伤害，它们并非有意识的道德代理人。但人训练猎鹰捕获其他生物，则是猎鹰训练员的环境伦理错误，这些行为也违反了下面所述的"不干涉原则"。

第二，不干涉原则（Non-interference Principle）。泰勒认为：这个规则包含两种消极义务：一是不要限制个体生物的自由，一是要求人不仅对生物个体，还要对整个生态系统和生物共同体采取"不干涉"的政策。

自由就是没有约束，泰勒认为："这里的约束指的是一切阻止或妨碍动物正常活动和健康发展的环境"：① 积极的外部约束（笼子或陷阱）；消极的外部约束（没有获得水或食物）；积极的内部约束（疾病、吞下毒素或吸收有毒化学物质）；消极的内部约束（因器官或组织受伤而导致的虚弱或伤残）。人类限制动植物自由的方法有如下两种：直接对动植物实行强制限制，或改变它们的环境以制约其活动。这都是人有意识的行为，违反了不干涉原则。

不干涉原则的第二种义务，就是让动物自由度过自己的一生。这里的自由不仅是没有约束，而且是让动物在野生状态下生存下去。不要把野生动物从栖息地带走，不论我们把它们带走如何善待它们，即使"救"了它们，也违反不干涉义务。不干涉义务应用于整个物种种群和生物共同体更具有深层意义。泰勒指出："禁止干涉这些实体意味着我们不应该试图操纵、控制、改变或者'管理'自然生态系统或是以其他方式妨碍了它们行使正常功能。""对于整个生物共同体来说，自由则是没有人类的干预的自然过程中，生物共同体中的所有物种种群都随着时间的推移经历着相互间生态关系的变化。不干涉的义务就是通过避免这样一些干预以便尊重以生物学和生态学方式组织在一起的野生群体的自由。"② 严格遵循不干涉义务，是对自然生态系统完整性的深深尊重，即使整个生态系统已被自然灾害严重扰乱，我们仍有义务不介入以试图修补这种损坏。自然选择不会导致整个物种灭绝，自然灾难后，自然的逐步调节总会出现，而产生一种新的种群关系。泰勒指出："避免干预事物的这种秩序是表达我们尊重自然的态度的一种方式，因为我

---

① ［美］保罗·沃伦·泰勒：《尊重自然：一种环境伦理学理论》，雷毅、李小重、高山译，首都师范大学出版社 2010 年版，第 111 页。

② ［美］保罗·沃伦·泰勒：《尊重自然：一种环境伦理学理论》，雷毅、李小重、高山译，首都师范大学出版社 2010 年版，第 112 页。

们以此给予了进化过程以应有的承认，这种进化过程是自生命最初产生以来就一直存在的地球的'历史'。"①不干涉原则是公正原则问题，要求把人类的喜好和愿望放到一边，不是如自然中心主义把自然看作人类的资源库，而是尊重大自然并有足够能力维持生物界正当的秩序。从某种意义上说，尊重自然进化过程的态度就是"相信自然的一切都不会出毛病"。不干涉原则除了尊重自然秩序的充分性和完整性，还隐含了"种族公正原则"，自然界所有物种具有平等的固有价值，人不要偏爱某一物种，不应该为了促进某些生物的善而牺牲其他物种。

第三，忠诚原则（Fidelity Principle）。只适用于个体动物与人类的行为，忠诚原则要求我们始终忠诚于动物对我们的信赖：不要打破野生动物过去对我们的信任；不要欺骗或误导任何能被我们欺骗或误导的动物；维护动物在我们过去对其行为基础上产生的信赖。违反这种原则最常见的例子在狩猎、诱捕和钓鱼活动中。背信弃义是高超的狩猎、诱捕和钓鱼的关键。狩猎、诱捕和钓鱼也违反了不伤害原则和不干涉原则。

第四，补偿正义原则（Restitutive Principle）。上述三个义务规则界定了地球生态系统中人和野生生物之间正义的道德关系，这是人在自己的行为中表达尊重自然的方式，也是人类对每个生物都拥有固定价值的实体给予承认的方式，每个道德主体被视为目的，而不再被视为仅仅是手段。当道德代理人违反了上述三个有效的道德规则，打破了自己与其他道德主体之间的正义平衡，要为自己的错误负责而承担特殊的义务。这个特殊的义务就是补偿的义务。我们可以制定一些普遍适用的中间的正义原则（middle-range principles）：明确说明违反上述三规则的任何一种所需的补偿要求，以促进或保护自然生态系统中的生物的善。在制定这些适中的中间原则时，最方便的做法是区分受伤害的道德主体的类型。

其一，是针对个体生物的补偿正义原则。若未被杀害，就把这些生物送回到它们能够追求自身善的环境中，且与受伤害前一样。若未做到这一点，就要以其他方式促进生物的善，比如改善其自然环境使之更加有利于维

———————
① ［美］保罗·沃伦·泰勒：《尊重自然：一种环境伦理学理论》，雷毅、李小重、高山译，首都师范大学出版社2010年版，第113页。

持其福利。若该生物被杀掉，则道德代理人必须对这个生物所属种群或生命共同体负有某种补偿义务。这是一种尊重的延伸，即由尊重个体向尊重它有遗传关系的亲属或伙伴延伸。该补偿的本质是促进和保护相关种群和生命共同体。

其二，是针对整体种群的补偿正义原则。比如在一个有限区域内，一个物种的大多数动物被过度捕猎、垂钓和诱捕所杀害，纠正错误的适当方法是：要求犯错的道德代理人永远保证保护这一种群的剩余成员，或筹集特殊基金去购买一片土地，并且承担在这一区域的巡逻以阻止人类再次入侵的责任。

其三，针对整个生物共同体的补偿正义原则。分两种情形，一是不仅违反不伤害义务和不干涉义务的环境伦理原则，而且也违反人际伦理原则。一是，这些行动是有效的人际伦理规则要求的，然而与有效的环境伦理规则对立。通盘考虑，仍然要依据对所有具有固定价值的存在物要公正的立场，对这些行动做出某种补偿。人类为了生产活动而毁灭生命共同体就是如此。比如建度假胜地而毁灭北方针叶林，开发房地产项目而毁灭仙人掌沙漠荒野区；建船坞和游艇俱乐部而毁灭沿海湿地，建大型购物中心而毁灭长满鲜花的草地，把大草原变成小麦农场。对已经毁灭的生命共同体进行补偿，有两种可能：一种是对另一个类似的生物共同体进行补偿。另一种可能是补偿对象是任何一个由于人类利用或消费而正在受到威胁的自然野生区。

上述这些中间原则都是从补偿正义的综合性原则中派生出来的。这个综合性补偿正义原则是："对任何一个适宜作为道德主体的自然实体，若道德代理人对其造成了伤害，那么他就有义务对该道德主体或其他道德主体做出相应的补偿，伤害越大，所需补偿的利益也就越多。"① 泰勒指出："我们所有生活在现代工业文明社会的人都对自然界及其荒野居住者负有补偿正义的义务。"② 即使那些到自然区享受"荒野体验"的人也是先进技术的受益者，其背包、帐篷、睡袋以及食物容器，都是利用了现代化学，我们都不能

---

① [美] 保罗·沃伦·泰勒：《尊重自然：一种环境伦理学理论》，雷毅、李小重、高山译，首都师范大学出版社 2010 年版，第 122 页。
② [美] 保罗·沃伦·泰勒：《尊重自然：一种环境伦理学理论》，雷毅、李小重、高山译，首都师范大学出版社 2010 年版，第 122 页。

逃避伴随我们高水平生活所带来的责任。

上述这些义务或原则并非是尊重自然伦理每一条义务的详尽说明，而只是日常生活活动中会出现的更为重要的义务。道德代理人以负责的态度遵循这些原则，尊重自然的态度就在他们遵循规则的品质和行为中得以体现或表达。而这些规则没有明确或清晰地论述所有其他情形，"我们都应该依靠尊重自然的态度和生物中心主义自然观"① 来具体衡量。这四种道德义务只是说明了道德代理人行为的性质，为道德代理人某一行动提供了充分的理由，但并非是道德上的充足理由。道德的充足理由，要对上述四种原则的伦理重要性进行排序，在各种原则之间发生冲突时，找到优先原则。

泰勒认为，四种原则，不伤害原则居于首位。我们对自然的最根本的义务是在我们力所能及的范围内不伤害野生生物。我们对自然的尊重主要体现在这一最高原则中。不伤害义务与不干涉义务相冲突，不伤害义务原则优先。忠诚义务原则和不伤害原则冲突，不伤害原则优先，比如人工环境导致一个物种过剩，为避免伤害其他物种，不得不打破对该物种的忠诚原则，将其某些成员迁走。当不伤害原则和补偿原则产生冲突，要首先选择不伤害原则，比如为补偿某个被伤害物种，杀死该物种的天敌，这种偏爱一物种而伤害其他物种的"管理"是不合理的。当不伤害义务和忠诚义务发生冲突时，比如为阻止人们在林地生火、丢垃圾或其他使林地退化的行为，对已经建立信任的小型哺乳动物，为避免其伤害，林地主人在林地周围设置栅栏，这对维护小型哺乳动物的生存环境是有利的。

其他三个原则发生冲突时，一般适用的优先原则为：

其一，"当被允许的干涉能够带来更大的善，且又不会给任何生物造成永久伤害的时候，忠诚原则和补偿正义原则优先于不干涉原则。"② 比如人们筑栅栏防止鸟儿等进入一片放射废物渗透区，以拯救它们的生命。

其二，"当打破某一生物对我们的信任能够带来更大的善且不会对它造

---

① ［美］保罗·沃伦·泰勒：《尊重自然：一种环境伦理学理论》，雷毅、李小重、高山译，首都师范大学出版社 2010 年版，第 109 页。

② ［美］保罗·沃伦·泰勒：《尊重自然：一种环境伦理学理论》，雷毅、李小重、高山译，首都师范大学出版社 2010 年版，第 126 页。

成严重伤害的时候，补偿正义原则优先于忠诚原则。"① 比如实施对濒危动物补偿的措施中，不得不使用欺骗以及一些意外和背叛手段来活捉动物，是合理的。

泰勒认为，不伤害原则和不干涉自然界这两个消极的规则，在一般情况下，几乎是完全可以遵守的。我们一般可以寻找到不伤害生物和不限制生物的方法进行补偿，建立它们对我们的信任关系也是如此。比如开辟出野生动物保护区，保护濒危物种，恢复已经恶化的环境，都无须打破这些生物对我们的信任，也无须对其进行限制。

（四）生物中心主义的环境伦理美德

泰勒认为，与尊重自然的伦理体系下相联系的一般美德由两种基本品行组成：道德力量和道德关怀。道德力量包括道德代理人以下几个良好的品质：良知、正直、纳新、勇气、节制或自我控制。"道德关怀"是站在动植物的立场，从它们的视角看世界的能力和意向。构成道德关怀的一般美德的意向和能力的结构的要素是仁慈、怜悯、同情、关怀。当我们作为道德代理人在看待自然界生物时具备了仁慈、怜悯、同情、关怀这些品行时，我们会乐意站在它们的立场上，就应如何对待他们做出伦理判断。

泰勒还指出了与四个环境伦理原则相关的特殊的美德：

其一，与不伤害正义义务相关的主要美德就是"替他者着想"，就是愿意关怀他者，这种意向表现为关心并挂念他的福利。

其二，与不干涉正义规则相联系的特殊美德主要有两种：尊敬（regard）和不偏不倚。尊敬自然，就是认为自然作为独立的实在，应该拥有自己的完整性和整体性，自给自足，其拥有的价值，不依赖于人生命的善也可以得以实现。尊敬自然就是尊敬野生动物，有意不干涉它们的生活，即使完全出于好意想把它们从自然的伤害中拯救出来。与不干涉原则相联系的美德就是不以偏爱对待不同物种，它包含着如下意向：在不受人力控制的条件下，当个体生物或群体生物之间的善发生冲突的时候，依然保持中立。

其三，与忠诚正义原则相关的特殊美德值得信赖。一个值得信赖的道

---

① ［美］保罗·沃伦·泰勒：《尊重自然：一种环境伦理学理论》，雷毅、李小重、高山译，首都师范大学出版社 2010 年版，第 126 页。

德代理人永远也不以欺骗、欺诈或背叛的方式对待野生动物。

其四，与补偿正义原则相关的两种美德是公正（fairness）和公平（equity）。"公正的美德是想要恢复因自己的错误行为而被打破的正义平衡的一般意向。公平的美德在面对不同的正义要求进行相应的权衡。"① 把公正和公平结合在一起，就可以为实现如下的目标提供坚实的品德基础："寻找合适的补偿措施以恢复道德代理人和其他道德主体之间的正义平衡。"② 在特定情形下，对何为最公正的补偿方法最可靠的判定就是：所有真正尊重自然的人在充分运用已经发展了的公正与公平的能力的情况下，都会对什么是最公正的补偿方法做出一致的判断。

第四节　生态中心主义的生态存在论和生态伦理学

生物中心主义的存在论，把道德主体扩展到"生命共同体"，具有整体存在论的视野，但生态中心主义者认为，生物中心伦理关怀的对象仅限于生命共同体，且其"内在价值"论只限于生物的个体，这是不够的，伦理扩展还应包括非生命的自然物体和生态系统的整体，不仅生命具有内在价值，而且非生命的自然生态系统整体也具有内在价值。生态中心主义的生态伦理学创始于利奥波特的"土地伦理"，认为"当一个事物要保持整体性、稳定性及生物群体美丽时，它就是对的，否则就不对"。罗尔斯顿把利奥波特的"土地伦理"发扬光大，提出了生态系统整体价值的"自然价值论"生态伦理学。

一、生态中心主义的思想源头：浪漫主义的荒野观和生态科学知识

生态中心主义（ecocentrism）的思想源头主要有两点，一是浪漫主义的荒野观，二是生态科学的知识论基础。

---

① ［美］保罗·沃伦·泰勒：《尊重自然：一种环境伦理学理论》，雷毅、李小重、高山译，首都师范大学出版社 2010 年版，第 135 页。

② ［美］保罗·沃伦·泰勒：《尊重自然：一种环境伦理学理论》，雷毅、李小重、高山译，首都师范大学出版社 2010 年版，第 135 页。

（一）浪漫主义的荒野观

"荒野"（wildness）在 1964 年美国的荒野法案（Wildness Act）被定义为"未被人占用（untrammeled）的土地和群落"，保留"荒野区"的目的是为美国人民荒野娱乐或后世之用。西方传统清教徒心目中的荒野，是有待征服、充满了危险和野蛮的所在，随着对早期欧洲移民对美洲的殖民化进程，荒野变成了转变为洛克意义上的通过劳动占有无主土地的"财产"，戴维·佩珀称之为对待自然的"帝国主义态度"。另外一类"荒野"观则是浪漫主义的，戴维·佩珀称之为对待自然的"浪漫主义态度"。① 戴维·贾斯丁称之为"早期欧裔美国人"的"浪漫模式"，"认为荒野象征着清白和纯洁"，② 荒野是未被开发和未被破坏的最后保留地，荒野即伊甸园。此荒野观的哲学基础追溯到卢梭（Jean-Jacques Rousseau）、爱默生（Ralf Waldo Emerson，1803—1882）、大卫·梭罗（Henry David Thoreau，1817—1862）。

社会契约论的卢梭把"自然状态"（state of nature）理想化，认为自然状态，是纯真（genuine）、真实和善良（virtuous）的，人是天生自由的。卢梭批判文明社会，主张人与自然和谐的生活方式，自然是其心目中的阿尔卑斯地区未开发的荒野。

爱默生受 18—19 世纪欧洲浪漫主义的影响，摒弃科学经验主义和理性主义的自然观，根据自己的生命体验，提出一种泛神论的完美自然观：他依据新柏拉图主义普拉提诺（Plotinos）的泛神论世界观，认为存在分太一、神圣理智和宇宙灵魂三层本体，人的精神和自然界都是宇宙灵魂的较低层的完美体现，自然是上帝的遥远而低级的"化身"，"无意识的投射"③，"自然最高贵的用场就是充当上帝的幽灵"，"是普遍精神借以对人言说并将其带回自己的工具"。④ 自然在普遍精神的本质中是统一的，自然本质"把所有这

---

① [英] 戴维·佩珀：《现代环境主义导论》，宋玉波等译，上海人民出版社 2011 年版，第 198 页。

② [美] 戴维·贾丁斯：《环境伦理学》第 3 版，林官明、杨爱民译，北京大学出版社 2002 年版，第 180 页。

③ Emerson，R. W. Nature. in Ralph Waldo Emerson：Essays & Lectures，The Library of America，1983：40.

④ Emerson，R. W. Nature. in Ralph Waldo Emerson：Essays & Lectures，The Library of America，1983：42.

些合而为一，且每一种都得以保全，它是万物存在的目的，是万物存在的手段"①，"一片树叶、一滴水、一块水晶、一个瞬时，都与整体关联，皆分有整体之完美。每一个微粒皆为一小宇宙，皆如实体现了世界的相似性"，②因而人通过直觉体会到"人和大自然不可分割地融为一体"③。因而"我们应当彻底相信造化的完美"，每个人基于自身的境遇，体悟到人"真正是一种完美现象"。④

大卫·梭罗被称为自然作家（nature writer）和美国环境主义的圣徒，他以1845—1847年在瓦尔登湖畔简朴生活经验为基础，于1854年写作《瓦尔登湖》一书。梭罗思想受爱默生泛神论超验主义哲学影响，在其作品中认为自然渗透着宇宙精神，他称之为"超灵"（over-soul）或神圣的道德力，认为"最接近万物的是一种创造一切的力量"⑤。他还受印度教和印第安人万物有灵论的影响，称大地不是死的，而是"有精神，有机的，随精神影响而流动的身体"。⑥他认为人可以通过直觉，超越物质表象而领悟那个把世界融为一体的"宇宙存在之流"。⑦他描述大自然是有人格的，寂寞生长的，不属于人，而人却属于大自然：人的骨骼、肌肉、关节都是自然元素，人"与土地息息相通的"。⑧梭罗批判工业社会生活，向往自然简朴的生活，"人在社会找不到健康，只有在自然中才能找到健康"。⑨他向往荒野："我向往荒野，向往一个我不能涉足穿越的大自然，向往一个永恒的和不沉沦的新罕

① Emerson，R. W. Nature. in Ralph Waldo Emerson：Essays & Lectures，The Library of America，1983：41.

② Emerson，R. W. Nature. in Ralph Waldo Emerson：Essays & Lectures，The Library of America，1983：29-30.

③ 波尔泰：《爱默生集：论文与讲演录》，赵一凡译，三联书店1991年版，第38页。

④ 波尔泰：《爱默生集：论文与讲演录》，赵一凡译，三联书店1991年版，第38页。

⑤ [美]梭罗：《瓦尔登湖》，徐迟译，吉林人民出版社1997年版，第127页。

⑥ Nash，R. The Rights of Nature，*A History of Environmental Ethics*，Madison：The University of Wisconsin Press，1989，p.37.

⑦ [美]纳什：《大自然的权利》，杨通进译，青岛出版社1999年版，第43页。

⑧ [美]梭罗：《瓦尔登湖》，徐迟译，吉林人民出版社1997年版，第130页。

⑨ Thoreau，H. D."Natural History of Masschusetts". The Dial（Vol. Ⅲ，No.1，July，1842）.

布什尔。"① 他的名言"世界保全在荒野中"（in Wildness is the preservation of the word）这个观念成为著名环保组织西拉俱乐部（Serra Club）的座右铭；他还提出了在城镇建立公园或原始森林的设想，推动了美国荒野保护运动和建立国家公园的建设。梭罗虽然没有使用"环境伦理"的词语，但他把自然环境中的居住者看成是跟人一样的"居住者"的扩展共同体思想包含着某种环境伦理，这个伦理的第一原则是："凡物，活的总比死的好；人、鹿、松树莫不如此。"他宣称："没有任何理由崇拜人类"，"要研究如何忘掉人类，要接受宇宙的更为宽广的视角。"②

最早提出大自然拥有权利的环境主义者是约翰·缪尔（John Muir，1838—1914），他被称为"美国自然保护运动的圣人"，"生态保护先知"，"国家公园之父"。1864 年正当美国南北战争期间，他热爱自然逃避兵役去加拿大荒野，有一次他沿着幽径进入一片黑沼泽，来到一片白兰花丛中，激动地流下眼泪，感慨道："野兰花与人没有任何瓜葛，若无人遇到，会默默生长，繁盛并死去，由此可见大自然首先是为了它自己和它的创造者而存在，所有事物都拥有价值。"③ 缪尔的自然观，跟梭罗等早期有机主义一样，是泛神论的，认为大自然是上帝创造的共同体一部分，渗透在自然环境中，不仅动植物，还有水和石头都是"圣灵的显现"。但文明和以二元论方式把人和自然割裂开来的基督教文明忽视了这一真理，缪尔为了凸显此真理，把有机主义看作是基督教等级存在之链的基础。1867 年他在日记中写道："我们这个自私、自负的创造物的同情心多么狭隘！我们对所有其他存在物的权利是多么盲目无知！"④ 他问道："人为什么要高估自己作为一个伟大的整体创造物的渺小部分的价值呢？"⑤ 他在日记中写道："大自然创造出动物的目的，很可能首先是为了这些动植物本身的幸福。"⑥ 1975 年缪尔第一次公开陈述他的

---

① [美] 唐纳德·沃斯特：《自然的经济体系：生态思想史》，商务印书馆 1999 年版，第 118 页。
② [美] 纳什：《大自然的权利》，杨通进译，青岛出版社 1999 年版，第 43 页。
③ [美] 纳什：《大自然的权利》，杨通进译，青岛出版社 1999 年版，第 46 页。
④ [美] 纳什：《大自然的权利》，杨通进译，青岛出版社 1999 年版，第 46 页。
⑤ [美] 纳什：《大自然的权利》，杨通进译，青岛出版社 1999 年版，第 46 页。
⑥ [美] 纳什：《大自然的权利》，杨通进译，青岛出版社 1999 年版，第 11 页。

观点："我尚未发现任何证据可以证明，任何一个动物不是为了它自己，而是为了其他动物而被创造出来的。"① 他还阐述了其有机主义的观点："当我们试着把任何一件事物单独抽取出来时，我们却发现它与宇宙中的其他事物都纠缠在一起。"② 缪尔还团结了一群人，成立塞拉俱乐部，阻止旧金山市在约瑟米蒂国家公园部分地区建供水供电水库，并保护美国西部和阿拉斯加地区的荒野地区。他隐藏了其环境主义伦理观，穿上"人类中心主义"的外衣，说服美国政府和人民相信荒野对人类有价值。

（二）生态科学的知识基础

生态中心伦理学的知识基础来自生态科学。生态学家跟植物学家和生物学家侧重关心生物个体不同，而关注生物之间以及生物与环境之间的整体相互联系。"生态中心主义"（ecocentrism）中心概念"生态系统"（ecosystem）来自于现代生态科学。生态学（Ecology）一词最早由德国生态学家恩斯特·海克尔（Ernst Haeckel）于 19 世纪 60 年代提出，生态学的字义是研究生物体和它们"家"或环境的科学。生态学模型，最早是有机模型（organic model），把个体依赖环境看作就像器官依赖躯体一样，用有机体的发展及其发展的变化属性来解释整体与部分的关系。这一有机模型运用在 19 世纪后期美国生态学家亨利·考里斯（Henry Cowles）和弗雷德里克·克莱门茨（Frederick Clements）的著作中。克莱门茨研究草原和草地，植物的繁殖有一个相对持久和稳定的方向演化，称之为"顶级群落"（climax community），这个群落被看作"超级有机体"，赋予该区域以目的。根据有机模型，生态系统总是力图达到自然平衡。20 世纪初，生态学的"有机模型"让位于"群落模型"，群落模型认为物种之间、生物和非生物之间的联系比有机模型要复杂得多，非生物的环境起的作用不仅仅是有机模型所说的被动的作用，而是更积极的作用。20 世纪 30 年代中叶，英国生态学家阿瑟·坦斯雷用"生态系统"的概念取代了"有机模型"的概念，他把生态学与物理学相联系，把生态系统看作物理系统，相对于有机模型更接近于科学而不是形而上学，为研究生态系统中的非生物成分的作用开拓了新视野，同

① [美] 纳什：《大自然的权利》，杨通进译，青岛出版社 1999 年版，第 47 页。

② [美] 纳什：《大自然的权利》，杨通进译，青岛出版社 1999 年版，第 47 页。

时保留了生态整体的概念，可以解释生态整体的综合性、联系性和相互依存性。生态系统整体不是单个生命组成的有机体，而是有生命和非生命组成的集合。生态系统整体论者引入"反馈环"（feedback loop）的概念解释生态系统元素的复杂性相互作用。生态学结构用物种间的食物链捕食关系来解释，各物种位于不同的能量和化学的"营养级别"（trophic level），接近于物理学。到20世纪中叶，"生态系统"成为生态学标准模型。生态系统模型又分"群落模型"和"能量模型"两个亚型。"群落模型"，大自然生态系统被看作社区或社会，部分与整体的关系就好像公民与社区的关系，其中影响最大的是因果动物学家查尔斯·埃尔顿（Charles Elton）提出的社会群落模型，把自然描述为整体的相互依赖的经济行为：整个群落被分为三个组成部分：植物为生产者、动物为消费者（食草动物为主要消费者，食肉动物为二级消费者）和微生物和细菌的分解者。每个物种的角色是各自占据"生态位"（niche）。按照能量模型，大自然生态系统被看作碳、氮、氧的光合作用循环，还有磷和水循环能量的循环系统。能量循环支持生命循环。所有生态系统的共同假设是维持平衡和稳定。当生态系统受到扰动后，会自然作用使之回到平衡点。最近有些生态学家运用复杂性科学理论，提出自然生态系统不像原来设想的维护平衡态，而是处于一种"混沌态"，生态系统经常处于改变中但无任何方向。自然生态系统具有"复杂性"，任何小的随机变化都会带来大的不可测的后果。混沌模型否定了自然生态系统任何长期的平衡状态的存在。如何从"生态系统"的实然，推论出生态伦理的"应然"，这是生态中心主义伦理的思路。生态学的有机模型隐含着"整体大于部分"的形而上学整体论：最近几年还有一些科学家以詹姆斯·拉夫洛克（James Lovelock）把地球看作是有机体，用反馈环和生态系统平衡的概念把地球命名为"盖娅"（Gaia），对有机模型也表赞同。自然的有机模型使有的环境主义者推导出顺其自然，大自然就能找到稳定、平衡和谐的路径，自然生态系统稳定和谐指导我们尊重自然和保护生态系统的观点。而生态系统混沌理论和复杂性观点，则认为人类应小心自己的行为，在理解和管理自然时要更为谦逊。"群落模型"隐含着"方法论的整体论"，通过生物个体在食物链中的功用作用，看到部分与整体的相互依赖性。生态中心主义是一种"伦理的整体主义"，认为伦理主体可以扩展到非个体的种类。

二、利奥波德的生态共同体金字塔论和土地伦理

奥尔多·利奥波德（Aldo Leopold，1887—1948）是从传统浅绿色资源管理向深绿色环境伦理学革命性转型的关键人物。有人认为奥尔多·利奥波德跟蕾切尔·卡逊一样都是生态学意识形态反抗运动的"颠覆性的人物"①。利奥波德在 20 世纪 30 年代就形成了其大地伦理思想，但直到 1948 年逝世时，除了资源保护小圈子，很少有人知道他的著作。直到 20 世纪 60、70 年代，随着环境危机引发的新环境运动的兴起，学术界和大众对其著作和思想的兴趣日增。纳什认为利奥波德的影响归功于 1949 年出版的《沙乡年鉴》最后部分的"大地伦理学"，25 年后这一短篇论述点燃了美国激进环境运动的"思想火炬"。巴尔德·克里考特（J.B. Callicott）称其为"现代环境伦理学之父"，创造了包括把所有存在物和整体大自然的"伦理范式的作家"。华莱士·斯特格纳（W. Stegner）称《沙乡年鉴》为"先知预言书"，唐纳德·弗莱明（D. Fleming）称利奥波德为"新资源保护运动的摩西"。也有人称之为"现代环境主义运动的祖师爷"，而《沙乡年鉴》是环境运动的"新圣经"。② 纳什认为利奥波德的大地伦理思想属于"一种整体主义的生物中心道德"③。德雅尔丹（J. R. Desjardins）则认为利奥波德是"生态中心论的环境伦理学最有影响的大师"④，系统阐述了生态中心论的伦理观。二人都强调利奥波德的整体主义特征，利奥波德则最早提出了废除"对自然的奴役"的观念。⑤

（一）荒野的启示：从资源保护主义者转变为生态整体论者

利奥波德的著作《沙乡年鉴》主要是一些散文随笔，不像后来其他环境伦理学者有大部头系统的理论著作。在 1974 年出版的他以前写的未发表的《沙乡年鉴·序》中指出：无论这些随笔中有或没有哲学上的内涵，一个事实却总是存在的："自从我们进入社会以来，有了多种理解野生动物的方法，在生态学家有了一个名称，动物行为学科产生以及动植物区系生存成为

---

① ［美］纳什：《大自然的权利》，杨通进译，青岛出版社 1999 年版，第 11 页。

② ［美］纳什：《大自然的权利》，杨通进译，青岛出版社 1999 年版，第 76 页。

③ ［美］纳什：《大自然的权利》，杨通进译，青岛出版社 1999 年版，第 5 页。

④ J. R. Desjardins, Environmental Ethics：An Introduction to Environmental Philosophy, Wadsworth Publishing Co., 1992, p.189.

⑤ ［美］纳什：《大自然的权利》，杨通进译，青岛出版社 1999 年版，第 7 页。

一个严重问题之前，很少有作家来论述野生生物的情况，梭罗、缪尔、罗伯斯、哈德逊和西顿曾经写过野生动植物的随笔。"① 这说明利奥波德的思想受过梭罗、缪尔等早期有机主义、浪漫主义文学者的影响。纳什在《大自然的权利》说利奥波德未读过梭罗的文章是不确切的。利奥波德还受达尔文思想的影响，他在《关于一个鸽子的纪念碑》中写道："自从达尔文给了我们关于物种起源的启示以来……知道了所有先前各代人所不知道的东西：人们仅仅是在进化的长途旅行中的其他生物的同路人。……应该使我们具有一种与同行的生物有近亲关系的概念，一种生存和允许生存的欲望，以及一种对生物界的复杂事物的广泛性和持续性感到惊奇的感觉。"② 利奥波德从一个传统资源保护主义者，转变为一个土地伦理的生态中心主义者，主要是在保护荒野的资源管理的过程中亲历荒野种种事件感悟的结果。

1. 利奥波德保护荒野的经历和观点

1913 年利奥波德将新墨西哥阿尔伯克基周围的猎人组织起来，成立猎物保护协会，执行猎物法，编写猎物手册，发表猎物管理文章，不久得到国内关注，获得永久野生动物保护基金会颁发的勋章，并受到西奥多·罗斯福的赞扬。1919 年利奥波德意识到猎物保护只是荒野保护的一部分，1921 年他在《林业杂志》发表文章给"荒野保护问题定性"，认为荒野"一大片连绵的保留其自然状态的地区；向合法的狩猎及垂钓开放，规模大到足以两个星期的背包旅行，并远离道路、人工小径、别墅或其他人为产物。"③1922 年林业局检察员弗兰克沃与利奥波德一起制定了保护荒野政策。1924 年夏天利奥波德担任林业局设在威斯康星州麦迪逊的林产品实验室主任，他开始进一步思考荒野的含义，把荒野与美国人生活品质联系在一起，认为进步的文明不是要以经济标准衡量，而是尊重并保留残存的荒野，以"美国人最特殊的品行来自荒野及与其相伴的生活印象"④，美国人具有与组织能力相结合的

---

① ［美］梭罗：《瓦尔登湖》，徐迟译，吉林人民出版社 1997 年版，第 233 页。

② ［美］梭罗：《瓦尔登湖》，徐迟译，吉林人民出版社 1997 年版，第 104 页。

③ Marshall，the Wildness as a Minority Right，"［United States Forest］Service Bulletin，12，1928，pp.5-6.

④ ［美］罗德里克·纳什：《荒野与美国思想》，侯文蕙、侯钧译，中国环境出版社 2012 年版，第 173 页。

生机勃勃的个人主义、专注实际的理智好奇心等成功的拓荒者的品格。保护荒野并非是为了兴趣，而是为美国后代保留拓荒者特质，保留体验其独特文化形成条件的机会。他在《荒野》一文中指出："荒野是人类从中锤炼出那种被称为文明成品的原材料。荒野……是极其多样的……世界文化的多样性反映出产生它们的荒野的相应多样性。"① 在人类历史上发生前所未有不可避免的两种变化："更多适宜居住的荒野正在消失；另一个是由现代交通和工业化而产生的世界性文化上的混杂。"② 如何在变化中保留"将要丧失的一定价值观"呢？关键是"保留某些残存的荒野"，"铸造出一副可以周密观察世界的哲学眼光"，赋予生活"以内涵和意义"。③ 利奥波德认为，"荒野是一种只能减少不能增加的资源"，可以在某种程度上减少对荒野的侵害，但要创造新的荒野是不可能的。利奥波德关于荒野保护意义的观点赢得了当时美国社会舆论的支持。美国林业局局长威廉·B.格里利赞扬西拉保护区，并响应利奥波德的观点："我们欲将荒野征服得多么彻底？"回答是已经太多了。1928 年全国林业休闲大会为全国林业休闲研究提供资助，其研究报告引用两页利奥波德的话。1929 年受利奥波德的启发，林业局休闲专家 L.F. 奈普制定国家森林保护政策"L–20"管理规定，但荒野保护的理论视域仍然是人类中心主义的。

在荒野保护运动中，利奥波德逐渐对传统资源保护运动的人类中心主义产生了怀疑，形成了生态中心的大地伦理。他在《沙乡年鉴》的《荒野》一文，谈到荒野已经成为残迹：活着的人再也看不见长茎草的草原了，那是一片在拓荒者马镫下翻滚着的草原野花的海洋；现在活着的人将再也看不见大湖各州的原始森林，也看不到海岸平原上的低地树林，或者巨大的硬木林了；在衰竭的最迅速的荒野区域中，有一个海滨，别墅和旅游道路已经使东西海岸上所有无人烟的海滨荡然无存；在整个北美落基山以东地区，只有一个广阔地区被作为荒野保存下来，这就是明尼苏达和安大略的奎蒂科——苏必利尔国际公园。"最为严重而黑暗的对荒野的侵犯当中，有一个是通过对

---

① ［美］梭罗：《瓦尔登湖》，徐迟译，吉林人民出版社 1997 年版，第 186 页。
② ［美］梭罗：《瓦尔登湖》，徐迟译，吉林人民出版社 1997 年版，第 186 页。
③ ［美］梭罗：《瓦尔登湖》，徐迟译，吉林人民出版社 1997 年版，第 186—187 页。

肉食动物的控制而进行的。情况是这样的：为了大型猎物管理上的利益，一个地区的狼和山狮被除掉了。于是，这些大猎物群（通常是鹿和骆驼）便逐渐增加，并超出了猎区可承受的食用草的负荷点"，[①] 通过修路鼓励人猎取这些猎物，"荒野地区便一而再、再而三地通过这个过程，被劈得七零八落。这种情况现在仍在继续。"[②]

2. 利奥波德对资源保护运动猎杀捕食者错误政策的反思

利奥波德 1887 年出生在美国爱荷华州柏林顿城，一个富裕家庭，其父母都是户外运动的爱好者，在他们的影响下，他幼年就关心鸟，后来在求学期间继续鸟类学研究，加上童年打猎的经历，使他选择野外工作专业，在耶鲁大学林学院学习林业管理，大学毕业后，担任亚利桑那州的林业助理。1908 年经福德·平肖帮助，他开始攻读林业硕士学位，他接受了吉福德·平肖倡导的功利主义资源保护主义。传统资源保护主义运动，是人类中心主义的，站在人类的立场保护、管理自然资源，把自然资源看成是一种财产，从人类利益出发，旨在保护自然资源稳定的供应，把熊、狼、山狮及鲨鱼等捕食者看作危害自然资源稳定性和丰富性的潜在威胁，对其采取猎杀的措施。在 20 世纪前 50 年，美国各届政府都积极执行消灭捕食者的政策，这些政策表现在延续数世纪的奖赏猎杀捕食者个人的制度上，到 1920 年政府甚至专门训练猎手并提供相应保障，进一步加强奖励制度，每年花几十万美元奖励捕杀狼、熊、北美小狼和山狮，到 20 世纪 70 年代，除了北美小狼，其他几种动物在美国 48 个州几乎灭绝。利奥波德的林业专业学习侧重于野生动物管理，在 1915 年发表的论文中，利奥波德提出资源保护主义经典的观点：把捕食者看作"害兽"（varmint），认为大家应共同关注的生死攸关的问题是"降低捕猎性动物的数量"。[③] 他 1933 年出版《野生动物管理》（*Game Management*），成为经典教材，反映资源保护主义的观点：把"鹿"和"鹌鹑"看作"资源"或庄稼，应当通过管理提高收成，"野生动物管理通过控

---

① [美] 梭罗：《瓦尔登湖》，徐迟译，吉林人民出版社 1997 年版，第 189 页。

② [美] 梭罗：《瓦尔登湖》，徐迟译，吉林人民出版社 1997 年版，第 189 页。

③ Aldo Leopold, "The varmint Question", reprinted in The River of Mother of God and other Essays by Aldo Leopold, ed. *Susan Flader and J. Baird Callicott*, Madison: University of Wisconsin Press, 1991, pp.47-48.

制降低自然增长率的环境因素而使作物增产。"① 所说的管理"环境因素"，即猎杀控制捕食性动物。

利奥波德做林务官时，亲身体验到了现代汽车交通技术进步，对荒野的侵袭，使他逐渐"意识到某种有价值的东西在失落"：本来只有骑马者才能光顾的在云霄的白山山顶，后来为旅游者、道路、伐木场和铁路所改变。他年轻时，正是不动扳机就手痒的时期，那时总是认为，狼越少，鹿就越多，没有狼的地方就是猎人的天堂，然而当他打死一只老狼，他"看到它眼中闪烁的、令人难受的、垂死时的绿光。……在这双眼睛里，有某种对我来说是新的东西，是某种只有它和这座山才了解的东西。"② 并非是狼越少鹿越多越好："自那以后，他亲眼看见一个州接着一个州地消灭了它们所有的狼，而失去了狼的山的样子，到处是皱巴巴的鹿径，失去了天敌的鹿群，吃光所有可及的灌木和树苗，灌木和树苗变成无用的东西而死去，鹿数目太多也被饿死。"③ 以前是鹿害怕狼，现在"那一座山就要对它的鹿的极度恐惧中生活"。狼吃一只鹿两三年就可以补替，而"一片被鹿拖疲惫了的草原，可能在几十年里都得不到复原。"④ 牧牛人不知"像山那样来思考"，看不到生态系统长远的整体的相互依赖关系，清除了其牧场的狼，却未料到失去了调整牛群数目的狼，"才有了尘暴，河水把未来冲刷到大海去。我们大家都在为安全、繁荣、舒适、长寿和平静而奋斗着，但太多的安全似乎产生的仅仅是长远的危险。这个世界的启示在荒野"⑤，群山理解了狼的嚎叫，却还极少为人类所领悟。他在未发表的《序》中指出：《像山那样思考》陈述了我懂得的关于失去了天敌的鹿群的情况。希腊的鹿群，则因为到那时非但没有了狼，而且也全然没有了山狮，很快便增殖得过了头。到了 1924 年，鹿吃光了这个地区可吃的植物，头数减少也就成了必然的结果。⑥

利奥波德在他的《沼泽地的哀歌》中指出："这些沼泽地的最终价值是

① ［美］梭罗：《瓦尔登湖》，徐迟译，吉林人民出版社 1997 年版，第 189 页。
② ［美］梭罗：《瓦尔登湖》，徐迟译，吉林人民出版社 1997 年版，第 189 页。
③ ［美］梭罗：《瓦尔登湖》，徐迟译，吉林人民出版社 1997 年版，第 189—190 页。
④ ［美］梭罗：《瓦尔登湖》，徐迟译，吉林人民出版社 1997 年版，第 189—190 页。
⑤ ［美］利奥波德：《沙乡年鉴》，麦康译，天津人民出版社 2017 年版，第 126 页。
⑥ ［美］利奥波德：《沙乡年鉴》，麦康译，天津人民出版社 2017 年版，第 229 页。

荒野，而鹤则是荒野的化身，但是所有的荒野的保护主义都是自己拆自己的台的"，以人类经济利益为尺度，"对它很珍惜"，"爱抚它"，"但等我们看够和爱抚够了的时候，就再也没有荒野来珍惜了。"① 一个有鹤的沼泽地是漫长地质年代竞赛的优胜者，后来一些人来到这里点火焚烧落叶松林，建成牧草草场，开始还跟动植物形成互惠的关系，后来觉得这种互惠的"经济学红利太有限"，就开始在沼泽挖渠、开垦土地，把老湖弄得满目疮痍，"在一二十年里，一年年地，庄稼越来越糟糕，火越烧越起劲，林间的空地越来越大，鹤越来越少"，后来人们发现堵塞水渠的方法可以获得好收成，于是政府购买了土地，重新安置农民，大批堵塞水渠，沼泽地又重新湿润了。但在无情燃烧过的地方灌木丛到处蔓延，政府的资源保护队修的道路弯弯曲曲。在我们"施着这种善行的时候，在某个地质时期，最后一只鹤将吹起它的告别号。"②

利奥波德在《绿色的泻湖》中写道：科罗拉多荒野三角洲的美洲豹带来的恐惧："我们连它的影子也没见到，但它的威力遍布荒野，活着的野兽是不会忘记它的存在的，因为疏忽的代价便是死亡。"现在失去美洲豹三角洲是安全的，但对那些喜欢冒险的猎人来说，"它将永远是单调和乏味的"，③没有了猎豹的恐惧，自由来临，"可是自豪感也从此告别了泻湖"，"现在绿色的泻湖正在种植着甜瓜，若果真如此，它们将是淡而无味的。人们总是在毁灭他们喜爱的东西，因此我们，拓荒者们正在毁灭着我们的荒野"。④ 他在《伽维兰的歌》写道：本来每一条河流的生命都在唱自己的歌，但"过度的放牧先破坏了植物，然后破坏了土壤，来复枪、捕兽器和毒药接着又消灭了较大的鸟和哺乳动物，随后则是拥有道路的旅游者的一个公园和森林。"⑤曾经作为荒野的伽维兰"是一篇坚硬多石的土地，到处是险峻的陡坡和悬崖。它们的树扭曲多节，因此不能做成柱子或木材，它的草地太陡，因此不能用作牧场"，然而，"这是一片到处是牛奶和蜜糖的土地。这些弯弯曲曲的

---

① [美] 梭罗：《瓦尔登湖》，徐迟译，吉林人民出版社 1997 年版，第 95 页。
② [美] 梭罗：《瓦尔登湖》，徐迟译，吉林人民出版社 1997 年版，第 95 页。
③ [美] 梭罗：《瓦尔登湖》，徐迟译，吉林人民出版社 1997 年版，第 95 页。
④ [美] 梭罗：《瓦尔登湖》，徐迟译，吉林人民出版社 1997 年版，第 95 页。
⑤ [美] 利奥波德：《沙乡年鉴》，麦康译，天津人民出版社 2017 年版，第 143 页。

橡树和刺柏，每年都生产着为野生动物搜取食用的果实。鹿、火鸡以及野猪就像玉米地里的小牛一样过着它们的日子，它们确实就是美味多汁的肉食。那些金色的草，在它们摆动着的羽状叶子下面，隐藏着一个长着球茎和块茎的包括野山芋的地下菜园。打开一只肥壮的彩鹑的嗉囊，你会发现一个你曾以为是贫瘠的岩石层上攫取下来的食物的植物标本汇集。这些食物是植物从所谓的动物区系的庞大器官所提取的动力。"[1] "有些人负责检验植物、动物和土壤组成一个庞大乐队乐器的结构。这些人被称作教授。每位教授都挑选一样乐器，并且一生都在拆卸它和论述它的弦和共振板。这些拆卸的过程叫研究。这个拆卸的地点叫大学。一个教授可能会弹拨他自己的琴弦，却从未弹过另一个。"[2] "教授为科学服务，科学为进步服务。科学为进步服务得那样周到，以致在进步向落后地区传播的热潮中，那些比较复杂的乐器都被践踏和打碎了，一个个地从歌中之歌被勾销了。"[3]

利奥波德在《红色的腿在踢蹬》，回忆童年时期终生难忘的有关野生动物及其追逐物的极其鲜明生动的印象：冰雪覆盖的湖，因风车岸边暖水注入而形成的没结冰的洞眼。他坐在冰洞旁边，想着会有飞往西南的野鸭或许有一只迟早掉到此冰洞里，等了一个下午，果然傍晚来了一只，他举枪打了下来。还有一次一只松鸡从其背后飞过，被其打下，跌落在株木和蓝紫苑间，由此他对株木和蓝紫苑有了特殊的感情。然而他大学时期，圣诞节回家乡，发现密西西比河底筑堤坝，抽干他童年时代打猎的湖底，种上玉米，使他无法追忆其童年时代所热爱的湖泊和沼泽的轮廓，这使他最早对人类中心主义对自然征服态度产生了怀疑。"我的老湖已经被置于玉米之下有 40 年了，一直到很多年后，我才想到。要明确地告诉这代人，排水是不利的，但并不是就排水本身和排水本身的性质而言，而是当它变得那么流行，以致一个个动物和植物区系遭到灭绝的时候。"[4]

（二）大地生态共同体金字塔结构的有机整体论

经过上述林业管理的切身经验教训，加上接受的生态学知识，利奥波

---

[1] [美] 利奥波德：《沙乡年鉴》，麦康译，天津人民出版社 2017 年版，第 145 页。

[2] [美] 利奥波德：《沙乡年鉴》，麦康译，天津人民出版社 2017 年版，第 146 页。

[3] [美] 利奥波德：《沙乡年鉴》，麦康译，天津人民出版社 2017 年版，第 145—246 页。

[4] [美] 利奥波德：《沙乡年鉴》，麦康译，天津人民出版社 2017 年版，第 227 页。

德改变了功利主义资源保护的观点，认识到："在我们知道抱着热爱和尊敬的态度去使用土地的时候，我们已经毁了土地。在……其土地仍处于奴隶和仆人的时候，保护主义便只是一种痴心妄想。只有当人们在一个土壤、水、植物和动物都同为一员的共同体中，承担起一个公民角色的时候，保护主义才会成为可能：在这个共同体中，每个成员都相互依赖，每个成员都有资格占据阳光下的一个位置。"①

1. 像山一样思考的荒野整体论视角

他在 1944 年写的论文《像山一样思考》，所说的"像山一样思考"是指要超越人类中心主义的局限，站在"荒野的立场"思考，不能如资源保护主义那样站在人类中心主义的立场，从对人是否有经济利益的角度，将动物分成"有害的"和有益的，采取有计划地杀害狼、熊、狮等所谓"害兽"的环境管理政策；而要把人际伦理拓展到大地、生态系统或生物圈，把大地生物圈看成是有机的整体。

2. 大自然是活的有机体

从 1979 年发表于《环境伦理学》的利奥波德写于 1923 年的文章《西南部地区资源保护的几个问题》来看，利奥波德的观点尽管整体上是资源保护运动的，但提出了"把资源保护看成是一个道德问题"，"一个有道德的人尊重有生命的存在物。"已经不同于资源保护主义的人类中心主义的功利主义经济视野了。他引用同时代的俄国哲学家彼得·奥斯宾斯基（P.D. Ouspensky，1878—1947）的话，表达了地球是活的思想："任何一个不可分割的存在，都是一个有生命的存在物。"地球是有生命的，"它的生命力在强度上虽不如我们，但在时间和空间上却比我们大得多——它是这样一个存在物，当星辰一起唱歌时它就变苍老了，但当我们中的任何一个都在死后与父辈团圆时，它仍很年轻"。② 奥斯宾斯基 1912 年出版的《中间有机体》（1920年在美出版英文版）指出：大自然没有任何东西是死的或机械的，"一座山、一棵树、一条河、河中的鱼、水滴、雨、一棵植物、火——它们每一个都有自己的心灵。"纳什认为当利奥波德 1944 年写《像山一样思考》的随笔散文

①   [美]利奥波德：《沙乡年鉴》，麦康译，天津人民出版社 2017 年版，第 226 页。
②   [美]纳什：《大自然的权利》，杨通进译，青岛出版社 1999 年版，第 80 页。

时，他很可能想起了奥斯宾斯基的这句话。① 从他生前写的未发表的《序》列举梭罗、缪尔等人看，他对美国早期浪漫主义的有机主义的观点是熟悉的，他在 1923 年这篇论文引述了缪尔的观点：甚至响尾蛇也是上帝造物的一部分，不管人类是否有偏见，值得尊敬。他还引用巴罗夫（J.Burroughs）的观点，大自然不是为了人类而创造出来的，就像不是为了低等动物而创造出来的一样，上帝几百万年前就开始其创造性工作，很可能上帝喜欢听小鸟吟唱，喜欢看鲜花盛开。"②

　　十年以后，20 世纪 30 年代，利奥波德由政府部分转入学术机构，开始与查尔斯·埃尔顿（Charles Elton）等著名的生态学家交往，熟悉了生态学的一些术语：食物链、能量流、生态位以及生命金字塔等概念。把地球看作是食物链和能量循环联系在一起的整体，而不是早期奥斯宾斯基说的生命本体或神了。纳什认为，利奥波德对生态学的拥抱与其说是他 1923 年思想的转向，不如说是那时思想的延续和发展："利奥波德从来喜欢在科学与哲学之间，用一方来强化另一方。当科学陷入细节而丧失宏观视角时，哲学就重新调整科学观察的'焦距'"，"生态学家总是与具有整体主义的神学家和哲学家最为接近的科学家。"③

　　3."土地金字塔"生态共同体的整体论

　　利奥波德在《沙乡年鉴》最后一部分"大地伦理"论述了"土地金字塔"的生态系统整体观。美国学者戴维·贾丁斯认为利奥波德的"土地金字塔"论，结合了埃尔顿的"功用群落模型"和坦斯雷（Tansley）的"生态能量总体系统模型"。"土地金字塔"乃一高度组织化的结构，太阳能在生物和非生物成员流动，形成一个金字塔结构：土壤在最底层，其后是植物层、昆虫层、马和啮齿类动物，最高层是大型食肉动物："植物从太阳那里吸收能量，这一能量通过一个被称作生物区系的路线流动着，这个生物区系可以由一个有很多层级组成的金字塔表示出来。它的底层是土壤，植物层次位于土壤之上，昆虫层在植物之上，马和啮齿动物层在昆虫之上……这个最高层

---

① ［美］纳什：《大自然的权利》，杨通进译，青岛出版社 1999 年版，第 79 页。
② ［美］纳什：《大自然的权利》，杨通进译，青岛出版社 1999 年版，第 81 页。
③ ［美］纳什：《大自然的权利》，杨通进译，青岛出版社 1999 年版，第 82 页。

由较大的食肉动物组成。"① 在同一层次各个品种的相似之处，不在来源和外貌，而在其食物，每一后续层次以下面层次为食，而下面这层次还有其他功用。每一层次又为比他高的层次提供食物和其他功能。依次向上推进，每一接续层次数量越来越少，每只肉食动物需要几百只由其捕食的动物供养，它的被捕食者又需要几千只由其捕食的动物供养。人与熊、浣熊和松树共享中间层次，既食肉，又吃植物。"由食物和其他用途组成的相互依赖的路线被称作食物链。"土壤—橡树—鹿—印第安人，这条食物链，现在已转化为土壤—玉米—乳牛—农场主的形式。鹿不仅食用橡树的数百种植物，乳牛也不仅食用玉米，两者都与上百条链条相接，因而这个金字塔是"一团不同的纠缠在一起的链条，它们如此复杂……它的功能的运转依赖于它的各种不同部分的相互配合和竞争。"② 最初金字塔很低矮，进化使它一层层增加，联系越来越复杂，"进化的趋势使生物区系更加精致和多样化"，人类是此复杂金字塔之一部分。"土地不仅仅是土壤，它是能量流过一个由土壤、植物，以及动物组成的环路的源泉食物链，是一个使能量向上层运动的活的通道"，"这是一个持续不断的环路，就像一个慢慢增长的旋转的生命储备处"。③ 利奥波德认为生态共同体的复杂结构能量向上流的特点，与一棵树树液向上流是依赖于其复杂的细胞组织情况非常相似，没有复杂性，就没有循环和特有的种类和功能，"在土地复杂结构和其作为一种能量单位顺利发挥功能之间，相互的依存关系是它的属性之一。"④ 有一部分发生变化，其他部分就必须去适应它，进化通常是缓慢而局部的变化，但人类工具的发明使其发生了史无前例的巨变：其一，植物和动物区系组成：较大的食肉动物从金字塔顶的顶部被砍掉了，食物链变短；其二，土地通过植物、动物到土壤的能量流动：农业生产使用化肥，或培育新品种取代本地土生品种，打乱能量通道，或消耗储存能量，造成土壤流失。工业污染水，或建筑堤坝，排斥必须借用水保存循环能量的动物。运输使得局部地区自我循环，变成全球循环。人类造成的生态循环的巨变带来的问题是：土地共同体如何适应巨变？利奥波德认

---

① [美] 利奥波德：《沙乡年鉴》，麦康译，天津人民出版社 2017 年版，第 213 页。
② [美] 利奥波德：《沙乡年鉴》，麦康译，天津人民出版社 2017 年版，第 213 页。
③ [美] 利奥波德：《沙乡年鉴》，麦康译，天津人民出版社 2017 年版，第 214 页。
④ [美] 利奥波德：《沙乡年鉴》，麦康译，天津人民出版社 2017 年版，第 214 页。

为，"现在世界范围内土地共同体呈现出来的混乱，就好似一只动物的身体得了病，只是尚未到死亡的程度，一块土地恢复了，却在某种程度上降低了复杂性，并且降低了它承载人类、植物和动物的能力。"① 从历史和生态综合证据看，"人为改变的激烈程度越小，在金字塔中重新适应的可能性就越大，反过来，激烈程度是以人类人口的密度而不同的，稠密的人口要求比较剧烈的转化。"② 流行的观点认为，人口密度的增长丰富了人类生活，但从生态学看，"不存在无限增长的人口密度基础，一切依据人口密度所得都受到报酬递减率的制约。"③

（三）生态中心主义的大地伦理

1933 年 5 月利奥波德在墨西哥州宣读论文《资源保护的伦理》，并于同年 10 月发表于《林业月刊》，提出了伦理进化和伦理拓展到大自然的主张。

1. 伦理进化阶段与大地伦理的可能性与必要性

他在论文中首先提到奥德赛回家乡后绞死一打女奴的故事，认为这并非违反道德，因为奴隶是财产，主人和奴隶的关系是功利的关系，"是划算与不划算的问题，而非正确与错误的问题"，这与我们与土地的关系是类似的：我们占有土地，把土地看成是财产。

从伦理进化史来看，第一阶段是人和人的关系伦理，然后是人和社会的关系伦理，现在"伦理的范围开始拓展"到人和自然的关系的阶段。人类文明现在许可"对地球的……奴役"，应形成"毁灭大地……是错误的"观念，此"错误"如同虐待人是错误意义上的含义。④ 1947 年 7 月，奥德赛在继承 1923 年和 1933 年论文基础上，并吸收 1939 年"大地的生物学"[《林业月刊》37（1939，9）] 和 1947 年的"生态学意识"[《美国公园俱乐部通讯》（1947，9）] 的观点，撰写了《沙乡年鉴》最后一章"大地伦理"。开头也同样谈到了奥德赛绞死女奴的历史故事以及伦理进化三阶段的观点。但利奥波德对道德的含义提出了全新的观点：伦理道德，从生态学的角度看"是

---

① ［美］利奥波德：《沙乡年鉴》，麦康译，天津人民出版社 2017 年版，第 217 页。

② ［美］利奥波德：《沙乡年鉴》，麦康译，天津人民出版社 2017 年版，第 218 页。

③ ［美］利奥波德：《沙乡年鉴》，麦康译，天津人民出版社 2017 年版，第 218 页。

④ ［美］利奥波德：《资源保护的伦理》，《林业月刊》1933 年第 10 期，第 634、646、640 页，转自 ［美］纳什《大自然的权利》，杨通进译，青岛出版社 1999 年版，第 81—82 页。

对生存竞争中行动自由的限制"，从哲学的观点看，"是对社会的反社会的行为的鉴别"。① 其根源在于"各种相互的个体和群体相互合作的模式"，"个人是一个由相互影响的部分组成的共同体成员"，即生物学家所说的"共生现象"，政治经济学在更高层次上谈"共生现象"："带有伦理意义的各种协调方式。"各种协调方式的复杂性随着人口密度和工具效用而不断增长，呈现三阶段进化：最初阶段，伦理观念是处理人和人关系的，例如"摩西十诫"。第二阶段，"是处理个人和社会的关系"②。第三阶段是处理人和土地共同体的环境伦理。利奥波德指出："但迄今还没有一种处理人与土地，以及在土地上生长的动物和植物之间的伦理观。土地，就如同俄狄修斯的女奴一样，只是一种财富。……人们只需要特权……而无需尽任何义务。"③ 因而环境伦理，"就成为一种进化上的可能性和生态上的必要性。"④

2. 人是大自然普通而平等的一员，大自然具有存在的天赋权利

利奥波德认为，人是大地共同体的普通而平等的一员，他指出："土地伦理只是扩大了这个共同体的界限"，"土地伦理是要把人类在共同体中以征服者的面目出现的角色，变成这个共同体中的平等一员和公民。它暗含着对每个成员的尊敬，也包含着对这个共同体本身的尊敬。"⑤

利奥波德较早明确地提出了，人只是生物共同体的普通而平等的一员，土地伦理宣布大自然"继续存在下去的权利"，"它们要继续存在于一种自然状态的权利"⑥。但人却具有巨大的科技经济等力量，我们以巨大的力量"漫不经心地毁灭着它的整个共同体"，⑦ 土地伦理也很难阻止人对自然"资源"的宰割、管理和利用。

纳什指出，"利奥波德认为人类物种不同于其他物种，不受自然生态的捕食机制控制，因而利奥波德把大地伦理理解为人类改造环境能力的一种约

---

① ［美］利奥波德：《沙乡年鉴》，麦康译，天津人民出版社 2017 年版，第 201 页。
② ［美］利奥波德：《沙乡年鉴》，麦康译，天津人民出版社 2017 年版，第 201 页。
③ ［美］利奥波德：《沙乡年鉴》，麦康译，天津人民出版社 2017 年版，第 201 页。
④ ［美］利奥波德：《沙乡年鉴》，麦康译，天津人民出版社 2017 年版，第 201 页。
⑤ ［美］利奥波德：《沙乡年鉴》，麦康译，天津人民出版社 2017 年版，第 202 页。
⑥ ［美］利奥波德：《沙乡年鉴》，麦康译，天津人民出版社 2017 年版，第 202 页。
⑦ ［美］利奥波德：《沙乡年鉴》，麦康译，天津人民出版社 2017 年版，第 202—203 页。

束因素，他把人类改造自然环境的行为限制在有利于维护人的生存、维护其他物种的生物权利的范围内。"①

3.传统资源保护主义的局限性

传统的资源保护是人和土地和谐一致的表现，但其进步仍然只限于书面和演讲。解决的措施一般认为是"资源保护教育"，但资源保护教育，主要是"证明资源保护是有利可图的，其余的事情则由政府来做"，"不分正确与错误，也不提任何义务，也不号召做出一定牺牲"，不强调价值观念的改变，"它激励的仅仅是开明的个人权利"。② 政府的鼓励措施只短期有效，农场主们根据自己的利益选择性地采用，"使用土地的伦理观念仍然是由经济上的私利所支配的"，③ 太急于求成。利奥波德分析了现有功利主义的资源保护体系的弱点，不适应生态共同体的现实："土地共同体的大部分成员都不具有经济价值"④，而生态共同体的稳定依靠其综合性，每个生物都有生存下去的价值。当非经济类种类受到威胁，而我们正好喜欢它，我们就会想方设法找托词来使它具有经济价值。美国资源保护的鲜明倾向是让政府做一切土地私有者所未做的事，但未以土地伦理观或其他力量，"使土地所有者负起更多的义务"⑤。让其自愿负起更多义务，"就是使私人所有者负有伦理上的责任"。⑥ 但现状是没人告诉农场主环境伦理义务的真正意义，"我们所面临的问题是把社会觉悟从人延伸到土地"⑦。

4.两种不同的对待土地健康的态度

利奥波德分析了两种不同的对待土地健康的态度的分歧与矛盾：A组是经济技术的态度，把土地看成是土壤，B组把土壤看成是"生物区系"。比如种树，A组把树看作是带有植物纤维素的基本技术产品，是一种农业；B组认为林业不同于农业，它利用自然物种，管理一个自然环境，在原则上是

---

① [美] 纳什：《大自然的权利》，杨通进译，青岛出版社1999年版，第87页。
② [美] 利奥波德：《沙乡年鉴》，麦康译，天津人民出版社2017年版，第206页。
③ [美] 利奥波德：《沙乡年鉴》，麦康译，天津人民出版社2017年版，第209页。
④ [美] 利奥波德：《沙乡年鉴》，麦康译，天津人民出版社2017年版，第209页。
⑤ [美] 利奥波德：《沙乡年鉴》，麦康译，天津人民出版社2017年版，第212页。
⑥ [美] 利奥波德：《沙乡年鉴》，麦康译，天津人民出版社2017年版，第206页。
⑦ [美] 利奥波德：《沙乡年鉴》，麦康译，天津人民出版社2017年版，第206页。

天然再生产，他们为微生物群感到忧虑，也担心一些物种的失去，"担忧整个一系列的次生森林的功能：野生动植物、娱乐、水域、荒野地区"，B组"所体会的是一种生态学意识的振奋感。"① 在野生动植物的专业中，"A组认为基本的产品是运动和肉类，产品的标准是活的松鸡和鳟鱼的数字，应采用人工繁殖。而B组担心的是整个一系类的生物区系的连带问题：为生产一种猎物而失去食肉动物的代价是什么？怎样管理才能使已经缩减和濒临灭绝的物种恢复原状？管理原则上能否推广到野花身上？等等。"② 总之，在所有分歧中，一再重复着"作为征服者的与作为生物共同体公民之间的对抗；……作为奴隶和仆人的土地，与作为一个集合有机体的土地之间的对抗。"③

5. 当前的生态问题是内在的伦理态度问题

利奥波德认为，最重要的是人伦理观上的"内部的变化"，即"理智的着重点"，"忠诚感情以及信心"的"重大变化"。④ 利奥波德认为当前的环境问题，"是一个态度和方法问题"⑤，"没有对土地的热爱、尊敬和赞美，以及高度认可它的价值的情况下，不能有一种对土地的伦理关系。所谓价值……我指的是哲学意义上的价值。"⑥ 土地伦理遇到的最大障碍是教育与经济体系的背离，不是朝向土地意识，而是割裂人与土地的有机联系。真正现代化的人与土地是割裂的，把土地看成是城市之间长庄稼的空间。此外把土地看作对手，或受奴役的农场主的态度，也是土地伦理的巨大障碍。

6. 以土地伦理的价值尺度作为指导使用大地的决策

利奥波德认为，一定要加强生态学教育，要挣脱经济决定主义套在我们脖子上的谬论，以土地伦理的价值尺度作为指导使用大地的决策："当一个事物有助于保护生物共同体的和谐、稳定与美丽的时候，它就是正确的，当它走向反面时，它就是错误的。"⑦ 利奥波德的土地伦理原则不是个体主义的，而

---

① ［美］利奥波德：《沙乡年鉴》，麦康译，天津人民出版社2017年版，第219页。
② ［美］利奥波德：《沙乡年鉴》，麦康译，天津人民出版社2017年版，第221页。
③ ［美］利奥波德：《沙乡年鉴》，麦康译，天津人民出版社2017年版，第221页。
④ ［美］利奥波德：《沙乡年鉴》，麦康译，天津人民出版社2017年版，第208页。
⑤ ［美］利奥波德：《沙乡年鉴》，麦康译，天津人民出版社2017年版，第224页。
⑥ ［美］利奥波德：《沙乡年鉴》，麦康译，天津人民出版社2017年版，第224页。
⑦ ［美］利奥波德：《沙乡年鉴》，麦康译，天津人民出版社2017年版，第223页。

是整体主义的，他不是如史怀泽和泰勒那样尊重生命个体，而是维护生命共同体的整体的健康；他也不是如动物权利主义者那样关注动物个体的痛苦，纳什认为这与其长期从事野外管理经验有关。沃斯特指出，利奥波德从不谈论特定有机体的天赋权利，他只考虑环境承载力，"要让自然的动态平衡——这种动态平衡要通过生态学研究来揭示——来决定人的恰当行为界限。对奥尔博德来说，最终的目的无非是要让'生物机制'发挥其'正常功能'。"①

（四）对利奥波德生态共同体整体论和大地伦理的批评和辩护

1. 对利奥波德土地伦理的批判

利奥波德的生态共同体整体论使用了生态科学的埃尔顿的功能群落模型和坦斯雷的能量模型，戴维·贾丁斯认为利奥波德忽略了这两个模型的整体论的细微区别。利奥波德经常强调土地健康、哀叹土地死亡，但一般而言死亡和健康只与生物有机体有关，如何形而上学地用于生态群落和能量回路？"整体性与稳定性"对生物个体和生态群落是不同的。利奥波德用生态因素推导出伦理结论，这些结论归因于生态系统的"整体性、稳定性和美"，这些特性能归因于生态系统吗？生态事实如何支持伦理结论？究竟利奥波德是如何理解生态整体的？②

第一，如何由生态学事实推导出大地伦理结论。由自然事实推导出伦理价值的问题，是如何填平事实陈述与价值判断的鸿沟，即"实然（是）"与"应当"的逻辑鸿沟，被称作"自然主义谬误"。表面看来采用有机模型，是跨越实然和应然逻辑鸿沟的途径之一，可以用亚里士多德论证的目的论推导方法。有机模型把生态系统看作是不同的整体具有向稳定平衡发展的倾向，趋向"巅峰群落"。但生态群落成员间的功用性关系，不是由于其有目标而起作用，而仅仅是如此活动更适合生存。自然不好也不坏，它就是它自己。

土地伦理的另一个生态系统能量模型，认为生态系统要经过各个发展阶段，因而有一个正常健康发展的一般标准，但如此就要假设"巅峰群落模型"的正确，但大多生态学家已经放弃了"顶级群落模型"的有机模型。也

① ［美］纳什：《大自然的权利》，杨通进译，青岛出版社1999年版，第87页。

② ［美］戴维·贾丁斯：《环境伦理学：环境哲学导论》第3版，林官明、杨爱民译，北京大学出版社2002年版，第216页。

344 当代生态文明理论的三大范式比较研究

许并不存在单一生态系统的发展，某地种群会随着时间的变化而变化，比如从水生植物到多年生植物和禾本植物，再到灌木丛，到松树林，到橡树林。但如此何谈其"稳定性和整体性"？没有理由假定能量流的目的论原因，并不能说明能量流的稳定性和整体性就是善。

利奥波德认为人的心理态度发生变化后，大地伦理学的意义才会体现，这要靠道德和生态学教育，人对大自然具有爱、尊敬，才有理由进行有利于生态共同体的行为。如此生态学的角色只是道德教育的作用，而非规范性的伦理，利奥波德说的判断是非的"行为有利于保护整体性、稳定性与美"，就不是规范性原则。它只是提出一种取代经济学的思考方式，并没有给出环境伦理行为的充分理由。

第二，对整体主义的批判。对土地伦理整体主义的批判认为它牺牲个体利益以满足整体利益。以"生态群落"来定义好坏，有可能为了群体的利益牺牲某些个体，比如一部分人的利益，以保持其群体的整体性、稳定性和美。马迪·尼尔（Marti Kneel）称伦理整体主义是"极权主义的"，而埃里克·凯兹（Eric Katz）认为它破坏了对个体的尊重，汤姆·里根将利奥波德的生态中心论称之为"环境法西斯主义"①。贾丁斯认为，在人类毁坏生态环境的历史条件下，实用整体主义赋予生态系统本身以"道德身份"（moral standing，或译道德资格、道德地位），只是推迟了环境法西斯主义问题。多恩·玛丽塔（Don Marietta）提出了伦理多元主义的方法，指出："利奥波德的'整体性与稳定性'论述可以指正确与否的唯一根本在生物群落的利益，也可以指最重要的在于群落的利益，或简单地指正确与错误的判断依据之一是生物群落利益的善。把生物群落的利益作为唯一正确与否是不正当的，这是偏激的情形，只简单地把人类当作个体生物组成的集体，人不仅仅是个体生物的集合的生物角色，人还有广泛的道德相关因素，面临极其复杂的道德状况。只有当我们假设'生态整体性、稳定性'是唯一或最重要的标准，才会陷入环境法西斯主义。"② 戴维·贾丁斯认为，利奥波德的道德原则"某事是好的，

---

① Tom Regan, The Case for Animal. Rights Berkeley：University of California Press，1983，pp.361-362.

② [美] 戴维·贾丁斯：《环境伦理学：环境哲学导论》第 3 版，林宫明、杨爱民译，北京大学出版社 2002 年版，第 223 页。

若……否则是不好的"似乎没有为玛丽塔的道德多元论留下余地。另一个方法是乔恩·摩林（John Moline）提出的，他认为，利奥波德评价的是正确与否的原则，而不是个体行为的"间接整体主义"，这不是环境法西斯主义。

贾丁斯认为，利奥波德多次指出即使生态学家也无法彻底理解怎样保护生态群落的整体性与稳定性。生态是复杂的，我们不能确切知道什么能保护整体性和稳定性，因而作为一个直接行为指导规则，利奥波德的原则是空洞不切实际的。

贾丁斯认为，我们可以综合利奥波德的原则自然生态复杂性、玛丽塔的道德系统的复杂性以及摩林的间接整体论方法，认同生态学所说的生态系统的复杂性，而放弃自然机械论观点，对任何可能干扰自然生态系统的变化持怀疑态度，尽管我们不知道什么样的生态伦理是正确的，"但我们应当接受那些倾向保护生态整体性和稳定性的态度、情感和实践指导，即'爱、尊重和敬畏'的态度。"① 在实践上意味着相对保守的方法：宁可让其自然地、缓慢地发展而非人为地、迅速地变化，宁可要本地的动植物，也不要异地的动植物，宁可用生物的解决环境问题的方法，也不用机械的、人为的解决环境问题的方法。因此，"利奥波德的伦理学更多地关注道德情感或美德而非行为指南"②。

贾丁斯认为利奥波德理解的"生态整体性"有不自洽之处：生态学家论述过三个生态系统模型：有机的、群落的、能量流的。利奥波德有时采用生态系统有机模型（organic model），把土地看作有生命的有机体，这比较适合做土地伦理模型。但生态学已突破了有机模型。坦斯雷认为，把生态系统看作有机模型是不充分的，生态系统的个体不像躯体中的单个器官，可以离开整体而存在，生态系统没有有机体的"统一性和确定性"（unity and definiteness），可以轻易转为其他系统成为其成员。利奥波德的原则的模型应被理解为群落功能模型，是生态原始功能上的相互依赖关系，个体有机体作为生态群落一部分的"食物链"而构成系统，但利奥波德道德关怀的客体

---

① ［美］戴维·贾丁斯：《环境伦理学：环境哲学导论》第 3 版，林官明、杨爱民译，北京大学出版社 2002 年版，第 223 页。

② ［美］戴维·贾丁斯：《环境伦理学：环境哲学导论》第 3 版，林官明、杨爱民译，北京大学出版社 2002 年版，第 223 页。

是群落本身，而非个体成员，若讨论食物链而不是生物体时，群体的稳定性与整体性意味着什么？生态群落是有整体性和稳定性的事物吗？具体的生态系统，如一个小池塘有整体性和稳定性，但生态系统不总是稳定的，也找不到标准判定什么样的生态系统健康的标准。

2. 克里考特的创造性阐释

20 世纪 70 年代贝尔德·克里考特（Collicott）对利奥波德的大地伦理学进行了创造性的阐释。利奥波德跨越事实与价值鸿沟的观点，属于从休谟、亚当·斯密到查尔斯·达尔文的道德情操伦理传统。伦理不仅来自事实，而且来自有关我们的事实，比如领会谋杀的道德错误，休谟告诉我们要审视自己，会发现"不赞成的感情"，邪恶不是事实，它在心理不在客观。这一方法在达尔文那里得以提升，被利奥波德采用，用于"大地伦理"：父母与后代情感联系使得小型的血缘群体得以形成，然后推广到不那么亲密的相关个体，达尔文推理到：若扩张的群体成功而有效地保护了自己，其成员的包容适应性就增加了。如此家庭群体不断扩大，最后扩大为整个种群。如此感情和同情，联系事实和价值间的情操可以从个体扩展到更广泛的社会范围。用利奥波德的话说就是，"土地伦理只是简单地扩大了这个共同体的界限，使之包括了土壤、水、植物和动物，或者把它们概括起来：土地。"[1]

根据克里考特的观点，土地伦理的逻辑在"自然选择赋予人类对亲情、对群体成员关系和道德身份的道德响应的感受能力；当前的自然环境被描述为生物群落；如此，土地伦理是可能的，生物心理和认知情况也是适当必要的。因为人类获得了能毁灭那些能保护和支持自然整体性、多样性和稳定性的能力。"[2]

贾丁斯认为以情操建立伦理是不稳定的，从实践来看，有一些环境问题起因于人类以家族或群体的名义去破坏生态的整体性、稳定性与美。如世界上许多地方人类毁灭雨林、荒野以获得家族必需的生活保障。在此情况下，情操似乎鼓励破坏而不是保护环境。康德也挑战了休谟的伦理学，人的心理不是伦理的充分基础。康德认为，对一个理性的人来说，伦理必须提供

① ［美］利奥波德：《沙乡年鉴》，麦康译，天津人民出版社 2017 年版，第 202 页。
② Collicott，"The Metaphysical Implications of Ecology"，in *In Defence of the land Ethic*，p.110.

范畴和规范判断，应然不能依赖人的情感、态度或情操。

克里考特还解释了对利奥波德整体论的挑战，认为大地伦理采用了形而上学整体主义。他认为，生态学研究生物体之间以及与环境的关系，生态联系决定了生物有别于其他生物的属性，一个物种如此是因他适应了这样的生态系统："从现代生态学来看，物种适应生态系统的'生态位'（niche），它们与其他生物的联系以及与物理化学的关系完全刻画了其外在形式，以及其新陈代谢和生理学的繁殖过程，甚至决定了它们的心理和精神能力。"[1] 他还认为生态学不仅具有形而上学含义，也能得出伦理的结论：从生态的观点看，个体生物几乎不是零散体而是连续整体，自己与其他部分的差别是模糊的，自我与环境找不到清晰的分界，世界的事实就是身体的延伸。因而，自我主义转化为环境主义，保护自然世界（环境主义）就是为我们的利益（自我主义）。克里考特从生态学推到形而上学，再到伦理学，给出了从生态学事实到环境伦理价值的桥梁。

贾丁斯认为，不管克里考特在形式上说得多么真实，但我们大多数人在心中仍认为自我和自然的区别是显然的、直接的和活生生的，我真的不相信我与自然是一体的。伦理整体主义的重大挑战是为了整体利益牺牲个体利益。随着个体利益转向整体，自我失去内在价值的可能性增加了。随着我们把情感从自我扩展到土地，自我可能完全融入整体而失去其道德身份。凯利克特多次强调"同心圆模型"，我们的感情由自我开始，然后拓展到家庭，而后拓展到更大的群落，我们把道德关怀的成员扩展到大地，并未否认原先优先的价值，它靠近圆心的内层。"但当对内层的责任（如对自己和家人）与对外层的责任（如对生态系统的荒野）之间发生冲突时该如何？若对更外层的客体更照顾，那就面临法西斯主义的指责。"[2] 环境问题的确是有关我们如何生活的基本问题。这些问题不是那么容易解决的。利奥波德的著作给关怀环境伦理的人提供了灵感，他最大的贡献在着重关注生态系统及其相互间关系，对生态总体进行严肃的道德思考，利奥波德之后，这一问题无法

---

[1]　Collicott,"The Metaphysical Implications of Ecology", in *In Defence of the land Ethic*, p.110.
[2]　[美]戴维·贾丁斯：《环境伦理学：环境哲学导论》第3版，林宫明、杨爱民译，北京大学出版社2002年版，第231—232页。

回避。①

三、罗尔斯顿的创生性弱有机的整体论自然观和自然价值论生态伦理学

1975 年霍尔姆斯·罗尔斯顿（Holmes Rolston，1932—　）写的"Is There an Ecological Ethic?"标志"生态伦理学"诞生。他在 1983 年出版《科学与宗教：一个批评性的反思》、1989 年出版生态伦理的论文集《哲学走向荒野》、1988 年出版《环境伦理学：大自然的价值及人对大自然的义务》、1994 年出版《保护自然的价值》《基因、创世与上帝》（1999）五本学术专著，他还撰写了 100 多篇学术论文，与赖特共同主编了《环境伦理学文选》（2003）。在这些文著中，他系统阐述了弱有机的自然论和自然价值论的生态伦理学。生态伦理学既不是人类中心主义伦理学的自然价值工具论，也不像生命中心环境伦理强调生物个体的内在价值，而是强调生态系统个体内在价值之"结"和工具价值之"网"辩证统一的具有创造性的生态系统整体价值的自然客观价值论：每一生态系统个体的内在价值，在与其他存在物的相互关联网络中化为自然生态系统整体的客观价值。罗尔斯顿的自然价值论的存在论基础，用他自己的话来说是"弱有机整体论"。

罗尔斯顿之所以在美国较早地形成系统的"生态伦理学"，与其独特的个人的生命阅历有关。他的自传说："几乎每一位哲学家和神学家，都是在与自己试图栖息于其中的传统展开争论的过程中形成自己以生命进行追求的信念的"，他自己"是一个走向荒野的哲学家"，其哲学有一个从文化到自然、到荒野、到生态伦理的"转向"。他在美国戴维森大学学物理学，后专攻神学，1958 年他在英国爱丁堡大学获得神学博士学位，回国以后他在弗吉尼亚阿巴拉契亚山区当过十年牧师。对自然风光的热爱，使他加入了自然保护运动，并决定学习自然哲学，他向重视科学哲学的匹兹堡大学申请硕士学位学习的请求被接受，1968 年获得科学哲学硕士学位。但当时流行的是逻辑实证主义的科学哲学，认为博物学（natural history）被看作是最糟糕的科学，但罗尔斯顿对大自然的热爱使他知道，一定是哲学家们错了："生命

---

① ［美］戴维·贾丁斯：《环境伦理学：环境哲学导论》第 3 版，林宫明、杨爱民译，北京大学出版社 2002 年版，第 231—232 页。

的部分意义是在于它的自然性，可我们却忘记了自然。"① 后来以"环境日"标志的环境运动到来，罗尔斯顿到科罗拉多州立大学任教，开了一门环境伦理学课，课堂立刻爆满。罗尔斯顿"开始读利奥波德的著作，被他倡导的'大地伦理学'深深打动。"在利奥波德那里，大自然不是堕落的，不是没有价值的，而是呈现美丽、完整和生命的共同体，罗尔斯顿因此提了一个问题："生态伦理能否存在？"能否作为一种哲学上值得尊敬的伦理而存在？他的文章《有一种生态伦理学吗》被《伦理学：国际社会、政治和法律杂志》发表，引起共鸣。1979 年罗尔斯顿与他人一起创办《环境伦理学》国际刊物。1990 年他创导成立国际环境伦理学会，担任第一任主席。在其后的学术生涯中，他"不断加深了这样一个信念：衡量一种哲学是否深刻的尺度之一，就是看它是否把自然看作与文化是互补的，而给予它应有的尊重。"罗尔斯顿等生态中心论哲学伦理学的兴起，标志着当代西方哲学的"荒野转向"（wild turn）和"环境转向"（environmental turn）。2003 年罗尔斯顿因自然内在价值理论而获得天普顿奖（Templeton Prize），奖金为 120 万美元，是世界颁给个人数额最大的奖金。

（一）罗尔斯顿的弱有机整体主义富有创造活力的自然观

罗尔斯顿认为，大自然是一个具有创生性的自然（projective nature），"大自然是生命之源，创造的母体"。② 自然生态系统的一把土，也包含无数的细菌和微小生命，一个细菌所包含的基因信息是一百万条，一个真菌包含的信息是十亿条，而一只昆虫所包含的信息量，用英文打字机打出来，纸带长达几千米，而一块泥土包含的信息量将塞满好几座图书馆。而创造泥土的地球位于与太阳保持适当距离的位置上，存在于人、宇宙和基本常量与时空的初始状态之间具有密切关系，人的存在与宇宙初始状态密不可分。有智慧的生命人类的出现看似一个偶然事件，其实是宇宙初始条件的直接结果，是从初始条件极其有限的变化范围内产生出来的。许多物质材料配合得如此天衣无缝，若这些搭配物稍微变化，生命也不可能诞生，这些宇宙必然孕育出

---

① ［美］霍尔姆斯·罗尔斯顿：《哲学走向荒野》，刘耳、叶平译，吉林人民出版社 2000 年版，代中文版序第 10 页。

② ［美］霍尔姆斯·罗尔斯顿：《环境伦理学》，杨通进译，中国社会科学出版社 2000 年版，第 268 页。

生命。罗尔斯顿认为，尽管不能赞同宇宙产生的"人择原理"：好像宇宙万物如此安排就是为了产生人类，为人类所用，但自然如此充满活力和创造性，进化不可能是完全偶然的，我们面对的是一个创生万物的自然。大自然一起潜藏的创生力，最终在地球上进化出有生命的生态系统。

生态系统是一种共同体，其共同体式的整体主义，"是一种脆弱有机整体主义（weak organic holism），而不是强硬的有机整体主义（strong organic holism）；不过，在生态系统中，'脆弱'也是一种力量，松散性联系孕育出共同体，过于严密反而会使它流产。松散并不意味着简单，而是环境所具有的一种催生有机体复杂性的环境复杂性"。① "在生态系统——较之科学或宗教的相互主体性（inter-subjectivity）具有更多的客体性（objectivity）——中，这种松散秩序可能是一种恢宏、复杂、充满活力的秩序，因为它整合了许多知道生存之道（know-how）的、各不相同的有机体和物种，它不是建立在单个事物所取得的成就之上的秩序。"② "无论从逻辑还是从经验上，有机体层面上的秩序暗含着共同体层面上的秩序，共同体层面秩序也暗含着有机体层面的秩序。"③ "生态系统就像一个用作弊的灌铅的骰子进行赌博的赌场，不是随机乱掷骰子，总是朝着进化的方向作弊。"④ "生态系统没有脑袋（head），却有一种使物种分化、相互支撑和丰富多彩的'想法'（heading，或译倾向性）。虽然不是某种超级有机体，却是生命的某种'殿堂'。"⑤ 生态系统不同于有机体，"生物共同体以具有松散性、非中心化的秩序和多元性（pluralism）"⑥。生态系统把生命凝结成一个个个体，又通过环境铸就其独特

---

① [美] 霍尔姆斯·罗尔斯顿：《环境伦理学》，杨通进译，中国社会科学出版社 2000 年版，第 234 页。

② [美] 霍尔姆斯·罗尔斯顿：《环境伦理学》，杨通进译，中国社会科学出版社 2000 年版，第 236 页。

③ [美] 霍尔姆斯·罗尔斯顿：《环境伦理学》，杨通进译，中国社会科学出版社 2000 年版，第 237 页。

④ [美] 霍尔姆斯·罗尔斯顿：《环境伦理学》，杨通进译，中国社会科学出版社 2000 年版，第 238 页。

⑤ [美] 霍尔姆斯·罗尔斯顿：《环境伦理学》，杨通进译，中国社会科学出版社 2000 年版，第 238 页。

⑥ [美] 霍尔姆斯·罗尔斯顿：《环境伦理学》，杨通进译，中国社会科学出版社 2000 年版，第 248 页。

的充满智慧的生存方式，既表现了松散结合的自由面向，又优先于个体生命，对其进行密切的影响。

生态系统的"进化的箭头是指向营养金字塔的顶层的。"① 尽管生命史上发生过五次大的灭绝，但每次灾难过后都是快速的复兴，常常伴随新型高级生命形式的出现。短期看是间歇性的破坏，长远看"这些富于创造性的趋势才是其主流"。进化是随机的，但结果令人惊异："大自然在掷骰子，但这种骰子却是灌满铅、专门用于作弊的骰子。这些概然性展示的是某些因果联系，某些不是决定主义式的却是随机的'脆弱'的规律，某些表现了生态系统的生养能力的历史趋势。"② "自然史展现的是生态系统的合理性（Rationality），包括其试错机制。从短期来看，或许会出现间歇性破坏，恰似演替过程中的短暂混乱。但从长远来看，这些富于创造性的趋势才是主流。"③ "共同体的美丽、完整和稳定包括了对个性的持续不断的选择。这是生态系统的一种奇怪的、雍容大度的'优先性'或'倾向性'（heading）。"④ "个体的善和'权利'（生命的繁荣昌盛）被安置在生态系统中，生态系统以自己的方式促进个体的繁荣。当人类进入自然舞台时，在这方面应遵循大自然。个体的福利由创生万物的共同力量（generating communal force）促成，又从属于这个创生万物的共同力量。"⑤

（二）罗尔斯顿的自然价值观

环境伦理学难题是如何由实然推导出应然。英国元伦理学家爱德华·摩尔（G. E. Moore）在 1903 年出版的《伦理学原理》指出了从实然推导出应然的"自然主义谬误"（naturalistic fallacy）问题，认为以往伦理学犯

① ［美］霍尔姆斯·罗尔斯顿：《环境伦理学》，杨通进译，中国社会科学出版社 2000 年版，第 252 页。

② ［美］霍尔姆斯·罗尔斯顿：《环境伦理学》，杨通进译，中国社会科学出版社 2000 年版，第 252 页。

③ ［美］霍尔姆斯·罗尔斯顿：《环境伦理学》，杨通进译，中国社会科学出版社 2000 年版，第 252 页。

④ ［美］霍尔姆斯·罗尔斯顿：《环境伦理学》，杨通进译，中国社会科学出版社 2000 年版，第 253 页。

⑤ ［美］霍尔姆斯·罗尔斯顿：《环境伦理学》，杨通进译，中国社会科学出版社 2000 年版，第 253 页。

的错误有两类，一是假定善可以参照某种超感觉的实在，一是假定善可以参照客体下定义。前者属于形而上学伦理学，后者以自然科学取代伦理学，二者都犯了"自然主义谬误"。如何跨越实然和应然的逻辑鸿沟，早期环境伦理学者采取了不同的方式：

保尔·泰勒的"生命中心伦理"（life-centered ethics），以根据康德的目的论义务伦理学，认为生命共同体的生物皆具生命目的中心的"善"，在内在价值上是平等的。但也认为由生物中心整体论的生命共同体的实然，不能直接推导出伦理学的"权利"，而应以与生物中心主义相一致的"道德代理人"的"尊重大自然的态度"，推导出"道德代理人"的尊重生命个体"内在固有价值"的环境伦理义务原则。

奈斯的深生态学，提出生态智慧 T 的大我的自我实现，通过主体与生态整体的认同，消除主客体的二元论，然后得出"生物圈内在价值的平等主义"的环境伦理学原则。

利奥波德则以人在自然共同体生活形成的情感（爱、同情）作为"保持生态系统完整、稳定和美丽"① 的环境伦理原则和美德。

克里考特（J. B. Callicott）发挥了利奥波德的观点，并针对西方传统人本主义以人为中心的主观价值论，提出了非人类中心的主观价值论，即"非人类中心内在价值人造论"（theory of anthropogenic intrinsic value），认为价值"以人的情感为基础"，是由观察者的主观感情对自然实体或自然事件的"内在价值投射"，意识是价值的根源，不等于所有价值聚集地（locus）都是意识本身或意识的主观样式，"一个具有内在价值的事物是由于它自身的缘故而被认为是有价值的，它的价值是自为的（for itself），但不是自在的（in itself）。"②

罗尔斯顿对上述人类中心主义的伦理学和非人类中心主义的伦理进行了反思，提出了自然价值论为基础的"生态系统中的伦理学"，或生态中心论的伦理学。生态中心伦理学，主要价值，不是人际伦理学的怜悯、博爱、

---

① [美]霍尔姆斯·罗尔斯顿：《环境伦理学》，杨通进译，中国社会科学出版社 2000 年版，第 307 页。

② J. B. Collicott, *"The Metaphysical Implications of Ecology"*, in *In Defence of the land Ethic*, p.147.

权利、人格、正义、公平、快乐，而是赞赏一个生态系统，多产的地球，创生万物的生机勃勃的系统，在其中，个体虽然也繁荣昌盛，但也可以被牺牲掉，以致快乐和痛苦显得无足轻重；个体福利是重要的，但在自然史中，只是过眼烟云；"从个体角度看，只有暴力、斗争和死亡，但从系统的角度看，自然中却存在和谐、相互依存和绵延不绝。无论从宏观还是从微观角度看，生态系统美丽、完整和稳定是判断人行为正确与否的重要因素。"① 这种伦理，"虽然极有利于整体的发展，但不仅仅是为了整体，工具价值和内在价值的辩证统一为整体价值，虽然具有共同体主义特征，但这种共同体主义不减损任何有机体，只是把有机体各个部分整合成一个协调的整体。"② 工具价值和内在价值难分伯仲，既不是单纯的工具价值，也不是单纯的内在价值，而是两者的结合，共同对共同体完整、稳定和美丽做贡献。一方面，生态系统中竞争冲突、价值的牺牲和攫取是普遍现象，较高层次的生物总要"吃掉"较低的生物，较能适应环境的生物会把自己的"吞食"行为限制在其吞食对象再生能力的范围内。另一方面，生态系统还存在广泛的相互依赖、稳定和联合。人处在生态营养金字塔顶，作为道德代理人，重建现存于共同体价值时，既要站在自己的角度攫取这些价值，以实现文化价值，也要以整体意识为责任感，尽量保护生物共同体的丰富性，并进一步关心生物个体的痛苦、快乐和福利。生态中心论的环境伦理学与人际伦理学将世界观和道德观二分不同，认为"这个世界的实然之道蕴含着它的应然之道"。"我们的价值观得与我们关于宇宙的观念保持一致。我们的义务观念，是从我们关于自然的评价理论中推导出来的。我们关于实在的存在模式，蕴含着某种道德行为模式。"③ 生态中心论的环境伦理学的基本词汇是"价值"，大自然具有工具价值与内在价值辩证统一的生态系统价值，"我们正是从价值推导出义务来"④。

---

① ［美］霍尔姆斯·罗尔斯顿：《环境伦理学》，杨通进译，中国社会科学出版社 2000 年版，第 306—307 页。

② ［美］霍尔姆斯·罗尔斯顿：《环境伦理学》，杨通进译，中国社会科学出版社 2000 年版，第 311 页。

③ ［美］霍尔姆斯·罗尔斯顿：《环境伦理学》，杨通进译，中国社会科学出版社 2000 年版，第 313 页。

④ ［美］霍尔姆斯·罗尔斯顿：《环境伦理学》，杨通进译，中国社会科学出版社 2000 年版，第 2 页。

从生态系统价值推导出作为道德代理人的人保护生态系统美丽、稳定和完整性的生态伦理义务，以及人遵循大自然的生态环境伦理原则。

1. 权利是文化的产物，大自然和生物不具有权利

罗尔斯顿认为"权利"（rights）观念主要是现代西方文化的观念，说人有"天赋权利"是指人格（人天然本性所具有的特点）自身具有某种值得用权利来保护的价值，而且法律应该反映这些价值。但现存法律也没有"动物权利"的观念，天赋权利也不适合非人存在物。罗尔斯顿认为："权利并不存在于自发性的大自然中，在这个意义上，动物的权利就不是天赋的。权利与合法的要求及权益有关，但荒野中不存在可以被侵犯的权益和法律。大自然是非道德的，尽管它可能是有价值的。"[1] 权利是附丽于人身上的价值之上的，环境伦理学在谈到文化之外的环境伦理时，最好停止使用名词"rights（权利）"。作为形容词的"right"（正确的）适用于这样一种场合："当人类作为道德代理人置身于大自然中时，他发现了一种在人类出现以前就存在于大自然中的、被认为是善（适宜的，有价值的）的东西。对'权利'这一概念的使用在修辞上有时是方便的，但在原则上是不必要的。"[2]

2. 动物的价值：以生态规律为伦理基础

罗尔斯顿认为，说 X 拥有某些权利，似乎是事实陈述，其实是规范的评价，对权利拥有者的价值的确认。在人类把权利赋予荒野前，荒野并不具有权利，但是"价值（兴趣、愿望、满足了的需要、存亡有关的福利）却是独立于人类而存在于荒野中的。权利则是从人所信奉的法律的或道德的规范中推导出来的，但却被张冠李戴地用来标识动物所固有的那些价值。"[3] 说动物拥有某些善（更准确地说，某些功用），是更为自然的。而有感觉的动物的善，可以用利益（interests）这一概念说明，"它们利益的实现就构成了它

---

① ［美］霍尔姆斯·罗尔斯顿：《环境伦理学》，杨通进译，中国社会科学出版社 2000 年版，第 64 页。

② ［美］霍尔姆斯·罗尔斯顿：《环境伦理学》，杨通进译，中国社会科学出版社 2000 年版，第 68—69 页。

③ ［美］霍尔姆斯·罗尔斯顿：《环境伦理学》，杨通进译，中国社会科学出版社 2000 年版，第 69 页。

们的福利。这些利益既是生理上的，也是心理上的。"①"从消极方面看，在野蛮的荒野中并不存在任何权利；但从积极方面看，那里又存在着许多动物的利益和善。"②"环境伦理学不是社会伦理学，它没有向人们提出任何修改自然规律（to revise nature）的义务。"③大自然不是一个道德代理人，"大自然是一个最佳适应之地，我们把这种最佳适应当作某些道德判断的标准。"④

3. 人的存在价值：对"生物中心论"和"人类中心论"的双重超越

人类中心的伦理学，从圣经和传统形而上学哲学，到现代科学和生物学家，都强调人优越于动物，而生物中心环境伦理，则认为并不存在人类的优越性：尊重自然伦理学的生物中心论的泰勒认为"人的价值内在地优越于所有其他物种"的观点是"毫无根据的"。⑤

深生态学家奈斯认为，动物在原则上拥有生存权和发展权与我们及我们的孩子所拥有的一样多。而罗特利夫妇（Richard and Routley）不满意生物圈平等主义，赞成"生物物种公正"（biospecies impartiality）批评"人类沙文主义"，强调环境伦理"取消人类在自然秩序中的统治地位。"⑥史怀泽（Schweizter）认为，伦理学要像"敬畏我自己的生命那样敬畏所有具有生存意志的生命"。⑦缪尔（John Muir）提出，"人为什么要拔高自己作为伟大创造物渺小部分的价值呢?"⑧

---

① ［美］霍尔姆斯·罗尔斯顿：《环境伦理学》，杨通进译，中国社会科学出版社 2000 年版，第 75 页。

② ［美］霍尔姆斯·罗尔斯顿：《环境伦理学》，杨通进译，中国社会科学出版社 2000 年版，第 75 页。

③ ［美］霍尔姆斯·罗尔斯顿：《环境伦理学》，杨通进译，中国社会科学出版社 2000 年版，第 76 页。

④ ［美］霍尔姆斯·罗尔斯顿：《环境伦理学》，杨通进译，中国社会科学出版社 2000 年版，第 79 页。

⑤ ［美］霍尔姆斯·罗尔斯顿：《环境伦理学》，杨通进译，中国社会科学出版社 2000 年版，第 86 页。

⑥ ［美］霍尔姆斯·罗尔斯顿：《环境伦理学》，杨通进译，中国社会科学出版社 2000 年版，第 87 页。

⑦ ［美］霍尔姆斯·罗尔斯顿：《环境伦理学》，杨通进译，中国社会科学出版社 2000 年版，第 87 页。

⑧ ［美］霍尔姆斯·罗尔斯顿：《环境伦理学》，杨通进译，中国社会科学出版社 2000 年版，第 87 页。

生物圈平等主义强调人和动物一样都同等地能很好适应"小生境"，在其小生境各有其特长，人的优势是很好地适应人的小生境——文化。罗尔斯顿认为，"人是一种完整而复杂的存在模式，不能归约于任何一种单一的特性。"① 动物完美地适应其小生境，而"人却能站在这个世界之外并根据他与世界的关系来思考自己……既生存于其中又超出其外。在生物学意义上，人是这个世界的一部分；但他也是这个世界中唯一能够用关于这个世界的理论来指导其行为的一部分。"② 动物只具有某种胃觉取向世界观（以食物为中心）、自我中心的世界观（保护它自己的生命）、物种中心的世界观（只促进物种繁殖），但"人类却能接受某种超越人类中心论的世界观。他们能凭借自身的复杂性去认识并评价他们所生存于其中世界的复杂性。因此，人的这种超越……要求我们超越人类利益、并把人类利益与整个自然地球的利益联系起来的义务。"③

罗尔斯顿认为，"'生物中心论'是不正确的，但'人类中心论'也是错误的。生态系统并非毫无差别地把所有生命都置于中心位置，使一个生命与另一个生命完全等同；生态系统也没有（在功能意义上）把人放在中心地位上；在生态意义上，人在生态系统中的作用并不大。从工具的角度看，对生态系统的稳定来说，细菌比人更为重要。并非所有价值都'聚集'在人身上，尽管某些价值是如此。现存所有有价值的事物并不都是'为了'人类才产生的；非人类存在物也捍卫自己的价值。人需要承认这些在他们之外的价值。当然人是生态系统最精致的作品，在这个意义上，人是最重要的价值。从平均占有的角度来看，人是生态系统所支撑的生命形式中最具有内在价值的生命。生态系统既是一个生物系统，也是一个人类处于其顶端的系统"。④

罗尔斯顿不赞同墨笛（W. H. Murdy）为代表的把人类利益与生物过程

① [美] 霍尔姆斯·罗尔斯顿：《环境伦理学》，杨通进译，中国社会科学出版社 2000 年版，第 93 页。

② [美] 霍尔姆斯·罗尔斯顿：《环境伦理学》，杨通进译，中国社会科学出版社 2000 年版，第 96 页。

③ [美] 霍尔姆斯·罗尔斯顿：《环境伦理学》，杨通进译，中国社会科学出版社 2000 年版，第 96—97 页。

④ [美] 霍尔姆斯·罗尔斯顿：《环境伦理学》，杨通进译，中国社会科学出版社 2000 年版，第 99 页。

结合起来的"所有物种都是你死我活的生存竞争"，"所有物种都应当成为保护自己最适应环境的生存者"，"人应当首先寻求自己的生存与繁荣"的"人类中心论的生物中心论"。① 人不应当把自己的优越性当作统治自然的理由，相反，我们应该遵循自然。当人以一种欣赏的方式遵循大自然时，人就超越了自然。人是有特权的资源使用者，更重要的是"他们是自然界的得天独厚的辩护人"。②

4. 有机体的客观价值：内在价值自生论

西方主流的观点认为，价值是主体的体验，不是客观的：如文德尔班（W. Windelband）认为，"价值决不是作为客体自身的某种特性而被发现的。……离开了意志和情感，就不存在价值这类东西。"③

而罗尔斯顿与主观价值论观点相反，提出了价值客观论的观点："在大自然的客观的格式塔结构中，某些价值是客观地存在于没有感觉的有机体和那些遵循某种行为模式的有评价能力的存在物身上，它们先于那些伴随感觉而产生的更丰富的价值存在。"④ 罗尔斯顿指出，这些有机体是拥有意志的客体（object-with-will），但有自己的善，有自己的天性，"这是一种得到维护的控制程序，一种客观的善、一种以遗传基因为基础的偏好。"⑤

克里考特（J.B. Callicott）在主观价值论和客观价值论之间持一种折中的观点，他一方面赞同主观价值论的观点，认为所有的内部价值都是"以人的感情为基础"，是人把价值"投射"给了那"激起"这种价值的自然客体，"在终极意义上，内在价值依赖于人这一评价者"，"价值依赖于人的情感"。⑥

---

① [美] 霍尔姆斯·罗尔斯顿：《环境伦理学》，杨通进译，中国社会科学出版社 2000 年版，第 103—104 页。

② [美] 霍尔姆斯·罗尔斯顿：《环境伦理学》，杨通进译，中国社会科学出版社 2000 年版，第 105 页。

③ [美] 霍尔姆斯·罗尔斯顿：《环境伦理学》，杨通进译，中国社会科学出版社 2000 年版，第 150 页。

④ [美] 霍尔姆斯·罗尔斯顿：《环境伦理学》，杨通进译，中国社会科学出版社 2000 年版，第 151 页。

⑤ [美] 霍尔姆斯·罗尔斯顿：《环境伦理学》，杨通进译，中国社会科学出版社 2000 年版，第 149 页。

⑥ [美] 霍尔姆斯·罗尔斯顿：《环境伦理学》，杨通进译，中国社会科学出版社 2000 年版，第 154 页。

另一方面，"一个具有内在价值的事物，是由于它自身的缘故而被认为是具有价值（valuable for its own sake），这种价值是自为的（valuable for itself），但不是自在的（valuable in itself）。"①

罗尔斯顿指出，不能认为存在一种价值投射光线，并无任何东西被从人这儿投送到自然客体那里。人们评价自然客体，最好被理解成"翻译"（translation），有点类似把树描述成绿色，是人视觉器官眼睛把 550 毫微米的电磁波翻译成绿色："我对大自然的内在价值的发现，完全类似于我对树的绿色的发现。"② 价值不是人头脑传递出去的，是自然界客观具有的。

克里考特在主观价值与客观价值之间的折中观点，被弗兰肯纳描述为"内在价值人造论"（theory of anthropogenic intrinsic value）。罗尔斯顿认为，"内在价值人造论虽然主张价值是人创生的，但不认为价值以人为中心……是一种主观价值论和客观价值论之间这种的观点……但它不是一种真正生物学的或生态学的价值论，而是一种残留的心理学价值论"，③ 内在价值人造论是一种充满逻辑矛盾的范式，实际上在勉为其难地维护"价值的主体授予范式"。④

罗尔斯顿称自己的自然价值客观论为"内在价值自生论"（theory of autonomous intrinsic value），所使用的"内在的"这个词是被修改的严格意义上的，不是人投射送到客体"里面"（内部）去，而是"在人类出现之前就已客观地存在于大自然中"⑤ 的"自然属性"，尽管属性的确认过程（attribution）是主观的，但"主体并没有把任何东西内在地附加到客体的身上去；客体自身与以前一模一样……唯一的变化是：自然物的这些属性被观

---

① [美] 霍尔姆斯·罗尔斯顿：《环境伦理学》，杨通进译，中国社会科学出版社 2000 年版，第 154 页。
② [美] 霍尔姆斯·罗尔斯顿：《环境伦理学》，杨通进译，中国社会科学出版社 2000 年版，第 155 页。
③ [美] 霍尔姆斯·罗尔斯顿：《环境伦理学》，杨通进译，中国社会科学出版社 2000 年版，第 156 页。
④ [美] 霍尔姆斯·罗尔斯顿：《环境伦理学》，杨通进译，中国社会科学出版社 2000 年版，第 158 页。
⑤ [美] 霍尔姆斯·罗尔斯顿：《环境伦理学》，杨通进译，中国社会科学出版社 2000 年版，第 156—157 页。

赏者记录下来，并被翻译成了实实在在的价值。"①罗尔斯顿认为，自己的观点在环境伦理学中，是一种彻底的客观价值论，比"内在价值人造论"更激进，"它彻底高度评价价值的客观根源，不管这种根源给主体带来的是何种体验。"②"某些价值是客观地存在于自然界中的，他们是被评价者发现的，而不是被评价者创造的。""人的价值显现是一个副现象。"③

5.物种的价值：增殖基因流之生命伟业的生态系统价值

罗尔斯顿认为，保护动植物和其他有机体物种，是准道德的（submoral），人类对物种的保护义务，"甚至超过对人或个体动植物的义务"。④

每一个个体都只是"物种的某种展示，个体是物种的标本，物种比个体更重要。个体是物种繁殖自身的形式。"⑤种群的基因库保留着物种的信息，隐含着未来进化的新路径。生命自我更新、顺应环境，有时会演变出一个新物种。物种会超越个体现有实然状态，去探求应然状态。罗尔斯顿指出：生命的故事同时发生在许多层面，可以肯定一点的是，单独的个体不是理解生命之流的唯一层面，物种的灭绝不是小事，"每一个物种的灭绝都会加剧生命之流的衰竭过程……它不仅毁灭生命的'存在'，而且还毁灭生命的'本质'。……对物种的义务与其说是对人的义务，不如说是对生命伟业的义务。它是对一种'理念'的承诺。这种义务是一项绝对命令。"⑥毋宁说，"从动态的角度看，物种只是更大进化伟业中的一个过程、产物和工具。人们对进化的伟业负有义务，它们对物种的义务只是这个义务的一个体

---

① ［美］霍尔姆斯·罗尔斯顿：《环境伦理学》，杨通进译，中国社会科学出版社 2000 年版，第 157 页。
② ［美］霍尔姆斯·罗尔斯顿：《环境伦理学》，杨通进译，中国社会科学出版社 2000 年版，第 158 页。
③ ［美］霍尔姆斯·罗尔斯顿：《环境伦理学》，杨通进译，中国社会科学出版社 2000 年版，第 159 页。
④ ［美］霍尔姆斯·罗尔斯顿：《环境伦理学》，杨通进译，中国社会科学出版社 2000 年版，第 188 页。
⑤ ［美］霍尔姆斯·罗尔斯顿：《环境伦理学》，杨通进译，中国社会科学出版社 2000 年版，第 195 页。
⑥ ［美］霍尔姆斯·罗尔斯顿：《环境伦理学》，杨通进译，中国社会科学出版社 2000 年版，第 196—197 页。

现。"① 大自然几十亿年辛苦创造的价值，现在都依赖于人这一后来物种的精心看护，人应超越狭隘的人类利益，不应仅仅把进化生态系统的所有产品看作飞船铆钉、储藏室的食品、实验用的材料或者旅途中的娱乐品。人类如果不想辱没"智人"这一称号，应把这种多物种当作是有权利要求他们加以关怀的存在物来加以评价，这种"呼唤"是对生命的敬畏。

6. 生态系统价值：内在价值之结与工具价值之网辩证统一整体的具有创造性的生态系统价值

罗尔斯顿的自然价值论的特色是，提出生态系统的自然价值论，认为生态系统价值（systemic value）是由生态系统无数"内在价值"（intrinsic value）之"结"和彼此间"工具价值"（instrument value）之"网"辩证统一整体的生态系统的创造性价值。

（1）生态系统中工具价值、内在价值与价值差序

所谓"工具价值是用来被当作实现某一目的的手段的事物；内在价值是指那些能在自身中发现价值而无须借助其他参照物的事物"。② 人类中心论伦理观认为，只有人具有内在价值，人具有作为生命主体以人格为基础的独有的自为的价值。保尔·泰罗认为生命共同体的生命个体具有平等的内在价值，深生态学则认为包括人的生物圈的生命和非生命（个体、物种、种群、生境［河流、景观、生态系统等］、人类和人类文化）都具有平等的自身价值（内在价值、固有价值）。

罗尔斯顿认为，"工具价值和内在价值都是客观存在于生态系统中的。生态系统是个网状组织，在其中，内在价值之结与工具价值之网是相互交织在一起的。"③ 他在《哲学走向荒野》中阐述了自然生态系统中"内在价值"与"工具价值"的辩证关系：自然生态系统的每一个物种包括人彼此间相互依存，每一存在"自为的存在价值"即"内在价值"外化出来，"以其外向

---

① ［美］霍尔姆斯·罗尔斯顿：《环境伦理学》，杨通进译，中国社会科学出版社 2000 年版，第 213 页。

② ［美］霍尔姆斯·罗尔斯顿：《环境伦理学》，杨通进译，中国社会科学出版社 2000 年版，第 253 页。

③ ［美］霍尔姆斯·罗尔斯顿：《环境伦理学》，杨通进译，中国社会科学出版社 2000 年版，第 254 页。

性与更广阔范围内的自然相协调，'自为的存在价值'散布开来成为'在集合体中的价值'"。内在的自然价值"不是将客观的价值看作是外在的而将其主观的一面看作是内在的，而是把它们看作是统一（生态系统演化）过程的两个方面"，"既有内在价值又有外在价值"，既包含原初的自然生发能力，也滑离（超越）人类主体而进入生态网与食物链金字塔。①

罗尔斯顿自然价值论不同于"深生态学"和"生物中心主义"的是，认为不同有机物的"内在价值"不是平等的，是有差别的。指出："在大自然中，物种之间的差异是实质性的。"② 人在生态系统存在物中具有最高的内在价值，但不是价值中心，生态系统是价值中心。从人到高级动物，到低级动物，到不同的植物，到微生物等，这是一个"内在价值逐渐减弱的曲线，大致可以看作一个陡坡上的曲线……进化的大自然沿着这条线创造出越来越高级的价值，这是大自然进化过程中所取得的逐步上升的成就。"在"只考虑内在价值（完美）的情况下，价值等级大致如下：人的价值最高，从高等动物到具有系统发育功能的神经复杂行动物，其价值逐步减少，植物的价值更低。这是一个大致的尺度，需要生物科学的详细描述来加以修正。"③ "总体上看，有感觉的生物的内在价值曲线上的位置低于人的位置，昆虫的内在价值位置就更低，植物的价值几乎是零，植物的价值这一概念在伦理学上几乎没有什么用处。大自然容纳了含量各不相同的事物。"④ 但从工具价值来说，在生态系统价值层面，"植物的价值超过人的价值。"⑤

（2）生态系统价值及其创造性源泉

罗尔斯顿自然价值论区别于"深生态学"和"生物中心主义"突出特

---

① ［美］霍尔姆斯·罗尔斯顿：《环境伦理学》，杨通进译，中国社会科学出版社2000年版，第192—185页。

② ［美］霍尔姆斯·罗尔斯顿：《环境伦理学》，杨通进译，中国社会科学出版社2000年版，第99页。

③ ［美］霍尔姆斯·罗尔斯顿：《环境伦理学》，杨通进译，中国社会科学出版社2000年版，第164页。

④ ［美］霍尔姆斯·罗尔斯顿：《环境伦理学》，杨通进译，中国社会科学出版社2000年版，第163页。

⑤ ［美］霍尔姆斯·罗尔斯顿：《环境伦理学》，杨通进译，中国社会科学出版社2000年版，第164页。

色是"生态系统价值"观。他认为,内在价值和工具价值这两个概念都不适合生态系统层面,"我们可以说生态系统拥有'内在价值',但这个'松散'的生态系统虽然拥有'自在的'(in itself)价值,却不像有机体那样拥有'自为'(for itself)的价值。它是价值生产者(Producer),但它不是价值'所有者'(owner),也不是价值观赏者(beholder),只有在它保留和完善了价值拥有者(有机体)的意义上,才是价值拥有者。"① 罗尔斯顿认为,"在生态系统层面,我们面对的不是工具价值,尽管生态系统作为生命之源具有工具价值,我们面临的也不是内在价值,尽管生态系统为了自身的缘故而护卫完整的生命形式"。② 他提出了"系统价值"(systemic value)的概念。生态系统价值,"并没有完全浓缩在个体身上,而是弥漫在整个生态系统中。但是在生态系统中,这种系统价值并不是部分价值的总和。"③ "系统价值是某种充满创造性的过程,这个过程的产物就是那些被编织进了工具利用关系的内在价值。""系统价值就是……创生万物的大自然(projective nature)。"④

(3) 人对生态系统的义务和客体道德

罗尔斯顿认为,当人认识到了生态系统整体的创造性的系统价值,就会赞同利奥波德曾说过的"对生物共同体的这种美丽、完整和稳定负有某些义务。"⑤ "我们人类对那些创造出来作为生态系统内在价值放置点的动物个体和植物个体负有义务,我们还对超越个体生命的物种负有义务……但这些不是义务的全部内容",⑥ 当我们明白了生态系统整体价值,"我们要把这些

---

① [美] 霍尔姆斯·罗尔斯顿:《环境伦理学》,杨通进译,中国社会科学出版社 2000 年版,第 254—255 页。

② [美] 霍尔姆斯·罗尔斯顿:《环境伦理学》,杨通进译,中国社会科学出版社 2000 年版,第 255 页。

③ [美] 霍尔姆斯·罗尔斯顿:《环境伦理学》,杨通进译,中国社会科学出版社 2000 年版,第 255 页。

④ [美] 霍尔姆斯·罗尔斯顿:《环境伦理学》,杨通进译,中国社会科学出版社 2000 年版,第 255 页。

⑤ [美] 霍尔姆斯·罗尔斯顿:《环境伦理学》,杨通进译,中国社会科学出版社 2000 年版,第 256 页。

⑥ [美] 霍尔姆斯·罗尔斯顿:《环境伦理学》,杨通进译,中国社会科学出版社 2000 年版,第 256 页。

义务放到其环境来理解"。① 我们一般不需要给现存的生态系统增加动植物，即使我们确信外来物种能够适应环境又不打扰本土生物。但我们也不认为，"在这个动态的生态系统，大地的美丽、稳定和繁殖力达到了最优状态，尽管这是生态系统的发展趋势"。②

生态系统，"不是主体道德（subjective morality），而是某种客体道德（objective morality）"。③ 生态系统的最高级的进化成果是主体性，特别是人类，是"进化之箭所指向的最重要目标"。④ 但主体，尽管是价值高度密集的聚集地，但非唯一的价值聚集地。即是最高的价值，也不能高过生态系统整体的价值。"客体性的生态系统过程是某种压倒一切的价值，这不是因为它与个体无关，而是因为这个过程既先于个体性又是个体性的沃土。"⑤ 主体是重要的，但不能重要到可以使生态系统退化或停止运行。在这个客观上完美的生态系统中，主体的自我满足已受到也应受到充分的抑制。他反问道："这个系统创造了生命，选择了主动适应者，构造了数量和质量日益丰富多彩的生命，支撑无数物种的生存，在松散的共同体允许的范围内逐步增加个体性、自主性和主体性。如果这样一片大地不是一个令人敬仰的生物共同体，那么理由何在？"⑥

（4）生态系统的价值评价：评价主体与评价客体的生态境域关系

有一种生态价值评价模式，是关注评价者与环境之间的双向辩证关系。先是设想一个因果系列（A，B，C，D），产生一个自然价值事件（event of value），自然价值事件又导致了一个体验价值的事件（event of experienced

---

① ［美］霍尔姆斯·罗尔斯顿：《环境伦理学》，杨通进译，中国社会科学出版社 2000 年版，第 256 页。

② ［美］霍尔姆斯·罗尔斯顿：《环境伦理学》，杨通进译，中国社会科学出版社 2000 年版，第 257 页。

③ ［美］霍尔姆斯·罗尔斯顿：《环境伦理学》，杨通进译，中国社会科学出版社 2000 年版，第 259 页。

④ ［美］霍尔姆斯·罗尔斯顿：《环境伦理学》，杨通进译，中国社会科学出版社 2000 年版，第 259 页。

⑤ ［美］霍尔姆斯·罗尔斯顿：《环境伦理学》，杨通进译，中国社会科学出版社 2000 年版，第 259—260 页。

⑥ ［美］霍尔姆斯·罗尔斯顿：《环境伦理学》，杨通进译，中国社会科学出版社 2000 年版，第 260 页。

of value）（见下图）。

$$\begin{array}{c} \text{Exv} \\ \uparrow \downarrow \\ \text{A}{\rightarrow}\text{B}{\rightarrow}\text{C}{\rightarrow}\text{D}{\rightarrow}\text{Env} \end{array}$$

　　按照这个模式，对自然的评价是人与自然相互作用的结果。罗尔斯顿赞同的生态的价值评价模式，评价主体与评价客体不是对立的两极，处在双向的关系，而是评价主体自我被环境包围，个人在与环境的交往中，在与无数的自然价值事件互动中来进行评价。评价主体周围的环境是一个前提，是评价的客观"原料"，自我和评价的对象都处在一个无所不在的"自然场域"中，"我自己和被评价的客体都处在一个公共场域中，所有的评价都属于自然事件范围，评价不仅属于自然，而且存在于自然之中"。[①] 评价主体和评价客体看似是一种辩证关系，实际是一种生态关系："所有的事件、主体及其评价对象，都发生在自然场景中。而且评价主体本身也是这些环境进化出来的，传达价值的各种器官和感觉——身体、感官、双手和大脑、意志、情感都是大自然的产物，大自然不仅创造了作为体验对象的世界，也创造了体验这个世界的主体，根据我们身后的进化路线，我们可以说大自然是一个人格化的系统（personifying），我们处在这条进化系列的前端和末端。"[②] 从宽广的历史角度看，"这些因果线可以追溯到所有生命共同体的生物学起源，我们处在所有各种简单和复杂的生命形式金字塔生态系统的无数关系网络中，处在自然的母体中"。[③] 因此价值评价不是一个孤立或辩证的事件，而是一个进化的复杂网络关系的整体。引发眼前价值体验事件的自然价值事件，隐藏着背后复杂的生态整体关系。

　　（5）生态中心价值论：自然价值层创进化论

　　罗尔斯顿不赞同自然价值是情感共鸣说：有一种价值理论，认为价值来

---

① ［美］霍尔姆斯·罗尔斯顿：《环境伦理学》，杨通进译，中国社会科学出版社 2000 年版，第 277 页。

② ［美］霍尔姆斯·罗尔斯顿：《环境伦理学》，杨通进译，中国社会科学出版社 2000 年版，第 277—278 页。

③ ［美］霍尔姆斯·罗尔斯顿：《环境伦理学》，杨通进译，中国社会科学出版社 2000 年版，第 278 页。

自于情感共鸣，比如当我们审美时，自然物偶尔会跟我们的审美情趣发生共鸣，这种共鸣带有偶然因素，价值不是自然客观的，而是某种我的气质的反映而呈现的，"我发现自然是美的，并非因为自然本身美，而是因为我们从自然中选出了某些显现并重新组合了这些现象，就像艺术家用染料创作。"①

罗尔斯顿部分赞同自然价值层创进化论：自然具有潜在的价值，这种价值潜能犹如价值燃料，由人的价值体验点燃，而主体的价值评价意识是自然层创进化的产物。罗尔斯顿认为，某些价值确实是自然层创进化的产物，如快乐能力或审美能力，它们是高级的善。但这并不意味着，当意识把价值带入世界时，它们带来所有价值，自然不存在客观的价值。

还有一种价值的观点是主客相互介入的情境说。这种观点认为自然界具有价值。当一位观察者进入一片风景地时，这片风景地同时进入他的心灵，这种介入是相互的。主体评价体验活动是一种"合伙行为"，若客体伙伴没有客观价值，就不可能加入主体伙伴的评价活动中，这是以主客体结合为基础的"境遇性价值"（situational value），认为层创进化没有创造出所有价值。罗尔斯顿认为，这种观点忽略价值进化的整个自然过程。不能错把最后的历程看作进化的全部历史、价值评价与整个进化过程密不可分，它是整个进化过程的一部分。罗尔斯顿认为，"价值深深地根植于大自然中那些建设性的进化趋势之中。生态中心说是最完美的价值产生理论，它既承认意识的层创进化是一种新的价值，又认为意识所进入的是一个客观的自然价值领域。"②

（6）自然是价值的载体

大自然是价值载体，主要取决于一个客体与它承载的价值在结构上有多大的相容性。有些价值由自然载体承载，如原木、岩石、马群成为价值载体，但大自然并非到处都能欣赏到对称性、迷人色彩或引人入胜的景色，大自然也把所承载的价值传递给我们，有些价值由人来承载，"大自然的承载价值在人这里达到顶点，但更重要的是，大自然有着朝我们进化、并通过

---

① S. Alexander，aesthetic perception，New york：University of California Press，1995，pp.21-24.

② ［美］霍尔姆斯·罗尔斯顿：《环境伦理学》，杨通进译，中国社会科学出版社 2000 年版，第 290 页。

我们继续朝前进化的力量。"① 如果价值只伴随意识出现，那价值不存在于自然之中，只是创造性思维的东西，那么"主体所遇到的世界是毫无价值的世界"。② 但如果从生态智慧的观点，"进化的后果是如何被进化的前因决定的，因而没有理由说，所有价值都在人类或高等动物层面发生的、不可逆的层创进化现象"。③ 从存在绵延之流的价值视野看，"价值在层创进化的顶端急剧增加，但也绵延不绝地存在与此前的进化事件中"。④

（7）内在价值、工具价值与系统价值模型

创生万物价值的自然系统，是一个从下到上的金字塔层级：宇宙自然系统、地壳自然系统、地球自然系统、有机自然系统、动物自然系统、人类自然系统和人类文化系统。在这个金字塔中，越是处于顶层的，价值就越丰富，有些价值确实要依赖于主体性（subjectivity），但所有的价值都是地球系统和生态系统的金字塔中产生的。从系统的观点看，主观性的价值从上到下逐渐减弱，而在塔底完全是客观价值。价值从物体到个体的功能，再到个体的生存环境，是呈扇形逐步扩大的。

任何事物都不具有自在自为的孤立生存环境，总要面对并适应外部更大的生存环境。"自在价值（value-in-itself）总要转化为'共在价值'（value-in-togetherness），价值弥散在系统中，不可能把个体视为价值聚集地。不同价值层面不是封闭的，工具价值相互连接……成为联系个体内在价值的纽带。"⑤ 处在上层的价值在相当程度上涵盖了下层价值，也需要下层价值的支撑与维护。尽管生态系统通过进化出个体性和自由，创造出越来越多的内在价值，但这些价值不可能从生态系统剥离开来，以致忘记了价值的联系

---

① ［美］霍尔姆斯·罗尔斯顿：《环境伦理学》，杨通进译，中国社会科学出版社 2000 年版，第 291 页。

② ［美］霍尔姆斯·罗尔斯顿：《环境伦理学》，杨通进译，中国社会科学出版社 2000 年版，第 293 页。

③ ［美］霍尔姆斯·罗尔斯顿：《环境伦理学》，杨通进译，中国社会科学出版社 2000 年版，第 294 页。

④ ［美］霍尔姆斯·罗尔斯顿：《环境伦理学》，杨通进译，中国社会科学出版社 2000 年版，第 294 页。

⑤ ［美］霍尔姆斯·罗尔斯顿：《环境伦理学》，杨通进译，中国社会科学出版社 2000 年版，第 295 页。

性与外在性。对共同体、物种、基因库和栖息地的关注需要合作意识，这种意识把价值理解为"共同体的善"。个体的价值要适应并安置在自然系统中，"内在价值只是整体价值的一部分，不能把它割裂出来孤立地加以评价"。①

（8）价值的转换：冲突与互补

罗尔斯顿认为，应把大自然表面的冲突理解为深层次的相互依赖。从表面上看，荒野是一个巨大的弱肉强食的资源利用系统。表面无序，实际"深谋远虑"，通过生存竞争形成从泥土产生，并与物种一起，组成一道绵延不绝的生命之流。荒野一些物种的退化总伴随着另一新物种的有序产生。地球杀死生命，似乎是巨大负价值，但这样做是为了孕育出更多新生命。

（9）价值的系统进化

罗尔斯顿认为，在漫长的进化过程中，通过有机个体实现对生命和种群的保存，导致生态系统的进化，"价值体现在个体身上，同时也属于生命之流"。②一个物种半衰期一般在一万年以上，有些物种消失后未留下任何痕迹，但大自然长远的趋势是把这些物种转化为另外的生命形式。在进化中，少量物种的灭绝虽然是退步，但起到重新确定进化方向的作用。荒野的繁殖力是无比巨大的。保存生命不是荒野唯一原则，但生命还是源源不绝来到并后来者居上："真正的有序来自表面的无序。伟大的生命之流，流向进化的顶峰，沿着负熵的方向，从非存在流向存在，从无生命流向客体生命，再流向主体生命。但大自然进化的路线是迂回曲折的，有些产生了有趣的生命形式，有些指向成功的顶峰。"③

生命个体是生命价值的保护伞，它是内在价值的典型，生态系统通过无数个体的生死使自己得以提高，价值通常是比个体伟大的东西。"价值就是这样一种东西，它能够创造出有利于有机体的差异，使生态系统丰富起

---

① ［美］霍尔姆斯·罗尔斯顿：《环境伦理学》，杨通进译，中国社会科学出版社2000年版，第296页。

② ［美］霍尔姆斯·罗尔斯顿：《环境伦理学》，杨通进译，中国社会科学出版社2000年版，第301页。

③ ［美］霍尔姆斯·罗尔斯顿：《环境伦理学》，杨通进译，中国社会科学出版社2000年版，第302页。

来，变得更加美丽、多样化、和谐。"①

从系统的角度看，"价值总是在个体之间不停地转移，生命之流在漫长的进化过程中藉此流向生命金字塔的顶峰。生态系统把个体当作资源不停地加以利用，以此来弥合内在价值和工具价值。"② 工具价值和内在价值不是均匀地分布在生态系统，"内在价值与工具价值的比例随存在物等级的升高而变化"。③

7. 自然价值类型：对人的非工具性价值和工具性价值

罗尔斯顿一共论述了 14 种自然价值类型，大体分为两大类：大自然的自在客观价值和对人的工具性价值。

大自然对人的非工具价值是大自然在与人无关的情况下呈现出来的意义和功能，是客观的，由自然物自身的属性和生态系统的稳定性、自发性和自组织的结构功能生成的，生命自身的可解读、丰富信息、美的韵律和趣味的自在价值，以及生态系统体现在对所有生命的支撑价值，大自然是所有生命的福祉，具有多样性与同一性、稳定性与自发性、冲突与顺应的价值特征。

大自然对人的工具性价值是人参与大自然形成为人的价值：

第一，大自然的客观自在价值。

（1）生命支撑价值。罗尔斯顿认为，地球系统是一个"幸福之地"，是支撑众多生命繁荣昌盛的生命支撑系统。"一个生态系统就是一个给人印象深刻的评判系统，它具有一种辩证之道"，增加物种对环境的适应力，进化出彼此牵制又在其生存之地和谐相处的各类物种。虽然并非所有有机体的需求都得到满足，但却有足够多的有机体的需要得到满足，以致物种得以长期延续下来，"在这个意义上，生态系统客观上就是完美的共同体。"④

---

① ［美］霍尔姆斯·罗尔斯顿：《环境伦理学》，杨通进译，中国社会科学出版社 2000 年版，第 303 页。

② ［美］霍尔姆斯·罗尔斯顿：《环境伦理学》，杨通进译，中国社会科学出版社 2000 年版，第 303 页。

③ ［美］霍尔姆斯·罗尔斯顿：《环境伦理学》，杨通进译，中国社会科学出版社 2000 年版，第 304 页。

④ ［美］霍尔姆斯·罗尔斯顿：《环境伦理学》，杨通进译，中国社会科学出版社 2000 年版，第 227 页。

（2）多样性与统一性价值。大自然的多样性是指现象上丰富多彩，生态系统中物种种类繁多、多姿多彩。但生化学家发现品类繁多的物种，不过是处于生命核心的 DNA 和 RNA 的物质统一性。恢宏的大自然是由不同主体构成的交响乐，但都是由几个简单的音符构成。人心灵的复杂正是要应付这个多样化又有同一性贯穿于其中的世界。进化的生态系统以多种方式最大限度地促进个体性的出现。每一个生命都被赐予一套基因系统，并生活在一个地方。"在漫长的地质年代，进化的生态系统把地球上物种的数量从零增加到五百万种。不断灭绝和再生，使自然物种的差异来越大。"① 在数量增加的基础上，产生了自金字塔高层的复杂个体。

（3）稳定性与自发性价值。大自然中一组价值依赖于稳定性与自发性的结合。大自然的稳定性，依赖于基于因果律为基础的规律和趋向的秩序，"这种秩序保证了那种支撑着生命和心灵、并成为全部知识安全的基础的生态的和生物学化学过程的稳定性。"② 大自然的稳定是动态的稳定，生态系统作为开放的系统，充满了偶然性，具有自我调适的健康的有机体在这个稳定而偶然的世界行为时趋利避害的，具有一定程度的自由。

（4）辩证的价值。生命之流的河床是由顺境和逆境组成的。生命个体在环境中的生存中，通过抵抗环境的压力，提高了生存能力。"没有矛盾斗争所造成的压力，就不会有生命中的英雄气质。"③

（5）生命的价值。宗教都称赞、敬畏生命。不同层面的生命具有不同的价值。生命具有有机统一性，另外一个特点是生命的可理解性（intelligibility），遗传学和生化语言学（Biochemical linguistics）解释了生物是一个活跃的信息系统，由 DNA 和 RNA 组成的嘌呤和嘧啶就是一个由密码子和词组组成的"字母系统"，它形成了类似于句子和段落的链条。双从螺旋链可以被分解并加以"阅读"，一个立体定向的分子就能"认识"另一

---

① [美] 霍尔姆斯·罗尔斯顿：《环境伦理学》，杨通进译，中国社会科学出版社 2000 年版，第 249 页。

② [美] 霍尔姆斯·罗尔斯顿：《环境伦理学》，杨通进译，中国社会科学出版社 2000 年版，第 26 页。

③ [美] 霍尔姆斯·罗尔斯顿：《环境伦理学》，杨通进译，中国社会科学出版社 2000 年版，第 148 页。

分子，并通过这一方式，传递"密码信息"。生命通过不断"解决问题"而不断延续，当有机体"对付"环境的过程通过自然选择获得一种复杂的"记忆"功能生化过程的逻辑拥有一种控制论意义上的能力，它使得每一细胞所包含的信息都远远多于任何一本书籍的信息。生物具有复杂的生理特征，具有匀称结构，具有审美价值。生命还具有趣味价值（Interest value）和明确无疑的自然价值。

第二，人化自然的价值。

（1）经济价值。石油的价格表明，大自然具有经济价值。经济学认为人的劳动加工了自然物，劳动是价值的源泉，价值生成过程是劳动的过程。罗尔斯顿认为，人类的技术不能创造任何非自然的化学物质和能量，人们所做的是转化自然事物，计算机和火箭等人造物是遵循自然规律的自然物组合而成的。

（2）基因多样化价值。基因物质是自然选择的结果，它有利于有机体的生存，而不管能否被人利用，基因物质可以承载经济价值。人类的价值估价与生物生化价值中的原初价值搅在一起。"基因多样化价值是人类经济价值与生命自身当中的生物价值的某种结合。"[1]

第三，自然化人的体验熏陶价值。

（1）消遣价值。大自然具有愉悦性情的作用。"人在大自然获得惬意的、休闲的、具有创造性的愉悦，可以说以敏感的心灵对大自然客观的特征加以感受而结出的果实。"[2]当人们在观赏野生生物和自然景观时，主要把自然理解为一个充满惊奇的奇妙之地和无奇不有的仓库，一个不可思议的进化系统报告，人们更看重的是消遣激发的创造。

（2）历史价值。荒野提供历史价值的方式有两种，文化的和历史的。从文化与荒野的关系来看，所有文化都生存于某种环境中，都拥有应付环境挑战的历史。在大自然的舞台上，人类历史不过沧海一粟。把大自然当成历史的博物馆，这是把大自然当成某种工具价值，当从工具价值的角度珍惜大

---

[1] ［美］霍尔姆斯·罗尔斯顿：《环境伦理学》，杨通进译，中国社会科学出版社 2000 年版，第 17 页。

[2] ［美］霍尔姆斯·罗尔斯顿：《环境伦理学》，杨通进译，中国社会科学出版社 2000 年版，第 9 页。

自然的历史时，实际也承认大自然残留于荒野和农村地区的自然过程的内在价值。大自然的历史帮助我们理解人在大自然的位置，知道人类是谁，置身何处。一块化石蕴含着历史形成的内在价值，使我们真正理解创造价值的生态环境和人类历史。

（3）文化象征价值。许多国家都有一个动物最具形象的象征。秃鹰象征着美国，狮子是英国的象征，北极熊是俄国的象征。每个国家的各个地区都有某种动物或花作为地区象征。不论文化中的自由选择有多大，任何文化不能脱离其自然环境而独立发展。大自然的独特特征和文化特征交织在一起，使得人与自然交往的故事既具特色又丰富多彩。在文化的背后，总存在着独特的风景名胜。罗尔斯顿认为："大自然的文化象征功能并不是偶然现象，而是地球上众多文化所共有的、一再出现的一个特征。"[①]

（4）塑造性格价值。许多组织和个人都把大自然作为培养其成员或自身性格的一个场所。大自然不仅能检验我们能够做什么，使我们学会谦卑和分寸感，还能帮助我们取得自我成就。大自然能激发许多天才的创造力。大自然是一个认识自己的地方。大自然具有治疗价值。受损较少的荒野和农村普遍具有疗养康复的功能，与大自然接触有助于精神健康。

第四，体验感受自然的价值。

（1）科学价值。罗尔斯顿认为科学起源于知识分子闲暇时的一种追求。纯科学是一种自然主义的消遣，像音乐、美术一样具有内在价值。真正的自然科学家只有对主要的研究对象自然感兴趣的时候，才会有科学研究的兴趣。认为科学有价值，也就是认为自然本身有价值。自然科学告诉我们自然具有复杂性，是高尚求知活动的对象，科学家从自然史研究中获得一种愉快的智力享受，也认为自然值得研究，有自身内在价值。

（2）审美价值。审美也像科学研究一样，也"要求人们在一定程度上不为日常生活之需所迫，也就是说非功利的态度，要求人们通过参与获得一种难以言传的体验"。[②]要感受到自然的审美价值，"很重要的一点是能够将

---

①　[美]霍尔姆斯·罗尔斯顿：《环境伦理学》，杨通进译，中国社会科学出版社2000年版，第21页。

②　[美]霍尔姆斯·罗尔斯顿：《哲学走向荒野》，刘耳、叶平译，吉林人民出版社2000年版，第132页。

它与实用价值及生命支撑价值区分开"，"培养一种超脱实用的目光"。①

（3）宗教象征价值。"当我们凝视午夜的星空、波涛翻滚的大海怒涛……我们会产生一种敬畏和谦卑之感。"②"生与死是宗教的主体，二者都是自然给我们设定的。……对自然现象的研究总被引向深奥的问题。自然极其丰富，不断给我们出难题，我们永远不能了解它的全部。"③

（三）遵循大自然的生态伦理原则

罗尔斯顿认为应确定"自然"与"遵循"（follow）的具体含义。在宇宙观意义上，"自然包括一切存在，是一切存在的总和"。④"在最宽泛的意义上，自然是一切服从自然规律的事物。"⑤一般我们把自然限制在产生生命的地球生态系统，说遵循自然是指那充满生机的进化和生态运动，是大写的Nature，有时拟人化为母亲自然。具体细分，遵循自然有七种含义，罗尔斯顿主张在自然价值的内在性、客观性以及人的价值参与性的基础上，"遵循（follow）大自然"的生态伦理：尽量避免人类文明对大自然的破坏，尊重自然界发生的生命之间的冲突，以生态系统的整体价值为最高道德。

1.在绝对意义上遵循自然。"在最宽泛意义上，凡主动或被动地按照自然规律运行的事物都是遵循自然的。"⑥人体内的生化机制跟其他高等动物没什么两样。在文化上我们似乎超越了自然规律。但在更基本意义上，人和动物一样迄今受制于已发现的任何自然规律。

2.在人为意义上遵循自然。在自然运行方式意义上，认为人的意识活动摆脱了自然的自发行为，具有能动性。"这里的自然定义是，除了人的能

---

① ［美］霍尔姆斯·罗尔斯顿：《哲学走向荒野》，刘耳、叶平译，吉林人民出版社2000年版，第133页。

② ［美］霍尔姆斯·罗尔斯顿：《哲学走向荒野》，刘耳、叶平译，吉林人民出版社2000年版，第148页。

③ ［美］霍尔姆斯·罗尔斯顿：《哲学走向荒野》，刘耳、叶平译，吉林人民出版社2000年版，第150页。

④ ［美］霍尔姆斯·罗尔斯顿：《哲学走向荒野》，刘耳、叶平译，吉林人民出版社2000年版，第40页。

⑤ ［美］霍尔姆斯·罗尔斯顿：《哲学走向荒野》，刘耳、叶平译，吉林人民出版社2000年版，第41页。

⑥ ［美］霍尔姆斯·罗尔斯顿：《哲学走向荒野》，刘耳、叶平译，吉林人民出版社2000年版，第42页。

动性以外的一切物理、化学和生物过程的总和。"① 自然的运行是自动的，或本能的，而人的活动是有计划的。

3. 在相对意义上遵循自然。尽管人的活动是有意识的，但是人可以选择对自然自发的运行状况持一种接受的态度，使我们的行为与自然连贯，在多大程度上是自然的，或人为的。一切人的能动行为大致可比喻为船的航行，没有船长，顺风而行，有了船长，可以通过风帆借用自然风，调节运行方向。有些活动较为自然，有些不自然。计划生育不自然，然而结婚、生孩子是自然的，同性恋是不自然的。美化自然景观是人为的，但美化景观不违反自然，利用该地自然区系，是自然的；如果推平山峰是不自然的。农业活动，有些与自然气候和当地土壤相适应，有些现代化农业活动，导致生态系统退化，是不自然的。湖有天然的，有人工湖。人工湖岸边长着当地植物物种，就比光秃秃堤岸的水库自然。穿衣服者不自然，裸体主义者完全自然。自然保护区修小路比修公路自然。"我们多大程度遵循自然，取决于我们多大程度改变我们环境，取决于我们多大程度将环境融入我们的生活方式，取决于我们离自然多近。"②

4. 在自动平衡意义上遵循自然。生态危机把我们引向在自动平衡意义上遵循自然，"不应该扰乱自然生态系统的稳定，这是一种非常基本和原初意义上的遵循自然。""现代人错误使用我们的能力，掠夺自然。我们现代人的行为是不自然的。生态学使我们认识到我们的这些行为的不自然。"③ 在第二个意义上，人类所有的行为都是不自然的。在自动平衡意义上遵循自然，重点考虑的是，我们有意识的选择中，有些会有助于生态系统的稳定，有一些是相反效果。在这个意义上遵循自然，意味着"选择一条顺应自然的道路，是我们能利用自然规律来增进我们的福祉。"④

---

① ［美］霍尔姆斯·罗尔斯顿：《哲学走向荒野》，刘耳、叶平译，吉林人民出版社 2000 年版，第 43 页。

② ［美］霍尔姆斯·罗尔斯顿：《哲学走向荒野》，刘耳、叶平译，吉林人民出版社 2000 年版，第 47 页。

③ ［美］霍尔姆斯·罗尔斯顿：《哲学走向荒野》，刘耳、叶平译，吉林人民出版社 2000 年版，第 48、50 页。

④ ［美］霍尔姆斯·罗尔斯顿：《哲学走向荒野》，刘耳、叶平译，吉林人民出版社 2000 年版，第 50—51 页。

5. 在道德模仿意义上遵循自然。自然行为是非道德的，对自然的研究归于"是"的领域，在道德上不能告诉我们任何东西。尽管我们把自然拟人化为母亲，但不能像模仿宗教教主那样遵循自然。"自然界有某些善，是我们应该遵从的。但由于自然没有道德主体性，道德不是自然的。"① 佛教认为一切皆苦。而在达尔文自然范式下，自然成了地狱般的丛林。

6. 在价值论上遵循自然，罗尔斯顿赞同这种意义上的遵循自然，认为自然是有内在价值的，对人类具有工具价值和体验教育价值等。有三类环境：城市、农村和荒野，提供了人类三种追求：文化、农业和自然。罗尔斯顿认为："乡村环境是（或应是）人与自然共生的地方。"② 乡村环境是被人工驯化、用于制成人类生活的自然，是人类生产与自然相遇的地方，在这里人服从自然规律而控制自然，在一定意义上，非连续性与连续性结合起来了："我们以能动性去适应自然规律，但我们也能用这种规律为我们服务；我们改变自然，但又接受它的各种气候和潜能的限制。我们既进入自然的轨道，又把自然纳入到人类活动的轨道中来。"③ 农业生产应采取哪些"自然的"，适宜于自然环境的目标，而应禁止那些会损害自然环境的目标。我们喜欢荒野，因为荒野能满足人消遣的需要，尽管休闲不产生任何经济价值，但"我们欣赏它的内在价值，而非它的工具价值。"④ 在这个意义上，遵循自然，"指我们在追求或跟踪自己的主要兴趣所在的东西。""我们走入自然中，去寻找和听取它以自然的形式表达自己。……进行沉思。"⑤ "我们把自然视为有价值的而非仅有一些自然事实的领域，这个领域有着一种自身的完整性。"⑥ 即

---

① [美] 霍尔姆斯·罗尔斯顿：《哲学走向荒野》，刘耳、叶平译，吉林人民出版社2000年版，第54页。

② [美] 霍尔姆斯·罗尔斯顿：《哲学走向荒野》，刘耳、叶平译，吉林人民出版社2000年版，第60页。

③ [美] 霍尔姆斯·罗尔斯顿：《哲学走向荒野》，刘耳、叶平译，吉林人民出版社2000年版，第60页。

④ [美] 霍尔姆斯·罗尔斯顿：《哲学走向荒野》，刘耳、叶平译，吉林人民出版社2000年版，第64页。

⑤ [美] 霍尔姆斯·罗尔斯顿：《哲学走向荒野》，刘耳、叶平译，吉林人民出版社2000年版，第68页。

⑥ [美] 霍尔姆斯·罗尔斯顿：《哲学走向荒野》，刘耳、叶平译，吉林人民出版社2000年版，第67页。

使提出"自然主义谬误"的摩尔，也认为自然中存在美的欣赏。

7. 在接受自然指导意义上遵循自然。这不是从概念上严格的论证，而是通过对自然的沉思"得出某种道理"。"自然有一种引导的能力"①，"如果我们能从不情愿的、出于精明的'应该'转向高兴地接受道德的'应该'，我们将会因找到'我们在自然中的位置'而更加愉快，也显得更有智慧。这等于说：生命运动不应逆着自然而是顺应自然的；而且在文化条件下的人类生命同样适用，是因为人类生命从未真正摆脱其有机的根源和环境。我们的伦理生活应该在效率和道德双重意义上使我们与自然保持很好的适应。这就是爱默生推崇讲道德的行为定义为服从自然规律时的含义。"② 当然自然有点莫名其妙，而人类生命又是复杂的。自然是一个巨大的场景，里面有生与死，春播秋收，永恒与变化，生长于凋零，苦与乐，成功与失败，美丑交变。从对自然的沉思中感受到生命是一种维持在混沌之上的短暂的美，整个生命有一种音乐感。生态的观点帮助我们在自然的冷漠、残暴与邪恶的表象之后看到自然的美丽、完整与稳定。在这一点上，生态的观点往往是接近一种宗教的维度，这并非是一种巧合。③

（四）地球的道德监督者和诗意栖居者：人的生态生存论哲学

罗尔斯顿认为，栖身于其特殊环境的个人的生存具有既超越又内在的二重性，"既生存于社会文化共同体中，也生存于自然生态共同体中"，④ 人一方面是超越地球生物的道德监督者，另一方面又是内在于地球生态系统的诗意的栖息者。

1. 栖息于自然和文化中的人

只有人有文化，城市是人的小生境，但人也是地球的居民，地球是人的居住地，人既生活在一个世界中，也生活在一个城邦中，地球和城市都是我

---

① ［美］霍尔姆斯·罗尔斯顿：《哲学走向荒野》，刘耳、叶平译，吉林人民出版社 2000 年版，第 69 页。

② ［美］霍尔姆斯·罗尔斯顿：《哲学走向荒野》，刘耳、叶平译，吉林人民出版社 2000 年版，第 72 页。

③ ［美］霍尔姆斯·罗尔斯顿：《哲学走向荒野》，刘耳、叶平译，吉林人民出版社 2000 年版，第 76 页。

④ ［美］霍尔姆斯·罗尔斯顿：《环境伦理学》，杨通进译，中国社会科学出版社 2000 年版，第 451 页。

们的家园。"文化是反抗自然而被创造出来的，文化和自然具有冲突……是一个辩证的过程……从斗争走向适应，从掠夺自然的征服者的早期达尔文主义，冲突的伦理范式，变成一种互补的伦理范式：人以满意和感激心情栖息于大自然中。"[①]"在地球上，人应寻求对其环境的最佳适应。"[②] 从自然和文化的角度看，我们可以把人的最佳适应理解为一个带有两个焦点的椭圆。(见下图)[③]

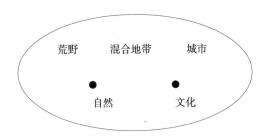

都市是文化创造的焦点，自发的大自然是荒野价值的胚胎，混合地带的价值是由两个焦点共同创造的，"价值这个混合地带包括农村和乡村环境，也包括城乡接合部——郊区"，[④] 文化建立在基础性的自然价值之上。另一方面，人不像动物那样深陷于小生境中，人根本就没有小生境，文化又具有超越自然的维度，人是地球上的道德监督者。在椭圆形广大价值领域内，有的人可能终生生活在那些都市化的价值世界中，有的人则可能栖息于更为荒野的价值世界中，而所有的人将分享许多复合价值。三向度的人（three-dimensional person）对三种价值都有相应了解。

2. 作为地球上道德监督者的人

罗尔斯顿认为，人是自然进化的最高价值和最高角色，是自然进化史上伦理超越者。

第一，人是自然进化的最高价值的最高角色。人对于他们栖息于其中

---

① [美] 霍尔姆斯·罗尔斯顿：《环境伦理学》，杨通进译，中国社会科学出版社 2000 年版，第 451 页。

② [美] 霍尔姆斯·罗尔斯顿：《环境伦理学》，杨通进译，中国社会科学出版社 2000 年版，第 451 页。

③ [美] 霍尔姆斯·罗尔斯顿：《环境伦理学》，杨通进译，中国社会科学出版社 2000 年版，第 451 页。

④ [美] 霍尔姆斯·罗尔斯顿：《环境伦理学》，杨通进译，中国社会科学出版社 2000 年版，第 452 页。

的生态系统没有任何工具价值，反而有时有负面工具性价值：打乱自然系统并获取自然价值。但"人类仍然是自然进化的最高成就创生万物的地球自然生态系统，生态系统有机体的进化趋向个体性、感觉、自由和灵性"。① 罗尔斯顿认为，"人栖身于自然生态系统的顶峰，人格是地球生态系统顶端的一个体验中心，一种高级进化的成就。这最后一个成就（可以说）是最重要的成就。人在地球生态系统的最高价值地位，容易使人认为，人的内在价值超越地球生态系统，或人是地球上其他存在的主人，具有不负责任的特权"②，这是人类中心论的价值观。罗尔斯顿指出，"人本主义伦理对地球邻居熟视无睹，把创生万物的自然生态系统和万物当作资源看待。站在狭隘的有机体的立场，人本主义伦理似乎是有道理的。……因而人本主义伦理宣称，人是拥有道德关怀能力且值得给予道德关怀的唯一物种，大自然对人类情有独钟，文化优于自然。"

第二，出现于自然史中的伦理超越。人本主义伦理主张把人的内在价值拔高到所有存在物之上，而生态伦理学认为，"人应当是完美的监督者……不是把心灵和道德用作维护人这种生命形态的生存的工具；相反，心灵应当形成某种'大道'观念，维护所有完美的生命形态。……他们来自地球又遍观地球。人类有其完美性。而他们展现这种完美的一个途径就是看护地球。"③ 罗尔斯顿认为，"人层创进化的一个独特之处就是进化出了一种与利己主义同时并存的利他主义，进化出了一种不仅指向同类，还指向生存于生态共同体中其他物种的恻隐之心。人应当从伦理学家所说的'原初状态'（original position）的角度，从地球的角度，客观地把地球看成是一个生生不息的生态系统。站在这个角度人就能理解地球上悠久的进化成就，并对这种成就做出自己的贡献，形成生态伦理"。④ 人要超越那种把地球当作资源

---

① ［美］霍尔姆斯·罗尔斯顿：《环境伦理学》，杨通进译，中国社会科学出版社 2000 年版，第 457 页。

② ［美］霍尔姆斯·罗尔斯顿：《环境伦理学》，杨通进译，中国社会科学出版社 2000 年版，第 458 页。

③ ［美］霍尔姆斯·罗尔斯顿：《环境伦理学》，杨通进译，中国社会科学出版社 2000 年版，第 461 页。

④ ［美］霍尔姆斯·罗尔斯顿：《环境伦理学》，杨通进译，中国社会科学出版社 2000 年版，第 461 页。

使用的观念，而应把地球看作栖息地，并用道德来限制人类政治、经济、科学和技术行为，明智地利用自然资源。人应当成为赞赏其栖息地的居民，在其中发现价值并增添其中价值。人的主观价值与地球的客观价值相得益彰，比其他生命更能"神游"于其他价值，与其他生命共享某些价值。人是地球的一道风景，因为他们能观赏地球的伟大的生命进化故事，从其他物种支撑着这些物种的生态系统的角度观赏这个世界。

第三，人作为栖息者具有环境利他主义。人区别于其他存在物，不仅在于人具有理性能力，还在于具有欣赏他者（other）、看护这个世界的能力。康德看到了他者在道德上的重要性，但他所关注的他者只是理性的人，是残留的利己主义，是人本主义的利他主义。而环境伦理则号召人们关注非人类存在物，关注生物圈、地球、生态共同体，动植物以及那些不具有自我意识但具有明显完整性和客观价值的存在物。环境伦理学既能从自己的角度，也从其它存在物角度欣赏这个世界。人只有真正理解了史怀泽所说的"存在整体的伟大伦理"，发现宗教爱邻如己的真义，爱地球生态系统及其存在物的邻居。"在这个意义上，与人类自我实现能力一样，诗意地栖息于地球的能力以及与其它存在物融为一体的能力，也是道德的前提条件。"① 人作为道德代理人，认可自然生态系统及其存在物的他者，才能形成真正的利他主义精神，即环境利他主义：超越一己之得失，赞天地之化育。

3. 诗意地栖息于地球

罗尔斯顿指出，传统人本伦理学呼吁人们生活在文化空间中，环境伦理则呼吁人们生活在自然空间中，这种伦理学除了认可人的内在价值外，还要求人以恰当的方式适应自然，人的主体性应适应自然的客体性，人应成为大自然的化身。② 我们应从价值椭圆模型的两个焦点看，自然主义伦理不仅是从"是"过渡到"应该"，而且是与生命进化故事相伴而行的过渡，"它变成了一个从实然到生成（becoming）的过渡，而这种历史性的过渡也成了应

---

① ［美］霍尔姆斯·罗尔斯顿：《环境伦理学》，杨通进译，中国社会科学出版社 2000 年版，第 464 页。

② ［美］霍尔姆斯·罗尔斯顿：《环境伦理学》，杨通进译，中国社会科学出版社 2000 年版，第 466 页。

然的一部分，伦理学成了一部叙事史诗。"① 每个人都活在具体的时空中，伦理原则并非是有血有肉的道德，只不过是一具"道德骨架"，每一种伦理都有它的生存环境，都有它"栖息"的"小生境"。像物种一样，由其生存环境所决定的，是不断进化的，有其进化史。

第一，栖息于自然史中的非人类存在物。大自然经历了漫长的进化过程，地球被居住的历史并不始于人类，人类经过漫长的历史发展后，只是在20世纪才了解地球的历史。从长远来看，数十亿年来进化生态系统在地球上一直编织着充满戏剧色彩的从不雷同的生命故事。从有限的角度看，地球上才存在季节变化、再循环、稳定的模式、重复的秩序。在这个意义上，体内平衡、资源保护、环境保护、稳定、物种的生态系统等，这些对环境伦理学并非至关重要，尽管借助这些概念，环境伦理学得以产生。自发的生态系统不断地更新秩序，编制了无数惊心动魄的故事，不断发展变化，是生态系统最根本的特征。与其说地球历史是一部由前提和结论组成的枯燥三段论，毋宁说它是一段有待解读的文本，正在撰写的小说。地表是一本有待阅读的、积淀着地球以往历史的手稿。

第二，历时地栖息于大自然中的人。当人类产生以后，一种具有极高价值的现象产生了，这种现象源于人类所具有的那种能叙述地球上正在发生的生命故事的能力。从人类产生，人类就是一个"故事大王"。科学史一个激动人心的方面是，地球历史得到较好的叙述。尽管科学最不擅长的就是叙述历史。科学只能提供支离破碎的理论来说明人类是如何诞生的，并不能形成一个严密的逻辑体系。"真正具有真理性的观点似乎是：人的产生、多样化的物种的形成以及个性的增加，都是地球系统进化的方向（heading）之一。但我们得用故事形式把这一进化趋势表述出来：这一趋势不可能从某种理论推导出来，尽管从某种意义上，人的产生是地球系统进化的潜在趋势。"② 同样，当再次从科学走向伦理学时，道德哲学也不能给我们提供任何理由证明，人类为什么应当在地球上出现。人类是宏观地球的一个微观缩

① ［美］霍尔姆斯·罗尔斯顿：《环境伦理学》，杨通进译，中国社会科学出版社2000年版，第467页。

② ［美］霍尔姆斯·罗尔斯顿：《环境伦理学》，杨通进译，中国社会科学出版社2000年版，第471页。

影，并且对他们诗意地栖息地球倍感欣慰。对生命故事叙说本身就能使这个故事本身以及有关人类的章节，变得意味深长。我们更喜欢这种关于我们"根源"，而不喜欢只把人理解为内在价值，而把所有其他存在物理解为"工具价值"的"资源"的观点。

第三，以个人身份栖息于环境中。在新的一千年到来之际，人类确认了智人作为地球观察者的身份，并根据现代科学回答了"人是谁""身居何方"的问题，还创立了一种关于栖息地的新伦理和史诗。但人类扮演这一角色要求人类具有较发达的建构自然史的能力，较高的科学素养和较强的理解环境的能力。只有少数人具备了或能够具备地球整体观。罗尔斯顿认为，"栖息在本地的自然环境中，就是去感受那些在本地表现得特别明显的那些周期性的普遍现象——季节、生命的巨大再生能力、生命支撑、时间与空间的协调一致。栖息在这些地方，可以分享大自然在这些地方表现出来的那种'简明性'（Big assurance）。对那些对其环境十分敏感的人——恰如研究一片狂野的生态学家、研究某个代数方程的数学家——毕其一生都在试图把握那发生在地球上的丰富多彩而又完整的自然现象的片段。"[1] 我们需要一种全球的伦理，我们也需要一种地方主义伦理，"伦理需要一种世界观，但它只能存在于具体的生活世界中。伦理不仅仅是一种理论，而是'生活之道'。伦理必须要在个人的具体生活中得到体现"[2]。人是与世界保持着具体性联系的主体性的自我，关于家园的故事最终要用叙事的形式表述出来，人不是脱离肉体性的纯理性，而是与历史密不可分的存在物。"人在大自然的地位，并不是一个超然的理念观察者。根据前面提到的辩证法理论，我们现在把人理解为与特定时空环境密不可分的存在者。"[3] 与社会环境不断变化相类似，自然环境也不断变化，每一天每一年都不相同。与生态系统包含的普遍因素相比，特殊因素实际上是某种好的信息，"把大自然提升成了一个可诗意地栖

---

① ［美］霍尔姆斯·罗尔斯顿：《环境伦理学》，杨通进译，中国社会科学出版社 2000 年版，第 474 页。

② ［美］霍尔姆斯·罗尔斯顿：《环境伦理学》，杨通进译，中国社会科学出版社 2000 年版，第 471 页。

③ ［美］霍尔姆斯·罗尔斯顿：《环境伦理学》，杨通进译，中国社会科学出版社 2000 年版，第 477 页。

息于其上的家园。"① 人的生命故事一个主要特征是，以个人传记的形式表现出来。罗尔斯顿指出，"人们想诗意地栖息于其中的大自然，是这样一个大自然：它虽历经沧桑，但却把生命的过去、现在和未来整合成一种有意义的故事图景。""我们已经领悟了'生命存在于共同体之中'这一观念最高丰富的内涵：根据这一观念，所有的生命都对这个可以在其上诗意地栖息的地球做出了贡献。"与前面全球性的观点互补，不再把人理解为某个原初状态环视一切的完美的观察者，"而是理解为我们周围的生命故事的活生生的参与者。我们必须用内在性补充超越性"②。居住在同一个地方的人，会有不同的栖息体验，栖息在不同自然环境以及地理位置和历史背景都各不相同的人，都会产生各异的栖息感受，这增加了地球上人类共同体的丰富性。人类共同体的丰富性和多样性使得一种更为高级的价值复合体的存在以及在时空的延续成为现实。大自然的生命故事，与欣赏它的文化故事结合起来以后，就导致了更伟大的价值事件的产生。这是一个系统的、共同体的成就。"在文化共同体中，无数的个人独具特色的栖息方式也被整合进了对大自然的全球性的观照（Oversee）之中"，"我们每一个人的具体的栖息方式，被整合成了某种可超越个人有限性的、有关人类整体在这个地球上的生存的宏伟史诗。人类文化有助于人类在地球上的诗意的栖居。"③ 有了地域性和全球性的栖息方式，伦理学将自然化。"通过做出对栖息地有益的行为，智人将使他们自己的利益得到最大限度的实现；它将把人类带向希望之乡。"④ 我们人类扮演的角色，"依据一种地域性的、全球性的和历史性的环境伦理，生活在地球上，阐释地表上发生的一切，并选择地表上我们挚爱的一切，接受一个我们愿意接受且乐于融入其中的世界。……这种伦理存在于对周围环境的精心的呵护中，存在于心灵的三个部分——理性、情感、意志——对大自然的真正

① ［美］霍尔姆斯·罗尔斯顿：《环境伦理学》，杨通进译，中国社会科学出版社 2000 年版，第 479 页。
② ［美］霍尔姆斯·罗尔斯顿：《环境伦理学》，杨通进译，中国社会科学出版社 2000 年版，第 480—481 页。
③ ［美］霍尔姆斯·罗尔斯顿：《环境伦理学》，杨通进译，中国社会科学出版社 2000 年版，第 483—484 页。
④ ［美］霍尔姆斯·罗尔斯顿：《环境伦理学》，杨通进译，中国社会科学出版社 2000 年版，第 484 页。

适应之中；这种适应是对大自然的创造性回应。"① "只有适应地球，才能分享地球上的一切。只有最适应地球的人才能乐融融地生存于其环境中。这不是以不自然或不近人情的方式屈服于自然，它实际是为了爱和自由（对自己栖息地的爱和存在于这个环境的自由）所作的冒险。""这样一个世界，或许是所有可能的世界中最好的世界。"②

---

① ［美］霍尔姆斯·罗尔斯顿：《环境伦理学》，杨通进译，中国社会科学出版社 2000 年版，第 484 页。
② ［美］霍尔姆斯·罗尔斯顿：《环境伦理学》，杨通进译，中国社会科学出版社 2000 年版，第 484 页。

第四章　过程思想与生态模式：建设后现代主义的生态文明综合视域

以小约翰·柯布（John B. Cobb，Jr.）为首的、以怀特海有机哲学为理论基础的美国过程思想研究中心的学术研究共同体，对生态文明的发展目标进行了明确而系统的阐述，并运用怀特海的内在关系的、动态、综合、有机论的过程思想，与各种宗教、哲学和科学传统，特别是与后现代主义、与马克思主义进行创造性的对话，批判资本主义现代性及其在经济学的表现，提出了层级价值的深生态哲学和生态模式，提出了共同体中的共同体的生态经济范式和实践模式，提出了有机马克思主义和过程思想的生态文明的综合视域（synthetic vision of Eco-Civilization）和实践方案。

第一节　生态文明的深生态哲学

柯布认为过程思想的建设性后现代主义属于"深生态世界观"，生态世界观的共性是皆为有机整体论，强调存在不是实体，而是变化互动的关系，价值在关系互动中把握，在世界观和价值论上，"后现代生态观与深层生态学一致"，① 但建设性后现代主义的"深生态学"区别于生态伦理学的"深生态学"的总特点是：生态伦理学的深生态学，强调万物包括人在内价值的平

---

① ［美］小约翰·柯布：《生态学、科学和宗教：走向一种后现代世界观》，［美］大卫·格里芬编《后现代科学——科学魅力的再现》，马季方译，中央编译出版社1995年版，第138—139页。

等，是"是一种新形式的泛神论"①；而后现代生态世界观和价值观是"泛经验论"的，建设后现代主义的深生态学世界观，基于怀特海的内在联系的动态有机整体世界观，强调万物包括人，"既是主体，又是客体"，是泛经验的"主体—客体"互渗的"超体"，主体经验有差别，因而内在价值是不平等的，人具有较深度的经验，因而在价值层级中具有较高价值。生态系统的"金字塔的总体价值与底部的丰富性、层级数、各层生命的形式的复杂性多少是相关联的"，② 人比其他物种具有更丰富和高级的内在体验情感，也就比其他生物具有较高的内在价值。③ 建设性后现代主义的深生态学，建立在怀特海的过程思想或有机论哲学的基础之上，在过程思想的指导下形成基于进化总体秩序的整体伦理的生态学模式。

一、过程思想

建设性后现代主义的过程思想的源头，起自阿尔弗雷德·诺斯·怀特海（Alfred North Whitehead）和查尔斯·哈茨霍恩（Charles Hartshorne）。过程思想，强调全部现实（actuality）都是变化的"过程"。怀特海称之为"有机论哲学"（Philosophy of organism），哈茨霍恩则强调"多元实在论"（Plurality of real entities）和"创造性的综合"（creative synthesis），一种基于杂多（a complex many）的自我创造。哈茨霍恩是"两极有神论者"（dipolor），或"万有在神论者"（panentheist）的"过程神学"者，过程神学其实是动态的、内在关系的、创造的有机论的过程哲学思想。④

---

① ［美］小约翰·柯布：《生态学、科学和宗教：走向一种后现代世界观》，［美］大卫·格里芬《后现代科学——科学魅力的再现》，马季方译，中央编译出版社 1995 年版，第135 页。

② ［美］柯布：《生态、伦理与神学》，载［美］赫尔曼·E. 戴利、肯尼斯·N. 汤森编《珍惜地球：经济学、伦理学、生态学》，马杰、钟斌、朱又红译，商务印书馆 2001 年版，第250 页。

③ ［美］柯布：《生态、伦理与神学》，载［美］赫尔曼·E. 戴利、肯尼斯·N. 汤森编《珍惜地球：经济学、伦理学、生态学》，马杰、钟斌、朱又红译，商务印书馆 2001 年版，第254 页。

④ ［美］小约翰·柯布、大卫·R. 格里芬：《过程神学》，曲跃厚译，中央编译出版社 1999年版，前言第 2 页。

（一）泛经验论

柯布和格里芬认为，怀特海的过程哲学，认为过程是根本的，现实的就是过程的。"过程是从一种现实实有（actual entity）向另一种现实实有的转变"，"是一种瞬间的生成"①，是"经验点滴（drops）"。现实实有是"有其自身统一体的事件"，是一种"经验统一体的事件"，或"现实机遇"（actual occasions，或译现实机缘）或"经验机遇"（occasions of experience，或译"经验机缘"，或"瞬间的经验"）。② 个体不是独立的，而是关系中的"社会"，即怀特海说的"共生"（concrescence，结合）③，个体的"经验机缘"是"动态的共生活动"：一方面，过程就是时间，每一个瞬间都是崭新的，不可逆的，现在受过去影响，将影响未来；另一方面，共生本身没有时间，是永恒的现在经验，每一个瞬间都是现在，不是转变的接续性（successiveness）概念。对怀特海而言，"过程的单位既是内在的，也是外在的，既是主观的，也是客观的。"④ 它们是"经验机缘"，"在共生的瞬间，过程的每一个单位都'享受'着怀特海说的'主观直接性'（subjective immediacy）。"⑤ "享受"这个词，表明"每一个单位都有内在价值，即一种自在自为的内在实在。"⑥ 这个概念也暗示一种"泛经验论"：所有单位，不论是人，还是电子事件，都是经验机遇。"缺乏享受的经验，是'纯客体'……怀特海拒绝了这种没有主观经验的空洞现实，因而拒绝了一种经验现实和非经验现实的二元论。"⑦

---

① ［美］小约翰·柯布、大卫·R.格里芬：《过程神学》，曲跃厚译，中央编译出版社1999年版，前言第2页。

② ［美］小约翰·柯布、大卫·R.格里芬：《过程神学》，曲跃厚译，中央编译出版社1999年版，第3页。

③ ［美］小约翰·柯布、大卫·R.格里芬：《过程神学》，曲跃厚译，中央编译出版社1999年版，第3—4页。

④ ［美］小约翰·柯布、大卫·R.格里芬：《过程神学》，曲跃厚译，中央编译出版社1999年版，第4页。

⑤ ［美］小约翰·柯布、大卫·R.格里芬：《过程神学》，曲跃厚译，中央编译出版社1999年版，第4—5页。

⑥ ［美］小约翰·柯布、大卫·R.格里芬：《过程神学》，曲跃厚译，中央编译出版社1999年版，第5页。

⑦ ［美］小约翰·柯布、大卫·R.格里芬：《过程神学》，曲跃厚译，中央编译出版社1999年版，第5页。

　　机械论的世界观,认为"自然的终极单位完全没有经验和自我运动",①一方面把自然界看成是机械系统;另一方面,这个机械系统需要一个宇宙外的第一推动者存在。而建设性后现代主义的"泛经验"假说,必然预设身与心、自由和被决定的相互作用。"泛经验论认为……不同等级的个体具有不同程度的自由。"② 现代机械论科学使自由成为不可能,而泛经验论者认为,世界的基本单位是经验事件,经验事件与个体,其每一种经验,都既"摄取"过去一切事件的影响,是被决定的,是一种当下的自我创造,是自由的。即根据其自我享受和超越自身的自我表达目的,以"主观形式"融合各种感受的"客观内容",整合为统一的新经验。现实实有,既是在时间中,现在"摄取"一切"物质极"现实实有的经验,又摄取"精神极"永恒客体形式,成为合"多"为"一"的一即一切、刹那即永恒的"共生"(concrescence,结合)体,既是决定的又是自由的。而机械论物理学,否定不可逆的时间的实在性,怀特海称之为"错置具体性"(misplaced concreteness)③ 所有的经验都是享受,所有现实实有,都是"经验机缘"。但"经验"不等于人的意识经验:"只有少数的经验能上升到意识的层次。……意识……能增加经验的享受。"④

　　格里芬认为,查尔斯·哈茨霍恩把由怀特海首次阐述的泛经验论学说,"赞誉为有史以来最伟大的哲学发现之一"⑤。他认为,泛经验论"假定所有自然实体、所有通往亚原子事件的方式都有内在经验和外在行为",⑥ 而"把

---

① [美] 大卫·格里芬等:《超越解构:建设性后现代哲学的奠基者》,鲍世斌等译,中央编译出版社 2002 年版,第 1 页。
② [美] 大卫·格里芬等:《超越解构:建设性后现代哲学的奠基者》,鲍世斌等译,中央编译出版社 2002 年版,第 17 页。
③ [美] 大卫·格里芬等:《超越解构:建设性后现代哲学的奠基者》,鲍世斌等译,中央编译出版社 2002 年版,第 19 页。
④ [美] 小约翰·柯布、大卫·R.格里芬:《过程神学》,曲跃厚译,中央编译出版社 1999 年版,第 6 页。
⑤ [美] 大卫·格里芬等:《超越解构:建设性后现代哲学的奠基者》,鲍世斌等译,中央编译出版社 2002 年版,第 277 页。
⑥ [美] 大卫·格里芬等:《超越解构:建设性后现代哲学的奠基者》,鲍世斌等译,中央编译出版社 2002 年版,第 277 页。

这一洞见推广到自然所有的层次"①。泛经验论通过把低级个体，如细胞和分子，看成是与我们意识经验程度上的不同，而解决了心身关系问题。哈茨霍恩认为，泛经验论之所以没有成为流行的理论，"主要原因在于我们知觉到的大部分世界并没有给出任何生动的、正在经验和体验自我—决定的证据。岩石总是待在它们所在的地方，除非用外力去移动它。它们并没有显示出具有情感、欲望、目的和自我运动的能力的征兆"。②

哈茨霍恩认为，我们之所以没有发现大部分世界自我决定的证据，在于四个方面的原因：首先，是从外部还是从内部认识某物的先在区别（prior distingction）：视觉是从外部看外物，而非直接从内部体验某物。其他三方面原因包括：感知的模糊性，集合体和复合体的区别，以及高级个体和低级个体的区别：其一，普通感知模糊性：视觉没有告诉我们世界借以构成的个体究竟是什么；我们看到的是岩石，而看不到它借以构成的成千上万的分子，更不必说看到原子和亚原子世界；感知的统一体是通过模糊知觉产生的虚假统一体。其二，复合体与集合体有别：岩石不同于回应环境的动物的"复合体"，是"集合体"，其感受和自决的最高中心是构成岩石的分子，岩石没有一个支配中心，其分子的各种运动互相抵消，所以才形成一个岩石整体的相对静立状态。其三，高级个体与低级个体有别：哈茨霍恩认为"复合个体"具有等级："哈茨霍恩暗示，至少下列事物都是复合个体：原子、分子、大分子、细胞、多细胞动物和作为一个整体的宇宙。每一个较高的复合体都包含了较低的复合个体，并包含了达到最高程度的宇宙变量。在这些变量中有一种力量——即决定自我并影响他人的双重力量。因此，力量和经验的广度是成正比例上升的。"③

（二）内在本质的联系

柯布和格里芬认为，现实是过程的，又是经验的，这两个方面，相互

---

① ［美］大卫·格里芬等：《超越解构：建设性后现代哲学的奠基者》，鲍世斌等译，中央编译出版社 2002 年版，第 277 页。

② ［美］大卫·格里芬等：《超越解构：建设性后现代哲学的奠基者》，鲍世斌等译，中央编译出版社 2002 年版，第 279 页。

③ ［美］大卫·格里芬等：《超越解构：建设性后现代哲学的奠基者》，鲍世斌等译，中央编译出版社 2002 年版，第 281—282 页。

支持。过程论和本质联系观，也是相互支持的。怀特海的现实实体是个别的事件，并没有经历时间，但它们完成的时候就成为过去，现在是一系列正在生成的机遇，怀特海用"经验机缘"的概念就是表达现实个体的这一特点，持续的事物是"经验机缘"的系列，"一种瞬间经验本质上是和先前的经验相关的"①，"联系是第一性的"。② 表示联系的术语是"摄取"（prehension）和"感受"（feeling）。"现在的机遇（机缘）是统一各种'领悟'（或译'摄取'）及其开端的过程。"③ 怀特海的经验过程，就是瞬间"摄取"关系。

　　大卫·格里芬认为，怀特海把日常的感觉经验解构为两个要素，称这些要素为"表象直接性模式中的知觉"和"因果效应性模式中的知觉"（percepotion in the mode of causal efficacy）。在视觉形式中，"表象直接性模式中的知觉"，是对空间色块的意识，既没有给出外部世界的认识，也是无时间的。我们的日常语言把感觉材料和现实事物联系起来，我们不说看到褐色的色块，而说看见一张褐色的桌子。我们确信我们看见了一个现实的物理世界，而不是一些有色形状。怀特海认为，这种确信是现实撞击所致，我们对发生于这一空间的当下过去事件，具有物理感受或摄取。"正是这些物理感受（feeling）使得我们如此确信，存在一个现实的物理世界……这就是因果效应性模式中的知觉。"④ 在日常感觉经验中，这两种模式被整合为一种感受，就是褐色桌子的感受，这就是"符号指涉性模式中的知觉"。在表象直接中被给予的褐色色块，涉及那些作用于我们的眼睛的物理实体。褐色的色块在眼前时，有细小误差，但距离很大时，细小的误差就变得很大，要知道其位置，需要复杂的计算。而符号指涉的错误更大，外界事件与颜色的视觉经验无关。而"因果效应性模式中的知觉"是不涉及我们感官的那部分外部世界，是非感知的知觉。

---

① ［美］小约翰·柯布、大卫·R.格里芬：《过程神学》，曲跃厚译，中央编译出版社 1999 年版，第 8 页。

② ［美］小约翰·柯布、大卫·R.格里芬：《过程神学》，曲跃厚译，中央编译出版社 1999 年版，第 9 页。

③ ［美］小约翰·柯布、大卫·R.格里芬：《过程神学》，曲跃厚译，中央编译出版社 1999 年版，第 9 页。

④ ［美］大卫·格里芬等：《超越解构：建设性后现代哲学的奠基者》，鲍世斌等译，中央编译出版社 2002 年版，第 247 页。

　　大卫·格里芬认为，作为本体学说的泛经验论，在认识论上是一种拒斥感觉论者的知觉观，强调一种非感性的知觉方式。感知不是我们认识世界的主要方式，"因果效应模式的知觉"是一种更基本的非感知的方式。通过此非感觉的"因果效应模式的知觉"，我们直接"摄取"（领悟）其他现实事物，因为它们对我们来说也是现实的和有因果效应的。我们通过三种方式对"外部世界"进行摄取：首先，是把身体的各个特殊部分摄取为我们具有因果效应的部分。其次，通过摄取我们的身体，也就直接摄取了超身体的在场的（present）现实，如看到的树、光子和神经元的各种事件，在大脑细胞中是在场的。第三种方式，是无意识心灵感应地直接领悟或摄取超越身体的现实。怀特海和哈茨霍恩认为瞬间事件是经验点滴（drops）或机缘构成的终极现实事物，那么记忆也是一种知觉，是"非感知的例证"，表明感觉即知觉的观点是错误的。

　　大卫·格里芬认为，当把事件看作终极的单位时，心物关系的难题就迎刃而解，心被分解为心理事件，物被分解为物理事件。在事件—形而上学中，一次谈话可被分解为它得以构成的连续瞬间经验，这种瞬间经验可以看作"原子经验"，不同于物质原子，它们是四维的，不是可分解的属性，而是关系，"先前的经验机遇（机缘）的影响根本构成了目前的经验机遇（机缘）。"[1] 如当两位家庭主妇谈话，一个人听到另一个人的声音，不仅是过去的经验流入目前的经验，也是他人的声音通过身体传给了她，还有视觉经验、触觉经验。而她听到的声音理解为一个词，还有身体劳累的各种模糊、半自觉的希望和恐惧影响，这就形成了"物理感觉"或"物理领悟"（摄取）。"人的经验机遇（机缘）是各种领悟（摄取）的综合。"[2]

　　（三）主体—客体互渗的超体

　　大卫·格里芬认为，现代思想根本的出发点，不是实体论，而是认识论。笛卡尔从抛弃实在论转向认识论，把世界分为经验认识的主体和被经验的客体。"怀特海……拒斥了相伴随的各种认识论和形而上学的二元

———————————

[1]　[美] 大卫·格里芬等：《超越解构：建设性后现代哲学的奠基者》，鲍世斌等译，中央编译出版社2002年版，第237页。

[2]　[美] 大卫·格里芬等：《超越解构：建设性后现代哲学的奠基者》，鲍世斌等译，中央编译出版社2002年版，第238页。

论。"① 在摄取关系中，主客体之间相互转化。此外还有只有可能性而没有现实性的"永恒客体"，即终极精神。

过去"经验机缘"是在目前"经验机缘"的因果效应，或对过去给予的摄取，现在的客体，就是过去的主体，而现在的主体就是现在的"经验机缘"，即摄取过去"经验机缘"的主体："目前的经验机遇（机缘）是这种领悟（摄取）的主体，过去当下的机遇（机缘）则是这种领悟（摄取）的材料，材料是给予主体的客体。在这种方式中，经验的主体—客体结构重新得到了肯定。"②

怀特海在使用"主体"时，用了上述两种含义，他有时用"超体"（superject）这个词。"一个经验机遇（机缘）就是它和过去机遇（机缘）的关系的超体。这表明，那些被领悟（摄取）了的客体的特性在很大程度上决定了新的主体的特性。……每一个统一的事件，都是一个决定如何依据后来的事件而行动的主体。"③ 选择"决定"这个词，突出了所有原子事件中都存在主体性的假说。决定不一定是自觉的，司机刹车就不是有意识的。所有原子事件都有主观性的观念，说明"没有主体就不可能有客体"。④"怀特海的假设是，所有的事件都是经验的机遇（机缘）。在它们显现的时候，它们是主体；而当它们完成了自身的时候，它们就成了其他事件的客观材料。当这一假设被接受的时候，大量的难题就迎刃而解了。"⑤

（四）化身：刹那即永恒，现实机遇的内在共生关系，永恒客体的具体化

柯布和格里芬认为，现实机缘的生成为"共生"（concrescence，结合）

---

① [美] 大卫·格里芬等：《超越解构：建设性后现代哲学的奠基者》，鲍世斌等译，中央编译出版社 2002 年版，第 239 页。

② [美] 大卫·格里芬等：《超越解构：建设性后现代哲学的奠基者》，鲍世斌等译，中央编译出版社 2002 年版，第 239 页。

③ [美] 大卫·格里芬等：《超越解构：建设性后现代哲学的奠基者》，鲍世斌等译，中央编译出版社 2002 年版，第 242 页。

④ [美] 大卫·格里芬等：《超越解构：建设性后现代哲学的奠基者》，鲍世斌等译，中央编译出版社 2002 年版，第 244 页。

⑤ [美] 大卫·格里芬等：《超越解构：建设性后现代哲学的奠基者》，鲍世斌等译，中央编译出版社 2002 年版，第 245 页。

或个体的经验"动态的共生活动"，也是享受的过程。与此观念密切相关，是"道成肉身地相关"（incarnated correlation）的观点。"过去的经验被融入了现在的经验，摄取一种过去的经验就是包含它。"① "过去的经验作为现在主体经验的对象……它继续客观地活着，即作为现在被对象化因而被具体化了（incarnated，或译道成肉身化的、化身化的）的东西活着。"② 这种观点具有本体论的意义。

首先，这用我们的经验诠释了超越本身而活着的观念："过去是那些影响现在事物的总体，未来是将要实现影响的总体。"③ 柯布和格里芬阐述的现实机缘本质上共生、永恒和道成肉身的观念，可以用佛教刹那即永恒、一即一切的观念来表达。

其次，这种观点意味着，有效的因果关系是内在的关系，"是通过在他物中的化身形式实现的，我们通过互相进入而互相影响。"④ 与这种有效的因果关系相对立的观点，是原因完全外在于结果的观点，这是占优势地位的现代性观念。现代性的外在因果关系，是一种台球模式，其中各种关系导致的变化是偶然的，没有进入台球的本质。"这种观点一直是生态学危机背后的多种概念组成部分中的另一种。"⑤ 而"正如相互关系的生态学告诉我们的那样，这种观点是错误的。因为相互关系是内在于事物的。怀特海的思想完全是一种生态学的思想。"⑥ "原因进入结果的化身的观点"，⑦ 与怀特海说的过程

① ［美］小约翰·柯布、大卫·R.格里芬：《过程神学》，曲跃厚译，中央编译出版社1999年版，第12页。

② ［美］小约翰·柯布、大卫·R.格里芬：《过程神学》，曲跃厚译，中央编译出版社1999年版，第12页。

③ ［美］小约翰·柯布、大卫·R.格里芬：《过程神学》，曲跃厚译，中央编译出版社1999年版，第12页。

④ ［美］小约翰·柯布、大卫·R.格里芬：《过程神学》，曲跃厚译，中央编译出版社1999年版，第13页。

⑤ ［美］小约翰·柯布、大卫·R.格里芬：《过程神学》，曲跃厚译，中央编译出版社1999年版，第13页。

⑥ ［美］小约翰·柯布、大卫·R.格里芬：《过程神学》，曲跃厚译，中央编译出版社1999年版，第14页。

⑦ ［美］小约翰·柯布、大卫·R.格里芬：《过程神学》，曲跃厚译，中央编译出版社1999年版，第14页。

神学信仰有关："永恒客体"作为"精神极"的"现实实有"，进入现实机缘，成为现实机缘的化身。

（五）终极的创造性和深度多元论

现实机缘享受的过程，也是对其他过程的感受和摄取，"享受的过程部分地也是自我创造的过程"，[①] 这就是"宗教的自由"："我们部分是环境决定的、部分是自我创造的以及本质上是自我创造。"[②] "自由"与创造之终极因果关系有关，"'终极的因果关系'乃是目的或目标的力量"。自我创造的现实机遇选择其主观目的，与永恒客体的"初始目的"提供的可能性的自由选择有关。永恒客体为"物质极"的"现实机缘"提供了多种可能性，"为自由和自我创造开拓了空间"。[③] 柯布和格里芬认为永恒客体之影响"物质极"的现实实有的力量，是说服的，非强迫却最有效的力量。

关于"终极存在"，怀特海用严格的哲学论证得出结论：把上帝等同于形而上学的终极存在是一个错误。怀特海用"创造性"这个词，表达形而上学的终极范畴，"他意指'一切事物最终被构造起来的方式。'"[④] 柯布指出，与佛教的相遇，帮助他更深刻地理解了怀特海关于终极存在不是上帝的思想。[⑤] 怀特海用严格的哲学论证得出结论：把上帝等同于形而上学的终极存在是一个错误。怀特海用"创造性"这个词，表达形而上学的终极范畴，"他意指'一切事物最终被构造起来的方式。'"[⑥] 物理学家谈论事物的构造方式是物质—能量，而哲学问题是："一切事物终极被组成起来的这种东西是什么？"这种东西虽无自身的形式和特征，"在大多数西方传统哲学中，我们

---

① [美] 小约翰·柯布、大卫·R.格里芬：《过程神学》，曲跃厚译，中央编译出版社1999年版，第14页。

② [美] 小约翰·柯布、大卫·R.格里芬：《过程神学》，曲跃厚译，中央编译出版社1999年版，第15页。

③ [美] 小约翰·柯布、大卫·R.格里芬：《过程神学》，曲跃厚译，中央编译出版社1999年版，第15页。

④ [美] 约翰·柯布，《为什么是怀特海?》，黄铭译，载黄铭《过程与拯救：怀特海哲学及其宗教文化意蕴》，宗教文化出版社2006年版，第308页。

⑤ [美] 约翰·柯布：《为什么是怀特海?》，黄铭译，载黄铭《过程与拯救：怀特海哲学及其宗教文化意蕴》，宗教文化出版社2006年版，第308页。

⑥ [美] 约翰·柯布：《为什么是怀特海?》，黄铭译，载黄铭《过程与拯救：怀特海哲学及其宗教文化意蕴》，宗教文化出版社2006年版，第308页。

会说它就是存在本身。我建议存在本身指的是物理学家所说的物质—能量，或纯粹的能量。怀特海把它称为创造性。这样创造性没有它自身的形式和特征。创造性在同等意义上以一种相同的方式体现于一个电子和一种人类经验之中，因为它们都是创造性的例示。"① 在表达和体现方面，创造性的概念是中性的，而在西方把创造性命名为上帝。而创造性一旦命名为上帝，就把不属于它的一些特征归于它。但"怀特海认为，上帝是另一种实在，十分不同于创造性，它是自由、新颖、秩序和价值增长的根据、原理或来源，它是非常不同于创造性或本身的一种原理。"②

柯布指出，他在读佛经的时候，发现佛教谈论的东西正是这样一种终极，即怀特海讲创造性时所谈论的东西：

> 它不是存在，而是无，它是一切存在之空。那儿最终没有实体。准确地说，这种空、这种混沌、这种无或非形式的终极。通过静观的强化训练，一个人能够意识到，一个真实存在的东西只是这种无形和这种空的示例而已，而且所有形式、造型以及具体的特征都不能真实描述这种终极。……没有形式能描绘如其所是的东西。……而只是让事物是其所是。当更加理解佛教学者在谈论的东西是什么的时候，我意识到那就是怀特海在讲创造性时所谈论的东西。③

柯布认为基督教、佛教和科学是当今世界三种最重要的运动，基督教和佛教都在衰落，除非二者相互学习并向科学学习。柯布在 2005 年在浙江大学演讲时，提出了怀特海式的更激进的或"更深度"的本体论的"深度多元论"的思想。④ 科布认为，过程生成秩序，是一种创造的终极论，与佛

---

① [美] 约翰·柯布：《为什么是怀特海?》，黄铭译，载黄铭《过程与拯救：怀特海哲学及其宗教文化意蕴》，宗教文化出版社 2006 年版，第 309 页。

② [美] 约翰·柯布：《为什么是怀特海?》，黄铭译，载黄铭《过程与拯救：怀特海哲学及其宗教文化意蕴》，宗教文化出版社 2006 年版，第 309 页。

③ [美] 约翰·柯布：《为什么是怀特海?》，黄铭译，载黄铭《过程与拯救：怀特海哲学及其宗教文化意蕴》，宗教文化出版社 2006 年版，第 309 页。

④ [美] 约翰·柯布：《为什么是怀特海?》，黄铭译，载黄铭《过程与拯救：怀特海哲学及其宗教文化意蕴》，宗教文化出版社 2006 年版，第 309 页。

教徒所说的缘起论是一致的，这属于亚里士多德说的动力因维度的终极，怀特海还认同目的因和形式因的永恒客体的终极。柯布持一种"多元终极论"，认为亚里士多德讲的四因：动力因、形式因、目的因和质料因，这四个角度的探索序列，会导致不同的终极，这四维不同的终极，是不可化约的，永恒客体只是创造性的例示，不是创造性本身。不同维度的终极是互补的，没有高下之分。

二、生态模式

约翰·柯布在《为什么是怀特海?》的演讲中指出，"生态问题获得社会上许多人广泛关注以前已变得如此严重，原因之一是制定我们理智生活的那种方式使我们不能看到事物的整体状况。我们每个人都有一个特殊的视角。"① 现代知识划分呈现碎片化的局面，而怀特海则用有机整体论的生态观点看问题，怀特海"相信一切事物都具有内在性和主体性。一切事物都是经验中心而不仅是其他事物的经验客体。"② 这是一种有机整体论的深生态的世界观。当柯布关注生态问题时，"很迟才认识到这个特殊的理智传统与生态问题的关联性。"③ 笛卡尔把动物看成机器，经济学按照笛卡尔立场，把动物看成资源。而当我们不再把其他生物当作客体思考的时候，"生态敏感性就得以提高。怀特海有助于我们作这种变化。"④ 因此 20 世纪 70 年代，柯布和伯奇以怀特海过程思想为指导，阐述了一种生态学模式的生命观。

查尔斯·伯奇（Charles Birch）和约翰·柯布他们两人在其"思想成熟期，都遭遇了怀特海的学说，而且都与哈佛大学曾做过怀特海助手的查尔斯·哈茨霍恩有一段长久而愉快的友谊。"从 20 世纪 70 年代开始，他们两

---

① ［美］约翰·柯布：《为什么是怀特海?》，黄铭译，载黄铭《过程与拯救：怀特海哲学及其宗教文化意蕴》，宗教文化出版社 2006 年版，第 304 页。
② ［美］约翰·柯布：《为什么是怀特海?》，黄铭译，载黄铭《过程与拯救：怀特海哲学及其宗教文化意蕴》，宗教文化出版社 2006 年版，第 305 页。
③ ［美］约翰·柯布：《为什么是怀特海?》，黄铭译，载黄铭《过程与拯救：怀特海哲学及其宗教文化意蕴》，宗教文化出版社 2006 年版，第 305 页。
④ ［美］约翰·柯布：《为什么是怀特海?》，黄铭译，载黄铭《过程与拯救：怀特海哲学及其宗教文化意蕴》，宗教文化出版社 2006 年版，第 305 页。

人就"已经开始高度关注全球问题和生态问题"。于是两人在 1981 年出版《生命的解放》（*The Liberation of Life*：*From the Cell to the Community*）一书，1990 年再版。"在本书的每一部分都通力合作。伯奇提供了大量科学信息，而柯布则提供具体的哲学论据。但每个章节都从相当大的程度上反映了我们共同的看法。""尽管没有过多使用怀特海的术语，本书却很大程度上受益于他的学说。"首先他们阐述了生命解放的两种含义：一是生命概念的解放。"将人们的理解从 17 世纪启蒙运动中产生的机械主义和还原论思维习惯中解放出来。"① 用有机论的过程思维或生态学模式看待生命。二是从体制化的压迫的桎梏中解放出来。两人批判了生命观的机械论模式，并在继承怀特海过程思想的基础上，提出了理解生命的生态学模式。

（一）生命研究的三个层面：分子生态学、生物生态学和群落生态学

伯奇和柯布，把生命分为三个层次：细胞、生物体和群落。"在每个层面上，生态都是考虑这些现象的最佳范畴。从分子间的生态关系来理解细胞的生命是最适宜的了。考察生命有机体的最佳角度是从环境与之的生态关系的角度来看待。每个生命体之间及其与环境之间的相互依赖正是群落生态的原则。"② 从生态学的角度看待生命，形成分子生态学、生物生态学和群落生态学。生物和非生物的差异与分子和原子的结构以及它们之间关系有关，"同时这也关系到原子和分子的生态系统。原子和分子与它们所处的环境结构有着不同的关系。"③ 一只水母死去，身上的原子还是以前的原子，但原子间的关系改变了，"它们的生态系统也发生了变化。对这些分子生态学的理解对生命至关重要。这个层次的生物学就是分子生态学。"④ 接下来一个层次是"生物生态学"。生物生态学是针对个体生物体的研究。个体生物要喂食、生长、发育、排泄、协调自身功能并繁殖。在健康的生物个体中，这些功能

---

① ［澳］查尔斯·伯奇、［美］约翰·柯布：《生命的解放》，邹诗鹏、麻晓晴译，中国科技出版社 2015 年版，序言第 3 页。

② ［澳］查尔斯·伯奇、［美］约翰·柯布：《生命的解放》，邹诗鹏、麻晓晴译，中国科技出版社 2015 年版，第 6 页。

③ ［澳］查尔斯·伯奇、［美］约翰·柯布：《生命的解放》，邹诗鹏、麻晓晴译，中国科技出版社 2015 年版，第 18 页。

④ ［澳］查尔斯·伯奇、［美］约翰·柯布：《生命的解放》，邹诗鹏、麻晓晴译，中国科技出版社 2015 年版，第 18 页。

与环境维持良好关系。第三层，是群落生物学。生物个体不是独自生活，而是同种或不同种类的个体共同生活，是群落的一部分，"它的繁荣与它同邻居的生态关系休戚相关。这个层面的生物学就是群落生态学。"①

（二）生命生存的生态模式

伯奇和柯布认为，"没有模式或范式，科学就不可能运转。成功的范式通常根植于思维习惯、科学理论结构和运用的方法论之中。"② 机械论和有机论是历史进程交叉的两条线，使生物学呈现双面性：心灵与身体，生机说与机械论，预成说与渐成说，天性与教养，简化论与整体论。这些二元论对立，在一代人看起来已经解决，在另一代人又会以另一种形式出现。如天性与教养问题在当代以生物社会学和环境保护论的形式出现；而机械论和生机论以偶然性和目的性的框架重现。迄今评估生命有机体及其活动方式主要有四个模式：机械论模式、有机论模式、突生进化模式和生态模式。

1. 机械论模式

正如在物理学一样，"机械论在生物学当中大获全胜而且深入人心。"③ 对生命机械的眼光，有两类：一是少数避开任何形而上学论点，简单地认为，我们只能把生物当作机械看待，一群生物学家包括诺贝尔奖获得者，即持这种观点。而另一类，大多数的人属于形而上学意义上的机械主义者，认为实验的方法是设计出来揭露生物体机械特性的，机械特性就是全部。而方法论机械主义者，科学揭示了生物有机体的机械特性，但还有其他科学手段没有揭示的方面。认为生命具有机械特征，如有机体用泵、杠杆和线路传递信息，它们像机械，但并不是机械。而形而上学机械主义者，认为生命有机体由泵、杠杆等，还有更小的机械（细胞），结合构成一个大的机械。"终极的机械模式还包括把有机体分割成具备控制装置的要素，然后把这些积木堆积起来。在生物学家看来，这些积木就是细胞。随着分子生物学的兴起，现

---

① ［澳］查尔斯·伯奇、［美］约翰·柯布：《生命的解放》，邹诗鹏、麻晓晴译，中国科技出版社 2015 年版，第 18 页。

② ［澳］查尔斯·伯奇、［美］约翰·柯布：《生命的解放》，邹诗鹏、麻晓晴译，中国科技出版社 2015 年版，第 97 页。

③ ［澳］查尔斯·伯奇、［美］约翰·柯布：《生命的解放》，邹诗鹏、麻晓晴译，中国科技出版社 2015 年版，第 97 页。

在的积木常常是分子。"①

2. 从生机论、突变进化模式，走向生态模式

生机论认为，除了有机体物理结构以外，还存在另一重原则和力量支配，这些支配的原理力量，被称为生命活力、生命力量和生命素等。生机论是古老的命题，生物学第一个生机论观点来自伽林（Galen），其观点得到中世纪医学家广泛认同，一直延续到 17、18 世纪。生机论认为生命由一些机械的物质和非生命体不具备的额外生命要素构成，而机械论宣称生命有机体只能通过物理和化学的物质构成关系来理解。20 世纪早期，出现一种突现论，介于二者之间。该理论由路易·摩根（Lloyd Morgan）1923 年的著作《突现（涌现）进化论》提出，他认为生命和思想是奇迹，是因为不能用物理和化学方法来解释。柯布和伯奇认为突现论在许多生物学家著作若隐若现，并不能说明什么，"突现（涌现）"本身是需要说明的。后来的复杂性科学就是研究"涌现"过程的。

伯奇和柯布认为，生机论和突现论，"它们让机械论在自己的领域逍遥自在。"② 他们正确地指出了机械论不能解释任何问题，然后又附加概念来命名机械论无法解释的因素，只是指出了问题，没有对其进行解释。"就解释而言，他们把领土拱手让给了机械论者，他们证实了生命和心智不是机械的特性，但他们没有解释这些特性是如何定义有机物的。"③ 因而伯奇和柯布提出了"生态模式"，"在这种模式中我们统筹考虑生命的机械特性和非机械特性。"④

相信生态模式的人认为，生物之所以如此表现是与构成其环境的其他事物互动的结果，当然并不否认生物许多特点是由其自身结构决定的，也不否认机械模式的科学家对此结构所知甚多，"但生态模式提出，在更细微的

① ［澳］查尔斯·伯奇、［美］约翰·柯布：《生命的解放》，邹诗鹏、麻晓晴译，中国科技出版社 2015 年版，第 76 页。

② ［澳］查尔斯·伯奇、［美］约翰·柯布：《生命的解放》，邹诗鹏、麻晓晴译，中国科技出版社 2015 年版，第 83 页。

③ ［澳］查尔斯·伯奇、［美］约翰·柯布：《生命的解放》，邹诗鹏、麻晓晴译，中国科技出版社 2015 年版，第 83 页。

④ ［澳］查尔斯·伯奇、［美］约翰·柯布：《生命的解放》，邹诗鹏、麻晓晴译，中国科技出版社 2015 年版，第 83 页。

观测中，每个层面的构成元素都是以相互连接的模式来运作的，而这种模式并非是机械的。每种元素都有其特殊的行为模式，是因为它与整体中其他元素的关系；而这种关系在机械定律中是不能被理解的。这些关系的真实特性被称为'内部关系'"。① 许多科学家，即使那些自称机械论的科学家，也泰然接受了这种看待生物的方式，但由于科学范式的缘故不自觉罢了，因而需要转变看待世界的哲学元范式。这就是从实体思维到事件思维的转变。

3. 从实体思维到事件思维

柯布和伯奇认为，"在机械论模式暴露了其显而易见的困难和局限的情况下，人们仍抓紧不放，说明机械模式与普遍的思维习惯和基本的概念模式有关。"② 科学一直对事件研究感兴趣，生物学对动物行为和细胞功能研究由来已久，只是从行为和功能之外的物质和空间移动来寻求解释。现在应从"复杂的互动的角度来认识其他层面上的行为。这种复杂的互动是某种事件，而非物质。"③ 事件思维，用事件间相互关系来解释。原子不是一个物质实体，而是一个相互联系的事件的多样化呈现，并以一种可描述的方式与其他事件相联系。老鼠便是由一系列事件、电子、分析和机理以其极复杂的形式相互连接。场论、相对物理学和量子力学，以及生物学的思维，都是事件思维，而不是实体性思维。物理和生物事件都离不开整体环境。其整体功能不能脱离整个环境而独立存在，与环境紧密相连，这是一个影响和被影响的相互作用模式。

从机械模式向生态模式转化，是"从实体思维到事件思维的转化过程"。④ 事件思维并不反对尽可能地从细胞行为了解动物行为发生的原因。生态模式使简化论成为不可能，而实体思维则认为简化论难以避免。"在生态模式中，高层次事件的发生可以在一定程度上用低层次事件来解释；但低

① ［澳］查尔斯·伯奇、［美］约翰·柯布：《生命的解放》，邹诗鹏、麻晓晴译，中国科技出版社 2015 年版，第 87 页。

② ［澳］查尔斯·伯奇、［美］约翰·柯布：《生命的解放》，邹诗鹏、麻晓晴译，中国科技出版社 2015 年版，第 88 页。

③ ［澳］查尔斯·伯奇、［美］约翰·柯布：《生命的解放》，邹诗鹏、麻晓晴译，中国科技出版社 2015 年版，第 90 页。

④ ［澳］查尔斯·伯奇、［美］约翰·柯布：《生命的解放》，邹诗鹏、麻晓晴译，中国科技出版社 2015 年版，第 91 页。

层次事件不可能在没有高层次事件参与的情况下得以完整的解释。"① "实体思维和事件思维的显著区别，同传统哲学中的内在与外在关系的分别是息息相关的。"② 内在关系并非指机械和外部环境相区别的机械内部各部分的关系，"内在关系是指决定事物性质构成、甚至某物存在与否的关系。这样的关系不能对物质定性，因为物质是由其独立存在而定性的，内在关系决定的是事件。例如，物理学中的场理论表明，构成场的事件只能作为场的部分存在。这些事件不能脱离场而存在，它们内在地联系着。"③ "实体性思维把关系看作不同实体间的外在关系。……这些关系不影响它的特性或存在。而事件思维把关系看成是事件内部关系。事件由它与其他事件的关系而构成。"④ 在生命领域，生态模式和事件思维紧密相关。相对而言，机械模式讨论在非生命世界里发生的事情，是恰当的。即使在生命世界里，在某个层次上也可以看到其机械特性。机械模式可以描述我们感官所体验的世界的非生命实体，但不是说明世界终极特性的万能妙药。在终极层面，生态模式更为恰当。这并不意味着生态模式可以完全取代机械模式。机械模式在所研究的结构与环境相对独立的情况下，是富有成效和启发的。机械模式常常需要对具体的环境进行抽象。生态模式允许不同等级的环境因素的存在，而机械模式能用于一个明确限制范围，在该范围内，环境影响几乎可以忽略不计。柯布和伯奇认为，这不是争论机械模式的实用性，而是担心彻底充分的机械模式之解释所带来的偏差和影响。如原子，作为一个物质概念，提出其生态模式，似乎毫无意义；而实际上，原子在不同环境，显现不同性质。钠和氯组成化合物——盐。按照机械模式借鉴的经典唯物论，钠和氯不受它们结合的影响，从原则上说，盐的特性应当在钠和氯独立存在也能发现，但事实证明不可能。而生态模式给了很好的解释：发生在原子层面的事件是内在相关

① ［澳］查尔斯·伯奇、［美］约翰·柯布：《生命的解放》，邹诗鹏、麻晓晴译，中国科技出版社 2015 年版，第 91 页。
② ［澳］查尔斯·伯奇、［美］约翰·柯布：《生命的解放》，邹诗鹏、麻晓晴译，中国科技出版社 2015 年版，第 91 页。
③ ［澳］查尔斯·伯奇、［美］约翰·柯布：《生命的解放》，邹诗鹏、麻晓晴译，中国科技出版社 2015 年版，第 91 页。
④ ［澳］查尔斯·伯奇、［美］约翰·柯布：《生命的解放》，邹诗鹏、麻晓晴译，中国科技出版社 2015 年版，第 92 页。

的，导致被其环境影响的钠原子事件和氯原子事件。碳、氮和氢原子还有其他原子，按照一定规格结合，就形成酶的特性，合成的事件具备了当初不具备的特性。

（三）人类的生态模式

生态模式是关于内在关系的，生态模式对人类具有普遍的实用性。如一人（A），观察其他两人（B 和 C）的交谈。A 想做到完全科学和"客观"，记录二人问答，并通过描述身体语言和句子顺序，却并不能说明 B 和 C 的言行对彼此的影响，他依据观察提出的行为模式的时空关系，只是 B 和 C 的外部关系。而 B 和 C 的关系还是一种包括感悟、视觉、听觉等在内所有内在的经验，B 和 C 必须被看作是体验彼此的主体。同样，牛顿学说只研究外在关系，如外在的关系是物质，以机器形态理解物质的作用，是最简单而直接的方法。生物体之间、生物体与环境之间也被看作外在关系，这就是机械模式。伯奇和柯布认为，把机械模式套到人类头上，是非人道的。"而生态模式则是建立在内在关系之上的。此模式认为生命有机体与环境紧密相关；也就是说，他们与所处环境的关系使它们之所以成为他们的构成因素。对我们而言，内在关系的完整意义用人类经验来理解是最清楚不过了。经验是人类理解世界的方式。正是人类与世界的关系构成他们对世界的理解。简言之，人类经验是内在关系最完美的例证。"① 如人类经验有关活着的意义，是一个言之不尽的话题。活着的经验，永远不可能被完全地探讨。而生态模式的扩展和澄清，可以为这种讨论开个头。

生态模式强调人类和动物之间具有连续性。动物也有生命体验。"生态模式是指生物体被影响后对该影响产生回应模式。它们既是受众也是执行者。简言之，它们是主体。"② 哈茨霍恩在《生为歌唱》一书指出，鸟类也有音乐感。卡尔·波普尔认为变形虫也有控制活动、好奇心、探索欲和计划性中枢。赫伯特·詹宁斯（Herbert Spencer Jennings）认为变形虫也有苦乐和欲望等状态，就像我们认为狗有这样的属性一样。J.Z 杨甚至认为细菌也

---

① [澳] 查尔斯·伯奇、[美] 约翰·柯布：《生命的解放》，邹诗鹏、麻晓晴译，中国科技出版社 2015 年版，第 107 页。

② [澳] 查尔斯·伯奇、[美] 约翰·柯布：《生命的解放》，邹诗鹏、麻晓晴译，中国科技出版社 2015 年版，第 123 页。

有主动选择。格里芬（Griffin）在《动物意识问题》一书中，认为我们有必要考虑动物的主体精神和感官体验问题。其认知模式从最低级的"神经模板""图像搜索""隐性语言行为"等等，到人的心智、思想、选择和自由意志，是一个梯度渐进。生态模式可以提升对生命有机体的理解。划分生命体与非生命体的界限是困难的，不论界限划在哪儿，生态模式都是适用的。不论是解释电磁场，还是解释一只猫的行为，生态模式都游刃有余。"对生态模式至关重要的内在关联显示所有实体既是主体又是客体。"[①] 大卫·玻姆（David Bohm）认为所有的个体既是主体又是客体。他认为已知科学描述事物客观、外在或他所谓的显性的世界秩序，而科学未洞察隐形的秩序。"电子和原子的部分隐形秩序正体现了它们的主体特征。"[②] 哈茨霍恩认为这种观点，即使科学的可能性比我们预料的小，其哲学优越性依然存在，有以下几点：我们摆脱了"纯物质"如何产生思想的问题，而代之以"高等级的体验如何从低级的体验中发展起来的问题。"[③] 我们还原了事实真相："少生命特征"的物体与生命形态之间只存在相对不同，不存在绝对差异。通过记忆和直觉来掌握事件的因果关系，说明被记住和察觉的事物与记忆和知觉体验有内在联系，因果之间有内在联系。可以将事物体系的首要特性和次要特性统一起来：首要特性是物理学描述的时空关系，次要特性是内在的事件关联。不存在无经验的纯物质和纯思想，物质自然中也有体验，存在普遍的互相感知和理解。

（四）生命伦理：强化总体的经验的丰富性的价值

按照怀特海过程思想，生命的可持续的生态形式最终取决于事件。主体或经验可归结为事件。因为经验总要表现出价值，而事件具有内在价值。但主体的内在价值不是无限的，平等的。

在一场世界范围内的环境危机激起人们对地球生命物的关注时，阿尔

[①] [澳] 查尔斯·伯奇、[美] 约翰·柯布：《生命的解放》，邹诗鹏、麻晓晴译，中国科技出版社 2015 年版，第 130 页。

[②] [澳] 查尔斯·伯奇、[美] 约翰·柯布：《生命的解放》，邹诗鹏、麻晓晴译，中国科技出版社 2015 年版，第 133 页。

[③] [澳] 查尔斯·伯奇、[美] 约翰·柯布：《生命的解放》，邹诗鹏、麻晓晴译，中国科技出版社 2015 年版，第 153 页。

多·利奥波德预料到相应的伦理学革命的需要，主张将伦理关系拓展到大地共同体。把动物看成是主体而不是客体，在人类中心主义传统中也有反映。例如杰里米·边沁（Jeremy Bentham）和约翰·密尔（John Stuart Mill）就相信，动物也有一种经验性的快乐和疼痛，快乐被看成是动物的内在价值。阿尔伯特·施韦泽（Albert Schweitzer）思考了动物的价值，认为伦理学应当无限地向所有动物的生命及其责任开放。他把敬畏生命融入自己的生命。

而生态模式，把一切事物既看成主体也看成客体。如果我们作为主体是有价值的，那么赋予其他主体以价值也是合理的。每一动物都是目的，推翻了传统伦理学的假设，康德的目的论王国需要大大拓展。每一种存在物既是目的又是手段。柯布和伯奇指出，依据此总体性伦理学，"我们应当重视每一个整体，因为其内在价值同时也因为其对其他物种的工具性价值，人类对自己也是如此。其内在价值源自于经验的丰富性，或源自于所隶属的总体的丰富性。我们以恰当的方式面对整体，这也在其内在价值与工具价值之间达到某种平衡。没有人能够提供一套能够界划隶属于不同整体的相关价值的现成计算公式。"①

动物权利论者，其中大多数人，直接反对人与动物之间存在绝对差别，但柯布和伯奇认为，人类的价值更多地取决于现在和过去的经验，动物的经验为肉体服务，而人类经验不断丰富，却总是让肉体服务于其生活目的。人类的价值也是各不相同的："不存在一种实体性原因来让人们相信所有人都具有同等的内在价值。"②"人生活的内在价值取决于人的自我感受与自我体验能力。……人类的经验其实还必然包含着苦难在内，也只有苦难，其在最终被融入人类智慧的视野内，体现在当下可贵的生命经验中。"③

柯布和伯奇还认为，物种的权利也可以考虑进一步拓展到生态系统，但权利的增加不是一种最好的方式，关键是"如何强化总体的经验的

---

① ［澳］查尔斯·伯奇、［美］约翰·柯布：《生命的解放》，邹诗鹏、麻晓晴译，中国科技出版社 2015 年版，第 152—153 页。
② ［澳］查尔斯·伯奇、［美］约翰·柯布：《生命的解放》，邹诗鹏、麻晓晴译，中国科技出版社 2015 年版，第 164 页。
③ ［澳］查尔斯·伯奇、［美］约翰·柯布：《生命的解放》，邹诗鹏、麻晓晴译，中国科技出版社 2015 年版，第 169 页。

丰富性、最大程度地关注生命本身，而它们本身正是进化自身的演进。"①
（anagenesis of evolution）

丰富生命的体验，可以有四个视域：

第一，回到前文明的生命。最大限度地体验生命的丰富性的观点，大概要回到人类从地球诸多生命中分化出来之前的状态。人类尚未拓荒的时代，自然是最富有生机的。人与自然物形成一种内在的关系。回到前文明的生命状态是不可能的，不过仍有人认为，文明是不可持续的，回到前文明是不可避免的。

第二，最大限度提高人类生活数量。与前一个视域正好相反，强调进化就是新物种的出现，人自身成为目的，就不要否认人有内在价值。一些价值失去了，获得要超过补偿。一些动物受到保护，但只使那些服务于人的动物获得特权。

上述两个极端的观点，其实是一致的。每一点恰恰是另一点的失误处。第一种观点难以认识到，增进地球的价值最直接的方式是通过增加人口实现的。它将人类本质的丰富性和独特性都最小化了。它把超出人类经验的超验性，更多地是看作越轨行为，而不是看成根本的目的性和本质性的人类成就。

第二种观点看到人类进化是向上的，但没认识到它本身也在走下坡路。即使进化本身是可能的，也仍然有人要忍饥挨饿。它夸大了人类超出自然经验之外的超验性与独立性，在这种情况下仍是可能的，但将是一种可怕的贫困状况。如今地球上多数人仍在温饱线上挣扎，说的就是这种情况。如果每一生命都被看成被赋予同一价值，不论潜能实现了多少，当然正义会得到实现。但人类经验在价值方面是各不相同的，那么随着人口增加，人类自身生命体验及其精神品格的性价比，就会十分糟糕。

第三，最大限度地提高生活质量。第三种视域是对第二种视域的批评，它要求最大限度地提高人类生活品质。提高人类生活品质，不是通过增加人口数量，而是确定适应地球资源条件及相应的人口发展限度。这一视域看到，其他有生命的事物，也是依据对人类有益的标准评估的，与第二种观点

---

① ［澳］查尔斯·伯奇、［美］约翰·柯布：《生命的解放》，邹诗鹏、麻晓晴译，中国科技出版社 2015 年版，第 171 页。

不同，这一观点更强调各种自然环境对人类幸福的贡献。因此保护物种、保护湿地、保护文化遗产，被看作一个美好世界的应有之义。构想如此美好生活是值得称赞的。但从经济生活方式的角度看，不能让人满意：首先，容易以生活质量的选择来压倒生活数量的选择。实践的后果，就是在一个更为苦难的世界里，保护舒服安逸的岛屿。心照不宣的设定就是：那些拥挤不堪、贫困破败世界生活的人，正是他们的死亡，可以换来整个星球进入极乐平安的世界。很少有人想到节俭，也很少有人想到一种办法使得地球资源为更多的人服务。我们仍要求外在的事物为我们牺牲。

第四，最大限度地提高感性丰富性。是指：在最低程度影响非人类生命生存的前提下，最大限度地提高人类生活的质量。生活质量本身是非常重要的，但它没有足够地考虑其他生命的价值。许多对人类精神的伟大探索都表达对自然界的敬畏。节俭并不妨碍体验丰富性的实现。

> 因而，目标就应当是，相当数量的人既知道如何舒服地生活，而且从总体上保持节俭，尽可能减少地球的压力。这既可以有助于废除贫困的目标的实现，也可以为其他生物提供更多的空间。更少开发的农业以及精细的技术将会用于服务于一个中道且可持续的而不是奢靡放纵的社会。人类社会发展的每一步既要为更多的人，也要为更多的动物（特别是野生动物）留下足够的生存空间。在不降低生活质量的前提下达到这种结果将是了不起的。因此人类与其他动物之间的平衡将总是一项正义的事业。①

讨论生命伦理，不可能与全球性的非正义背景割裂开来。从生态学的角度，处理全球需求，不仅关乎社会正义，也关乎可持续发展。在解决全球性需求中，首先要考虑的是提高人类和其他动物个体经验的丰富性。对人类而言，首先是生命物种的潜质得以持续。

柯布和伯奇指出，世界基督教大会，认为人类社会应在三个方面提升

---

① ［澳］查尔斯·伯奇、［美］约翰·柯布：《生命的解放》，邹诗鹏、麻晓晴译，中国科技出版社 2015 年版，第 174 页。

自己：正义、参与和可持续发展。参与可合并为正义，因而"正义"与"可持续发展"是当今人类社会的主题。而人们常常把正义和可持续发展看作是非此即彼的。实际上，二者是唇齿相依的关系，失去一方，另一方就无从谈起。一个社会，于正义不顾，就会滋生怨恨，这样的社会只能以暴力控制，就会不稳定。另一方面，如果一个社会只追求社会正义，而忽视对未来产生的影响，就不可能获得真正的正义，因为这样的做法，剥夺了子孙后代体验丰富性的机会，甚至让他们无法经历同样的生命历程。如果把正义概念充分延伸到未来正义领域，可持续发展就会被纳入正义之中。

"正义"可以看作是"好社会"的同义词，它暗示了人类所有事物的有序化，但没有回答什么样的有序化是良好的。柏拉图认为的独裁主义等级式的社会是正义的，而持另一极端的观点则把正义与平等联系起来，认为财富、权力和文化成就差异的消亡就是正义的社会。柯布和伯奇认为，平等的确是正义的一项重要指标，但我们可以想象一个"正义"的社会，它几乎不提供让人丰富经验的机会，这样的社会也不是可追求的。绝对平等是空想的概念，正义不需要绝对平等。罗尔斯谈到正义要求最小受惠者利益最大化，分担彼此的命运，为每个人平等发展提供机会。20 世纪 70 年代伊朗在国王巴列维统治下，人均收入 1250 美元，高于绝大多数发展中国家水平，而当时斯里兰卡人均收入只有 130 美元左右。根据美国海外理事会提供的"生活质量指数"，以婴儿死亡率、预期寿命和文化水平为基础，指数在 0—100 内变化，依此指数，伊朗只有 38 点，斯里兰卡是 83 点。但斯里兰卡教育免费，普及卫生保健，土改后农民土地使用权得到保障，出生率下降，从 1950 年的 3.8% 下降到 1979 年 1.6%。有些国家不等做大蛋糕才采取行动，而是在经济落后的情况下着手解决大众的需求。与经济水平衡量人的需求相比，他们应对人的需求更基本，因而体现了正义、平等和更为敏锐的感知。

但正义"不仅仅是平等问题，独裁政府可违背民意强行推行平等，这样达成的平等不是正义。正义需要鼓励人的独立思考能力，能参与到决定自己命运的决策中。"[①] 自力更生谋发展，要求人民的参与，只要这种发展能给

---

① [澳] 查尔斯·伯奇、[美] 约翰·柯布：《生命的解放》，邹诗鹏、麻晓晴译，中国科技出版社 2015 年版，第 241 页。

予人民取得成功的机会，所有国家都能自力更生，以使自己能力开发与国家资源开发相辅相成。而自力更生的反面，是对别国的依赖，几乎促成了外国对本国的剥削。蕴含平等、参与和自由等原则的"公平"概念，可以被当作本质性的元素纳入正义概念。柯布和伯奇指出："正义至少包含个人自由、平等和参与这三大元素，以此三者为标准，今日世界有庞大数量的人群在承受着严重的不公正待遇。"[1]

第二节　生态文明的生态经济学范式和实践模式

以约翰·柯布为首的怀特海传统的过程思想研究共同体，在有机论的过程思想指导下，探索从支持全球资本主义的新自由主义经济学的经济发展模式，向生态文明的生态经济模式转型。约翰·柯布在《21世纪生态经济学》中文版序言中指出："我希望本书的读者明白，对生态文明的后现代之追求，可以而且应该替代对现代化之追求。中国可以需求那种为共同福祉服务之发展，而不是寻求正在增加各式各样市场活动之发展。"[2]他回顾作为一个哲学家为何跟一位经济学家合写生态经济学的书，在于"在20世纪60年代末，和其他人一样，我也开始关注我们文明彻底的不可持续性。"大多数人"很少关注不可持续的危机"，有人认为"技术将解决所有问题"，少数人认为"灾难即将来临"。而柯布则认为需要"一些真正有意义的关于如何改变的建议"。最有吸引力的是两位，一是保罗·索拉里（Paolo Saleri）有关城市最小生态足迹说，一是戴利的稳态经济学说。他们的学说在20世纪70年代"都是真正的避免灾难之替代选择。而今天，灾难则难以避免了。"[3]柯布与二人都有学术研究合作。后来主流经济学忽略戴利的学说，戴利被禁止教授经济学。后来由于环保人士的呼吁，戴利才被世界银行安排到智库，从

---

① [澳] 查尔斯·伯奇、[美] 约翰·柯布：《生命的解放》，邹诗鹏、麻晓晴译，中国科技出版社2015年版，第242页。

② [美] 赫尔曼·E.达利、小约翰·柯布：《21世纪生态经济学》，王俊、韩冬筠译，中央编译出版社2015年版，序言第1页。

③ [美] 赫尔曼·E.达利、小约翰·柯布：《21世纪生态经济学》，王俊、韩冬筠译，中央编译出版社2015年版，序言第2—3页。

事生态经济的研究。柯布认识到"现代社会最有影响力的思想都表达在现代经济理论中。"他注意到 GDP 评估在国家发展方向扮演着重要角色，他跟儿子克利福德·柯布一起提出新的评估标准"可持续经济福利指标"（ISEW）。他从戴利那儿获得生态经济的研究视角，从 20 世纪 80 年代中期决定合写一本书，"鉴于经济学理论是基于极端个人主义的"，准备研究"共同体经济学"（economy for community）。认为"共同体的健康决定生活质量"。怀特海哲学的"摄入"（prehensions）学说或"内在关系"（internal relations）学说，可帮助理解共同体的重要性，因此"所采取的方法都是基于怀特海的"。① 现在西方主流经济学家误导经济政策，检讨主流经济学的假设在美国研究型大学几乎是不可能的。"我希望中国的情况能有所不同。我相信，支持全球资本主义的新自由主义经济学，还没有完全盘踞于中国大学。我确信马克思主义经济学教授也不愿彻底放弃对人类共同体的自然界之关心。"他特别希望中国大学的经济系能受"生态经济学新范式"的影响。他"提出后现代经济理论和生态经济学理论"，旨在"促进生态环境和人民福祉为宗旨的生态文明建设政策，以惠及中国的环境和广大的中国人民。"②

一、经济学范式转换的必要性

柯布和戴利在《21 世纪生态经济学》导言部分首先论述了经济学范式转换的必要性。

（一）生态环境破坏的事实冲击了经济学刻板教条

莱斯特·布朗等在 1987 年《变化的极限》中列举了生态环境破坏的三个事实：其一，保护地球的臭氧层空洞的出现，阻碍农作物的生长和损害人体免疫力并增加皮肤癌的危险，来自 31 个国家代表一致同意，限制破坏臭氧层的氟，因这导致了美国西部的干旱。其二，有证据显示，二氧化碳诱发的温室效应已经造成了可感受的全球变暖。其三，生物栖息地特别是热带雨林被蚕食，而导致物种数量不断减少，物种灭绝速度加快。世界 50% 的物

① ［美］赫尔曼·E.达利、小约翰·柯布：《21 世纪生态经济学》，王俊、韩冬筠译，中央编译出版社 2015 年版，序言第 5 页。

② ［美］赫尔曼·E.达利、小约翰·柯布：《21 世纪生态经济学》，王俊、韩冬筠译，中央编译出版社 2015 年版，序言第 5 页。

种栖息在热带雨林。此外，酸雨毁掉温带森林，许多人因空气污染、水污染等死去。所有这些变化都指向一个基本的现实："相对于生物圈而言，人类活动的范围已经变得太大。"① 2019 年统计显示，全球人口总数已达近 76 亿人，是 1950 年的 3.2 倍。"超过现有规模的进一步增长，极有可能使消耗比收益增长更快，从而进入一个'不经济增长'的新时代。"② 1974 年经济学家罗伯特·海尔布罗纳（Robert Heilbroner）指出人类经济给生物圈造成的压力，认为经济不增长有可能在 21 世纪引发政治灾难。在 1980 年的修订版中预测经济增长会持续到 21 世纪第一个 10 年，其后将逐渐放缓。当今的生态环境破坏以及可能引发的经济不增长的事实，"与标准的经济理论的冲突，大家已经知道很久了"③。

（二）受主流经济学导向的工业化成就把人类和地球引入死胡同

过去两个世纪，经济学已经改变了地球的面貌和人类的生活，这主要是通过工业化完成的。工业化极大地提高了工人的劳动生产率，导致人口大量增加，也导致商品和服务的极大增长，使工业化国家取得了巨大的成就。与此同时，对经济学的研究也成熟起来。经济学有时被自然科学家也贴上"科学"的标签，与物理学、生物学一样，有诺贝尔奖，"公共政策深受经济学家想法与建议影响。"④ 当然工业化经济也影响了更大的"生命的经济"。如经济史学家卡尔·波兰尼（Karl Polanyi）指出了经济发展造成的社会负效应。他称伴随市场经济崛起的社会发展是"撒旦的工厂"。18 世纪的工业革命，奇迹般地提高了生产工具，却给普通民众的生活秩序带来了灾难。"最近，尤其是生态经济学家以及被他们唤醒的人们已把经济视为巨大的罪恶之源。他们意识到，经济增长意味着自然原料投入和废物排放将呈几何式增加，而且经济学家极少关注资源或污染问题。他们抱怨，经济学家不

---

① ［美］赫尔曼·E. 达利、小约翰·柯布：《21 世纪生态经济学》，王俊、韩冬筠译，中央编译出版社 2015 年版，第 2 页。

② ［美］赫尔曼·E. 达利、小约翰·柯布：《21 世纪生态经济学》，王俊、韩冬筠译，中央编译出版社 2015 年版，第 2 页。

③ ［美］赫尔曼·E. 达利、小约翰·柯布：《21 世纪生态经济学》，王俊、韩冬筠译，中央编译出版社 2015 年版，第 3 页。

④ ［美］赫尔曼·E. 达利、小约翰·柯布：《21 世纪生态经济学》，王俊、韩冬筠译，中央编译出版社 2015 年版，第 3 页。

仅忽略投入来源和废物处置，而且鼓吹投入和产出最大化，然而应在世界上过简单生活的话，投入产出量保持在足以满足人类需求的最低限度。"①

（三）传统经济学的主要谬误是以抽象代替具体，犯了怀特海讲的"错置具体性谬误"

传统经济学的主要谬误主要有以下三点：

其一，经济人假设的局限性与经济学范式的转换。作为经济学基础的人性假设，是经济学理论最重要的抽象，只关心对个体满足程度或"效用函数"有贡献，而对那些不表现为市场活动的快乐或痛苦，则漠不关心；经济学理论假设经济人是贪得无厌，"鼓励了人们在商业世界中对私利的追求"②。"经济人的观点，从根本上说是个人主义的。"③ 经济人假设的局限性在"理性地排斥利他行为"④。

柯布和戴利认为，主流经济学的许多关键假设与"经济人"假设相关，也就是与人性理解有关。"经济学理论建构的基础就是，个体行为倾向于使自身利益最大化，而这种倾向在市场交易和许多日常生活领域明显存在。经济学家通常把理性等同于聪明地追求个人利益，这也就意味着其他行为模式都是非理性的，包括利他行为和谋求公共福祉的行为。"⑤ 经济学认为："理性行为，即自利行为，才使所有人受益最多。"⑥ 随着这种观念取代基督教的观念，以及按这种规则在市场中发挥越来越多的作用，前面说的"心理问题、社会问题和生态问题也变得更加尖锐"。经济学把个人从权威中解放出来，促进市场提供更多商品和服务，这是其贡献。故有人认为，负面的东西

① ［美］赫尔曼·E.达利、小约翰·柯布：《21世纪生态经济学》，王俊、韩冬筠译，中央编译出版社2015年版，第4页。
② ［美］赫尔曼·E.达利、小约翰·柯布：《21世纪生态经济学》，王俊、韩冬筠译，中央编译出版社2015年版，第92页。
③ ［美］赫尔曼·E.达利、小约翰·柯布：《21世纪生态经济学》，王俊、韩冬筠译，中央编译出版社2015年版，第164页。
④ ［美］赫尔曼·E.达利、小约翰·柯布：《21世纪生态经济学》，王俊、韩冬筠译，中央编译出版社2015年版，第7页
⑤ ［美］赫尔曼·E.达利、小约翰·柯布：《21世纪生态经济学》，王俊、韩冬筠译，中央编译出版社2015年版，第5页。
⑥ ［美］赫尔曼·E.达利、小约翰·柯布：《21世纪生态经济学》，王俊、韩冬筠译，中央编译出版社2015年版，第6页。

是必要的代价。但随着岁月流逝，经济成果不再显著，而破坏性后果却变得更大，因而要求变革的声音越来越大，"这种改变很可能就是范式转换"①。麦特尔（Shlomo Maital）对50所重点大学经济学教授进行问卷调查，2/3认为经济学有一种飘摇之感。他认为经济学发生危机，这是"范式正在转换的信号"②。

柯布和戴利认为，人是极其复杂的，可以从许多观点进行研究，每个观点都是从具体现实中抽象出来的某些特定方面，人既可以看作经济人，也可以看作宗教人和政治人。当人被看作经济人的时候，也不要忘了人也可以是宗教人和政治人。为"避免只从私人一个人偏好的角度看待经济人。相应地，我们提议把经济人看作共同体中的人（person-in-commuity），而不是纯粹个体。"③ 在市场中，共同体人与经济人有相似之处，但不应仅从这个事实中得出"经济生活目标的规范性结论"④。

其二，传统经济学把市场看成是对所有人有利的自愿交易体系，市场所处的共同体环境和自然环境被排除在西方主流经济学研究之外，忽略了市场的社会和生态负外部性。

其三，经济学漠视自然力的自然：土地经济学作为经济学边缘学科，研究"财产概念"，即土地所有权和地租，土地被看作与其他财产差别甚微的财产关系，成为众多商品之一。如此作为"自然之力"的自然界就从人们视野中消失了。土地被看成"非劳动所得"，地位低于一般资本和工资。

二、过程思想视野下传统经济学的主要谬误：错置具体性

怀特海认为"现实存有"，是摄取以往所有主体为客体的当下瞬间经验主体，成为与一切过去经验主体"共生"的内在联系的、永恒的、向未

---

① [美] 赫尔曼·E.达利、小约翰·柯布：《21世纪生态经济学》，王俊、韩冬筠译，中央编译出版社2015年版，第6页。
② [美] 赫尔曼·E.达利、小约翰·柯布：《21世纪生态经济学》，王俊、韩冬筠译，中央编译出版社2015年版，第6页。
③ [美] 赫尔曼·E.达利、小约翰·柯布：《21世纪生态经济学》，王俊、韩冬筠译，中央编译出版社2015年版，第7页。
④ [美] 赫尔曼·E.达利、小约翰·柯布：《21世纪生态经济学》，王俊、韩冬筠译，中央编译出版社2015年版，第8页。

来无限可能性开放的动态结合体。但人的抽象思维却只把握其静态表象的某个方面，以抽象代替具体，形成错见。怀特海指出，"当人思考现实实有（actual entity）时……忽视其中包含的抽象程度"，① 从中推论出关于现实毫无根据的结论，忽视具体经验事实，用抽象的结论代替具体的经验事实，就犯了"错置具体性谬误"（misplaced concreteness）。经济学家对经济进行的是科学研究而非历史人文研究，他们追随物理学的研究方法，"将经济学数学化"：一方面提出研究经济结构的普遍的数学模型，另一方面对现实造成研究扭曲，容易犯"错置具体性谬误"。柯布和戴利认为"经济学的问题就在于，按照学术标准它太成功了。……这些成功包含了一种高度的抽象。"② 由于大学特别是经济学院整体的学科自我认同的风气，他们很难认识到其中的抽象达到何种程度，人们从这些抽象得出的结论，存在脱离实际的危险。怀特海指出："它把注意力固定于一组明确的抽象，而忽略了所有其他的东西。……对这些局限的忽视导致了灾难性的疏忽……"③ 以抽象结论代替具体现实，正如尼古拉斯·乔治斯库－雷根（Nicholas Georgescu-Roegen）在《熵定律和经济过程》中所指出的："标准的经济学的原罪犯了错置具体性的谬误。"④

　　柯布和戴利认为，西方政治经济学在经济思想上所固守的这套抽象，其中最重要的是竞争的市场调节下，利己的经济人个体相互作用，形成的"国民产出和收入的循环流"的机械模式："它忽略了个人福利通过同情和人类共同体纽带对其他人福利产生的影响，也忽略了个人生产和消费活动通过生物物理共同体对他人的实际影响。当从现实中抽象掉的因素在经验中变得越来越明显时，其存在就通过'外部性'这个概念得到承认。"⑤

　　在经济学中，"错置具体性谬误的经典例证就是'货币崇拜'。……如果

---

① A.N. Whitehead, *Process and reality*, New York：Harper, 1929, p.11.

② ［美］赫尔曼·E.达利、小约翰·柯布：《21世纪生态经济学》，王俊、韩冬筠译，中央编译出版社2015年版，第35页。

③ A.N. Whitehead, *Process and reality*, New York：Harper, 1929, p.200.

④ Nicholas Georgescu-Roegen, The Entropy Law and Economic Process, Harvard University Press, 1971, p.320.

⑤ ［美］赫尔曼·E.达利、小约翰·柯布：《21世纪生态经济学》，王俊、韩冬筠译，中央编译出版社2015年版，第37页。

货币余额能以利润形式永远增长，那么 GNP 实际上也能够都是如此。"① 当一种货币的留置权超过真实财富数量，仍然会造成因通货膨胀而引发的债务支付危机。重视货币和市场而非物质商品，以及将模型建立在物理学的方法而非内容之上，成了现代经济学的特征，这就为经济学确立演绎方法的首要地位，以及强调数学模型和计算机模拟奠定了基础，这是经济学当前的实践特征。如此精致复杂的逻辑结构，助长了重理论而轻事实，以及为了理论重新解释现实的倾向。

这种倾向的极端例子是加里·贝克尔（Gary Becker）和尼格尔·托姆（Nigel Tomes）提出的收入代际分配模型。以严密的逻辑将个体的效用最大化模型扩展到跨代际分配。这个模型需要一个跨越代际、自身同一的明确的决策个体。而实际上所有个体都会不断死去。未来设想的后代离现在的时间越远，他在当前一代的共同祖先就越多。"因此为遥远未来做准备，在性质上就越属于公共善。就关心你后代的福利而言，你也应该关心当下这代所有他人的福利，你的后代会从这些人那里继承或好或坏的特性。因此，对未来后代的关心，应该加强而非削弱对当代公正问题的关注。"② 对人类生育产生的明显后果，推动我们向共同体方向发展，同时摆脱个人主义。

用对数学的关注，取代对真实世界的关注，体现在朱利安·西蒙（Julian Simon）在《终极资源》中。他论证道：一英寸的长度包含无数的点，这些点的数量无法计算，"同样道理，我们可以使用的铜的数量也是无限的，因为没有合适的方法对其进行恰当的计算。"③ 因而他认为无须担忧自然资源的绝对短缺。西蒙从无限可分的概念，转到无限数量的概念；从一条线有无数点，转变到地下有无数的铜。显然，并非每一个抽象的数字，都代表一个具体真实。他用"同样道理"实现从概念与事实的跳跃，既违反逻辑，也不符合事实。与此类似，瑟罗借助于交换价值的抽象流动的传统观点，"证明"资源的物理流动不可能成为经济增长的限制。认为，经济零增长的观点，

---

① ［美］赫尔曼·E. 达利、小约翰·柯布：《21 世纪生态经济学》，王俊、韩冬筠译，中央编译出版社 2015 年版，第 37 页。

② ［美］赫尔曼·E. 达利、小约翰·柯布：《21 世纪生态经济学》，王俊、韩冬筠译，中央编译出版社 2015 年版，第 39 页。

③ Julian Simon, *The Ultimate Resource*, Princeton：Princeton University Press, 1981, p.47.

"这个问题及其答案的错误在于，他假设其他国家的人口都将达到美国人的平均消费水平。从数学的角度上讲，这是不可能的。"①

没有抽象，就没有思考，因而避免"错置具体性谬误"并不容易。柯布和戴利认为，有两个方法可以减少错置具体性的谬误：其一，用怀特海的话说是，"重回具体以寻找灵感"。另外，考察亚里士多德的"四因说"（质料、动力、形式和目的），"在经济学那里，我们的注意力集中在动力因和形式因。如果我们同样记得质料因和目的因，我们触犯错置具体性谬误的可能性会降低。"怀特海说过，"令人满意的宇宙论，必须解释动力因和目的因如何相互交织在一起。"② 让人满意的政治经济学也是如此。其二，避免过分的专业化。怀特海认为，"专业主义带来的危险非常大"，"特殊的抽象得到了发展，对具体的现实的关注却遭到了压制。整体迷失在它的一个方面中"。③ 柯布和戴利认为，我们应该更多地关注"处理整体的和具体问题的经济学领域，像经济史、比较制度经济学、经济思想史和经济发展。"④ 这是针对经济学"核心课程"过于抽象的一剂解毒剂。

（一）错置具体性：市场

市场如哈耶克所说，可以利用分散零碎的知识，使分散的决策，利用个人偏好的信息。"对于不同商品用途之间的配置资源来说，市场是我们能提出的最有效的制度，因为它也有充分利用信息的能力。市场对环境变化的反应也更为灵敏，而且具有参与性。"⑤ 市场的语法是"最大化的等边际法则。"但市场也有局限性：

其一，市场具有削弱自身存在基础的倾向。一是竞争有自我消亡的倾向，竞争导致垄断；一是"个体自我利益对共同体的道德风气也具有腐蚀作用。"⑥

---

① Lester Thurow, *Zero-sum Society*, New York：Penguin，1981，p.118.

② A.N. Whitehead, *Process and reality*, New York：Harper，1929，p.28.

③ A.N. Whitehead, *Process and reality*, New York：Harper，1929，p.200.

④ ［美］赫尔曼·E.达利、小约翰·柯布：《21世纪生态经济学》，王俊、韩冬筠译，中央编译出版社2015年版，第43页。

⑤ ［美］赫尔曼·E.达利、小约翰·柯布：《21世纪生态经济学》，王俊、韩冬筠译，中央编译出版社2015年版，第47页。

⑥ ［美］赫尔曼·E.达利、小约翰·柯布：《21世纪生态经济学》，王俊、韩冬筠译，中央编译出版社2015年版，第51页。

　　其二，市场失灵。市场不能有效处理公共物品和外部性问题。公共物品具有非排他性，不论谁使用，边际机会成本为零，因此价格也是零。市场缺乏刺激企业免费提供公共物品因素，"所有个体原为公共物品所付费用总和，就被看做公共物品的总价值，把这个总价值与总成本比较，而总成本通常能够被客观地为人所知。经济学家把所有价值简化为个体支付意愿，而不是公共利益或公共福利这样有机的概念，其极端个人主义在这里表露无遗。"[1]

　　外部性是市场失灵最普遍和最难处理的例证。在经济学家的印象里，市场是对所有人有利的自愿交易体系。"但这种观点是现实世界中抽象出来的。在现实世界里，所有发生的事情都会产生广泛的影响。实际上市场影响的不仅是那些参与交易的人。"[2]

　　市场所处的共同体环境和自然环境被排除在西方主流经济学研究之外。柯布和戴利指出，"经济学思想中的'内部'和'外部'，并不是由现实世界而是由对现实世界的抽象决定的。经过一番抽象之后，真正的现实世界常常遭到忽视。"[3]负外部性的例子是工厂对河流的污染损害了下游渔业。解决的方法是对工厂征收排污费，税值与排污成本相等。这是把渔业看作比排污更重要。如果情况相反，就要对渔民收税，补偿工厂治污的成本。前者河流产权归渔民，后一种河流产权归工厂。都是把成本内部化。若上游工厂和下游渔民属于同一个企业集团，那么外部成本对企业是内在的。污染被看作一种成本。这种描述和经济学中大多数处理一样，对现实问题大大简化了。事实上，除了渔民外，避免河流污染涉及很多人利益。总的社会成本不可能内化到新企业中去。对于鱼类的影响也不能完全从对人类造成的损失来衡量。

　　上述情形是"局部外部性"，可以通过价格调整稍作改变就可以得到比较合理的解决。还有"普遍的外部性"，范围广，价格调整也不能有效解决

---

[1]　[美] 赫尔曼·E.达利、小约翰·柯布：《21世纪生态经济学》，王俊、韩冬筠译，中央编译出版社2015年版，第53页。

[2]　[美] 赫尔曼·E.达利、小约翰·柯布：《21世纪生态经济学》，王俊、韩冬筠译，中央编译出版社2015年版，第53页。

[3]　[美] 赫尔曼·E.达利、小约翰·柯布：《21世纪生态经济学》，王俊、韩冬筠译，中央编译出版社2015年版，第54页。

问题，需要数量限制或制度改变。还有介于两者之间的例子。如煤炭行业的尘肺病是局部外部性，只有矿工及其家庭受到影响。而与煤炭有关的二氧化碳排放（温室效应）和酸雨，不仅是一个群体受影响，也不能归结为局部的原因。

"经济理论有关完全竞争和自由市场的社会效益论，其前提明显缺少对外部性的考量。"① 对这些挑战的明确回应，就是市场的庇古税。"会实际反映出在内部成本或私人成本基础上增加的外部成本，由此反映社会总成本。"② 这些成本是共同体的要求，既反对成本完全社会化的集体主义，又反对由矿工承担成本的个人主义。然而，崇尚个人主义自由市场的人会争辩说，矿工的工资已包含了患尘肺病的风险。这种观点是说工人可以选择其他工作，或无成本的流动。但"完全竞争所做的这种抽象是不切实际的，因为矿工根本没有按照自身的意愿变动工作的自由。"③

市场"只做一件事情：通过提供有限信息和激励解决资源配置的问题"。④ 但市场的效率不等于公正，也不等于相对生态系统的最佳规模。公正和经济相对于生态系统的最佳规模，这"不是资源配置的问题，而是关于分配和规模的独立问题"。⑤ 市场不会站在对于生态系统或生物圈而言最优规模的角度，来限制自身规模的增长。将外部性内部化是解决资源配置的一种方法，解决不了最优规模问题。经济系统是生态系统的子系统。在其小规模的时候，对生态系统的影响无足轻重。随着经济规模的增长，它对生态系统资源的索取，以及对生态系统废物的排放的规模不断增长，这对生态系统引发的质变也必然增多。"企图依赖市场……解决分配和规模这些独立的问

① ［美］赫尔曼·E.达利、小约翰·柯布：《21世纪生态经济学》，王俊、韩冬筠译，中央编译出版社2015年版，第56页。
② ［美］赫尔曼·E.达利、小约翰·柯布：《21世纪生态经济学》，王俊、韩冬筠译，中央编译出版社2015年版，第56页。
③ ［美］赫尔曼·E.达利、小约翰·柯布：《21世纪生态经济学》，王俊、韩冬筠译，中央编译出版社2015年版，第58页。
④ ［美］赫尔曼·E.达利、小约翰·柯布：《21世纪生态经济学》，王俊、韩冬筠译，中央编译出版社2015年版，第59页。
⑤ ［美］赫尔曼·E.达利、小约翰·柯布：《21世纪生态经济学》，王俊、韩冬筠译，中央编译出版社2015年版，第59页。

题，那么只会让局面变得更糟糕。"①

商品交易和交易商品的市场的活动由来已久，在封建社会就产生了，到社会主义社会也存在。波兰尼用开头字母小写的"market"来表示产品的交换，它不是基本的经济组织原则。而作为社会基本的经济组织原则的"Market"是今天经济学家说的"生产要素"，来自于封建主义到资本主义的转变。市场经济的产生，把自然变为土地，把生命变为劳动，并把继承的遗产变成资本。将生产资料变成商品，这就是"Market"。土地被抽离自然界这个整体，成为一种商品。被抽离生活的工作时间的活人的劳动，变成了需要评估并根据供需来交易的商品。资本被抽离于社会遗产，不再作为遗产或继承物，而是个人可以交易的并获得的非劳动收入。

劳动不是一种可通过供求关系定价的商品，若取消市场，其他商品价格为零，劳动工资不能低于生存保障的最低标准。现在更多地在宣扬劳动商品化。土地是一种非常特殊的商品，生物圈就存在于这片土地，但它不能分界，不能买卖。土地是生物物理共同体和社会共同体的基础，不能被商品化。

（二）错置的具体性的极端个人主义：经济人

作为经济学基础的人性假设，"是从现实的有血有肉的人类抽象出经济人。"②经济学家认为这种抽象，无害于经济学科的目标。交换价值理论或价格理论对经济人做了最清晰的描述，有两个假设："第一个假设个体所有需要是无法满足的。第二，当个体得到了某一商品时，对相同商品的消费欲望（被称为那种商品的效用函数）就会减少。作为对新古典经济学基石的边际分析，就是建立在对第二个假设的深刻理解以及价格是由边际效用决定的这个认识基础上的。"③

边际效用理论是合理的，但作为一种"能够量化的演绎科学的需要导

① [美] 赫尔曼·E. 达利、小约翰·柯布：《21世纪生态经济学》，王俊、韩冬筠译，中央编译出版社2015年版，第61页。
② [美] 赫尔曼·E. 达利、小约翰·柯布：《21世纪生态经济学》，王俊、韩冬筠译，中央编译出版社2015年版，第88页。
③ [美] 赫尔曼·E. 达利、小约翰·柯布：《21世纪生态经济学》，王俊、韩冬筠译，中央编译出版社2015年版，第88页。

致价格理论"却宣称，只有个体消费商品，才会对个体满足程度或"效用函数"有贡献。而对那些不表现为市场活动的快乐或痛苦，经济人则漠不关心。如慈善家捐款，一个人收到礼物，或工作晋升，经济人不会为此感到快乐。"经济人既不善良，也不恶毒，只知道漠不关心。当从这些角度把这种抽象的经济人，与现实的有血有肉的人进行比较时，两者的差异是惊人的：经济人对社会地位漠不关心，而现实世界中，个体在生活中获得的许多满足……与他们在共同体中所处的相对位置相关。总体而言，那些境况相对较好的人，比社会中那些境况不太好的成员感到更幸福。"① 当代经济学理论，不能因为经济人与现实人的不一致就轻易调整。它需要假设效用函数是独立的，这意味着每一个人都是从市场获得的商品中得到满足的，没有这一假设，或产生很多棘手的数学问题，特别是不能表明完全竞争导致资源最有效配置，一般均衡也不能实现。"这里描述的经济人是极端的个人主义。其他人那里发生什么情况不会影响经济人，除非他或她通过馈赠礼物导致了这种情况。"② "当经济学家从这个模型中得出关于现实世界的结论时，他们毫无疑问犯了错置具体性的谬误。"③

亚当·斯密最早提出了个人主义的经济人假设，具有明显的个人主义特征："在它那里既没有公正、恶行和善行的位置，也没有为维护人类生命或任何其它的道德关怀的位置。"④

柯布和戴利认为，经济人是极端错误的。"而经济人只是对社会现实的一个极端抽象。""在现实中，自给自足的个体并不存在。"⑤ 人是由社会关系构成的，我们有某些自由，可以部分超越社会关系，但并非是与社会关系相

---

① ［美］赫尔曼·E. 达利、小约翰·柯布：《21 世纪生态经济学》，王俊、韩冬筠译，中央编译出版社 2015 年版，第 89 页。

② ［美］赫尔曼·E. 达利、小约翰·柯布：《21 世纪生态经济学》，王俊、韩冬筠译，中央编译出版社 2015 年版，第 90 页。

③ ［美］赫尔曼·E. 达利、小约翰·柯布：《21 世纪生态经济学》，王俊、韩冬筠译，中央编译出版社 2015 年版，第 90 页。

④ ［美］赫尔曼·E. 达利、小约翰·柯布：《21 世纪生态经济学》，王俊、韩冬筠译，中央编译出版社 2015 年版，第 165 页。

⑤ ［美］赫尔曼·E. 达利、小约翰·柯布：《21 世纪生态经济学》，王俊、韩冬筠译，中央编译出版社 2015 年版，第 166 页。

分离的事物。正是这种关系的性质，才使得现实的自由成为可能。我们不仅是社会成员，还具有对人极其重要的社会特征。[1] 为了生存，一个婴儿不仅需要经济学家说的商品和服务，还需要爱，爱的程度、性质和特征，以及跟爱有关的事物，影响一个人成长的各个方面。在成人中，有的可以在最低程度的社会交往中生存，如鲁滨逊。将这种有局限性的案例选择作为标准的模型的做法，明显地揭示经济学从平常的社会现实进行极端的抽象。大量证据表明，随着增加产量的手段，通常会导致社会关系质量的下降。"社会变得更像是经济理论所描述的那样的个体的集合。这一'实证'模型不可避免地开始作为一种规范发挥作用，从而从这一模型得到的那些政策，迫使现实符合这一规范。"[2] 经济人导向的社会政策，强调 GNP，缺乏对社会关系的关注，给社会带来了成本。农民自给自足的社会关系被彻底瓦解了，被商品农场中的农民工劳动者组群所取代。虽然工资提高了，可消费更多商品，但某些非常珍贵的东西失掉了，他们的传统文化很大程度上被破坏了，他们必须使自己满足于更少私人交往的社会关系。先前的共同体成员，到城市打工，其"社会关系的质量乃至个人的生存质量都急剧下降"[3]。被视为自利的经济人为基础的经济学，称赞那些必然损害现存社会基础的社会政策。而社会成本被看成是外部性，实际在"社会成本"这一标题下，很少考虑这些社会成本。这些社会成本以牺牲人类幸福的代价来提高 GNP 的做法，应该停止了。

价格理论提出的经济人的其他特征：对商品无法满足的欲望的假设，更值得怀疑。边际效用递减既适用收入，也适用商品。当收入超过一定数量，休闲也边际递减，接二连三的商品也会使人厌倦。"看起来欲望无法满足的假设是缺少依据的，它与拥有更好的边际效用递减规律之间如果不是矛盾的，也是处于严重对立状态的。"[4]

---

[1] [美] 赫尔曼·E.达利、小约翰·柯布：《21世纪生态经济学》，王俊、韩冬筠译，中央编译出版社 2015 年版，第 166 页。

[2] [美] 赫尔曼·E.达利、小约翰·柯布：《21世纪生态经济学》，王俊、韩冬筠译，中央编译出版社 2015 年版，第 167 页。

[3] [美] 赫尔曼·E.达利、小约翰·柯布：《21世纪生态经济学》，王俊、韩冬筠译，中央编译出版社 2015 年版，第 168 页。

[4] [美] 赫尔曼·E.达利、小约翰·柯布：《21世纪生态经济学》，王俊、韩冬筠译，中央编译出版社 2015 年版，第 90 页。

经济学理论要求经济人是贪得无厌的，"鼓励了人们在商业世界中对私利的追求"①。在过去对个人利益的无尽追求会因公正、公平或整个共同体的利益而有所收敛。经济人最大化计算的主导地位，使经济人理性偏向了狭隘的自利，引导整个社会的利己主义倾向。而罗兹实验却不支持经济人假设的普遍存在：给予代币，可以个人投资获得 1 分，也可以投给小组获得 2 分，由大家共享，本人也可以获得相应份额。按照经济人假设，投票个人投资，才是利益最大化的经济人行为。而实验证明投给小组的却占 40—60%，与经济人的行为不一致。当经济学家试图把经济人的理念扩大到投票领域时，证据不支持他们的观点。经济心理学的主要研究成果得出结论："我们必须抛弃人人都是贪婪的这个观点，因为与经济人不同，现实的人并非是贪得无厌的。"②

经济人具有无限的需求，但没有与这些需求强烈程度截然不同的价值等级，不管人们需要什么，经济学家都视为常态，经济的任务就是尽可能去满足人们的愿望。批评者认为，价值有高低之分，社会应提倡价值高的东西，而阻止价值低的东西；而市场却鼓励价值比较低的东西。

经济学家的确希望判断其政策是否会对受影响的人们福利有所助益，但它们却回避将快乐相加和将痛苦扣除的功利主义计算法。不同个体的满意度，或经济学家所说的效用函数是不能比较的，因为没有衡量单位。"因此经济学家拒绝把不同人的效用函数加在一起来确定能够获得的总利益。"③ 建立在主体满足最大化的价值理论是有问题的。科学实验证明，通过刺激老鼠快乐中枢，他们也会在愉悦中饿死。把快乐的源泉看成是独立的，与所有关系是不相干的，以自我为中心地关注个体的快乐是致命的。

赫尔曼·E.戴利在谈到"分配和规模问题"时，认为这"与贫困者、未来和其他生物关系密切，这种关系在本质上是社会化的而非单个存在。经

① ［美］赫尔曼·E.达利、小约翰·柯布：《21 世纪生态经济学》，王俊、韩冬筠译，中央编译出版社 2015 年版，第 92 页。

② Stephen E. G. Lea, Roger M. Tarpy, and Paul Webley, *The Individual in the economic Psychology*, Cambrisge university Press, 1987, p.111.

③ ［美］赫尔曼·E.达利、小约翰·柯布：《21 世纪生态经济学》，王俊、韩冬筠译，中央编译出版社 2015 年版，第 97 页。

济人，作为方法个人主义的独立原子，或是作为集体主义者理论的单纯社会人，都是极端抽象的。我们的具体经验是'社会中的人'。我们是独立的个人，但我们每一个人的身份却受到我们周围社会关系性质的制约。我们的关系也绝不仅仅是外部的，他们也是内部性的，也就是说，当人与人之间的关系发生了变化，相关实体（这里是指我们人类自身）的内在本质也发生了变化。我们之间的联系的连接点不仅仅在于每个个体愿意为不同实物支付费用，还在于贫困者、未来和其他生物的我们与他们之间关系的信托。企图从这种切实存在的信托关系中抽象出来，并把任何事情都归纳到某个个体愿意支付这样一个简单的问题上，这无疑是被作为在社会中的具体生存状态的扭曲，怀特海等错置具体性的谬误就是一个很好的例子。"①

总之，经济学在假设人性观和理论的时候，着眼于"分析的方便"而不是经验根据。主流经济学认为，政策建议如何决定，都取决于数学定理，这些数学定理的决定性作用，在其推导上富有成效，而不在其与现实世界的联系。现代主流经济学在抽象的路上走得太远，而其研究者几乎缺少反省，因而，"错置具体性的谬误因此泛滥"②。

柯布和戴利认为，在构成价格的理论基础的人的概念，是一个"致力于通过获取无限的商品而使效用或满足程度最优化的人"。而从经济学的学科基础而言，"经济人的观点，从根本上说是个人主义的。社会作为一个整体，被看作是这些个体的集合。我们想用作为共同体中的人的经济人形象来取代它。"③

（三）错置具体性：土地

经济学对市场、经济人假设等做了高度抽象，并从这些抽象中得出结论，好像这些抽象与具体的现实是一致的。这些抽象对经济学思想形成具有重大影响，"而将土地描绘为经济的一个与众不同的方面而进行抽象，则被

① ［美］赫尔曼·E.达利、小约翰·柯布：《21世纪生态经济学》，王俊、韩冬筠译，中央编译出版社2015年版，第65页。

② ［美］赫尔曼·E.达利、小约翰·柯布：《21世纪生态经济学》，王俊、韩冬筠译，中央编译出版社2015年版，第99页。

③ ［美］赫尔曼·E.达利、小约翰·柯布：《21世纪生态经济学》，王俊、韩冬筠译，中央编译出版社2015年版，第164页。

边缘化或完全消失了。"① 经济学家使用的土地，是一个涵盖很广的术语，包括了整个自然环境。在土地这一标题下处理的问题，可被称作自然、世界、环境或者说地球。之所以称为土地，是因为"土地"与农业有关。1922 年理查德·T. 伊利（Richard T. Ely）创立了"土地经济学"，作为经济学一个分支。他认为经济学家使用的土地，是指"具有经济意义的自然力量"，而土地经济学研究"财产概念"，即土地所有权和地租。"土地经济学作为经济学一个分支，也是研究人类的关系。"土地被看作与其他财产差别甚微的财产关系，成为众多商品之一。如此作为"自然之力"的自然界就从人们视野中消失了。作为与土地有关的期刊相关研究文章，对具体而现实的自然很少关注，主要把土地当成生产要素。而土地经济学对经济学而言，属于边缘学科。

而在古典的狩猎和采集民族那里，"土地被看作是生命的赐予者和所有东西的源泉。"② 随着农作物的种植和农业革命的出现，土地具有最重要的作用，"人们将注意力集中到繁殖力。自然带给人们更多的东西，被看作是伟大的奇迹。"③ 古代人对土地的看法，通过犹太人的圣经对欧洲文明产生重大影响。土地被犹太人看作"遗产"，而不同于现代财产观念。古犹太人把自己看作"根植"于土地，是家园。基督教思想中可以"发现一种强调土地的超越性和对象性的倾向。人类与土地的可分离性与对人与上帝的关系的强调一起，趋向于降低土地的重要性。这些倾向为现代哲学和经济学的进一步对象化和抽象化铺平了道路。"④

经济学往往被批判为"物质主义"，这是在其把人看作一心要占有和消费商品并支持对这些需要的满足的意义上，它是物质主义。但从一种更深的哲学意义上，它更多与唯心主义相关。它忽视土地，即人类存在的物质

① ［美］赫尔曼·E. 达利、小约翰·柯布：《21 世纪生态经济学》，王俊、韩冬筠译，中央编译出版社 2015 年版，第 100 页。

② ［美］赫尔曼·E. 达利、小约翰·柯布：《21 世纪生态经济学》，王俊、韩冬筠译，中央编译出版社 2015 年版，第 103 页。

③ ［美］赫尔曼·E. 达利、小约翰·柯布：《21 世纪生态经济学》，王俊、韩冬筠译，中央编译出版社 2015 年版，第 105 页。

④ ［美］赫尔曼·E. 达利、小约翰·柯布：《21 世纪生态经济学》，王俊、韩冬筠译，中央编译出版社 2015 年版，第 105 页。

基础。

从笛卡尔和亚当·斯密以后，西方思想有一种倾向，沿着人类中心主义的道路走向唯心主义。19世纪和20世纪，与西方知识界的思潮主流的唯心论相似，经济思想从关注自然和现实经验，转而关注经济学家头脑中的产物：经济理论、模型和数学公式。"人们注意力从土地、劳力和资本，转变为……租金、工资和利润，这与人们对物质世界的兴趣丧失是一致的。"① 今天有理由对待物质世界的现实性，核战争会导致人类大多数人的毁灭，这从唯心论无法解释。空气污染和海平面上升，与人们如何看待它无关。在理论上，人与其他物种在进化上的亲缘关系，也使形而上学二元论毫无道理。在政治层面几乎没人否定这些观点。然而"唯心主义理论却构成许多学科的基础，并使人们的注意力偏离了自然事件本身的完整性。有时候，这些理论引导学者包括经济学家得出极端的观点。"② 例如，乔治·吉尔德（George Gilder）写道："美国必须克服唯物主义谬误：它幻想着，资源和资本在本质上是可以耗尽的东西，而不是人类处于自由状态的意愿和想象的取之不竭的产物。"他还指出："因为经济是受思想统治的，它们反映的不是物质法则而是思想法则。"③ 而朱利安·西蒙（Julian Simon）指出："请看：最后铜和石油是从我们头脑中蹦出来的，事实就是如此。"④ 这两个经济学家的观点在华盛顿很有影响，而他们很少因为极端唯心论而受到其他经济学家的批评。

在农业社会，土地的劳动力是两个重要的生产要素。约翰·洛克、重农主义学派、新古典经济学马歇尔和马克思都承认土地作为被动的生产要素的重要作用。而当代经济学家不再把土地看作生产要素，而是看作一种空间和资本。威廉·冯·赫尔曼（William Von Hermann）支持这种观点，把资本定义为一种耐用并产生收入的商品，土地就符合这个定义。李嘉图在区分土

---

① ［美］赫尔曼·E.达利、小约翰·柯布：《21世纪生态经济学》，王俊、韩冬筠译，中央编译出版社2015年版，第112页。

② ［美］赫尔曼·E.达利、小约翰·柯布：《21世纪生态经济学》，王俊、韩冬筠译，中央编译出版社2015年版，第113页。

③ George Gilder, *Wealth and Poverty*, New York：Basic，1981，p.223.

④ Julian Simon, *Interview with William F. Buckley*, Ir. Reprinted in Population and Development Review，March（1982），p.207.

地与资本的过程中，谈到了土地的不易损坏的特征。后来的经济学家把土地的肥沃程度当作资本，但保留了土地不易损坏的特征，即广延，开始把空间称作"李嘉图式土地"。后来"经济学这个学科开始把土地当作空间与可消耗的或容易替代的资本的混合物。两者都被看作是商品，即受市场交换的限制，并且它们的价值仅由这种交换决定。"① 土地不再是一种生产要素，在估算资本和劳动在生产中相对作用的经济计量模型中，土地被降为"残值"的地位。

在土地转变为李嘉图式空间和资本之前，经济学家就从关注生产要素的土地，转变为关注价格和利润一个要素的土地的使用租金。经济学以工业为导向，关注的是资本和工资。如果工资决定土地和工业产品的价值，那么地主的土地，就作为一个反常的位置上，即"非劳动所得"。资本和劳动在工资上有直接冲突，但在赞成食物和资源低价值上是一致的。"对于社会来说，非常危险的劳资冲突通过以地主为代价的更低资源和食物价格政策而得以缓和。"② 柯布和戴利认为，这牺牲的不仅是地主的利益，还有后代的利益。经济学的基本原则是，效率需要最大化最稀缺的生产率。从长远来看，某些资源，特别是工业最需要的矿石和化石燃料，就人类存在时间而言，都是不可再生的。"因此，从长远来看，资源是最稀缺的。"③ 地主的没落和资本家的上位，导致对资源的低价格追求以及让资源最大化利用的技术和政策，并尽可能减少资源的边际效率，为的是提高劳动和资本，尤其是资本的收入。人们"放弃对土地的兴趣，表明了错置具体性的谬误是多么普遍。"④

三、共同体中的人与生物圈共同体

柯布和戴利认为，在构成价格的理论基础的人的概念，是一个"致力

① [美] 赫尔曼·E.达利、小约翰·柯布：《21世纪生态经济学》，王俊、韩冬筠译，中央编译出版社2015年版，第115—116页。
② [美] 赫尔曼·E.达利、小约翰·柯布：《21世纪生态经济学》，王俊、韩冬筠译，中央编译出版社2015年版，第120页。
③ [美] 赫尔曼·E.达利、小约翰·柯布：《21世纪生态经济学》，王俊、韩冬筠译，中央编译出版社2015年版，第121页。
④ [美] 赫尔曼·E.达利、小约翰·柯布：《21世纪生态经济学》，王俊、韩冬筠译，中央编译出版社2015年版，第121页。

于通过获取无限的商品而使效用或满足程度最优化的人"。而从经济学的学科基础而言，"经济人的观点，从根本上说是个人主义的。社会作为一个整体，被看作是这些个体的集合。我们想用作为共同体中的人的经济人形象来取代它。"①

（一）共同体中的人和共同体组成的多样性共同体

柯布和戴利认为，应该把经济人看作是"共同体中的人"（person-in-community）。经济人作为共同体的人，并不完全排除个人主义的因素。市场交易中人们行为的某些方面，具有相对分离性，通常可以很好地用个人主义的术语描述。这些个体对商品有兴趣，其很多行为表现为理性的自利，这正是主流经济学描述的经济人特征。因此，"许多古典的和新古典经济学的原理，如果给他们加上适当的历史限制性条件，在以把经济人作为共同体中的人这个不同模型为基础的经济学中，将会发挥它们的作用。""共同体中人这个模型，不仅要求为个体提供商品和服务，而且要求一种经济秩序，支持构成共同体的人际关系模式。"②

柯布和戴利赞同滕尼斯意义上的小型的、亲密的、人与人相互联系的共同体，也对民族国家这样的共同个体感兴趣，但所要的统一不是法律和契约意义上的外部关系的模式，而是如勒内·克里希说的有自我身份的认同，此外还要加上三条："（1）其成员能广泛参与支配其生活的决策中；（2）社会作为一个整体对其成员负责；（3）这个责任包括要尊重其成员的多样化个性。"③一些小的公共体如何与大共同体建立关系，其中一个可选的办法是，"把更大的共同体普遍看作是由共同体构成的共同体。那样的话，一个人所属的当地共同体成为身份认同的主要基础。"④这一权力分散的过程，"并不

---

① [美] 赫尔曼·E. 达利、小约翰·柯布：《21 世纪生态经济学》，王俊、韩冬筠译，中央编译出版社 2015 年版，第 164 页。

② [美] 赫尔曼·E. 达利、小约翰·柯布：《21 世纪生态经济学》，王俊、韩冬筠译，中央编译出版社 2015 年版，第 170 页。

③ [美] 赫尔曼·E. 达利、小约翰·柯布：《21 世纪生态经济学》，王俊、韩冬筠译，中央编译出版社 2015 年版，第 178 页。

④ [美] 赫尔曼·E. 达利、小约翰·柯布：《21 世纪生态经济学》，王俊、韩冬筠译，中央编译出版社 2015 年版，第 183 页。

排斥与其他国家组建共同体的另一过程"。① 由于环境问题正变得全球化，"各个国家必须把足够的权力赋予包括人类共同体在内的包容性共同体，来承担即将到来的灾难这一异常艰巨的任务。……在无限制地开采自然资源和填埋废物的时代，地球发生了如此深刻的变化，以至于由各个国家组成的整个共同体采取全球行动，成了减少灾难的唯一希望。"② 除了地缘共同体，还有"非地缘共同体，包括当地的教堂、兄弟会、市民组织、工会组织和商业组织。"③ "共同体经济学应该支持共同体，这是很重要的。"④

柯布和戴利提出的"由共同体组成的共同体"，不同于启蒙运动的个人主义的世界大同模型。但这一模型也是从具体现实抽象出来的，成为增添错置具体性的新例证。除了反复求助于抽象所源自于的完整的现实，没有什么可以让我们免于这种危险。归属的欲求和参与的欲求是从共同体的人的模型引出来的。

共同体的人应克服支配欲，形成新的权力观。首先，是说服性权力。共同体人的关系是内在的，影响他人的重要的方法，一方面是传播其理念，另一方面愿意倾听他们希望我们持有的观念，真诚地让观点说服彼此。"相信说服力，就是相信真理的存在。"⑤ 其次，不是控制他人思想，而是提出新建议。该让大家自由选择，扩展了自由，就增强了共同体。第三，善于接受的权力："善于接受的权力，是把他人的感受和思想整合进自身的权力。这样的整合正是一个人的自我的一种扩展。在这个过程中，一个人的理解、感受和思考的能力得到了提高。"⑥ 当人们感受到真正被倾听时，他们把以前没有认识到的深

<hr>

① [美] 赫尔曼·E.达利、小约翰·柯布：《21世纪生态经济学》，王俊、韩冬筠译，中央编译出版社2015年版，第184页。

② [美] 赫尔曼·E.达利、小约翰·柯布：《21世纪生态经济学》，王俊、韩冬筠译，中央编译出版社2015年版，第184页。

③ [美] 赫尔曼·E.达利、小约翰·柯布：《21世纪生态经济学》，王俊、韩冬筠译，中央编译出版社2015年版，第186页。

④ [美] 赫尔曼·E.达利、小约翰·柯布：《21世纪生态经济学》，王俊、韩冬筠译，中央编译出版社2015年版，第186页。

⑤ [美] 赫尔曼·E.达利、小约翰·柯布：《21世纪生态经济学》，王俊、韩冬筠译，中央编译出版社2015年版，第190页。

⑥ [美] 赫尔曼·E.达利、小约翰·柯布：《21世纪生态经济学》，王俊、韩冬筠译，中央编译出版社2015年版，第191页。

层次的东西清楚地表达出来。这就是心理治疗的秘密所在，也是友谊的秘密所在。第四，共享权力。一个人作为共同体努力体验到的权力，远比独自体验到的权力强大。这些形式权力，行使得越多，就越能增强共同体。

共同体会具有要求个人利益服从于共同体的利益的意愿。但社会关系是一种相互关系，一荣俱荣，一损俱损。"在这种情况下，对共同体的恰当服务不是牺牲某个个体的生命，而是通过提升个体自己的生命的方式来同时提升共同体。"①

与对共同体的奉献与"我们"与"他们"的区分结合，容易变成对其他共同体的敌意。应从共同体组成的共同体的角度来减轻它。要强调，"一个共同体获益促进所有共同体的福利。……如果一个共同体没控制住，那么所有共同体都受损。……对亲密关系而言，竞争则是第二位的。"②

(二) 低熵物质——能量流的自然和生态共同体

柯布和戴利认为，对于自然界的经济思考，最重要的范畴是能量和生物圈。二元主义，把人本身看作是目的，而把所有其他的事物看成是手段。其实"与人类一样，生物圈，既是目的，也是手段。有生命的事物，无论是个体还是集体，都应受到重视，而不仅被看作是对人有用的手段。它们互为资源，也是人类的资源。它们的内在价值和它们作为手段的价值都必须得到考虑。"③"生物圈是一个社会，或者由各种社会组成的一个社会。字典里也可以将其称为由共同体组成的共同体。"④人类"能够参与生物圈的决策……整个生物圈能够而且应该成为一个由共同体组成的共同体。"⑤"在一个由共同体组成的共同体背景下去看人类与其他生物的关系，必须进入一种以生命

① ［美］赫尔曼·E.达利、小约翰·柯布：《21世纪生态经济学》，王俊、韩冬筠译，中央编译出版社2015年版，第195页。
② ［美］赫尔曼·E.达利、小约翰·柯布：《21世纪生态经济学》，王俊、韩冬筠译，中央编译出版社2015年版，第195页。
③ ［美］赫尔曼·E.达利、小约翰·柯布：《21世纪生态经济学》，王俊、韩冬筠译，中央编译出版社2015年版，第208页。
④ ［美］赫尔曼·E.达利、小约翰·柯布：《21世纪生态经济学》，王俊、韩冬筠译，中央编译出版社2015年版，第208页。
⑤ ［美］赫尔曼·E.达利、小约翰·柯布：《21世纪生态经济学》，王俊、韩冬筠译，中央编译出版社2015年版，第209页。

为中心的视角。"①生物圈的视角，相对于人类中心主义是相似的，但其深层的形而上学哲学是不同的："深层生态学"是生物中心平等论，还有生态中心主义和地球中心论的盖娅假说。柯布和戴利则采取基于过程思想的终极创造性的整体视野："所有事件既是决定的，也是自由的。宇宙不仅仅是一团物质，尽管所有事物由过去决定，但它也凭借参与具有现实可能性的每一事件，而超越了过去。"既强调目的因，又强调动力因。"不管它的名字如何，它指的都是整体大全的普遍特征。"②

（三）不可以资本替代的低熵能的自然界和经济总体最佳规模

柯布和戴利认为，要用"自然"的概念取代传统经济学理论的"土地"的概念。传统经济理论对自然的忽略，导致经济实践中物质世界的退化。③传统哲学和经济学把自然简化为无形被动的物质或人头脑的构想，认为物质是不灭的，只是在生产中被配置，在消费中被打乱，再在生产中被重置。经济是从生产到消费的封闭的流动。④但荒野是主动的和有形式的，其不同物质形式虽可替代转化，但转化是需要大量能量的。⑤按照热力学第二定律可用总能量是减少的，就是增熵。工业主义从依靠存量丰富的太阳来源，向存量稀缺的地球资源的转变，形成一个"资源普遍耗竭和资本高度积累的世界"⑥。"经济学谈论的资本与土地的相对可替代性，在地球现在所面临的大规模环境危机面前瓦解了。"⑦"仅仅是知识对经济系统没有无足轻重，除非

---

① 〔美〕赫尔曼·E.达利、小约翰·柯布：《21世纪生态经济学》，王俊、韩冬筠译，中央编译出版社2015年版，第209—210页。

② 〔美〕赫尔曼·E.达利、小约翰·柯布：《21世纪生态经济学》，王俊、韩冬筠译，中央编译出版社2015年版，第419页。

③ 〔美〕赫尔曼·E.达利、小约翰·柯布：《21世纪生态经济学》，王俊、韩冬筠译，中央编译出版社2015年版，第196页。

④ 〔美〕赫尔曼·E.达利、小约翰·柯布：《21世纪生态经济学》，王俊、韩冬筠译，中央编译出版社2015年版，第200页。

⑤ 〔美〕赫尔曼·E.达利、小约翰·柯布：《21世纪生态经济学》，王俊、韩冬筠译，中央编译出版社2015年版，第199页。

⑥ 〔美〕赫尔曼·E.达利、小约翰·柯布：《21世纪生态经济学》，王俊、韩冬筠译，中央编译出版社2015年版，第203页。

⑦ 〔美〕赫尔曼·E.达利、小约翰·柯布：《21世纪生态经济学》，王俊、韩冬筠译，中央编译出版社2015年版，第204页。

它物化在物质结构中。……知识进入物质经济的狭窄进入点，就是通过低熵资源的可用性，无论怎样，无关知识，没有低熵就没有资本，除非热力学第二定律被推翻了。"①

传统经济学将经济（整个宏观经济）视为一个整体，"在这样的愿景下，自然或环境被视为宏观经济的组成部分或部门——森林、渔业、草地、矿业、油井、生态旅游景点等"②。而生态经济学认为宏观经济系统，只是支撑能力的整体（即地球、大气圈和生态系统）的一部分："经济只是这个大的'地球系统'的一个开放子系统。尽管能够接受利用太阳能，但'地球系统'是有限的、非增长的和物质封闭的。"③经济学家关注交换价值的循环流动，却完全忽视了代谢吞吐量。原因是经济学家视经济为整体，类似一个永动机，无须物质能量的出入循环。主流经济学把自然看作经济系统的外生变量，忽略了经济只是自然系统的子系统的具体事实。只看到抽象的价值流而忽略经济过程中与自然系统发生的物质吞吐量，这犯了怀特海说的"错置具体性的谬误"。"显然，一个从环境中抽象出来的、将经济视为孤立系统的模型，不可能清楚地阐明经济与环境之间的关系。误把地图当成领土；误以为仅为理解现实中方面问题而开发的抽象模型可以解释一切，或与从中建立抽象模型的事情完全不同的事情。哲学家和数学家 Alfred North Whitehead（怀特海）称这类错误为错置具体性的谬误。"④

如果经济系统是一个整体，那么它就可以无限增长。它没有替换任何东西也不会产生机会成本——宏观经济向为占领空间进行物质扩张不要放弃任何东西。但如果宏观经济是"地球系统"的一部分，则他的物质扩张就会侵犯这个有限的、非增长系统的其它部分，造成某种损失——经济学家称之为机会成本。在这种情况下，因经济扩张而失去的最重要的自然空间和功能

① [美]赫尔曼·E.达利、小约翰·柯布：《21世纪生态经济学》，王俊、韩冬筠译，中央编译出版社2015年版，第205页。
② Herman E. Daly 等：《生态经济学：原理与应用》，徐中民等译，黄河水利出版社2007年版，第17页。
③ Herman E. Daly 等：《生态经济学：原理与应用》，徐中民等译，黄河水利出版社2007年版，第17页。
④ Herman E. Daly 等：《生态经济学：原理与应用》，徐中民等译，黄河水利出版社2007年版，第17页。

就是扩张经济的机会成本。这就是说，增长是有成本的，并不像向一个空的世界扩张那样是免费的。地球生态系统并不是空的，而是包容人类生命的系统。因此，"肯定存在宏观经济进一步增长的成本高于其产生的价值的时候，这使增长称为不经济的增长。这也是生态经济学区别于传统经济学的几项基本的原则：增长可能是经济的，也可能是不经济的。相对于生态系统，宏观经济系统存在一个最佳的规模。"① 柯布和戴利认为，经济是生态系统的子系统，经济增长的规模必须在生态系统的承载力范围内，像温室效应这种普遍的负外部性，具有普遍和非边际的特性，靠征收庇古税，是无法解决的。

四、生态经济的实践模式

柯布和戴利认为，在生态经济实践上，应对现代大学体制进行改革，确立共同体经济学；应确立经济发展适应地球自然极限的最优规模和可持续经济福利目标；应采取生态的土地使用方式和发展生态工农业生产；要扩大经济管理的劳动者参与民主，是一项公平的分配政策；正确处理全球化与贸易保护主义的关系等。

（一）改变学科化的大学改革

柯布和戴利认为，生态经济实践，必须从大学体制改革入手。这是由于现代知识通过大学体制学科化，这种学科化导致大学被划分为不同的院系。一个院系与外界的联系，最主要的不是与其他院系成员的联系，而是相同学科研究者的联系。"这种学科化支配着大学并通过大学只配合对当代世界的思考。"② 学科成员存在广泛相同的观点，具有共同的价值观。"人们普遍接受的抽象被当成了现实。这一过程在经济学那里尤为突出。"③ 知识的学科化的脱离实际，经常忘记抽象的程度，"那些受学科知识化影响很大的人，通常的言谈举止就好像这些学科加在一起涵盖了所要了解的东西。这就假

---

① Herman E. Daly 等：《生态经济学：原理与应用》，徐中民等译，黄河水利出版社 2007 年版，第 17—18 页。

② [美] 赫尔曼·E. 达利、小约翰·柯布：《21 世纪生态经济学》，王俊、韩冬筠译，中央编译出版社 2015 年版，第 32 页。

③ [美] 赫尔曼·E. 达利、小约翰·柯布：《21 世纪生态经济学》，王俊、韩冬筠译，中央编译出版社 2015 年版，第 34 页。

设了真实世界是由被各个学科分割了的那些要素和方面相加而成的。"① 现代经济理论的抽象，如经济人假设、竞争性的完备的市场、GDP 评估指标等，已经造成了对现实的扭曲。学科化的核心局限是其公开宣扬的价值中立，经济学就是这方面一个例子，其实是欺骗。经济学家为赞成某一政策和反对某一政策而游说，"与其说是支持了事实的中立，不如说抑制了人们对基本价值观有不同意见。"② 经济学另一个价值观是个人自由，并从价值中立为这个价值辩护。这实际意味着阻止人们采用有利于大多数人的政策。

柯布和戴利认为，大学改革可以采取四个步骤：其一，"应建立一个系或其他机构来持续研究自身"。③ 其二，"大学也应该建立一个研究宇宙学的院系"。④ 其三，"大学还应该建立一个研究社会危机和全球危机的院系"，"来建立一个世界是什么样子的统一描述。"⑤ 其四，"如果能获得足够一致的意见，那么大学可以建立跨学科研究中心，将其工作与紧迫性问题联系起来"。⑥ 必须将跨学科研究工作与紧迫性问题联系起来。要参照妇女研究中心、黑人研究中心、地域研究中心以及和平研究中心提供的模式。"尽管这些研究中心开始时必然是跨学科的，但它们的目标应该是成为非学科化的研究中心。"⑦

如果这些变革成功了，将改变院系风气，提高对各个学科历史特点相对性的认识，以及对学科基础预设的认识。鼓励人们围绕回答紧迫性问题研究，这样就会削弱学科边界，推进向演绎原理相对化的方向发展。对学科组

---

① ［美］赫尔曼·E. 达利、小约翰·柯布：《21 世纪生态经济学》，王俊、韩冬筠译，中央编译出版社 2015 年版，第 129—130 页。
② ［美］赫尔曼·E. 达利、小约翰·柯布：《21 世纪生态经济学》，王俊、韩冬筠译，中央编译出版社 2015 年版，第 135 页。
③ ［美］赫尔曼·E. 达利、小约翰·柯布：《21 世纪生态经济学》，王俊、韩冬筠译，中央编译出版社 2015 年版，第 382 页。
④ ［美］赫尔曼·E. 达利、小约翰·柯布：《21 世纪生态经济学》，王俊、韩冬筠译，中央编译出版社 2015 年版，第 383 页。
⑤ ［美］赫尔曼·E. 达利、小约翰·柯布：《21 世纪生态经济学》，王俊、韩冬筠译，中央编译出版社 2015 年版，第 383 页。
⑥ ［美］赫尔曼·E. 达利、小约翰·柯布：《21 世纪生态经济学》，王俊、韩冬筠译，中央编译出版社 2015 年版，第 383 页。
⑦ ［美］赫尔曼·E. 达利、小约翰·柯布：《21 世纪生态经济学》，王俊、韩冬筠译，中央编译出版社 2015 年版，第 383 页。

织化的批判，不是把大学当作没有前途而加以取消，而是复兴大学的伟大传统，"即它能再一次成为智慧的源泉和广大共同体的指导"①。

（二）宏观经济的最优规模与可持续经济福利指标

经济适度规模的原则，是避免地球环境破坏的根本原则。"越大越好"已成为大多数人和所有党派的自明之理和根深蒂固的信念，因而，适度规模的原则很难让人们接受。"环境退化总的来说是由经济规模造成的。"②沿着经济无限增长的趋势发展下去，将是地球的巨大灾难。

1. 生态经济的根本特点与宏观经济最优规模

柯布和戴利认为，经济是生态系统的子系统，经济增长的规模必须在生态系统的承载力范围内，像温室效应这种普遍的负外部性，具有普遍和非边际的特性，靠庇古税无法解决："经济要有一个与生态系统相对应的适当规模。我们这里说的'规模'是指物理大小，换句话说，就是人口乘以人均资源的使用率。……经济是生态系统的一个子系统，而生态系统不会增长。……因此，经济（子系统）相对于生态系统变得更大，在更大的程度上对母系统造成压力。这种普遍的压力导致了某些外部性具有普遍的和非边际的特性，并使得作为应急手段的庇古税不易解决外部性。"③

戴利在《生态经济学：原理和应用》指出，生态经济和传统经济的区别，在传统经济把经济看作一个整体，而把自然环境看作经济系统的子系统，"生态经济把宏观经济看作一个更大的包含性的支持性整体的一部分，这个整体就是地球大气层及其生态系统。经济被看作是这个更大的'地球系统'的一个开放子系统。这个开放的子系统尽管对太阳能是开放的，但它仍然是有限的，不增长的，而且在物质方面受封闭的。"④

传统微观经济学也有"最优规模"的基础性概念：如生产某物，增加成

---

① ［美］赫尔曼·E. 达利、小约翰·柯布：《21 世纪生态经济学》，王俊、韩冬筠译，中央编译出版社 2015 年版，第 384 页。

② ［美］赫尔曼·E. 达利、小约翰·柯布：《21 世纪生态经济学》，王俊、韩冬筠译，中央编译出版社 2015 年版，第 393 页。

③ ［美］赫尔曼·E. 达利、小约翰·柯布：《21 世纪生态经济学》，王俊、韩冬筠译，中央编译出版社 2015 年版，第 147 页。

④ ［美］赫尔曼·E. 戴利、乔舒亚·法利：《生态经济学：原理和应用》第 2 版，金志农、陈美球、蔡海生等译，中国人民大学出版社 2014 年版，第 14 页。

本也会增加收益，但一旦达到某个点，增加某项活动的收益不等值于所产生的额外成本。"按照经济学的术语来讲，即当边际成本（marginal costs，即额外成本）等于边际效益时，经济活动就达到了最优规模。"① 这称为"何时停止原则"（when to stop rule）。但奇怪的是，在宏观经济学中，既不存在"何时停止原则"，也不存在任何宏观经济的"最优规模"的概念，默认的原则是"永远增长"（grow forever）。生态经济学认为，经济系统是生态系统的一个子系统，如果经济规模很小的话，也没有必要停止增长。在"空的世界"里，环境不是稀缺资源。但实体经济在一个有限的不增长的生态系统里持续地不断增长，最终导致"满的世界经济"。我们现在已经处在满的世界经济中。生态经济把资本分为人造资本和自然资本。人造资本的存量包括人的身体思想、人创造的人造物品以及人类社会结构。自然资本（natural capital）则是可以收获自然服务的有形自然资源存量，包括太阳能、土地、矿物燃料、水、活有机体，以及生态系统中所有这些元素相互作用提供的服务。随着经济的增长，自然资本会物理性地转化为人造资本。人造资本越多，人造资本提供的服务流越大；自然资本降低，由自然资本提供的服务流就会缩小。另外随着经济的增长，经济提供的服务也将以递减的速率增加，因此符合边际效用递减率。作为理性人，把自然资源看成稀缺的话，理性排序的结果是边际效用递减率的一个翻版。当达到一个经济极限，"就在使我们停止破坏地球维持生命能力的时候，可以使我们的净收益最大化。"② 这就是宏观经济的最优规模。越过这个极限点，就是不经济的增长。

2. 可持续经济福利指标

把最优规模而非无限增长作为追求目标，就需要对经济福利做出判断，不同于以 GNP 作为衡量经济是否成功的标准。用 GNP（国民生产总值）或国内生产总值（gross domestic product，GDP）作为衡量经济进步的基本手段的标准，已经成为经济学家、政治家、金融家和人道主义者和普通民众所接受。"大部分人认为 GNP 事关人类福祉。……GNP……不能作为衡量一

① ［美］赫尔曼·E.戴利、乔舒亚·法利：《生态经济学：原理和应用》第 2 版，金志农、陈美球、蔡海生等译，中国人民大学出版社 2014 年版，第 16 页。

② ［美］赫尔曼·E.戴利、乔舒亚·法利：《生态经济学：原理和应用》第 2 版，金志农、陈美球、蔡海生等译，中国人民大学出版社 2014 年版，第 20 页。

个国家总体的福利指标，忘记这一点就会犯错置具体性的谬误。……物质生活衡量的是识字率、婴儿死亡率和预期寿命。……GNP 的增长，让我们付出了心理、社会和生态层面的沉重代价。"[①] 约翰·希克斯在《价值和资本》（1948）提出了以收入为核心标准的"国民生产净值"（NNP），即 GNP 减去资本折旧就是 NNP，即希克斯讲的"收入"。希克斯的国民生产净值，还应进一步调整，一是减去大量的自然资本的消费，一是要减去保护我们自己免受不断增长的总生产和消费的有害副作用的"保护性"支出。"纠正后的希克斯收入（HI）定义为国民生产净值（NNP）减去保护性支出（DE）和自然资本折旧（DNC），就是：HI=NNP—DE—DNC。"[②]

总福利 = 经济福利 + 非经济福利。然而经济学家假设就是总福利和经济福利朝着相同方向变化。他们没有考虑到经济福利的增加会导致非经济福利的减少，从而导致总福利的净值减少。过去几十年的人口爆炸、各种人工制品增多以及为了人类用途利用动植物，可称为"内向爆炸"。国民经济的一个额外份额，用于保护我们不受内向爆炸的有害负面影响，这些额外支出都记录在 NNP 中，它们具有中间产品性质（生产最终产品的成本），把它们包括在 NNP 中，造成了 NNP 的膨胀。再加上自然资本的迅速消耗现在被算作收入，可以得出结论：NNP 不再发挥最初起到的用来指导谨慎行为的作用。NNP 过高估计了实际收入。"在一个空的世界里，现在所计量的 NNP 在未来很长时间内是可持续的。而在一个满的世界里则不然。"[③]

20世纪70年代威廉·诺德豪斯（W. Nordhaus）和詹姆斯·托宾（James Tobin）质疑增长作为一个衡量福利的指标，他们提出了一个直接的衡量福利的指数，即测定经济福利指数（measured ecomic welfare，MEW）。[④] 他

---

① [美] 赫尔曼·E. 达利、小约翰·柯布：《21世纪生态经济学》，王俊、韩冬筠译，中央编译出版社 2015 年版，第 64 页。

② [美] 赫尔曼·E. 达利、小约翰·柯布：《21世纪生态经济学》，王俊、韩冬筠译，中央编译出版社 2015 年版，第 73 页。

③ [美] 赫尔曼·E. 达利、小约翰·柯布：《21世纪生态经济学》，王俊、韩冬筠译，中央编译出版社 2015 年版，第 151 页。

④ William Nordhaus and James Tobin, "Is Growth Obsolete?" In Economic Growth, National Bureau of Economic Research general Series, No. 96E (1972), New York：Columbia University Press, p.4.

们对 GNP 做了三类调整："把 GNP 的支出重新划分为消费、投资和中间产品；计算了消费资金服务、休闲和家务劳动产品；纠正了一些城市化带来的不便之处。"[①] 他们检验了 1929—1965 年该指标与 GNP 的关系。他们发现，就整个时期总体而言 GNP 和 MEW 确实正相关，即 GNP 每增加 6 个单位，MEW 平均增加 4 个单位。20 年以后戴利和柯布利用诺德豪斯和托宾的 MEW 指数，考虑了日本国民福利净额（NNW）的衡量方法和佐罗塔斯提出的福利的经济层面（EAW）的提议，"提出了一个可持续经济福利指数（index of sustainable economic welfare，ISEW）"[②]。他们发现，如果取二人后半期事件序列分析，则 GNP 与 MEW 的正相关明显下降：这期间，"GNP 每增加 6 个单位，NEW 平均值增加 1 个单位。"他们用 ISEW 替代 MEW，因为后者忽略了对环境成本的任何矫正，对分配变化没做任何矫正，考虑了休闲因素。"真实的进步指数（genuine progress indicator，GPI）得到了广泛应用，它是 ISEW 的升级版，后者考虑了休闲时间的损失。"[③] ISEW 包括了环境成本，故被称为绿色 GNP，他们估算 1972 年美国因水污染造成的损失达 120 亿美元。[④] 他们估算 1970 年与空气污染有关的总成本 300 亿美元：包括 40 亿美元的农作物损失，60 亿美元的腐蚀和物资损失，50 亿美元的污染清洁费用，15 亿美元的酸雨损失，90 亿美元的城市生活质量损失，以及 45 亿美元的审美价值损失。[⑤] "真实的进步指数（genuine progress indicator，GPI）得到了广泛应用，它是 ISEW 的升级版，后者考虑了休闲时间的损失。"[⑥]

---

① ［美］赫尔曼·E. 达利、小约翰·柯布：《21 世纪生态经济学》，王俊、韩冬筠译，中央编译出版社 2015 年版，第 79 页。

② ［美］赫尔曼·E. 戴利、乔舒亚·法利：《生态经济学：原理和应用》第 2 版，金志农、陈美球、蔡海生等译，中国人民大学出版社 2014 年版，第 252 页。

③ ［美］赫尔曼·E. 达利、小约翰·柯布：《21 世纪生态经济学》，王俊、韩冬筠译，中央编译出版社 2015 年版，第 480 页。

④ ［美］赫尔曼·E. 达利、小约翰·柯布：《21 世纪生态经济学》，王俊、韩冬筠译，中央编译出版社 2015 年版，第 502 页。

⑤ ［美］赫尔曼·E. 达利、小约翰·柯布：《21 世纪生态经济学》，王俊、韩冬筠译，中央编译出版社 2015 年版，第 505 页。

⑥ ［美］赫尔曼·E. 达利、小约翰·柯布：《21 世纪生态经济学》，王俊、韩冬筠译，中央编译出版社 2015 年版，第 480 页。

（三）应采取生态的土地使用方式和发展生态工农业生产

当把土地看作生物圈，并把生物圈理解为由各个共同体构成的共同体，而人类只是其中的一个共同体时，那么土地的问题，就是如何与其他生物分享土地，这影响有关公共政策：例如美国西部可以扩大荒野保护区；使牲畜退出国家森林，以恢复这些地区的野生动物的数量；所有自然土地应被视为共同体而不是私人资源；应实行亨利·乔治所说的废除土地商品化的建议，"所有土地都应该征收与其租赁价值相近的赋税。"[①] 通过降低土地价格，终止土地买卖投机。或按照哈维·伯特尔森建议，政府以当前市场价买下所有土地，以租金支付，而使所有的土地所有者因其财产升值而得到回报，并使共同体得到一些直接收入。共同体所有权为制定健康的发展模式提供最大的自由。同样的政策可用于牧场。对土地的使用，还包括能源问题，可以对一定数量的不可再生资源的开采权进行拍卖，购买开采权的成本将被加到生产成本中。要限制允许开采的探明储量，探明储量被限定在利用现有技术进行开采有利可图的数量。由共同体组成的共同体，最小的是家庭，其次是面对面的共同体，然后是城镇和城市，更大的地区、国家和世界。不同水平的共同体的自给自足的程度是不同的。国家层面是自给自足的最高单位。应实现农业生产中的基本自给自足，使其成为永远可持续性的，应保护和重建美国农村共同体，重建自给自足的国民经济。应退出国际增长竞赛，应设置关税，应减少能源密集型大规模生产，应以人力取代化石燃料，被当作个人爱好的手艺可以进入主要的生产中心。

（四）劳动者参与、工人所有权和公平的税收政策

工业化体系崛起的一个重要特征就是劳动力成为商品。波兰尼在《大转折》中指出，工业市场经济，"把劳动与生活中其他活动分开，使之受市场法则的支配，实际上就是要摧毁所有生命的有机形式，并以另一种不同形态，———一种原子的和个体主义的形态——之组织来取代它。"[②] "自由劳动

---

① ［美］赫尔曼·E.达利、小约翰·柯布：《21世纪生态经济学》，王俊、韩冬筠译，中央编译出版社2015年版，第264页。

② ［英］卡尔波兰尼：《巨变：当代政治与经济的起源》，黄树民译，社会科学文献出版社2017年版，第171页，亦见 Karl Polani, *The Great Transformation*. Boston：Beacon，1957（Reprint），p.163；81、Karl Polani, *The Great Transformation*. Boston：Beacon，1957（Reprint），p.163.

力市场所带来的经济利益并不能弥补它给社会所造成的破坏。"由于工人是共同体的成员，不能忍受工业市场经济的异化，进行了积极斗争，通过工会讨价还价，从而使工资超过由供需决定的部分。社会也立法对劳动力纯粹商品化进行了限制。"共同体经济学支持这种对劳动力商品化的抵制。但它看到如果要保留迄今为止取得的成果，劳动者、管理层和资本三者之间的关系需要作出更多根本的改变。"① 柯布和戴利认为，应采取如下措施：

其一，增加企业工人参与决策权，促进工人和管理层的和谐。建立企业雇员的共同决策制，可以建立工会组织或由工人直接选举产生。在德国，19 世纪就建立了共同决策制，二战后被确定为国家的政策，其企业监事会一半成员由工人选举。监事会是管理委员会，其中有工人代表，工人被给予了决策权，有些情况下工人对管理决策有否决权。

其二，企业工人所有权与决策权的结合。自 1974 年以来，美国政府通过员工持股计划（ESOP）鼓励工人参与所有权，这个计划是扩大资本主义参与制度，但实际上绝大部分企业几乎不参与决策。员工持股却没有决策权，并没有表现雇员的态度和生产率的不同。因而，"需要的是把所有权与共同决策权结合起来。"超越二者结合的最终步骤是"企业完全为工人所有"。② 通过对美国工业的分散化控制，以及政府支持的拆分政策，会使购买企业的所有权更切实可行，增加企业员工购买企业的机会。解决工人的流动问题，可以是离开或退休的工人，成为一个不在本企业的所有者，或将其股份卖给一个新工人。奥塔·希克在《为了一种人道的经济民主》，提出了一种解决办法：建议资本"中性化"，把属于工人的资本份额归工人集体所有，而不归个人所有。所有工人都是"资产管理委员会"和"企业管理委员会"的成员。"工人所有权与参与决策两者的结合应该成为未来商业的基本形式。"③

其三，恢复工作的人性化。工作非人性化不是偶然的，这是工业体系

① ［美］赫尔曼·E.达利、小约翰·柯布：《21 世纪生态经济学》，王俊、韩冬筠译，中央编译出版社 2015 年版，第 252 页。

② ［美］赫尔曼·E.达利、小约翰·柯布：《21 世纪生态经济学》，王俊、韩冬筠译，中央编译出版社 2015 年版，第 315 页。

③ ［美］赫尔曼·E.达利、小约翰·柯布：《21 世纪生态经济学》，王俊、韩冬筠译，中央编译出版社 2015 年版，第 315 页。

所需的科学管理带来的。然而从现在发展的趋势中，可以营造一个新氛围，在其中人们可以作出新决策：其一，如果工作满意，越来越多的人愿意做低工资的工作。其二，人们对工艺品的兴趣在增长。它们的生产既可以作为爱好，也可以作为商业用途。这是一种工匠的技能。在一个分散化的经济中，工匠将比现在更好抵御工厂相互竞争。"更重要的是，当经济分权和高能源成本与工人管理和所有结合在一起的时候，人们作出改变生产流程的决定，就会着眼于恢复工人在工作场所的思想、技能和积极主动性。让机器为工人服务而不是给工人发号施令并不是不可能的。"①

4. 充分就业

在一个真正的共同体中，要创造大家共同分享的财富，不能接受失业政策。"共同体在这一方面唯一可能的目标就是实现充分就业。"② 主流的新古典经济学，不采用以削弱经济增长为代价的就业政策。相反，支持减少工人需求的技术变革。通过生产率的提高，促进资本投资，增加就业机会。这个理论允许经济增长伴随的暂时失业的周期性减速，而使大多数工人在大多数时间都有工作。但实际上，生产率的提高导致失业率提高。长期趋势朝着失业长期增加的趋势发展。"自由贸易"终结高工资而以低工资工作取而代之。如果采取提高关税的民族经济政策，失业的问题就会缓解。乡村重新安置会吸引数百万人返回有用的工作。一些产业从资本密集型和能源密集型向劳动力密集型技术转变，也会对就业有帮助。"总之，保护现存产业和逐步实行国家的再工业化将是有帮助的。这些是我们的主要政策建议。"③ 这些提议也满足不了所有的就业需要。考虑到生产工具的改进减少了对劳动力的需要，一般做法是解雇一些员工。"另一个方法是减少所有员工的工作时间，在企业为员工所有的情况下，这种做法最容易被采纳。"④ 这个观点早在大萧

①　[美] 赫尔曼·E. 达利、小约翰·柯布：《21 世纪生态经济学》，王俊、韩冬筠译，中央编译出版社 2015 年版，第 324 页。

②　[美] 赫尔曼·E. 达利、小约翰·柯布：《21 世纪生态经济学》，王俊、韩冬筠译，中央编译出版社 2015 年版，第 324 页。

③　[美] 赫尔曼·E. 达利、小约翰·柯布：《21 世纪生态经济学》，王俊、韩冬筠译，中央编译出版社 2015 年版，第 326—327 页。

④　[美] 赫尔曼·E. 达利、小约翰·柯布：《21 世纪生态经济学》，王俊、韩冬筠译，中央编译出版社 2015 年版，第 327 页。

条时就发挥了作用，它使每周工作时间由 60 小时减少到 40 小时。"当增长不再是核心目标或者不再是实现目标的手段时，通常反对工作周时时间缩短的意见就会消失。"①

5.收入政策和税收

税收改革首选的体系应该是：其一，要求所有人基本需要得到满足；其二，简单且执行成本不高；其三，要求接收者提供信息尽量多，而且接受的特殊条件尽量少；其四，提供强烈的刺激来促使工作。满足这些要求的一个方法，就是征收乔治·斯蒂格勒（George Joseph Stigle）最主张的"负所得税"。"其基本思想是，政府会给那些申报收入低于某个数额的人送出支票。但随着收入增加，支票会减少，但减少的数额不会等于收入增加的全部，因此总会有一种鼓励人们赚更多的钱的正面激励存在。"② 柯布和戴利还建议取消食品券和医疗保障以及房屋资本收益。"我们还为联邦政府建议两种新的税源：污染税和资源开采配额的拍卖费。"开采税"将有助于限制相对于生态系统的经济规模。"③ 征收污染税，可以把社会和环境的成本内化，尽管有局限性，但作为限制相对于生态极限的规模的直接行为的补充，促进了公平。柯布和戴利建议地方经济分权，把经济权力连同政治权力转移到各州。"地方政府可以创造性地使用新资源，可以利用土地税筹集的资金，进一步推进土地税所鼓励的对正在破败的城市的重建。各个城市在走向公司工人所有制的过程中可以给予工人们重要的扶助。"④

第三节　生态文明建设的有机马克思主义方案

有机马克思主义（organic Marxism），是菲利普·克莱顿和贾斯汀·海

---

① ［美］赫尔曼·E.达利、小约翰·柯布：《21世纪生态经济学》，王俊、韩冬筠译，中央编译出版社 2015 年版，第 327 页。

② ［美］赫尔曼·E.达利、小约翰·柯布：《21世纪生态经济学》，王俊、韩冬筠译，中央编译出版社 2015 年版，第 332 页。

③ ［美］赫尔曼·E.达利、小约翰·柯布：《21世纪生态经济学》，王俊、韩冬筠译，中央编译出版社 2015 年版，第 341 页。

④ ［美］赫尔曼·E.达利、小约翰·柯布：《21世纪生态经济学》，王俊、韩冬筠译，中央编译出版社 2015 年版，第 345 页。

因泽克在其《有机马克思主义》提出的一个概念，是过程思想和后现代主义在最近的新提法或表现形式，这是过程思想和建设性后现代主义，适应当今中国语境的产物。相对于他们此前的研究，增加了过程思想与马克思主义的对话，提出了对资本主义的系统批判，以及生态文明的观点。王治河等认为，有机马克思主义是当代建设性后现代主义者集体创作的产物，特别是与中国学者互动的智慧的结晶；① 是当代建设性后现代主义或过程思想家，为解决生态危机，对马克思主义的新诠释，是一种"建设性的后现代马克思主义"。② 在生态灾难的历史条件下，它提出反对资本主义的现代性的替代选择，与生态马克思主义不同，不仅强调生态危机的资本主义制度原因，而是着重批判生态危机的现代性根源，其理论基础是怀特海的过程哲学，是其与马克思主义的对话。柯布指出，"有机马克思主义则基于怀特海的'有机哲学'（Philosophy of Organism），并且'有机马克思主义'的命名也源于'有机哲学'。"③

一、有机马克思主义的有机哲学基础及其对在中国实践意义

柯布认为，"马克思在与怀特海结合，只能在美国被边缘化的圈子"④。虽然马克思严厉地批判了基督教，但马克思和基督教同属于古老的希伯来先知传统。先知传统具有超越现实权势的批判视野，"马克思是最伟大的先知"⑤。拉美解放神学赞成马克思的共产主义革命思想。马克思批判了资本主义以制度化的形式服务于富人和权贵利益，为部分先知基督教徒欣赏。部分先知基督徒也欣赏怀特海对现代性的批判。怀特海提倡"有机哲学"，"提供了一个比马克思更为深刻的现代性批判。……马克思主义与怀特海主义，二者是不

① 王治和、杨韬：《有机马克思主义及其当代意义》，《马克思主义与现实》2015 年第 1 期，第 84 页。
② 王治和、杨韬：《有机马克思主义及其当代意义》，《马克思主义与现实》2015 年第 1 期，第 84 页。
③ ［美］小约翰·柯布：《有机马克思主义与有机哲学》，《江海学刊》2016 年第 2 期，第 30 页。
④ ［美］小约翰·柯布：《有机马克思主义与有机哲学》，《江海学刊》2016 年第 2 期，第 30 页。
⑤ ［美］B. 柯布：《论有机马克思主义》，《马克思主义与现实》2015 年第 1 期，第 68 页。

同的，但可以互补和相互支持；二者的结合可以是马克思主义者的怀特海主义或怀特海主义者的马克思主义。"①"有机马克思主义的理念，可以在中国传统的儒家、道家和佛教思想中找到思想渊源。有机马克思主义与毛泽东思想都是有精神深度的马克思主义。……'有机'要嵌入在它的环境里。……有机的人类社会必须与有生命的而非有威胁的自然环境和谐相处。"②

柯布称自己是"马克思主义的怀特海主义者"，基于怀特海主义，"热爱马克思关于社会秩序的一些洞见。"③他认为马克思主义传统最基本有价值的内涵是：其一，思想的目的是为了世界的共同福祉；其二，从整体角度看待人的福祉；其三，看到人类世界表层公开规则下的深层结构；其四，经济生活的至关重要性；其五，富于启示的阶级分析的方法；其六，如无法彻底消灭剥削，应建立一个"大大减少剥削的文明"。在美国马克思主义的怀特海主义"服务于'生态文明'，这个想法来自于中国的有机马克思主义者。"④可持续发展，"也就是要实现马克思的社会目标。"⑤怀特海式的马克思主义者，还关心被马克思忽视的形而上学问题。这主要是一种有机论的哲学，柯布在《有机马克思主义与有机哲学》的演讲中，认为它主要有两点内容：

（一）内在关系论

迄今为止，几乎所有社会思想都认同人与自然对立的形而上学二元论。这种二元论主导着现代大学的社会科学课堂。马克思主义学者比其他学者更努力地克服二元论思维。而怀特海与马克思主义一致，最反对二元论。西方思想的"是什么"（what—is）概念基于视觉和触觉对象的实体思维，将世界最终还原为原子，由原子组成的实体变化归结为原子的高速运动，形成以运动的物质理解世界的科学假设。现代科学成果突破"是什么"形而上学实体思维后，科学家和大多数人仍然坚持形而上学的实体思维。在社会思想中分为物质实体和精神实体的二分，这起源于笛卡尔的"我思即我在"，我

---

① ［美］B.柯布：《论有机马克思主义》，《马克思主义与现实》2015年第1期，第69页。

② ［美］B.柯布：《论有机马克思主义》，《马克思主义与现实》2015年第1期，第73页。

③ ［美］B.柯布：《论有机马克思主义》，《马克思主义与现实》2015年第1期，第70页。

④ ［美］B.柯布：《论有机马克思主义》，《马克思主义与现实》2015年第1期，第71页。

⑤ ［美］菲利普·克莱顿、贾斯汀·海因泽克：《有机马克思主义》，孟献丽、于桂凤、张丽霞译，人民出版社2015年版，小约翰·柯布序第2页。

在即实体性的自我存在。而在东方世界释迦牟尼早在 2500 年前就批判了印度教的"阿特曼"实体自我的概念。"怀特海的'过程'(process) 思想与释迦牟尼的这一思想相吻合，即认为实体是不存在的。"① 怀特海思想的起点不是聚焦于视觉和触觉对象，而是聚焦于观看和触摸的活动。观看和触摸都是事件，尽管这些行为可以重复，但不可能重复发生两次，每次行为都是一次事件。观看的行为包括主体和客体两个方面，除了人们习惯的实体间的联系，还可以被视为主客体之间的内在关系，是观看事件统一过程的两个方面。事件是普遍存在的。量子也是事件，是特定轨迹的场域，是各种关系的综合。看是一瞬间的经验，既包含先在的经验，内涵着视觉对象，是各种关系的综合。怀特海建议我们审查自己的经验，尽可能聚焦一瞬间的经验，听觉、视觉、触觉经验，各种心态、情感、记忆和紧张以及决策和接受等经验，不是所有经验都是有意识的。每一刻都是经验之前的经验并追溯过去大部分经验，"每一经验都是对已发生的事情间关系的全新综合。"② 我们聚焦于任何具体问题，都会涉及政治、经济、历史、环境、生态、心理等多方面的问题。

（二）共同体中的人

社会科学研究的对象都是群体中的人。但在形而上学实体思维假设下，大的实体由小的实体组成，对群体行为解释基于对个体行为的解释。例如西方经济学的经济人，仅在经济活动中被理解为个体，其目标是以最小成本获取最大化的商品和服务，他们假设一个无任何内部关系的独立个体。马克思主义从社会经济视角赋予阶级以实体的地位，这是其看到主流经济学看不到的世界的一些特性，比主流经济学更具现实意义。但是仍把阶级看作具有确定性特征的持久实体，在与其他阶级关系变化的同时并不改变本质属性。在大多马克思主义著作中，其基本思维是属性可变而实体不变的实体思维。只要坚持实体思维，就会陷入非此即彼、非此失彼的二元论社会关系旋涡。怀特海的有机论哲学，强调个人由关系构成，一个人越是发展与他人的关系，

---

① ［美］小约翰·柯布：《有机马克思主义与有机哲学》，《江海学刊》2016 年第 2 期，第 31 页。

② ［美］小约翰·柯布：《有机马克思主义与有机哲学》，《江海学刊》2016 年第 2 期，第 32 页。

就越自主。怀特海用"社会中的个体"（individual-in-society）取代经济人（政治人、宗教人、游戏人等单向度的人），而柯布称之为"共同体中的人"（individual-in-community）。所有社会组织最重要的是家庭，还有其他由共同体构成的共同体。共同体的成员竞争从属于共同利益。共同体为作为其中一部分的更大社会共同体谋求共同福祉。

王治河和杨韬认为，作为有机马克思主义理论基础的有机哲学，认为存在是动态的关系性的存在，包括"动在"（becoming）和"互在"两方面。用怀特海的话说："每一动在都存在于其他动在中。"① 在价值观上，"认为每一事物既是主体又是客体，都有内在价值，又因既是'动在'又是'互在'，因而具有关心他者的责任"。② 有机马克思主义基本理念是：反对资本主义；反对美帝国主义；反对消费主义；超越人类中心主义；主张杰弗逊式的社会主义；以生态文明为目标。

克莱顿和海因泽克认为，有机马克思主义，"建立于智慧的广泛联盟之上——无论是古代的还是后年代的、东方的还是西方的、宗教的还是哲学的。我们认为我们最重要的盟友就是过程思想。"③ 过程思想"为有机马克思主义提供理念基础"，④ 有四点内容：

（一）关系实在论

怀特海从"事物"或"存在"转到"事件"，"每个事件都由其他事件之间的关系构成"。⑤ 现实实有都是真实事件，怀特海称之为"现实机缘"。像《易经》一样，"怀特海哲学也认为过程比事物更根本。……人类和其他生命事件实际上是内在相互联系的。"⑥ 既然我们都存在于关系中，所以他谈到

---

① A. N. Whitehead, *Process and Reality*, New York：The Free Press，1978，p.50.

② 王治和、杨韬：《有机马克思主义及其当代意义》，《马克思主义与现实》2015 年第 1 期，第 85—87 页。

③ [美] 菲利普·克莱顿、贾斯汀·海因泽克：《有机马克思主义》，孟献丽、于桂凤、张丽霞译，人民出版社 2015 年版，第 211 页。

④ [美] 菲利普·克莱顿、贾斯汀·海因泽克：《有机马克思主义》，孟献丽、于桂凤、张丽霞译，人民出版社 2015 年版，第 174 页。

⑤ [美] 菲利普·克莱顿、贾斯汀·海因泽克：《有机马克思主义》，孟献丽、于桂凤、张丽霞译，人民出版社 2015 年版，第 176 页。

⑥ [英] 怀特海：《过程与实在》，杨富斌译，中国人民大学出版社 2013 年版，第 64 页。

"普遍相关性原理"："每一现实存在都存在于其他现实存在中。"① 因此"过程哲学本质上是一种生态哲学"。② 几个世纪以来，政治理论在以个人为中心的自由主义理论和以共同体为中心的共产主义、社群主义之间无休止争斗，融合马克思主义和过程思想的有机马克思主义，可以避免这种争斗。

（二）非确定性影响

事件之间的合生系统，有确定性方面："合生的主体—超体所具有终极确定性，是整体的统一性对自身的内在规定性的反作用。"③ 而不确定性则是新颖性（novelty）的源泉。未来是完全彻底开放的："在和现在的关系中，未来的自由不仅在于它能根据不同的重点重新调整当前世界中的各种要素，而且在于它能够引入全新的要素，这些要素改变了那些从现在继承而来的要素的力量和意义。"④ 在对未来的开放系统中，阶级斗争不是通过必然的变革进程来克服的，必然的进程是受历史大潮支配的客体，而政治经济的主体有意识地形成和培养的改革共同体，为共同福祉而努力，这是能将其成员团结起来而奋斗的"志愿共同体"，这种志愿共同体受各种经验完整的有限关系束缚。

（三）整体审美价值

每一事件都有内在价值，"价值被定义为合作和共同体"，是内在于主体的整体价值：⑤"过程每一个单位……都具有享受……要分享一个更为广泛的共同体。"⑥ 按照怀特海，经验是"作为多中之一的自我享有，并且自我享有成为产生于多之构成中的一。"⑦ 这种个体价值与整体价值有机统一的价值

---

① ［英］怀特海：《过程与实在》，杨富斌译，中国人民大学出版社 2013 年版，第 64 页。

② ［美］菲利普·克莱顿、贾斯汀·海因泽克：《有机马克思主义》，孟献丽、于桂凤、张丽霞译，人民出版社 2015 年版，第 176 页。

③ ［英］怀特海：《过程与实在》，杨富斌译，中国人民大学出版社 2013 年版，第 35 页。

④ ［美］小约翰·B.柯布、大卫·R.格里芬：《过程神学》，中央编译出版社 1999 年版，第 116 页。

⑤ ［美］菲利普·克莱顿、贾斯汀·海因泽克：《有机马克思主义》，孟献丽、于桂凤、张丽霞译，人民出版社 2015 年版，第 179 页。

⑥ ［美］小约翰·B.柯布、大卫·R.格里芬：《过程神学》，曲跃厚译，中央编译出版社 1999 年版，第 5 页

⑦ ［英］怀特海：《过程与实在》，杨富斌译，中国人民大学出版社 2013 年版，第 187 页。

论，与道家的所有事物间潜在统一性的"道"相似。怀特海以相似的方式表达了美、价值与统一整体的关系："宇宙的统一体享受着价值和（按照它的内在性）分享着价值。例如，把一朵难以想象其美的花带进原始森林中的某块空地。……每一朵花的个别细胞和单独的脉动是怎样的无能为力地享受整体的作用……价值经验，它是宇宙的真正本质。"①

（四）公私平衡

事件和所有的人，"是由环境和被环境的影响构成的。……都自由地决定它将如何反作用于过去和步入未来。"② 价值是一种需要造福于共同体的方式运用其自由的成就，同时"一种价值只有在其对自身有意义时才是现实的。"③ 如此就把个人的统一性和差异性结合起来，把自为和为他、自由和决定论结合起来："所有事物间的有机联系，意味着免除各种束缚的自由，必定是为着他者福祉的自由。"④

克莱顿和海因泽克认为，有机马克思主义是过程思想与中国传统文化和马克思主义的结合。近20年，中国过程思想研究发展很快，建立了二十几个建设性后现代和过程思想研究中心。中国传统具有过程思想的内涵：

1.《易经》生生变易模式与怀特海共生模式思想相似。《易经》强调变易和生生不息，阐述了天地万物的创造性和相互作用的阴阳关系模式。怀特海认为，宇宙"是事件而不是物体，还指出了这些事件揭示了不同的联系模式。"⑤

2. 儒家强调共同体中的人与怀特海的社会关系哲学相似。儒家认为人是天人内在有机统一和人伦关系中的人，人与人的情境性的交互关系是"仁"。"怀特海提供了一种社会关系的哲学观念。"⑥

---

① [英] 怀特海：《思维方式》，黄龙保等译，天津教育出版社1989年版，第136页。
② [英] 怀特海：《过程与实在》，杨富斌译，中国人民大学出版社2013年版，第32页。
③ [英] 怀特海：《过程与实在》，杨富斌译，中国人民大学出版社2013年版，第32页。
④ [美] 菲利普·克莱顿、贾斯汀·海因泽克：《有机马克思主义》，孟献丽、于桂凤、张丽霞译，人民出版社2015年版，第181—182页。
⑤ [美] 菲利普·克莱顿、贾斯汀·海因泽克：《有机马克思主义》，孟献丽、于桂凤、张丽霞译，人民出版社2015年版，第183页。
⑥ [美] 菲利普·克莱顿、贾斯汀·海因泽克：《有机马克思主义》，孟献丽、于桂凤、张丽霞译，人民出版社2015年版，第184页。

3. 道家天人合一哲学与怀特海的宇宙论相似。道家认为，道是变化的自然过程，人是道—天—地—人有机整体系统的组成部分。怀特海哲学，强调"人类的福祉在于与宇宙等更大整体和谐共生。"①

4. 佛教华严宗相互依存的网络与怀特海存在于其他存在的存在思想相似。佛家华严宗，把宇宙想象成无数宝珠编织的网，每个现实存在与其他现实存在处于相互依存、互相渗透的网络中，每个宝珠都有无限面，而所有宝珠同时又处于其他宝珠的镜像中。过程思想也赞成这种观点。怀特海宣称他整个哲学的目的就是揭示"一个存在是如何存在于其他的所有现实存在之中"②。

5. 中国佛教禅宗强调当下觉悟的首要性与怀特海强调现在经验相似。禅宗强调当下觉悟，"怀特海同样强调当下瞬间经验的重要性"③。

6. 中医的人身是小宇宙的思想与怀特海的因果效用经验模式相似。中医强调人体不是独立的存在，人的身体是整个宇宙的缩影，人体有好多生命能量运行的经络体系。过程哲学认为，"人每一时刻的经验都由潜意识的经验所产生"④，即"因果效验模式"。

中国马克思主义与怀特海过程思想契合：

1. 科学方法的契合：中国马克思主义强调辩证思维的科学方法论，怀特海过程思想强调变化、动态和普遍联系的观点，依据自量子力学和相对论。

2. 实践论思想的契合：中国马克思主义强调理论来源于实践，具体问题具体分析；过程思想批判错置具体性的谬误，强调人类现实主体经验。

3. 共同体思想的契合：中国马克思主义强调集体主义，关注弱势群体的人民性立场；过程思想家强调建立由共同体组成的共同体。这些共同体是创造性的、富有同情心的、人人平等的、平等的、生态智慧的，满足每一个人的基本需要。

---

① ［美］菲利普·克莱顿、贾斯汀·海因泽克：《有机马克思主义》，孟献丽、于桂凤、张丽霞译，人民出版社 2015 年版，第 184 页。

② ［美］菲利普·克莱顿、贾斯汀·海因泽克：《有机马克思主义》，孟献丽、于桂凤、张丽霞译，人民出版社 2015 年版，第 184 页。

③ ［美］菲利普·克莱顿、贾斯汀·海因泽克：《有机马克思主义》，孟献丽、于桂凤、张丽霞译，人民出版社 2015 年版，第 184 页。

④ ［美］菲利普·克莱顿、贾斯汀·海因泽克：《有机马克思主义》，孟献丽、于桂凤、张丽霞译，人民出版社 2015 年版，第 185 页。

克莱顿认为，中国有机马克思主义包含着解决生态危机的所有必要元素：生态思维；建设性后现代视野；在共同体理解个人，在整个自然界理解共同体的整体论；注重务实的解决方案而非静态思维和教条的过程思维；约束个人欲望，保持社会整体的繁荣；为共同福祉而治理。①

克莱顿指出，"由欧洲和北美主导破坏环境的文明正在终结；而一种新的生态文明正在诞生……在亚洲，新的生态文明的基础即将建立。"② 要建设生态文明，中国发挥着引领作用，不能通过军事手段或经济调节来完成，"只有作为一个道德和精神领袖，中国才能完成时代赋予它的使命。在全球层面上，质疑与合作才能产生一种可持续的生态文明。"③

柯布认为，"中国……并没有放弃马克思主义本身"④。有机马克思主义在中国的实践意义有以下三点：

1. 坚决反对从有机农业向机械化农业转型。柯布认为中国农业正在模仿西方资本主义机械化农业而处于犯错的危险中，"如果中国继续走这条道路，中国领导世界走向生态文明的可能会永远消失。"⑤

2. 创造性地改革适应市场经济的教育制度。柯布认为，"应大幅度增加教师队伍的人数，提高教师的生活水平，使师生关系人性化成为可能。"⑥ 柯布不赞同目前中国采用的"考试为起点的制度"，因为它无意识地服务于资本雇主的利润目的，尽管促进了中国经济的快速增长，但"实际上，为成千上万大学毕业生提供不了工作机会而付出代价"，这"显然不利于马克思主义的社会"⑦。中国可以把马克思主义和怀特海主义结合起来，进行广泛的教

① ［美］菲利普·克莱顿、贾斯汀·海因泽克：《有机马克思主义》，孟献丽、于桂凤、张丽霞译，人民出版社 2015 年版，中文版序第 8—9 页。

② ［美］菲利普·克莱顿、贾斯汀·海因泽克：《有机马克思主义》，孟献丽、于桂凤、张丽霞译，人民出版社 2015 年版，中文版序第 8 页。

③ ［美］菲利普·克莱顿、贾斯汀·海因泽克：《有机马克思主义》，孟献丽、于桂凤、张丽霞译，人民出版社 2015 年版，中文版序第 9 页。

④ ［美］菲利普·克莱顿、贾斯汀·海因泽克：《有机马克思主义》，孟献丽、于桂凤、张丽霞译，人民出版社 2015 年版，中文版序第 3 页。

⑤ ［美］B. 柯布：《论有机马克思主义》，《马克思主义与现实》2015 年第 1 期，第 72 页。

⑥ ［美］B. 柯布：《论有机马克思主义》，《马克思主义与现实》2015 年第 1 期，第 72 页。

⑦ ［美］B. 柯布：《论有机马克思主义》，《马克思主义与现实》2015 年第 1 期，第 72 页。

育实验，"可以创造性地适应马克思主义社会"①，首先"要追问什么是教育的真正目的"②。

3. 中国应反思经济体制，使社会主义市场经济区别于资本主义。柯布指出，中国应避免"滑向成熟的资本主义"的"危险"。中国政府控制银行，是马克思主义社会的关键，通过政府控制银行，与俄罗斯合作，"使废除美元……国家的控制"。③"中国是真正马克思主义国家，没有被经济寡头控制，把'市场社会主义'作为对全球资本主义的重要替代。我很欣赏这一点。"中国应"鼓励合作运动、农村工业、工人所有工厂以及小型地方企业。"④

4. 关于中国民主问题，中国不应采取美国的投票民主，应重视决策话语民主和基层民主。柯布指出：美国竞选，受富人金钱操纵的舆论控制，"政府的行为在很大程度上由资产阶级的欲望控制。……今天的'资本主义民主'通常当然比民主更多的资本主义。……不管它如何吹嘘，那根本不是民主。"⑤ 而中国政府对民意比较敏感，应把两党制和普选制搁到一边。"真正的问题是，普通公民对影响他们的决策是否有话语权。……我建议更多关注地方问题。……民主在熟人之间最起作用，他们可以彼此负责。"⑥

二、有机马克思主义形成的历史条件

菲利普·克莱顿和贾斯汀·海因泽克在《有机马克思主义》中指出："有机马克思主义是新的生态文明的基石。"⑦ 有机马克思主义是生态文明的理论基础。当今新闻叙事，有三大全球共识：

（一）生态危机

克莱顿和海因泽克指出，地球已达到其能承受的人类过度消费和浪费的极限。现代人类和美国人相信人类可以无限消费，是人类极为悲惨的

---

① ［美］B.柯布：《论有机马克思主义》，《马克思主义与现实》2015 年第 1 期，第 72 页。
② ［美］B.柯布：《论有机马克思主义》，《马克思主义与现实》2015 年第 1 期，第 72 页。
③ ［美］B.柯布：《论有机马克思主义》，《马克思主义与现实》2015 年第 1 期，第 72 页。
④ ［美］B.柯布：《论有机马克思主义》，《马克思主义与现实》2015 年第 1 期，第 72 页。
⑤ ［美］B.柯布：《论有机马克思主义》，《马克思主义与现实》2015 年第 1 期，第 73 页。
⑥ ［美］B.柯布：《论有机马克思主义》，《马克思主义与现实》2015 年第 1 期，第 73 页。
⑦ ［美］菲利普·克莱顿、贾斯汀·海因泽克：《有机马克思主义》，孟献丽、于桂凤、张丽霞译，人民出版社 2015 年版，中文版序第 10 页。

错误。

（二）不加干预的资本主义造成环境破坏的恶果

克莱顿和海因泽克指出，"资本主义作为一种经济哲学，一直是破坏环境的罪魁祸首。"① 美国1%富人的自私，导致其余99%的人不适于居住在这个星球。资本主义破坏了环境。跨国公司在利益驱动下，"给地球生态系统造成如此巨大的破坏。"②

（三）现代性之死

克莱顿和海因泽克指出，现代性之死，标志着人类"现代文明"的结束，取而代之的是人类、自然和谐共处的生态文明。中国最有希望引领生态文明，"其原因……（在）中国传统强调整体主义"③，优越于西方文明的原子主义。在 2007 年中国共产党十七大上，中国领导人最早提出"生态文明"的理想目标。"我们把这种中国古代智慧、后现代马克思主义和环境思想的融合称之为有机马克思主义。"④

三、有机马克思主义的核心共识

克莱顿和海因泽克指出，有机马克思主义，"它根植于三种核心共识"：

（一）马克思主义已从现代主义假设中解放出来，具有批判资本主义的生态视野

克莱顿和海因泽克指出，"马克思主义的核心理念仍然令人信服"。⑤ 早在 20 世纪 60 年代，人们已经认识到马克思主义和环境哲学的天然联系。恩斯特·布洛赫就用"没有超越的超越"，将马克思主义与生态运动联系在

---

① ［美］菲利普·克莱顿、贾斯汀·海因泽克：《有机马克思主义》，孟献丽、于桂凤、张丽霞译，人民出版社 2015 年版，中文版序第 6 页。

② ［美］菲利普·克莱顿、贾斯汀·海因泽克：《有机马克思主义》，孟献丽、于桂凤、张丽霞译，人民出版社 2015 年版，前言第 6 页。

③ ［美］菲利普·克莱顿、贾斯汀·海因泽克：《有机马克思主义》，孟献丽、于桂凤、张丽霞译，人民出版社 2015 年版，中文版序第 7 页。

④ ［美］菲利普·克莱顿、贾斯汀·海因泽克：《有机马克思主义》，孟献丽、于桂凤、张丽霞译，人民出版社 2015 年版，中文版序第 8 页。

⑤ ［美］菲利普·克莱顿、贾斯汀·海因泽克：《有机马克思主义》，孟献丽、于桂凤、张丽霞译，人民出版社 2015 年版，前言第 13 页。

一起。①

　　长期以来，马克思主义的阐释者认为，马克思本人没有谈到生态，有人认为马克思强调无限工业化社会发展思路。而近年来许多学者开始重新评价马克思的生态思想。但大多数学者仍认为马克思的这些思想在其著作中是无足轻重的。或者认为这些思想过于空洞，对解决现实生态环境问题没有什么指导作用。

　　克莱顿和海因泽克不同意上述观点，"马克思认真地把人类与自然的关系作为他资本主义批判的一个基本组成部分"②，是解决生态环境问题重要的思想资源。"资本主义和环境破坏之间存在根本的联系。首先不管是对于一个地方还是一个成功国家，资本主义都要求其 GDP 持续地增长。但我们岌岌可危的生态状况却需要一个保持不变或是所见规模的经济情况。自由放任的资本主义是无法满足这种需求的。其次，同样重要的是，'自由市场'是无法评估自然资源或环境风险的。自然资源是有限的。"③ 正是由于对资本主义固有局限的认识，才推动把社会主义重新定义为生态社会主义。"佩珀认为，资本主义已经演变为危及人类生存的致命弯道。"④ 生态社会主义是替代资本主义的有效方案，正如福斯特指出的，"马克思具有深刻的生态洞察力和社会主义生态学者的开拓性见解"。⑤ "主要的证据来自马克思的一个概念——人类与自然关系中的'新陈代谢断裂'（Metaobolic rift）。"⑥ 马克思通过把资本主义与自然的新陈代谢断裂联系起来，批判了城镇居民开发利用乡村的做法，而且也批判了森林退化、沙漠化、气候变化、森林中鹿的灭

---

① ［美］菲利普·克莱顿、贾斯汀·海因泽克：《有机马克思主义》，孟献丽、于桂凤、张丽霞译，人民出版社 2015 年版，第 11 页。

② ［美］菲利普·克莱顿、贾斯汀·海因泽克：《有机马克思主义》，孟献丽、于桂凤、张丽霞译，人民出版社 2015 年版，第 193 页。

③ ［美］菲利普·克莱顿、贾斯汀·海因泽克：《有机马克思主义》，孟献丽、于桂凤、张丽霞译，人民出版社 2015 年版，第 193 页。

④ ［美］菲利普·克莱顿、贾斯汀·海因泽克：《有机马克思主义》，孟献丽、于桂凤、张丽霞译，人民出版社 2015 年版，第 194 页。

⑤ ［美］菲利普·克莱顿、贾斯汀·海因泽克：《有机马克思主义》，孟献丽、于桂凤、张丽霞译，人民出版社 2015 年版，第 195 页。

⑥ ［美］菲利普·克莱顿、贾斯汀·海因泽克：《有机马克思主义》，孟献丽、于桂凤、张丽霞译，人民出版社 2015 年版，第 196 页。

绝、物种的商品化、污染、有毒污染物、再循环、煤资源枯竭、疾病、人口
过剩和物种进化。马克思在《政治经济学批判（1857—1858 年手稿）》重要
论述中指出："不是活的活动的人同他们与自然界进行的物质变换的自然无
机条件的统一，以及因此对自然界的占有；而是人类存在的这些无机条件同
这些活动的存在的分离，这种分离只是在雇佣劳动与资本的关系中才得到完
全的发展。"① 马克思强调人类与自然界三个深度层次的统一：人类生命、其
他生命形式、这个星球上养育这些生命的物流和化学条件。所以资本主义分
离这三个方面是非自然的。资本家把工人同自己的劳动条件分离，最终无视
生活和工作的自然先决条件。马克思不是还原论和决定论的唯物主义，恩格
斯研究人类如何通过使用工具和劳动把自己与动物区分开来，开启了与自然
断裂的可能，影响了马克思。马克思的观点类似于进化论的"涌现论"，不
同于实证主义和宗教保守主义。当代生态思想陷入建构主义（文化主义）与
反建构主义（深层生态学）二元论对立中，而马克思主义的辩证法传统，对
解决这种对立有潜在优势。福斯特主张，应把"涌现论自然主义的唯物主
义""文化历史意义的历史观"和"辩证法"② 结合起来，重建一个生态现
实主义社会理论。而有机马克思主义，"代表对唯物主义广泛理解，称之为
'广义的自然主义'"③，包含自然、社会和文化的广义进化。从马克思时代到
我们时代的"任何技术进步都不能克服和超越资本主义与环境破坏之间的
基本关系，意识到这个关联就是意识到今天所有的社会主义都是生态社会
主义。"④

（二）马克思主义意识形态指导下的中国正迅速起到引领世界的作用

克莱顿和海因泽克指出，中国是当代最大以马克思主义为指导思想的
国家，中国人民及其领导人的环境政策对世界产生巨大反响。中国当前有两

① 《马克思恩格斯全集》第 30 卷（上），人民出版社 1995 年版，第 481 页。
② ［美］菲利普·克莱顿、贾斯汀·海因泽克：《有机马克思主义》，孟献丽、于桂凤、张丽
霞译，人民出版社 2015 年版，第 200 页。
③ ［美］菲利普·克莱顿、贾斯汀·海因泽克：《有机马克思主义》，孟献丽、于桂凤、张丽
霞译，人民出版社 2015 年版，第 201 页。
④ ［美］菲利普·克莱顿、贾斯汀·海因泽克：《有机马克思主义》，孟献丽、于桂凤、张丽
霞译，人民出版社 2015 年版，第 204 页。

件事对有机马克思主义发展具有重要意义，一是"马克思主义的中国化"的思想，一是生态文明概念的提出。"马克思主义与生态思维的结合为政治理论和人类政策的制定指出了最有希望的方向。"毛泽东"不仅仅依靠城市的工人阶级"，[1] 而且依靠农民，教育农民走向社会主义。毛泽东思想还结合了儒家伦理修养思想。[2] 当今中国"正努力在马克思主义和儒家思想的核心原则之间找到一个真正的平衡……现在，中国后现代马克思主义正应对人类对自然环境不公的挑战，正如面对资本家剥削。"[3]

（三）中国发展没有追随美国模式，其市场运行与"共同富裕"的目标一致，并以生态文明为目标

克莱顿和海因泽克指出，中共十七大报告，"生态文明"理念已成为党的纲领和工作计划的重要部分。建设生态文明的目标是形成"节约能源资源和保护生态环境的产业结构、增长方式、消费方式"[4]。生态文明理念"反映了中国经济发展模式的重大改变"[5]。不仅强调经济建设为中心，"还强调发展必须建立在对人与自然复杂性关系的理解上"[6]。中共十八大强调必须把生态文明建设放在突出地位，努力构建美丽中国，实现中华民族永续发展。[7]中国领导人习近平指出，建设生态文明，功在当代，利在千秋。

---

[1]　[美] 菲利普·克莱顿、贾斯汀·海因泽克：《有机马克思主义》，孟献丽、于桂凤、张丽霞译，人民出版社 2015 年版，第 85—86 页。

[2]　[美] 菲利普·克莱顿、贾斯汀·海因泽克：《有机马克思主义》，孟献丽、于桂凤、张丽霞译，人民出版社 2015 年版，第 86 页。

[3]　[美] 菲利普·克莱顿、贾斯汀·海因泽克：《有机马克思主义》，孟献丽、于桂凤、张丽霞译，人民出版社 2015 年版，第 87 页。

[4]　[美] 菲利普·克莱顿、贾斯汀·海因泽克：《有机马克思主义》，孟献丽、于桂凤、张丽霞译，人民出版社 2015 年版，第 12 页。

[5]　[美] 菲利普·克莱顿、贾斯汀·海因泽克：《有机马克思主义》，孟献丽、于桂凤、张丽霞译，人民出版社 2015 年版，第 12 页。

[6]　[美] 菲利普·克莱顿、贾斯汀·海因泽克：《有机马克思主义》，孟献丽、于桂凤、张丽霞译，人民出版社 2015 年版，第 12 页。

[7]　[美] 菲利普·克莱顿、贾斯汀·海因泽克：《有机马克思主义》，孟献丽、于桂凤、张丽霞译，人民出版社 2015 年版，第 13 页。

四、有机马克思主义的基本理论纲领

克莱顿和海因泽克指出，有机马克思主义的基本纲领是：

（一）非决定论的历史观

"历史不是决定论的而是无限开放的，至今没有一个理论体系能全部包容文明变化的复杂性。"① 人类社会也像生物圈一样，不断变化，犹如一个网络和生态系统，不可预测。因而"最好把后现代马克思主义理解为一种过程哲学。"② 恩格斯在《社会主义：乌托邦与科学的》指出，黑格尔"把整个自然的、历史的和精神的世界描写为一个过程。"③ 过程的普遍性，也是中国传统思想的核心。在马克思主义中国化的过程中，无限开放的过程思想将发挥越来越多的作用。

（二）抛弃乌托邦的幻想

有机马克思主义强调建构一个健康和蓬勃发展的社会，却不幻想未来会出现一个乌托邦社会。发展的过程取代了趋向完美的过程。管理社会，不像拼装一个设计完好的拼图那样简单。社会管理模式，既不同于早期资本家自由放任的方法，也不同于马克斯·韦伯的"社会工程"方法。这种模式，接近于在田野里耕作的农民，必须与植物、土壤和天气打交道。"他需要的是与他周围不断生长的植物有机协作、共生共荣。"④ 各个社会群体，包括工人阶级，既可以为共同福祉团结起来，也可以为少数人创造财富而被组织起来。政府可以为 1% 的人服务，也可以为 99% 的人服务。管理常常误导人们做出"精明"的决定，关注短期收益。改革的目的是为了创造条件，让人们清楚其选择，了解其决定的长远影响。

（三）马克思主义社会分析涵盖社会各个领域，其核心机制没变

社会与经济分析包含生产与资本问题，但又超过这两个领域，而指向

---

① [美] 菲利普·克莱顿、贾斯汀·海因泽克：《有机马克思主义》，孟献丽、于桂凤、张丽霞译，人民出版社 2015 年版，第 71 页。

② [美] 菲利普·克莱顿、贾斯汀·海因泽克：《有机马克思主义》，孟献丽、于桂凤、张丽霞译，人民出版社 2015 年版，第 71 页。

③ 《马克思恩格斯选集》第三卷，人民出版社 1995 年版，第 362 页。

④ [美] 菲利普·克莱顿、贾斯汀·海因泽克：《有机马克思主义》，孟献丽、于桂凤、张丽霞译，人民出版社 2015 年版，第 73 页。

文化。人是符号化的生物，其想法对建构社会有巨大影响。思想、信仰、文学艺术、哲学乃至宗教，在反映社会阶级不公正方面，发挥重要作用。将有机、过程思想融入马克思主义，可以研究各种社会现状，"追踪到阶级、资本和权力的作用。用词变了，核心机制没变。"①

（四）21 世纪马克思主义核心以有机论的生态哲学为基础

克莱顿和海因泽克指出，"马克思主义是而且必须是生态哲学和环境哲学。"② 在后现代语境下，马克思主义异化理论适用范围，"远不限于劳动异化、生产异化及资本异化"，③ 还包括人与自然关系的异化。克莱顿和海因泽克指出，"只有建立在有机原则基础之上的马克思主义，才能够有效回应环境危机"。④

五、有机马克思主义替代资本主义的价值目标

克莱顿和海因泽克认为，要解决生态危机，必须替代资本主义。

美国人喜欢把资本主义定义为拒斥国家所有制，因此韦伯斯特词典把资本主义定义为："一个人和公司而不是政府拥有制造和运输产品的经济组织方式。"但拒绝国家所有制只是资本主义一个次要特征。"资本主义是一种产品和服务的价值评估方式"，⑤ 是商品使用价值的抽象，"随着资本主义的扩展，这种价值评判标准也越来越贯穿于日常生活中的大多领域。人们也开始越来越多地用这种市场价值标准来评判社会生活实践和参与其中的人们的价值。"⑥ "市场机制取代这一切……生态系统，甚至整个星球，都转化为商

---

① ［美］菲利普·克莱顿、贾斯汀·海因泽克：《有机马克思主义》，孟献丽、于桂凤、张丽霞译，人民出版社 2015 年版，第 74 页。

② ［美］菲利普·克莱顿、贾斯汀·海因泽克：《有机马克思主义》，孟献丽、于桂凤、张丽霞译，人民出版社 2015 年版，第 74 页。

③ ［美］菲利普·克莱顿、贾斯汀·海因泽克：《有机马克思主义》，孟献丽、于桂凤、张丽霞译，人民出版社 2015 年版，第 75 页。

④ ［美］菲利普·克莱顿、贾斯汀·海因泽克：《有机马克思主义》，孟献丽、于桂凤、张丽霞译，人民出版社 2015 年版，第 75 页。

⑤ ［美］菲利普·克莱顿、贾斯汀·海因泽克：《有机马克思主义》，孟献丽、于桂凤、张丽霞译，人民出版社 2015 年版，第 18 页。

⑥ ［美］菲利普·克莱顿、贾斯汀·海因泽克：《有机马克思主义》，孟献丽、于桂凤、张丽霞译，人民出版社 2015 年版，第 18 页。

品进行买卖交易，以致市场价值取代了内在价值。"[1] 自由主义的政治哲学，造成人性的片面化，培养了自由主义哲学家约翰·穆勒说的"渴望拥有财富的人，以及能够找到达到这一目标的最有效方式的人"，[2] 也就是后来马克斯·韦伯说的被追求功利的动机驱使的"工具理性"的人，造成人的异化、社会危机和生态危机。

资本主义传统，是洛克对政府定义的消极的"守夜人国家"。亚当·斯密通过对劳动分工的分析，假设每一个人都追求利益最大化，在市场无形的手引导下自然达成公共利益。这种以"自由市场"为原则著称的自由放任学说，混淆了人类基本人权自由和富人积累财富的自由。

资本主义的典型例子，是19世纪第二次工业革命时期强调自由市场经济的无节制的纯粹资本主义，以工人阶级的巨大灾难，获取了巨大利润，横贯美国大陆的第一条铁路，以每天几便士的工资雇佣中国工人修成，造成很多人死亡和致残，却为铁路所有者和相关企业带来巨大利润。同样的情形是当时被美国工厂主以每天12小时雇佣贫穷的妇女儿童，入不敷出。有些家庭欠资本家的反倒比付给他们的工资多。后来由于工人的斗争，美国政府开始立法保护工人，在欧美形成资本主义混合模式。1890年的反托拉斯法限制个别企业对市场的垄断，但金融投机活动得不到抑制，造成了美国1929年股票市场大崩盘。"这很大程度上就是20世纪20年代'纯粹'资本主义带来的结果。"[3] 很多人一直为自由市场捍卫者的理论所蒙蔽。自由市场的捍卫者一手用科学，一手用宗教为其辩护。比如社会经济理论的一个主要流派——"社会达尔文主义"，用适者生存为富人辩护，认为富人更适合生存，应该富有；而穷人不适合生存，故注定贫困。如允许富者繁育更多后代，人类整体会更强大。社会达尔文主义尽管一直被揭穿，"但在古典自由主义者对市场力量的辩护中它又重浮出水

---

① [美] 菲利普·克莱顿、贾斯汀·海因泽克:《有机马克思主义》，孟献丽、于桂凤、张丽霞译，人民出版社2015年版，第19页。

② [美] 菲利普·克莱顿、贾斯汀·海因泽克:《有机马克思主义》，孟献丽、于桂凤、张丽霞译，人民出版社2015年版，第34页。

③ [美] 菲利普·克莱顿、贾斯汀·海因泽克:《有机马克思主义》，孟献丽、于桂凤、张丽霞译，人民出版社2015年版，第42页。

面。"① 类似的争辩，被用于民族主义辩护。达尔文的表弟高尔顿将这种理念转变成"优生学"，种族主义在优生学运动中发挥了作用。新教神学家加尔文，认为上帝注定了一些人永远是被拯救的，另一些人是永远被诅咒的。加尔文教徒相信，若努力工作，变得富有，是可能被上帝"选上"的一个标志。马克斯·韦伯把这一现象称为"新教伦理"，论证了其对欧洲资本主义发展的重要影响。"资本主义有一个神话宣称，依据自身能力，通过努力工作，你就能获得财富。那些具有天赋而且能把其天赋运用于财富追求中的人，就跳出他们出生时所属的阶级，改变阶级地位。"② 事实上人在市场中命运受市场经济两极分化的制约："获得享用资本的机会、教育培训状况、所处的国际和地区和一个人的种族，决定一个人在自由市场中的贫富阶级地位。"③

西方经济制度无视极限，而"今天，'极限'已经无处不在了。"④ 人类对碳氢类资源和饮用水产生了依赖。自由市场经济产生巨大的社会和生态负外部性，取代资本主义无限增长模式的呼声越来越强烈，马克思主义的历史唯物主义正是一种革命的范式，"这是回到马克思主义之不朽见解的理想契机"。⑤

有机马克思主义对资本主义制度的根本性变革的价值理念，主要有以下几点：

（一）为了共同体的创造性自由，应取代资本私利的自由

自由主义自由观，主要是一种消极自由，由洛克在《政府论》中阐述。洛克把生命、财产和安全称作人权，提出有限政府论。他受霍布斯有关"所

---

① [美]菲利普·克莱顿、贾斯汀·海因泽克：《有机马克思主义》，孟献丽、于桂凤、张丽霞译，人民出版社 2015 年版，第 48 页。

② [美]菲利普·克莱顿、贾斯汀·海因泽克：《有机马克思主义》，孟献丽、于桂凤、张丽霞译，人民出版社 2015 年版，第 50 页。

③ [美]菲利普·克莱顿、贾斯汀·海因泽克：《有机马克思主义》，孟献丽、于桂凤、张丽霞译，人民出版社 2015 年版，第 53 页。

④ [美]菲利普·克莱顿、贾斯汀·海因泽克：《有机马克思主义》，孟献丽、于桂凤、张丽霞译，人民出版社 2015 年版，第 207 页。

⑤ [美]菲利普·克莱顿、贾斯汀·海因泽克：《有机马克思主义》，孟献丽、于桂凤、张丽霞译，人民出版社 2015 年版，第 5 页。

有人反对所有人的战争"自然状态的影响，把自然状态看作一个"缺少一个权威的共同裁判者"，没有安全，所以让渡自然权利给国家，而国家维护生命、自由和财产权。受二人的影响，自由被理解成以私有财产为基础的私人领域免于政府公权力干预的消极自由。除此之外，自由主义理论家还提出"追求美好事物的自由"，① 靠金钱为所欲为，"已经成了全球气候危机的主要原因。"② 自由主义的消极自由和积极自由，这两种自由，其实是和谐统一的，近代英法哲学家把自由与资本主义制度联系起来。"当自由被理解为不受干涉地追求私利时，人们认为自由需要资本主义。"米尔顿·弗里德曼（Milton Friedman）的《资本主义与自由》最清楚地表述这一"资本主义的宣言"："直接提供经济自由的那种经济组织，即竞争性的资本主义，也促进了政治自由，因为它促进了经济权力和政治权力的分开，从而使一种权力抵消掉另一种。"③ 但几十年的证据削弱了弗里德曼的说法，美国人看到美国政府越来越多地服务于商业利益，而没有实现经济权力与政治权力的分离。税法和紧急救助政策越来越有利于富人，而针对最贫困的人口的基本社会服务却日益削弱。

马克思深刻地批判了西方贸易自由试图支配其他一切自由的做法。自由有很多，每一种自由都有自身内在的逻辑，应注意自由的平衡发展。马克思倡导一种更完整的自由定义："'自由活动'……自由发展中产生的创造性的生活表现。"④ 怀特海提出了一种类似于马克思的理解，"他把自由和人类文明与生活过程的无限开放的创造性联系在一起。……发挥自己的潜能。"⑤

---

① ［美］菲利普·克莱顿、贾斯汀·海因泽克：《有机马克思主义》，孟献丽、于桂凤、张丽霞译，人民出版社 2015 年版，第 111 页。

② ［美］菲利普·克莱顿、贾斯汀·海因泽克：《有机马克思主义》，孟献丽、于桂凤、张丽霞译，人民出版社 2015 年版，第 112 页。

③ Milton Friedman, *Capitalism and Freedom*, *40th Anniversary ed*, University of Chicago Press, 2009, p.9.

④ ［美］菲利普·克莱顿、贾斯汀·海因泽克：《有机马克思主义》，孟献丽、于桂凤、张丽霞译，人民出版社 2015 年版，第 117 页。

⑤ ［美］菲利普·克莱顿、贾斯汀·海因泽克：《有机马克思主义》，孟献丽、于桂凤、张丽霞译，人民出版社 2015 年版，第 117 页。

（二）政治、经济和价值观全面变革，确立为共同体之共同福祉的综合
参与民主

民主，就字面上的含义是人民统治，似乎没有哪种政治安排比民主更
值得追求了。然而，这个术语，却引发一系列寻根究底的问题：谁是人民？
一小部分拥有直接权力，事实上在为所有人统治吗？这个制度在多大程度上
反映了全人类当前及未来的、公民和非公民的公共福祉？有多大程度上关
注了所有生物的福祉？多大程度上，这种制度更多地为了自己的短期的利
益呢？

1. 为市场和私有财产服务的自由主义民主的巨大错误

福山在冷战结束后在其《历史的终结》中认为资本主义民主打败了所
有竞争对手而取得了最后的胜利：理由在于它保护了私有财产："自由社会
是拥有某些自然权利的个人之间的一种社会契约。在人的自然权利中，最首
要的生存（即自我保存）和追求幸福的权利。这些权利一般被理解为私有财
产权。因此，自由的社会就是指公民之间相互并且相等地同意不干涉他人生
活和财产。"① 福山指出早期欧美哲学家洛克等阐述的自由民主之道，即拥有
财产通往幸福，首要的权利是生命权和财产权。"现代特色的人权传统始于
蓝色权利。现代人权最初建立于这一假设之上：只有当政府不加干预、允许
个人自由地追求自身利益（亚当·斯密的'看不见的手'），才能产生最理想
的社会效果。"② 就像"蓝色"代表欧洲贵族一样，"蓝色"的人权也是贵族
政治的象征。

有机马克思主义不反对人权表述，但认为应把个人的财产权和自由
权的"蓝色"权力，拓展为"红色权力"和"绿色权利"。"红色权力最关
心……追求共同体的福利。"③ "与蓝色权利范式完全不同，有机马克思主
义认为，为使少数人过得更好而让多数人陷入生存困境，这既不公正也不

---

① ［美］弗朗西斯·福山：《历史的终结及其最后之人》，盛胜强、许铭原译，中国社会科学
　　出版社 2003 年版，第 227—228 页。

② ［美］菲利普·克莱顿、贾斯汀·海因泽克：《有机马克思主义》，孟献丽、于桂凤、张丽
　　霞译，人民出版社 2015 年版，第 120 页。

③ ［美］菲利普·克莱顿、贾斯汀·海因泽克：《有机马克思主义》，孟献丽、于桂凤、张丽
　　霞译，人民出版社 2015 年版，第 123 页。

健康。"①"绿色权利是通往有机世界观的最后一步……还考虑到非人类动物和生态系统的生存。"② 蒲鲁东，还指出了"社会以外的权利"，他认为劳动只是价值的基础，但这并不使劳动者获得所有权，"因为劳动并不创造生产产品所需要的材料"③。绿色权力话语就建基于这个观点之上，土地和其他自然资源，不是纯粹的个人和社会问题，而是人类文明的基础。这是一种"生态权利"，维护这种生态权利就是"生态正义"。有机哲学是一种完全不同的思维方式，为了共同的福祉，超越个人权利乃是社会权利的视野，"达到社会和地球相互关联的境界"，"代表了人类社会思想演进的未来走向"。④

而"资本主义民主倾向于成为'为了自身利益的个人统治'"，每个人的财产权利是"私人领域"权利。自由民主赋予富人更多特权去积累更多的财富，世界很难成为一个公平的赛场：少数人拥有跨国公司，而其他人没钱开一个街边小店，人们的收入天壤之别，这导致社会两极分化的危机和非正义，以及生态的破坏。而共同福祉的民主，强调公共利益，有助于解决社会和生态危机。

2. 欧洲社会民主的局限性

二战后，北欧社会民主党执政的国家，增加政府提供给公民的社会服务，并加强对贫困者和失业者的社会保障体系。这在自由主义小政府基础上前进了一步，阿尔蒂亚·森（Amarytya Sen）称之为"真实的民主"。他认为这种民主强调政治参与、政府对公众负责和的民主普世价值。但他没有认识到建立在自由资本主义基础上西方民主的局限性，他试图把个人权利和社会权利融合在社会民主中。但若政治经济制度仍把追逐个人财富（资本主义）当作主导的意识形态的话，公民首先理解成为其经济利益投票的个人消

① ［美］菲利普·克莱顿、贾斯汀·海因泽克：《有机马克思主义》，孟献丽、于桂凤、张丽霞译，人民出版社2015年版，第124页。
② ［美］菲利普·克莱顿、贾斯汀·海因泽克：《有机马克思主义》，孟献丽、于桂凤、张丽霞译，人民出版社2015年版，第125页。
③ ［美］菲利普·克莱顿、贾斯汀·海因泽克：《有机马克思主义》，孟献丽、于桂凤、张丽霞译，人民出版社2015年版，第126页。
④ ［美］菲利普·克莱顿、贾斯汀·海因泽克：《有机马克思主义》，孟献丽、于桂凤、张丽霞译，人民出版社2015年版，第127页。

费者。当出现经济衰退或来自贫穷邻国移民时，"选民就开始消解社会服务体系和支持保护主义政策"①。欧洲社会民主国家并没有成为"社会主义"滩头阵地，只是缓解了资本主义的一些消极影响，没有进行系统改革。"大局仍然控制在最富有的公司和个人手中。"② 社会改革取决于社会财富的过剩，只有当处于相对稳定和没有威胁的状态时，改革才能推进。而只要资本主义制度不变，任何改革都是不稳定的，不可能"成为生态可持续和以长期和平与合作为导向的全球共同体所需要的根基"③。

3. 为了共同福祉的有机马克思主义的共同体之综合参与民主

有机马克思主义认为，要摆脱 1% 富有阶层对 99% 的控制和操纵，必须做到三点：

其一，变革政治权力关系。只要财产所有者控制政权，大多立法进一步维护他们的利益，人民不是真正享受权利，就没有真正的民主。

其二，红色权利和绿色权利的社会价值观，必须成为政治和社会制度的价值基础。"只有当蓝色权力不再成为国家唯一存在的理由时，社会环境利益才能在政府决策中发挥重要作用。"④

其三，建立以共同福祉为目的的共同体为基础的真正民主社会。地方共同体是满足人们共同需要决策权的组织基础，是建立共同福祉的民主社会的组织基础。科学研究表明，气候变化有可能导致现有社会崩溃⑤，而"当今社会结构崩溃了"⑥ 有可能是生态文明建立的新契机。在全面危急的情况下，"幸存者间的经济交流必然只会发生在一些共同体及其区域中了"，"由

① ［美］菲利普·克莱顿、贾斯汀·海因泽克：《有机马克思主义》，孟献丽、于桂凤、张丽霞译，人民出版社 2015 年版，第 136 页。

② ［美］菲利普·克莱顿、贾斯汀·海因泽克：《有机马克思主义》，孟献丽、于桂凤、张丽霞译，人民出版社 2015 年版，第 136 页。

③ ［美］菲利普·克莱顿、贾斯汀·海因泽克：《有机马克思主义》，孟献丽、于桂凤、张丽霞译，人民出版社 2015 年版，第 136 页。

④ ［美］菲利普·克莱顿、贾斯汀·海因泽克：《有机马克思主义》，孟献丽、于桂凤、张丽霞译，人民出版社 2015 年版，第 137 页。

⑤ ［美］菲利普·克莱顿、贾斯汀·海因泽克：《有机马克思主义》，孟献丽、于桂凤、张丽霞译，人民出版社 2015 年版，第 245 页。

⑥ ［美］菲利普·克莱顿、贾斯汀·海因泽克：《有机马克思主义》，孟献丽、于桂凤、张丽霞译，人民出版社 2015 年版，第 140 页。

共同体组成的共同体模式可能逐渐推行"①。有意义的共同体参与活动，会给人们带来归属感，否则就会导致冷漠，而冷漠又会导致权力监督真空，如社会主义国家的官僚主义，或资本主义体制中利益驱动的公司的统治。有机马克思主义认为，"共同体主义，随着环境危机的越来越严重，也将发挥越来越重要的作用。"②

"以共同体为基础的经济是民主社会的核心。"③克莱顿认为，"戴利和柯布的《为了共同的福祉》是有机马克思主义经济学宣言。"④"有个可选择的办法，那就是把更大的共同体普遍看作是有共同体构成的共同体。这样，一个人所属的本地共同体就成为他自我认同的首要基础，而个人参与本地共同体事物则具有更大意义，理由如下：第一，地方性决策将会具有更大的意义和重要性。第二，当地选出来的代表将会在更高层面上参与重要事务的决策，并参与选举更高层次的代表，个人认同将会在几个层面上不同程度地分级进行。"⑤

柯布和戴利"仍然坚持经典马克思主义的理念"，批判了不可持续的"以增长为基础"的经济模式，提出了全新的经济秩序等等。与马克思一样，柯布和戴利认识到，恩格斯说的后资本主义的国家的消亡：由共同体组成的共同体的建议是主权理念的弱化，民族国家仍然继续承担重要职责，但把某些权力移交给小的共同体和联合国，"所有共同体都会行使某种'主权'，但它们又都不是现代政治理论意义上的主权。从历史的角度看，作为这些现代政治主权理论基础的社会契约神话很明显是错误的。它们不仅歪曲了理论，

---

① [美]菲利普·克莱顿、贾斯汀·海因泽克：《有机马克思主义》，孟献丽、于桂凤、张丽霞译，人民出版社 2015 年版，第 140 页。

② [美]菲利普·克莱顿、贾斯汀·海因泽克：《有机马克思主义》，孟献丽、于桂凤、张丽霞译，人民出版社 2015 年版，第 138 页。

③ [美]菲利普·克莱顿、贾斯汀·海因泽克：《有机马克思主义》，孟献丽、于桂凤、张丽霞译，人民出版社 2015 年版，第 138 页。

④ [美]菲利普·克莱顿、贾斯汀·海因泽克：《有机马克思主义》，孟献丽、于桂凤、张丽霞译，人民出版社 2015 年版，第 138 页。

⑤ Herman E. Daly and John B. Cobb, Jr., *For the Common Good*：*Redirecting the Economic Toward Community*，*the Environment*，*and a sustainable Future*，2nd ed（Boston：Beacon Press，1994），p.177.

而且也歪曲了实践。"① 这不是生态文明的政治制度的理论基础。主权国家不能解决生态危机，必然会在生态危机严重的关头崩溃，"但从某种意义上来说，我们有希望上述的崩溃过程变慢，因为那样的话，人类生命和生物多样性减少的代价也就会降低。同样，如果崩溃进程变缓，世界将会见证独立国家依据社会民主原则管理运行的一段历史。相比之下，如果全球的基础性体系崩溃进程加快，如柯布和达利所认为的，那么幸存者间的经济交流必然只会发生在一些共同体及其区域中了。……'由共同体组成的共同体'模式逐渐重建和运行"②。

（三）和谐多样统一的辩证正义论

有机马克思主义担负了一个更高层次的使命，服务于所有人的共同福祉，并为此挑战西方民主国家富人的特权，而涉及正义问题。政治和经济领域最迫切地需要提出的正义问题是分配正义。在一个社会里，用什么样的方法分配经济效益和负担，是非正义的？而采取何种措施来让社会正义最大化？哲学家的立场形成一个清晰的连续谱系："'右'的立场坚持的是'应得'理论……'中间'立场是坚持'平等主义'……'左'的立场，是最大化（社会福利等）社会价值……在这种情况下，分配原则设定不是个体层面，而是整个社会层面了。最后，与'应得'理论遥相呼应是马克思的立场，各尽所能，按需分配。"③ 近代早期欧洲哲学家站在这个连续谱系的"右"的立场，认为社会就不存在体系性的非正义："资本主义创造了一个公平竞争的环境"④，但实际上资本主义不平等的社会经济结构决定了各阶层人们的两极分化的命运。

克莱顿和海因泽克认为，共同体的正义是具体化的多元正义：其一，

① Herman E. Daly and John B. Cobb, Jr., *For the Common Good：Redirecting the Economic Toward Community, the Environment, and a sustainable Future*, 2nd ed（Boston：Beacon Press, 1994）, pp.178-179.

② ［美］菲利普·克莱顿、贾斯汀·海因泽克：《有机马克思主义》，孟献丽、于桂凤、张丽霞译，人民出版社 2015 年版，第 140 页。

③ ［美］菲利普·克莱顿、贾斯汀·海因泽克：《有机马克思主义》，孟献丽、于桂凤、张丽霞译，人民出版社 2015 年版，第 141—142 页。

④ ［美］菲利普·克莱顿、贾斯汀·海因泽克：《有机马克思主义》，孟献丽、于桂凤、张丽霞译，人民出版社 2015 年版，第 143 页。

需要一个多元的方法，不仅把注意力集中在分配正义这单一概念。其二，
"（应）拥有一个足够宽广的视域和多层次视角"① 进行正义分析。其三，"正
义涉及不同共同体的相互作用关系，扭转非正义局面需要重新调整相关共同
体的关系。非正义的形式是具体的"，② 不应简单地进行一般的模式化分析，
在大多数国家，这些模式被简单地概括为阶级不平等。③

马克思一直质疑"正义"这个术语，因这一术语经常被用来为富有者
行为和政策辩护。但马克思为我们描述了一个正义社会理想：在共产主义
社会，劳动不再是谋生手段，而成为第一需要；随着个人的全面发展，集
体财富的一切源泉充分涌流，才能"从超出资产阶级权利的狭隘眼界"，形
成"各尽所能，按需分配"的原则。因此，有机马克思主义认为，一方面，
"正义原则的理想将会把马克思的观点作为其终极目标：'各尽所能，按需分
配'"④；另一方面，"会意识到不正义是复杂的多层面的"⑤。富兰克林·伽姆
维尔（Franklin Gamwell）借鉴怀特海过程哲学，用建设性后现代主义形式
描述马克思的目标："一件事实能够实现更大的福祉是因为它实现了更大的
创新。所有实现的更大福祉汇集在一起就是多样性统一的最大实现。我们赞
同怀特海的观点，可以说具体的福祉是审美地定义的。"⑥ 在此意义上，"不
正义就是各子系统的不平衡和不和谐，只有从整体的视角出发，才能实现正
义。正义寻求的是一个和谐多样性统一的辩证目标。"⑦ 正义是关于权力的再

---

① ［美］菲利普·克莱顿、贾斯汀·海因泽克：《有机马克思主义》，孟献丽、于桂凤、张丽
霞译，人民出版社 2015 年版，第 145 页。

② ［美］菲利普·克莱顿、贾斯汀·海因泽克：《有机马克思主义》，孟献丽、于桂凤、张丽
霞译，人民出版社 2015 年版，第 145 页。

③ ［美］菲利普·克莱顿、贾斯汀·海因泽克：《有机马克思主义》，孟献丽、于桂凤、张丽
霞译，人民出版社 2015 年版，第 145 页。

④ ［美］菲利普·克莱顿、贾斯汀·海因泽克：《有机马克思主义》，孟献丽、于桂凤、张丽
霞译，人民出版社 2015 年版，第 146 页。

⑤ ［美］菲利普·克莱顿、贾斯汀·海因泽克：《有机马克思主义》，孟献丽、于桂凤、张丽
霞译，人民出版社 2015 年版，第 146 页。

⑥ Franklin Gamwell, *Existence and the Good*: *Metaphysical Necessity in Morals and Politics*,
Albany: State University of New YorK Press, 2011, pp.171-172.

⑦ ［美］菲利普·克莱顿、贾斯汀·海因泽克：《有机马克思主义》，孟献丽、于桂凤、张丽
霞译，人民出版社 2015 年版，第 147 页。

分配。权力利益根深蒂固，有权者很少愿意放弃特权。若不是即将到来的全球性危机，变革是不可能的。

（四）替代资本主义的价值目标的有机马克思主义宣言

克莱顿和海因泽克指出："生态文明既是一种理论，也是一种实践。它对政府政策的制定，组织结构的运行和整个社会的规划发展都有着重大的现实意义。这些实践一方面根植于有机哲学，另一方面也根植于马克思主义对阶级和资本的动力学分析。"① 有机马克思主义宣言可以概括为三个主要观点："资本主义正义不正义；自由市场不自由；穷人将为全球气候遭到破坏付出最为惨痛的代价。"② 因此，"我们必须呼吁全球领导者根据生态和社会主义原则重组人类文明。"③

六、有机马克思主义的实践

有人认为马克思主义基本原则已经失效了，没有一种放之四海而皆准的马克思主义，当人对马克思主义某些概念进行修正而使之适应一定社会文化时，他们又说修正的马克思主义不再是真正的马克思主义了。这种二重性批判，隐含着"非此即彼的思维方式"。④ 一般理论和具体环境之间存在复杂交织的现象。晚期资本主义社会状况，既表现出极大的差异性，又因其全球性维度而具有共性。解释内容的广泛性，并不排斥具体分析的高度适应形式。从一般的共性来看，当今世界权力已日益集中到社会最富有的那部分群体，权力不是平均分配，而是形成等级结构的阶级差别。为适应不同地区、国家和文化的需要，"'有机地'适应具体情况并实行特殊的社会主义改革，丝毫也不能弱化这些一般性主张。"⑤

---

① ［美］菲利普·克莱顿、贾斯汀·海因泽克：《有机马克思主义》，孟献丽、于桂凤、张丽霞译，人民出版社 2015 年版，第 215 页。
② ［美］菲利普·克莱顿、贾斯汀·海因泽克：《有机马克思主义》，孟献丽、于桂凤、张丽霞译，人民出版社 2015 年版，第 216—217 页。
③ ［美］菲利普·克莱顿、贾斯汀·海因泽克：《有机马克思主义》，孟献丽、于桂凤、张丽霞译，人民出版社 2015 年版，第 217 页。
④ ［美］菲利普·克莱顿、贾斯汀·海因泽克：《有机马克思主义》，孟献丽、于桂凤、张丽霞译，人民出版社 2015 年版，第 223 页。
⑤ ［美］菲利普·克莱顿、贾斯汀·海因泽克：《有机马克思主义》，孟献丽、于桂凤、张丽霞译，人民出版社 2015 年版，第 225 页。

有机马克思主义能够为有效应对这些挑战提供哪些具体措施，需要各国政府根据其具体的文化、政治经济制度，制定具体的措施。不过马克思主义的诸原则，可以为具体政策制定提供有启发性的建议。

（一）有机马克思主义的政策目标

1. 经济指标与 GDP。有机马克思主义，主张"把'生物圈的繁荣'发展放在第一位，呼吁对全球经济结构大调整。……单纯的经济增长不一定带来幸福生活。"① 赞赏不丹"以'国民幸福指数指标'衡量经济发展的做法"，② 以及新加坡"建立社会储备"③ 的做法。但除此之外还要"考虑最下层人民和人类所赖以生存的生态系统为此所付出的代价"④。中国政府"过去一味追求 GDP 的增长，现在开始考虑过去被忽视的其他社会指标"⑤。但美国政府"缺少全面衡量社会进步的整体指标，当前的衡量指标更多地反映富人的利益"⑥。

2. 可持续农业。"为了实现社会和环境正义，有机马克思主义鼓励古老智慧和新农业技术的结合。"⑦ 工业革命以来，资本主义工业化生产模式应用于农业生产，造成了有机农业、传统农业社区文化传统和土壤的破坏。因此，应返回传统农业生产方式，发展可持续农业。

3. 向手工业学习和制造业本土化。现代工业造成工人劳动异化，尽管回到前工业社会不可能，但后工业社会可以学习传统社会"古老的手工业工

① [美] 菲利普·克莱顿、贾斯汀·海因泽克：《有机马克思主义》，孟献丽、于桂凤、张丽霞译，人民出版社 2015 年版，第 234 页。

② [美] 菲利普·克莱顿、贾斯汀·海因泽克：《有机马克思主义》，孟献丽、于桂凤、张丽霞译，人民出版社 2015 年版，第 234—235 页。

③ David Havey, *Seventeen Contradictions and the End of Capitaolism*, London：Profile Books, 2014.

④ [美] 菲利普·克莱顿、贾斯汀·海因泽克：《有机马克思主义》，孟献丽、于桂凤、张丽霞译，人民出版社 2015 年版，第 235 页。

⑤ [美] 菲利普·克莱顿、贾斯汀·海因泽克：《有机马克思主义》，孟献丽、于桂凤、张丽霞译，人民出版社 2015 年版，第 235 页。

⑥ [美] 菲利普·克莱顿、贾斯汀·海因泽克：《有机马克思主义》，孟献丽、于桂凤、张丽霞译，人民出版社 2015 年版，第 235 页。

⑦ [美] 菲利普·克莱顿、贾斯汀·海因泽克：《有机马克思主义》，孟献丽、于桂凤、张丽霞译，人民出版社 2015 年版，第 235 页。

匠与工作的关系特点，包括对技巧的自豪感，对工作的认同，以及个体在生产中独一无二的创造性作用"①。为减少运输货物所消耗的化石燃料，"有必要使制造业本土化"②。

4. 可持续性管理和以劳动为基础价值评估的共享权力。马克思呼吁，通过权力重新分配和深层价值观革命，限制资本统治，建构一种新的社会结构。企业若只考虑利润的短期效应，滤掉经济运行的长期、下游成本，管理是简单的事情。而"可持续管理更具挑战性，因为它呼吁采取一种系统的、整体的视角，追求社会与环境的长远利益"③。形形色色的市场社会主义是以资本为基础的改革，变革所有权模式，但"保留了资本主义竞争的框架"④。这些模式"提供了在市场上和社会主义经济的折中方案"，⑤ 应对这种折中达到的程度表示怀疑。罗默强调参与型经济，由于难以对"企业真实的权力关系进行追踪"，"实际上只是极少数人（例如高层管理人员和董事会）在做决策。真正的权力共享是以劳动为基础进行价值评估。"⑥ 随着计算机信息技术、软件和"大数据"的飞速发展，是很容易做到的。⑦

5. 银行业：基于信贷而不是基于资本。实现社会主义经济的第一步，是废除现有以营利为唯一目的的私立银行。约翰·罗默提出了一种以信贷为基础的经济体系，企业的股份能被兑换成现金，也就不能被用来融资。但

---

① [美] 菲利普·克莱顿、贾斯汀·海因泽克：《有机马克思主义》，孟献丽、于桂凤、张丽霞译，人民出版社 2015 年版，第 237 页。

② [美] 菲利普·克莱顿、贾斯汀·海因泽克：《有机马克思主义》，孟献丽、于桂凤、张丽霞译，人民出版社 2015 年版，第 237 页。

③ [美] 菲利普·克莱顿、贾斯汀·海因泽克：《有机马克思主义》，孟献丽、于桂凤、张丽霞译，人民出版社 2015 年版，第 238 页。

④ [美] 菲利普·克莱顿、贾斯汀·海因泽克：《有机马克思主义》，孟献丽、于桂凤、张丽霞译，人民出版社 2015 年版，第 239 页。

⑤ [美] 菲利普·克莱顿、贾斯汀·海因泽克：《有机马克思主义》，孟献丽、于桂凤、张丽霞译，人民出版社 2015 年版，第 239—240 页。

⑥ [美] 菲利普·克莱顿、贾斯汀·海因泽克：《有机马克思主义》，孟献丽、于桂凤、张丽霞译，人民出版社 2015 年版，第 240 页。

⑦ [美] 菲利普·克莱顿、贾斯汀·海因泽克：《有机马克思主义》，孟献丽、于桂凤、张丽霞译，人民出版社 2015 年版，第 240 页。

公有银行可以为企业提供信贷服务，公有银行是不能转型为商业银行的公共银行，不能从资本中获利。银行很高的"大部分利润上缴中央政府……成为公民社会福利消费的一部分"①。其他一些理论家，如托马斯·韦斯科夫和托尼·安德烈阿尼认为可以对银行业进行渐进改革，"作为以企业为基础的市场社会主义的组成部分"，②但也应以信贷为基础。有人建议把银行置于"国家融资基金的控制之下"，③这是一种间接的中央计划经济。大卫斯·韦卡特主张把银行看作由企业员工、基金管理机构和客户代表共同管理的二级合作社，"与罗默的模式类似，主张银行属于公共机构，成员都为公务员，只对福利感兴趣。"④"只有以这种形式建立的银行，才能推动社会进步。"⑤

（二）生态文明：有机马克思主义的综合解决方案

如何建立一个更加公正的社会呢？让资本家慷慨地支持一种社会主义体制是不可能的，"即将到来的环境灾难"将会提供所需的"催化剂"。⑥科学模型认为，气候变化将不断扩展蔓延，人类所依存的社会和经济结构，最终会崩溃。人类可能会有三种回应方式：其一，面临全球危机时，很有可能发生的情况是，富裕国家将利用其权力、技术和财富保护自己，"边境利用军队和炸弹击退饥饿的数百万环境难民。许多人会死去，许多物种会灭种"。其二，当文明崩溃临近，当权者开始意识到没有奇迹能消除这一灾难，有可能为了这个星球和所有人的利益，运用其财富和影响力，去应对危机。其三，民众看到富人只会保护自己而抛弃其他人，会为了共同的利益行动起

---

① ［美］菲利普·克莱顿、贾斯汀·海因泽克：《有机马克思主义》，孟献丽、于桂凤、张丽霞译，人民出版社 2015 年版，第 240—241 页。

② ［美］菲利普·克莱顿、贾斯汀·海因泽克：《有机马克思主义》，孟献丽、于桂凤、张丽霞译，人民出版社 2015 年版，第 241 页。

③ ［美］菲利普·克莱顿、贾斯汀·海因泽克：《有机马克思主义》，孟献丽、于桂凤、张丽霞译，人民出版社 2015 年版，第 241—242 页。

④ ［美］菲利普·克莱顿、贾斯汀·海因泽克：《有机马克思主义》，孟献丽、于桂凤、张丽霞译，人民出版社 2015 年版，第 243 页。

⑤ ［美］菲利普·克莱顿、贾斯汀·海因泽克：《有机马克思主义》，孟献丽、于桂凤、张丽霞译，人民出版社 2015 年版，第 243 页。

⑥ ［美］菲利普·克莱顿、贾斯汀·海因泽克：《有机马克思主义》，孟献丽、于桂凤、张丽霞译，人民出版社 2015 年版，第 245 页。

来。他们人数众多，力量强大，只要团结一致，就一定改变现行体制。"随着风暴的临近，99% 的贫困者可能成为变革的源泉。"①

马上阻止气候变化、冰川融化、海平面上升、许多物种灭绝和人类伤亡等，"已经为时已晚，但为一种新的文明奠定基础还为时不晚"②。许多人已经认识到现代生活方式的不可持续性，正在崩溃。意识到这一点就意味着需要建立一种新社会，"现在是时候为一种不同的文明奠定基础了"③。

建设性后现代主义，主张"后现代转型"，提出"综合的解决方案"。④"主张建立一种人与人之间和人与自然之间的有机共同体。人与环境的再次和谐融合"⑤，不是一个浪漫的梦想，而是"源于我们人类本性的一个基本渴望。""期望看到一个比现在更美好的世界是我们的本性。"⑥ 一个开放的马克思主义，"其很多具体方面在今天比过去更具说服力。"⑦

第三条道路，"是社会主义和生态原则的融合，与古典马克思主义主张不同的……主张共同体的利益"⑧。"在这个共同体中，以家庭为中心的生产和地方市场高度结合并相互协作，旨在实现整个共同体的利益。"⑨

1. 主张多层共同体经济的混合制。管理混合经济的方法，即"人类和

---

① ［美］菲利普·克莱顿、贾斯汀·海因泽克：《有机马克思主义》，孟献丽、于桂凤、张丽霞译，人民出版社 2015 年版，第 246 页。

② ［美］菲利普·克莱顿、贾斯汀·海因泽克：《有机马克思主义》，孟献丽、于桂凤、张丽霞译，人民出版社 2015 年版，第 247 页。

③ ［美］菲利普·克莱顿、贾斯汀·海因泽克：《有机马克思主义》，孟献丽、于桂凤、张丽霞译，人民出版社 2015 年版，第 248 页。

④ ［美］菲利普·克莱顿、贾斯汀·海因泽克：《有机马克思主义》，孟献丽、于桂凤、张丽霞译，人民出版社 2015 年版，第 250 页。

⑤ ［美］菲利普·克莱顿、贾斯汀·海因泽克：《有机马克思主义》，孟献丽、于桂凤、张丽霞译，人民出版社 2015 年版，第 250 页。

⑥ ［美］菲利普·克莱顿、贾斯汀·海因泽克：《有机马克思主义》，孟献丽、于桂凤、张丽霞译，人民出版社 2015 年版，第 251 页。

⑦ ［美］菲利普·克莱顿、贾斯汀·海因泽克：《有机马克思主义》，孟献丽、于桂凤、张丽霞译，人民出版社 2015 年版，第 252 页。

⑧ ［美］菲利普·克莱顿、贾斯汀·海因泽克：《有机马克思主义》，孟献丽、于桂凤、张丽霞译，人民出版社 2015 年版，第 253 页。

⑨ ［美］菲利普·克莱顿、贾斯汀·海因泽克：《有机马克思主义》，孟献丽、于桂凤、张丽霞译，人民出版社 2015 年版，第 253 页。

非人类、经济和文化、市场导向和政府监管",① 是适应信息经济的要求,"焦点转移到了小规模的共同体、微观经济系统和以承载力为中心的经济规划方面。"②

2. 超越公—私二分法,回归人类历史上典型的传统农村经济形式和小城镇经济形式。不同于以往政治理论在强调私有部分或公有部分的争论,而是强调适应破坏了的星球环境,"探索家庭和地方共同体的结构如何支撑建立本地区的自力更生能力",③"采用人类历史上典型的传统农村经济形式和小城镇经济形式。"④ 这与古典自由主义主张个人利益根本不同。不是对公—私过于苛刻的区分,而是强调"只有整个社会的繁荣昌盛,个体才能茁壮成长。"⑤

3. 超越价值中立的教育。通过教育完美地把私人利益和公共利益融合在一起。"教育的功能在于教给学生与所有生命共生共荣及公正分配资源和机会的知识和价值观。"⑥ 我们的星球需要全球公民,为此,要进行"大学的改革",传播"生态文明的理念"。⑦

4. 生态文明:社会主义原则与具体文化环境的有机融合

克莱顿和海因泽克指出:"有机马克思主义不是浪漫地退回到古代去……也不主张无节制地消费和以个人利益为唯一动机。……我们首先把一

---

① [美] 菲利普·克莱顿、贾斯汀·海因泽克:《有机马克思主义》,孟献丽、于桂凤、张丽霞译,人民出版社 2015 年版,第 254 页。

② [美] 菲利普·克莱顿、贾斯汀·海因泽克:《有机马克思主义》,孟献丽、于桂凤、张丽霞译,人民出版社 2015 年版,第 254 页。

③ [美] 菲利普·克莱顿、贾斯汀·海因泽克:《有机马克思主义》,孟献丽、于桂凤、张丽霞译,人民出版社 2015 年版,第 254—255 页。

④ [美] 菲利普·克莱顿、贾斯汀·海因泽克:《有机马克思主义》,孟献丽、于桂凤、张丽霞译,人民出版社 2015 年版,第 255 页。

⑤ [美] 菲利普·克莱顿、贾斯汀·海因泽克:《有机马克思主义》,孟献丽、于桂凤、张丽霞译,人民出版社 2015 年版,第 256 页。

⑥ [美] 菲利普·克莱顿、贾斯汀·海因泽克:《有机马克思主义》,孟献丽、于桂凤、张丽霞译,人民出版社 2015 年版,第 257 页。

⑦ [美] 菲利普·克莱顿、贾斯汀·海因泽克:《有机马克思主义》,孟献丽、于桂凤、张丽霞译,人民出版社 2015 年版,第 258 页。

系列互补选项缩减至了只有两个相互抵触的对立的选项。"①"重新发现充满活力的、变革性的共同体。"②

有机马克思主义，认识到"导致当前这一困境的原因……是现代资本主义制度。"③ 发达资本主义"国家不想改变世界经济规则"④。"建立了国家货币基金组织、世界银行和其他国际组织，贫穷的国家发现他们越来越受那些强大的国家控制。"⑤ 环境运动不能再局限于象征性的措施，对于一个垂死的星球，这只是几片"创可贴"。"没有什么比文明的变革更充分和足够的了。世界各地的运动领导者正在开始为一种新的生态文明奠定基础，因为他们意识到了人们如何本体化和全球化地思考及组织人类社会等根本变革的必要性。"⑥ 遗憾的是，人们还没有充分认识现代社会、政治和经济原理的问题所在。而马克思为认识这些问题"提供了最有效的工具"，这是"马克思主义分析不可或缺的根本原因"。"但变革的社会主义原则需要融入具体的文化背景中，然后以后资本主义共同体的形式体现出来。出于这个原因，我们使用'有机'这个词作为涵盖性术语来表达正诞生于这个星球的这一文明的主要特征。"⑦ 彻底的社会变革条件在马克思那个时代尚未成熟，而人类文明的第一个全球危机，将成为催生全球性变革的力量。"只有当这个有机运动成为全球性的运动，马克思超越国界的变革梦想才会以最终实现。""这是一个

---

① ［美］菲利普·克莱顿、贾斯汀·海因泽克：《有机马克思主义》，孟献丽、于桂凤、张丽霞译，人民出版社 2015 年版，第 258 页。
② ［美］菲利普·克莱顿、贾斯汀·海因泽克：《有机马克思主义》，孟献丽、于桂凤、张丽霞译，人民出版社 2015 年版，第 258 页。
③ ［美］菲利普·克莱顿、贾斯汀·海因泽克：《有机马克思主义》，孟献丽、于桂凤、张丽霞译，人民出版社 2015 年版，第 260 页。
④ ［美］菲利普·克莱顿、贾斯汀·海因泽克：《有机马克思主义》，孟献丽、于桂凤、张丽霞译，人民出版社 2015 年版，第 260 页。
⑤ ［美］菲利普·克莱顿、贾斯汀·海因泽克：《有机马克思主义》，孟献丽、于桂凤、张丽霞译，人民出版社 2015 年版，第 261 页。
⑥ ［美］菲利普·克莱顿、贾斯汀·海因泽克：《有机马克思主义》，孟献丽、于桂凤、张丽霞译，人民出版社 2015 年版，第 261 页。
⑦ ［美］菲利普·克莱顿、贾斯汀·海因泽克：《有机马克思主义》，孟献丽、于桂凤、张丽霞译，人民出版社 2015 年版，第 262 页。

人类文明形态的新的开端。"① 每一个人、整个社会和国家正在决定自己的选择：要么维护一个垂死的文明，要么建立一个生态文明的新社会。将会做出最大贡献的是能智慧、灵活和克己工作和生活，且把"整个星球的福祉放在第一位的人。"②

① ［美］菲利普·克莱顿、贾斯汀·海因泽克：《有机马克思主义》，孟献丽、于桂凤、张丽霞译，人民出版社 2015 年版，第 262 页。
② ［美］菲利普·克莱顿、贾斯汀·海因泽克：《有机马克思主义》，孟献丽、于桂凤、张丽霞译，人民出版社 2015 年版，第 262 页。

第五章　生态政治学与社会生态学：
生态文明在当代西方深生态实践的两个向度

生态主义（Ecologism），是在生态环保运动、反核武器、和平运动和女性运动的新社会运动基础上形成的、替代资本主义工业文明的生态文明的意识形态。德赖泽克将其称为"绿色激进主义"（green radicalism），并根据其世界观和对现实的态度，将其分为"绿色浪漫主义"和"绿色理性主义"。二者共同点是有机整体论的深生态世界观和对地球生态极限的强调，用的是有机的隐喻；二者的不同点：在世界观上，绿色浪漫主义者，强调从人到生物到生态系统的各个层次的主体性，是盖娅主义的，除了有机隐喻，还有生物的隐喻；而绿色现实主义者，则基于复杂性科学，把自然看成是一生态系统，强调其复杂性，以及人把握生态复杂性和人与自然复杂性作用的生态理性。在改造社会方案上，前者强调生态敏感性（ecological sensibility）的生态主体体验的形成，把对现实工业资本的改造化约为生态文化和生活方式的根本的思想意识革命，具有激进主义的理想主义特征；而后者则强调非暴力的议会民主政治、生态责任的公共政策、基层民主制度，具有现实主义特征。前者包括深生态学（Deep Ecology）、女权主义、生物区域主义、生态公民权观、绿色分子生态文化观、生态神学等流派，后者主要是绿党和社会生态学、环境正义运动、全球正义运动等。①

其实这个二分法分类是有局限性的，如生态神学中的过程神学学派，

---

① 〔澳〕约翰·德赖泽克：《地球政治学：环境话语》，蔺雪春译，山东大学出版社2012年版，第185—228页。

反对深生态学的内在价值平等的泛神论，主张基于主体经验性质不同的主体价值差别论，并主张人有相对高的价值，以及主张生态经济和有机社会主义的生态文明的社会改造方案，并非浪漫主义的。生态主义各派的区别，既是理论焦点的不同①，也是理想与现实的区别，更是生态实践侧重于国家政治还是社会改造的区别。从理论观念的抽象原则和理想信念，到现实的具体实践，难免要适应西方议会民主的现实政治环境，因而必然发生若干非原则性或原则性的改良主义的适应性变化；而理论关注焦点不同，则决定着现实实践的不同导向。本章将生态文明在当代西方深生态实践，分为生态政治学和社会生态学两个向度，既是理论的，也是实践的：前者主要是绿党的生态政治学的意识形态及其实践，后者是生态社会学运动、生态女权主义、生态正义运动等理论和实践。

欧洲绿党主流生态政治学理论原则，主要有四个内容：生态系统网络论；非暴力议会民主政治和生态公共政策以及基层民主体制；欧洲绿党非主流的理想主义生态政治原则还有分散化原则、后父权主义原则和精神原则；美国绿党又加上了权力下放、社群为本的经济、女性主义、尊重多样性、个人与全球责任、注重未来（或称可持续性）原则，共十大价值；绿党生态政治学解决生态危机的实践方案，正如佩珀所说，乃介于福利自由主义和民主社会主义两种类型之间。21世纪初绿党成为在野党后，进行政党改革，从理想主义的"抗议党"转型为现实主义的"执政党"，如卢茨所说，其生态发展模式，也变得与民主社会主义的生态现代化道路趋同。大部分生态政治学理论，都质疑国家解决生态难题的能力；绿党的生态政治实践也只是通过议会选举成为执政党后推行一定程度的绿色政策；而部分生态政治理论学者，则提出不同于"生态现代化"的"弱势"绿色国家方案，基于生态民主的"强势"绿色国家的思路。

社会生态学理论及其实践方案，主要是把生态危机根源理解为社会等级制的社会正义论，以及社会改造的共同体主义方案；这种思想和实践方案如佩珀所说，与保守主义有渊源关系，是绿色无政府主义的，反映了资本主

---

① 在第三章我们根据其理论侧重点，将其分为生态存在论、生态伦理哲学、生态社会哲学和过程神学的生态文明综合派四个流派。

义社会无权的小资产阶级、中产阶级的思想，有的具有极端自由主义和小商业资本主义倾向，有的具有社群主义思想倾向。

第一节　政治生态学与生态发展：当代西方绿色运动和绿党的生态政治理论及其实践

从生态理论到生态政治实践，是从理论到现实的发展过程，经历了生态思想、生态运动和绿色政党政治既有区别又有联系的三个阶段；而绿色政党政治又经过了体制外抗议、议会党和执政党三个阶段和三种状态。有机整体论的深生态思想的源头，最早可追溯到亚里士多德，其近代源头可追溯到18世纪的吉尔伯特·怀特的有机田园主义和卡罗勒斯·林奈的自然经济系统说，正式命名的生态思想源头，可追溯到19世纪中期由海克尔发端到20世纪系统化的生物群落论和生态系统论的生态科学思想。而系统的深生态思想和绿党则是在20世纪60年代末到70年代初，在生态危机的历史条件下，从环保运动、女权运动等新社会运动即广义的绿色运动中先后诞生的。深生态思想和绿党产生的直接现实基础都是绿色社会运动，绿党的思想理论基础是深生态思想或生态主义，其生态思想的表现形态是政治生态学或生态政治学，其现实的实践模式是生态发展观。

一、生态政治学的形成：生态主义理想与西方议会政党政治现实的冲突与适应

绿党是广义的绿色运动的组成部分，是深生态思想适应西方社会政治环境的产物，也是20世纪60—70年代晚期资本主义包括生态危机的全面危机的产物。克里斯托弗·卢茨认为绿党是广义绿色运动的组成部分："绿党不是简单、直接地从环境运动中成长起来的，它们被普遍认为是一个更广泛的绿色运动的一部分。而且，绿党进入越来越多各级政府的事实更多地要归因于环境运动的现实力量和大众影响，而不是绿党自身一般边缘化的选举成效。"①

---

① ［英］克里斯托弗·卢茨：《西方环境运动：地方、国家和全球向度》，徐凯译，山东大学出版社2005年版，第1页。

他还将环境运动定义为由大众和组织组成、参加集体行动、追求环境利益的广泛网路，其组织形式既有高度组织化、制度化的，又有非常激进和非正式的。①

广义绿色运动的兴起，首先，与环境问题发展为环境危机，二战后到20世纪60年代，发生"八大环境事件"，环境危机及其引发的20世纪70年代初的环境运动，导致环境保护和生态主义思想广泛传播。

其次，20世纪60年代激进主义思潮兴起。20世纪60年代，在中国反帝反霸国际战略思想影响下，以及受世界激进主义思潮兴起的大气候影响，西欧和北美发生了以反对越南战争为导火线的学生运动以及女权运动。

第三，是福利资本主义危机，二战后福利国家成为西方各国政党的政治目标，一段时间资本主义固有矛盾似乎消失了。进入70年代，凯恩斯主义失灵，发生失业、通货膨胀和经济停滞的"滞胀"现象，福利国家幻想破灭。

第四，在冷战的背景下，国际上美苏在核武和空间领域争霸空前激烈，核战争导致人类毁灭的阴影密布。在这种形势下发生了20世纪70年代到80年代初以绿党为首的生态运动、环保运动、和平运动、女权运动的广义绿色运动。

第五，在政治文化上，与西方同时发生了由物质主义向后物质主义（post-materialism）转型有关。裴迪南·穆勒－罗密尔指出，大多数欧洲国家广义的绿色运动形成于20世纪后25年，这正是"发达工业社会经历着后物质主义价值转向的时候，它们的政治议程日益受到'新政治'相关议题和不断扩张的参与抗议行动趋势的影响。……抗议行动则围绕着城市更新计划、新高速公路或核电站建设等展开。深受核能和北约关于中程核力量双重决定以及在部署巡航导弹的争论的影响，绿党则在20世纪80年代初开始被创建。1980—1984年间，12个西欧国家建立了绿党。到80年代后期，这些政党已经获得了重要的选举与议会成功。几年后绿党已经进入了包括3个主要的强国（法国、德国和意大利）的5个欧洲国家的全国性

---

① ［英］克里斯托弗·卢茨：《西方环境运动：地方、国家和全球向度》，徐凯译，山东大学出版社2005年版，第2页。

政府。"①

世界最早的绿党是 1972 年 3 月在澳大利亚塔斯马尼亚州成立的联合塔斯马尼亚组（United Tasmania Group）。而同年 12 月成立的新西兰价值党，是世界第一个全国性规模的绿党，并系统阐述了政治生态学的思想。1973 年欧洲产生第一个绿党，名为"人民党"的英国绿党。1979 年德国建立绿党，是欧洲第一个正式意义的绿党，主张保护环境，反核，反战，反美驻军。东西德合并后的第二年，东德和平主义者与绿党联盟发展为今天的德国绿党。"拥护和平，保护环境"是绿党的两个不变的诉求，得到了人们特别是青年的支持。在广泛的社会影响的基础上，到 20 世纪 90 年代末欧洲绿党增加到 43 个，其中大部分进入欧洲议会，其中 5 个还成为执政党。1999 年，绿党占欧洲议会 626 个席位的 47 席，在欧洲 17 个国家的议会中产生 206 名绿党议员。2004 年 2 月 22 日，32 个绿党组织在罗马签署欧洲绿党（EGP）成立宣言，同时参加 2004 年欧洲议会选举，成为欧洲议会党团仅次于欧洲社会党团和欧洲人民党团的第三大政治力量。随着气候问题的日益凸显，气候和环境保护成为 2019 年欧洲议会选举的主题。绿党选举的口号是"欧洲选举，是气候的选举"。2019 年 5 月 27 日欧洲议会选举结果显示，绿党（Greens/EFA）获得欧洲议会 751 个席位中的 74 席，占 9.9%，比上次选举增加 21 席，取得了选举的胜利。

20 世纪 90 年代，绿党通过网络和集会，联系日益紧密，形成全球性网络，到 20 世纪 90 年代绿党就成为全球性的政治现象：1990 年建立绿党全球网络；1992 年 5 月 30 日，绿党在里约热内卢举行第一次全球集会并成立绿党指导委员会。1993 年该委员会决定建立全球绿党网络。1996 年全球绿党发表声明抗议法国在南太平洋的核试验，是绿党第一次全球性声明。1997 年就《京都协议》发表声明。2001 年通过《全球绿党章程》，决定建立全球绿党网络（GGN）。目前形成美洲、欧洲、亚洲和大洋洲联盟，成为一种世界性政治和社会现象。

绿党在各国由体制外迅速进入体制内，并成为执政党，与绿色社会运

① ［德］裴迪南·穆勒–罗密尔：《欧洲执政绿党》（第 2 版），郇庆治译，山东大学出版社 2012 年版，第 1 页。

动具有广泛的社会影响力直接相关：在生态危机的氛围下，"生态卫士"成为西方年轻人心目中的英雄。反对破坏环境的道路、机场和废物处理设备的行动动员，提高了这些项目的成本，迫使现有的政策进行重新评估。全球非政府组织试图影响全球环境政策难题形成与落实，与各国代表对话，空前提高了其社会地位。绿色社会组织和绿党的广泛社会影响力，使其由体制外的抗议者变为体制内的参与者，最终有机会成为西方竞选的政党政治的执政党。

郁庆治认为，"绿党是绿色运动团体借助现存政治手段特别是议会制民主以实现自己的理论信念与运动目标的政党化努力。"① 绿党的形成既是资本主义矛盾激化后绿色社会运动的结果，也是西方议会民主政治环境的产物。绿党，从早期体制外抗议活动，到通过非暴力的议会选举，成为议会党，再成为执政党，其生态主义思想的理想主义激进特征，与议会选举政治和政党政治的现实形成张力。这种张力内化为绿党内部理想主义与现实主义的分歧、斗争与妥协，最终形成"生态政治学"或绿色政治学的理论表现形态。郁庆治认为，"绿党虽然确实已经发展为一种世界性政党，但绿党政治首先是而且依然主要是一种欧洲现象。"② 德国绿党是欧洲绿党的母亲党，其他欧洲绿党都采取德国绿党的葵花标志。德国绿党的发展过程和意识形态形成过程中，理想主义与现实主义的冲突是一个典型的例证。德国绿党由一个社会运动的草根组织，变成议会外的抗议党，再于 1998 年变成全国执政党，经历了理想主义到现实主义的演化过程。

联邦德国最初的新社会运动，是由几种自发的社会运动组成的。"其中公民创议运动，是 20 世纪 60 年代末发展起来的地方性和行业性组织。"③ 关注交通、环保和城市建设，其成员以聚会讨论、示威游行和静坐示威等方式，参与活动，以影响公共政策。到 70 年代中期发展为 1 万多个组织，其中 3000 多个与环境保护有关。从 1977—1978 年经历两次大规模反对核电厂设立行动后，发展为全国联盟。"生态运动最初其实也是公民创议运动的一

---

① 郁庆治：《欧洲绿党研究》，山东人民出版社 2000 年版，第 1 页。

② 郁庆治：《欧洲绿党研究》，山东人民出版社 2000 年版，第 3 页。

③ 王芝茂、王筱宇：《新社会运动与德国绿党的形成》，《江南大学学报》2006 年第 5 期，第 15 页。

种表现形式。"①"德国市民生态组织联盟""环境保护""未来绿色行动"等等，到 20 世纪 70 年代以反核运动实现全国性联盟。反战和平运动发生于冷战背景。联邦德国夹在冷战两大阵营之间，因而成为和平运动主要发源地和场所。1980 年 150 万人签字的呼吁书，要求联邦德国政府撤回支持在西欧部署美国中程导弹计划的决定。1983 年议会通过中程导弹的决议后，发生了 300 万人的游行示威。和平运动是所有新社会运动的大联合。新女权运动是 20 世纪 60 年代中期发生的新社会运动，以激进女权主义为代表，首先发生于美国，影响了联邦德国，要求进行以家庭制度（男权制）为核心的全方位的社会变革，到 20 世纪 80 年代酝酿出生态女权主义的流派。从新社会运动到绿党建立，经历了基层组织建立、全国性联盟建立和正式建立的三阶段。1977 年两次反核运动后，生态环保团体和反核团体开始酝酿建立政党，参与地方选举。其中不来梅市突破 5% 议会门槛，成为第一个进入州议会的绿色地方组织。1979 年 3 月绿色团体在法兰克福成立"绿色政治协会"，"标志地方性的绿党的全国性联盟的成立。"②1979 年，北约决定将潘兴 2 核弹部署在联邦德国的卡尔斯鲁厄县（Karlsruhe Landkreis）的菲利普斯堡（Philippsburg），同时核电厂也建成并网，这受到联邦德国环保运动和新社会运动者的反对，1980 年 1 月，他们在卡尔斯鲁厄成立绿党（Die Grünen）。同年 3 月绿党在萨尔布吕肯举行第二次党代会，通过 46 页的党纲。同年 7 月，"绿党代表们……决定参加 10 月联邦议院选举。至此，新社会运动……开始走上政党化的道路。"③

绿党来源于新社会运动，其组成成员在各行各业，从意识形态上看，有激进主义者，也有改良主义者。各派关注的议题，有生态保护、和平主义和妇女解放等。即使同一运动内部，如生态运动团体也分歧很大，"我们经常听到一个笑话是：'有两个绿党成员，就会有两种意见'。"④ 从优先关注的理想目标看，主要有：

---

① 王芝茂：《德国绿党的发展与政策》，中央编译出版社 2009 年版，第 16 页。
② 王芝茂：《德国绿党的发展与政策》，中央编译出版社 2009 年版，第 19 页。
③ 王芝茂：《德国绿党的发展与政策》，中央编译出版社 2009 年版，第 20 页。
④ ［美］弗·卡普拉、查·斯普雷纳克：《绿色政治——全球的希望》，石音译，东方出版社 1988 年版，第 53 页。

其一，整体主义理想派。他们主张建立有机思维方式和存在方式为基础发展的新社会，"他们希望人们超越过去 300 多年来一直支配着西方的思维活动的机械世界观，比较全面地认识到地球上生活的微妙关系和动态变化。他们提倡与自然、与个人、与集团以及与其他国家之间的交往，都采用比较明智的后家长制的方式。除了研究经济应该如何生产以及生产多少外，他们还分析应该生产什么，有时候，人们称这些人为'绿党道德派'或'意识形态派'；他们关心的是内在发展以及某种全面的政治活动"。①

其二，关心环境保护和利用生态技术的生态发展的绿色派，这一派又分传统价值观念派和生态改良主义派。"'绿党绿色派'奋斗的重点，主要是保护自然界免受有毒废物、放射性物质、空气污染以及其他公害的影响，同时促进'生态发展'……这个群体包括'价值观念保守派'……坚持维护传统的价值观念；……在这个群体内还有'生态改良主义者'，他们具有自由主义者的经历。"② 价值观念保守派在绿党内发挥着独特作用："自诩为后马克思主义的绿党经济学家约希姆·米勒，也谈过左派的贡献，不过他同时还指出了价值观念保守派的必不可少的作用：'在没有价值观念保守派保护的情况下，如果你想要在西德建立起某种新的东西，那么，不公平待遇以及镇压性行动，很快就会出现。'……我们的成功就在于这种结合，这种一体化。"③

其三，和平运动派。"绿党和平运动派主要集中精力于争取公众对绿党和平纲领的支持……这些人中的许多人，都是由于反导弹运动而加入绿党的。……然而绿党的和平目标已经远远超过这个问题的范围，他们还包括：解散集团的思想，阻止进入军国化的阶段，社会防务，以及区域化的全球共同体。"④

---

① [美] 弗·卡普拉、查·斯普雷纳克：《绿色政治——全球的希望》，石音译，东方出版社 1988 年版，第 16 页。

② [美] 弗·卡普拉、查·斯普雷纳克：《绿色政治——全球的希望》，石音译，东方出版社 1988 年版，第 16 页。

③ [美] 弗·卡普拉、查·斯普雷纳克：《绿色政治——全球的希望》，石音译，东方出版社 1988 年版，第 44 页。

④ [美] 弗·卡普拉、查·斯普雷纳克：《绿色政治——全球的希望》，石音译，东方出版社 1988 年版，第 17 页。

　　其四，马克思主义的激进左派。"绿党激进左派或以马克思主义为指南派，是那些脱离各种共产主义集团后而进入绿党的人。……许多左派工会成员拒绝这些'绿党的红派'成员"，① 因为他们强调生态平衡，以阶级斗争和无限经济增长为代表，但左派反对绿党内主流的非暴力原则。

　　从理想和现实的认识差异看，又分激进派和现实派："激进派又叫原教旨主义，以……凯莉为代表。对传统政党政治采取一种反对和排斥的态度；……现实派的代表人物主要是在选举中当权的各级议员，其中最著名的是约施卡·费舍尔和奥托·席利等。他们认为，绿党要在现实政治生活中真正发挥作用，实现自己的社会改革目标，只能在现实政治的框架内通过议会道路才有可能。"②

　　凯莉 1947 年出生于德国，她的妹妹因患癌症死亡，她认为是过量使用放射性物质的缘故，因而她创立癌症研究联合会。后到华盛顿大学学习，参加马丁·路德·金领导的种族平等运动，1970 年回欧洲后参加发展运动，并受女权运动影响，担任欧共体欧洲保健和社会政策行政主管，后参与绿党，被选为联邦议员。有人认为她具有狂热的天主教信条。绿党全国执行委员会一个委员认为，"在党的形成阶段，佩特拉·克吕（凯莉）是非常重要的，因为，对于创造一种稳定性和在公众中确立新的思想，具有非凡能力的个人性格是必不可少的，然而这种作用已经再也不需要了。"③

　　德国绿党创立之初的大多数成员是二战后 15 年期间出生的，20 世纪 60 年代反抗其容忍第三帝国的父母，形成了批判主义精神。他们参加 20 世纪 60 年代的激进学生运动和反越战运动，受马克思主义和绿色激进主义的影响，20 世纪 70 年代罗马俱乐部出版的《增长的极限》、赫伯特·格鲁尔的《被掠夺的星球》（他本人成为绿党的创始人之一）、E.F. 舒马赫的《小即为美：对经济学的估价》和欧内斯特卡伦巴赫的小说《生态乌托邦》，影响了 20 世纪 70—80 年代德国一代青年，形成了生态主义的思想。赫伯特·格

①　[美] 弗·卡普拉、查·斯普雷纳克：《绿色政治——全球的希望》，石音译，东方出版社 1988 年版，第 18 页。

②　王芝茂：《德国绿党的发展与政策》，中央编译出版社 2009 年版，第 22 页。

③　[美] 弗·卡普拉、查·斯普雷纳克：《绿色政治——全球的希望》，石音译，东方出版社 1988 年版，第 26 页。

鲁尔的《被掠夺的星球》的作者本人成为绿党的创始人之一。他组织了自己绿色组织"未来绿色行动",提出了"我们既非左派,也不是右派,我们站在正前方"的口号。"具有左派经历的多数绿党新成员,都是在上大学的年代接触马克思主义的……他们逐步认识到,他们的政治活动忽略了生态学、女权运动以及其他社会运动所提出的许多重要而迫切的问题。"① 他们是受马克思主义的影响的、具有理想主义的激进色彩的生态主义者。"绿党党内的派别之争导致了组织分裂和退党现象的出现。……在绿党党内有声望的奥托·席利 1989 年也退出绿党。"②

新社会运动传统对绿党的影响,使绿党纲领较为激进。在 1980 年绿党成立大会上,因与会各派政治理念不同而迟迟无法达成共识,不得不多次采取让钟表停走而延长会议时间。"只是到几乎最后一刻才协调出各派接受的绿党的思想政治原则:生态学、基层民主、社会正义和非暴力。"③ 但如何理解这些原则,发生进一步深刻的争论。争论主要发生在"主导党内派别都在主导党内派别斗争方向的激进派和现实派之间。……与继承新社会运动的理想主义特征相联系,在绿党建立前十年时间里,激进派始终占据党内的统治地位。"④ 在建党思想上,德国绿党二大通过的党纲宣称,绿党是"'在基层民主和……非集中化基础上建立一种新型的政党机构'……突出了反政府的党的个性并以此获得大多数人的共识。"⑤1990 年当德国举国上下讨论德国统一的时候,绿党为"1990 年的竞选口号是'所有人都在谈论一个德国,我们讨论的却是气候问题。'"⑥ 结果选举民意调查,66% 反对绿党这一立场。"在统一后第一次全国大选绿党没有越过 5% 的门槛而失去获得联邦议会会议席的资格。"⑦

20 世纪 90 年代中期以后,德国绿党内的激进主义有所削弱,但理想主义并未消失,表现在 20 世纪 90 年代末绿党反对德国驻军科索沃和阿富汗。

① [美] 弗·卡普拉、查·斯普雷纳克:《绿色政治——全球的希望》,石音译,东方出版社 1988 年版,第 41—42 页。
② 王芝茂:《德国绿党的发展与政策》,中央编译出版社 2009 年版,第 22 页。
③ 王芝茂:《德国绿党的发展与政策》,中央编译出版社 2009 年版,第 23 页。
④ 王芝茂:《德国绿党的发展与政策》,中央编译出版社 2009 年版,第 23 页。
⑤ 王芝茂:《德国绿党的发展与政策》,中央编译出版社 2009 年版,第 23 页。
⑥ 王芝茂:《德国绿党的发展与政策》,中央编译出版社 2009 年版,第 24 页。
⑦ 王芝茂:《德国绿党的发展与政策》,中央编译出版社 2009 年版,第 24 页。

20 世纪 90 年代以后德国绿党在组织和纲领上不断调整，向议会党转型，"在该党初期阶段，激进的左派和绿党其余部分之间的对抗是相当激烈的，以致当我们问到目前的派别时，许多绿党成员都大笑不止：'现在已经不存在堪与那个时候相比的派别了。'左派最终在这个党内找到了自己的位置。"① 最终在 1998 年大选中获胜，随后与社会民主党合作执政 7 年。

就全球范围来看，整体论的生态主义的理想主义者，德赖泽克称之为"绿色浪漫主义"。按照布赖恩·巴克斯特的观点，生态主义有三个主题：对非人类世界的道德关怀，人类与地球生物圈的物质、文化和精神的相互联系以及生态系统的极限性。② 安德鲁布赖恩·多布森（Andrew Dobson）在《绿色政治思想》系统阐述生态主义政治，认为生态主义是一种生态中心主义的意识形态。③ 生态主义者布赖恩·巴克斯特认为道德约束比物质约束更强有力，生态主义的要旨是对其他生物进行道德关怀（moral considerability），因而相对于环境其他问题，他更关心"生物多样性的丧失"，寻找一种在人类与非人类存在物之间正义问题的政治哲学，而不是花大力气预言生态危机。从久远的激进思想传统而言，继承了浪漫主义审美体验的传统，发展了被早期浪漫主义拒绝的启蒙理性的批判传统，形成有机整体论的批判立场，强调改造世界首先是改造人们的精神意识，把政治、经济和社会结构的转变，化约为精神意识和生活方式的改变，一是形成整体主义的泛神论的体验世界的方式，强调生态极限，强调身心内部自然和外部生态自然的统一，反对经济理性主义的工具算计，女权主义还加上反对父权制；一是培育生态敏感性（ecological sensibility）和生态主体性，其中"生物区域主义"（Bioregionalism）和"生态共同体主义"（Eco—communalism），主张全新的区域生态公民权的意识，而生态女权主义主张回到母权制社会，"地球第一"主张回到更新世，生态神学主张继承传统和现代性机械性创造性综合。认为主体性不仅限于人类，自然也蕴含着意义和目的，个别动物、物种、生态系

① ［美］弗·卡普拉、查·斯普雷纳克：《绿色政治——全球的希望》，石音译，东方出版社 1988 年版，第 43 页。

② ［英］布赖恩·巴克斯特：《生态主义导论》，曾建平译，重庆出版社 2007 年版，第 6—8 页。

③ ［英］安德鲁·多布森：《绿色政治思想》，郇庆治译，山东大学出版社 2005 年版，第 6 页。

统甚至整个行星，都具有主体能动性。拉夫洛克的盖娅假说，强调生物圈作为整体活动，被绿色活动分子广泛接受。对自然采取生物的有机隐喻，如深生态学主张体验世界的主体性，要求对黑熊开放，与黑熊亲密无间。女权主义认为动物解放关键是像小鸡那样思考，深生态伦理学要像大山一样思考。德赖泽克认为，"绿色意识转变的主要影响到目前为止只是在改变消费者行为的层次上。"① 如垃圾分类以重复利用；查看超市货架产品标签，以避免使用破坏臭氧层的化学品和转基因食品；用食品废料和花园垃圾堆肥；迫使麦当劳等停用聚苯乙烯泡沫塑料包装，等等。"多少有点讽刺意味的是，绿色文化转变为（改良主义）生态现代化提供有用且可能未曾料想到的支持。生态现代化所要求消费者的正是依此行动。人们还没有做到的事情——除极少数人外，是采纳生态学家、生态女权主义者生物区域主义者或者生态神学家所寻求的那种生态意识。相关团体是非常小的，而且不太会引起更大范围公众的关注。这些团体最著名的可能是 1980 年成立的'地球第一！'。它的出名不是因为它的深生态哲学，而是由于其成员的英勇举动。"②

德赖泽克认为，绿色敏感性的提高，可以保持人与自然的和谐，但这不是如何根本改变的方法，应有"一种有关转型的理论，而几乎肯定需要集体层面的某种政治计划与行动。这里的问题是，社会、政治和经济结构不只是一种社会大众或精英态度的反思问题，况且因此而改变的感知也并不必然导致结构性改变。"③"社会的和社会—结构的现象不可化约为简单的个体心理。因此，即使发生了沿着绿色人士所探寻的路线的大规模的个体转化，在宏观层次上也完全可能不会有什么改变。"④ 在古代佛教、道教和印度教社会里，普遍的环境敏感性与专制反环境的社会、政治和经济系统并存。宏观转变不是微观转型的简单的体现。关键是把个体的生态敏感，聚集演变为宏观

① ［澳］约翰·德赖泽克：《地球政治学：环境话语》，蔺雪春译，山东大学出版社2012年版，第198页。
② ［澳］约翰·德赖泽克：《地球政治学：环境话语》，蔺雪春译，山东大学出版社2012年版，第198—199页。
③ ［澳］约翰·德赖泽克：《地球政治学：环境话语》，蔺雪春译，山东大学出版社2012年版，第201页。
④ ［澳］约翰·德赖泽克：《地球政治学：环境话语》，蔺雪春译，山东大学出版社2012年版，第201页。

层次的结果。歧视新党派的选举体系，鼓励并强化物质主义的自私自利的市场体系，使个体隔离并使其关切私人化的社会结构，难以满足的就业机构，"通过使人们太劳累没有时间参加政治活动，从而让妇女待在家里或强化私人化的家庭结构。最重要的结构性限制存在于全球资本主义的政治经济联系，它比以往任何时候都更强大。这种政治经济不仅制约着结构和制度，而且还制约着身份、主体性和话语。"①

　　而绿色现实主义者，德赖泽克称之为"绿色理性主义"。他们从工业主义世界观占压倒优势的现实出发，理解"生态事物的复杂性"②。他们致力于实现社会结构、制度和意识形态变革的政治改变，主要有绿党的政治生态学、生态无政府主义的社会生态学运动以及美国的环境正义运动、全球穷人的环境正义运动、反全球化运动、动物解放运动，开始被德赖泽克称之为"生态理性主义"。③这类通过政治行动，来解决社会和生态危机的替代方案，既强调生态极限，又强调生态系统的复杂性，"这种生态系统的健康则要求人类改变他们的习惯。但是，必要的改变并不单纯是文化层面上的。绿色政治强调反思和推理。但这并不意味着，人类必须只关注他们自己直接的物质利益的极端和推理。人类的视野能够并且应该更为广阔。与一种更加文化的路径相比，社会的、政治的和经济的结构被认为具有重要影响，而且这种影响不能简约为存在于个体之内的感知。"④在人与自然的关系上，绿色政治，尽管强调平等主义，但也强调平等的政治结构制约的经济领域的竞争性关系。政治主体，被授予了多种主体，不仅有个体，还有集体，包括运动、政党和个人，而忽视自然中的主体。尽管强调自然的有机隐喻，但也强调人与自然互动形成一种生态理性，社会系统也具有学习能力。超越工业秩序，不是回到伊甸园，而是社会进步模式。

---

①　[澳]约翰·德赖泽克：《地球政治学：环境话语》，蔺雪春译，山东大学出版社2012年版，第201页。

②　[澳]约翰·德赖泽克：《地球政治学：环境话语》，蔺雪春译，山东大学出版社2012年版，第200页。

③　德赖泽克的《地球政治学：环境话语》再版修订后，取消了"绿色理性主义"这个说法。

④　[澳]约翰·德赖泽克：《地球政治学：环境话语》，蔺雪春译，山东大学出版社2012年版，第218—219页。

　　绿党的现实主义主流的政治生态学，在生态实践的侧重点上，侧重于国家政治，即议会民主政治，既与绿党内的整体论的理想主义者相区别，也区别于具有无政府主义倾向的社会生态学运动、生态正义运动等。戴维·佩珀称绿党现实主义主流为"主流绿色分子"，既包括如"地球之友""绿色和平"等团体活动家，赞同在一个多元主义民主制的自由主义假定基础上的压力集团相结合的生态文化变革方法，也构成了主张绿色经济思想的绿党大多数人，他们自称非左非右、"面向正前方的"或"超越传统政治的"，但"当他们开始谈论我们应当面对生态危机做什么时，绿色分子的确诉求于'旧'政治。这些人看起来徘徊于福利自由主义（A）和民主社会主义（B）两种类型之间。"他们认为社会变革必须从个人开始，也需要经济结构的改变，"他们并不完全拒绝资本主义——实际上他们至少对资本主义的小规模版本充满热情（A），但他们需要把社会动机和环境质量视为高于利润动机标准（B）。在促进个人自由责任方面（A），国家具有一个积极作用（B）。他们对国家的不情愿接受（以及绿党支持议会政治的态度）构成了不同于生态无政府主义的一个显著特征。对自然规律和生态原则的尊崇，使主流绿色分子从'忠诚的'自由主义和社会主义中区分出来。自然可能是社会法则的源泉（A），但对许多人来说，社会公正原则才是重要的（B）。……民主和自由（A）是主流绿色意识形态的基石——民主将被扩展到所有的物种上。但是他们强调共同体的重要性（B）。"①

二、生态政治学的内涵：从欧洲绿党的七大原则到美国绿党的十大价值
（一）欧洲德国绿党的七大原则

　　作为欧洲绿党的母亲党，德国绿党早期的纲领提出区别于服务于经济效益的片面政治学的绿色政治学"完整理论"及其四个基本原则："生态学、社会责任感、基层民主以及非暴力。"②

　　德国绿党的早期纲领，指出以现代工业无限增长为目标的传统政治，

① ［英］戴维·佩珀：《生态社会主义：从深生态学到社会正义》第2版，刘颖译，山东大学出版社2012年版，第60页。
② ［美］弗·卡普拉、查·斯普雷纳克：《绿色政治——全球的希望》，石音译，东方出版社1988年版，第58页。

将导向无希望的核战争和生态危机：传统政治相信在"有限的星球上"，"工业生产的无限增长是可能的"，"世界范围内的生态危机一天比一天恶化……人类在一个成熟的消费社会中，正濒临精神和理智崩溃的边缘。"[1] 绿党党纲提出生态政治学的 4 项原则，另外其他一些绿党党员认为还有 3 项原则：分散化原则、后父权制原则和生态精神原则。

1. 生态学原则

作为绿党 4 根支柱的"生态学原则"具有多重含义。卡普拉等认为，所有这些含义都可以根据"深生态学"去理解，"这个概念也已经充满了最近几年美国的生态哲学和能动主义。"[2] 深生态学不同于保护和修护环境的环境保护论目标，"而把自然界看成是相互联系着的那些过程的特殊网络"。[3] 深生态学贯穿于人类政治活动、经济活动，以及社会制度、教育制度、健康保健以及文化生活和我们的精神。绿党生态学经常使用的一个术语是"网络系统"。

首先，把自然界看成是一个不分主次的多层次生态网络系统。用系统的观点看世界，强调有机组成原则。从最小的细菌，到动植物，再到人类，都是一个统一的整体。人体也是由细胞组成的生态网络系统。绿党生态学，还具有"社会生态学"的含义，"把社会结构和人类的相互作用，看作是各种动态系统的一个复杂的网络。"[4] 绿党的宣传资料和成员经常用的概念，不是系统理论，而是"网络系统科学"或"网络系统思想"。绿党 3 位发言人之一，哲学教授曼农·马伦 - 格里泽巴赫，运用绿色政治理论撰写了《绿党的哲学》一书（1982），指出"生态学"是绿色哲学的可靠基础，之所以不用"系统"而用"网络系统科学"或"网络系统思想"，在于"系统思想"的概念往往与封闭的事物和某种独立学说有关。而把有机物和无机物统一在

---

[1] ［美］弗·卡普拉、查·斯普雷纳克：《绿色政治——全球的希望》，石音译，东方出版社 1988 年版，第 58 页。

[2] ［美］弗·卡普拉、查·斯普雷纳克：《绿色政治——全球的希望》，石音译，东方出版社 1988 年版，第 58 页。

[3] ［美］弗·卡普拉、查·斯普雷纳克：《绿色政治——全球的希望》，石音译，东方出版社 1988 年版，第 58 页。

[4] ［美］弗·卡普拉、查·斯普雷纳克：《绿色政治——全球的希望》，石音译，东方出版社 1988 年版，第 60 页。

一起的生态网络系统，"不分主与次。绿色政治学必须揭露建立的等级结构的倾向"，① 社会问题、生态问题和经济问题和基层民主，相互交织在一起，不分第一第二。早期德国绿党的纲领号召人类找到自己在生态系统的位置："人及我们的环境是自然界的一部分；人的生活也包含在生态系统的生活循环之中。……生态政治学表示彻底否定剥削经济，否定对自然资源和原料的掠夺，以及破坏性地干预自然界家庭的循环。"②

其次，从自然生态系统引出"软"技术：生态学认为，自然界不是一个静态的结构，而是"一些基本过程和自然界连续不断的动态变化的表现形式。"③ 绿党从生态系统吸收的教益是，"相互关联和不断的发展过程。他们支持'软'能源生产（例如太阳能），它是以太阳、水、风以及河流的循环而进行的；他们主张发展那种反映我们与地球的相互依赖的适当的技术；他们提倡增加土壤和利用自然手段控制有害植物的再生产农业。总之，绿党阻止我们对自然'资源'的破坏，阻止我们由于倾倒有毒废物而毒化生物圈，避免所谓可以接受的水平上的放射性爆炸和空气污染的积累。"④

其三，绿党采取一系列保护环境的动议。绿党针对酸雨国际化，号召采取国际合作行动。1983 年德国绿党联邦竞选，重点口号是阻止酸雨形成。黑森林是在接近捷克和东德边界地区，因酸雨造成"森林死亡"地区。东西德、法国、比利时、荷兰、捷克斯洛伐克和波兰是酸雨的主要输出国，主要输送到奥地利和斯堪的纳维亚半岛。德国绿党号召采取国际行动，1983 年绿党议员在联邦议院提出减少泄露二氧化硫的计划，没有被通过。不过德国科尔政府通过自 1985 年开始使用无铅汽油的政策条款。地方一级的绿党组织还对工厂泄露标准进行检查，某些绿党组织还提出制定当地法令的动议。在纽伦堡市议会，绿党的一条建议使该市成为制定限制动力工厂泄露标准的

---

① ［美］弗·卡普拉、查·斯普雷纳克：《绿色政治——全球的希望》，石音译，东方出版社 1988 年版，第 62 页。

② ［美］弗·卡普拉、查·斯普雷纳克：《绿色政治——全球的希望》，石音译，东方出版社 1988 年版，第 63 页。

③ ［美］弗·卡普拉、查·斯普雷纳克：《绿色政治——全球的希望》，石音译，东方出版社 1988 年版，第 59 页。

④ ［美］弗·卡普拉、查·斯普雷纳克：《绿色政治——全球的希望》，石音译，东方出版社 1988 年版，第 59 页。

第一个城市。绿党议员还就化武储存合法性进行质询。绿党还提倡保护农民。绿党各级组织还为模范生态村划拨部分基金，等等。

2. 社会责任感

多数绿党成员将社会责任感理解为社会正义，是"不会由于按照生态学要求去重建经济的消费社会的纲领，而使穷人和工人阶级受到损害。"[①] 它始于俾斯麦政府家长式的社会责任感。第一次世界大战后，德国社会民主党人为了防止俄国革命的传播，促进制定了一项社会立法，以避免战后激进革命的发生，由此形成了共同体之间、公会之间以及工业之间的一种社会契约的概念，把许多社会问题都纳入这一概念。二战后的西德，"'社会'的概念指的是支持工人以利益或适当安排的那些公司的实践……还说明一种法律：除饭店以外的所有商店和企业，平时都必须晚上 6 点钟关门，整个星期日不营业。"[②]

而绿党激进左派则把社会理解为马克思主义的社会主义。在 1979 年的奥芬巴赫预备会议上就此发生争论，多数人主张，既不是维持资本主义现状，也不是社会主义原则，而是一些能够实现的改良主义的原则。而激进左派坚持社会主义原则，还坚持反对非暴力原则。这导致了会议的推迟。后来奥古斯特·豪斯莱特回忆说："会议厅里有 3000 人都在大声嚷嚷他们自己的建议。……尽管达成一致的建议是不可能的，但我还是拿来一张纸，（用德文）在上面写了四个词：生态学、社会责任感、基层民主和非暴力；然后我把格鲁尔（保守派一位领导人）和伦茨（激进左派的领导人）叫到记者们所在的房间里，并且说：'签名'。接着，我们就回到会议厅宣布，'我们制定一个纲领了！'"[③] 绿党四条原则的任何一条，就像绿党其他问题一样，其不同的派别各有其不同的理解。不过，在社会正义上，绿党共同提出维护少数民族和妇女权益的立法提案，比任何其他党派多。所有派别都同意，社会问

---

① [美] 弗·卡普拉、查·斯普雷纳克：《绿色政治——全球的希望》，石音译，东方出版社1988 年版，第 66 页。

② [美] 弗·卡普拉、查·斯普雷纳克：《绿色政治——全球的希望》，石音译，东方出版社1988 年版，第 66 页。

③ [美] 弗·卡普拉、查·斯普雷纳克：《绿色政治——全球的希望》，石音译，东方出版社1988 年版，第 67 页。

题与生态问题密切相关。其纲领指出："生态和社会领域共属于一个不可分割的领域。"①

3. 基层民主

西方代议制是一种间接的民主制，是竞选程序的形式民主，实际上是金钱民主。而绿党则主张基层直接民主："基层民主的政治学意味着，更多地实现分散化的民主。"②

绿党纲领的内容，是由来自于基层的建议和修正意见直接决定的。绿党根据大规模集会上投票情况制定其基本政策。绿党作为参与民主组织，抵制等级结构，允许党员接近党的所有官员，不允许权力集中于少数等级结构的上层。

绿党的作用之一，是在各级议会充当市民运动的喉舌，以及向基层运动传达消息。尽管绿党不允许党员与其他党重叠的双重资格，但大多成员还是参与一种或多种市民运动，如和平运动、生态运动、女权运动或反核运动。绿党作为市民运动的喉舌发挥作用。绿党还确定其基础是基层选民，包括支持该党的非党员在内，"某些地域支部允许非党员在党的会议上投票留在黑森州，甚至绿党的州议员也包括非党员。据说，绿党是一条腿站在议会机构一边，一条腿站在市民运动一边。"③

绿党与市民运动来联系表现在许多方面，其中令人印象深刻的是通过生态基金会把大量的资金送给积极分子。这些基金来自于党费和部分议员的月薪（通常约一半）。1983年生态基金资助了140个项目，典型的包括：抗议行动宣传支出；对有毒物质的泄露测试；购买进入和平运动办公室的轮椅；资助木工泥瓦匠学徒；为失业青年修缮屋顶；支付研究吉普赛人问题的会议赤字；拍摄和平运动的电影；支付许多组织的法院诉讼费；制造生产能源的风车；为监狱订一份报纸；出版农业综合企业破坏禁猎区的著作；建立天然

① ［美］弗·卡普拉、查·斯普雷纳克：《绿色政治——全球的希望》，石音译，东方出版社1988年版，第68页。
② ［美］弗·卡普拉、查·斯普雷纳克：《绿色政治——全球的希望》，石音译，东方出版社1988年版，第68—69页。
③ ［美］弗·卡普拉、查·斯普雷纳克：《绿色政治——全球的希望》，石音译，东方出版社1988年版，第72—73页。

商品等集体企业等。其他州生态基金会也资助和平营野营和受伤害的妇女的活动。大多数州生态基金会都由 5 人董事会管理，其中至少 2 名妇女，其中 3 名是非绿党党员活动积极分子。在下萨克森州，生态基金会每月开一次会研究决定新的资助项目。对每一个有所收益的项目，一般进行无息贷款。

对绿党而言最成问题的是轮换原则。为分散权力，"绿党从市民运动接受了在一定时期内、通常是两年后实行轮换原则。"① 在州和联邦级别，轮换制成为人们要求的一种实践；"不过城镇议会没有实行轮换，因……滥用权力的机会是微乎其微的。"② 绿党候选人根据其在联邦议员数额，准备相应名额的替补官员，但德国法律却没有这样的规定。选举名单应得选票最多的人，可能要任职 4 年，而根据 2 年轮换原则，有的在不到任期可能就会被轮换。因此轮换的原则是德国绿党内一个激烈争论的题目。拥护者认为，任期过长会使信息和权力过分集中，出现少数领袖把持权力的危险。"绿党应追求一种没有官员的网络系统的理想，一切人都参加管理。"③反对者认为，对要达到政治目标的绿党成员而言，要熟悉议会政治中的反对党成员的活动规律，差不多需要一整年的时间。如开始阶段每年轮换，会使党的效率受损，使绿党失去一些专家、有名望和权势的人。有人提出一个妥协方案，在 1983 年辛德尔芬根全国会议上通过：每一个州的党都可以决定自己在联邦议院的议员是不是例外情况，投票决定其是否应被轮换。若 70% 州议会选票通过，就可继续留在联邦议院。许多绿党议员希望任期 4 年，而不是半个任期。21 世纪绿党成为在野党以后，在 2000 年党代会上，将绿党定位为左翼中间路线，在人员和组织上进行重新改造，从"抗议党"转型为"执政党"。2003 年通过基层党员表决取消了议员不得在党内任职的限制。其现实主义改革，开始偏离绿党理想主义的基层民主原则。

① [美] 弗·卡普拉、查·斯普雷纳克：《绿色政治——全球的希望》，石音译，东方出版社 1988 年版，第 74 页。
② [美] 弗·卡普拉、查·斯普雷纳克：《绿色政治——全球的希望》，石音译，东方出版社 1988 年版，第 74—75 页。
③ [美] 弗·卡普拉、查·斯普雷纳克：《绿色政治——全球的希望》，石音译，东方出版社 1988 年版，第 76 页。

4. 非暴力原则

对绿党而言，非暴力既是终止个人的暴力，也是终止国家的"结构的暴力"。"绿党主张个人和社会自决的理论，提倡在学校的和平教育……绿党还主张结束对妇女、儿童和少数群体的集团暴力压迫。希望建立一种没有剥削的经济制度：由雇员占有和管理企业活动……把我们与自然界的粗暴关系，变成为一种平衡和尊重的关系。佩特拉·克吕（凯莉）的话，表达了这个原则的中心思想，她说，'非暴力是生态社会的一个基本组成成分。'"①

但非暴力原则是一个有争议的问题。有绿党人士认为，这是一个有冲突的价值观念。如绿党参与管理的时候，其委员会该如何对付那些有能力支付房租却不支付的人。正常过程是警告、再警告、下逐客令以及通过警察驱逐。这是一个如何使社会责任感与非暴力要求协调一致的问题，绿党在这方面没有深思熟虑的理论。绿党将其非暴力原则推广到反对结构性的暴力的致命表现形式方面：反对由军工联合体和政府推动的核军备竞赛。在波恩全国司令部，绿党贴了甘地的格言："无所谓到和平之路，和平本身即为道路。"绿党发言人格特·巴斯庭是联邦德国部队一名将军，他在日内瓦谈判失败决定部署潘兴导弹后辞职，与北大西洋公约的一些退休将军组成一个联络网，签名反对在欧洲部署新导弹。巴斯庭是绿党安全纲领的主要设计者，坚决拥护和实践绿党的非暴力原则。但左派从没有完全支持过这个原则。绿党左翼领军人物伦茨声称，不能将左翼理解为浪漫主义的巷战热衷者，左翼也可以是谈论非暴力改造的浪漫主义。他认为有人把非暴力变成一种绝对神圣不可侵犯的意识形态，会导致牺牲，也不会成功。很多市民都是非暴力拥护者，暴力反抗会使很多市民离开和平运动，但认同非暴力并非是政治觉悟的表现。许多成功的暴力行动都是在非暴力失败后出现的。凯莉跟左翼态度一致，认为非暴力行动也是一种极严重的颠覆力，它只是一种策略；但她跟多数绿党成员持相似的观点，认为在核时代选择暴力就意味着选择死亡。

2002 年的绿党新纲领表示，不再完全拒绝把武力作为解决危机的最后手段，开始偏离非暴力的和平主义的原则。

---

① ［美］弗·卡普拉、查·斯普雷纳克：《绿色政治——全球的希望》，石音译，东方出版社 1988 年版，第 78 页。

在绿党内部，其他绿党党员认为还有其他三项原则：分散化原则、后父权制原则和精神原则。这些思想原则代表了德赖泽克所说的绿党内"绿色浪漫主义"思想流派的观点。

5. 分散化原则

有些德国绿党成员认为，分散化原则应是绿党第 5 根支柱，"因为它是绿色政治学的一个根本。绿党所有建议都是基于相信，人民必须更加直接地控制社会、生态、经济和政治力量之间的复杂相互作用。"① 他们认为官僚化和等级制度阻碍了市民首创精神，各种经济和政治利益隐藏的机制成为民主的危险，工业化国家正采取监督和检察书籍等极权主义。为了促进市民更多参与管理活动，绿党倡议管理单位分散化和简单化，把更多政府收入分配给各州、县、城镇和街道。绿党要成为从中央集权收回权力的先锋队。绿党还提倡像地区一样小的小国家，认为民族国家巨大权力集中，不可避免走向经济竞争、大规模剥削和战争。应建立跨国界的以生态和文化为界限的居民单位，如西德与荷兰地区的弗里斯兰地区，如比利时和法国间的弗兰德地区，法德间的阿尔萨斯—洛林地区，德、法和瑞士间的德雷克兰德地区。绿色政治学的问题和行动交织在一起的例证，是德雷克兰德地区意识的提高，这儿有莱茵河流域的工业化地区，20 世纪 70 年代德、法和瑞士人越过莱茵河占领了产生废铅物的电瓶厂。当地居民建立地下电台，进行跨国联系。在每年圣灵降临节那天，该地区人民进行自行车比赛，跨越大桥，把三国国旗扔到河里。绿党提出了不结盟的"分成地区的欧洲"，希望这种模式最终为整个北半球和第三世界接受，建立一种分散的适当规模的政治、经济和社会结构："在绿色政治学中，一种符合生态的分散化经济结构、社会结构和政治结构的模式，指的是那种可以监督检查的，或者可能予以管理的单位；中心问题是适当的规模。"②

6. 后父权制原则

绿党反对一切剥削，因而反对家长制对妇女的剥削。在竞选运动和各

① ［美］弗·卡普拉、查·斯普雷纳克：《绿色政治——全球的希望》，石音译，东方出版社 1988 年版，第 85 页。

② ［美］弗·卡普拉、查·斯普雷纳克：《绿色政治——全球的希望》，石音译，东方出版社 1988 年版，第 88 页。

级立法机构，绿党妇女起着领导作用。绿党 3 名发言人中有 2 名女性。在各级经过选举产生的委员会中妇女要占 50% 的比例。但在各级委员会中女性的实际比例为平均 1/3。许多妇女不愿意参加绿党活动，认为其运作的方式仍然是家长制的政治活动方式。尽管存在如此问题，与其他政党相比，德国绿党仍比其他政党提出了更多的女权运动立法，妇女在领导岗位的比例也较多，多数绿党妇女和许多男性都认为妇女权力问题是后家长制价值观念的一部分，是实现无剥削社会的根本价值目标。凯莉指出："女权主义就是生态学，生态学就是女权主义。"[1]

7. 绿色精神原则

绿党在分析相互联系着的危机时，指出工业社会出现"精神衰退"和"精神问题"。倡议对孩子的教育应包括"精神问题"。卡普拉等认为深生态学本质是精神范畴，是一种现代科学支配的世界观，强调整体的相互依赖性。当问及多数绿党成员时，绿色政治学是否有一种精神标准时，多数回答"有"。但之所以尚未明确论述，在于希特勒曾利用前基督教的条顿神话或宗教故事，因此西德政治现实禁止把精神价值和政治学公开联系在一起。在绿色运动初期阶段，鲁道夫·斯泰纳是把精神和生态学联系在一切的观点持有者。此外弗洛姆的《占有还是存在》一书在 1976 年出版后对前绿党生态积极分子精神发展影响很大。绿色政治学的精神，就是要完整地认识自然界中将一切现象联系起来的传统原则。凯莉认为，绿色精神原则就是"认识各种事物是如何相互联系着的，以及认识你在日常生活中与地球这个星体的关系；我们已经非常严重地抛弃了我们与地球的联系，以致多数人甚至不了解绿党正在为之奋斗的目标。"[2] 卢卡斯·贝克曼是另外一个相信精神是其政治学核心的绿党成员，他认为，"绿党是一种精神运动。"[3] 绿党中左派领袖巴赫罗为出版的《红与绿》写的一篇文章指出："我对于并非仅仅存在于耶稣

---

① [美]弗·卡普拉、查·斯普雷纳克：《绿色政治——全球的希望》，石音译，东方出版社 1988 年版，第 94 页。

② [美]弗·卡普拉、查·斯普雷纳克：《绿色政治——全球的希望》，石音译，东方出版社 1988 年版，第 98 页。

③ [美]弗·卡普拉、查·斯普雷纳克：《绿色政治——全球的希望》，石音译，东方出版社 1988 年版，第 99 页。

基督、如来佛和老子身上的那些争取文化革命的力量感兴趣；……我们需要诺斯替教传统……我最近获悉，有的人发现了青年马克思的神秘感受……神秘主义，至少是头脑清醒的神秘主义，意味深刻地发动人类心灵上争取解放的力量，这是一种毫无超脱凡尘之意的现象，应该使每一个人都理解它，例如通过实践活动。"①

　　早期欧洲绿党主流奉行"四大支柱"，即"生态、社会正义（社会责任）、基层民主和非暴力"。②美国绿党在1984年成立时又加上了"权力下放、社群为本的经济、女性主义、尊重多样性、个人与全球责任、注重未来（或称可持续性）"③六项价值观。绿党的介绍手册指出：这十个方面，"是紧密一体的世界观的不同方面"，④是区别于损人利己的旧政治的以众人利益为本的新政治。美国绿党不像德国绿党那样，成为议会党和执政党，更多地保留了生态社会运动理想主义的一面，其十大价值中比欧洲绿党主流四大原则多加的六大价值，跟欧洲绿党非主流相似，相对偏重于社会正义和共同体主义。在美国绿党生态政治实践中，马萨诸塞州绿党成为联邦选举的第三政党或不可或缺的政治力量。马州绿色选举政治始于20世纪后期，1996年建立组织化的选举政党（MGP），其选举目标是"促进生态整治的十大核心价值原则、推动市镇地方绿党的发展、提供一个绿色网络框架和提名绿党候选人参与竞选。"⑤2000年绿党获得6.5%的选票支持全国绿党候选人纳德和克杜克（Winola LaDuke）的总统竞选，在美国各州高居第三位。2001年绿党正式登记为合法的政党，在地方选举中，推选11个候选人竞选，7人成功，占全国绿党11%（7/62）。在政治准则上马州绿党一方面遵循美国绿党十大价值，同时有自己的具体阐述，如主张捍卫所有人公民自由、鼓励社会公正

---

① ［美］弗·卡普拉、查·斯普雷纳克：《绿色政治——全球的希望》，石音译，东方出版社1988年版，第100页。

② ［美］弗·卡普拉、查·斯普雷纳克：《绿色政治——全球的希望》，石音译，东方出版社1988年版，第58页。

③ ［美］丹尼尔·A.科尔曼：《生态政治：建设一个绿色社会》，梅俊杰译，上海译文出版社2006年版，第96页。

④ ［美］丹尼尔·A.科尔曼：《生态政治：建设一个绿色社会》，梅俊杰译，上海译文出版社2006年版，第96页。

⑤ 郇庆治：《环境政治：国际比较》，山东大学出版社2007年版，第269页。

和人权，促进可持续经济、建立公平司法制度等，致力于成为"促进社会、经济和环境公正的政党。"①

（二）美国绿党十大价值

美国绿党成员丹尼尔·科尔曼认为，当前的环境危机，不是被夸大了的人口增长、技术和消费者责任原因，其主要责任是人口稳定的工业国造成的。环境问题的确与人口问题相伴，但人类历史有过很长一段时间以可继续的社群为基础的人口稳定与环境监护。技术对环境的实际影响是由引导技术的社会价值观决定的。我们的社会并没有为消费者提供有效的环境监控的权力。环境危机发生的根本原因是"资本主义崛起以来人类政治的失范才是真正的罪魁祸首"②。"参与型民主运动的失败及其权力集中带来的反生态效应"，"唯利是图的资本主义以其狭隘的工具价值观，逐渐削弱了我们关怀地球的能力"，"把土地和劳动作为商品所酿成的毁灭性的社会与生态后果。"③关于美国绿党的十大价值观，科尔曼认为"内容全面、切实可行，而且切合时宜，已经在美国得到普遍认同。"④ 其不同成员根据其利益需要会抬高十项价值中的某项或几项：环保分子会强调生态智慧，女性主义者会强调女性主义，国际主义者会强调全球责任。而科尔曼强调，"我把基层民主视为生态社会的根本特征和转变运动得以取得成功的中心环节。我也十分强调由社群将成为社会责任、可持续性、权力下放、尊重多样性和生态智慧的组成要素。换言之，它将为整合各种价值观提供一个视角。"⑤

1. 生态智慧

美国绿党宣传手册指出：生态智慧三大问题，一是以秉持人类是自然的一部分的精神来运作人类社会；二是要在地球的资源和生态极限内生活；三

---

① 郇庆治：《环境政治：国际比较》，山东大学出版社 2007 年版，第 270—271 页。

② [美] 丹尼尔·A. 科尔曼：《生态政治：建设一个绿色社会》，梅俊杰译，上海译文出版社 2006 年版，第 203 页。

③ [美] 丹尼尔·A. 科尔曼：《生态政治：建设一个绿色社会》，梅俊杰译，上海译文出版社 2006 年版，前言第 4 页。

④ [美] 丹尼尔·A. 科尔曼：《生态政治：建设一个绿色社会》，梅俊杰译，上海译文出版社 2006 年版，第 97 页。

⑤ [美] 丹尼尔·A. 科尔曼：《生态政治：建设一个绿色社会》，梅俊杰译，上海译文出版社 2006 年版，第 97 页。

是自我约束，增加对自然系统的敬畏心理。生态智慧是目标。许多环保主义者倾向于采取生物中心或生灵中心世界观，以对抗人类中心的倾向，认为生态危机在于人类中心主义，而把人类置于生物群落之外。而科尔曼认为造成环境危机的根源不是人类中心主义，而是"现代物质至上的自我中心主义和工具主义世界观"①。不过讨论生物中心主义，可以使我们认识世界完全的相互依赖。拉夫洛克的盖娅假说，把地球看作一个共生联系的网络系统，这一网络系统也包含着人类社会。生态智慧激发我们去理解地球芸芸众生的相互关系和各个生命的内在价值，既尊重参与性直觉体验，也与理性相互促进，让人们充分认识"人类社会不过是自然世界不可分割的一部分"。"生态"的概念，与围绕并脱离我们的"环境"概念不同，它强调关联性，坚决把人类放在自然之中。科尔曼同意社会生态学布克金的信条："所有的生态问题都植根于社会问题。"②

2. 尊重多样性

大自然中的多样性由千万物种的共同进化而得以展现。成熟的生态系统，如珊瑚礁和顶级森林，都是以丰富的多样性为主要特征的。科尔曼指出"尊重多样性隐含了向自然界学习"③。现代社会，"与地球脱节，贬低、最终破坏环境。尊重多样性意味着不同地区千差万别的经历，导致全球范围的多姿多彩的文化经历和各自特色的生活方式。尊重多样性与尊重某一特定生态系统独有的自然特征是并驾齐驱的。"④ 从历史上看，人类不同文化都能适应各自的自然环境。现代经济试图让每人都过上相同的生活方式，使用相同的资源和技术，并把环境成本转嫁给别人，因而丧失了对自然世界的敏感性。把自然栖息地破坏，除了人和蟑螂，什么物种都难以立足。尊重多样性将带来多样性的社会形式，形成多样性的社群和生活。

---

① ［美］丹尼尔·A.科尔曼：《生态政治：建设一个绿色社会》，梅俊杰译，上海译文出版社2006年版，第98页。
② ［美］丹尼尔·A.科尔曼：《生态政治：建设一个绿色社会》，梅俊杰译，上海译文出版社2006年版，第99页。
③ ［美］丹尼尔·A.科尔曼：《生态政治：建设一个绿色社会》，梅俊杰译，上海译文出版社2006年版，第100页。
④ ［美］丹尼尔·A.科尔曼：《生态政治：建设一个绿色社会》，梅俊杰译，上海译文出版社2006年版，第100页。

3. 权力下放

尊重生态智慧和多样性必然会赞同权力下放的社会。因为"一个生态型的社会一定是权力下放的,这样才能保持对环境多样性和社会多样性的敏感度。"① 历史上土著居民传统习俗适应于当地环境,由此保护了其自然环境。美国的国家研究理事会也认为,要实现保护生物多样性的目标,还要依靠世界各地传统思想文化仅存的智慧。"最贴近环境而生活的人最了解环境,有关的决策权和监护权应当掌握在他们手中。"② 科尔曼认为,"权力下放的原则适应政治和经济领域,是基层民主运动的一部分"。③ 在美国,"生物地区主义运动"④,实践权力下放原则,主张按照所谓生物地区地缘政治实体来组织社会。科尔曼认为,对一场旨在向生态社会转型的政治运动而言,权力下放也有其策略性的一面,越靠近中央集权舞台越难成功。环境保护的政治运动,若在(美国)全国亮相,会面临被政权同化、边缘化、歪曲甚至镇压的可能;而以权力下放的形式在地方活动,可以把自己与作为主流派区分开来,令反对者难以找到领头人来加以诋毁、清除、渗透或反对。在积极意义看,权力下放可以为参与型民主提供必需可行的规模,为社群为本的经济提供归属的家园,并让人意识到各地生活和文化多样性的特点。

4. 未来视角与可持续性

科尔曼认为,可持续性涉及自给自足、稳态经济和易洛魁人决策考量7代人的观念。易洛魁人给予其文化的内在需要,对未来进行长远考虑,不像我们现代按照成本效益的抽象分析方法,年年实行计划淘汰报废和型号更新。可持续性最简单的表现形式,是做每一项决策时,要提出如下问题:我们的子孙后代能这样享受生活吗?显然,采取依靠有限石油的农业、交通运输是不可持续的,每年排放亿兆吨污染物到天空、陆地和海洋,也是不可持

---

① [美] 丹尼尔·A. 科尔曼:《生态政治:建设一个绿色社会》,梅俊杰译,上海译文出版社 2006年版,第101页。

② [美] 丹尼尔·A. 科尔曼:《生态政治:建设一个绿色社会》,梅俊杰译,上海译文出版社 2006年版,第102页。

③ [美] 丹尼尔·A. 科尔曼:《生态政治:建设一个绿色社会》,梅俊杰译,上海译文出版社 2006年版,第102页。

④ [美] 丹尼尔·A. 科尔曼:《生态政治:建设一个绿色社会》,梅俊杰译,上海译文出版社 2006年版,第102页。

续的。要改变将可持续性等同于停滞不前的观念。现代社会认为只有日益增长的消费才能带来创新，其发展纯由盈利和资本所驱使，而不顾整体的社会和生态成本。唯利是图的经济组织通常采取等级制度和内部控制，因而扼杀创造性。"可持续性不仅意味着尊重自然，也意味着公平地分配社会资源和机会，所有人休戚与共地奔向共同的未来。"① "可持续性也是基层运动的重要准则……要保证财务量力而行。"② 向生态社会转型要求建立可持续组织，为可持续社会做出榜样。可持续不是无所事事的官僚主义，而是建立起积极行动的组织，为生态社会的建立以身作则、添砖加瓦。

5. 女性主义

女性主义运动争取生育自由、同工同酬、健康保障、保护儿童、孕期休假，以及争取终止对妇女的强奸与施暴。而绿党人士还持有另一种女权主义观点，称之为"生态女权主义"。这一观点认为对女性的剥削与对自然的剥削存在某种相关性。生态女权主义是 20 世纪 70—80 年代随着生态意识的出现而兴起的。

6. 社会正义

生态社会珍视地球，也自然珍视地球上所有的人。珍视地球上所有人就意味着社会正义。科尔曼认为，"社会正义主张，每个人、每个社群、每个民族都有权享受社会报酬和生活机会。……在一个实现了社会正义社会里，没人损人利己追求地位或聚敛社会财富。"③ 社会正义具有环保的一面，在美国环境正义运动致力于反对在穷人或少数族裔社区建设废物转移设施。社会正义把社会责任和保障每一个人的民主权利结合起来。生态社会是一个正义社会，追求可持续的生活方式。

7. 非暴力

"这是一种广义的非暴力……抗衡从家庭到工作场所到国际舞台所有社

① [美] 丹尼尔·A.科尔曼：《生态政治：建设一个绿色社会》，梅俊杰译，上海译文出版社 2006 年版，第 104 页。

② [美] 丹尼尔·A.科尔曼：《生态政治：建设一个绿色社会》，梅俊杰译，上海译文出版社 2006 年版，第 104 页。

③ [美] 丹尼尔·A.科尔曼：《生态政治：建设一个绿色社会》，梅俊杰译，上海译文出版社 2006 年版，第 108 页。

会关系的暴力。……对妇女和孩子的暴力是作为现代特征的主宰和压迫不可或缺的一部分。"① 既要废除侵入个体生活的暴力文化，也要废除通过大众媒体合法化的非正义的权力结构。大部分人理解的非正义不意味着被动行为或接受非正义，也不排除积极的社会反抗，主要采用从梭罗到甘地的公民非暴力不服从策略。绿党内有争论的是，对生态社会所必需的政治经济体制改造，是否能成功抗击全副武装的政权维护现状的行径。有的绿党人士倡导"战略性非暴力"，主张在某些情况下可容许策略性非暴力，生态型社会斗争主要是一场非暴力政治斗争，并不排斥武装自卫。女性主义价值观，"既要重视目的也要重视手段"提醒我们，非暴力社会将不能依靠暴力手段获得。

8. 个人与全球责任

胸怀全球，行于当地。全球责任第一个原则是"谁都无可逃遁"。环境破坏是全球性的。不仅考虑全球性利弊得失，"也意指一种整体的思维方式"，② 改变只见树木不见森林的支离破碎的思维方式。"全球责任既包括我们所作所为的环境后果，也包括其社会后果"③。第一世界的富裕生活和清洁环境不能建立在对其他地区人民进行剥削基础上，"全球责任承认殖民主义和当代国际经济政策（新殖民主义）给第三世界和土著居民带来的非正义，并力求加以救治。"④"全球责任主张……实现一种在生态意义上和社会意义上均属于健康有益的生活方式。"⑤

9. 基层民主

要建立生态社会，或实现有益于环境的改良，必须拥有权力，去影响公明政策，影响政治生活的组织。基层民主并非仅仅是简单地影响政策的战

---

① ［美］丹尼尔·A. 科尔曼：《生态政治：建设一个绿色社会》，梅俊杰译，上海译文出版社 2006 年版，第 111 页。

② ［美］丹尼尔·A. 科尔曼：《生态政治：建设一个绿色社会》，梅俊杰译，上海译文出版社 2006 年版，第 113 页。

③ ［美］丹尼尔·A. 科尔曼：《生态政治：建设一个绿色社会》，梅俊杰译，上海译文出版社 2006 年版，第 112—113 页。

④ ［美］丹尼尔·A. 科尔曼：《生态政治：建设一个绿色社会》，梅俊杰译，上海译文出版社 2006 年版，第 113 页。

⑤ ［美］丹尼尔·A. 科尔曼：《生态政治：建设一个绿色社会》，梅俊杰译，上海译文出版社 2006 年版，第 113 页。

略。珍重地球的运动必须珍重地球上每一个人，赋予全体人以权力，使之积极建设自己的幸福。基层民主与把公民视为单纯的消费者不同，主张积极公民的概念，希望通过公民积极参与社群公共生活的过程转化公民的特征。"基层民主……让民众和社群有权决定自己的生态命运和社会民运，也让民众有权探寻一种对环境和社会负责任的生活方式。基层民主……是实现生态社会这一宏大构想的有力杠杆。"①

10. 社群为本的经济

应重新设计我们的工作结构，促进雇员所有制和工作场所民主制的发展。应开展新的竞技活动，建立新的经济制度，以按照人道和有益身心、重视生态和对社群负责的方式使用新技术。应超越狭隘的职务伦理，重新界定工作、职责和收入。应调整分配方式，以反映在货币化经济之外的人员所创造的财富。要在基层实行经济民主，"基层直接社群所有制这一经济民主形式裨益良多。"②科尔曼认为，"以社群为本协作型的经济……与某一特定区域生态特点相协调的合作型企业、工人自我管理和以人为本的组织方式。"③"社群……是生态社会的基石"。④广义理解的社群是把人类社会和谐地置于大自然中的生态社群："生态社群是以对家园的理解为基础的……是一个社会与自然交融合一的地方。"⑤

三、生态政治学的实践：欧洲绿党的生态发展模式和绿色政策

作为欧洲绿党母亲党的德国绿党的生态政治实践，是在其生态政治学原则的指导下，按照生态发展模式，采取一系列以生态经济政策为基础的变

---

① ［美］丹尼尔·A. 科尔曼：《生态政治：建设一个绿色社会》，梅俊杰译，上海译文出版社2006年版，第114页。

② ［美］丹尼尔·A. 科尔曼：《生态政治：建设一个绿色社会》，梅俊杰译，上海译文出版社2006年版，第153页。

③ ［美］丹尼尔·A. 科尔曼：《生态政治：建设一个绿色社会》，梅俊杰译，上海译文出版社2006年版，第115页。

④ ［美］丹尼尔·A. 科尔曼：《生态政治：建设一个绿色社会》，梅俊杰译，上海译文出版社2006年版，第115页。

⑤ ［美］丹尼尔·A. 科尔曼：《生态政治：建设一个绿色社会》，梅俊杰译，上海译文出版社2006年版，第115页。

革措施。

（一）生态发展模式

绿党社会发展模式观，是基于早期"生存主义"生态极限思想的生态发展模式，即强可持续发展模式，经过三个阶段的发展：其一，早期可持续发展思想，是 20 世纪 70—80 年代，罗马俱乐部出版的《增长的极限》、舒马赫的《小的是美好的》和爱德－戈德史密斯《生存的蓝图》（A Blueprint for Survival），指出了工业生产的生态极限问题，提出了"世世代代可持续的社会"和"稳定的社会"的可持续性思想。这是欧洲绿党的生态发展观的思想来源。其二，1987 年布兰特夫人的《我们共同的未来》，提出了可持续发展定义。其后形成了两种可持续发展观，一是弱可持续发展观，一是强可持续发展观。弱可持续发展建立在新古典经济学基础上，把可持续理解为新古典福利经济的延伸，认为"对子孙后代十分重要的是人造资本的总和，而不是自然资本本身。"① 主张可以用人造资本补偿替代自然资本。而生态主义者，则认为应为子孙后代保留自然资本本身，自然资本是不可为人造资本替代的。弱可持续发展的实践模式是欧洲社会民主党的生态现代化模式，它关心的是"目前高消费水平甚至是与其他国家比较优势的持续，实质上是一种富足状态的可持续发展。"② 而绿党的可持续发展观则是强可持续发展：美国绿党党纲指出："将经济体制以一种不破坏地球的可持续的方式，与自然生态系统联系起来。"③2002 年德国绿党通过"未来是绿色的"纲领，指出：绿党的基本职责是保护工业破坏的自然，要对工业进行可持续性改造。

德国绿党的可持续发展观是生态发展观，是在生态系统可持续的视野下对社会发展的新视野。当今西方主流经济学家"普遍缺乏一种生态的观点：他们不是把经济作为整个生态系统和社会结构的一个方面，而是倾向于把经济孤立起来，根据极不现实的理论模式取论证它。"④ 而一些非主流的经

① ［英］埃里克·诺伊迈耶：《强与弱：两种对立的可持续范式》，王寅通译，上海译文出版社 2006 年版，第 1 页。
② 郇庆治：《环境政治：国际比较》，山东大学出版社 2007 年版，第 6 页。
③ The Greens/The Green Party USA，*The Green Program：An Evolving Vision*，1993，pp.88-89.
④ ［美］弗·卡普拉、查·斯普雷纳克：《绿色政治——全球的希望》，石音译，东方出版社 1988 年版，第 141 页。

济学家开始强调保持经济的理想规模，论述一种以生态原理为基础的新经济。如舒马赫在《小就是美》强调经济分散化对维持生态系统平衡是根本的。绿党作为一个幼年的党，开始探索生态经济问题："认识一切经济问题的生态背景是绿党政治哲学的根本，这一点……表现在他们的联盟纲领中：'我们为之奋斗的经济制度……是以把保护自然界和理智地使用自然资源为目标的。……建立在生态原则基础上的经济。支持那些满足他们需要、并且和自然环境和谐一致的产品。"[1]

德国绿党的一名经济学家约阿希姆·米勒，认为这个纲领是绿色运动内部不同思潮妥协的产物。这个纲领的主题是强调技术利用方式威胁到环境，也威胁到职业，技术的机械论思维方式，只考虑数量，而忽略了本质。德国绿党整体论派与马克思主义派有争论。多数激进左派，是结构保守派，认为只要缩小经济规模，就可实现稳定非增长经济，"不支持，至少并不热情支持多数绿党成员所倡议的向着小规模的、可以监督的工商业单位转变的结构变革。鲁道夫·巴赫罗则完全相反，他提倡从根本上改变我们的生产、消费和生活方式，以便我们能够回到基本上是由包括 3000 人在内的自给自足的村庄构成的'前工业社会'中去。尽管多数绿党成员都赞赏他其他方面的思想，但是他们发现这个建议是完全不现实的"。"为了形成他们的经济政策，绿党再一次使用了 3 条原则'生态学'、'社会责任感'和'基层民主'，第四条原则'非暴力'暗含于整个经济纲领中，一种要求生态平衡和社会正义的经济，自然会使一种非暴力经济：……通过增长的手段去挽救失业——这是绿党否定的一种方法"。[2]

德国绿党 2002 年《未来是绿色的》纲领，指出环保政策要与可持续发展目标结合。可持续发展目标的实现，形成世界范围内以生态为导向的生活方式。德国绿党突出了"生态就是可持续发展"的口号。[3] 可持续发展应成

---

[1]　［美］弗·卡普拉、查·斯普雷纳克：《绿色政治——全球的希望》，石音译，东方出版社 1988 年版，第 148—149 页。

[2]　［美］弗·卡普拉、查·斯普雷纳克：《绿色政治——全球的希望》，石音译，东方出版社 1988 年版，第 151 页。

[3]　Die Zukunft ist greun-，S. 10-11. 转自王芝茂《德国绿党的发展与政策》，中央编译出版社 2009 年版，第 79 页。

为社会以经济生活和人生活方式的标准。可持续发展的含义就是：基于有限生态空间，经济活动必须节约资源和提高资源利用效率；为发展中国家创造社会发展机遇和可选择消费模式说的生态空间；当代人要有生态责任感，不要将生态成本留给子孙后代。未来的工业发展要尽可能将资源消耗和放射性物质减少到最小程度。可持续发展方针，不仅要保护生态，还要表现为经济发展理性，"生态就是长期的经济。"① 新的经济理性，不再像传统追求生产扩大和利润最大化，应建立"绿色经济"，或"生态社会市场经济"。这种经济既不是国家控制经济，也不是单纯的市场经济。"未来的生态社会市场经济渴望着社会强大，它将体现出对一种专门追求利润最大化为导向的经济方式的抗拒。"②

《未来是绿色的》纲领中论述了生态与公正、自主决策，以及民主的关系。公正，一是要保护弱势群体的权利，一是对社会财富公正分配。实现当代性别间和种族间、国家间的民主和公正关系，以及代际间的公正关系。绿党认为，自然生态破坏的根源在人与人之间关系的失衡，或正义的丧失。因而，绿党指出，保护环境涉及社会正义问题当前穷人承担环境成本，长远看，自然生态保护涉及未来几代人之间的公正问题。应限制自然资源消耗的规模，不能破坏自然的再生能力，为此必须实行可持续发展。由于环境保护表现在世界范围内的落后国家与发达国家的冲突问题，环境保护涉及世界范围的公正问题。发达国家要承担更多的环境义务，要实现穷国和富国环境成本的平衡。现实生活中环境的成本更多由妇女承担，男女差异还导致资源获取和使用的不平等，因此要实现性别正义，性别正义是生态社会实现的前提。2002年《未来是绿色的》纲领，把自主决策宣布为新的政治原则。自主决策就是人们在社会生活中自己决定自己命运和生活的权力，而不妨碍他人和未来几代人的自由和自主决策。因此要有生态和社会责任。破坏自然环境，损害自然财富，是限制未来人决策范围。这同样体现在威胁性的气候灾难和核能造成的放射性"遗传性负担"。因此生态理性是人类在今天和明天

---

① Die Zukunft ist greun-, S. 27. 转自王芝茂《德国绿党的发展与政策》，中央编译出版社2009年版，第80页。

② Die Zukunft ist greun-, S. 43. 转自王芝茂《德国绿党的发展与政策》，中央编译出版社2009年版，第102页。

实行自主决策的前提条件，生态理性要求，在采用任何一种技术时，必须先搞清它是否对环境造成破坏，应采取无害技术。绿党把民主理解为直接参与，以及各种决策的透明度。民主与生态密切相关。环境运动的开展，各国公民不同形式的参与发挥了积极作用。生态经济问题，应由公民的积极参与取代市场经济体制中占主导地位的人的决策；应建立一个民主负责的制度框架；搜集整理生态信息，实行生态教育；鼓励环境保护产品的开发；协调工业界的环境保护问题；社会公正应广泛参与环境政策的制定，企业和行政部门应向公众提供公开透明的环境数据。

　　克里斯托弗·鲁茨（Christopher Rootes）认为，环境运动在 20 世纪 60、70 年代兴起的时候，具有乌托邦色彩，其意识形态是生态主义。按照布赖恩·巴克斯特的观点，生态主义有三个主题：对非人类世界的道德关怀，人类与地球生物圈的物质、文化和精神的相互联系以及生态系统的极限性。较早研究生态政治的英国安德鲁·多布森（Andrew Dobson）认为，"生态中心主义是生态主义的核心价值"[1]，"无论如何我很愿意接受里希曼（J. Richmann）关于现实世界成为政治生态主义成员的双重条件，即信奉的增长的限制和对强烈的人类中心主义的质疑。"[2] "激进的绿色议程中提出的价值反思的需要来自于对经济与人口增长有着自然限制的信念。值得强调的是自然的一词，因为绿色意识形态认为，经济增长之所以有着终极约束并非由于社会原因比如限制性生产关系，而是由于地球本身具有有限的承载能力（对于人口而言）、生产能力（对于各种资源而言）和吸收消化能力（对污染而言）"。[3] 生态主义者布赖恩·巴克斯特认为道德约束比物质约束更强有力，生态主义的要旨是对其他生物进行道德关怀（moral considerability），而不是花大力气预言生态危机。因而相对于环境其他问题，他更关心"生物多样性的丧失"寻找一种在人类与非人类存在物之间正义问题的政治哲学。[4] 他赞同绿色理性主义的生态主义政治，按照生态道德等诉求，寻求改变我们

① ［英］安德鲁·多布森：《绿色政治思想》，郁庆治译，山东大学出版社2005年版，第2页。
② 郁庆治：《环境政治：国际比较》，山东大学出版社 2007 年版，第5—6页。
③ 郁庆治：《环境政治：国际比较》，山东大学出版社 2007 年版，第20页。
④ ［英］布赖恩·巴克斯特：《生态主义导论》，曾建平译，重庆出版社 2007 年版，第10—11页。

的社会制度、政治制度、经济制度的各种方法。然而20世纪80年代以后，"至少在西方，这个运动已经高度制度化并丧失了其许多乌托邦的特点。在少数西方国家，尤其在那些具有先进环境政策的国家，一个生态现代化的趋势——从长远来看不但不阻碍反而会促进工业主义和资本主义经济的环境措施可以被观察到。西方环境运动的重要部分已经承认这一对未来最有希望的战略。"① 尽管在理论上绿党还是奉行生态主义的生态发展战略，但在现实上绿党的政策逐渐与社会民主党的生态现代化战略趋同。

（二）绿党的绿色公共政策

按照生态发展模式，绿党在西方议会民主体制内，提出一系列绿色政策为基础的具体的经济、社会政策和选举策略，显示了在坚持生态主义理想的前提下，与具体现实相结合。

1.绿色经济政策

绿党认为，在具体经济政策上，要采取如下措施：

第一，一种负责任的经济要解决高失业率，但不是通过提高经济增长率，而是通过实行一种充分就业的经济，缩短工作时间，增加工作岗位。绿党设想的生态经济学，不是导致自然开发自然界的经济增长，而是"以认识人和自然界之间的伙伴关系为指导的。否定数量的增长是绿党经济批判的中心：'我们根本反对一切数量的增长，特别是当它由于追求利润而受到刺激时；然而当利用同一数量的，或者是较少的能源和原料，能够证明数量的增长是可行的时候，我们则同意数量的增加。……追加的增长一向是带来环境破坏这种关系是完全真实的，这是我们的出发点。'"② 多数绿党成员认为，失业是主要经济问题，解决失业不是通过提高经济增长率，而是建立一种成分就业的经济：绿党纲领指出："在一种社会经济中将不存在失业，而是对社会所需要的工作进行公平分配。"③

---

① 克里斯托弗·卢茨：《西方环境运动：地方、国家和全球向度》，徐凯译，山东大学出版社2005年版，第216页。

② ［美］弗·卡普拉、查·斯普雷纳克：《绿色政治——全球的希望》，石音译，东方出版社1988年版，第153页。

③ ［美］弗·卡普拉、查·斯普雷纳克：《绿色政治——全球的希望》，石音译，东方出版社1988年版，第162页。

　　第二，要取消威胁生命的工业，特别是取消核工业和武器工业，重新生产有利于生态平衡和社会必需品的产品。绿党认为，限制军备、危险化学品、浪费性包装和毫无价值的家用小玩意儿等生产"需求"，最有效的途径是限制广告宣传。"绿党要求，广播和电视应该完全摆脱广告宣传的束缚；此外，他们要求一切危险品和危害健康的产品的广告，包括香烟、糖果、酒、农药和话费（的广告），都必须予以禁止。"①

　　第三，经济分散化，利用现有资源，以及理智地使用原料并使之再循环。绿党主张生产分散化，使生产比较接近地方和地区市场，从而减少交通运输和节省能源。

　　第四，要按照生态原则，进行能源生产、再循环、水资源管理、建房以及交通运输。"要发展能源的'软'的生产方式，要改变现在建立垄断组织的能源法规"；②要宣布造成废品的非安全生产是非法的，要发展新的循环技术；"除了空气外，水是地球上生命的最复杂和最重要的物质，它的质量是环境状况的典型的显示器"，③因而必须进行水资源管理；重新确定住房政策方向，建房筹措资金的决策权应由联邦一级转移到乡镇一级，资金筹措活动也直接通过使用公共基金，与不动产脱钩，要控制土地价格；要实行环境友好型交通。

　　第五，应实行对自然、农业和动物的保护。德国绿党认为全面的保护对一个切实可行的自然保护方案是必不可少的。要尽量保护自然和传统可耕地不受破坏，自然和农业保护区，要形成一个较大的网络空间，发展自然友好型的旅游和生态农业，必须使农业区恢复元气，保护自然和农业是跨地区性地，要有长远考虑。④经过德国绿党和其他党的努力，德国在自然、农业和动物保护取得了巨大进展。在政策方面，德国绿党和社会民主党执政联

① ［美］弗·卡普拉、查·斯普雷纳克：《绿色政治——全球的希望》，石音译，东方出版社1988年版，第155页。

② ［美］丹尼尔·A.科尔曼：《生态政治：建设一个绿色社会》，梅俊杰译，上海译文出版社2006年版，第156页。

③ ［美］丹尼尔·A.科尔曼：《生态政治：建设一个绿色社会》，梅俊杰译，上海译文出版社2006年版，第157页。

④ Die Zukunft ist greun-，S. 38. 转自王芝茂《德国绿党的发展与政策》，中央编译出版社2009年版，第91页。

盟的红绿政府制定了一系列农林生态保护政策。德国许多地区建立了"生态村"和"生态田"，1999 年德国有 8200 家生态村。2002 年德国议会通过在基本法 20 条 a 款"国家有责任为后代保护天然的生命基础"，加上"和动物"的字样，把动物保护列入宪法，德国成为欧盟第一个动物享有保护地位的国家。

第六，要发展小规模的、以共同体为基础的、民主的、遵循生态原则和以新生态技术为基础的经济。绿党主张发展基层民主经济，这是一种允许自治的合作企业，由参与生产的人决定生产什么、如何生产和在何处生产。要把基层民主原则用于整个经济纲领中，新的经济秩序要从基层发展起来。"绿党明确指出新的经济结构必须在现存的资本主义结构中产生，他们拒绝马克思主义的由'革命先锋队'为我们其余人安排经济的概念。"① 20 世纪 70 年代中期以来，越来越多的可选择的项目在联邦德国开展起来，存在大约 1 万个项目，包含约 10 万人："供选择的典型项目的都是由很小的、自我组织的、并且自治的 5—10 名成员的小组承担的，他们主要是十几岁的青少年和年轻成年人。这些项目可能是工艺品商店或修理店；饭店或咖啡馆；报纸、剧场，或其他形式的宣传工具；或是诸如照顾孩子或医疗小组这样的社会劳务；他们可能围绕市民就处理环境等问题而提出的动议而组织起来。在西柏林，这种供选择的项目的 25%，只给参加者提供收入来源，40% 为业余项目，没有任何报酬，其余是混合项目。"② 绿党认为，可供选择的项目，旨在克服基层群众对大工业和大机关的劳动异化反应，也是对不关心幼儿园和日托中心的社会大机构的反应。有一类特殊项目是按照失业人们自动倡议组织起来的，"绿党通过要求免费试用适当的地点，免费公共运输，以及争取失业者在工会中的平等权利，大力支持这些项目。"③ 要改变劳动的性质，包括用以进行交换的劳动和共同体自助的活动：绿党纲领指出："就今天的

---

① [美] 弗·卡普拉、查·斯普雷纳克：《绿色政治——全球的希望》，石音译，东方出版社 1988 年版，第 175 页。

② [美] 弗·卡普拉、查·斯普雷纳克：《绿色政治——全球的希望》，石音译，东方出版社 1988 年版，第 159—160 页。

③ [美] 弗·卡普拉、查·斯普雷纳克：《绿色政治——全球的希望》，石音译，东方出版社 1988 年版，第 160 页。

经济而论，只承认劳动是得到收入的手段。劳动不是帮助个人自我发展的手段，相反……主要是为了人们的社会安全。为了工资，劳动的一切悲惨的和压迫性的方面都被接收下来了。为了重新要求劳动成为一种自由的、自治的活动，成为自我发展的一种可能性，绿党要帮助降低雇佣劳动的重要性。"①绿党还力图减少由于工业社会把人类生存的各种不同领域分裂造成的心理压力。绿党还重新定义私有财产，不是考虑私有财产国有化，而是重新确立财产的社会方向："目前私有财产核对生产资料的控制的条件，有助于产生异化以及对人类和对自然的剥削。"②绿党不是强调财产的集中，而是分散化，使其成为共同体财产，以便于进行民主管理。

第七，实行生态技术革命，要从硬技术变成软技术，软技术是对环境有利的技术，要把软技术要求贯穿于整个经济纲领中。在绿党 2002 年《未来是绿色的》纲领中，绿党呼吁发起一场新的生态技术的革命，一方面降低工业化国家对资源的需求，另一方面实现净化有害物质。

第八，绿党主张自力更生的国内经济，不剥削第三世界，同时主张建立全球可持续发展的生态网络。绿党纲领指出："调整经济状况包括改变我们社会中完全不平等和非正义的收入和财富状况，而且已经生产出来的价值和收入的社会再分配，也必须以全球为基础进行，这必须成为我们和第三世界关系的行动标准之一。"③绿党认为目前南北关系，第三世界受发达国家剥削。"有些绿党成员，甚至同意若干第三世界领导人正在讨论的接触与北半球的联系的主张。"④绿党要求停止对第三世界输出核技术，应支持他们发展劳动集约性技术，支持其进行土改。他们还主张建立现实的以未来为目标的资源价格结构，不强制第三世界廉价出售资源。绿党 2002 年"未来是绿色的"纲领，主张在全球层面建立相互联系的生态目标网络。

---

① ［美］弗·卡普拉、查·斯普雷纳克：《绿色政治——全球的希望》，石音译，东方出版社 1988 年版，第 164—165 页。

② ［美］弗·卡普拉、查·斯普雷纳克：《绿色政治——全球的希望》，石音译，东方出版社 1988 年版，第 166 页。

③ ［美］弗·卡普拉、查·斯普雷纳克：《绿色政治——全球的希望》，石音译，东方出版社 1988 年版，第 169 页。

④ ［美］弗·卡普拉、查·斯普雷纳克：《绿色政治——全球的希望》，石音译，东方出版社 1988 年版，第 171 页。

第九，绿党的税收政策，以两个指导原则为基础：其一，从对目前有害政策负责的富人那里，为社会项目和生态项目筹措资金；其二，绿党财政政策目标，在于避免把追加的税收负担放在经济和居民身上。绿党认为，要利用现有税收机制，形成必要措施：消灭税收漏洞以及与累进所得税相抵触的利益和特权；明显增加最上层人的税收；取消有利于富人歧视妇女的夫妻双方共同纳税申报单。从长远看，绿党提倡这样的纳税结构："从社会的角度说，它应该是公平的、清楚地和可理解的，它应该朝着符合生态标准的、民主的和分散化的方向发展。"① 生态税包括资源税、能源税和污染税。为了落实生态税，绿党 1998 年大选成为执政党后，与社会民主党联合执政，提出相关政策建议。1999 年 1 月 1 日起，汽油价格每公升提高 6 芬尼，燃料油价格每公升提高 4 芬尼，每度电提高 2 芬尼，煤气每公升提高 0.23 芬尼，到 2002 年因此带来 360 亿马克的收入用来降低各种保障纳税，由 42.3% 降低到 40% 以下。同时将国家对子女补贴费由 220 马克增加到 250 马克。2002 年大选获胜继续执政后，与社民党组阁谈判，提出继续征收生态税。② 但红绿联盟的社民党在 2002 年大选前后坚决反对在 2003 年第三阶段生态税征收结束后，继续征收生态税。绿党也态度模糊，提出视选举结果后定。

2.绿党社会政策

绿党最初几年把重点放在环保和和平问题上，忽视了对社会共同价值观的探索。"他们也还没有为社会生态学建立一个总的图式。"③ 他们在社会问题上最有创见的工作是关于妇女的权利、技术的社会控制以及教育和保健。2002 年绿党通过《未来是绿色的》纲领，开始主张可持续的生活方式的转型。

第一，要实行可持续的生活方式，必须进行体制上的革命和文化上的

---

① [美] 弗·卡普拉、查·斯普雷纳克：《绿色政治——全球的希望》，石音译，东方出版社 1988 年版，第 173 页。
② 生态税困扰下的红绿联盟，www.dw-world.de2002.09.27.转自王芝茂《德国绿党的发展与政策》，中央编译出版社 2009 年版，第 104—105 页。
③ [美] 丹尼尔·A.科尔曼：《生态政治：建设一个绿色社会》，梅俊杰译，上海译文出版社 2006 年版，第 178 页。

变革。绿党主张在可持续意义上获得负责任的消费方式和生活方式。通过教育、培训和进修，以及促进绿色消费，形成生活可持续性行为导向，使行为方式接受可持续性法律的制约。

第二，建立一个和平的没有剥削的社会，超越家长制家庭观念。西德法律规定 3 个月之内流产是非法的、绿党内关于流产没有一致的看法。1980年围绕流产问题几乎使绿党四分五裂。绿党的官方观点是，应使流产安全而合法，对两性都安全、对有组织的避孕形式研究，应给予适当资助。而绿党女权主义者主张应同意无条件流产。在联邦议院的绿党部分的发言纲领，造成绿党内第一次分裂。凯利认为应废除视流产为谋杀的法律，而绿党事先通过的发言，则认为允许妇女流产并没有减轻堕胎带来的痛苦，流产合法化会带来伦理冲突和道德问题，应予妇女以经济安全，要惩罚强迫婚姻，要实行能使妇女决定其如何支配其生活的政策等等。绿党发言，"指出强迫婚姻，这在联邦政府却是第一次。"① 绿党纲领还提出对女性生活的一系列领域进行立法，如教育、就业、保健、母亲权利以及禁止用暴力对待妇女。绿党纲领关心的主要是单身母亲。绿党议员在联邦会议发言，还建议建立一个妇女问题常设委员会，有权否决歧视妇女的提案，被其他党派议员的嘲弄声和叫喊声淹没。

第三，关心科学技术的社会作用。绿党广泛支持社会控制技术的理论：使用中心计算机数据库的泄密问题；自动化对工厂的影响；计算机终端安装在办公室人员家里，造成的分散工作；药物公司以及杀虫剂公司所销售的新型合成化学品的有害后果；核动力和有害废物的危险；遗传工程有机体造成的潜在危害等。1983 年兴起的市民运动，反对控制信息的人口普查。绿党建议停止人口普查的议案获得通过。绿党还参加了反对政府发放身份证的斗争，因这种身份证由计算机控制。最迫切和最复杂的是控制遗传工程。转基因作物被医药和化学公司控制。绿党反对把转基因的有机物转让给外界，例如转让给食品工业、医药以及应用与其他未显示后果的领域。1983 年绿党科学和植物史教授希克尔在联邦议院提出对遗传工程进行讨论，并呼吁就这

---

① ［美］弗·卡普拉、查·斯普雷纳克：《绿色政治——全球的希望》，石音译，东方出版社1988 年版，第 187 页。

个问题组织一个常设委员会。希克尔认为,"我们必须向科学技术领域引进我们的生态学思想。"① 尽管绿党倡导的生态世界观为现代科学所支持,但这些整体论的思想家在科学界也是少数,科学界的多数还是坚持笛卡尔的机械还原论观点。而希克尔认为硬技术必须让位于软技术。绿党希望,引导研究技术的各种公司摆脱纯经济利益考虑,而应服务于人类和自然界的科学家前进过程。绿党还希望,加强对各种生态过程和生态关系研究的活动的支持,他们赞同在大学保持创造性探索自由的一切努力。

第四,教育领域,绿党鼓励一种全面发展的教育。绿党纲领呼吁改善如下几方面的工作:改变评分等级带来的压力,鼓励学生成为模范市民和模范专家的大学教育制度,必须补充以发展完善个性的教学内容:包括精神的、智力的、社会的和伦理的教育,以及发展实践的、体力的、特别是创造性的才能。促进生态意识、社会责任感和民主行为,鼓励宽容与团结的教育,也是必不可少的。绿党纲领号召:"学校要以整体性的教育为目标……以便学生能够比较容易地认识社会的相互联系性和生态循环性质。"② 绿党还希望教育学生懂得利益合作。绿党议会成员扬森希望绿色教育把音乐、戏剧、绘画、工作和玩耍统一起来;绿党还希望进行和平教育。

第五,医疗领域,主张一种整体保健的生态医学。"生态医学是整体论医学。必须把病人看作是为各种环境条件所支配的人,他或她自我认识和自我决定的个性必须加强,并且放在一切医治工作的中心。生态医学促进人体的防御机制;不应把治疗的重点放在单独一个器官方面。……生态医学必须避免过量用药、不必要的外科手术以及技术上过分庞大的诊疗所……应建立贴近人民的小型医院。……此外天然医疗方法以及鼓励健康生活方式和其他保健项目,也应该予以发展。"③

第六,文化问题,反对文化工业等。认为文化工业破坏了文化创造者

① [美] 弗·卡普拉、查·斯普雷纳克:《绿色政治——全球的希望》,石音译,东方出版社1988年版,第193页。

② [美] 弗·卡普拉、查·斯普雷纳克:《绿色政治——全球的希望》,石音译,东方出版社1988年版,第199页。

③ [美] 弗·卡普拉、查·斯普雷纳克:《绿色政治——全球的希望》,石音译,东方出版社1988年版,第201页。

和文化欣赏者的关系，发展了纯粹的文化消费。绿党不支持文化专业工厂，而支持戏剧、舞蹈、音乐、艺术和文学的基层文化运动。在传播领域反对资本化的报纸吞并小报纸。主张博物馆、剧场、图书馆、电影院，要关心居民日常需要，进行更多的基层巡回演出。

第七，关心弱势群体，保护妇女和少数民族权利。绿党社会纲领，主张保护弱势群体，"重视妇女和少数民族权力"。[①]

3.绿党选举活动：从理想主义到务实策略

绿党在80年代尚未成为执政党的时候，把基层民主的理想与选举政治活动结合，在其与社民党红绿联盟联合执政及下野后，开始从理想主义向现实主义转型，在选举中推行务实策略。

德国绿党从1980年建立后到80年代后期，呈现强劲的发展势头，这与其直接民主方式有关。绿党的纲领就是竞选纲领，包含着与基层党员的广泛协商民主。例如早期黑森州绿党选举了一个纲领委员会，从成员中征求和平问题、就业和经济问题、能源问题、环境问题、城市计划问题、生活地区问题、交通管理问题、民主权利问题、妇女问题、文化教育问题、老年人问题、歧视少数民族问题和保健问题，还把全球性选择方案包括在党纲中，在征求意见后，再分送各个州地方组织，征求修改意见，最终形成一致意见。绿党纲领不是由少数专业工作者写成，而是集中普通居民建议，因而1982年在黑森州赢得8%选票。绿党还运用基层群众参与民主活动的方法选举候选人。黑森州9个候选人，在选举名单上有20个职位，采取每2年的轮换制度。绿党竞选大都在地方一级进行。绿党与其他党派的偶尔在选举前向公众报告其活动不同，致力于传播在政治讲坛之外的得不到的信息，各级绿党提供了一大批宣传资料。[②]

但到20世纪90年代，绿党无论是在地方选举或联邦选举，都双双失利，在下萨克森州，1990年绿党得票率由1986年的7.1%下降到5.5%，州议席数从11个减少到8个。同年1月萨尔州，他们只得到2.7%的选票。

---

① ［美］弗·卡普拉、查·斯普雷纳克：《绿色政治——全球的希望》，石音译，东方出版社1988年版，第202页。

② ［美］弗·卡普拉、查·斯普雷纳克：《绿色政治——全球的希望》，石音译，东方出版社1988年版，第206—232页。

1990 年联邦选举，是德国统一后的第一次选举，绿党是联邦德国唯一不支持德国统一的政党，与德国主流民意相悖，因而只获得 3.8% 的选票，与1983 年进入联邦议会所获得的 5.6% 相比，失去近三分之一选票。因未超过 5% 的限制性门槛而失去再次进入联邦议会的资格。环境的主题不再为绿党独享，社民党新一代领导人也将环境主题纳入自己的纲领。加上 90 年代初环境议题相对于其他问题的重要性相对下降，各国绿党内部的激进派在 20世纪 90 年代中期以后都失去了以往的影响，开始了各自的改革。

德国绿党的务实改革，包括党组织向传统政党转型；政策由激进向温和务实转型；放弃基层民主而转而接受代议民主；政党开始定位执政党。1991年黑森州选举，突出该州领袖菲舍尔的个人形象，进行广泛的宣传造势，菲舍尔带领绿党进入州议会，后来他本人成为红绿联盟的环境部长。黑森州绿党还强调选举过程中的统一性和纪律性，在宣传上突出创新和改革，并声称愿意与社民党合作，共同应付右翼党派挑战。1991 年，绿党在黑森州获得8.8% 的选票。到 1994 年，绿党地方改革成效显著，16 个州已进入 11 个州议会。在 1994 年全国议会选举中，绿党获得 7.3% 的选票和 49 个议席，取代自民党成为议会第三大党。到 1996 年底，绿党进入 12 个州议会，在 3 个州与社民党联合执政。1998 年绿党在菲舍尔带领下大选获胜，成为执政党。在执政头两年缺少执政经验，引起反对党和民众不满。绿党 2000 年展开卡尔斯鲁厄和明斯特党代会，提出"在内容上、人员上和组织上重新建造党"的改革要求，修改基础党纲，确定党的定位是"左翼中间路线"，以"改革党"身份淡化"抗议党"的历史形象。[①] 在组织建设上，通过基层表决取消议员不得在党内任职的限制；在生态税征收上，采取"根据情况的发展而定"的对策；在绿色核心价值观上，不再因反对战争坚持和平的原则，而把拒绝以武力作为解决危机作为最后的手段。确认 1999 年科索沃行动和 2001年国际反恐联盟行动。2005 年 10 月，重新在野的绿党在欧登堡举行大会，调整未来战略。为了实现重新执政目标，在与其他政党结盟问题上，采取开放的态度。

---

① 王芝茂：《德国绿党的发展与政策》，中央编译出版社 2009 年版，第 157—162 页。

四、学术视野的生态政治学：生态正义和生态民主的绿色国家思想

大多生态主义者把国家主权描述为无所作为的政治行为体，或者把国家描述为造成持久性生态破坏的政治"主谋"或"共犯"。绿党现实主义派，适应西方议会民主的现实，参加竞选活动，通过议会提案推行某些浅绿的环境政策，同时在适应选举党的前提下对绿党自身进行一定程度的基层民主改良，并未采取深绿化西方政治体制的政治实践活动。而有的生态政治学研究的学者，比如罗宾·埃克斯利却主张现有政治的"生态民主"的改造，建设不同于生态现代化"弱势"绿色国家的"强势"绿色国家。

（一）公民社会的社会正义与邦联或联邦民主思想

英国学者马克·史密斯和皮亚·庞萨帕在《环境与公民权》中提出了生态公民权思想，主张伦理学、政策和行动三位一体，将社会正义与环境正义、将个人日常生活与政治、将权利与义务、将地域共同体与跨国界影响整合在一起。①

美国学者罗尼·利普舒茨在《全球环境政治：权力、观点和实践》中指出：制度化的政治实践，投票、游说和代表都是以稳定和可预测的方式对现实主义的社会意识形态和社会运动的回应。② 社会权力，包括市民政治和社会运动（社会行动主义），产生于私人领域，但其目标却是公共领域。就市民政治而言，公私间的界限相当模糊。市民政治涉及很多专业性、官僚性集团的行为，这些团体主要活动于公共政策的制定、执行和调整方面。③ 市民政治也可以由非政府组织和公司团体来实施。环境主义形成于 20 世纪 60 年代的反战运动、民权运动、反核运动以及争取言论自由运动的新社会运动，"已经变得制度化、官僚化、规范化和主流化，与'社会现状'联系最为密切。环境主义向政治制度的渗透已在很大程度上阻碍了环境政治实践。"④ 环

---

① ［英］马克·史密斯、皮亚·庞萨帕：《环境与公民权：整合正义、责任与公民参与》，侯艳芳、杨晓燕译，山东大学出版社 2012 年版，前言第 4—5 页。

② ［美］罗尼·利普舒茨：《全球环境政治：权力、观点和实践》，郭志俊、蔺学春译，山东大学出版社 2012 年版，第 155 页。

③ ［美］罗尼·利普舒茨：《全球环境政治：权力、观点和实践》，郭志俊、蔺学春译，山东大学出版社 2012 年版，第 156 页。

④ ［美］罗尼·利普舒茨：《全球环境政治：权力、观点和实践》，郭志俊、蔺学春译，山东大学出版社 2012 年版，第 139 页。

境运动等新社会运动，形成了生态主义的后物质主义价值观，强调大自然的审美，以及重视环境难题和其他环境破坏问题。环境意识的觉醒，在绿色消费主义运动中也能看到。有些人通过技术、知识和金钱资助环境集体行动，每当国际经贸会议期间，举行一系列游行示威和抗议活动。这些地方的、国家的以及跨国的组织，都致力于各种后物质主义议题，包括环境保护、可持续发展、健康和劳动规章执行、公平贸易、人权和土著居民权利等。这些全球正义运动，表面上自主，"不受个别政府的支配，但却在很大程度上受到其成员国的约束，特别是那些有影响力的大国。鉴于世界银行和国际货币基金组织的总部都设在华盛顿特区，美国财政部持续对这两大组织施加频繁而深刻的影响就不足为奇。"[①] 由于社会运动受到国家权力限制，社会运动最终被引向政党政治，德国绿党就是如此。"如今的德国绿党主要是一个中产阶级政党，已消除了早期的许多激进主义色彩。"[②] 德国绿党为了参政，不得不附和联合执政的社民党的一些政策，"政治参与不是无成本的，它会毁坏社会运动最初的许多理论基础。"[③] 而一些环境组织发动的环境运动，如流域恢复、环境正义和基于市场的行动，都在制度外框架内活动，但这些市民社会环境运动要维持同现有体制的分离是困难的。"因为这些团体不可避免地要同政治当局、官僚及财产所有者进行接触和发生冲突。环境正义团体认为，有必要将社会运动和市民政治结合起来参与制度化政治，因为不恰当地处理有毒废料，这一难题源于缺乏对私人行为的公共监督。最后，那些参与市场行动的组织通过影响消费者选择或者改变企业的行为的努力，利用了制度化政治的许多工具，去落实环境规则并进行环境保护，而这正是制度化政治体制所不能或不愿提供的。"[④]

希腊学者塔基斯·福托鲍罗斯在《当代多重性危机与包容性民主》中

---

① [美] 罗尼·利普舒茨：《全球环境政治：权力、观点和实践》，郭志俊、蔺学春译，山东大学出版社 2012 年版，第 165—167 页。

② [美] 罗尼·利普舒茨：《全球环境政治：权力、观点和实践》，郭志俊、蔺学春译，山东大学出版社 2012 年版，第 167 页。

③ [美] 罗尼·利普舒茨：《全球环境政治：权力、观点和实践》，郭志俊、蔺学春译，山东大学出版社 2012 年版，第 167—168 页。

④ [美] 罗尼·利普舒茨：《全球环境政治：权力、观点和实践》，郭志俊、蔺学春译，山东大学出版社 2012 年版，第 173 页

指出，当代面临经济、政治、社会、文化、意识形态和生态向度多重性危机，这是现代性的两种制度形式，即资本主义和代议民主的必然结果。资本主义社会关系深嵌于经济制度中，资本主义生产不是为了社会需求，而是追求利润。代议民主，不再是平等的行使权力，通过竞选机制，权力被合法地转移到政治精英手中。这两种制度，都是排斥多数人政治参与的性质和机制。市场经济蕴含的增长观念，导致经济权力集中和生态崩溃。解决当代危机的出路在建立保障权利平等分配的新制度框架，即民主。民主不是古希腊的民主、自由主义民主和各种激进民主，而是"包容性民主"。包容民主是建立一个新社会：在原则上摒弃对人类制度化统治和对自然的征服观念。包容性民主，综合了各种民主包括激进绿色主义、女权主义和南方国家运动，将公共领域的概念，从政治领域扩展到经济领域、社会领域和生态领域。"生态民主的解决方案则是从社会制度上寻找生态危机产生的根源，这些社会制度建立在对人的制度化统治以及其中所蕴含的主宰自然界观念基础之上。显而易见，这种解决方式所必需的社会组织形式，应当是建立在政治、经济权力的平等分配基础之上。"① 政治民主是直接民主，决策单位是公民大会，最后是区域大会、邦联大会的"邦联民主"②。经济民主不是一些绿色经济学家所表示的各种形式的"雇员所有制"和"企业民主"，而是"包含对经济权力关系的废除"，是经济领域的人民主权，生产资料集体所有并由公民直接控制，公民直接参与经济决策，是经济生活真实单元。经济民主模式不同于计划经济和资本主义，建立在"以邦联化自治市镇"基础上。

美国学者罗伊·莫里森 1995 年出版《生态民主》，从工业文明向生态文明转型的角度论述了生态民主，其生态民主的思想，是对工业资本主义国家的民主化改造，即以公民社会民主结社民主，改造工业资本主义的政治和经济秩序为生态共同体联邦。他认为"生态文明的出现，或者第六次大规模生物灭绝的出现，将是人类纪（即人类时代）的标志。……某种生态转向和追求可持续发展可能将自我毁灭的工业主义转变成一种繁荣的全球性生态文

① [希] 塔基斯·福托鲍罗斯：《当代多重性危机与包容性民主》，李宏译，山东大学出版社2012 年版，第 109 页。
② [希] 塔基斯·福托鲍罗斯：《当代多重性危机与包容性民主》，李宏译，山东大学出版社2012 年版，第 138 页。

明。"① 生态文明是多样的生活方式，是生态经济、生态共同体和可持续发展的协同进化。"生态文明是一个繁荣的可持续性未来的一种合乎逻辑的而且是唯一的现实选择。"② 生态民主是公民社会的共同体领域和个人自觉领域的产物。"工业主义转向生态民主，取决于来自公民社会的诸多行动的三大主题：结社、合作、联盟。"③ 莫里森认为，生态民主以民主的共同体为基础的许多协会的增长为前提条件。"对于生态民主来说，通过合作努力和联盟努力，结社削弱了中央政府和资本主义市场的力量。"④ "从广义来看，结社民主是将资本主义工业化国家重新定向为民主合作联邦的一种尝试，其大部分权力（并非全部）转移到公民社会。结社民主旨在将大企业和官僚机构的统治转向一个更为欢乐的、地方的、合作的和负责任的社会秩序和经济秩序。"⑤

（二）批判性生态政治学的强势绿色国家思想

澳大利亚罗宾·埃克斯利主张现有政治的生态民主的改造，建立绿色国家，具有绿色改良主义政治色彩。她"是一位较为激进的环境政治理论家，大致属于环境政治理论中的'生态主义'而不是'环境主义'支派。尤其能体现这一思想主旨的也许是她更早些时候的专著《环境主义：走向生态中心主义》"⑥。而在她写的《绿色国家：重思民主与主权》中试图把生态主义思想引入西方主流的民主政治，"不仅仅是借用生态民主的理念来革新现代自由民主体制"，"使现代自由民主制后现代化或绿化"，而是"为生态主义寻找一种现实性的制度化道路和载体。"她认为绿色运动言行不一，"绿色思

① ［美］罗伊·莫里森：《生态民主》，刘仁胜、张甲秀、李艳军译，中国环境出版社 2016 年版，中译本序言 xxv。

② ［美］罗伊·莫里森：《生态民主》，刘仁胜、张甲秀、李艳军译，中国环境出版社 2016 年版，中译本序言 xxvii。

③ ［美］罗伊·莫里森：《生态民主》，刘仁胜、张甲秀、李艳军译，中国环境出版社 2016 年版，第 94 页。

④ ［美］罗伊·莫里森：《生态民主》，刘仁胜、张甲秀、李艳军译，中国环境出版社 2016 年版，第 95 页。

⑤ ［美］罗伊·莫里森：《生态民主》，刘仁胜、张甲秀、李艳军译，中国环境出版社 2016 年版，第 96—97 页。

⑥ ［澳］罗宾·埃克斯利：《绿色国家：重思民主与主权》，郇庆治译，山东大学出版社 2012 年版，译者说明第 1 页。

想与实践的一种根本性的矛盾"是一方面反对国家，另一方面又要求国家为保护环境进行更多的管制："大众化的绿色运动哲学有着一种广为人知的立场。在制度设计和对基本政治原则（分散化、基层民主和非暴力）的辩护方面，它的经典性口号是'全球性思考，地方性行动'。然而多少有些令人惊讶的是，上述这些原则往往与环境活动分子、组织和绿党平常宣传的政治主张不一致——他们要求国家为了保护环境而实施'更多、更好的'对经济与社会的管制。实际上，一般来说，新社会运动也是如此，它们往往一方面'诉诸反国家主义的口号和对国家的武力垄断的根本性批评'，另一方面又主张赋予国家大量的资源以推动它们所期望的社会变革。"① 她认为中国和大多数国家都是经济发展中的生态现代化的"弱势"绿色国家思想，而她则阐述一种"强势"的绿色国家思想。

埃克斯利指出，绿色国家对许多人而言是十分荒唐和危险的想法，要么理解为掌管着生态乌托邦的国家，要么理解为严厉生态控制和资源配置的生态法西斯主义国家，而缺乏一种建设性的绿色司法和绿色国家理论。大多数绿色政治理论家质疑西方自由民主国家承担经济和社会的可持续发展任务的能力，"主流绿色政治理论往往对民族国家持一种极端怀疑的态度。"② 她所理解的绿色国家并非是绿党政府执政并实施一些具体的环境目标的自由民主国家，而是"构建一种回归至理想和民主程序中贯穿着生态民主而不是自由主义民主的民主国家……可以理解为一种后自由主义的国家，因为它产生于一种对自由民主制的内源性（生态）批判而不是简单拒绝。"③

埃克斯利根据西方马克思主义法兰克福学派的批判理论，提出了一种"批判性生态政治学"。"建立在广义的批判理论基础上，并将其注入独特的绿色元素。"这是一种内源性的批判，批判性地反思和质疑现存社会制度中可以促进更加自由的人类共同体的道德资源，尤其"批判性思考

---

① ［澳］罗宾·埃克斯利：《绿色国家：重思民主与主权》，郇庆治译，山东大学出版社 2012 年版，前言第 1—2 页。

② ［澳］罗宾·埃克斯利：《绿色国家：重思民主与主权》，郇庆治译，山东大学出版社 2012 年版，第 4 页。

③ ［澳］罗宾·埃克斯利：《绿色国家：重思民主与主权》，郇庆治译，山东大学出版社 2012 年版，第 2 页。

现存认知与实践之中的价值与规范"①，是一种"批判性建构主义"（critical constructivism），"致力于恢复古典法兰克福学派对人类统治与自然统治之间密切关系的看法，同时吸纳近年来激进环境哲学和绿色政治思想的发展成果"，扩展道德共同体的边界到"包括人类社会之外的更广泛的生物共同体（人类只是其中一部分和展现）"②批判性政治生态学，力图在一个更广泛的背景下采取和吸纳社会和环境正义立场，认为，"环境正义首先指的是社会合作收益与风险的公平分配，其次指与一种扩大的道德共同体相关的风险最小化。而对于交往正义，笔者认为，它指的是一种公平自由的交往环境，其中财富与风险制造和分配必须以一种所有利益相关者及其代表可以接受的方式做出。"③

　　创建绿色国家的限定性起点是，解决绿色政治运动理想与现实的矛盾，包含两个相互联系的理想：一个有效的国家和一个好的国家，也就是"一个有德性的和民主负责（或敏感）的国家，它将维护公共利益与价值，并成为促进环境正义的中介，而不仅仅是一种自我维持的权力。"④生态有效国家理想，来自推动环境修复、规制建设和禁止一系列破坏环境活动的需要。国家需要利用行政和财政手段确保经济和社会维护生态完整性。相对于市场制度"绿化"潜能有限，国家具有合法性的强制性手段，在现代多元社会具有政治和法律优势，具有重新分配资源和左右人们生活的权力，可确保实现环境正义的可持续目标。生态有效的强大国家，不是工具性意义上的，而应该是"善的"，"潜在地可以承担'公共生态托管人'的角色，保护真正的公共利益，如生活支持服务、公共福利、公共交通和生物多样性。"⑤另外，绿色国

① ［澳］罗宾·埃克斯利：《绿色国家：重思民主与主权》，郇庆治译，山东大学出版社 2012 年版，第 7 页。

② ［澳］罗宾·埃克斯利：《绿色国家：重思民主与主权》，郇庆治译，山东大学出版社 2012 年版，第 8—9 页。

③ ［澳］罗宾·埃克斯利：《绿色国家：重思民主与主权》，郇庆治译，山东大学出版社 2012 年版，第 9—10 页。

④ ［澳］罗宾·埃克斯利：《绿色国家：重思民主与主权》，郇庆治译，山东大学出版社 2012 年版，第 10——11 页。

⑤ ［澳］罗宾·埃克斯利：《绿色国家：重思民主与主权》，郇庆治译，山东大学出版社 2012 年版，第 11 页。

家不仅是生态托管员，还要成为一个好"国际公民"，这意味着，"还应努力避免社会与生态代价的跨国界和代际转移。"①

埃克斯利认为，绿色国家进程面临三个核心挑战：主权国家体系自私和竞争造成的无政府主义的"公地悲剧"；国家支持的全球资本主义积累造成的生态破坏；自由民主国家的民主赤字造成的对回应生态难题的困难。这造成生态解放工程最主要和持久的障碍。逆转这一生态破坏趋势的关键是，深化国家对其公民环境关切的民主负责和回应能力，同时将这种民主负责性扩展到跨国公民社会、政府间组织和国家社会。而环境多边主义的兴起，可持续发展和生态现代化竞争战略的出现，以及公民社会中环境联盟、行政国家新民主话语设计的出现，正在约束、抑制和调控"反生态的行为动力机制"，形成生态负责的国家管制模式。

在这基础上，埃克斯利提出了基于哈贝马斯协商民主理论的"生态民主"的新视域。协商民主是基于交往合理性的话语共识的第三种民主，兼具自由主义的程序民主和民主主义公意民主的优点。比自由民主更有利于生态反思性学习，容易做到生态风险最小化和生态风险转移。生态协商民主置于绿色公共领域的基础上，比自由民主理论更具合法性，有助于解决全球化背景下多元社会的复杂的生态难题，同时以更敏感的方式扩大民主，形成包容性的政治共同体。跨国绿色民主国家，可以替代公民共和主义和全球自由主义民主国家，形成生态民主权力，主张所有受到生态风险潜在影响的人都有权参与生态决策过程，形成"跨边界生态公民权利补充性治理结构"②，比世界民主管治更有可能实现。当今世界随着全球有关环境、发展、安全和干预的话语在过去几十年的逐渐变化，形成了"国家主权绿色化的进程"。因而，现存以国家环境责任原则为基础的"弱势"绿色国家，有可能使其转型为"强势"的绿色国家。

---

① [澳] 罗宾·埃克斯利：《绿色国家：重思民主与主权》，郇庆治译，山东大学出版社 2012 年版，第 12 页。

② [澳] 罗宾·埃克斯利：《绿色国家：重思民主与主权》，郇庆治译，山东大学出版社 2012 年版，第 14 页。

第二节 无政府主义与共同体自治：生态文明的
生态社会学运动及其理论

本节将论述当代西方生态文明的生态无政府主义社会实践运动，分析了自由主义无政府类型的社会生态学运动、共同体无政府主义类型的生物区域主义运动和寺院无政府主义类型的新纪元运动等，并简述了生态社会学和生态女权主义的理论和社会改造思想。社会生态学的生态女权主义，被德赖泽克分别划分为"绿色激进主义"的绿色浪漫主义和绿色现实主义流派，而贾丁斯则认为深生态学和生态伦理学在有关生态问题的起因和解决方法上具有相似性，都是社会生态学的："在对生态问题的分析中，社会生态学和生态女权主义有许多相同之处。它们都看到，生态的破坏与控制和支配这个社会问题有关。"①

一、生态无政府主义的生态社会学运动概论

生态社会主义者佩珀认为，就阶级基础而言，生态无政府主义（Green anarchism or eco-anarchism）的生态社会学运动，作为一种社会运动，是中产阶级的思想，即马克思主义说的就是小资产阶级思想，其哲学乃"无政府主义和生态中心主义的结合"，是"一种中间阶级中被疏离和相对无权者的哲学。因为无政府主义的承诺，它减缓他们对共同体、自我实现性的工作和生活方式、参与性民主和对他们自身生活的控制与责任等消失的后工业焦虑。"② 生态主义者或深生态学家，大多扎根于无政府原则。无政府主义者支持的社会生活特征，"包括个人主义或集体主义、平等主义、自由意志主义、联邦主义、分权主义、乡村主义和利他主义或互助主义"③。主流绿

---

① ［美］戴维·贾丁斯：《环境伦理学》第 3 版，林官明、杨爱民译，北京大学出版社 2002 年版：第 265 页。

② ［英］戴维·佩珀：《生态社会主义：从深生态学到社会正义》第 2 版，刘颖译，山东大学出版社 2012 年版，第 188 页。

③ ［英］戴维·佩珀：《生态社会主义：从深生态学到社会正义》第 2 版，刘颖译，山东大学出版社 2012 年版，第 188 页。

色分子包括盖娅主义的深生态学家，除了女权主义的生态中心论者，社会生态主义者，大多数不承认他们的无政府主义根基。其无政府主义特征主要隐含在其社会理想和方案中。从表面上看，无政府主义和生态主义有重要区别。早期无政府主义根植于对 19 世纪社会关系的关切，而生态主义及其支持者，包括塞尔（K.Sale）和多布森（Andrrew Dobson），其思想始于对社会—自然关系的担忧。无政府主义主要不是一种自然哲学。但作为一种社会运动，生态主义具有无政府主义特征。无政府主义反映了资本主义社会无权的中产阶级的阶级地位和利益，可以使其更亲近自然。"无政府主义是一个流动的持续转变的观念与实践系统。它一方面显示了'后现代主义'的倾向，而另一方面又回归到 19 世纪前 25 年或更早。"①无政府主义最早可追溯到 19 世纪最初 25 年。英国无政府主义可追溯到 19 世纪 80 年代，在第一次世界大战前因工联主义而闻名。其兴盛是在 20 世纪 30 年代的西班牙无政府主义。20 世纪 60 年代主要受和平主义影响，表现为新左翼运动、新社会运动和非政府组织。从克鲁泡特金（Peter Kropotkin）开始，无政府主义喜欢引用救生艇协会作为共同体无政府主义的例子。克鲁泡特金的无政府主义（或共同体无政府主义），强调互助合作。无政府主义还具有明显的保守倾向。马克思主义把无政府主义看作极端自由主义，无政府主义的基本原则是"自由意志主义"（Libertarianism）。无政府主义反对任何形式的国家，包括自由民主体制下的政府组织。有一些无政府主义接受马克思主义的观点，认为国家是资本必不可少的代理人，反对国家就是反对资本主义。无政府主义反对任何形式的"大规模主义"，因而反对社会主义的大规模官僚制。鲁斯扎克的无政府绿色分子，反对大规模的工业主义。无政府主义反对家长制等级制度，认为这个是文化现象。支持生态无政府主义的"社会生态学"发现，无政府主义满足了其所有需要：既拒绝破坏生态的传统左右政治，又主张在民主、共同体和合作的新文化政治学。

　　佩珀认为，"生态中心论者包括'生态无政府主义'、'生态女权主义'

----

① 　[英]戴维·佩珀：《生态社会主义：从深生态学到社会正义》第 2 版，刘颖译，山东大学出版社 2012 年版，第 188 页。

和'生态和平主义者'（Ecological pacifist）。"① 艾克斯利（Robyn Eckersley）
把生态无政府主义者分为默里·布克金（Murray Bookchin）的"社会生态
学"以及"生物区域主义""地方自治主义"（即生态公社主义）和"寺院主
义"（Monasticism）四派。

无政府主义大体有三种类型：其一，大多数古典无政府主义是自由无政
府主义。"他们都持有关于'有机社会'的需要的基本信念，有些人是反对
城市和工业的，展现了与保守主义思想的密切关联。很多人具有强烈的自由
主义倾向……拒绝阶级分析和国家任何可能的作用。"② 英国生态无政府主义
者，和美国无政府主义者，受这种极端个人自由的无政府主义的影响，拒绝
阶级统治，把社会变革看成是个体行动的结果——他们通过形成自发的、互
惠的和非等级制的团体，以远离政治。其理想的社会观是"小规模的、集
体的、分散化的公社主义、参与性民主、经济低增长（或不增长）、非等级
制的生活和一致同意决策"。"这与卡伦巴赫（E. Callen-bach）在小说《生态
乌托邦》中描述的美国图画高度一致。"③ 一些激进的生态主义，其"革命性
的社会变革策略深受无政府主义者畅想观念的启发。……此处所展现的无政
府状态，与'新社会运动'——绿色主义、女性主义、公民自由、消费者运
动——中所表现出来的有几分相仿，这些运动虽然不是反对资本主义的，确
是反国家的。它是自由主义的而非社会主义的无政府主义，因为它关注的
焦点，是个体作为消费者在社会变迁中的核心影响力，而不是作为生产者
的那种集体力量。它倾向于意识形态的折中主义和行动上的实用主义——
它将对主流的压力集团政治以及确立激进替代方案的努力表示支持。（Wall，
1990）"

其二，共同体无政府主义。但"大量的生态无政府主义者主要是无政
府共产主义者，特别是受了克鲁泡特金的影响。他们拒绝资本主义，主张生

---

① ［英］戴维·佩珀：《生态社会主义：从深生态学到社会正义》第 2 版，刘颖译，山东大学
　　出版社 2012 年版，第 61 页。
② ［英］戴维·佩珀：《生态社会主义：从深生态学到社会正义》第 2 版，刘颖译，山东大学
　　出版社 2012 年版，第 61 页。
③ ［英］戴维·佩珀：《生态社会主义：从深生态学到社会正义》第 2 版，刘颖译，山东大学
　　出版社 2012 年版，第 62 页。

产资料（资源）的共同体所有制以及在资源和收入共享的公社中按需分配。"
以牛津为基础受到科林·沃德（Colin Ward）影响的"绿色无政府主义者"
的团体，主张建立城市公社和"擅自占地运动"（"有产者是贼"），其乌托
邦，源自威廉·莫里斯《来自乌有之乡的消息》的农村公社和以行会为基
础的社会主义。"公社是无政府主义偏爱的一个社会组织单位，另外还有城
市和邻居（neighbourhood）团体。在小工厂或车间，合作组是互补性的经
济单位。而且，大会或公社／街道／城镇会议或机会是与他们对称的政治形
式。所有这些本质上都是小规模的和以提防为基础的、唯一的在理论上有助
于所有其他的无政府主义原则的空间性组织。……因而志趣相投的个体的资
源联合——根植于地方性的亲和团体——应以直接的公民集会通过协商一致
或投票做出决定的形似管理社会，但当团体已经获得足够的政治技巧时，协
商一致更受欢迎。"①

　　其三，寺院无政府主义。罗斯扎克认为，还有一种既非个人主义也非
集体主义的无政府主义的第三种选择，是"寺院范式"。在这里实践与精神、
个人与集体关系已经成功地解决了。这是一种神秘的无政府主义，以浪漫个
人主义复活了人的神秘性，并吸收梭罗等人的思想。这是部落和乡村自治主
义，是扩大的家庭，"其中快乐交往成为了自由而独特的个人之间达到最高
点的关系。"②

　　佩珀认为，除了作为公社运动的一部分人外，大多数绿色分子，在其
组织中，不像他们的政治哲学那样具有明显的无政府主义倾向。"尽管'地
球之友'的确坚决信奉地方团体自治、地方民主组织的行动和通过地方共同
体运转，但另一方面，它和绿色和平都证实，需要创造和培养专家的等级制
集体以有效地与技术官僚化的工业社会作斗争。"③他们有非官方的领袖，如
英国的英国绿党知名发言人波利特（Jonathon Porritt）或贝拉米（Bellamy），

---

① ［英］戴维·佩珀：《生态社会主义：从深生态学到社会正义》第 2 版，刘颖译，山东大学
出版社 2012 年版，第 195 页。
② ［英］戴维·佩珀：《生态社会主义：从深生态学到社会正义》第 2 版，刘颖译，山东大学
出版社 2012 年版，第 196 页。
③ ［英］戴维·佩珀：《生态社会主义：从深生态学到社会正义》第 2 版，刘颖译，山东大学
出版社 2012 年版，第 191 页。

深生态学的知识领袖如阿恩·奈斯（Arne Naess）。英国和德国绿党都为其公开的无政府主义信仰与现实的政党组织的矛盾而苦恼。当德国绿党领袖凯莉退出领导岗位，20 世纪 80 年代德国绿党开始分裂。20 世纪 90 年代英国和德国绿党中的现实主义派别取得优势，而 1992 年英国绿党几乎崩溃。

在社会建构模式上，深生态运动持一种"绿色无政府主义"（Green anarchism）的地方自治主义、公社主义、基层民主主义。"绿色无政府主义"除了前述的"生态伦理主义"（盖娅主义者），还有"生物区域主义""生态公社主义"（或"生态地方自治主义""生态社群主义"）、"社会生态学"以及"生态女权主义"等多个派别，其中"生物区域主义"和"生态公社主义"前后相继，观点雷同，可以合并，因而深生态运动一共有四支影响比较大的激进力量："生态伦理主义"（盖娅主义者）、"生物区域主义""生态共同体主义"和包括女权主义的"社会生态学"运动，其观点相似之处都是持"一个养育自然而不是破坏地干涉自然的整体范式"，皆主张绿色简单非物质主义的精神生活，自给自足可持续重视农业保护生物多样性的地方经济，生态草根民主的分权政府和民主多样性，设想未来的资本主义的经济体系被替换为一个全球网络经济的相互依赖、相互联系的小地方社区，是一种地方自治的共同体主义（communalism）。

"社会生态学运动"（Social ecology movement）是由荷兰 NPI 中心 Bernard Lievegoed 和他的同事发起的国际化的遍及欧美南非等地的"大众参与的思想与实践模式"（a mode of participative thinking and social practice），主张全球建立有机的"多样性的国际共同体"（developed internationally into a variety of community），形成"社会生态的社会"（social ecology associates），属于强调社会与自然有机统一且社会结构与自然结构同构的有机整体范式，属于自由主义无政府主义性质。"其实践纲领中显而易见的要素是与自由主义的、小型商业的资本主义相一致的。"① 与女性主义、消费者运动的自由主义无政府主义特征相似，其替代资本主义的社会方案，在社会生态学理论框架中呈现出来：包括以公社和城市街区为基本政治单位的小规

---

① ［英］戴维·佩珀：《现代环境主义导论》，宋玉波、朱丹琼译，上海人民出版社 2011 年版，第 377—378 页。

模组织；强有力的地方主义，如 LETS（地方就业与交易系统）；遵循生态原理的组织目标。

"生物区域主义"（Bioregionalism）具有共同体无政府主义性质。生态主义与无政府主义的联系，不仅是一种无政府主义乌托邦，而且是一种延伸到城乡的"生态共同体主义"（Eco-communalism）运动，是一种地方自治主义。"对生态中心主义来说，核心就是这样一种信念，即生活规模的改变，将从根本上解决环境问题的理论与实践问题。这是因为在小的社群里，人们应该会更容易看到他们自身的行动对于社群与环境的影响。在所有的社会中，地方分权将是推进平等、效率、福利以及安全的最佳途径。此举将带来更多的凝聚力，更少犯罪，更多公民的政治参与以及对他者需要的更多体贴。"[1] 一些生态中心主义者将生物区域作为小规模生产社会的基本单位，"生物区域主义"就是这样一种政治、文化和自然生态系统，按照被称为生物区域（bioregions）或生态系统（ecoregions）的自然区规划的观点，生物区是"地球表面的任一部分，它的边界大致取决于自然特性而非人力的规划"。生物区定义既按照物理和环境特征，包括流域边界和土壤与地形特征来划分，也按照当地居民的文化和知识状况来确定，是一种超国家的边界。生物区域主义的原则就是无政府社群主义价值观，贬低非人力的市场力量与官僚机构的重要性，拓展地方政治与经济的良机，提倡合作、参与、互惠以及手足之情的文化价值。强调区域自力更生潜能的开发，以及居住在那里的人们的某种归属感、属地感，包含有对民俗与历史以及"传统"民众所拥有技术的学习。生物区域主义反映的是卡伦巴赫的生态乌托邦。

作为一种运动，"生物区域主义"主要活动于北美。这个术语是 1975 年最早由生物研究所创始人艾伦·冯·纽柯克（Allen Van Newkirk）提出。20世纪70年代早期经彼得·伯格（Peter Berg）和雷蒙德·达斯曼（Raymond Dasmann）阐释变得流行。1985年以来北美生态区总部每两年聚会一次，成为全国规模的绿党。在地方一级，一些生物区代表大会定期开会。按照彼得·伯格的观点，生物区域主义不是简单的环境保护，而是积极的、基于形

---

[1] ［英］戴维·佩珀：《现代环境主义导论》，宋玉波、朱丹琼译，上海人民出版社 2011 年版，第 378 页。

成人类文化和自然环境之间的和谐。生物区域主义者视人类及其文化为自然的一部分，专注于建立一个积极、可持续发展与环境之间的关系，而不是关注保护和隔离荒野的世界。生物区域主义的核心是地方感的培育。居住在一个生物区域的人必须把它当成他们真正的家园，尊重并维护它，而这一区域则是维持人体的健康和生活相回报。他们必须了解他们居住的生态系统，并把他们自己视为该生态系统的一部分，而不是去认同种族团体和国家，或者其他跨越生态边境的人类团体。无论深生态学还是生态女权主义都有一种"生物区域背景"，"生物区域主义者最终想以沿着生物区域界线组织起来的政府来替代地方的、各州的以及国家的政治制度。……生物区域主义者强调在生物区域基础上组织起来的官僚机构应对复杂的生态系统时的无能。"[1] 生态关切被置于政府议程的最前沿，并贯穿所有政策领域。那些由人们所栖息和谋生的生态系统聚合成的社会，会非常小心地关照那些生态系统。限制跨生物区域贸易的观点，蕴含着一种生态公民权。这种公民权包括对生态系统如何支持生命及其脆弱性的了解。[2]

塞尔（Searle）的"第四世界运动"是一种生态地方自治主义，遵循生物区域主义原则。塞尔这样定义第四世界：正如外部殖民地摆脱帝国形成第三世界一样，内部殖民地，第四世界，正努力摆脱国家。[3] 第四世界，跨越盖娅主义和社会生态学，具有共同体无政府主义特征，但与"生物区域主义"有世界观和哲学上的区别，"生物区域主义是第四世界运动的基础，通常向着自由主义和自由意志论的无政府主义方向转化。1985 年塞尔……制定生物区域四个原则，其中两个原则，与共同体无政府主义有关：一是解放自我……二是发展走向一个自治区域的潜能。"[4] 另外两个原则是认识土地和学习风俗，与自然主义哲学有关。生物区域范式，强调地点意识、生态意识

---

[1] [澳] 约翰·德赖泽克：《地球政治学：环境话语》，蔺雪春、郭晨星译，山东大学出版社 2012 年版，第 189—190 页。

[2] 见维基百科，生物区域主义。

[3] [英] 戴维·佩珀：《现代环境主义导论》，宋玉波、朱丹琼译，上海人民出版社 2011 年版，第 224 页。

[4] [英] 戴维·佩珀：《生态社会主义：从深生态学到社会正义》第 2 版，刘颖译，山东大学出版社 2012 年版，第 224 页。

和"生物区域精神"。生物区域的边界是模糊的，也忽视了城市取向的人口现实，现代日益均质化的普遍的社会经济进程。生物区域主义的主张恢复传统文化和物质区域，是不现实的。生物区域主义者，认为小规模可以解决抽象的理论难题。小共同体，便于看到行为对生态的影响，具有实践智慧。生物区域主义与克鲁泡特金的无政府主义思想一致：生产的目的是为了需要，即使用价值；不以工资支付劳动；生产资料公有；计划经济和满足生活必需的产品。通过公共财富所有制，自然财富成为所有人的财富。尽管每一个生物区，尽可能地依靠自然财富和发现匮乏物质替代品而减少贸易，但那里仍有"形态区域"（morphoregions）联合以维持医院、大学和交响乐团。塞尔的生态区域的社会模式，强调有机、自然，模仿大自然，与布克金的社会生态学不同，其深生态学的意识形态体现在生物区域主义中。生态系统是自足的，社会遵循"生态力学规律"，认为保守是结构和物质行为的基本目标，自然系统趋向稳定，因而，生物区域经济必须保护资源、关系和自然生态系统，同时拥有稳定的生产资料交换。生物区域人们有合作，愉快地担任分类给他们的任务。这种稳定平衡是保守的，至多赞同有机的变革。"塞尔的生物区域主义从根本上说依赖于复活了的'盖娅'概念。他说，这一概念可以追溯到25000年前，并信奉生机论（Vitalism）、自然崇拜、泛灵论和自然共同体。"① 他认为第一盖娅规律是地球表面自然区域是生物区域，第二盖娅规律是所有生命都被分成生物共同体。佩珀认为，生物区域主义，缺乏对激进变革的诉求，是潜在反动的。另外塞尔的工作缺少道德判断，其道德不是权利道德，而是基于盖娅主义的生态责任意识，对"承载力"和"生物共同体"的忽视，是犯罪，将受到严厉惩罚，"这有点环境法西斯的味道。"②

保罗·拉斯金（Paul Raskin）提倡"生态共同体主义"（Eco-communalism），他对人类文明的发展提出自己的设想。1976年他领导建立美国环境组织忒勒斯研究院（Tellus Institute），迄今推动了3500多个资源管理和环境战略项目，1995年该研究院与瑞典斯德哥尔摩环境研究院（Stockholm

---

① ［英］戴维·佩珀：《生态社会主义：从深生态学到社会正义》第2版，刘颖译，山东大学出版社2012年版，第230页。

② ［英］戴维·佩珀：《生态社会主义：从深生态学到社会正义》第2版，刘颖译，山东大学出版社2012年版，第232页。

Environment Institute，SEI）学者组成的 GSG（The Global Scenario Group，全球情景模拟小组）团队，研究环境生态危机问题，用"情景模拟分析"（scenario analysis）的方法，分析人类未来文明发展的路径，自 2003 年以来研究人类文明转型的"伟大过渡计划"（The Great Transition Initiative，GTI），2005 年对人类未来文明发展前景提出"大转型"（The Great Transition）的展望，认为由于资本主义市场经济政策和价值观导致两极分化的经济社会危机和环境衰败的生态危机，地球文明即将发生"大转折"（Great Transition），地球文明曾经经历石器文明、神圣的农业文明和理性的工业文明，即将进入"Planetary Phase of Civilization"（行星文明），为此必须"组织生态革命"（Organizing Ecological Revolution）：不仅是简单地对市场经济政策的调整（adjustments），而是从物质主义和自私自利（materialism and self-interest）替代为非物质主义（non-materialism）和生态主义的基本价值观的转型（fundamental societal values change），他们称之为 Eco-communalism（生态社群主义）和 New Sustainability Paradigm（新可持续范式），在实践上他们提倡 global citizens movement（全球公民运动）以推动文明转型。而拉兹洛认为文明大转型不是线性的，而是混沌复杂的。

　　非主流的生态主义文明演化观，是唯心主义的新纪元运动（New Age Movement），属于艾克斯利（Robyn Eckersley）说的"寺院主义"（Monasticism）类型无政府主义。佩珀认为，新纪元主义（New Ageism）是一种唯心主义泛神论的生物中心主义和生态中心主义，具有一个强盖娅主义的泛神论的世界观，"除了生态学以外，新纪元主义还包含有对社会组织与社会变革的女性主义—无政府主义视角，而这又与甘地主义的和平以及社会关系解决之道结合在一起。它强调社会与环境关系中灵性的一面。新纪元主义在很多方面都是对深生态学的拓展。尽管一些深生态学家明确抵制新纪元主义，比如像德沃尔与塞申斯或是地球优先那样"。[①] 其实美国的地球优先组织和英国的里京信托（Wrekin Trust）、土壤协会（Soil Association）和富角基地（Findhorn）都持有泛神论和万物有灵论，与新纪元主义运动思路

---

① [英] 戴维·佩珀：《生态社会主义：从深生态学到社会正义》第 2 版，刘颖译，山东大学出版社 2012 年版，第 21 页。

一致。新纪元主义运动声称宝瓶时代新纪元即将来临，1991年英国绿党发言人戴维·伊克（David Icke）也声称基督圣灵附体，英国富角基地则声称"神圣文明"时代即将到来，都属于唯心主义泛神论的神秘主义。新纪元主义关于社会变革的观点来自所谓东方哲学、后现代哲学（怀特海、玻恩、卡普拉、普里戈金、谢尔德拉克）以及德日进（Teilhard de Chardin）天主教模式（Catholic schema）。1991年杰弗里·拉塞尔（Jeffrey B. Russell）的《地球醒来：新纪元的圣经》（*The Awakening Earth: the bible of New Age*）提出了系统的新纪元主义思想，"意识先于存在，而不是像马克思主义所说的那样是相反的。因此，人类世界的救赎不在别处，正在人的内心之中。""真正的问题，不在外部世界所施加的物理束缚，而在我们自己心灵的束缚。"[①] 认为地球盖娅是活的（living being），是具有19个子系统的特征的内生秩序，就其充满复杂性、多样性与连通性的新秩序而言，是一种精心的杰作，不是偶然的。佩珀指出，盖娅主义，相对于拉夫洛克基于科学假设的盖娅思想，强调盖娅具有智力，将形成与有机统一的"全球脑"："盖娅主义（Gaianism）把古希腊的地球之神的概念和拉伍洛克（J. Lovelock）关于地球是一个自动平衡系统的观点结合起来。这个系统有很大的弹性，尽管人类能够毁灭它现存的形式，但看起来更可能是他们自己毁坏自己，而盖娅将继续——尽管结果是人类以外的物种占主导地位。拉伍洛克的假设并没有把智力归于盖娅，但许多盖娅主义者确是如此，尤其是深生态主义者和新时代主义者。盖娅主义推动了包括异教言行的新时代神秘主义和生态中性论的生物伦理，后者要求尊敬与敬畏自然内在价值，无论它对人类有用与否。盖娅主义还主张'在地球上轻松地生活'和一种深刻的包括人类和非人自然的共同体感。"[②] 盖娅主义者认同德日进的观点，认为地球向着一个由个体和社会组成的超级有机体演化，数十亿个体最终会形成一个"网状思维（interthinking）群"，是包含意识的心智圈，它由具体的活物质圈（生物圈）演化而来，而生物圈由非生命物质圈演化而来。当这三种空间最终联合起来，通过"全球文明化"

① ［英］戴维·佩珀：《生态社会主义：从深生态学到社会正义》第2版，刘颖译，山东大学出版社2012年版，第365页。

② ［英］戴维·佩珀：《生态社会主义：从深生态学到社会正义》第2版，刘颖译，山东大学出版社2012年版，第42页。

(planetisation) 形成有机统一体，这就是"欧米伽点"（point Omega），盖娅就会成为超意识存在。① 过了这一点，人类全球意识与其余部分融为一体的"盖娅之域"（Gaiafield）。拉塞尔认为，"目前非常明显的是，社会也在经受某些严重危机：熵的总量或者它所产生的无序性已经暴涨，因此为了回应生态和谐的新秩序，进化就是必须的了。"② 斯蒂克（Stikker，1992）认为，下一个 50 年就会发生质变，"他引证了'智能'与通讯速度方面的指数增加趋势来做出说明，这些趋势都预示了 2030 到 2070 年之间的转换性跨越。"③ 新纪元主义在社会变革上，强调个人即政治，每个人要有积极的心态，形成包纳集体和宇宙的自我观，如此我们自然而然就会与深层演化的社会秩序协同。"当个体达到和谐时，他们就对全人类的和谐与一个和平安宁、生态健全的社会做出了贡献。"④ 这种思想与深生态学的大我的"自我实现"思想是一致的。与深生态学和新纪元主义的极端唯心论泛神论相对，生态社会主义和生态马克思主义持一种唯物主义的激进社会变革观，"社会主义者指出，激进社会变革的发生，在很大程度上必须通过改变人们的物质（经济）环境来达成。"⑤ 主流的生态主义社会文明发展观，介于上述极端唯心主义与唯物主义之间。

二、默里·布克金的社会生态学和自由市镇主义实践方案

默里·布克金（Murray Bookchin，或译为慕瑞·布克钦）从 20 世纪 50 年代就开始发文章研究社会问题与生态问题的关系，自 20 世纪 60 年代把这些问题研究与无政府主义结合，出版《后匮乏社会的无政府主义》《向生态性社会迈进》《自由的生态学》等，为生态社会学运动提供了关键理论框架。

---

① ［法］德日进：《人的现象》，李弘祺译，新星出版社 2006 年版，英译本序第 7 页。
② ［英］戴维·佩珀：《现代环境主义导论》，宋玉波、朱丹琼译，上海人民出版社 2011 年版，第 367 页。
③ ［英］戴维·佩珀：《生态社会主义：从深生态学到社会正义》第 2 版，刘颖译，山东大学出版社 2012 年版，第 191 页。
④ ［英］戴维·佩珀：《现代环境主义导论》，宋玉波、朱丹琼译，上海人民出版社 2011 年版，第 368 页。
⑤ ［英］戴维·佩珀：《现代环境主义导论》，宋玉波、朱丹琼译，上海人民出版社 2011 年版，第 371 页。

他认为他的思想既是一种"自由社会生态学"的新形式，也是"生态无政府主义"，这种理论既反对环境主义"解决生态失衡仍依赖于一种工具性的、几乎是技术工程性的方法"，"通过最小化对人类健康与生活的伤害的改良，来使自然世界适应现存社会及其剥削性的、资本主义的规则的需要"，① 也不赞同从"生态伦理学"的"神秘生态学"② 仅仅从生态中心的价值观认识和应对生态环境危机："对于社会生态学家而言，我们目前面临的环境失衡深深根植于一个非理性的反生态的社会，而它所面临的基本难题源于一个等级制的、阶级性的和如今激烈竞争的资本主义制度……它已经将人对人的支配扩展成一种'人类'注定要支配'自然'的意识形态。"③ 他认为，"资本主义已经使得社会进化与生态进化很难相容"。④ "资产阶级社会只有停止对其自身生存的生物与气候基础的破坏，生态环境衰败的状况才会改善。……必须创造一种全新的人与自然间的分配。"⑤

布克金在社会与自然的关系上，持一种社会与自然是自发演化的复杂的相互作用有机整体的观点，他认为有两种自然：原本的自然称作"第一自然"，人类社会称作"第二自然"。他认为，"第一自然"不同于生态伦理学所理解的静止的、明信片风景式的荒野景观，也不同于马克思所说的必然性王国，而是被视为一个发展中的过程，其标志是不断增加的差异性、神经系统的复杂性和多样化生态区域的形成，同时也是意识与自由趋向高度发展的过程："自然是一种进化中的发展，应当被视为一种日益差异化的进化中的发展"，"自然是一个从无生命到有生命的、最终是社会性的进化过程"。⑥

---

① ［美］默里·布克金：《自由生态学：等级制的出现与消解》第 2 版，郇庆治译，山东大学出版社 2012 年版，1991 年版导言第 1—2 页。

② ［美］默里·布克金：《自由生态学：等级制的出现与消解》第 2 版，郇庆治译，山东大学出版社 2012 年版，1991 年版导言第 4 页。

③ ［美］默里·布克金：《自由生态学：等级制的出现与消解》第 2 版，郇庆治译，山东大学出版社 2012 年版，1991 年版导言第 2 页。

④ ［美］默里·布克金：《自由生态学：等级制的出现与消解》第 2 版，郇庆治译，山东大学出版社 2012 年版，1991 年版前言第 2 页。

⑤ ［美］默里·布克金：《自由生态学：等级制的出现与消解》第 2 版，郇庆治译，山东大学出版社 2012 年版，1991 年版前言第 2 页。

⑥ ［美］默里·布克金：《自由生态学：等级制的出现与消解》第 2 版，郇庆治译，山东大学出版社 2012 年版，1991 年版导言第 8 页。

这是一种辩证的自然主义。非人类进化的"第一自然"和人造宇宙的"第二自然"这两种自然"整合成一种第三自然","一种更加整体性的自然",① 这是"一个借助于多样性的统一性而不断获得整体性的宏大过程"。② 这仍是一种自然—社会"有机整体论"的范式，跟保守主义的"有机共同体"思想是一脉相承的。这种人与自然辩证统一的自然观，把人类社会纳入人和自然辩证统一的共同体，在人与自然辩证统一中，既强调人的意识、人类社会的"第二自然"主导性作用，也强调"第一自然"基础性地位，因而既反对现代资本主义工具性的实用主义，也不赞同深生态学和生态女权主义的"生物中心主义"泛神论思想，将前者视为与生态危机有关联，将后者斥责为幼稚、愚蠢的神秘生态主义。自然界没有内在价值，只有人是道德主体。

布克金把新石器时代的原始共产主义社会称之为人与人合作、人与自然互补统一的生态共同体，即"有机社会"：

其一，有机社会是国家和阶级尚未产生"缺乏"的原始社会："缺乏经济阶级和政治国家的社会——他们内部的和自然的密切关系可以称之为有机社会。"③ 布克金认为，史前人类社会并非法国列维·布留尔（Levy-Bruhl）不恰当地描述的前逻辑思维，或神话学所说的"非线性思维"，而像我们在日常生活一样，其采集狩猎活动，也不得不从事线性意义上的结构思考，他们的文化背景和我们不一样。

其二，有机社会的文化是生态共同体的平等、共生的价值观："有机文化缺乏强制与支配性的价值",④ "在有机社会的发展中明显产生了一种共生感，或共同体的相互依存和合作感"。⑤ 有机社会是人类与自然共生的"真

---

① ［美］默里·布克金：《自由生态学：等级制的出现与消解》第 2 版，郇庆治译，山东大学出版社 2012 年版，1991 年版前言第 2 页。

② ［美］默里·布克金：《自由生态学：等级制的出现与消解》第 2 版，郇庆治译，山东大学出版社 2012 年版，第 8 页。

③ ［美］默里·布克金：《自由生态学：等级制的出现与消解》第 2 版，郇庆治译，山东大学出版社 2012 年版，第 8 页。

④ ［美］默里·布克金：《自由生态学：等级制的出现与消解》第 2 版，郇庆治译，山东大学出版社 2012 年版，第 30 页。

⑤ ［美］默里·布克金：《自由生态学：等级制的出现与消解》第 2 版，郇庆治译，山东大学出版社 2012 年版，第 31 页。

正的生态共同体"："它是一种适合其生态系统的真正的生态共同体，人们在整个环境和自然循环中具有一种主动的参与意识。"① "从人类意识的起源开始，自然就形成了与人类的共生状态——而不仅仅是二者之间的和谐化与平衡。"②

其三，有机社会的世界观是生态化的，万物相互依存互补，其伦理是互补性伦理，而不是一种命令与屈从道德。"互补性伦理学反对任何人类具有支配第一自然的权利与主张。……但是这种伦理学的确非常鼓励构成生命整体的多样性、进化与理性革新和生命形式的异质性，以便使互补成为可能。"③ 这是因为，"在有机社会中……自然万物之间的差异，被视为一种'差异中的统一性'或'多样性的统一性'，而不是等级制"，④ "他们的世界观是生态化的……他坚持认为，生态系统中的生物是相互依赖的，并且在维持自然秩序的稳定性方面发挥着互补性作用。"⑤

其四，人与自然共生的"生态共同体"中，人与自然分别保持各自的特性，人类是自然的参与者，自然是人类的养育者。在传统有机社会，"生态庆祝仪式确证了自然作为人类环境一部分的'公民身份'。'人民'并未消失于自然之中，自然也未消失于'人民'之中。但是自然并不只是人类的一个栖息地，而是一个能动参与者：……以它无数的功能与劝诫形式被吸收进了人类共同体的权利和职责关系。"⑥

其五，有机社会的主要特征将在未来生态社会中发挥主要作用。有机社会中人类社会的主要特征是：最低限度的保障原则，是有机社会由此确保

① ［美］默里·布克金：《自由生态学：等级制的出现与消解》第 2 版，郇庆治译，山东大学出版社 2012 年版，第 32 页。
② ［美］默里·布克金：《自由生态学：等级制的出现与消解》第 2 版，郇庆治译，山东大学出版社 2012 年版，第 33 页。
③ ［美］默里·布克金：《自由生态学：等级制的出现与消解》第 2 版，郇庆治译，山东大学出版社 2012 年版，第 25 页。
④ ［美］默里·布克金：《自由生态学：等级制的出现与消解》第 2 版，郇庆治译，山东大学出版社 2012 年版，导言第 5 页。
⑤ ［美］默里·布克金：《自由生态学：等级制的出现与消解》第 2 版，郇庆治译，山东大学出版社 2012 年版，导言第 5 页。
⑥ ［美］默里·布克金：《自由生态学：等级制的出现与消解》第 2 版，郇庆治译，山东大学出版社 2012 年版，导言第 5 页。

了每一个人获得生活必需品的物质手段；对财产用益权而不是财产所有权的信奉；这些原则为精神财富将在未来生态社会中发挥主要作用，与理性、科学以及现代技术结合起来，并重新设计以便促进人类与非人类世界融为一体。

随着新石器时代结束，文明社会等级制的出现，人与人之间的统治的不平等的社会结构导致人类对自然主宰的等级结构。布克金指出："我的主要观点可以简略地概括如下：人支配自然这一观念本身来源于现实中人对人的支配。"① 布克金的等级制是第二自然的特点，是一种广义的社会文化的不平等，不仅仅是经济上的阶级不平等，以及政治上官僚制的不平等。他指出："在我看来等级制泛指文化、传统和心理上的驱动与命令制度，而不仅限于经济与政治体制，相应地，等机制和支配完全可以在一个'无阶级的'或'无国家的'社会中继续存在。对于支配，我指的是老年对青年、男性对女性、一个种族对另一个种族、往往以'更高社会利益'代表身份说话的官僚对大众、城市对乡村的支配。或者从更微妙的心理学意义上说，我指的是，精神对身体、空洞的工具理性对心灵和社会与技术对自然的支配。"②

布克金认为，等级制在资本主义社会发展到支配的对抗程度，是生态问题的根本原因。在资本主义社会里，有机的社群关系溶解成市场关系，市场掠夺了人类和自然。因而解决生态危机，既要超越资本主义，更基于激进无政府主义激进民主的伦理思考和集体行动，要在更高层次上建立类似于原始石器时代自然与社会生态共同体的"有机社会"的"后稀缺"（post-scarcity）的生态社会。布克金认为，稀缺不只是一个数量和种类问题，而是社会性矛盾的人格化体现，在资本主义社会里需要，就像商品不再是使用价值，而是抽象的价值，形成商品拜物教一样，需要也不是真实需要，是"需要拜物教"。要打破需要拜物教，就必须恢复选择的自由。在后稀缺社会，"不仅是可供选择的充足数量商品，还同时是工作在质与量意义上的转

---

① [美]默里·布克金：《自由生态学：等级制的出现与消解》第2版，郇庆治译，山东大学出版社2012年版，导言第1页。

② [美]默里·布克金：《自由生态学：等级制的出现与消解》第2版，郇庆治译，山东大学出版社2012年版，导言第3—5页。

型。"① 使个体具备"自主、道德远见和理性选择智慧"②，如果说资本主义目标是增加需要的话，那么"无政府主义目标是增加选择。"③ 要摆脱现代资本主义的超级市场，人们也许"需要一种数量上务必充足的富裕，使得目前主宰性的需要拜物教不得不自我瓦解"，更重要的是一种"被物欲感知严重扭曲的"，"可以用来创造摆脱物质稀缺状态的挑选主要的能力"④，这在等级社会是无法理解的。用人为的短缺、经济失衡和物质剥夺的生态法西斯主义，是不行的。需要恢复平等的有机社会最低保障原则、使用权原则和互补性原则的有机社会。"要创造一种基于差异、整体性和互补性而不是任何形式的'中心性'的社会，我们的看法是必须具体的，并且避免生态运动中的神秘化趋势所体现的含混不清的特征……（这是）一种生态与理性社会的具体内容，并试图为我们的时代提供一种几乎是行动纲领性的计划方案。我将这一计划称为'自由市镇主义（Communalism，或译共同体主义）'。"⑤ 布克金认为，"它是自由主义的，来自 19 世纪欧洲无政府主义的术语，因为它主张一种对物质生活比如土地、工厂和交通等控制的新政治；它是市镇主义，因为它主张一种对公共事务公民公职的新政治，主要是面对面市民大会；它还是联邦主义的，因为它力图促进以区域为基础的市镇及其经济的相互依存"。⑥ 这部分原因是避免自足社区的狭隘主义，部分原因是以理性与生态的方式应对社区间合作需要。政策由市民大会创议、形成和决策；行政决定权则被联邦理事会授权，并服从各市镇监督。

　　布克金指出，我们重新进入自然进化过程，不只是度过可能发生的生

---

① ［美］默里·布克金：《自由生态学：等级制的出现与消解》第 2 版，郇庆治译，山东大学出版社 2012 年版，1991 年版导言第 5 页。

② ［美］默里·布克金：《自由生态学：等级制的出现与消解》第 2 版，郇庆治译，山东大学出版社 2012 年版，第 55 页。

③ ［美］默里·布克金：《自由生态学：等级制的出现与消解》第 2 版，郇庆治译，山东大学出版社 2012 年版，第 55 页。

④ ［美］默里·布克金：《自由生态学：等级制的出现与消解》第 2 版，郇庆治译，山东大学出版社 2012 年版，第 57 页。

⑤ ［美］默里·布克金：《自由生态学：等级制的出现与消解》第 2 版，郇庆治译，山东大学出版社 2012 年版，第 41—42 页。

⑥ ［美］默里·布克金：《自由生态学：等级制的出现与消解》第 2 版，郇庆治译，山东大学出版社 2012 年版，第 42 页。

态灾难和核毁灭，而是恢复生命世界中我们的丰饶性。并非是回到我们祖先的原始生活方式，或将技术让位于一种田园牧歌。"重新进入自然进化，更多的是一种自然的人道主义化，而不是一种人类自然化。"[①] 要解决人与自然的对立与疏离，（第二自然的）自由不再被置于（第一）自然的对立面。[②] 等级制将会被相互依赖取代，相互依赖的联合意味着存在一个有机核心，从而满足人们深刻感受到的对于关心、合作、安全和爱的生物性需要。

　　布克金认为，人和自然的有机统一，是有差别的统一，不能把第二自然化约为第一自然，生态整体性是多样性的统一。布克金指出，"一条重要的生态学原则：生态整体性不是一种不可改变的均质性，它是一种充满活力的多样性的统一。在自然世界中，和谐是通过不断变化的差异性、不断扩大使得多样性来实现的。"[③] 自然是朝着日益复杂化的方向进化的，生命对这一星球的占领只是生物多样化的一个结果。多样化的生态力量会产生多种形式的生态情景。"共生性地互助主义在很大程度上是促进生态稳定和有机进化的主要因素。"[④] 布克金认为，自然与社会是辩证统一的关系："整体性和完整性是一种现象的内在辩证法。自然系统与人类共同体以非常切实的方式相互作用。社会与自然之间具有连续性，自然是社会发展的一个前提。"[⑤] 人与自然的二元性不等于二元主义："为了在自然进化中将人类自身区别开来，就必须有二元性，比如自我与其他和人类与非人类之间的二元性。在这里，二元性不能混同于二元主义。……如今，生态思维面临的真正危险不是一种二元主义感知——神秘主义生态学家所极力批评的对象，而是一种简约主义——将所有差异都简化为难以言说的'整体性'的一种智力消解。这种

---

① ［美］默里·布克金：《自由生态学：等级制的出现与消解》第2版，郇庆治译，山东大学出版社2012年版，第314页。

② ［美］默里·布克金：《自由生态学：等级制的出现与消解》第2版，郇庆治译，山东大学出版社2012年版，第317页。

③ ［美］默里·布克金：《自由生态学：等级制的出现与消解》第2版，郇庆治译，山东大学出版社2012年版，第8—9页。

④ ［美］默里·布克金：《自由生态学：等级制的出现与消解》第2版，郇庆治译，山东大学出版社2012年版，第11页。

⑤ ［美］默里·布克金：《自由生态学：等级制的出现与消解》第2版，郇庆治译，山东大学出版社2012年版，第16—17页。

'整体性'消除了任何创造性的可能性，并将一个'相互联系'概念变成了一种精神与情感的禁锢。"①

因此，站在第一自然与第二自然有多样性的辩证统一的观点上，他批判以深生态学为代表的形形色色的泛神论神秘生态学。他认为，深生态学流派是一种新纪元浪漫主义（New Age Romanticism），"不过是古代宗教迷信集合的神秘生态学。它们如今自称为'深生态学'、大地女神崇拜、生态泛灵论等等——所有这些都可以一般地概括为'神秘生态学'，并且借用了各种形式的新时代主义观念、魔幻的仪式和大量的宗教或准宗教习俗。"② 这些神秘主义生态学家，有的主张向新石器甚至更新世时代的回归，有的主张向史前生活方式回归。它们都持有"生物中心主义"的观点，认为所有生命形式包括细菌和病毒在"内在价值"上都是平等的。"'生物中心主义'相对于'人类中心主义'，在很大程度上是宗教性观点。"③ 很多生态神秘主义观点偏好"荒野"，荒野相对于被人类改变的地区而言，"其中往往流露出一种冷酷无情的马尔萨斯主义——将饥荒与疾病视为大地女神'盖娅'（Gaia）对人类干预自然和'人口过程'的惩罚。"④ 他指出，生态女权主义也从对女性在养育儿童中的历史作用的称赞，转变为对女性比男性"更接近自然"的崇拜，这种崇拜把女性的母权制变成"一种有神论的'永恒女性'。简言之，我开始注意到一组发展中的神秘的、浪漫的和往往是相当愚蠢的生态学流派的出现，而它正在威胁一种理性环境运动的完整性，我把这些神秘化的生态学流派视为既愚蠢又幼稚的"。⑤ 布克金将深生态学、生态女权主义都彻底否定为幼稚、愚蠢的神秘生态主义。

---

① ［美］默里·布克金：《自由生态学：等级制的出现与消解》第 2 版，郇庆治译，山东大学出版社 2012 年版，导言第 33 页。

② ［美］默里·布克金：《自由生态学：等级制的出现与消解》第 2 版，郇庆治译，山东大学出版社 2012 年版，导言第 3 页。

③ ［美］默里·布克金：《自由生态学：等级制的出现与消解》第 2 版，郇庆治译，山东大学出版社 2012 年版，导言第 3 页。

④ ［美］默里·布克金：《自由生态学：等级制的出现与消解》第 2 版，郇庆治译，山东大学出版社 2012 年版，导言第 3 页。

⑤ ［美］默里·布克金：《自由生态学：等级制的出现与消解》第 2 版，郇庆治译，山东大学出版社 2012 年版，1991 年版导言第 3 页。

虽然布克金本人批判盖娅范式的神秘主义，但其他的一些生态社会学家如 R. 梅里尔认为他们的社会与自然一元论的哲学可以很好地由盖娅范式体现。有的生态社会学者的观点认为，生态社会学也有神秘主义的倾向，如 A. 艾利认为自然与社会合作来创造一个存在或潜在其中的现实，工匠的工作不仅是把一种无活力的自然资源转变为所期望的客体，它还发现了"物质的声音"。亨特、克拉克等社会生态学家为了获得"共同的生态价值观"和相应的健康社会行为而建立"社会秩序"，跟生态伦理学一样，具有浪漫保守主义色彩。① 所以社会生态学，尽管有人由于它对资本主义的批判，以及生态危机的社会等级制度原因的强调，有人认为与生态社会主义有关人与自然关系的思路相近，但西方生态社会主义者仍把它划在深生态的范式。从1995 年开始布克金开始批评无政府主义，1999 年以后他提倡"后无政府主义"的"生态共同体主义"（Communalism，或译为生态市镇主义）。

三、生态女权主义与社会生态学、深生态主流派的比较

1974 年法国弗朗索瓦·德·奥波尼（Francoise d'Eaubonne）最早提出"生态女权主义"这个术语，20 世纪 80 年代在美国流行。生态女权主义批判继承了女权主义对女性解放政治议题的思想，并把妇女解放政治与生态环境问题结合起来，提出了有关生态环境问题独到的看法，强调女性与自然的内在有机联系和认同关系，强调女性解放有关生态解放。生态女权主义强调男性与自然，女性解放运动与生态环保运动的天然联系。她们在 1982 年为庆祝蕾切尔·卡逊《寂静的春天》（1962）出版 25 周年举行"生态女性主义视角"的会议，"号召妇女来一次生态革命，以恢复星球生态"。卡洛琳·麦茜特指出：20 世纪 80—90 年代，许多妇女成为生态活动积极分子，"女性主义学者关于古代女神一下子写出了一大堆书，成了一种重新恢复的植根于大地的精神的基础。"②

约翰·德赖泽克（John Dryzek）也认为，生态女权主义属于深生态学：

---

① ［美］默里·布克金：《自由生态学：等级制的出现与消解》第 2 版，郇庆治译，山东大学出版社 2012 年版，第 204—205 页。

② ［美］卡洛琳·麦茜特：《自然之死：妇女、生态和科学革命》，吴国盛译，吉林人民出版社 1999 年版，前言第 1—2 页。

"生态女权主义（eco-feminism）就它寻求生态意识方面的激进转变来说，是一种深生态哲学，尽管它总体上相当敌视深生态学"，"认为深生态学是一个乡下男冒险家的学说"，它对环境问题的诊断是错误的。早期生态女权主义一般认为，所有环境问题的根源，"不是人类中心主义（人类对自然的支配），而是男性中心主义（男性对所有事物的支配）。在生态女权主义者看来，随着统治妇女并同样统治自然的男权制的出现，在人类互相对待和对待自然的方式上开始彻底误入歧途。因而，妇女的解放和自然的解放有着密切的关系，两者都依赖废除男权制。"尽管有上述区别，女权主义和生态主义都相信，"需要培养一种根本不同的人类感知，包括对自然的一种非工具性和非支配性的、更具共生性的关系"①。精神性的生态女权主义，往往依赖异教宗教，被母亲女神想象吸引。许多生态女权主义者造就了一个"生态系统中的女天使"的神话。

　　女权主义学者艾丽逊·杰格（Alison Jaggar）把女权主义分为自由主义的、马克思主义的、社会主义的和激进的几类。生态女权主义者凯伦·沃伦（Karen Warren）和普拉姆伍德（Val Plumwood）将其划分为三次浪潮。第一次浪潮是自由女权主义浪潮。自由女权主义强调男女平等的理性和平等的政治权利，强调女人和男人一样，实际上是接受了不平等的男权主义社会文化体制。"第一次浪潮的生态学可表达为：只有当妇女像男人一样成为大自然的压迫者时，她才能不像大自然那样压迫。"②第二次浪潮是20世纪60年代以激进主义为代表的各种女权主义流派理论。马克思女权主义强调女性受压迫的阶级经济原因，"被限于家庭劳动，因而是依赖性的劳动力形式"。③民主社会主义女权主义既强调女性受压迫的经济原因，也强调女性受压迫的男权制的社会文化体制原因。激进女权主义强调男权制是女性受压迫的基础性原因，强调"私事就是政治"，主张发动女权文化和女权伦理

---

① ［澳］约翰·德赖泽克：《地球政治学：环境话语》，蔺雪春译，山东大学出版社2012年版，第187—188页。

② ［英］戴维·贾丁斯：《环境伦理学：环境哲学导论》第3版，林官明、杨爱民译，北京大学出版社2002年版，第285页。

③ ［英］戴维·贾丁斯：《环境伦理学：环境哲学导论》第3版，林官明、杨爱民译，北京大学出版社2002年版，第281页。

革命。

"文化生态女权主义","继承了激进女权主义的观点,强调女性评价、理解、体会世界的特殊女人方式"。① 这类女权主义认为,男权文化具有不平等二元论框架,强调精神、智力和理性、文化、客观性、经济与公共生活,贬低女性和自然,男性为征服、开采、陶铸自然而战斗。女性文化关注的是身体、血肉、物质、自然进程、情感和个人感受以及私人生活。应以颠覆女性的被压迫地位和负面形象,强调女性天然亲近自然,强调有利于保护生态的女性文化。文化生态女权主义,一是强调女性的生活体验特别是为人母的体验,可以形成基于关系和关怀的"关怀伦理",以区别于男权伦理的抽象、理性、普适的支配模式;一是主张发动女性精神运动。

文化 / 激进女权主义以佩迪拉(Pietila,1990)为代表,她在《大地之女:作为可持续发展基础的女性文化》中,提出一种"可持续发展的现实与哲学指导方针"的"女性文化",作为可持续发展的基础。她认为,女性文化,主张把女性、母亲与地球结合在一种协作关系中,这一文化从古老的神话中吸取营养:照料、养育、相互给予和接纳。②

文化 / 激进生态女权主义苏姗·格里芬(Susan Griffin)认为女性比男人天然接近自然的事实是女性与大自然有良好关系的基础。依此形成的"关怀伦理将人与自然的关系视为母子关系。女性比男性更懂得关怀体验,因而是自然力以最合适的代言人"③。戴利(Dely,1987)的生态女性主义同样歌颂女性对自然的亲近。科勒德(Collard)主张回到大地女神崇拜、非等级制的母权制社会。④

文化 / 激进生态女性主义认为,(Shiba,1992)高科技是男性对女性和

---

① [英]戴维·贾丁斯:《环境伦理学:环境哲学导论》第 3 版,林官明、杨爱民译,北京大学出版社 2002 年版,第 281 页。

② Pietila, H. "The daughters of Earth: Women's culture as a basis for sustainable development", in Engel, J. R. and Engel, J.G. (eds) *Ethics of Environment and Development*; *Global challenge and the international response*, London: Belhaven, 1990, p.232.

③ Daly, M., *The women's Press. Gyn/Ecology*, London, 1987.

④ Pietila, H. "The daughters of Earth: Women's culture as a basis for sustainable development", in Engel, J. R. and Engel, J.G. (eds) Ethics of Environment and Development; *global challenge and the international response*, London: Belhaven, 1990, pp.235-244

自然双重宰治的续篇。①麦茜特早在 1982 年《自然之死：妇女、生态和科学革命》中描述了培根"操纵自然方法"的科学纲领，皇家学会为代表的科学家"实践培根的设想"，通过实验"揭示自然的秘密"，"支持对自然的进攻态度，鼓吹'掌握'和'管理'大地"，"自然作为女性通过实验被控制……使得掠夺自然资源合法化。"②

麦茜特还认为，"文化／激进生态女权主义有关妇女与自然的连接的具有内在矛盾，如果女性公认的等同于自然，它们二者都被现代西方文化所贬低，那么是对女性解放不利的视角。从后现代主义来说，妇女与自然主义合并也是另一种形式的基础主义。"③而宣称女性就有生育性的生物学特征使其事实上比男人更接近自然，"看起来只是将业已存在的种种独一妇女和自然的压迫粘连在一切，而不是解放她们。但是，自然的概念和妇女的概念都是历史和社会的建构。性（sex）、性别（gender）或自然，并没有不变的'本质'特征。每一个个体在其出生、社会化和受教育的经历有许多观念和规范，正是吸收这些观念和规范，每一个个体组建关于自然以及与自然之关系的概念。"④

埃克斯利（Robyn Eckersley，1992）列举了文化生态女权主义的几个问题：首先，如果声称女性因其生物学特征（生产、养育）而与自然有"特殊关系"，那么男性就会因为其生物学特征永远被谴责为"与自然关系的卑劣者"，事实上，男人们越来越参与到对后代的养育中，从而离西方男权文化的陈规陋俗越来越远。其次，假定这一"特殊关系"是因男性压迫产生的，这值得怀疑，因为女性不是唯一受压迫群体，男性在资本主义制度下也受压迫。父权制不能为种族压迫和阶级压迫进行辩护。第三，很难证明父权制是对女性和自然形成剥削的原因。从女性和自然都受到宰制的现象，不一定必

① Shiva，V. "The Seed and the earth：Women，Ecology and biotechnology"，*The Ecoligiust*，1992，22（1）：4-7.
② ［美］卡洛琳·麦茜特：《自然之死：妇女、生态和科学革命》，吴国盛译，吉林人民出版社 1999 年版，第 205—208 页。
③ ［美］卡洛琳·麦茜特：《自然之死：妇女、生态和科学革命》，吴国盛译，吉林人民出版社 1999 年版，前言第 2 页。
④ ［美］卡洛琳·麦茜特：《自然之死：妇女、生态和科学革命》，吴国盛译，吉林人民出版社 1999 年版，前言第 2—3 页。

然推论出二者出于同样的原因。不同宰制的逻辑或符号结构类似，证明不了二者源头同一。的确存在许多与自然和谐相处的传统"父权"社会。女性解放不一定必然带来自然解放。第四，任何希望拔高某种女性典型来代替男性典型的文化，是值得怀疑的，因为这两种典型是不完善的。①

　　凯伦·沃伦（Karen Warren）和普鲁姆德（Val Plumwood）主张女权主义第三波浪潮，要从根本上超越西方文化二元论的"统治模式"（master model）。她们认为以不平等关系为特征的理性／自然等二元论是女性受压迫的根本原因，也是生态环境危机的根本原因。第一波浪潮的自由女权主义主张跟男人一样实际上是认同不平等的压迫结构，激进女权主义是以简单翻转的方式认同二元论的压迫结构。要解放女性和自然必须根本批判超越西方文化根深蒂固的二元论。二元论不只是二分法、差别或者非一致关系，更不只是简单的等级关系。二元论是一种高低贵贱天经地义的文化价值身份认同，二元论结构中"被低劣化的群体必然要把这种低劣化内化于它的身份当中，与这种高低等的价值共生，以中心的价值为荣耀，这一点就成为占主导地位的社会价值"。二元论有如下几个特征：其一，背景化和对依赖的否认（backgrounding/denial），主宰者把被主宰者化为无足轻重的背景，恐惧否认对被主宰者的依赖，并千方百计地否认之；其二，极端排斥和极端区分；其三，吸纳和关系性定义，"代表底层的这一方只有在与上层的关系中作为匮乏和否定的一面才能得到理解"；其四，工具主义和对象化；其五，同质化或刻板化，"在被同质化过程中，在劣等阶层之间的差异被忽略了"，比如男女关系形成"同质而永恒的男性和女性'本质'"，②使统治常态化。二元论的特征为各种类型的中心主义提供了依据，比如阶级中心、男权中心、欧洲中心、宗族中心和人类中心。因此第三波的生态女权主义也批判"生态中心主义"的深生态伦理。

　　生态女权主义在生态环境问题成因上跟"社会生态学"比较接近。贾

---

① Robyn Eckersley, Environmentalism and Political Theory：*Toward an Eco-centric approach*, London：university College London Press，1992. [英] 戴维·佩珀《现代环境主义导论》，宋玉波、朱丹琼译，上海人民出版社 2011 年版，第 122—123 页。
② [澳] 薇尔·普鲁姆德：《女性主义与对自然的主宰》，马天杰、李丽丽译，重庆出版社 2007 年版，第 35—44 页。

丁斯认为，众多的生态女权主义的观点之间，生态女权主义和社会生态学之间有许多重要的相似之处。在对生态问题的分析中，社会生态学和生态女权主义者有许多共同之处。他们都看到生态破坏与控制和支配这个社会问题有关。它们之间的区别在具体解释这些社会问题以及社会变革的程序上有所不同。"社会生态学和生态女权主义从社会现象中寻找环境危机的根本原因。与深生态（伦理学）不同，他们并不认为生态破坏的根本原因在于主流哲学或世界观。"[①] 深生态伦理试图忽略非常具体的造成环境破坏的任何社会的因素。尽管生态女权主义和生态社会学跟深生态伦理学一样，都反对人类中心主义，但认为具体的不公正的人类的机构制度和实践才更为重要："人对自然的支配和破坏源自社会中的支配和统治模式。此模式中一些人凌驾或支配其他人。"[②] "在社会生态学和生态女权主义看来……这一压迫的社会结构反过来强化和鼓励以各种形式的支配思维和生活方式，其中也包括对自然的统治。"[③] 生态女权主义和社会生态学，都从深生态学的深生态的形而上学和伦理学，转移到社会政治哲学。布克金指出："男人（man）支配自然的这一观念源于现实中人对人的统治。"[④] 这跟最早谈论生态问题的女权主义者卢瑟（Rosemary Radford Reuther）的观点是一致的："在一个以支配模式为基本的相互关系的社会里，不可能有自由的存在，也不存在解决生态危机的办法。我们必须将妇女运动与生态运动结合起来。"[⑤]

　　社会生态学把环境破坏与普遍意义上的统治和独裁的等级制度联系起来：种族主义、性别主义、阶级结构、私有权、资本主义、官僚主义乃至民族国家；而生态女权主义者把压迫女性和压迫自然看作是现代性主客二元论

[①]　[英] 戴维·贾丁斯：《环境伦理学：环境哲学导论》第 3 版，林官明、杨爱民译，北京大学出版社 2002 年版，第 265 页。

[②]　[英] 戴维·贾丁斯：《环境伦理学：环境哲学导论》第 3 版，林官明、杨爱民译，北京大学出版社 2002 年版，第 266 页。

[③]　[英] 戴维·贾丁斯：《环境伦理学：环境哲学导论》第 3 版，林官明、杨爱民译，北京大学出版社 2002 年版，第 266 页。

[④]　[美] 默里·布克金：《自由生态学：等级制的出现与消解》第 2 版，郇庆治译，山东大学出版社 2012 年版，导言第 1 页。

[⑤]　[英] 戴维·贾丁斯：《环境伦理学：环境哲学导论》第 3 版，林官明、杨爱民译，北京大学出版社 2002 年版，第 266 页。

同构的思维方式的体现。生态女权主义者凯伦·沃伦指出："要关注对妇女的统治和对自然的统治之间的联系……无视这些联系将导致继续对妇女和非人类的自然的剥削。"①

第三波生态女权主义者主张超越反自然、反女性的二元论的"主宰模式"（Master model），形成非二元论的思维方式，改变"主宰的叙事"，以根本解决女性压迫问题和生态环境问题。

尽管深生态伦理、社会生态学和生态女权主义有种种差别，但实际上他们都属于奥尔波特类型的生态伦理："社会生态学和生态女权主义与深生态学一样，实际上更接近利奥波德的土地伦理，他们在思考和理解人类与其他自然界的关系时，都倡导一种根本的变革。它们更具体地探讨了环境和生态灾难的根本原因。对自然界的支配是更广泛的支配和控制方式的一部分。若所有的支配形式未被认识到并消灭掉，我们就无法在环境前沿有更大进展。"②

---

① ［英］戴维·贾丁斯：《环境伦理学：环境哲学导论》第 3 版，林官明、杨爱民译，北京大学出版社 2002 年版，第 267 页。

② ［英］戴维·贾丁斯：《环境伦理学：环境哲学导论》第 3 版，林官明、杨爱民译，北京大学出版社 2002 年版，第 288 页。

第六章　市场负外部性的内部化与社会民主的协同治理：生态文明的环境主义浅绿色范式

　　生态主义的经典作家英国安德鲁·多布森在《绿色政治思想》指出，"环境主义主张一种对环境难题的管理性方法……不需要根本改变目前的价值或生产与生活方式……而生态主义认为……必须以我们与非人自然界的关系和我们社会与政治生活模式的深刻改变为前提。"[①] 也就是说，环境主义解决环境生态问题不同于"生态主义"的价值理性的意识形态，是"工具理性"或"经济人理性"的政策工具，是浅绿色的改良主义范式，因而美国生态社会主义者戴维·佩珀把浅绿色"环境主义者"称之为"技术中心论者"。佩帕认为，环境主义者"反对经济增长极限理论"，其中认为市场经济可以自然解决增长问题的被称作"丰饶论"，而通过环境管理技术解决增长问题的，被称作"适应论者"，这两者"都将信任赋予了古典科学、技术、传统的经济理性（比如成本收益分析）的有用性以及他们的实践者的能力"，"技术中心论者并没有设想对社会、经济或政治结构的根本改变"。[②]

　　我们认为，环境主义作为解决生态环境问题的"技术中心主义"的工具方法，服务于资本主义发展模式，其意识形态实质上是资本主义和自由主义的，"环境主义与（资本主义的意识形态）自由主义是相容的"。[③] 环境主

---

① ［英］安德鲁·多布森：《绿色政治思想》，郇庆治译，山东大学出版社2005年版，第2页。
② ［英］戴维·佩珀：《生态社会主义：从深生态学到社会正义》第2版，刘颖译，山东大学出版社2012年版，第39页。
③ ［英］安德鲁·多布森：《绿色政治思想》，郇庆治译，山东大学出版社2005年版，第222页。

义的意识形态，是生态资本主义的解决环境问题的理论范式和实践方案，大体包括市场自由主义、凯恩斯主义，以及欧洲社会民主主义的三个流派。

自由主义的右翼市场自由主义或新保守自由主义，以及凯恩斯主义，把生态环境问题看成是市场经济带来的负外部性，前者主张用生态税和产权明晰的市场经济手段解决，后者主张用国家绿色规制的行政管理干预手段来解决。欧洲民主社会主义则提出了多主体协同治理的生态理性的思路，这一思路的学者提出了风险社会理论为基础的非主流的强势生态现代化理论和国家管理经济与科学的法团主义的主流生态现代化理论和方案。可持续发展理论，与环境主义的各派都有关系。有学者将可持续发展分为"弱可持续发展"与"强可持续发展观"两种范式。环境主义的可持续发展观为可由人力资本替代"自然资本"的"弱可持续发展"，而生态主义的可持续发展属于保持"自然资本"存量不变的"强可持续发展"。

第一节　生态资本主义的左右两翼及其学术范式资源环境经济学

自由主义左右两翼解决环境问题的思路是把市场经济的生态负外部性内部化，绿色市场自由主义主张用市场经济的方式，通过产权明晰和征收生态税，将生态负外部性内部化，而凯恩斯主义则主张用国家规制的方式，解决市场带来的负外部性问题。

市场自由主义者或新保守主义的意识形态，是技术中心论的"丰饶论"者，认为资源的稀缺性可以通过市场价格的调节机制，鼓励技术创新寻找替代品加以解决，认为资本主义市场经济与环境质量不存在根本的对立。佩珀指出，"他们对与技术结盟的自由市场所具有的解决我们的环境难题的潜能持极端乐观态度。他们认为，个人在其中追逐自我利益的市场力量这只'看不见的手'，可以给予社会比作为对自由的任何形式的干预所能带来的更多环境保护。"①

---

① ［英］戴维·佩珀：《生态社会主义：从深生态学到社会正义》第 2 版，刘颖译，山东大学出版社 2012 年版，第 56 页。

二是福利自由主义。"福利自由主义者是技术中心论的、适应论者，而且一般是技术乐观主义者。"福利自由主义即凯恩斯主义解决环境问题的思路。它们主张通过国家干预的方式解决市场经济的生态负外部性。从个人福利最大化出发，主张在环境保护中提升自我利益，认为"理性、法制、技术和环境与经济治理（成本收益分析、税收改革），都有助于实现环境主义的目标。""制定法律、对不可循环工业或污染征税、福利供应以提高城镇环境质量和环境教育等，都是政府干预市场的合法形式。"① "绿色和平""地球之友""方舟"和"邦迪商店"等生态消费主义运动属于福利自由主义。皮尔斯主编的《为了一个绿色经济的蓝图》，主张谁受益谁付费，以许可证和其他半强制管理手段来控制污染和资源利用，影响了英国的环境政策。

不管是右翼的市场自由主义还是左翼的福利自由主义，都属于"生态资本主义"。前者主张市场经济生态化，相信"资本主义市场经济内部可以利用的经济手段和机制，特别是价格机制，是解决生态问题最好的办法。"② 他们解决环境问题的市场主义的思路是：把负外部性的环境成本内部化，污染者为污染治理付费，价格必须反映成本。后者"生态凯恩斯主义"主张国家"发展生态技术和生态工业"，创造需求，解决生态环境问题同时解决失业问题。为了防止市场解决环境问题政策工具的失效，需要由国家运作，建立"一个关于规章制度、罚款和惩罚的体制"，"生态凯恩斯主义者比较喜欢的手段是生态指令，例如，规定限度、弹性收费、命令和禁止。"③

接近于生态凯恩斯主义环境主义观点"生态资本主义"的改良主义者还有"民主社会主义"。民主社会主义起源于社会主义传统中社会改良主义的右翼议会民主派，尽管其抽象的目标是社会主义、正义与合作，但在改良资本主义之前，"需要一个管理资本主义的阶段，由国家来实现值得期望

---

① [英] 戴维·佩珀：《生态社会主义：从深生态学到社会正义》第 2 版，刘颖译，山东大学出版社 2012 年版，第 57 页。

② [印] 萨拉·萨卡：《生态社会主义还是生态资本主义》，张淑兰译，山东人民出版社 2012 年版，第 148—149 页。

③ [印] 萨拉·卡萨：《生态资本主义还是生态社会主义》，张淑兰译，山东人民出版社 2012 年版，第 151—152 页。

的社会与生态目标——以这种方式，它转变成了福利自由主义。"① 不过欧洲社会民主主义解决环境问题的思路，不是如凯恩斯主义那样强调解决环境问题的"末端管理"思路，而是生态理性指导下的民主协同管理，这将在后文详述。

一、市场经济自由主义者解决环境问题思路

自由主义右翼解决环境问题的思路，是强调对市场机制的有效配置可以自然达到环保目标，除了政府创建市场参数的作用外，反对行政官僚在环境管理中的监管角色。自由主义右翼又称为市场自由主义、古典自由主义，新自由主义（New liberalism，不同于 Neo-Liberalism 的凯恩斯主义的左翼新自由主义）和自由市场保守主义，深生态的德赖泽克称之为"经济理性主义者"，他们是主流经济学"理性经济人"的信奉者，强调一切包括环境问题都交给市场经济来解决。经济理性主义者信奉的世界，是由作为消费者和生产者出现的经济人的经济行为体组成的，他们所理解的政府是理性的自我主义者的聚集或者工具。经济自由主义者是彻底的人类中心主义者，在他们看来，自然存在只是为了满足人类的愿望和需求，给社会经济机器提供输入原材料，而只是可以用适当的专门技术来操控的。环境的存在并没有得到他们强烈的关注，环境至多是某些人对另一些人产生影响的一条途径——例如通过污染。自然对他们来说是一种人类社会的建构，并非是生态系统。经济理性主义者承认自然资源的存在，认为，个体消费主义者，可以通过适当的财产权有效配置，有效利用其利己动机，形成社会整体福利。根据科斯定理，无论是污染者还是污染受害者，谁拥有权力并不重要，只要产权明晰，生态环境污染就可以用市场交易的办法解决。其中一个方法是由排污者支付资金以削减环境负外部性的排放。那些主张全盘私有化市场化的人，代表的是经济自由主义中的激进的一翼。他们的代表是美国的一些政党团，比如位于西雅图的经济和环境研究基金（FREE）、蒙大拿州波兹曼市政治经济研究中心（PERC）、旧金山的太平洋研究所（PRI）、加利福尼亚州奥克兰的独立学院

① [英] 戴维·佩珀：《生态社会主义：从深生态学到社会正义》第 2 版，刘颖译，山东大学出版社 2012 年版，第 58 页。

（IR）、华盛顿特区的加图研究所（CI）以及保守机构比如美国企业研究所（AEI）。在英国的相似机构有位于伦敦的经济事务研究所（IEA），澳大利亚则有位于墨尔本的塔斯曼研究所（TR）。但即使是在美国，主张私有化对于公共政策的影响也是很小的。[①]

经济自由主义政党的纲领，在英国是撒切尔主义，在美国是里根经济学，在新西兰是罗杰经济学。一些社会民主主义政治取向的政府如德国、新西兰和法国政府，也倡导经济自由主义的环境政策工具。英国推行进城费政策，与属于工党的伦敦市长利文斯通（Ken Livingstone）相关。2003年美国环保署长迈克·列维特宣布他对"托管前市场"（markets before mandates）的信奉，因为"基于市场的方法和经济激励往往能以较低的成本带来更高的效率"。2004年，美国内政部长盖尔·诺顿又提倡一种"新环境主义"，对于这一新思维，土地所有者可以获得保护栖息地的更大激励。经济合作与发展组织、欧洲环境局，也推广市场类型的政策工具，主张建立一个全面的环境税收体制来代替收入所得税制。1987年布兰特报告即《我们的共同未来》也认为可以运用这些经济政策工具开启可持续发展的时代，然而基于市场的政策工具的应用的效果仍然是有限的。

经济自由主义最纯粹的形式，是强调环境资源向私有财产的转化。威廉·米切尔（Wiliam Mitchell）和兰迪·西蒙斯（Bruce Yandle）认为，"环境难题应当更多地被理解为政府规划私有权的失败"[②]。美国的经济自由主义者，主张将私有权体系扩展到所有土地。这是拥有大量公地产权的美国的政治议题。美国西部各州的公共土地大部分由联邦政府机构控制，特别是国家公园管理局、国防部、林业局和土地管理局。经济自由主义者认为牧场主们可以以低于市场的价格在公共土地上放牧。伐木公司以巨额补贴开采国家森林，而森林管理局公共支出建造道路便于其开垦森林。但是空气和水却难以私有化。一些环境论者认为可以通过私有化物种、野生动植物和鱼类，以市场经济手段解决所有环境难题。比如一些制药公司要求拥有濒危热带森林生

---

① ［澳］约翰·德赖泽克：《地球政治学：环境话语》，蔺雪春等译，山东大学出版社2012年版，第123页。

② ［澳］约翰·德赖泽克：《地球政治学：环境话语》，蔺雪春等译，山东大学出版社2012年版，第123页。

态系统中某些珍贵植物的所有权，以便在生产新的药物时使其发挥实际或潜在作用。野生动植物可以与土地一起被私有化。安德森和里尔认为，鲸鱼应当转化为私人所有，"鲸鱼可以通过基因印章打上烙印并且被卫星追踪"①，然后出卖。

　　由于主张全面私有化的激进经济自由主义难以实施，经济理性主义者转向次优的选择，政府监管的市场，再不行的话就采用准市场激励。"最流行的监管市场的建议……是排污权：确定允许排污的最大限度，然后将这些权利拍卖给出价最高者。"② 在美国，在有限范围内，引入了可交易配额的做法。1979 年，联邦环保署通过"气泡"（bubble）概念，在一些地方启动了这一进程。不过，气泡仅限于特定的工厂，排污权的"交易"仅仅在一个公司内部发生：允许公司决定在工厂的哪一部分做到最便宜地减少排放，而不让政府规制者决定公司在工厂的特定部分使用具体标准和技术。环保署启动了气泡和相关交易活动，却很难保证公司之间排污权的交易。

　　1990 年，美国《清洁空气法修正案》允许在更大范围内对燃煤发电厂的二氧化硫进行排污权交易。依据该法案，开始于 1995 年的污染信贷，授予了国内最脏的燃煤发电厂中的 110 家，他们排放的二氧化硫占所有排放量的 30%—50%。芝加哥商品交易所举行了额外信贷的拍卖，不过，这依然是一种有限制性的创意，与纯粹的经济理性主义者关于可交易配额的立场有很大差别。1987 年签署的保护臭氧层的《蒙特利尔议定书》对氯氟碳化物排放的规定为各国提供了必要的配额交易市场。英国 2002 年开始了尝试进行二氧化碳的排放交易，但欧洲国家对可交易的排污配额并不热心。

　　可交易配额也可用于鱼类资源，配额允许在特定时间内的特定渔场进行捕捞，由政府机构确立这种配额，然后将这些配额在市场上交易。澳大利亚率先为其南部的金枪鱼渔场创立了这一机制，到 2004 年，该体制已经在 21 个渔场实施。1995 年，可交易配额被引入了阿拉斯加的太平洋大比目鱼场。

① ［澳］约翰·德赖泽克：《地球政治学：环境话语》，蔺雪春等译，山东大学出版社 2012 年版，第 126 页。
② ［澳］约翰·德赖泽克：《地球政治学：环境话语》，蔺雪春等译，山东大学出版社 2012 年版，第 127 页。

可交易配额用更广泛的准市场激励，被称作"绿色税"（Green Taxes）：政府设定一个环境标准（例如市区空气的一氧化碳标准），然后向违反标准者征收税款。该配额可以根据排放行为造成污染的货物量或者污染行为本身确定。只有欧共体对铬电池征税，对物品征税的例子比较少见。污染本身征税的例子包括烟筒排放的每千克二氧化硫的费用，或者河流中有机污染物每千克生化需氧量的费用。经济理性主义者关于绿色税收体制的论点是，他们将裁置权留给排污者，由排污者考虑削减多少排污量和运用何种技术。①

"绿色税"在美国联邦层面不受欢迎，因而民主党总统候选人戈尔在2000 年的总统竞选中，放弃了他先前承诺的绿色税收。绿色税收思想在 20世纪 80 年代末和 90 年代初引起英国政策话语的注意，大卫·皮尔斯 1989年为英国环境部所作的报告《绿色经济的蓝图》，倡导一个广泛的绿色税收体制：主张进行环境估价，环境核算，项目评价，对未来进行贴现，以及采取"让污染者付费的原则"；主张实行以市场为基础的激励机制，实行污染费 / 税，"在市场上建立环境服务的价格来运行的激励体系"②；主张实行"碳税"。1990 年英国政府颁布了《共同的遗产》白皮书，把《皮尔斯建议》作为其中一个附件。1992 年末英国政府宣布"将来会有赞成经济工具的一般性假定"，但这种假定对政策内容的影响十分缓慢。英国最著名的绿色税收是 2003 年在伦敦开始征收的进城税，该项费用成功地减少了交通堵塞和空气污染。其他国家在运用绿色税方面，取得更大进展，特别是在水污染方面。法国、德国和荷兰在其环境政策工具中使用每单位排污量的收税。在法国，收费是增加收入的手段，而收费不足以影响排污者的行为。在荷兰，收费较为成功，得到了环境主义者的广泛支持。在德国，绿色税收仅在传统的规制系统内发挥次要作用。绿色税倡导者所关注的国际性环境难题是环境变暖，这主要是由石油燃烧产生的二氧化碳造成的。丹麦、荷兰、芬兰、挪威和瑞典率先引入了二氧化碳税，以燃烧的每吨石油的排出量为单位征收。其他欧洲国家紧随其后。2001 年，英国引入了气候变化费，向二氧化碳排放

---

① [澳] 约翰·德赖泽克：《地球政治学：环境话语》，蔺雪春等译，山东大学出版社 2012 年版，第 129 页。

② [英] 大卫·皮尔斯、阿尼尔·马肯亚、爱德华·巴比尔：《绿色经济的蓝图》，何晓军译，北京师范大学出版社 1996 年版，第 139 页。

量较高的工业和政府机构燃烧的化石燃料征税，不过征收范围受限，且有一套复杂的豁免程序。在美国，克林顿政府曾提议征收能源税，但未获国会通过。激进的市场自由主义者反对绿色税，因政府管理者在设置和调整税率方面发挥了作用。他们相信，环境难题的真正原因在于政府对私有财产不充分和不恰当的规范，不解决政府干预问题，其他政策行为是无效且达不到预期目的的，其中也包括绿色税收。向货物征收的绿色税额另一个方法是提供关于商品的环境影响的信息，以引导消费者进行环境污染较低的消费：1977年德国开始推行商品"生态标签"（eco—labeling），其中最成功的是"北欧天鹅认证"（Nordic Swan），从 1980 年开始在北欧国家运作，涵盖了从森林产品到有机食品的范围，但绿色消费批评者认为，这并没有影响到个人消费的商品的总量，只是对生态破坏的结构性原因进行象征性替代而已。

约翰·德赖泽克认为，经济理性主义者的环境政策推行缓慢，与其所反对的凯恩斯主义绿色规制体制有关，其行动者是市场经济的"理性经济人"而非公民，其隐喻世界观是机械论，为生态主义者，即"环境公民活动分子"所反对：

> 经济理性主义者环境政策实践扩散的速度极其缓慢。……经济理性主义者只看重消费者偏好，而贬低公民偏好。他们所追求的世界很难让环境公民活动分子满意，这也是环境主义者经常反对经济理性主义者计划的原因。……经济理性主义者进一步的局限性是因为它的隐喻结构基本上是机械论的。经济理性主义者含蓄地否认了如下观念，即世界充满了复杂的生态和社会系统，它们之间存在着众多变量之间的和不确定的相互作用。经济理性主义者无法应对这种相互作用，因为这总是可能会侵犯私有产权的界限的，无论这一界限如何被谨慎地划定。①

二、国家行政管理理性主义者解决环境问题方案

"行政管理理性主义是一种解决环境问题话语和实践发展，该方案强

---

① ［澳］约翰·德赖泽克：《地球政治学：环境话语》，蔺雪春等译，山东大学出版社 2012 年版，第 137—135 页。

调的是行政管理专家而不是公民或者生产者消费者在解决环境问题中的角色。"[①] 凯恩斯主义解决环境问题的思路是行政管理主义。20 世纪 60 年代当环境议题日益突出的时候，这种传统与公共政策传统相结合，赋予行政机构专家以科学专长之重要地位。科学、专业化管理机构和官僚制结构之间结合在一起，被用于生态环境政策的构建：国防与国际安全计划、公众健康工程与保健服务、农业和自然资源管理。行政管理主义基于行政管理技术，这些技术大部分是制度性和政策性的硬件，这就是西方资本主义国家的行政官僚制，以"应对复杂的社会和经济难题中渐增的复杂性"[②]。这些问题必须依靠大量的人员协作解决，最好的办法是把难题分解安排给个人或小的群体寻求解决办法，然后再整合为针对复杂难题的整体解决方案。在解决难题的过程中，需要组织官僚机构顶端的行政官僚进行组织和管理活动。

行政官僚理性主义作为解决问题的话语，以西方资本主义的宪政架构为前提，在这个架构下，该话语有一种强烈的政府观念，政府作为行政国家，被视为统一整体。管理不是实现民主的问题，而是如何以理性管理服务于清晰界定的共同利益。现实中最接近这种统一整体形象的是德国的"法律法团主义"（Legal Corporitism）。普鲁士行政管理传统把国家和社会看成是一个有机的整体，关心的是抽象法律意义上的公众利益，而不是各种利益集团的要求。20 世纪西方社会由自由资本主义向垄断资本主义转型后，都出现了"法团主义"现象，美国的凯恩斯主义其实是法团主义的一个类型。

行政管理理性主义对其他环境话语涉及的诸如生态系统、有限的资源储备、人和能源并不熟悉。在解决行政理性主义的问题时，会经常用到这些观念，但是这并非居于主要地位。尽管没有明确关注人类与非人类世界之间的关系的本质特征，行政管理理性主义假定自然应该服从于人类难题的解决。行政管理理性主义假定存在两个不同的等级层次：第一个是人民服从国家，第二个是国家内部的专家和管理者处于一个适当的主导性地位，并为专家的特长的重要性进行辩护。政府作为一个集体行动者是最主要的，技术专

---

① ［澳］约翰·德赖泽克：《地球政治学：环境话语》，蔺雪春等译，山东大学出版社 2012 年版，第 75 页。

② ［澳］约翰·德赖泽克：《地球政治学：环境话语》，蔺雪春等译，山东大学出版社 2012 年版，第 87 页。

家管理的比其他人有更大的能力。他们的行动动机被视为在总体上有公德心，公共利益被整体化地形式概念化。公共利益的发现和应用本身是一个技术性的过程，所以要采取一些诸如成本收益和风险评估的方法。①

行政管理理性主义主要体现在下面这些制度和实践中：

（一）专业性资源管理机构。具有丰富资源和资源部门经济活动的政府，尤其是在美国、加拿大和澳大利亚，具有久远的自然资源管理的"环境政策"传统。最早的专业性资源管理官僚机构出现在美国，这是 20 世纪初的资源保护运动的遗产。吉福德·平肖特（Gifford Pinchot）是其关键人物。该运动的主要观点是，上帝赐予美国丰富的自然资源正在被恣意浪费，所以需要在政府所有制结构上，进行更为科学的管理，以便更有效利用资源。该运动没有关注荒野保护、环境美观或是减少污染，只关心从森林、水源等可再生资源中达到最大的稳定生产量。吉福德·平肖特为罗斯福总统行政当局提供指导。该运动者的组织者是美国林务局，隶属于农业部，由吉福德·平肖特负责。其后，20 世纪 30 年代罗斯福总统新政期间建立了多个联邦资源管理机构。这些机构故意设置得可以摆脱国会的影响，并给予专业管理者更多的活动空间，而不必担心来自政府的监控。如今，美国联邦政府的一些专业性资源管理机构庇护所，都遵循着一种新的理性主义的公共利益原则，雇用那些具有相关学科和专业特长的人，他们中大部分都明白如何进行合理的资源管理工作。②

（二）污染控制机构。几乎每个国家都有一个污染控制结构，还有国际层面的机构，比如联合国环境规划署。最早的类似机构是 1864 年创立于英国的督察处，作为国家环境部组成部分的环境监察署的起源之一。这个督察处，后来被合并到环境局。荷兰 1971 年成立公共与环境卫生部，美国 1970年建立美国环境保护署，德国在 1969 年由内务部实行反污染政策，后来转给了一个独立机构，这些机构被委以执行法律的责任。污染控制立法的里程碑，是 1956 年的英国制定《空气清洁法》（作为应对 1952 年 12 月伦敦的杀

---

① ［澳］约翰·德赖泽克：《地球政治学：环境话语》，蔺雪春等译，山东大学出版社 2012 年版，第 87 页。

② ［澳］约翰·德赖泽克：《地球政治学：环境话语》，蔺雪春等译，山东大学出版社 2012 年版，第 76—77 页。

人雾事件而获通过）。环境保护署有时被认为是典型的防污染结构。为了防止这个机构被工业利益集团所操纵，国会专门制定了一些法律，比如《空气清洁法》《水污染控制法》和《有毒物质管理法》，详细说明环境保护署应从事的工作，减少污染设施的名称、目标和期限，并规定了达到目的的方法。20 世纪 80 年代，当国会领导人察觉到里根政府想要撤销环境保护署时，采取措施，加强环境保护署的微观管理的职能。其他国家类似的环境保护署机构，规定针对特殊案例，在设定标准和最终期限上，具有更多的行动权限。"专业型资源管理机构……其权威建立在他们所动员的有关学科和专业的专家意见基础之上。"①

（三）规制性政策工具。无论是作为立法问题，还是作为自主选择，发达国家污染控制中最流行的政策工具是规制。规制主要通过有关机构制定有关排污的最高标准，如果不能达到这些标准的话，排污者将被惩罚（通常是罚款）。规制者可以详细说明为了净化排放而必须安装的器具类型（如汽车尾气的催化转换器，或者燃煤发电厂的洗涤设施等），可使用的原料的类型（如无铅汽油或低硫煤），必须遵循的做法（如巡查和安全检查）。规制的性质是"末端管理"，或者说，"规制不会……干预生产过程……是减少排放的环境中的废物的量"②。

即使在美国，这种类型的规制所需的仍然是规制的实质性的行动自由。在美国，规制以对抗的形式展开，双方须通过律师提出诉讼要求更严格或较严格的污染标准。在美国，法庭对立法的解释是决定性的，现代理性主义是被这种墨守成规的、对抗性的背景严重抑制的。③

（四）环境影响评价。环境影响评价指政府部门，在某些情况下包括私人开发商，对某些可能引起环境损害的项目应进行系统评价，比如有关机场、矿井、购物中心，石油、矿产或木材的销售，高速公路或者管道。一般

---

① ［澳］约翰·德赖泽克：《地球政治学：环境话语》，蔺雪春等译，山东大学出版社 2012 年版，第 78 页。

② ［澳］约翰·德赖泽克：《地球政治学：环境话语》，蔺雪春等译，山东大学出版社 2012 年版，第 79 页。

③ ［澳］约翰·德赖泽克：《地球政治学：环境话语》，蔺雪春等译，山东大学出版社 2012 年版，第 79 页。

说来，只有那些预期具有重大环境影响的项目才会进行环境影响评价。环境影响评价的目的，是使开发者在核算项目的环境影响时，充分考虑环境价值和科学方法。1970 年通过的《美国环境政策法》，是创建环境影响评价机制的一个里程碑。后来，环境影响评价制度从美国扩展到加拿大、澳大利亚、德国、法国和其他地方。1985 年在欧共体的要求下，英国才采取环境影响评价措施。美国以外的国家，其环境影响评价中的现代理性主义，没有受到法律和正常限制的羁绊。环境影响评价，即使在它能够摆脱法律束缚时，也不纯粹是现代理性主义的。因为这个过程一般也要求公众对环境影响论证进行评论，即参与政策制定过程。①

（五）专家顾问委员会。美国在创建专家委员会方面处于领先地位，这些委员会的责任是为环境事务提供意见。1997 年设立的总统环境质量委员会，就是《国家环境政策法》的一部分。其角色随着不同总统任期发生着实质性的变化。在 20 世纪 80 年代，它基本上处于废弃状态。环境质量委员会与经济顾问委员会都直接向总统报告，但环境质量委员会从未拥有经济顾问委员会那样的名望。英国向来有尊重科学专家的传统，对于环境专家顾问机构也是如此。在这些机构中，最有名的是 1997 年建立的英国皇家环境污染委员会（RCEP），其职责范围比美国的环境质量委员会窄，但其政策角色却更重要。②

（六）理性主义的政策分析技术。"行政理性主义合法的专门技术，大多以环境科学与工程的形式出现。相关的学科包括医学、海洋学、气象学、生态学、水文学、地质学、渔业生态学、生物化学和毒物学。"③但是行政管理理性主义，要包括多用途的政策分析技术的应用，他们中的大部分适合于给定条件下的最优政策，其中应用最广泛的是成本收益分析和风险分析。其他还有技术评价、决策分析和各种预测模型，其中的收益分析是影子定价。某

① ［澳］约翰·德赖泽克：《地球政治学：环境话语》，蔺雪春等译，山东大学出版社 2012 年版，第 80 页。

② ［澳］约翰·德赖泽克：《地球政治学：环境话语》，蔺雪春等译，山东大学出版社 2012 年版，第 81 页。

③ ［澳］约翰·德赖泽克：《地球政治学：环境话语》，蔺雪春等译，山东大学出版社 2012 年版，第 81 页。

些项目更容易计算出货币成本，但有的项目有些复杂：如何以货币形式计算河流自由流淌所损失的价值？或如何计算建造人工湖对休闲使用者所产生的收益？对一个消失的环境，例如一个被淹没的河谷的估价，可以通过调查和询问个人如下问题：给他们多大补偿后，才不会感到比以前更差。也可以询问他们愿意为保护被淹河谷付出多少，或可以观察与计算个人花费多少时间和金钱，去被淹河谷进行休闲活动，以确定个人前往被淹没后河谷休闲的实际支出。但如何计算"生命折扣"引发争议：2003 年美国环境保护署对小布什政府的《清洁天空创议》进行成本收益分析，其中贬低老年人的"老年人折扣"的使用，导致了一场政治风暴。

"风险分析包含了一组程序和技术，以确定来自危险环境的潜在危害"[1]，有时勾画一条剂量反应曲线，以显示处在某种危害之中的生命和健康的变化趋势是可能的。立项评估中的主要信息来源，是动物研究和流行病学。风险分析，还涉及对普通人观念的研究。证据表明，无一例外，人们会毫无道理地高估来自环境风险的潜在威胁，比如在附近的有毒物质垃圾场，采取与该风险非常不相称的行动。[2]

三、环境主义的学术典范——"浅绿色"的环境资源经济学及其技术乐观主义

环境主义的学术典范"浅绿色"的环境资源经济学，"仍然属于传统主流经济学，其……解决方案不外乎两种手段：疪古税和产权制度。……在不否定资本主义私有制的前提下，用市场经济和福利资本主义的手段解决生态环境问题。这是一种'浅绿色'的环境主义、技术主义和改良主义的思路"。[3]

（一）环境库兹涅夫曲线以及经济增长与环境破坏之间的复杂关系

环境资源经济学在经济增长与环境的关系上，提出了"环境库兹涅夫

---

① ［澳］约翰·德赖泽克：《地球政治学：环境话语》，蔺雪春等译，山东大学出版社 2012 年版，第 83 页。

② ［澳］约翰·德赖泽克：《地球政治学：环境话语》，蔺雪春等译，山东大学出版社 2012 年版，第 82 页。

③ 张连国：《论绿色经济学的三种范式》，《生态经济》2013 年第 3 期，第 63 页。

曲线"，以为政府解决经济增长与环境难题提供理论根据。资源环境经济学认为，"造成环境压力的决定性因素，不是经济的平均增长率，而是所采用的技术以及经济增长（或经济本身）的结构"①，政策制定者可以利用政策工具来影响经济发展路径。资源环境经济学，揭示了经济发展过程中经济增长、收入和环境污染的关系的一个"规律"，称之为"环境库兹涅夫曲线"（environmental Kuznets curve，EKC）。"隐藏在库兹涅夫曲线背后的观点是，随着经济的增长，污染物排放典型地服从倒'U'形曲线。……生态系统资源的质量曲线与污染排放相反，即呈正 U 形，意味着随着收入的逐步改善而恶化。"② 根据早期克兹涅夫曲线（K，1930），收入分配随经济增长而变化，这又增加了环境与经济增长关系的复杂性。对环境库兹涅夫曲线的信任，会使环境政策的制定者相信：短期内环境污染是不可避免的，而未能及时采取防治污染的措施。一旦污染既成事实，生态系统"修复"和"替代"的成本远远高于保护的成本。当代各国经济增长与环境变化的历史事实说明，经济增长与环境破坏之间并无特定的函数关系，是复杂的关系集合。比如二氧化碳的排放可能是倒"U"曲线，而人们观察到的却是持续增长：东亚经济发展，却导致环境恶化，森林破坏，半数海洋以上环境破坏，世界空气污染最严重的城市大多在东亚。

环境资源经济学，根据福利经济学的原理，解决市场经济造成的生态环境负外部性问题，其中一种思路是根据新制度经济学的"科斯定理"，强调私有产权的明晰，对解决生态负外部性的重要性。但对于我们今天面临的臭氧层破坏、酸雨和全球变暖，是大范围和长期的过程，产权的协商界定，变得非常困难。比如土壤退化对珊瑚礁的影响，污染者和受害者距离遥远，或时间长久，难以进行产权界定协商。

环境资源经济学用消费者对环境产品的预期评估生态资源的价值，研究其边际变化，其实没有意义，因为生态价值几乎是无穷的。

环境资源经济学提供的解决生态环境问题的政策工具有：环境的直接规

---

① [美] 托马斯·斯恩德纳：《环境与自然资源管理的政策工具》，张蔚文等译，上海人民出版社 2005 年版，第 20 页。

② [美] 托马斯·斯恩德纳：《环境与自然资源管理的政策工具》，张蔚文等译，上海人民出版社 2005 年版，第 20—21 页。

制、可交易许可证、生态庇古税、补贴、押金退换方案和退换排污费、法律工具和环境协议、国家生态政策规制等。这对解决环境问题起到了一定作用，但不能根本解决生态环境问题。

（二）梅多斯等人的增长极限论与休伯的市场保守主义宣言

"浅绿色"的环境主义与"深绿色"的生态主义的区别，主要是价值观上个人主义和生态整体主义的区别，还有对技术手段解决生态资源稀缺和生态极限看法上的"乐观主义"与"悲观主义"的区别。20世纪60年代后期到70年代，关于自然资源稀缺的两种极端的观点产生了争论。一是"罗马俱乐部"为代表的悲观派，强调封闭的、固定的自然系统所固有的极限，强调自然资源的绝对稀缺性；而经济技术进步的自由主义乐观派则认为市场机制、有目标的技术革新和社会变革将会共同起作用，并解决一切稀缺问题。①

德内拉·梅多斯等在1972年出版的《增长的极限》，通过world3模型的12种模拟场景，描绘了人口增长和自然资源使用增加的相互作用，揭示了工业经济增长的极限，有可能以一种崩溃的方式发生：人类和人口福利不可控制地下降。该分析"主要是关注地球的物理极限，表现为日益枯竭的自然资源和地球有限的吸收工业和农业废物的能力。"②1992年其再版《超越极限》，认为20年的历史发展总体上支持了20年前的结论，并指出，"人类已经超出了地球承载能力的极限"，"20世纪90年代前期已经在无法通过明智的政策避免过冲，过冲已经成为事实，主要的任务已经变为将世界从陷入到无法持续的恐怖中拉回来"。③ 早在20世纪90年代初期，有越来越多的证据显示人类正走进无法持续的恐怖之中："热带雨林以不可持续的速度被砍伐，有人断言产量不足以维持人口增长，有人认为气候正在变暖，还有人关注臭氧洞。"现在看来，全球人均粮食产量在20世纪80年代中期达到了高

---

① [英] 朱迪·丽斯：《自然资源：分配、经济学与政策》，蔡云龙等译，商务印书馆2002年版，第48页。
② [美] 德内拉·梅多斯等：《增长的极限》，李涛、王智勇译，机械工业出版社2019年版，前言 xxiii。
③ [美] 德内拉·梅多斯等：《增长的极限》，李涛、王智勇译，机械工业出版社2019年版，前言 xxiii。

峰。海洋鱼类的捕捞量显著增长的前景已经不在。自然灾害带来的损失不断增加，对清洁水和矿物燃料的争夺也在不断增加。尽管科学共识的气象数据表明全球气候正因人类的活动而改变，但美国和其他大国仍继续增加温室气体排放。瓦西斯·瓦科纳格尔（Mathis Wackernagel）提出了测度人类生态足迹，并将其与地球承载力相对比。"他们把生态足迹定义为国际社会提供资源和吸收排放物（二氧化碳）所需土地面积。与能够得到土地相比较，瓦科纳格尔得出的记录认为人类资源的使用目前已经超出了地球承载能力的20%。用这种方法来衡量，人类在 20 世纪 80 年代还保持在可持续的水平上，但现在已经冲过了 20%。令人感到悲哀的是，尽管技术和制度上都取得了一定的进步，但人类的生态足迹仍然在扩大。更为严重的是，人类'已经'处于无法持续的恐怖之中。令人失望的是，对这种总体意识还是非常有限的。"① 巴巴拉·沃德和雷内·杜博斯所著的《只有一个地球》，指出地球是人类生存的唯一家园。英国《生态学家》编辑爱德华·戈德史密斯爱 20 世纪 70 年代出版《生存的蓝图》指出，世界人口和经济的迅猛增长，带来严重的问题：人口数和人均消费结合，使"生态需求每年正以 5—6% 的比例增加，或者说，每 13 年零 6 个月就增加一倍。……生态需求的增长正在按指数进行。"② 造成生态系统的破坏、粮食供应的缺乏、资源耗尽和社会崩溃，因而提出了走向稳态社会的变革战略。戴利等人则提出维持现有经济规模零增长的"稳态经济"，鲍尔丁提出了"宇宙飞船经济"，等等。这都标志着许多生态主义者，已经认识到经济增长所遭遇的自然资源稀缺、环境限制和生态阈限。环境、资源和地球生态系统不再是经济增长无限的资源库和垃圾场了，而是制约经济发展的内在稀缺的生产要素。因而"环境限制""生态阈限""自然资源稀缺""增长极限""一个地球""飞船经济"这些概念是标志着对经济发展的自然先在前提条件的意识，或者对自然生态条件作为经济系统内在变量的意识。许多人对目前工业资本主义的无限增长模式忧心忡忡，提出是否已经为时已晚的悲观主义的疑问。

---

① ［美］德内拉·梅多斯等：《增长的极限》，李涛、王智勇译，机械工业出版社 2019 年版，前言 xxii。

② ［英］E. 戈德史密斯：《生存的蓝图》，程福佑译，中国环境科学出版社 1987 年版，第4 页。

增长极限论是一种"生存危机论"。对生存危机论的批判，最早是 1972 年自然科学家科尔（H. Kole）等 1972 年出版的《末日模型：对增长极限的批评》等论著。对其批评最严厉的是德赖泽克所说的"普罗米修斯主义者"（Prometheans）或"丰饶论者"（Cornucopians）。"普罗米修斯主义者无限地信任人类及其技术克服任何难题的能力——当然包括环境难题。"① 其代表者朱利安·西蒙，描述了一个"圣诞老人的自然环境"。普罗米修斯主义的基本观点，早在 1963 年哈罗德·巴尼特（Harold Barnett）和钱德勒·莫斯（Chandler Morse）的《稀缺与增长》（*Scarcity and Growth*）就形成了。强调价格是稀缺的量度标准，如果一个物品价格下降，那么需求相对于供给的关系也下降；反之亦然。这个逻辑可以用于自然资源的物品。大量的事实证明，从 20 世纪初以来，自然资源的实际价格是下降的。当 20 世纪 70 年代增长极限论出现，这种观点就成为反对它的理论武器。20 世纪 80 年代朱利安·西蒙（Julian Simon）成为美国主要普罗米修斯主义者。西蒙 1998 年去世后，普罗米修斯的形象为约恩·隆伯格（Bjorn Lomborg）取代，他 2001 年发表《可疑的环境主义》引起轰动。其基本主张附和西蒙："自然资源、能源和食物正在变得更加丰富，更少人挨饿，人的平均寿命在增加，污染终于由于经济增长而减少，物种灭绝所体现的是一个可以管理的问题，森林并没有缩减。"②

市场自由主义或新保守主义者也不同意经济增长的极限的观点，认为这是缺乏经验证据的危言耸听。美国共和党的学者彼得·休伯在 21 世纪初发表《硬绿：从环境主义者手中拯救环境·保守主义宣言》，因生态主义者主张"软技术"，而称生态主义的经济增长极限论者，为"环境主义"的"软绿色"，并指责凯恩斯主义的国家干预政策，而其浅绿的"环境主义"市场经济保守主义则自称"硬绿色"。休伯指责"软绿色经济学"："远远超过了实验或证伪的界限。有关软绿色经济的第一本书是那本关于稀缺、'增长的极限'、饥饿、灾祸、瘟疫和战争的书。我们在现代看到马尔萨斯的复活，

① [澳] 约翰·德赖泽克：《地球政治学：环境话语》，蔺雪春等译，山东大学出版社 2012 年版，第 55 页。
② [澳] 约翰·德赖泽克：《地球政治学：环境话语》，蔺雪春等译，山东大学出版社 2012 年版，第 55 页。

不是活生生的人，而是以计算机形式出现。……根据软绿色经济理论的最新
发展，政府施加的'效率'是答案的一个重要部分。这样，我们就可以进入
一个软的'保护主义'的新时代。"他认为，他赞同的所谓"硬绿"跟"软
绿"有四个分歧：其一，硬绿相信市场范式和增长没有极限；其二，硬绿不
相信市场的生态负外部性；其三，硬绿相信软绿所批判的核电、农药和转基
因等硬技术；其四，硬绿相信效率和富裕可以解决生态环境问题。①

休伯指出，软绿派指责硬绿派促进高消费、不计后果的污染和风险的
复杂性，而硬绿说软绿使生态科学堕落，阻碍绿色技术发展，提出与保护环
境目标相反的政策。软绿派指责硬绿派只追求利润，硬绿派指责软绿派只是
一场政治运动，软绿强化政府管制，限制科学，用其他手段追求政治。休伯
的硬绿派，强调市场经济，针对的是凯恩斯主义的政府规制和经济增长的极
限论的悲观主义者。

（三）基本赞同增长极限的悲观派的观点

朱迪·丽斯分析了悲观派和乐观派的几个分歧，而基本赞同悲观派的
观点：市场机制的价格机制和技术进步，不能替代不可再生资源的消耗。

悲观派以当前探明储量作为资源可得性的极限。根据现在每年的消耗量／
当前储藏量，粗略计算每种矿藏的寿命，得出了静态寿命指数。以此为基础
的计算显示，虽然煤炭可以维持 2000 年，铁矿会有 200 年的寿命，多数主要
矿产资源将会在 40 年内耗竭，铝矾土在静态消耗水平上可维持约 100 年。

乐观派认为资源悲观派忽视了人类技术的响应市场机制，忽视了资源
的文化性质。弗里斯特和梅多斯的著作被说成是"科学技术的严重退化"，
"天真的概念，外行的结论。在利用经验数据时，既避重就轻，又有所歪
曲"。②乐观派认为：随着报酬递减的出现，生产成本的增加，因而价格上
涨，直到恢复供求均衡。③乐观派还认为，不仅需求的减少将使耗竭速度放

---

① ［美］彼得·休伯：《硬绿：从环境主义者手中拯救环境·保守主义宣言》，戴星翼、徐立
　　青译，上海译文出版社 2002 年版，第 17—21 页。

② ［英］朱迪·丽斯：《自然资源：分配、经济学与政策》，蔡云龙等译，商务印书馆 2002 年
　　版，第 55 页。

③ ［英］朱迪·丽斯：《自然资源：分配、经济学与政策》，蔡云龙等译，商务印书馆 2002 年
　　版，第 55—56 页。

慢，还认为这种减少本身不一定就会导致生活标准的下降或经济增长速度的降低。虽然随着价格的上涨，消费者再也买不起那么多更贵的矿物产品，因而会发生某种初始需求的下降，但到一定时候替代将成为关键需求的替代机制。这种观点是"建立在如下假设基础上的：就单个储存性资源产品而言，没有一种是绝对必需的，总有替代品和总能找到替代品来取而代之。"①

替代有多种形式，一种是直接替代。比如，对将来铝矾土供给可得性的担忧，已经促进了从诸如高岭土、碳质页岩、线虫石和霞石之类的非铝矾土矿中提取的技术的研究。"正是直接替代品加上地壳中可得元素多样性的潜力，使得有的乐观派评论家认为，绝对自然意义上的稀缺是不存在的。"②第二种替代是，在技术变化的积累之下，在市场机制的刺激下，"可望把任何一种特定储存性资源耗损的影响减少到最低限度。"③比如，海底电缆是铜的最重要用途，但随着微波技术和通信卫星的发展，对其需要已大大减少。第三种形式替代是增加"二手"材料的使用从而减少矿产品消费。美国已回收了 30% 的废铜品用于再加工，在 2000 年以前可增加到 50% 和 60%。最后，当生活方式和需求变化而改变了最终产品和服务的组合，就在一种大不相同的意义上造成了替代。

但是，乐观派的市场模型和技术替代的观点也受到了挑战。对于乐观派关于市场过程将自行解决一切稀缺问题的荒谬论点，有许多理由可提出挑战。

首先，市场非完备性的影响。为了对需求、技术和供给做出响应，以便在时间和空间上优化配置资源市场需要完善竞争机制，构成市场的企业需要以合理规定的方式行动，以使其利润最大化，而且要由具有无所不知的能力以预测未来资源需要和价格水平的"经济人"来管理。此外，市场系统还需要避开政府的干涉。但这样的条件在现实世界不存在。在西方民主制度

---

① [英] 朱迪·丽斯：《自然资源：分配、经济学与政策》，蔡云龙等译，商务印书馆 2002 年版，第 58 页。

② [英] 朱迪·丽斯：《自然资源：分配、经济学与政策》，蔡云龙等译，商务印书馆 2002 年版，第 58—59 页。

③ [英] 朱迪·丽斯：《自然资源：分配、经济学与政策》，蔡云龙等译，商务印书馆 2002 年版，第 59 页。

下，政府控制储存性资源的开发，为了再次当选的需要倾向于增强可感受的短期收入和尽快开采的贸易优势。

第二，资源保障。"世界市场体系运作的方式以及全部的不完备性，它既不能满足第三世界生产国的收入目标和政治控制目标，也不能满足发达进口国的资源保障目标。而主权政府将改变资源开发利益之分配方式的企图，既阻碍了其国界的新勘探冒险的私人投资，又使得消费国政府力图减少其脆弱感。这些反应反过来又可导致达不到建立新探明储量所需的投资水平，因而产生甚至是短期的自然短缺。"①

第三，经济耗竭。"市场体系根本无能力防止某些特殊矿藏的耗竭……事实上市场力量很可能加速耗竭的发生。"②英国在20世纪60年代就关闭了煤矿，至今仍在关闭。其实煤还是有的，但是在当前市场条件（和政治环境）下，只能以低于生产成本的价格出售。"资源的私有制会使这些问题更严重。"③

第四，环境变化。"即使市场过程确实能够防止储存性（不可再生）资源的自然耗竭，而且无须政府行为的干预……但代价是第三世界国家已经很严重的社会经济问题进一步恶化。……最终代价是整个人类的生存，因为作为社会'生存基础'的环境将会消亡。"④自然资源，"没有多少市场价值。因此，有关储存性资源的生产和消费决策，从来不考虑有关非市场环境资源的利用。"⑤对健康、物质和建筑的损害，农业生产力的降低，供水成本的增加，这些都可能和必须加进矿产实际价格中的成本。此外，能源开采期间的事故，导致严重的环境破坏和生命损失。另外，"把采矿……也显著冲击土

---

① ［英］朱迪·丽斯：《自然资源：分配、经济学与政策》，蔡云龙等译，商务印书馆2002年版，第66—67页。

② ［英］朱迪·丽斯：《自然资源：分配、经济学与政策》，蔡云龙等译，商务印书馆2002年版，第67页。

③ ［英］朱迪·丽斯：《自然资源：分配、经济学与政策》，蔡云龙等译，商务印书馆2002年版，第68页。

④ ［英］朱迪·丽斯：《自然资源：分配、经济学与政策》，蔡云龙等译，商务印书馆2002年版，第69页。

⑤ ［英］朱迪·丽斯：《自然资源：分配、经济学与政策》，蔡云龙等译，商务印书馆2002年版，第70页。

著居民的文化生活方式。"① 不可再生的储存性资源加工的各个阶段，会破坏自然环境。② "市场制度不能将环境服务与矿产生产和利用成本计算结合起来，这……将以环境资源的日益稀缺为代价。"③

流动性资源的稀缺和退化，可能是比储存性资源耗竭更为紧迫的问题。在发达经济中，现代工业产值的规模、技术发展的速度、对更多物质增长的持续压力，所有这些结合起来，大大加快了环境变化的速率。可再生资源"持续压力后面的原因是复杂的，对这种需要认识自然系统、社会经济关系、政治权利以及（对可接受补救行动的）制度障碍的复杂问题，不可能找到简单的解释和简单的解决办法。这里只想指出，流动性资源和水和退化的许多问题之所以恶化，皆因其常常是公共财产和公共场所。这就是说，它们不能为任何个人和私营企业专有，传统上一直把它们看作是不会耗竭的，所有的人都可免费获取的。……人们对资源保护和价值污染没有积极性，所发生的技术变化一直假设它们可继续免费获取。诸如鱼、飞鸟、水和空气这样的资源都是在极大范围内不可分割的；没有哪一个用户能支配其供给，控制其他用户的数量或他们获取的数量。因此，短期内生产过度和利用过度的事就常常发生，形成长期耗竭的危险。"④

第二节　弱可持续发展为主的可持续发展理论

可持续发展思想，最早于20世纪80年代后期由德国布兰特报告《我们的共同未来》提出，既是随着生态危机的日益凸显的时代背景下，罗马俱乐部生态极限观点引起普遍震惊忧虑的思想成果，也是一些社会民主主义背景的浅绿色学者，试图以含糊抽象的话语，调和生态主义的理想与资本主义经

---

① 〔英〕朱迪·丽斯：《自然资源：分配、经济学与政策》，蔡云龙等译，商务印书馆2002年版，第71页。

② 〔英〕朱迪·丽斯：《自然资源：分配、经济学与政策》，蔡云龙等译，商务印书馆2002年版，第72页。

③ 〔英〕朱迪·丽斯：《自然资源：分配、经济学与政策》，蔡云龙等译，商务印书馆2002年版，第75页。

④ 〔英〕戴维·佩珀：《生态社会主义：从深生态学到社会正义》第2版，刘颖译。山东大学出版社2012年版，第79—80页。

济现实，以兼顾环境保护与经济发展。因而成为一种联合国支持的，为各种利益背景的人相对广泛接纳的，有关环保与发展的主流话语，其主流是浅绿色的，成为资本主义工商业和发达资本主义国家在生态危机时代合法化自身经济政治利益的话语权力，也为生态主义者阐述其深生态发展思想开辟了思路。可持续发展思想具有弱可持续发展与强可持续发展两个理论范式。可持续发展在全球资本主义时代，缺少现实可能性，但为生态文明的建设，提供了良好的思想氛围。

一、《我们共同的未来》：1987 年最早提出可持续发展观，试图兼顾环境与发展

1983 年成立世界环境与发展委员会（WECD），"可持续发展"概念写进了世界环境与发展委员会 1987 年的报告《我们共同的未来》，现在一般称之为《布伦特兰报告》（*Brundtland Report*），它是挪威前首相格罗·哈莱姆·布伦特兰（Gro Harlem Brundtland）主持完成的。该报告正式提出可持续发展的定义。[1] 有的西方学者认为，"可持续"可以简单地理解为"经济、生态和社会等方面发展的持续性（enduring）和耐久性（lasting）"。[2] 报告指出："人们越来越认识到，经济发展问题和环境问题是不可分割的。"[3] "还必须合理地将其延伸到对每一代人内部的公正的关注。"[4]

可持续发展涉及当代和代际正义。可持续发展话语的故事情节，开始于承认世界各民族的合理发展渴望，不能通过所有国家都走以工业化国家所采取的经济增长道路来满足，因为这种行为将会使世界生态系统负荷过重。然而，经济增长，对满足世界穷人的合理需要而言，却是必需的。家境贫困不会在某些方面消除导致环境退化的基本原因，因为贫困的人们仅仅为了生

---

[1] 世界环境与发展委员会：《我们的共同未来》，王之佳、柯金良译，吉林人民出版社 1997年版，第 52 页。

[2] Arkinson, Gilesetal（1997），*Measuring Sustainable Development：Macroeconomics and the Environment*, Lyme, NH：E.Elgar, p.1, p.3.

[3] 世界环境与发展委员会：《我们的共同未来》，王之佳、柯金良译，吉林人民出版社 1997年版，第 4 页。

[4] 世界环境与发展委员会：《我们的共同未来》，王之佳、柯金良译，吉林人民出版社 1997年版，第 52—53 页。

存会被迫滥用他们当地的环境。因此，应当促进经济增长，而为其确定和平友好与社会正义的方向。不仅在当代一代人之间进行分配，而且涉及未来时代。

可持续发展，绝不是要求停止经济发展："可持续发展思想为指导的政策，要求决策者必须在制定政策时，确保经济增长绝对建立在它的生态基础上，确保这些基础受到保护和发展，以使它可以支持长期的增长。……可持续发展应当被认为是一个全球目标。"①

可持续发展战略的共同主题，"是需要在决策中将经济和生态考虑结合起来。最好的办法是把资源的管理，下放给依赖这些资源生存的地方社会，并以这些社会有效的权力，管理这些资源的使用。还要鼓励公民的主动性，对群众组织以权利，加强地方民主。"②

报告指出：全球危机"不是孤立的危机：环境危机、发展危机、能源危机——它们是一个危机。"③因而在政策方向上，"人口、粮食保障、物种和遗传资源的丧失、能源、工业和人类居住等方面，所有这些都是相互联系的，不能互相孤立地予以处理"。④

约翰·德赖泽克认为，"可持续发展不是任何一种实际的结果，更不是只可以实现集体期待的结果的一套结构和措施，它是一种话语。自1987年布伦特兰委员会的报告发表以来，可持续发展可以说已经成为关于生态问题的主导性全球话语"。⑤

可持续与发展这两个单词自20世纪70年代初就开始已被偶然地连接起来，那时，可持续发展实际上是一个面向第三世界国家的激进话语，而它

① 世界环境与发展委员会：《我们的共同未来》，王之佳、柯金良译，吉林人民出版社1997年版，第49页。

② 世界环境与发展委员会：《我们的共同未来》，王之佳、柯金良译，吉林人民出版社1997年版，第78页。

③ 世界环境与发展委员会：《我们的共同未来》，王之佳、柯金良译，吉林人民出版社1997年版，第5页。

④ 世界环境与发展委员会：《我们的共同未来》，王之佳、柯金良译，吉林人民出版社1997年版，第13页。

⑤ [澳] 约翰·德赖泽克：《地球政治学：环境话语》，蔺雪春等译，山东大学出版社2012年版，第145页。

在可更新资源管理中的"最大化可持续产出"概念中有更为久远的历史。可持续发展则是一个有抱负的概念，因为它指的是生命支持系统（life support system）的整体，并谋求在人类需要的总和方面的永续增长，这种需要不可能通过简单的资源储存来满足，而必须通过合理使用相互连接的自然系统和人类系统来实现。

可持续发展话语最重要关系（被视为不是天然的也是可以达到的）是一种正和关系：经济增长、环境保护、分配公正和长期的可持续也是相互强化的。可持续发展的当代世界，不承认人类事务中的等级制关系，而强调互利合作。通过整合一系列议程，人类主导并保护自然。

二、可持续发展：对生态极限含糊其辞，不同利益的人各取所需，是一个多面孔的事业

可持续发展所涉及的范围是全球性的，但是它并不仅限于全球层面，而关注区域和地方层面的问题。因而，可持续发展所关注的基本实体是从全球到地方的巢状系统，这些系统包括社会的和生物的两个方面，强调自然系统和人类系统是一体的关系。布伦特兰报告本身对增长极限问题含糊其辞：在"就人口和资源的使用增长来说，不存在超之就会带来生态灾难的固定极限"，部分是因为"知识积累和技术发展会加强资源基础的承载能力"的陈述之后，接着又承认"最终的限制还是存在的"，并且这些最终的界限也会由于技术的进展而拉长。哈丁认为，"委员会没有发现绝对的增长极限。极限实际上是由当前的技术和社会组织对生物圈的影响组成的，当我们具有改变它的创造力"。①

布伦特兰的可持续发展定义，未能令每个人都满意。对哪些人的需要是重要的，什么应当持续下去，持续多长时间，为了谁而持续，以及用什么样的方式来持续，人们有着不同的观点。

20 世纪 90 年代初美国国家科学院的交通研究委员会，以及 1996 年联合国教科文组织，试图把可持续发展变成一个科学上清晰的概念，但是非常

---

① Garrett Hardin, *Living within Limits*：*Ecology*，*Economics*，*and Population Taboos*，New York：Oxford University Press，1993，p.205.

艰难：每一种利益集团都已对他们有利的方式来塑造"可持续发展"这一支配性的话语：生态主义者，可能会努力树立一种对自然内在价值的尊重，这在布伦特兰报告是缺乏的。第三世界的同情者，会强调全球财富进行重新分配的需要，并突出布伦特兰所指出的穷人的需要。商业利益集团，会把发展与经济增长看作一回事，因而可持续发展，对他们来说，主要意味着持续的经济增长。米都斯等增长极限论者，认为可持续性意味着经济增长的终结，即零增长。

可持续发展的概念，像民主的概念一样，尽管其含义具有多样性，不能被精确定义，但是话语本身却有其内在的边界。可持续发展也提到增长极限，但不同于生存主义的悲观论者，认为若政策选择正确的话，可以扩大极限；它也不同于普罗米修斯主义者，要求以协同的方式实现经济目标，而不是依靠人类的自发性和创造性。德赖泽克认为，可持续发展理论话语，相对于各种解决环境问题的话语，"它对环境争议内容的再概念化，以及消解某些长期存在的冲突方面，是富有想象力的。"①

可持续发展作为一种激励人们从事可持续发展实践探索的话语，像民主一样，可持续性主要是关于社会学习的，包括去中心化的、探索的以及各种各样的实现其追求的方法。可持续发展是一个多层面、多面孔的事业。一种去中心化的方法，将会加强多元主义的和地方性的事业。在这种追求过程中，人们难以就可持续发展的实质达成共识这一事实，其实是一种帮助而非障碍，因为任何道路都没有被阻塞，各种新的可能性都会被发掘出来。没有什么东西可以保证可持续发展的广泛程度以及以渐进方式追求可持续发展能够令人不失所望。②

经济理性主义者，把这整个计划视为一长串的政治管理，替代市场机制的无效努力中的最新尝试，因为它试图在人们更适合做出正确决定的市场价格体系上强加一种约束。经济增长极限论者发现一种对极限挥之不去的强调。

---

① [澳] 约翰·德赖泽克：《地球政治学：环境话语》，蔺雪春等译，山东大学出版社 2012 年版，第 147 页。

② [澳] 约翰·德赖泽克：《地球政治学：环境话语》，蔺雪春等译，山东大学出版社 2012 年版，第 156 页。

　　激进的环境主义者否认发展能够永远持续，并且公开谴责该话语所暗含的人类中心主义。即使是温和的环境主义者也怀疑，可持续发展是否会通过要求他们致力于所有的世界性难题——贫穷、经济发展和环境保护而顾此失彼。

　　经济增长极限论者攻击任何话语中对极限和承载能力的明确的否认。哈丁认为布伦特兰的任务失败了。戴利也认为布伦特兰的发展设想比现在大5—10倍的经济规模是不可能的。①

　　尽管存在上述的这些批评，威廉·拉夫迪却认为，一方面对于追求多方面目标环境主义者来说，没有比可持续发展更好的手段。

三、可持续发展理论：强弱两种范式

　　有的学者把可持续发展区分为"强"（strong）可持续发展和"弱"（weak）可持续发展。强可持续发展观，一般理解为生态主义的深生态可持续发展；而弱可持续发展是环境主义的可持续发展观。生态主义，有两个基本观点，一是承认生态极限或增长极限，二是生态主义的价值观，强调自然的内在价值。而环境主义是经济增长主义者，不承认增长极限，环境主义还是人类中心主义者和技术中心论者，强调人的经济利益的重要性，认为可以用技术手段解决环境问题。德赖泽克认为，"可持续发展在更大程度上是人类中心主义的。可持续性是指人类人口及其福祉的可持续，而不是自然的可持续。"②

　　可持续发展理论侧重于弱可持续发展范式。但可持续发展的主要发动者，不是行政理性主义者设想的管理专家，而是离开国家，转向更高的跨国组织和更低的地方层面上的政治组织，以及横向的商业伙伴关系，是"自上而下的行政管理的一种替代方式，网络治理在这里是适宜的。"③可持续发展

---

① ［澳］约翰·德赖泽克：《地球政治学：环境话语》，蔺雪春等译，山东大学出版社2012年版，第157页。

② ［澳］约翰·德赖泽克：《地球政治学：环境话语》，蔺雪春等译，山东大学出版社2012年版，第153页。

③ ［澳］约翰·德赖泽克：《地球政治学：环境话语》，蔺雪春等译，山东大学出版社2012年版，第153页。

思想的哲学隐喻是社会民主主义的。这种管理的巢状网络社会，与生物系统的概念相一致，在实践上，可持续发展尚未发挥民族国家政府和国家行为体的作用，尽管对建立国际协议以及与非政府组织和商业以及工作而言，国家仍然是必需的。可持续发展的隐喻结构是有机的，把社会看成是可以成长的有机结构，不仅是自然的成熟，也包含着自觉的进步。

将可持续发展进行为弱可持续发展与强可持续发展的区分，可归功于皮尔斯（Pearce，1989）。全球环境社会经济研究中心的戴维·皮尔斯及其同事巴比、马尔肯尼亚、特纳等也做出了贡献。还有保罗·伊金斯（1994）、迈克·雅各布（1991）和克莱夫·斯帕希（1994）、国际生态经济学会创始人赫尔曼·戴利和罗伯特·克斯坦曼，他们都是强可持续性主张者。

英国学者埃里克·诺伊迈耶（Eric Neumayer）著《强与弱：两种对立的可持续性范式》（*Weak versus strong Sustainability*），将两种可持续范式进行对比。他指出，弱可持续性建立在索洛（Solow，1974）和哈特威克（Hartwick，1977）研究之上，被称为"索洛—哈特威克可持续性"（Gutes，1996）。[①]

诺伊迈耶指出，"弱可持续性……建立在如下信念之上的，即对子孙后代十分重要的人造资本和自然资本（也许还有其他形式的资本）的总和，而不是自然资本本身。"[②] 弱可持续性，要求保持"总的净投资"，这就是"哈科威克规则"。弱可持续性观点的提出者，建议建立一个绿色国民净值（gNNP），从中推出真实的储蓄（savings）[③]："将传统的国民生产总值……减去退化变质的自然资本，以净边际价值加以度量，即获得绿色国民生产净值。"若在人造资本中投资数量足够大，不需要明确的可持续性发展政策，可持续性就可得到准自动的保证。若不是这样，就要采取适当措施（如资源税、储蓄补贴或环境法）以确保正式储蓄的非负值（Mikesell，1994）。"保

---

① ［英］埃里克·诺伊迈耶：《强与弱：两种对立的可持续性范式》，王寅通译，上海译文出版社 2006 年版，第 25 页。

② ［英］埃里克·诺伊迈耶：《强与弱：两种对立的可持续性范式》，王寅通译，上海译文出版社 2006 年版，第 1 页。

③ ［英］埃里克·诺伊迈耶：《强与弱：两种对立的可持续性范式》，王寅通译，上海译文出版社 2006 年版，第 26—27 页。

证哈特威克规则的弱可持续性的条件如下：效用功能的组成部分可以互相替代"，前提是："资源极其丰富；人造资本替代资源的弹性等于或大于一；技术进步能够克服任何资源限制。"① 由于上述假定，诺伊迈耶又称之为"可替代范式"（substitutability paradigm）。

强可持续发展论者对何为强可持续性及其含义的理解不同。赫尔曼·戴利和罗伯特·古兰德（1992）对经济增长悲观，认为经济增长会改变稳态经济。戴维·皮尔斯坚持认为经济增长是净增值增加，在逻辑上并不和环境的任何程度的恶化相联系。某些强可持续发展论者对资源可得性悲观。尽管强可持续难以定义，诺伊迈耶认为，"强可持续性的本质是认为除了总的累积资本存量外还应为子孙后代保留自然资本本身……是不可替代的。……为'不可替代范式'（non-substitutability paradigm）"。

强可持续性，有两种不同的理解：

其一，是要求保持某些自然资本的价值。即保持自然资源存量总价值不变，而巴比、皮尔斯和马尔肯特亚（1990）等，提出了一般的主张是：以足够的影子方案提出对自然资本存量折旧补偿方案。

其二，是理解为保存某些自然资本的实际存量，强调生命攸关的自然资本，对这些资源存量的大量使用不能超越它们的再生能力，以保持环境功能无恙（Goodland，1995；Hueting 和 Reijinders，1998）。强调不允许生命攸关的自然资本形式之间的相互替代。其理由是：自然资本的损失是不可逆的；有些自然资本提供基本生命支持功能。"强可持续发展观点认为不断增加的消费并不能补偿后代的生活质量的增加。这样的立场常常来自以权利为基础的代际公正理论。"②

诺伊迈耶认为，强弱两种可持续范式都是有效的，因其依据不同的理论和经验。关于环境退化能否为后代补偿问题的回答，是推测性的，"因为我们不知道后代喜欢什么……对作为效用的提供者自然资本来讲，无论是完

---

① [英] 埃里克·诺伊迈耶：《强与弱：两种对立的可持续性范式》，王寅通译，上海译文出版社 2006 年版，第 27 页。

② [英] 埃里克·诺伊迈耶：《强与弱：两种对立的可持续性范式》，王寅通译，上海译文出版社 2006 年版，第 31 页。

全可替代性和不可替代性，都是没有多少道理可讲的。"① 它们是两个各有其理论和经验依据的不同范式，支持哪个范式，"很大程度上取决于基本信念，按科学标准，这些都不是虚假的。"② 相对而言，"自然资本与众不同的特点与盛行的风险、不确定性和无知相结合，以及全球变暖和土壤的破坏等现实经验，为某种形式的自然资本的保护提供了更令人信服的理由和证据，这些资本提供了基本的生活支持功能，如生物多样性、臭氧层和地球变暖等"。③ 因此，在"科学看来在经济的'源泉处'（source side）更多地支持弱可持续性而在经济的'吸纳处'（sink side）更多地支持强可持续性。"④ 但不能因为自然资本应保持的这些理由，而得出结论说必须总体保持自然资本。"这是因为人们必须区分整体价值和边际价值。虽然这些形式的自然资本可以论证为是全然地不可替代，这并不意味着在边际上它们不能有一定程度的可替代性。经济的估价技术可以帮助在理性基础上做出边际的决定。"⑤

强可持续理论认为由于不确定性、无知和评价复杂环境存在问题，成本效益分析会不利于自然资本。诺顿（1986）认为整体价值实际上是无限的："生物多样性价值是所有国家从现在到世界末日所有国民生产总值之和。如果多样性被减少得太多，而我们又不知道灾变临界点在哪里，那就不会再有任何有意识的生命了，所有生态的和其他方面的价值也将随它们一起离去。"⑥ 克斯坦萨等人（1997）对整个生态系统的整体价值的估计，保守地说，至少在 16—54 万亿美元之间，全球年国民生产总值大约 18 万亿美元。相当多的文献对经济估价的可靠性和有效性提出异议，如汉立和斯帕希

---

① ［英］埃里克·诺伊迈耶：《强与弱：两种对立的可持续性范式》，王寅通译，上海译文出版社 2006 年版，第 4 页。

② ［英］埃里克·诺伊迈耶：《强与弱：两种对立的可持续性范式》，王寅通译，上海译文出版社 2006 年版，第 4 页。

③ ［英］埃里克·诺伊迈耶：《强与弱：两种对立的可持续性范式》，王寅通译，上海译文出版社 2006 年版，第 4 页。

④ ［英］埃里克·诺伊迈耶：《强与弱：两种对立的可持续性范式》，王寅通译，上海译文出版社 2006 年版，第 5 页。

⑤ ［英］埃里克·诺伊迈耶：《强与弱：两种对立的可持续性范式》，王寅通译，上海译文出版社 2006 年版，第 5 页。

⑥ ［英］埃里克·诺伊迈耶：《强与弱：两种对立的可持续性范式》，王寅通译，上海译文出版社 2006 年版，第 123—124 页。

（1993）、康芒纳（1993）的文章。由于生态系统动态的、复杂的和非线性的性质，对生态系统和它的多样性的估价十分困难。"成本效益分析总是有可能低估丧失多样性的价值，因此会导致自然资本的耗竭。"[1] 生态系统的生命支持价值难以衡量，生态系统的"原生价值"（primary value）也是如此。就一项边际决定而言，很难证明人类的命运决定于对某一特定物种或生态的保护；但另一方面，用这种推理我们可能慢慢无意越过临界点而引发大规模的生态崩溃的恶性循环。生物多样性的一个物种的消失，会像多米诺骨牌似地触发更多生物多样性的毁灭。

对简单成本效益的替代方法是运用政策原则，对付不确定性和无知问题，这一建议更倾向保护生态系统。至少存在三种政策：

其一，谨慎原则。处置风险、不确定性和无知最基本的原则是谨慎原则。奥莱尔等和乔丹（1995）开列了一系列谨慎原则的核心要素，其中有两个有争议的核心要素：（1）采取预防性措施，"动机是为了避免在将来不可逆转的环境破坏发生时因未采取行动而感到遗憾"。[2] 如地球变暖，50 位诺贝尔奖获得者呼吁减少温室气体排放，因为他们认识到负责任的选择是现在就行动。（2）"举证的责任应当由认为经济活动对环境只有微不足道的不利影响的人来承担"。[3] 目前的实践仍有利于经济活动而不是环境保护。"谨慎的原则因此可以解释为保险体制，其目的是防止不确定性的未来的环境灾难。"[4] 伍珀塔尔（Wuppertal）气候、环境及能源研究所和世界资源研究所的一些学者从谨慎原则出发，呼吁减少原料投入，已在一个较长的时期达到现在的 1/10。这一谨慎原则，首先由联邦德国政府在 70 年代整合进官方声明中，后来又实际进入各国关于环境的每一份官方文件中，也出现在无数国际条约中。各国如此普遍地接受这个原则，与这个原则的模糊性有关，只是一

---

[1] ［英］埃里克·诺伊迈耶：《强与弱：两种对立的可持续性范式》，王寅通译，上海译文出版社 2006 年版，第 125 页。

[2] ［英］埃里克·诺伊迈耶：《强与弱：两种对立的可持续性范式》，王寅通译，上海译文出版社 2006 年版，第 126 页。

[3] ［英］埃里克·诺伊迈耶：《强与弱：两种对立的可持续性范式》，王寅通译，上海译文出版社 2006 年版，第 126 页。

[4] ［英］埃里克·诺伊迈耶：《强与弱：两种对立的可持续性范式》，王寅通译，上海译文出版社 2006 年版，第 126 页。

种口头表示而已。由谨慎原则推出以下两项具有较好的操作性的政策。

其二，环境保证金制度。佩林斯、克斯坦萨和考埃尔（1992，1994）提议引入该制度："任何一个想承担某项目的公司，如该项目会带来某些潜在风险，有义务在政府环境署交保证金。"① 这被认为对处理风险、不确定性和无知有好处。有人指出了如下问题：由于信息不对称，支付保证金的公司如果知道其行动的损害超过保证金的话，会产生过多污染的动机。

其三，安全最低标准。这一建议可以追溯到奇里亚奇－万特拉普（1952），起初是为了保护生物多样性，被用于其他环境课题，如政府间气候小组（IPCC，1996）谈到"可以负担得起的安全最低标准"来减少温室气体。安全最低标准概念受到联合国环境规划署全球生物多样性计划处的欢迎。"美国的'濒危物种法'包含了很多安全最低标准的特点。安全最低标准最初旨在保护单个物种……结果大家公认，只有对栖息地进行符合可持续性原则的管理才能保证物种的长期生存。此外越来越认识到维护生态临界点的符合可持续原则的管理必须是灵活的，不能用固定僵硬的规则去套用，就像固定的最高（看起来似乎）可持续产量那样的措施（Holing，1995）。严格地说，对很多物种来说，根本没有确定的生态—生物安全标准（Hohl 和 Tisdell，1993）。因此，安全最低标准现在越来越倾向与意味着建立整个生态系统的可存活标准，在这里这一标准远高于某些假定的最低水平。"② Holing 认为，保护生态系统是相当困难的事，应避免对生态系统的胡乱摆布，因这会降低自然系统的弹性。我们对可持续生态系统管理，是否可行和如何进行，系统弹性的成本会很高，这会阻碍经济发展。"机会成本是确定的、现在的和实际的，而保护的利益却是不确定的、未来的和无形的，这种窘境并不是生物多样性保护所独有的。它也同样适用于很多其他环境问题，最引人注目的是地球气候变暖的问题。"③ 对这一窘境有两个答案：一是，为保证安全不惜代

① ［英］埃里克·诺伊迈耶：《强与弱：两种对立的可持续性范式》，王寅通译，上海译文出版社 2006 年版，第 127 页。
② ［英］埃里克·诺伊迈耶：《强与弱：两种对立的可持续性范式》，王寅通译，上海译文出版社 2006 年版，第 129 页。
③ ［英］埃里克·诺伊迈耶：《强与弱：两种对立的可持续性范式》，王寅通译，上海译文出版社 2006 年版，第 135 页。

价承担机会成本，这就是安全最低标准。但每一个当代人的行动，都有有益和有害两个方面的可能影响。有人认为与其花费大量资金保护百万种甲虫物种，还不如用于解决迫切的人的环境的改善，如增加第三世界卫生条件和对清洁能源的获取。二是，如果考虑机会成本，某种形式的自然资本应保护到什么程度？如何知道什么是社会愿意承担的最小代价呢？这实际上又回到经济评价技术的成本—效益分析上去了。

主张建立最低安全标准。有人主张，自然科学和经济科学可以帮助改善评估技术并提供成本和效益最好的信息。应增加对生物多样性评价研究的努力，至少提供有关生物多样性的理念。自由主义者认为，更重要的是，在可以创造市场的地方，用产权明晰的方法，把生物多样性保护变成有效需求：发展生态旅游提高自然公园的门票价格，达到利润最大化的目的；改变彻底禁用野生品（如象牙或热带森林木材）的办法，以刺激经济利用的可持续性；加强现有的基本机制，如财务上加强联合国环境计划署生物多样性计划和全球环境促进计划、建立可转让的开发权的市场、政府支持"债务自然的交换"。①

保护自然资本的代价最低的办法：（1）取消对环境和经济有害的补贴；（2）减少经济上有害的污染；（3）以市场为基础的手段替代指令性控制手段；（4）改变税收基础，税收许可证卖给企业，以生态税代替劳动和资本税，加大对碳排放的征税，如加大对能源和资源的征税；（5）采取更加严格的法规，以增加劳动生产率。②

关于可持续发展的度量问题。绿色国民生产净值（gNNP）提出最佳增长模式，是对弱可持续性进行度量的尝试。世界银行（1997a）最认真最全面地对弱可持续性作了严格的评估。采取了敏感度分析的方法（sensitivity analysis），提出了可持续经济福利指数。强可持续性的度量，是针对强可持续的第二种解释：保存某种形式的自然资本的实际存量更为明智。保持自然资本总价值不变，不能保证某些形式的自然资本遭到灭顶之灾。为了度量这

---

① ［英］埃里克·诺伊迈耶：《强与弱：两种对立的可持续性范式》，王寅通译，上海译文出版社 2006 年版，第 139 页。

② ［英］埃里克·诺伊迈耶：《强与弱：两种对立的可持续性范式》，王寅通译，上海译文出版社 2006 年版，第 140—147 页。

样含义的强可持续性，需要某些形式的资本可持续性的标准。1998 年西蒙和伊金斯提出了如下标准：“稳定的气候；不受破坏的臭氧层；生物多样性保持目前水平；不可再生资源的功能不丧失；把排放量限制在临界负荷点之下以保证人类健康；保持乡村不受破坏；保证环境安全，把环境风险约束在低水平上。”① 确定标准后，下一步检测环境信息和指标能否达到标准数据，这一指标需要假设达到标准的代价的信息，以便从货币的角度估价在标准和经济实际运行之间的“可持续性差距”。

可持续性差距的货币估价存在的问题是：

（1）在为实现可持续标准建立成本曲线时，要进行局部分析，这是西蒙和伊金斯的方法，不能反映全局性情况，只有采取综合模型，但人们并不先验了解可持续成本的高低。

（2）人们不清楚对实现某种可持续标准而言什么是恰当的时间框架。

（3）延伸到国际以外的环境资源的可持续标准，必须确定分类原则，如温室气体排放，确定哪个国家排放多少，这些资源分配的规则依赖于计算可持续差距的研究者的价值判断。

（4）人们不清楚可持续性差距是否应从国民生产净值中减去。

（5）如选择从国民生产净值中减去为实现可持续性标准而假设的措施的价值，那么也应减去实际已采取的措施的价值，或减去预防性环境支出。

（6）可持续性差距的估价值在解释时必须十分小心，在不了解实际可持续差距规模的情况下，很可能做出错误解释。② 度量强可持续的方法仍然在发展中。

四、可持续发展现实：以弱可持续发展为主，得到联合国和发达资本国家支持，确立工商业的主要参与者地位，其前景黯淡

1987 年布伦特兰报告的建议，包括“有关国际经济、人口、粮食、能

---

① ［美］希拉里·弗伦奇：《消失的边界：全球化时代如何保护我们的地球》，李丹译，上海译文出版社 2002 年版，第 211 页。

② ［美］希拉里·弗伦奇：《消失的边界：全球化时代如何保护我们的地球》，李丹译，上海译文出版社 2002 年版，第 213—216 页。

源、制造业、城市和制度性变化的分析和建议。"① 它的主要功能在于把许多经常被当作孤立的，或至少相互竞争的难题系统连接起来："发展、全球环境问题、人口、和平与安全、代内与代际间的社会公正。"布伦特兰提出的整体设想是，"人类对经济增长、环境改善、人口稳定、和平与全球正义等的追求可以同时进行的相互强化，而且这一过程能够在长时间内得以维持。"② 尽管布伦特兰并未证明这一战略的可行性，未说明其所需的实际步骤，但这种主张因其综合性和模糊性而有较大的吸引力。自 1987 年以来，可持续发展话语开始在国际上流行，尤其是为政府间国际组织和非政府组织构成的国际社会所接受。

（一）可持续发展战略得到联合国的支持，成为一种面向所有人的话语

1992 年联合国环境与发展大会在里约热内卢召开的地球峰会，使可持续发展理念传播达到高潮，全世界 171 个国家的首脑参加，支持可持续发展战略。地球峰会提出《21 世纪议程》，这是一个对支持布伦特兰报告的详细而冗长的后续文件。大会之后，联合国设立了可持续发展委员会（CSD），这是一个政府和非政府结构的论坛，通过这一机构，政府和非政府成员共同讨论《21 世纪议程》的执行情况、交流有关信息并讨论资金来源不足和缺乏技术创新等现实问题。同时，该委员会还被授予一项职责，即监控国家和地方政府与机构如何行动，研究第一世界与第三世界有关发展环境保护观念的冲突问题等。到 1999 年 12 月，总共有 140 多个国家针对《21 世纪议程》的实施建立了国家机构和政府分会部门。"全世界已有 2000 个城市和 64 个国家……已经实施了相关的计划。"③ 可持续发展战略，也在 20 世纪 90 年代成为中国主流意识形态邓小平理论的主要内涵之一。从此，可持续发展理论，成为一种面向所有人（包括北方和南方、富人与穷人）的话语。

① ［澳］约翰·德赖泽克：《地球政治学：环境话语》，蔺雪春等译，山东大学出版社 2012 年版，第 148 页

② ［澳］约翰·德赖泽克：《地球政治学：环境话语》，蔺雪春等译，山东大学出版社 2012 年版，第 148 页

③ ［美］希拉里·弗伦奇：《消失的边界：全球化时代如何保护我们的地球》，李丹译，上海译文出版社 2002 年版，第 216—217 页。

（二）可持续发展的现实：确立了工商业在可持续发展中的主要参与者地位

1994 年联合国开发计划署建立了一个可持续能源和环境发展分部（SEED），以加强该机构在环境政策方面的力度。"它的工作范围包括加强各国可持续发展战略的建设，监控能源和大气问题，直到全球环境激进的工作，参与自然资源的管理和控制荒漠化。同时它还负责在联合国开发计划署的计划当中加入对环境上可持续发展的关注。"① "2002 年在约翰内斯堡举办的可持续发展世界首脑峰会，是迄今为止规模最大的国际盛会。该大会签署了《21 世纪议程执行计划》。但除了规定改善穷人的清洁水与卫生设施的目标与日期部分外……具体……规定得比较模糊。因而可持续发展更多的是一种话语，而不是一种行动计划。"② 该大会"确立了工商业在可持续发展中的主要参与者地位，而不是一个需要克服的问题的根源。"③

在全球峰会之外，可持续发展已经把其话语注入国际制度当中，"甚至世界银行，曾经长期被环境主义者指责为导致生态灾难的开发项目的同谋犯，也已经通过设立环境部门、任命一个可持续发展副总裁、赞助一系列有关可持续发展的出版物来努力改善其环境形象。"④ 世界银行 1992 年世界环境报告的主题，就是环境管理和经济发展能够同时进行。它的《2002 年世界发展报告》也是为可持续发展思想组织的，该报告忽略了可持续发展话语中的全球正义方面的内容，建议富国通过变得更富裕和为穷国生产产品，提供更大的市场，来更好地帮助穷国。世界银行也赞助了有关可持续发展指标的研究，以作为传统衡量国民福利手段，比如国民生产总值的替代方式。欧盟已把可持续发展，并入到它的许多宪法性条约之中，并把可持续发展大

① 联合国开发计划署："联合国开发计划署：可持续能源和环境分布指南"，见，www.wulp.org/seed/guide/intro.htm，1999-12-8. 转引自 [美] 希拉里·弗伦奇《消失的边界：全球化时代如何保护我们的地球》，李丹译，上海译文出版社 2002 年版，第 215 页。
② [澳] 约翰·德赖泽克：《地球政治学：环境话语》，蔺雪春等译，山东大学出版社 2012 年版，第 148—149 页
③ [澳] 约翰·德赖泽克：《地球政治学：环境话语》，蔺雪春等译，山东大学出版社 2012 年版，第 149 页。
④ [澳] 约翰·德赖泽克：《地球政治学：环境话语》，蔺雪春等译，山东大学出版社 2012 年版，第 149 页。

会，看作一个使自己与美国谈判者更多疑的立场区别开来的机会。欧盟被证明是可再生能源的仅有支持者。

（三）可持续发展：在20世纪90年代得到西方发达国家政府的支持

虽然可持续话语主要体现在经济层面上，但它也已表现在国家层面。1990年日本建立一个可持续发展计划。在挪威，有一个治理可持续发展智库，称之为可持续社会研判计划。澳大利亚，1990年联邦政府设立了生态可持续发展计划，包括农业、能源、渔业、林业、制造业、采矿、运输和旅游业的几个工作组。每个工作组都吸收了工业环境团体的代表，显示着经济发展的环境可持续发展特色。依据这些工作组1992年报告，他们的努力已被纳入国家生态可持续发展战略。在美国，可持续发展委员会，借助副总统戈尔对绿色思想的宣传，把可持续发展的旗帜传到克林顿政府手中。可持续发展还得到了其他发达国家政府的口头支持。1997年英国布莱尔工党政府建立了一个检查所有政府部门实践活动的可持续发展小组。但没有任何国家提到它们自己对资源过度消费和对全球生态系统所造成的压力。可持续发展发展战略，在北欧国家得到了最认真的对待。研究者们为世界经济论坛开发一套环境可持续性标准，把芬兰评定为最可持续的国家，随后的是挪威和瑞典（到2002年）。

可持续发展理念，在国际性工商业的地位变得日益突出。以瑞士尤尼克油田服务公司总裁斯蒂芬·施米德海尼为主席的国际商会与世界可持续发展工商理事会，在1992年的地球峰会上非常活跃。由该分会秘书长莫里斯·斯特朗邀请，工商理事会1990年成立。该理事会治理经济增长，对环境比较敏感。到2002年，该理事会涵盖了世界上最大的162个公司，其中大部分来自制造、采矿和能源部门。在"可持续发展商业行动"的旗帜下，该理事会在2002年世界可持续发展首脑大会上非常瞩目。有查尔斯·赫里德等在大会上发表的声明认为，通过自由贸易所产生的经济增长是世界穷人的唯一希望。然而，该理事会主张经济增长可以不计任何代价，还声明公司负有社会责任，并由绿色和平组织联合起来批评美国撤出关于气候变化的《京都议定书》。该理事会成功地确立了与商业建立伙伴关系是可持续发展的主导手段的观念。还有工商业者将其视为"可持续发展的私有化"。

随着时间的流逝，环境团体变得不再那么显著，但有一些环境主义者，比如欧洲的地球之友，试图赶上这种话语，提醒每一个人可持续发展需要大规模的削减经济活动对环境造成的压力，还要尊重自然的内在价值。

（四）可持续发展在自由主义主导的社会前景暗淡

20世纪90年代以来可持续发展被建构为最主要的跨国环境话语，而全球、区域、国家、地方层次上的政策、实践和制度方面的大规模运动却日益减少。与此同时，一个更有效的全球运动正沿着一种非常不同的方向开展，这一方向，伴随着1994年贸易组织的建立，导致了资本主义日益全球化，世界贸易组织加入了与国际货币基金组织和世界银行一起的国际经济体制的管辖。"自由贸易、资本流动和世界各国都把市场自由化与传统的经济增长……正威胁着可持续发展。"① 在世界可持续发展首脑大会上，并没有什么是世界贸易组织依从于可持续发展的严肃建议，相反大量来自发达国家的代表要求在贸易议题上必须在世界贸易组织设定的框架下进行讨论。"在一个由市场自由主义者支配的世界上，可持续发展的前景是暗淡的。"②

第三节　社会民主主义解决环境问题的民主协同治理方案和生态现代化道路

佩珀指出，20世纪80—90年代，关贸总协定谈判，代表着把每一个人都带进全球资本主义经济的努力，一个有着较高水平产量和较低水平上人类需要满足的、享乐主义消费社会进一步膨胀，社会不公和生态破坏这两个祸害继续存在，并将进一步扩大。1992年里约热内卢全球高峰会议，西方领导人顽固维护跨国资本的利益，拒签会议有关气候问题的文件。在这样的时代背景中，激进生态主义的影响力削弱："向我们承诺用一种'新政治'来代替社会主义和资本主义的绿色分子正在走向衰弱。20世纪80年代初，绿

---

① ［澳］约翰·德赖泽克：《地球政治学：环境话语》，蔺雪春等译，山东大学出版社2012年版，第158页。

② ［澳］约翰·德赖泽克：《地球政治学：环境话语》，蔺雪春等译，山东大学出版社2012年版，第158页。

色分子在欧洲获得的选举支持已大幅度减少。"[1] 英国绿党执行理事会有一半
人辞职，其成员已从 1990 年的近 2 万人下降到 1992 年的 1 万人。在这样的
背景下，德国绿党开始由一个激进的抗议党，转型为议会党和执政党，与社
会民主党人结盟。而西欧的社会民主党人在维持现有资本主义发展模式不变
的前提下，采纳生态主义的一些绿色公共政策建议，形成了欧洲社会民主主
义的民主协同治理和生态现代化的浅绿色的生态现代化方案。20 世纪 90 年
代随着德国社会民主党和绿党联合执政的红绿联盟的形成，以及英国工党执
政的第三条道路，生态现代化思想开始形成。生态现代化思想不同于自由主
义的末端治理环境管理方式，属于社会民主的协同治理模式。生态现代化
的概念在德国首先产生，对社会民主党的影响最大，但最终也影响了绿党。
1998 年成立的德国新政府，在 10 月通过的红绿联盟协定中，提出了"生态
现代化"行动纲领，反映了这一概念在政治上被接受。20 世纪 90 年代初以
来，在环境科学的论证中，这一概念已经在国际上被广泛应用。这个方案强
调国家、民间组织和企业多中心的社会民主的协同治理，更重视生态理性导
向下的生态系统管理。其生态现代化道路理论"更多地体现出一种生态现实
主义的色彩，即在最大限度地保持工业文明物质成果的基础上建设一种绿色
社会。"[2] 德赖泽克将生态现代化理论分为两个类型：以贝克和吉登斯为代表
的与"风险社会"结合的"强的或反思性的生态现代化前景"[3]；主流的"弱
的或技术—组合主义的生态现代化"，即"政府组合资本主义和科学组织"
的"环境管理"。[4]

一、社会民主主义的民主协同治理理论概述
由于现代资本主义社会的日益复杂，传统行政官僚主义的以国家与社

---

① [英] 戴维·佩珀：《生态社会主义：从深生态学到社会正义》第 2 版，刘颖译，山东大学
出版社 2012 年版，第 3 页。
② 郇庆治：《环境政治：国际比较》，山东大学出版社 2007 年版，第 35 页。
③ [澳] 约翰·德赖泽克：《地球政治学：环境话语》，蔺雪春等译，山东大学出版社 2012 年
版，第 174 页。
④ [澳] 约翰·德赖泽克：《地球政治学：环境话语》，蔺雪春等译，山东大学出版社 2012 年
版，第 174 页。

会二分法的行政理性主义的管理方式，在解决社会问题，尤其是环境问题时，出现"行政管理危机"。"行政理性主义遭到了反思，而且其中许多是批判性的。"行政理性主义在治理环境问题时，曾取得较大的成绩，但"行政国家依据这些标准的表现招致了质疑。这些质疑经常被置于'执行赤字'的标题下行政国家也许……正在经历努力的收益递减的过程。"① 实现最初的收益相对比较容易，但其后的持续改进则非常困难。比如在空气污染的控制中，城市中显而易见的悬浮颗粒往往被首先应对，通过使用无烟技术来改进，但更为隐蔽的汽车尾气中的铅，要经历很长时间才能引起人们的注意并解决。而更复杂的、无形的和有争议的议题，例如酸雨，被证明难以被概念化，难以定义，并且难以找到解决的办法。德赖泽克认为这些问题的难题根源在于，首先，行政理性主义，依靠专家建议的等级化的科层官僚制，是专业化的分析还原论的思路，不可能解决诸如酸雨、全球气候变暖、臭氧层破坏或者城市空气污染物的相互混合等复杂性难题。韦伯式的行政理性主义的难题拆解和整合的解决思路无法解决复杂环境问题，"往往导致环境问题的转移"。而复杂的环境难题要求行政管理机构的整合，迄今为止，最有效的政策整合实例发生在瑞典，瑞典通过成立由负责农业、环境、教育、劳工以及税收的部长组成的生态可持续发展代表团（DESD），率先整合与环境相关的诸多领域。但是这种整合与残存着传统上相互分离的政府部门之间存在矛盾。行政理性主义具有执行赤字，其更直观的理由是政策制定的顺从难题：最基层的官员必须守法和满足遵循上级指示，但是排污者、资源开发者和使用者，在履行行政机构发出的指示的时候是经过协商实现的，上级的意图很难适应底层的协商执行机制。底层管理需要的是弹性的"适应性管理"。越是上层的行政官员，越难具体了解底层的信息。行政理性主义面临的一个难以克服的难题：一个组织越是有纪律，其能够不断学习的可能性越小；其学习得越多，就越不容易维持行政手段中的纪律，会产生更多的执行赤字。

　　面临解决环境问题的执行赤字和行政管理危机，萨贝尔（Charles Sabel）

---

① ［英］戴维·佩珀：《生态社会主义：从深生态学到社会正义》第 2 版，刘颖译，山东大学出版社 2012 年版，第 92 页。

等提出，可以实行"滚动的规则体制"（roling rule regime）。① 这种"滚动的规则体制"的方法，与新兴的"治理"原则一致，而治理通常在公共政策中与"政府"相对立。治理被认为是分散的、非正式的、网络化的和多中心，而政府行政管理则是自上而下的韦伯式的。而从统治到治理的转变，预示着行政理性主义的终结。但是，行政理性主义的潜能还未耗尽。戴维·沃格尔（David Vogel）认为，面对"新治理"的大趋势，行政理性主义在某些方面还是很顽强的，例如收益分析、风险评估和技术决定的政策制定在美国呈上升趋势，而在欧盟正好相反。② 治理范式在解决环境问题上，正在弥补、修订政府行政管理的不足，成为一种新的模式。

治理概念"起源于世界银行对非洲'治理危机'（crisis of governance）的论述有关"。梅里认为"治理理论以'可管理性危机'为出发点。可管理性危机，是国家中央权威的丧失、国家行为效率和效益降低"，③ 可管理危机又称"治理危机"。④

治理理论焦点由传统的国家政治控制，转移到公民社会中、公民社会与国家政府之间的良性互动网络机制和体系，这是一种民主协同治理机制，也"是一种以复杂科学范式为基础的复杂性管理"⑤。治理理论形成的背景"行政管理危机"，属于西方马克思主义者哈贝马斯所说的晚期资本主义社会危机的一个方面。哈贝马斯认为，晚期资本主义，由于凯恩斯主义的实行，政府越来越多地介入经济管理的事务，马克思说的经济危机表现为经济体系输出的危机新形式，滞胀危机；晚期资本主义还发生政治体系输出的危机，即行政管理危机，以及政治体系投入的危机，即"政治合法性危机"，还有"生活世界"输出的危机，即动机或意义危机。晚期资本主义社会的危机，就是

① Charles Sabel, Archon Rune, and Bradley Karkakainen, "Beyond backyard environmentalism: How communities are quietly refashioning environmental regulation", *Boston review* (2000), online at sable.html.

② David vogel, "Comparing environmental governance: risk regulation in the EU and US", *paper presented at the Conference on Environmental Policy Integration and Sustainable Development*, National Europe Centre, Australian University, pp.19-20, November 2003.

③ 张连国：《治理理论：本质是复杂科学范式》，《学术论坛》2006年第2期，第49页。

④ 俞可平：《治理与善治》，社会科学文献出版社2000年版，第271页。

⑤ 张连国：《治理理论：本质是复杂科学范式》，《学术论坛》2006年第2期，第49页。

后现代主义说的"现代性危机"。经济危机、行政管理危机和合法性危机、意义危机和生态危机，都是现代性危机在各个方面的表现。现代性危机，实质是霍克海默、阿多诺称之为"启蒙理性"蜕变为工具理性的危机，或马克斯·韦伯说的工具——目的理性的危机，也就是经济人理性的危机。经济理性或工具理性，只看到对人有用没有的功能利用关系，失落了韦伯说的"价值理性"，忽略了哈贝马斯说的"交往理性"，以及生态主义说的生态伦理和社会民主主义者说的"生态理性"，无法根本解决当代所面临的包括生态危机、行政管理危机的"现代性危机"。20世纪90年代英国工党执政，其智囊伦敦政治学院主任吉登斯登出版《超越左与右》，为英国工党提出了适应20世纪90年代"第三条道路"的执政方案。第三条道路，除了奉行全面党的超阶级政治哲学、混合经济模式、积极的福利国家政策，还提出了"少一些管理，多一些治理"的口号，主张超越传统国家与市民社会的二元对立：鼓励政府与市民社会的合作，强调中央向地方放权，强调各个政府机构的合作而不是对立。此外还主张"全球治理"，协调国际组织与非政府组织的合作，在打击跨国犯罪和恐怖主义以及生态治理上进行全球合作。第三条道路将生态环境问题也列入社会政治议程，希望探索一条能促进经济增长和生态环境协调发展的生态现代化道路；2003年还提出了"低碳经济"的白皮书。

德赖泽克称民主协同治理为"民主实用主义"，他指出：民主实用主义，跟行政理性主义一样，将自由资本主义的结构现状视为理所当然，但对政府的看法不同。它不是强调政府管制，"而是将其视为大量公民参与其中的多维决策过程"[①]。民主不是代议政治，而是参与式的解决问题的方式，"实用主义"是区别于理想主义的现实主义，是"在一个充满不确定性的世界解决难题……最理性的方法，正如在科学中一样，是通过实验进行学习。由于解决任何复杂的难题的相关知识不可能集中于任何个人或国家机构手中，因此问题的解决是一个充满灵活性的过程，其中包括多种意见和观点之间的合作过程。"[②] 环境实用主义反对道德绝对性解决环境问题的环境伦理，而德赖泽

---

① [澳] 约翰·德赖泽克：《地球政治学：环境话语》，蔺雪春等译，山东大学出版社2012年版，第111页。

② [澳] 约翰·德赖泽克：《地球政治学：环境话语》，蔺雪春等译，山东大学出版社2012年版，第99—100页。

克更多地关注用民主和实用主义解决现实的环境问题的方式："民主实用主义展示的一种依据其整体性进行统治的趋向，这种取向所强调的是包括政府机构内外人士参与的交互影响式的解决问题的思路。"① 这种交互影响式思路，很难从宪法及其责任分工中找到政府在这方面的角色规定，相反，它只存在于受正式规则松散束缚的现实政治的交互作用实践中：可以发生在委员会会议、立法辩论、听证、公众演讲、法律争论、规则制定、项目发展、媒体调研和政策落实与推行等背景下，也可以使用游说、争辩、建议、战略制定、谈判、通告、发布、曝光、欺骗、形象塑造、侮辱和质疑等手段。因此，民主实用主义很容易吸纳作为矫正行政理性主义的"分散化网络治理形式"。因为"'统治'是一种自上而下的意象，其中设定了行政理性主义的目标与原则；而'治理'无须一个权威的中心点，而得益于非正式的交互影响。行动者可能包括政府官员，但也可能是非政府组织成员、说客、活动分子、新闻记者、公司、国际组织和具有不同权限的政府部门。结果，网络的意象替代了等级的意象。一个网络具有多个穿越参与者的交互作用的节点和复杂路径，而等级制中的不同只有围绕着顶点的上行与下行。"②

在一个网络中，即使没有任何高层的赞同也可以达成某种公众成果，甚至即使没有任何政府机构的批准也可以做到。如消费者联合抵制并迫使一个厂家改变生产方式（例如，捕捉金枪鱼时不要危及海洋哺乳动物和海龟），或者绿色激进分子和商家对运营行为守则达成一致时就是如此。马丁·耶内克将其称之为"超政府的"行动。

在 20 世纪 90 年代，由美国民主党副总统戈尔领导的重塑政府特别工作小组，对环境保护署的规则系统依据"治理"原则提出了改革建议，强调发展公司合作伙伴关系和规范者、社区和工商界之间的协作关系。美国在 90 年代形成了有些更灵活的、更分散的和更协作的环境规制。在美国各部门，网络化的管制与"新环境政策工具"相联系，如规制者与公司之间环境管理与审计系统之间的自愿协议。

① ［澳］约翰·德赖泽克：《地球政治学：环境话语》，蔺雪春等译，山东大学出版社 2012 年版，第 106 页。
② ［澳］约翰·德赖泽克：《地球政治学：环境话语》，蔺雪春等译，山东大学出版社 2012 年版，第 107 页。

　　在这种自愿协议下，公司主动地为其环境影响设计目标并监控其进展，而一旦达到目标后就会得到一种正式承认。这种承认不必由政府授予。针对木材产品的跨国森林认证，就由一个非政府组织（包括热带雨林联盟和世界自然基金会）和公司组成的网络进行管理，并与成立于 1993 年的森林认证委员会合作。这种协作的管制在自然资源管理中也可以看到。朱迪斯·英尼斯（Judith Innes）和戴维·布赫（David Booher）描述了萨克拉门托水论坛的例子，该论坛试图使工商业、环境主义者、农民和当地政府达成共识，以解决环境退化问题。约翰·布累斯维特（John Braithwaite）和皮特·德拉豪斯（Peter Drahos）认为，这是激进主义者、非政府组织和国家如何共同建立全球化管制网络，通过它可以在民族国家之上的层面和传统行政理性主义所能达到的范围之外管制商业。

　　德赖泽克认为，"交互影响式的政治在某种程度上类似于生态系统，因为二者都是一种自组织系统。……生态系统是充满着消极性反馈装置以校正干扰的自组织系统。"[①] 个体、组织、政党和运动的多样性，可以产生政治交互作用的压力，以对环境所受到的干扰作出反应。这些消极性反馈装置在生产上不是足够的，"主要取决于这些装置发挥作用所依赖的人们的价值观"[②]。

　　马塞尔·威森伯格（Marcel Wissenburg）认为，绿色民主主义存在于那些将"生态责任"作为其基石的社会责任的机构中。各企业必须接受"约束规则"，对其造成的任何环境破坏，都要求其做出恢复和补偿。这种观点认为，很多消费者在大部分时间内追求自私的物质利益，如利润、不断增值的房产、更高的薪水、更安全的职位或得到补贴到喜欢的自然景区旅游；但在关键时刻，行动者可以被公共利益激励，并承认存在超越个人利益的共同体，如生态整体性。而约翰·德赖泽克认为，社会民主的绿色行动主义者是面向所有人的，他们可以是各级公民和政治活动分子，或者集体行为者，比如企业、工会、环境主义团体、社区组织和政府机构。他们的行为动机是混合的。

---

① ［澳］约翰·德赖泽克：《地球政治学：环境话语》，蔺雪春等译，山东大学出版社 2012 年版，第 109 页。

② ［澳］约翰·德赖泽克：《地球政治学：环境话语》，蔺雪春等译，山东大学出版社 2012 年版，第 110 页。

德赖泽克认为，社会民主绿色主义者拥护四种科学隐喻：① 来自于物理学，把公共政策看作是来自不同方向的各种力量作用的结果；是开放、民主和批判理性主义的科学整体性的隐喻；经济的、政治的和环境的公民和团体，在察觉其环境利益受到侵害时的反馈机制，自动恒温器隐喻；社会民主参与的网络隐喻。

1971 年在反战的背景中，美国政府拉拢不激进的环境主义者采取的社会民主性质的政策工具有：

（一）公众咨询。环境影响评估是行政管理主义者设计用来促使行政官员考虑环境价值和科学的证据的政策工具。这些评估总是伴随着公众对于所形成文件进行评论的机会。比如在美国 1970 年《国家环境政策法规》设定的程序中，负有责任的联邦机构必须制作一份报告草稿，该报告要公开征集评论，然后搜集反映，"这些反应来自于其他政府机构、其他层次的政府、环境和社区团体、利益相关企业、资源使用者和普通市民"②。来自各方面立场的信息对机构决策没有直接的和最终的影响，但"它会改变政策决定与落实周围环境的话语，使得环境和民主价值更具合法性和可见性"。③20 世纪 70 年代末许多欧洲国家（瑞典、荷兰和奥地利）启动了关于核能未来的广泛性公众咨询努力。这些做法并没有太多涉及权利从国家向供应者的方式，但它确实产生了实质性的效果：1979 年瑞典政府决定不再建造和核反应堆，并在着手逐步淘汰核能源。④

（二）替代性纠纷解决机制。替代性纠纷解决机制，产生于法律体制中，是作为美国应对拖延不决的诉讼僵局造成昂贵成本的替代机制。"该方法是让纠纷双方在中立的第三方（往往是一个职业协调人）的协助下进行争论，表达各自的分歧。目的是双方达成一种比没有达成协议情况稍好一点的

---

① ［澳］约翰·德赖泽克：《地球政治学：环境话语》，蔺雪春等译，山东大学出版社 2012 年版，第 112—113 页。

② ［澳］约翰·德赖泽克：《地球政治学：环境话语》，蔺雪春等译，山东大学出版社 2012 年版，第 101 页。

③ ［澳］约翰·德赖泽克：《地球政治学：环境话语》，蔺雪春等译，山东大学出版社 2012 年版，第 101 页。

④ ［澳］约翰·德赖泽克：《地球政治学：环境话语》，蔺雪春等译，山东大学出版社 2012 年版，第 102 页。

共识。"① 20 世纪 70 年代，替代性纠纷解决机制在环境条件议题下进入了环境领域，自那以后，涉及广泛而复杂的环境议题，纷纷进行调解。这些议题包括水坝、灌溉设施、矿井、大型购物中心和道路的建设，水城管理，危险废弃物处理加工的定点，现有危险废弃物场所的清理，生态修复，反污染措施等等。有人认为，替代性纠纷解决机制，在有效的生态管理中，具有关键性的作用："它通过交流而非一方胜败的形式，为冲突解决提供创造性的方式。"② 有人持怀疑态度，认为替代性纠纷解决机制的作用只是使麻烦制造者同化和中立化。一般认为，替代性纠纷解决机制，具有模棱两可的潜能。它表明了决策必须经过参与性程序采取的合法性。这些程序可能会导致中立和同化，也可能会导致民主原则对行政国家的侵蚀，并迫使行政国家走向开放。

（三）政策对话。公共政策对话中一个明确与政府相联系的例子出现在澳大利亚。其生态可持续发展进程，由总理霍克在 1990 年发起。生态可持续发展论坛，始于邀请主要的环境团体和相关产业代表参与涉及许多领域的战略政策建议的讨论：农业、能源、渔业、林业、制造业、采矿业和旅游业。每一个领域都建立一个工作组，并产生一份报告。四个受邀请的环境团体是澳大利亚保护基金会、世界自然基金、绿色和平组织和澳大利亚荒野协会。荒野协会由于对其它有悖于可持续性的政策不满很快就撤出了，之后绿色和平组织也撤出了。当生态可持续发展团体进行汇报的时候，霍克被一位信奉对抗而非共识的总理取代，后者对环境议题给予了较少的优先性。随着经济衰退的出现，环境议题也从公众关注的显著位置上减弱下来，因此很少有建议能够在公共政策中得到实施。③

政策对话向政策实践的更有效转化出现在加拿大的阿尔伯达省，它是北美地区第一个解决"不要放在我家后院"危险废弃物难题的地区。鉴于每

---

① ［澳］约翰·德赖泽克：《地球政治学：环境话语》，蔺雪春等译，山东大学出版社 2012 年版，第 102 页。

② Terry L. Anderson and Donald R. Leal, *Free Market Environmentalism*, Boulder, Colo.: Westview, 1991, pp.51-59.

③ ［澳］约翰·德赖泽克：《地球政治学：环境话语》，蔺雪春等译，山东大学出版社 2012 年版，第 103 页。

一个地点都是某些人的后院，鉴于在加拿大和美国的政治系统中行使否决权相对容易，这一议题政策的正常情况就是一个僵局。认识到这个问题后阿尔伯达政府在 20 世纪 80 年代末发起了与当地社团和产业的对话，他们最终对建设和施工的地点和原则达成共识。但其后的运作被证明是有问题的，并重新陷入了环境主义者和本地居民反对改选址运营者之间的分歧僵局。

本地化政策对话已经在"地方 21 世纪议程"倡议下出现于全世界，它源于 1992 年旨在鼓励各地政府创建可持续发展规划的联合国环境与发展大会。虽然大多数对话为公民参与提供了机会，但它们的实际进程和真实覆盖范围有着很大的不同。

（四）非专业公民审议。替代性纠纷解决机制和其他政策规划通常包括利益相关方，无论他们是环境主义者还是开发商。"无利害关系的非专业公民之间更容易进行反思性审议，因为他们对于争论和说服更具有开放性。这有助于解释建立在非专业公民参与基础上的审议活动的增加。"[1] 这方面的事例包括共识会议（创制于丹麦）、公民陪审团（始于美国但在英国得到最大范围的应用）、审议式民意调查（由詹姆斯·菲希金创设）和规划单元（发明于德国）。参与者的数量从陪审团的 15 人左右到民意调查规划单元的数百人。参与者通过随机选择和分层取样的程序征募，并给了两天或以上来审议所关注的议题。他们有机会询问专家和拥护者，并且获得充足的信息。最后的结果一般是政策建议。非专业公民审议围绕着许多国家中的农业转基因有机体、澳大利亚的集装箱立法、美国得克萨斯州的能源政策、德国的城市规划和英格兰的湿地保护等议题展开。

（五）公众质询。"公众质询包括一个可视的讨论会，在此支持者和反对者可以宣誓作证并且进行辩论。"[2] 1977 年英国关于核装置提议公众质询中，帕格法官在主持热氧化物再处理厂质询的时候，倾向于支持这一建议。与此形成对照的则是，由托马斯报告法官主持的对于建造从北极到加拿大南方市场的石油和天然气管道的质询，尽力保证资源较少者的利益团体，特别是本

---

① ［澳］约翰·德赖泽克：《地球政治学：环境话语》，蔺雪春等译，山东大学出版社 2012 年版，第 104 页。

② ［澳］约翰·德赖泽克：《地球政治学：环境话语》，蔺雪春等译，山东大学出版社 2012 年版，第 105 页。

地居民，能够有资金支持、可以获得专家意见以及在他们比较适宜的条件下在讨论会上作证的能力。这次质询更像一个政策对话。伯格的报告建议，加拿大北部的这些研究基于一种可再生能源的经济，石油和天然气的发展应在其中占有较次要的地位。"伯格将民主实用主义推向了极限——或许已超越了它的极限，达到了绿色激进主义者所支持的参与性进程。"①

（六）知情权立法。政府之外的个体如果要成为民主过程的有效参与者，就必须有获得相关信息的途径。这些途径有时需要信息自由法律的推动，因为政府一般都要遵循它们而运作。例如，长期以来，英国的《信息自由法》的对应物是《公务员保密法》。它假定任何由国家安全有细微联系的事物都是秘密的（例如，当设计与核动力有关的任何事情时）。与环境政策更相关的是知情权立法，它详细规定"企业必须披露与特殊化学产品工人相关的风险、有害物质运输的路线和时间比较以及被储存、运输和倾倒的废弃物的毒性等有关信息"。② 这类法律在加拿大的一些省份和美国的一些州中存在。

约翰·德赖泽克认为，社会民主绿色行动主义者，在资本主义民主框架中，接受了许多行政理性主义者转移的难题。这种难题，常常是为了满足政策制定的合法化的需求，也可以作为更有效解决问题的辩护。环境难题解决的较好的国家往往是一些社会民主主义的国家，但这些国家也存在利益集团。资本主义民主框架的政治，是非公共利益的。一些资源雄厚的利益集团，往往影响政策和决策的过程和结果。在某些情况下，该方向也许会与生态价值相一致，但在更多情况下是不一致的，"工商业利益集团可以通过制作富丽堂皇的广告材料，来吹捧其产品对环境的友善，从而影响争论的内容"。③ "许多所谓民主过程，仅仅起到了使资本的经济价值和企业利润的决策合法化的作用"，民主主义主张的"平等的理性辩论的形象，被权力和策略的广泛使用，以及政府维持经济信息的主导性需求，所严重扭曲"。①"民主实用主义者的多元论的观点……并不会导致行为者放弃它们作为消费者和生产者的动机，从而支持更有公德心的公民偏好。"② 一些特殊利益集团往往伪装成一般公共利益原则代表。"民主实用主义中的政治理性意味着，所有的行为者都必须做到心平气静，并具有充分的合作精神与建设性态度，无论他们是出于公共利益还是自私的物质利益的激励。这并不意味着一定与生态理性相一致，而后者（生态理性）关注的是自然生命支持系统的整体性。"③

二、风险社会理论范式的非主流的强的或反思性生态现代化理论

贝克和吉登斯等欧洲社会民主主义者在反思现代性的基础上，揭示了现代社会的复杂性，以及现代性所蕴含的自我否定的内在矛盾，提出了"风险社会"（risk society）的概念并以风险社会理论范式反思现代性，提出了德赖泽克说的非主流的"强的或反思性生态现代化理论"④ 类型。

乌尔里希·贝克（Ulrich Beck）的风险社会理论的基本观点是，风险是一种危险的可能性，既是现实的，又是随着社会生产力的发展，一方面，风险按阶层分配，越是社会底层的人越容易承担各种风险，社会上层的人可以利用财富和知识相对规避风险；另一方面，随着风险的指数性的增长、逃避风险的不可能，文明的风险全球化。

一方面，随着生产力的指数性发展，潜在威胁即风险，也达到前所未知的程度，社会阶级和财富的精力再也不能充当社会分层的标志，而社会分化越来越应该用技术风险的分配来衡量："从短缺社会的财富分配逻辑向晚期现代性的风险分配逻辑转变。……在现代化进程中，生产力的指数式增

---

① [澳] 约翰·德赖泽克：《地球政治学：环境话语》，蔺雪春等译，山东大学出版社 2012 年版，第 115 页。

② [澳] 约翰·德赖泽克：《地球政治学：环境话语》，蔺雪春等译，山东大学出版社 2012 年版，第 116 页。

③ [澳] 约翰·德赖泽克：《地球政治学：环境话语》，蔺雪春等译，山东大学出版社 2012 年版，第 116 页。

④ [澳] 约翰·德赖泽克：《地球政治学：环境话语》，蔺雪春等译，山东大学出版社 2012 年版，第 174 页。

长，使危险和潜在威胁的释放达到了一个我们前所未知的程度。"① 关于风险的界定，科学理性与社会理性有区别。科学理性声称可以客观研究风险。科学理性的风险被局限在技术理性的维度上，是一种概率的陈述。对人口的大部分和核能反对者来说，这种风险的潜在可能性是最核心的问题，无论概率多小，但若发生事故，就是全体毁灭，是太大的危险。"社会理性不同于科学理性，对风险的科学关怀，依赖于社会期望和价值判断。因而风险理论内容和社会价值关怀，蕴含着文明风险的多样性。"② 一种危险的产品通过其他产品的风险来为自身辩护，如对气候影响的夸大，容易将核能的风险减到最小。"风险，在不同领域，会因风险的紧迫性和不同的价值和利益，而变化不定，呈现多元论的特点。"③ 这些风险即危险的可能性，与以前存在着威胁有根本的不同。有三点：第一，它们是人类感觉所无法感知的；第二，它们可以影响好几代人；第三，它们超出了当前的灾害补偿机制的能力。

"风险主要表现为一种未来的可能性……在本质上，风险与预期有关。"④ 如氮肥中的硝酸盐目前很少会渗透到作为食用水的深层地下水，一般在表土层就分解了，但人们不能期望表土层的过滤作用还能存在多久。"风险面对的是一个不可避免的未来。与财富的具体可感相比，风险既是现实的又是非现实的：一方面许多危险和破坏已经发生了"⑤：水体污染，森林破坏，流行的疾病等；另一方面，"风险是未来的预期，意味着一旦大规模发生就不能采取任何行动的破坏的风险。风险意识核心不在现在而在未来"。⑥

风险分类类型、模式和媒介与财富分配有系统的差别。阶级社会和风险社会存在交叠，像财富一样，"风险是附着在阶级模式之上的……财富在上层聚集，而风险在下层聚集。"⑦ 依据阶级而定的风险分配的"规律"和通过风险在贫弱的人那里聚集而形成的阶级对抗加剧的"规律"，已合法化。

① ［德］乌尔里希·贝克：《风险社会》，何博闻译，译林出版社 2004 年版，第 15 页。
② ［德］乌尔里希·贝克：《风险社会》，何博闻译，译林出版社 2004 年版，第 30 页。
③ ［德］乌尔里希·贝克：《风险社会》，何博闻译，译林出版社 2004 年版，第 31 页。
④ ［德］乌尔里希·贝克：《风险社会》，何博闻译，译林出版社 2004 年版，第 34 页。
⑤ ［德］乌尔里希·贝克：《风险社会》，何博闻译，译林出版社 2004 年版，第 35 页。
⑥ ［德］乌尔里希·贝克：《风险社会》，何博闻译，译林出版社 2004 年版，第 35 页。
⑦ ［德］乌尔里希·贝克：《风险社会》，何博闻译，译林出版社 2004 年版，第 36 页。

非熟练工人失业风险比熟练工人大。不同职业间分类放射性风险和有毒化学物以及工作压力也是不同的。避免、处理和补偿风险的能力，在不同职业、不同社会阶层间也不平等地分配。有钱人可以选择好的居住点而规避风险。饮食和求知模式也如此。教育和对信息的关注也开启了规避风险的新可能性。

另一方面，随着风险的指数性的增长、逃避风险的不可能，文明风险全球化。可以归结为一句套话："贫困是等级制的，化学烟雾是民主的。"①随着现代化风险的扩张，各种风险分配的界限相对化了。风险在对其影响的那些人中间，呈现平等的影响。食物链实际将所有人联系在一起。风险趋势带来不具体的普遍性的痛苦。所有东西都成为危险，也就没有什么东西是危险的了。如果没有逃避的可能，人们也就不去考虑它了。贝克指出，"风险在它的扩散中展示了一种社会性的'飞去来器效应'，即使是富裕和有权势的人也不会逃脱它们。"②"飞去来器效应"不仅直接威胁生命，也影响金钱、财产和合法性，以整体的方式损害每一个人。森林破坏不仅造成鸟类的消失，也使森林和财产的价值下降。哪里建成核电站，哪里的土地价值就下降。财产正在贬值，"正经受一种缓慢的生态剥夺"。③

由于社会与技术的相互作用而产生的这种不幸的变化一般来说是不可预测的。现代社会早期，经济短缺是人类主要关心的事情，人们对各种可能会带来的风险的副作用的关心被挤到了边缘。贝克说，"阶级社会的驱动力可以用一句话来概括：我饿！风险社会的集体性格可以用一句话来概括：我怕！"④人们不可能把这些设施所引起的危险设施当作无稽之谈，也不可能把他们所带来的风险不当回事。再者，当代风险的潜在性和无所不在性使人们无处逃避，那些制造公害的人最终也将自食其果。政府各工业企业竭力掩盖

---

① ［德］乌尔里希·贝克：《风险社会》，何博闻译，译林出版社 2004 年版，第 38 页。
② ［德］乌尔里希·贝克：《风险社会》，何博闻译，译林出版社 2004 年版，第 39 页。
③ ［德］乌尔里希·贝克：《风险社会》，何博闻译，译林出版社 2004 年版，第 41 页。
④ Ulrich Beck, *Risk Society：Toward a New Modernity*, London：Sage Publications, 1992, p.44；［德］乌尔里希·贝克：《风险社会》，何博闻译，译林出版社 2004 年版，第 57 页；王小钢：《贝克的风险社会理论及其启示——评〈风险社会〉和〈世界风险社会〉》，《河北法学》2007 年第 1 期，第 7 页。

技术的不利后果。如果这种努力失败，那么调查委员会为了驱除公众对于技术的可行性的怀疑，总是把责任推到捣乱的操作者身上。公众的担心常常会被说成是毫无根据的，不科学的。尽管他们玩弄这些花招，技术的黑暗面还是开始使各种社会力量动员起来，对社会前进的方向提出质疑，贝克称为"亚政治行动"。其结果是，有关技术风险的矛盾尖锐化，人们试图打破目前精英科研界和政治界对专业知识的垄断状态。与主流认识不同的各种认识也在开始向作为当代科学研究基础的那种理性发难。①"由于技术公害和一种已发展到极限的知识体系，造成不确定性，不断升级，风险社会具有两种不同的未来图景：一方面，随着人们对技术进步的长处的疑虑越来越多，公众会认识到科学的短处，从而促使技术知识的民主化……有可能建立一种更人道的未来社会。另一方面，如果社会不能解除名誉扫地的科学政治机构对技术的控制权……这种与风险社会密切相关的状态可能会无限延长。……如此，人们可能会丧失民主治理的机会。"②

风险社会又被贝克和吉登斯称作"自反现代化"（Reflexive Modernaization）。由于 Reflexive 是 reflection 反思的形容词，所以往往被人当成"反思"的含义，有人翻译为"反思的现代化"，国外也有人从知识反思的角度理解 Reflexive Modernaization。而贝克和吉登斯的 Reflexive 含义是"自我否定"的意思。"自反现代化"（Reflexive Modernaization）是说西方现代化的成功带来了负面作用的自我否定因素，走向风险社会。他们指出，"自反性现代化"的概念，并不是如其形容词"reflexive"，只反思（reflection），而"首先是自我对抗（self-confrontation）……是潜在副作用的模式……并最终破坏现代社会的根基。"③风险社会是工业社会自然发展的后果，工业社会人民众心一致地持有进步的理念，将生态影响和危险的抽象化，对其影响和威胁视而不见、充耳不闻，这些危险潜滋暗长，最终威胁到现代社会的根基。

① [英] 莫里斯·J. 科恩：《风险社会和生态现代化》，薛晓源、周占超主编《全球化与风险社会》，社会科学文献出版社 2003 年版，第 301 页。
② [英] 莫里斯·J. 科恩：《风险社会和生态现代化》，薛晓源、周占超主编《全球化与风险社会》，社会科学文献出版社 2003 年版，第 303 页。
③ [德] 乌尔里希·贝克、[英] 安东尼·吉登斯：《自反性现代化》，赵文书译，商务印书馆 2014 年版，第 9 页。

"现代化的基础与现代化的后果之间的这种冲突"，区别于在现代化自我反思的意义上的知识和科学化的增加，而是从工业社会向风险社会转化的过程的自我否定性，"称为自反性（reflexivity）以区别于反思（reflextion）并与之相对照"，"自反性现代化指导致风险社会后果的自我冲突，这些后果是工业社会体系根据其制度化的标准所不能处理和消化的。"这是"转变过程中未经反思的准自主机制：产生并使风险社会成为现实的正是抽象化。"①

贝克认为现代工业化分两个阶段：一是工业社会的负面效应尚未明显显现的阶段；二是风险社会阶段，第一个阶段风险尚未成为大众问题和大众政治冲突的核心。第二个阶段，这些问题成为政治冲突问题，但这两个阶段的共性是"这些社会、政治、经济和个人风险往往越来越多地避开工业社会中的监督制度和保护制度，工业社会的制度解决这些冲突带来的'好处'，反而掩盖了这些风险。"②

风险的范畴，代表了马克斯·韦伯根本没有想到一种社会思想和行动。它是后传统的，在某种意义上也是后理性的，至少是不再具有工具理性。然而，"风险恰恰是从工具理性秩序中产生的"。风险社会鲜明的表现是"生态危机"，他们认为生态危机工业社会本身的一个深刻的制度性的危机，是工具理性的反作用，以工业社会工具理性概念的计算行动后果，难以发现系统自身的毁灭性特点，风险的大范围整体性特征，超越个人狭隘的视野和行动能力，从而使风险变得模糊：

> 我们应该在这种情境中考虑今日之"生态危机"的本质。工业生产的看得见的副作用转化为全球生态危机的焦点，这似乎已不是我们周围世界中的问题——即所谓的"环境问题"——而是工业社会本身的一个深刻的制度性的危机。……风险社会的自我概念中，社会具有（狭义上的）自反性，也就是说，社会成为其自身的一个主题和问题。……关键的一件事，视野随着风险的增长而模糊。因为这告诉我们不该做

---

① [德] 乌尔里希·贝克、[英] 安东尼·吉登斯：《自反性现代化》，赵文书译，商务印书馆2014年版，第9—10页。

② [德] 乌尔里希·贝克、[英] 安东尼·吉登斯：《自反性现代化》，赵文书译，商务印书馆2014年版，第8—9页。

什么，没有告诉我们应该做什么。逃避的需要主导着风险。把世界描述成风险的人最终将失去行动能力。最突出的一点是，控制意图的扩张和强化最终会产生相反的效果。①

第三条道路理论的倡导者是英国工党的智囊，伦敦经济政治学院著名的政治学教授安东尼·吉登斯（Anthony Giddens）。吉登斯先后出版著作《超越左与右》（1994）《第三条道路》（1998），认为在 20 与 21 世纪之交，作为社会学基本问题的"现代性问题"（Problem of modernity）重新出现了。吉登斯认为现代性不仅是自反性现代化，而是行动反思性和制度自反性的二重性和未来不确定性；现代性是以时空分离为前提的货币和专家知识的两种脱域机制；现代性，是资本主义、工业主义、监督和军事制度四维不可化约的制度或"组织类型"。

（一）现代性：以时—空分离为前提的货币与专家知识系统的脱域机制

吉登斯认为，现代性产生的初始条件，是时间和空间的分离和它们形式上的重新组合，使嵌在具体时空关系的传统社会生活秩序"脱域"（disembeding，或译"脱嵌"），"所谓脱域，我指的是社会关系从彼此互动的地域性关联中'脱离出来'"，② 即由原来的嵌在具体时空的地域性互动的社会秩序，脱离具体的时空，按照抽象的时间和空间形式重新组织起来，即"再嵌"（redisembeding），形成现代工业文明抽象的社会秩序。

机械钟表的发明，使跨地区时间标准化，是"时间的虚化"（empty time），也造成"空间的虚化"。统一的时间是控制空间的基础，使人们的活动脱离了具体的情境，所以形成大范围的全球化社会秩序。时间与空间的分离，为社会活动再结合提供了基础。

时空分离是现代性的动力机制："首先，时空分离及其标准化尺度，扩展了时—空延伸（time-space distanciation）的范围，成为脱域的初始条件。其次，时空分离"为现代社会生活的独特特性及其合理化组织提供了运行的

① ［德］乌尔里希·贝克、［英］安东尼·吉登斯：《自反性现代化》，赵文书译，商务印书馆 2014 年版，第 12—14 页。

② ［英］安东尼·吉登斯：《现代性的后果》，田禾译，译林出版社 2011 年版，第 18 页。

机制"，①直接影响着千百万人的生活。第三，"嵌入"时间和空间的各种模式是现代性的。②

　　现代性的脱域机制有二：货币象征符号和专家知识系统。这两种脱域机制，"使社会行动得以从地域化情境中'提取出来'，并跨越广阔时间—空间距离去重新组织社会关系。"③

　　吉登斯指出，货币是一种象征标志（symbolic tokens），指的是相互交流的媒介，将信息传递开来。货币首先是根据债务和债权来加以定义的，它们与遍布各处的多项交换有关，正是出于这个原因，凯恩斯把货币和时间紧密地联系在一起。"货币……是将交易从具体的交换环境中抽脱出来的手段。……是时—空的延伸工具，它使在时间和空间中分割开来的商人之间的交易成为现实。"④货币是一种脱域机制，是时空延伸的工具，是时空分割的人们交换的媒介，造成包括货币市场的资本主义市场的扩张："现代货币……是现代经济生活脱域的关键。"⑤吉登斯指出，"现代社会最具特色的脱域形式之一，是资本主义市场包括货币市场的扩张。"⑥

　　专家知识系统是现代性第二种脱域机制。货币和专家知识这两种脱域机制都依赖于信任。信任，不是对个体，而是对抽象能力的信任。"货币信任包含着对计算将来可能发生事件的可靠性更多的东西。"⑦但这种抽象的机制又是不可信的，因此会有风险的发生。生态危机是现代工业主义巨大生产力的负面效应巨大破坏力的自反性后果。但一般人只能寄托于对专家知识的抽象信任，而专家的知识也是不可靠的，这就是"社会风险"和"生态风险"。

　　与其说，我们是对有技术成绩和专业队伍组成的专家系统的信任与技术的信赖，还不如说，是更信赖他们所使用的专门知识的可靠性，但这些

①　[英] 安东尼·吉登斯：《现代性的后果》，田禾译，译林出版社 2011 年版，第 16 页。
②　[英] 安东尼·吉登斯：《现代性的后果》，田禾译，译林出版社 2011 年版，第 16—19 页。
③　[英] 安东尼·吉登斯：《现代性的后果》，田禾译，译林出版社 2011 年版，第 46 页。
④　[英] 安东尼·吉登斯：《现代性的后果》，田禾译，译林出版社 2011 年版，第 21 页。
⑤　[英] 安东尼·吉登斯：《现代性的后果》，田禾译，译林出版社 2011 年版，第 23 页。
⑥　[英] 安东尼·吉登斯：《现代性的后果》，田禾译，译林出版社 2011 年版，第 23 页。
⑦　[英] 安东尼·吉登斯：《现代性的后果》，田禾译，译林出版社 2011 年版，第 23 页。

专门知识对普通人而言是模糊不清的，不可信任的。比如我们坐上一辆汽车，驾驶、交通的各个环节都是需要专业技术知识，而普通人对此却极为有限。①

我们对专家系统信任，不同于对熟人的"欠充分的归纳性知识"的信心，而是对专家所代表的抽象的专业知识体系的信任。"信任，主要被理解为与风险有关，这是产生于现代性的概念，信任这个词17世纪才成为英语。信任意味着已事先意识到了风险的存在。信任是指人们对熟悉的东西将保持稳定性所持的一种想当然的态度。"② 如相信政治家会力图避免战争，相信周日下午在路边散步不会被汽车撞到等等。没有对突发事件的漠视你就不能生存。

（二）现代性：实践检验反思性和制度自反性二重性，前景莫测，令人疑惑

所谓"自反性"（reflexity），现代制度的自反性，这是因理性反思性脱离具体的经验造成的。吉登斯的"自反现代化"（reflective modernization）具有行动反思性和制度自反性双重含义。而贝克的"自反性现代化"的含义，意味着现代性的终结，而制度的自反性则是不确定的，前景令人迷惑。

吉登斯指出："反思性，是对所有人类活动特征的界定。人类总是与他们所做事情的基础惯常地'保持着联系'。"③ 吉登斯称之为"行动的反思性检测"，即实践检验反思性。④

传统文化中，反思与社区具体时空融合的社会实践："传统是一种将对行动的反思检测与社区时空组织融为一体的模式……由反复进行的社会实践所建构起来的。"⑤ 书写文字扩展了时空延伸范围，产生了一种关于过去、现在和未来的思维模式。在传统文明中，"反思在很大程度上仍然被限制为重新解释和阐释传统……识字是少数人的特权。"⑥ 现代性知识的反思性应用，

① ［英］安东尼·吉登斯：《现代性的后果》，田禾译，译林出版社2011年版，第24—25页。
② ［英］安东尼·吉登斯：《现代性的后果》，田禾译，译林出版社2011年版，第27页。
③ ［英］安东尼·吉登斯：《现代性的后果》，田禾译，译林出版社2011年版，第32页。
④ ［英］安东尼·吉登斯：《现代性的后果》，田禾译，译林出版社2011年版，第32页。
⑤ ［英］安东尼·吉登斯：《现代性的后果》，田禾译，译林出版社2011年版，第32—33页。
⑥ ［英］安东尼·吉登斯：《现代性的后果》，田禾译，译林出版社2011年版，第33页。

是"关于社会生活的系统知识的生产……使社会生活从传统的恒定性束缚中游离出来。"① 现代性的反思是理性和行动也就是实践不断互动的反复过程，是实践检验性反思，因而，知识不再是"原来"传统的，而是不断变化，"具有不稳定性和破坏性"②。

由于现代理性的活动检测反思性，或实践检验反思性，导致了社会制度的"自反性"——前景不确定性和高风险性：

> 今天我们所面临的许多不确定性……状态的解释并不像通常所认为的、可在现代知识的方法论的怀疑主义中找到答案，尽管这一点很重要。此中的主要因素是制度的自反性……我们面临着更加混乱的情况，在这种情况下从一种状态到临终状态的转变已经没有明确的发展轨迹。……这并不意味着如后现代主义的某些追随者们所说的，世界对人类而言带有内在的难以控制性。就控制而言，如对高后果风险进行控制，这仍然是必要的，也是可行的。然而，我们必须认识到，无论时好时坏，这些努力都将受制于许多挫折。③

吉登斯认为，现代性的反思性启蒙理性，是虚无主义的，感性与理性之间的自我循环性质，使理性脱离感性经验基础，且使理性知识与权力关联，现代性具有不确定性和令人迷惑性，造成现代社会每个人的普遍忧虑的心态：

> 启蒙主义理论中包含有虚无主义的萌芽。如果理性的范围完全不受任何约束，就没有任何知识能够建立在毫无疑义的基础之上，因为即使是那些基础最为牢固的观念，也只能被看成"原则上"有效的，或者说，"知道进一步的发现"出来之前是有效的。……尽管大多数人把我们能感受到的证据看成是我们能够得到的最可靠的信息，然而即

---

① [英] 安东尼·吉登斯：《现代性的后果》，田禾译，译林出版社 2011 年版，第 47 页。
② [英] 安东尼·吉登斯：《现代性的后果》，田禾译，译林出版社 2011 年版，第 35 页。
③ [德] 乌尔里希·贝克、[英] 安东尼·吉登斯：《自反性现代化》，赵文书译，商务印书馆 2014 年版，第 235—236 页。

使是早期启蒙思想家，也曾清楚地意识到这样的"证据"从原则上说就是很值得怀疑的。……现代性就其核心而论，是令人迷惑不解的，而且，似乎也没有什么办法使我们解除这种迷惑。我们曾经有过答案的地方又遇到了新问题，而且不仅只是哲学家才意识到了这一点。对这种现象的普遍意识慢慢地渗透进了困扰每一个人的忧虑之中。①

（三）现代性：不可化约的四维制度类型

吉登斯指出，人们往往用化约论的单一制度解释现代社会：即现代性是资本主义的，还是工业化的。把工业主义化约为资本主义的附属品，或者相反。而吉登斯把制度现代性，"理解为包括资本主义、工业主义、监督以及军事力量"② 四维不可化约的制度类型。

首先，资本主义。这是一个商品生产体系，"资本主义体系依赖于面向市场竞争的生产"，"它以对资本的私人占有和无产者的雇佣劳动之间关系为中心"③。

其次，工业主义。"是商品生产过程中对物质世界的非生命资源的利用……生产过程中机械化起关键作用。"④

第三，信息间接控制的监督机器。现代性第三个制度性的维度是监督机器。资本主义国家机器一般的行政管理体系，是有明确领土边界和协调控制机制。打破行政集中化，超越了传统文明的监督能力。监督作为政治领域对管辖人口的指导，除了福柯说的直接的监狱、学校以及露天工作场所外，"更重要的特征是，监督是间接的，并且是建立在对信息控制的基础之上的。"⑤

第四，对工业化的军事力量的控制。现代国家垄断军事力量，与工业主义的特殊关联。吉登斯认为，现代性的全球化，具有四个维度：世界资本主义体系、民族国家体系、世界军事秩序和工业发展的国际劳动分工体

---

① ［英］安东尼·吉登斯：《现代性的后果》，田禾译，译林出版社 2011 年版，第 43 页。
② ［英］安东尼·吉登斯：《现代性的后果》，田禾译，译林出版社 2011 年版，第 43—51 页。
③ ［英］安东尼·吉登斯：《现代性的后果》，田禾译，译林出版社 2011 年版，第 49 页。
④ ［英］安东尼·吉登斯：《现代性的后果》，田禾译，译林出版社 2011 年版，第 49 页。
⑤ ［英］安东尼·吉登斯：《现代性的后果》，田禾译，译林出版社 2011 年版，第 51 页。

系。全球化可定义为："世界范围内的社会关系的强化……将彼此相距遥远的地域性联结起来。"① 通过一个复杂的经济网络的作用，各地区之间彼此影响，全球化既可以削弱民族国家相关的地方感情，也可能强化地方性的民族感情。

（四）现代性是对抽象知识信任的再嵌入，形成风险社会

现代性的条件下，货币和专家知识等脱域机制，成为现代社会生活的秩序，是一个"再嵌入"（re-embendding）的过程。再嵌入，"指的是重新转移或重新构造已脱域的社会关系，以便使这些关系与地域性的时—空条件相契合。"② 现代社会秩序，有两类关系，一是日常生活与陌生人"世俗不经意的"相遇的关系，一是社会组织实践的对抽象体系的专业知识的信任机制。

现代性社会，日常生活秩序，是与陌生人的种种彼此相遇（encounter），即霍夫曼说的"世俗的不经意"（civil inattention）陌生人相遇，不是冷漠（indifference），而是礼貌地疏远（polite estrangement），刻意地控制，短短一瞥，擦肩而过又转移目光，相互"朦胧"，是一种不带敌意的含蓄。"在现代性条件下，世俗的不经意是在与陌生人相遇时当面承诺的基本类型"。在公共场合通过肢体表情，发出"你可相信我没有敌意"，是"无焦点的互动"。③ 而"聚焦式互动"的机制，无论是陌生人还是密友，都有维持信任关系的一般实践的卷入。

可信任性关系（trustworthness）有两类，一是发生彼此熟悉的个体之间；另一类基于很长时间了解，相互从对方眼中看到可信度证据个体之间。

现代性社会秩序是组织的社会实践机制，"具有反事实的、面向未来的特性。在很大程度上，是由属于抽象体系——其本身的特性中渗透了业已确立的专业知识的可信任性——中的信任建构而成的"。④ 现代社会制度化的信任机制，是非专业人士对专家专业知识的信任，也是抽象体系内部工作人的活动关系，有些以法律认可方式的职业道德准则，"构成了内在地驾驭

---

① ［英］安东尼·吉登斯：《现代性的后果》，田禾译，译林出版社 2011 年版，第 56—57 页。
② ［英］安东尼·吉登斯：《现代性的后果》，田禾译，译林出版社 2011 年版，第 69 页。
③ ［英］安东尼·吉登斯：《现代性的后果》，田禾译，译林出版社 2011 年版，第 71—72 页。
④ ［英］安东尼·吉登斯：《现代性的后果》，田禾译，译林出版社 2011 年版，第 75 页。

同事或同道间的可信任的手段"①。"信任关系与现代性相关联的扩展了的时空延伸的基础；……非专业人士对在其中维系信赖存在的知识运作几乎是无知的。"②抽象体系在现代生活中提供了大量前现代社会秩序所缺乏的安全。③随着抽象体系的发展，"对非个人化原则（还有对不认识的他人）的信任，构成了社会存在的基本要素。"④这种信任通过学校教育逐渐养成。

　　信任包含十个要素：其一，信任与时空的缺场有关系。对一个完全知晓怎么运行的系统，不存在是否信任的问题，信任首要的条件是缺少完整的信息。其二，信任与突发性联系在一起，这是对自己命运的道德抵押。其三，所有的信任都是盲目的。对抽象系统可靠性的信任不同于对具体人的信赖和信心，后两者建立在"非充分的归纳知识"，这是合理的，而信任缺少经验知识基础，是盲目的。其四，"对货币象征系统和专家知识系统的信任，是信赖那些个人不知晓的原则的正确性的基础上，不是建立在对个人品德的信赖，是信赖系统的有效运转，而非系统本身"。⑤其五，信任是对"抽象原则（技术性知识）之正确性的信念"。⑥其六，信任的情境，是社会性的，而非宗教性的："由现代社会制度导致的急剧扩大的人类活动的变革范围"⑦，社会风险的概念代替了宗教宇宙观的运气概念，机会概念与风险观念同时出现。其七，风险不同于危险，风险是未意识到的危险。其八，"风险和信任交织在一起"。⑧在信任所涉及的环境框架中，风险的类型是可以被制度化的，技术和机会是限制风险的因素，乘飞机被看作有危险，但经营公司的商人通过计算每英里乘客死亡人数，从统计学上证明风险多么小。其九，"风险……是有一些共同影响许多个体的'风险环境'，它潜在地影响着每一个人"⑨，例如，生态灾变和核战争就是如此。其十，信任没有对立面，不是简

①　[英] 安东尼·吉登斯：《现代性的后果》，田禾译，译林出版社 2011 年版，第 75 页。
②　[英] 安东尼·吉登斯：《现代性的后果》，田禾译，译林出版社 2011 年版，第 76 页。
③　[英] 安东尼·吉登斯：《现代性的后果》，田禾译，译林出版社 2011 年版，第 98 页。
④　[英] 安东尼·吉登斯：《现代性的后果》，田禾译，译林出版社 2011 年版，第 105 页。
⑤　[英] 安东尼·吉登斯：《现代性的后果》，田禾译，译林出版社 2011 年版，第 30 页。
⑥　[英] 安东尼·吉登斯：《现代性的后果》，田禾译，译林出版社 2011 年版，第 30 页。
⑦　[英] 安东尼·吉登斯：《现代性的后果》，田禾译，译林出版社 2011 年版，第 30 页。
⑧　[英] 安东尼·吉登斯：《现代性的后果》，田禾译，译林出版社 2011 年版，第 30 页。
⑨　[英] 安东尼·吉登斯：《现代性的后果》，田禾译，译林出版社 2011 年版，第 30 页。

单地不信任。

对现代性抽象体系的信任，其实是盲目的。现代实践的理性的抽象知识原则，是不可靠的，不确定的，未来扑朔迷离。现代社会无论是非专业人士，还是专业人士只掌握有限的知识。基于抽象体系的信任机制，充满风险，具有种种危险的可能性。现代社会是"风险社会"（risk society）。风险社会表现如下：核战争的全球化；全球经济体系造成的经济危机的全球化；生产力拓展带来的生态风险和技术风险；对专家知识不可信任的风险等。这种风险，超越阶级，超越特权，具有普遍性。此外，"在各种现代性制度范围中，风险不仅作为脱域机制的不良运作所导致的损害而存在，而且也作为'封闭的'、制度化的行动场所而存在。……在这样的范围内，风险实际上是由行动的标准引起的，如体育运动或赌博。在现代社会生活中，投资市场就是明显的例子。"[1]

（五）生态危机与气候变化的政治

吉登斯认为，马克思、涂尔干和马克斯·韦伯"他们三位都看到了现代工厂工作对人的不良后果……都没有预见到，'生产力'拓展所具有的大规模毁坏物质环境的潜力"[2]，这就是对生态环境的巨大破坏或"生态风险"或"生态危机"。而"贝克对晚期现代性的生态危机做出了有力的分析。……生态问题揭露了看起来似乎很成功的资本主义所带来的所有难题。生态问题是关于'环境'的，所以生态问题似乎可以从'地球需要保护'这个角度加以理解。然而，生态问题显然是一连串其他问题的标记。"[3] 由于贝克的思想，人们认识到：首先，生态问题是全球安全问题，工业化和技术发展，它既带来了生态灾难又带来了利益。其次，生态问题是全球贫困化和正义问题："全球贫困的泛化以及对全球公正的迫切要求显然与生态问题的两难状况紧密相连。"生态危机使这些问题明晰起来。第三，生态问题必须从"自然的终结"和传统的破除这两个角度来理解。自然由人类社会生活之物变成了社会过程的产物。自然成为决策的对象，"出现新的道德空间和政治的

---

① [英] 安东尼·吉登斯：《现代性的后果》，田禾译，译林出版社 2011 年版，第 113 页。

② [英] 安东尼·吉登斯：《现代性的后果》，田禾译，译林出版社 2011 年版，第 14 页。

③ [德] 乌尔里希·贝克、[英] 安东尼·吉登斯：《自反性现代化》，赵文书译，商务印书馆 2014 年版，第 239 页。

复杂性。自然地改变了传统所展现舞台，有可能出现原教旨主义。"① 吉登斯2009 年发表《气候变化的政治》，提出了气候变化显示出来的"吉登斯悖论"，分析了环境运动与气候和政治的关系，并提出解决气候变化的建议。

1. 吉登斯悖论

吉登斯认为，对大多数人来说，整体忙忙碌碌的生活与抽象的、甚至有点预言色彩的气候紊乱未来之间，简直就有着天壤之别。所以尽管谈论气候危机，还是开着耗油量大的 SUV 四驱越野车。SUV 的例子揭示的这种现象即是气候变化政治学必须处理"吉登斯悖论"。吉登斯悖论是说，"全球变化带来的危险尽管看起来很可怕，但它们在日复一日的生活中不是有形的、直接的、可见的，因此很多人会袖手旁观，不会对他们有任何实际的举动。然而，坐等它们变得有形，变得严重，那时才去临时抱佛脚，定然是太迟了。吉登斯悖论的影响到当前气候与变化反应的几乎所有的方面。"② 气候变化是实实在在的、危险的，引起气候变化的是人类活动，但很少有人在日常生活中改变行为，如何让言语变成行动，还有很长的路要走。目前只是将这一议题纳入政治议题，从 1992 年的里约热内卢，到 1997 年的京都，再到2007 年巴厘岛，想减少二氧化碳排放，但具体成果不多。

2. 绿色运动在气候政治中具有第一位影响

吉登斯认为，不提绿色运动，就无法讨论气候变化的政治，因为这场运动已经在环境政治上产生第一位的影响力。投身绿色运动的人会说，这是我们的话题，因为我们赶在所有人之前谈到了环境污染。"确实，绿色运动——或者其内部某些思想潮流——是与气候变化目标有关的哲学反思的主要源泉。绿色概念和意象已渗透到哪怕最清醒的讨论气候变化的科学家的作品当中。"③ 吉登斯认为，绿色运动与从威廉·莫里斯、艾默生、梭罗的绿色浪漫主义有关，1892 年成立的塞拉俱乐部（Sierra Club）被公认是世

---

① ［德］乌尔里希·贝克、［英］安东尼·吉登斯：《自反性现代化》，赵文书译，商务印书馆 2014 年版，第 240 页。

② ［英］安东尼·吉登斯：《气候变化的政治》，曹荣湘译，社会科学文献出版社 2009 年版，第 2 页。

③ ［英］安东尼·吉登斯：《气候变化的政治》，曹荣湘译，社会科学文献出版社 2009 年版，第 55 页。

界上第一个环保组织。但绿色运动也与法西斯主义有关。德国"生态主义"属于与艾默生、梭罗一个类型的自然神秘主义。纳粹"生态主义者"主张自然资源的保护、有机农业，并践行过素食主义。1935年还通过《德意志帝国自然保护法》。说纳粹是"绿色的"，这种说法20世纪80年代开始出现。"生态法西斯主义"被用于指责追求绿色目标而偏离法律方向行动的人士。吉登斯认为否认法西斯主义利用了影响绿色运动的某些支流的概念，如对自然的崇拜是没有意义的，因为不同运动可以利用同样的观念。政治意义上的"绿色"也是在德国打造的。德国绿党第一次取得选举胜利，绿色运动由此发出捍卫一场全球运动会议倡议。1992年里约热内卢联合国会议召开期间，绿党全球聚会，来自80多个国家政党代表组成"全球绿色网络"（Global Green Network），其原则宪章，除了绿党20年前的生态智慧、社会公正、参与式民主和非暴力，还加了两条：可持续性和尊重多样性。受20世纪60—70年代早期社会抗议运动的影响，绿色运动一面世就在某种程度上把自己定位在反议会抗议运动，十分害怕与国家发生关系，这是它为何喜欢草根民主和地方主义的原因。绿色运动，反对各种既有的权力制度，不管是大政府，还是大企业。他们还质疑经济学上的增长主义，认为降低生活质量破坏生物圈的增长是"非经济的"增长。传统经济是灰色的，把人的生命和自然界都计算成"生产要素"，跟其他物品并列。大多数绿色认识倾向于不信任资本主义和市场，并对大公司抱有敌意。绿色认识反对科学主义，对技术持有谨慎原则。① 绿色思想依赖两个基本的理论分支：绿色价值理论和绿色机构理论。前者反应绿色人士重视什么，后者告诉他们怎样做。绿色价值，把经济学的福利定义为物质收益，而认为价值是自然过程而不是人类创造的。深层生态学者认为自然界具有价值。价值不能自我实现，所以绿色人士强调参与式民主。对参与式的渴望贯穿于所有绿色政党的宣言。吉登斯认为，"绿色运动与全球变暖问题之间的联系是尚可存疑的。全球变暖并不是形式更为传统的工业污染的简单延伸，它在质上是不同，科学家，也就只有科学家，把我们的注意力引向了它，因为它不是伦敦的雾——烟囱污染那

---

① ［英］安东尼·吉登斯：《气候变化的政治》，曹荣湘译，社会科学文献出版社2009年版，第55页。

样肉眼可见。我们也全然依赖于科学家的研究和监测工作，才可以追踪变暖的进程并描绘出它的后果。"①一些在环境运动扮演关键角色的概念，如"预警谨慎原则"来自于广义的绿色运动，但"生态足迹"概念，是威廉·里斯（William Rees）20世纪90年代引入的一个词组，起源于高科技，一位计算机专家的评论。绿色价值"并不一定就和那些与控制气候变化有关的价值是一样的，有时甚至还和它们背道而驰。例如，有一个关键的绿色价值是'接近自然'——或者更简单地说，保护自然。这个价值具有一定的审美意味。对于好的生活很可能是重要的，但它与气候变化没有直接的关系。自然资源保护论的价值和涉及气候的变化的政策之间很容易就会产生冲突——例如自然资源保护论者可能会反对在某个既定的农村地区兴建核电站或者风电场"。②绿色运动随着环境政治被纳入主流政治将丧失其认同，将抛弃"那些本质上与绿色价值毫无关系的绿色机构理论的要素。这些要素包括描述命题：参与式民主是唯一有价值的民主；我们能够设想最好的社会从根本上是分权的社会；非暴力承诺"③等，还要抛弃自然神秘崇拜的残余形式。

对气候变化的讨论，"存在着一个左与右的分水岭：那些试图通过广泛的社会变革来回应气候变化的人，绝大多数趋向于政治左翼；绝大多数怀疑气候变化由人类活动引起的学者则处于右翼"。④偏右的环境经济学家拒绝大多数绿色的思想，用成本—收益来表达和推敲气候变化问题，认为市场解决气候问题"有着天然优势"，"他们还倾向于将碳市场看作令我们有能力应对全球变暖的最大贡献者。对于偏左的作者来说，气候变化为重申反市场的立场提供了机遇，这种立场长期以来与中间偏左的传统密不可分。"⑤推出低

---

① [英] 安东尼·吉登斯：《气候变化的政治》，曹荣湘译，社会科学文献出版社2009年版，第62页。
② [英] 安东尼·吉登斯：《气候变化的政治》，曹荣湘译，社会科学文献出版社2009年版，第62—63页。
③ [英] 安东尼·吉登斯：《气候变化的政治》，曹荣湘译，社会科学文献出版社2009年版，第63页。
④ [英] 安东尼·吉登斯：《气候变化的政治》，曹荣湘译，社会科学文献出版社2009年版，第63页。
⑤ [英] 安东尼·吉登斯：《气候变化的政治》，曹荣湘译，社会科学文献出版社2009年版，第63页。

碳经济概念的斯特恩（Nicholas Stern）也曾将气候变暖定义为"全世界见过的最大的市场失灵"。[①] 在激进主义随着革命社会主义瓦解的情况下，回应气候变暖以另一种方式吸引偏左的人，复兴批判资本主义的工具，在偏左的人眼里，"资本主义是我们面临的一切问题的罪魁祸首。"[②] 现实中的红绿联盟就是这种逻辑的产物。吉登斯希望跳出左右冲突的运动浪潮的影响，"气候变化政策应尽可能远离这种分歧并在民主体制内保持政治变革。"[③]

3. 绿色运动提出的谨慎原则不适合应对气候变化

吉登斯认为，绿色运动提出的谨慎原则，关注损害的可能性。由于自然保护论者容易退化为一种对自然干预小心的态度，谨慎原则可以被以相反的方式去援用。它可以用来赞同阻止现有事态恶化的趋势，如采取行动对抗全球变暖；也可以被用来为完全不作为而辩护。谨慎原则弱的理解，是在关于某种特定损害时，不能以无法断定损害作为拒绝调整的理由。其强的理解是：必须有足够的证据显示损害有可能发展，应立刻采取行动去纠正问题。弱的谨慎原则等于什么也没说。强的观点会使所有行动陷入瘫痪，如转基因作物，它对人体健康和环境的危害是未知的，强的谨慎原则要求完全禁止它们，会制造营养不良的风险，强的谨慎原则又要规避这种风险。对一种风险谨慎，会导致另一种风险。谨慎原则是自相矛盾的。美国法学家森斯坦（Cass Sunsein）认为谨慎原则具有想当然的倾向："汲汲某些风险而忽略某些风险，如当前夸大恐怖主义风险；概率疏忽，倾向于关注最坏情形，在气候变化学者最为突出；损失厌恶，对维护现状有一种偏爱，关心损失甚于关心未来；仁慈的自然信念，认为人为风险更不可靠；系统疏忽，妨碍人们认识因自身规避而产生的风险。再加上特殊利益集团的风险利用，有偏见的风险评估正在抬头。"[④] 吉登斯从森斯坦的分析得出如下结论：其一，我们不

---

① Nicholas Stern，*The economics of climate change*. Cambridge：Cambridge university Press，2007，p.xviii.

② [英] 安东尼·吉登斯：《气候变化的政治》，曹荣湘译，社会科学文献出版社 2009 年版，第 56 页。

③ [英] 安东尼·吉登斯：《气候变化的政治》，曹荣湘译，社会科学文献出版社 2009 年版，第 56 页。

④ [英] 安东尼·吉登斯：《气候变化的政治》，曹荣湘译，社会科学文献出版社 2009 年版，第 67 页。

能采取谨慎原则，而应采取风险比例原则：在风险评估时，某种成本—收益分析是必要的笼罩在不确定性之上的风险，如全球变暖，一定有大量猜测的因素。其二，民主背景下的成本效益分析将鼓励公开辩论，因为风险当中涉及选择问题。争论不一定形成一致意见，政策制定者最终不得不跳过争论。其三，一切风险评估都是有语境的，它取决于价值。一种药要在广泛使用前应全面检测，而对那些吃这种药有特效的病人也许在通过全面检测前就愿意吃。

4.可持续发展理念也不适合气候政治

可持续发展概念，1987 年布伦特兰报告提出后，1992 年为联合国里约热内卢会议接受，通过一项宣言，设定可持续发展 27 条原则，并要求各国制定实现这些目标的战略。2001 年欧盟建立了一个全面的可持续发展战略。可持续发展将两个以前形同陌路的反增长的人士和亲市场的人士拢到了一起，因其四平八稳的性质而流行。但可持续与发展这两个概念自相矛盾。可持续意味着均衡和持续性，发展意味着活力和变化。环保主义取可持续，政府和企业取发展。将 GDP 作为增长的计量标准有明显的优势，也具有缺陷，它是市场交易的计量标准，按照 GDP 计量标准，损害环境的活动也看起来是创造社会财富的。另一个计量标准是"可持续经济福利指数"（ISEW）。1975—1990 年间，尽管 GDP 持续上升，但同期 ISEW 在英国足足低了 50%，在美国下滑了 1/4。第三个指数是"可持续社会指数"（SSI），是 2006 年建立的，使用环境测量值范围更宽，包含影响湿地、森林、农场和不可再生资源的耗竭，也包括碳排放水平和环境损害其他潜在因素，如破坏臭氧层的物质。牵扯进来的还有收入分配、自愿劳动水平、对外国资产的依存度。其结论和 ISEW 一致，从 20 世纪 70 年代以来，大多数工业化国家增长一致停滞。但大多数国家不愿采用这类计算标准。因这会是一个良好经济记录的政府，突然暴露出福利下降的责任。[①] 吉登斯认为，尽管难，发达国家也应采取之。

"污染者付费"的概念相对容易理解，它意味着制造污染的人，尤其是

---

① ［英］安东尼·吉登斯：《气候变化的政治》，曹荣湘译，社会科学文献出版社 2009 年版，第 69—74 页。

碳排放，应按比例地为他们的损害买单，这是气候税收和碳市场的背后逻辑。但这个概念实行难，因很难确定污染责任的起始。尽管污染者付费在实践上有局限性，但这是将气候变化带入正统政治领域的指导方针，是一条公正原则：有助于厘清发达国家和发展中国家的不同责任，也为这种责任建构为法律提供了手段，为矫正人们行为提供了激励。

吉登斯认为，应抛弃谨慎原则和可持续发展的概念，前者应以更为成熟的风险分析方法取代。就"发展"而言，应关注发达国家和发展中国家的对比。富裕国家应将问题与经济增长效益结合。

吉登斯提出了系列解决气候变化问题的建议：

第一，发达工业国家必须采取适应性政治学，未雨绸缪，建立政治和经济敛合的多元团体协同治理的保障型国家，承担碳减排的第一位责任。吉登斯并不否认国际协议的重要性，也不否认企业和民间组织的作用。但国家拥有很多权力，能在全球气候问题上发挥重要作用。气候政治的国家是保障型国家，国家的角色是期待一种催化剂和协调员的作用。处理气候问题的气候变化的政治学，吉登斯称之为适应的政治学。他认为，为了在气候真的发生变化前或尚处于初级阶段之时做好适应准备，必须搞清全球变暖的效应如何，其影响面有多大。这是一种指向未来的适应。这是回应脆弱性的，脆弱性关乎一切风险脆弱性：是某些有价值的活动、生活方式或资源方面遭受损失的风险。脆弱性是一种普通的经济和社会现象，需要关注其对立面，坚韧性。要开发和培养何种形式的坚韧性，需要涉及风险权衡的概念，必须在不同的风险和机遇之间权衡，要采取比例原则。还需要政治敛合和经济敛合。"发达国家要提高政治和经济的敛合度（Political and economic convergence）以首先承担碳减排的第一位责任。……如果它们做不到这些，其他国家谁也做不到。"①气候变化的目标把所有政治、经济目标整合起来。"政治敛合"，要充分发挥国家和市场的职能。"投资于可再生能源资源对于对抗气候变化来说是十分关键的。但是，这些资源不会自动地开发出来，也不会单靠市场力量起作用就获得激励。国家必须予以补贴，以使这些资源可以和化石燃料

---

① [英] 安东尼·吉登斯：《气候变化的政治》，曹荣湘译，社会科学文献出版社 2009 年版，第 308—314 页。

进行竞争，并在石油和天然气所经受的价格波动面前保持对它们的投资。技术变革在可见的未来只能是有限的。政府应该如何决定支持哪种技术。"要把国家理解成包括地区的、城市的和地方的政府，往上伸及国际舞台，往下伸及地区、城市和地方"多层治理"的"保障型国家"（ensuringstate）。气候变化的政治，涉及多元团体协同治理的保障型国家，低碳技术、商业运作方式、生活方式和经济竞争性的经济敛合、全球变暖问题的前置议题、气候变化的长期思维的积极性，超越左右政治，风险和机遇平衡的比例原则，穷国的发展要务，富国的过度发展问题，以风险评估为基础提前准备、随信息演进的适应的政治。①"国家必须像一种催化剂、一名协调员那样行动起来……最主要的是不断减少碳排放。"② 要把气候变化政策与人们福利观念紧密耦合起来，把多种价值观、政治目标重叠在一起。"经济敛合关注的是为抗击全球变暖而推进的经济和技术创新"。③

　　第二，国家必须朝前看，提出长远的政策，回归为长远未来制定计划。吉登斯认为，对未来，只"空洞的未来承诺在气候变化问题上是没有用的，因为大气中的排放人该增加。当然计划并不是国家的独有特权。政府应鼓励企业、第三部门团体和个体公民向长远考虑转变。"④ 计划在二战后西方国家流行了二三十年，它也曾是苏联社会经济的重要基石。现在从计划中退出来，原因很多。哈耶克这样的市场主义者批判西方的计划，无法适应发达市场经济体。20 世纪 80 年代反革命浪潮来袭，加上广泛的私有化和最低的宏观经济控制，计划开始笼罩在阴影中。新自由主义反革命造成解除管制的"短期主义"泛滥而造成的失灵，必须向国家干预主义回归："在面对气候变化时，计划必须与民主自由相和谐……在政治中心、区域和地方之间，将有

①　[英] 安东尼·吉登斯：《气候变化的政治》，曹荣湘译，社会科学文献出版社 2009 年版，第 81—82 页。

②　[英] 安东尼·吉登斯：《气候变化的政治》，曹荣湘译，社会科学文献出版社 2009 年版，第 308—314 页。

③　[英] 安东尼·吉登斯：《气候变化的政治》，曹荣湘译，社会科学文献出版社 2009 年版，第 10 页。

④　[英] 安东尼·吉登斯：《气候变化的政治》，曹荣湘译，社会科学文献出版社 2009 年版，第 308—314 页。

一个相互掣肘的过程，这个问题必须经过民主机制来解决。"①

第三，通过采取一定措施引导低碳生活方式。在气候变化问题上搭便车无处不在，从普通公民到国际舞台。大多数人对气候变化只有模糊认识，许多人相信修复臭氧层有助于阻止全球变暖。美国 2006 年调查，44% 的人认为治理全球变暖非常重要。发达国家民众最关心气候变化。大估摸的调查表明，人们希望政府牵头。"民众强烈感受到在他们单个人能做的事情和问题的全球性之间有着巨大的鸿沟。"② 并非每个人都愿意像绿色人士那样去生活。应采取与目前不同的新措施，激励必须优先于其他所有干预措施，包括那些以税收为基础的措施，别为了惩罚而惩罚。惩罚措施既要着眼增加税收，也要引导行为方式的变化。"低碳实践或创新一开始只有很小的吸引力，但它们如能够推动潮流，或者在某种程度上被当作方向标，就会不可或缺了。"迄今为着降低排放费的大多数创举是由提高能源效率的动机推动的，而不是限制气候变化的欲望。这一结论同样适用整个国家和个人，"民众更容易掌握和相应在提高能源效率上的创举，尤其是与他们自己气候变化方面所做的事情相比。"③ 技术在促进低碳生活方式上的作用是相当大的。"政府应该积极鼓励创新型经济和创新型社会。"④ 在转向低碳生活方式时，应将科学、大学和社会企业家紧紧拢在一起。在转向低碳生活方式时，应创造"引爆点"，从小处开始，大众舆论都反对 SUV，它们就有可能在一夜间滞销。政府在编排选择上可以扮演一个重要角色，在追求这一目标时，不害怕类似于一个大企业的角色。"寻求与全体公民的齐心协力的交点是政府的责任。"⑤

第四，气候政治的民主协同治理框架。有关气候问题要形成前台议程，

---

① ［英］安东尼·吉登斯：《气候变化的政治》，曹荣湘译，社会科学文献出版社 2009 年版，第 109 页。

② ［英］安东尼·吉登斯：《气候变化的政治》，曹荣湘译，社会科学文献出版社 2009 年版，第 119 页。

③ ［英］安东尼·吉登斯：《气候变化的政治》，曹荣湘译，社会科学文献出版社 2009 年版，第 121 页。

④ ［英］安东尼·吉登斯：《气候变化的政治》，曹荣湘译，社会科学文献出版社 2009 年版，第 122 页。

⑤ ［英］安东尼·吉登斯：《气候变化的政治》，曹荣湘译，社会科学文献出版社 2009 年版，第 124 页。

吸引公共领域注意力。在气候和能源政策上，要有"政治中心的激进主义"。所谓激进行动，"是指创新和长期思维的结合，这是应对气候变化必备的条件之一。它还意指国家的改革。"① 气候变化应从左右语境的思维中超越出来。跨党派一致意见必须是稳固的，有太多的为追求直接政治利益而牺牲长期目标做法。为形成长期共识必须孤注一掷。"应建立一个比英国气候变化委员会更强大的监督机构。"② 它的领导人不应在现政府内专享权力，这对防止其走向官僚主义是十分必要的。涉及全球变暖问题，政府必须是一个改革推手。一个保障型国家也必须和不同的团体以及公众协同行动。"内涵着对后代人权利的关注的环境权利和义务观念，应该被直接引入现存的自由民主框架中。"③ 埃克斯利（Robyn Eckersley）认为环境权利义务应包括下列内容：政府有责任提供污染物和有毒物质立法的知情权；提供公共交流平台评估对新技术对环境的影响和发展建议；非政府组织和相关公民的第三人诉讼权；无条件接受污染者付费原则；公民、企业和公民社会团体有义务成为环境修复的积极主体。④ 这样一种框架有助于整合其活动触及气候变化政策的各式各样团体，非政府组织和企业是其中最突出的两个。企业消耗全世界能源三分之一以上。非政府组织喜欢把自己打扮成抗衡企业巨头的小人物，实际他们的影响已经很大，与其企业对手相比，非政府组织的公众信任度要高许多。非政府组织早已认定大型企业是不负责任的资源浪费的罪魁祸首，让它们如此想有一定的理由。工业游说团体在美国组织良好，势力庞大，影响小布什总统坚决拒绝采取行动应对全球变暖。工业团体在欧洲有很大影响力，他们激烈游说坚决反对欧盟为亚运会的最初普遍征收碳税的提案。吉登斯认为，我们应避免轻易妖魔化工业游说团体。"气候变化网络"（Climate Change Network）是来自不同国家和地区的 365 个非政府组织

---

① [英] 安东尼·吉登斯：《气候变化的政治》，曹荣湘译，社会科学文献出版社 2009 年版，第 129 页。

② [英] 安东尼·吉登斯：《气候变化的政治》，曹荣湘译，社会科学文献出版社 2009 年版，第 134 页。

③ [英] 安东尼·吉登斯：《气候变化的政治》，曹荣湘译，社会科学文献出版社 2009 年版，第 134 页。

④ Robyn Eckersley，*The green State*. Cambridge，MA：MIT Press，2004，pp.243-245.

组成的组织，包括绿色和平组织、地球之友、世界野生生物基金会等，拥有 2000 万会员。遵循三轨制路径：其一，给国家施加压力，要求其指定强制性目标；其二，绿色轨道，帮助发展中国家采取可再生技术；其三，是适应性轨道，旨在帮助最弱小国家提前做好防范气候变化不可避免后果的准备。新一代的企业领袖也在觉醒，他们与非政府组织合作，在应对气候变化方面表现积极，像沃尔玛被环境主义者视为公敌的企业，也计划大幅减少自己的碳排放。乐购计划在 8000 件产品打上"碳标记"。企业做不诚实的环境资格声明，漂绿成为一个真正的问题。企业跟随国家改变态度，部分出于商业原因，为的是应对碳市场和碳税的来临。立足于地方和城市也具有超越其范围的影响力。政策谋划家也具有重要影响。瑞典的福特汽车经销商皮尔卡斯特德（Per Carsterdt）参加 1992 年里约热内卢峰会，开始思考和采取行动将乙醇燃料引进瑞典。在他的努力下，近日瑞典由近 15% 的车辆是用生物燃料驱动的。他参加的团队正从纤维素中制造生物燃料。美国政府是其气候变化政策的落伍者。世界各地目前已结成一个共同行动网络，美国城市表现令人瞩目。美国西雅图市长克雷格·尼克尔斯（Greg Nickls）1995 年向其它城市挑战，看谁能在 10 年内从 1998 年基数减少 20%。到 2006 年来自 49 个州 358 名市长签署西雅图市长起草的《气候变化协议》，这跟许多城市加入"守候保护城市联盟"（CCP）没什么两样。西雅图成为行动的特殊中心，该市 20 世纪 70 年代末就开始投资于废物循环利用。加利福尼亚还出台了各州最全面的气候变化计划。俄勒冈州也有参与环境议题的长期历史。世界许多地方城市都抢先国家一步，成为采取对抗气候变化的一分子，相互间也进行合作。地方和地区里面领导人一旦联手行动，就能对中央政府政策施加强大的影响力。①

第五，政府采取措施鼓励技术创新。有人试图预测可再生技术扩散将如何转变现代经济。杰米里·里夫金（Jeremy Rifkin）认为当能源资源和通信技术一起出现时，世界历史大变革就开始了。我们正站在第三次工业革命的路口，这场革命的背景是网络化通信技术的发展，这些技术的潜力取决于

---

① ［英］安东尼·吉登斯：《气候变化的政治》，曹荣湘译，社会科学文献出版社 2009 年版，第 129—145 页。

它们与可再生能源的敛合度，形成全球能源经济。他认为氢是取之不尽的燃料，不会带来温室效应，氢燃料电池已进入家用和工业市场，现存的石油天然气能源规制将被分散的能源消费取代，就是实际上第一个真正民主的能源规制。[①] 这种观念认为历史是由技术推动的。第二次工业革命，其时间和性质本身有争议，没人知道氢这样特殊资源会扮演何种角色，技术从来不会自行发挥作用，它总要嵌入更大的政治、经济和社会框架中。这些框架可以支配技术如何发展、结果如何。所谓"下一次工业革命"迄今没有发生。也许会像里夫金希望的那样，能源和政治相交在一条线上，分散的、扎根于地方的社会网络社会，会取代目前的政治和经济权力形式。但以为绿色运动的人会乐意看到这一切变为现实，只是一种幻想。如果大多数家庭帮助创造能源而不是消耗能源，这有可能，就像入网电价制度一样，这也需要国内国际的能源管理事务的协调。"技术创新必须成为一切成功的气候变化战略的核心内容……国家和政府在催生这类创新方面必须扮演关键角色。"[②]

"当前我们不知道何种技术最重要"。[③] 洁净煤（碳捕获和固存或 CGS）、风能、潮汐能或波能、生物燃料、太阳能、热电网、地球工程技术如能将部分太阳辐射先返回去的挡热板，以及从大气中吸收二氧化碳和其他温室气体的装置"气涤器"，这些技术相互间可以交织在一起。有关气候变化的技术布满了各种论断和反论断。如氢，里夫金看作一种未来用途极广泛的能源，有人则认为氢无法从自然资源中取得，必须从其它燃料或用电从水中制造出来，处理需要极高的压力，一点点遗漏就很危险。核能不会排除二氧化碳但有极高风险。一些环保主义者将碳捕获技术罢黜不用，他们担心被人当作建造更多火电站的借口，另外成本极其昂贵。太阳能前景光明得多，但在日照较长的时候才表现良好。又有人设想向海中撒播铁屑促进海洋浮游生物生长，而这样的地球工程规模之大，一出错就会招致更大的灾难。由于没有令人放心的技术方案，彻底提高技术效率就成为首要选择。建造生态住宅

---

① Jeremy Rifkin, *The Hydrogen Economy*, New York：Tarcher，2002. p.9.

② ［英］安东尼·吉登斯：《气候变化的政治》，曹荣湘译，社会科学文献出版社 2009 年版，第 148 页。

③ ［英］安东尼·吉登斯：《气候变化的政治》，曹荣湘译，社会科学文献出版社 2009 年版，第 148 页。

和其他环境友好型建筑未来很可能变得十分重要。德国"节能屋"有较高的隔热水平，人体气温就能使之升温。大幅度提高热效率是艾默里·洛文斯（Amory Lovins）的"自然资本主义"概念："他将之定义为一种包含地球生态系统的全面经济评价的资本主义。"① 其内涵确保自然资源大规模地使用，最终不仅是减少而是消除废弃物。应消除为消费者购买而制造产品的概念，而消费者可以租用产品，在一定时期结束后，制造业将其回购。这样一来制造商就能集中精力制造耐用品的兴趣。吉登斯认为，这种方式比大规模技术创新更为现实。普林斯顿大学的索科罗（Robert Socolow）和帕卡拉（Stephen Pacala）发表在《科学》的文章，确立 15 种能源"楔子"，相互关联，可以让未来 50 年内世界排放量趋于稳定。他们计算表明，按当前经济发展模式，排放量必须减少 70 亿吨，才能确保世界气温上升等于或小于 2%。每一个能源楔子减排 10 吨。

　　政府的角色是如何更好地鼓励技术创新。需要补贴为技术创新提供一个平台，因为任何技术创新都比化石燃料更昂贵。每一种技术创新都要采取不同的工业政策。一个产业如果坐等新技术理念，其结果就是该产业固守在旧技术，补贴可以促进技术上的突破。另一个领域是专利技术。专利太强，会实际上阻碍创新，其他企业很难借助于创始企业来谋求创新。同样逻辑也适用国际层面，允许穷国绕开专利是极其重要的。若国际规制太松，对迫切需要的技术进步也是不利的。在电力产业中，过去 30 年广泛解除政府管制，形成管制黑洞，私有化后集中从现有产业获取大收益，使该产业研发水平普遍降低。应对之道不仅是回归国家管制，还要采取政策鼓励消费者成为供应链的积极伙伴，对鼓励创新是重要的。彻底清除反环境的补贴是大势所趋。"政府避免在资助最富创意的设想上浪费金钱，途径之一是扶持可能大范围的技术，这相当于市场普遍风险中的组合投资法。"② 在补贴机制上要认识到，在涉及补贴机制时，小型企业如风能、太阳能提倡者，有可能坚持其主张，政府责任之一是防止类似于福利依赖的结果。福利依赖者会反对改革。技术具有溢出效应，汽车开发的新材料可以直接用于建筑节能。政府应采取

---

① Paul Hawken et al., *Natual Capitalism*. London：Little，Brown，1999.

② [英] 安东尼·吉登斯：《气候变化的政治》，曹荣湘译，社会科学文献出版社 2009 年版，第 160 页。

合适的管制框架。创新技术可能引发复杂的城市和乡村的土地规划问题，一切未经检验的技术，其代价都不确定。有一些技术最终将没有出路。技术失败让我们增加了见识，技术潜力的丧失会使投资更有针对性。然而应一开始就设计好退出策略，否则会出现花钱办坏事的危险。

向低碳技术转变有望创造新的工作岗位。2008 年的金融危机激起人们谈论低碳新政，这种新政可能通过国家主导对能源节约和可再生技术投资而推动经济复苏。英国"绿色新政组织"呼吁采取类似 1929 年大萧条后罗斯福新政的措施。在金融危机前，美国谢伦伯（Michael Shellenberger）和诺德豪斯（Ted Nordhaus）提出新阿波罗计划，建议将国家从石油依赖中解脱出来。范·琼斯（Van Jones）在《绿色经济》中建议，国家主导的对低碳能源和能源节约投资可以成为一种关心气候变化时不完全靠运气的手段。美国技术进步中心提出了刺激经济复苏的计划。吉登斯赞同这些建议，认为美国可以在减排和节能方面为工业化国家做榜样，最重要的是让暂时的政策着眼于长远。

碳税收在鼓励创新方面具有重要作用。碳税收有两种，一是部分或全部收入转为环境用途上的税收。一种是旨在影响人们行为使之与气候变化目标吻合的税收。碳税应是透明的，不应披着别的外衣。"从经济学来说，碳税的要旨在于帮助消除环境方面的外部性——确保它们等于全部成本，包括对后代人而言的成本。正如包括在气候变化政策的其他许多领域一样，这一原理说起来易，但用起来难。"① 向资源开征税收应尽可能接近生产点，以便适用于制造过程各方面。这样的税收应促进能源消费效率和生产开始周期的创新。在重新引入碳税的地方，应允许交易存在，换句话，这样的税收应有机会进行赋税互换（tax awaps），用环境税抵消其他方面的减少量。既限制排放，又带来其他方面的好处。要向排放源头征税，符合"污染者付费"的原则。碳税先行者是北欧国家，但税率在国与国之间变化很大。芬兰，1990 年开始世界最早的碳税征收，在工业、家庭、交通普遍采用，一开始税率低，后来提高。只有丹麦二氧化碳排放总量减少了，原因在丹麦将税收用到

① [英] 安东尼·吉登斯：《气候变化的政治》，曹荣湘译，社会科学文献出版社 2009 年版，第 170 页。

环境补贴。美国"朗特里研究"报告，每公吨碳税不抵对工人挣得的人均3660美元工资的免征联邦税保险费而导致税收减少。该研究报告建议向燃料类碳含量课税，税率定在每公吨碳税55美元。研究证明，假如其他方面不变，环境税会影响贫困家庭，甚至危及其健康。运用激励措施，将激励和惩罚结合，可征收"气候有变化附加费"，先从生活最富裕家庭开始征收。研究声称未来20年可节约10%家庭二氧化碳排放量。同样的结果也可以用于家庭用水、交通和废弃物管理而提高废弃物循环利用水平，不会造成对穷人的负面影响。

碳配给，既有狂热的支持者，也有同样的反对者。这一方案是强制的，政府的作用显得重要。每年补助预先确定，追随国家减排目标。低碳生活方式节约的排放量可以依据市场价格卖给消费更多的人。配额可以分成一定碳单位，每个人含有他们每年补助的智能卡。据说碳配给将设计专门用来鼓励能源节约的政府计划退场。有三种不同的版本建议："可交易能源配额""家庭可交易配额"和"个人碳补助"。

气候变化将影响我们的生活。在瑞典马尔默西部港口，开发了一项新住宅开发项目。公共交通网络的电是由风轮机提供的，采暖通过太阳能板和暖气系统。建筑成本比传统方式不多，但消耗能源只有其它普通住宅的三分之一。垃圾分类设施布满每个家庭附近，一切为了循环利用。现代汽车的命运也可能变化，如用可再生能源。技术进步又是可以通过反面来实现。改变交通本身的性质，回到汽车发明前的城市景观。无人驾驶技术面世。未来还可能出现交通数字系统，将无人驾驶技术和机动汽车结合到了一起。这种技术将是个人用的、多形态的舱体，把所有不同交通模式和网络连接的工作留给此舱体去做。

第六，未来风险评估与社会转型。吉登斯指出，"必须建构这样一种未来：……只要有可能就在全球范围内展开合作。要在政策当中加上一点乌托邦思维的味道。为什么？因为不管发生什么，我们都在按照我们的方式打造一种社会形态，它最终会与我们今日所生活的社会截然不同。"[①]

---

① ［英］安东尼·吉登斯：《气候变化的政治》，曹荣湘译，社会科学文献出版社2009年版，第308—314页。

三、德国社会民主主义法团主义管理的主流生态现代化理论和方案

生态现代化理念产生于 20 世纪 80 年代初，比可持续发展的概念稍早一点，而可持续发展的著作《我们共同的未来》1987 年的发表，促进了生态现代化理论的发展。生态现代化理论家认为生态现代化理论是可持续发展理论的具体化。生态现代化理论学者哈杰尔称《我们共同的未来》为生态现代化理论的关键读本。摩尔认为可持续发展是一种价值选择，概念模糊，而生态现代化理论是分析的、社会学意义上的概念。生态现代化理论继承并超越了可持续发展理论，主要侧重于发达国家的现代化。德赖泽克认为，生态现代化理论，可分为两个类型：一是贝克为代表的非主流的以风险社会理论为基础的非主流的"强的或反思性生态现代化"；二是主流的"占主导地位的""弱的或技术—组合主义的生态现代化"。"在生态现代化的弱的或技术组合主义的版本中，政府组合资本主义和科学组织会对经济体制向环境上更敏感的转型进行管理。但在贝克的风险社会中，这三种制度会因为它们是风险制造的共谋而受到公众厌恶。"① 德赖泽克说的"组合主义"，英语是 Corporitivism，翻译成汉语为"组合主义""法团主义"等，是北欧以德国为代表的国家主导的国家与社会组织合作的国家社会关系模式。通常说的"生态现代化理论"主要是德赖泽克说的第二种类型的科技、经济与法团主义管理结合的生态现代化理论，这是主流的生态现代化理论。在 20 世纪 60、70 年代的生态危机反思的基础上，一些学者开始走向推动环境变革的实践研究。主流生态现代化的理论最初是一种政策规划，着重强调更新政府与市场的关系，是作一种科学与学术之间表达深刻的环境变革的一种实践思想，是法团主义结合科技经济管理的生态现代化理论。

生态马克思主义者佩珀认为，生态现代化理论是新自由主义的乌托邦，立足于环境法的人道的有利于环境的资本主义环境方案，相信资本主义制度与环境发展不冲突，但没有立足于对资本主义运行完整的分析。

生态主义者布莱恩·巴克斯特（Brain Baxter）认为，对于富人来说，

---

① 　[英] 安东尼·吉登斯：《气候变化的政治》，曹荣湘译，社会科学文献出版社 2009 年版，第 174 页。

生态现代化此时看上去像一场游戏，资本主义天然环境非正义，生态现代化很大程度上只是装模作样而已。从生态主义的观点来看，资本的特征会造成生态现代化的问题，尽管它承诺实现生态现代化。资本主义的发展方向仍然是人类沙文主义的。

马丁·耶内克（Martin Janick）认为，"生态现代化"这一概念"描述了一种以技术为基础的环境政策。它不同于纯粹的'末端治理'环境管理方式"。① 生态现代化的概念最早由"柏林科学中心"的研究中提出。它影响了德国社会民主党，最终也影响了绿党。"1998 年……10 月通过的红绿联盟协定中，提出了'生态现代化'行动纲领，反映了这一概念在政治上被接受。"② "控制环境流量"（governing environmental flow）、"生态革新"（Eco-innovation）、"生态效率"（eco-efficiency）、"更少污染、更少资源密集型产品和更高效的资源管理""好的环境规制"（good envirmental regulation），"上述概念远远超出了传统的'末端治理'方式，采取一种……更加综合型的治理途径，其中系统地提高'生态效益'的理念与'生态现代化'概念最为接近"。③

约瑟夫·胡伯（Joseph Huber）更强调科学技术在生态现代化中的核心地位，生态现代化"超越了旧工业时代，社会的现代化现在也引起了生态现代化，即通过例如一种科学知识基础和先进技术来更新地球承载力并使发展成为可持续性的现代方式，使全球地理圈和生物圈与工业社会相适应。"同时又不脱离现代化，"生态现代化意味着以一种可持续的方式使现代性得以现代化。"④

约翰·德赖泽克更加注重经济社会制度方面的重建，"生态现代化它指

① ［德］马丁·耶内克：《生态现代化：全球环境革新竞争中的战略选择》，《鄱阳湖学刊》2010 年第 2 期，第 117 页。

② ［德］马丁·耶内克：《生态现代化：全球环境革新竞争中的战略选择》，《鄱阳湖学刊》2010 年第 2 期，第 118 页。

③ ［德］马丁·耶内克：《生态现代化：全球环境革新竞争中的战略选择》，《鄱阳湖学刊》2010 年第 2 期，第 118 页。

④ Joseph Huber, Pioneer Countries and the Global Diffusion of Environmental Innovations: Theses from the viewpoint of Ecological modernization Theory, *Global Environmental Change* 18（2008），p.360.

的是沿着更加有利于环境的路线重构资本主义的政治经济。"① 生态现代化理论首先在德国产生，不是偶然的。德赖泽克认为，到目前为止，生态现代化的努力在德国、荷兰、日本、瑞典、挪威等国取得了巨大的成功。"这些国家在提高国内收入的能源效率（例如，通过转向更加有效的能源利用过程）减少在经济活动过程中引起的有害气体的散发数量，以及产生的废物数量方面明显是成功的。在这些国家，政府和资本主义企业在相应的措施方面已经达成了一致和协作关系。在这方面，很明显的例子是《荷兰国家环境政策规划》的出台，这项规划 1989 年被采用。这部分是因为它们的法团主义政治文化所致。"② 法团主义是指德国、日本等国在国家与社会关系上国家主导下国家与社会合作的模式，与法西斯主义有渊源关系，而不同于英美社会反对国家的自由主义模式。德赖泽克指出"这些国家的共同点就在于，他们都是一种其中关键行为体偏好共识关系的政治经济体制"，"这些国家都是社团主义（Corporatism，或 corporativism，又译法团主义，统合主义，协调主义，协同主义，协调组合主义，协同组合主义）体制，尽管程度或大或小，日本可以描述为'没有工会的法团主义'，只让政府官员的商业领导者在政策制定中进行合作。因而，这六个国家都避开了对抗性的政策制定和不加约束的资本主义竞争。在这方面，他们的反面典型就是英语为主的发达国家：英国、美国、加拿大、澳大利亚和新西兰。……在组织合作主义的程度和环境政策的成功之间有一种清晰的正向关联。直到 20 世纪 70 年代，组织合作主义体制都被用来强调经济增长和收入分配问题，然而，一旦环境价值被纳入议事日程，组织合作主义最终会确保这些价值得以实现，而且以一种特殊的模式：生态现代化。这就是它们表现突出的关键所在。"③

摩尔（Arthur P. J. Mol）和索南费尔德（David A.Sonnenfeld）认为，生态现代化首先是一个处理现代技术、（市场）经济以及政府干预体系的概念。

---

① ［澳］约翰·德赖泽克：《地球政治学：环境话语》，蔺雪春等译，山东大学出版社 2012 年版，第 189—190 页。

② ［英］布莱恩·巴克斯特：《生态主义导论》，曾建平译，重庆出版社 2007 年版，第 196—195 页。

③ ［英］约翰·德赖泽克：《地球政治学：环境话语》，蔺雪春等译，山东大学出版社 2012 年版，第 167 页。

生态现代化理论是在不偏离现代化道路的基础上进行一种生态重建和社会重建。生态现代化理论产生于欧洲，影响扩展到美国和亚洲的新兴经济体当中。西方生态现代化理论，它既是一种社会发展理论，也是一种环境政策规划，是在不触及资本主义制度框架的基础上，通过进一步的现代化（超工业化）来解决经济发展与环境危机之间的矛盾困境，实现资本主义工业社会的制度重建与生态重建，进而实现现代化与生态化双赢的一种有关环境变革进程的社会发展理论。①

摩尔对生态现代化理论的发展阶段进行过详细的分析，他把生态现代化的发展阶段大体分为三个阶段。第一个阶段（20世纪70—80年代中期），代表人物是德国的马丁·耶内克和约瑟夫·胡伯。第二个阶段（20世纪80年代中期至90年代中期）这一阶段突出的特点是更为关注制度和文化动态，较少强调技术革新。第三个阶段从20世纪90年代中期以来，西方生态现代化理论开始全球扩展的进程。

（一）生态现代化理论初步形成阶段

克里斯托弗·鲁茨（Christopher lutz）认为"生态现代化"理论是可持续发展理论的"西方具体化形式"。生态现代化理论最早由德国学者提出，以德语发表的文献开始的。德国生态现代化理论的创始人一是马丁·耶内克（Martin Janick），一是约瑟夫·胡伯。马丁·耶内克较早地提出"生态现代化"。1982年，在柏林州议会的辩论中，马丁·耶内克首次使用了"生态现代化"的概念，次年出现在德文版《自然》杂志中。1985年耶内克和其他人为柏林科学中心准备了一份研究报告《作为生态现代化和结构政策的预防性环境政策》，提出了现代化生态转型的思想。耶内克"生态现代化看作是一种政治实践的理念"，② 是一个与技术和经济相关的概念。同时，另一位柏林环境科学家约瑟夫·胡伯的《生态学失去清白：新技术和超工业化发展》（1982）和《彩虹社会：生态和社会政策》（1985）明确提出了"生态现代化"这一词汇。胡伯侧重于生态现代化理论的建构认为生态现代化理论是

---

① 转引自周鑫《西方生态现代化理论与当代中国生态文明建设》，光明日报出版社2012年版，第10页。

② 转引自周鑫《西方生态现代化理论与当代中国生态文明建设》，光明日报出版社2012年版，第35页。

工业社会理论，他把生态现代化看作现代工业社会发展三个阶段中的一个阶段："从突破性进展，工业社会建设，向生态转换的超工业化"。[①] 从超工业化的生态转换来说，技术发明、应用和传播是最重要的。"他认为当前的主要问题是工业系统的技术圈奴役了生活世界社会圈、自然系统的生物圈，这是工业系统结构设计失误所致。胡伯所谓反人类社会的生态现代化，就是通过对技术圈进行生态社会重建来克服。"[②] 他们强调市场经济和技术创新在生态现代化中的作用，对国家社会制度的变革重视不够。后来他指出：生态现代化，"超越了旧工业时代，社会的现代化现在也引起了生态现代化，即通过诸如一种科学的知识的基础和先进的技术来更新地球的承载力并使发展更为可持续性的现代的方式，使全球地理圈、生物圈和工业社会进行新适应。"同时又不脱离现代化，"生态现代化意味着一种可持续的方式使现代性得以现代化。"

（二）生态现代化理论发展时期的第二阶段

1987 年世界环境与发展委员会发表《我们共同的未来》（又称《布伦特兰报告》）；1992 年召开里约热内卢地球峰会，讨论气候变暖生物多样性丧失沙漠化以及水资源匮乏的全球性话题，提出了可持续发展思想，强调全人类的持续性、公正性和协调性，也为生态现代化理论推向政策实践提供了良好的环境。

20 世纪 80 年代末，《环境政治学》杂志成为生态现代化理论学术辩论的主要阵地。20 世纪 80、90 年代生态现代化理论从先前的强调技术革新为核心的观点，转而强调政府与市场行为在生态转型中的作用。荷兰学者亚瑟·摩尔（Mol）和格特·斯帕加仑（Gert Spaargaren）1992 年合作在《社会与自然资源》发表《社会学、环境与现代性：一种社会变革理论的生态现代化》，首次将"生态现代化"这一概念介绍给英语世界。这时期马丁·耶内克发表了《生态现代化：预防性环境政策的选择与限制》（1988）、《发达工业社会的生态和政治的现代化》（1992）以及《生态方面的结构变革》

① 转引自周鑫《西方生态现代化理论与当代中国生态文明建设》，光明日报出版社 2012 年版，第 35 页。

② 转引自周鑫《西方生态现代化理论与当代中国生态文明建设》，光明日报出版社 2012 年版，第 36 页。

（1994）等学术著作，推动生态现代化理论的研究。

马腾·哈杰尔（Maarten Hajer）1995 年出版《环境话语的政治学：生态现代化的政策进程》，区分了两类生态现代化模型："技术—社团主义的生态现代化"和"反思性生态现代化"。① "技术—社团主义"生态现代化致力于以明确的问题寻求有效的解决方案，靠的是一种使精英人士能够作决定的专家组织。而"反思性生态现代化"，涉及有关污染的社会秩序的讨论，强调民主化的进程，是一种公共语言的制度化。②

而皮特·克里斯托弗（Peter Chtistoff）发表代表性论文《生态现代化与生态现代性》区分生态现代化的类型："弱"的生态现代化以及"强"的生态现代化。他认为，弱的生态现代化标价为一种缓和的社会规划，其特征是经济主义的、技术的、工具主义的、技术社团主义的国家意志的，是对资本主义政治经济的一种修饰。强的生态现代化则更为直接，包括生态的、制度系统的、交流的、协商民主的、国际和多样化的。莫里·科恩则论述生态现代化理论的文化动力和实施原则。

摩尔（Arthur P. J. Mol）和格特·斯帕加仑（Gert Spaargaren）把生态现代化理论和贝克（Beck）"风险社会"（Risk society）理论进行了比较研究。生态现代化理论和风险社会理论，对激进的环保主义的有效性持怀疑态度。二者都认为解决现代化的风险只能靠进一步的现代化超工业化来解决。摩尔认同贝克强调政府以及制度转型的观点。我认为，"贝克作为一名社会学家，他在自发性现代化时代对风险的变化的理解和意识的探讨之贡献对先前的一切来说都是令人振奋且有说服力的。"③ 但是生态现代化理论和风险社会理论最大的不同点在于对科学技术的态度。摩尔和斯帕加仑试图调和风险社会与生态现代化："生态现代化方法强调现代技术在实现生态转化中的重要意义。贝克在对科技在解决生态问题上可能起到的作用之一种是在怀疑甚至否定的

---

① 转引自周鑫《西方生态现代化理论与当代中国生态文明建设》，光明日报出版社 2012 年版，第 42 页。

② Peter Christoff, Ecological Modernization, Ecological Modernity, in *Environmental Politics*, Vol. 5 No3, Autumn 1996, p.490.

③ ［英］莫里斯·J. 科恩：《风险社会和生态现代化——后工业国家的新前景》，陈慰萱译，见薛晓源等主编《全球化与风险社会》，社会科学文献出版社 2005 年版，第 306 页。

态度。"① 贝克对科学技术解决生态问题的可能性是消极的立场，对科学技术的批判是风险社会理论的核心之一。摩尔则认为现代科学技术的解决环境危机实现生态展现具有重要的作用。科恩认为，"风险社会的概念是相当有潜力的，因为它阐明了三个尖锐的问题，即经济增长的可持续性、有害技术无处不在以及还原主义科学研究的缺陷"。②

阿尔伯特·威尔（Albert Weale）是 20 世纪 90 年代初英国研究生态现代化理论的著名学者，出版《创新与环境风险》（1991）以及《污染新政》（1992）。《污染新政》是社会生态现代化最重要的一部学术著作。比较德国与英国的生态现代化，指出从思想传统和制度传统来看德国的法团主义传统比英国更适合开展生态现代化的实践。

科恩认为，生态现代化理论旨在驾驭人类的创新能力以协调经济发展与环境改善之间的关系。生态现代化理论声称，自己能够通过对社会组织进行调整而超越当前面临的死胡同。"第一，实现这一变革的关键就是，通过'超工业化'过程开发更清洁、更有效的资源不密集技术。第二，生态现代化要依照事先制订的规划的实施，这种实践的原型就是德国的预防原则概念。第三，这一方法的成功实践取决于负有生态责任的组织的国际化。最后，提倡生态现代化的人非常重视政府在治理鼓励环境技术创新的严格规章上的作用。"③

生态现代化的倡导者认为，"经济进步与负责的环境管理之间的冲突是可以得到解决的，因为这两种目标都可以同时实现，这是新的发展阶段的标志。换言之，这一理论在重塑环境改革时并不是把污染物的减少视为安装过滤器这样的外在物，而是受一种提高经济竞争力的方式。"④ 正如威尔所说："提倡生态现代化的人不是把环境当作一种经济负担，而是视为为未来增长

---

① ［英］莫里斯·J.科恩：《风险社会和生态现代化——后工业国家的新前景》，陈慰萱译，见薛晓源等主编《全球化与风险社会》，社会科学文献出版社 2005 年版，第 306 页。

② ［英］莫里斯·J.科恩：《风险社会和生态现代化——后工业国家的新前景》，陈慰萱译，见薛晓源等主编《全球化与风险社会》，社会科学文献出版社 2005 年版，第 306 页。

③ ［英］莫里斯·J.科恩：《风险社会和生态现代化——后工业国家的新前景》，陈慰萱译，见薛晓源等主编《全球化与风险社会》，社会科学文献出版社 2005 年版，第 304 页。

④ ［英］莫里斯·J.科恩：《风险社会和生态现代化——后工业国家的新前景》，陈慰萱译，见薛晓源等主编《全球化与风险社会》，社会科学文献出版社 2005 年版，第 305 页。

的一种潜在的源泉."① 尤其是，生态现代化不仅仅是一种社会理论，它还能作为政治规划和提高公司竞争力的战略而发挥其作用。这一理论的这种特殊解释——主要用"生态效益"来表达——反对经济环境之间的零和交换，人们用它来向本能地反对严厉环境法规的工业企业发难。生态效益的提倡者声称，严格的法规可以刺激技术创新，废物流可以成为配置不理想的组织的资源的来源。由于生态效益能够为环保的技术制造商带来经济利益，这一战略已经获得工商界的一部分具有政治影响力的人的认同。

科恩认为："现在社会的环境恶化相当于是工业化的一个副产品，但是人们认为这是获得物质的过程中必须付出的代价。……一个社会经济发展一旦达到一定程度，物质激励的边际增长不再能够带来相应的回报，据说从攫取性的现代社会向生态现代化时代的过渡就将开始。"② 从现代社会向生态现代社会的转换期是一个充满不确定的时期，是从政治、经济和文化方面进行评估，会发生一个复杂的社会协商过程。风险社会的道路，其特点就是经济发展无规律。"在风险社会，环境和技术危机的时常来临暴露这些社会的政府能力不足，还会加剧公众的不安全感。"③ 科恩认为，"一个社会能否能够向生态现代化的飞跃，除了对科学理性的明确尊重外，无疑还取决于其他文化特质，在出现争议的情况下，取得政治一致性的能力是一个特别重要的因素。具有较好的社会资本和密集的二级交流网的社会，一般来说比较容易在不同公众之间建立交往渠道，从而在复杂问题上达成一致。相反，社会资本储备不足的社会，或是那些社会资本已经受到伤害的社会，在寻求折中的解决办法时不能争取到足够公民的同意。"④

（三）全球化的第三阶段

20世纪90年代中期，生态现代化理论的倡导者有意识地把生态现代化

---

① ［英］莫里斯·J.科恩：《风险社会和生态现代化——后工业国家的新前景》，陈慰萱译，见薛晓源等主编《全球化与风险社会》，社会科学文献出版社2005年版，第305页。
② ［英］莫里斯·J.科恩：《风险社会和生态现代化——后工业国家的新前景》，陈慰萱译，见薛晓源等主编《全球化与风险社会》，社会科学文献出版社2005年版，第307—308页。
③ ［英］莫里斯·J.科恩：《风险社会和生态现代化——后工业国家的新前景》，陈慰萱译，见薛晓源等主编《全球化与风险社会》，社会科学文献出版社2005年版，第309页。
④ ［英］莫里斯·J.科恩：《风险社会和生态现代化——后工业国家的新前景》，陈慰萱译，见薛晓源等主编《全球化与风险社会》，社会科学文献出版社2005年版，第315页。

理论的研究与全球化的发展进程结合起来。强调生态现代化理论的核心是社会和制度转型，包括科学技术变化的作用，市场经济的作用，政府作用的转变，社会运动的地位以及新的意识形态的影响等等。

耶内克总结了生态现代化背后的推动力，认为当前最重要的是两个推动力："一是明智的政府管制作用。二是全是在一个多重环境治理背景下的污染企业面临越来越大的商业风险。这两个因素彼此强化……可能提升创造性环境治理的长期发展潜力。"①

胡伯的英文学术文献《走向工业生态学：作为一种生态现代化概念的可持续发展》（2000）与《先驱国家与生态创新全球普及》《2007》，研究生态现代化与技术环境创新的关系。耶内克2006年的《生态现代化：新视野》研究工业化国家的生态现代化与结构变革。胡伯认为，技术创新最多的前提条件是严格管理，严格管理的创新既是压力也是动力。一些重大新技术的出现总是伴随着立法与相关规定进行的，包括环境标准的压力性、规范结构的精密性以及规定执行的严格性。胡伯也强调消费者方面的生态创新的促进作用。

摩尔（Arthur P. J. Mol）21世纪初发表了《生态现代化时代的环境运动》（2000年）、《全球化与环境变革：全球经济的生态现代化》（2001）《生态现代化与全球经济》（2002），以及《世界范围内的生态现代化：新视野与批判论争》（2006）与《生态现代化读本：理论和实践中的环境变革》（2009）等，推动了生态现代化理论的传播。摩尔还研究了中国的生态现代化，撰写了《转型期中国的环境与现代性：生态现代化的前沿》（2006）。摩尔十分重视市民社会在欧洲生态现代化中的作用，也依此研究视角分析中国生态现代化第三个维度就是政府与市场外的第三方力量。他认为中国在社会领域的发展存在不足，主要包括：第一，市民社会不发达，没能发挥其在欧洲诸多国家立法的那种重要作用，例如通过环境议程设置以经济和政治压力提升环境利益以及积极参与决策等；第二，环境信息获取不足，导致市民社会不能有效地发挥作用，结果多数时候投诉体系成为公众参与环境进程的一种重要方

---

① ［德］马丁·耶内克：《生态现代化：全球环境革新竞争中的战略选择》，《鄱阳湖学刊》2010年版，第119页。

式，这些被动因素大大阻碍了其自身作用的发挥。他认为中国的社会组织与结构不同于欧洲，因而在推动生态现代化的进程中不可能出现类似于欧洲市民社会的模式与结构。但中国社会的特殊性有利于中国提供另一种民间组织：非政府组织和草根社团等，这些机构对中国的环境决策发挥的作用，影响了中国的环境议程，展示出独特的作用。生态现代化学者认为中国现代化第四个维度是国际一体化。这种国际一体化环境具有双向作用，既会形成由外向里的作用力，也会形成由里向外的反作用力。

斯蒂芬·扬（Stephen C. Young）强调生态现代化作为一种环境政策规划，具有特定的实践特征，这一特征主要包括：企业采用长期的发展观；包括修补新战略的共同战略；在政府当中整个环境与经济政策；新的政策方法：这些技术包括预防性原则、环境影响评估、不必承担的额外费用的最有效技术、最实际的环境选择以及对环境风险评估等；包括政府环保机构、邻里、社区、非政府组织等等合作关系及参与；从修补性向预防性转变的科学和技术；私人部门影响决策；一种不同的经济增长：生态现代化致力于维护经济增长并建立环境友好型发展道路。

巴特尔认为目前的生态现代化有四种使用方式：即社会圈理论、描述环境政策的普遍话语、战略环境管理理论以及资本主义自由民主的环境改善关系的理论。

生态现代化的落脚点是"生态转型"，这是一个复杂的工程：

第一，生态理性是导向。生态理性是西方生态现代化理论的核心理论词汇之一。生态理性最早的含义是指人类在适应自身活动场所环境时，其推理和行为从生态学的观点看来是合理性的。约翰·德赖泽克在20世纪80年代较早地把生态理性意识引入社会学理论中，"是指一种关于在社会生态系统之间维持一种稳定的新陈代谢的生态可持续性概念，是相对于经济性和政治理性的一种形式。在他看来，生态理性是一种模式，是一种旨在获取人类活动于生态系统之间内在联系的功能理性。生态理性意味着管理现存生态问题的特定类型的一种社会性自我导向的指导原则。"[①] 20世纪90年代，生

---

① 转引自周鑫《西方生态现代化理论与当代中国生态文明建设》，光明日报出版社2012年版，第67页。

态现代化理论的倡导者们开始系统地采用"生态理性"的概念。摩尔认为，"生态现代化理论的实质和核心是一种生态理性的解放与分化，即生态理性做一种独立的理性和范畴，从经济发展中独立出来，成为与经济范畴、政治范畴和社会文化范畴相平行的一种理性范畴，并且在经济活动和社会生活中发挥重要作用"。[①] 生态现代化理论就是一种从生态的观点研究当代制度和社会实践的。生态理性在生态现代化理论中的地位和作用，可以从理论和实践两方面来理解："理论上，生态理性在生态现代化理论中涉及几个方面：在生态理性的支配下，环境活动与经济活动可以被平等地给予评估；在反思性现代性中，生态理性逐渐地以一系列独立的生态标准的生态原则的形式出现，开始引导并支配复杂的人和自然关系；生态理性可以被用来评价经济行为主体、新技术以及生活方式的环保成效；生态理性的应用并不仅仅局限于西北欧的一些国家，也可以用于全球范围内。这样生态理性获得了相对独立的活动空间。在世界上，生态理性在生态现代化的进行中被广泛地应用。首先体现在一些环保标准的制定上，例如预警原则、封闭循环原则、可再生能源的使用等等。现行的环境产品标准体系、环境影响评估等，都是生态理性在现代化进程中的运用和发挥，也就是说，生态已经不仅存在于生产领域，也存在于消费领域。……消费领域的生活方式生态理性不同于生产领域的生态理性。"[②] 生态现代化理论的倡导者们也认识到，尽管生态理性的地位有所上升，这并不意味着生态理性应超越其他理性而成为最终的和主导的理性和基本原则。[③]

第二，技术创新是手段。强调技术创新是西方生态现代化理论自始至终的一个基本主张，在生态现代化理论中具有关键地位。早在生态现代化初步形成时期，约瑟夫·胡伯为代表的学者强调技术创新在社会转型中的作用，生态现代化首先是科学知识和先进的技术。胡伯指出："认为技术创新

---

① 转引自周鑫《西方生态现代化理论与当代中国生态文明建设》，光明日报出版社 2012 年版，第 67 页。

② 转引自周鑫《西方生态现代化理论与当代中国生态文明建设》，光明日报出版社 2012 年版，第 67—68 页。

③ 转引自周鑫《西方生态现代化理论与当代中国生态文明建设》，光明日报出版社 2012 年版，第 68 页。

生态现代化的核心要素并不代表着一种技术狂的态度。他只是反映了社会功能结构中人与自然进行新陈代谢的场所正是工业活动的领域。工业活动包括由技术增强型的人类工作所实现的生产和消费的所有活动。"[1] 同时，技术能够"改变生产的消费的操作结构和生态属性的新技术和实践，并且以此减轻对资源和环境污水池的压力或者甚至能够建设一种人类社会与自然界之间的生态的良性联合发展。这就是为什么技术，包括基础增强型的生产和消费行为，实际上是生态现代化的核心要素的原因。"[2]

第三，市场主体是载体。如何实现工业和生态之间的和谐，"胡伯认为政府干预的作用不大，新社会运动如环境运动的效果也不大，恰恰是市场和经济行为主体才是最能在生态现代化进程中发挥作用的部分"。[3] 要充分发挥市场行为主体在生态现代化中的积极作用，"一方面，要转变经济行为主体的发展观念，以引导整个市场乃至国家的生态转型。企业要放弃短期的投机理念，采取长期的可持续的发展观。……另一方面，关注承诺，要改善企业的行为，在企业内部建立新的态度、实施新的思想、调整管理技术的发展新的策略和手段"。[4] 从企业的发展策略来说，要开发和使用清洁技术以及回收利用技术等等。开发新技术是增强企业的竞争力的核心因素。另外，行为主体之间通过彼此的相互作用，可以形成环境变革的合力。[5]

第四，政府决策是支撑。马丁·耶内克早期关注政府失灵理论，并认为欧洲政府缺乏预防性的环境政策。他的政府失灵理论涉及政府在决策中的结构性弱点、低效甚至无效，它极其反对国家计划，认为造成了环境和人类健康的巨大危害。但随着可持续发展理论的兴起及其现代化进程的日益结

---

[1]　转引自周鑫《西方生态现代化理论与当代中国生态文明建设》，光明日报出版社 2012 年版，第 69 页。

[2]　转引自周鑫《西方生态现代化理论与当代中国生态文明建设》，光明日报出版社 2012 年版，第 59 页。

[3]　转引自周鑫《西方生态现代化理论与当代中国生态文明建设》，光明日报出版社 2012 年版，第 61 页。

[4]　转引自周鑫《西方生态现代化理论与当代中国生态文明建设》，光明日报出版社 2012 年版，第 62 页。

[5]　转引自周鑫《西方生态现代化理论与当代中国生态文明建设》，光明日报出版社 2012 年版，第 61—62 页。

合，许多学者逐渐认识到政府在环境保护中的积极作用。长期的环境保护计划，不仅需要生态现代化以及工业社会的结构性变革，也需要政治行为系统的现代化。马丁·耶内克一直十分强调政府干预在环境变革中的作用，认为"政府干预的协商形式可以被期待发挥重要作用"①。摩尔指出，"如今似乎很难想象没有各层级政府干预下的一种生态转换"②。约翰·德赖泽克认为"生态现代化会导致强势政府，摩尔则认为生态现代化会导致更具参与性与分权性的政府"。③

　　第五，市民社会是动力。西方生态现代化理论的倡导者十分重视市民社会在生态现代化进程中的作用。摩尔的"市民社会"的概念并非是马克思主义理论中的市民社会，而是政府、企业之外的第三方力量。市民社会的作用主要体现在以下几方面：首先，市民社会是"除了政府之外，还包括邻里社区以及环境非政府组织等等第三方力量在内的一种伙伴关系"。④ 德赖泽克认为，"生态现代化意味着一种由政府、企业、温和的环保主义者以及科学家在内的伙伴关系"，⑤ 以促进资本主义政治经济的重建。其次，就市民社会在生态现代化进程中的积极作用而言，主要体现为："市民社会是连接政府和市场行为主体的纽带"；⑥ "市民社会对经济创新、技术创新的认可和压力是推动生态现代化发展的重要动力"。⑦ 市民社会的发达与否，技术考察后的生态现代化发展水平的一个重要参考值，也是促进其发展的要素之一。

---

① 转引自周鑫《西方生态现代化理论与当代中国生态文明建设》，光明日报出版社 2012 年版，第 63 页。

② 转引自周鑫《西方生态现代化理论与当代中国生态文明建设》，光明日报出版社 2012 年版，第 63 页。

③ 转引自周鑫《西方生态现代化理论与当代中国生态文明建设》，光明日报出版社 2012 年版，第 63 页。

④ 转引自周鑫《西方生态现代化理论与当代中国生态文明建设》，光明日报出版社 2012 年版，第 65 页。

⑤ 转引自周鑫《西方生态现代化理论与当代中国生态文明建设》，光明日报出版社 2012 年版，第 65 页。

⑥ 转引自周鑫《西方生态现代化理论与当代中国生态文明建设》，光明日报出版社 2012 年版，第 65 页。

⑦ 转引自周鑫《西方生态现代化理论与当代中国生态文明建设》，光明日报出版社 2012 年版，第 65 页。

没有良好的公众参与，就不会有高水平的生态现代化。①

　　生态主义者布莱恩·巴克斯特（Brain Baxter）认为，"对于富人来说，生态现代化此时看上去像一场游戏，只要理论和竞争并不是相互妥协的，成功的资本主义国家就愿意支持它们的经济过程进行某些技术上的修补，在它的虽然有限、但还是清楚的边界内实现环境的改善。但是，也许上述所说的没有一点能够在其他地方做得到，并将包括有毒废物的出口、以低比例补偿从第三世界掠夺原材料等等环境非正义，也许意味着这种现象在很大程度上这是装模作样而已。"②从生态主义的观点来看，资本的特征会造成生态现代化的问题，尽管它承诺实现生态现代化。"资本主义的发展方向绝对仍然是人类沙文主义。人类的福利和偏好的满足是资本主义在道德上能够承认的唯一重要的需要。因此，环境问题要么根据审慎（发展人类福利的工具是什么），要么根据人类的'生活质量'来表达。那种认为非人类生物可能拥有道德关怀的观点约束了人类的经济活动，是资本主义不可能会包含的。这是因为，之所以要设计出资本主义，完全是为了呼应在市场中表现出来的人的偏好。"③作为资本家，他们只关心市场表现出来的偏好。资本主义的呼应，甚至对人类偏好的回应是根据市场中表现出的偏好发生的。于是，对资本主义来说，为了回应非人类存在物的偏好和需求，需求必须首先转化为人类偏好（如，绿色产品服务）和政治上制定的规则，以及市场机制（税收和津贴）对资本主义企业进行表达。因此，资本主义本身并没有显示任何对非人类存在的利益（或者许多人类利益）做出回应的内在趋势。相反，"利益动机对资本主义来说是至关重要的。仅仅是这一事实就使'风险回避'和'道德投资'的观念很难灌输给资本主义，因为资本的明显趋势是在唯利是图的动机中相互竞争，而且正是这种动机使得资本家不得不完全忠诚于它，否则就会受到企业倒闭的惩罚。……如果要替资本家在环境上承担更多责任的话，就必须给他们表现出看得见、摸得着的企业利益。此外，如果消费者的偏好、政府的条件以及市场的活动威胁到资本对企业的利润，他们将会有一种

---

① 转引自周鑫《西方生态现代化理论与当代中国生态文明建设》，光明日报出版社2012年版，第65—66页。

② ［英］布莱恩·巴克斯特：《生态主义导论》，曾建平译，重庆出版社2007年版，第196页。

③ ［英］布莱恩·巴克斯特：《生态主义导论》，曾建平译，重庆出版社2007年版，第197页。

非常强烈的倾向：设法去塑造和操作消费者的偏好，以及设法在政治上影响政府行为，以使他们获利的机会不会减少。利益动机既不会从资本主义中消除，也不是对经济增长的承诺。"[1] 这是在放贷资本投资基础上获取利息的问题，杰克逊指出：没有贷款即没有投资，没有利息就没有贷款，没有利润的获取就没有利息的支付，没有利润通过更多的贷款做更多的投资就没有生产的维持（并因而确保生活），更多的投资、增加产出或偿付更低的成本，所有这一切都在促进经济增长。这种论证的重要性在于，它有力地揭示了在资本的结构中，为什么增长是资本主义不可磨灭的特征。[2]

生态马克思主义者戴维·佩珀认为，西方政府和发展中的世界政府，担心严厉的环境和社会计划会影响工商业，如美国政府拒签《京都议定书》。"他们编织着新自由主义乌托邦梦想。比如'生态现代化'……这些观点未能把他们的分析与描述立足于对资本主义完整过程的充分与准确理解基础之上。"[3]

---

① [英] 布莱恩·巴克斯特：《生态主义导论》，曾建平译，重庆出版社 2007 年版，第 197—198 页。

② [英] 布莱恩·巴克斯特：《生态主义导论》，曾建平译，重庆出版社 2007 年版，第 196—198 页。

③ [英] 戴维·佩珀：《生态社会主义：从深生态学到社会主义》，刘颖译，山东人民出版社2012 年版，中译本前言第 2 页。

第七章　辩证生态自然观与社会正义：
生态马克思主义的红绿色范式

生态马克思主义（Ecological Marxism）是一种解决生态环境问题"红绿"（Red Green）范式，是以马克思主义理论对生态环境问题反思，与绿色思潮的对话，对未来社会变革的构想。

周穗明认为，生态马克思主义的发展经历了三个阶段，分别是 20 世纪六七十年代的"从红到绿"阶段（共产主义转向生态运动）、80 年代的"红绿交融"（马克思主义与绿色结合）阶段以及 90 年代的"绿色红化"（生态马克思主义与绿色主义分流）阶段。① 郇庆治在 1998 年出版的《绿色乌托邦：生态主义的社会哲学》和 2000 年出版的《欧洲绿党研究》中，设专门章节对"生态社会主义：马克思主义的理论回应"的历史发展进行研究，他将生态马克思主义的发展阶段概括为生态马克思主义的阐释、西方马克思主义的分析和新马克思主义的综合三个阶段。20 世纪 60—70 年代是鲁道夫·巴罗、亚当·沙夫、威廉·莱易斯（Leiss William1939—　　）、加拿大的本·阿格尔（Agger Ben）初步阐述生态马克思主义的观点。到 20 世纪80、90 年代，生态马克思主义走向成熟，法国高兹（Andre Gorz）、美国的奥康纳（James O'Connor）、福斯特（John Bellamy Foster）、英国的佩珀（David Pepper）、格伦德曼（Reiner Grundmann）、休斯（Jonathan Hughes）、本顿（Ted Benton）和德国萨卡（Saral Sarkar）等影响较大。当代生态马克思主义者形成一个共识，认为资本主义不可能解决生态危机，只有生态社会

---

① 周穗明：《新社会运动与传统左翼运动的关系》，见陈林、侯玉兰《激进、温和、还是僭越？当代欧洲左翼政治现象审视》，中央编译出版社 1998 年版，第 17 页。

主义才是出路。在学术上他们转向气候变化条件下的生态资本主义批判，转向对未来生态社会主义途径的构想，并创建生态社会主义政党，重要的例如 2007 年 10 月 7 日，克沃尔等人在巴黎创建生态社会主义国际。2009 年在巴西召开第二次会议，通过了新的纲领性文件《贝伦生态社会主义宣言》，2010 年坎昆气候大会前又通过《坎昆生态社会主义宣言》。英格兰和威尔士绿党、瑞士的左翼党、北欧绿色左翼联络、英国绿色社会主义联盟、德国生态左翼党等等，通过《生态社会主义宣言》。罗马尼亚、土耳其、意大利、阿根廷等国的生态社会主义国际还在网络上创建了在线讨论小组。①

　　"关于马克思主义是否包含生态主义的视野，早期在西方学术界是有争议的，许多学者认为马克思主义属于'现代性的范畴'"，② 以吉登斯、帕斯莫尔、维克托·费克斯和迈克尔·劳伊为代表，认为，在"人类中心主义中，在其工具论的自然观和通过技术控制获得解放的问题中，马克思没能越过西方传统中致命的非生态的二分法"。③ 在马克思主义内部对生态主义的回应，也有三种观点。第一种观点，认为政治的生态问题说到底不过是旧的资产阶级意识形态的换装版本；第二种观点认为，"政治的生态问题再一次证实了资本主义造就自身掘墓人的马克思主义观点。工人阶级未能完成的事情，如今将通过自然本身的反抗加以实现"。第三种观点认为，马克思主义"才是最先进的生态政治学家，新的生态政治学家告诉我们的东西，我们早已经知道。"④ 当代西方生态马克思主义者，以马克思主义为指导，结合我们时代的"生态危机"问题，在与绿色思潮的对话过程中形成了"生态马克思主义"红绿色发展范式。相对于浅绿色的环境主义和深绿色的非暴力主义，用马克思主义的意识形态回应"增加极限"和"生态危机"问题，比深生态运动（DEM）更为激进的红绿结合的"生态文明"理论的革命范式。

---

① 蔡华杰：《另一个世界可能吗？当代生态社会主义研究》，社会科学文献出版社 2014 年版，第 4—9 页。

② 张连国：《论绿色经济学的三种范式》，《生态经济》2013 年第 3 期，第 65 页。

③ Bob Jessop with Russell weakly. *Karl Marx' Social and Political Thought Critical Assessments*：Volume Ⅷ ［C］. Rutledge，1999.40. 张连国：《论绿色经济学的三种范式》，《生态经济》2013 年第 3 期，第 65 页。

④ ［英］特德·本顿：《生态马克思主义》，曹荣湘、李继龙译，社会科学文献出版社 2013 年版，第 1 页。

本章认为在人与自然的关系上，生态马克思主义都主张一种辩证统一的关系，具体观点大体可分为三派：

其一，以福斯特、本顿、莱夫等为代表，持一种社会与自然间复杂性协同进化的有机整体论的复杂性整体协同论。福斯特在哲学上持一种生态唯物主义立场，强调马克思主义自然之间物质变换论或新陈代谢论；本顿主张"自然是人的有机身体"及人与自然辩证统一"生态极限"；莱夫强调社会与人复杂性协同的生态理性与生产理性的统一。

其二，以佩珀、格伦德曼和休斯为代表，既反对主张自然价值或自然秩序深生态的"生态中心主义"，也反对"人类中心主义"的资本主义形式，或个人主义的"强人类中心主义"，而主张人类整体利益长远利益为基础的"弱人类中心主义"，或有益于自然的、审美的或非工具主义的"广义人类中心主义"。

其三，以奥康纳为代表的弱生态中心主义，在人与自然辩证统一关系中，偏于自然的自主运作性、决定性和终极目的性。

西方生态马克思主义批判了资本主义生产方式及其对利润最大化追求或经济理性的反生态性，批判了资本主义的非正义性，提出了生态正义的理想社会，大体分两个类型：一是莱斯和高兹等少数生态马克思主义者，阐述的基本属于"生态主义的生态无政府主义的社会类型，二是大多数生态马克思主义者，强调以人和自然辩证统一为前提"，① 以及以某种形式的社会联合体的集体所有制的生态社会主义的社会类型。

第一节　人与自然关系的辩证统一论

马克思主义辩证唯物主义和实践唯物主义，强调人和自然的有机统一的辩证关系。马克思指出："自然是人的无机身体。"② J. 克拉克、帕森斯、斯葛特·迈克尔和查尔斯·托尔曼等认为，马克思的这一观点蕴含着"自然是人的机体"的辩证生态学自然观。马克思认为，"人是自然的一部分"，"人

---

① 张连国：《论绿色经济学的三种范式》，《生态经济》2013 年第 3 期，第 65 页。

② 《德意志意识形态》，《马克思恩格斯全集》第 3 卷，人民出版社 2002 年版，第 272 页。

类有机地，即辩证地参与到自然中"，"人的生理的和精神的生活同自然联系在一起，这只是意味着自然同它自身联系在一起"。① 马克思的辩证方法论，"能够完整地描述全过程"，② 因而，也就能描述这一自然过程各个不同方面的相互作用，是一种"有机总体性"模式，保留了黑格尔的目的论，在马克思的自然辩证法中，人与自然的关系，被看作是非二元论的"内在关系论"："自然历史的整个历程，包括生命、意识和自我意识（伴同其理性和符号象征的所有模式）的出现，被视为复杂整体之发展诸方面，生命圈中全部生命形式，是一个相互决定一个多样性的统一"。③ 我们认为，马克思主义自然观，强调人在实践的基础上，一方面，不断改造局部的自然环境使自然人化，自然向人生成，形成以生产方式为基础的社会形态；另一方面，在生产实践和社会交往活动中，不断改造自身，使自身自然化，人向自然生成，形成合规律与合目的统一的内在超越自然性、社会性的自由自觉的类本质，形成人和自然的内在有机统一关系。这是一个从自然王国向自由王国不断超越的无限进程，只有到了未来共产主义大同社会，才能真正形成人与自然、人与人、人与自己关系"三大和解"的生态文明社会："是人和自然界之间、人和人之间的矛盾……对象化和自我确证……矛盾的真正解决。"④ 马克思主义强调"自然界的优先地位仍然保持着"⑤ 为前提，并未否定自然界整体存在的先在性、自在性、无限性和超验性，此自然存在的先在性、自在性、无限性和超验性，相对于人的实践经验基础上的科学假说的不断变动的有限知识的"视域"，是值得敬畏并无限探索的过程和终极奥秘。在人与自然的关系上，生态马克思主义都主张一种辩证统一的关系，具体观点大体可分为三方面：其一，以福斯特、本顿、莱夫等为代表，持一种社会与自然间复杂性协同进化的有机整体论的复杂性整体协同论；其二，以福斯特、佩珀、格

---

① ［美］J. 克拉克：《马克思关于"自然是人的无机的身体"之命题》，黄炎平译，《哲学译丛》1998 年第 4 期，第 53 页。

② 《德意志意识形态》，《马克思恩格斯全集》第 3 卷，人民出版社 2002 年版，第 43 页。

③ ［美］J. 克拉克：《马克思关于"自然是人的无机的身体"之命题》，《哲学译丛》1998 年第 4 期，第 53 页。

④ 马克思：《1844 年经济学—哲学手稿》，人民出版社 1985 年版，第 73 页。

⑤ 马克思：《德意志意识形态》，《马克思恩格斯全集》第 3 卷，人民出版社 2002 年版，第 23 页。

伦德和休斯为代表，既反对主张自然价值或自然秩序深生态的"生态中心主义"，也反对"人类中心主义"的资本主义形式，或个人主义的"强人类中心主义"，而主张人类整体利益长远利益为基础、有益于自然的、审美的"弱人类中心主义"；其三，以奥康纳为代表的弱生态中心主义，在人与自然辩证统一关系中，偏于自然的自主运作性、决定性和终极目的性。

一、社会—自然间的复杂协同整体论

生态主义学说质疑人类中心主义征服自然、统治自然的理念和欲望，造成当今的生态危机。福斯特不赞同生态主义学者这种非此即彼的思维方式，要么是人类中心主义的亲人类立场，要么是生态中心主义亲自然立场。福斯特指出，这种观念没有认识到人类与其生存环境之间相互作用的重要实质："从一贯的唯物主义立场出发，这个问题……是一个两者共同进化的问题。仅仅关注生态价值的各种做法……都无益于理解这些复杂的关系。"[1] 福斯特认为，马克思、恩格斯在人与自然的关系上持一种社会与自然协同发展的观点：不是把自然界和社会看作是极端对立的两个范畴，而是看作生机勃勃的"物质变换"（metabolism，或译"新陈代谢"）的共同发展的过程，或者说，自然界和社会在一个相互依存的复杂的协同进化过程。福斯特认为，自然与社会复杂相互作用的协同进化，不是"以人类为中心"或"以生态为中心"。

但福斯特关于马克思在人与自然关系上复杂整体协同论，在生态文化建设上，与生态主义有共识，如他认为在全球性生态危机背后是"一种源自市场标准支配所有其他标准的价值观念的危机"，主张以生态文化取代资本主义生物圈文化，将生态价值观引入文化，进行伦理革命。他借用利奥波德的"大地伦理"概念，主张构建人与自然和谐的文化。他的观点跟本顿、莱夫等赞同辩证意义上的"生态极限"的观点，与佩珀声称的基于马克思人类整体利益的"弱人类中心主义"观相对比，相对偏于自然，而与生态中心论相比，相对偏于人类社会。不管是社会自然复杂性协同有机整体论，还是

---

① ［美］约翰·B.福斯特：《马克思的生态学：唯物主义与自然》，刘仁胜等译，高等教育出版社 2006 年版，第 13 页。

"弱人类中心主义"，都是人与自然辩证统一关系的深生态哲学。

（一）福斯特：生态唯物主义和社会——自然新陈代谢理论

西方一些学者把马克思看成普罗米修斯主义，认为马克思没有生态思想，如吉登斯批判马克思对如何把"在阶级体制下剥削性的人类社会关系的关注延伸到对自然的剥削上"①，关注财产关系、阶级对立和社会正义，而非自然资源稀缺。生态主义者 J. 帕斯莫尔认为"没有比黑格尔和马克思等人的思想传统对生态学更加有害的思想了"②。生态马克思主义者本顿尽管认为马克思主义的历史唯物主义在人与自然关系上具有生态维度，但认为成熟的马克思主义经济学与历史唯物主义有"裂缝"，是普罗米修斯主义的，应把马克思主义重建为一种"绿色历史唯物主义"的生态马克思主义。而福斯特不赞同上述观点，认为马克思具有生态思想，其生态思想立足于唯物主义的基础之上。他认为，马克思主义不是机械唯物主义，一贯坚持社会与自然的历史的统一，内在具有生态关怀。③

1. 生态唯物主义

约翰·贝拉米·福斯特（John Belllamy Foster，1953—　），美国著名的生态马克思主义理论家，美国俄勒冈大学社会学教授，曾担任美国《资本主义、自然和社会主义》《组织与环境》和《每月评论》杂志的主编。20 世纪 80 年代中后期和 90 年代初，他加入西方马克思主义研究的《每月评论》派后，转向马克思主义生态学研究。他称自己是"马克思主义作家"，但他很少称自己为生态社会主义者，其观点甚至与奥康纳和沃克尔有分歧，他认为生态马克思主义在政治制度选择上必然是生态美好的社会主义社会。他研究成果丰富，其早期成果为博士论文《垄断资本主义理论——马克思的政治经济学阐释》。他的《脆弱的星球——环境经济简史》（1999）描述了资本主义社会环境恶化的历史。《马克思主义的生态学：唯物主义与自然》（2000）

---

① Anthony Giddens，*A Contemporary Critique of Historical Materialism*，Berkeley：University of California Press，1981，p.59.

② 冯雷：《日本学者岛崎隆对马克思自然观的解读》，《马克思主义与现实》2007 年第 3 期，第 96 页。

③ ［美］约翰·B. 福斯特：《马克思的生态学：唯物主义与自然》，刘仁胜等译，高等教育出版社 2006 年版，第 22 页。

是生态马克思主义的代表作。他的其他重要的生态马克思主义著作还有《生态危机与资本主义》（2002），《赤裸的帝国主义》（2006）、《生态断裂：资本主义与地球的战争》（2009）和《生态革命：与地球和平相处》等。福斯特认为，马克思的实践唯物主义与本体论唯物主义密不可分，西方马克思主义批判理论，片面强调社会实践，把马克思主义仅仅解读为"实践唯物主义"，忽略马克思主义本体论，就看不到马克思主义理论的自然根基。他认为，生态主义把人类中心论与自然中心论抽象对立，批判主宰自然的观念，其实是一种二元论的逻辑，误读了马克思和古典有关人和自然辩证关系的观点。

福斯特认为，马克思的生态观来自于他的唯物主义："马克思的世界观是一种深刻的、真正系统的生态世界观，而且这种世界观是来源于他的唯物主义的。"[①] 马克思主义唯物主义具有三个维度：本体论、认识论和实践的唯物主义。在马克思"更普遍的唯物主义自然观和科学观中"，包含了上述唯物主义的三维内涵，"它将唯物主义转变成实践的唯物主义过程中，从来没有放弃他对唯物主义自然观——属于本体论和认识论范畴的唯物主义——的总体责任"。[②] 这与马克思唯物主义形成前提的伊壁鸠鲁哲学的内在联系可以看出。伊壁鸠鲁唯物论哲学，是批判神学论的英法唯物主义的基础，19世纪30年代，伊壁鸠鲁哲学进入马克思的视野，引导他终身批判唯心主义的哲学立场。伊壁鸠鲁哲学最基本的原则是，"无"不能产生"有"，被毁灭的"有"也不能转化为"无"。这种唯物论哲学，一方面强调世界的有限性，另一方面也强调有限自然本身的无限变化。包括人和自然的所有物质都是相互依存，来源于原子，又回归原子。伊壁鸠鲁哲学对马克思生态唯物论的影响，是"非还原论非宿命论"的唯物主义。马克思认为，"人类和自然间（是）不断进化的物质关系（马克思称为新陈代谢关系）"，[③] 形成了人与自然

① [美] 约翰·B. 福斯特：《马克思的生态学：唯物主义与自然》，刘仁胜等译，高等教育出版社 2006 年版，Ⅲ。

② [美] 约翰·B. 福斯特：《马克思的生态学：唯物主义与自然》，刘仁胜等译，高等教育出版社 2006 年版，第 7 页。

③ [美] 约翰·B. 福斯特：《马克思的生态学：唯物主义与自然》，刘仁胜等译，高等教育出版社 2006 年版，第 13 页。

统一的自然观。达尔文的进化论证明了人类与生物圈之间的相互依存关系，具有去人类中心主义的倾向，也影响了马克思。马克思的自然是人的"无机身体"说，具有达尔文学说的烙印，加上黑格尔辩证法的影响，使马克思认识到"社会物质发展和人类与自然关系的发展联系在一起——在这两种情况下，历史都不是直线型的，而是遵从一种复杂的、矛盾的、辩证的模式"。①福斯特认为，费尔巴哈唯物主义，引入"外在自然"的观念，提出了"人类属于自然的本质""自然属于人类的本质"和"有限不能变成无限"的观点，与庸俗唯物主义和唯心主义区分开来，有助于马克思彻底摆脱黑格尔唯心论的影响，并吸收其辩证法。福斯特认为，1844 年马克思完成《1844 年经济学哲学手稿》和 1848 年《共产党宣言发表》，是马克思生态唯物主义形成阶段。马克思通过对马尔萨斯人口论批判，认识到费尔巴哈唯物主义与马尔萨斯人口论一样的非历史性和抽象性，提出人与自然复杂性物质变换的实践唯物主义或生态唯物主义，但并未抛弃唯物主义的物质本体论基础。马克思生态唯物主义自然观，有如下几点内容：

其一，物质本体论为前提的或自然先在性的生态自然观。福斯特认为，马克思的唯物主义自然观，首先是以唯物主义的本体论为基础，承认自然的先在性。马克思赞扬伊壁鸠鲁用原子论解释世界"原初存在"，否定了神学目的论。马克思结合历史地理学和历史地质学，相信地质构造说，能给地球合理起源以科学回答。费尔巴哈揭示了黑格尔的精神和自然的异化，过多强调精神，过少强调自然。"达尔文'划时代著作'的这种影响最终涉及他所必须解决的人类进化观的问题——导致马克思形成了人类劳动与人类进化之间关系的确切理论。"②摩尔根的生存技术说，以及恩格斯劳动创造了人本身的观点，启发马克思用生存技术的生产工具论，奠定生态唯物主义的基础。福斯特认为，《资本论》是马克思运用劳动工具基础论，形成生态唯物主义的起点，而马克思对马克萨斯人口论、蒲鲁东机械"普罗米修斯主义"批判，是他运用劳动工具论而形成生态唯物主义的终点。

---

① ［美］约翰·B.福斯特：《马克思的生态学：唯物主义与自然》，刘仁胜等译，高等教育出版社 2006 年版，第 248 页。

② ［美］约翰·B.福斯特：《马克思的生态学：唯物主义与自然》，刘仁胜等译，高等教育出版社 2006 年版，第 206 页。

　　其二，人内在于自然，人通过劳动与自然界形成内在统一的复杂性相互作用的有机统一体。马克思强调，"人是自然界的一部分"，"劳动是人和自然新陈代谢的过程"："自然界是……人的身体……因为人是自然界的一部分。"① "劳动过程……是人和自然之间的新陈代谢的一般条件，是人类生活永恒的自然条件。"② 福斯特认为，人与自然之间具有辩证的内在统一性："生命和物质世界并非存在于'孤立地间隔'之中，相反，'在有机生物与环境之间存在着一种非常特殊的统一体'。"③ 即内在辩证统一的复杂性协同整体。

　　其三，物质本体论为前提的实践唯物主义，遵循新陈代谢规律，协同调节社会—自然复杂关系。马克思的实践唯物论要求人从自然束缚解放出来，甚至统治自然，并不代表马克思是反生态的，而是以"唯物主义本体论"为基础，"并不必然是指对自然或者自然规律的极端漠视"，而是"根植于对自然规律的理解和遵从"，④ 还在一定意义上体现人对自然的责任和义务，与可持续发展并不矛盾：统治自然通过"实践"去实现，而实践以遵循客观规律为前提。福斯特认为，马克思有关劳动巨大作用思想，并未使他形成"控制自然"的观点。福斯特指出，正如蒂姆·海沃德（Tim Hayward）所说，马克思具有"自然法则调节"和"社会规范"调节的协同调节思想："人类和他们作为自然环境之间的能量和物质交换……这种新陈代谢，在自然方面由控制各种卷入其中的物理过程的自然法则调节。"⑤ 马克思通过对李比希的土壤肥质的循环和动物新陈代谢关系的研究，提出社会物质必须遵循李比希提出的"归还规律"。按照马克思的消费观："人的自然新陈代谢所产生的排泄，以及工业生产和消费的废弃物，作为完整的新陈代谢循环的一部

---

① Karl Marx，*Early Writings*（New York：Vintage，1974），328. 参见《马克思恩格斯文集》（第7卷），人民出版社2009年版，第928—929页。

② Marx，Capital，vol.1，283，290. 参见《马克思恩格斯文集》（第7卷），人民出版社2009年版，第579—580页。

③ ［美］约翰·B. 福斯特：《马克思的生态学：唯物主义与自然》，刘仁胜等译，高等教育出版社2006年版，第19页。

④ ［美］约翰·B. 福斯特：《马克思的生态学：唯物主义与自然》，刘仁胜等译，高等教育出版社2006年版，第19页。

⑤ ［美］约翰·B. 福斯特：《马克思的生态学：唯物主义与自然》，刘仁胜等译，高等教育出版社2006年版，第177页。

分，需要返还于土壤。"①

2. 人与自然之间的新陈代谢及其断裂

"新陈代谢"是有机生物化学细胞水平上，有关物质交换和能量转化的一个专有名词。"新陈代谢"这个概念最早出现于 1815 年，在 19 世纪 30—40 年代"用以称谓身体内部与呼吸有关的物质交换"。福斯特指出，19 世纪 40 年代至今，新陈代谢这个概念，"已经作为系统理论分析生物体与其环境之间关系的核心范畴。……诸如奥德姆等最重要的系统生物学家，都将'新陈代谢'运用到所有的生物层面——从单细胞到整个生态系统。"②"在 19世纪……正是马克思和恩格斯把'新陈代谢'这一术语应用于社会之中。"③最近在社会生态学领域，新陈代谢的概念成为菲舍尔·科瓦斯基（Fischer Kowalski）所说的"冉冉升起的概念之星"。对某些思想家而言，他提供了摆脱环境社会学许多两难困境的方法，即预想社会与自然之间复杂相互作用的方法。"产业新陈代谢"的概念，出现在跨学科研究中。④环境社会学和研究"产业新陈代谢"的人都认为，正如鸟儿建筑所用的物质材料，可以被人类看作与鸟儿有关的新陈代谢的物质流，人类社会也应存在类似的物质流。菲舍尔·科瓦斯基提议，"将维持某种社会制度的物质部分的那些物质和能量规律看作该制度新陈代谢的一部分。"困难是如何从社会这一方面对人类和自然之间的新陈代谢进行调节，"对马克思而言，答案就在人类劳动及其在历史社会形态中的发展"⑤。长期以来，马克思和李比希将这个概念，用于分析城乡间的物质相互交换。马克思在 19 世纪 60 年代以来"新陈代谢"的概念，用在四个方面：

---

① ［美］约翰·B. 福斯特：《马克思的生态学：唯物主义与自然》，刘仁胜等译，高等教育出版社 2006 年版，第 182 页。

② ［美］约翰·B. 福斯特：《马克思的生态学：唯物主义与自然》，刘仁胜等译，高等教育出版社 2006 年版，第 159 页。

③ ［美］约翰·B. 福斯特：《马克思的生态学：唯物主义与自然》，刘仁胜等译，高等教育出版社 2006 年版，第 181 页。

④ ［美］约翰·B. 福斯特：《马克思的生态学：唯物主义与自然》，刘仁胜等译，高等教育出版社 2006 年版，第 159 页。

⑤ ［美］约翰·B. 福斯特：《马克思的生态学：唯物主义与自然》，刘仁胜等译，高等教育出版社 2006 年版，第 159 页。

其一，自在自然界的新陈代谢。"在时间上是人类产生以前的自然生态史，空间上是人类未到达的领域"①的新陈代谢。由于马克思说过"与人分离的自然界，对人说来也是无"②，所以西方马克思主义认为马克思不具有"自在自然"的思想。福斯特认为，这是对马克思的误解。马克思始终关注自然科学和物理学，如历史地理学、地质学和自然发生学。自然发生学是上帝创世说的死对头。马克思一直批判神学论，并论证自然进化说，认为达尔文的自然进化论，提供了自然的历史基础，"只有自然主义才能够理解世界历史的行动。"③马克思晚年不继续完成《资本论》，而研究人类学，是尊重自然界的客观存在及其新陈代谢的反映。

其二，人与自然之间的新陈代谢。马克思将提出"人与自然之间的物质能量转换"的新陈代谢："劳动……是人以自身的活动来引起、调整和控制人和自然之间的物质变换（新陈代谢）的过程。"④"马克思把新陈代谢概念作为他整个分析系统的中心。"⑤

其三，资本主义社会中的人处自然之间新陈代谢断裂。福斯特认为，要超越当今生态主义，必须回到马克思的新陈代谢断裂理论。福斯特认为，"马克思研究了李比希，因此毫无疑问，他熟悉李比希对这个概念更早的、更具影响力的使用。而且他在《资本论》中对这个概念的用法接近于李比希的观点"，⑥由此马克思提出了"新陈代谢断裂理论"。19世纪30年代到70年代，"由于土壤流失而导致的土地肥力的枯竭是欧洲和北美资本主义社会最重要的环境关切"⑦，与马尔萨斯对人口的恐惧差不多。1940年李比希出版了农业和化学之间关系的著作《有机化学在农业及生理学中的应用》，分析

---

① 王喜满：《新陈代谢及其断裂理论——福斯特解读马克思生态学思想的最新视角》，《社会主义研究》2008年第6期，第23—26页。

② 《1844年经济学哲学手稿》，人民出版社2000年版，第116页。

③ 《马克思恩格斯全集》第42卷，人民出版社1979年版，第168页。

④ 《马克思恩格斯全集》第23卷，人民出版社1972年版，第202页。

⑤ 《马克思恩格斯全集》第42卷，人民出版社1979年版，第174页。

⑥ [美] 约翰·B.福斯特：《马克思的生态学：唯物主义与自然》，刘仁胜等译，高等教育出版社2006年版，第161页。

⑦ [美] 约翰·B.福斯特：《马克思的生态学：唯物主义与自然》，刘仁胜等译，高等教育出版社2006年版，第151页。

了氮磷钾等土壤养分在植物生长中的作用。受李比希影响的英国农场主和农学家J.B.劳斯（J.B.Lawes），1842年发现磷酸盐溶解的方法，促进了土壤化学的科学革命，影响了化肥工业。然而农业科学革命的成果加剧了资本主义农业危机感，秘鲁鸟粪在1860年基本枯竭。马克思在1860年创作《资本论》的时候，深受李比希的影响。他在《资本论》第3卷写道："大土地所有制……造成了由生命的自然规律所决定的新陈代谢的联系中造成一个无法修复的断裂。"① 马克思在《资本论》第1卷关于"大农业和大工业"中有类似的批判内容："资本主义生产……一方面聚集和社会的历史动力，另一方面又破坏着人和土地之间的新陈代谢。"②

　　上文摘录的《资本论》第3卷的第一段是马克思论述资本主义地租的结论，第二段是马克思在《资本论》第1卷论述大农业的结论，其核心的理念是，由于去除了土壤的构成元素而造成的"人和土地之间的新陈代谢"或"由生命的自然规律决定的新陈代谢"的"断裂"，从而要求其"系统地恢复"。这种矛盾与资本主义条件下大工业和大农业同时增长相关联，因为前者向农业提供了加强对土地进行剥削的手段。在李比希之后，马克思也认为，食物和衣物的长途贸易使土壤构成元素异化问题，更多地成为一个"无法修复的断裂"问题。正如马克思在《资本论》其他地方指出的那样，在不得不从秘鲁进口"海鸟粪对英国田地施肥"的条件下，可以看到对利润的盲目欲求，已经使英格兰"地力枯竭"的事实。"马克思的中心思想就是如下观点，即资本主义的大规模农业阻碍了对土壤管理新科学的真正理性运用。尽管在农业领域有许多科学和技术成果，但是资本主义没能保持住土壤的循环所必须的那些条件。马克思在该领域中的全部理论方法的关键就在于社会—生态的新陈代谢概念，它根植于他对劳动过程的理解之中。"③ 马克思指出，"劳动首先是人和自然之间的过程，是人与自身的活动来中介、调整和

---

① 　Marx，*Capital*，Vol.3，pp.637-638. 参见《马克思恩格斯文集》第7卷，人民出版社2009年版，第918—919页。

② 　Marx，*Capital*，Vol.1，pp.637-638. 参见《马克思恩格斯文集》第5卷，人民出版社2009年版，第277页。

③ 　[美] 约翰·B.福斯特：《马克思的生态学：唯物主义与自然》，刘仁胜等译，高等教育出版社2006年版，第157页。

控制人和自然之间的新陈代谢的过程。"① 福斯特认为，马克思看到了随着大规模工业化，新陈代谢断裂国际化，他在《资本论》中描述道："盲目的掠夺欲造成了英国的地力枯竭……于是种子、海鸟粪等源源不断地从遥远的国家进口。"② 这种现象的发展即全球生态危机："所有的殖民地国家眼看着它们的领土、资源和土壤被掠夺，用于支持殖民国家的工业化。"③ 因而，资本主义新陈代谢断裂，就是资本主义生产方式造成社会—生态共同体各方面关系的异化，即自然异化、人的异化、社会的异化和全球性生态殖民。福斯特认为，资本主义生态问题本质上是一个整体上、系统上的断裂问题，既是自然的危机，也是社会的危机。解决问题的方法要到人和自然的协同共同体中去寻找。

其四，可持续发展的共产主义社会的新陈代谢。福斯特认为，马克思对新陈代谢断裂的论述，必然会"导向一个更加广泛的生态可持续性概念"。④ 这个概念与资本主义只有很少的实践关联性，"因为，资本主义不可能采取这样一种连贯一致的理性行为，这种理性行为却是未来生产者联合起来的社会的本质需求。"⑤ 马克思认为资本主义旨在当前货币利益的精神，"都和维持人类世世代代不断需要的全部生活条件的农业有矛盾。"⑥ 马克思指出："从一个较高级的经济的社会形态的角度来看，是十分荒谬的。……应当作为好家长把经过改良的土地传给后代。"⑦ 提出了世世代代的可持续发展

① Marx，*Capital*，Vol.1，pp.283，290. 参见《马克思恩格斯文集》第 7 卷，人民出版社 2009 年版，第 207—207、715 页。
② ［美］约翰·B.福斯特：《马克思的生态学：唯物主义与自然》，刘仁胜等译，高等教育出版社 2006 年版，第 152 页。
③ ［美］约翰·B.福斯特：《马克思的生态学：唯物主义与自然》，刘仁胜等译，高等教育出版社 2006 年版，第 182 页。
④ ［美］约翰·B.福斯特：《马克思的生态学：唯物主义与自然》，刘仁胜等译，高等教育出版社 2006 年版，第 161 页。
⑤ ［美］约翰·B.福斯特：《马克思的生态学：唯物主义与自然》，刘仁胜等译，高等教育出版社 2006 年版，第 161 页。
⑥ Marx，*Capital*，Vol.3，p.754. 参见《马克思恩格斯文集》第 7 卷，人民出版社 2009 年版，第 967 页。
⑦ Marx，*Capital*，Vol.3，p.911. 参见《马克思恩格斯文集》第 7 卷，人民出版社 2009 年版，第 878 页。

问题，要超越资本主义生产方式，建立社会联合占有生产资料的自由人的联合体理想社会，即共产主义社会。

马克思晚年研究俄国农村公社的革命潜力，提出了一种未来理想社会变革的可能，即通过引进现代"农艺上的各种方法"，而发展一种建立在"大规模组织起来的合作劳动"基础上的农业制度。这样一种制度，可以"占有资本主义制度所创造的一切积极的成果"，而避免资本主义制度掠夺之害。他晚年关注俄国民粹主义，确信俄国将发生革命，那里农业具有极大的丰富性，具有"更加理性地农业制度的生态条件"。① 马克思和恩格斯没有将环境退化的讨论局限在对土壤的抢劫方面，还认识到这个问题的其他方面，包括煤炭资源的枯竭、森林的破坏等。马克思和恩格斯通信中提到的"砍伐森林"的"破坏性"影响，并将其视为对自然的剥削关系的一种长期结果："对森林的破坏从来就起很大的作用。"② 在达尔文影响下，马克思批判人类居于宇宙中心的观点，恩格斯表达了"对人类高于其他动物的唯心主义的矜夸是会极端轻视的。"③ 在马克思关于资本主义向共产主义过渡的讨论中，不像诺夫（Nove）认为的那样，"生产问题"已经在资本主义条件下解决，也不关心自然资源是"用之不竭的"，相反，他反复强调，资本主义受到农业生产的长期问题困扰："如果自发地进行，而不是有意识地加以控制……会导致土地荒芜。"④ 在工业方面，马克思关注大量废弃物的产生，并特别在《资本论》的"生产排泄物的利用"一节中强调"减少"和"再利用"这些废弃物。⑤ 他认为这些问题可能会继续困扰一个试图建立社会主义的社会。并像批评者如麦克劳夫林（McLaughlin）认为的马克思将物质极大丰富作为共产主义的社会基础，而没有"将自然从人类统治中解放出来的任何基本的兴趣"，而相反存在大量证据表明，"马克思深切关注生态限制和可

① ［美］约翰·B. 福斯特：《马克思的生态学：唯物主义与自然》，刘仁胜等译，高等教育出版社 2006 年版，第 162 页。

② Marx，*Capital*，Vol.2，p.322. 参见《马克思恩格斯文集》第 6 卷，人民出版社 2009 年版，第 272 页。

③ 《马克思恩格斯文集》第 10 卷，人民出版社 2009 年版，第 164 页。

④ 《马克思恩格斯文集》第 10 卷，人民出版社 2009 年版，第 286 页。

⑤ Marx，*Capital*，Vol.3，pp.195-197. 参见《马克思恩格斯文集》第 7 卷，人民出版社 2009 年版，第 115—118 页。

持续发展性问题。"① 马克思强调向社会主义过渡，不会自动出现，需要进行计划，诸如"采取人口更加分散以消除城乡差别，以及通过土壤养分的循环利用以恢复和改善土壤等措施。"② 马克思指出，资本主义，为了自由联合起来的生产者的社会创造"物质前提"，③ 而联合起来的生产者"将合理地调节他们和自然之间的新陈代谢。"④

有一种批评马克思主义的观点认为，马克思否认自然在财富创造过程的价值，通过"劳动价值论"，马克思把所有价值视为源自劳动，并将自然作为资本的免费礼物，而没有任何内在价值。福斯特认为，这个观点来自于马尔萨斯和李嘉图，后被马歇尔吸纳，成为新古典经济学教科书主流的观点。这是马克思赞同在资本主义价值规律下，自然没有被赋予任何价值，然而，福斯特指出："对马克思而言，这只是反映了体现在资本主义商品关系和围绕交换价值而建立起来的一种制度中狭义的、有局限性的财富观念。真正的财富包括使用价值——所有产品的特有属性，超越了其资本主义形式。因此，自然——赋予产品使用价值——正如劳动一样是财富之源。……马克思在《资本论》中写道：'无中不能生有'……劳动力首先又是已转变为人的机体的自然物质。"⑤ 马克思在《资本论》开头曾公开声明："劳动是物质财富之父，土地是物质财富之母。"⑥ 马克思认为，在共产主义条件下，财富将包括为人类创造力全面发展而奠定基础的物质性使用价值，扩展了自然所

---

① ［美］约翰·B. 福斯特：《马克思的生态学：唯物主义与自然》，刘仁胜等译，高等教育出版社 2006 年版，第 163 页。

② Marx，*Capital*，Vol.1，pp.40-41. 参见《马克思恩格斯文集》第 5 卷，人民出版社 2009 年版，第 52—53 页。

③ Marx，*Capital*，Vol.1，pp637. 参见《马克思恩格斯文集》第 5 卷，人民出版社 2009 年版，第 579 页。

④ Marx，*Capital*，Vol.3，p.959；*Capital*，Vol.1，pp.637-638. 参见《马克思恩格斯文集》第 5 卷，人民出版社 2009 年版，第 579 页；参见《马克思恩格斯文集》第 7 卷，人民出版社 2009 年版，第 928 页。

⑤ Marx，*Capital*，Vol.1，p.134. 参见《马克思恩格斯文集》第 5 卷，人民出版社 2009 年版，第 52—53 页。

⑥ Marx，*Capital*，Vol.1，pp.40-41. 参见《马克思恩格斯文集》第 5 卷，人民出版社 2009 年版，第 579 页。

赋予的财富关系，同时反映了人与自然之间新陈代谢的发展。①

福斯特认为，人类与自然之间的新陈代谢，是一种充满活力的关系，反映人类通过生产而中介自然与社会的方式的改变。达尔文进化论把马克思和恩格斯导向某种现在可称为"谨慎的建构论"的思想。人类的进化不同于动植物的进化，自然进化是"自然工艺史"，人类的进化是由恩格斯分析的"基因—文化协同进化"。福斯特认为，"人类与自然之间新陈代谢关系的关键不是使用某种技术，而技术则取决于社会关系和自然条件。"② 马克思在对资本主义农业的批判中，已非常清楚地指出："资本主义……形成了与可持续农业'不相容的'社会关系。因此解决的方案不在于使用某种特定的技术，而是改变社会关系。况且，即使联合起来的生产者掌握了某种最先进的、可以使用的技术手段，对于马克思而言，自然也设置了某些限制。比如'植物性材料和动物性材料'的再生产，要服从'一定的有季节规律，包括由自然决定的时间。'马克思重复了意大利政治经济学家彼得·罗韦里（Pietro Verri）的观点，即人类的生产不是真正的创造性活动，而只是'改变物质的形式'，并因此依赖自然所提供的一切。人类和自然间的相互作用总是采取新陈代谢的循环的形式，这种循环为了世世代代的延续而持续下去。在人类与自然之间关系的'改进'方面，技术的改进是一种必要但不是充分的手段。"③

（二）本顿：社会—环境复杂性协同论的生态马克思主义

泰德·本顿（Ted Bonton，1942—　）是英国艾萨克大学教授，当代著名的生态马克思主义者，20世纪90年代英国生态马克思主义研究的开创者。本顿于1989年发表的《马克思主义与自然极限》一文，提出了他的社会—环境复杂性协同论的生态马克思主义思想。本顿认为马克思主义在人与自然关系上具有二重性："一方面马克思的历史唯物主义，有关自然是人的'无机身体'的观点，可以衍生出有关人类种群与自然环境之间关系的人类物种

---

① 《马克思恩格斯全集》第30卷，人民出版社1995年版，第286页。

② ［美］约翰·B.福斯特：《马克思的生态学：唯物主义与自然》，刘仁胜等译，高等教育出版社2006年版，第166页。

③ ［美］约翰·B.福斯特：《马克思的生态学：唯物主义与自然》，刘仁胜等译，高等教育出版社2006年版，第167页。

生态学"。① 马克思和恩格斯论述了"自然是人类的无机身体",② 必须与自然保持持续的"新陈代谢"或"物质变换"。马克思在《资本论》第 1 卷论述了劳动是人生产使用价值的行为,是影响人类与自然的新陈代谢的必要条件。生态学是研究动植物种群和它们无机环境关系的科学,历史唯物主义是研究人类种群与其生存的无机环境的关系,可以"衍生出一种人类物种生态学,使历史唯物主义成为生态学一个分支"。③ 人类特别适应其环境,拥有代代积累的变革环境的能力,形成人类物种生态学的特性,人类环境对生态环境中其他物种具有决定性的生态学影响,人类可以利用一般理性能力分析每一物种与环境相互作用的特性。④ 历史唯物主义基本概念是一种人类生态学方法。

　　另一方面,马克思主义成熟时期经济学的一些概念与马克思历史唯物主义的生态学方法有一种理论上的"裂缝"(hiatus),含有人类中心主义的"普罗米修斯主义"的历史观,是一种技术乐观主义:一是"生产主义"(Productivism),成为社会进步的尺度,具有突破生态极限的无限意向,蕴含着不利于生态发展的因素,生产主义具有支配和控制自然的态度,被生态主义者看成是生态危机的哲学原因,因而马克思主义的左翼对绿色运动模棱两可,绿党政治也对马克思主义怀有敌意。二是,马克思主义生产理论重视生产理性忽视环境理性。三是,强调生产转换型劳动,忽视生态调节型劳动。因此应该恢复马克思主义的自然主义的见解。本顿认为马克思在《1844年经济学哲学手稿》中说自然是人的"无机身体",人的物质和精神依赖于人与自然间的不断交换,这是一种本体论的自然主义。马克思主义其他思想要素蕴含的现代性的人类中心主义,削弱了马克思主义历史唯物主义人类生态学的自然主义立场。马克思主义历史唯物主义,与其继承的古典政治经济

---

① Ted Benton, "Marxism and Natural Limits: An Ecological Critique and Reconstruction", *New left Review*, No. 178, 1989, p.53.

② Ted Benton, "Marxism and Natural Limits: An Ecological Critique and Reconstruction", *New left Review*, No. 178, 1989, p.54.

③ Ted Benton, "Marxism and Natural Limits: An Ecological Critique and Reconstruction", *New left Review*, No. 178, 1989, p.55.

④ Ted Benton, "Marxism and Natural Limits: An Ecological Critique and Reconstruction", *New left Review*, No. 178, 1989, p.55.

学的遗产存在"裂缝"，而马克思恩格斯生态思想，"批判了马尔萨斯认知保守主义，是介于乌托邦和实在论之间说的妥协。"① 本顿认为，应该从生态主义角度，对马克思主义历史唯物论进行创造性重构，形成一种弱生态中心主义的人与自然的辩证相互作用关系，使历史唯物主义成为全面批判资本主义，分析和解决资本主义经济危机的有力工具。

1. 以适应自然的观念取代支配自然的观念

泰德·本顿跟激进的生态主义者一样批判了"支配自然"观念，认为"支配自然"的观念，是造成现代性生态危机的深层思想根源，要解决生态危机必须放弃"支配自然"的观念。不是像生态主义主张"回到自然"，本顿主张以"适应自然"取代"支配自然"的观念。生态女权主义和深层生态学首先批判"支配自然"的观念，认为，"这是西方思想传统的二元论思维方式逻辑发展的结果"。② 理性支配自然与男人压迫妇女的逻辑结构是一致的。本顿认为，"支配自然"观念是二元论思维方式的逻辑，这种极端性很强的二元思维，以人类福利的自由王国和有意义的行动领域，对抗自然的必然行为规律王国。后来的西方马克思主义者，同样具有二元思维的逻辑。本顿认为，二元论思维方式的问题，与其说它提高对人与动物、主体和客体、自我和他者、男人和女人、社会和生物、文明和野蛮、自然和文化等等进行分类，使现实世界中不同的方面和实体之间相互敌对，倒不如说是蕴含在二元论思维中的基础主义的逻辑：在每一种分类内的主导一方，都被看作是"终极原因"，或"不证自明的伦理前提"。在"主客二分法"中，另一方则被忽视和贬值。人在二元论中显然处于统治和支配地位，对自然等被支配物，进行统治和支配。本顿认为，要克服二元论思维方式的缺陷和"支配自然"的观念，既要反对激进生态主义把自然浪漫化的思想，也要反对放弃自然的想法，对自然持一种多维的解释：表面现象，生态系统，肉眼观察不到的物理化学过程，以及"控制自然过程的……这些法则、机制和观察不到的

---

① Ted Benton, "Marxism and Natural Limits: An Ecological Critique and Reconstruction", *New left Review*, No. 178, 1989, p.58.

② [澳] 薇尔·普鲁姆德：《女性主义与对自然的主宰》，马天杰、李丽丽译，重庆出版社2007年版，第35—44页。

实体和过程，最终界定我们看自然界的可能性和限度。"① 因此，一方面，激进生态学提出生态还原论的"生态模拟"，企图以文化还原自然，这是不可能的。现在的生态问题不是简单地用"回到自然"的方法能够解决的。另一方面，认识自然界不可知的深层实在，对于确立人类与自然的关系上生态主义态度，是非常重要的。本顿认为，那种"支配自然"的观念既是错误理解对自然概念，也是人类中心主义的狂妄。本顿批判"支配自然"的观念，根源追溯到西方传统的二元论思维方式，认为这是现代生态问题的根源性原因，这与生态主义是一致的。本顿对自然概念分层的理解，对我们在生态危机时代，正确把握人和自然的关系，解决生态危机问题，具有重要启示。但他把马克思的"支配自然"的观念，完全等同于西方现代性传统并加以批判，有失偏颇。马克思关于人和自然的关系，尽管受现代性主客二元论的影响，但总体上是一种人和自然辩证有机统一的自然论。

2. 以生态调节型劳动取代生产转换型劳动

本顿主张用适应自然代替支配自然。本顿对劳动的具体形式作了一番考察，根据劳动过程中的"意向结构"不同，把劳动归纳为两种不同类型的劳动过程：一是"生产转换型劳动过程"（productive, transformative labour process），手工业和工业劳动就属于这种类型的劳动过程。这种劳动包括劳动者劳动、劳动对象和劳动资料三要素。劳动是人类为满足自己的需要而改变自然手段物质活动过程，提高人类的劳动生产使用价值，具有一种工具性转变的意向性结构。二是"生态调节型劳动过程"（eco-regulatory labour process）。这类劳动，如"在农业劳动过程中，人类劳动的目的不是给原材料带来一定有益的转变。相反，其首要目的是为了维持或调节种子或牲畜得以生长和发展的环境条件。在这些劳动过程中有一个转变时刻，但其引起这种转变的，不是人类劳动的使用，而是自然给定的有机机理。"② 生产转换型

_____

① Sandra Moog, "Ecological Politics for the Twenty-First Century: Where Does 'Nature' Fit in?" Edited By Sandra Moog & Rob Stones, *Nature*, *Social Relations and Human Needs*: Essays in Honors of Ted Benton, Palgrave Macmillan, 2009, p.164.

② ［英］特德·本顿主编：《马克思主义与自然的限制：一种生态学批评和重建》，见［英］特德·本顿《生态马克思主义》，曹荣湘、李继龙译，社会科学文献出版社 2013 年版，第 150—151 页。

劳动过程，依赖于自然既定的自然的对象和物质条件，不是有意操控自然条件，劳动主要不是把对象加以改造变形，而是直接占有对象，是一个有机的过程。直接占有和农业劳动，属于这种生态调节类型的劳动过程。其特征，"极大地依赖于劳动对象所处的自然条件与劳动对象的各种性质"①，其"目的结构"是强调劳动依赖于劳动条件和占用劳动对象。本顿把生态调节型劳动过程的特征归纳为四点：其一，劳动引起转变的本身是有机的过程，不受人的意向性影响，因而劳动对象是"它在其中生长和发展的条件"，即整体的自然环境；其二，劳动是"使有机物生长和发展的条件的劳动首先是一种维护、调节和再生产型的劳动（例如，维护作为一种生长媒介的土壤的物理结构、保持和调节水的供应、在合适时间为作物提供合适的养分、减少或消除其他有机物物种的竞争和掠食，等等），而不是转变性劳动"；② 其三，劳动的时空分布，为"有机物发展过程的节奏所塑造"；③ 其四，自然环境（如水源、气候）既表现为劳动过程条件，也表现为劳动的对象，不同于马克思说的劳动、劳动资料和劳动对象的三重要素分类类型。而马克思没有区分这两种不同类型的劳动，把劳动看成是一种有目的、有计划改造自然界的活动，把生态调节型劳动消融于生产转换型劳动过程中。本顿认为，由于马克思主要侧重分析研究资本主义生产方式的特点：马克思揭示了劳动过程的目的结构二重性：生产使用价值和提高交换价值量。而在资本主义社会，交换价值最大化生产目的结构，凌驾于生产使用价值的目的结构之上，成为劳动过程的中心目的。正是这一追求交换价值最大化的中心目的，成为资本积累的动力，也使资本主义生产用机器取代活劳动，用改造自然的技术取代适应自然的技术，促使了资本不断积累和扩张，提高了现代工业生产改造自然的力量，造成了对自然的日益破坏。

---

① Ted Benton，"Marxism and Natural Limits：An Ecological Critique and Reconstruction"，*New left Review*，No. 178，1989，p.67.

② ［英］特德·本顿主编：《马克思主义与自然的限制：一种生态学批评和重建》，见［英］特德·本顿《生态马克思主义》，曹荣湘、李继龙译，社会科学文献出版社 2013 年版，第 151 页。

③ ［英］特德·本顿主编：《马克思主义与自然的限制：一种生态学批评和重建》，见［英］特德·本顿《生态马克思主义》，曹荣湘、李继龙译，社会科学文献出版社 2013 年版，第 151 页。

本顿认为，马克思所采取的是一种"生产主义的""普罗米修斯式的"历史观，这使其受 19 世纪的控制自然的工业主义的意识形态的影响，具有支配自然的人类中心主义的特征，表现在劳动上把生态调节型劳动融入生产转换型劳动。因而，对马克思的劳动过程的概念的生态重建，就是要放弃他理解的"从事生产的、转换型劳动过程"，不要过多地强调人对自然的转换能力，而是要加强对生态调节型劳动过程的理解。本顿特别强调农业、园艺、养鱼、畜牧、造林、采矿的"初次性"劳动过程，以及强调女性主义者所强调的侧重于家庭的和一般人类劳动的认识的重要性，这些劳动在本质上来说是一种具有生态调节型的劳动过程。

3. 以适应性技术代替转换性技术

本顿认为，技术可以支配自然的观念，是唯心主义，偏离了马克思主义的自然主义和唯物主义。这种唯心主义意识，导致了严重的经济灾难和生态灾难。本顿认为，技术系统是非常复杂的，它所产生的结果也是非常复杂的，有些是可以预测的、可以控制的，有些是不可以预测，不可控制的，有可能造成自我毁灭的后果。在技术问题上要区分可行与可欲，可行的并不等于是可欲的，兼顾技术的经济效益和生态效益。绝对不可操控的自然条件，有时也会因为人类长期活动的累计影响而发生变化，如由于工业化过程中大量的二氧化碳排放，导致全球气候变暖。人类干预自然所带来的变化，不利于人类的，是自然对人类活动的一种报复性反应，有可能造成人类灭亡。①本顿认为，有两种技术，一类是转换性技术，一类是适应性技术。这两种技术对应着"生产转换型劳动"和"生态调节型劳动"。生产转换型劳动体现着人类改造自然的目的性，运用的是"转换性技术"；而"生态调节型劳动"，运用的是"适应性技术"。本顿认为，任何未来的技术将适应而不是超越那些人类在地球上可持续生存的自然条件和环境，技术特性是适应自然而不是支配自然。"适应性技术在人类生态的某些最基本、最典型的特性面前是有效的：建造处所、穿衣、使用人造交通工具等，可以被视为生物特性在社会文化上的延伸。……提高适应型技术，也许同样有解放作用，而且很可

---

① ［英］特德·本顿主编：《马克思主义与自然的限制：一种生态学批评和重建》，见［英］特德·本顿《生态马克思主义》，曹荣湘、李继龙译，社会科学文献出版社 2013 年版，第 97—98 页。

能是可持续得多的"。①

4. 绿色历史唯物主义

本顿认为，通过对历史唯物主义的重建，可以使之转变为一种"绿色历史唯物主义"。绿色历史唯物主义把人与自然的联系相对化：既不是撤退到"社会建构论"，也能反击"自然极限"的保守主义论调，确立自然与社会关系的相对辩证观。本顿指出，马克思把马尔萨斯的自然极限规律相对化，"使之成为特定时期的规律"，认为，"一切形式的社会和经济生活遇到的生态问题，都必须从理论上解释为自然和社会衔接的这种特殊结构的产物"②，开辟了一条解释可持续发展的解放与自然限制的辩证途径。

其一，超越技术乐观主义有关基于人类目的实现与自然限制二元对立的"支配或控制自然的观念"，把社会与自然的关系理解为帮促和限制条件的辩证关系："各种帮促条件必须被理解为与限制和约束同属一枚硬币的两面。……赋予人类活动的力量，也会……限定在它使用的范围内。"③ 例如，一种河流的水供，利用作为农业灌溉和渔业，成为农业和渔业的两种帮促条件和满足人类两类实践目的。社会建立的技术和自然给定的条件的结合，可以被理解为解放性的，而社会与自然相互作用的方式，一旦被确定下来，其可持续性就服从于限制条件了，高含量的肥水灌溉或灌溉用水的无节制，就会对河流中的鱼造成影响。必须从社会和自然复杂的相互作用的样式来进行分析"自然的限制"，自然的限制与人类解放的乌托邦可以兼容。

其二，社会—自然结合体的辩证限制观，可以帮助我们思考人类社会"质"的发展问题。本顿认为，"自然限制，由于被解释为特定社会实践和自

---

① ［英］特德·本顿主编：《马克思主义与自然的限制：一种生态学批评和重建》，见［英］特德·本顿《生态马克思主义》，曹荣湘、李继龙译，社会科学文献出版社 2013 年版，第 164 页；Ted Benton, "Marxism and Natural Limits：An Ecological Critique and Reconstruction", *New left Review*, No. 178, 1989, pp.79-80.

② ［英］特德·本顿主编：《马克思主义与自然的限制：一种生态学批评和重建》，见［英］特德·本顿《生态马克思主义》，曹荣湘、李继龙译，社会科学文献出版社 2013 年版，第 162 页。

③ ［英］特德·本顿主编：《马克思主义与自然的限制：一种生态学批评和重建》，见［英］特德·本顿《生态马克思主义》，曹荣湘、李继龙译，社会科学文献出版社 2013 年版，第 163 页。

然条件、资源与机制的特定总和的函数，构成了社会—自然结合体真正的自然限制的东西"，① 可以在以前占用自然方式既定的情况下，超越真正的自然限制：或改变其自然资源基础，或改变劳动过程的意向，对资源进行回收利用，以超越当前被看作限制的东西。社会不同的技术基础，都可以以辩证的思维理解为可能替代性的可能性空间，思考"发展"问题，不再把发展理解为量的扩张，而是实现人类多种可能性的质的不同的发展。另外，阐明帮促和限制的人与自然辩证关系方法论，可以明确把帮促超越自然强加限制的技术，与在意向性行动中提高适应自然能力的区别。

（三）莱夫：基于社会—生态复杂性的生态马克思主义

本顿在其主编的《马克思主义的绿化》论文集中收录了恩里克·莱夫（Enrique Leff）的《马克思主义和环境问题：从批判的生产理论到追求可持续发展的环境理性》一文，高度赞扬莱夫将历史唯物主义与生态学融合的大手笔理论计划。认为莱夫在其出版的著作《绿色生产》中，"坚定地定位于第三世界贫困和生态破坏背景下的环境主义"，不同于"零增长"模式的新的发展模式，这种新发展模式，"将消费水平的提高与生态可持续性、社会平等、民主参与、分权、文化多样性结合到一起。"② 他认为，莱夫根本创新是重新解释"生产力"的概念："其一是把生态过程融入生产力，其二是把文化资源认可为生产力。自然过程作为'潜在生产力'的生态系统的初始生产力，应该服从于一种统一化的、参与性的、有选择地促进它们提供使用价值的管理。"③ 莱夫的一个贡献是提出了新的"生产理性"，提出了基于地方生态系统与地方共同体协调的独特性的物质文化，以及地方生态技术的"生态发展战略"，不同于经典马克思主义的模式，接近于新社会运动的分权化、多元化政治价值。"不同质的生产方式概念，将文化、技术、生态资源和生产关系特定结合，在'生态极限'（Ecological limits）问题上，提出了不同

---

①　俞吾金、陈学明：《国外马克思主义哲学新编·西方马克思主义卷》，复旦大学出版社2002年版，第64页。

②　[英]特德·本顿主编：《生态马克思主义》，曹荣湘、李继龙译，社会科学文献出版社2013年版，第100页。

③　[英]特德·本顿主编：《生态马克思主义》，曹荣湘、李继龙译，社会科学文献出版社2013年版，第100页。

于资本主义的'自我毁灭的、线性的发展'",① 也不同于零增长模式的"开放性的、有界的可能性空间。"② 莱夫的另一个贡献,"是通过引入文化资源也是生产力的观点,避免了经济思想本身中的某种'经济主义',将'生态文化理性'与生产理性结合起来,形成了'一种由追求更具休闲的、冥想性的和审美性的与环境关系的新生产理性'。"③

莱夫认为,马克思主义为揭开主导性的新自由主义话语的神秘面纱,提供了理论基础;也澄清了资本主义可持续性条件和生态、环境可持续性的条件之间的当前冲突提供了理论基础;把马克思主义与当前的生态危机现实相结合,莱夫"重建一种将自然过程融入一般性生产条件、可借以建立一种基于生态技术生产力、参与型环境管理、生态可持续发展等原则的环境理性的马克思主义生产理论。马克思主义给环境问题……提供了一种可重新将环境融入生产过程的理论范式。"④

1. 批判性的环境政治经济学：环境危机背景下的历史唯物主义

莱夫指出,马克思主义尽管没能预料到当前环境危机的严重性,但"他的确预料到了资本主义生产方式对地球资源的问题,破坏效应和土壤肥力流逝效应。"20世纪70年代开始形成环境话语,提出了"增长极限",但对历史唯物主义的经典理解的意识形态惯性,未能及时回应环境话语,揭露环境主义的"错误认识","忽视增长的生态极限和生产力长期可持续发展的生态基础",⑤ 掩盖了马克思主义的有关社会与自然关系的生态意蕴。马克思转变黑格尔辩证法,将其运用于社会生产关系中,但未能摆脱那个时代的知

---

① ［英］特德·本顿主编：《生态马克思主义》,曹荣湘、李继龙译,社会科学文献出版社2013年版,第100页。

② ［英］特德·本顿主编：《生态马克思主义》,曹荣湘、李继龙译,社会科学文献出版社2013年版,第100页。

③ ［英］特德·本顿主编：《生态马克思主义》,曹荣湘、李继龙译,社会科学文献出版社2013年版,第100—101页。

④ ［英］恩里克·莱夫：《马克思主义和环境问题：从批判的生产理论到追求可持续发展的环境理性》,见［英］特德·本顿主编《生态马克思主义》,曹荣湘、李继龙译,社会科学文献出版社2013年版,第130页。

⑤ ［英］恩里克·莱夫：《马克思主义和环境问题：从批判的生产理论到追求可持续发展的环境理性》,见［英］特德·本顿主编《生态马克思主义》,曹荣湘、李继龙译,社会科学文献出版社2013年版,第130页。

识状况，对社会必要劳动时间衡量价值的方法，"排除了自然的生产力和生产条件，而后者（自然）的多样性及其生态系统的复杂性是不可能复归同质的单位的"，另外马克思的生产理论，也"没有把参与生产的自然和文化条件包括进去"。① 因此，应将生态学与历史唯物主义结合起来，寻找其契合点，"把环境看作不同的（自然的、文化的、经济的和技术的）生产过程的契合，把生态过程看作不同的生产过程的共同决定因素，从而导致资本主义理论范式重组，而且导致一切可持续发展过程的重组。这种生产理论的重组，即融合社会和自然过程"，是"生态的马克思主义"。② 马克思主义不仅因引入环境概念而变得内涵丰富，也同时贡献了"一种环境上批判的、积极的生产理论"，指出了可持续发展的社会和政治属性，提供了分析不同生产客观和主观条件内部联系的可持续发展范式，形成"批判性的环境政治经济学"③。

2. 立足于第三世界的发展极限论

关于增长极限问题，莱夫一方面质疑当前技术创新、新产品、资本市场扩张和环境保护的资本新策略框架内的稀缺性概念，另一方面也不赞同生态主义者在经济上的"零增长的建议"，认为应确立一种立足于第三世界的发展极限论，或非破坏性的社会与自然协同发展论："第三世界国家有权利发展"，"环境原则被高举为一条替代性的、非破坏性发展道路。"④

莱夫认为，新自由主义的私有化、市场化政策，基于资本要求的经济理性，将排除"自然基础和生态资源的供给，保存条件和自然资源的再生，环境服务和公共品，卫生条件、环境质量和生活质量，长期的生态过程及

---

① ［英］恩里克·莱夫：《马克思主义和环境问题：从批判的生产理论到追求可持续发展的环境理性》，见［英］特德·本顿主编《生态马克思主义》，曹荣湘、李继龙译，社会科学文献出版社 2013 年版，第 132 页。

② ［英］恩里克·莱夫：《马克思主义和环境问题：从批判的生产理论到追求可持续发展的环境理性》，见［英］特德·本顿主编《生态马克思主义》，曹荣湘、李继龙译，社会科学文献出版社 2013 年版，第 132—133 页。

③ ［英］恩里克·莱夫：《马克思主义和环境问题：从批判的生产理论到追求可持续发展的环境理性》，见［英］特德·本顿主编《生态马克思主义》，曹荣湘、李继龙译，社会科学文献出版社 2013 年版，第 137 页。

④ ［英］恩里克·莱夫：《马克思主义和环境问题：从批判的生产理论到追求可持续发展的环境理性》，见［英］特德·本顿主编《生态马克思主义》，曹荣湘、李继龙译，社会科学文献出版社 2013 年版，第 136 页。

其全球的、代际的影响，人们的自然和文化遗产。"① 环境资源作为一般的生产条件，也成为资本扩大再生产的一种成本。由于未能给自然赋予一个价值，刺激了资源的过度利用，资本积累的扩大，以及对自然资源需求的扩大。技术的创新也加速了不可再生资源的开发，造就了破坏的过程，引起环境和生活质量的恶化。因此通过国家政权的压力，资本的外部性变成了新的生产成本。有人提议把社会—环境的外部性内部化，形成生态成本概念，以便维持资本的盈利；新古典理论提出自然资本的概念，将自然和环境请进资本的王国。但莱夫认为，"鉴于环境和经济的相互依赖性、不可比拟性和外部性，这个任务并不容易完成。资本（和国家）将自然和转换为市场（或计划）价格能力是有限的，尤其是面对资本的介入，转换生态系统的适应、再生和复苏之列的生态过程，以及自然给使用价值的生产做贡献的能力和潜力时。……不能将多重自然循环融入资本循环。"②

　　莱夫认为，资本还造成全球范围内的差异化环境影响和不均衡的、联动的发展的生态成本。不均衡发展理论和案例，揭示了穷国和富国环境问题上的差异，以及南北方之间不均衡交易造成的环境成本在国家、地区和社会各阶级之间的不均衡分布，污染向热带地区国家转移，热带地区资源过度开采破坏，说明环境退化与社会两极化具有联动效应。其中一个例子是，由于南方国家引进不适当的技术模式，发展资本密集型农业、单一栽培和热带养牛业，造成了该地区森林砍伐、侵蚀、盐化、沙漠化，土地肥力下降，资源枯竭。另一个例子是城市和工业的聚集，城乡分离，以及地区移民引发的严重环境问题。因不均衡发展，导致过度开发和环境资源的低效利用，以及无法将环境潜能的优势转化为生态上可持续发展。③

---

① ［英］恩里克·莱夫：《马克思主义和环境问题：从批判的生产理论到追求可持续发展的环境理性》，见［英］特德·本顿主编《生态马克思主义》，曹荣湘、李继龙译，社会科学文献出版社 2013 年版，第 136 页。

② ［英］恩里克·莱夫：《马克思主义和环境问题：从批判的生产理论到追求可持续发展的环境理性》，见［英］特德·本顿主编《生态马克思主义》，曹荣湘、李继龙译，社会科学文献出版社 2013 年版，第 137 页。

③ ［英］恩里克·莱夫：《马克思主义和环境问题：从批判的生产理论到追求可持续发展的环境理性》，见［英］特德·本顿主编《生态马克思主义》，曹荣湘、李继龙译，社会科学文献出版社 2013 年版，第 138 页。

因此，有必要建立批判的政治经济学，建立一种提供生态条件的社会和自然过程的新的生产理论："一方面，国家，要建立一种保护区制度和一个有关生产过程的生态秩序、生产过程的空间分布、工业和家庭废弃物管理等的规范的司法体系；另一方面，公民社会和社区，就需要开始一系列无污染的、其中有许多定位于资本和市场领域之外的生产和消费实践。自我管理型环保生产单位可为满足基本需求，并（作为环境保护结果）对保持资本的一般生产条件、资源的生产性保护、当前和未来的社会公正、长期可持续发展做出贡献。"[1] 同时，我们需要一种新的积极生产理论，提供新的生产理性。

3. 基于社会—生态复杂性的生态马克思主义的生产理性和环境理性

莱夫认为，生态马克思主义是新的行动和思想领域，是从历史唯物主义之外起步的，这就是新的能源经济学、新的人类学和生态经济学，借用了马克思主义社会批判理论的一些原则，对当前的环境问题进行分析。N. 乔治·里根（N.Georgescu-Roegen）的能源经济学，用熵定律研究生态和能源的生产重组原则，为经济理性导致能源枯竭提供了一种批判理论。新的人类学根据传统社会能量流分析传统社会理性，新的生态经济学为所有的经济体拟定全球条件，也为宏观经济设立生态基础。但这些研究必须包容在政治经济学的社会生产研究视野，"它必须将生态和能源的基础、条件和潜能纳入进去，以推动公正、可持续性、长期的生产过程。"[2] 在这个研究趋势中，"一种得到开放系统热力学理论启发的生态马克思主义也出现了。和一元化的、统一的、定量化的，基于可预测性、规范性特征和对自然、文化、社会过程的控制的现代理性相反，生态马克思主义张扬开放性、多样性、非决定性、共同进化、相互依赖和离散性等概念。"[3] 生态马克思主义基于生态复杂性或

---

① ［英］恩里克·莱夫：《马克思主义和环境问题：从批判的生产理论到追求可持续发展的环境理性》，见［英］特德·本顿主编《生态马克思主义》，曹荣湘、李继龙译，社会科学文献出版社 2013 年版，第 136 页。

② ［英］恩里克·莱夫：《马克思主义和环境问题：从批判的生产理论到追求可持续发展的环境理性》，见［英］特德·本顿主编《生态马克思主义》，曹荣湘、李继龙译，社会科学文献出版社 2013 年版，第 139 页。

③ ［英］恩里克·莱夫：《马克思主义和环境问题：从批判的生产理论到追求可持续发展的环境理性》，见［英］特德·本顿主编《生态马克思主义》，曹荣湘、李继龙译，社会科学文献出版社 2013 年版，第 139 页。

生态理性的生产理性。莱夫赞同这种基于生态理性的生态马克思主义，并为其补充几点基础性论点：

其一，构建社会—环境形态的生产单位，以环境管理将不同的经济体和环境单位与市场、资源的不同风格契合。马克思主义提供了一种立足于社会的生产和再生产的有关社会和自然关系的整体视野。认为经济—环境形态可以被纳入更大的依赖于不同土地所有权形式、资源的社会获取形式、生产资料财产形式。环境管理就是如何将不同的自给自足经济体和环境单位，与市场、资源利用的不同种族风格契合起来的问题。

其二，通过对全球社会—环境过程的全球特征、内在联系所做的社会分析，形成基于自然、技术和社会文化的复杂性复合体的生产理性。马克思主义立足于社会生产关系的物质性，来建构有关一系列自然和社会过程的决定因素、因果关系和先决条件的理论体系，在这个意义上，马克思主义反对自然主义、生物主义和能源中心论的理论，也反对方法论个人主义，因为所有这些理论在分析社会和自然关系时，都从生物进化论和不同生态系统的承载人口增长的承载力的生态视角出发。生态马克思主义将社会和自然关系放在社会生产关系中去看待，"使得环境问题政治化了，使得这个问题看起来就像一个复杂的、多价的对象，允许占主导地位的经济理性走向转型，允许建立一种基于自然、技术和社会过程相契合的生产理性。"[①] 莱夫指出，生态马克思主义是一种研究社会经济、技术、文化和生态环境复合的复杂总体的"复杂社会—环境和经济范式"："生态马克思主义允许我们思考复杂性问题，但不是按照物理学的构成主义、一般化的生态学、一般性的系统理论的方式去思考。毋宁说，它从分析以资本和劳动关系为基础的复杂总体，专向研究以融合了文化价值、生态生产力、作为与生产力发展相联系在一切的过程的技术进步等要素的生产关系和劳动过程为基础的复杂社会环境和经济范式。"[②]

---

① ［英］恩里克·莱夫：《马克思主义和环境问题：从批判的生产理论到追求可持续发展的环境理性》，见 ［英］特德·本顿主编《生态马克思主义》，曹荣湘、李继龙译，社会科学文献出版社 2013 年版，第 140 页。

② ［英］恩里克·莱夫：《马克思主义和环境问题：从批判的生产理论到追求可持续发展的环境理性》，见 ［英］特德·本顿主编《生态马克思主义》，曹荣湘、李继龙译，社会科学文献出版社 2013 年版，第 140 页。

其三，环境是一个融入文化、生态、技术和经济的复杂、平衡、可持续和开放的生产系统，可持续发展是生态自然生产力、全球生态平衡、区域生产活动以及社区参与式资源管理、公民社会和国家的辩证复杂性关系。莱夫认为，"环境不应服从于自然的资本化，也不应作为一个外在于经济领域的系统来维持，反而应该既作为生产条件又作为生产力而融入生产。环境应该被视为文化、生态、技术和经济过程的融合，他们一切产生了一个复杂的、平衡的、可持续的、对各种各类选项和发展风格开放的生产系统。"① 生产的持久性，不是通过市场或计划来实现，"它倒是源自这样一种辩证关系，即革新的生态条件、自然资源的生产力、全球生态平衡、生产和活动的地区分布、资源的参与式管理。对于真正的可持续的、公正的发展来说都是基础性的。按照这种方式，环境被视为一个复杂的系统，它在生产力的内部融合了自然的、技术的和文化的过程，并与新的社会生产关系内在地联系在一起——这种新的社会关系是公民社会、国家和自然之间的关系，也是社区与其环境之间的关系，社区将环境当作劳动工具和生产资料，以实现他们对自然资源的参与式管理。"②

其四，生态生产力、文化生产力和技术生产力融合、统一、可持续的、长期的自然资源管理的生态技术范式。莱夫主张取代西方主导性的经济人理性的生产范式，在新的生产理性的范式中，生产不是由市场和利润最大化所驱动的生产力发展和技术进步，"而是会依赖于使用价值的生产的增长，这种增长以资源获得的社会化、生产活动的非集中化和生态规划、人和社区的环境资源管理为基础，以满足根据社会和文化的界定的需求为目的。生产理性的这种重建，根据生态上标准化的全球经济属性，有其根源于地区微观经济的发展。"③ 在这种生产理性的范式中，自然和文化不再是中介过程，而是

---

① ［英］恩里克·莱夫：《马克思主义和环境问题：从批判的生产理论到追求可持续发展的环境理性》，见［英］特德·本顿主编《生态马克思主义》，曹荣湘、李继龙译，社会科学文献出版社 2013 年版，第 141 页。

② ［英］恩里克·莱夫：《马克思主义和环境问题：从批判的生产理论到追求可持续发展的环境理性》，见［英］特德·本顿主编《生态马克思主义》，曹荣湘、李继龙译，社会科学文献出版社 2013 年版，第 141 页。

③ ［英］恩里克·莱夫：《马克思主义和环境问题：从批判的生产理论到追求可持续发展的环境理性》，见［英］特德·本顿主编《生态马克思主义》，曹荣湘、李继龙译，社会科学文献出版社 2013 年版，第 141 页。

像社会劳动的直接的生产力，他认为这种生产力是生态生产力、文化生产力和技术生产力三个层面的统合，"在这种意义上，我提倡一种基于三个层面的生产力之融合的、统一的、可持续的、长期的管理自然资源的生态技术范式。第一个层面是生态生产力，它源自自然的潜能（生态系统组织、光合作用过程等），可产生一个所提供的自然的使用价值越来越大、越来越可持续的自然资源系统。第二个层面是文化生产力，在这种生产力中，文化组织和种族认同的多样性将被转化为一种生产力和社会力，它将复原和改进这些文化组织和种族认同的传统实践，使之变成可持续的生产实践，并融入各种技术，使得社区能够管理他们自有的环境资源。第三个层面是技术生产力，它以复杂的、多价的技术系统为基础，能够在不破坏生态可持续性和文化多样性的基础条件下，推动前两个层面前进。"①

其五，可持续发展视域下的环境理性具有多样性和无可比性，环境理性的替代性策略是向着生态马克思主义理论开放的领域。莱夫认为，从长期的可持续发展的角度，可以清楚地看到由个人利润最大化的短期经济剩余推动并造成的环境负外部性的经济增长在生态和能源上的非理性。与一体化的市场逻辑所推动的生产模式的标准化和生活方式的同质化相反，环境主义提倡一种基于自然生态多样性和人群文化多样性的替代方案。单向度的新自由主义模式，与"总体化的由社会和环境所界定的理性之间是没有可比性的"，环境理性的多样性，"是多种多样生态的时空条件的结果，但更重要的，是能够在重组生产理性的过程中动员广泛的政治行动者和社会群体的'生态利益集团'的行动的结果"。② 莱夫认为，资本主义经济缺乏用于评价生态和自然过程的使用价值和产品的工具，经济计算无法给予长期的社会和生态过程一个价值。尽管有人发明了环境外部性在经济计算中能使环境外部性内部化的自然资本概念，但市场经济无力展现有限资源投入的理性标准。原因在

---

① ［英］恩里克·莱夫：《马克思主义和环境问题：从批判的生产理论到追求可持续发展的环境理性》，见［英］特德·本顿主编《生态马克思主义》，曹荣湘、李继龙译，社会科学文献出版社 2013 年版，第 141—142 页。

② ［英］恩里克·莱夫：《马克思主义和环境问题：从批判的生产理论到追求可持续发展的环境理性》，见［英］特德·本顿主编《生态马克思主义》，曹荣湘、李继龙译，社会科学文献出版社 2013 年版，第 142 页。

潜在资源的能力、将自然资源融入生产和市场循环的资源替代的节奏、地方和全球环境所受影响的日益严峻。许多生态主义的价值目标，如保护、生态潜能、政治多元主义、种族多样性、审美价值、直接参与式民主和生活质量，是无从比较的，"它们不能归结为某一共同的标准"。① 威廉姆·卡普（William Kapp）认为，经济、能源和环境理性的价值比较，实质上需要不同的衡量单位，它们之间没有公分母。"环境可持续发展，需要新的分析概念和工具来评价自然资源的遗产、生态技术的生产力，以及目标在于使用价值和商品的可持续性的、长期的生产的自我管理式生存维持性经济。我们面前摆着的，于是就是新的环境管理空间（不直接指向价值的生产，也不遵从市场法则）与扩张的资本主义经济的融合。不同的理性相互僵持。"② 这取决于未来消费者偏好，即不同的"生态利益集团"的生产者和消费者的理性；而同时也是在环境资源的财产权、拥有权、占有权、变更权和用益权方面，一个随时可接受补偿和协商及充满矛盾的经济和政治领域的替代性策略，"这是一个向着生态马克思主义理论开放的领域"。③ 环境运动，"是一种可以扭转主导性经济理性、造就环境资源社会化的条件的潜在力量，还同时提供政治压力，支持破坏性生态过程，强化环保的环境意识。但环境运动最重要的方面，还在于它建立一种新的生产范式，它将为平等的、可持续发展奠定社会和物质基础。"④

其六，可持续发展的政治条件即环境运动，目标是环境文化为基础的民主和新文明，或可持续发展的环境—社会理性。莱夫认为，社会主义和环

① ［英］恩里克·莱夫：《马克思主义和环境问题：从批判的生产理论到追求可持续发展的环境理性》，见 ［英］特德·本顿主编《生态马克思主义》，曹荣湘、李继龙译，社会科学文献出版社 2013 年版，第 143 页。

② ［英］恩里克·莱夫：《马克思主义和环境问题：从批判的生产理论到追求可持续发展的环境理性》，见 ［英］特德·本顿主编《生态马克思主义》，曹荣湘、李继龙译，社会科学文献出版社 2013 年版，第 143 页。

③ ［英］恩里克·莱夫：《马克思主义和环境问题：从批判的生产理论到追求可持续发展的环境理性》，见 ［英］特德·本顿主编《生态马克思主义》，曹荣湘、李继龙译，社会科学文献出版社 2013 年版，第 143 页。

④ ［英］恩里克·莱夫：《马克思主义和环境问题：从批判的生产理论到追求可持续发展的环境理性》，见 ［英］特德·本顿主编《生态马克思主义》，曹荣湘、李继龙译，社会科学文献出版社 2013 年版，第 145 页。

境危机开辟了思考世界转型的新途径，新社会运动不同于工人阶级领导的推翻资本主义的社会主义的历史转型思想。"社会运动定向于以环境文化为基础的民主……目标是打造新的发展风格和新的文明形式……不但挑战经济理性，而且挑战官僚主义，其方式就是鼓励政治多元主义，鼓励公民社会参与其生产过程和生命过程的管理。"① 不再只是生产资料的所有制形式，而且还包含"可持续发展的资源基础，也就是生存和劳动、收入分配的条件的保护上，以及生活质量和环境质量借助于对需求的激进批判而获得提高。这是一个保护公共利益的问题，一个修复作为生产潜能的、作为生产资料和生活手段的环境问题。因此新的斗争正围绕着利用自然和使自然社会化的方式展开。"② 这是强调差别的后现代主义和后马克思主义。环境运动的同一目标，"不是为了建立现实存在的社会主义而推翻资本主义，而是打造一种新的包容多样性的生活风格和可持续性发展的环境社会理性。"③ 环境运动的社会理论，更多定位于从概念上界定实践的社会条件，不是定位于社会变革的策略行动。环境运动通过实践开启新的机遇，传送并实现其革新潜力的组织化策略，"并因此建立一种新的社会和生产理性。"④

二、弱人类中心主义的生态学马克思主义

生态马克思主义的弱人类中心主义，在人与自然的关系上，则从与生态中心主义哲学的对比的角度，从哲学上抽象地分析马克思主义人与自然关系的辩证特点，提出基于人类整体利益的"弱人类中心主义哲学"。

① ［英］恩里克·莱夫：《马克思主义和环境问题：从批判的生产理论到追求可持续发展的环境理性》，见［英］特德·本顿主编《生态马克思主义》，曹荣湘、李继龙译，社会科学文献出版社2013年版，第143页。
② ［英］恩里克·莱夫：《马克思主义和环境问题：从批判的生产理论到追求可持续发展的环境理性》，见［英］特德·本顿主编《生态马克思主义》，曹荣湘、李继龙译，社会科学文献出版社2013年版，第144页。
③ ［英］恩里克·莱夫：《马克思主义和环境问题：从批判的生产理论到追求可持续发展的环境理性》，见［英］特德·本顿主编《生态马克思主义》，曹荣湘、李继龙译，社会科学文献出版社2013年版，第144—145页。
④ ［英］恩里克·莱夫：《马克思主义和环境问题：从批判的生产理论到追求可持续发展的环境理性》，见［英］特德·本顿主编《生态马克思主义》，曹荣湘、李继龙译，社会科学文献出版社2013年版，第146页。

（一）戴维·佩珀的弱人类中心主义的生态哲学

戴维·佩珀（David Pepper，1940—）1984 年出版了《现代环境主义的根基》，介绍了环境主义的历史。1993 年出版《生态社会主义》，使他成为生态学马克思主义的代表人物。他认为，生态主义者从人的价值观角度论述生态问题的成因的思路，是一种错误的唯心主义和非历史主义的立场。马克思主义看待解决生态问题，不是道德态度和生活方式转型，而是社会生产方式的革命。马克思的历史唯物主义具有生态的维度，是一种具体的、历史的、总体的、辩证的生态哲学。在人与自然的关系上，历史唯物主义持一种有机主义和一元论的"弱人类中心主义"的立场。

1. 历史唯物主义的生态学维度及其对思考环境问题的启示

戴维·佩珀分析了对马克思主义是否有生态维度的两种不同观点，认为生态中心论的生态价值观是唯心论的，历史唯物主义揭示了生态价值观和环境问题的真实的深层社会结构原因，资本主义市场经济必然产生环境成本外化和向第三世界转移的生态矛盾和生态帝国主义。

其一，马克思主义的生态维度。关于马克思主义是否是生态中心论，佩珀首先分析了两种不同的观点：一种观点，是否定的观点。奥康纳认为马克思主义并没有扎根于生态科学，历史唯物主义倾向于改变自然和贬低自然。德里格（J.Deliage）认为，马克思具有一个社会—自然的总体观念，但集中于资本—劳动关系的分析，而没有深入探究它，却主张资本主义从自然解放出来，没有授予自然资源任何内在价值，对生产过程的评价也忽视了能量平衡；而生态主义重视经济增长的无理限制，以及经济活动的熵性质。马蒂奈兹 – 阿里尔（J. Martinez-Allier）说，尽管恩格斯对能量流和热力学第二定律感兴趣，但拒绝经济学的解释；马克思的经济学和主流经济学没什么区别，不存在马克思主义的生态学派，因为马克思强调的是无限的发展。雷德克里福特（M. Redclift）认为马克思和恩格斯过分强调生产的作用，而忽视了生物的和社会的再生产进程，也忽视了女权主义。塞耶（A. Sayer）认为马克思强调包括经济的调节自然的社会形式，但自然不会因此化约为社会。另外一种观点，认为马克思主义有一种含蓄方式的足够的生态学观点。H.L. 帕森斯认为，"马克思的生态立场恰好是资本主义的反题"①。马克思早在海克尔（Haeckel）创立"生态学"概念之前，就有了一种生态理解，"人和自然之间的辩证关系——在其中人改变了自然并被自然改变——正是他内部自然的本质"②。他认为，"马克思在人类中心论的和自然主义的观点之间徘徊。"③ 受马克思影响的威廉·莫里斯提出了一个生态社会原则，"吸收马克思主义……为激进的环境主义者提供了一个范本。……从而既对革命思想又对环境主义做出了一个无与伦比的贡献。"④

其二，历史唯物论揭示了生态中心论价值观和生态问题背后的深层社会结构原因。佩珀认为，马克思主义对解决生态中心论关心的环境问题有益。马克思在 1844 年《英国工人阶级的状况》中描述了无产阶级在城市与自然环境导致的生态错乱状况，当时英国等无产阶级就是经历了环境抗议，工会运动本质上就是环境抗议运动。主流绿色分子从这个解释退缩，但当今第三世界的环境运动与马克思时期的工人运动是相似的。"马克思主义历史唯物主义是辩证的、具体的和变化的……马克思的著作不能脱离当时时代精神，假如他们用历史唯物主义的观点分析当今时代"，⑤ 即帕森斯所说，"关于人和自然辩证关系的生态方面。"⑥ 唯物主义的辩证的知识论，是不断更新的。马克思主义的这一辩证方法，可以"为生态中心论者提供两个十分有用的视角"⑦：

一个视角，是变革的关键不在文化变革而在社会组织变革。福斯特指出："走向一个根本不同的社会变革，关键不在精确预测如何发生，而提醒不要忽视社会物质组织变革的重要性……这将是一个生态的未来。"⑧

另一个视角，是揭示了环境问题的深层资本主义生产方式原因。佩珀

---

① ［英］H.L. 帕森斯：《马克思恩格斯论生态学》，见 ［英］戴维·佩珀《生态社会主义》，刘颖译，山东人民出版社 2012 年版，第 73 页。

② ［英］H.L. 帕森斯：《马克思恩格斯论生态学》，见 ［英］戴维·佩珀《生态社会主义》，刘颖译，山东人民出版社 2012 年版，第 73 页。

③ ［英］戴维·佩珀：《生态社会主义》，刘颖译，山东人民出版社 2012 年版，第 74 页。

④ ［英］戴维·佩珀：《生态社会主义》，刘颖译，山东人民出版社 2012 年版，第 74—75 页。

⑤ ［英］戴维·佩珀：《生态社会主义》，刘颖译，山东人民出版社 2012 年版，第 76 页。

⑥ ［英］戴维·佩珀：《生态社会主义》，刘颖译，山东人民出版社 2012 年版，第 76 页。

⑦ ［英］戴维·佩珀：《生态社会主义》，刘颖译，山东人民出版社 2012 年版，第 76 页。

⑧ ［英］戴维·佩珀：《生态社会主义》，刘颖译，山东人民出版社 2012 年版，第 76 页。

指出：马克思主义可以帮助我们"理解为何资本主义对环境体系的干预达到了威胁我们持续存在的程度。"① 他指出，正如希伯郎（R. Heilbroner）指出的，"马克思的分析，是一种对潜藏在经济制度特征与规律之下的'社会关系'的洞见，包括了人与人和人与自然之间的关系。"② 马克思主义揭示了历史表层下面的一个现实的层次，是一种阐释历史和自然—社会关系的结构主义方法。

佩珀认为，马克思主义社会分析的基本观点有四个：资本观；辩证方法，历史唯物主义的方法；如何组织社会关系影响社会其他方面并进行社会变革的阶级冲突；问题不在于研究世界而在于改造世界的信仰承诺。根据这四个标准，马克思主义可分为教条主义派、人本主义派、法兰克福批判理论派以及后马克思主义或生态马克思主义综合派。马克思主义最重要的是历史唯物主义方法论，不同于生态中心主义的唯心主义。

佩珀认为，马克思主义唯物主义不是本体论或认识论的，而是不同于唯心主义的历史观，把物质生活看作是历史的起点，强调生产方式作为社会物质基础的重要性。唯物史观，从物质生产和商品构成所有社会基础前提出发，组织生产的方式，即生产方式，"对于生态中心主义是重要的。"③ "如果我们想改变社会以及社会—自然之间的关系……我们必须寻求……在他们的物质与经济生活中的改变。"④ 对于绿色分子而言，历史唯物主义的基础—上层建筑分析的含义是，"任何一个建立在他们偏好的生态中心主义的精神价值、合作、主观性和情感基础上的社会，能否在一个资本主义经济中的生存是令人怀疑的。因此，生态中心论的价值观往往是内在地反资本主义的。"⑤

佩珀指出，绿色分子经常宣称，"环境破坏是与错误的态度和价值……尤其是……内在于基督教和父权制中的态度与价值"⑥。佩帕认为，"正是资本主义制度下人类'干预'自然的方式是大量土地退化和由此造成的让人吃

---

① ［英］戴维·佩珀：《生态社会主义》，刘颖译，山东人民出版社 2012 年版，第 76 页。
② ［英］戴维·佩珀：《生态社会主义》，刘颖译，山东人民出版社 2012 年版，第 77 页。
③ ［英］戴维·佩珀：《生态社会主义》，刘颖译，山东人民出版社 2012 年版，第 80 页。
④ ［英］戴维·佩珀：《生态社会主义》，刘颖译，山东人民出版社 2012 年版，第 80 页。
⑤ ［英］戴维·佩珀：《生态社会主义》，刘颖译，山东人民出版社 2012 年版，第 82 页。
⑥ ［英］戴维·佩珀：《生态社会主义》，刘颖译，山东人民出版社 2012 年版，第 105 页。

惊的人类后果的原因。……马克思主义强调的是引起环境退化的物质生产过程中的动力机制。"①

其三，资本主义的生态矛盾和生态帝国主义：环境成本的外化与转移。资本主义对土地及其产品通过商品化实现的对象化，是一种发展中的对自然的剥削态度："远离自然或自然的对象化态度。"② 资本主义内在地对环境不友好，尽管在一定时期内，一个有利可图的交易比无利可图的交易更能唤起人们的环境意识。资本主义如《共产党宣言》所说，是一个"包含在资本自身流通中的创造性破坏"的进程。哈维认为，这必然在上层建筑水平上与一种对环境非常不绿色的哲学信仰结合在一起，在后现代流行强调一时服务性消费的观念，而增加的需求又成为促进生产的增长负担："资本主义制度持续地吞噬掉维持它的资源基础。"③ 同时，在自由市场中，生态保护导致成本外在化，"让社会作为一个整体支付它们"④。"而成本外在化部分是将转嫁给未来……这就产生了约翰斯顿说的'生态帝国主义'。"⑤ 每年都有私人公司公开或秘密地使社会与环境成本外化的例子。空气、水、土地的污染，偏好公路运输，一次性产品外包，失业等等，都是成本外化的例子。政治家捍卫的和国家利益不过是大商业的利益，1992 年联合国环境与发展高峰会议，西方国家尤其是美国阻碍协议，充分说明了这一点。正如奥康纳所说，资本的整体合理运行，其更普遍意义的利益，表现为资本主义国家形式。不存在可持续的资本主义过程，奥康纳认为哈丁解决公地悲剧的更多私有化的方案是错误的。"资本主义的生态矛盾使可持续的或'绿色的'资本主义成为一个不可能的梦想。"⑥ 资本主义的个人利益最大化目标，对多数人而言在资本主义制度内，是不可能达到的。一个人、一个团体，可以生存于荒野，但不可能全部人都涌向那里。西欧和美国的富裕，是建立在十亿人绝对的贫困前

---

① ［英］戴维·佩珀：《生态社会主义》，刘颖译，山东人民出版社 2012 年版，第 106 页。
② ［英］戴维·佩珀：《生态社会主义》，刘颖译，山东人民出版社 2012 年版，第 106 页。
③ ［英］戴维·佩珀：《生态社会主义》，刘颖译，山东人民出版社 2012 年版，第 107 页。
④ ［英］戴维·佩珀：《生态社会主义》，刘颖译，山东人民出版社 2012 年版，第 108 页。
⑤ ［英］戴维·佩珀：《生态社会主义》，刘颖译，山东人民出版社 2012 年版，第 107—108 页。
⑥ ［英］戴维·佩珀：《生态社会主义》，刘颖译，山东人民出版社 2012 年版，第 110 页。

提之上的。第二第三世界加入资本主义富裕竞赛的人越多，"持续经济繁荣的总体水平和环境质量将越下降。"① 西方资本主义国家通过对第三世界国家的掠夺改善了自身，其绿色环境通过不发达地区的环境破坏和污染转移而实现，正如精美的外观的背后是肮脏的厨房。②

其四，马克思主义的人口资源观和生态极限观。马克思主义揭示了资本主义具体的生产方式下受到社会关系制约的人口规律。贫穷不是马尔萨斯归结为生态学人口规律的"自然短缺"。因为无论人口数量如何，资本主义为了资本积累最大化，必须尽量压低工资和准备一个失业者的"蓄水池"（unemployed pool）。根据马克思主义的观点，剩余人口的形成和工业后备军，是具体的历史现象，内在于资本主义生产方式。哈维分析了新马尔萨斯主义的断言："由于满足多数人生存需要的可获得资源稀缺，便产生了人口过剩。"③"需要"不是纯生理意义，是可以被创造出来的。构成"生存需要"的内容，在一个特定社会的生产方式，随时间而改变。"'稀缺'不是内在于自然的，它的界定含有复杂的社会和文化渊源，因为稀缺只有考虑到社会最想获得什么时才能被评价，如纯生态的生存或标准的经济生活。"④ 因此，新马尔萨斯的上述句子就可以改写成："世界上有着太多的人，因为我们拥有的特定目标（与我们拥有的社会组织形式一起）和特定的使用资源的意愿与方法，自然才可获得资源不足以向我们提供我们所习惯的那些东西。"⑤ 因此资源可获得性和生存问题，按照马克思主义的观点，"必须把它放到其经济和社会背景中去，资本主义社会的需要概念，和生产的社会关系是高度相关的，需要不是根据社会有用的来表述，而是根据个体'想要'的汇聚，主要由那些拥有购买力的人来表达"。⑥ 马克思主义者赖尔认为，当威廉·莫里斯支持生活的"真实"需要和不必要的"虚假"需要的区分，他遵循一个更

① ［英］戴维·佩珀：《生态社会主义》，刘颖译，山东人民出版社 2012 年版，第 110—111 页。
② ［英］戴维·佩珀：《生态社会主义》，刘颖译，山东人民出版社 2012 年版，第 111 页。
③ ［英］戴维·佩珀：《生态社会主义》，刘颖译，山东人民出版社 2012 年版，第 114 页。
④ ［英］戴维·佩珀：《生态社会主义》，刘颖译，山东人民出版社 2012 年版，第 114 页。
⑤ ［英］戴维·佩珀：《生态社会主义》，刘颖译，山东人民出版社 2012 年版，第 114 页。
⑥ ［英］戴维·佩珀：《生态社会主义》，刘颖译，山东人民出版社 2012 年版，第 114—115 页。

加适当的生态社会主义的路线。赖尔也揭示了马克思自然辩证法的一个关键方面："人类的基本需要所采取的形式将被不断发展：社会再生产每天吸纳大量历史形成的新需求。"① 佩珀指出，有趣的是，如果严格地遵循资源历史性的思想，将会把马克思主义带入由西蒙和卡恩提出的市场自由主义的分析：资源不是有限的。我们消费的不是铜的氧化物和石油，我们消费的是电信和汽车旅行。但一些生态社会主义者，如本顿（T. Benton）认为，马克思主义和他的经济学有一个间断，因为后者强调持续依赖于既定自然条件的观点，生态主义的极限观是正确的，即使在社会主义制度下，增长的最终限制也是正确的。帕森斯也不加批判地接受了增长限制的观点："社会主义因贯穿着理性和科学，而生态学是科学的皇后。"② 生态学告诉我们一个人口与资源相匹配的政策。

2. 弱人类中心主义的辩证的社会—自然哲学

佩珀指出，目前关于人和自然的关系，讨论的是"两个孤立的实体的决定关系——A 引起或控制 B，B 控制 C，等等"③。技术中心论者强调人类主宰自然，而生态中心论者认为，前者强调自然中心。④ 而"马克思主义者提出了自然—社会关系的辩证观点。第一，马克思主义者认为，自然和人类之间没有分离，它们彼此是对方的一部分。……第二，它们在一种循环的、相互影响的关系中不断地相互渗透和相互作用。……人类社会改变自然，被改变的自然也影响着社会进一步地改变它，等等。"⑤

有的马克思主义者认为，"马克思承认人类对自然作为生产力要素之一的依赖……沿着这条线索，英国社会主义党承认，存在着不能违背的生态规律，和人类是自然的一部分，并且不能长久地拒绝自然规律"。⑥ 马克思认为存在是从第一自然向第二自然演化的历史过程。⑦ 史密斯强调，在资本主

① ［英］戴维·佩珀：《生态社会主义》，刘颖译，山东人民出版社 2012 年版，第 115 页。
② ［英］戴维·佩珀：《生态社会主义》，刘颖译，山东人民出版社 2012 年版，第 114 页。
③ ［英］戴维·佩珀：《生态社会主义》，刘颖译，山东人民出版社 2012 年版，第 122—123 页。
④ ［英］戴维·佩珀：《生态社会主义》，刘颖译，山东人民出版社 2012 年版，第 123 页。
⑤ ［英］戴维·佩珀：《生态社会主义》，刘颖译，山东人民出版社 2012 年版，第 123 页。
⑥ ［英］戴维·佩珀：《生态社会主义》，刘颖译，山东人民出版社 2012 年版，第 123 页。
⑦ ［英］戴维·佩珀：《生态社会主义》，刘颖译，山东人民出版社 2012 年版，第 123 页。

义制度下，"第二"自然"被交换价值和使用价值所调节……我们如何利用自然与各种使用方式的费用相关"，① 不再是生产资料的所有制形式。

佩珀指出：马克思不是如绿色主义所批评的是笛卡尔主义者，"在现实中，马克思的社会——自然辩证法……是有机地和一元论的"。② 正如卡普拉所主张的："马克思关于自然再生产过程中作用的关键，是他的有机现实观的部分，这种有机的和系统的观点经常被马克思的批评者所忽视，他们声称，马克思的理论完全是决定论的和唯物主义的。"③ 马克思主义强调社会和自然有机整体关系，正如马克思指出的那样："自然是人类的无机身体……人类的物质与精神生活和自然相联系，仅意味着自然和它自身相联系，因为在人类是自然的一部分。"④ 实际上，辩证法不仅仅是一种"系统观念"，而是一个动态的相互作用过程，适用于所有物质存在的水平和形式，即所有的物质和生物秩序。正如帕森斯所说："在一个动态平衡的、由自然物质和事件组成的宇宙中，植物和动物有机体与他们的周围环境处于相互的、持续的和变革性的关系中……辩证法是生态学方法从生命系统到所有系统的归纳。"⑤ 希伯郎认为，要重视马克思主义辩证法的实践一元论特征。"辩证法认为探索行动形成和发现知识。"⑥ 研究"现实"不是研究"是"什么，而是研究如何处理它，即"实践"。辩证法认为，所有的现实本质对立统一过程，是正题与反题合题："在共产主义社会，达到一个新的综合，一个有区别但不是对抗性的统一体。历史发展，生产方式的改变，也包含着城乡之间的辩证法。"⑦ 城乡代表不同的物质环境和价值的储藏所，乡村代表现状，城市代表新生力量与群体。资本主义，通过劳动分工，吸纳农村人口而得到实质性

① ［英］戴维·佩珀：《生态社会主义》，刘颖译，山东人民出版社 2012 年版，第 123—124 页。
② ［英］戴维·佩珀：《生态社会主义》，刘颖译，山东人民出版社 2012 年版，第 124 页。
③ ［英］戴维·佩珀：《生态社会主义》，刘颖译，山东人民出版社 2012 年版，第 124 页。
④ ［英］戴维·佩珀：《生态社会主义》，刘颖译，山东人民出版社 2012 年版，第 123—124 页。
⑤ ［英］戴维·佩珀：《生态社会主义》，刘颖译，山东人民出版社 2012 年版，第 125 页。
⑥ ［英］戴维·佩珀：《生态社会主义》，刘颖译，山东人民出版社 2012 年版，第 125 页。
⑦ ［英］戴维·佩珀：《生态社会主义》，刘颖译，山东人民出版社 2012 年版，第 125—126 页。

发展，把生产力集中到城市。而对资本主义结果不满，逃避最坏结果的美好一方，集中于乡村，在浪漫主义运动和现代城市郊区化和乘车上班运动中表现出来；不满的一方，集中在城镇和工厂，以有组织的工会运动形式体现。马克思和恩格斯把城乡对立，看作阶级区分的基础。在资本主义制度下，城市被看作生产、交换和消费功能。城市和国家这些功能，在资本主义向第三世界扩张中被强化了，对自然的保护态度在发达国家和第三世界国家二者之间有很大不同。作为辩证法的核心不能通过"逻辑"来理解。"辩证思维是关系的，具体进程是矛盾的，不是碰巧相反的，它们以一种既是进程不可分割的组成部分，又是破坏性力量的方式展开，即扩张主义的动力内在于资本主义制度，又将通过生态矛盾而毁坏它。"① 因而，辩证关系不能仅从线性推理来理解，还需要通过直觉来理解。

戴维·佩珀认为，马克思强调人与自然的相互改造关系："当人类通过生产改变自然时，也改变人类的自然即他们自己。这种相互作用不仅仅是物质性的。通过改变自然和制造产品，我们……变成了……审美的动物。"② 因而，随着历史的发展，人类和社会通过生产的过程和结果，自然地进化，这是他们对自然做出回应的主要物质方式。"随着人类改造自然能力的发展，其需要也在发展。"③

马克思认为，"自然是一个社会的概念……那么，自然的异化就意味着把自然视为一个社会产物的失败"④。"真正的荒野"是很少的，它存在的地方是高度人工化的：只是从其中人类改造活动发挥着关键性作用的自然秩序中退出的一小片"自然"。

佩珀指出，"深生态学家要求，我们尊敬并保护自然，以维护我们和自然的'单一性'。这种尊敬事实上神秘化了自然，使人性远离了自然。这种自然是一个拥有它的僧侣、牧师、修女和想象出来的生命的超自然"⑤。自

① [英]戴维·佩珀：《生态社会主义》，刘颖译，山东人民出版社2012年版，第125页。
② [英]戴维·佩珀：《生态社会主义》，刘颖译，山东人民出版社2012年版，第127页。
③ [英]戴维·佩珀：《生态社会主义》，刘颖译，山东人民出版社2012年版，第127—128页。
④ [英]戴维·佩珀：《生态社会主义》，刘颖译，山东人民出版社2012年版，第130页。
⑤ [英]戴维·佩珀：《生态社会主义》，刘颖译，山东人民出版社2012年版，第131页。

然尊崇的神秘化，实际上是把我们从自然中分离出来："我们在嫉妒和愤怒的上帝面前，是无能的和惊恐的凡人。"① 盖娅是我们无法改变的非人力量，但我们必须为了我们的生存而适应它。拉夫洛克是这样描述盖娅的："她是严厉的和强硬的，总是为那些遵守规则的人们保持世界的温暖与舒适，但对那些违背规律、对它造成破坏的人残酷无情。"② 因而，深生态学的异化观，"是建立在人类——自然关系的一个二元主义概念之上：一个它被假定是拒绝了的概念。然而，马克思主义的辩证法实际上是真正的一元论的"③。

（二）格伦德曼的哲学历史唯物主义和广义的人类中心主义

瑞纳·格伦德曼（Reiner Grundmann）是人类中心主义的生态学马克思主义的代表。他有关生态马克思主义的主要著作有《马克思与支配自然：异化、技术和共产主义》《马克思主义和环境保护》《马克思和生态学》，以及在《新左派评论》上发表的《生态学对马克思主义的挑战》。20 世纪 90 年代后，他转向全球气候问题研究。他的生态马克思主义观，主张为马克思主义的人类中心主义正名。"生态中心主义者在反思生态危机时，把人类中心主义指责为现代生态危机的祸根。"生态中心主义，分生物中心论和生态中心论两个流派和阶段。生态主义主张生态存在物和生态系统的内在价值。一些生态主义者，批判人类中心主义，认为人类中心主义的"支配自然"的观念，具有反生态性，认为马克思主义就是人类中心主义的代表。20 世纪 90 年代以前本顿等主张用生态主义的思想改造马克思主义，而格伦德曼提出"重返人类中心主义"④ 的口号。他认为对生态问题的界定和解释决定生态环境问题的解决方式的对策。

1. 哲学历史唯物主义

格伦德曼不赞同本顿等在生态主义立场上重构历史唯物主义，而主张运用马克思主义其他理论以及后马克思主义社会学的理论和方法，重构狭义经济历史唯物主义为哲学历史唯物主义的广义历史唯物主义。格伦德曼把生产力分为"控制自然"的广义的生产力和"经济生产"的狭义意义上的生产

---

① [英] 戴维·佩珀：《生态社会主义》，刘颖译，山东人民出版社 2012 年版，第 131 页。
② [英] 戴维·佩珀：《生态社会主义》，刘颖译，山东人民出版社 2012 年版，第 131 页。
③ [英] 戴维·佩珀：《生态社会主义》，刘颖译，山东人民出版社 2012 年版，第 131 页。
④ Reiner Grundmann, *Marxism and Ecology*, London：Oxford University Press, 1991, p.8.

力。而"生产力的增长"也具有双重含义，对应着广义和狭义两种历史唯物主义："第一种含义是生产力的增长意味着人类对自然控制力增长……根据人类需要和乐趣来改造这个世界，这称之为广义的历史唯物主义。第二种含义主要是指经济层面，从这个意义上说，经济效益指标是衡量生产力增长的唯一指标，这称之为狭义的历史唯物主义。"[1] 生态主义者指责的马克思主义是唯生产力论，是狭义的历史唯物主义。传统的历史唯物主义，强调通过阶级斗争推翻资本主义制度，建立新的社会关系，以解决生态问题，没有区分狭义生产力和广义生产力。历史表明资本主义以"最好的方式推动了（至少在狭义意义上）生产力的发展"，[2] 这种狭义的生产力造成了生态的破坏。格伦德曼认为，马克思"哲学"的历史唯物主义，是广义的历史唯物主义。马克思在《资本论》中，认为"自我实现"是"真正的社会财富"，自我实现包含对"自然的控制"，这是一种人道主义的历史唯物主义。格伦德曼认为，"历史进步不仅是经济增长，而且也是精神进步和对自然的新陈代谢的顺利进行。如果把生产力的增长看成一种狭隘的、数量型的、唯生产力论（productivism）的观点，环境主义对马克思的挑战就在所难免。相反，如果马克思有一个宽广的视野，环境主义的指责就错了。"[3] 格伦德曼认为，广义生产力有助于人们更好地增强人们对自然的控制力。适应广义生产力的更好的社会形式就是共产主义。正如本顿指出的那样，"共产主义就是第一个人类有能力完全自我实现的社会。"[4] 格伦德曼认为，"在生态危机条件下，应从人与自然关系的视角，而不是从生产力和生产关系的视角，批判资本主义在提高生产力的同时造成生态危机。这可以增加马克思主义在生态危机历史条件下的说服力。马克思主要关注的是……解除束缚人类发展的所有'奴役效应'的可能性。"[5] 这种"奴役效应"不仅是商品对人的奴役和异化，也包

---

[1]　Reiner Grundmann，*Marxism and Ecology*，London：Oxford University Press，1991，p.4.

[2]　Reiner Grundmann，*Marxism and Ecology*，London：Oxford University Press，1991，p.223.

[3]　Reiner Grundmann，*Marxism and Ecology*，London：Oxford University Press，1991，p.20.

[4]　Ted Benton，"Marxism and Natural Limits：An Ecological Critique and Reconstruction"，*New left Review*，No. 178，1989，p.64.

[5]　Reiner Grundmann，The Ecological Challenge to Marxism，*New Left Review* 187，1991，p.115.

括"控制自然"的缺失造成的自然的异化。格伦德曼从抽象的人道主义出发，否定对资本主义制度的变革的必要性，实际上偏离了历史唯物主义的观点。但他把历史唯物主义划分为狭义和广义两种类型，对理解生态危机的成因具有启示意义。

2. 广义的人类中心主义

马克思以人的尺度认识人和自然的关系，解决生态危机。解决生态问题，生态中心主义是错误的，而人类中心主义更具有理由：

其一，生态问题的考察以人类文化价值观背景为标准，总和人类中心主义的因素有关。格伦德曼认为，关于生态问题的话语都有阐述者的文化背景："生态问题和人的欲望、需要、和兴趣有关，总是人类中心主义的。马克思的辩证批判方法是人类中心主义的。"[1] 激进的生态主义，认为生态问题是人类"支配自然"的态度引起的。他们追根溯源，将支配自然的态度归于启蒙运动时期，机械论的世界观以及心物和主客二元对立哲学。"对这种二元论的批判，使生态主义者寻求超越机械论和二元论的世界观……将人和自然并列，然后以自然规律解释和理解人类社会……并从生态原则演绎出各种社会规范和社会组织原则，把自然当作无可争议的权威。"[2] 但仔细分析，却发现："自然的本质究竟是什么，众说纷纭。生态主义认为，自然是一种正常平衡状态。但所有这些解释背后都有不同文化背景的预设，都离不开特定的人类文化，都必然打上人类的价值立场，总和人类中心主义因素有关。"[3]

其二，人与自然是辩证统一的，人是自然的存在又外在超越自然，这决定人类生存和发展必须依靠技术改造自然。格伦德曼认为，按照马克思主义的观点，自然本质上是一种社会存在。自然除了作为自然资源的工具价值外，还具有"审美、精神和道德等非工具价值，人是这些价值关系的主体"[4]。在

① Reiner Grundmann, The Ecological Challenge to Marxism, *New Left Review* 187, 1991, p.115.
② Reiner Grundmann, The Ecological Challenge to Marxism, *New Left Review* 187, 1991, p.115.
③ Reiner Grundmann, The Ecological Challenge to Marxism, *New Left Review* 187, 1991, p.115.
④ Reiner Grundmann, *Marxism and Ecology*, London: Oxford University Press, 1991, p.90.

历史进程中，人和自然是辩证统一的关系，"人类必须承认外部自然或第一自然的先在性，同时人类通过自己的活动又产生第二自然。这是自然的人化和人的自然化的统一的历史过程，人的生产实践是社会和自然统一的现实途径"。① 马克思"在《资本论》中指出人和自然之间存在'新陈代谢'……说明马克思认识到了人的自然属性，人是自然的一部分，人依靠自然而活"②。有时，自然的某些方面与人对立，"往往以敌人的立场展现在人类面前"③。因此，"自然就其本身而言，并非总是对人有益。"④ 格伦德曼认为，技术像生物器官一样是进化的。技术进化与人道主义存在紧张和冲突。因而，技术是新陈代谢或物质变换的手段，技术会成为异化的压迫人的手段，与政治、经济和科学密切相关，但技术也是人类实现自我的手段。

其三，广义的人类中心主义：兼具工具价值和有利于生命价值的审美伦理价值。格伦德曼认为，"生态中心主义的很多观念离开人类价值观，无法定义，如'生态平衡'的概念，何为'常态'？为何自然应该平衡？怎样才能平衡？除非预设自然神秘主义目的论，否则离开人的价值观，无法断定。不是预设宗教目的论，必然预设人类的价值立场，审美的或纯利益的特性"。⑤ 在马克思看来，自然循环也没有目的结构：果实成熟，自然没有阻止人摘与不摘，摘与不摘对自然都无所谓好坏；只是对人而言，有好有坏，吃了不成熟的果实会胃痛。自然发展是盲目偶然的随机进化，没有内在的目的，只是人赋予自然以目的。但自然没有目的，不等于人可以以一种武断的方式对待它，就像他人不可能从未成熟的麦子中弄出面粉一样。因此，"马克思对自然的目的结构的反对并没有忽视生态问题，在他的把自然看成是人的无机的身体的通常立场中包含着生态关怀。如果人想要获得繁荣，那么，自然这个无机身体也必须得到繁荣。"⑥ 生态中心主义揭示了人类短期经济行

---

① Reiner Grundmann, *Marxism and Ecology*, London：Oxford University Press，1991，p.90.

② Reiner Grundmann, *Marxism and Ecology*, London：Oxford University Press，1991，p.100.

③ Reiner Grundmann, *Marxism and Ecology*, London：Oxford University Press，1991，p.19.

④ Reiner Grundmann, *Marxism and Ecology*, London：Oxford University Press，1991，p.19.

⑤ Reiner Grundmann, The Ecological Challenge to Marxism，*New Left Review* 187，1991，p.114.

⑥ Reiner Grundmann, The Ecological Challenge to Marxism，*New Left Review* 187，1991，p.62.

为合理性对自然环境的破坏，但把短期经济行为合理性等同于人类的理性，因而排斥人类中心主义。马克思的人类中心主义，除了重视自然的工具价值外，还包含从审美和道德立场的"广义的人类中心主义"。道德和审美的非感知价值，有利于人生命整体价值。这种有利于人生命整体的非感知价值，有助于保护生态环境。格伦德曼"既反对生态中心主义，又反对人类中心主义的资本主义形式，他认为马克思主义的人类中心主义关心的是人类的整体利益和长远利益。"① 马克思人类中心主义把自然的工具价值加以扩展："在自然的经济的功用之外，加上科学的、美学的合理的价值因素。如果我们把工具价值理解为包含其它的因素（如美学者和娱乐的，它可能同时包含文化和道德的因素）有可能从这个前提中形成生态意识。更重要的是，这个前提更有可能帮助人们从生态学的立场上确立标准。"②

其四，马克思"支配自然"的观念也可以保护生态。佩珀指出，格伦德曼认为，马克思确实如生态中心论批评者经常所指出的那样赞成支配和工具性价值，但生态中心主义对马克思观点的理解是不正确的。马克思认为，自然只能通过遵从它的规律来利用。"支配自然"（damination of nature），并不意味着控制异己，而是通过合作以驾驭自然，遵循自然规律。在人类历史的早期，人类遭受自然和社会双重控制：一方面，改造自然能力低，受自然支配和控制，另一方面受"第二自然"即社会的控制。随着人的能力的发展，人类将控制自然和社会。格伦德曼认为，人不仅内在于（in）自然生存而且也是与自然对抗（against）生存的，以劳动为中介的与自然对抗是人类对自然的"支配"。对自然"支配"不完全不充分，会导致自然的破坏。生态问题的发生正是由于没有控制好自然，或没有有效地控制自然，损害了人的利益。格伦德曼理解的马克思的"支配"是一种"对自然的有意识地控制（control）"。"在马克思那里，自然不是拟人的。自然本身没有目标，是人类将其目标强加在自然身上。然而，为了能够这样做，他得遵从自然的规律。"③ 马克思说的"支配"，"是……有益的控制，隐含的是'管理'，而不

① 倪瑞华：《英国生态学马克思主义研究》，人民出版社 2011 年版，第 24—25 页。

② Reiner Grundmann, The Ecological Challenge to Marxism, *New Left Review* 187, 1991, p.57.

③ Reiner Grundmann, The Ecological Challenge to Marxism, *New Left Review* 187, 1991, p.57.

是破坏"。① 社会在自然存在与控制自然意图之间是和谐一致的，是把自然改造成符合人本质的环境，使自然人化，同时也使人自然化，这是自然人化和人的自然化的历史的具体的统一。"到了共产主义社会人类也将'支配自然'。"② 支配自然，是为了实现人的目的，或实现人的价值，"这不仅是指利用自然的工具价值或经济利益，而且还大量包含道德、精神和审美的价值，这不同于一种生态主义者神秘崇拜而不可接近的自然目的'内在'价值"③，是广义人类中心主义的价值。

（三）乔纳森·休斯的人类中心论和有机整体论的广义历史唯物主义

乔纳森·休斯（Jonathan Hughes）是当代生态马克思主义的重要思想者。他于 2000 年出版《生态学和历史唯物主义》，论述了马克思主义历史唯物主义的生态意蕴，提出了人类中心论、有机整体论和基于人依赖自然原则为基础的广义的历史唯物主义。

1.分析各种非人类中心主义，提出非工具价值的广义人类中心主义

休斯认为，生态问题有两个核心问题：

其一，当前社会问题哪些是生态问题。"生态"通常指生物学的分支，旨在处理生物体和环境的关系，当与环保运动和绿色团体相联系，在某种程度上成为贬义词，所以导致一些作者涉及该运动就避免使用"生态问题"，而称之为"环境问题"。帕斯莫尔（John Passmore）用"生态问题"表述，仅限于松散扩展的用法。而深生态学用"生态"一词，以显示其看待人类与环境问题比纯粹的"环境主义者"具有更"深入"更激进或根本的见解。"生态"一词已超出生物学领域，被科学和技术所中介。"生态"一词侧重研究人类和环境之间关系的整体或系统方面。人类是生物体，他们与环境的关系属于上述生态学的范围。"生态"一词被贬低，不是产自于它应用于人类和超越生物学，而是来自人类与环境关系的特定内容。生态或环境问题不完全属于自然科学领域。帕斯莫尔认为，生态问题是一个人类处理与自然环境的关系问题。比这个范围更大的理解是恩岑思贝格（Hans—Magnus Enzensberger），认为 20 世纪的环保运动跟 19 世纪工业化的影响没本质区别，

---

① Reiner Grundmann, The Ecological Challenge to Marxism, *New Left Review* 187，1991，p.57.

② Reiner Grundmann, The Ecological Challenge to Marxism, *New Left Review* 187，1991，p.57.

③ Reiner Grundmann, The Ecological Challenge to Marxism, *New Left Review* 187，1991，p.57.

工业化使整个城镇和农村地区无法居住并危及工厂和矿井众人的生命。如今这些问题泛化，影响中产阶级利益。乔·韦斯顿（Joe Weston）"把生态问题范围划得更广泛，包括街头暴力、异化劳动、贫困和住房拥挤、城市衰败和污染、失业、社群群体认同和服务以及危险路况等都是为环境问题"。① 每个个体都有其环境，都有其自然的和社会的组成部分。生态学关注生物个体与自然环境的关系。帕斯莫尔把生态问题定义为人类处理与自然关系问题，这对理解环境问题很有帮助。但其"自然"的概念模糊，自然和非自然没有明确界限。

其二，导致环境问题的价值观念或道德准则。环境伦理学是伴随环境运动而成长起来的应用哲学一个分支。环境伦理学涉及两种广泛接受的"人类中心主义"和"自然中心论"的评价框架的对立。多种"以自然为中心的伦理学，它们引起主张不同的非人类道德价值实体而相互区别。然而，争论最激烈的区别在于：一方面是人类中心的观点，另一方面是非人类中心的观点，后者把道德价值归因于至少某些非人类的实体。环境伦理学家的一种普遍的看法是，正是在当代社会占主导地位的人类中心主义对它们的生态危机负有责任"②。众所周知马克思厌恶道德说教，这主要是针对空想社会主义。马克思在《资本论》中观察到剥削产生于等价购买劳动力之中，"对买者是一种特别的幸运，对卖者也绝不是不公平"③。"根据资本主义产生孕育并使之产生的正义观，资本主义不是非正义的。"虽然就市场经济交换的程序形式正义而言不是非正义的，但就实质正义而言，资本主义剥削是非正义的。休斯指出，马克思"从生产的视角坚持认为劳动关系的不平等……由此工人们获得比他们创造的更少的价值，因此，用马克思的话说就是，工人是'无酬劳动'的供应者以及'抢劫'、'盗窃'、'贪污'和'敲诈'的受害者。此外，尽管马克思认为直到……改造的物质条件出现之前，资产阶级的正义原则就一直不能被取代，但他认为它们和过渡时期社会主义'按劳分配'原则

---

① [英] 乔纳森·休斯：《生态与历史唯物主义》，张晓琼、侯晓斌译，江苏人民出版社2011年版，第13页。
② [英] 乔纳森·休斯：《生态与历史唯物主义》，张晓琼、侯晓斌译，江苏人民出版社2011年版，第20—21页。
③ Marx，*Capital*，Vol.1，p.293. 见《资本论》第1卷，人民出版社2004年版，第219页。

一道，可以通过比较'较高一级'的共产主义的'按需分配'原则来判断和评判。"① 关于生态问题，对于马克思而言，"不是倡导一套道德信念，而是分析它们背后的各种利益及社会结构。"因而，"不能把生态问题看作一套错误的价值观念的结果。……不要寄希望于在马克思的著作里找到一个现成的环境伦理规范。但这并不意味着我们可以忽略评价问题了。"② 马克思过分夸大了道德的无效性，"为了评价马克思主义是否能迎接环境问题带来的挑战，我们必须解决主张以非人类为中心的环境伦理问题。"③

格伦德曼支持人类中心主义。认为，非人类中心主义的论点，必须区分什么是"正常的"，从而得到什么是应该保护的自然状态，以及什么是"病态的"，从而避免病态不正常的需要。格伦德曼认为，很难了解什么是"正常的"自然。若以"平衡"和"多样性"为依据，生态正常性质只有和人类利益相联系才会有意义。"生态中心论者必须确定某些自然状态优越于其他自然状态，他们通常按照自然生态系统的繁荣，来做出这种区分。"④ 格伦德曼认为，何为自然生态系统繁荣，还是根据该系统为人类服务来判定。而一个环境伦理学的分支，根据亚里士多德学说，认为，我们能够解决非感知实体的繁荣因素。任何繁荣的事物，都有内在的善或内在价值，与人类评价无关。在这一框架内，人们对拥有自己善的事物种类意见不一。生物中心论者，如阿特菲尔德和泰勒把它们的善归结为生物，而生态中心主义者，如罗尔斯顿将其归于集体的或系统的实体，如物种、生态系统，甚至整体的生物圈。非人类中心主义因其不可实行的道德结论，为了非感知实体的利益需要牺牲人类的利益而受到批评。"整体伦理学把生态系统看成内在价值的主要存储所……这种观点被汤姆·里根贴上'环境法西斯主义'的标签。"⑤ 艾

① [英] 乔纳森·休斯：《生态与历史唯物主义》，张晓琼、侯晓斌译，江苏人民出版社2011年版，第23页。

② [英] 乔纳森·休斯：《生态与历史唯物主义》，张晓琼、侯晓斌译，江苏人民出版社2011年版，第24页。

③ [英] 乔纳森·休斯：《生态与历史唯物主义》，张晓琼、侯晓斌译，江苏人民出版社2011年版，第24页。

④ [英] 乔纳森·休斯：《生态与历史唯物主义》，张晓琼、侯晓斌译，江苏人民出版社2011年版，第37页。

⑤ [英] 乔纳森·休斯：《生态与历史唯物主义》，张晓琼、侯晓斌译，江苏人民出版社2011年版，第37页。

尔菲尔德认为，非感知实体如细菌的道德意义微不足道，其数量超过人类或其他感知生物的利益。但这种观点人类应拒绝。而这种观点，把某物自己内在的善或达到其某种"目的"自然趋势，与道德主体应不应以特定方式对待它，二者之间出现逻辑断裂，前者是实然描述，后者是应然判断。我们无法从事实推导出规范性结论。任何论断都必须求共享信念。泰勒捍卫生物中心伦理，似乎用了类比形式的论证：强调我们拥有共同的起源，共同依赖于生物圈健康。对非感知事物道德论证，还借鉴特定虚构情景直观反映，假如地球只剩一人，要求我们判断释放消灭所有物种的核武库是否错误。但这些情景不一定是支持非人类中心主义的实例，这些直观反应高度依赖道德理论背景，与直观者的沉思密不可分。还有一种论证是奥尼尔（O'Neill）提出的，"我们因其自身的缘故而珍视自然世界中的事物"。① 我们保护非人类实体，不仅是纯工具性的，它们的繁荣是我们过上富足生活的组成部分。休斯认为，"这一观点描述为非人类中心主义的，因为他似乎合理地归因于自然界中非感知部分非工具性价值仍然源于人类利益。……最终采取该立场的原因仍完全以人类为中心。"②

"深生态学"与非人类中心的环境伦理联系在一起，把内在价值归于生态整体。由奈斯（Arne Naess）和塞申斯（George Sessions）构建的深生态学平台，强调非人类中心生态伦理，1973 年奈斯提出"生物圈平等主义"（Biospherical egalitarianism），这样的尊重类似于泰勒的生物中心主义，但还指河流、景观和生态系统这些非生命的东西，还指生物圈以及每一个自然物体。因此它似乎是一个生态中心伦理。奈斯用"内在关系"（intrinsic relations）讨论"内部关系"（internal relations），该关系构成同一性，否认人和环境的任何区别。因此，本体论问题，而不是伦理问题，成为深生态学中心。深生态学的人类中心主义伦理学与非人类中心伦理学区别模糊不清。"深生态学家解释深生态学整体，关注自我实现条件而不是个人的自我同一

---

① [英] 乔纳森·休斯：《生态与历史唯物主义》，张晓琼、侯晓斌译，江苏人民出版社 2011 年版，第 37 页。

② [英] 乔纳森·休斯：《生态与历史唯物主义》，张晓琼、侯晓斌译，江苏人民出版社 2011 年版，第 37 页。

性条件"。① 福克斯（Warwick Fox）把培养扩展"超个人"的自我感看作是深生态学（因此命名为超个人生态学）的中心问题。他是从心理学而不是从形而上学方面理解这个问题的，"这不是争论自我同一性问题，而是与其他自然物同一的能力问题。因为在该语境中'同一性问题'似乎意味着人们以寻求自我繁荣或'自我实现'作为自身一部分的方式关怀他者，这就把同一'广义的人类中心主义'类别中的福克斯的深生态学归于奥尼尔理论上去了，从而认为保护自然实体的非工具性理由，不是构成它们（人类与自然实体）的同一性而是构成它们共同的福祉。"② 深生态学"在伦理学领域通过否定人类中心主义的狭隘的工具主义形式而统一起来的，这一否认……有时瓦解人类中心主义与非人类中心主义的对立"。③

　　休斯赞同格伦德曼捍卫马克思主义的人类中心主义，但不赞同它捍卫"支配自然"的观念："根据格伦德曼的观点，统治或控制自然是一个适当的目标，因为它意味着成功地利用自然来促进人类的利益……然而这个假设意味着生态问题的解决是在人类的利益的语境下得以理解，并且正是由于这一假设遭到了许多统治魔性的反对者挑战。因此格伦德曼的论点表明最多的就是，如果自然的价值仅仅就在于它对人类的有用性，那么对自然的统治可以被正确理解为是一个适当的目标。"④ 休斯认为，格伦德曼的"广义的人类中心主义"是不能和"支配自然"的比喻和谐共处的。

　　休斯的"广义的人类中心主义就是将非感知自然（non—sentient nature）的价值建立在对人类生命价值所做贡献基础之上的，但不同于狭义的人类中心主义，即不单单从工具性方面看待这种贡献。"⑤ 休斯认为奥尼尔尽管有非

① ［英］乔纳森·休斯：《生态与历史唯物主义》，张晓琼、侯晓斌译，江苏人民出版社 2011年版，第 37 页。
② ［英］乔纳森·休斯：《生态与历史唯物主义》，张晓琼、侯晓斌译，江苏人民出版社 2011年版，第 41 页。
③ ［英］乔纳森·休斯：《生态与历史唯物主义》，张晓琼、侯晓斌译，江苏人民出版社 2011年版，第 41 页。
④ ［英］乔纳森·休斯：《生态与历史唯物主义》，张晓琼、侯晓斌译，江苏人民出版社 2011年版，第 43 页。
⑤ ［英］乔纳森·休斯：《生态与历史唯物主义》，张晓琼、侯晓斌译，江苏人民出版社 2011年版，第 44 页。

人类中心主义的标签，但他为其"主张的广义的非人类中心主义提供了一个较好的样本。然而，我要补充的是，由这一理论所认可的对人类福祉做出非工具性贡献的一系列事物，不必局限于具有自己善的事物的繁荣"。① 由此，可以明白为何"支配"的比喻是有缺陷的了，即使从人类中心主义的视角看，也是如此。"从广义的人类中心主义的角度来看，并不是要对自然采取尽可能对我们所具有的价值的方式。"② 格伦德曼把审美看作是工具价值是错误的。休斯指出，"我们之所以珍视自然，是因为它的'他性'（otherness）或对于人类的独立性；是因为它为我们提供了一个栖居和活动的（相对）固定的背景或环境。无论你是否把它视为审美的一种形式，但它无疑是一种一个广义的人类中心主义者能够认可的价值形式，并且和自然有关的被动性在其中起着不可或缺的作用。的确，可以说，以这种形式归于自然的价值恰恰依靠我们所讨论的尚未被人类主体统治或控制的自然。以这种方式评价大自然将给我们至少保护某些相对荒凉的区域的理由，例如，通过在指定的保护区内限制人为干预。然而，这与统治自然的指令是难以调和的。"③

2.有机整体论

休斯认为，以"深生态学"为代表的形而上学生态学，其根本论题主要不是安德鲁·布伦南（Andrew Brennan）说的唯心主义，而是绿色整体主义。相互依存和相互关联，是卡普拉明确阐述的新范式的核心特征。站在生态整体论的立场，生态主义攻击马克思主义，称其方法论是"机械的社会模式"，或"线性模型"。④ 休斯认为，这是对马克思和恩格斯著作的误解，他们强调上层建筑与经济基础的相互作用。马克思历史唯物主义的方法论来自黑格尔的辩证法。当从马克思和恩格斯的社会模式转向其方法论时，可以看

---

① [英] 乔纳森·休斯：《生态与历史唯物主义》，张晓琼、侯晓斌译，江苏人民出版社 2011 年版，第 44 页。

② [英] 乔纳森·休斯：《生态与历史唯物主义》，张晓琼、侯晓斌译，江苏人民出版社 2011 年版，第 45 页。

③ [英] 乔纳森·休斯：《生态与历史唯物主义》，张晓琼、侯晓斌译，江苏人民出版社 2011 年版，第 46—47 页。

④ [英] 乔纳森·休斯：《生态与历史唯物主义》，张晓琼、侯晓斌译，江苏人民出版社 2011 年版，第 104 页。

到其方法论"与形而上学生态学主张的相似之处"。① 恩格斯强调辩证法是相互联系的科学，恩格斯在论述从量变到质变的规律时，"我们可以看到对突现性质（emergent properties）学说的赞同"，"在赞同合成体能拥有与它们的部分截然不同以及不可预测的性质这一想法时，恩格斯就与形而上学生态学家站在了一起"。② "但马克思所支持的整体论并不排除所支持的那种整体论存在这样一个因素，而该因素在决定作为一个整体的系统行为中起着主导作用。"③ 休斯认为，马克思和恩格斯的方法论可以修正后被吸收到形而上学生态学的主要见解中，他们二人"都把研究对象作为其中包含许多内部关联部分的复杂的'有机'整体。"④

3. 生态相互关联中人对自然的依赖性

休斯认为，"人类和非人类的自然之间的关系是双向的。……一个可行的学说必须承认这是一个交互关系；无论哪一方，人类和自然，都互为因果。"⑤ 一方面，"如果人类不受自然的影响……都将不会产生环境问题。"⑥ 事实上，自然环境已经影响了我们，"构成环境问题的是那些对人类的存在具有最深远负面后果的威胁现象。"⑦ 另一方面，"如果人类没有施加影响于自然界，那么，我们也就没有理由害怕人的活动会造成环境问题，但同样地我们也将无法防止自然灾难或改善我们的环境"。⑧ 因此，生态问题的形成，是

① ［英］乔纳森·休斯：《生态与历史唯物主义》，张晓琼、侯晓斌译，江苏人民出版社 2011 年版，第 107 页。

② ［英］乔纳森·休斯：《生态与历史唯物主义》，张晓琼、侯晓斌译，江苏人民出版社 2011 年版，第 109—110 页。

③ ［英］乔纳森·休斯：《生态与历史唯物主义》，张晓琼、侯晓斌译，江苏人民出版社 2011 年版，第 111 页。

④ ［英］乔纳森·休斯：《生态与历史唯物主义》，张晓琼、侯晓斌译，江苏人民出版社 2011 年版，第 115 页。

⑤ ［英］乔纳森·休斯著：《生态与历史唯物主义》，张晓琼、侯晓斌译，江苏人民出版社 2011 年版，第 123 页。

⑥ ［英］乔纳森·休斯：《生态与历史唯物主义》，张晓琼、侯晓斌译，江苏人民出版社 2011 年版，第 123—124 页。

⑦ ［英］乔纳森·休斯：《生态与历史唯物主义》，张晓琼、侯晓斌译，江苏人民出版社 2011 年版，第 124 页。

⑧ ［英］乔纳森·休斯：《生态与历史唯物主义》，张晓琼、侯晓斌译，江苏人民出版社 2011 年版，第 124 页。

因为人与自然之间是一种相互的互为因果的关系，休斯说"如何认识人与自然关系的相互性是建构一个生态问题能够得到理解的理论框架。"[1] 人和自然的关系具有两个方面，一是生态依赖性原则，一是生态影响性原则。自然是人类的生存条件，但自然可以不依赖于人类而存在，在人类出现前，自然就早已存在。生态依赖性原则又分为因果依赖性原则和生存依赖原则。休斯认为，"马克思是坚信人类依赖于他们的自然环境这个观点的，这个观点构成了环保思想的一个基石。"[2] 因此，休斯重新梳理马克思著作所蕴含的生态依赖原则：他认为马克思早年的《1844 年经济学哲学手稿》是最著名的生态学意义上的著作。其中马克思说："自然界……是人的无机的身体。……因为人是自然界的一部分。"[3] 休斯对马克思恩格斯《德意志意识形态》一段有关历史唯物主义关于人与自然的关系是出发点的话语，分析得出如下几点结论：第一，文中所提及的"其他自然"表明"马克思和恩格斯把人类看作是自然的一个部分，相应地，他们视历史科学在某种意义上是那些研究人的身体特征及其周围自然环境的学科的延伸。"[4] 马克思在《资本论》第一卷第七章把劳动描述为"是人和自然间的物质变换（新陈代谢）的一般条件，是人类生活的永恒的自然条件。"[5] 休斯认为，马克思有关断言"可以被暗示了人类生存依赖于非人类的自然（生存依赖原则）。"[6] 马克思在 1859 年《〈政治经济学批判〉序言》中指出："劳动……是同一切社会关系无关的、人和自然之间的物质变换（新陈代谢）的条件。"[7] 许多西方生态主义学者认为马克思关于人和自然关系的生态主义观点，在其早期的《1844 年经济学哲学手

[1] Jonathan Hughes, *Ecology and Historical Materialism*, London：Cambridge University Press，2000，p.88.

[2] ［英］乔纳森·休斯：《生态与历史唯物主义》，张晓琼、侯晓斌译，江苏人民出版社 2011 年版，第 175 页。

[3] 《马克思恩格斯选集》（第 1 卷），人民出版社 1995 年版，第 45 页。

[4] ［英］乔纳森·休斯：《生态与历史唯物主义》，张晓琼、侯晓斌译，江苏人民出版社 2011 年版，第 135 页。

[5] Marx，Capital，vol.1，p.293. 见《资本论》（第 1 卷），人民出版社 2004 年版，第 211 页。

[6] ［英］乔纳森·休斯：《生态与历史唯物主义》，张晓琼、侯晓斌译，江苏人民出版社 2011 年版，第 137—138 页。

[7] 《马克思恩格斯全集》（第 13 卷），人民出版社 1972 年版，第 25 页。

稿》中，居于中心地位，而在其晚期著作中忘记了。彼得·狄更斯（Peter Dickens）也认为马克思是最接近于生态社会理论的。休斯认为，青年马克思和成熟马克思之间不存在生态断裂，从早期的《1844年经济学哲学手稿》，到《德意志意识形态》，再到《资本论》等著作，足够的文本证据证明了马克思的著作中始终贯穿着人与自然的辩证关系，强调人依赖于自然的思想："马克思对生态依赖原则的坚持这一更具体的问题上，人类作为自然的一个依赖部分的概念贯穿于他在成熟期的主要著作中。……认为马克思放弃人与自然关系的概念是难以令人信服的。"① 另外一些学者采取相反立场，认为马克思后期著作中，才发现对自然作用的认识。如庭帕纳罗（Sebastiano Timpanaro）认为，"成熟的马克思……在《资本论》的序言中宣称他'把社会的进化看作是一个自然历史过程'——肯定比《关于费尔巴哈的提纲》时候的马克思更唯物主义得多。"② 这些人关于马克思后期的思想反生态的观点，是没有看到人类对自然的改变也是生态视角的组成部分。马克思后期，赋予了唯物主义忽视的有关人的"能动方面"。一些人抓住马克思对人的能动性的强调，构建了一个很难被认为是唯物主义的反对生态依赖原则的马克思主义的解释，这是被庭帕纳罗批判的一种"伪装"的"左翼唯心主义者"，这种左翼唯心主义用"实践"而不是"思想"来表述自然的社会建构。这方面的清晰的例子是莱斯泽克·克拉科夫斯基（Leszek Kolakowski），否认马克思有关人类或非社会构成的外部自然概念，并抱怨马克思"缺乏对人类存在的自然条件的兴趣，他的世界观中也缺乏肉体的人类存在。""自然是人类的一种延伸，是人类实践活动的一个器官。"马克思的确强调人的实践活动的能动性，但马克思并未否定独立于人的意识的现实的存在。休斯认为，一个符合马克思人类依赖于自然的断言，认为人类的能动作用依然受环境的限制和约束。③

---

① ［英］乔纳森·休斯：《生态与历史唯物主义》，张晓琼、侯晓斌译，江苏人民出版社2011年版，第142页。

② ［英］乔纳森·休斯：《生态与历史唯物主义》，张晓琼、侯晓斌译，江苏人民出版社2011年版，第142—143页。

③ ［英］乔纳森·休斯：《生态与历史唯物主义》，张晓琼、侯晓斌译，江苏人民出版社2011年版，第146—147页。

4. 人依赖自然原则为基础的广义历史唯物主义

休斯叙述了本顿和布莱克对马克思主义的误解，把马克思主义误解为"生产主义"（producitivism），在此基础上，他区分了"狭义的历史唯物主义"和"广义的历史唯物主义"。他认为，本顿说的马克思劳动过程概念背叛了其人类依赖自然的观点，是不充分的。理查德·詹姆斯·布莱克（Richard James Black）和本顿一样，也批评马克思太狭隘地关注生产活动而不能彻底坚持唯物主义的前提。他认为马克思部分遵从唯物主义，而没有和地缘政治学结合。① 休斯认为人类的生态问题是生产活动无意识的后果，不是自然破坏的天然后果。很难说马克思低估了自然环境的影响，马克思以劳动过程的方式暗示依赖于自然条件。在前面对马克思著作的梳理过程中，可以看到，"自然环境既作为人类存在的条件……对人类所具有的重要性。"② 这是从生产力的角度狭义的层面理解历史唯物主义，还有一个"马克思的广义上的对生态依赖原则的唯物主义承诺"的"广义历史唯物主义"。对历史唯物主义狭义的理解，来自 1859 年《〈政治经济学批判〉序言》。科恩把这个文本描述为历史唯物主义有关生产力、生产关系、上层建筑和经济基础关系的标准文本；③ 休斯指出，"马克思不断肯定一些非常类似的生态依赖性原则的东西。他在不同文本中这样做，毫无疑问地表明，马克思自己也认为这个一般的唯物主义原则将会对他的狭义的历史理论具有深远的方法论重要性。"④

5. 生产力的生态促动效应和破坏性效应

休斯认为，马克思的生产力发展及其产生原因的论述，"可能被理解为是对当代生态问题的一个解释。……对于马克思来说，生产力的发展……是人们选择的行动和结构的产物。这就产生了促进、限制或者改变这个进程

---

① ［英］乔纳森·休斯：《生态与历史唯物主义》，张晓琼、侯晓斌译，江苏人民出版社 2011 年版，第 166 页。

② ［英］乔纳森·休斯：《生态与历史唯物主义》，张晓琼、侯晓斌译，江苏人民出版社 2011 年版，第 166 页。

③ 《马克思恩格斯选集》第 2 卷，人民出版社 1995 年版，第 32 页。

④ ［英］乔纳森·休斯：《生态与历史唯物主义》，张晓琼、侯晓斌译，江苏人民出版社 2011 年版，第 172—173 页。

的可能性。即便生产力的发展需要付出巨大的人类代价，马克思自己仍对生产力的发展给予了积极的评价。"①马克思积极评价生产力发展，是因为人们可以使其付出更少的努力生产更多的产品；生产力是人类的创造能力，是人的本性和人类繁荣的条件；生产力高水平发展是建立共产主义的一个必要条件。生产过程的自然成分的两个方面，即对自然原料的依赖，对自然赋予生产资料的依赖，可能会产生生态问题。生产力发展蕴含的生态性扩张因素，会对自然施加更大的无意识影响，不可避免增加生态问题，马克思的绿色批评者也将被证明是对的。马克思指出了生产力发展的革命性效应（the Revolutionary Effect）：具有可能创造一个新社会形式的促动效应（the Enabling Effect）和破坏旧社会形式的破坏效应（the Unabling Effect）。休斯指出，"技术发展可以采取带来不同生态后果的不同形式。"②生态马克思主义，"既允许把生态问题的避免或者改善包括在生产力发展的标准之中，同时也表明……必须将生产力的发展导向一个合适的社会结构选择"③。马克思认为生产过程是人类与自然的互动，人类利用技术施加于自然，也受制于自然。

6. 马克思的相对生态极限思想

马尔萨斯强调人口的几何数增长和生活资料的算术级别增长。对人口的增长，马尔萨斯分为"预防性限制"和"积极限制"：前者是抑制婚姻降低出生率，后者是疾病增加死亡率，从而认为因生活资料导致苦难是不可避免的。20世纪60年代晚期，保罗·埃尔利希（Paul Ehrlich）的《人口爆炸》和加勒特·哈丁（Garrett Hardin）论文《公地的悲剧》，采取了一个对人类贫困和环境恶化的马尔萨斯式的解释，认为原因"在人口数量呈指数速率增加，不可避免超过有限的生活资料"，如马尔萨斯一样，其所设想的生活资料主要是粮食供应。1972年英国《生态学家》杂志主编爱德华·哥尔德史

---

① [英]乔纳森·休斯：《生态与历史唯物主义》，张晓琼、侯晓斌译，江苏人民出版社2011年版，第176页。
② [英]乔纳森·休斯：《生态与历史唯物主义》，张晓琼、侯晓斌译，江苏人民出版社2011年版，第225页。
③ [英]乔纳森·休斯：《生态与历史唯物主义》，张晓琼、侯晓斌译，江苏人民出版社2011年版，第226页。

密斯（Edward Goldsmith）《生存的蓝图》和罗马俱乐部的《增长的极限》提出了一种扩展的马尔萨斯主义，把人口增长不再看作导致环境破坏的唯一原因，而是诸多原因之一：人口、粮食生产、工业化、污染和自然资源消耗的增长。解决的方法不是增加生活资料供应，而是限制需求。罗马俱乐部的第二份报告《处在转折点的人类》提出了"未分化的增长"和有机增长，是一种温和的马尔萨斯主义，解放的环保主义。有机增长是分化的增长，增长数量和方式因不同部分和器官不同，作为有机体系的需求与各部分增长协调，以此类比"世界系统"：对某些地方某些增长进行抑制，而另一些地方的方式增长需要提高，"坚持用定性而不是定量的方式看待增长，对后面评价马克思对增长的贡献将会具有重要作用；这个增长就是人类需求的生产力的增长。"① 乔纳森·波里特提出类似的观点，主张绿色运动从武断地反对经济增长中摆脱出来，认为可持续发展意味着较少的增长，并没有消除对马尔萨斯式的短缺威胁，短缺必须通过限制需求来解决。不是所有的绿色政治倡导者都持温和的马尔萨斯主义，如欧文（Irvine）和庞顿（Ponton）就对马尔萨斯和埃尔利希解决"人口过剩危机"表现出的坦率表示赞赏。总而言之，对增长的限制是环保思想的核心支柱。泰德·本顿（Ted Benton）和 K.J. 沃克（K.J.Walker）质疑当代环保运动的马尔萨斯主义倾向，认为马克思和恩格斯反对马尔萨斯论点有合理性。本顿认为，马克思对马尔萨斯的反应过激，沃克相信马克思和恩格斯承认自然限制。休斯认为，马克思和恩格斯批判马尔萨斯，并不意味着否认环境限制。马克思和恩格斯批判马尔萨斯具有政治保守主义意识形态意图。"马克思坚持认为人类人口是社会的、历史的和自然的因素共同作用的结果。"② 正如本顿所指出的那样：马克思和恩格斯的人口增长因社会条件变化而变化的观点，比马尔萨斯的"准自然主义"的模式更接近于当代人口统计学家的传统智慧：当达到某一富裕程度，出生率就会下降。马克思和恩格斯的历史唯物主义强调人是拥有需求的肉身产物。恩格斯认为，未来科技进步可以扩大满足需求的潜在能力，推迟而不是消除自然限

---

① ［英］乔纳森·休斯：《生态与历史唯物主义》，张晓琼、侯晓斌译，江苏人民出版社 2011年版，第 63 页。

② ［英］乔纳森·休斯：《生态与历史唯物主义》，张晓琼、侯晓斌译，江苏人民出版社 2011年版，第 71 页。

制，他在给考茨基的信中，认为未来存在着对人口不得不进行有意识加以控制的可能性："如果说未来共产主义社会在将来某个时候不得不像已经对物的生产进行调节那样，同时也对人的生产进行调节，那么正是这个社会，而且只有这个社会才能无困难地做到这一点。"① 马克思在其剩余价值理论的表述中，认为影响人口数量的是社会原因："马尔萨斯愚蠢地把一定数量的人同一定数量的生活资料硬联系在一起。李嘉图当即正确地反驳他说，假如一个工人没有找到工作，现有的谷物数量就同他毫不相干，因而，决定是否把工人列入过剩人口范畴的，是雇佣资料，而不是生产资料。"② 马克思认为相对人口过剩是资本的法则，马尔萨斯的错误在把经济发展不同阶段的人口过剩看成是一样的。而人口过剩是"一种由历史决定的关系，它并不是由数字或由生活资料生产的绝对界限决定的，而是由一定生产条件规定的界限决定的。"③ 马克思和恩格斯对马尔萨斯的批判包括以下几点："自然限制是相对遥远的；这个限制……是人类与自然相互作用的结果；……人类需求也是由社会造成的。"④ 在经验研究中，人们已经雄辩地证明，"在今天，上百万人遭受饥饿是社会环境造成的，而不是对已经达到的食物生产的绝对限制。供应每个人的充足食物已被或可以生产出来。人们遭受饥饿，因为他们买不起食物。……就人口和食物生产之间的关系而言，马克思对马尔萨斯的批判仍保持着它的效力。"⑤ 今天环境问题比马尔萨斯所说的食物生产涉及范围更广的需求和资源。现代马尔萨斯主义者，将其结论建立在如同马尔萨斯可得到的同样贫乏的经验之上，像马尔萨斯一样，描述生态限制是不得人心的。休斯认为，马克思对马尔萨斯描述粮食生产的限制概念的批判，对环境问题也是有效的。最近环保主义者不得不承认早期环境限制的描述过分悲观。由于替代资源的出现以及矿产更有效地利用，先前的矿产资源储备即将枯竭的警告已使人们

① 《马克思恩格斯选集》（第4卷），人民出版社1995年版，第28页。
② 《马克思恩格斯全集》（第46卷），人民出版社1979年版，第108页。
③ 《马克思恩格斯全集》（第46卷），人民出版社1979年版，第106页。
④ [英]乔纳森·休斯：《生态与历史唯物主义》，张晓琼、侯晓斌译，江苏人民出版社2011年版，第80页。
⑤ [英]乔纳森·休斯：《生态与历史唯物主义》，张晓琼、侯晓斌译，江苏人民出版社2011年版，第81页。

感到厌烦。"这种情况，至少与马克思和恩格斯的自然限制相对遥远的观点以及他们所认为的短缺的存在至少部分是一个社会现象的观点相一致。"① 有争论的温室效应直接决定二氧化碳和其他温室气体的排放量限制，而技术的影响"削弱自然限制的作用"。矿产资源储量限制逻辑，主要是矿产制造产品的能力，这涉及利用原料过程的消耗程度，决定当前可利用有形原料比例的开采技术，如利用和生产原料的技术效率。与马克思恩格斯回应马尔萨斯强调的那些影响因素的作用一样：是粮食生产而不是土地决定一个区域的最大人口或承载力。马克思和恩格斯指出了"'自然'限制的相对性"，② 休斯（W.H. Matthews）也为"当今环境问题提出了一个概念框架：他发现存在决定'外部限制'的两个因素：现存资源的数量……人们……在自然环境中的活动方式。人们普遍忽视第二个因素"。③ 就可再生资源来说，其有形数量是固定的，但"开采潜在资源的是极限正是人类活动的功能所在。"④ 相关因素涉及社会和政治选择及其优先权，如科学知识、技术能力和经济因素。"可再生资源和产生可再生资源的环境系统，不是总体数量上受到限制，而是……开发速率上受到限制。"⑤ 限制包括两个因素：资源基础和成本。不同的自然限制对人类生产有不同重要性，一些限制涉及人类生存十分重要的自然系统的持续完整性，对一般的社会是必要的；而另一些自然限制对特定社会是必要的，对一些社会形式来说是必要的，一些国家可能更优先考虑独立性国家限制，而不是优先考虑其他国家认为最重要的全球限制。一些作者认为，"热力学第二定律（熵定律）意味着绝对自然限制是存在的"。⑥

---

① [英] 乔纳森·休斯：《生态与历史唯物主义》，张晓琼、侯晓斌译，江苏人民出版社 2011 年版，第 82 页。

② [英] 乔纳森·休斯：《生态与历史唯物主义》，张晓琼、侯晓斌译，江苏人民出版社 2011 年版，第 82 页。

③ [英] 乔纳森·休斯：《生态与历史唯物主义》，张晓琼、侯晓斌译，江苏人民出版社 2011 年版，第 82 页。

④ [英] 乔纳森·休斯：《生态与历史唯物主义》，张晓琼、侯晓斌译，江苏人民出版社 2011 年版，第 82 页。

⑤ [英] 乔纳森·休斯：《生态与历史唯物主义》，张晓琼、侯晓斌译，江苏人民出版社 2011 年版，第 83 页。

⑥ [英] 乔纳森·休斯：《生态与历史唯物主义》，张晓琼、侯晓斌译，江苏人民出版社 2011 年版，第 83 页。

休斯认为熵定律对解释生态进程的重要性是无可置疑的，然而与环境问题的关联甚少。科技表明，行星物质包含能量的数量和理论上可应用的能量数量是巨大的，把所有物质包含的低熵能量聚集起来，高于传统发电站从矿物所提取的能量许多倍。原则上核聚变提供了从海水中提取能量的技术。"实际上可以被人类利用的能量远少于此，但是这个限制不是由热力学定律简单施加给我们的准则，而是由与能量开发（提取）相关的困难的复杂性导致的。此外地球不是一个封闭系统。因此，熵理论的拥护者乔治斯库·里根（Georgescu-Roegon）们能够提倡以太阳能的利用'作为解决人类熵问题的最有可能的突破'[1]，因为利用太阳能的进程'消耗的仍是低熵，而不是来自我们地球的快速可耗尽的储备'。源自马尔萨斯定律的绝对自然限制，因为只涉及作为一个整体宇宙中的低熵能量的消耗。这种现象，这是被恩格斯所熟知的通常所说的'热寂说'。……这确实是一个绝对的自然限制，但是恩格斯在这里用适当的、有远见的视角将其描绘出来。"[2]生态限制"仅仅取决于一定的目标或价值背景，并与技术状况有关"[3]，而且与这些限制相应的是占统治地位的社会组织形式的影响。如生态限制施加于人类生产活动上的其他限制之间的区别就变得模糊不清。"生态限制可以被理解为……自然储备量或容量（实际的或日益逼近的）耗尽对人类活动后果的有害影响。"[4]如此，生态限制不是不可消除的障碍，一般而言，生态限制更多地遵循一个收益不断减少的法则。随着不断的收益减少，人们开始寻找替代性技术。休斯认为，"马克思和恩格斯……的优势在于承认自然、社会和技术的相互关联性。因此，尽管马尔萨斯把自然因素变成一个僵硬停滞的绝对的真理，但马克思和恩格斯给予每个因素的作用以适当的

① Georgescu-Roegon, N. (1980), 'The Entropy Law and the Economic Problem', in Dely, H. E. ed. (1980). *Economics*, *Ecology*, *Ethics* (San Francisco: Freeman), p.20.

② ［英］乔纳森·休斯：《生态与历史唯物主义》，张晓琼、侯晓斌译，江苏人民出版社2011年版，第86—87页。

③ ［英］乔纳森·休斯：《生态与历史唯物主义》，张晓琼、侯晓斌译，江苏人民出版社2011年版，第88页。

④ ［英］乔纳森·休斯：《生态与历史唯物主义》，张晓琼、侯晓斌译，江苏人民出版社2011年版，第88页。

思考。"①

　　马克思的生态限制相对化概念表明，对生态限制问题要进行综合理解，要研究自然因素、社会因素和技术因素。这些因素的关系是历史唯物主义理论的核心。综合的生态限制概念与人类需要有关。

　　休斯认为需要是一个"A 为了 Y 需要 X 的形式"的三元结构。需要不同于"欲求"。欲求是一个意向性的心理状态。而"需要"是一个透明的语境，需求则是不透明的。马斯洛的"需要"层次理论属于 Y。马克思认为"按需分配"概念的"需要"分真假需要。马克思在《1844 年经济学哲学手稿》全面阐述了需要概念，指出资本主义社会创造出一种异己的利己的需要满足，这些欲望不是真正的需要。创造价值的资本扩张的需要漠视了人真正的需要，"商品……靠自己的属性满足人们的某种需要……由幻想产生。"②"马克思和绿色理论家们都一致认为真正的需要不同于主体相信或感觉自己所需要的那些事物，但他（正如马克思所提到的'丰富和多方面的'需要所表明的那样）更倾向于认为这些需要是适中并不断变化的。……真正的需要在某些方面比我们认知的需要更狭隘，而在其他方面比我们认知的需要更广泛。……即使需要的增加意味着物质生产需要的增加，但它并不具有生态破坏性。"③ 马克思在早期著作中，"关注人类需要两件事：一是，把这些需要理解为人本质力量的发挥；二是，把这些需要理解为友谊合作等社会需要。这都源于马克思认为人类本性的独特特征，马克思认为自由有意识追求的生产活动是人的本性的一部分，通过这种活动把人和人、人与物种联系在一起"④。人类在行使权力进入社会关系时，其相应的需要称为自我实现的需要。人类自我实现不仅需要自然感官的感知能力，还要发展这些能力，形成人主体感受丰富性的欣赏美的眼睛的视觉，和欣赏音乐的耳朵听觉能力。对

---

① [英] 乔纳森·休斯：《生态与历史唯物主义》，张晓琼、侯晓斌译，江苏人民出版社 2011 年版，第 89 页。

② 《资本论》第 1 卷，人民出版社 2004 年版，第 47 页。

③ [英] 乔纳森·休斯：《生态与历史唯物主义》，张晓琼、侯晓斌译，江苏人民出版社 2011 年版，第 249—250 页。

④ [英] 乔纳森·休斯：《生态与历史唯物主义》，张晓琼、侯晓斌译，江苏人民出版社 2011 年版，第 249 页。

自我实现来说，需要自由非异化的生产活动。异化劳动对工人是外在的东西，不属于他本质的东西，在其中感觉到不幸和折磨。异化劳动本身不是第一需要，而是满足需要的一种手段。马克思还提出了人具有一定社会形式互动的需要。马克思并非否定生理需要，而是强调要满足这些生存需要。在马克思看来，区分真正的人类生产与异化劳动，不是随心所欲的绝对自由，"而是对一个人的创造性活动的目标和方法进行控制的能力。"① 对旨在控制其生态后果活动的制约，与社会活动需要的制约没什么不同。如果社会活动的制约与自我实现是相容的，那么自我实现的活动与"生态制约也是兼容的。"② 马克思在后期的著作中尽管赞扬资本主义在扩大需要的积极作用，但马克思通过分析使用价值和价值的生产，认为使用价值的生产是满足人类真实的需要，而交换价值不管是否满足人的欲望还是真实的需要，它以扭曲和异化的方式推动了需要、才能、享用和生产力的发展。"人的内在本质的这种充分的发挥……表现为全面的异化……表现为为了某种纯粹外在的目的而牺牲自己的目的本身。"③ 休斯认为，马克思的"按需分配"的共产主义口号，不是满足任何水平的需要，也不"解释为一个正当的物品分配的一个标准——那些需要最多的也应该得到最多（社群主义的理解）。"马克思使用"需要"概念批判资本主义时，"他反对的不仅是物品分配不公，而是资本主义制度下工人生活特有需要满足的绝对不足；他的目标不仅仅是公平地分享权利和义务，而是实现完美的和未异化的生活。"④ 这就解释了马克思在《德意志意识形态》中拒绝在没有实现需要满足最低水平的情况下实现共产主义口号的"按需分配原则"，这只会导致形成一般的"欲望"，在没有实现需要满足最低水平的情况下，"按需分配"即使作为一个相对分配模式也站不住脚，该模式只会导致在随后的"为必需品而斗争"过程，因而招致崩溃。因

① ［英］乔纳森·休斯：《生态与历史唯物主义》，张晓琼、侯晓斌译，江苏人民出版社2011年版，第276页。
② ［英］乔纳森·休斯：《生态与历史唯物主义》，张晓琼、侯晓斌译，江苏人民出版社2011年版，第278页。
③ 《1844年经济学哲学手稿》，《马克思恩格斯全集》第46卷上，人民出版社1979年版，第486页。
④ ［英］乔纳森·休斯：《生态与历史唯物主义》，张晓琼、侯晓斌译，江苏人民出版社2011年版，第284页。

此实现最低程度满足的需要是"更加丰富"的需要的必要条件。休斯认为，"马克思是根据人类繁荣所需要的条件来理解需要的，但既然有很多可能实现马克思的关于一种繁荣的人类生活概念的方式，那么就不可能提供一份作为理解这一目的必要手段所需要的简单的列表。相反，我关注的是最终目标'马克思关于人类繁荣或自我实现的概念'，并认为它可能得以实现的方式应该是那些不依赖于大量消耗或日益增长的自然资源数量的方式。"[①] 但这不是说马克思的需要满足概念没有任何关于物质消费的增加。自我实现在阐述物质需求方面是灵活的，但确实预设了更多基本需求，如食物、住房和教育等合理满足。由于世界上这些物品的持续不足，因此不能认为已经实现了马克思设想的富足，马克思关于普遍繁荣的理想，需要在全世界扩展这些物品供应。"为了避免由此加剧生态问题并破坏这些或其他需要，基本物品供应量的增加需要通过再分配与技术创新来加以实现。因此马克思主义者不能把技术创新作为避免或减轻生态环境问题的一种手段来排除掉。"[②] 绿党谴责技术修复方法解决生态问题，太过分了。与绿党维护的观点相反，马克思主义者并不信服对生态问题的无限的生态技术改进。当然人类繁荣的概念将导致他们极可能地寻找极高"生态效率"的技术手段，以最大限度提高人类繁荣的可能性，并同时把对生态的影响降到最低程度。但一切对技术发展严格要求是有限的，应进行切实可行的改进。

三、奥康纳强调自然自主性、决定性的弱生态中心论的生态马克思主义

詹姆斯·奥康纳（James O'Connor，1930— ）是美国生态马克思主义和生态社会主义的代表。1973 年他出版的《国家财政危机》一书奠定了他在美国马克思主义"垄断学派"的地位。1974 年他出版的《企业和国家》，从世界经济体系定义垄断资本主义性质。1984 年他的《积累危机》剖析了美国个人主义在现代资本主义秩序中的颠覆作用。1987 年他的《危机的意义》论述了晚期资本主义的经济危机。1988 年他与人合办和主编《资本主

① ［英］乔纳森·休斯：《生态与历史唯物主义》，张晓琼、侯晓斌译，江苏人民出版社 2011 年版，第 285 页。

② ［英］乔纳森·休斯：《生态与历史唯物主义》，张晓琼、侯晓斌译，江苏人民出版社 2011 年版，第 286 页。

义、自然和社会主义》刊物，在创刊号中提出了"第二重矛盾理论"。20 世纪 80 年代末，面对全球生态危机的新格局，1988 年他出版《自然的理由》著作，标志着他转型为生态马克思主义者。在该书中，他系统论述了资本主义的第二重矛盾，揭示了全球生态危机的根源。

奥康纳在人和自然的关系上，也是主张一种辩证关系，强调劳动、文化和自然复杂性的辩证"协作"关系，但与其他生态马克思主义的弱人类中心主义或人与自然复杂性协同论相比，他在人类社会与自然的辩证关系中，强调自然的自主性和决定性作用，是一种主张人与自然统一而偏于自然的弱生态中心论的生态马克思主义。

（一）奥康纳对历史唯物主义的辩证生态批评

奥康纳认为，"今天环境主体成为马克思主义思想的核心部分"[①]，必须用马克思主义理论研究生态环境问题，探索全球生态危机的根源。他认为：

一方面，马克思主义具有生态学维度。他反驳了对马克思主义是人类中心主义的指责，指出：马克思"在关于社会的观点中包含了人类不再异化于自然界，人类对自然的利用不再建立在资本积累逻辑的基础上……以我们今天的生态学理性生产为直接基础"。[②] 他认为马克思主义历史唯物主义的哲学视野中，"人类历史和自然界的历史无疑是处在一种辩证的相互作用关系之中的；……他们具备一种潜在的生态社会主义的理论视域。"[③] 马克思和恩格斯关心生态问题，这为生态马克思主义的构建准备了基本前提。马克思历史唯物主义把全部社会史归结为劳动发展的历史，认为劳动史与自然史密切相关，"自然史或多或少是人类劳动史的一部分。"[④] 马克思和恩格斯"都清楚地意识到了资本主义对资源、生态以及人类本性的破坏作

---

① ［美］詹姆斯·奥康纳：《自然的理由——生态马克思主义研究》，康正东、臧佩洪译，南京大学出版社 2003 年版，第 118 页。

② ［美］詹姆斯·奥康纳：《自然的理由——生态马克思主义研究》，康正东、臧佩洪译，南京大学出版社 2003 年版，第 3—4 页。

③ ［美］詹姆斯·奥康纳：《自然的理由——生态马克思主义研究》，康正东、臧佩洪译，南京大学出版社 2003 年版，第 4 页。

④ ［美］詹姆斯·奥康纳：《自然的理由——生态马克思主义研究》，康正东、臧佩洪译，南京大学出版社 2003 年版，第 154 页。

用"①。比如恩格斯曾指出,"不要过分地陶醉于对自然界的胜利,对自然的多次这样的胜利,自然界都会做出报复"。② 奥康纳指出,马克思和恩格斯为人们留下了"一种生态经济学或政治生态学的朴素遗产"③。这为生态马克思主义理论的构建奠定了基础。西方马克思主义者卢卡奇、阿多诺、霍克海默和马尔库塞,对资本主义异化的批判,继承的是马克思对商品拜物教的批判的逻辑。他认为前社会主义国家的马克思主义与历史唯物主义的深层规范没有关系。他认为政治生态学应研究在马克思主义理论和实践中被遗忘的自然生态问题。

另一方面,奥康纳指出了马克思主义因特定历史条件决定的"生态感受"的缺失,造成的生态理论的不足。他指出,"马克思本人很少对自然本身进行理论探讨。虽然他的确也意识到了自然发展过程对人类生产的重要性,并认为它对人类生产过程是非常重要的,但更多的是把自然当作人类拉动的外在对象来考虑的。"④ 马克思和恩格斯"没有把生态破坏问题视为他们的资本主义积累和社会转型理论中的核心问题","低估了作为一种生产方式的资本主义的历史发展所带来的资源枯竭以及自然界退化的严重程度"。⑤

他认为马克思的历史唯物主义从生态立场看有如下几点不足:

其一:未把生态破坏问题视为资本主义积累与社会经济转型的核心问题,低估了资本主义生产方式发展带来的资源枯竭和生态破坏的严重程度,忽视了工人遭受的"生物学维度的剥削"。休斯指出:《资本论》没有对资本主义生产力进行"系统质询",虽然把总体的生产力与具体的商品生产过程

---

① James O'Connor, *Natural Causes*:*Essays in Ecological Marxism*, The Guilford Press, 1998, p. 123-124.

② James O'Connor, *Natural Causes*:*Essays in Ecological Marxism*, The Guilford Press, 1998, p. 123.

③ James O'Connor, *Natural Causes*:*Essays in Ecological Marxism*, The Guilford Press, 1998, p. 125.

④ [美]詹姆斯·奥康纳:《自然的理由——生态马克思主义研究》,康正东、臧佩洪译,南京大学出版社2003年版,第63页。James O'Connor, *Natural Causes*:*Essays in Ecological Marxism*, New York:The Guiford Press, 2003, p.37.

⑤ James O'Connor, *Natural Causes*:*Essays in Ecological Marxism*, The Guilford Press, 1998, p. 124.

结合起来，但感兴趣的是"生态理性农业条件"，如怎样增加土地的肥力以增加农业生产力。马克思在《资本论》中认识到了资本主义的反生态本质，但未把生态破坏问题视为资本主义积累与社会经济转型的核心问题。"马克思清楚地认识到了资本主义对资源、生态和人类本性的破坏作用，也看到了资本主义生产、分配、交换和消费过程的资源消耗、枯竭和环境污染问题"，① 具有"生态经济学家"的视野。但马克思低估了资本主义生产方式发展带来的资源枯竭和生态破坏的严重程度，未能预见资本主义在"自然稀缺"时代重构自身的能力，马克思留下了朴素的生态经济学理论遗产，可以被视为自然资源保护者，但不是生态中心论的自然保护主义者。马克思主义理论的精华在看到了资本主义对工人阶级的"经济剥削"，但忽视了工人遭受的"生物学维度的剥削"。

其二，马克思主义理论很少探讨自然问题，未看到自然界是生产过程的"自主的合作者"。"马克思本人很少对自然界本身的问题进行探讨"②，马克思更多地把自然界当作劳动对象，忽视了"在人类通过劳动改造自然界的同时，自然界本身也在改变和重组自己"，③ 缺少"生态感受性"。历史唯物主义把理论关注点放在人类系统上，过分强调自然的人化，忽视了自然的自我转型和人类历史的自然化。只强调"生产力"之"物"，生产关系之"物"，社会物质之"物"，没有强调历史唯物主义基础的自然之"物"，没有看到人类对自然界的依赖性。这使自然界的本真自主运作性这一影响决定人类活动的力量，越来越被置于边缘地位。④ 奥康纳认为，自然是内在于生产力与生产关系中的，是自主的合作者。奥康纳认为自然就有自主的生产力，源于"森林的持续性、土壤的形成周期、特定种类人口的增长模式以及气候

① James O'Connor, *Natural Causes*: *Essays in Ecological Marxism*, The Guilford Press, 1998, p. 124.

② [美]詹姆斯·奥康纳:《自然的理由——生态马克思主义研究》，康正东、臧佩洪译，南京大学出版社 2003 年版，第 63 页。

③ [美]詹姆斯·奥康纳:《自然的理由——生态马克思主义研究》，康正东、臧佩洪译，南京大学出版社 2003 年版，第 63 页。

④ [美]詹姆斯·奥康纳:《自然的理由——生态马克思主义研究》，康正东、臧佩洪译，南京大学出版社 2003 年版，第 7 页。

的变化，都是自然界之'弱规律性'"①。而马克思只看到自然界是生产过程的合作者，未看到自然界是"自主的合作者"。因此有必要从生态学的维度，重建历史唯物主义。

其三，奥康纳还指出了历史唯物主义的文化维度的缺失。马克思将文化视为上层建筑的一部分，而未看到文化与社会基础的交织性，马克思主义理论具有"前人类学"的性质，"没领悟到社会历史或现代人类学的真实意蕴，马克思事实上是不能真正建构历史唯物主义的"。②奥康纳还认为马克思未能全面理解"协作"概念，是一种"技术决定论"和"权力决定论"的"协作"论。他还反对历史唯物主义的经济决定论，"他们（经济决定论）仅仅把绝对观念理解成了物质（经济）利益的替代物。"③

正由于奥康纳看到马克思历史唯物主义的某些所谓"缺陷"，故而认为应重建历史唯物论：一方面，把历史唯物论内涵"向外扩展到物质自然界中去"④；另一方面，要将其内涵"向内延伸……人类在生物学维度的变化以及社会化的人类自身的再生产过程"⑤。因而，应"探寻一种能将文化和自然的主题与传统马克思主义的劳动或物质生产的范畴融合在一起的方法论模式。"⑥

（二）奥康纳的自然自主性决定性下的自然、文化和劳动的辩证统一论

奥康纳理论中最重要的概念是"自然"。他认为"自然"有不同的含义：第一种，是古典"自然"含义，是"本质""基质"；第二种，是亚里士多德将"自然"含义扩展为"过程的规律、趋势"；第三种"自然"含义，是现

---

① [美] 詹姆斯·奥康纳：《自然的理由——生态马克思主义研究》，康正东、臧佩洪译，南京大学出版社 2003 年版，第 9 页。
② [美] 詹姆斯·奥康纳：《自然的理由——生态马克思主义研究》，康正东、臧佩洪译，南京大学出版社 2003 年版，第 72 页。
③ [美] 詹姆斯·奥康纳：《自然的理由——生态马克思主义研究》，康正东、臧佩洪译，南京大学出版社 2003 年版，第 52 页。
④ [美] 詹姆斯·奥康纳：《自然的理由——生态马克思主义研究》，康正东、臧佩洪译，南京大学出版社 2003 年版，第 9 页。
⑤ [美] 詹姆斯·奥康纳：《自然的理由——生态马克思主义研究》，康正东、臧佩洪译，南京大学出版社 2003 年版，第 10 页。
⑥ [美] 詹姆斯·奥康纳：《自然的理由——生态马克思主义研究》，康正东、臧佩洪译，南京大学出版社 2003 年版，第 59 页。

代资本主义启蒙思想的"自然"概念，表现在牛顿力学中，是一个被动的、惰性的概念，是"种类"以及"物质世界的整体"，是一种"事物的集合体"，是一种商品，是"事物的堆积"；第四种"自然"含义，是19世纪西方浪漫主义运动中形成的对自然的理解，自然是指"人的初始状态"和"自然景观"。这是卢卡奇和西方马克思主义所欣赏的自然概念。奥康纳强调，自然概念作为"生命存在的外在条件"或"环境"的内涵。他认为，自然是"人类依赖于'对生命的构成影响的外在条件'，即环境或'自然'的。"① 奥康纳的自然观，与马克思说的"自然是人的无机身体"② 的观点是一致的。

　　奥康纳认为，历史唯物主义忽视"自然之本真的自主运作性"和"自然的终极目的性"。"自然之本真的自主运作性"是说，"自然界本身……在改变和重构自己"。③ "自然的终极目的性是说自然界存在本身就是目的。"④ 他认为，马克思看到了自然对于生产劳动的重要性，看作是劳动的外在对象，但很少在理论上探讨自然本身的问题。马克思主义缺少生态学理论的视域，马克思和恩格斯忽视了自然生态系统的完整性存在，有时甚至将人类社会系统置于自然世界系统之上。马克思主义的历史唯物主义缺少"生态感受性"，只给自然生态系统以很少的理论空间。恩格斯看到了自然的先在性，但忽视了生产过程中自然界与人类社会相互作用、相互统一。"历史唯物主义没有一种（或只在很弱的意义上具体）研究劳动过程中的生态和自然界之自主过程（自然系统）的自然理论。"⑤ 马克思只注意到"自然的人化"或"人化的自然"，而未强调"人类的自然化"和自然界的自主转化过程。马克思的生产力思想，把自然看作是劳动和资源获取的对象，论证了社会化的自然，但把自然界自主运作边缘化了。因此，奥康纳主张，将马克思主义和生

① ［美］詹姆斯·奥康纳：《自然的理由——生态马克思主义研究》，康正东、臧佩洪译，南京大学出版社2003年版，第39页。

② 马克思：《1844年哲学经济学手稿》，人民出版社1985年版，第52页。

③ ［美］詹姆斯·奥康纳：《自然的理由——生态马克思主义研究》，康正东、臧佩洪译，南京大学出版社2003年版，第63页。

④ ［美］詹姆斯·奥康纳：《自然的理由——生态马克思主义研究》，康正东、臧佩洪译，南京大学出版社2003年版，第63页。

⑤ ［美］詹姆斯·奥康纳：《自然的理由——生态马克思主义研究》，康正东、臧佩洪译，南京大学出版社2003年版，第62—63页。

态学结合起来，用生态学填补马克思主义的理论空缺，给历史唯物主义提供"自然的理由"，确立自然在历史唯物主义中的基础性地位，在历史唯物主义体系中，强调自然的自主过程性和终极目的性的特征。

奥康纳以"协作"概念切入历史唯物主义的"重构"。他认为历史唯物主义未能全面理解"协作"的概念。任何一种"协作模式"，即是生产力，也是生产关系。协作不同程度地建立在文化规范和生态样式的基础上。奥康纳认为，"特定的协作模式"① 是技术、经济、权力、文化和自然等因素的有机统一之中。生产关系变化决定协作关系和生产力的变化。协作具有质和量两个维度。量的维度，是协作的规模，过去是地区规模，当代是全球化的规模。质的维度，是把劳动和劳动者具体组织起来的形式。从历史上看，有罗马银矿协作、封建庄园协作和早期资本主义工场协作和当代全球资本主义协作。其质和量都不同，推动生产力由低级向高级发展。协作包括人和人的协作，以及人和自然的协作，是双方独立自主的合作，不是控制的关系。"对协作和劳动关系模式与历史的变迁和发展之间的关系进行探讨"②，可以重构历史唯物主义。

当代资本主义的发展机制是政治、经济、文化和生态环境的"不平衡的联合的发展为特征的"③ 协同过程。在20世纪晚期，在资本主义法律、政治、经济、文化的必然性运作机制中，形成了自然资本化的自然，并开始与这种资本化的自然进行斗争。为应对当代资本主义生态化的格局，历史唯物主义也必须确立自然的基础性。

奥康纳认为，人类劳动不仅建立在阶级权力和市场规律之上，也建立在文化规范和自然系统之上："人类的劳动……还建立在自然系统之上。"④ 奥康纳认为，自然史和社会史是相互影响的，物质劳动是社会和自然界间的

---

① [美] 詹姆斯·奥康纳：《自然的理由——生态马克思主义研究》，康正东、臧佩洪译，南京大学出版社 2003 年版，第 65 页。

② [美] 詹姆斯·奥康纳：《自然的理由——生态马克思主义研究》，康正东、臧佩洪译，南京大学出版社 2003 年版，第 300 页。

③ James O'Connor, *Accumulation Crisis*, NewYork：Bisic Blawell Inc，1984，p.40.

④ [美] 詹姆斯·奥康纳：《自然的理由——生态马克思主义研究》，康正东、臧佩洪译，南京大学出版社 2003 年版，第 77 页。

"一个物质性临界面"，既创造人类客观的经济生活世界，又建构人的主观意识。生态马克思主义试图超越"存在于历史理论和地理—生物学理论或假设之间的二元论现象"。① 确立自然、文化和社会劳动的三位一体的辩证历史哲学。奥康纳指出："劳动既是一种物质性实践，也是一种文化实践（culture practice）。"劳动、文化和自然是奥康纳生态马克思主义的三大主题。作为生产力和生产关系统一体的社会生产方式与自然和文化形成辩证统一的关系。奥康纳认为，传统马克思主义历史唯物主义，有两个局限：其生产力观，忽视文化价值和忽视自然特征："第一个缺陷是，关于生产力的传统观念忽视或轻视了……协作模式……是深深植根于特定的文化规范和价值观之中的。第二个缺陷是，忽视了……这些生产力既具有社会的特征，又具有自然的特征。"② 奥康纳认为传统的生产力和生产关系，把生产力看作是生产的能力和决定社会发展的物质力量，以科技为基础的历史积累过程。生产关系是人们在生产中形成的社会关系，包括财产关系和权力占有形式，非历史累积性，由生产力的决定而渐变或质变。"这种传统的生产力和生产关系解读模式，缺失'文化'和'自然'线索。实际上生产力和生产关系都同时是文化和自然的。"③ 因而，历史唯物主义要具体历史地研究文化和自然。要从文化和自然两个维度重构生产力和生产关系：

一方面，是文化维度的生产力和生产关系。奥康纳认为，文化是日常生活的经纬线，渗透于工作场所和生产劳动过程中："生产力始终是文化力量的一部分。"④ 文化是生产力和生产关系的主观维度，"文化关系内在于劳动、劳动关系以及其他领域的方式。"⑤ 受制于特定的文化实践，即道德、法

① ［美］詹姆斯·奥康纳：《自然的理由——生态马克思主义研究》，康正东、臧佩洪译，南京大学出版社 2003 年版，第 11 页。

② ［美］詹姆斯·奥康纳：《自然的理由——生态马克思主义研究》，康正东、臧佩洪译，南京大学出版社 2003 年版，第 436 页。

③ ［美］詹姆斯·奥康纳：《自然的理由——生态马克思主义研究》，康正东、臧佩洪译，南京大学出版社 2003 年版，第 436 页。

④ ［美］詹姆斯·奥康纳：《自然的理由——生态马克思主义研究》，康正东、臧佩洪译，南京大学出版社 2003 年版，第 72 页。

⑤ ［美］詹姆斯·奥康纳：《自然的理由——生态马克思主义研究》，康正东、臧佩洪译，南京大学出版社 2003 年版，第 78 页。

律、习俗等意识形态的影响。当然，生产力和生产关系也同时具有客观维度，生产力的客观维度是生产资料、生产工具以及劳动对象，生产关系的客观维度是特定社会经济运行规律如资本主义社会的价值规律等为基础。强调生产力和生产关系的文化维度，可以理解相同技术生产力水平的不同人们的协作方式。美欧日技术水平大体相同，但其协作模式有个人主义、阶级合作和集体资本主义的区别，这源于文化差异。

　　另一方面，是自然维度的生产力和生产关系。奥康纳认为，自然内在于生产力和生产关系之中，马克思历史唯物主义的论述中，"自然（自然的经济）内的生态与物质联系以及它们对劳动过程中的协作的影响，虽然没有被完全忽视，但相对被轻视了。"① 奥康纳认为，自然生态系统的生产力表现为两方面：一是人类生产不能违反自然法则。"构成生态系统的化学、物理、生物和物理过程独立于人类系统，自主运行。以其属性和规律影响人类生产力的发展。"② 人类可以加快自然系统生长周期、控制化学过程，但这些措施仍是建立在自然界本身的发展趋势之上。二是生产力体现自然特征。自然界是生产过程的自主合作者。如空间限制建筑业的协作种类，交通业以空间资源的全国使用为前提，制造业从属于复杂的自然过程，人类的身体和心灵决定协作的可能性。生态系统还存在自然的生产关系："自然的生产关系意味着某种自然条件或自然过程特定形式……对任何一个现有的社会组织形式和阶级结构的发展提供了更多可能性。"③ 马匹和家禽的拥有权，以能养育它们的土地为前提。法国内地的封建关系的自然条件，是无良好的水路的相对封闭自然地理环境条件，货币在封建的法国，相当程度是税收而不是价值尺度。因而法国内地无严格的封建主义，这与其个人主义的文化有关，也与其发达的内陆和沿海输水系统和由此带来的经商机会有关。哥斯达黎加小规模的土地所有制比其他中美洲常见，在于其地形条件。生产力和生产关系建

① James O'Connor, *Natural Causes：Essays in Ecological Marxism*, New York：The Guilford Press, 2003, p.43.

② [美] 詹姆斯·奥康纳：《自然的理由——生态马克思主义研究》，康正东、臧佩洪译，南京大学出版社 2003 年版，第 74 页。

③ [美] 詹姆斯·奥康纳：《自然的理由——生态马克思主义研究》，康正东、臧佩洪译，南京大学出版社 2003 年版，第 74 页。

立在生态联系基础上，而非技术基础上。自然具有自主的生产力，这种自主性在于"森林的持续性、土壤形成的周期、特定的增长模式以及气候的变化"① 等自然"弱规律性"。奥康纳认为，自然界不仅是如马克思在《资本论》中说的"合作者"，而且是"自主的合作者"。自然界的物理化学过程以及动植物的生态分布，与生产力和生产关系密切相关。工业社会的劳动协作方式普遍充满生物学、化学和生态学的自然特性。人可以改变自然系统运行的具体形式，但自然系统的化学、物理和生物过程独立于人类系统自主运行，有其内在的发展规律或趋势，不以人的意志为转移是自主的生产力。人类通过劳动改造自然的过程，是一个人力与自然力相互作用的过程，"在某些情况下，自然对生产力和生产关系具有决定性作用，当自然资源被用完的时候，人类的生产关系和生产力就要发生变化"。② 奥康纳认为马克思虽然认识到自然界对生产的重要性，但只是把自然界作为外在的对象来考虑，这是对马克思的误解。马克思多次谈到自然生产力、自然生产率等，如马克思指出："在农业中（采矿业中也一样），问题不仅涉及劳动的社会生产率，而且也涉及劳动的自然条件决定的自然生产率。"③

第二节　生态马克思主义的生态正义观

正义是一个道德和法权的政治伦理学概念，古典社群主义正义观，如亚里士多德、柏拉图和孔子的正义，是人在社会等级秩序中各安其分的和谐关系。现代社群主义的正义论，是基于"应得"理念的多元正义，认为不同的社群和不同的社会领域有不同的分配原则，公共利益的分配原则是各尽所能按需分配原则。现代自由主义正义，是私有产权体系中的利益关系和法权的权利和义务的平衡：右翼自由主义强调基于自由产权的自由市场秩序中合法占有产权的机会均等的程序正义；左翼凯恩斯主义的辩护者罗尔斯则强调

① ［美］詹姆斯·奥康纳：《自然的理由——生态马克思主义研究》，康正东、臧佩洪译，南京大学出版社 2003 年版，第 77 页。

② ［美］詹姆斯·奥康纳：《自然的理由——生态马克思主义研究》，康正东、臧佩洪译，南京大学出版社 2003 年版，第 77 页。

③ 《马克思恩格斯文集》第 7 卷，人民出版社 2009 年版，第 867 页。

公平的分配正义，正义是公平地分配社会合作带来的收益和成本的一致同意原则，包括平等的自由原则、机会均等原则和最小受惠者利益最大化原则。马克思主义历史唯物主义，认为正义是社会意识，是对现实分配关系和利益关系的价值判断，不同利益主体有不同的正义观，资产阶级认为基于资本主义生产方式的等价交换原则是正义的，但马克思站在无产阶级的立场上认为资本主义私有制对剩余价值剥削是非正义的；而社会主义的按劳分配原则消灭了资本主义剥削的非正义，但其蕴含的非选择偶然性，也导致实际所得不平等的非正义，理想的正义原则基于极大丰富的社会财富和自由人的联合体的各尽所能按需分配原则。① 环境正义和生态正义，是环境运动中形成的公平分配环境成本和环境产品的正义思想，有环境伦理学和环境法学两个视角，环境伦理学强调人与人分配环境资源的公平正义原则，以及人和自然关系的平等的伦理关系；环境法学强调公平分配环境成本和环境产品的权利和义务关系。西方生态马克思主义批判了资本主义生产方式及其对利润最大化追求或经济理性的反生态性，批判了资本主义的非正义性，提出了生态正义的理想社会，大体分两个类型：一是莱斯和高兹等少数生态马克思主义者，阐述的基本属于生态主义的生态无政府主义的社会类型；二是大多数生态马克思主义者，强调以人和自然辩证统一为前提，以及以某种形式的社会联合体的集体所有制的生态社会主义的社会类型。

一、生态马克思主义对资本主义的生态非正义的批判

资本主义制度特别是它的经济生产消费方式应该为现实中的生态环境危机负责，是所有生态社会主义理论家的共识，尽管他们在批评态度和严厉程度上有所不同。② 生态马克思主义不同于深绿色范式把"生态危机"起因归结为"工业主义"的"物质主义"价值观和"人类中心主义"的思维方式，生态马克思主义揭示了资本主义生产方式在人与人的关系和人与自然关系上的双重非正义，导致了社会危机和生态危机的形成。具体而言，生态马克思主义把生态环境危机归结为资本主义生产方式的反自然性，即

① 段忠桥：《马克思的分配正义观念》，中国人民大学出版社 2018 年版，序言第 5—12 页。

② 郇庆治主编：《重建现代文明的根基——生态社会主义研究》，北京大学出版社 2010 年版，第 10 页。

资本为追求利润最大化而形成的过度生产、过度消费与生态资源有限性的矛盾。

（一）威廉·莱斯对资本主义生态危机背后双重非正义关系的揭示

威廉·莱斯（William Leiss，1939—　）出生于美国纽约长岛，曾在美国加利福尼亚大学任教，后任教于加拿大多伦多市约克大学、多伦多大学，1979 年加入加拿大国籍。莱斯 1972 年《自然的控制》和 1976 年的《满足的极限》是生态马克思主义早期最重要的著作。这两本著作因阿格尔 1979 年出版的《西方马克思主义概论》正式提出"生态马克思主义"的概念后，将其列为生态马克思主义代表作，才引起重视。莱斯从人与自然的关系和人与人的社会关系的非正义，论述了生态危机的形成。莱斯的基本思想传统来自于西方马克思主义法兰克福学派马尔库塞。

1."控制自然"：对人与自然的非正义关系的揭示

莱斯在 1972 年《自然的控制》提出了"控制自然"（The Domination of Nature）的核心思想。赖斯认为，生态危机的根源在于"控制自然"的观念。他在《自然的控制》序言中指出：目前的环境问题，十分复杂和严重，目前主流的解决环境问题的方式是"企求在现存经济核算范围内来解决环境问题"，如此会增加解决环境问题的负担：环境质量变成一种"可欲求的商品"，"结果是完全把自然的一切置于为了满足人的需要的纯粹的对象的地位"，这是"环境衰退"之"更深困局的根源"。① 另外一种倾向是"认为科学技术是可诅咒的偶像……他们有时提倡诗意的神秘主义或东方宗教的方式。"② 第一种观点，改善环境福利的措施，是增加能源和资源，控制环境污染更高的标准，会增加成本，放慢增长率，转化为全球范围内的政治斗争。第二种观点，把科学技术看成是生态问题的根源。莱斯认为这是把征兆当根源。莱斯赞同拉维兹在《科学知识及其问题》（1971）的把科学技术看成是意识形态的观点："现代科学及似乎仅仅是'控制自然'的这一逐渐广为

---

① ［加］威廉·莱斯：《自然的控制》，岳长玲、李建华译，重庆出版社 2007 年版，序言第 2—3 页。

② ［加］威廉·莱斯：《自然的控制》，岳长玲、李建华译，重庆出版社 2007 年版，序言第 3 页。

人知的更宏大谋划的工具。"① 莱斯指出，控制自然这一概念自相矛盾，既是进步性也是退步性的根源。一方面培养对美好社会的希望；另一方面，"控制自然和控制人密不可分割的联系。……人控制自然主要的功用之一（即它作为一种意识形态的作用），是阻碍对人际关系中新发展的控制形式的觉悟。"② 这一新观念与社会契约理论一同兴起，它强调的个人平等掩盖了资本主义经济中的新的控制形式。"控制自然的观念隐含着一种主张，即人类成员之间有平等分配的权力"，③ 这种假定是虚幻的。莱斯赞同霍克海默对"技术理性批判"和"自然的反抗"思想：技术合理性危机是由技术控制自然的作用和控制社会冲突的使用造成的。他认为舍勒只看到科学知识有助于"支配自然"的部分，但没有看到负面的生态后果："如果实行这项计划产生了明显的不良后果，诸如生态的和生物的破坏以及核毁灭威胁，那么这些也被看作控制的含义吗？或者我们应该只承认它的有益后果？"④ 莱斯认为，控制自然的意识形态，最终会推翻一切自然主义的思维方式，把发展生产力作为首要任务，而引起人类的异化的毁灭："人类控制自然的观点成为一种社会制度的基本意识形态。"⑤ 在文明中第一次出现这个趋势的是资本主义制度，用马克斯·韦伯的话说是"资本主义精神"。社会契约论强调的社会与自然的分离，为生产的发展铺平了道路。自然的非精神化，"自然概念所具有的法规力量逐步削弱，造成了伦理和精神的真空"⑥，占统治地位的哲学把虚假的概念投射到自然方面，"人事关系完全在抽象意义上被理解为自然秩序。"⑦ 人的意识和描述的自然法则的一般图景，为人需要服务，顺应自然成为一种技术命令而不是道德律令。被自然控制的传统等级制的自然主义契约衰落

① ［加］威廉·莱斯：《自然的控制》，岳长玲、李建华译，重庆出版社 2007 年版，序言第 4 页。
② ［加］威廉·莱斯：《自然的控制》，岳长玲、李建华译，重庆出版社 2007 年版，序言第 6 页。
③ ［加］威廉·莱斯：《自然的控制》，岳长玲、李建华译，重庆出版社 2007 年版，序言第 6 页。
④ ［加］威廉·莱斯：《自然的控制》，岳长玲、李建华译，重庆出版社 2007 年版，第 106 页。
⑤ ［加］威廉·莱斯：《自然的控制》，岳长玲、李建华译，重庆出版社 2007 年版，第 157 页。
⑥ ［加］威廉·莱斯：《自然的控制》，岳长玲、李建华译，重庆出版社 2007 年版，第 162 页。
⑦ ［加］威廉·莱斯：《自然的控制》，岳长玲、李建华译，重庆出版社 2007 年版，第 162 页。

为发挥人个体积极主动性和追求利益开辟了道路。① 培根控制自然概念与一种基督教神学精神（上帝）与自然的绝对分离的宗教背景一致："在这种神学中，精神是作为自然的创造者主宰自然的。"② 培根认为"只有让人类发现主宰自然是神的遗产，并把这种权利给予它；实行这种权力才将由坚实的理性和真正的宗教掌握。"③ 但培根错了，"理性和上帝都不能指导控制自然的权利以及防止这种追求变成自我毁灭。……现存的社会制度不能容纳科学技术的破坏潜能。"④ 培根还有一个假定："在对外部自然的日益增长的控制和对人类自我控制的补充因素之间有一种先验的联系，它可以指导新获得的力量的社会应用。"⑤ 但他们未将这一解释建立在适当的基础上，如心理学或其他。启蒙运动企求科学合理性可以渗透到一切领域，并根治社会非理性，但这种期望未实现。培根的控制自然概念是一种意识形态，具有一定的积极因素，不能简单地排斥它，应对其进行重新解释，"它的主旨在于伦理和道德发展……控制自然的任务应当理解为把人的欲望的非理性和破坏性的方面置于控制之下。这种控制的成功将是自然的解放——人性的解放"⑥。不是征服外部自然，"而是发展能够负责任地使用现成的技术手段来提高生活的能力，以培养和保护这种能力的社会制度。"⑦ 霍克海默和马尔库塞最有创见的见解是，"坚持主张对外部自然的统治和对内部自然的统治之间有必然的联系。"⑧ 控制自然和控制人，"这两个方面在它们的全部历史过程中存在着内在的、逻辑的联系。"⑨ 对自然控制造成了生态危机："广泛威胁着一切有机生命的供养基础，生物圈的平衡，以及不断扩大的人类对于一个统一的全球环境的激烈斗争。"⑩

---

① ［加］威廉·莱斯：《自然的控制》，岳长玲、李建华译，重庆出版社2007年版，第163页。
② ［加］威廉·莱斯：《自然的控制》，岳长玲、李建华译，重庆出版社2007年版，第164页。
③ ［加］威廉·莱斯：《自然的控制》，岳长玲、李建华译，重庆出版社2007年版，第164页。
④ ［加］威廉·莱斯：《自然的控制》，岳长玲、李建华译，重庆出版社2007年版，第165页。
⑤ ［加］威廉·莱斯：《自然的控制》，岳长玲、李建华译，重庆出版社2007年版，第167页。
⑥ ［加］威廉·莱斯：《自然的控制》，岳长玲、李建华译，重庆出版社2007年版，第168页。
⑦ ［加］威廉·莱斯：《自然的控制》，岳长玲、李建华译，重庆出版社2007年版，第169页。
⑧ ［加］威廉·莱斯：《自然的控制》，岳长玲、李建华译，重庆出版社2007年版，第178页。
⑨ ［加］威廉·莱斯：《自然的控制》，岳长玲、李建华译，重庆出版社2007年版，序言第6页。
⑩ ［加］威廉·莱斯：《自然的控制》，岳长玲、李建华译，重庆出版社2007年版，序言第6—7页。

莱斯认为，马克思的自然概念蕴含着人与自然的辩证关系："自然是全部人类活动的'应用场所'，是一切社会组织形式所共同的劳动过程的普遍基础。人的活动改变了世界，但也改变了自身，他的创造性展开了、开辟了利用自然资源的新的可能性。"① 马克思认为人和自然的相互作用是通过人与人利益冲突展开的："进一步说，在生产力更高的水平上，需要的满足越来越表现为社会因素的间接调节作用……在阶级分化的社会中……从控制自然中获得的物质分配是不公平的。"② 马克思在《资本论》第3卷中写道："社会化的人，联合起来的生产者，将合理地调节他们和自然之间的物质变换……在最无愧于和最适合于他们的人类本性的条件下来进行这种物质变换。"③ 只有社会主义条件下联合起来的人，才能合理调节人和自然的新陈代谢关系，建立人和自然的生态正义关系。

2. 控制人：对虚假需求和异化消费的异化社会关系的批判

莱斯认为"控制自然和控制人密不可分割的联系。……人控制自然主要的功用之一，是阻碍对人际关系中新发展的控制形式的觉悟。"④ 他在《满足的限度》(the limits to satisfaction) 前言中指出了当今地球资源使用的不平等或非正义：发达国家占地球总人口不到三分之一，却使用了资源产品总量的90%。关于资源短缺供给的短期解决方案，就是保证发达国家"将来不公平地多占世界产品。"⑤ 并指出，目前西方资本主义社会政府越来越多干预经济体系，建立交织公私利益的混合经济，人们期望"将来消除私人财产或财富结构的不平等"，但现在人们越来越普遍地认识到，"经济的成功并不能保证社会和谐。"⑥ 当代资本主义社会有两大不易解决的问题：一是公平分配的问题不那么容易解决。发达国家占据太多地球资源，无法保证资源的共享。第二个难题，是即使拥有丰富的资源，也尽可能地公平分配，但"无法保证人

---

① [加] 威廉·莱斯：《自然的控制》，岳长玲、李建华译，重庆出版社2007年版，第75页。
② [加] 威廉·莱斯：《自然的控制》，岳长玲、李建华译，重庆出版社2007年版，第75—76页。
③ 《资本论》（第3卷），人民出版社1975年版，第926—927页。
④ [加] 威廉·莱斯：《自然的控制》，岳长玲、李建华译，重庆出版社2007年版，序言第6页。
⑤ [加] 威廉·莱斯：《满足的限度》，李永学译，商务印书馆2016年版，II。
⑥ [加] 威廉·莱斯：《满足的限度》，李永学译，商务印书馆2016年版，XI—V。

们会在物质财富进一步丰富后感到满足或幸福。随着生产能力的扩大，我们的生活质量本应得到改善，但鼓吹高消费生活方式理想的社会似乎没有掌握生活质量改善的任何可靠手段。"①

　　莱斯用马尔库塞的"虚假需要"理论，批判资本主义社会的消费异化造成对人控制和对环境的破坏。他通过阐明需求（demands）、欲望（wants）和需要（needs）的关系建立人与人、人与自然和谐的生态正义社会。

　　西方马克思主义者法兰克福学派的马尔库塞提出"虚假需求"的概念，指出"为了特定社会利益而从外部强加给个人身上的那些需求……是'虚假的'需求。"② 商业广告文化，按照"操作原则"操纵人们的消费欲望，以驱使人们从事异化的痛苦劳动。莱斯继承了马尔库塞这一观点，指出，从20世纪20年代开始形成消费至上主义，将消费与满足和幸福等同。但快速的商品给人们带来交替的满足和不满足感，我们的经济福利一直在改善，但并没有让我们更加幸福。当前市场导向的社会，是一种相对的"地位幸福感"，弗莱德·希尔斯在《增长极限》指出，市场交换体系里大部分人的基本需要得到满足，发生了对"地位商品"的激烈竞争，地位商品是决定人社会地位的商品，其价值少部分人拥有，其他人不拥有，例如离开日渐恶化的都市环境搬到郊外的能力，如果所有人都逐渐住在郊外了，这种优势就消失了。过分拥挤的旅游点是另一个例子。罗伯特·海尔在《没落的商业文明》中指出，在21世纪人们将经历商业文明核心的空虚，"造成这种空虚的是不带人情味的金钱关系对非金钱关系的普遍替代，以及劳动不再有内心满足，而退化为单纯的收入保证。"

　　莱斯揭示了当代资本主义社会虚假需要和异化消费的原因，在于高强度市场架构的生产方式和消费方式的特点。人类社会满足需要模式有自用、从自用为主到有一定程度的为市场交换的生产、到现代资本主义强度的市场架构几种模式。高强度的市场架构的需要结构是："需要的每一个表达或表述都同时有一个物质关联和一个象征性的或文化的关联。"③ "商品变成了非常复杂的物品：人们需要本身的物质—符号关联所固有的模糊性也复制在这

---

① ［加］威廉·莱斯：《满足的限度》，李永学译，商务印书馆2016年版，第5页。
② ［加］威廉·莱斯：《满足的限度》，李永学译，商务印书馆2016年版，第8页。
③ ［加］威廉·莱斯：《满足的限度》，李永学译，商务印书馆2016年版，第72页。

些商品上。它们并非简单的实物，而是'物质—符号实体'，即一套复杂的信息和特性的化身。这些交织在一起的信息为商品购买者提供了商品是否符合个人需要的建议。"[①] "在高强度的市场架构下，与人们的欲望结合的感觉状态以及商品的多方面都是高维复杂的，因此需要和商品间的互动复杂性呈指数增加。"[②]

莱斯赞同20世纪70年代关于增长极限的观点，认为环境、资源和人口、经济增长的矛盾将愈演愈烈，现在人们已经达成大致一致的意见：其一，即使乐观主义者也承认"会有某些经济与人口增长的理论极限存在。科技的进步当然能舒缓一些短期问题，但人类总有承认自己必须开始控制经济和人口的一天。……科技决定论的唯一追求不过是为了当前非常成问题的奢侈而抵押未来的一种方式，即不愿意为了未来潜在性后果而承担修改今天所推行的政策。"[③] 其二，人口不是环境危机根源，"我们面临的直接难题是发达国家对资源不可原谅的掠夺和由此造成的环境退化"[④]。其三，现在参与的各方力量的庞大规模已形成了惯性因素，这一状况限制了决策的可能性。莱斯认为，高强度市场经济模式的全球化，"这一社会实践对浪费了我们星球上的大量资源负责"[⑤]。莱斯认为，"生物圈存在某种极限；发达国家的工业生产体系正在测试这些极限。"[⑥]

（二）高兹对资本主义经济理性、非正义的批判和对生态理性社会的阐述

安德烈·高兹（Andre Gorz，1923—2007），是西方存在主义马克思主义者，是1968年"五月风暴"的重要思想来源。1968年西方学生运动失败后，高兹以生态问题为基点，转向对资本主义的新批判，他是把政治生态学和马克思主义、社会主义结合起来的最早思想者，是当代生态政治学的代表人物。1975年高兹出版《作为政治学的生态学》，标志着他由一个存在主义者转变为一个生态马克思主义者。他其后发表的生态马克思主义的著作

---

① ［加］威廉·莱斯：《满足的限度》，李永学译，商务印书馆2016年版，第84页。
② ［加］威廉·莱斯：《满足的限度》，李永学译，商务印书馆2016年版，第30页。
③ ［加］威廉·莱斯：《满足的限度》，李永学译，商务印书馆2016年版，第12—13页。
④ ［加］威廉·莱斯：《满足的限度》，李永学译，商务印书馆2016年版，第99页。
⑤ ［加］威廉·莱斯：《满足的限度》，李永学译，商务印书馆2016年版，第115页。
⑥ ［加］威廉·莱斯：《满足的限度》，李永学译，商务印书馆2016年版，第134页。

有《生态学与自由》(1977)、《经济理性批判》(1988)，《资本主义、社会主义与生态学》(1991)、《生态学》(2003) 和《非物质：知识、价值与资本》(2010) 等。高兹的生态马克思主义思想影响了阿格尔。高兹的思想，除了受存在主义的人道主义思想影响外，还继承了马克思主义的危机理论、异化理论和社会主义思想，但否定马克思的科技中心论和暴力革命思想。他还受西方马克思主义法兰克福学派马尔库塞和哈贝马斯的影响，继承了马尔库塞对西方技术理性的批判思想以及"虚假需要"思想，也接受了哈贝马斯的"生活世界"理念。高兹受舒马赫"小规模""中间技术"和"具有人性的技术"等思想影响较大，提出"温和的技术""分散的技术"和"后工业的技术"等思想。他还接受托夫勒第三次浪潮思想影响。

1. 资本主义的经济理性导致的生态危机和社会危机

20世纪70年代以后随着激进运动退潮和环境运动等新社会运动的兴起，高兹开始把马克思主义与新社会运动结合起来，提出了批判和超越资本主义的政治生态学的方法论路径。1975年他出版《作为政治学的生态学》开始转变为一个生态马克思主义者。高兹的生态政治学，是一种全面超越资本主义框架的生态的、社会的和文化的生态社会主义革命思想。高兹认为生态主义的生态政治学，是在资本主义框架内寻求污染的最小化，不是改造资本主义制度本身，只能造成环境问题向第三世界国家的转移。因此"生态运动本身不是目的，而是更大政治斗争的一个阶段。"① 为此从生态危机的发生角度探讨资本主义生产逻辑和生产目的。

高兹认为生态危机是资本主义追求利润最大化的生产目的，即经济理性造成的。"经济理性肇始于计算与核算。"② 在前资本主义社会，人们将工作限制在基本需求内，工作以生产东西足够了为止。"'足够了'并不是一个经济范畴，它是一个文化和存在论范畴。"③ 资本主义生产为经济理性创造了基本的条件：经济理性要求生产者和消费者分离；自由交换的市场；离开家庭

---

① Andre Gorz, *Ecology as Politics*，Boston：South End Press，1980，p.3.

② Andre Gorz, *Critique of Economic Reason*，Tanstalted by Gillian Handyside and Chris and Turner. Lonson and New York：Verso Books，1989，p.109.

③ Andre Gorz, *Critique of Economic Reason*，Tanstalted by Gillian Handyside and Chris and Turner. Lonson and New York：Verso Books，1989，p.112.

在公共领域进行生产；量化标准的实现。"经济理性既可以指'计算与核算'的手段，又可以扩大到'计算与核算'背后的资本主义市场经济体系。……是人类理性的一种。"①高兹说的经济理性其实就是现代经济学理论的"理性经济学人假设"的经济人理性，追求个人功利利益或效用最大化。高兹指出，经济人是一个抽象的个体，其支持经济理性，在他身上呈现生产与消费分离的情况，忽视商品使用价值和幸福、道德和自由等问题，只关心交换价值、商品数量和收支平衡。②经济理性也是马克斯·韦伯说的现代资本主义企业的工具理性，即关注有效手段和功利目的之间的逻辑关系，以最有效的手段达到功利目的。高兹指出："经济理性作为一种认识—工具理性"，使生活世界殖民化。③高兹认为，经济理性造成生产无限增长逻辑，必然导致生态危机；造成了人需求和消费的异化，终将导致生态危机；经济理性造成了生活世界的殖民化和新奴隶主义：

其一，经济理性造成了无限的生产趋势，必然导致生态危机。高兹认为，"资本主义的利润动机必然破坏生态环境。"④资本主义生产的目的是"以最小的投入生产出最大的交换价值"。⑤高兹认为，"资本主义生产就是破坏"，"在资本主义条件下，要把这些要素联合在一起就能生产出最大限度的利润。……因此资本家会最大限度地区控制自然资源"⑥。资源匮乏危机、生产危机、过度积累危机是资本主义生产的同一个过程。资本的积累的逻辑就是无限增长，"资本主义用机器取代劳动，用死劳动取代活劳动……机器就是资本，资本的逻辑就是无限地追求增长"⑦。这必然消耗和破坏"不可再生的资源"⑧。资本主义企业即使从事生态商业，也是有利可图，扩展了资本主义经济理性，甚至会带来生态技术的法西斯主义，加剧社会不平等，向第三

① 朱波：《高兹生态学马克思主义思想研究》，北京大学出版社 2016 年版，第 77 页。
② 朱波：《高兹生态学马克思主义思想研究》，北京大学出版社 2016 年版，第 82 页。
③ Andre Gorz, *Critique of Economic Reason*, Tanstalted by Gillian Handyside and Chris and Turner. Lonson and New York：Verso Books，1989，p.107.
④ Andre Gorz, *Ecology as Politics*, Boston：South End Press，1980，p.5.
⑤ Andre Gorz, *Ecology as Politics*, Boston：South End Press，1980，p.5.
⑥ Andre Gorz, *Ecology as Politics*, Boston：South End Press，1980，p.3.
⑦ Andre Gorz, *Ecology as Politics*, Boston：South End Press，1980，pp.21-22.
⑧ Andre Gorz, *Ecology as Politics*, Boston：South End Press，1980，p.26.

世界转嫁经济危机，造成生态危机的全球化。

其二，经济理性导致虚假需求和异化消费，制造新的不平等，终将导致生态危机。高兹认为当代资本主义生产和消费分离，人们大部分时间生产和出卖非自己必需的东西，形成占有好于他人的东西才能受尊敬的价值观念。资本主义企业利用这种价值观念不断制造新的需求，形成虚假需求和异化消费。高兹根据马克思的需要理论，指出，在今资本主义社会，一切由资本的生产逻辑驱动，资本决定生产，生产决定需要的对象和方式。人的基本需要服从于资本最大化的需要，形成"匮乏和浪费共存"的格局，一方面人的基本需要很大范围没有满足；另一方面，资本主义生产和销售，不顾自然资源枯竭，不注重使用价值的实质，而侧重于包装和品牌的形式，造成了生态资源浪费和环境的破坏。"空气""睡眠"和"吃"的基本需求被表达为"度假""体力脑力放松"和"快餐"等，自然环境破坏，由社会环境替代，基本需要只能以社会方式满足，"或甚至准确地说，基本需要被社会中介。"① 按照马尔库塞的观点，这是一种适应资本主义生产方式的"虚假需要"。为了满足"虚假需要"的消费就是"异化消费"。高兹根据马克思异化劳动概念提出"异化消费"的概念。异化消费是异化劳动的对应物。在虚假需要和异化消费推动下，资本主义企业为了利润最大化，不断扩大生产规模，造成了巨大的危害。一方面制造新的特权等级、新的不平衡，异化消费成为对象征意义的商品符号的消费，成为社会地位的反映。资本主义科技和生产力的发展，使社会生产的必要劳动时间大大减少，失业人数增加，从事短期工作的人数增加，少数高收入的精英就可以购买失业者的空闲时间来为自己服务，使失业者依附于少数精英，形成新的依附关系，"曾经被战后工业化废除掉的'奴隶阶级'再次出现了。"② 另一方面虚假需要和消费主义，也因而促进了生产规模而导致了生态危机，资本主义企业生产，"对大量的经济生产力的追求……都建立在最大量的消费和需求的基础之上。……导致了整个社会经济领域浪费的日益加剧。"③ "它加速破坏了以此为基础的不可再生资

---

① Andre Gorz，*Strategy for Labor*，Boston：Press，1976：89.

② Andre Gorz，*Critique of Economic Reason*，Translated by Gillian Handyside and Chris and Turner. Lonson and New York：Verso Books，1989，p.109.

③ Andre Gorz，*Ecology as Politics*，Boston：South End Press，1980，p.26.

源，它过度消费的是那些基本不可再生的资源。"[1]

其三，经济理性导致技术法西斯主义，导致新的社会不公正，加剧生态危机。高兹认为，破坏生态环境的是以资本主义生产逻辑为标志的"硬技术"。资本主义硬技术以利润最大化为目的，按照利润需要和控制需要发展起来的，规模大，复杂，具有"'技术法西斯主义'的集中化和准军事化特征。"[2] 按照科技发展起来的劳动分工，造成劳动分工的碎片化，使人丧失主动性和创造性，教育医疗机构按照经济理性，在科技指导下，加强了对人的控制。按照利润和控制需要发展起来的科技，造成自然资源的巨大浪费和环境破坏，加剧了生态危机。如 1974 年法国通过核电计划，高兹认为实施核电计划就是技术法西斯主义："从核技术被选择一开始，就被描述为与民主是不相容的。"[3] 发展核电站具有巨大的生态风险。

其四，经济理性导致生活世界殖民化，造成了生活世界无法提供人生意义的意义危机。"生活世界的殖民化"，是西方马克思主义者法兰克福学派当代的代表人物哈贝马斯分析晚期资本主义提出的一个概念，指的是政治经济体系中工具—目的理性原则，对"生活世界"交往合理性原则的替代和侵略。家庭私人生活领域也充斥金钱原则，发生矛盾也采用法律手段解决。高兹指出："经济理性作为一种认识—工具理性……使生活世界殖民化、异化和支离破碎。"[4] 高兹认为，经济理性扩张的过程，就是现代化的过程，造成科技专制，科技成为控制人、控制自然的工具和意识形态，扰乱了人的价值活动，剥夺了真善美的普遍有效性，割断了同自然的天然联系，造成了生态危机。

2. 后工业时代社会关系的非正义：劳动分工造成非工人的非阶级

高兹指出，"资本主义社会的劳动分工是一切异化的根源。"[5] 高兹认为，

---

[1]　Andre Gorz, *Ecology as Politics*, Boston: South End Press, 1980, p.27.

[2]　Andre Gorz, *Ecology as Politics*, Boston: South End Press, 1980, p.9.

[3]　Andre Gorz, *Ecology as Politics*, Boston: South End Press, 1980, p.100.

[4]　Andre Gorz, *Critique of Economic Reason*, London and New York: Verso Books, 1989, p.109.

[5]　Andre Gorz, *The Division of Labors: The Labors Process and Class-Struggle in Modern Capitalism*, Harvester Press, 1976, p.VII.

为了经济目的去工作是资本主义社会的现象。资本主义社会是"以工作为基础的社会"，其特点是形成工作是有益的价值尺度。资本主义社会劳动是异化劳动，"异化劳动把自主活动、自由活动变为手段。"① 后工业时代资本主义分工出现新特点：其一，分工精细化，使工人成为自动化生产的一个齿轮，进一步丧失了自主权："绝大多数原先富有地位的生产工人的职业技艺被划分给那些已经接近于专业化的自动化。……机器现在控制了他们先前的监督者。"②"工作现在外在于工人，物化为一种非有机过程……没有主动性。……每一个工人、雇员、公务员机械地追随着等级森严的指令并且使其工作与其本应达到的目的相对立。"③ 工人丧失了工作的意义，人们逃避劳动，形成劳动闲暇二元论。其二，技术的劳动分工形成技术专制。其三，当代资本主义的劳动分工造成神秘化科技工人，形成非工人的非阶级。一部分变为科技精英，另一部分被边缘化或是去安全感的大量工人，作为劳动储备军。科技精英在反对资本主义的罢工斗争中，与体力劳动者不同，他们反对等级制度，工作的局部化和无意义，以及特权的丧失，维护中产阶级的特权，拒绝无产阶级化，其意识形态仍然是资本主义的，他们是"新工人阶级"，其他大量从生产中被驱逐出来的多余的人："人口的大多数现在属于后工业的新无产阶级……填补试用的、临时的、兼职的职业领域。"④ 他们是"非工人的非阶级"，"非工人"是说，其与马克思定义的无产阶级意识和历史使命不同；"非阶级"是说它与任何社会阶级和生产方式以及历史使命无关，不是一个社会主体，是"自由主体性"（free subjectivity），是资本主义危机和生产关系分解的产物。随着科技和劳动分工新发展，当代资本主义进一步剥夺了无产阶级的自主性和创造性，传统意义上的无产阶级人数减少，失去了自身使命的阶级意识和对资本主义的否定批判意识，成为"非工人的非阶级"（Non-Class of non-workers）。这是社会主义理论和实践衰微的根源。⑤ 需要寻找新

① 《马克思恩格斯全集》第 3 卷，人民出版社 2002 年版，第 274 页。

② Andre Gorz，*The Division of Labors：The Labors Process and Class-Struggle in Modern Capitalism*，Harvester Press，1976，p.57.

③ Andre Gorz，*Strategy for Labors：A Radical Proposal*，Boston Press，1967，p.89.

④ Andre Gorz，*Strategy for Labors：A Radical Proposal*，Boston Press，1967，p.110.

⑤ Andre Gorz，*Strategy for Labors：A Radical Proposal*，Boston Press，1967，pp.100-101.

的革命动力，以改变当代资本主义的非正义现状。

3. 生态理性与政治生态的正义秩序

高兹认为，经济理性导向下的资本主义现代性的生产、消费、科技和文化发展，必然导致生态危机和社会危机："理性的危机实际上是选择性的、片面的理性，即工业化的赖以确立的准宗教的非理性的危机。"① 因此要解决生态环境问题，必须以生态理性超越经济理性，生态理性不同于经济理性："生态理性是以尽可能少的劳动、资本和资源投入。……反之，经济理性把利润最大化建立在生产效率、消费和需求的最大化基础上。"② 生态理性原则是"生产尽可能少而好"，尽可能减少经济理性的使用范围，注重社会文化和个人的自由发展，注重提高生活质量和精神生活品质。高兹认为，生态理性不是包含经济理性的较高理性，是与经济理性不同的一种新理性。生态理性和资本主义经济理性是相互矛盾，在资本主义体制下是生态理性与经济理性不相容，经济理性是根本反生态的："当经济活动侵害了原始的生态圈平衡或破坏了不可再生资源时，就会发生这种颠倒现象。"③ 高兹认为，"从经济理性是无法衍生出伦理原则来的"④。因此生态理性必须以生态学为启发，探索新的生态理性："生态学……应证明，保护自然资源比开发自然资源，保护自然循环比打断自然循环，更有效和更具生产性。"⑤

高兹在后来写的《政治生态学：自我设限挑战专家统治》一文中指出，生态学有两种运用：一是科学的方法，一是政治的方法。前者是科学生态学，后者是政治生态学。科学的生态学方法与工业主义和经济理性密切相关，将自然变成可计算和测量的，也承认自然的极限，出于长期合理性需要，主张限制自然资源的利用，并制定相应的绿色政策，但这种方法根本不可能实现人与自然的和谐。这是由于它受资本逻辑的控制，以资本利润最大

---

① Andre Gorz, *Critique of Economic Reason*, London and New York：Verso Books, 1989, pp.1-2.

② Andre Gorz, *Critique of Economic Reason*, London and New York：Verso Books, 1989, pp.32-33.

③ Andre Gorz, *Ecology as Politics*, Boston：South End Press, 1980, p.16.

④ Andre Gorz, *Ecology as Politics*, Boston：South End Press, 1980, p.15.

⑤ Andre Gorz, *Ecology as Politics*, Boston：South End Press, 1980, p.15.

化为目的，通过国家规制、行政管理、绿色税收等财政金融的"社会统治"方法，保障生态极限和生态共存性目标，而遮蔽了人文的民主的政治生态学方法："在工业主义的市场逻辑中，生态界限的承认导致技术官僚主义力量扩张。"① 专家统治的社会是一个不平等的剥削社会，抓住了"生态责任"（the ecological imperative）的模糊不清特点，成为控制日常生活和社会环境的借口，走向生态运动初心的反面。② 因此，高兹认为，"保护自然"应理解为"捍卫生活世界"，捍卫生活世界与人类的整体利益和整体的生活现实一致。高兹认为，政治生态学的政治，继承了古希腊城邦政治的含义，即以社群为主体的民主化自治过程。政治生态学是一种人文的、民主的、人与自然、人与人以及人与自身和谐发展的存在方式。一方面重建较少工作和较少消费的关系，另一方面使每个人更多自治权利和生存安全。它不是政治学或生态学的分支，也不是二者的简单相加，它诉诸伦理文化，而不是工具理性的科学逻辑。它是推进文明的杠杆，赋予生态学人文关怀和政治参与的实践性，批判人对人和人对自然的剥削的非正义，蕴含着人与人、人与自然以及人与自身协调发展的存在规范。③ 其一，资源互惠的市民社会关系网中的自我管理的规范。这是没有政府机构的小城镇生活交换和交往的个人自治联合体。其二，自我设限（self-Limitation）的自给自足规范的社会工程（social Projection）。确定非经济理性的需要和付出的自我界限，通过建立民主参与的政治制度，促进人类生存方式的转变。高兹的生态政治秩序接近于生态无政府主义模式。

（三）本·阿格尔对当代资本主义非正义社会关系导致的生态危机的揭示

本·阿格尔（Ben Agger，1952— ）是北美马克思主义转向"生态马克思主义"的倡导者。他在 1979 年出版《生态马克思主义概论》，首次公开预言"生态马克思主义"思潮的兴起，论述了生态马克思主义和生态社会主

① Andre Gorz，"political Ecology：Expertocracy versus Self-limitation"，*New Left Review* I/202，November-December 1993，p.57.

② Andre Gorz，"political Ecology：Expertocracy versus Self-limitation"，*New Left Review* I/202，November-December 1993，p.57.

③ 温晓春：《安德烈·高兹中晚期生态马克思主义思想研究》，上海译文出版社 2014 年版，第 146—147 页。

義。他把异化消费和生态危机结合，认为马克思主义理论揭示了生态危机的根源。1994年阿格尔从纽约大学布法罗分校转入德克萨斯大学阿灵顿分校后，担任人文院长和理论中心主任，侧重于研究法兰克福学派和后现代主义。

1. 资本主义社会关系的非正义：马克思揭示的资本主义的四个矛盾

阿格尔认为马克思在19世纪揭示了资本主义四个主要矛盾：工人劳动的形式自由和实际上的不自由的矛盾；资本积累与劳动工资的相互制衡的矛盾，积累是自变量，劳动力是因变量，工资提高，剥削率就会降低；生产力的提高与劳动就业的矛盾，形成庞大产业后备大军，工人贫困与其在劳动中所受折磨成反比；生产社会化与生产资料的私人占有之间的矛盾，资本生产规模时大时小，取决于利润与所使用的资本之比；永无节制的生产与有限社会购买力的矛盾，造成生产与有效需求脱节，达到一定程度，就会发生经济危机。

2. 当代资本主义生态危机的根源在消费异化关系

阿格尔认为，由19世纪马克思解释的资本主义生产社会化与生产资料私有制的基本矛盾，在当代垄断资本主义时代有两个危机："一是奥康纳说的国家合法职能与积累职能的矛盾导致的财政危机；二是资本主义生产与生态系统之间的矛盾导致的生态危机。"① 哈贝马斯揭示了当代资本主义的行政管理危机、合法性危机和意义危机。阿格尔认为还有生态危机。他认为与马克思时代不同："今天，危机的趋势已转移到消费领域，即生态危机取代了经济危机。"② "资本主义制度的本性，即资本追求利润和资产阶级维护其统治合法性的需要，决定了资本主义商品生产的不断扩张从而导致资源不断减少和大气受到污染的环境问题。"③ "这种过度生产的趋势从生态的角度来说不仅是破坏性的、浪费的，而且本身也是有害的，它并不能补偿人们因以异

---

① [美] 本·阿格尔：《西方马克思主义概论》，慎之译，中国人民大学出版社1991年版，第486页。

② [美] 本·阿格尔：《西方马克思主义概论》，慎之译，中国人民大学出版社1991年版，第486页。

③ [美] 本·阿格尔：《西方马克思主义概论》，慎之译，中国人民大学出版社1991年版，第420页。

化的、受操纵的劳动而遭到的不幸。"① 阿格尔认为当今资本主义危机是财政危机、合法性危机和生态危机的统一。

阿格尔认为，生态危机的根源是马克思主义忽视的消费异化。异化消费支持异化生产。马尔库塞揭示的资本主义的虚假需求和消费异化，加重了生态负担，威胁整个人类生存。异化消费成了对异化劳动不幸的一种补偿，与人的真实需求脱节，人的消费受广告文化操纵，是不自由的。阿格尔认为异化消费不仅是经济范畴，还起到政治作用，增加了人们对资本主义制度的依赖性和资本主义的合法性。

阿格尔提出了"期望破灭的辩证法"：先是以异化消费补偿异化劳动痛苦，使资本主义获得合法性；"人的欲望无限性与生态系统的有限性产生矛盾，破坏生态平衡，引发生态危机，生态危机导致工业生产下降和供给危机"；② 供给危机导致人们失望，造成资本主义的合法性危机；失望使人重新思考人生幸福和价值，不再把幸福等同于广告操纵的消费欲望，明白"人的幸福在于把自我实现的劳动同有益的消费结合起来。"③

（四）奥康纳对资本主义生产方式双重矛盾和双重危机以及资本主义非正义的揭示

奥康纳1998年出版的《自然的理由：生态学马克思主义研究》，认为资本主义制度本身必然导致生态危机，而"大规模的环境退化可能并非内在于社会主义制度"④。"资本主义内在具有经济危机与生态危机'双重矛盾'是生态危机的根源。在生态危机的问题上，马克思主义谱系中的理论远比那些自由主义以及其他类型的主流经济思想更有发言权。"⑤

---

① ［美］本·阿格尔：《西方马克思主义概论》，慎之译，中国人民大学出版社1991年版，第495页。

② ［美］本·阿格尔：《西方马克思主义概论》，慎之译，中国人民大学出版社1991年版，第496页。

③ ［美］本·阿格尔：《西方马克思主义概论》，慎之译，中国人民大学出版社1991年版，第496—497页

④ James O'Connor, *Natural Causes：Essays in Ecological Marxism*，New York：The Guilford Press，1998，p.264.

⑤ James O'Connor, *Natural Causes：Essays in Ecological Marxism*，New York：The Guilford Press，1998，p. 36.

奥康纳认为，"生态马克思主义……强调资本主义生产方式所造成的经济危机与生态危机的一体性"，[①] 强调资本主义的双重矛盾和双重危机：资本主义存在生产力与生产关系的矛盾，"还存在着二者同生产条件的矛盾，这双重矛盾导致经济危机和生态危机的双重危机"。[②] 马克思强调第一个矛盾和经济危机，忽视了生产力和生产关系同生产条件的矛盾和生态危机。"生产条件"，如自然、基础设施和劳动生产力。生产力的外在条件的共同特征是：不具有交换价值或不受市场力量的支配。生产的条件包括：其一，生产的物质条件或自然条件。涉及生态系统可持续性、大气层中臭氧量的充足性、海岸线和分水岭的稳定性和土壤和空气的质量等。其二，生产的个人条件或劳动者的劳动力。包括劳动者身体状况、劳动者精神状况、劳动者社会化程度、劳动关系的异化和克服异化的能力。其三，社会生产的公共条件：包括资本、基础结构和其他因素。当代资本主义把一切劳动条件都变成商品，造成了劳动条件的破坏。三种破坏密切相关：气候变暖破坏了自然条件，也导致城市公共设施非正常运转，引起自然灾害，危及人的生命安全和健康。农药破坏了土壤，也破坏了人的生殖力，威胁了劳动力质量。生产条件的破坏造成生产条件再生产成本的提高：提高了维持劳动和家庭的费用；提高了修复生态环境的公共管理费用；第三世界政府、工人和农民为应付双重危机不得不付出的费用等。

奥康纳认为，资本主义第二重矛盾必然造成生态危机：一方面，资本主义是追求无限增长为发展目标的自我扩张系统，而自然界是无法自我扩张的，自然界的变化周期和节奏根本不同于资本运作的周期和节奏，追求无限扩张的资本主义受生态系统制约，将导致生产不足的经济危机，表现为成本危机。成本危机主要在两方面：其一，个别资本在追求利润时破坏了其长期生产的物质和社会条件，如忽视劳动条件增加健康费用，破坏土壤降低土地生产力，市政基础衰败造成交通拥挤增加警察成本。其二，生态运动等新社会运动要求重建生活条件，增加了生产成本并降低利润。这两者威胁了资本主义的可

---

① James O'Connor, *Natural Causes：Essays in Ecological Marxism*, New York：The Guilford Press, 1998, p.307.

② James O'Connor, *Natural Causes：Essays in Ecological Marxism*, New York：The Guilford Press, 1998, p.307.

持续性。"所以，'增长的极限'并不是表现为劳动力、原材料、清洁水源、城市空气以及诸如此类的东西的绝对性的短缺，而是会表现为高成本的劳动力、资源以及基础设施和空间。"① 另一方面，资本主义生产无限扩张特性不断增加对自然资源的需求，资本主义对生态资源的掠夺性利用造成日益严重的生态危机。这决定了经济危机和生态危机同时存在于全球资本主义体系。奥康纳认为，当今资本主义社会的双重矛盾，从需求和供给的角度冲击着资本主义。"资本主义……在阻止自己损害其自身的条件方面是无能的。"②

奥康纳还具体分析了资本积累、不平衡联合发展和消费技术与经济危机对生态危机发生的具体作用：

其一，资本积累是导致生态危机的直接原因。奥康纳指出："资本主义积累是建立在不断增长的生产率或不断降低工人阶级再生产出来的成本的基础上（马克思主义称之为相对剩余价值）。"③ 生产率的提高意味着加工原材料的增多，增加原材料的需求量，从而增加自然资源的开发力度，而持续开发自然资源力度的增加，导致环境恶化和资源枯竭。资源枯竭提高平均成本，"从而抑制利润率和资本积累增长。为继续保持利润率，资本会通过设备技术和基础设施投资来开发新资源，以降低原材料成本"。④ 如达到目的，在更有效的资源利用率的前提下降低成本，提高利润率。"利润率上升，会加速原材料开发和资本积累率，会导致资源过度开采，从而导致资源枯竭的危险。"⑤ 不管原材料、能源成本是高还是低，资本积累和增长都会带来投资规模的增大，以及对自然资源破坏程度的增加。这是资本积累不可克服的内在矛盾。资本积累是生态危机的直接原因。

① James O'Connor, *Natural Causes：Essays in Ecological Marxism*, New York：The Guilford Press，1998，p. 243.

② James O'Connor, *Natural Causes：Essays in Ecological Marxism*, New York：The Guilford Press，1998，p.161.

③ James O'Connor, *Natural Causes：Essays in Ecological Marxism*, New York：The Guilford Press，1998，p.181.

④ James O'Connor, *Natural Causes：Essays in Ecological Marxism*, New York：The Guilford Press，1998，p.181.

⑤ James O'Connor, *Natural Causes：Essays in Ecological Marxism*, New York：The Guilford Press，1998，p.181.

其二，不平衡的联合发展会导致全球性生态危机。奥康纳指出，"在当代背景下，最重要的是，资本主义积累和危机是以不平衡和联合发展为特征的。"① 不平衡是指各个行业"和政治结构等在空间上分布的平衡状态"②。不平衡既指第三世界国家和发达资本主义国家的对立，也指城乡的剥削与被剥削关系。奥康纳从生态资源环境的角度界定不平衡：（1）不平衡发展带来不同地区的不同程度的污染。不平衡发展程度越高，工业、日常生活和城市中的垃圾空间集中程度越高，集中起来的废弃物变成污染的可能性越大。城乡地区看，资本主义集中在城市，榨取农村的剩余价值支持工业化，使农村成为垃圾场，城市成为美丽花园。就全球范围看，资本集中在欧美日等发达工业国家，而亚非拉欠发达地区农业和矿产资源被剥夺导致"生态病"。最大的生态灾难通常发生在南部国家和北部内陆殖民地。生态恶化成本的承担者往往是只有很少土地或没有土地的乡村穷人和城市失业者与就业不充分的人，加上北部少数民族和穷人。（2）不平衡发展带来不同种类资源的衰竭。不发达地区过分开采资源出口到发达工业国，以创造外汇，这些原材料在发达工业国家以废弃物和污染物形式表现出来。总之，不平衡发展导致生态危机的全球性的扩展。联合发展是指"发展了"的地区和"欠发展"的地区在经济、政治和社会方面的结合。这种联合发展的经济模式，是资本把发达国家的技术、工业化的管理、劳动分工和低工资或对劳动者的超额剥削结合起来，以最大限度地获取利润。联合发展有两种形式："一是工业资本、金融资本和商业资本和技术向拥有廉价和受过良好训练劳动者且拥有巨大市场潜力的国家输出。"③ 二是，第三世界国家无地或少地农民向城市迁移，会向发达资本工业国家转移。迁移会导致迁出地土地荒芜、生态恶化，也导致迁入地生态环境问题失控，最终造成全球性的生态危机。

其三，资本主义条件下的技术使用，会使自然条件退化。奥康纳不是简单地"把生态危机的原因归于技术，而是归结为技术的资本主义使用方

---

① James O'Connor, *Natural Causes：Essays in Ecological Marxism*, New York：The Guilford Press，1998，p.40.

② James O'Connor, *Natural Causes：Essays in Ecological Marxism*, New York：The Guilford Press，1998，p.181.

③ 吴宁：《生态学马克思主义思想简论》，中国环境出版社 2015 年版，第 173—174 页。

式。科学技术在资本主义社会遵从资本的逻辑"。① 技术的经济功能是提高劳动生产率，降低原材料和燃料成本，提高其使用效率，开发新产品，提高利润率，促进资本积累。利润驱动下的资本主义技术不是以生态为基础，除非生态立法逼迫或相信是生态产品有利可图。"从工业资本主义的开始，其技术选择就是以成本和销售额为基础而不是以环境影响为基础。"② 蒸汽机的发明造成巨大污染，是生态的灾难，却有利于资本主义工业经济效率。通过包装、广告等形式的消费技术，降低了资本周转时间，导致了消费主义的普遍化。在资本主义社会存在商品消费率增长而生态不断恶化的趋势，因而消费技术带来的消费主义普遍化，造成了生态的破坏的后果。资本主义技术破坏了劳动关系、政治关系和社会生活方式，造成了自然环境的退化。

其四，经济危机和生态危机之间的内在联系。"资本主义的积累和危机会导致生态问题，而生态问题反过来又会带来经济问题。"③ 经济危机与生态危机是相互依存的：一方面，经济危机"是与过度竞争、效率迷恋以及成本削减联系在一起的……由此而来的环境恶化的加剧联系在一起……产生新形式的生态恶化如高科技污染"④，导致生态危机。另一方面，生态危机有可能引发经济危机。环境运动，"有可能会导致提高成本……从而危及资本主义的积累"⑤ 。

资本主义制度的非正义性，在国内主要表现为"穷兵黩武的扩张主义"，导致生态危机；在国际上表现为采取"生态帝国主义"的行径。奥康纳指出，在生态危机、经济和社会的不平等这样一个国际格局中，"需要把生态问题与经济、社会正义问题联系在一起或者通过实现经济和社会正义来

---

① James O'Connor, *Natural Causes：Essays in Ecological Marxism*, New York：The Guilford Press, 1998, p.204.

② James O'Connor, *Natural Causes：Essays in Ecological Marxism*, New York：The Guilford Press, 1998, p.204.

③ James O'Connor, *Natural Causes：Essays in Ecological Marxism*, New York：The Guilford Press, 1998, p.183-4

④ James O'Connor, *Natural Causes：Essays in Ecological Marxism*, New York：The Guilford Press, 1998, p.183.

⑤ James O'Connor, *Natural Causes：Essays in Ecological Marxism*, New York：The Guilford Press, 1998, p.183.

解决生态问题"。①

（五）戴维·佩珀：资本主义生产方式是生态危机的根源，必然造成全球生态非正义

1. 资本主义生产方式内在地反生态

佩珀针对社会民主主义认为工业化和现代化引起的环境风险是平等分配，社会主义国家也破坏环境，指出：这种观点总体上立足于极端错误和夸大其词的立场，自由市场资本主义以其所有现代方面与形式的全球性扩张，"正在带来经济、社会和环境威胁"②。生态马克思主义者，指出了资本主义全球化造成的资本主义内在矛盾和生态矛盾。"生态矛盾即资本主义制度内在地倾向于破坏和贬低物质环境所提供的资源与服务，而这种环境也是它最终所依赖的。从全球的角度说，自由放任的资本主义正在产生诸如全球变暖、生物多样性减少、水资源短缺和造成严重污染的大量的废弃物等不利的后果。"③

关于环境破坏的原因，戴维·佩珀不赞同生态主义者所说的环境破坏的原因是错误的态度和价值观导向下的支配自然态度，如生态主义者说的基督教和机械论科学的支配自然的态度和价值观，或女权主义所说的父权制的支配自然的态度和价值观，而是资本主义生产方式本身，或确切地说资本主义制度下干预自然的方式导致了生态破坏："绿色分子经常宣称，环境破坏是与错误的态度和价值……尤其是那些内在于古典科学或许也内在于基督教和父权制中的态度与价值。……对比之下，一种历史唯物主义的对资本主义社会的经济分析表明……是这种生产方式本身。"④

佩珀指出，"资本主义内在地对环境不友好"。⑤资本主义存在"过度生产

---

① James O'Connor, *Natural Causes*：*Essays in Ecological Marxism*, New York：The Guilford Press, 1998, p. 22.

② ［英］戴维·佩珀：《生态社会主义》，刘颖译，山东人民出版社 2012 年版；中译本前言第 1 页；中译本前言第 2 页。

③ ［英］戴维·佩珀：《生态社会主义》，刘颖译，山东人民出版社 2012 年版；中译本前言第 1 页；中译本前言第 2 页。

④ ［英］戴维·佩珀：《生态社会主义》，刘颖译，山东人民出版社 2012 年版；中译本前言第 1、2 页。

⑤ ［英］戴维·佩珀：《生态社会主义》，刘颖译，山东人民出版社 2012 年版；中译本前言第 1 页；第 106 页。

与利润率下降的矛盾，生产者必须更加努力地工作：提高创造性的需求抵消需求下降和扩大需求。因此，存在着不断研究、发展、产品更新、广告牌与营销宣传。这导致生产工具的持续革命化，正如《共产党宣言》所说的那样——一个'包含在资本自身流通中的创造性破坏'进程"，最终导致资本主义经济危机。这必然如哈维所说"在上层建筑水平上与对一种非常不绿色的哲学信仰结合在一起。这种哲学在后现代使其已经流行起一种在大众中而不是市场中独有的风尚，强调一时的消费，并使大众意识中充满了人为制造的形象和暂时的、随意的观念。……这种提高的生产满足增加的需要，而增加的需要又成为提高增长循环的'生产负担'。因而奎尼（M.Quaini）所说的'资本主义的生态矛盾'产生了，资本主义制度持续地吞噬掉维持它的资源基础。"①

2. 生态帝国主义：全球的生态非正义

佩珀指出，资本主义生态矛盾导致环境成本提高，必然使资本主义企业采取收益内在化和成本外在化的做法，将生态成本转移到未来或其他贫困落后地区，形成"生态帝国主义"的现象，造成全球生态非正义："资本主义生产发展科技和把各种进程组合成一个社会整体，确实通过剥削所有财富的最初源泉——土壤和劳动力。"同时，"开采资源……在资本主义经济中是一种不可抗拒的趋势，而成本外在化部分地是将其转化给未来：后者不得不为今天的破坏付出代价。这就产生了约翰斯顿所说的'生态帝国主义'"②。在环境方面，成本同样由社会整体承当。人类和自然资源应被当作一个共同体在对待，但由于没有共同体感，也就没有一种将成本和收益被共同分担的意识。因此，每年都会出现无数关于私人公司公开的和秘密的使社会环境成本外在化的例子。哈丁关于公地悲剧解决在于公地更多地私人化的建议，是根本上错误的。"资本主义的生态矛盾是可持续的和'绿色的'资本主义成为一个不可能的梦想。"③

---

① 〔英〕戴维·佩珀：《生态社会主义》，刘颖译，山东人民出版社2012年版；中译本前言第1页；第107页。
② 〔英〕戴维·佩珀：《生态社会主义》，刘颖译，山东人民出版社2012年版；中译本前言第1页；第107—108页。
③ 〔英〕戴维·佩珀：《生态社会主义》，刘颖译，山东人民出版社2012年版；中译本前言第1页；第110页。

（六）福斯特对生态危机的揭示

福斯特认为马克思的世界观是一种真正的生态世界观，生态危机的根本原因是资本主义制度和资本主义生产方式。

1. 生态危机的根本原因在于资本主义制度和资本主义生产方式

福斯特指出，当今生态危机极其严重。他在《生态危机与资本主义》中指出，当今的生态问题严重："一长长的清单还在继续，而且影响范围也在日益扩大。"① 他认为生态危机是人类的生存危机。福斯特认为，生态危机的根本原因是资本主义制度和资本主义生产方式。1998 年福斯特在《我们生态危机的规模》指出："危机的原因……是历史的生产方式，特别是资本主义制度。"② 他在《脆弱的星球》中指出："环境危机说到底是社会危机。它表明了这样一个事实：仅有人类生产能力单方面发展而没有人类管理社会能力的相应变化就意味着社会和生态灾难。"③ 福斯特在《生态危机与资本主义》中指出："资本主义经济把追求利润增长作为首要目的……导致环境急剧恶化。"④ 福斯特认为，"成为环境之主要敌人者不是个人满足他们自身内在欲望的行为，而是我们每个人都依附于其上的这种像踏轮磨坊的生产方式。显然这种生产方式正朝着与地球基本生态循环不相协调的方向发展。……每个世纪大约增长 16 倍，每 2 个世纪增长大约 250 倍，每 3 个世纪增长大约 4000 倍。……所以在现行体制下保持世界工业产出成本增长而又不发生整体的生态灾难是不可能的，事实上我们已经超越了某些严峻的生态极限。"⑤ 而新自由主义的全球化加剧了包括生态危机的全球资本主义危机："打破了异己的自然的和社会的限制。无论是资本主义制度之内还是之外，更没有任

---

① ［美］约翰·B. 福斯特：《生态危机与资本主义》，耿建新译，上海译文出版社 2006 年版，第 4 页。

② 康瑞华等：《批判、构建与启示——福斯特生态马克思主义思想研究》，中国社会科学出版社 2011 年版，第 48 页。

③ J. B. Forster, *The Vulnerable Planet: A Short Economic History of the Environment*, New York: Monthly Review Press, 1999, p.148.

④ ［美］约翰·B. 福斯特：《生态危机与资本主义》，耿建新译，上海译文出版社 2006 年版，第 2—3 页。

⑤ ［美］约翰·B. 福斯特：《生态危机与资本主义》，耿建新译，上海译文出版社 2006 年版，第 37—38 页。

何一处地方能让人们逃避这一恶性逻辑。"因此，福斯特得出结论："全球化的垄断资本主义的激励制度，在促成引人注目的污染和不平等的过程中，正在摧毁这个星球。"①

福斯特分析了有关生态危机的种种说法：

其一，分析了人口过剩说。新马尔萨斯主义者把生态危机的原因归因于人口相对于生态过剩。福斯特指出，这实际上是赋予生态学以保守的维护资本主义的特性，"资产阶级社会和全世界所有关键问题都可归咎于穷人方面的过多生育，并且直接帮助穷人的企图因他们先天倾向罪恶和贫困的秉性而只能使问题更糟。"②加勒特·哈丁曾撰文《救生船道德准则：反对帮助穷人》，把生态危机的根源归因于人口过剩，且反对帮助穷人，反对援助穷国，反对穷国移民，认为会导致"自杀性的公地"。福斯特认为，人口过剩是资本主义制度的产物。与发达国家为追逐利润而破坏环境不同，发展中国家是迫于生存的压力而破坏环境。发达国家对第三世界国家落入贫困陷阱负有不可推卸的责任。全球生态破坏的根本原因在于资本积累而不是人口增长。

其二，福斯特还批判了生态主义有关生态危机的原因的人类中心主义说。福斯特认为这掩盖了生态危机的阶级原因，也违背了马克思有关人与自然协同进化的有机统一论。自然和人类是一体的，没有中心。

其三，也有生态主义者把生态危机的原因归结为新技术，认为新技术带来了地球表面的繁荣，却造成了生态环境的恶化。福斯特指出，"资本主义制度是一种创造性的破坏制度，为了盈利，它不断地通过开发新技术把物质和劳动以新形式结合起来生产出新产品。生态生产技术开发应用以及由此造成的生态环境问题的根源，在于资本主义制度。资本在选择开发利用何种技术的时候，唯一关心的是利润的多少而不是生态的可持续性"。③

其四，西方一些学者把生态破坏原因归因于经济增长。福斯特指出：经

---

① 康瑞华等：《批判、构建与启示——福斯特生态马克思主义思想研究》，中国社会科学出版社 2011 年版，第 80 页。

② [美]约翰·B. 福斯特：《生态危机与资本主义》，耿建新译，上海译文出版社 2006 年版，第 146—147 页。

③ 康瑞华等：《批判、构建与启示——福斯特生态马克思主义思想研究》，中国社会科学出版社 2011 年版，第 67 页。

济无限增长导致现代生态环境危机的根源在于资本主义制度:"当你开始具体地考察造成危机的力量时,很清楚,他们与全球资本主义制度自身的基本动力分不开。"① 马克思很早就揭示了资本主义生产剩余价值,追求经济增长,是资本主义生产方式绝对规律。虽然生态问题已经存在了数千年,但正是极具扩张性的资本主义制度,在短短几百年时间里就开始挑战存在了数十亿年的地球自身的深化的过程,以前所未有的速度耗尽毁坏后代赖以生存的自然环境。有限环境里的无限增长凸现了全球资本主义和全球环境之间潜在的灾难性的冲突。②

其五,消费主义是资本主义生产方式的产物,在资本主义经济运行各个环节中发挥着重要作用,但根本原因在于"我们每个人都依附其上的像踏轮磨坊一样的生产方式。"③ 而福斯特认为人的贪婪本性源自现行社会经济秩序。"伴随着人的成长在他的头脑里只知道可供销售的商品,而对人类的历史、道德、文化、科技和环境的知识一无所知。"④

其六,西方一些激进的生态主义者把"现代性"和"工业主义"当成环境破坏的主要原因,而福斯特认为,不能简单地把环境危机归因于工业生产方式的出现。早在产业革命之前,资本主义就对全球环境造成了破坏。生态环境问题已经存在了数千年。环境问题是"社会的和历史的,被置于生产关系、技术的规则以及受历史制约的、表明占统治地位的社会制度特征的人口趋势决定的"。⑤ 虽然在资本主义之前很久生态破坏就存在,但资本主义在其几百年发展过程中对生态环境的巨大破坏超出了以往所有的社会。当资本主义的生产、流通和交换打破了控制物质能量循环的过程时,就造成了自

---

① 康瑞华等:《批判、构建与启示——福斯特生态马克思主义思想研究》,中国社会科学出版社 2011 年版,第 69 页。

② J. B. Foster, *Ecology Against Capitalism*, New York:Monthly Review Press, 2002, p.10, p.22.

③ [美] 约翰·B. 福斯特:《生态危机与资本主义》,耿建新译,上海译文出版社 2006 年版,第 37 页。

④ [美] 约翰·B. 福斯特:《生态危机与资本主义》,耿建新译,上海译文出版社 2006 年版,第 39 页。

⑤ J. B. Foster, *The Vulnerable Planet:A Short Economic History of The Environment*, New York:Monthly Review Press, 1999: p.12.

然和人类社会之间新陈代谢的断裂。虽然在以往人类社会的发展过程中局部的断裂现象时有发生，而普遍严重的断裂只存在于资本主义的社会结构，因而，"资本主义制度是造成威胁地球上所有物种包括人类自身的全球性生态危机的根源"。①

2. 批判资本主义的生态非正义和生态帝国主义

福斯特在《生态危机与资本主义》中，分析了资本主义的环境经济学，将自然环境纳入资本主义市场体系，形成一个凌驾于生态之上的经济帝国，在人与自然的关系和人与人之间关系上，是不正义的，实际上是生态殖民主义。环境问题不仅仅是市场经济不计成本等，而"是我们生活的基本社会经济体制出了问题。"② 福斯特认为，"用市场商品构建整个社会，以及构建整个人类生态（实际就是整体生态关系）的企图，表现为三个交织的矛盾"③：其一，"资本主义把人类与自然的关系蜕变为一套基于市场……纯粹占有的关系……发展一种与世界单方面的、利己主义的关系而将自然从社会中异化出去的行为。"④ 其二，应用于自然的经济简化论与支配一切的市场价值，忽略了人内在价值的本真尊严。即使在我们这个自我为中心唯利是图的资本主义社会，将自然碎片化纳入价格体系，从消费者喜好看待自然，而不是从信仰、责任和审美看待自然，对大多数人而言是一种"分类错误"。其三，没有按照生态原则对待自然，短期可以缓解问题，"最终还是会加剧所有矛盾，既破坏生活条件，也破坏了生产条件。"⑤ 鸣禽类灭绝，按照新古典经济学来讲，是价格太低，自然的解决办法就是建立鸟类市场，抬高鸟类价格。但"禽类濒临灭绝的首要原因的现代农业体系在扩张，频繁污染和破坏这些鸟

---

① 康瑞华等著：《批判、构建与启示——福斯特生态马克思主义思想研究》，中国社会科学出版社 2011 年版，第 73—74 页。

② ［美］约翰·B. 福斯特：《生态危机与资本主义》，耿建新译，上海译文出版社 2006 年版，第 23 页。

③ ［美］约翰·B. 福斯特：《生态危机与资本主义》，耿建新译，上海译文出版社 2006 年版，第 24 页。

④ ［美］约翰·B. 福斯特：《生态危机与资本主义》，耿建新译，上海译文出版社 2006 年版，第 24 页。

⑤ ［美］约翰·B. 福斯特：《生态危机与资本主义》，耿建新译，上海译文出版社 2006 年版，第 25 页。

类栖息地的行为就会继续，那么就是找到提高鸟类价格的办法也无济于事。森林生态系统也是如此，问题不是排斥在市场之外，也不是缺少标价，长期森林就按照市场原则运行着。大多数情况下造成森林损失的原因是，市场将森林视作万亿英尺的木材商品，而不是生态系统。"① "从生态角度看，保持生命多样性是目的……市场在这方面的作用是极端低效的。"② 绿色企业家保罗·霍肯（Paul Hawken）提出自然资本的概念拯救环境。奥康纳也赞同："如果资本是自然，自然是资本，那么两者实质上可以互换；但人们从各方面都关注资本的再生产，就等同于保护自然。地球，我们的资本，所以必须实行可持续性管理。"③ 而福斯特认为，不管描述自然资本的修辞如何动听，"资本主义体系的运行却没有本质上的改变。把自然描绘成资本，其目的主要是掩盖为了实现商品交换而对自然极尽掠夺的现实。此外，将自然资本融入资本主义商品生产体系——即使已经真的这样做了——其主要结果也是使自然进一步从属于商品交换的需要。那时将不存在实际上自然资本的净积累，而只有随华尔街的行情变化，不断将自然转化成金钱或抽象的交换。"④ 许多经济学家虽然承认自然资本的重要，"趋于接受'弱势可持续发展'，认为人类资本的价值增长可以充分补偿任何自然资本的损失。但一些生态经济学家站在'强势可持续发展性假设'予以反驳。由于存在临界自然资本，亦即维持生物圈所必须的自然资本，人造资本并不能完全替代自然资本"。⑤ 福斯特认为，要想将经济环境成本全部内化是不可能的。"保卫环境最终需要与（资本主义市场经济）盈亏底线专制决裂并进行长时间的革命。"⑥ "现

---

① [美]约翰·B. 福斯特：《生态危机与资本主义》，耿建新译，上海译文出版社 2006 年版，第 26 页。

② [美]约翰·B. 福斯特：《生态危机与资本主义》，耿建新译，上海译文出版社 2006 年版，第 26 页。

③ Martin Q'Connor, "On The Misadventures of Capitalist Nature", *In Is Capitalism Sustainable*? Martin O'Connor, ed. New York Guilford Press, 1994, pp.132-133.

④ [美]约翰·B. 福斯特：《生态危机与资本主义》，耿建新译，上海译文出版社 2006 年版，第 28 页。

⑤ [美]约翰·B. 福斯特：《生态危机与资本主义》，耿建新译，上海译文出版社 2006 年版，第 30—34 页。

⑥ [美]约翰·B. 福斯特：《生态危机与资本主义》，耿建新译，上海译文出版社 2006 年版，第 34 页。

在的斗争具有广阔而完整的环境背景。因而，这种为环境公正而进行的斗争……很可能成为21世纪的主要特征。……解决环境问题的方法必须超越盈亏底线，这才是21世纪真正的希望所在。"①

福斯特批判世界资本主义体系中"中心国家"对"边缘国家"的生态剥夺为"生态帝国主义"。16世纪以来，世界资本主义体系形成中心与边缘的依附结构，"边缘地区的人民和生态系统已经成为发达资本主义中心增长要求的附属部分。"②生态帝国主义掠夺其他国家资源并改变这些国家的生态系统，造成与转移资源相联系的人口和劳动力的流动，制造欠发达地区的生态脆弱性以强化帝国主义控制，向边缘国家倾倒生态垃圾。③生态帝国主义造成了新陈代谢断裂，用全球化的"生物圈文化"（Biosphere culture）取代地区性的"生态系统文化"。在传统"生态系统文化"中，生态系统与人的生存密切相关，人们从事狩猎、捕鱼和食物收集或永久农业，或过着游牧田园生活，"所有这些生活方式都涉及文化与自然紧密而又复杂的关系。"④而"生物圈文化"，"超越任何单一生态系统控制的特征，所以比任何某种特定生态系统的族群（文化）造成的危害更大"。16世纪以来的世界资本主义"摆脱特定生态系统的束缚……加快了利用全球范围内的能源和资源速度。……在人类历史上，完全彻底地'支配自然'第一次成为系统的原则，并在现代科技和19、20世纪工业经济扩张体系的支持下，在社会方面面形成了制度。"⑤当代帝国主义"把人类劳动和自然简化为一种经济价值，把地球作为人类居所的感情破坏"，⑥"以商业化的农业简单性物种移植

① ［美］约翰·B.福斯特：《生态危机与资本主义》，耿建新译，上海译文出版社2006年版，第34—35页。

② John Bellamy Forster, *The Vulnerable Planet：A Short Economic History of the Environment*, New York：Monthly Review Press, 1999, p.85.

③ J.B. Forster and B. Clark, *Ecological Imperialism：The Corse of Capitalism*, London：Merlin Press, p.189.

④ ［美］约翰·B.福斯特：《生态危机与资本主义》，耿建新译，上海译文出版社2006年版，第78页。

⑤ ［美］约翰·B.福斯特：《生态危机与资本主义》，耿建新译，上海译文出版社2006年版，第78页。

⑥ ［美］约翰·B.福斯特：《生态危机与资本主义》，耿建新译，上海译文出版社2006年版，第80页。

和改良代替了自然的复杂性"①，造成了"第三世界国家经济的更多依赖性和生态的更加脆弱性。"② 帝国主义对第三世界国家欠下了巨额的"生态债务"（Ecological Debt），"生态债务就是北方工业国家的资源掠夺、环境破坏以及排放废物（如温室气体）而免费占据生态空间等对第三世界国家所欠的债务。"③ 美国拒签《京都议定书》是"生态帝国主义的一个极端例子"。④ 第三世界国家应采取明智的发展战略，"关掉源头，防止能量、自然资源、食物、廉价劳动力和金融资源从南方到北方的不公平流动。"⑤

二、生态马克思主义的生态正义的理想社会

生态主义强调地方共同体自治为基础的共同体直接民主，采用保护生态的软技术，实行零增长的"稳态经济"，建立生态中心主义伦理为基础的生态文化，实行生态公社生活方式。而"生态社会主义强调经济正义、环境正义和社会正义的统一的绿色适度发展；扬弃地方性的直接民主、自由主义民主的政治形式以及官僚体制，建立新型民主的国家；反对利益共同体和生态共同体，主张构建一个由自然主义与人本主义统一的人道主义共同体社会"。⑥ 西方生态马克思主义的生态正义的理想社会，大体分两个类型：一是基本主义生态主义的生态正义社会类型，二是强调人和自然辩证统一为前提的某种形式的社会联合体所有制的生态社会主义的社会类型。

---

① John Bellamy Forster, *The Vulnerable Planet*：*A Short Economic History of the Environment*, New York：Monthly Review Press, 1999, p.93.

② John Bellamy Forster, *The Vulnerable Planet*：*A Short Economic History of the Environment*, New York：Monthly Review Press, 1999, p.95.

③ J.B. Forster and B. Clark, *Ecological Imperialism*：*The Corse of Capitalism*, London：Merlin Press, p.193.

④ J.B. Forster and B. Clark, *Ecological Imperialism*：*The Corse of Capitalism*, London：Merlin Press, p.197.

⑤ John Bellamy Forster, *The New Age of Imperialism*, New York：Monthly Review Press, 2003, p.14.

⑥ 张连国：《复杂性管理视野下区域绿色发展战略》，中国文史出版社 2015 年版，第 78 页。

（一）基本属于生态主义的生态正义社会类型

1. 莱斯的稳态经济社会

莱斯在人与自然的关系上，尽管采用历史唯物主义有关人和自然辩证关系的观点分析生态危机的形成，但在理想社会的建构上，基本上属于生态主义的稳态经济社会模式，这是一种共同劳动，追求生活质量而不是消费数量，自给自足，追求使用价值而不追求交换价值和相对平等的无政府主义直接民主的共同体形式。他认为大规模的资本主义社会是高强度市场经济架构，其需求呈指数增长，这导致生态危机，因而应寻找其替代方案。他赞同约翰·密尔经济增长和人口稳定化的观点。"他坚持后来事实上被证明为正确的观点：物质财富在数量上的增加未必会大大改进作为整体的人类的状况。最后他认为，从数量标准向高质量标准的转变是未来社会进步的主要诉求。"① 在更早的时候，傅立叶、马克思、卢思金、克鲁泡特金，以及当代的布克金、弗洛姆、伊里奇、古德曼、马克弗森和马尔库塞等人的著作，揭示了资本主义替代社会的一些基本特征："他们的正面理想的共同关注点一直是如下断言：某种社会转型可能会让一切劳动和业余时间都含有丰富的空间。……人类满足必须根植于创造一个共同活动、共同作出重要决定的功能良好的环境，他们将在这一环境内创造满足其需要的手段。对于这一流派来说，社会必要劳动的组织方式以及这种劳动与游乐、休闲活动之间关系的本质差别，是在生产与消费的活动的各种形式中出现的满足问题的决定因素。举例来说，通过非等级的、以社区为基础的联合体网络形成的劳动组织，将能构成一种与当前主流社会实践有很大不同的社会实践的具体形式，这样的决策机构将允许个人自由和自治的条件下确定他们的需要。……'需要消极理论'是这一传统的关键因素。根据这一观点，满足的可能性主要是生产活动的一种功能，而不是如同我们今天所在的社会那样，主要是一种消费活动的功能。"② 对个人而言，满足需要的可能性与要限制商品交换范围有关。埃万·伊里奇（Ivan Illich）给出了一个新术语"共同欢乐"（Conviviality），用以描述一种社会结构，它基于人与人之间自主与创造性的交流，以及人与

---

① ［加］威廉·莱斯：《满足的极限》，李永学译，商务印书馆 2016 年版，第 121 页。

② ［加］威廉·莱斯：《满足的极限》，李永学译，商务印书馆 2016 年版，第 122—123 页。

周围环境之间的交流。"'共同欢乐'社会的目标是逐步分割工业化经济的庞大制度结构，并尽可能减低个人对该结构的依赖。'人们有对和解、安慰、感动、学习建造自己的房屋和埋葬自己的亲人的天然能力。这些能力的每一种都能满足一种需要。满足这些需要的手段可以很丰富，条件就是这些手段主要依赖于人们自身的能力，而对商品的依赖性很小。这些活动具有使用价值，但没有被赋予交换价值。人们不把为人类服务而进行的操作而视为劳动力。'"① 这样的社会不是把商品看为邪恶而取消商品，而是通过市场获得复杂商品的可能性与对满足手段的直接控制成反比关系。"显然，只有在社会政策克服了现有的全国范围内财富集中和广泛的地区不平衡之后，这些对不同模式的选择才会成为切实可行的替代性架构。"② 替代性社会目标不会强迫一切个人接受另外一种整齐划一的生活模式，而是为人们提供其他选择。"稳态社会是易于生存的社会，有两个基本特点：其一，与其说是一个目标，不如说是从与幸福脱离的定量的标准而走向幸福的定性标准的社会政策的一个参考性政策组织框架。其二，这个社会不是以国民生产总值增长为标准。稳态社会必须保障适当的公平措施。"③ 稳态社会，人口也必须稳定，实行审美教育。"我们必须把人类需要问题视为生态相互作用这一更大网络的不可分割的一个有机部分。"④

2.高兹生态无政府主义的生态正义社会模式

高兹认为，政治生态学的政治，继承了古希腊城邦政治的含义，即以社群为主体的民主化自治过程。政治生态学是一种人文的、民主的、人与自然、人与人以及人与自身和谐发展的存在方式。一方面重建较少工作和较少消费的关系，另一方面使每个人更多自治权利和生存安全。它不是政治学或生态学的分支，也不是二者的简单相加，它诉诸伦理文化，而不是工具理性的科学逻辑。它是推进文明的杠杆，赋予生态学人文关怀和政治参与的实践性，批判人对人和人对自然的剥削的非正义，蕴含着人与人、人与自然以及

---

① [加] 威廉·莱斯：《满足的极限》，李永学译，商务印书馆 2016 年版，第 123—124 页。
② [加] 威廉·莱斯：《满足的极限》，李永学译，商务印书馆 2016 年版，第 124 页。
③ [加] 威廉·莱斯：《满足的极限》，李永学译，商务印书馆 2016 年版，第 125—130 页。
④ [加] 威廉·莱斯：《满足的极限》，李永学译，商务印书馆 2016 年版，第 130 页。

人与自身协调发展的存在规范。① 其一，资源互惠的市民社会关系网中的自我管理的规范。这是没有政府机构的小城镇生活交换和交往的个人自治联合体。其二，自我设限（self-Limitation）的自给自足规范的社会工程（social Projection）。确定非经济理性的需要和付出的自我界限，通过建立民主参与的政治制度，促进人类生存方式的转变。高兹的生态政治秩序接近于生态无政府主义模式。

3. 莱夫：环境文化为基础的民主和新文明

莱夫认为，社会主义和环境危机开辟了思考世界转型的新途径，新社会运动不同于工人阶级领导的推翻资本主义的社会主义的历史转型思想。"社会运动定向于以环境文化为基础的民主……目标是打造新的发展风格和新的文明形式……不但挑战经济理性，而且挑战官僚主义，其方式就是鼓励政治多元主义，鼓励公民社会参与其生产过程和生命过程的管理。"② 不再只是生产资料的所有制形式，而且还包含"可持续发展的资源基础，也就是生存和劳动、收入分配的条件的保护上，以及生活质量和环境质量借助于对需求的激进批判而获得提高。这是一个保护公共利益的问题，一个修复作为生产潜能的、作为生产资料和生活手段的环境问题。因此新的斗争正围绕着利用自然和使自然社会化的方式展开。"③ 这是强调差别的后现代主义和后马克思主义。环境运动的同一目标，"不是为了建立现实存在的社会主义而推翻资本主义，而是打造一种新的包容多样性的生活风格和可持续性发展的环境社会理性。"④ 环境运动的社会理论，更多定位于从概念上界定实践的社

---

① 温晓春：《安德烈·高兹中晚期生态马克思主义思想研究》，上海译文出版社 2014 年版，第 146—147 页。

② ［英］恩里克·莱夫：《马克思主义和环境问题：从批判的生产理论到追求可持续发展的环境理性》，见［英］特德·本顿主编《生态马克思主义》，曹荣湘、李继龙译，社会科学文献出版社 2013 年版，第 143 页。

③ ［英］恩里克·莱夫：《马克思主义和环境问题：从批判的生产理论到追求可持续发展的环境理性》，见［英］特德·本顿主编《生态马克思主义》，曹荣湘、李继龙译，社会科学文献出版社 2013 年版，第 144 页。

④ ［英］恩里克·莱夫：《马克思主义和环境问题：从批判的生产理论到追求可持续发展的环境理性》，见［英］特德·本顿主编《生态马克思主义》，曹荣湘、李继龙译，社会科学文献出版社 2013 年版，第 144—145 页。

会条件，不是定位于社会变革的策略行动。环境运动通过实践开启新的机遇，传送并实现其革新潜力的组织化策略，"并因此建立一种新的社会和生产理性。"①

（二）生态社会主义的生态正义社会类型

大部分生态马克思主义者主张一种生态社会主义的生态正义的社会，其共性为：其一，主张以人类社会与自然的和谐或新陈代谢为前提的适度发展；其二，建立某种形式社会民主联合体所有制。

1. 戴维·佩帕的生态社会主义

生态马克思主义者把重建人与自然关系看作是解决当今工业资本主义所面临的发展危机的根本思路。生态马克思主义思想家戴维·佩珀指出，"要创建一个可持续发展的使人类满足的生存方式，必须以人与自然界的关系以及我们的社会与政治生活模式的深刻改变为前提"。戴维·佩帕指出：反资本主义的和反全球化运动中反复出现的，包括"真正基层性的广泛民主；生产资料的共同所有（即共同体成员所有，而不一定是国家所有）；面向社会需要的生产，而主要不是为了市场交换和利润；面向地方需要的地方化生产；结果的平等；社会与环境公正；相互支持的社会——自然关系。……是一种真正的社会主义"。②

2. 奥康纳生产性正义的生态社会主义

奥康纳揭示了资本主义的二重矛盾，强调生态学与社会主义结合建立生态社会主义的必然性："世界资本主义的矛盾本身为一种生态社会主义创造了条件。……第一个与……世界性社会和生态危机有关。第二个则与基本的生态问题的性质有关……第一……资本主义已证明自己就是社会主义与生态学达成某种婚姻关系的媒人。"③"第二，大部分世界性的生态问题是不能

---

① 〔英〕恩里克·莱夫：《马克思主义和环境问题：从批判的生产理论到追求可持续发展的环境理性》，见〔英〕特德·本顿主编《生态马克思主义》，曹荣湘、李继龙译，社会科学文献出版社 2013 年版，第 146 页。

② 〔英〕戴维·佩珀：《生态社会主义》，刘颖译，山东人民出版社 2012 年版；中译本前言第 3 页。

③ 〔美〕詹姆斯·奥康纳：《自然的理由——生态马克思主义研究》，康正东、臧佩洪译，南京大学出版社 2003 年版，第 430—432 页。

在地方性的层面上获得适当阐述的。"① 尽管一个合理的生产单位必然是小规模的，但生产活动涉及的条件，究其规模而言，不仅是区域的，也可能是国家的和国际性的。生态系统退化的地方性解决办法"仍然需要某种计划机制来这种地方性统一进'普遍性'或'总体性'之中去。"②"大多数生态问题……仅仅在地方的层面上是不可能得到解决的。区域性的、国家性的和国际性的计划也是必需的……要把地方性和中心论扬弃为民主的社会经济和政治的新形式。"③"还有平等分配问题。各地的天然资源有着很大的差异，因此就必须有着某些中央权威来把财富和收入从富裕地区重新分配到贫困地区。""社会主义和生态学根本不是相互矛盾的，也许它们恰恰是互补的……强调民主计划以及人类相互间的社会交换的关键作用。"④

奥康纳的生态社会主义具有如下特征：

其一，交换价值从属于使用价值。奥康纳指出："我用'生态社会主义'这个术语来界定这样一些理论和实践：……按照需要（包括工人的自我发展的需要）而不是利润组织生产。"⑤"资本主义生产的目的是为了追求利润，而不是为了满足需要。"⑥ 与此相反，社会主义，一方面，关注真实的需求："这种理论重点研究那些非常社会性的需求，即每个人与其他人共有的那些需求。"⑦ 另一方面，"关注使用价值的生产和消费可能造成的对社会和环境的负面影响。社会主义还要关心生产关系和生产的自然条件之间的

① ［美］詹姆斯·奥康纳：《自然的理由——生态马克思主义研究》，康正东、臧佩洪译，南京大学出版社 2003 年版，第 432 页。

② ［美］詹姆斯·奥康纳：《自然的理由——生态马克思主义研究》，康正东、臧佩洪译，南京大学出版社 2003 年版，第 432 页。

③ ［美］詹姆斯·奥康纳：《自然的理由——生态马克思主义研究》，康正东、臧佩洪译，南京大学出版社 2003 年版，第 433 页。

④ ［美］詹姆斯·奥康纳：《自然的理由——生态马克思主义研究》，康正东、臧佩洪译，南京大学出版社 2003 年版，第 434—435 页。

⑤ ［美］詹姆斯·奥康纳：《自然的理由——生态马克思主义研究》，康正东、臧佩洪译，南京大学出版社 2003 年版，第 525—526 页。

⑥ ［美］詹姆斯·奥康纳：《自然的理由——生态马克思主义研究》，康正东、臧佩洪译，南京大学出版社 2003 年版，第 514 页。

⑦ ［美］詹姆斯·奥康纳：《自然的理由——生态马克思主义研究》，康正东、臧佩洪译，南京大学出版社 2003 年版，第 518 页。

矛盾"。①

其二，从关注定量斗争，转向定性斗争。马克思资本理论关注焦点是抽象劳动和交换价值，也关注随着资本主义生产关系的扩展，摧毁了社区。马克思和恩格斯谈到了对土壤与森林的生产率、贫民区住房、城市污染、某些集体劳动对工人身心的摧残，但是"他们对于那些根植于劳动过程的社会与政治斗争却谈得很少，——例如对污染、危机的和不卫生的劳动条件的抗议"②。

其三，由分配正义，转向"生产正义"。资产阶级的"分配性正义"是"指事物的平等分配，而不是指事物的平等生产"。③ 社会分配性正义有三种类型：（1）财富和收入的平等分配的经济的正义；（2）环境利益和环境成本的平等的生态正义。（3）社区的公共正义。"在所有这三种情形中，都存在某些团体对其他团体欠下债务的清偿。这三类社会性分类正义的前提，是用一个最小公分母即金钱来进行衡量，否则成本太高。"④ 传统的例子是上游污染者对下游水源使用者的补偿。但社会现实与这个传统例子之间的差距越大，分配正义这个概念就越没有适用性，如全球变暖问题。从原则上讲，分配性正义可以通过对汽车拥有者的征税来建立一些补偿基金。对那些没车或不经常使用汽车的人进行补偿。这显然是缺乏理性的想法。现在，生产和再生产的过程已经非常社会化了，根本没法计算各个个体和团体的利益和成本。"生态性社会民主"是生产和积累的正面因素和负面因素的平等分配，即"生产性正义"。而"生产性正义强调能够使消极外化物最少化、使积极外化物最大化的劳动生产过程和劳动产品（具体劳动和使用价值）"⑤ 如某个

---

① [美] 詹姆斯·奥康纳：《自然的理由——生态马克思主义研究》，康正东、臧佩洪译，南京大学出版社 2003 年版，第 518 页。

② [美] 詹姆斯·奥康纳：《自然的理由——生态马克思主义研究》，康正东、臧佩洪译，南京大学出版社 2003 年版，第 523 页。

③ [美] 詹姆斯·奥康纳：《自然的理由——生态马克思主义研究》，康正东、臧佩洪译，南京大学出版社 2003 年版，第 535 页。

④ [美] 詹姆斯·奥康纳：《自然的理由——生态马克思主义研究》，康正东、臧佩洪译，南京大学出版社 2003 年版，第 535 页。

⑤ [美] 詹姆斯·奥康纳：《自然的理由——生态马克思主义研究》，康正东、臧佩洪译，南京大学出版社 2003 年版，第 538 页。

公司致力于社区建设、工作中自我发展的可能性和对有毒物的拒斥等，那么生产性正义就对其持赞成态度。"生产性正义价格需求最小化，或者说，彻底废止分配性正义，因为分类性正义在一个社会化已经达到高度发展的世界中是根本不可能实现的。因此正义之每一可行的形式就是生产性正义；而生产性正义唯一可行的途径就是生态学社会主义。"①

其四，以社会劳动民主化管理为核心的民主国家。奥康纳指出：扬弃社会主义与生态学的矛盾，从政治上来说，需要去克服的矛盾存在于地方主义和中心论之间，即存在于自我决定与生产的全面计划、调节与控制之间。地方主义究其本质而言在政治上是行不通的，而中心论已经自我毁灭了。废除国家是行不通的，自由主义的程序民主同样行不通，"唯一可以行得通的政治形式，——即也许可以很好地协调好生态问题的地方特色和全球性这两个方面之间关系的政治形式，应是这样一种民主国家，在这种国家中，社会劳动的管理是民主化地组织起来的。"②奥康纳的以社会劳动民主化管理为核心的民主国家是一种模糊的社会所有制。

3. 乔尔·克沃尔的生态社会主义

乔尔·克沃尔（Joel Kovel，1936—　）是美国著名社会科学家和活动家，新泽西巴德学院社会科学系教授，曾担任奥康纳创办的刊物 *Capitalism Nature Socialism*（《资本主义、自然和社会主义》）的主编，1991 年加入美国绿党，2001 年他和迈克·洛维等联名发表《生态社会主义宣言》，2002 年第二次起草《生态社会主义宣言》并创办生态社会主义网（ENI）。他认为深生态学、生物区域主义、生态女性主义和社会生态学等生态主义思潮，并不能从根本上改变资本主义的反生态性，属于改良主义思潮，也批判传统的社会主义在生态问题的失误，在人与自然的关系上也是持一种人与自然辩证统一的整体论。他认为资本主义是"资本之癌"，是自然最大的敌人；他还认为当代资本主义是金钱政治，剥削国内人民，剥削掠夺第三世界国家，国内外矛盾激化，具有不可持续性。

① ［美］詹姆斯·奥康纳：《自然的理由——生态马克思主义研究》，康正东、臧佩洪译，南京大学出版社 2003 年版，第 538 页。
② ［美］詹姆斯·奥康纳：《自然的理由——生态马克思主义研究》，康正东、臧佩洪译，南京大学出版社 2003 年版，第 439 页。

他根据马克思描述的共产主义乃自由人联合体，认为生态社会主义最重要的特征是劳动者的自由联合体："在这个真正的生态社会主义社会里，不是生产资料的公有制的自由联合，而是劳动者的自由联合，通过自由劳动而联合起来是自由共同体的典型体现。"①

其一，人与自然和谐。在生态社会主义社会里，"人和自然都是生态系统的一部分，不是主客体关系，自然恢复了生态循环意识，能自我循环、自我调节和发展。人类只享有对自然的使用权而不是占有权，持续有度地开发利用和享受自然，而不是侵略自然，整个社会是自由而平等的结合体，生命被神圣地尊奉，人和自然达到有机统一，相互依赖而生灭。"②

其二，劳动力的解放，快乐生产。科沃尔认为第一代社会主义，没有实现马克思在《共产党宣言》中说的"每个人的自由发展为一切人的自由发展的条件"的理想社会。劳动者的自由联合是最大的民主化。因而生态社会主义社会的生产活动是自由自觉的活动，生产和闲暇的区别被削弱或消解，人的劳动是享受的过程，生产成为快乐生活的一部分，是自由劳动。"在生态社会主义社会里，劳动力被解放，工人从压迫剥削中解放出来，资本逐利本性不再是社会发展的发动机，基本被实践所代替，二者画上了等号。"③

其三，使用价值的解放，追求内在价值。科沃尔认为资本主义是交换价值逻辑，为利润而生产。"生态社会主义必须摧毁资本和交换价值，是追求使用价值的斗争，实现使用价值才能实现内在价值。"④商品生产的目的向使用价值转变，要改变消费方式，从欲望的满足变为真实需求的满足。生产是以质的需求，既包括物质必需品的追求，也包括劳动者的审美和精神需求。

其四，集体主义和生产资料的集体所有制。科沃尔认为马克思说的劳动者的自由联合的自由，源自自我决定，生产资料的集体所有制是自我实现

---

① Joel Kovel，*The Enemy Of Nature：The End of Capitalism or the End of the World*? London and New York：Zed Books，2007，p.219.

② Joel Kovel，*The Enemy Of Nature：The End of Capitalism or the End of the World*? London and New York：Zed Books，2007，p.269.

③ Joel Kovel，*The Enemy Of Nature：The End of Capitalism or the End of the World*? London and New York：Zed Books，2007，p.69.

④ Joel Kovel，*The Enemy Of Nature：The End of Capitalism or the End of the World*? London and New York：Zed Books，2007，p.215.

的前提。生态社会主义运动的单位是自由劳动的联合体，生产的目的是人与自然的和谐，而不是利润。

科沃尔认为实现生态社会主义的道路，包括三点：

其一，是将现实生活中潜在的生态社会主义者通过"生态劳动体系"结合起来，建立生态联合体。科沃尔认为，现实环境存在一种人和自然统一的潜在的"生态地区共同体"，或"生态系统"："通过以生态为核心的劳动体系，借助生态系统的指点，我们就可以了解整个潜在生态社会主义的轮廓特点。这并非是浅薄的后现代主义，也不是神秘的法西斯主义，而是一个不断发现、不断发展完善的过程，这个过程我们称之为激活生态系统的过程，生态系统是完整的生态地区共同体的萌芽。"① 生态社会主义在批判资本主义的社会与自然矛盾的基础上，将劳动者的自由联合与过去社会的改革传统力量结合，形成生态社会的联合体（Commons），最终形成生态社会的整体。生态联合体是以生态为中心的生产方式。

其二，建立生态社会主义政党。科沃尔认为生态社会主义运动是一场"红色的绿色革命"，革命的目的和手段都是自由。在组织结构上要建立生态社会主义政党。生态社会主义政党由所有反对资本主义的组织和个人构成，资金来源于成员，管理来自于选举的代表，实行公开和透明化管理。生态社会主义政党不同于绿党。绿党本质上是维护资本主义民主的改良主义政党。

其三，向生态社会主义过渡。虽然夺取政权是社会改革的前提，但在生态社会主义过渡阶段要建立真正的民主，保证生产者和生产者联合体的自由联合，逐步实现各方面变革，最终实现整个人类存在方式的变革。②

4. 福斯特的生态社会主义

福斯特认为，虽然苏联解体，但"生态政治运动和以对资本主义构成挑战运动的社会主义复兴即将到来"，③ 他按照人和自然协同进化有机整体论

① Joel Kovel, *The Enemy Of Nature：The End of Capitalism or the End of the World？* London and New York：Zed Books，2007，p.245.

② Joel Kovel, *The Enemy Of Nature：The End of Capitalism or the End of the World？* London and New York：Zed Books，2007，p.242.

③ ［美］约翰·B. 福斯特：《社会主义的复兴》，《当代世界与社会主义》2006 年第 1 期，第 145 页。

的偏于自然的哲学观，提出适度发展的生态民主社会主义思想：

其一，全球性社会的环境协调的正义的可持续发展社会。福斯特不赞同莱斯和生态主义的"稳态经济"思想，主张一种人与自然协调的适度发展观："新的发展追求适度，而不是更多。它必须以人为本，特别是要优先考虑穷人而不是利润和生产，必须强调满足基本需要和确保长期安全的重要性。最重要的是，我们必须承认早已为浪漫主义和社会主义的资本主义的批评家们所认识的古老真理，那就是发展本身并不能消除贫困。……持续的经济发展并不等同于环境协调的可持续发展。……我们需要通过斗争来创建全球性社会，以提升整个自然与人类社会的地位，使自然和人类社会高于资本，公平与公正高于个体贪婪，民主制度高于市场经济。"①

其二，所有制上，主张自然的社会化和民主化的社会联合体。关于生产资料所有制形式，福斯特跟大多生态马克思主义一样，批判资本主义的私有制，"私人公司只有一个目的，那就是追求利润。"②"若把一切交给私人利益集团，人口中的大多数在反对拥有和控制大量社会资源的强大少数意愿时就失去了保护自然和其自身的能力。"③他主张自然的社会化（Socialization of Nature）与社会的民主联合体。一方面，自然的社会化，既避免自由化唯利是图对生态的危害，又防止国家权力对自然的过度干预，是自然的模糊的社会所有制。另一方面，政治和社会的民主化，建立民主的社会联合体的社会所有制。福斯特认为，自然社会化和社会与政治的民主化，是同一过程的两方面："自然的社会化代表着一种民主的反资本主义策略，即一种直接关系社会主义的策略。社会主义代表最大限度之民主的公共控制……我认为，应改变与自然界的关系，实现真正可持续性，这是我们前进的方向。"④正如马克思所说："社会化的人，联合起来的生产者，将合理地调节他们与自然之

---

① ［美］约翰·B.福斯特：《生态危机与资本主义》，耿建新译，上海译文出版社 2006 年版，第 75—76 页。

② J. B. Foster, *Organizing Ecology*, New York：Monthly Review Press，2005，p.9.

③ J. B. Foster and Dannis Soron, *Ecology*, *Capitalism and the Socialization of Nature*, New York：Monthly Review Press，2004，p.11.

④ J. B. Foster and Dannis Soron, *Ecology*, *Capitalism and the Socialization of Nature*, New York：Monthly Review Press，2004，p.11.

间的物质变换，把它们置于他们共同控制之下。"① 福斯特在《社会主义的复兴》一文中指出："社会主义社会应该坚持这样的原则：'每个人的自由发展是所有人自由发展的条件'。每个人都享有自由的存在所必需的最基本的必需品的权利。"② 福斯特认为，社会主义是广泛的社会民主："社会主义的民主不只是停留在政治层面，还可以扩展至个人和公共生活的领域：工厂、商店、办公室甚至家庭。"③

其三，经济运行机制计划为主、市场为辅。福斯特认为，"某种类型的中央计划对社会主义来说是必需的（同样还有地区性和部门性的计划和主动性），也是非常重要的经济工具。……在社会主义经济中，市场依然发挥着重要的作用，但只是处于从属地位而非占据主导。"④

其四，社会主义运动与环境主义运动结盟。福斯特认为，20世纪社会主义实践经验，"除非社会主义在与环境发展方面建立可持续的关系，否则，社会主义是不可能取得任何进展的。"⑤ 环境运动也应和社会主义结盟，"忽视阶级和其他社会不公正而独立开展的生态运动，充其量也只能成功地转移环境问题。"⑥

---

① 《马克思恩格斯文集》第7卷，人民出版社2009年版，第928页。
② [美] 约翰·B. 福斯特：《社会主义的复兴》，《当代世界与社会主义》2006年第1期，第145页。
③ [美] 约翰·B. 福斯特：《社会主义的复兴》，《当代世界与社会主义》2006年第1期，第145页。
④ [美] 约翰·B. 福斯特：《社会主义的复兴》，《当代世界与社会主义》2006年第1期，第145页。
⑤ [美] 约翰·B. 福斯特：《社会主义的复兴》，《当代世界与社会主义》2006年第1期，第145页。
⑥ [美] 约翰·B. 福斯特：《生态危机与资本主义》，耿建新、宋兴无译，上海译文出版社2006年版，第97页。

余论　当代西方生态文明的三大理论范式和实践对我国生态文明建设的启示

　　由于工业经济和生态危机的全球化，更由于我国党和政府基于中国优秀文化传统，在马克思主义理论的指导下，关心中国和人类文明的命运，关怀"人"与"山水田林湖"的"人类命运共同体"①，充满历史使命感，因而，当代西方生态文明三大范式理论逐渐形成的过程，也是我国生态文明实践和理论与其良性互动的过程：中国生态文明建设和理论形成，受到当代西方生态文明理论和实践的有益启示，同时中国生态文明的实践和理论引领世界。

　　1971年，联合国教科文组织（UNESCO）发起"人与生物圈计划"，1987年联合国《我们的共同未来》提出了可持续发展理论，20世纪80年代我国政府就提出了环境保护的思想；20世纪90年代"可持续发展战略"，作为中国特色社会主义理论邓小平理论的主要内容之一，成为我国社会发展战略。

　　中国引领生态文明的潮流，20世纪八九十年代我国政府可持续发展战略导向下，中国一批学者在世界率先提出"生态文明"的概念。1985年2月18日，《光明日报》简要介绍了刊发于《莫斯科大学学报·科学社会主义》上的署名文章《在成熟社会主义条件下培养个人生态文明的途径》。1987年，我国著名生态学家叶谦吉教授从生态哲学角度指出，"所谓生态文明就是人类既获利于自然，又还利于自然，在改造自然的同时保护自然，人与自然之

---

① 中共中央文献研究室编：《十八大以来重要文献选编（上）》，中央文献出版社2014年版，第507页。

间保持着和谐统一的关系"。①20 世纪末，闵家胤对信息文明和生态文明的关系，提出了其独到的观点。他并不否认信息文明是未来社会一个阶段的发展趋势，但信息文明只是包含在工业文明中一个不太长的阶段，最终更持久的社会发展阶段是"生态文明"，这是人类未来可持续发展的必由之路。他指出："人们已经形成一种共识，21 世纪将是'信息社会'或'知识经济社会'，我要提出的新观点是'信息社会'是人类文明进化过程中一个不太长的阶段，并不构成一个相对独立的作用，而是包容在工业文明当中，所以又叫'后工业社会'。在这之后，人类文明的进化将推进到一个崭新的阶段，一个相对长的阶段，它的名字叫'生态文明'或'生态社会'。"② 信息社会属于"工业—信息社会"最后阶段，这是一个网络社会。"工业—信息社会必然造成人口膨胀、资源短缺和环境污染，威胁人类生存，因而人类不得不向生态文明进化。"③ 我国政府 2003 年 6 月 25 日发布的《中共中央国务院关于加快林业发展的决定》正式提出要"建设山川秀美的生态文明社会"。2007 年党的十七大报告提出了"建设生态文明"的思想。2012 年党的十八大报告提出了"努力走向生态文明的新时代"，将狭义生态文明观，发展为广义生态文明观。党的十八届三中全会通过的《中共中央关于全面深化改革若干重大问题的决定》，提出了建立系统完整的生态文明制度体系，同时也把生态文明赋予了社会主义现代化与科学发展目标的含义，即"绿色发展"的广义的"生态文明"意蕴。习近平总书记指出了建设生态文明社会的历史必然趋势："人类经历了原始文明、农业文明、工业文明，生态文明是工业文明发展到一定阶段的产物，是实现人与自然和谐发展的新要求。"④。同时也指出，"共谋全球生态文明建设之路"是"携手共建生态良好的地球美好家园"，"关乎人类未来"的"人类共同梦想"。生态文明既是人类社会克服工业—信息社会必然造成的生态环境问题，走向可持续发展的必由之路，也

---

① 叶谦吉：《叶谦吉文集》，社会科学文献出版社 2014 年版，第 80—81 页；卢风：《走向新文明：生态文明抑或信息文明》，《特区实践与理论》2019 年第 1 期，第 36 页。
② 闵家胤：《生态文明：可持续进化的必由之路》，《未来与发展》1999 年第 3 期，第 8 页。
③ 闵家胤：《人类社会的自然段》，《系统科学学报》2011 年第 2 期，第 6 页。
④ 《习近平总书记系列重要讲话读本》，学习出版社、人民出版社 2014 年版，第 121—122 页。

是人类先进主体在生态危机的历史条件下，为建设生态文明的美好社会而奋斗的伟大事业。我国执政党和政府的生态文明观，既借鉴了工业文明框架内技术中心主义的可持续发展、生态现代化、循环经济、低碳经济等一些行之有效的理念和措施，也借鉴了西方生态主义有关人和自然和谐的思想。而作为马克思主义指导的社会主义国家，也自然具有社会主义替代资本主义的"红色"革命导向。以马克思主义的生态哲学为指导，在实现中华民族伟大复兴的战略中，继承了中华优秀文化传统包括中国传统有机整体论等古典朴素的生态思想的精华。总之，以马克思主义理论为指导，海纳百川，批判地继承了当代西方从技术改良主义到革命替代范式的西方绿色话语的多元思想内涵，具有极大的包容性、创造性和引领性特征。

我国生态文明实践也领先世界。1983 年我国的著名学者于光远赴青海调研后在《人民日报》发表整版文章《建设青海生态省，建设新生态省》，指出：青海生态薄弱、环境易破坏，在开发中一定要注意环保，争取使用自然资源，争取长期最大经济效益，引起社会关注。江西宜春市 1988 年开始生态城市试点，1995 年国家环保总局开始区域可持续发展探索，进行以县为单位的生态示范区建设。涉及区域社会发展、环境保护等 26 项指标。由于实践中区域生态示范区良好的经济社会效益，因此有了更大范围的经济社会和环境协调发展的实践。我国于 1999 年开始对"生态省"建设进行实践探索，1999 年海南率先在全国进行"生态省"设计规划试点，随后"生态省"实践由点到面、由少到多发展起来。2003 年 5 月，国家环保局颁布《生态县、生态市、生态省建设指标（试行）》标准，标志着生态城镇规划在中国进入全面发展和逐步推广的阶段。2004 年 12 月，国家环保总局公布了166 个国家级生态示范区的名单，生态文明建设在全国范围内展开。21 世纪初前几年，绿色经济的西方实践模式"循环经济""低碳经济"也传入了中国，成为与执政党的政策和国家发展战略有关的话语。20 世纪 90 年代由德国和日本推行清洁生产、资源回收、物质循环利用的循环经济立法。2004年温家宝总理在省部级主要领导干部"树立和落实科学发展观"专题研究班结业式上的讲话中提出了"循环经济"，"建设资源节约型和生态保护型社会"。"低碳经济"（Low Carbon Economy）是英国政府 2003 年在一个名为《我们的能源未来：创建一种低碳经济》的报告中首次明确提出了这一概念，强调的是能源节约和低碳能源对未来经济竞争力及其发展的重要性，日本人进一步将其拓展为"低碳社会"的说法，强调能源节约与低碳能源应用中社会动员的重要性。2006 年以后我国也开始重视气候变化，提出国家应对方案，发展低碳经济，建设低碳城市。党的十九大报告提出，"加快生态文明体制改革，建设美丽中国。……中国将努力实现 2050 年低排放发展战略目标，为全球生态安全作出更大的贡献。"[①]

当代西方生态文明的三大理论范式和实践对我国生态文明建设的启示，有如下几点：

一、以马克思主义生态哲学为指导，吸收复杂性科学范式、当代西方深生态学、生态马克思主义和我国传统的有机整体论思想，形成生态文明的有机整体论世界观和方法论

工业文明现代性的世界观和思维方式，是起源于笛卡尔二元论、由牛顿力学集大成的主客二分、人的理性主宰地位的机械唯物论的世界观和分析还原论的线性思维方式，在此基础上形成人类中心主义、物质主义、经济主义的价值观和发展观，把无限奥秘和复杂性的大自然，化约为可为人类科学理性认识、可为数学计算、可用技术操作、可为工业经济改造的被动客体、原料产地和垃圾场，这是当代生态危机的根本哲学根源。因此，要建设生态文明，最根本的是哲学世界观的转型，要在继承后现代生态复杂性科学范式的基础上，在马克思主义生态哲学的指导下，吸收生态主义、生态马克思主义以及传统有机论思想，特别是在继承我国传统道学世界观的基础上，形成生态文明的有机整体论世界观。马克思主义辩证唯物主义和实践唯物主义，强调人和自然的有机统一的辩证关系。马克思指出："自然是人的无机身体。"[②] J. 克拉克、帕森斯、斯葛特·迈克尔和查尔斯·托尔曼等认为，马克思的这一观点蕴含着"自然是人的机体"的辩证生态学自然观：马克思认为，"人是自然的一部分"，"人类有机地，即辩证地参与到自然中"，"人的生理的和精神的生活同自然联系在一起，这只是意味着自然同它自身联系在

---

① 《中国低碳能源发展蹒跚步稳》，《人民日报海外版》2018 年 12 月 25 日。
② 《德意志意识形态》，《马克思恩格斯全集》第 3 卷，人民出版社 2002 年版，第 272 页。

一起"。① 马克思的辩证方法论,"能够完整地描述全过程",②,因而,也就能描述这一自然过程各个不同方面的相互作用,是一种"有机总体性"模式,保留了黑格尔的目的论。在马克思的自然辩证法中,人与自然的关系,被看作是非二元论的"内在关系论":"自然历史的整个历程,包括生命、意识和自我意识(伴同其理性和符号象征的所有模式)的出现,被视为复杂整体之发展诸方面,生命圈中全部生命形式,是一个相互决定一个多样性的统一。"③ 我们认为,马克思主义自然观,强调人在实践的基础上,一方面,不断改造局部的自然环境使自然人化,自然向人生成,形成以生产方式为基础的社会形态;另一方面,在生产实践和社会交往活动中,不断改造自身,使自身自然化,人向自然生成,形成合规律与合目的统一的内在超越自然性、社会性的自由自觉的类本质,形成人和自然的内在有机统一关系。这是一个从自然王国向自由王国不断超越的无限进程,只有到了未来共产主义大同社会,才能真正形成人与自然、人与人、人与自己关系"三大和解"的生态文明社会:"是人和自然界之间、人和人之间的矛盾的真正解决,是存在和本质、对象化和自我确证、自然和必然、个体和类之间的斗争的真正解决。"④ 马克思主义强调人与自然在实践基础上的内在统一,以"自然界的优先地位仍然保持着"⑤ 为前提,并未否定自然界整体存在的先在性、自在性、无限性和超验性,此自然存在的先在性、自在性、无限性和超验性,相对于人的实践经验基础上的科学假说的不断变动的有限知识的"视域",是值得敬畏并无限探索的过程和终极奥秘。但现代性的理性主义为核心的人类中心主义,由于科技和工业的巨大成就,恰恰忽视了这一点,以为随着科技的进步,人类终将把握宇宙的终极奥秘,或"技术可能消除对人类自由的一切限制"。⑥

① [美] J. 克拉克:《马克思关于"自然是人的无机的身体"之命题》,《哲学译丛》1998 年第 4 期,第 53 页。
② 《德意志意识形态》,《马克思恩格斯全集》第 3 卷,人民出版社 2002 年版,第 43 页。
③ [美] J. 克拉克:《马克思关于"自然是人的无机的身体"之命题》,《哲学译丛》1998 年第 4 期,第 57 页。
④ 《1844 年经济学—哲学手稿》,人民出版社 1985 年版,第 73 页。
⑤ 《德意志意识形态》,《马克思恩格斯全集》第 3 卷,人民出版社 2002 年版,第 243 页。
⑥ [美] 斯蒂芬·霍尔姆斯:《反自由主义》,曦中等译,中国社会科学出版社 2002 年版,第 180 页。

这与宗教一样，只是科学主义的信仰神话。但指出科学主义的狂妄和科学知识的局限，并非是走向宗教神秘主义。

生态文明的有机整体论的世界观的形成，还需首先立足科学知识的前沿，即立足于超越传统科学的复杂性科学范式。爱因斯坦相对论揭示了时空、物质和能量的相对性和一体性，量子力学揭示了主客体互动互渗的内在有机统一性。量子生物学提出了生命是"来自有序的有序"（order from order）的假说，通过描述酶的"量子隧穿效应"、光合作用中的量子节拍、动物灵敏嗅觉的非弹性量子隧穿的灵敏嗅觉之谜，碱基结合的氢键量子质子位的量子基因的适应性突变效应等生物现象，揭示了生命的秩序，不是从混沌到有序，而是来自量子场的非定域整体秩序，生命的本质是栖息于量子世界边缘现象。玻姆提出了非定域的全息隐卷序和显展序的世界秩序假说。欧文·拉兹洛为了弥补宇宙学、物理学、生命科学和心灵学关于物质世界、生命世界和心灵意识世界的概念黑洞，解决随机性解释不了物质世界、生命世界和精神世界和谐自组织进化之谜，并系统化说明物质世界、生命世界和精神世界普遍存在的非定域关联现象，超越神学目的论和随机演化论，形成非定域整体论科学假说，把自然界看成是一个自创生目标，以及自我进化的系统，建立一个宇宙整体非定域关联、全息记忆、自组织的准总体图景（quasi-total vision），以"在我们对其具备了不同类型的科学知识的所有事物中创立一致性。"① 也是用"从上到下"（from the up to ground）的准形而上学宇宙论，弥补传统科学缺少的从混沌到有序的"成序原则"（ordering principle）的理论空缺，以统一解释从物质到生命进化到精神意识的自组织演化的奥秘。拉兹洛认为，当代科学的形而上学的准终极实在，应是作为物质结构和量子场之信息交流背景的一般场，即量子和物质非定域相互作用的充满的通讯真空（Communicating vacuum），或量子场以下的亚量子全息场，满足于薛定谔方程的纵向的"标量场"，称之为 Ψ 场或 A 场理论。他探索了以 A 场的"深层基本维"非定域相互作用，与表层"经验之维"非定域和定域复杂性相互作用的科学假设的宇宙整体秩序和自组织机

① ［美］E. 拉兹洛：《全息隐能量场与新宇宙观》，闵家胤、钱兆华编译，陕西科学技术出版社 1998 年版，第 144 页。

制。① 这是一种建立在科学假说基础上的深生态的有机整体论世界观。拉兹
洛认为 A 场科学假设是 21 世纪 A 范式的科学范式革命。全球文明转型最
重要的是科学范式的转换，即科学对宇宙本质的理解转向非定域性的整体
论。人类有可能从目前的逻各斯文明跃迁到"霍逻斯（Holos）文明"，霍逻
斯文明是"整体性的文明"。② 现在人类正出现一种"朝着自觉素朴、探索
以及对新道德和与自然和谐共处的生活方式转变。"③ 哲学家托马斯·柏励④
（Thomas Berry）认为，现代文明的问题是宇宙论理解的缺失，而"生态纪"
（ecozonic Era）意味着人以其新的生存方式重新理解宇宙自然发生性、神秘
性和创造性，协同参与地球生命共同体的可持续生存。托马斯·柏励的学生
美国生态纪协会主席赫尔曼·F. 格林（Herman F. Greene）认为，现代科学
世界观的局限性，是不可能形成真实意义的宇宙论。宇宙论不仅是物质秩
序，还需要与形而上学原则结合。现代科学只有宇宙结构学，没有宇宙论，
现代世界只是建立在经验基础上的主体性世界。现代文明缺失了宇宙论，
"因此需要回复宇宙论'视角'，促进文明进入下一个阶段，即生态文明。"⑤
拉兹罗等提出基于科学假说的非定域整体论深生态宇宙观，实际上以准形而
上学的"成序原则"，使现代宇宙结构论转化为有机整体论的深生态宇宙论
哲学，为生态文明的有机整体论奠基于可信的科学假说之上。柯布等基于怀
特海的过程思想，提出了过程生成结构的"主体—超体"的内在关系的整体
关系和创造性过程的过程哲学，提出了基于亚里士多德的目的因、形式因、
动力因和质料因"四因说"的"终极多元论"，认为物质即能量，世界创造
性过程本身就是终极，不可化约为其他的目的因、形式因的终极，各种终极
的理解是互补的。这对于化解后现代生态文明时代各种学说和信仰的终极真
理之争，具有重要的启示意义，这与中国传统经典《中庸》所说的，即天下

① ［美］欧文·拉兹罗：《自我实现的宇宙：科学与人类意识的阿卡莎革命》，杨富斌译，浙
　 江人民出版社 2015 年版，第 23—48 页。
② ［美］欧文·拉兹洛：《全球脑的量子跃迁》，刘刚等译，金城出版社 2010 年版，第 91 页。
③ ［美］欧文·拉兹洛：《全球脑的量子跃迁》，刘刚等译，金城出版社 2010 年版，第 88 页。
④ ［美］赫尔曼·F. 格林，王治河译：《托马斯·柏励和他的"生态纪"》，《求是学刊》2002
　 年第 3 期，第 5—13 页。
⑤ ［美］赫尔曼·格林：《生态文明的宇宙论基础》，载李慧斌、薛晓源、王治河主编《生态
　 文明与马克思主义》，中央编译出版社 2008 年版，第 21 页。

一致而百虑，大道并行而不悖，殊途而同归，也是一致的。

圣塔菲复杂性科学研究中心的主流复杂性科学流派，以及作为复杂性科学范例的生态科学，则提出了定域相互作用的非线性因果论的自组织有机整体论，研究了地球生物圈的复杂性自组织机制。研究人类与生态系统复杂性相互作用的生态学，较早提出了"层创进化"的复杂性科学的"涌现论"思想。生态主义的"生物中心论"伦理学和"深生态学"，提倡生命有机体内在价值平等论，重视为现代机械论哲学忽视的自然存在的类主体性、潜在的内在价值性，但正如威尔伯和柯布所批评的，这是一种泛神论，贬低了人类的价值。按照罗尔斯顿的"弱有机整体论"的"生态系统价值论"的观点，生态系统各组分的价值是有差别的，通过内在价值与相互的工具价值的辩证关联，化为系统演化的整体价值。威尔伯的"全子层级生态秩序论"认为，人尽管不是如"人类中心主义"所说的唯一价值主体和主宰者，但人在自然进化中处于相对高的价值层级。柯布认为人相对于动物具有较深刻丰富的经验，具有较高的价值。生态马克思主义强调一种基于人类整体利益的弱人类中心主义和弱生态中心主义的观点，相对于"深生态学"和"生物中心论"的泛神论扁平世界观，是更可取的。

研究人类与生态系统复杂性相互作用的人类生态学，提出了对人类与地球生态系统相互作用所应遵循的基本原则，对人类的可持续发展，具有重要的指导性意义。杰拉尔德·G. 马尔腾，用复杂性的理论，把生态系统、社会系统以及它们之间的相互作用，看成是复杂适应性系统，并探索了其复杂性相互作用造成的非线性效应链机制。认为"涌现性"，"提供了认识可持续发展的可能性，因此是理解人类—生态系统相互关系的基石。"[①] 他认为现代社会要实现生态可持续发展，实现人类社会系统与自然生态系统相互作用的可持续性，需要做到两点：首先，要采取预防性的原则，不能破坏生态系统的服务能力。其次，弹性与适应性发展原则。莱恩·沃克和大卫·索尔特认为，社会—生态系统的弹性思维框架可表述为两点：其一，社会—生态系统是具有适应性的复杂系统，弹性是保持其可持续性的关键，而传统"命令

---

① ［英］杰拉尔德·G. 马尔腾：《人类生态学——可持续发展的基本概念》，顾朝林、袁晓辉等译，商务印书馆 2012 年版，第 45 页。

和控制"的资源管理方式，既没能认识其发展趋势，也将人类排除在系统之外，是不合适的，应采用把人类当作生态系统一部分的"适应性管理"或适应性学习方式。其二，弹性思维有两个主题：多态转换的阈值和多尺度关联的适应性循环。任何一个系统都是由一个运行于不同尺度（包括时空两个维度）并且相互联系的适应性循环的层级结构构成。这些系统在每一尺度上的形成和动态发展都是由一组关键过程驱动，也正是这组相互关联的层级结构决定了整个系统的行为，这组相互关联的层级结构被称为"扰沌"（panarchy）。由 Buzz Holing 和 Lance Gunderson 提出扰沌的生态学理念，用来描述人类系统和自然系统之间的相互作用时的尺度跨越和动态特征，对指导社会管理和生态管理具有重要的方法论意义。民主社会主义贝克和吉登斯提出了"风险社会"（risk society）风险评估原则，相对于谨慎原则，应采取建立在成本收益分析基础上的风险比例原则，应对成本收益进行大众参与民主的公开辩论，针对不同的语境根据不同人的价值评估进行选择，也对当前的气候政治和生态管理，具有重要的指导性方法论意义。

习近平同志代表中国共产党和中国政府，在继承马克思主义的人与自然辩证统一思想的基础上，吸收当代西方生态文明三大理论范式的有机整体论思想，提出了"人类命运共同体"的生态有机世界观、人与自然和谐统一的生态价值观。2018 年 5 月 18 日习近平指出："山水田林湖是一个命运共同体，人的命脉在田，田的命脉在水，水的命脉在山，山的命脉在土，土的命脉在林和草，这个命运共同体是人类生存发展的物质基础。"[①] 早在 2014 年 3 月 14 日习近平在中央财经领导小组第五次会议上的讲话中就曾指出："坚持山水田林湖是一个生命共同体的思想。……生态是统一的自然系统，是各种自然要素相互依存而实现循环的自然链条，水只是其中的一个要素。……山水田林路是一个生命共同体，形象地讲，人的命脉在田，田的命脉在水，水的命脉在山，山的命脉在土，土的命脉在树。金木水火土，太极生两仪，两仪生四象，四象生八卦，循环不已。"[②] "人田水山土"有机联系的"山水田林湖"的"命运共同体"，习近平的这个重要论述既根据现代生

---

① 《习近平谈治国理政》第 3 卷，外文出版社 2020 年版，第 363 页。

② 《习近平关于社会主义生态文明建设论述摘编》，中央文献出版社 2017 年版，第 55 页。

态科学，论述"生态是统一的自然系统，是各种自然要素相互依存而实现循环的自然链条"，又从中国传统五行系统论的相生相克，说明人与生态系统组成的复合系统的自组织的内在有机平衡原理。这一人与自然协同的"命运共同体"，形象地描述了"人"与"山水田林湖"的自然生态环境，是一个具有内在命脉联系的有机共同体，是人与自然和谐统一的共同体，超越了人与自然对立的人类中心主义世界观，也超越了生态主义的世界观，阐述了自然生态系统，以及人与自然生态系统的内在有机联系。人类在其与自然共生命运共同体中，不仅仅是生态主义者所说的内在价值"平等"的作用，既是命脉相连的有机关系，还具有在尊重生态规律、生态价值前提下的和谐保护作用。习近平早在浙江 2004 年建设"生态省"的生态文明建设实践部署会上指出："在全社会确立起追求人与自然和谐的生态价值观，是生态省得以顺利推进的重要前提。"① 提出了"人与自然和谐的生态价值观"，对我们在马克思主义指导下，吸取当代西方生态文明的三大范式理论，特别是其有机论的世界观和生态价值论思想，对生态文明建设具有重要的指导意义，也在世界上产生了良好的影响。美国过程思想哲学家约翰·柯布指出，"我一直看好中国，多次在国际会议和著述中强调'生态文明的希望在中国'，认为'中国是世界上最有可能实现生态文明的地方'。"② 柯布关于中国应引领世界生态文明的思想，2018 年 5 月 19 日，新华社以《中国给全球生态文明建设带来希望之光》③ 进行了报道。

二、以马克思主义的生态经济思想为指导，吸收当代西方绿色经济行之有效的实践经验，形成我国社会主义生态文明的生态经济发展模式

向生态文明转型，最基本的是生态文明的生态经济基础的形成。传统工业文明占主导地位的经济基础是资本主义私有制和自由市场经济的经济基础。商品交易和市场活动由来已久，波兰尼认为前资本主义社会是小写字母开头的"market"，只是产品使用价值的交换，不是作为社会基本的经济组

---

① 《之江新语》，浙江人民出版社 2007 年版，第 48 页。

② 冯俊、[美] 柯布：《超越西式现代性，走生态文明之路》，《中国浦东干部学院学报》2012 年第 1 期。

③ 高山：《中国给全球生态文明建设带来希望之光》，《解放军报》2018 年 5 月 20 日第 2 版。

织原则。资本主义大写字母开头"Market",把土地、生命和财富一切变成交换价值的"生产要素",从社会和文化体系中脱钩,并组织社会和文化生活,成为碾压一切生命价值、"摧毁所有生命有机形式"① 的"撒旦的磨坊":② 土地被抽离自然界这个整体,成为一种商品;劳动者的劳动成为被抽离生活的劳动力商品;资本被抽离于社会遗产,成为个人可以交易能够赚钱的资本。马克思批判了资本主义市场经济的反人性和反自然性:资本主义这一建立在劳动力市场、产品市场和资本市场之上的抽象价值生产和交换以及剩余价值生产和交换体系,使人及其伦理精神异化为商品:"把一切浸没在利己主义打算的冰水之中。"③ 马克思揭露资本主义生产破坏了"人与自然间的物质变换",资本主义生产同"自然系统"之间"本质上的不可共存性"。④ 福斯特认为,马克思具有深刻的开拓性的生态洞察力见解,认为人类和其他生物和生态系统之间存在新陈代谢,组成了这个星球的整个生态圈,而"资本主义不可避免地导致了一个自然的新陈代谢的断裂(Metabolic rift)。"⑤ 马克思通过把资本主义与自然的新陈代谢断裂联系起来,批判了城镇对乡村的剥削,也批判了森林退化、沙漠化、气候变化、森林中鹿的灭绝、物种的商品化、污染、有毒污染物、再循环、煤资源枯竭、疾病、人口过剩和物种进化。马克思认为,只有消灭土地的私有制,"土地不再是买卖的对象,而是通过自由的劳动和自由的享受,重新成为人的真正的自身的财产",⑥ 自然才能复活为自身,"人在他所创造的世界中直观自身",⑦ 自然恢复为人的"无机身体",成为人本真审美栖息的家园。生态马克思主义认为,资本主义生产方式对剩余价值的经济理性追求造成过度生产、过度消费,这是生态危机的根本原因。有机马克思主义认为,除此之外,还要批判生态危机的现代性

---

① [美] 卡尔·波兰尼:《巨变》,黄树民译,社会科学文献出版社 2017 年版,第 238 页。
② [美] 卡尔·波兰尼:《巨变》,黄树民译,社会科学文献出版社 2017 年版,第 81 页。
③ 《马克思恩格斯全集》第 23 卷,人民出版社 1972 年版,第 829 页。
④ [美] J. 克拉克:《马克思关于"自然是人的无机的身体"之命题》,黄炎平译,《哲学译丛》1998 年第 4 期,第 58 页。
⑤ [美] 菲利普·克莱顿、贾斯汀·海因泽克:《有机马克思主义》,孟献丽、于桂凤、张丽霞译,人民出版社 2015 年版,第 195 页。
⑥ 《马克思恩格斯全集》第 42 卷,人民出版社 1979 年版,第 97 页。
⑦ 《马克思恩格斯全集》第 42 卷,人民出版社 1979 年版,第 122 页。

根源。他们都认为，要根本上解决生态危机，建立生态文明，必须变抽象价值生产和剩余价值生产的资本主义私有制的市场经济为"满足人民美好生活需要"的社会主义公有制或小共同体所有的生态经济生产方式。

柯布和戴利在《21世纪生态经济学》中文版序言中"提出后现代经济理论和生态经济学理论"，强调"对生态文明的后现代之追求"，强调"促进生态环境和人民福祉为宗旨的生态文明建设政策"。[①] 他们首先论述了经济学范式转换的必要性：从实践来看，受主流经济学导向的工业化成就似是而非：工业经济增长意味着自然原料投入和废物排放将呈几何式增加，给民众生活带来灾难，造成臭氧层破坏、空气变暖和物种灭绝等生态危机，生态环境破坏的事实冲击了经济学刻板教条。从理论看，传统经济学的主要谬误是以抽象代替具体，犯了怀特海讲的"错置具体性谬误"：其一，传统经济学把市场看成是对所有人有利的自愿交易体系，市场所处的共同体环境和自然环境被排除在西方主流经济学研究之外，忽略了市场的社会和生态负外部性。其二，作为经济学基础的人性假设，是经济学理论最重要的抽象，只关心对个体满足程度或"效用函数"有贡献，而对那些不表现为市场活动的快乐或痛苦，则漠不关心；经济学理论假设经济人是贪得无厌，"鼓励了人们在商业世界中对私利的追求。"[②]"经济人的观点，从根本上说是个人主义的。"[③] 经济人假设的局限性在"理性地排斥利他行为"。[④] 其三，经济学漠视自然力的自然，土地在边缘学科土地经济学中成为"非劳动所得"的所有权和地租，地位低于一般资本和工资，作为"自然之力"的自然界就从人们视野中消失了。

与传统经济学把自然和环境看作经济系统的外生变量不同，生态经济把经济系统看成是地球自然生态系统的子系统。生态经济学认为宏观经济系

① ［美］赫尔曼·E.达利、小约翰·柯布：《21世纪生态经济学》，王俊、韩冬筠译，中央编译出版社2015年版，中文版序言第5页。

② ［美］赫尔曼·E.达利、小约翰·柯布：《21世纪生态经济学》，王俊、韩冬筠译，中央编译出版社2015年版，第92页。

③ ［美］赫尔曼·E.达利、小约翰·柯布：《21世纪生态经济学》，王俊、韩冬筠译，中央编译出版社2015年版，第164页。

④ ［美］赫尔曼·E.达利、小约翰·柯布：《21世纪生态经济学》，王俊、韩冬筠译，中央编译出版社2015年版，第7页。

统，只是支撑能力的整体（即地球、大气圈和生态系统）的一部分："经济只是这个大的'地球系统'的一个开放子系统。尽管能够接受利用太阳能，但'地球系统'是有限的、非增长的和物质封闭的。"① 服务于资本主义市场经济的主流经济学家，视经济为一永动机，只关注抽象的交换价值的循环流动，却完全忽视了经济系统与自然生态系统的代谢吞吐量，忽略了经济只是自然系统的子系统的具体事实，犯了怀特海说的"错置具体性的谬误"②。

生态经济学强调经济增长极限、经济总体最佳规模和生态资源稀缺。如果经济系统是一个整体，那么它就可以无限增长。但如果宏观经济是"地球系统"的一部分，则它的物质扩张就会侵犯这个有限的、非增长系统的其它部分，造成某种损失——经济学家称之为机会成本。柯布等认为，生态经济学区别于传统经济学的原则：增长可能是经济的，也可能是不经济的，"相对于生态系统，宏观经济系统存在一个最佳的规模。"③ 经济是生态系统的子系统，经济增长的规模必须在生态系统的承载力范围内，像温室效应这种普遍的负外部性，具有普遍和非边际的特性，靠征收庇古税是无法解决的。科布等认为，在生态经济实践上，应对现代大学体制进行改革，确立共同体经济学；应确立经济发展适应地球自然极限的最优规模和可持续经济福利目标；应当把土地看作生物圈，并把生物圈理解为由各个共同体构成的共同体，采取生态的土地使用方式和发展生态工农业生产；要扩大经济管理的劳动者参与民主，实行公平的分配政策；要实行收入政策和税收，把社会和环境的成本内化，征收污染税。

生态马克思主义者强调自然、人类社会经济的复杂性相互作用，强调自然的生产力。这对我国发展生态文明的生态经济具有重要的启示作用。生态经济不同于传统工业经济，不单纯追求经济效益，还要解决经济生产造成的生态负外部性问题，追求经济效益、社会效益和生态效益的统一目标，这

---

① Herman E. Daly 等：《生态经济学：原理与应用》，徐中民等译，黄河水利出版社 2007 年版，第 17 页。

② Herman E. Daly 等：《生态经济学：原理与应用》，徐中民等译，黄河水利出版社 2007 年版，第 27 页。

③ Herman E. Daly 等：《生态经济学：原理与应用》，徐中民等译，黄河水利出版社 2007 年版，第 17—18 页。

就超出了传统工业经济抽象的交换价值的循环的视野。一方面，首先要以尊重生态规律和"生态极限"（Ecological limit）为前提，要把经济系统纳为自然系统和社会系统的子系统，另一方面还要考量社会其他的政治和文化子系统与经济生产系统的关系，以及这些政治、文化子系统与自然系统的关系，这就形成了生态经济不同于传统经济系统的复杂的超巨系统，以及经济主体间复杂的经济协同管理的问题。从客观系统的视角看，生态经济是一个由经济系统与社会系统、经济系统与自然系统复合构成的社会—经济—自然的复杂的超巨系统，具有非线性相互作用的复杂性特征。一方面，经济系统与政治系统和文化系统耦合，形成了复杂的非线性相互作用关系的生态政治经济和生态文化经济，自然要求相应的政治行政管理和文化支持系统，同时反作用于政治行政文化系统，引发整个社会的生态文明转型；另一方面，经济系统与自然系统形成一个复杂的巨系统，发生直接的物质、能量、信息的交流与互动，形成直接的经济与自然生态环境的复杂性非线性相互作用的自然—经济复杂系统，经济系统和自然系统分别都是复杂性系统，在二者构成的自然—经济超巨复杂性系统中，自然系统对经济系统具有先在性、基础性作用，经济系统对生态系统具有依赖性和破坏性作用。

经济活动归根结底是作为主体的人的生产实践活动，因而从利益相关者主体协同治理的角度看，生态经济系统的复杂性，归根结底是不同层次人的主体间协同互动造成的，生态经济是"生态理性经济人"创造生态生产力的生态协同治理活动，生态生产力是生态系统的自然生产力与生态理性经济人生态管理能力的协同。生态生产力形成的核心是生态制度约束下的社会协同管理。生态制度的约束旨在克服理性经济人的经济利益最大化追求所造成的环境负外部性，使"理性经济人"形成尊重自然生态规律和极限的"生态理性"，这是一个生态行政管理、生态文化管理、生态资源环境管理、生态适应性和风险管理、生态企业管理和生态社区管理，乃至全球治理的广泛的生态社会协同管理的过程。① 因而，生态理性经济人的生态管理本身就是生态生产力。要创造兼顾经济效益、社会效益和生态效益的生态生产力，要采

---

① 张连国：《生态生产力：自然生态生产力与生态理性经济人的生态治理能力的协同》，《生产力研究》2008 年第 16 期，第 41—43 页。

取"软硬兼施"(生态制度文化的"软性"的生态理性文化理念的传播诱导与生态公共政策的"硬性"的制度约束)的生态管理对策:一方面建构我国各生态理性经济人主体间的协同管理机制,另一方面建构我国生态经济的经济—社会—自然三循环机制,自然生态系统的自然生产力与生态理性经济人的生态管理能力协同,发展我国的生态生产力。

目前,我国建设社会主义生态文明,不是取消市场经济机制,采取彻底的共同体经济形态,而是在公有制为主导多种形式所有制的社会主义市场经济体制的基础上,利用社会主义政权的力量,借鉴环境主义、生态主义各种行之有效的思路和措施,应对市场经济机制带来的环境问题。最基本的是,借鉴环境主义的一些浅绿色的应对环境问题的措施。如既借鉴西方市场经济国家常用的绿色市场自由主义的生态税收和生态凯恩斯主义的国家规制等末端管理的措施,也借鉴采用社会民主主义的民主协同治理的生态现代化思路,强调生态理性指导下生态协同管理的重要作用,强调技术创新的关键地位,强调发挥市场、政府和市民社会在环境保护中的积极作用。

建设社会主义生态文明,发展生态经济,我国政府接受了西方可持续发展理论,借鉴了西方循环经济、低碳经济和生态现代化的一些经验,主张正确处理生态环境保护和发展经济的关系,积极参与全球应对气候变化谈判。2018年5月18日,习近平总书记在全国生态环境保护大会讲话时指出:"绿水青山就是金山银山。……保护生态环境就是保护生产力、改善环境就是发展生产力。"[1] 习近平早在主持地方工作时就主张,一方面保护环境,"可以增强环境吸引力,提高要素集聚能力,努力为社会经济发展营造良好的软硬环境",[2] 就可以保护生产力;另一方面认为"发展不能再走老路"。[3] 2010年习近平主张要"探索走出一条符合中国国情的科技含量高、经济效益好、资源消耗低、环境污染少、人力资源优势得到充分发挥的新型工业化道路"。[4]

---

① 《习近平谈治国理政》第3卷,外文出版社2020年版,第361页。
② 习近平:《干在实处走在前列——推进浙江新发展的思考与实践》,中共中央党校出版社2013年版,第72页。
③ 习近平:《之江新语》,浙江人民出版社2007年版,第116页。
④ 习近平:《在2010年经济全球化与工会国际论坛开幕式上的致辞》,《人民日报》2010年2月26日第2版。

2013 年习近平指出，要大力发展服务业，实行驱动创新发展战略，推动绿色发展、循环发展和低碳发展："我国正在加强生态文明建设，致力于节能减排，发展绿色经济、低碳经济，实现可持续发展。"① 习近平在 2016 年 20 国集团峰会讲话中指出："中国是负责任的发展中大国，是全球气候治理的积极参与者。中国已经向世界承诺将于 2030 年左右使二氧化碳碳排放达到峰值，并争取尽早实现。中国将落实创新、协调、绿色、开放、共享的发展理念，坚持尊重自然、顺应自然、保护自然，坚持节约资源和保护环境的基本国策，全面推进节能减排和低碳发展，迈向生态文明新时代。"② 形成节约资源和保护环境的空间格局、产业结构、生产方式、生活方式。推进绿色发展，建立健全绿色低碳循环发展的经济体系，市场导向的绿色技术创新体系；发展绿色金融，壮大节能环保产业、清洁生产产业、清洁能源产业；倡导简约适度、绿色低碳的生活方式、消费方式和绿色行政方式；强化土壤污染管控和修复，加强农业面源污染防治。

三、以马克思主义理论为指导，吸收当代西方生态政治思想，实行生态正义，形成社会主义生态文明的生态协同治理模式和生态生活方式

生态主义把生态危机归结为现代性文化危机，加上其产生于环保运动、和平运动、反核运动、妇女运动等新社会运动，是体制外的社会抗议的社会运动，不信任国家政治，侧重于社会抗议政治，具有浓厚的无政府主义色彩，绿色人士的主流侧重于生态社会正义运动，强调以"后物质主义"价值观为导向的生活方式，建立以"生态共同体"为基础的生态社会，其与现实的市场经济体制相结合，走向绿色消费者运动。后来在社会抗议运动的基础上产生绿党，转变为西方议会民主体制内的选举党，开始侧重于基层民主，并在西方议会民主体制内，提倡生态发展战略，跟社会民主党合作，推动绿色公共政策的实行。浅绿色中的右翼市场主义者，重视产权明晰市场机制的作用，自然反对国家介于环境问题的解决。比较重视国家政治的是浅绿色的生态凯恩斯主义学派，主张利用国家绿色规制和专家的行政理性主义

① 《习近平会见瑞士联邦主席毛雷尔》，《人民日报》2013 年 7 月 19 日第 1 版。
② 《习近平关于社会主义生态文明建设论述摘编》，中央文献出版社 2017 年版，第 142 页。

解决环境问题，跟绿色市场主义者一样，实行浅绿色的末端管理。浅绿色的社会民主主义者，提倡国家、非政府组织、企业和公民多中心协同的民主协同治理。社会民主主义的吉登斯在强调协同治理的同时，在气候政治上，主张建立经济敛合和政治敛合的保障型国家，认为国家必须朝前看，提出长远政策和长远未来制定计划，采取一定措施引导低碳生活方式，鼓励技术创新，在气候政策上制定跨党派协议。部分生态政治理论学者，则提出不同于"生态现代化"的"弱势"绿色国家，基于生态民主的"强势"绿色国家的思路：一些学者提出公民社会中的社会正义与邦联或联邦民主思想；莫里森等提出的生态民主的生态文明的思想，主张对工业资本主义国家的民主化改造，即以公民社会的结社民主，改造工业资本主义的政治和经济秩序为生态共同体联邦；埃克斯利根据西方马克思主义法兰克福学派的批判理论，特别是哈贝马斯协商民主理论，提出批判性生态政治学，形成基于绿色公共领域的"生态民主"，建立生态民主和生态正义的"强势"绿色国家。

我国是社会主义国家，"中国共产党领导是中国特色社会主义最本质的特征，是中国特色社会主义制度的最大优势，党是最高政治领导力量"。① 我国要建设社会主义生态文明，应依据中国特色社会主义政治制度的优势，借鉴西方生态文明三大范式的生态政治思想，建立中国共产党领导下，以社会主义生态正义为价值导向的，以生态经济为基础的，政府主导和监管的，包括企业、民间组织和公民协同治理的社会主义生态文明的协同治理机制，以及生态社会生活方式。2015 年中共中央、国务院印发了《生态文明体制改革总体方案》指出："坚持正确改革方向，健全市场机制，更好发挥政府的主导和监管作用，发挥企业的积极性和自我约束作用，发挥社会组织和公众的参与和监督作用。"② 2017 年党的十九大报告指出："必须坚持节约优先、保护优先、自然恢复为主的方针，形成节约资源和保护环境的空间格局、产业

---

① 习近平：《决胜全面建成小康社会　夺取新时代中国特色社会主义伟大胜利——在中国共产党第十九次全国代表大会上的报告》，《人民日报》2017 年 10 月 28 日。

② 《中共中央国务院出台方案为生态文明领域改革作出顶层设计》，《人民日报》2015 年 9 月 22 日。

结构、生产方式、生活方式，还自然以宁静、和谐、美丽。"① 党的十九大报告还指出："必须树立和践行绿水青山就是金山银山的理念，坚持节约资源和保护环境的基本国策，像对待生命一样对待生态环境，统筹山水林田湖草系统治理，实行最严格的生态环境保护制度，形成绿色发展方式和生活方式，坚定走生产发展、生活富裕、生态良好的文明发展道路，建设美丽中国。"②

其一，要坚持中国共产党在生态文明建设中的领导地位，发挥我国政府在生态文明建设中的主导和监管作用，建立完善的生态文明管理制度。我国的生态文明建设的战略是在十七大和十八大报告中提出的。我国政府还制定了可持续发展战略、循环经济、低碳经济和绿色发展战略等一系列战略和公共政策和法规。这些生态文明的战略、政策和法规是建设社会主义生态文明的政治法律制度基础。早在 20 世纪 80 年代我国政府就明确不能走西方国家"先污染后治理"的路，把保护环境作为基本国策。20 世纪 90 年代参加里约热内卢公约，国际社会倡导的可持续发展战略，成为邓小平理论的重要内容之一，开始提出代际平等的思想。21 世纪初，人口资源环境问题凸显，受到我国党和政府的高度重视，胡锦涛总书记讲话针对片面强调经济发展和 GDP 发展指标的问题，提出了全面发展、协调发展和可持续发展的科学发展观，指出："忽视社会主义民主法制建设，忽视社会主义精神文明建设，忽视各项社会事业发展，忽视环境资源保护，经济建设是难以搞上去的，即使一时搞上去也可能要付出沉重的代价。各级党委一定要坚持科学发展观，不断促进全面发展、协调发展和可持续发展的新思路新途径。"③ 党的十七大报告正式提出生态文明建设的理念："建设生态文明，基本形成节约能源资源和保护生态环境的产业结构、增长方式、消费模式。……生态文明观念在全社会牢固树立。"④ 2012 年党的十八大报告把"生态文明"作为"五位一体"

---

① 习近平：《决胜全面建成小康社会　夺取新时代中国特色社会主义伟大胜利——在中国共产党第十九次全国代表大会上的报告》，《人民日报》2017 年 10 月 28 日。

② 习近平：《决胜全面建成小康社会　夺取新时代中国特色社会主义伟大胜利——在中国共产党第十九次全国代表大会上的报告》，《人民日报》2017 年 10 月 28 日。

③ 《深入学习实践科学发展观活动领导干部学习文件选编》，中央文献出版社、党建读物出版社 2008 年版，第 228 页。

④ 《中国共产党第十七次全国代表大会文件汇编》，人民出版社 2007 年版，第 17 页。

总体布局中的"突出地位"，指出："面对资源约束趋紧、环境污染严重、生态系统退化的严重形势，必须树立尊重自然、顺应自然、保护自然的生态文明理念，把生态文明建设放在突出地位，融入经济建设、政治建设、社会建设各方面全过程，努力建设美丽中国，实现中华民族的永续发展。"① 2015 年 9 月 11 日中共中央政治局审议《生态文明体制改革总体方案》，把生态文明作为"十三五计划"要落实的重要任务之一。生态文明建设已成为中国特色社会主义建设的重要内容。2017 年党的十九大报告，认为"建设生态文明是中华民族永续发展的千年大计"②。我们要加快形成生态文明制度体系，坚持人与自然和谐共生，"成为全球生态文明建设的重要参与者、贡献者、引领者"。③ 报告强调："我们要建设的现代化是人与自然和谐共生的现代化，既要创造更多物质财富和精神财富以满足人民日益增长的美好生活需要，也要提供更多优质生态产品以满足人民日益增长的优美生态环境需要"④，为此在生态治理方面要做到：(1) 完善绿色生产和消费的法律制度和政策。(2) 完善生态环境管理制度：改革生态环境监管体制；构建国土空间开发保护制度；建立以国家公园为主体的自然保护地体系；构建生态廊道和生物多样性保护网络；推进荒漠化、石漠化、水土流失综合治理；完善天然林保护制度，扩大退耕还林还草，"建立市场化、多元化生态补偿机制"。⑤ (3) 积极参与全球环境治理，落实减排承诺。2019 年党的十九届四中全会指出，"生态文明"制度，已成为我党建立和完善我国社会主义各方面制度的历史性成就之一方面："建立和完善社会主义制度，形成和发展党的领导和经济、政治、文化、社会、生态文明、军事、外事等各方面制度，加强和完善国家治理，取得历史性成就。"⑥

---

① 《中国共产党第十八次全国代表大会文件汇编》，人民出版社 2012 年版，第 36 页。

② 《中国共产党第十七次全国代表大会文件汇编》，人民出版社 2007 年版，第 20 页。

③ 习近平：《决胜全面建成小康社会　夺取新时代中国特色社会主义伟大胜利——在中国共产党第十九次全国代表大会上的报告》，《人民日报》2017 年 10 月 27 日。

④ 习近平：《决胜全面建成小康社会　夺取新时代中国特色社会主义伟大胜利——在中国共产党第十九次全国代表大会上的报告》，《人民日报》2017 年 10 月 27 日。

⑤ 新华社：《中共中央关于坚持和完善中国特色社会主义制度　推进国家治理体系和治理能力现代化若干重大问题的决定》，《人民日报》2019 年 11 月 1 日。

⑥ 新华社：《中共中央关于坚持和完善中国特色社会主义制度　推进国家治理体系和治理能力现代化若干重大问题的决定》，《人民日报》2019 年 11 月 1 日。

　　其二，以社会主义生态正义为价值导向。正义是一个道德和法权的政治伦理学概念，古典社群主义正义观，如亚里士多德、柏拉图和孔子的正义，是人在社会等级秩序中各安其分的和谐关系。现代社群主义的正义论，是基于"应得"理念的多元正义，认为不同的社群和不同的社会领域有不同的分配原则，公共利益的分类原则是各尽所能按需分配原则。现代自由主义正义，是私有产权体系中的利益关系和法权的权利和义务的平衡：右翼自由主义强调基于自由产权的自由市场秩序中合法占有产权的机会均等的程序正义；左翼凯恩斯主义的辩护者罗尔斯则强调公平的分配正义，正义是公平地分配社会合作带来的收益和成本的一致同意原则，包括平等的自由原则、机会均等原则和最小受惠者利益最大化原则。马克思主义历史唯物主义，认为正义是社会意识，是对现实分配关系和利益关系的价值判断，不同利益主体有不同的正义观，资产阶级认为基于资本主义生产方式的等价交换原则是正义的，但马克思站在无产阶级的立场上认为资本主义私有制对剩余价值剥削是非正义的；而社会主义的按劳分配原则消灭了资本主义剥削的非正义，但其蕴含的非选择偶然性，也导致实际所得不平等的非正义，理想的正义原则基于极大丰富的社会财富和自由人的联合体的各尽所能按需分配原则。① 环境正义和生态正义，是环境运动中形成的公平分配环境成本和环境产品的正义思想，有环境伦理学和环境法学两个视角，环境伦理学强调人与人分配环境资源的公平正义原则，以及人和自然关系的平等的伦理关系；环境法学强调公平分配环境成本和环境产品的权利和义务关系，而且这种公平分配"既关注当今世界也关注未来世代的人类，既关注公平的权利也关注公平的义务"。② 生态正义是我国社会主义生态文明建设的价值导向和根本原则，包括三个基本内容：一是按照马克思主义关于人和自然辩证关系的生态哲学，形成正确处理人与自然的生态伦理关系；二是基于中国特色社会主义基本制度，按照中国特色社会主义新时代人民日益增长的美好生活的需要，合理调整当代人的生态利益关系，公平地分配环境产品和环境成本；三是实行可持续发展，建立生态管理制度和体系，最大化地保护生态资本，实现生态资本

---

① 段忠桥：《马克思的分配正义观念》，中国人民大学出版社 2018 年版，序言第 5—12 页。
② 朱伯玉：《低碳发展立法研究》，人民出版社 2020 年版，第 100 页。

的代际公平。《中共中央关于构建社会主义和谐社会若干重大问题的决定》，提出"按照民主法治、公平正义、诚信友爱、充满活力、安定有序、人与自然和谐相处的总要求，以解决人民群众最关心、最直接、最现实的利益问题为重点，着力发展社会事业、促进社会公平正义"[①]，既强调社会公平正义，又强调人与自然关系的和谐，实际提出了中国特色社会主义生态正义的基本原则。党的十七大报告指出："实现公平正义是中国共产党的一贯主张，是发展中国特色社会主义的重大任务。"[②] 党的十八大报告，把公平正义作为中国特色社会主义的内在要求，"加紧建设对保障公平正义具有重大作用的制度，逐步建立以权利公平、机会公平、规则公平为主要内容的社会保障体系，努力营造公平的社会环境、保障人民平等参与、平等发展权利"[③]，既强调中国特色社会主义的社会正义，又强调"必须树立尊重自然、顺应自然、保护自然的生态文明理念"。[④] 党的十九大报告，既强调"促进社会公平正义……不断促进人的全面发展、全体人民共同富裕"[⑤]，又强调"坚持人与自然和谐共生"，[⑥] 建设生态文明的制度体系，按照绿色发展理念，建立人与自然协同的"命运共同体"。

其三，在社会主义协商民主的基础上建立以中国共产党领导的"政府主导、企业主体、社会组织和公众共同参与的环境治理体系"[⑦]。当今西方政治学理论将民主分为三个类型：一是自由主义的程序民主，二是民主主义的"公意"民主，三是西方马克思主义哈贝马斯基于交往合理性的"协商民主"。埃克斯利根据西方马克思主义法兰克福学派的批判理论，特别是哈贝

① 《深入学习实践科学发展观活动领导干部学习文件选编》，中央文献出版社、党建读物出版社 2008 年版，第 228 页。
② 《中国共产党第十七次全国代表大会文件汇编》，人民出版社 2007 年版，第 17 页。
③ 《中国共产党第十八次全国代表大会文件汇编》，人民出版社 2012 年版，第 13—14 页。
④ 胡锦涛：《坚定不移沿着中国特色社会主义道路前进 为全面建成小康社会而奋斗——在中国共产党第十八次全国代表大会上的报告》，《人民日报》2012 年 11 月 18 日。
⑤ 习近平：《决胜全面建成小康社会 夺取新时代中国特色社会主义伟大胜利——在中国共产党第十九次全国代表大会上的报告》，《人民日报》2017 年 10 月 28 日。
⑥ 习近平：《决胜全面建成小康社会 夺取新时代中国特色社会主义伟大胜利——在中国共产党第十九次全国代表大会上的报告》，《人民日报》2017 年 10 月 28 日。
⑦ 习近平：《决胜全面建成小康社会 夺取新时代中国特色社会主义伟大胜利——在中国共产党第十九次全国代表大会上的报告》，《人民日报》2017 年 10 月 28 日。

马斯协商民主理论，提出批判性生态政治学，形成基于绿色公共领域的"生态民主"，建立生态民主和生态正义的"强势"绿色国家。西方社会民主主义在生态管理上强调建立基于社会民主的生态协同治理机制，对我国生态文明的协同治理机制的建立具有重要的启示意义。中国特色社会主义属于协商民主，党的十九大报告指出，要"发展社会主义协商民主"，认为，"协商民主是实现党的领导的重要方式，是我国社会主义民主政治的特有形式和独特优势。要推动协商民主广泛、多层、制度化发展"①。2019年中共中央提出，要"完善党委领导、政府负责、民主协商、社会协同、公众参与、法治保障、科技支撑的社会治理体系，建设人人有责、人人尽责、人人享有的社会治理共同体。"② 为了推进我国社会主义生态文明建设，应在社会主义协商民主的基础上建立以中国共产党领导的"构建政府为主导、企业为主体、社会组织和公众共同参与的环境治理体系。"③

其四，以马克思主义生态文化思想为指导，吸收当代西方生态伦理思想，形成我国社会主义生态文明的生活方式。西方社会生态运动，强调以民间组织为基础，建立生态共同体为基础和"后物质主义"价值观为导向的生态文化生活方式。这不符合中国社会的现实，我国是中国共产党领导下的社会主义国家，我国政府的功能不同于自由主义的"有限政府"，不仅是为纳税人服务，还要全心全意为中国最广大人民群众的利益服务，既要建立社会主义法治秩序，还要为满足人民群众日益增长的美好生活的需要，提供社会主义社会的公共产品，建立包括生态正义的社会主义的正义伦理秩序，在生态文明建设上，要充分发挥党的领导和政府的主导作用，实行"生态政治社会化"（Eco-political socialization），即在政府、家庭、学校、大众传媒以及互联网各种推动社会主义生态文明理念传播的多主体的协同下，将生态文明理念传播到大众的心灵深处。生态文明理念传播的战略，不同于西方民间的

---

① 习近平：《决胜全面建成小康社会　夺取新时代中国特色社会主义伟大胜利——在中国共产党第十九次全国代表大会上的报告》，《人民日报》2017 年 10 月 28 日。

② 习近平：《中共中央关于坚持和完善中国特色社会主义制度　推进国家治理体系和治理能力现代化若干重大问题的决定》，《人民日报》2019 年 11 月 1 日。

③ 习近平：《决胜全面建成小康社会　夺取新时代中国特色社会主义伟大胜利——在中国共产党第十九次全国代表大会上的报告》，《人民日报》2017 年 10 月 28 日。

生态正义运动的民间生态抗议运动，而是以"生态政治化"带动"生态社会化"。生态文明理念传播的主导主体是政府及其生态文化管理策略，是从国家政治文化到知识分子的雅文化，再到大众俗文化生活方式养成的自上而下的文化传播战略，通过政府对生态文明理念的宣传，带动社会各个主体养成生态文化的价值信仰和行为方式。一方面，我国生态文明理念的传播，主要是我国党和政府推动的：20 世纪初党中央开始提出可持续发展战略，其后提出科学发展观、循环经济、生态文明一系列国家发展战略。我国的生态与资源环境专家和有生态文明意识的知识分子对生态文明理念和实践的传播和推动，起到承上启下的关键作用；另一方面，人民大众作为国家的公民和主人翁，是政治、经济和"生活世界"最基本的主体能动力量。党的十九大报告，"倡导简约适度、绿色低碳的生活方式，反对奢侈浪费和不合理消费，开展创建节约型机关、绿色家庭、绿色学校、绿色社区和绿色出行等行动"①。这是一个社会上下协同互动的生态文明理念传播的过程，也是生态生活方式养成的过程。

---

① 习近平：《决胜全面建成小康社会　夺取新时代中国特色社会主义伟大胜利——在中国共产党第十九次全国代表大会上的报告》，《人民日报》2017 年 10 月 28 日。

责任编辑:宫　共
封面设计:源　源

图书在版编目(CIP)数据

当代生态文明理论的三大范式比较研究/张连国 著. —北京:
　人民出版社,2021.8
ISBN 978-7-01-023507-3

Ⅰ.①当…　Ⅱ.①张…　Ⅲ.①生态环境建设-对比研究-中国
　Ⅳ.①X321.2

中国版本图书馆 CIP 数据核字(2021)第 122331 号

当代生态文明理论的三大范式比较研究

DANGDAI SHENGTAI WENMING LILUN DE SANDA FANSHI BIJIAO YANJIU

张连国　著

人民出版社 出版发行
(100706　北京市东城区隆福寺街 99 号)

北京汇林印务有限公司印刷　新华书店经销

2021 年 8 月第 1 版　2021 年 8 月北京第 1 次印刷
开本:710 毫米×1000 毫米 1/16　印张:48.25　字数:788 千字

ISBN 978-7-01-023507-3　定价:130.00 元

邮购地址 100706　北京市东城区隆福寺街 99 号
人民东方图书销售中心　电话 (010)65250042　65289539